回眸与展望

路甬祥科技创新文集

HUIMOU YU ZHANWANG

LUYONGXIANG KEJI CHUANGXIN WENJI

路甬祥◦著

科学出版社

北京

图书在版编目(CIP)数据

回眸与展望：路甬祥科技创新文集/路甬祥著．—北京：科学出版社，2016.5

ISBN 978-7-03-047714-9

Ⅰ．①回…　Ⅱ．①路…　Ⅲ．①科学技术-文集　Ⅳ．①N53

中国版本图书馆CIP数据核字（2016）第050590号

责任编辑：侯俊琳　牛　玲　卜　新 / 责任校对：包志虹
责任印制：徐晓晨 / 封面设计：有道文化
编辑部电话：010-64035853
E-mail：houjunlin@mail. sciencep. com

科学出版社 出版
邮政编码：100717
http://www.sciencep.com
北京虎彩文化传播有限公司 印刷
科学出版社发行　各地新华书店经销
*
2016年5月第　一　版　开本：787×1092 1/16
2019年1月第四次印刷　印张：42 1/2
字数：980 000

定价：198.00元

路甬祥院士

前　言

半个多世纪以来，我一直在挚爱的工程教育、科技研发和管理岗位上工作。前三十年在母校浙江大学，1993 年后在中国科学院。科技创新发展的轨迹、科技创新的动力和环境、科学精神与方法、科学传播与普及、科学技术与工程教育、科技伦理与道德、科技创新文化、科技创新创业人才等，始终是我关注和思考的主题。

回眸百年科技发展的历程，从科技创新引发产业革命、推动人类文明进步，从科学大师、工程技术巨匠成长成就的经历，从自身所经历的科技创新和管理实践中思考领悟创新的本质与动力，创新思维、创意与设计创造，科学精神和科学方法，认知科技创新必须遵循的行为准则和需要为之创造的社会环境、科学伦理道德的本源和价值，思考创新创业人才成长和科技创新的规律，展望科学技术前沿和未来发展……。本书收集的有些是结合重大科技发现和发明或科学大师、工程技术巨匠的重要纪念日所写的纪念文章，有在世纪之交回顾展望新世纪科技发展所写的札记，有应邀为科技名人传记写的序言……，有些是在科学院学部、“科学与中国”院士科普讲座、科学院大学“中国科学与人文”论坛、浙江大学求是创新论坛，以及在中国科协年会、上海交通大学、香港大学、上海大学、中国商用飞机公司、中国城市研究中心等的讲演；也有一些是在世界科学大会以及各种国际国内纪念会、研讨会上的发言或邀请报告，多系阐述自己的有关思考、感悟和展望；也有根据不同的场合和主题，对我国科技创新、创新人才培育、营造创新环境与文化等提出了一些建议和设想。尽管有的视角和认知难免受个人认知和历史的局限，却都是我的创新观、教育观、人才观、价值观的真实反映，是对于当时和未来科技创新、科学教育和人才培育的思考。三年前，科学出版社鼓励我选集出版。我仅选具有一般意义的有关科技创新理性思考的文字和讲话，不收入个人的专业研究论文，不涉及尚待时间检验的科技管理和改革。收入的文字和讲话应尽可能保持原貌，仅做必要的文字校订、引文补正和插图注释。文集基本遵循了上述考虑，如实反映了我当时对于科技创新有关问题所作的回眸思考、认知体验和观察展望。希望能对有兴趣的读者，尤其是年轻朋友有所启发和助益。

在本书的编辑过程中，中国科学院自然科学史研究所刘益东研究员对文稿做了认真的专业校审，中国科学院自然科学史研究所张柏春研究员及潘教峰、汪洪岩、韩林宏等同志在文稿收集、整理、选释和分目等方面给予了宝贵的支持和帮助，科学出版社编辑牛玲同志在文集的编辑、装帧等方面付出了许多心力。没有他们的支持和努力，这本文集出版也是不可能的。藉此，我谨对他们表示衷心的谢意。

路甬祥

2015 年岁末于北京

目　　录

前言

第一篇　科学与技术 …… 001

第一篇

科学与技术

世纪的回顾与展望

——科技创新是人类文明进步的动力*

人类将进入新的千年。在世纪之交的今天，回顾即将逝去的世纪，科学技术取得了空前的进展。人类继承了有史以来的科学传统和创新精神，不倦地深化和拓展对客观世界规律的认识，将“科学”提升到了前所未有的水平。量子论、相对论、信息论的创立，DNA 双螺旋结构分子模型、地球板块模型、宇宙大爆炸假说等理论的提出堪称 20 世纪最伟大的科学成就，标志着人类对于物质、时空、信息、生命、地球和宇宙等认识的新的革命。科学的进展和不断发展的社会需求成为技术进步的基础和推动力。技术创新、技术发明不断涌现。电气化与自动化、原子能、航空与航天、半导体与微电子、计算机与网络、基因工程等堪称是 20 世纪划时代的伟大技术成就，它们中间的每一项都导致一场影响深远的产业革命。80 年代后，人类已进入了信息化和高技术的时代，“知识经济初露端倪”，技术革命创造出巨大的生产力，但是，同时也导致资源的过度消耗，生态破坏，环境污染和社会失衡。20 世纪，人类还经历了两次世界大战的浩劫和长达 40 余年的“冷战”对峙。人们终于认识到只有走一条人与自然协调发展，和平、民主、平等合作的可持续发展之路，才能实现人类的共同理想。

21 世纪将是人类依靠知识创新和高技术创新可持续发展的世纪，将是知识经济的时代。21 世纪，人类将完善对物质世界统一性的科学认识，掌握物质和能量清洁、高效转化的规律，从而获得取之不竭的能源和资源；人们将进一步揭示生命现象的奥秘，生物高技术将为保护和恢复生物多样性、发展生态农业，将为人类自觉地控制自身，并提高生命质量和健康带来新的福利；人们将揭开脑的奥秘和认知的本质，从而为信息技术和人自身的健康和智力的开发带来新的革命；信息科技的发展将进一步拓展人的创造能力、创造空间和可共享的资源；进一步促进全球化的竞争与合作，不断更新人们的思维方式、行为方式和社会结构；人类将进一步开发海洋和地球深部资源，走出地球，探索宇宙，利用太空资源；人类将可能自觉地并有能力保护、恢复和优化地球生态与生存环境，创造一个更加美好的大自然和人类的理想社会。

---

* 本文撰写于 1999 年 4 月 13 日，为迎接新世纪的思考札记。

1900年，德国物理学家普朗克（Max Planck，1858—1947）为了解释古典物理理论无法解释的黑体辐射现象，提出了量子假说，即辐射能量是由不可再分的最小单元“量子”组成的（$E=hv$）。这一概念一开始并未被物理学界重视和接受。正是爱因斯坦（A. Einstein，1879—1955）首先意识到量子概念的普遍意义，并将它推广应用到解释光电子效应的物理本质。他于1905年提出了光量子论，认为光既具有连续的波动性，又具有不连续的粒子性，从而将人类对微观物质世界的认识推进到一个新的阶段。1913年，丹麦青年物理学家玻尔（N. Bohr，1885—1962）将量子概念引入卢瑟福（E. Rutherford，1871—1937）的有核原子模型，指出原子核外带负电荷的电子在不同的既定轨道上绕原子核运动时并不发射光子，只有当电子从外层轨道向内层轨道跃迁时才发出相应波长的电磁波（包括θ射线），原子内的电子数与门捷列夫元素周期表中的原子序数相等，从而使化学元素周期律也得到理论解释。量子论开始受到人们的重视，许多物理学家被其吸引。1923年，法国物理学家路易·德布罗意（L. de Broglie，1892—1987）提出了物质波理论，将量子理论推广到一切物质粒子，德国的海森伯（Werner K. Heisenberg，1901—1976）、奥地利的薛定谔（Erwin Schrödinger，1887—1961）分别提出矩阵力学（1925年）、波动力学（1926年），建立了完整的量子理论体系。量子理论从此成为现代原子、分子物理的基础，并成为物理与化学和生物学交叉的重要理论工具，也成为现代半导体、激光、微电子、光电子技术发展的基础。

1905年，爱因斯坦创立了狭义相对论。10年后，他又完成了广义相对论。相对论否定了牛顿力学体系的绝对时空观念，揭示了空间、时间、物质、运动之间本质上的统一性。相对论既是研究原子内部结构和相互作用的微观物理学的基础，又是天体物理和宇宙学的理论基础。

爱因斯坦用广义相对论解释了水星近日点的进动，预言了强引力场中光谱的红移和光线偏转，它们均为后来的天文观察所证实。狭义相对论中的著名公式$E=mc^2$成为核能的理论根据。第二次世界大战（简称二战）中，爱因斯坦受德国法西斯的迫害，移居美国。他从一位积极的和平主义者，转变为伟大的反法西斯斗士。1939年8月，爱因斯坦写信给美国总统罗斯福，向他解释最新的科学发现已可能被用来研制原子弹。为了防止德国纳粹造出原子弹给人类带来危害，爱因斯坦建议罗斯福尽早决策研制原子弹。1941年，美国实施“曼哈顿”工程，并于1945年7月16日成功地试爆了世界上第一颗原子弹。这时德国已经战败，美国制造的第二颗、第三颗原子弹先后投到日本广岛和长崎，造成了几十万人的伤亡。二战结束后，爱因斯坦看到愈演愈烈的核军备竞赛，感到自己有责任制止。他领导组织了“原子科学家非常委员会”，为防止核扩散呼吁奔走，积极从事争取人类自由和正义的社会活动。爱因斯坦在科学史上的地位，只有哥白尼（N. Copernicus，1473—1543）、牛顿（I. Newton，1642—1727）和达尔文（C. R. Darwin，1809—1882）可与之媲美。他崇尚真理，笃信人类进步，致力于科学造福于人类。他曾说，“对真理的追求比对真理的占有更为可贵”，“人只有献身于社会，才能发现那实际上是短暂而有风险的生命的意义”。

爱因斯坦对资本主义始终持清醒的批判态度，真情向往社会主义，但他也敏锐地洞察了苏联模式社会主义的弊端。他在1949年的一篇文章《为什么要社会主义?》中写道：“计划经济还不是社会主义，计划经济本身可能伴随着对个人的完全奴役。”“社会主义的建成，需要防止行政人员变成官僚，……并使个人权利得到保障，同时对于行政权力能确保有一种民主的力量相平衡。”

19 世纪后半叶，随着资本主义工业化和全球化进程，通信需求变得越来越迫切和巨大。1837 年，美国发明家莫尔斯（S. F. B. Morse，1791—1872）发明电报，1844 年获得实用。1866 年，横跨大西洋的电报电缆铺设成功；1869 年，又完成了从英国横跨欧洲到达印度的通信电缆；1902 年，建成了通过太平洋连接加拿大和澳大利亚的海底电缆。1876 年 3 月，美国发明家贝尔（A. G. Bell，1841—1922）获得第一个电话专利。很快在欧洲和北美主要城市得到应用。至 1900 年，美国已有 1 355 900 台电话。1895 年，俄国波波夫（A. C. ПВОВО，1859—1906）和 1896 年意大利青年发明家马可尼（G. Marconi，1874—1937）分别独立发明无线电报。1903 年，美国即向《泰晤士报》用无线电电传新闻，当日新闻当日见报。通信技术的迅速发展，需解决信息传输速率和可靠性问题；飞机的出现和速度提高，在防空中需要解决自动火炮的控制和跟踪问题。信息论与控制论应运而生。

1948 年，美国电报电话公司贝尔实验室的应用数学家申农（C. E. Shannon，1916—2001）发表了“通信的数学理论”。他在信息量定义的基础上，提出了著名的编码定理，并提出了编码冗余度和消除传递过程中噪声干扰的理论，即噪声通路基本定理。他的这一著作奠定了现代信息论的理论基础。

同年，美国科学家维纳（N. Wiener，1894—1964）出版了《控制论》一书，他把控制论（cybernetics）定义为“关于机器和生物的通信和控制的科学”。维纳首先将事物的运动看成不确定的随机过程，因此采用统计和时间序列的方法来处理信息和控制问题；他还进一步研究了负反馈原理，讨论了反馈系统的稳定条件，进一步提升了反馈在信息和控制系统中的地位。他认为无论是自动机器，还是神经系统以至经济和社会系统，反馈都对系统稳定起到至关重要的作用。反馈机制还可使机器表现出与生物体相似的学习能力和目的性行为。维纳指出，一个有效的系统必须通过反馈过程实现，认为反馈是控制的核心。

系统论也在 20 世纪中叶与信息论和控制论一起迅速发展。1957 年，美国密执安大学的古德（H. Goode，1909—1960）和麦克霍尔（R. E. Machol，1917—1998）合著出版了“系统工程学”系统地引入了线性规划、排队论、决策论等运筹学分支，为系统工程奠定了数学方法的基础。兰德公司和美国军方则在规划和组织实施过程中采用了系统分析方法，系统组织管理程序和系统评价方法等。1965 年，麦克霍尔编写了《系统工程手册》，概括了系统工程学的各个方面。1969 年开始的美国的“阿波罗”登月计划是系统工程实践的成功范例。系统科学的应用现已推广到经济和社会过程。20 世纪 70 年代后又出现了复杂巨系统的概念。复杂巨系统是指由许多不同层次、不同性质的子系统构成的，具有随机性、不确定性、多样性的复杂系统。信息理论的发展为 21 世纪通信技术、计算机和智能机器、公共工程、跨国公司经营、全球经济、生态与环境控制、生命和认知行为研究及现代社会研究等准备了理论基础。

20 世纪，人类在探索生命奥秘方面取得的最重大进展是遗传物质 DNA 的发现及其双螺旋结构模型的建立。1900 年，孟德尔（G. Mendel，1822—1884）遗传因子定律被再次发现。1911 年，以美国的摩尔根（T. H. Morgan，1866—1945）为首的一批科学家进一步实验证明孟德尔所假设的遗传“因子”就是细胞内染色体上有序地排列的“基因”，确认了“基因”是遗传信息的载体。找到执行“基因”功能的物质结构，不仅成为生物学家们的热门研究课题，一些物质科学家也加入了这一行列。量子力学的创始人之一薛定谔也在 40 年代将兴趣转向遗传物质。1943 年 2 月，他在爱尔兰都柏林三一学院作的“生命是什么”的著名演讲中提出了一个预测：必定存在着一种非周期性的生物大分子晶体，包含着数量巨大的排列组合遗传密码。他认为量子力学原理既能解释这类分子结构的稳定性，又能解释它的偶然突变性。他的报告后来被印成小册子广为传播，激励了大批青年科学家探索遗传物质分子结构的兴趣，并进行了顽强的探索。直到 1952 年美国科学家赫尔希（A. Hershey，1908—1997）和他的学生蔡斯（M. Chase，1927— ）最终用噬菌体实验确定，传递遗传基因信息的生命物质是脱氧核糖核酸，而不是蛋白质。一位美国大学生沃森（J. D. Watson，1928— ）和一位转向生物学研究的物理学家克里克（F. H. C. Crick，1916—2004）1951 年 11 月至 1953 年 4 月在剑桥大学进行了 18 个月的合作研究，并在伦敦国王学院运用 X 射线晶体衍射分析研究 DNA 结构的威尔金斯（M. H. Wilkins 1916—2004）和女科学家弗兰克林（R. Franklin，1920—1958）的帮助下，提出了 DNA 双螺旋结构的分子模型，于 1953 年 4 月 25 日在英国的《自然》杂志上正式发表，他们构建的 DNA 分子结构由两条相互平衡、走向相反的由磷酸和糖分子基团组成的长链，其内侧由四种不同的碱基通过氢键互相配对连接。1954 年 2 月，因支持和完善宇宙大爆炸理论而闻名的美籍俄裔物理学家伽莫夫（G. Gamow，1904—1968）认为构成蛋白质的氨基酸有 20 种，而碱基只有 4 种，因此他认为不同的三种碱基排列组合形成遗传密码，如同莫尔斯电码一般可以控制 20 种氨基酸的复制。他的预言被后来的实验证实。到 1963 年，20 种不同的氨基酸的遗传密码都被测定了出来。DNA 双螺旋结构的建立宣告了人类终于揭开了生命遗传的奥秘，标志着现代分子生物学的诞生，揭示了世界上千差万别的生命种群和个体在微观分子结构和遗传法则上的统一性，并为以后的基因克隆、调控、修复、重组为主要内容的基因工程奠定了分子生物学的基础。

20 世纪最伟大的地学进展是大陆漂移学说。19 世纪占统治地位的地质学理论是地壳发展的均变论。1830 年，英国地质学家赖尔（C. Lyell，1797—1875）出版地质学原理。他认为地壳变化不是什么超自然力或巨大灾变造成的，而是由一些日常最平常的动力（如风、雨、温度变化、水流、潮汐、火山、地震等）在极漫长的岁月中渐变而成的。大陆固定论在 19 世纪居统治地位。到了 19 世纪后半叶，随着航海业的发展和资本主义殖民地的扩张，全球性的科学考察活动逐步展开。人们发现被大洋隔开的不同大陆上的生物种群、古生物化石，乃至地质地层构造有着十分相似的亲缘关系，按赖尔的大陆固定学说很难得到解释。德国青年地质学家魏格纳（A. Wegener，1880—1930）对传统理论提出了挑战。他于 1912 年发表了题为“大陆的起源”的论文，提出了大陆漂移假说，1915 年又出版了《海陆的起源》一书。他从四个方面论证了大陆漂移可能存在的根据：一是南大西洋西岸岸线相互吻合，据说这是他在 1910 年卧病在床，凝视世界地图时发现的；二是他通过系统分析发现，大西洋两岸许多生物和古生物存在明显的亲缘关系，包括移动十分缓慢的蚯蚓、蜗牛等，这绝不可能通过跨洋“陆桥”迁徙扩散得到解释；三是大西洋两岸的岩石、地层和皱褶构造也是相互吻合的，而且纪年相同；四是在古气候研究中发现两极地区存在热带沙漠痕迹，而在赤道附近的热带森林中恰好发现了古代冰盖的遗迹，唯一可解释的是大陆曾漂移易位。

但魏格纳未能解释大陆漂移的动力学问题，他为了寻找大陆漂移的证据，1930 年在格陵兰茫茫冰原考察途中遇难身亡。魏格纳的学说并未得到学术界的承认，甚至他的人格还受到无端的攻击和诽谤。

1928 年，英国地质学家霍姆斯（A. Holmes，1890—1965）提出了“地幔对流学说”，他们认为岩石中的放射性元素释放的原子能使地幔保持塑性状态，而温度分布的不均匀又使地幔物质发生缓慢的对流运动，从而牵动了大陆的漂移。到了20世纪五六十年代，海洋地质尤其是海底钻探的开展，证实了地幔对流和海底扩张的存在，并依靠无线电测距方法，测定了海底扩张和大陆漂移的速率，证实了魏格纳大陆漂移理论的科学性。大陆经数亿年的漂移，居然保持若干块整体形态基本不变，可见大陆表面地壳犹如若干大小不同的板块构成。60年代末，法国的勒·皮雄（Xavier Le Pichon，1937— ）、美国的摩根（W. J. Morgan，1935— ）和英国的麦肯齐（D. P. McKenzie，1942— ）等建立了地球板块构造模型。他们将地球的岩石圈分为欧亚、美洲、非洲、太平洋、大洋洲、南极洲等六大板块和若干小板块。板块之间的分界线是中洋脊、俯冲带、地缝线和转换断层。地幔对流使板块在中洋脊继续增生扩张，而在俯冲线和地缝合线则下沉和消减。那是构造运动激烈的地方，是地震、火山活动主要发生地。板块学说不仅解释地球大陆的历史变迁，而且可以预言未来的发展，展示了人类对固体地球运动模式整体性和运动学、动力学认识的深化。迄今的一系列地质学重大发现，以及板块学说对于地震学、矿物学、古地质、古生物学和古气候学的重要指导作用，已证明板块学说的确是20世纪地质学的最伟大的突破。

古天文学在历法和农业节气方面有着重要地位，近代科学的观念革命也以哥白尼和牛顿的天体几何和天体力学为先导。现代天文学成为人类认识宇宙物质本质及其演化，认识时空、物质和能量统一性的不可替代的科学和物理学天然实验室。宇宙和天体间的空间尺度、时间度量、物质存在形式和运动方式（如压力、温度、引力场、速度、质量和密度）是地球上均难以达到的。20世纪天体物理和宇宙学的进展不仅为相对论提供了令人信服的实验验证，也为粒子物理和物质结构提出了新的命题。全波段、高分辨红外光谱仪以及空间望远镜、天体科学探测卫星和空间站的升空不断深化和拓展了人们对天体和宇宙的认识。

宇宙爆炸模型的提出堪称20世纪宇宙理论的里程碑。广义相对论问世以后，人们开始试图以新的观念来建立新的宇宙理论。1917年，爱因斯坦提出了静态的有限无界的宇宙模型；同年，荷兰天文学家德西特（Willem de Sitter，1872—1934）也以相对论为依据提出了一个不断膨胀的、物质平均密度为零的动态宇宙模型。1929年，美国天文学家哈勃（Edwin Powell Hubble，1889—1953）分析了河外星云上的元素光谱红移，证明了此类星云正远离我们而去，而且离我们越远的星系离我们远去的速度越快。天文学家爱丁顿（A. Eddington，1882—1944）立即认为这正是宇宙膨胀的证明。1932年，比利时天文学家勒梅特（G. LemaÎtre，1894—1966）进而将其发展为宇宙大爆炸理论。他认为，宇宙的原始态是真空，由于一次大爆炸形成各种天体和星系，并形成不断膨胀的宇宙。后来天文学家通过对遥远星系的观察推断宇宙寿命已有150亿—200亿年。

1948年，物理学家伽莫夫将粒子物理引进宇宙学，试图用大爆炸学说来说明各种元素的起源。1974年，英国物理学家霍金（S. W. Hawking，1942—）进而将它与黑洞爆炸相联系，人们开始企图用大爆炸理论来证明基本粒子的起源。然而，大爆炸理论仍存在许多矛盾和漏洞，尚有待于天文学家进行创造性改进和继续新的观察与验证。但大爆炸学说的提出毕竟开辟了现代宇宙理论的新阶段。当前正实施的哈勃天文望远镜、超大口径的微波射电天文望远镜、空间X射线探测器、反物质探测器等正是人们为探索宇宙奥秘所做的不懈努力。在浩瀚的宇宙面前，个人显得多么渺小，人生又是多么的短暂。但是整个人类坚持追求和探索真理的勇气与智慧，使我们对宇宙的认识不断达到新的境界。

科技发展的历史回顾和展望*

新中国已经走过半个世纪的光辉历程。

这半个世纪，是中国人民在中国共产党领导下奠定社会主义基业、改革开放并取得伟大胜利的50年。抚今追昔，我们可以自豪地说，在中华民族5000年文明史上，从来没有哪个时期像20世纪下半叶这样辉煌。对于中国科技事业来说，这半个世纪尤其具有特殊的意义。这是中国科技凯歌行进的50年，是中国科技与世界先进水平日益缩短差距并在某些领域取得优势的50年，是中国科技创新能力日益增强的50年。在历史的长河中，50年仅是须臾一瞬，然而就是这短暂的50年，曾经积贫积弱的中国人民普遍享受到现代科技的恩惠，科技工作者与亿万人民一起推动着国民经济以高于同期世界经济年平均增长率4.4个百分点的速度持续增长，创造了前所未有的经济繁荣、国力强盛、政治稳定、社会进步的局面，中华民族以崭新的面貌屹立于世界的东方。

一、 历史的跨越

新中国诞生于科技贫瘠的土地。虽说现代科技自20世纪初就通过留学生等各种渠道进入中国，但是封建专制、军阀割据、列强入侵，使中国科学技术的发展遭遇重重障碍，几代知识分子科学救国的愿望只能是一个梦想。当毛泽东同志宣布"中国人民站起来了"时，全国只有40多个专门的科研机构、500多名科研人员、200所高等院校。科研能力很弱。

新中国为科学技术创造了发展的前提。以毛泽东同志为核心的中国共产党第一代领导集体即使在革命战争的年代也十分重视科学技术。早在延安时期，毛泽东等就大力提倡科学知识、鼓励科学研究，建立起自然科学研究院、陕北公学等科研和教育机构。崇尚科学知识、崇尚科学方法、崇尚实事求是的科学思想，与全心全意为人民服务的宗旨、艰苦奋斗的作风一起形成著名的延安精神。新中国成立初期具有临时宪法性质的《中国人民政治协商会议共同纲领》就明确提出，"努力发展自然科学，以服务于工业、农业和国防建设，

* 本文发表于《求是》杂志1999年第20期。发表时题目为"科技发展50年的回顾与展望"。

奖励科学发现和发明，普及科学知识”，并将“爱科学”规定为国民公德的“五爱”之一。新中国成立仅仅一个月，党和政府就建立中国科学院，并着手进行科技机构和高等院校的建设和调整。号召向科技进军和《1956—1967 年科学技术发展远景规划纲要》的制定、组织实施和提前完成，标志着新中国科技事业进入体制化建设时期。虽然“左”的思想路线延误了科技事业，但党领导的社会主义科技事业的“根”仍顽强地生长着。即使在“文化大革命”那个动乱的年代，毛泽东、周恩来、聂荣臻等老一辈无产阶级革命家仍然以其崇高的威望在一定程度上遏止林彪、江青两个反革命集团对科技事业的破坏，使我国科技事业能够在某些领域取得成果。

党的十一届三中全会实现新中国历史上的伟大转折。以这次会议为起点，全党工作重点转向经济建设，改革开放凝聚起中国科技人员和全体中国人民的意志和力量，中国进入社会主义现代化建设的新阶段。以邓小平同志为核心的中国共产党第二代领导集体，深刻地洞察世界科技发展的趋势，高度重视科学技术的发展。1978 年召开的全国科学大会，邓小平同志提出科学技术是生产力，知识分子是工人阶级的一部分等著名论断，他号召要尊重知识、尊重人才，并深情地说他要做科技和教育的后勤部长，并提出一系列创造性的关于科技体制改革的方针政策。20 世纪 80 年代中期，国家进一步提出了科学技术要面向经济建设、经济建设要依靠科学技术的方针，开始了全国范围内的科技体制改革，到党的十五大确立了“科教兴国”和“可持续发展”的战略。毫不夸张地说，改革开放的 20 年，是科技人员心情最舒畅、工作条件和生活条件改善最快、科技发展最迅速，也是科技对经济建设和社会发展结合最紧密的时期。目前我国科技体制已逐步形成面向经济建设、国家安全和社会发展，逐步建立起适应社会主义市场经济体制的新框架，以科学技术创新为源头的高科技产业正在成为提高我国国际竞争力的主导力量。1998 年，江泽民同志代表党中央提出了建设国家创新体系的号召，并正在付诸实施。

半个世纪以来，我国科技工作者始终与党和人民同呼吸共命运，急国家之所急，想人民之所想；人民高度评价科技界为新中国的 50 年辉煌做出的宝贵贡献。新中国的历史理所当然地也包括科技人员的奋斗史、科学技术的创新史和我国科技事业的发展史。新中国以其强大的感召力凝聚海内外学人。新中国成立之初，曾经因各种原因滞留海外的科技人才怀着报效祖国的豪情壮志毅然放弃国外的优厚待遇启程归国，党和政府也致力加速培养大批品学兼优的各类人才。新中国迅速以世人瞩目的科技成果赢得世人的真诚钦佩。原子弹、氢弹、导弹、人造地球卫星研制的成功不但具有重大政治意义和国防价值，而且带动了相关产业，并训练和培养了一大批担当重任的科技队伍。如今的中国已是世界上少数几个能够独立建设核电站、制造发射和回收应用卫星的国家；在陆相成油理论指导下，大庆油田的自主勘探开发和连续 30 余年的高产稳产，打破某些国家对中国的石油封锁，支持了中国经济的持续发展；几十万项科技成果使中国由一个极端落后的农业国迅速转变为一个工业大国，一个在成立之初几乎大部分工业品依赖进口的国家，到了 1997 年，钢、煤、水泥、化肥、家用电器的产量已经居于世界第一位，经济总量已跃居世界第七位；以中国人培育的“杂交水稻”为代表的农业科技的广泛应用，使我国粮食总产量在 50 年内提高 3.3 倍，在人口增长 1.5 倍的基础上人均占有粮食增长一倍，中国用占世界 7%的耕地保证了世界 22%的人口的小康生活对农产品的需求；20 世纪 60 年代中期由中国科学家独立完成的人工合成胰岛素是世界公认的具有诺贝尔奖水平的科研成果；以哥德巴赫猜想研究为代表的数学研究自50年代起就一直处于世界先进水平，显示了中华民族杰出的智慧；80年代崛起的北大方正激光中文照排技术实现了中文印刷行业“告别铅与火、迎来光与电”的技术飞跃，如今北大方正激光照排技术以其技术优势赢得了国际汉字照排市场。改革开放以来随着国际交流合作的广泛展开，引进消化吸收能力的提高，技术自主创新和产业化的能力也不断提高，涌现了一批如联想、华为、海尔、方正等民族科技企业。《中华人民共和国专利法》《中华人民共和国环境保护法》《中华人民共和国技术转让法》《中华人民共和国技术进步法》等一系列有关知识产权保护、促进技术进步的法律、法规趋于健全，有利科技创新及产业化的社会政策法制文化环境正在形成。科技对于经济和社会发展的贡献既体现于物质生产技术的层面，同时还体现于全民族的文化科学素质的提高，科学知识的普及，以及对科学精神、科学方法、科学思想的理解和掌握，这是实现现代化的科学思想和文化基础。

回顾新中国科技事业发展的历程，我们得出一个明确的结论：与20世纪上半叶相比，新中国的科技事业在党的正确领导下，实现了历史性的跨越；与同期世界上任何国家的科技发展相比，新中国科技事业也创造了少有的辉煌。我们并不讳言新中国科技事业遭受过的挫折，但是总体上，新中国50年科技事业发展的主旋律是由小到大、由弱到强、由封闭到开放、由落后到发展。

二、宝贵的启示

庆祝新中国成立50周年，回顾和总结我国科技事业的成就，引发了我们对我国科技发展进一步的思考。正确而全面地总结新中国科技工作的基本经验，深刻认识新中国科技发展的基本规律，对于发扬优良传统，迈向新的世纪有着十分重要的意义。

1. 启示之一：中国共产党是科技事业的坚强领导核心，邓小平理论是指引我国科技发展的指导思想，社会主义制度是保证我国科技事业发展的制度基础，改革开放是推动科学技术进步的强大动力

20世纪初，孙中山领导的旧民主主义革命结束了中国长达两千多年的封建专制，给中华民族带来一次历史性的机遇。但是由于孙中山先生过早逝世，国民党右翼代表了帝国主义、封建主义和官僚资本主义的利益，阻碍中国的发展。中国共产党继承和发扬五四运动的革命精神，领导全国人民经过艰苦卓绝的浴血奋战，终于取得新民主主义革命的胜利，彻底推翻了压在中国人民头上的“三座大山”，建立了中华人民共和国。新中国成立初期曾经有人怀疑党领导科学技术的能力，50年的历史已经做出最有力的回答。以马克思主义、毛泽东思想和邓小平理论为指导思想的中国共产党是“五四”精神的传人，也是最善于领导科技的政治力量。社会主义作为人类进步的社会制度，既是对桎梏科技发展的资本主义的否定，同时又充分地继承和发展了人类文明科技。中国之所以仅仅用50年时间完成其他国家一个多世纪才能完成的工业化进程，社会主义制度的优势是一个重要原因。改革开放是中国共产党吸收现代科技经济文化成果，对马克思主义理论的丰富和发

展，是对社会主义制度的重大创新。邓小平理论是对马克思主义和毛泽东思想的继承和发展，既符合中国国情，又具有时代特征。邓小平科技思想是邓小平理论的重要组成部分，为发展我国的科技事业指明了方向和道路，是指引我国科技事业从胜利走向新的胜利的光辉旗帜。

2. 启示之二：中国科技事业的前途在于积极地投身几百年以来中华民族对富强、民主、文明的百折不挠的奋斗和追求

近代科技自从17世纪以来迅速发展，牛顿的力学三定律、微积分、蒸汽机、光的波动学说纷纷创立，这个时期的中国恰值清代初期。具有讽刺意味的正是这个“康（熙）乾（隆）盛世”，妄自尊大、闭关锁国，封闭远离工业革命和第一次、第二次技术革命，使中国自外于近代科技，造成了中国近代的落后。鸦片战争以降，几乎世界上所有帝国主义国家都借助其科技实力欺辱和侵略中国。中国的知识分子不断地寻求着强国富民的道路。19世纪后半叶，以容闳、严复、詹天佑为代表的先进分子主动学习近代科技，将近代科技引进中国。新中国成立前，科学技术并没有得到真正的发展，首要的原因纵然是政权的腐朽和帝国主义的压迫，但还必须承认当时的科技事业不能与经济相结合，不能与最广大的民众相结合，也是重要的原因。新中国的建立为科技发展和科技工作者提供了施展才华的最宽广的舞台。新中国的科技发展走上了一条与经济和社会发展相结合、广大人民群众普遍参与的道路。改革开放以来，科技事业之所以更迅速地得到发展是因为改革开放为中国科技提供了广泛的国际性交流合作的可能。科技体制改革，将主要力量面向经济建设和社会可持续发展，并增加了对基础研究与高技术创新的支持，使中华民族尊重知识、尊重人才的优良传统和科技创新的价值在社会主义市场经济条件下得到新的发扬，科技创新得到社会和民众前所未有的重视、支持和参与。科技工作者从亲身经历中深刻地认识到：经济与社会需求是科技进步最强大的动力，人民的广泛参与是科技事业繁荣最深厚的根基。作为第一生产力的科技是人类文明的动力和基石，其功能愈来愈得到人民的理解，得到人民理解和支持的事业注定要繁荣。

3. 启示之三：中国的科技工作者对祖国和人民无限忠诚，具有爱国奉献、求真务实、艰苦奋斗、协同创新的品格和传统，他们是中国现代化建设的一支生力军，是中国工人阶级中具有较高现代科学技术知识的一部分，这支队伍是完全可以信赖的

20世纪以来，一大批从旧中国过来的科技人员为新中国的建设做出了十分可贵的贡献，他们中间许多人不仅成为新中国科技事业的奠基者、新领域的开创者，还成为第一批教授、研究员和研究生导师，他们都应当受到充分的尊敬。新中国培养的几代科技人员继承了前辈爱国、奉献、开拓、创新的传统，即使在艰苦困难的条件下仍然坚持科学技术的研究、开发、推广和普及。50年来，经济建设、国家安全和社会发展取得的每一项成就，都凝结着科技人员的智慧和汗水。只要国家需要，科技人员总是毫不犹豫地舍弃名利、奉献青春乃至牺牲生命。那些为“两弹一星”等关系国家安全的项目长期隐姓埋名的科技人

员，那些为黄淮海中低产田改造等农业项目默默奉献的科技人员，那些为大庆、宝钢、三峡等建设和重大工业项目联合攻关的科技人员，那些为考察青藏高原等资源环境生态项目置生死于度外的科技人员，那些甘于清贫，以“面壁十年”的精神，执著地从事基础研究和高技术前沿探索的科技人员，他们作为第一生产力的载体，作为知识创新、技术创新的主体，日益成为我们这个社会最重要的群体。现代科技是跨越国界的。新中国的科技人员具有世界的眼光，最初留学欧美的学子们竞相归来，五六十年代 2 万多名青年学人留学苏联和东欧国家，70 年代末开始向发达国家大规模派遣的留学生都陆续学成回国，中国科技工作者与世界科技前沿保持着平等对话和持续广泛的联系。中国科技人员高尚的道德品质、杰出的科技才能赢得各国同行的敬重。许多国外同行由于对中国科技人员的了解进而了解新中国，由于对中国科技人员的尊重而尊重中国。当某些大国出于冷战和霸权的目的对中国进行“封锁”和“制裁”的时候，这些国家的科技人员抵制其政府的错误政策，积极参与同我们的科技合作，迫使这些国家的政府重新认识中国。中国科技人员永远与党和人民同心、同德、与时代同步，是我国面向新世纪发展的最宝贵的财富和动力，他们与广大工人农民相结合正是中华民族强大生命力、创造力之所在。

新中国科技实践的深刻启示，已经成为全体科技人员的共识，那就是：更高地举起邓小平理论的伟大旗帜，坚决拥护中国共产党的领导，坚持社会主义和改革开放的道路，与广大人民群众相结合，积极、主动、创造性地参与现代化建设，培养和建设一支更加宏大的跨世纪优秀的科技队伍，将新中国的科技事业全面推向 21 世纪。

三、 未来的展望

庆祝新中国成立 50 周年，自然要展望新世纪的发展。即将到来的 21 世纪上半叶，我们将实现社会主义现代化建设的第三步战略目标，到中华人民共和国百年大庆的时候，中国将达到当时的中等发达国家水平，中华民族将为人类的和平与发展做出更大的贡献。

这又是一项前人从来没有做过的极其光荣伟大的事业。我们确定的到 2050 年的目标是以世界先进水平为参照系的、动态的、开放的目标。前进的征途上，必然遇到各种各样的挑战和困难。第一，我们必须应对发达国家的科技与经济优势对我们构成的巨大的压力；第二，我们必须准备应对 2030 年 15 亿的人口压力并不断提高这一庞大人口的生活质量、健康水平和社会保障能力，将人口负担有效地转变为创造性的人力资源；第三，我们必须迅速地调整产业结构，加大整个经济和社会发展的科技含量，尽快实现由粗放型到集约型经济增长方式的转变；第四，我们要努力缩小城乡和东西部之间的经济、科技、文化差距；第五，我们还应不断提高全民族的创新能力，建设面向 21 世纪的国家创新体系，创造有利于创新的文化氛围和社会环境。

20 世纪 90 年代以来，世界科技创新的进程明显加快，经济全球化与世界多极化、文化多样性同时并存，霸权主义、强权政治企图依靠科技强势为所欲为，人类建立世界政治经济新秩序的努力遇到重重阻挠。我国党和政府为迎接全球知识经济时代的挑战，制定并实施科教兴国战略和可持续发展战略。最近几年来，江泽民同志不断强调创新，提出“知识经济，创新意识对我国 21 世纪的发展至关重要”。知识经济实质是以创新为动力的经济，创新是知识经济的生命和源泉。如果说中国50年来，尤其是改革开放20年来取得的巨大成就更多地来源于体制改革，解放生产力，那么未来20年、50年中国经济社会发展必将更多地依靠发展“第一生产力”，依靠科技进步，更多地依靠提高劳动者素质，发展创新人力资源。

世界近现代史表明，一个国家的经济发展达到一定水平后，其经济增长的主要动力来自科技创新。后发国家从技术引进为主，转向技术引进与自主技术创新并重的时间大约为30年左右。任何缺乏知识储备、不能敏锐而且正确地识别国际知识创新前沿动态、缺乏具备积极响应能力和创造能力的国家，不仅将失去国内外市场竞争的优势，而且将失去知识经济带来的机遇。只有拥有有效的创新体系、持续创新能力、足够数量的高素质创新人才的国家，才具有发展知识经济的巨大潜力，才能够在激烈的国际竞争中立于不败之地。

党的十五大以来，党中央、国务院采取一系列鼓励和支持科技创新的措施，大规模地增加科技教育投入，组建起包括知识创新、技术创新和21世纪教育和知识传播在内的面向21世纪的国家创新体系的基本框架。党中央、国务院批准的由中国科学院启动的国家知识创新工程试点，标志着中国科技体制改革进入建设国家创新体系的新阶段。这是以江泽民同志为核心的党的第三代领导集体面向21世纪的重要战略决策，也体现了党对中国科学院和中国科技界的厚望。经过一年多的努力，国家知识创新工程试点开局良好，目前已经在凝练和提升创新目标、较大力度地调整结构、更新运行机制、建设创新队伍等方面取得重要进展，江泽民同志关于“真正搞出我们自己的创新体系”的要求正在扎扎实实地实践。我们决心通过试点，攀登科学技术高峰，为经济发展、国防建设和社会进步不断做出基础性、战略性、前瞻性的创新贡献，更好地发挥中国科学院科技知识库、科技人才库、科技思想库的作用。

庆祝新中国成立50周年，我们对未来充满信心。中国科技工作者将更加紧密地团结在以江泽民同志为核心的党中央周围，不断地从世界科技发展和新中国50年发展历程中汲取力量和智慧，努力建设具有中国特色的创新体系，沿着有中国特色的创新道路前进！我们相信，作为第一生产力的科学技术，不仅已经福泽50年来的新中国，而且将以更加灿烂的光芒照耀新世纪的中国和世界，照耀人类新的千年！

科学技术百年的回顾与展望*

一、 重大科学理论成就

20 世纪的科学是在 19 世纪的重大理论成果如热力学与电磁学理论、化学原子论、生物进化论与细胞学说等基础上发展起来的。

狭义相对论（1905 年）和广义相对论（1915 年）的创立，揭示了空间、时间、物质和运动之间的内在联系，带来了整个物理学和人类认知领域的革命。

图 1　在瑞士伯尔尼专利局工作时期的爱因斯坦

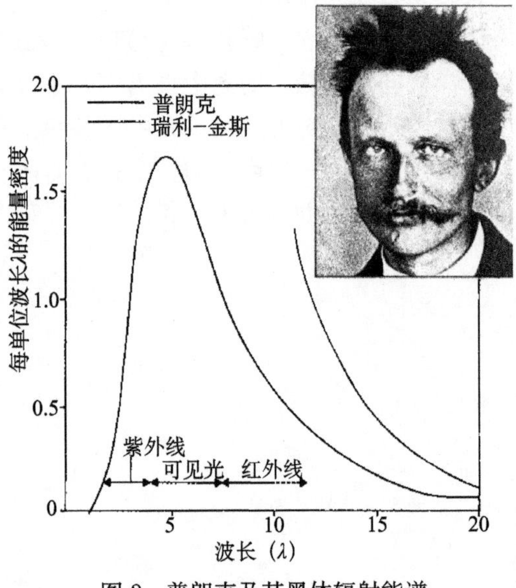

图 2　普朗克及其黑体辐射能谱

量子论（1900 年）、量子力学（20 世纪 20 年代）的创立和量子场论的发展，不仅揭开了物质科学新的一页，而且为微电子与光电子技术以及信息技术的发展奠定了科学基础。

---

* 本文为 1999 年 10 月 18 日在浙江大学举行的“中国科学技术协会首届学术年会”上的主题演讲。

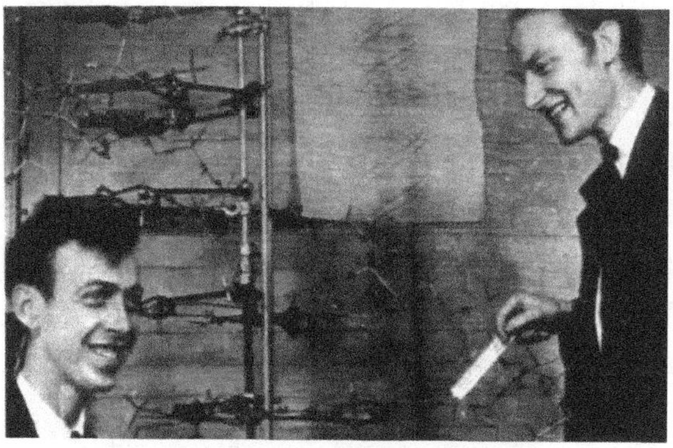

图 3　克里克、沃森及其 DNA 模型

分子生物学的发展，特别是从 20 世纪 30 年代初基因遗传学说的提出到 50 年代初遗传物质 DNA 分子双螺旋结构模型（1953 年）的建立以及其后 60 年代末遗传密码的破译，不但揭开了生命科学新的一页，而且引发了生物技术的一场革命。

控制论（1948 年）、信息论（1948 年）、系统论（1957 年），以及信息科学的进展，为计算机、新的通信工程与工程技术的发展开辟了道路。

图 4　创立控制论的维纳（N. Wiener，1894—1964）

图 5　创立信息论的香农（C. Shannon，1916—　）

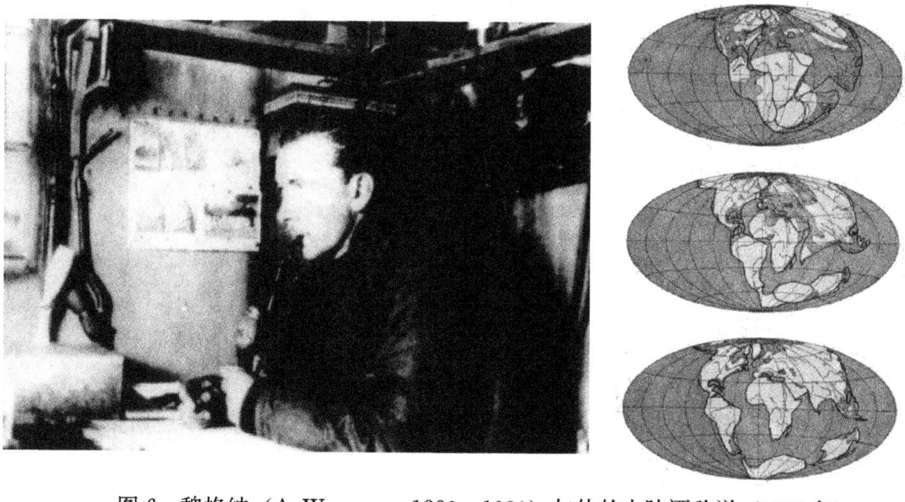

图 6　魏格纳（A. Wegener，1880—1930）与他的大陆漂移说（1912 年）

从大陆漂移说（1912年）的提出，经地幔对流说、海底扩张说等阶段到全球大地构造的板块结构模型（1968年）的建立，不仅为探索人类赖以生存的地球为研究对象的地球物理学和地质学创造了一体化的研究纲领，而且为认识矿藏形成规律、灾害成因、大陆与海洋环境生态变迁等提供了新的理论基础。

宇宙学原理（20世纪30年代）、大爆炸理论（1948年）、奇点理论（20世纪五六十年代）和量子宇宙论（1974年）的提出，不仅深化了人类对物质世界统一性的认识，而且激发了人们对探索宇宙奥秘和地外生命、研究新的物质和能源的巨大兴趣，也带动了航天和空间科学技术的发展，成为开拓人类智慧和创新能力的重要动力。

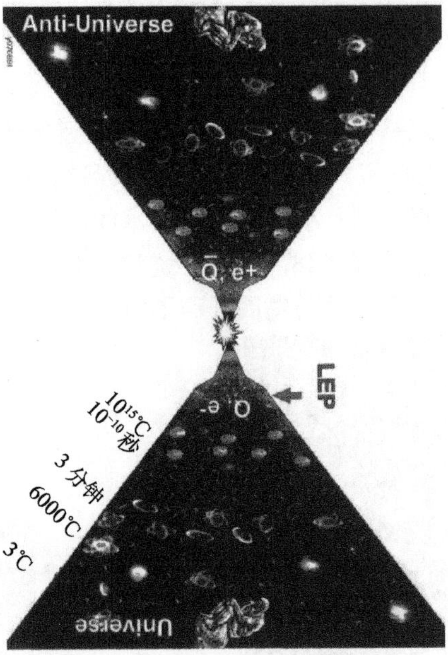

图7　宇宙大爆炸模型

二、重大技术成果

1. 核能与核技术

核能的和平利用标志着人类改造自然进入了一个新阶段。1942年12月，美国建成了世界上第一座原子能反应堆，首次实现了人工控制的链式核裂变反应。1954年，苏联建成世界上第一座5000千瓦原子能电站。20世纪60年代以后，核电站进入实用阶段，发展至今已成为一种重要能源，约占发电总量的20%。世界上已有18个国家的核电占总体发电量的25%以上，法国则高达75.5%。

核技术还广泛应用于农业、医疗、材料、考古和环保领域。20世纪40年代，放射性同位素开始大量产生。1947年，美国人利比（W. F. Libby）发明了^{14}C测定年代的方法。1951年开始使用放射性^{60}Co等放射性元素，治疗食管癌、子宫癌和喉癌等。1973年，英国发明家将计算机与X射线源结合发明了计算机X射线断层扫描技术（CT），可以进行有

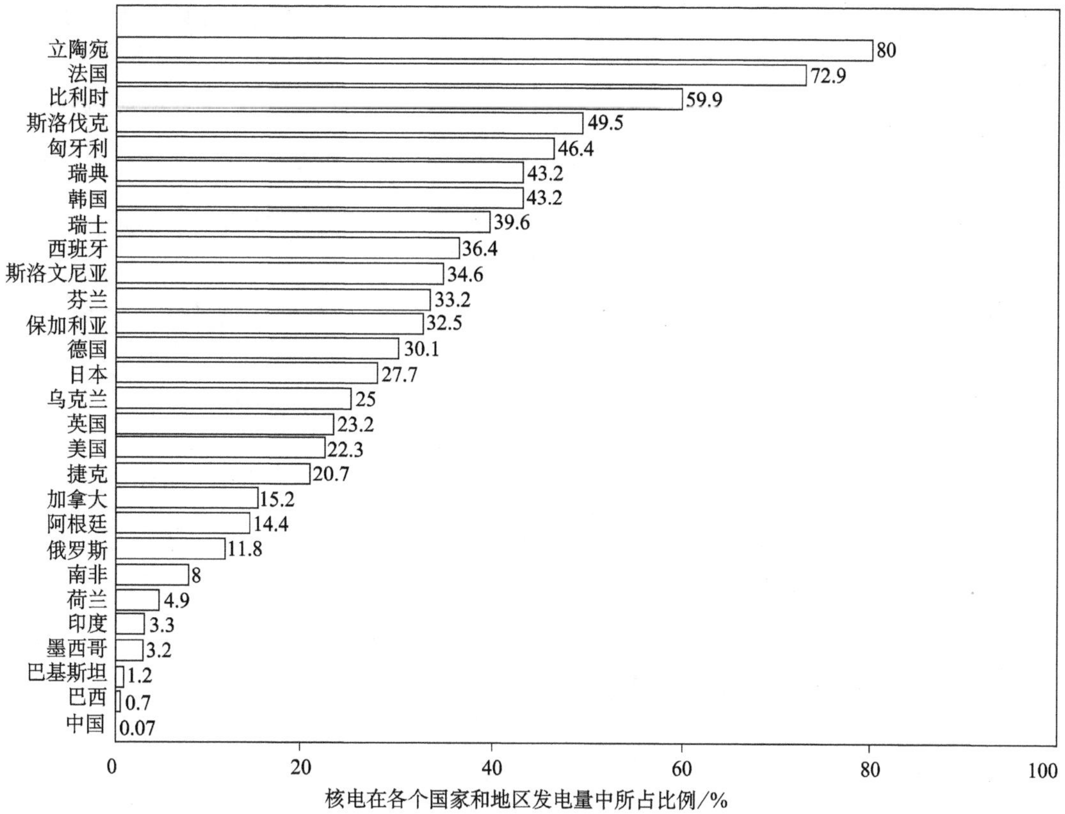

图 8　各国核电比例示意图

注：1992 年 12 月 31 日国际原子能机构统计数据。其中，立陶宛和乌克兰的数据为估计值，中国的数据不包括台湾省数据

数据来源：https：//www.iaea.org；《国际原子能机构通报》杂志，1994 年第 2 期

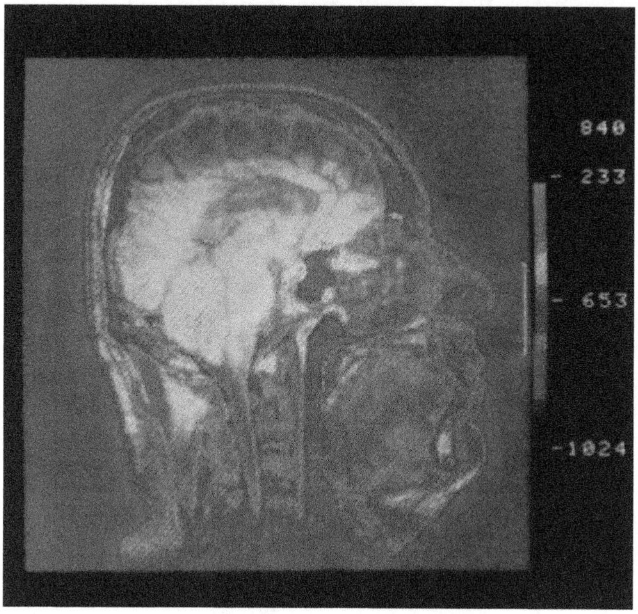

图 9　首次用 CT 拍摄的头颅照片

机体的断层照相分析，后来又发明了核磁共振扫描仪，它们都成为现代化医院不可或缺的医疗设备。中国在20世纪六七十年代以后，在独立自主地完成了核武器的研制工作后，迅速将自己掌握的核技术广泛用于和平建设中，并依靠自己的力量建设了秦山核电站。

2. 航空与航天技术

1903年12月，美国莱特兄弟成功地进行了历史上第一次载人动力飞行。此后，经过两次世界大战的推动，航空技术和飞机制造业得到很大发展，在不到100年的时间里，飞机已成为人类最重要的交通和运输工具。航天飞机则使人类的活动空间逾越了大气层而成为星际旅行的先声。

图10　莱特兄弟1903年设计制作的飞机

1942年10月液体燃料飞弹V-2发射成功，标志着火箭进入了实用阶段。二战后的10余年间，火箭发动机、控制制导、跟踪遥测等技术得到迅速发展，火箭射程从近程、中程、远程发展到洲际（8000千米以上）。苏联研制成功第一枚洲际导弹，1957年10月用它发射了世界上第一颗人造卫星。苏联“东方1号”飞船（1961年4月）和美国“阿波罗11号”飞船（1969年7月）分别实现了人类进入太空和登月的梦想。1971年4月，世界上第一个空间站“礼炮”1号升入太空，人类对空间的探索和开发又迈出了重要一步。

图11　几种运载火箭

包括通信、侦察、广播、观测、勘测和导航定位等不同用途的各种应用卫星，在国民经济、国防建设和科研教育等方面发挥着日益重要的作用。通过卫星的发射与应用，航天技术转化为显著的综合效益。中国在20世纪六七十年代自主研制了“两弹一星”，成为少数空间大国之一，并在卫星应用方面取得了许多重要进展。

图12 美国宇航员阿姆斯特朗第一次登上月球

3. 新材料与先进制造技术

20世纪以来，出现了许多用途广泛或性能独特的新材料。20世纪上半叶，塑料、合成橡胶、化学纤维等高分子合成材料得到迅速发展与广泛应用，在相当程度上代替了金属及木材、橡胶、植物纤维等天然材料。陶瓷、玻璃等无机非金属材料，玻璃钢、金属陶瓷等复合材料在20世纪中叶也有了新的发展。20世纪下半叶兴起的半导体材料、能源材料、环境材料、纳米材料、超导材料、生物及医学高分子材料等先进材料已成为发展信息、航空航天、生物、能源和海洋等高新技术的物质基础和技术进步的重要因素。

材料的变化为制造业带来了巨大变化。如无切削成型加工与快速成型成为制造工艺的新模式。依托于材料、器件、设计理论与方法、计算机技术和企业管理的先进制造技术是制造技术的最新发展，它经历了计算机辅助制造单元阶段（CAM，20世纪60—70年代）和柔性制造系统阶段（FMS，70—80年代），现已进入以信息、工业、物流、计算机集成控制为特点的集成阶段（CIMS，80—90年代），并开始了智能集成制造系统的研究和探索并形成了虚拟制造体系的新概念。

图 13　第一台球面磨床（1907 年）

图 14　美国福特汽车装配流水线（1913 年）

图 15　20 世纪 60 年代数控铣床

图 16　20 世纪 60 年代半自动化汽车生产线

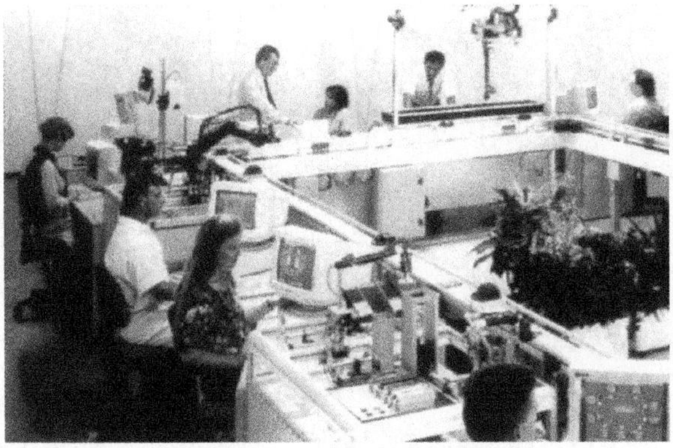

图 17　虚拟制造设计

图 18　20 世纪 80 年代汽车无人生产车间

4. 微电子、光电子和机电一体化技术

电子技术，特别是微电子技术是 20 世纪发展最为迅速、影响最为广泛的技术成就。

电子管、晶体管、集成电路、电报、电话、广播、电视、雷达、光电子技术、机电一体化技术、存储技术、传感技术以及名目繁多的家用电器和办公设备等的生产和运用，极大地改变了产品结构和人们的生存方式。

1906 年三极电子管的发明是电子技术史上的一个里程碑，人们从此找到了放大电信号的方法，使远程无线电通信成为可能。1947 年，第一只晶体管诞生，它为电子电路集成化和数字化提供了重要的物理基础。1958 年，集成电路问世。40 年来，集成电路经历了从小规模集成到中规模、大规模、超大规模，并向着极大规模集成阶段发展。描述集成电路发展速度的摩尔定律认为：集成度每 18 个月增长一倍，价格则下降为原来的一半。集成电路不仅成为计算机而且将成为机电一体化产品的核心。

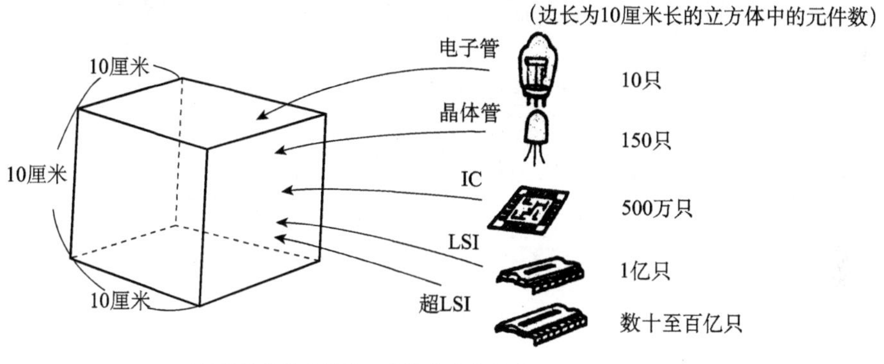

图 19　电子元件集成度变化

20 世纪下半叶迅速发展起来的激光、光纤、光盘存储等技术及其与电子技术结合形成的光电子技术已经成为信息社会的重要技术基础。

表 1　不同技术的传输量比较

传输技术	下载时间
28.8Kbps 调制解调器	46 分钟
128Kbps ISDN 专线	10 分钟
4Mbps 线缆调制解调器	20 秒
8M ADSL	10 秒
10Mbps 线缆调制解调器	8 秒

注：采用不同技术下载 3.5 分钟视频片段

5. 计算机及网络技术

自从第一台电子计算机 ENIAC 于 1946 年问世以来，计算机已经历了第一代（电子管，1946—1959 年）、第二代（晶体管，1959—1964 年）、第三代（集成电路，1964 年至 20 世纪 70 年代初）和第四代（大规模和超大规模集成电路，从 20 世纪 70 年代初开始）等发展阶段。80 年代开始对新一代计算机进行探索，智能计算机、光学计算机和量子计算机的研究已经取得初步成果。

随着大规模集成电路的出现，计算机向巨型化和微型化两极发展。1969 年制成的 CDC7600 机，是第一台千万次机。1976 年 Cray-1 机问世，其向量运算的最高速度达到每

图 20 第一台电子计算机 ENIAC（1946 年）

秒 2.5 亿次。巨型机发展到今天运算速度已达到每秒 3.9 万亿次。

20 世纪 70 年代，计算机发展的最重大事件是微型机的诞生和发展。1971 年 11 月，英特尔公司推出 Intel 4004 微处理器芯片；1977 年，苹果 2 型微机投放市场，标志着个人电脑时代的来临。

因特网（Internet）起源于 1969 年成立的阿帕网（ARPA），曾得到美国国家科学基金会（NSF）的支持。目前它已发展成为世界上最大的计算机网络和最大的信息交流与资源利用系统。1998 年，美国有 7600 万网民。中国在 1999 年上半年的 6 个月时间里，上网用户数翻了一倍（据中国互联网络信息中心截至 1999 年 6 月 30 日的统计，中国网民总数已超过 400 万）。在 TCP/IP 协议的基础上，随着波分复用技术的发展、光纤和微波讯道频带被不断展宽，传输速度不断提高。预计到 21 世纪初，主干网讯道频宽可达 1Tbps；IP 交换（IP Switching）和标记交换（Tag Switching）技术的出现，为网络技术的进步展示了新的前景。21 世纪将是网络的世纪，网络将成为人类新的研究与创造平台、交流与合作平台、制造与贸易平台、学习和娱乐平台，将成为人类新生活方式的重要内容。

软件是计算机的灵魂。20 世纪 50 年代中期出现了高级语言和操作系统。Fortran 语言是第一个被广为接受和使用的高级语言，随后不同用途的各种高级语言纷纷问世。1964 年推出的 Basic 语言简便易学，是计算机语言史上的又一里程碑。60 年代末期，为克服"软件危机"，软件工程应运而生。在 Dos、Unix、Windows、Java、Linux 等新操作环境中，系统软件、应用软件飞速发展，为软件与信息服务产业的形成奠定了基础。在不远的将来，软件产业将成为国民经济中最重要的产业。软件将成为提高信息存储和处理能力，提高传输品质与效率、安全性与可靠性的关键工具，成为突破语言文字屏障和人机屏障的有力手段。

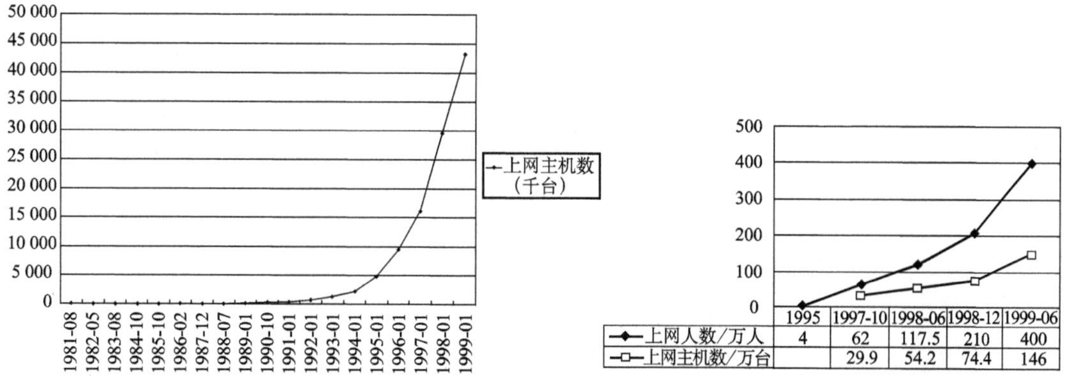

（a）国际因特网上网主机数增长示意图　（b）中国因特网上网主机数与上网人数增长示意图

图 21　国内外因特网增长示意图

资料来源：根据《中国互联网络发展状况统计报告》数据整理，参见：http：//www.cnnic.net.cn.

6. 科学仪器

今日的人类，在大尺度方面可运用光学望远镜、射电望远镜等大型天文仪器，观测到大约 10^{26} 米的宇宙空间（约百亿光年的距离）；在小尺度方面则可通过隧道扫描显微镜，观测到纳米的微观范围。更小的尺度则利用加速器进行间接观测，精度已达到 10—18 米。就是说，现代科学仪器使人类的视野横跨 44 个数量级的空间尺度，极大地拓展了科学探索的范围。

图 22　直径 2.4 的米哈勃望远镜

如果从 20 世纪 30 年代初劳伦斯（Ernest Lawrence，1901—1958）研制回旋加速器开始算起，加速器至今已有 60 多年的历史，其能量则提高了 9 个数量级。

射电望远镜诞生于 20 世纪 30 年代。60 年代，借助于电子学和计算机，科学家制成了综合孔径射电望远镜。射电望远镜的出现使射电天文学这一天文学的新兴分支迅速兴起：发现了许多过去不能发现的宇宙现象，如脉冲星、星际有机分子、微波背景辐射和类星体等。

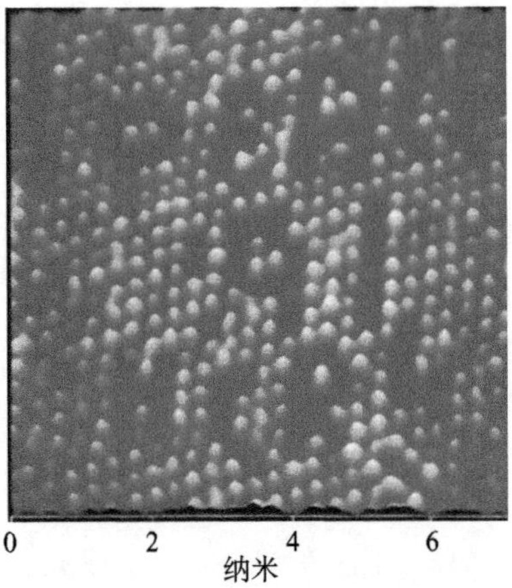

图 23　电子显微镜下的原子图像

电子显微镜发明于 1931 年。利用电子显微镜人们第一次观察到了病毒和原子图像，常用的透射电子显微镜能将物体放大至 100 万倍。以后，人们又发明了电子和离子探针及扫描隧道显微镜和原子力显微镜，人们已经可以直接观察和分辨原子尺度。

7. 生物技术

生物技术的核心是以对 DNA 重组为中心的基因工程，自 20 世纪 70 年代初兴起以来，受到高度重视。它可以按照需求对 DNA 进行人工“剪切”、“拼接”和“组合”，然后把重组的 DNA 转入受体进行复制和传代，从而使外来基因高效表达，产生人类所需要的物质，创造性地利用生物资源。例如，在植物基因工程方面，自 1983 年首次获得转基因烟草和马铃薯以来，世界上已获得百种以上的转基因植物，对农业发展具有重要意义。转基因药物的研制和生产将为人类的健康带来新的福音。

图 24　转基因动物

大规模地培养生物组织和细胞，或改变细胞的遗传组成以产生新种，这就是用细胞工程获得产品的方式。例如，1960 年植物的快速繁殖在兰花上取得成功后，至今已在几百种植物上使用这种技术，以工业化生产的方式进行植物繁殖。1978 年首例试管婴儿的诞生、1996 年克隆羊“多利”的出现都是细胞工程的杰作。

酶是具有催化剂活性的蛋白质。酶工程就是对酶有目的的生产和利用的技术。20 世纪 80 年代，酶工程发展较快，它主要应用于食品业、轻工业和医药业。比如，加酶洗衣粉和嫩肉粉等都是酶工程的产品。

蛋白质工程是根据需要对天然蛋白质的基因进行改造，生产出新的、自然界不存在的优质蛋白质。1983 年，蛋白质工程作为一个独立分支学科出现后日益受到重视，被誉为第二代基因工程。

现代发酵工业始于青霉素的生产。20 世纪 40 年代初青霉素被提炼出来，继而采用大规模工业化发酵方法制备了青霉素。从此开始大规模利用发酵工程生产抗生素。到 70 年代，发酵工程已日臻完善，除医药之外，还被广泛应用于食品、能源、采矿、冶金、化工、环保等领域，前景广阔。

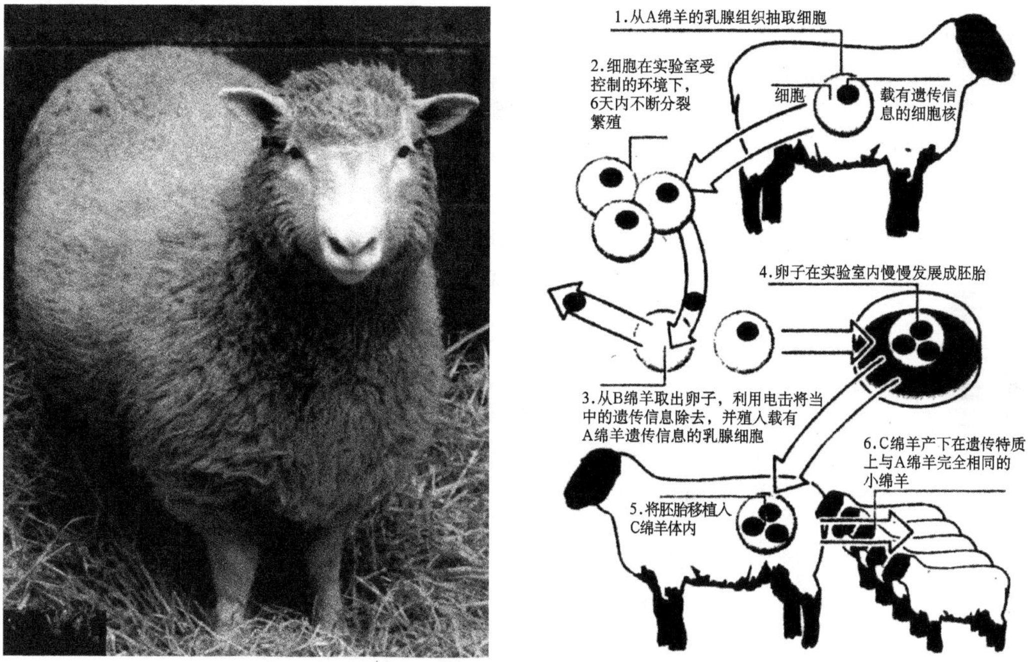

图 25　“多莉”生产过程示意图

资料来源：http：//news. bbc. co. uk [1997-02-22] .

三、 百年创新思想与创新规律的回顾

回顾百年来科学与技术上的创新，我们可以发现一些带有普遍性的创新规律。

1. 理论内部、不同理论之间、理论与实验的矛盾是引发新的理论突破的出发点

科学体系内部的矛盾，包括理论自身、理论与理论以及理论与实验的矛盾，都是引发科学革命的主导因素。相对论和量子论的发展正是这些矛盾推动的结果。爱因斯坦的狭义相对论，不仅解释了迈克耳孙-莫雷实验，同时也解决了洛仑兹变换与伽利略变换之间的冲突；广义相对论则进一步调和牛顿引力理论与狭义相对论之间的矛盾。

量子理论的发展，在早期主要来源于克服既有理论与实验之间矛盾的努力：为了说明经典理论无法解释的黑体辐射的光谱分布，普朗克大胆地提出量子假说；玻尔的原子构造理论，则是为了解释氢原子光谱；由于玻尔理论不能解释多电子原子的谱线，一批年轻而富于天才的物理学家又将量子论发展成量子力学。量子场论的发展，则力图为量子力学的能量结构与相对论的时空结构提供一个统一的框架。

2. 对重大理论问题的持久求索全面革新了人们心目中的宇宙图像

生命的本质是什么？大陆与海洋是如何形成的？恒星乃至整个宇宙又是何模样？生命和宇宙源自何处？这些问题在科学发展的历史长河中是亘古常新的话题。20 世纪，随着基础理论及观测手段的进展，人类对这些问题已有了全新的认识。物理学和化学的革命性进展，促进分子生物学的诞生。DNA 双螺旋结构的发现和遗传密码的破解，为人类打开了生命之谜的大门。人类所居住的大陆，在 20 世纪随着对海底洋壳的考察，已发现不再是固定不变的了。今天，我们已经认识了太阳的巨大能量源自何处，对恒星演化的历史也有了基本的了解。关于整个宇宙，随着广义相对论的创立以及星系红移和背景辐射的发现，人们提出了大爆炸学说，使得宇宙学终于成为一门基于理论和观测的科学。

图 26　20 世纪 80 年代中期欧洲核子中心（CERN）实验室鸟瞰图

大环周长 27 千米，标记大型电子-质子对撞机隧道；小环标志超质子同步加速器的地下位置

资料来源：欧洲核子中心，参见：http：//ssf. cas. cn/kpzt/kpztk/t201D01/17-2728129. html.

3. 观测和实验手段的革新与发明，为新的科学理论提供了实验依据

科学离不开实验和观测，20 世纪崭新的观测和实验手段，极大地提高了实验测量的精度与广度。加速器和对撞机的发明，开创了粒子物理学的新纪元。激光器和同步辐射装置的出现，有力地推动了一批基础学科的进展：利用激光的高准直性、单色性和高分辨率，我们可以深入研究原子、分子（包括生物大分子）和晶体的结构、能谱、瞬态变化和微观动力学过程。显微镜和望远镜这一对传统的观察工具在 20 世纪威力大增：电子显微镜可以使我们看到细胞的微细结构，将细胞生物学提高到一个新的水平；扫描隧道显微镜（STM）的发明使我们对表面的观察达到原子水平；射电望远镜为我们打开了一个崭新的天窗，从而预示着全波天文学的到来。卫星和遥感技术的发展，不仅使我们能够对地球进行遥感全天候的监测，同时也开辟了空间探测的新时代。

图 27　阿雷西博射电天文站

20 世纪 60 年代初，康奈尔大学在波多黎各的阿雷西博建造了这座直径达 1000 英尺（305 米）的射电望远镜。主反射器是悬于盆地之上的线网，其上用缆绳悬着一个活动的接收器。该装置既能通过反射天体的雷达波来测绘天体的表面特征，也能简单地接收天体发射的信号

资料来源：阿雷西博天文台网站．参见：http：//www.naic.edu.

4. 全新的数学方法与计算工具的应用，有力地推动了科学与技术的发展

所谓科学方法，不外乎数学和实验两种手段的应用。20 世纪数学的发展为物理学、化学、生物学、天文学、地学、技术乃至社会科学提供了精确有力的工具，极大地推动了各门学科的发展。黎曼几何与相对论，希尔伯特空间与量子力学，群表示论与原子结构和基本粒子物理学，数理统计方法与生物及社会科学，快速傅里叶变换、小波理论与信息技术，突变理论与胚胎学、化学、经济学等，都是明显的例子。应用数学方面，20 世纪更有飞速的发展，信息论和运筹学已建立了严格的数学方法，并在技术和工程中发挥了重大作用。

就计算而言，20 世纪发展了许多有效的近似计算方法，如有限元方法、有限差分法、线性规划中的单纯形方法和多项式算法、蒙特卡罗算法、统计学中的多元统计分析计算、

时间序列分析计算和数字滤波等。计算数学和计算机科学的诞生，对20世纪后半叶科学和技术的发展产生了巨大的影响。没有计算机，我们难以设想如何处理对撞机、基因组、射电望远镜、遥感卫星和空间探测器所提供的巨量信息。计算机的应用，对数学本身的发展也产生了不可忽视的影响，突出的实例有四色定理的证明、奇异吸引子以及混沌现象的发现，机器证明理论的发展等。

5. 学科交叉是科技创新的沃土

20世纪科学的突飞猛进，使得许多旧有的学科边界变成了创新的沃土，大量交叉学科，诸如量子化学、分子生物学、仿生学、数量经济学等便由此应运而生。如果说19世纪的化学研究以原子和分子这两个概念为基础，到了20世纪，随着原子结构的阐明和量子力学的建立，电子在原子和分子中的分布和运动规律成了化学研究的基本单元，化学价的概念被化学键取而代之，量子化学由此诞生。分子生物学是化学、物理学和生物学相互交叉的产物，其核心乃是应用化学和物理手段来研究生物大分子的结构与功能。DNA双螺旋结构的建立，宣告了分子生物学的诞生。它实际上是晶体物理、化学、信息学与分子生物学交叉的产物。交叉学科的蓬勃发展，正是20世纪科学创新活力的标志之一。

6. 对已有知识的创造性总结和应用常常带来重大科技突破

科学史上，对已有知识的创造性总结常常带来重大的科学进展，如门捷列夫元素周期律的发现和麦克斯韦电磁场理论的建立。进入20世纪，这类现象更为普遍：玻尔的原子理论是卢瑟福的原子模型与普朗克的量子假说结合的产物；狄拉克的相对论性电子方程是量子力学与狭义相对论巧妙融合的结果。作为当代理论物理学的前沿成果之一，超弦理论正是建立在统一量子场论与广义相对论这一基础和宏伟目标之上的。

20世纪技术的突破主要是依靠对现有知识的创造性应用和体制化的研究与发展：原子能、激光、导弹、卫星、电子计算机、晶体管、高分子合成材料、核磁共振、光纤通信、克隆技术等概莫能外。

7. 市场与需求越来越成为科技创新的强大动力

科学技术上的创新，固然离不开其发展的内部动力，但也不能低估社会需求的推动。事实上，技术上的重大革新，多是在社会需求的刺激下创造性应用并发展理论知识的结果。举例来说，二战期间美国若不是担心德国更早地使用原子武器，原子能的开发和利用恐怕不会那么快地提到议事日程上来。晶体管的理论基础是固体能带理论，当年贝尔实验室研制晶体管的动机，就是要寻找以新材料和新原理工作的电子放大器件，以克服电子管笨重、能耗大、寿命短、噪声大等一系列缺点。微生物学家依据长期的实验观察，得出了微生物之间存在拮抗的理论。1928年，弗莱明（Alexander Fleming，1881—1955）发现青霉菌能够抑制葡萄球菌的生长，就此进行了长达4年的研究。寻找抗生素的动机是不言而喻的。19世纪几乎无法治愈的细菌性传染病，经过20世纪上半叶的努力，绝大多数都得到了控制。

8. 青年科学家始终是科技创新的生力军

历史上诚然不乏大器晚成的科学家，其中突出者如普朗克，42岁那年提出“能量子”

这一革命性的概念。实际上普朗克本人对自己引入的思想一度仍持怀疑态度，真正坚持量子概念并使之成熟的是一批年轻有为的物理学家。

1905年，26岁的爱因斯坦不仅建立了革命性的时空理论——狭义相对论，而且把普朗克的量子概念应用于光的产生与转换，从而提出了“光量子”这一里程碑性的概念。玻尔（N. Bohr，1885—1962）的原子结构理论诞生于1912年，其时他也不过27岁。新量子理论的创立者就更年轻了：海森伯建立矩阵力学时不过24岁；狄拉克（P. A. M. Dirac，1902—1984）23岁就为量子力学找到了普适的数学工具，26岁建立了相对论性量子理论，进而预言了反物质的存在，次年他又提出了二次量子化方法，从而为量子场论奠定了基础。

在生命科学领域，青年科学家同样是创新和发现的生力军。1953年4月25日，英国《自然》杂志刊登了沃森和克里克关于DNA分子模型的研究成果，其时沃森仅仅25岁，克里克也不过37岁。

在数学和计算机科学领域，哥德尔（Kurt Godel，1906—1978）25岁提出并证明哥德尔不完备定理，不仅彻底推翻了希尔伯特纲领，而且精确刻画了“算法”这一概念；图灵（A. M. Turing，1912—1954）1936年提出图灵机概念，时年24岁。

20世纪许多重大发明也都出于青年人之手。

9. 创新基地是科技创新人才辈出的土壤

科技创新人才的培养，与创新基地的建设紧密一体。20世纪科技创新基地，在理论方面，以哥本哈根、哥廷根、剑桥和普林斯顿高等研究院最为著名；实验研究方面首推卡文迪什实验室，应用研究方面贝尔实验室更是闻名遐迩。哥本哈根学派是20世纪最负盛名的理论物理学派，量子力学的奠基者，如海森伯、泡利、波恩、德布罗意、薛定谔和狄拉克，无一不与哥本哈根有着密切的关系。

图28 1930年哥本哈根会议

位于哥本哈根的玻尔理论物理研究所成立于1921年，随即成为原子结构研究的重镇，吸引了大批物理学家来访。自1929年起，该所举行年会。1930年年会前排自左至右依次是：克莱因（瑞典）、玻尔（丹麦）、海森伯（德国）、泡利（奥地利）、伽莫夫（苏联）、朗道（苏联）和克莱莫斯（荷兰）

二战后的普林斯顿高等研究院，正如战前的哥本哈根，是粒子物理学家的云集之地。哥廷根大学在20世纪上半叶，不仅产生了以玻恩（Max Born，1882—1970）为首的理论物理学派，更有领袖群伦的希尔伯特数学学派。剑桥大学在基础领域的各个方面，诸如数学、理论和实验物理学、天体物理学、生物化学和分子生物学方面，都取得了突破性的成就，迄今已有 56 人荣获诺贝尔奖。

剑桥大学的卡文迪什实验室建于 1871 年，20 世纪初领导这一实验室的是汤姆逊（Joseph John Thomson，1856—1940），在他手下培养出 7 位诺贝尔奖获得者，其中就包括卢瑟福，卢瑟福的弟子中又出了 11 位诺贝尔奖获得者。美国的贝尔实验室一直致力于无线电和电子方面的开发和应用研究，其研究部条件优越、风气自由，鼓励前沿探索与创新。20 世纪 30—40 年代，时任研究部主任的凯利（M. Kelly,）集中了一批优秀的青年科学家，如肖克利、伍德利奇、巴丁、布拉顿等，致力于固体量子理论的研究。经过近十年的应用和开发研究，终于在 1947 年发明了晶体管。肖克利手下的科学家巴丁和布拉顿用金箔包裹一个三角形塑料楔的两侧，在楔子的末端劈开金箔并压在一薄片锗半导体上，形成间距为 0.005 厘米的两个触点，分别是发射极和集电极，制成第一个晶体管（点接触型）。给锗施加一个小电流，那么从一侧金箔到另一侧金箔的电流就放大了。晶体管的发明点燃了电子技术革命的火花。

图 29　第一只晶体管与三位发明者

四、百年创新体系的发展

1. 科学教育与大学研究

文艺复兴之后，大学逐渐脱离教会的束缚而成为各种新思想的摇篮与科学进步的策源地，科学在教育内容中的比例日益加重。20 世纪各国的大学和学院总数已超过万所，附属于大学的各类研究院、所、实验室和科研中心对科技体系的创新发挥了巨大的作用。许多大学教授成为大公司和企业的顾问、科研主管甚至国家科技政策制定的参与者。大学对科学教育的重视及参与研究开发的热情大大激发了青年人才的创造精神。

2. 国立科研机构与科学家的组织

现代科学技术的发展与国家的政治经济利益密切相关，国家科学院和国立研究所在国家创新体系中起着中坚作用。

苏联科学院是涵盖自然科学、社会科学和技术的国家最高科研实体与科技政策协调机构，鼎盛时下辖 270 个研究所。

德国马普学会的前身是创建于 1911 年的威廉皇帝学会，二战后改名为马克斯·普朗克学会，以纪念这位代表德国科学界良知的伟大科学家。它是德国基础研究的核心，其成员已取得 18 项诺贝尔奖。

建立于 1939 年的法国国家科学研究中心是一个国家级基础研究机构，现有 1300 个辖属单位（除独立研究所外，它与大学保持着紧密的联系）、25 400 位工作人员（其中 11 470为研究人员），1999 年的经费预算是 155 亿法郎。

一些国家科学院则主要是荣誉和咨询机构，扮演着政府科技智囊的角色。例如，创建于 1666 年的法国科学院，现在通常保持着 130 名院士、160 名通讯院士和 80 名外籍院士的规模。

美国科学促进会（AAAS）是世界上最大的以国家划分的民间科学团体，下设 21 个分会，包括 280 多个学术组织，会员总数从创建之初（1848 年）的 461 人发展到今日的 20 多万人，主编的机关刊物《科学》（*Sience*）现有 14 万个人订户。美国许多州、市都有自己的科学院，1927 年所有科学院各派 2 名代表组成全美科学院协会，后者又选派 2 人参加 AAAS 会务委员会，协调各科学院与 AAAS 的关系。AAAS 附属组织中还有许多工程师学会，如农业工程师学会（ASAE）、土木工程师学会（ASCE）、机械工程师学会（ASME）、电气和电子工程师学会（IEEE）等。

二战之后，贝尔纳主义（Bernalism）在欧洲科学界流行，跨政府的（intergovermental）的联合国教科文组织（UNESCO）和超国家的（supranational）国际科学理事会（ICSU）的出现，都是这种进步思潮的体现。1999 年 6 月 26 日至 7 月 1 日，这两个国际组织在匈牙利首都布达佩斯联合发起召开了世界科学大会，会上通过了《21 世纪科学议程》和《科学与利用科学知识宣言》这两个纲领性文件。

3. 企业的研究与发展

R&D 即研究与发展，是技术创新过程的关键和企业的生命之源，通常，R&D 包括基础研究、应用研究和实验开发。以世界化工企业三强之一的德国拜耳公司为例，由于 R&D 的逐年增长，公司不断开发新产品和新技术，在全球市场竞争中占尽优势。

表 2 拜耳公司 R&D 投入和销售情况

项目	1960 年	1965 年	1970 年	1975 年	1980 年	1995 年
R&D 投入/亿马克	1.25	2.42	4.51	5.79	6.14	32.59
R&D 占销售额的百分比/%	4.4	6.26	7.69	7.23	4.3	7.3

资料来源：刘立，曹克．1996 拜耳公司 R&D 管理的经验及启示．南京经济学院学报，4：78.

美国杜邦公司斥巨资建立实验室，合成橡胶、尼龙、奥纶、聚酯薄膜、涤纶等产品皆为该实验室首创。IBM 每年用于 R&D 的经费多达几十亿美元。R&D 支出强度在千分点上的微小调整，对大公司的短期利润就可带来千万美元的变化。

表 3 部分跨国大公司 R&D 投入情况

公司名称	时间	营销额/亿美元	R&D 经费/亿美元
IBM（美国）	1986 年	512.50	52.50
通用汽车（美国）	1988 年	1203.88	47.50
杜邦（美国）	1988 年	329.17	13.20
西门子（德国）	1986 年	216.69	24.88
日本电气（日本）	1986 年	150.53	14.31
日立（日本）	1986 年	289.84	17.53

4. 科学与高技术园区

早在 20 世纪初，德国人韦伯（M. Weber）就发表了工业区位理论，较好地解释了产业革命以来工业密集区形成的原因。50—60 年代，法国人皮鲁（F. Pirrox）等倡导的生长点理论阐述了工业密集区的带动作用。50 年代后，出现了以大学为辐射中心的产学研一体化科学与高技术产业园区。

其代表为创立于 20 世纪 50 年代的美国加利福尼亚硅谷科学工业园区。微电子技术和计算机产业的孕育与发展促进了硅谷的繁荣，吸引高科技人才、“风险资本”投资和创业精神与创业文化，是硅谷得以持续发展的三大要素。

世界上著名的科学与高科技园区还有：美国波士顿附近 128 号公路沿线园区，华盛顿特区以南的北卡、杜克、北卡州立等三所大学之间的三角地区，日本筑波科学城、新加坡肯特岗园区，以及我国台湾新竹的科学工业园区，北京中关村科技园区等。

5. 大科学工程与国家发展计划

随着国家安全与战略发展对科技创新依赖的增强，以及科学对资源投入需求的增长，今天的科学已从过去追求知识真理的 Great Science 转变为肩负着国家目标的 Big Science，发达国家的政府无不对具有战略意义的大科学工程与国家发展计划给予高度重视。

“曼哈顿”计划是美国政府于 1942 年 6 月开始实施的大科学工程的典范。由陆军部牵头，在田纳西橡树岭、新墨西哥洛斯阿拉莫斯等研究试验基地和芝加哥大学、加利福尼亚大学伯克利分校等高校，动员 55 万人（其中，15 万人为科学家和工程师），耗资 22 亿美元，耗费全国近 1/3 的电力，历时 3 年，完成了旨在利用核能制造原子弹的计划。

1969 年 7 月 16 日美国东部时间 16 时 17 分 40 秒，阿姆斯特朗和奥尔德林驾驶的登月舱在月球表面着陆，标志着人类文明向地外空间的开拓。“阿波罗”登月计划涉及约 2 万家公司和研究机构、120 所大学、400 余万人，耗资近 300 亿美元。

20 世纪五六十年代，中国在极其困难的条件下相继开始了对原子弹、导弹和人造卫星的研制，后来统称“两弹一星”计划。曾主持中国科学院日常工作的张劲夫同志撰写的长篇回忆录《请历史记住他们》对这一历史过程中的重要情节做了披露：

> 1960 年 11 月，中国仿制的近程导弹发射成功；1964 年 10 月 16 日中国第一颗原子弹试爆成功；1966 年 10 月 27 日，装载核弹头的东方二甲精确命中目标；

1967 年 6 月 17 日第一颗氢弹试爆成功，标志中国进入拥有核武器的大国行列。

1970 年 4 月 24 日，我国自行研制的“长征一号”运载火箭成功地发射了我国第一颗人造卫星“东方红一号”，标志中国进入空间俱乐部。

图 30　中国的第一颗原子弹试爆成功

图 31　中国第一颗人造地球卫星“东方红一号”

表 4　前 6 个具有发射卫星能力的国家首次成功发射的时间

国家	苏联	美国	法国	日本	中国	英国
时间	1957 年 10 月 4 日	1958 年 1 月 31 日	1965 年 11 月 26 日	1970 年 2 月 11 日	1970 年 4 月 14 日	1971 年 1 月 28 日

6. 国际性科学合作计划

科学无国界，人类对生命和宇宙起源的探索、对地球生存环境的关切、信息化时代的到来，以及全球经济一体化趋势对科学事业的影响等，都使国与国之间的科学合作成为必要与可能。臭氧层与太空环境的保护、极地与深海资源的开发、信息高速公路的建设与网络的安全、技术专利的承认与保护，这些问题都不是一个国家、一个政府所能独自解决的。

图 32　美国航天飞机与俄罗斯“和平号”空间站对接

欧洲各国在科学合作方面尤为突出。由西欧各国合作建立的欧洲核研究中心

(CERN) 于1976年建成的强聚焦质子同步加速器，造价6.25亿瑞士法郎，平均直径2.2千米，跨越瑞、法两国国界，最高能量达400亿兆电子伏。1981年CERN又建成能量高达2×270亿兆电子伏的强质子对撞机。

人类基因组计划（HGP）是20世纪启动的最后一项庞大的跨国科学工程，其目标是测定含有30亿对碱基的人类基因组全序列，以求探明人类全部遗传信息。HGP自1986年在美国启动，现合作已涉及五大洲110多个国家。

20世纪80年代以来，美、俄、西欧各国和地区在空间站的建设与利用方面开展了合作，完成了一系列太空技术实验和科学研究。

7. 科技创新的激励与评价机制

诺贝尔奖是科学界公认的最高奖赏，自1901年设立以来，至今获物理、化学、生理和医学、文学、和平、经济六类奖的已近700人次。数学界的最高奖为菲尔兹奖。

论文检索系统是科学评价机制的一个重要因素。最负盛名的科技论文检索系统是曾任美国费城情报研究所所长的加菲尔德（E. Garfield，1925—　）于1963年创刊的《科学引文索引》(SCI)，现在每年收录整理世界各地多种文字发表的科学期刊5000余种，也旁及专著、文集、会议文件等。SCI还精选收录期刊中的20%作为核心（CDE）。按照加菲尔德的“80-20浓缩理论”，这20%的核心期刊中包含80%的有用信息。例如1988年SCI收录的4400种期刊中的900种被选入CDE，而这900种刊物提供了当年全部引文数的83%。美国科学史家普赖斯（D. Price，1922—1983）在SCI的基础上发展了引文分析技术，成为科学评价的一种重要方法。

表5　世界名校获诺贝尔奖前20位人次排行榜

排名	国家	学校	获奖数
1	英国	剑桥大学	56
2	美国	哈佛大学	36
3	美国	哥伦比亚大学	34
4	德国	洪堡大学	26
5	德国	慕尼黑大学	22
6	美国	芝加哥大学	22
7	法国	巴黎大学	20
8	德国	哥廷根大学	18
9	英国	牛津大学	16
10	美国	加利福尼亚理工学院	15
11	美国	加利福尼亚大学伯克利分校	15
12	美国	麻省理工学院	14
13	瑞士	联邦理工学院	14
14	丹麦	哥本哈根大学	13
15	英国	伦敦大学	13
16	法国	巴黎高等师范学院	11
17	美国	纽约市立大学	11
18	美国	约翰·霍普金斯大学	11
19	美国	耶鲁大学	11
20	美国	普林斯顿大学	10

资料来源：根据诺贝尔奖官方网站公布数据整理，参见：http//：www.nobelprize.org.

其他有影响的科技检索系统还有美国工程情报公司的《工程索引》(EI)、日本科技情报中心编辑的《科学技术文献速报》、英国电气工程师学会出版的《科学文摘》(SA)等。

我国科技期刊有4000余种，但真正得到国际学术界重视的为数有限。以1993年为例，被SCI(CDE)收录的中国刊物为8种，占全部收录期刊总数的0.24%，在全部47个国家和地区中排名第20。如何办好可为SCI等国际权威检索系统接受的科技刊物，最主要的是多刊载创新的成果，而实现这一点又有赖于整个创新体系和创新文化的建设。

最早的专利是佛罗伦萨共和国于1421年授予的，目前多数国家都有各自的专利法。《保护工业产权国际公约》于1883年在巴黎签署，后经多次修改，现在签约国已过百，根据此公约建立的常设机构为世界知识产权组织。

8. 国家创新体系

江泽民同志在俄罗斯新西伯利亚科学城会见科技界人士时讲道："要迎接科学技术突飞猛进和知识经济迅速兴起的挑战，最重要的是坚持创新。创新是一个民族的灵魂，是一个国家兴旺发达的不竭动力。"中国政府支持中国科学院进行知识创新工程试点，对于建设面向21世纪的中国国家创新体系具有重要意义。

中国科学从传统向近代的演变可以追溯到明末耶稣会士的来华，20世纪30年代中央研究院的建立是中国科技事业进入建制化阶段的标志，但真正全国规模科研体制的建设应该从50年前的中华人民共和国成立和中国科学院建院开始。知识创新工程是这一历史进程的逻辑结果，其核心是推进中国科研体制的改革与创新。

各国的历史和传统不同，国家规模和发展水平也有差异，创新体系应是多样化的，但共同的目标是建设适应全球化、知识化、可持续发展时代的知识创新体系。这一体系大体上由三大支柱和一个基础构成：三大支柱是以国立研究机构和一些研究教学型大学为核心的知识创新系统，以大企业尤其是高技术企业为主体的技术创新系统，以大学及社会继续教育和网络教育为主干的知识传播系统；一个基础是指广泛存在的社会知识创新应用基础。国家和社会对科学与技术的不同层次和类型的工作建立起不同的资助、管理、评价和反馈激励机制。他们相互联系、密切结合形成未来国家创新体系和新的科学文化。

五、 科学技术与社会进步

1. 科学是"最高意义上的革命力量"

现代文明的基本特征就在于它是科学文明。中世纪以后，文艺复兴、宗教改革与科学革命相继在欧洲发生，导致了西方近代资本主义和现代文明的兴起，也导致了近代科学的诞生。

近代科学诞生之后，科学对社会的巨大影响日益为人们所认识。弗兰西斯·培根(Francis Bacon，1561—1626)和康帕内拉(Tommas Campanella，1568—1639)几乎同时提出"知识就是力量"的口号。恩格斯在马克思墓前的演说中指出科学是"最高意义上的革命力量"，这是对科学的社会功能的最精辟概括。

科学技术是第一生产力，是推动人类文明进步的强大动力和基石。特别是在当代，由于物质科技、信息科技与生命科技的进展，科技创新和产业化的速度将更为迅速，规模将更加宏大。

2. 科学技术与社会的可持续发展

关于科学进步必然导致社会进步的观念（即所谓科学进步观），今日看来并不是一种必然的逻辑结果。数百年现代化的进程，在为人类带来物质生活繁荣的同时，也引发了一些严重的社会问题：环境污染、资源浪费、对道德的漠视、贫富不均及其从国家规模向国际规模的转化、高科技化的空前规模的战争乃至核战争的危险性。面对这些问题，科学工作者应该对科学技术的发展形势，以及科技发展与人类社会进步的关系问题加以认真思考。

未来的科学将进一步深入而系统地认识自然、社会和自我，反对迷信，扫除贫困和愚昧，将进一步树立起人与自然协调、人与人协调、可持续发展的科学观念，创造可持续发展的生产模式、生活方式和相应的知识体系和技术，将从根本上解决人口问题、食物问题、能源问题和环境问题，实现社会资源的合理利用和公正、公平分配，使人类真正走上可持续发展的道路。

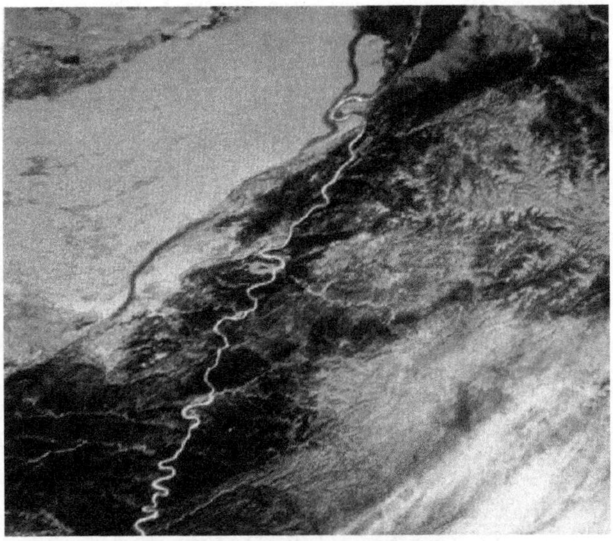

图 33　黄河断流的卫星照片

图 34　古代名城楼兰的湮灭

3. 科学技术的社会价值与科教立国

科技创新的成果将不断改变社会的经济结构，改变人们的劳动和生活方式，改变国家的安全观念、防卫方式以及全球的政治和利益格局。

科学技术还将更加广泛地渗透到立法、行政、国际关系、社会生产、社会生活等各个方面。科学研究、技术开发与转移、科技信息与中介，以知识为背景的策划与设计、经营和管理、法律咨询、融资与投资、会计审计和评估、科学教育与训练、科学出版和网络服务等，将成为社会新兴产业。在知识经济时代，创新将成为人们的生活方式。

创新人才将成为未来社会发展最宝贵的资源，传播和发展知识、培养创新人才的教育将成为培育提高国家与民族科技创新能力的基础和根本所在。终身学习和终身教育将成为社会时尚，教育将成为最宏大的知识产业之一，因此，科教兴国或科教立国在许多国家里被确立为基本国策。

4. 创新文化

科学有无止境的前沿，世界上没有终极的真理，创新是科学精神的精髓。科学创新必须解放思想，不为传统观念和已有知识所束缚，善于提出新的问题，勇于开拓新的方向，探求新的知识，创造新的方法，开拓知识新的应用。

科学的创新价值只有国际共同的标准，而无国籍、种族、宗教和政治信仰的区分。科学家最重要的品格就是实事求是的精神。作为一名科学家，应不迷信，不盲从，不武断，不专横，以实验事实为依据，只服从真理。人类的科技创新活动能否真正推动社会进步，取决于科学家、政府决策者乃至全体民众能否坚持科学的真、善、美理念，并使之贯穿于发展科学技术、造福人类的全部过程之中。

科学是人类知识的继承和积累，是踏踏实实的学问，科学家应该尊重前人的劳动，真诚地与人合作共事，自觉地培养和提携青年一代，诚实地对待自己和他人。任何剽窃、抄袭、弄虚作假，压制、贬低和抹杀他人科学成就和夸大自吹的行为都为科学界所不齿。努力弘扬科学精神，倡导科学方法，旗帜鲜明地维护科学的尊严，是科学界道德作风建设的一项重要任务。

科学家不但要将自己的科研成果奉献给国家和人民，还应该关注世界的和平与正义。科学家应该崇尚民主与自由，追求社会公平和公正，主张人与自然的和谐，推动全人类共同进步。

5. 科学教育与科学普及

科学是现代教育的主要内容。科学教育，应该重在培养学生发现问题、独立思考和解决问题的能力，单纯的知识灌输不可能培养出爱因斯坦和爱迪生。科学教育应当帮助受教育者系统地了解科学技术发展的历史、了解科学精神与科学方法。应在大学加强科学史、科学哲学、科学社会学等方面的教育。

一项社会调查表明，我国公众的科学素养和对科学知识感兴趣的程度还相当低：在被调查对象中，对科学研究很了解、有一些了解、完全不了解的人的比例分别是 1%、3.4%、25.6%，其余 71%没有进行回答；1998 年，没有参观过科技馆和自然博物馆的人数比例为78%，没有去过图书馆的人数比例为57.1%。

中国科学家中愿意做科普的人很少，而能够胜任科普工作的人更是很少。相比之下，国外的一些大科学家乐于也善于将深奥的科学知识普及给大众。大爆炸宇宙论和遗传密码概念的提出者伽莫夫就写过许多科普作品并因此荣获联合国教科文组织颁发的1956年卡林格科普奖。英国物理学家霍金撰写的科普作品《时间简史》是世界上最畅销的书籍之一。美国天文学家卡尔·萨根（C. Sagan，1934—1996），生平撰写了30多部科普著作和大量科普文章，在1991年全美青少年"十大聪明人"评选中高居榜首，而当年在海湾战争中出尽风头的斯瓦茨科普夫只得了第二，里根和布什分列第四和第六位。萨根是康奈尔大学天文学教授，研究重点为行星上的季节变化和温室效应、生命起源。外星球生命探索、原子战争对环境的影响等。所撰《宇宙》一书创连续70周居《纽约时报》畅销书发行量排行榜之首的纪录。

在人类文化呈现多元化趋势的时代，应付来自社会的对科学权威性的挑战和责难，采取盛气凌人的压制或简单的对抗办法是解决不了问题的。科学知识的普及对于提高全民族的文化素养、弘扬科学精神、提倡科学方法、反对形形色色的迷信和伪科学思潮具有重要意义。在引进国外高水平科普作品的同时，应加强我国科普队伍的建设特别是青年科普人才的培养，科学院、研究所和大专院校都应考虑制定相应的激励措施，使高水准的科普工作得到与研究教学工作一样的承认。

6. 科技立法和科技伦理

科学深化了对人类社会与自然系统之间关系的认识，从而使得人类理智地认识控制自身，把握正确处理人与人、人与自然之间协调的科学规律和技术手段。在这种意义上，科学成为人类文明和道德、立法的重要基础和准则，成为国家、政府乃至国际立法、行政和条约的依据，成为社会道德规范的基础，进而成为社会公正、民主、法治的重要基础。科学技术是人类的创新活动，科技活动的权益也需要法律保护与规范。因此，科技立法已成为人类现代法制社会的重要内容，更是未来全球知识经济社会的重要基础。

科学家是社会中的人，科技伦理应以全人类的普遍利益与子孙后代的幸福为最高评判标准。二战期间，将自己的科学声望服务于种族主义的勒纳德和斯塔克之流已被钉在了历史的耻辱柱上，今日的科学工作者将引以为戒。为了追逐个人名利而从事任何形式反社会反人类"研究"的人，必将受到历史的惩罚和良心的谴责。

六、 21世纪科学技术发展前景的展望

1. 科学面临巨大挑战与生机

不久前，一位名叫约翰·霍根（John Horgan）的美国人写了一部名为《科学的终结》的书，宣称"伟大而又激动人心的科学发现时代已一去不复返了"。他的调查结果从一定侧面反映了当代科学理论的局限性和人们对科学权威的迷惘。

实际上，科学远没有终结，人类认知客观世界的过程也不会停止。当代科学面临的一

些理论难题，正孕育着21世纪科学飞跃的生机。这些难题主要是：物理学中相对论的局域性与量子力学的全域性之间的不协调问题；生物学中遗传与进化的统一问题；脑与认知科学中认知结构和本质问题；以及自然界中的三大起源（宇宙、物质和生命）问题。其他未解决的问题还有许多，但与以上四大难题相比，就只能算是局部的、次要的问题了。

对四大难题的探索将构成21世纪科学交响乐中最华丽的乐章。实际上，序曲已经奏响。比如说，斯蒂芬·霍金在今年7月于德国波茨坦大学举行的“弦99”国际理论物理研讨会上指出，当前物理学家面临的最大挑战，就是建立统一的宇宙理论。他在另一场合预言，所谓包容一切的理论或称某种数学“圣杯”，将在今后100年内被发现。

2. 科学的全球化、社会化与社会的科学化

由于知识的生产、传播和应用将成为未来社会发展的决定性因素，成为国家和民族繁荣昌盛不竭的源泉和动力，成为国际竞争和合作的关键所在，科学建制的规模将空前宏大，与经济和社会的结合将更加密切，国际联系和合作将更加广泛和密切。

国际性的知识产权保护制度不仅鼓励发明创造，也鼓励有应用价值的科学知识及时公开，保护发明人的权益，同时有利于为全人类共享。

科学更加社会化，社会也更加科学化。社会劳动结构将发生根本性转变，智力劳动将成为社会劳动的主流。知识创新将成为未来社会文化的基础和核心，创新人才将成为决定国家和企业竞争力的关键。掌握新的科学知识将成为人们终身的自觉要求，便捷的全球化科学教育网络将使终身学习成为社会普遍的现象。

3. 科学的交叉性、复杂性和综合性

由于客观世界的统一性、多样性和相关性，也由于科学的发展和深化，科学在继续分化的同时，更多地呈现交叉和综合的趋势。

未来的科学一方面将继续沿着原有的学科结构进一步分化和深入，研究时空极端尺度的物质结构、相互作用及其规律，研究非常规条件下的物质性状和规律，向宇宙、海洋和地球的深部进军，探索生命和宇宙的起源与演化，探索人类新的发展空间和资源；另一方面，则将朝着综合和系统的方向发展，不但在物理与化学之间，而且在物质科学与天文、地球科学和生命科学、信息科学之间发生了研究方法与知识体系的交叉，由此产生了新的科学前沿和充满活力的新兴学科。多门自然科学的交叉，自然科学与社会科学的交叉，使空间科学、能源科学、环境科学、材料科学、信息科学等多种新的应用科学应运而生。研究人类认知规律的认知科学和研究复杂系统为主要对象的系统科学等都是自然、社会和思维科学的交叉和综合。这将是一个由微观到宏观，由静态到动态，由局部到整体，由简单到复杂，由确定到不确定，由线性到非线性的科学思维模式和认识结构。

4. 科学与技术的密切结合和相互作用

科学与技术的密切结合和相互作用将更加紧密和迅速。新的科学发现、科学理论、科学方法的提出，将为技术的发展提供新的理论基础和变革根据；而新的科学发现、科学新理论的验证也更加依赖新技术手段、依赖新的重大科学装置和新的测量手段和仪器；高技术的发展也将不断提出新的科学命题，期盼新的知识。

5. 科学技术的发展与转化速度

新的科学发现将以更快的速度向应用技术的开发和规模产业转移。由于知识积累和知识创新以空前速度发展，由于应用目标的多样性和广泛性，由于计算机技术和通信网络的发展，科学与技术尤其是应用技术呈现结构多样性和高速度多元化发展的特点。应用科学与高技术领域将出现更多的创新机会与挑战。

6. 科学技术与世界和平及可持续发展

科学技术是一柄双刃剑：用于和平可造福于人类，用于战争则使生灵涂炭。20 世纪的两次世界大战给人类带来了巨大的灾难。科学技术的发展为人类展示了和平发展和共同繁荣的前景，但也可能造成更大的贫富差别、新的文化冲突、新的霸权主义。科技的发展使得人类有可能对自然资源与知识资源更合理地利用与共享；人类的良知希望坚持用和平协商的方式解决国际争端，人类希望和平合作共同发展；以牺牲环境为代价实现自身发展的传统生存模式已经遭到大自然的报复，人与自然的协调发展才是生存的理性选择，可持续发展已成为全世界负责任政府的共识。21 世纪是人类新的千年的开始，让我们满怀信心地迎接全球化知识经济新时代的到来，这一新时代将充分依靠知识创新、技术创新，以及和平与可持续发展的崇高理念。

英国出生的理论物理学家戴森（F. J. Dyson，1924—　）在为其《宇宙波澜》中译本写的序中对中国科学的明天寄予厚望。尽管他的观点或许还有商榷的余地，但其基本内涵足以发人深省。因此我愿意借用他的观点作为这篇演讲的结束语：

> 中国和其他东亚国家，正行经美国 40 年前走过的历史舞台与类似途径。在中国，科学与技术正为整个社会带来经济成长与繁荣——如同 50 年代的美国一样，当时科学与技术也曾经给一般民众带来同样的正面效益；但是今日的美国，科技已将一般老百姓弃之不顾，美国今天发展的技术都倾向于使富者愈富、贫者愈贫。
>
> 就让这成为中国发展的警讯吧！中国未来必须走向一条与美国不同的道路。如果未来 50 年经济持续发展，中国将变得更加富强，届时通过中国科学技术创造的物质和精神文明将可为中国，也为全世界做出重要贡献，为人类文明带来新的希望。

规律与启示

——从诺贝尔自然科学奖与 20 世纪重大科学成就看科技原始创新的规律*

20 世纪是科学技术突飞猛进的世纪，科学技术的发展深刻改变了历史前进的步伐，成为人类社会文明进步最具革命性的推动力量。世界各国都在制定各种政策与措施激励和推进科学技术创新。在众多国际科学奖项中，历经近百年历史的诺贝尔自然科学奖被一致公认为最具权威的科学奖项。诺贝尔自然科学奖不但反映了现代科学的历史，而且也与 20 世纪蓬勃发展的技术进步紧密相连。获奖成果不但有重要科学发现、重大理论创新，还有重大技术创新，以及实验方法和仪器的重大发明。诺贝尔自然科学奖所激励的事实上是对人类社会发展有重大影响的原始性创新。

目前，我国的科技工作仍普遍存在自主创新能力不足的问题，科研工作大多仍属于跟踪方式，如果不改变这一状态，不但难以改变对世界科学技术发展贡献过少的局面，也不能适应和满足中国社会面临新世纪严峻挑战和民族复兴的形势和需求。21 世纪，要使我国的科技水平跻身世界先进行列，在注重技术创新与科技产业化的同时，还必须痛下决心，注重和鼓励原始性知识创新、技术创新，以及观念、体制和管理的创新。

研究诺贝尔自然科学奖与 20 世纪的重大科技成就，从中认识原始性创新活动中带有规律性的东西，对于实施知识创新工程中，进一步推进观念、体制与管理创新，建设创新文化，提高创新能力将会有很好的启示。尽管，我并不赞成把获得诺贝尔奖刻意列为知识创新工程的目标，但我们坚信在中国大地上产生如诺贝尔奖一般世界水平的科学技术创新成就，应是中国科学技术水平和创新能力提高的必然结果。

---

* 本文为 2000 年 9 月 17 日在西安交通大学举行的“中国科学技术协会 2000 年学术年会”上提交的书面文章。本文中所涉及的有关数据均根据诺贝尔奖官方网站公布的数据整理，参见：http：//www. nobelprize. org。

一、统计与分析

（一）诺贝尔奖的由来和评奖机制

诺贝尔一生主要从事硝化甘油类炸药的研究、生产和应用，在商业上取得了巨大成功。1895 年 11 月 27 日，他在巴黎立下遗嘱要求设立诺贝尔奖，以奖励那些在物理学、化学、生理学或医学领域，以及文学和促进和平事业中做出重大贡献的人物，并强调：“我明确的愿望是，在颁发这些奖金的时候，对于候选人的国籍丝毫不予考虑，不论他是否为斯堪的纳维亚人，只要他值得，就应该接受奖金。”

根据诺贝尔的遗嘱，1900 年诺贝尔基金会在瑞典首府斯德哥尔摩成立，设立了物理学、化学、生理学或医学、文学、和平 5 个奖项，并于 1901 年进行了首届颁奖。1968 年在瑞典银行的支持下又设立了诺贝尔经济科学奖，并于 1969 年第一次颁发。遵照诺贝尔遗嘱的基本原则，诺贝尔物理学奖和诺贝尔化学奖由瑞典皇家科学院审定颁发，诺贝尔生理学或医学奖由瑞典卡罗琳医学研究院审定颁发，诺贝尔文学奖由瑞典文学院审定颁发，诺贝尔和平奖则由挪威议会任命的挪威诺贝尔和平奖金评定委员会审定颁发，诺贝尔经济科学奖由瑞典皇家科学院监督组织。本文讨论主要涉及自然科学奖，以及经济学奖。

评选获奖人的工作是在发奖的上一年的初秋开始，先由发奖单位给被任命有提名权的个人发出请柬，这包括拥有永久提名权的人（瑞典皇家科学院的院士们、卡罗琳医学院的教授们和八位斯堪的纳维亚的大学里有关教授以及世界上尚健在的此领域的获奖者），以及按规定成立的为期 3 年的 6 个 5 人委员会在全球范围内独立地以轮流方式邀请代表学术或大学机构的个人（占 10%—20%）。候选人的提名必须在决定奖金那一年的 2 月 1 日前书面通知有关委员会，自己提名者无入选资格，以前的被提名者必须被当年重新提名才有效。热门的候选人虽未获得任何外部提名，委员会秘书也可以直接提名，以将其作为候选人列入讨论。6 个诺贝尔奖金评定委员会根据提名独立进行评选工作，必要时委员会可邀请有关专家参与评选。9—10 月，各委员会将推荐书提交瑞典皇家科学院院士会和卡罗琳医学研究院教授会，当年 11 月 15 日以前做出最后决定。诺贝尔奖只给尚在世的科学家颁奖，最多可有 3 位获奖人分享同一奖项。

（二）诺贝尔自然科学奖的奖励宗旨和分类

关于诺贝尔三大自然科学奖的奖励宗旨和条件，诺贝尔在遗嘱中是这样叙述的，“奖给在物理学领域内做出最重要的发现或发明的人”；“奖给在化学领域做出最重要的发现和改进的人”；“奖给在生理学或医学领域内做出最重要的发现的人”。

从 1901 年诺贝尔奖首次颁奖到 1999 年，诺贝尔自然科学三大奖中共有 457 位自然科学家获奖（其中居里夫人获物理学奖和化学奖各 1 次，巴丁获 2 次物理学奖，桑格获 2 次化学奖）。其中诺贝尔物理学奖共举行了 93 届，有 159 人次获奖；诺贝尔化学奖共举行 91 届，有 132 人次获奖；诺贝尔生理学或医学奖共举行 90 届，有 169 人次获奖。

按 99 年来诺贝尔自然科学奖获奖工作性质区分，大致可分为重大科学发现、重大理论突破、重大技术和方法发明三大类。具体分布见表 1。

表1　1901—1999年诺贝尔自然科学奖按“重大科学发现、重大理论突破、重大技术和方法发明”分类一览表

学科及分类		获奖人数	所占比例/%
物理学	重大科学发现	86	54.1
	重大理论突破	44	27.7
	重大技术和方法发明	29	18.2
化学	重大科学发现	71	53.8
	重大理论突破	26	19.7
	重大技术和方法发明	35	26.5
生理学或医学	重大科学发现	113	66.9
	重大理论突破	35	20.7
	重大技术和方法发明	21	12.4

从图1可以看出，在诺贝尔自然科学奖获奖成就中最主要的部分是重大科学发现，占58.7%；重大理论突破仅占22.8%，但由于这部分工作多是对自然规律的深刻认识和系统归纳，产生了深远影响。重大技术和方法发明占18.5%，对20世纪科技进步和经济社会发展发挥了巨大的推动作用（图1）。在生理学或医学奖中，有41项获奖工作的贡献与治疗人类的重大疾病和促进人类健康直接相关。

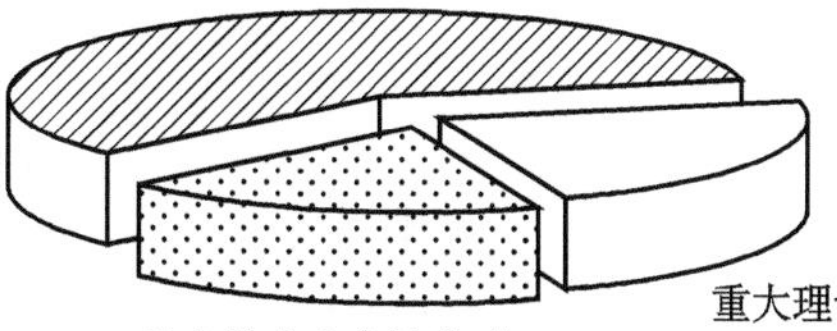

图1　1901—1999年诺贝尔自然科学奖获奖工作性质的分类

实际上，对获奖成就进行准确分类是困难的，原因在于理论上的突破常常是建立在重大的科学发现基础之上的；而重大的科学发现又往往与采用新的实验技术或新的研究方法相关。如美国化学家赫施巴赫（D. R. Herschbach，1932—　）、李远哲（Y. T. Lee，1936—　）和加拿大的波拉尼（J. C. Polanyi，1929—　）因把分子反应动力学的研究提高到一个新的水平而分享1986年诺贝尔奖。赫施巴赫是用交叉分子束研究分子反应动力学的先驱者。他的学生李远哲在研究中，创造了新一代交叉分子束装置，能精确测量在不同角度下产物分子的平均动能分布。而波拉尼则是利用红外发光技术研究了诸多体系的基元反应动力学。三人的工作既有理论贡献，又有技术和方法的创新。

（三）诺贝尔自然科学奖的国别与时间分布

1. 诺贝尔自然科学奖的国别分布

诺贝尔奖具有很强的国际性，其自然科学奖是世界公认的最高科学奖项。其国别分布

见表2。

表2 诺贝尔自然科学奖获得者国别分布情况

3人以上获得诺贝尔物理学奖的国家										
美国	德国	英国	法国	荷兰	俄罗斯	瑞典	意大利	瑞士	丹麦	日本
71	21	21	11	8	7	4	3	3	3	3

2人以上获得诺贝尔化学奖的国家								
美国	德国	英国	法国	荷兰	瑞士	瑞典	加拿大	奥地利
42	26	22	8	4	5	3	3	2

3人以上获得诺贝尔生理学或医学奖的国家									
美国	英国	德国	法国	瑞典	瑞士	丹麦	奥地利	比利时	澳大利亚
80	22	14	8	7	7	5	4	3	3

从表2可以看出，诺贝尔自然科学奖主要集中在美、德、英、法等经济、科技与教育发展水平较高的发达国家。

2. 诺贝尔自然科学奖在不同时段的国别分布

从图2可以明显看出，1901—1925年，科学中心集中在欧洲；1926—1950年，科学中心已经开始从欧洲向美国转移；1951—1975年，科学中心已经完成了全面转移；1976—1999年，这一趋势仍在进一步加强。

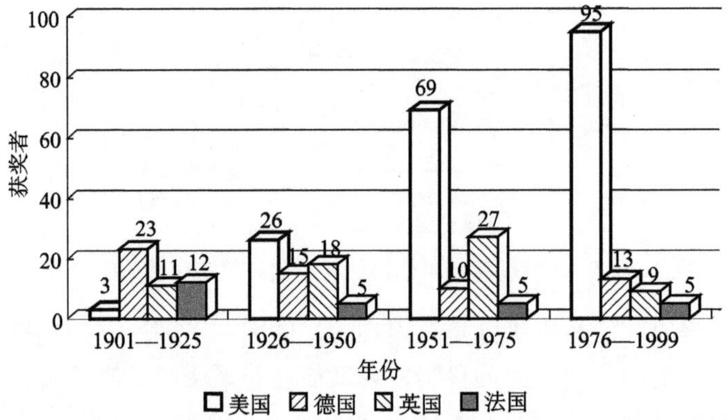

图2 1901—1999年诺贝尔自然科学奖获奖者在不同时段的国别分布

中心转移主要有以下原因：

（1）重视基础研究、鼓励原始创新。

（2）充裕的经费和优越的研究条件。

（3）吸引和凝聚世界优秀创新人才。

（4）相应的创新文化与环境氛围。

（四）诺贝尔自然科学奖获奖机构分布

1901—1999年，获奖机构总数为185个，其中有20%的机构获得3人次以上奖励，占获奖总人次的69%；12.4%的机构获得5人次以上奖励，占获奖总人次的46%；4%的机构获得10人次以上奖励，占获奖总人次的22%；获奖的集中度相当高的事实证明了创新基地和创新氛围的重要性（表3）。

表3 诺贝尔自然科学奖获奖机构、人次统计（1901—1999年）

获奖人次/比例	机构获奖人次
获奖10人次以上的单位共7个，占获奖单位总数的4%。获奖102人次，占获奖总人次的22%	美国哈佛大学23人次
	德国马普学会17人次
	美国哥伦比亚大学15人次
	美国斯坦福大学14人次
	英国剑桥大学13人次
	美国加利福尼亚理工学院10人次
	英国伦敦大学10人次
获奖5人次以上的单位共23个，占获奖单位总数的12.4%。获奖211人次，占获奖总人次的46%	美国加利福尼亚大学伯克利分校8人次
	英国牛津大学8人次
	美国康奈尔大学8人次
	美国麻省理工学院8人次
	美国洛克菲勒大学8人次
	美国加利福尼亚大学7人次
	德国海德堡大学7人次
	美国贝尔实验室7人次
	美国普林斯顿大学7人次
	法国路易斯·巴斯德学院7人次
	美国芝加哥大学6人次
	德国慕尼黑大学6人次
	德国柏林大学6人次
	美国洛克菲勒医学研究院6人次
	苏联科学院5人次
	美国IBM实验室5人次
获奖3次以上的单位共37个，占获奖单位总数的20%；获奖318人次，占获奖总人次的69%	德国哥廷根大学4人次
	欧洲核子中心4人次
	美国国立卫生研究院4人次
	瑞典卡罗琳医学研究院4人次
	瑞典乌普萨拉大学4人次
	美国威斯康星大学3人次
	瑞典斯德哥尔摩大学3人次
	瑞士苏黎世大学3人次
	丹麦哥本哈根大学3人次
	美国华盛顿大学（西雅图）3人次
	美国华盛顿大学（圣路易斯）3人次
	美国加利福尼亚大学旧金山医学院3人次
	美国耶鲁大学3人次
	美国通用电气公司3人次

注：获奖单位总数为185，获奖总人次为460。按获奖者获奖时所在的机构统计。

创新氛围主要是指以下两方面。

（1）高素质优秀科技人才聚集形成的以高知识密集度和高目标科技创新活动为特点的

环境。

(2) 为优秀科技人才，尤其是优秀青年科技人才所提供的跨学科自由、宽松的学术思想交流、碰撞，以及竞争和合作兼容的环境。

在诺贝尔自然科学奖获得者中，大部分人得益于他们所处的学术环境，杰出人才也对他们所在研究单位的学术与环境产生重要影响，使他们所在的研究单位进入世界一流水平，研究团体的领导人以及杰出科学家对研究环境产生的影响更大，如玻尔（N. H. D. Bohr，1885—1962）在丹麦的哥本哈根大学、费米（E. Fermi，1901—1954）在意大利等都是这方面的典范。世界著名的研究团体都非常重视领导人的选择，如贝尔实验室的历届领导者都具有非凡的领导才能和战略眼光，使贝尔实验室在不同的时期都做出辉煌的成就，始终保持创新活力，自 1925 年建立至今取得的专利数超过 26500 个，平均每天一项以上。在实验室建立的 75 年中，有 11 项①诺贝尔奖获奖者的获奖工作是在这里完成的。

(五) 诺贝尔自然科学奖获奖者年龄分布

(1) 获奖者做出代表性工作时的年龄分布。

物理学奖获奖者创造高峰期为 25—45 岁，年龄跨度为 21—58 岁（图 3，图 4），平均峰值年龄 36.1 岁。

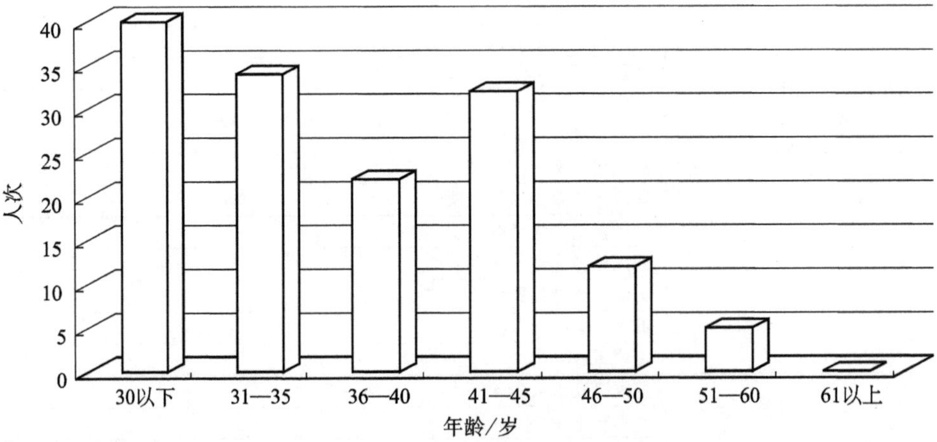

图 3 物理学奖获奖者做出代表性工作时的年龄分布（统计人数 145）

化学奖获奖者创造高峰期为 25—50 岁，年龄跨度为 21—58 岁（图 5，图 6），平均峰值年龄 38.7 岁。

生理学或医学奖获奖者创造高峰期为 30—45 岁，年龄跨度为 23—58 岁（图 7，图 8），平均峰值年龄 38.9 岁。

以上的统计结果表明：科学家的创造高峰期一般为 25—50 岁。

(2) 获奖时的年龄分布。

根据统计从 1901—1999 年物理学奖获奖者做出代表性工作与获奖的时间差平均为 16.1 年，化学奖为 15.4 年，生理学或医学奖为 18.1 年。

① 含在实验室做了开创性工作后到其他单位后获奖的。

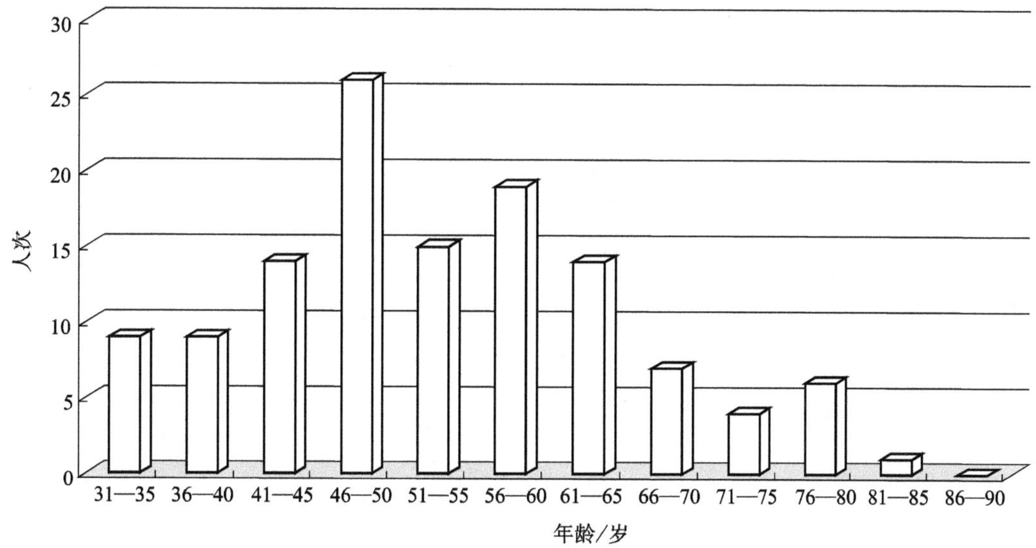

图 4　物理学奖获奖者获奖年龄的分布（平均年龄：52.2 岁）

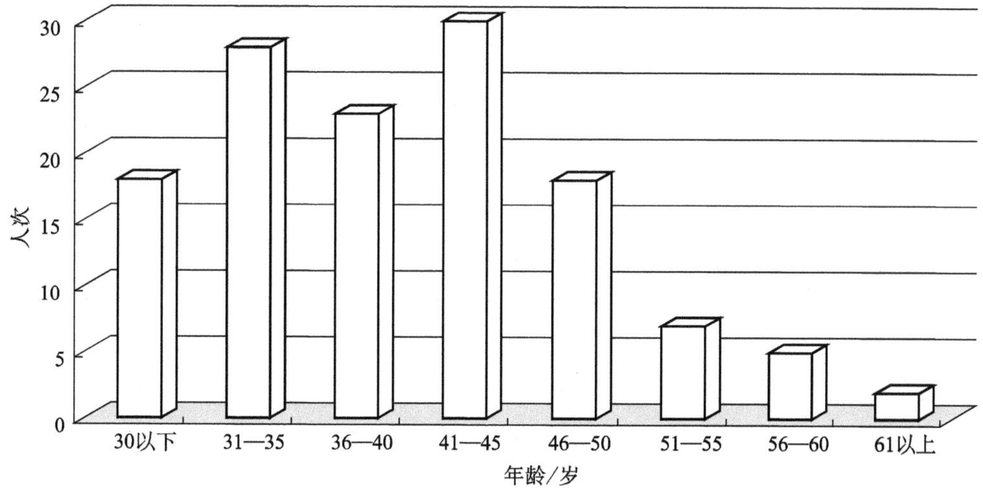

图 5　化学奖获奖者做出代表性工作时的年龄分布（统计人数 131 人）

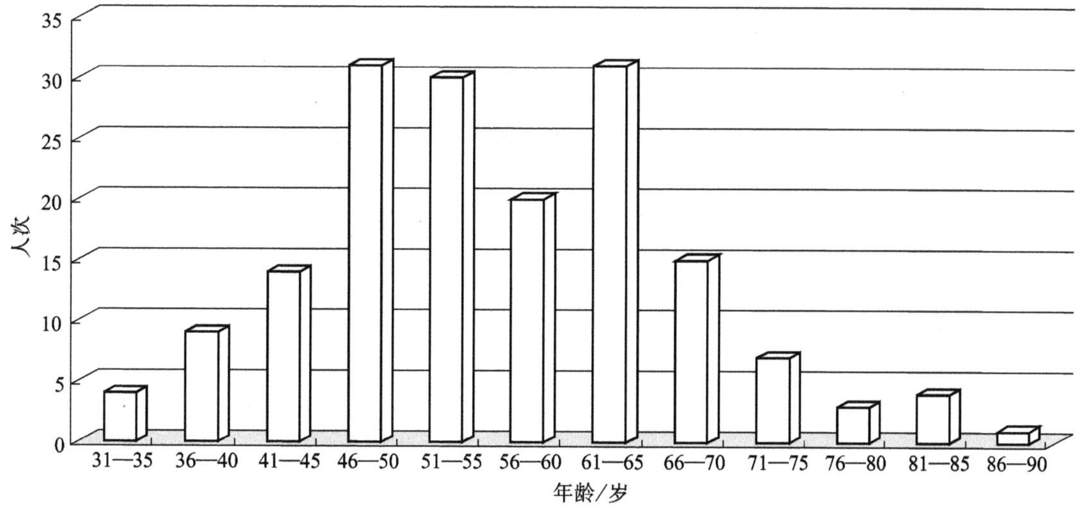

图 6　化学奖获奖者获奖年龄分布（平均年龄：54.3 岁）

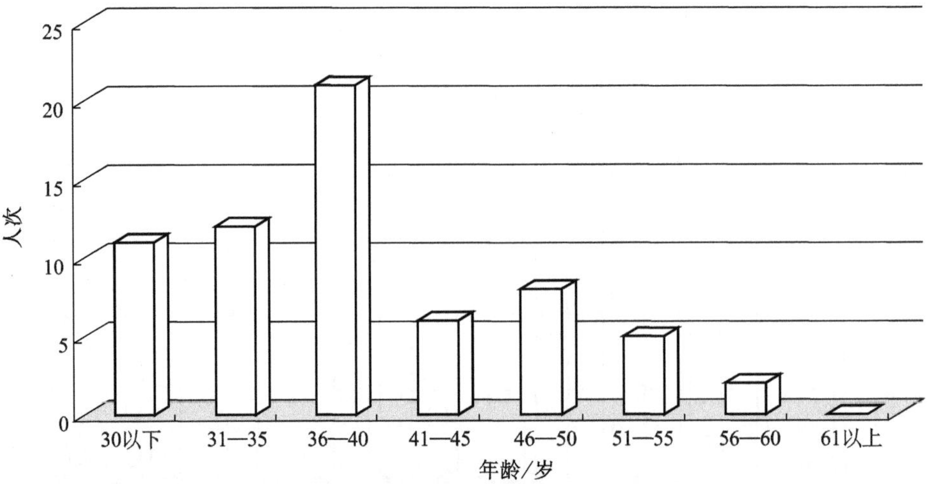

图 7 生理学或医学奖获奖者做出代表性工作时的年龄分布（统计人数 65 人）

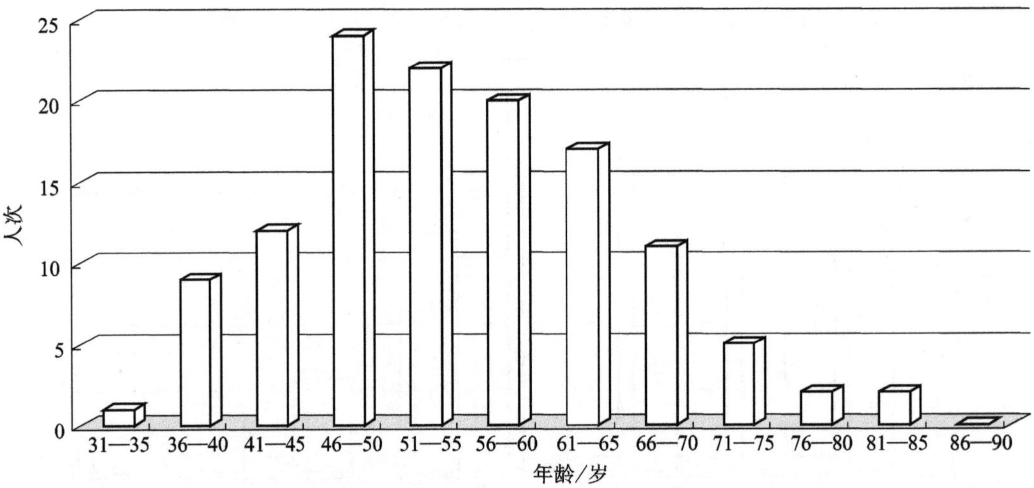

图 8 生理学或医学获奖者获奖年龄的分布（平均年龄：57 岁）

、 我们对物理学奖获奖者取得获奖成就与获奖时的年龄差随时间的增减情况做了统计，结果呈上升趋势：

1901—1925 年平均时间差为 11.6 年，1926—1950 年平均时间差为 10.7 年，1951—1975 年平均时间差为 13.9 年，1976—1999 年平均时间差为 19.5 年。这组数字反映，由于科学研究的不断深入，科学成就得到验证、理解及社会认同，需要有更长的时间。

（3）取得获奖成果年龄的变化趋势。

根据统计，诺贝尔自然科学奖获奖者取得获奖成就的年龄随时间变化不大。仅以物理学奖进行统计，1901—1925 年 27 人次的平均年龄为 37.2 岁，1926—1950 年 23 人次的平均年龄为 35 岁，1951—1975 年 38 人次的平均年龄为 38.2 岁，1976—1999 年 28 人次的平均年龄 37.1 岁。

中青年始终是取得创新成就的峰值年龄。

二、几点讨论

1. 自然科学的重大理论突破，需要善于发现已有理论与实际的矛盾，需要勇于挑战传统理论的自信与勇气；重大理论的创建和形成，往往经历长时间的争论以至非难，在得到反复验证后才被承认

案例 1 狭义相对论的创建

精心设计的迈克耳孙（A. A. Michelson，1852—1931）-莫雷（E. W. Morley，1838—1923）实验对传统的“以太”漂移学说给出了否定的结果，洛伦兹（H. A. Lorentz，1853—1928）的解释虽然起到了修补漏洞的作用，但仍囿于传统时空观。爱因斯坦（A. Einstein，1879—1955）革命性地提出了统一的时空观，带动了整个物理学的革命。虽然爱因斯坦 1921 年因对数学物理做出的贡献和阐明光电效应规律而获诺贝尔物理学奖。遗憾的是，他在 1905 年对狭义相对论和 1916 年对于广义相对论的贡献却没有作为获奖的主要理由，然而，这些正是 20 世纪物理学最伟大的理论成就。

案例 2 量子论的提出

基于麦克斯韦（J. C. Maxwell，1831—1879）经典电磁理论推演出的黑体辐射定律在长波区的实验中暴露出了矛盾，在原有理论框架下解释这一矛盾的努力均未获成功，普朗克（M. K. E. L. Planck，1858—1947）革命性地提出了能量的变化不是连续的，而是有一最小单元，引入了普朗克常数的概念，导致了量子论的诞生。普朗克因此获 1918 年诺贝尔物理学奖。

案例 3 高分子理论的创立

德国化学家斯陶丁格（H. Staudinger，1881—1965）针对当时许多科学家都把高分子溶液视为胶体的情况，首先提出高分子化合物的概念，并提出高分子是由以共价键连接的长链分子所组成的理论，他不同意把橡胶、纤维等结构看作胶体小分子的物理缔合。经过长达 10 余年的激烈论战，由于发明超离心机，测出高分子的大分子质量，证实其他一些实验研究结果，高分子理论才被人们接受。斯陶丁格因此获 1953 年诺贝尔化学奖。

2. 原始性重大发现多来源于对实验事实敏锐的观察和独具创意的实验

案例 4 X 射线的发现

1895 年 11 月下旬的一个晚上，伦琴（W. C. Rontgen，1845—1923）在探索阴极射线的研究中，在检测实验装置是否有漏光时，意外地发现了 1 米外的涂有钡铂氰化物晶体的护罩上有发光现象，他敏锐地认识到这是一种具有强穿透力的新射线，并设计了一系列实验加以验证。这一重大发现不但改变了近代物理学的面貌，而且为现代材料和医学科学研究与诊断提供了崭新的手段。伦琴获 1901 年诺贝尔物理学奖。

案例 5 遗传物质 DNA 的发现

美国科学家赫尔希（A. D. Hershey，1908—1997）精密地设计了一个试验，用放射性同位素标记噬菌体中的DNA和蛋白质外壳，为证明DNA是遗传物质找到了直接证据。与德尔布鲁克（M. Delbruck，1906—1981）、卢里亚（S. E. Luria，1912—1991）一起因为将细胞遗传学研究转变为可精确测量和定量实验的科学而分享1969年诺贝尔生理学或医学奖。

案例6 “移动控制基因”的发现

美国女生物学家麦克林托克（B. McClintock，1902—1992）在长期对玉米进行杂交实验中，观察斑点玉米的放大照片，发现玉米粒斑点的出现频率和出现部位的变化率用孟德尔（G. Mendel，1822—1884）的遗传法则无法解释，由此发现了“移动控制基因”，获1983年诺贝尔生理学或医学奖。

3. 新的科学仪器和装置的发明，往往打开一扇新的科学之门

案例7 粒子加速器的发明

粒子加速器是研究核物理学和粒子物理学的强大实验手段，它的发展与核物理学和粒子物理学的发展休戚相关，也可以说是理论科学、实验科学和技术科学相互依存、相互促进的一个典型代表。1930年第一台回旋加速器建成，开创了实验粒子物理的新纪元。美国科学家劳伦斯（E. O. Lawrence，1901—1958）因发明回旋加速器并由此获得大量放射性同位素，获1939年诺贝尔物理学奖。

案例8 电子显微镜与隧道扫描显微镜的发明

电子显微镜的发明为20世纪材料科学和生命科学研究微观结构提供了新的工具。隧道扫描显微镜使人类第一次能够实时地观察单个原子在物质表面的排列状态，了解与表面电子行为有关的物理、化学性质，在材料科学、生命科学等领域的研究中具有重大的意义。德国科学家宾宁（G. Binning，1947— ）和瑞士科学家罗赫尔（H. Rohrer，1933— ）因发明隧道扫描显微镜与在50年前设计第一台电子显微镜的德国工程师鲁斯卡(E. Ruska，1906—1988）共获1986年诺贝尔物理学奖。

案例9 “激光冷却”实验装置俘获原子

美籍华裔科学家朱棣文（Steven Chu，1948— ）利用一些光学和原子物理学的原理，巧妙地设计了“激光冷却”实验装置，使人们能够将孤立的原子运动冷却变慢并俘获它。这项技术在制造高精度原子钟、重力测量仪和原子“物质波”激光器等方面有着广泛的应用前景。朱棣文与法国人科昂-塔洛德基（C. Cohen-Tannoudji，1933— ）以及另一位美国科学家菲利浦斯（W. Phillips，1948— ）共获1997年诺贝尔物理学奖。

4. 重大科学发现和技术与方法的发明，往往对人类健康、社会与经济的进步产生巨大的推动作用和深远的影响

这一类科学发现并不属于传统意义上的基础科学，它们或属于应用科学，或属于技术和工具的发明，同样对人类健康、社会与经济的进步产生了巨大的推动作用和深远影响，同样受到科学界和社会的高度评价与尊重。

案例10 青霉素和链霉素的发现

英国剑桥大学细菌学家弗莱明（A. Fleming，1881—1955）在1928年抓住了偶然观察到的青霉菌抑制葡萄糖菌生长的现象进行研究，发现在除去青霉菌后，培养基同样具有杀

菌作用。他由此推论出，这种杀菌剂是青霉菌在生长过程中的代谢产物，遂称之为“青霉素”。青霉素的发现与应用挽救了千百万人的生命。弗莱明和发现青霉素巨大疗效以及发明浓缩、提纯青霉素技术的英国牛津大学教授钱恩（E. B. Chain，1906—1979）和弗洛里（H. W. Florey，1898—1968）获 1945 年诺贝尔生理学或医学奖。

由于青霉素的发现震动了医药学界，因此不少人寻找新的抗生素。出生在俄国的美国微生物学家瓦克斯曼（S. A. Waksman，1888—1973）1944 年在默克公司的资助下从土壤中分离出链霉素，链霉素是第一种对革氏阴性结核杆菌有效的抗生素。20 世纪 40 年代末链霉素批量生产，行销全球，使长期困扰人类的结核病得到了有效的治疗。他因此获 1952 年诺贝尔生理学或医学奖。

案例 11 核磁共振技术的发明

在诺贝尔获奖者中，有关核磁共振技术就有 5 人次获奖。其中，美国科学家拉比（I. I. Rabi，1898—1988）因发明记录原子核磁性的共振法获 1944 年诺贝尔物理学奖；美籍瑞士裔科学家布洛赫（F. Bloch，1905—1983）、美国科学家珀塞尔（E. M. Purcell，1912—1997）因发展精密测量核磁的新方法，以及由此做出的发现获 1952 年诺贝尔物理学奖；法国科学家卡斯特莱（A. Kastler，1902—1984）因发明并发展用以研究原子核内共振的光学方法获 1966 年诺贝尔物理学奖；瑞士科学家恩斯特（R. Ernst，1933—　）因在高分辨率核磁共振分光法分析分子结构发展方面的贡献获 1991 年诺贝尔化学奖。核磁共振技术不但广泛运用在科学研究和医学上，而且是发展量子计算机的主要技术手段之一。

案例 12 晶体管的发明

20 世纪 40 年代，美国贝尔实验室的物理学家肖克利（W. B. Shockley，1910—1989）、巴丁（J. Bardeen，1908—1991）和布拉顿（W. H. Brattain，1902—1987）发明了晶体管。在晶体管广泛应用 10 年后的 1958 年，美国的基尔比（J. S. C. Kilby，1923—　）和他的同事制作的集成相移振荡器电路成为世界上第一批集成电路，拉开了信息革命的序幕。肖克利、巴丁和布拉顿因发现晶体管效应和半导体方面的研究而获 1956 年的诺贝尔物理学奖。

案例 13 激光技术的发明

美国科学家汤斯（C. H. Townes，1915—　）、苏联科学家巴索夫（Н. Г. Б′асов，1922—2001）和普洛霍洛夫（А. М. Прохоров，1916—　）由于分别独立研制微波激光器，以及他们在量子电动力学方面的贡献导致激光器的诞生获 1964 年诺贝尔物理学奖。激光技术广泛应用于光通信、医疗诊断与治疗技术、全息照相技术、激光照排技术、激光核聚变技术、计量基准中，激光技术设备已经成为物理、化学、生物等学科必不可少的实验装备。由于激光器的诞生，使匈牙利出生的英国科学家伽博（D. Gabor，1900—1979）发明的全息照相技术成为实用技术，他因此而获得 1971 年诺贝尔物理学奖。

5. 良好的科学基础和前沿性、交叉性的研究也可能偶发重大的科学发现，偶然中寓必然

案例 14 宇宙背景辐射的发现

彭齐亚斯（Arno Allan Penzias，1933—　）和威尔逊（Robert Woodrow Wilson，

1936— ）在用新型卫星的天线接受系统进行测量时，发现了一种相当于绝对温度 3.5K 的“噪声辐射”，经与普林斯顿大学理论物理学家进一步研究，终于确信这种“噪声辐射”是宇宙背景辐射，为宇宙大爆炸学说提供最有力的支持。因此，获 1978 年诺贝尔物理学奖。

案例 15 中子的发现

1932 年，查德威克（J. Chadwick，1891—1974）在研究天然放射性 θ 粒子对非放射性元素轰击时，从测得的结果发现其散射与当时已有的知识不一致。他回忆起若干年前卢瑟福（E. Rutherford，1871—1937）曾推测可能存在一种中性的质量与质子类似的放射性粒子，他推测 θ 粒子轰击铍引起的辐射是中子，并列出了方程：

$$^{9}_{4}\mathrm{Be}+^{4}_{2}\theta \longrightarrow ^{12}_{6}\mathrm{C}+^{1}_{0}\mathrm{n}$$

稍后他还指出 θ 粒子轰击硼也能产生中子，即

$$^{11}_{5}\mathrm{B}+^{4}_{2}\theta \longrightarrow ^{14}_{7}\mathrm{N}+^{1}_{0}\mathrm{n}$$

他还确定了中子的原子量。中子的发现使他获 1935 年诺贝尔物理学奖。

6. 数学与计算机工具创造性的应用，也可能带来自然科学、工程技术、经济与管理科学方法与理论的突破

案例 16 数学对量子力学创立的作用

海森伯用矩阵方法写成的矩阵力学和薛定谔用代数方法写出的量子力学理论在数学上被证明是等价的，狄拉克（P. A. M. Dirac，1902—1984）在此基础上建立了完整的量子力学的数学表述，并在理论上预言了正电子的存在和为规范场的研究建立了坚实的数学基础，构筑了量子力学的理论体系。三人因此分别于 1932 年、1933 获诺贝尔物理学奖。

案例 17 测定分子结构的新方法

美国科学家豪普特曼（H. A. Hauptman，1917— ）和卡尔勒（J. Karle，1918—）应用计算机技术，发明了可以通过计算机三维图像重建直接显示被 X 射线透射的分子立体结构的新方法，并已测出包括维生素、激素等数万种分子结构，推动了有机化学、药物学即生物学的发展，荣获了 1985 年诺贝尔化学奖。

案例 18 数学对经济学、管理科学发展的作用

从 1969 年设立诺贝尔经济学奖以来，有相当多的工作是非常数学化的，其中不乏数学家获诺贝尔经济学奖，如康德洛维奇（Л. В. Канторович，1912—1986）将线性规划方法应用到物资调拨理论而获 1975 年经济学奖；克莱因（L. R. Klein，1920— ）因建立“设计预测经济变动的计算机模式”获 1980 年经济学奖；陶宾（J. Tobin，1918— ）因建立“投资决策的数学模型”获 1981 年经济学奖。

此外，数学家冯·诺伊曼（J. von Neumann，1903—1957）和经济学家摩根斯坦（O. Morganstain，1902—1977）长期合作的结晶《对策论与经济行为》的出版，被认为是 20 世纪经济学重大成就之一。

现代管理科学方法很多也来自数学方法，如运筹学、控制论等学科。建立数学模型、采用有效的算法和利用计算机已成为重要手段。

7. 对已有知识的科学整理与发掘，也可能有新的重大发现与理论创新

案例 19 原子结构理论的建立

玻尔（N. H. D. Bohr，1885—1962）在卢瑟福的原子模型和普朗克的量子论的基础上，建立了原子结构理论。他因此获 1922 年诺贝尔物理学奖。

案例 20 门捷列夫的元素周期表

门捷列夫（Д. И. Менделеев，1834—1907）在前人对大量化学元素研究的基础上，总结出了元素周期律。遗憾的是在他生前，元素周期律未能得到科学的评价，未能获奖。

案例 21 DNA 双螺旋结构模型的提出

沃森（J. D. Watson，1928— ）和克里克（F. H. C. Crick，1916— ）集中了化学家鲍林（L. C. Pauling，1901—1994）关于 DNA 碱基结构特征的化学信息、弗兰克林女士的 DNA X 射线衍射照片以及威尔金斯（M. H. F. Wilkins，1916— ）对照片的解释，进行深入研究，最终提出 DNA 的双螺旋结构模型，成为生命科学研究进入分子水平的标志。因此，与威尔金斯共获 1962 年诺贝尔生理学或医学奖。

8. 良好的创新氛围和高水平的创新基地是产生高水平创新成果的温床

（1）从诺贝尔奖获奖单位相对集中可以看出，创新基地的建设对于取得高水平的创新成果十分重要。

（2）诺贝尔奖获奖者中师生关系、学术亲缘关系屡见不鲜，说明高水平人才的集中凝聚、跨学科交流以及在高水平学术带头人领导和指导下，选择前沿领域和战略方向，对于创新学术氛围的形成和重大创新突破都有重要意义。

（3）从诺贝尔奖获奖者做出代表性工作到最终获奖，一般需要 10 余年，并且有增长的趋势，说明高水平创新工作被科学界和社会所认同，需要时间。产生世界级的原始创新是一项艰巨和长期的目标，不可急功近利，需要稳定的科技政策予以支持。

9. 中青年时期是科学家实现创新突破的峰值年龄

从诺贝尔奖获得者的年龄分析，可以看出科学家创新的高峰期为 30—40 岁，许多是博士学位论文期间的工作。因此，在重视发挥中老年杰出科学家指导作用的同时，必须建立起正常的人才新老交替和合理流动制度，破除论资排辈、因循守旧的陋习，支持中青年优秀人才，创造性地开展研究工作。特别需要鼓励和支持二十几岁的科学家在前沿领域和重大战略方向上开始独立的创新研究与发展工作。

10. 创新意识、原始性创新思想与创新战略比经费与设备更具有决定意义

20 世纪以来，许多具有重大意义的原始创新突破并不都发生在投资最大的地方。

例如，提出相对论的爱因斯坦，当时是瑞士伯尔尼专利局的低级职员，并无专项研究经费；沃森和克里克构建 DNA 双螺旋结构模型研究小组的经费消耗据说也只有数百英镑；魏格纳的大陆板块与漂移学说的提出也主要得益于他的创新科学思想。

一些实验科学的原始性重大发现也并不在于特别昂贵的实验设备，而在于研究人员的

创新意识、独特的实验构思，周密的实验和观测，以及科学思维，并且许多是研究生阶段的工作。必要资金和设备是科技创新的必要条件，但不是首要条件和充分条件。当然随着科学向研究极端条件空间和尺度下的物质结构、相互作用及运动规律转移、生命科学与信息科学向分子和原子等微观层次，向着纳米尺度和飞秒量级发展，在具有原始创新科学思想和正确创新战略的前提下，充裕的资金与设备保证仍然是十分必要的。

11. 重大科技创新突破及其推广应用需要相应的创新体制和科学管理机制保证

英国剑桥大学卡文迪什实验室（获 25 人次诺贝尔奖）、德国马普学会（获 17 人次诺贝尔奖）是从事基础研究基地的代表，美国贝尔实验室（获 11 人次诺贝尔奖）、IBM 实验室（获 5 人次诺贝尔奖）是公司实验室的卓越代表，其共同的特点是领导人具有高瞻远瞩的战略眼光，善于识别与培养创新人才，尤其是善于发现、培养和支持青年人才的创新研究，善于选择研究战略方向和重点领域，充分尊重科学家的自主权和学术自由，建立公正的、适时的乃至国际化的科学评估与管理，开展广泛而经常的国际合作交流，以及营造了优良的研究条件和创新文化氛围。

重大科技创新突破及其推广与应用需要相应的创新体制与科学管理机制作为保证。

（1）必须遴选具有科技战略眼光，尊重知识，尊重人才，善于管理的领导人，建立一套比较完善可行的人才选拔、吸引、培养、支持与组织管理的体制和方法。建立实施科技创新的人才队伍与组织保证。

（2）对于基础研究与高技术前沿探索，应根据科技发展，以及经济和社会发展的长远需求，依靠专家，着眼长远与基础，选择重点领域与战略方向，遴选与凝聚优秀队伍，建设创新基地，给予稳定支持，鼓励并尊重科技人员的自主创新探索，科学评估，适时调整，努力保持研究领域、方向的前沿性和研究队伍的创新活力，孕育原始性创新的重大突破。

（3）对于基础性和战略性研究，必须根据经济建设、国家安全与社会发展的重大需求，发挥自身综合优势，联合国内国际优势力量，开展具有自主创新科学思想和技术路线的系统研究与战略攻关。力争取得科学规律的系统知识与重大关键技术原始性创新突破或实现创造性的系统集成。不断完善有利于科技创新及产业化的政策与体制，促使 R&D 与市场及企业机制接轨，实行体制与机制的适时地转换，促进创新成果的产业化。

（4）科学技术创新是全球性的创新活动，必须进一步扩大开放，加强国际合作与交流。在进一步扩大信息和人才交流的基础上，要积极探索国际性双边或多边研究项目合作、研究机构合作、创新人才培养合作，及高技术产业孵化、风险基金及高技术产业经营合作。积极创造条件吸引优秀人才回国或为国服务，尤其要有目标地礼聘杰出人才来华领衔开展前沿研究或向国际重要研究机构派送研究生与高级访问学者进行合作研究，建立互利稳定的合作关系，将国际合作推进到新的水平；在提高素质、优化结构的同时，按绩效优先的原则，努力提高研究及管理人员的待遇，改革与改善园区工作环境、科研基础设施和文化氛围，改善研究生、访问学者的待遇以及工作与生活条件，增强对优秀人才尤其是青年优秀人才的吸引力与凝聚力，为创新队伍建设提供基本保证。

参考文献

董光璧 . 1998. 晶体管的发明拉开了信息革命的序幕 . 自然辩证法研究，第 5 期 .

国家自然科学基金会 . 1992. 自然科学学科发展战略研究报告集：数学 . 科技导报，第 11 期 .

哈里特・朱克曼 . 1982. 科学界的精英 . 周叶谦，冯世刚译 . 北京：商务印书馆 .

中国大百科全书出版社《简明不列颠全书》编辑部 . 简明不列颠百科全书 . 北京：中国大百科全书出版社，1986.

李佩珊，许良英 . 1999. 20 世纪科学技术简史（第二版）. 北京：科学出版社 .

石田寅夫 . 1997. 诺贝尔奖并非是梦 . 戚戈平，李晓武译 . 杭州：浙江科学技术出版社 .

唐得阳 . 1994. 诺贝尔奖获奖者全书 . 北京：团结出版社 .

阎年康 . 1999. 贝尔实验室-现代高科技的摇篮 . 石家庄：河北大学出版社 .

周嘉华 . 1998. 世界化学史 . 长春：吉林教育出版社 .

Harenberg Lexikon Verlag. 1988. Harenberg Lexikon der Nobelpreistraeger. Dortmund，Germany.

Harenberg Lexikon Verlag. 1998. Harenberg Schluesseldaten Entdeckungen und Erfindungen. Dortmund，Germany.

Lax P D. 1992. 应用数学在美国的蓬勃发展，数学译林，1：56 - 63.

Marshall Cavendish Corporation. 1998. Biographical of Scientists. New York，USA.

Propylaeen Verlag. 1997. Propylaeen Technik Geschichte，Band 3，Band 4. Berlin，Germany.

中国近现代科学的回顾与展望*

科学和技术在中国有着悠久的历史传统。英国的中国科学技术史专家李约瑟博士曾经指出，在15世纪以前的好几百年里，中国的科学和技术曾经遥遥领先于欧洲，但是发生在17—18世纪欧洲的科学革命，不仅促成了近代科学的诞生，而且使中国传统的科学和技术相形见绌，特别是随之而来的工业革命拉大了中国与西方的差距。我们这个历史悠久的文明古国，100多年前在西方人眼里，不仅没有近代科学，还是一个专制、落后、贫穷、愚昧的国度。今天的中国与一百年前的中国相比已经发生了翻天覆地的变化。抚今追昔，巨大的进步的确令人欣慰，但民族复兴的伟大历史使命还远没有完成。科教兴国，现代化建设，依然任重道远!

据一些专家的意见，中国近现代科学技术的历史可以追溯到17世纪的明清之际西方科学技术借助于耶稣会士开始传入中国之时。但考虑到中国现代科学的奠基和发展主要是在19和20世纪，因此，我的报告，重点放在近150年，特别是20世纪。我将首先回顾近代科学在中国的传播，然后扼要论述我国科技教育、科研体制以及技术与工业化在20世纪的发展，特别是改革开放以来我国科研体制的改革与发展。最后对21世纪中国科技的发展前景作一些前瞻。

一、“西学东渐”与“洋务”自强

中外学者热衷于探讨“为什么近代科学没有在中国产生”一类的问题，并提出了种种答案，发人深省。但我们注意到，当西方近代科学革命发生之日，也正是中西科学开始接触之时。随着天主教耶稣会士16世纪末来华，西方科学和技术开始传入中国，特别是在天文学和数学等领域一度产生过较大的影响。然而，在17世纪以后的200多年中，并未引发中国走上如同欧洲近代科学那样的发展道路。这是值得令人深思的。

看来，其原因是多方面的，看来主要应归于中西方科学文化传统的差异，中国的封建体制以及清朝统治者缺乏远见。西方传教士并没有向中国人系统地介绍先进的科学知识，

* 本文发表于2002年《自然科学史研究》杂志第21卷第3期。

尤其是那些对神学观念提出严重挑战的科学思想和理念，如哥白尼天文学说和牛顿力学，因为他们的主要目的在于传教，而不是传播科学。即使如此，西方传教士还是向我们展示了不少西方近代文明和科学技术，但令人遗憾的是，这些并没有引起中国人从皇帝到臣民的特别兴趣，更谈不上对科学精神和科学价值的深刻认识与传播。

清代以来，来到我国传教的西方人成百上千，但同一时期到欧洲游历的国人却屈指可数，而且几乎都是天主教徒，没有当时出类拔萃的知识分子。从雄才大略的康熙，到勤政刚愎的雍正，再到以十全老人自诩的乾隆，虽都表现出对西方科学或器物的某些喜好，然而，他们中最明智的康熙，也不过是把科学知识作为其“崇儒重道”国策的附庸，在解决历法计算等问题之后就再也不思进取了。等而下之的乾隆，更是将西方新奇物器视为其玩赏享乐之物，根本没有从中感受到西方技术进步的巨大意义。公元 1793 年，当英国特使马嘎尔尼带着英国先进的工业品来到中国谋求通商时，乾隆把那些物品照单全收之后，竟说：“天朝物产丰盈，无所不有，原不藉外夷货物以通有无。”当西方的科学技术突飞猛进的时候，停留在妄自尊大、闭关锁国状态的中国统治者竟浑然不知。这也就决定了当 19 世纪中叶西方列强入侵中国的时候，我们处于被动挨打的地位。所以近代科学在中国的最初引进与发展，只是不自觉的，被动的。

19 世纪的中国科学技术发展大体经历了两个阶段。首先是随西方列强入侵中国而来的西方传教士，主要是英美传教士，他们在传教之余，开始对中国人进行近代科学知识的传播，从而使明清以来的西学东渐再度复苏。虽然从事近代科学知识传播的只是其中的少数人，但他们与一些先进的中国知识分子合作，把一批近代科学著作译成中文，从而开启了近代科学在中国传播的先路。其中尤其是墨海书馆在 19 世纪 50 年代翻译出版的几部高水平科学著作，使中国人开始认识到西方的强大原来是依靠近代科学技术，这是中国历史上从没有过的新观念，具有启蒙意义。

同时，少数中国知识分子和官员开始认识到中国正处于一个翻天覆地的变革时代。西方强大带来的危机感，不仅仅是眼前所面临的列强入侵，而且还有文化上和心理上落差的冲击。为了挽救危局，在 19 世纪 60 年代初，朝野的一部分洋务派主张“借法自强”，主动引进西方的先进技术，这就是“洋务运动”，也称“自强运动”。

“洋务运动”的指导思想是“中学为体、西学为用”。这是我们这个文明古国面对西方近代文明冲击的一种特殊的应对策略。它以保存中国封建体制与文化本位为目的而引进西方科技文明为我所用，这一思想后来虽屡遭批评，但在当时是有一定的进步意义的。

洋务自强实际上是一次技术救国的试验，是中国人自主地引进并发展科学技术的大胆尝试。洋务运动时期，通过官办或官督商办，建立了一批近代工矿企业，其中以军事工业为中坚；并在不触动科举制度的前提下，从北京到地方兴办了 20 多所培养外语、水师、船舰、兵工、铁路、电报、测绘等人才的新式学校，还向欧美派遣了少量的留学生，以江南制造局和北京同文馆为中心，翻译出版了 100 多种西方科技著作，打开了中国知识分子的眼界。但这些学校多偏重于实用，类同于职业技术学校，目的并不是培养高级科技人才。随着 1881 年官费留美学生的提前裁撤，中国近代高水平科技人才的培养就延误到了 20 世纪。

清政府的专制、腐败与保守，使我们在 19 世纪多次丧失了极为重要的发展的机会。鸦片战争没有使清政府醒悟，过了 20 年，再败于英法联军，才有了“借法自强”的“洋务运动”。而“洋务运动”又在新与旧势力的较量中一再拖延，根本未能完成其求富求强的目标。恰恰相反，在一场短兵相接的中日甲午战争中，“洋务运动”顷刻间彻底破产。史实证明，与同属19世纪60年代开始明治维新的日本相比，近代中国的“洋务改革”从总体上是以失败而告终的。

二、中国现代科学的奠基

1. 教育制度的变革和现代科学家的诞生

经过鸦片战争，我们丧失了世界大国地位；经过甲午战争，我们进一步失去在东亚和在汉字文化圈国家的中心地位。内忧外患，激化了阶级矛盾，也唤醒了中国人民，从戊戌变法维新，到义和团运动，再到辛亥革命，新旧势力的较量，加上列强的趁火打劫，激起了中国的民族民主革命，终于导致了清王朝的倾覆。

专制皇权的削弱，有利于除旧布新。事实上，中国近代史上破除科举制度的教育改革——科举制度的废除和新教育制度的推行，就是由摇摇欲坠的清王朝开始，辛亥革命共和制度建立后得以建立和发展的。20世纪最初的20余年，应是中国现代科学教育体制的奠基时期。

1904—1905年，科举制度的废除和新学制的推行，结束了延续千余年之久的以科举制和儒学教育为主的传统教育制度。20世纪的前20年，中小学新式教育（包括科学基础教育）在全国推广获得巨大的发展；近代大学开始创办，但发展有限，还无法培养高水平的科技人才；大量的留学生派遣到欧美，为中国未来的科学技术事业培养与储备了必需的人才。至1922年壬戌学制颁行，奠立了20世纪前半期中国科学教育体制的基础。

中国现代的科学社团大都是在20世纪初成立的。首先是一些综合性的团体，如1913年成立的中华工程师会，1915年成立的中国科学社。专业的研究机构也是在这一时期出现的，如中央农事试验场（1906年始）、地质调查所（1916年）、中国科学社生物研究所（1923年）、黄海化学工业研究社（1923年）等（表1）。

表1　20世纪初中国的科学社团和科研机构

现代科学社团	成立年代	专业研究机构	成立年代
中华工程师会	1913年	中央农事试验场	1906年
中国科学社	1915年	地质调查所	1916年
中华医学会	1915年	中国科学社生物研究所	1923年
中华农学会	1917年	黄海化学工业研究社	1923年
中国工程学会	1918年		

2. 五四新文化运动和新的科学观

新的教育制度不仅仅是培养了新人才，更重要的是带来了新的科学理念。

在“洋务运动”时期，人们虽然也注意到西方科学，但更重视的是各种实用技术。戊戌维新时期，严复提出“科学救国”。但在举国若狂的政治改革浪潮中，“科学救国”的声音是很微弱的。只是清王朝覆灭之后，“科学救国”和“实业救国”之声才越来越引人注目。在短短的10年之间，科学的地位急速提升，以至在“五四”新文化运动中，“赛先生”成为与“德先生”并提的救国良方。

科学不仅是国家富强文明的基础，而且科学也成为了“正确”和“真理”的代名词。中国旧有的学术，包括历代至高无上的经学，在科学面前都要退避三舍。科学不但是一切知识的源泉，而且进入道德和精神领域。陈独秀曾提出以科学代替宗教。蔡元培也说：“科学发达之后，一切知识道德问题，皆得由科学证明。”对于科学和科学方法的膜拜，还推广到社会、文化乃至政治领域。尽管这种具有唯科学主义倾向的科学思潮有悖于科学的求真精神和质疑精神，但对当时提倡科学和扫除传统思想中的反科学和迷信与愚昧成分是很有帮助的。在20世纪20年代初期的科学与玄学的论战中，玄学派一触即溃，由此可见一斑。

3. 中国现代科学的奠基

经过五四运动的洗礼，科学开始确立了它在中国现代社会中的地位。随着南京民国政府的成立，特别是1928年以后，在教育、科技和文化等领域，政府逐渐发挥重要作用。这表现在以中央研究院（1928年）为代表的一系列国立研究机构的设立，以及大学教育规模的发展与水平的提高。20世纪20年代初至1937年抗日战争全面爆发，随着大批留学生相继归国，国内大学的科学教育水平快速提高，缩小了与世界先进水平的差距。公立大学（国立大学、省立大学等）、私立大学和教会大学并存，既相互竞争，又互为补充，促进了教学和研究的进步。与此同时，国民政府还推出了一系列发展科学技术的政策。1928年国家建设委员会成立并颁布了《奖励工业品暂行条例》，1929年设中央农业推广委员会，1932年公布《奖励工业技术暂行条例》，1933年设立全国经济委员会作为顾问机构协调各种经济发展计划，1935年国防设计委员会改组为资源委员会专事重工业的筹划并欲翌年拟定了《重工业建设五年计划》。1929年颁布《大学组织法》和《大学规程》，1935年颁布《学位授予法》，并提出“提倡理工，限制文法”的政策，使科学技术教育有了明显的进步。

20世纪20—30年代，各种专业的科学和技术学会逐步建立（表2）。各专业学会还开始编辑出版专科的研究性杂志，包括多种英文版的专业杂志。

表2　20世纪20—30年代成立的专业科学学会

学会名称	成立年代	学会名称	成立年代
中国心理学会	1921年	中国化学会	1932年
中国地质学会	1922年	中国地理学会	1934年
中国天文学会	1922年	中国植物学会	1933年
中国气象学会	1924年	中国电机工程师学会	1934年
中国生理学会	1926年	中国动物学会	1934年
中国矿冶工程学会	1926年	中国数学会	1935年
中国物理学会	1932年	中国机械工程师学会	1936年

上述大学、学会和科研机构的领导人和教育的中坚大都是在20世纪20—30年代回国的留学生，他们大多在国外受到过比较系统的科学训练，不少人获得了博士学位，他们是我国第一代现代科学家，许多人成为我国有关专业领域的奠基人。正是由于他们的努力，

我国高等科学教育水平得以普遍提高，许多学校成为名副其实的大学，真正能够培养高等科学人才，现代科学技术得以在中国建立了初步的基础。

4. 日本入侵对科学事业的打击

1937 年，抗日战争全面爆发。日本侵略者的大规模入侵，几乎摧毁了刚刚形成了一定基础的各类大学和科研机构，严重破坏了现代中国科学技术的发展。

部分工业设施和文化机构内迁西南和西北地区，被迫改变了中国的工业和科研文化设施的分布。抗战时期重要的工厂和科学文化设施内迁，京津地区、华东、华中和华南的大部分科教机构遭到严重破坏，而西南地区则一时成为战时的工业和文化教育中心。

日本帝国主义的入侵对于中国科学事业是灾难性的。抗战之前，我国已经逐步建立了比较完整的高等科学教育体系，1930—1936 年，各大学理工科毕业生迅速增多，留学生人数也有较大增长。由于战争的原因，他们中的不少人中断了学业，失去了进一步深造的机会。抗战八年，使我国丧失了一代科学家，并影响到几代科学家的科学事业。西南联大、浙江大学等只是在特殊环境之下，由于高水平师资和高水平生源的汇集和爱国主义的激励而出现的个别例子。我们不能忽视，在此同时，更多的青年流亡失学，不少教师颠沛流离，失业甚至冻饿而死。

日本侵略者为了永久侵占东北甚至全中国，在我国东北地区建立了殖民工业体系和科学文化设施。日本军国主义者通过建立南满铁路株式会社、满洲重工业开发株式会社、伪满大陆科学院和若干理工科大学等，企图长期殖民统治，掠夺东北资源。这些机构与设施完全是由日本军国主义集团扶植，并为其侵略战争和殖民地统治服务。战后，这些设施也未能成为中国发展的基础，其 40%毁坏于战争，40%作为苏军的战利品被拆走。

关于抗战时期的中国科学，还必须提到在中国共产党领导的陕甘宁边区科学技术事业的发展。1939 年，为了解决边区面临的种种实际问题和困难，在党的领导下，延安成立了自然科学研究院，同年年底改为自然科学院，并成立了陕甘宁边区自然科学研究会。配合边区经济建设，改造和新建了一批工矿企业，宣传和普及科技知识，以应当时民族解放事业之需要。当时积累的经验和培养的科技干部对新中国成立后的科技政策也具有不可忽视的影响。

三、 新中国科学的发展和曲折

1. 计划科研体制的确立

1949 年 10 月，中华人民共和国成立。新中国成立初期，由于日本帝国主义的侵略和掠夺以及连年战乱，工农业生产受到极大破坏。旧中国的工业本来就相当落后，不但比重小，而且基础薄弱，门类残缺不全，技术落后，生产水平低，没有形成一个独立而完整的工业体系。工业的布局极不合理，70%以上的工业集中在东部沿海的少数城市，内地特别是边远地区很少甚至根本没有现代工业。交通和通信设施极为落后。与此同时，旧中国留下来的科学基础也很薄弱，科学人员不多，水平参差不齐，各门科学发展也不平衡。据中国科学院在 1949 年 12 月至 1950 年 4 月的调查，我国的高级科学专家不超过 900 人，其中得到同行公认的专家只有 160 人左右（表 3）。

表 3 1949—1950 年全国自然科学专家调查统计表

学科	被推荐人数/人	得票过半数者/人	尚在国外者/人
数学组	81	19	29
近代物理组	43	15	20
应用物理组	76	9	16
物理化学组	58	6	7
有机化学组	31	7	6
生理学组	45	9	11
实验生物学组	108	10	28
水生生物学组	54	5	7
植物分类学组	71	12	8
心理学组	67	12	11
地球物理学组	54	15	6
地质学组	79	13	7
地理学组	77	12	11
天文学组	21	18	7
合计	865	160（18.5%）	174（20%）

如何在短期内解决国计民生，恢复工农业生产、特别是推进国家的工业化，是党和政府也是中国科学界面临的一项艰巨任务。新中国一成立就开始有计划地发展经济和科学文化事业。1949 年 9 月 29 日中国人民政治协商会议第一届全体会议通过的《中国人民政治协商会议共同纲领》第 43 条提出："努力发展自然科学，以服务于工业农业和国防的建设。奖励科学的发现和发明，普及科学知识。"

尽管科学技术领域的骨干科学家大多是欧美文化教育出来的，但是社会主义的政治制度，特别是新中国面临的国际国内形势决定了中国的科技体制必然从自由研究模式转变成面向国家需求的规划科学的模式。这一转变是通过以苏联科学院为参照的中国科学院建设、以苏联高等院校为样板的院系调整和以苏联援建的 156 项重点工程这三项主要措施来实现的。

1949 年成立的中国科学院，通过接收原中央研究院和北平研究院等研究机构，很快组建了包括自然科学和社会科学两方面的 20 个研究机构，共 200 余名研究人员，开始进行工作。

在教育方面，1952 年进行的全国范围的高等院校大调整，按照苏联依专业培养人才的经验，通过拆并相同的系、院，组建了一批新的专门学院。华北和华东两大文化中心地区是这次调整的重点，以北京和天津为重点的华北地区调整为 41 所院校，以南京和上海为中心的华东地区调整为 54 所院校，针对国家建设需要共设置了 215 种专业。通过这次院系调整，基本上把民国时期欧美式的通才教育体制转变为专才教育体制。

1956 年，《1956—1967 年科学技术发展远景规划纲要》（简称《远景规划纲要》）的制定和国家科委的建立进一步使中国科技事业进入国家计划下的现代发展时期。《远景规划纲要》集中了全国 600 多位科学家，按照"重点发展，迎头赶上"的方针，采取"以任务为经，以学科为纬，以任务带学科"的原则，对各部门的规划进行综合，从 13 个领域提出了 57 项重要科学技术任务。《远景规划纲要》的制定还进一步明确了我国的科学研究工作体制，正如副总理聂荣臻于 1957 年 6 月 13 日在国务院科学规划委员会第四次扩大会议上所指出："我国统一的科学研究体系是由中国科学院、高等学校、中央各产业部门的研究机构和地方研究机构四个方面组成的。在这个系统中，中国科学院是全国的学术领导和重点研究中心，高等学校、中央各产业部门的研究机构（包括厂矿实验室）和地方所属的研究机构则是我国科学研究的广阔的基地。"

2. 中国科学事业的大发展

计划科研体制为中国科学技术事业的发展提供了历史上前所未有的有利条件。到 1955 年，全国有科学研究机构 380 个、高等院校 229 所、专门研究人员 9000 人，科学研究、工程技术、文教卫生三大系统中的高级知识分子已达 10 万人。应当说，我国的科学技术事业在新中国成立初期的短短 10 年内取得了伟大的成就，基本满足了国家建设的需要，这是旧中国不可能做到的。

《远景规划纲要》实施之后，我们的科学研究水平进一步得到提高。在其中 12 个具有关键意义的科研重点：原子能的和平利用；无线电电子学中的新技术；喷气技术；生产过程自动化和精密仪器；石油及其他特别缺乏的资源的勘探，矿物原料基地的探寻和确定；结合我国资源情况建立合金系统并寻求新的冶金过程；综合利用燃料，发展重有机合成；新型动力机械和大型机械；黄河、长江综合开发的重大科学技术问题；农业的化学化、机械化、电气化的重大科学问题；危害我国人民健康最大的几种主要疾病的防治和消灭；自然科学中若干重要的基本理论问题，都取得了重要的进展。分子生物、核物理、高能物理、高分子化学、半导体物理、计算机、自动化、生态环境、空间技术等世界科学前沿的研究也都开展了起来。

20 世纪 60 年代中期前后，中国科学家在基本与世界隔绝的不利条件下取得过一批重要的成果，如陈景润等人在哥德巴赫猜想问题上的重大贡献，冯康开创的有限元方法，粒子物理学中的层子模型的提出，并在世界上首次人工合成了有生物活性的牛胰岛素等，都是具有国际先进水平的工作。

大庆油田的勘探和开发是地质科学与国家建设需要相结合的成功典范。石油是重要的工业原料和战略物资。为了彻底改变中国贫油的历史，中国地质学家进行了艰苦的探索。50 年代，黄汲清等地质学家提出并发展了多旋回构造理论，尤其是提出"多旋回成矿论"，为石油普查的战略选区提出了关键性的指导意见，并被国家采纳，实行了石油勘探的战略东移。1959 年 9 月，发现了大庆油田。1960 年，国家组织了大庆油田大会战，经过三年时间，迅速建成大庆油田。1963 年底，周恩来总理宣布中国石油实现基本自给。大庆油田的勘探和开发解决了石油勘探、开发和炼制中的一系列科技难题，为我国石油科技的大发展奠定了基础。中国的许多地质学家如李四光等在中国东部寻找石油资源方面均做出了贡献。

1964 年 10 月 16 日 15 时，在中国西北的核试验场，中国自行研究、设计、制造的第一颗原子弹装置爆炸成功。1967 年 6 月 17 日，中国首次氢弹试验成功，使中国成为世界上第四个掌握了氢弹制造技术的国家。从第一颗原子弹试验到第一颗氢弹试验，美国用了七年零四个月，苏联用了四年，英国用了四年零七个月，中国只用了两年零八个月。中国首次氢弹爆炸成功赶在了法国前面，在世界上引起巨大反响，公认中国核技术已进入世界先进国家行列。1969年9月23日，中国进行了首次地下核试验。1970年4月24日，中国第一颗人造地球卫星发射成功。这一系列举世瞩目的事件，表明中国科学的巨大进步。尤其重要的是，原子弹、氢弹和人造卫星发射成功，极大地提高了我国的国际声誉。中国自鸦片战争以来日益低落的国际地位，随着新中国的成立得到了很大的恢复，并由此而进一步提高。

3. 中国科学事业的曲折

新中国成立初期20年的科学事业并不是一帆风顺的，受到了各种各样因素特别是形形色色的“左”的思潮和长期“左”的思想路线的干扰与摧残，给科学事业造成了不同程度的损害。其中，苏联“李森科学派”对中国遗传学产生不利影响。1957年“反右”时期对所谓“反社会主义科学纲领”的批判，以及大跃进时期的浮夸冒进产生了不良的影响。

20世纪30年代，苏联遗传学界出现了李森科学派同持摩尔根遗传学观点的科学家之间的争论。这种争论后来发展为意识形态批判和政治批判。1948年，在苏共中央和斯大林的直接干预下，李森科学派取得了“胜利”，摩尔根学派受到压制，甚至被镇压。新中国成立初期，在学习苏联的过程中，也曾把苏联的这套做法当作经验引入中国，出现了用行政手段支持一派、压制另一派的情况，持摩尔根遗传学观点的中国科学家承受了巨大的政治压力，影响到教学与科研。中共中央提出“百家争鸣”为发展科学的根本方针后，1956年8月，中国科学院和高教部在青岛共同主持召开遗传学座谈会。会上，两派学者陈述自己的学术观点，展开争论。几年来遭受批判、被迫停止讲授和研究工作的摩尔根学派遗传学家第一次得以在座谈会上有机会畅所欲言，发表自己的学术观点。李森科学派遗传学家在阐述自己的学术观点的同时，也批判了李森科的某些错误。会后，科研、教育和出版部门分别做出规定，改变过去支持一派、压制一派的做法。被迫停止讲授的摩尔根学派的课程和科学研究工作逐渐开展起来。这一次遗传学座谈会对当时学术界贯彻“百家争鸣”方针起了积极作用。

但是这种活跃的学术空气并没有维持太久。1957年的“反右”扩大化给科学界造成很大的冲击。首当其冲的是钱伟长、曾昭抡等知名科学家。他们向国务院科学规划委员会提出的《对于有关我国科学体制问题的几点意见》被批判为“一个反社会主义的科学纲领”。此后，在教育系统工作的曾昭抡和钱伟长等一批专家学者被错误定为“右派”分子。尽管一部分科学家在“反右”运动中得到了保护和照顾，但“反右”还是严重挫伤了科学工作者的积极性，导致一部分本打算归国的爱国科学家滞留海外。

政治干扰科学的另一个重大案例是对马寅初“人口论”的批判，它导致中国多生了几亿人，这一影响恐怕要持续近百年，教训是何等深刻！

1958年的“大跃进”把科学界卷入其中。以中国科学院为例，6月3—5日，京区各单位举行“跃进誓师会”，提出“苦战二十天，向院党代会献礼”的口号。当7月1日中国科学院机关第二次党代会在京举行时，有43个单位向大会献礼972项。其中，102项被声称已经达到国际先进水平。10月4日，中国科学院京区各单位举行1万人参加的中国科学院国庆献礼祝捷大会。各单位向主席团献礼2152项，据新华社报道，这2152项成果中，超过世界水平的有66项，达到世界水平的有167项。在“大跃进”的“左倾”思想指导下，一次次的献礼，以及不切实际的浮夸搞乱了科研秩序，践踏了科学家实事求是的精神，在工作中出现了许多失误，并造成了不良后果。

在科学教育方面，由于西方的封锁，学校的条块分割，文理、理工分校，以及盲目仿效苏联经验和知识分子政策的失误等，人才知识面狭窄，后劲不足，导致高层次人才培养滞后，人才的全面素质与创新能力受到限制。

1957—1959 年短短三年内，科学界经历了“反右派斗争”“大跃进”“反右倾”“拔白旗”等政治运动，自然科学基础研究受到干扰。许多科学家受到冲击，顾虑重重。为了扭转这一局面，配合“大跃进”之后全国上下兴起的“调整、巩固、充实、提高”八字方针，1961 年，中国科学院起草了《关于自然科学研究机构当前工作的十四条意见（草案）》（简称《科学十四条》），7 月 19 日，经中共中央正式批准下达，对全国科学界产生了重大影响，被誉为“科学宪法”。《科学十四条》中涉及的关键、敏感问题有四个。第一，明确研究机构的根本任务是“出成果、出人才”；第二，尊重科学家，保护科学家；第三，明确所一级党委才有领导权，基层党组织只起保证作用，党员要尊重非党员科学家的意见；第四，认真贯彻“双百方针”，区分政治问题和学术问题的界限、思想问题和行动问题的界限。《科学十四条》对肃清“极左”思想在科学界的影响起到了很大的作用，在“文化大革命”前的几年内，为科学界营造了一个较好的氛围。我国科学界在 20 世纪 60 年代中期取得一系列举世瞩目的成就，在一定程度上正是有赖于此。

“文化大革命”造成的“十年动乱”使我国的科学事业出现大倒退，拉大了本已缩小的与世界科技先进水平的差距。“文化大革命”期间，科研机构和高等学校停顿或者被裁撤，一大批科学工作者被批斗下放。所谓“教育革命”实际上是科学与教育大倒退，造成更为严重的人才断层，使我国丧失了一代科学家，并影响了几代科学家的科学生涯，其遗患至今仍未完全消除。

四、新科研体制的改革和探索

1. 科学技术是第一生产力

“文化大革命”结束后，党的第二代领导人迅速将国家工作重点转向经济建设，经济建设与社会发展自然成为发展科学技术的主要目标，1978 年的全国科学大会成为中国科学技术发展的一个新的重要转折点。在这次大会上，邓小平同志提出“科学技术是生产力”的著名论断，他在大会开幕词中指出，“四个现代化，关键是科学技术的现代化。没有现代科学技术，就不可能建设现代农业、现代工业、现代国防。没有科学技术的高速度发展，也就不可能有国民经济的高速度发展”，并提出要“尊重知识，尊重人才”。他还满腔热情地主动提出要做科技与教育的后勤部长。在这些思想的指导下，科学技术研究和教育工作在“文化大革命”结束后迅速得到恢复，科学技术工作者的地位也得到空前的提高。

1988 年，小平同志第一次提出“科学技术是第一生产力”的新论断。1992 年年初，他在南方视察时再次强调了这个论断。他的思想，继承和发展了马克思主义的科学技术观，反映了当代科学技术发展的新趋向和新形势，也反映了我国现代化事业对于科学技术事业提出的新要求。

2. 科技体制改革的探索

十一届三中全会以来，为了适应我国现代化建设的新形势，国家对科研体制进行了不断的调整和改革。1985 年 3 月 13 日，《中共中央关于科学技术体制改革的决定》（简称《决定》）正式发表。《决定》指出，当时改革的主要内容是：在运行机制方面，改革拨款制度，开拓技术市场，克服单纯依靠行政手段管理科学技术工作的弊病；在对国家重点项目实行计划管理的同时，运用经济杠杆和市场调节，使科学技术机构具有自我发展的能力和为经济建设服务的活力。在组织结构方面，改变过多的研究机构与企业分离，研究、设计、教育、生产脱节，军民分割、部门分割、地区分割的状况；加强企业的技术吸收与开发能力和技术成果转化为生产能力的中间环节，促进研究机构、设计机构、高等学校、企业之间的协作和联合，并使各方面的科技力量形成合理的纵深配置。在人事制度方面，要克服左的影响，人才不能合理流动、智力劳动得不到尊重的局面，造成人才辈出、人尽其才的良好环境。

研究经费拨款制实行基金制和合同制的改革是 20 世纪 80 年代我国科技体制改革的一项重大措施。1982 年 3 月，面向全国的中国科学院科学基金成立。经过 4 年来的工作，在促进科学事业的发展和科研管理体制的改革发挥了积极的作用。1985 年，《中共中央关于科学技术体制改革的决定》指出“对基础研究和部分应用研究工作逐步试行科学基金制”，并决定在中国科学院科学基金会基础上成立国家自然科学基金会。1985 年，中国科学院通过《院内科学基金暂行条例》《重大科技项目合同制暂行条例》。按照分类管理，择优支持的原则，在全院实行研究经费的基金制和合同制的管理方法。对于基础研究和应用研究中的基础性工作，采用基金制予以支持。对于应用研究课题、一些重大项目和攻关项目，则采用合同制的办法给予支持。中国科学院从 1983 年开始组织“六五”攻关项目时，即试行了合同制，即组织招标，经专家评议后，由院有关部门与项目承担单位签订合同。但在实际工作中，出现了一些新情况，如合同项目取得的各项成果（包括发明、专利）的持有权，成果的推广、转让和收入分成办法等，都是伴随体制改革出现的新问题。通过颁布《重大科技项目合同制暂行条例》，合同制的实施和管理逐渐走向规范化。

科技体制的改革，在一定程度上克服了过去计划经济时代国家对科研单位“包得过多、统得过死”的弊端，调动了广大科研人员的积极性。但是，过分强调直接经济效益的政策也一度对科技界和教育界造成新的冲击，国家对科学研究和高等教育的投入相对比例不升反降，基础研究和战略性技术开发一度受到忽视和影响，“脑体倒挂”和科研队伍骨干人才流失，原创性自然科学基础研究和技术研究发展能力与水平下降。

近年来随着全球化知识经济的发展趋势得到广泛认同，创新与创业人才再度备受重视。但教育改革的滞后状况尚未从根本上得到改变，如何吸引高水平人才归国、建设高水平研究型大学和培养不同层次的高质量人才仍然是我们在新世纪面临的重要任务。

五、 科教兴国战略与建设国家创新体系

1. 党的第三代领导核心的科技思想

党的第三代领导集体十分重视科学技术工作。十几年来，以江泽民同志为核心的党的第三代领导集体始终站在世界发展前沿，把握时代发展潮流，驾驭新时代科技革命的大趋势，坚持用马克思列宁主义、毛泽东思想和邓小平理论客观分析我国社会主义现代化建设实践中的问题，善于对世界和我国科技创新与发展做出新的判断与理论概括，形成了新时期系统、完整的科技思想与指导方针。

自20世纪90年代开始，世界新科技革命形成新的高潮，特别是以数字化、网络化为特征的信息革命迅猛发展，席卷全球，给人类社会的生产方式、生活方式带来深刻变化，带动生产力新的飞跃，知识经济初见端倪。同时，经济全球化进程不断加快，以科技创新为核心的综合国力竞争日趋激烈。江泽民同志及时、准确地把握了世界发展的新趋势、新规律，提出了“科学技术是现代生产力中最活跃的因素和最主要的推动力量”，“科技进步是经济和社会发展的决定性因素”，“21世纪科技创新将进一步成为经济和社会发展的主导力量”等科学论断。

1995年，在全国科技大会上，江泽民同志向全党全国人民发出了实施“科教兴国”战略的伟大号召。指出：要全面落实“科学技术是第一生产力”的思想，坚持教育为本，把科技和教育摆在经济、社会发展的重要位置，增强国家的科技实力及向现实生产力转化的能力，提高全民族的科技文化素质，把经济建设转移到依靠科技进步和提高劳动者素质的轨道上来，加速实现国家的繁荣昌盛。“科教兴国”战略与可持续发展战略正式写进了党的十四大政治报告中，成为国家的基本国策与发展战略。

在庆祝中国共产党成立八十周年大会上的讲话中，江泽民同志全面论述“三个代表”思想的同时，再次向全党全国人民发出号召，提出要大力推动科技进步和创新，不断用先进科技改造和提高国民经济，努力实现我国生产力发展的跨越。

他把科技创新上升到事关民族兴衰和国家昌盛的高度，多次强调：“创新是民族进步的灵魂，是国家兴旺发达的不竭动力。”江泽民同志对于建设国家创新体系，增强我国的自主创新能力一直高度重视。早在1995年，江泽民同志就提出，“要以政府投入为主稳住少数重点科研院所和高等学校的科研机构，从事有关国家整体利益和长远利益的基础研究、应用基础研究、高技术研究、社会公益研究和重大科技攻关活动。”1998年2月4日，他在中国科学院《迎接知识经济时代，建设国家创新体系》报告上做重要批示：“知识经济、创新意识对于我们21世纪的发展至关重要。……中国科学院提出了一些设想，又有一支队伍，我认为可以支持他们搞些试点，先走一步。真正搞出我们自己的创新体系。”

江泽民同志关于科学技术的一系列讲话和指示，对我国科学技术发展具有深远的指导意义。

2. 科教兴国战略和国家创新体系

面对知识经济的挑战，党和国家已将“科教兴国”作为一项基本国策。科学与教育都

是需要持续高投入的事业，同时也是可能获得最大回报的事业。但是要能做到这一点，需要一套有效的运行机制和体制保证，因此在“国兴科教”与“科教兴国”的关系中，关键就是要建立一个保证科技投入与产出的体制和运行机制，使知识创新、人才培养和经济社会发展形成良性循环。

知识经济时代将是资本主义社会形态继续发展和演化的时代，也是我国探索和发展具有中国特色社会主义的新时代。这将是人类走向知识化、市场化、全球化、信息化与可持续发展、民主、法治、公正、公平、科学、文明的新时代。可以说，知识经济与科教兴国有着深刻的内在一致性。在社会主义市场经济条件下，在开放的全球化知识经济环境中，科教兴国战略是我国可持续发展的必然选择。

国家创新体系是由知识创新、知识传播和技术创新相关的机构和组织构成的网络系统，其骨干部分是企业（大型企业集团和高技术企业为主）、科研机构（包括国立科研机构和地方科研机构等）和高等院校等。国家创新体系可分为知识创新系统、技术创新系统、知识传播系统和知识应用系统。建设我国国家创新体系，不仅要把握国际经济和科技发展趋势，遵循经济和科技发展规律，更要瞄准国家战略目标，适应我国社会主义市场经济发展的需要，发挥市场和政府各自的合理作用。

目前，我国正在实施的多项科技、教育计划和工程，为建设我国国家创新体系打下了良好基础。例如，“技术创新工程”旨在提高我国技术创新能力，形成符合社会主义市场经济和企业发展规律的技术创新体系及运行机制；“211 工程”与“21 世纪教育振兴计划”旨在提高我国的教育质量和科研水平，建立适应社会主义市场经济和提高中华民族科学文化道德素质的教育新体制，鼓励、扶持和保障中介机构民营科技研究机构，高技术产业孵化，科技市场与风险投资的发展等。根据我国国家创新体系的总体构想，应在不断完善和继续推进“技术创新工程”、“211 工程”与“21 世纪教育振兴计划”和“知识创新试点工程”，在国家宏观层面，形成建设国家创新体系完整的总体战略布局的同时，组织实施好各类国家科技计划，充分发挥自然科学基金会的作用。

力争到 2010 年前后，基本形成适应社会主义市场经济体制和符合科技发展规律的国家创新体系及运行机制，基本具备能够支撑我国科技与经济可持续发展的国家创新能力，使我国国家创新实力达到世界中等发达国家水平，促使我国知识经济占国民经济的比例有较大提高，造就一批有国际影响的技术创新企业、国立科研机构和教学研究型大学，显著提高我国的自主创新能力。

六、 关于中国科学的前瞻

20 世纪，是科学技术不断进步的百年。首先，20 世纪是科学革命的世纪，其间革命性的重大突破有：量子理论和相对论的创立与发展，堪称 20 世纪最伟大的科学革命；DNA 双螺旋结构模型的建立，宣告人类在揭示生命遗传的奥秘方面迈出了具有里程碑意义的一步；信息理论的发展为 20 世纪的通信技术、计算机和智能机器，以及认知行为的研究等奠定了理论基础；20 世纪地球科学中最伟大的成就首推大陆漂移学说和地球板块构造理论；新的宇宙演化观念的建立使人类对宇宙有了全新的认识。

20世纪也是技术革命的世纪：20世纪新能源技术发展迅速，能源结构向石油、天然气和原子能方向发展；20世纪材料科技的发展尤其是金属材料的进展、高分子合成材料的发展，硅材料的开发与应用为科技发展提供了丰富多彩的物质材料基础；信息技术的发展使人类迈入信息和网络时代；汽车与高速公路的普及以及航空与航天技术的进展技术拓展了人类的活动空间；20世纪生物技术与医学的进展极大地保证了人类的粮食供给，提高了发展与健康水平与生命质量。

回顾20世纪科学技术的发展，以及我国近现代科学技术的发展历程，我们既感受到巨大的进步，同时也认识到中国科学与世界先进水平的差距。

100年前，我国还没有专门的科研机构，甚至也可以说还没有出现现代意义的科学家，也没有名副其实传授现代科学知识的高等学府。今天的中国已经拥有一支在世界上也称得上是相当宏大的科研队伍，有了遍布全国的科研机构和高等学府，科学技术对社会进步和国家的经济发展起到了日益重要的作用。进步之巨大，可以说是翻天覆地和举世瞩目的。

但是，我们仍应该清醒地认识到：在全人类共同创建的20世纪的科学大厦中，我们贡献的份额还很少很少，我们与世界先进水平的差距主要是在最近的200年形成并加大的。从20世纪初年的“科学救国”、“实业救国”，到50年代的“赶超英美”，经历了60年代中叶和70年代中叶的“十年动乱”，迎来了中国科学院的“第二个春天”，再到20世纪末叶的“科教兴国”，中国的科学技术发展走过了一段非同寻常的路程。100多年来，中国科学技术的发展受到了中国社会变革的深刻影响，它也寄托着一代又一代中国志士仁人民族复兴的理想，它担负了现实的和历史的包袱。经受过帝国主义侵略对科学事业的破坏，也经历了“极左”思潮对科学事业的危害。有时人们的某些善良的愿望，也会阻碍科学事业的健康发展。比如不切实际的“赶超”和急于求成的心态，带来的片面的功利主义和实用主义等。

展望新世纪的世界科学发展，我以为：21世纪仍将是信息革命的时代；21世纪也将是生命科技的世纪；21世纪将是绿色材料和先进制造技术进一步发展和广泛应用的时代；21世纪将是发展和利用高效、清洁、安全、可持续能源的时代；21世纪将是人、自然、社会协调可持续发展的世纪；21世纪还将是人类继续向空间、海洋、地球深部不断拓展的世纪。总之21世纪将是科学技术发生重大变革、人类文明继续取得突破性进展的时代。

在这场从20世纪延续到21世纪的科学技术革命进程中，中国科学家的贡献应该有多大？中国科学对于世界科学的贡献应占据怎样的地位？中国政府和科技界又如何能抓住机遇而不是再一次被抛在后面？这是极为严肃的问题。

随着教育的普及与提高，中国将拥有举世无双的人力资源与人才基础，由于中国是一个13亿乃至15亿人口的发展中国家，中国有宏大而多样化的科技需求，由于改革、开放，民主、法治和科教兴国的政策和治国方略，以及空前便捷的信息网络条件，中国科技工作者将拥有前所未有的研究发展条件与环境。我们完全可以自信地预言：通过与世界的广泛合作与交流，通过我国科学家创造性的工作，21世纪的中国科学家和工程师将比20世纪为世界科学做出大得多的贡献，在中国本土上产生诺贝尔科学奖将不再是问题，中国将涌现出一批无愧于21世纪的世界级科学大师和工程技术大师。

中国发展对科技有着巨大的需求，产业结构调整、社会可持续发展、确保国家安全和先进文化的发展，都必须依靠科学技术的进步。因而，我们必须从我国中长期发展战略需求出发，占领科技制高点，攀登世界科学高峰。

我国将在2010年前后，基本完成国家创新体系的建设，在若干重要科技领域占有一席之地，科技水平将列发展中国家的前位；为我国经济发展、国家安全和社会进步提供有力的科技支持；向社会不断输送创新人才与高素质的知识劳动者。在建党100周年前后，将初步实现科学技术现代化，科技整体水平将达到世界科技强国的中等水平；自主创新能力和科技竞争力大幅增强，取得一批具有自主知识产权的重大创新成果，为我国实现现代化提供强大的科技支持；培养和造就大批适应21世纪发展需求的高水平科技人才。到新中国成立100周年前后，将全面实现科学技术现代化，科技水平跻身世界强国行列；科技创新能力成为我国综合竞争力中最具优势的重要因素之一；发展结构合理、功能完善、运转高效的国家创新体系；实现科技人才的国际化，形成国际化的人才队伍。

达到预期目标，应努力做到：①充分利用全球创新资源，广泛参与双边、多边和全球竞争前R&D合作，大幅度地提升科技创新与产业化能力。在多数领域，主要采用加强引进技术的消化吸收和集成创新模式，尽快实现引进技术的本土化；在具备条件的某些产业或产业发展的某些阶段，加强关键技术创新和系统集成，实现跨越式发展；在少数关系国计民生的关键领域和若干科技发展前沿，形成具有自主知识产权的核心能力，占领对国家发展至关重要的科技与产业制高点。②增强科学技术基础与后劲。加强基础研究与重要高技术领域前沿的前瞻布局，加强原始性科学创新，并在一些重要领域登上世界科学高峰，为我国中长期发展和第三步战略目标的实现提供持续支持。优先发展信息科学、物质与材料科学、生命科学和重要交叉科学等重点领域，在信息技术、生物技术、新材料与先进制造技术、新能源与环境技术、空间与海洋技术等对未来经济、科技发展有巨大带动作用的领域，选择具有一定优势的关键技术，力争实现突破和跨越。

今后5—10年，我国应深化科技体制改革，加强国家创新体系建设；加速适应社会主义市场经济要求，又合乎科技发展规律的改革进程，促进科技与经济紧密结合；改革与发展教育体系，开发人力资源；弘扬科学精神，建设创新文化；确保政府与企业科技投入稳步增加，构建合理的投入结构和机制。

最后我还想详细谈一谈科学普及和创新文化的问题。据最近的一项调查表明，我国公众的科学素养和对科学知识感兴趣的程度还相当低：在被调查对象中，对科学研究很了解、有一些了解、完全不了解的人的比例分别是1%、3.4%和25.6%，其余71%没有进行回答；1998年，没有参观过科技馆和自然博物馆的人数比例为78%，没有去过图书馆的人数比例为57.1%。中国科学家中愿意做科普的人很少，能够胜任科普工作的更少。在现代社会，科学知识的普及不仅对于提高全民族的文化素养、弘扬科学精神、提倡科学方法、反对形形色色的迷信和伪科学，具有重要意义，也是引导和鼓励青少年一代献身科学，高水平科学人才得以涌现的必要条件。

理性质疑和科学创新是科学精神的精髓。科学创新必须解放思想，不为传统观念和已有知识所局限，善于提出新的问题，勇于开拓新的方向，敢于探求新的知识，创造新的方法，创立新的理论，开拓新的应用与发展。科学的创新价值只有国际共同的标准，而无国籍、种族、宗教和政治信仰的区分。科学家最重要的品格就是求是创新精神。作为一名科学家，应不迷信，不盲从，不武断，不专横，以实验事实为依据，只服从真理。科学是人类知识的继承和积累，是踏踏实实的学问，科学家应该尊重他人的劳动，真诚地与人合作共事，自觉地培养和提携青年一代，诚实地对待自己和他人的成果。任何剽窃、抄袭、弄虚作假，压制、贬低和抹杀他人科学成就和夸大自吹的行为都为科学界所不齿。努力弘扬科学精神，倡导科学方法，旗帜鲜明地维护科学的尊严，是科学界道德作风建设的一项重要任务。科学家不但要将自己的科研成果奉献给国家和人民，还应该关注世界的和平与正义。科学家应该崇尚民主与自由，追求社会公平和公正，主张人与人、人与自然的和谐发展，推动全人类共同进步。

科学技术的进步已经为人类创造了巨大的物质财富和精神财富，并将继续为人类文明做出更大贡献。中国的科技工作者在 21 世纪，在从事着科学创新的同时，依然肩负着振兴我国发展科学技术、实现中华民族的伟大复兴的历史重任。让我们共同努力奋斗，为 21 世纪中国科学技术的发展做出应有的贡献，也为我们的子孙后代在百年以后回顾中国科学技术发展留下值得自傲的历史记载。

学科交叉与交叉科学的意义*

学科交叉是“学科际”或“跨学科”研究活动，其结果导致的知识体系构成了交叉科学。自然界的各种现象之间本来就是一个相互联系的有机整体，人类社会也是自然界的一部分，因而人类对于自然界的认识所形成的科学知识体系也必然就具有整体化的特征。科学史表明，科学经历了综合、分化、再综合的过程。现代科学则既高度分化又高度综合，而交叉科学又集分化与综合于一体，实现了科学的整体化。

学科交叉点往往就是科学新的生长点、新的科学前沿，这里最有可能产生重大的科学突破，使科学发生革命性的变化。同时，交叉科学是综合性、跨学科的产物，因而有利于解决人类面临的重大复杂科学问题、社会问题和全球性问题。

在新时期里，中国需要加速发展科学和技术，其中要大力地提倡学科交叉，注重交叉科学的发展。因而，提出并解决交叉科学难题就具有重大的意义。

一、 科学知识体系具有整体化的本质特征

在古代科学时期，人类只能直观地认识自然界，并将所获得的知识包罗在统一的古代哲学之中。这时，虽然从直观上对自然界的认识是综合性的，但还仅是对现象描述、经验总结，有时还带有思辨性和猜测性，因而不可能深刻揭示自然界各种现象之间的相互联系。

在近代科学时期，人类已能对自然界进行系统的观察、比较精确的实验，并初步建立起严密的逻辑体系。科学开始分化，形成了相当精细的专门学科，这与古代科学综合的整体认识相比较，确实有了很大的进步。但是，事实上，这种分化脱离了自然界综合的抽象，不足以真正认识自然现象的全部内在联系。

在现代科学时期，科学的发展把分化与综合紧密地联系起来了，把人为分解的各个环节重新整合起来了。物理学家、量子论的创始人普朗克也深刻地认识到：“科学是内在的

---

* 本文为《21世纪100个交叉科学难题》（李喜先主编，科学出版社2005年出版）一书的序言，并发表于《中国科学院院刊》2005年第1期。

整体，被分解为单独的部门不是取决于事物的本质，而是取决于人类认识能力的局限性。实际上存在着由物理学到化学、通过生物学和人类学到社会科学的链条，这是一个任何一处都不能被打断的链条。”

在100多年里，始终勃兴的交叉科学，包括边缘科学、横断科学、综合科学和软科学等，消除了各学科之间的脱节现象、填补了各门学科之间边缘地带的空白、将条分缕析的学科联结了起来、综合运用多种学科的理论和方法研究复杂的客体，从而才真正能够实现科学的整体化。

二、 学科交叉导致众多交叉科学前沿

学科交叉的方式多种多样；交叉的跨度，日益增大；交叉的层次，不断加深。学科交叉是众多学科之间的相互作用，而交叉形成的理论体系，构成交叉学科；众多交叉学科构成了交叉科学。

学科交叉是学术思想的交融，实质上，是交叉思维方式的综合、系统辩证思维的体现。自然界现象复杂、多样，仅从一种视角研究事物，必然具有很大的局限性，不可能揭示其本质，也不可能深刻地认识其全部规律。因此，唯有从多视角出发，采取交叉思维的方式，进行跨学科研究，才可能形成正确完整的认识。著名物理学家海森伯认为：“在人类思想史上，重大成果的发现常常发生在两条不同的思维路线的交叉点上。”1986年，诺贝尔基金会主席在颁奖致词中说：“从近几年诺贝尔奖获得者的人选可明显看到，物理学和化学之间，旧的学术界限已在不同的方面被突破。它们不仅相互交叉，而且形成了没有鲜明界限的连续区，甚至在生物学和医学等其他学科，也发生了同样的关系。”1953年，DNA双螺旋结构的重大发现就是化学家L.C. 鲍林、生物学家J.D. 沃森、物理学家F.H.C. 克里克、R. 富兰克林和M.H.F. 威尔金斯等合作的结果。这些表明，在多学科之间、多理论之间发生相互作用、相互渗透，形成了“科学键”，从而能开拓众多交叉科学前沿领域，产生出许多新的“生长点”和“再生核”，如粒子宇宙学、生物物理化学、生物数学、太空科学、环境科学、科学伦理学、系统科学、自然社会学和社会自然学等。迄今，交叉学科的数量已达2000多门之多，其中许多都是交叉科学的前沿。

三、 有利于综合性地解决人类面临的重大问题

交叉科学是自然科学、社会科学、人文科学、数学科学和哲学等大门类科学之间发生的外部交叉以及本门类科学内部众多学科之间发生的内部交叉所形成的综合性、系统性的知识体系，因而有利于有效地解决人类社会面临的重大科学问题和社会问题，尤其是全球性的复杂问题。这是交叉科学所能发挥的社会功能。

在社会发展中，人类会遇到诸如人口、食物、能源、生态、环境、健康等问题，这仅靠任何单一学科或一大门类科学都不能有效地解决，而唯有交叉科学最有可能解决。一个国家的发展战略、总方针、总政策的制定，有关政治、军事和经济等重大决策，都最需要

综合性的知识，可以说，几乎要遍及所有学科的系统性知识。若只靠经验性的和局部的知识，进行随机性和盲目的决策，就必然会产生失误，而决策的失误是最大的失误。社会可持续发展也涉及众多学科知识，而交叉科学也能为其提供可靠的科学依据。

国家重大工程系统的设计、论证、实施、评价等也必须综合地运用交叉科学。交叉科学的发展也促进了技术交叉和集成，进而使技术高度综合化和集成化，形成了现代宏大的技术体系。

四、 中国更要加强学科交叉和交叉科学

在中国科学发展中，学科交叉与交叉科学显得相对滞后。在较长时期里，自然科学、社会科学、人文科学等之间存在着不可逾越的鸿沟，但科学发展、社会进步、经济发展等都需要各门类科学、各门学科之间交叉、渗透和融合。

自 20 世纪 80 年代以来，科技界、政府科教管理部门开始从科学概念、科学政策、科学管理上重视，以弥合这些鸿沟，特别是，中国老一辈的科学家为此做出了巨大的努力；中国科协所属的一些学会、研究会也起到了很大的促进作用。在中国科学院知识创新工程试点中、在国家自然科学基金和科技部的计划中，都正在大力地加强推进学科交叉和交叉科学。

为了在中国科学中增强学科交叉和交叉科学，要有一系列重大的变革：在科学发展战略布局中，强调交叉科学与非交叉科学并重，为了改变交叉科学落后状态，目前应更强调交叉科学的发展；在科学政策上，应引导和鼓励从事交叉科学研究；在组织管理上，应特别重视交叉科学的发展，甚至在具体科研项目、课题中，优先支持学科交叉与交叉科学；营造有利于学科交叉和交叉科学发展的环境，在科学共同体中形成一种鼓励交叉的学术氛围；在新的科学发展时期，在中国科学院学部结构改革中，也应重视交叉科学应有的地位；要培养能适应学科交叉和交叉科学发展的宏大的科学家队伍。因为没有某一门专门学科的研究可以仅靠本专门学科单科独进方式可以深入下去。为此，应提倡对大学生、研究生的科学教育，加强跨学科教育。

中国近代科学主要从西方输入，虽经二三百年的发展已进入现代科学时期，但仍比较落后。要加速中国科学的发展，必然要从社会环境和文化背景上进行反思，以改变学科分隔的陈旧观念、思维方式和价值观念，积极鼓励学科间交叉和交叉科学的发展。

五、 提出交叉科学难题的重大意义

《21 世纪 100 个交叉科学难题》一书中选录了 120 多位科学家提出的 100 个交叉科学难题，这对于我国增强学科交叉和交叉科学有着重要的推动作用。我们需要一大批积极分子来开拓交叉科学前沿研究，我国的科技政策更要引导和支持这些比较易于产生重大原始创新的前沿研究。

在科学研究的经历中，伟大的科学家爱因斯坦形成了重要的思想：“提出一个问题往

往比解决一个问题更为重要，因为解决一个问题也许是一个数学上或实验上的技巧。”他正是提出了解决牛顿力学体系中存在的问题或矛盾而建立了相对论。伟大的数学家希尔伯特指出：“只要一门科学分支能够提出大量问题，它就充满着生命力，而问题缺乏则预示着独立发展的衰亡或中止。”1900 年，他就提出了 23 个数学问题，从而对 20 世纪数学的发展起了重大的推动作用。许多科学哲学家都认为，科学问题是科学发现的逻辑起点，一切科学研究、科学知识的增长就是始于问题和终于问题的过程；旧的问题解决了，又引入了新的、更深刻的问题……因此，善于和勇于提出科学问题，用科学批判和理性质疑的科学精神去审视旧的科学问题，充分发挥创新性的想象力去提出新的科学问题，尤其是提出大跨度、综合而复杂的重大交叉科学难题就显得更有意义了。

百年物理学的启示*

一百年前，爱因斯坦（Albert Einstein，1879—1955）在伯尔尼狭小而简陋的公寓里写下了十几篇科学文章，其中的五篇论文，即讨论了光量子以及光电效应的《关于光的产生和转化的一个启发性观点》、推导出计算分子扩散速度数学公式的《分子大小的新测定法》、提供了原子确实存在证明的《关于热的分子运动论所要求的静止液体中悬浮小粒子的运动》、提出时空关系新理论的《论动体的电动力学》，以及根据狭义相对论提出质量与能量可互换思想的《物体的惯性同它所含的能量有关吗?》，成为科学史上著名的论文。特别是作为相对论奠基之作的《论动体的电动力学》，拉开了近代物理学革命的帷幕。

这场以量子论和相对论为基础的现代物理学革命将科学带入一个新的时代，由此，人类认知的触角伸向广袤的宇宙，伸向遥远的宇宙起源之初，伸向人类在此之前所无法探知的微观物质层面。近代物理学革命在以后的岁月里还引发了生命科学的革命。这一切改变了人类的物质观、时空观、宇宙观和生命观。而且，近代物理学革命催生出核能、半导体、激光、新材料和超导等技术物理，促进了一批新技术的飞速发展，并借此改变了人类的生产和生活方式，将人类推进到知识经济时代。

爱因斯坦等近代物理学革命的缔造者，无疑是科学史上、乃至人类历史上划时代的伟人。我们纪念他们，回顾一百年来物理学的发展历程，并不仅仅是为了感念和追思，更重要的是要从他们的成就与发现历程中汲取可贵的经验与启示，以便对我们把握科学的未来发展有所裨益。

一、 实验与理论之间的矛盾催生新概念

19 世纪末，当时人们正在陶醉于经典物理学的解释，甚至有人认为，物理学有的只是修补，已经无大事可作。但是就是在这种情况下，一些物理现象的发现，开始预示着经典物理学解释的局限性。

冶金工业的迅速发展所要求的高温测量技术推动了对于热辐射的研究，19 世纪中叶

* 发表于《物理》杂志 2005 年第 7 期，略有改动。

的德国成为这一研究的发源地。所谓热辐射就是物体被加热时发出的电磁波，它很强地依赖于物体自身的温度。麦克斯韦（J. C. Maxwell，1831—1879）的电磁场理论把光作为电磁现象囊括在其中，但它只能解释光的传播，而对于热辐射的发射和吸收则无能为力。基尔霍夫（G. R. Kirchhoff，1824—1887）提出用黑体作为理想模型来研究热辐射（1859），维恩（W. Wien，1864—1928）确认可以将一个带小孔空腔的热辐射性能看作一个黑体（1893）。一系列的实验表明，这样的黑体所发射的辐射能量密度只与其温度有关，而与其形状及其组成的物质无关。怎样从理论上解释黑体能谱分布，成了当时热辐射研究的根本问题。维恩根据热力学的普遍原理和一些特殊的假设，提出了一个黑体辐射能量按频率分布的公式（1896），普朗克（M. Planck，1858—1947）正是在这时候加入了热辐射研究。

为了解释黑体辐射光谱的能量分布曲线，普朗克在1900年给出了一个与实验结果非常吻合的公式。然而，这个公式要求黑体辐射所发射或吸收的能量是确定大小的能量子，这就意味着能量也像物质一样具有粒子性——能量的分立性或非连续性。1905年，爱因斯坦把能量子的概念推广到光的传播过程中，提出了光量子理论，并成功地解释了光电效应。1913年，丹麦物理学家玻尔（N. Bohr，1885—1962）又把能量子的概念推广到原子，以原子的能量状态不连续假设为基础，建立了量子论的原子结构模型。德国物理学家海森伯不满意玻尔原子理论的不自洽，直接从光谱的频率和强度的经验资料出发，于1925年提出矩阵量子力学。翌年，奥地利物理学家薛定谔（E. Schrödinger，1887—1961）改进了德布罗意（L. V. de Broglie，1892—1987）基于波粒二象性的物质波理论，提出了波动量子力学。而后的研究进展不仅证明矩阵和波动两种量子力学的数学等价性，而且美国物理学家费曼（R. P. Feynman，1918—1988）又发展出第三个等价物——路径积分量子力学。由此，量子理论趋于完善。

正是热辐射这一疑难成了量子论诞生的逻辑起点。作为能量的“量子”概念诞生在1900年，它的提出和推广导致描述微观粒子运动的量子力学在20世纪20年代形成，并进而与狭义相对论结合，发展出描述微观粒子产生和湮灭的量子场论。量子场论的发展经历了经典量子场论（对称的）、规范量子场论（非对称的）和超对称量子场论三个阶段，不仅揭开了人眼看不见之世界的秘密，并且加深了人类对宇宙演化的理解，革新了人们认识世界的方式，而且还带来了一系列重大技术的突破。

我们从对黑体辐射的实验研究到量子理论的提出可以认识到，科学归根结底是实证知识体系，一旦理论与严密的实验结果不一致，无论这种理论的权威性如何，无论这种理论得到多少人、多少年的信奉，作为科学家，都有理由去怀疑理论本身。同时，我们还认识到，科学探索的最终结果是对发现的自然现象做出理论解释，而做出理论解释，不仅需要有严谨的科学态度，理性的质疑精神，更需要有深邃的思考能力和缜密的分析能力，以及理论思维能力。

二、 重大科学突破始于凝练出科学问题

爱因斯坦提出的相对论，是一种崭新的时空观。相对论的关键科学问题在于同时的相对性。相对论合理地解释了时间与空间、空间与物质、物质与能量间的关联性，改造了牛

顿以来经典物理学的知识体系，不仅与量子力学一起构成了20世纪物理学发展的基础，而且把人类对自然的认识提升到一个全新的水准，深刻地影响了人们的思维方式和世界观。

相对论的创立源于作为电磁波假想载体的“以太”的危机。美国物理学家迈克耳孙（A. A. Michelson，1852—1931）于1887年公布的实验报告《关于地球和光以太的相对运动》表明，在牛顿力学领域里普遍成立的相对性原理在麦克斯韦电磁场理论中并不成立。荷兰物理学家洛伦兹（H. A. Lorentz，1853—1928）和法国物理学家彭加勒（J. H. Poincare，1854—1912）等都想在保留以太假说的基础上解决这一矛盾，洛伦兹通过引入“长度收缩”（1892年）、“局部时间”（1895年）和新的变换关系（1904年），证明了在一级近似下，地球系统与“以太”服从相同的规律；而彭加勒提出的相对性原理（1904年）和洛伦兹提出的变换群（1905年）则强调相对性原理的普遍有效性。虽然他们两人的工作已经不自觉地偏离了经典物理学的框架，并且实质上是在叩打相对论的大门，但创立相对论的重任还是留给了爱因斯坦。

爱因斯坦的成功不仅在于他把电磁场看作独立的物理存在，并认为“以太”假说是多余的，最重要的是，他提出了“同时的相对性”这一关键的科学问题。爱因斯坦在《论动体的电动力学》（1905年）中，通过严密分析后指出，同一地点发生的两个事件的同时性是不依赖于观察者的，而异地发生的两个事件的同时性则是依赖于观察者的，只有指明相对哪个观察者而言才有意义。同时的这种相对性，我们在日常生活中几乎观察不到，观察者的运动速度只有接近光速才能发现。爱因斯坦借助于同时的相对性概念，通过光速恒定和相对性两条原理，推导出狭义相对论的主要结论。它的进一步发展是广义相对论（1915年）和统一场论，爱因斯坦以其相对论研究的三部曲向物理学的同行展示了他非凡的科学思维创造力。

三、科学想象力需要严谨的实验证据支持

在广义相对论发表的翌年，爱因斯坦发表了《根据广义相对论对宇宙学所作的考察》（1917），这篇论文标志着现代宇宙学的诞生。尽管爱因斯坦的宇宙模型沿袭了牛顿的静态宇宙观，但其所给出的场方程却允许宇宙动态解的存在。1917年荷兰著名天文学家德西特（W. de Sitter，1872—1934）、1922年苏俄数学家弗里德曼（A. A. Фридман，1888—1925）以及1927年比利时物理学家勒梅特（G. Lemaitre，1894—1966）先后提出了膨胀宇宙论。1929年，美国天文学家哈勃（Edwin P. Hubble，1889—1953）观测到星系间红移现象，提出哈勃定律，有力地支持了膨胀宇宙论。在膨胀宇宙论的基础上，1946年，美籍俄裔物理学家伽莫夫（G. Gamow，1904—1968）通过引入核物理学知识，提出了大爆炸宇宙论，认为宇宙源于一个温度和密度接近无穷大的原始火球的爆炸。他的学生阿尔法（R. A. Alpher，1921—2007）等于1948年进一步推算出宇宙大爆炸发生在150亿—200亿年前，并预言大爆炸的余烬在今日应表现为5K的宇宙背景辐射。1964年，美国的两位电讯工程师彭齐亚斯（A. A. Penzias，1933— ）和威尔逊，在研究卫星电波通信时发现，来自宇宙各个方向的强度不变的背景微波辐射，这种微波辐射相当3.5K的黑体辐

射。这一发现被认为是证实了大爆炸宇宙学背景辐射的预言，随后大爆炸宇宙学开始兴起，并且发展成为宇宙学的“标准模型”。

早在20世纪初，爱因斯坦就把地球磁场的起源列为物理学五大难题之一，但直到地震波方法确认了地球圈层结构以后的60年代，人们才提出“自激发电机”假说，而它的科学认证却要等到1995核-幔差异运动的证据。对固体地球内部结构了解的进展主要借助地震波方法，通过对穿透地球内部之地震波速度变化的分析，逐渐形成了关于地球的圈层结构概念。克罗地亚地球物理学家莫霍洛维奇（A. Mohorovičić，1857—1936）发现地壳与地幔的分界面（1909年），德裔美国地震学家古登堡（B. Gutenberg，1889—1960）发现地幔与地核的分界面（1914年），莱曼（I. Lehmann，1888—1993年）发现液体外地核和固体内地核之间的分界面（1936年），布伦（K. E. Bullen，1906—1976年）提出地球的分层模型（1940年）。核-幔旋转差异运动是为解释地磁场的起源而提出的一种假说，后来又被用来解释地磁极性倒转的一种机制，但一直没找到直接的科学证据。在美国哥伦比亚大学工作的宋晓东和理查兹（Paul G. Richards，1943—），通过对1967—1995年靠近南极的南美桑威奇群岛附近发生的38次地震记录的分析，测量了通过地球内核传到靠近北极的阿拉斯加的克里奇地震台的地震波速度，发现30年间南极发生的地震波到达北极快了0.3秒。由此直接证实了地球内核比地壳和地幔转得稍快，大约三四百年内要多转一周。这一发现得到中国另一旅美学者苏维加博士和美国地震学家杰旺斯基（Dziewonski，1936—）的肯定，他们通过对全球约2000个地震台之地震数据的分析得出了类似的结论，按照他们的计算内核自转速率还要快些，1969—1973年就转过20°—30°。

我们从爱因斯坦的相对论、宇宙大爆炸理论和地球磁场理论的提出与完善过程中可以看到，在科学的发展中，解决问题固然是重要的，而提出重要的科学问题似乎更重要。提出问题是科学研究的前提，提出重要的科学问题更能昭示科学所富含的创造性。有时，一个重要科学问题的提出甚至能够开辟一个新的研究领域或方向。提出问题，需要对已有知识的透彻理解，需要热爱真理胜过尊重权威的科学态度，需要极强的观察和洞察能力，以及创造性的思维能力，同时，还需要敢于创新的勇气和信心。

四、自然科学需要数学语言

近代物理学的书写语言是数学。德国天文学家开普勒（J. Kepler，1571—1630）用代数方程总结出行星运动的三定律（1609—1619年），被誉为世界第一位数学物理学家；意大利物理学家伽利略（G. Galilei，1564—1642）以几何学方法论证落体运动定律（1638年）；牛顿（I. Newton，1642—1727）的著作《自然哲学的数学原理》（1687年），把数学化树立为近代科学成功的标志。18世纪天体力学的主要进展多是靠数学方法取得的，19世纪实验开始上升为物理学的重要方法，实验物理学的数学化成为19世纪的特征。马克思甚至认为，只有当一门学科成功地运用了数学才可以认为是成熟了的学科。

在20世纪物理学与数学的紧密关系远非其前的三个世纪所能比，并且越来越显示出数学与物理学的内在一致。例如，非欧几里得几何学之与广义相对论，希尔伯特空间之与量子力学，微分几何学之与规范场论，这一切都预示着似乎数学早就提前为物理学准备了它所需要的工具。另一方面，物理学不仅使数学家们面临大量的数学问题，而且能够引领他们朝着梦想不到的方向前进。物理学家狄拉克（P. A. M. Dirac，1902—1984）和费曼提出的路径积分与泛函的内在联系，使得费曼积分的严格数学成为21世纪重要的数学问题之一；统计物理学与概率数学的内在联系，逐渐使得相变数学理论成为统计物理严格数学基础的核心问题之一。我们对生命科学的数学化要有充分的思想准备，数学与生命科学的关系必将随着理论生物学的成长而越来越密切。不仅生命科学要去利用那些为描述生命现象提前准备了的数学工具，数学也要沿着生命科学提出的那些数学未曾梦想到的方向前进。

数学与物理学结合的一大杰作是电子计算机，计算机使得物理学实现了数学提供的计算原理。英国数学家图灵（A. M. Turing，1912—1954）提出机械计算模型（1936年），美国数学家香农（C. E. Shannon，1916—2001）提出用布尔代数分析复杂的开关电路（1938），美国数学家维纳（N. Wiener，1894—1964）提出，自动计算机应采用电子管的高速开关组成逻辑电路，以进行二进制加法和乘法的数字运算（1940年），匈牙利裔美国数学家冯·诺依曼（J. L. von Neumann，1903—1957）提出计算机的内存程序理论（1945年）。在这些思想的指导下，人们研制出数字电子计算机。电子计算机经过电子管、晶体管、集成电路等阶段，逐步发展成能为广大公众普遍应用的个人电脑。电子数字计算机是一种延扩人脑功能的机器，它是数学与物理学结合的产物，而它的产生又对数学和物理学产生巨大的影响，产生出物理学的数学实验。我们有理由期待数学与生命科学结合的生物计算机，并通过它理解人的大脑运作等其他生命活动规律。

五、 新仪器的发明推进科学进步

人类最早用眼睛观察，后来出现了光学望远镜和显微镜。它们在20世纪分别发展为射电望远镜和电子显微镜。但20世纪最重要的仪器是粒子加速器和电子计算机的发明。加速器是人类认识微观世界的工具，电子计算机则成为人类智力的重要辅助工具。已知的射电、红外线和紫外线、X射线、γ光，都是电磁辐射，但对于缺乏电磁辐射的暗天体我们还无法观察。射电望远镜看到了中子星，通过脉冲双星的轨道十年（1974—1984）变化的观察，人类间接证明引力波的存在。

科学家们依靠放射性物质和来自宇宙空间的高能粒子，对一些原子核内部的物质特性进行了探索，发现了μ介子（1936年）、π介子（1947年）和K介子（1947年）等重要的粒子。加速器的发明使人类深入缤纷的粒子世界。随着倍压加速器（1932年）、静电加速器（1933年）、回旋加速器（1932年）、同步回旋加速器（1946年）、等时性回旋加速器（1956年）和对撞机（1956年）的相继发明，安装在长岛（1952年，3GeV）、伯明翰（1953年，1GeV）、伯克利（1954年，6GeV）、杜伯纳（1957年，10GeV）和萨克雷（1958年，6GeV）的加速器先后运转，自加速器产生π介子（1948年）以后，许多新粒子接踵发现。20世纪60年代又发现了一批被称之为“共振态”的粒子。正是在对这些粒子的分类研究的基础上，建立了夸克模型，并且不断验证和完善着基本粒子的标准模型。在加速器原理的基础上发展起来的同步辐射装置和自由电子激光装置，作为可调光源在基础科学研究和工业领域都有广泛的应用。

电子数字计算机对于物理学研究来说有两方面的意义，一方面对没有解析解的物理方程可以用计算机实现数值解，另一方面实际上不能实现的某些设想的实验可以由计算机来模拟。在原有的实验方法和理论方法之外，物理学又获得了一种新方法——数学实验。数学实验是一种介于经典演绎法和经典实验方法之间的新的科学认识方法，其实质在于它不是对客观现象进行实验，而是对它们的数学模型进行实验。数学实验包括四个基本方面：建立对象的数学模型、拟订分析模型的数值方法，编制实现分析方法的程序，在电子计算机上执行程序。数学实验使物理学形成实验物理、理论物理和计算物理三足鼎立的新格局。计算物理学的主要特征不在于“计算”，而在于对自然过程进行数字模拟。这种模拟的目的在于获得某些新发现，并通过理论物理方法的论证和实验物理法检验进一步确证。计算物理学的兴起以费米-帕斯塔-乌拉姆（E. Fermi-J. Pasta-S. Ulam）的《非线性问题研究》报告（1955 年）为起点，以洛伦兹（E. N. Lorenz，1917— ）等发现混沌（1963 年）、克鲁斯卡耳（M. D. Kruskal，1925— ）与扎布斯基（N. J. Zabusky，1929— ）发现孤子（1964 年）、阿尔德（B. J. Alder，1925— ）等发现长时尾（1967 年）这三大数学实验发现为标志。计算物理学又发展出计算生物学和计算神经科学。在这种意义上，我赞成把计算物理学的兴起看作科学方法中一项重大革命。

在科学已经越来越依赖于研究手段的今天，实验手段的进步不仅可以有助于理论的突破，甚至可以改变科学家的思路，开辟新的研究领域。任何轻视实验手段和方法论的思想，都很有可能使科学研究处于停滞或陷入困境。

六、 物理学与生命科学的相互作用

物理学与其他自然科学学科的交叉和相互作用，曾经产生并形成了化学物理学、生物物理学和心理物理学以及天体物理、地球物理、大气物理、海洋物理和空间物理等诸多交叉学科。但这种交叉和相互作用最突出的表现还在于，20 世纪的生命科学在物理学的基础上发生了革命性的变化，即 DNA 双螺旋结构的发现及其广泛和深远的影响。

1953 年，美国生物学家沃森（J. D. Watson，1928— ）和英国化学家克里克（F. Crick，1916—2004）发现 DNA 的双螺旋结构，1954 年，美籍俄裔物理学家伽莫夫提出核苷酸三联体遗传密码，1958 年，克里克提出遗传信息传递从 DNA 到 RNA 再到蛋白质的中心法则，1961 年，法国生物学家雅各布（F. Jacob，1920— ）和莫诺（J. Monod，1910—1976）提出基因的功能分类和调节基因的概念，由此，分子生物学的理论框架基本形成。随着双螺旋结构模型的提出、“中心法则”的确立和基因重组技术的兴起，几乎所有对生命现象的研究都深入分子水平，去寻找生命本质的规律，分子生物学成为生命现象研究的核心理论和发展生物技术原理的泉源。20 世纪 70 年代，基因重组开辟了基因技术的工程应用的可能性，从而使人类看到了运用生物技术造福人类的前景。

生命科学的这种革命性的变革是物理学、化学和生物学等学科相互交叉、相互作用的产物，在这一过程中，物理学的概念和方法以及物理学家深入生命科学领域，进行探索，做出了重要的贡献。我们没有理由忽视量子波动力学创立者薛定谔的思想影响，他出版的

《生命是什么》(1944)曾深深影响了一批物理学家和生物学家的思想，促成分子生物学诞生出三个学派：比德尔(G. W. Beadle，1903—1989)代表的化学学派、德尔布吕克(M. Delbrück，1906—1981)代表的信息学派和肯德鲁(J. C. Kendrew，1917—1997)代表的结构学派。这三个学派的思想中都深受物理学思想和方法的影响。物理学X射线晶体衍射法为结构学派认识生物大分子的晶体结构提供了有力的手段，物理学家伽莫夫率先提出的三联体密码方案有力地推动了信息学派的成长。我们也要重视生命科学对物理学的影响，量子论主要创立者之一的玻尔号召物理学家关心生命现象研究，其目的之一是在生命现象中寻找量子物理的适用界限。

七、社会需求的拉动以及科学与技术的互动

早在1959年，美国物理学家费曼就幻想，用大机器制造小机器，用小机器制造更小的机器，以致能把大英百科全书记录在针尖大小的地方，甚至能够搬动和排列原子。微观尺度制造的这种理想，在科学认识的推进和社会需求的拉动下，人们已经可以把加工尺度从微米(10^{-6}米)级推进到纳米(10^{-9}米)级。自1897年物理学家提出晶体的生长取决于结晶核数目、结晶速度和热导率三个独立变量以来，对微观结构和宏观性质认识得最深入并对它的加工制备技术掌握得最成熟的材料是半导体。

自英国物理学家法拉第(M. Faraday，1791—1867)发现氧化银的电阻率随温度的升高而增加(1833年)之后，接着又发现光电导(1873年)、光生伏打(1877年)和整流(1906年)三种半导体物理效应。这些半导体物理效应在20世纪20年代开始商业应用，它推动了半导体物理研究并导致英国物理学家威尔逊(H. A. Wilson，1874—1964)提出半导体导电模型(1931年)，而半导体物理研究的发展又导致美国贝尔实验室的肖克利(W. B. Schokley，1910—1989)、巴丁(J. Bardeen，1908—1991)和布拉顿(W. H. Brattain，1902—1987)研制出晶体管(1947年)。体积小寿命长的晶体管不仅很快就开始取代真空电子管(1950年)，而且在英国人达默(G. W. A. Dummer，1909—2002)提出集成电路的设想(1952年)之后，美国人基尔比(J. Kilby，1923—2005)和诺伊斯(R. Noyce，1927—1990)各自独立地制成最早的集成电路(1958年)。

随着第一只晶体管的诞生和第一块集成电路的问世，以及单晶生长工艺、离子注入工艺、扩散工艺、外延生长工艺和光刻工艺的发展和完善，微米级的材料加工技术就开始了它的日新月异的进展。半导体集成电路沿着小规模($<10^2$)、中规模(10^2—10^3)、大规模集成(10^3—10^5)、超大规模集成(10^5—10^7)、特大规模集成(10^7—10^9)前进到20世纪末的极大规模集成($>10^9$)，相应的加工尺寸已经达到0.1微米。除电子计算机芯片外，还有两项引人注目的微米级加工技术，它们是微电子机械和基因芯片技术。人们利用微电子材料和工艺制作了微型的梁、槽、齿轮和薄膜乃至马达，它们也可以像制作晶体管那样成批地制造。基因芯片是固化了大量生命信息的DNA芯片，其空间分辨率正在从微米向纳米发展，现在已应用于生物医学、分子生物学的基础研究、人类基因组研究和医学临床实验。基因芯片将对生物学基础研究将产生革命性的影响。

集成电路制作使用的半导体材料经历了锗-硅-砷化镓等Ⅲ/Ⅴ属半导体的变化，生产

工艺则从平面工艺到分层工艺再到图形，包括光刻、刻蚀、淀积、外延、扩散、溅射、测试、封装等微米加工工序。集成电路材料与工艺的不断进步，以及物理学的发展，导致了纳米技术的诞生。微米级技术本身延伸出的X射线光刻机、电子束曝光机、离子束光刻机以及对材料进行原子级的修饰技术，首先成为发展纳米技术的工具，但最精微工具还是新发展出来的用于原子尺度加工的扫描隧道显微镜（STM）和原子力显微镜（AFM）等扫描探针显微镜。电子曝光机和离子曝光机是目前实用的纳米加工工具，而扫描探针显微镜是迄今为止仍是可用作原子尺寸加工的唯一工具。以纳米技术为基础新工具将导致小于100纳米的超微分子器件的诞生，例如分子计算机和分子机器人等。这些分子器件可能具有更为主动和复杂的性能，能够帮助人类完成更为复杂的操作。基于分子装配的纳米技术，将能够对物质的结构进行完全的控制，使人类能够按照自然规律制备出超微的智能器件。

半导体、集成电路和纳米科技的发展表明，导致科技进步的动力不仅来自于科学家和工程师的创造欲，而且来自于社会需求的拉动。自第二次世界大战以来，社会需求对科学发现和技术发明的拉动作用越来越大。这就要求我们科技人员和科技管理人员，摈弃封闭的经院式思考方式、研究方式和管理方式，密切与社会的联系，准确把握社会的需求，有效而有针对性地推动科技进步和创新。特别是对于我们这样一个急需利用有限的科技资源推动现代化建设的发展中国家科技人员来说，更要如此。

八、 物理学的魅力及其未来

相对论、量子论及其结合的产物量子场论和统一场论等现代物理学革命的主要成果，导致了我们物质与精神生活发生巨大变化。相对论对时空关系和时空与物质关系的认识、量子力学对物质内部结构和运动规律的认识，不仅深深影响了人们的观念，而且广泛地改变了并继续改变着人们的日常生活。想一想晶体管和激光以及电视机、多媒体电脑和光纤连接的互联网，或许会更深地领会“物理学革命”的含义。

物理学的魅力不仅体现在其物化成果可以极大地改变人类的生活，尤其需要指出的是，物理学、特别是现代物理学，彰显出科学给人类带来的智力上的升华。物理学从纷杂的事物中抽象出物质的统一特性，更正了我们凭借常识得出的浅见，透过表象为我们揭示出物质本质上的奇妙特征，并且借助数学和逻辑，做出了最为理性而简洁的宇宙表述。物理学在为我们解释周边物质世界的同时，为我们营造出内容丰富、思维缜密、富有想象、妙趣无穷的理论、方法与实验体系。

20世纪的现代物理学革命与19、20世纪之交的物理学形势相关，那时物理学上空的“两朵乌云”竟令一些物理学家惊呼“物理学危机”。现代物理学革命不仅解决了“两朵乌云”导致的这场危机，而且把整个自然科学都置于以量子论和相对论两大理论为支柱的现代物理学的基础上。虽然目前物理学面临着一些重要的理论与实验问题亟待解决，如类星体的能源问题，暗物质、暗能量和反物质问题，爱因斯坦场方程的宇宙项问题，中微子振荡问题，质子衰变问题，但是现在还没有人像19、20世纪之交那样惊呼物理学的危机。

相对论和量子论在科学各个领域的扩展和应用，虽然已经取得很大的成功，但是还远未到达止境。看来一直作为精密科学典范的物理学还是魅力不减，作为其他经验科学基础的地位短时期内不会改变。物理学的巨大魅力还在于它从理论认识中衍生出众多技术原理，20 世纪的物理学为我们这个社会提供了四个主要新技术原理，即核能技术、半导体技术、激光技术和超导技术。虽然在 20 世纪现代物理学革命以后，在约为四分之三世纪的时间内，物理学并未发生基础性、革命性的重大变革，物理学的进展主要表现为相对论和量子论的推广应用，但是这并不意味着物理学的发展已经走到了尽头。

当代科学发展的态势和社会对科学的迫切需求，将在很大程度上影响科学未来发展的方向及其特征。一些传统学科仍将保持相当的独特性，物理科学作为整个自然科学发展的基础地位大概还不会动摇，但是科学的学科结构重心将转移到能源和生命领域；数学科学作为数与形的科学，其简洁、精确和优美的表述方法将在自然科学、应用技术与社会人文科学中得到更为广泛的利用；信息技术作为研究与知识信息交流、传播的技术手段，会随着自身的发展及其与其他领域的结合不断进步，并通过广泛的渗透而促进其他领域的发展；各自然系统的研究以及自然科学与人文社会科学之间的结合将成为跨学科研究的生长点，它们的发展和广泛运用，都将有力地推动学科间的整合和交叉科学的诞生与繁荣。

在《中国材料工程大典》首发式上的致辞*

尊敬的各位院士专家学者，尊敬的徐匡迪院长，尊敬的各位嘉宾：

同志们，大家好！

经过千余名专家历时5年多的艰苦努力和辛勤劳动，《中国材料工程大典》终于编撰完成。今天，我们在这里举行首发仪式。我谨代表中国机械工程学会和中国材料研究学会，代表《中国材料工程大典》编委会，向各位领导、各位嘉宾的到来表示热烈欢迎，向你们对《中国材料工程大典》编辑工作给予的指导、关怀、支持表示衷心感谢，向各位顾问、参加大典编撰工作的所有专家学者和工作人员表示崇高的敬意和亲切的慰问。

材料是人类现代文明的支柱之一，是当代社会经济发展的物质基础，是高技术发展的基础和关键，也是制造业发展的基础和重要保障。材料科技对增强国家竞争实力和保障国家安全具有重要意义。

当今时代，材料科技日新月异，材料的制备、成形及加工技术的创新已经并将继续成为推动先进制造业持续健康发展的基础动力。从某种意义上说，新世纪人类文明的进步将更加依赖于材料科学与工程的发展。

进入21世纪以来，随着经济全球化进程和中国的和平发展，现代制造业的重心正不断向中国等国转移。据统计，今天中国制造业直接创造国民生产总体的1/3以上，约占全国工业生产的4/5，为国家财政提供1/3以上的收入，占出口总额的90%。但是与发达国家相比，我国制造业的水平不高、自主创新能力不足、高端市场竞争力还不强。我国虽然已是世界制造业大国，但还不是世界制造业强国。在诸多因素中，材料工程基础薄弱是制约我国制造业发展和技术水平提高的关键因素。提高我国制造业的水平和竞争力，突破材料工程这个薄弱环节，为我国制造业提供一部集科学性、先进性和实用性于一体的综合性专业工具书，以满足广大科技工作者的迫切需求，为科技自主创新和我国制造业的崛起加强技术基础，是各工程技术团体崇高的科技使命和不可推卸的重要责任。

中国机械工程学会于2002年6月在第184次香山科学会议上，正式提出编写《中国材料工程大典》，得到了与会专家的广泛认同和大力支持。中国机械工程学会和中国材料

* 本文为2006年2月18日在《中国材料工程大典》首发式上的致辞。这套多卷本书于2006年由化学工业出版社出版。

研究学会牵头，会同中国金属学会、中国化工学会、中国硅酸盐学会、中国有色金属学会、中国复合材料学会，组织了包括39位两院院士在内的1200余位专家教授共同参与了编撰工作。最初计划编写13卷，主要包括材料成形加工技术及相关内容。后在众多专家学者的倡议下，又将材料制备及应用的内容列入其中，特别是在师昌绪先生的积极倡导和大力支持下，加入了《信息功能材料工程》卷，适应了现代信息科学技术和信息产业高速发展的要求。2004年7月在青岛召开的编委会议上，陆燕荪同志根据多年的实际工作经验提出材料性能与检验对生产实践的重要性，提议增设《材料表征与检测技术》卷，也得到了与会专家的积极响应，并最终得以落实。

在专家学者们的艰苦努力和工作人员的有力支撑下，最终形成了目前这样一套由26卷构成、内容包括材料制备和测试、材料成形与加工工程，共约7000万字的鸿篇巨著。《中国材料工程大典》是我国当前规模最大、内容最全面的材料工程工具书，是众多专家学者多年研究成果和实践经验的提炼和升华，是一大批科技工作者毕生心血的结晶。《中国材料工程大典》全面反映了当今世界材料工程领域研究的现状、最新进展和发展趋势，集中展示了我国在该领域的研发和产业化方面取得的丰硕成果，具有很强的科学性、先进性和实用性。

《中国材料工程大典》在编写过程中，得到了科学技术部、国防科学技术工业委员会、国家自然科学基金委员会、中国科学技术协会、中国科学院、中国工程院以及有关科研院所、高等学校、工业企业等的大力支持和帮助。在此，向他们也表示衷心感谢。

在市场经济环境下，各有关学会作为全国性的科技社团，充分发挥自身的智力资源、人才网络、信息资源和学术组织的优势，调动社会各方力量，服务奉献社会，不用国家专项投资，通过自筹经费，组织完成了这项7000万字的宏伟工程，更为难能可贵。

《中国材料工程大典》是一部促进中国制造业发展的重要工具书，她的编撰出版，是科技界落实全国科学技术大会精神的具体行动。我们衷心期望、深切祝愿《中国材料工程大典》受到读者和用户的普遍欢迎，在贯彻落实科学发展观，实施科教兴国和人才强国战略，建设创新型国家的伟大事业中，充分发挥重要作用，做出应有的贡献。

中国制造科技的现状与发展*

一、制造业是为国民经济发展提供技术装备的基础性产业

制造是人类创造工具，发展生产力，创造财富的主要形式和手段。制造业创造国民经济和社会文明的物质基础，为国家安全提供装备保障，是国家竞争力的重要基石。

美国20世纪90年代末期制订的“下一代制造计划”，提出了人、技术与管理为未来制造业成功的三要素，确立了技术在制造业的关键地位。为了挽回20世纪70—80年代由于政策失误造成的制造业竞争力衰退，美国重新提出“制造业仍是美国的经济基础”，要“促进先进制造技术的发展”。由于政府强有力的支持，美国重新夺回了制造科技的竞争优势。其中的“集成制造技术路线图计划”，提出了多项未来制造业需要优先发展的关键技术，主要是：快速产品/工艺集成开发系统，建模与仿真技术，自适应信息化系统，柔性可重组制造系统，新材料加工技术，纳米制造技术，生物制造技术及无废弃物制造技术等。

2004年年初，美国商务部发布的《美国制造业》报告中指出，美国制造企业是美国经济的基础和美国价值的具体体现。他们不但增强了美国的竞争力，而且大大改善着公众的生活水准。今天，制造业仍占美国国内生产总值的16%，制造业年增加值相当于我国的4倍，日本的2倍。

先进制造技术在美国的普及应用，已彻底改变了美国制造业工人的“蓝领”形象，制造业岗位几乎已经全部是高技能的技术密集型工作。制造业工人的平均受教育程度大为提高，不少人甚至拥有博士学位。制造业工人的平均年收入，在2000年也达到了54 000美元，比全美平均就业人员的收入水平高出20%。在最近的一项调查中，42%的制造商声称自己面临机械师和高技能工人这两类职工的短缺。《华尔街日报》引述的另一项研究认为，到2020年，美国制造业将需要1000万新型的高技能工人。

---

* 本文为2006年6月20日在广东省广州市举行的“第七届海内外设计与制造科学会议”上的讲话，刊登于《中国科学基金》杂志2006年第5期。

技术创新是美国制造业保持强大竞争力的源泉。1963—2000 年近 40 年的统计表明：制造业获得的美国专利数量，占全部美国专利总数量的 90%。这一异乎寻常的旺盛技术创新活动，主要得益于制造业的大量研发投入。制造业使用的研发经费数量最为庞大，2000 年占产业界总研发经费额的 64%。美国先进制造业同盟 2000 年发布的一份报告认为，技术创新将是美国制造业未来保持竞争力的要领。

日本政府制定了“制造基本技术振兴基本法”，并在 2002 年 6 月发表的《日本制造业白皮书》中明确提出了要重新确立日本制造业优势的政策与战略。为加强新技术、新产品的研究开发，日本制造业不惜投入巨额科研经费。据《日本经济新闻》调查，在 2004 会计年度中，日本 437 家上市公司计划投入的科研经费总额达到近 8.6 万亿日元，平均比上年度增长 5.9%。近年来，日本全国每年的 R&D 经费总额占国内生产总值的 3.3%以上，这一比例大大高于美国、德国、英国等其他发达国家，为世界前列。R&D 经费总额的 85%投向制造业，制造业科研经费占销售额的比重达到 4%左右。增加科研投入使日本企业具备了较强的自主研究开发能力和新产品生产能力，从而提高了企业的竞争力。①

制造业的工业增加值约占我国 GDP 的 35%，超过 1/3 的国民生产总值由制造业创造。工业的税收 90%在制造业，约 90%的工业就业岗位依靠制造业提供。党中央国务院非常重视制造业的发展与振兴，在国务院 8 号文件《国务院关于加快振兴装备制造业的若干意见》中指出，制造业是为国民经济发展提供技术装备的基础性产业。大力振兴装备制造业，是贯彻落实科学发展观、走新型工业化道路、提高国际竞争力、实现国民经济全面协调可持续发展的战略举措。加快振兴装备制造业，要坚持市场竞争和政策引导相结合，引进技术和自主创新相结合，产业结构调整和深化企业改革相结合，重点发展和全面提升相结合。要选择一批对国家经济安全有重要影响，对促进国民经济可持续发展有显著效果，对结构调整、产业升级有积极带动作用、能够尽快扩大自主装备市场占有率的重大技术装备和产品作为重点，加大政策支持和引导力度，实现关键领域的重大突破。

二、 增强科技创新能力刻不容缓

半个世纪以来，我们在制造业及其科技领域取得了举世瞩目的成就，出现了一批具有国际影响的研究成果和技术成就。特别是进入 20 世纪 80 年代后，中国先后在正负电子对撞机、石油注水开采新工艺、空气动力实验、原子能级操纵和原子能级加工、深水机器人等方面达到世界先进水平。以计算机领域的成就为例，高性能计算机研究取得突破，“曙光”、“银河”、“深腾”等超级计算机相继研制成功，使我国在并行计算机、超级服务器方面迈入国际先进行列。氮化物蓝光激光器件研究达到国际先进水平，在氮化镓材料上制作 PN 结，实现了电注入蓝光发射，使我国成为目前国际上唯一掌握该技术的国家。10Gb/s SDH 传输系统及色散调节关键技术的突破，使我国成为世界上少数几个掌握并可提供 10Gb/s 技术的国家之一。

---

① 科技部办公厅，国务院发展研究中心国际技术经济研究所课题组．2004 年世界科技发展报告．经济研究参考，2005 年第 33 期．

显然，中国在制造科技方面有了很大发展，但与世界发达国家相比，还存在较大差距。首先体现在产业结构的不合理，装备制造业发展滞后。国家核心竞争力关键的装备制造业工业增加值占制造业的比重仅为26.46%，比发达国家低约10个百分点。国民经济和高技术产业发展所需要的装备依赖进口严重，2001年，全国进口装备制造业产品约1100亿美元，占全国外贸进口总额的48%左右。其中某些行业尤为严重，集成电路芯片制造装备的95%、轿车制造业装备、数控机床、纺织机械及胶印设备的70%依赖进口。造成这种状况的主要原因在于我国科技自主创新能力较弱，制造科技整体水平较低。

具体说来，我国制造科技领域主要存在以下方面的问题。

（1）科技投入占GDP的比重仍然很低，且投入不足和浪费低效并存。我国历史上科技投入占GDP的比重最高是1960年的2.32%，以后逐年下降，到1998年为0.69%，2000年以后有所回升，到2004年为1.23%，而创新型发达国家及新兴工业化国家这一比重一般在2%以上。

（2）对外技术依存度居高不下，产业发展受制于人。我国对外技术依存度高达50%，而美国、日本约为5%，一般发达国家这一比率也在30%以下；关键技术自给率低，占固定资产投资40%左右的设备投资中，有60%以上要靠进口来满足，高科技含量的关键装备基本上依赖进口。值得注意的是，许多重点领域特别是国防领域的对外技术依赖，会对国家安全构成严峻挑战。

（3）高层次人才严重不足，技术创新缺乏动力。虽然我国人才总体规模已近6000万，但高层次人才十分短缺，能跻身国际前沿、参与国际竞争的战略科学家更是凤毛麟角。在158个国际一级科学组织及其包含的1566个主要二级组织中，我国参与领导层的科学家仅占总数的2.26%，其中在一级科学组织担任主席的仅1名，在二级组织担任主席的仅占1%。

（4）发明专利的数量少，国内科研论文的质量相对较低。我国目前发明专利数量仅占世界总量的2%，绝大多数的三方专利（美国、欧洲和日本授权的专利数）为世界公认的二十几个创新型国家所拥有；我国国际科技论文数量虽然已跃居世界第五位，但还缺乏引领学科发展的重大原始性创新成果。1993—2003年，世界各学科领域按照作者统计的SCI（科学引文索引）论文被引用次数，前20名没有中国学者，前100名仅有2人。

（5）企业缺乏核心技术，创新能力薄弱。我国高技术产业发展迅速，但具有自主知识产权的产品不多，大部分高新技术产品出口是由三资企业完成的，拥有自主知识产权的企业仅占企业总数的万分之三；企业难以掌握核心技术，重引进、轻消化吸收再创新的问题一直未能有效解决，2004年，规模以上工业企业技术引进经费支出397亿元，消化吸收经费支出仅61亿元，远远低于日本和韩国水平。

当今世界，制造业的中心正在向我国等发展中国家转移，中国已经成为全球性的制造大国，令世界瞩目。然而，由于缺乏具有自主知识产权的核心技术和品牌，制造业的许多领域还停留在国际价值链分工的低端。如何改变这种局面？如何从“中国制造”走向“中国创造”？答案只有一个：必须在制造业领域创造中国人自己的设计理论和方法，先进制造工艺技术，创造具有中国自主知识产权的装备、仪器、工程系统！

三、制造科技的发展面临新的机遇和挑战

21世纪前20年是我国经济社会发展的重要战略时期。在这个新的历史时期，工业文明的基础产业——制造业肩负着重要的责任，并发挥更加重要的作用。我国制造业将作为主导产业以更快的速度发展，并在2020年步入世界制造业强国之列，成为世界制造中心之一。

为了实现这个目标，国家"十一五规划"和《国家中长期科学和技术发展规划纲要2006—2020》（简称《规划纲要》）针对我国经济发展诸多问题的症结，明确要求制造业从优化产业结构中求发展、从节约资源，环境友好中求发展，从自主创新中求发展，改变目前总体规模不小，但素质不高，竞争力不强的现状。

1. 两个规划为制造科技的发展创造了良好的环境和提出了更高的要求

两个规划将"立足于增强自主创新"提到"国家战略"高度，按照自主创新，重点跨越，支撑发展，引领未来的方针，要求全面提高原始创新能力、集成创新能力和引进消化吸收再创新的能力。两个规划对中国制造业未来的发展具有重要的转折性意义，勾勒出中国制造业今后5年至20年新的发展思路和途径，对有关制造业的优先主题、重大专项、前沿技术和基础科学的发展做了全局性的部署，将带动一系列的政策转变。这些政策的新取向将为制造科技的发展创造良好的环境。

（1）重点领域和优先主题。《规划纲要》围绕着提高装备、关键材料和零部件的自主设计制造能力，发展高效、节能、环保和可循环的新型制造工艺，用高技术提升制造业、大力推进制造业的信息化等三个重点领域，设立了优先主题。其中包括，研究和开发重大装备所需要关键基础件和通用部件的设计、制造和批量生产的关键技术；大型及特殊零部件成型加工技术；数字化设计制造集成技术；流程工业的绿色化、自动化及装备；基础原材料、新一代信息功能材料及器件、军工配套关键材料及工程化。

（2）重大专项。《规划纲要》针对国家急需的重大紧迫性问题确立了16个重大专项，涉及国家安全、能源、环保、人民健康，其中包括，核心电子器件、高端通用芯片及基础软件、极大规模集成电路制造技术及成套工艺，新一代宽带无线移动通信，高档数控机床与基础制造技术，大型油气田和煤层气开发、大型先进压水堆及高温气冷堆核电站，水体污染控制与处理，转基因生物新品种培育，重大新药创制，艾滋病和病毒性肝炎等重大传染病防治，大型飞机，高分辨率对地观测系统，载人航天与探月工程等。

（3）前沿技术。为了适应未来制造业信息化、极限化和绿色化的发展方向，为了给制造业未来的发展奠定赖以生存和可持续发展的基础。《规划纲要》以高度的前瞻性和战略性，确立了极端制造技术、智能服务机器人、重大产品和重大设施寿命预测技术等一系列的前沿技术专项。其中重点研究微纳机电系统、微纳制造、超精密制造、巨系统制造和强场制造相关技术；智能服务机器人的共性基础技术；零部件材料的成分设计及成形加工的预测性控制和优化技术，零部件和重大产品、重大系统的寿命预测技术。

（4）基础研究。当前，综合国力的竞争已经前移到基础研究，而且愈加激烈，我国作为快速发展中的国家，更要强调基础研究服务于国家目标，通过基础研究解决未来发展中

的关键和瓶颈问题。根据基础研究厚积薄发、探索性强、进展情况往往难以预测的特点，《规划纲要》对基础学科进行战略布局，突出学科交叉、融合与渗透、培育新的学科增长点，通过长期、深厚的学术研究积累，促进原始创新能力的提升，促进多学科协调发展。重点的基础研究专项包括：材料设计与制备的新原理和新方法，极端环境条件下制造的科学基础，航空航天重大力学问题，支撑信息技术发展的科学基础理论，纳米材料的结构、特征及其调控机制，加工和集成原理，概念性、原理性的器件等。

今年是两个规划启动实施之年，一批适应国家战略需求的重大科技专项将正式启动，这将给制造业科技发展带来前所未有的机遇和挑战。实施好这些重大专项，对于整合科技资源，加快攻克事关全局和长远的科技难关，带动相关领域技术水平的整体提升，具有重大的现实意义和深远的战略意义。

2. 资源和环境的严重制约要求资源节约、绿色制造技术的研究加快步伐

当前，我国制造业的发展面临资源和环境的严重制约。未来 20 年制造业的增长，如果单纯依靠数量，是资源能源和环境所不能承受的。因此，我们必须依靠科技进步，采用绿色制造技术，在提高产品质量和附加值的同时努力降低资源消耗和能耗，这是未来制造业的发展方向。

立足于节约资源环境友好，促使增长方式由主要依靠增加资源投入带动向主要依靠提高资源利用效率带动转变，是当前形势所迫。《规划纲要》把建设资源节约型、环境友好型社会摆在突出位置，提出了明确任务和措施，认真落实这些任务和措施，将会明显提高资源利用效率，基本遏制生态环境恶化的趋势。

在绿色制造技术方面，将重点研究开发绿色流程制造技术，高效清洁并充分利用资源的工艺、流程和设备，相应的工艺流程放大技术，基于生态工业概念的系统集成和自动化技术，流程工业需要的传感器、智能化检测控制技术、装备和调控系统。此外，还要加紧开发大型裂解炉技术、大型正气裂解乙烯生产成套技术及装备，大型化肥生产节能工艺流程与装备等。

在高耗能和高污染的传统钢铁工业领域，需要加速研究开发可循环钢铁流程工艺与装备，其中将重点研究开发以熔融还原和资源优化利用为基础，集产品制造、能源转换和社会废弃物再资源化三大功能于一体的新一代可循环钢铁流程，作为循环经济的典型示范，同时开发二次资源循环利用技术、冶金过程煤气发电和低热值蒸汽梯级利用技术，高效率、低成本洁净钢生产技术，非粘连煤炼焦技术，大型板材连铸机、连轧机组的集成设计、制造和系统耦合技术等。

此外，国民经济基础产业发展需求的高性能和具有环保和健康功能的绿色材料也将是今后研究开发的重点。

3. 为产业结构优化升级提供新型的技术装备

大力振兴装备制造业，是贯彻落实科学发展观、走新型工业化道路、提高国际竞争力、实现国民经济全面协调可持续发展的战略举措。在两个规划开启之年，国务院正式颁布《振兴装备工业的若干意见》（简称《若干意见》）。按照《若干意见》精神，力争到 2010 年发展一批有较强竞争力的大型技术装备制造企业集团、制造业集中地和工程研发

中心，初步建立以企业为主体的技术创新体系，增强具有自主知识产权的重大技术装备制造能力，逐渐形成合理分工、相互促进、协调发展的装备制造业格局。当前，相应的各项政策措施正在抓紧落实，通过完善体制机制，加大政策支持力度，为装备制造业技术的发展创造良好的条件。

（1）大力发展重大成套装备和基础装备。选择大型高效清洁发电设备、百万吨级大型乙烯设备、大型煤化工设备、大型薄板冷热连轧成套设备、大型煤炭井下综合采掘提升选洗设备、高速列车和新型地铁车辆、大型施工机械、新型纺织机械等一批对国家经济安全和国防建设有重要影响，对产业升级有积极带动作用，能够尽快扩大自主装备国内市场占有率的重大装备，加大政策支持和引导力度，以求实现重大突破。

（2）为新兴产业提供装备。制造业必须根据市场的需求变化，不断拓展服务领域，由传统的钢、电、煤、化、油等产业部门拓展到信息、电子、通信等领域及新兴产业。高新技术及其产业的发展特别是信息技术及其产业、生物技术及生物制品产业、新能源技术及其产业、新材料技术及其产业、海洋技术及其产业等高技术产业的发展，对以极大规模集成电路专用制造设备为代表的电子工业专用设备、生物制药和中药现代化设备、风能等可再生能源发电设备、煤液化设备、海水淡化和资源综合利用设备、深海资源开采设备等提出了技术越来越高、市场越来越大的新需求，对制造业必须高度关注，及早介入。

（3）加快发展现代制造服务业，由制造向服务延伸。制造业不但要关注有形产品的生产，还要顺应制造业的发展趋势，借鉴工业发达国家的做法和经验，重视发展现代制造服务业。现代制造服务业属于生产性服务业，主要是围绕有形产品的产前、产后发展起来的，是市场经济环境下用户需求的产物。现代制造服务业所创造的利润，在制造业的整个价值链中所占的比重越来越大，具有广阔的发展前途。这是制造业实现产业升级的重要方向之一。

四、增强我国自主创新能力，切实促进制造科技整体水平的提高

1. 自主创新需要着力加强基础研究和战略高技术研究

基础研究是新技术、新发明的先导，基础研究的重大进展往往可以推动高技术的重大突破，带动新兴产业群的崛起。同时基础研究注重严谨性和原创性，强调理论思维与实证研究相结合，是造就高素质人才的重要途径。如果在这方面没有坚实基础和重大建树，没有原始创新能力，将很难在全球经济分工中取得优势和主动地位。

战略技术研究建立在综合性科学研究的基础上，是技术领域的前沿和关键。目前，信息技术、生物技术、新材料技术、先进制造技术等已成为对增强综合国力最具战略影响的高技术。战略高技术的突破，能够引领产业与技术发生跨越式发展和重大变革。战略高技术依赖于自主创新，反映了一个国家自主创新的能力和水平。

2. 发挥市场拉动和技术推动双重驱动力的作用

自主创新能力的提高应以市场需求为导向，在市场拉动作用和科技推动作用双重驱动

力作用下，迅速提高制造技术的整体实力。

自主创新包括原始创新、集成创新、消化吸收再创新三种途径。原始创新孕育着科学技术的重大发展和飞跃，是自主创新能力的重要基础和科技竞争力的源泉。因此，对制造业中的科学问题、交叉学科及前沿技术应给予足够的重视。我国制造科技领域的工作者，应努力关注和把握世界科技新发现和新进展，重点聚焦于涉及国家经济发展和国家安全的重要装备的基础问题和前沿领域，开展有关科学和技术方面的原始创新性研究。

3. 着力解决好影响创新能力的基本问题

第一，解决引进技术消化吸收不良的顽症。国家应加大对重大技术和重大装备引进、消化吸收和再创新工作的宏观管理；通过国家的资金投入引导企业和全社会用于消化吸收的资金投入，改变引进技术有钱、消化吸收没钱的局面；对重大装备的引进，用户单位应吸收制造企业参与，并在消化吸收和国产化的基础上，共同开展创新活动，形成自主知识产权。

第二，解决系统设计、系统集成技术薄弱的问题。我国制造业特别是重大技术装备制造业，系统设计、系统集成技术薄弱，难以为用户提供全面解决方案和“交钥匙工程”。因此，必须积极发展系统设计和系统集成技术，形成重大装备成套和工程承包能力。

第三，尽快改变产业共性技术研究开发缺位的状况。在市场经济体制尚未完善，企业技术创新机制还无根本转变，广大中小型企业又无力进行自主开发的情况下，应由政府推动产业共性技术研究设施的建设，支持并形成一支高水平、精干的研究队伍，是强化国家技术创新体系、弥补目前企业创新能力不足的迫切需要。

第四，解决学科发展和技术发展结合、交叉不够的问题。制造科技发展的总趋势是多学科交叉和综合。而当前学科发展和技术发展中，相互之间的关联和结合度较弱，影响了集成创新的进行和成功。因此，制造科技工作者，应努力关注相关交叉科学和技术的发展态势，利用交叉科学的新技术、新创造，引入新装备、新系统，形成集成创新。

4. 加速建设以企业为主体的技术创新体系

科学的发现、技术的原始创新、产业和工艺方面的应用开发，只有经过企业的运作，转变为物质财富，进而转化为国家的经济实力和竞争力。所以，企业是否自觉成为创新的主体是建设创新型国家的根本所在和关键之一。

建设以企业为主体的技术创新体系，最根本的是要通过多种方式，把企业的创新潜能激发出来。政府要从法律法规、金融税收、政府采购等方面健全公平竞争的市场机制和鼓励自主创新的政策引导，特别要全面加强对知识产权保护的执法力度；要从对创新技术的投入、开发、应用、转化各个环节，强化企业的主体地位，形成以市场为向导、产学研紧密结合的技术创新体系；要通过企业的努力、政府的支持，在大企业建成一批可以与国外大公司研发中心相抗衡的企业技术中心，并以此带领广大中小企业成为制造业技术创新的主体；在此基础上，要培育和造就一批具有强大自主创新能力、拥有重要核心技术知识产权和著名品牌的跨国企业，以及一大批拥有创新活力的中小企业集群。

5. 培育良好的创新环境

要提高自主创新能力，必须着力培育良好的创新大环境。为此，我们要做到以下几方面。

（1）加速建设技术创新体系时，还要注意创新人才培养，对新一代科技人员进行创新教育。要革除应试教育、注入式教学方法的弊端；倡导理论与实践相结合，教育与研究相结合；着力培养自主创新的自信心、勇于创新的精神和自主创新的能力。

（2）创新文化环境建设也是必须予以重视的。要完善法制化的公平竞争市场环境；要树立科教兴国，创新为民的创新价值观；克服学术界浮躁之风，构建求真务实，宽容失败，注重效率，协力创新的良好科学道德、学术风气与创新环境。

（3）转变并厘清政府职能，发挥政府在科技创新上的基础性作用，加大对基础研究、公益研究、产业共性技术研究与高技术前沿探索研究的投入；加强法律、规划和政策引导，加强知识产权保护；加强政府的服务职能，完善科学评价和激励体系，着力构建鼓励自主创新的法制环境、市场环境、和文化环境。

（4）在构建技术创新体系中企业主体地位的同时，要加强产学研结合。在研究机构和大学加强和新建一批制造科技相关重点实验室；积极发展设计咨询中心，共性技术、技术标准、技术监测与认证、中试孵化等技术中介和服务中心；扶持企业建立制造技术研发中心、工程中心，提升自主创新能力；建设共享、互联的先进制造技术信息网络及数据库；注重全球化、网络化、知识化、绿色化先进制造经营管理创新研究。

技术的进化与展望*

一、生物进化与技术进化的比较

150 年前，英国博物学家查尔斯·达尔文提出了“生物进化论”。按照达尔文进化论：生物物种经历了起源、进化、灭绝的过程；生命通过渐进、突变、重组，适应环境的生命物种生存了下来，不适应的则被淘汰；生命呈现出从简单到复杂、从单一到多样的绚丽图景；后代与祖先既存在着相似性，又存在着差异性；生命的种类、外形、功能、习性等不断呈现出多样化的趋势；环境规定了生命进化的方向与极限；各生命种群间形成了共生、竞争、合作、依存的协同进化关系。

图 1　人类进化历程

---

* 本文为 2007 年 9 月 8 日在湖北省武汉市华中科技大学举行的“中国科学技术协会 2007 年学术年会”上的报告。

进化论思想的核心是事物随着时间、环境和相互作用而演化，凡具有时间、运动和相互作用属性的事物，都存在着进化的可能，如宇宙、太阳系、地球、生命、人类社会等。

技术是人类生存发展的方式，也是人类观察、认知、利用、开发、保护、修复自然的工具、方法与过程。技术的进化是人类社会进化的重要组成部分，也经历着永无止境的进化过程。

比较技术的进化与生命的进化，其相似性主要体现在：

技术的进化也历经环境和竞争的选择。技术也可经由渐变（改进）、突变（发明）、重组（系统集成）而进化；技术也要经受社会与市场环境的选择，适应的得以传承与发展，不适应的则被淘汰或边缘化；技术的发展不仅需要适应于人类的生产与生活之需要，还要适应市场竞争的选择，也受到社会意识形态，包括宗教信仰、价值观念、文化与道德理念等影响。例如：在古希腊文明时期的某些先进技术，由于当时社会需求、价值观念的局限，直到文艺复兴时期才得己在欧洲传播普及。16—17 世纪，阿拉伯地区和中国虽然都已经基本具备了发生工业革命的科技基础，但是由于政治经济制度与文化观念等原因，致使科学革命和工业革命最终发生在欧洲。

技术的进化经历了渐变与突变的过程。随着人类知识的积累、发展与普及，技术进化向着结构精细化、功能多样化、使用便捷化和性能价格比优化的方向发展。技术的进化进程既存在着渐变性，也存在着突变性，并呈现出时空进程与分布的不均衡性。在人类历史的不同阶段，曾经出现过不同的技术进化中心：公元前 5 世纪以前，埃及、两河流域、印度德干地区和恒河流域、古代中国等，技术创新成就斐然；公元前 6 世纪—公元 5 世纪，是古希腊古罗马文明昌盛时期；9—12 世纪，是阿拉伯文明繁荣时期；5—15 世纪的中世纪，是欧洲技术停滞时期；在 3—18 世纪的 1500 多年中，中国在相对封闭情况下创造并延续了文明。17 世纪科学革命和 18 世纪工业革命时期，欧洲成了世界技术进步的中心，自此，欧洲的先进技术开始向全世界扩散，近现代技术进化的速度也越来越快。

图 2　正在采摘葡萄的古希腊人

技术进化还呈现出相似性和多样性的特征。

（1）相似性：起源地不同，但技术的形式相似——有些技术的起源地虽然不同，但存在着明显的趋同现象。

（2）多样性：类似的技术发源于不同的地区——功能相同，但其形式各异，技术进化也存在着明显的多样性。

技术的发展表现出协同进化的特征。技术发展与社会进步之间的相互依存与相互促进：技术发展推动了经济增长与社会进步，经济力量的增强和文明程度的提高，对技术进化提出了新的需求，也使得社会具有更强大的能力和积极的意识增加科技创新投入和教育投入，从物质条件和人才基础等多个方面支持技术的发展，为技术进化注入了新的活力与动力。

相关的技术，在进化过程中相互影响、相互作用、协同发展，例如：车辆与道路，空天飞行器与导航技术，计算机与微电子芯片等。

一些技术的进化有赖于另一些相关技术的进步。例如，通信技术发展有赖于材料、先进制造、计算机技术等进步。

在知识经济时代，技术的发展更有赖于科学和文化的发展，并与国家、地区的政治、经济体制密切相关。

技术是人类创造的产物，技术进化与生物进化也存在差异性：

生物进化包含大量的自然随机过程；生物的进化并非必然走向完美；生命进化有其进化的单元，即物种，使得生命进化呈现出种间隔离性；生物的进化图景呈现为干支清晰的“进化树”。技术进化是人、自然和社会协同进化的产物，因此更具定向性；能够不断走向更加先进和完美；技术的进化没有严格的进化单元，因此不受种类、行业、地域的局限，可以跨学科、跨领域、跨国界汲取养分；技术的进化图景更像一个网络。

图 3　这个 18 世纪的雕刻，展示了当时科学家所使用的仪器，顶部是日晷，下面是天然磁石，画面的底部有化石、显微镜、望远镜、反光镜，背景是小熔炉和曲状冷凝器等化学装置，还有植物、蛇、小龙虾等，最左边是起电机和空气泵

技术的进化是人类经济进化、社会进化、文化进化、军事进化、人与自然关系进化的反映。技术的进化与人类生物属性和社会属性紧密相关。

从进化的角度看技术的发展，从人类的经济、社会、文化、军事与生态环境的和谐、可持续发展过程中来审视技术的进化，旨在把握技术发展的规律，更有效的推进技术创新与进步。

二、 技术进化经历的主要阶段

生命进化经历了单细胞动物、多细胞动物、软体动物、节肢动物、脊索动物、鱼类、两栖类、爬行类、鸟类、哺乳类、灵长类等不同的阶段。

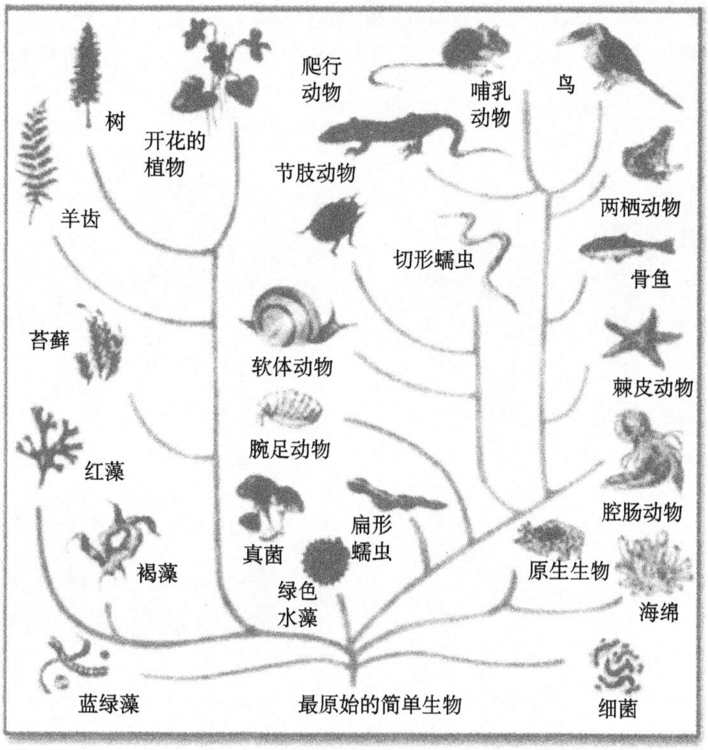

图 4 生物进化呈现出树状图景

技术进化也经历了不同的阶段。从人类使用材料的角度来划分，经历了石器、陶器、青铜器、铁器、钢材和混凝土、轻合金和复合材料、硅和高分子材料阶段；从人类使用能源的角度来划分，经历了原始生物质能、水力、煤炭、电力、石油和天然气、核能以及可再生、清洁、可持续能源体系的阶段。

如果从技术对人类功能的替代和人与自然关系的角度看，我认为，技术的进化大致经历了以下的阶段：技术作为人类体力延伸拓展的阶段，技术作为人类感观延伸拓展的阶段，技术作为人类智力延伸拓展阶段，技术从破坏生态环境进化到对生态环境适应、保护、友好、修复阶段。

技术作为人类体力延伸拓展的阶段：技术主要起源于人类生存的需要。最初的技术，

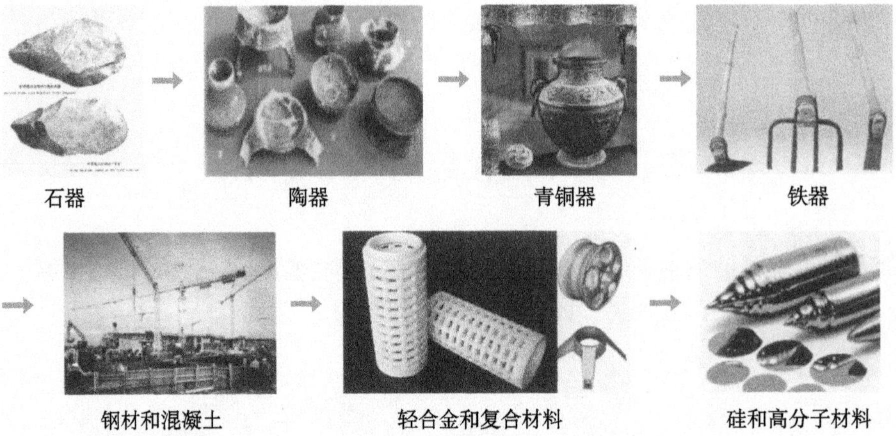

图 5 人类使用材料经历了不同的阶段

图 6 人类使用能源的进化的不同阶段

在很大程度上是为了弥补人类体力上的不足。节省、替代和拓展人类的体力，始终是技术进化的动力。原始技术主要是为了替代人的体力，如耕作和畜牧技术、畜力运输替代体力；工业革命的技术延伸拓展人类的体力并提高了精细化与标准化水平，如蒸汽机替代体力并拓展，纺织机实现了操作的精细化与标准化。

现代技术仍承担着替代和拓展体力的作用，如自动化技术、现代农业技术、制造技术、运输技术等，节省并拓展了人类的体力，而且完成了人类自然体力无法完成的工作。

技术作为人类感官延伸拓展的阶段：人类凭借智力创造，使自身的感知能力获得了很大的提高，与感觉与观察能力相关的技术进化不断走向精确和灵敏，并对人类社会产生了

图7 北京奥运村低能耗建筑可再生能源

巨大的影响。例如，指南针辨识方向，导致环球航行；15 世纪放大镜提高观察精细度，导致钟表等精密加工；17 世纪显微镜使人们看到了微生物；望远镜使人们能够清晰观察宇宙天体；20 世纪以来，大口径望远镜、射电望远镜使得人类能够探测深部宇宙；电子显微镜和原子力显微镜可探测细胞，分辨分子、原子尺度；微纳米技术——生产出微纳米器件；电子眼、电子耳蜗协助视觉、听觉残障人士；CT（计算机 X 射线断层扫描技术）可获得断面层析等。

技术作为人类智力延伸的阶段：19 世纪巴贝奇发明计算机，企图用机器替代人类的计算能力，这是技术进化到延伸人类智力阶段的起点。20 世纪 40 年代现代计算机的出现是技术延伸人类智力的重要里程碑。现代计算机最初只具有记忆、计算能力，又相继具有了逻辑、语言文字处理及谱曲、辨识、认知、交流等多种智能功能。3S 技术，以及自动观察技术和数据传输处理技术的结合，正在不断拓展人类对于地球的观察能力和分析能力。

技术从破坏生态环境进化到适应、保护、修复生态环境阶段：在工业革命以来的很长历史时期中，技术的进步特别是技术的不合理使用，造成了生态环境的破坏。1962 年，美国海洋生物学家蕾切尔·卡逊（Rachel Carson，1907—1964）发表《寂静的春天》（*Silent Spring*），挑战传统的“征服自然”观念。20 世纪下半叶以来，人们愈加重视对环境的影响，环境友好型的技术得到开发与应用，绿色技术的概念得到广泛认同，技术进化由单纯征服自然，破坏生态环境发展到适应、保护、修复生态环境阶段。

图8 蕾切尔·卡逊手里拿着的是她自己的著作《寂静的春天》

三、 从进化的观点展望技术的未来

技术进化的未来，取决于人类社会发展和生存环境的变化。当今世界是全球化、信息化、网络化的时代，科学技术日新月异，知识经济已经成为时代潮流，知识社会正日益形成，人类社会经济持续增长。受人口、能源资源、生态环境制约和挑战，人类的未来将寄希望于科学技术创新与发展，寄希望于科学精神与人文精神的融合，实现科学发展、和谐发展、持续发展。上述经济、社会、自然、科学、文化因素将决定着技术进化的未来。

未来的技术进化，将向延伸拓展人类智能的方向发展，将告别单纯向自然索取的发展策略，将更加关注社会公平，更加注重可持续发展，将呈现出技术群体突破协同进化的态势，技术进化和转移、传播的速度将继续加快，与经济、社会、教育、科学、文化的关系日益紧密，国际科技交流与合作将更加广泛。

（1）技术将向拓展人类智能的方向进化。信息科技、计算机科技、脑与认知科学、智能传感技术、复杂系统科学等学科的发展将创造出智能网络与计算、智能机器与运载工具、智能制造、过程控制与管理、智能医疗诊断、治疗与监护、智能军事与安全技术、智能生态环境保护与灾害预测、预警、减灾、防灾等。智能技术与传统技术的结合将使传统技术更走向个性化、柔性化、智能化，提高生产效益、生活质量和实现环境友好。

（2）技术将告别单纯向自然索取的发展策略。人类将进一步认知社会、自然协同进化的规律，选择资源节约、环境友好的“绿色”生产和生活方式，发展循环经济，促进社会与生态文明，将以知识和智力投入代替资本与物质资源的投入，将更加注重对人的投入和生态环境的保护与修复，将不仅为人类社会积累更多的知识与物质财富，并真正实现人类经济社会与生态环境的和谐协调发展。

（3）技术的进化将更加注重人类社会公平和可持续发展。人口增长、能源资源的短缺、社会的文明进步决定了未来技术进化的方向，人类将更加重视资源和能源的高效利用，优先发展节能技术，研发利用高效的可再生能源和清洁安全的核能，更加注重资源的节约和循环利用，使技术进化到可持续资源能源系统的新时代。人类将更加重视合理控制人口增长，提高人口素质，更加重视公共卫生、公众保健与医疗，促进人类文明成果的共创和公正公平分享。

（4）技术将呈现出群体突破协同进化的态势。起核心作用的已不只是一两门技术，IT（信息技术）、BT（生物技术）、ST（智能技术）、NT（纳米技术）、新材料与先进制造技术、空天技术、海洋技术、新能源与环保技术等将构成未来优先发展的高技术群落，技术将进入群体突破、协同进化时代，学科之间相互融合、作用和转化更加迅速，形成更加交叉、综合、协调的科学技术体系。

（5）技术进化和转移、传播的速度将继续加快。技术创新日新月异，科学与技术的界限渐趋于模糊，并相互促进。有些基础研究成果在研究阶段就申请了专利，并快速转化为技术与产品，原始科学创新、关键核心技术创新和系统集成创新在技术进化中的作用愈加突出，高新技术改造和替代传统技术的步伐进一步加快，技术进化、转移和产业化速度将继续加快，新兴产业快速发展，企业成为技术创新主体，官产学研用紧密结合，市场需求和全球竞争成为推动技术进步的基础动力。

（6）技术与经济、社会、教育、科学、文化的关系日益紧密。技术进化将会面对诸如全球变暖、自然灾害防治、能源资源环境、艾滋病、乙肝等新流行性疾病的预防、控制与治疗、反恐与公共安全等全球性问题。面对这些问题，必须综合运用自然科学、技术手段和人文社会科学协同研究和应用来解决。技术的进化也会更多地关注有可能引发的新社会生态伦理与道德问题，需要保持技术发展与人们的价值理念、道德伦理、文化与社会的和谐协调，遵循对于客观规律的科学认知，合理开发技术、应用技术，推进科学精神和人文精神之间的融合，更新人类科学的世界观、价值观、伦理观、发展观。技术进化必须更自觉遵守人类社会和生态的基本伦理：必须珍惜与尊重生命和自然；尊重人的价值和尊严，尊重当代人和后代人的平等权利；保护生态环境，尊重人与自然和谐、协同进化；防止因技术被滥用可能带来的安全、公平、生态环境、生命健康，乃至对人类持续文明的威胁和破坏。

国际科技交流与合作日益广泛。当代技术竞争是全球的竞争。发展国际科技合作是技术创新发展自身的要求，也是解决资源、环境、健康、安全等全球问题的需要。经济科技全球化是大趋势，由于现代信息网络的发展与应用，促进了国际技术交流与合作。在全球化时代，技术创新能力的竞争将更加激烈，合作也将愈加广泛与深入。技术创新能力不仅已经成为国家地区之间核心竞争力，也成为决定国际产业分工中的地位和全球经济格局的基础。

关键核心先进技术是不可能引进的。加强国际科技合作并不意味可以忽视自主创新能力建设，否则仍有可能在全球化的浪潮中进一步扩大技术鸿沟，甚至被边缘化。

中国只有坚持改革开放，不断加强创新能力建设，才能在全球科技竞争与合作中赢得主动地位，才能通过自主、平等、互利、共赢的国际科技交流与合作，吸纳全球创新资源，加快提升我国科技自主创新能力，建设创新型国家，促进科学发展，全面建设中国特色社会主义小康社会，共同创造人类更美好的未来。

参考文献

达尔文．2005. 物种起源．北京：北京大学出版社．

蕾切尔·卡逊．1997. 寂静的春天．吕瑞兰，李长生译．长春：吉林人民出版社．

齐曼．2002. 技术进化论．孙喜杰，曾国屏译．上海：上海科技教育出版社．

乔治·巴萨拉．2000. 技术发展简史．周光发译．上海：复旦大学出版社．

以科技创新促科学发展*

胡锦涛同志在党的十七大报告中指出："在新的发展阶段继续全面建设小康社会、发展中国特色社会主义，必须坚持以邓小平理论和'三个代表'重要思想为指导，深入贯彻落实科学发展观。"贯彻落实科学发展观，走科学发展道路，符合我国最广大人民的根本利益，必将为中国特色社会主义开拓更为广阔的发展前景。科学技术是引领经济社会发展的主导力量，科技创新是解决我国发展中面临的新课题新矛盾的根本途径。我们必须高举中国特色社会主义伟大旗帜，深入贯彻落实科学发展观，认知客观规律，创新关键技术，走出一条在资源有限的国情下，依靠科技实现科学发展、建设和谐社会，进而实现现代化的发展道路。

一、 世界科技发展的大趋势

当今世界正在发生广泛而深刻的变化。经济全球化深入发展，国际竞争日趋激烈，知识经济蓬勃兴起，科技进步日新月异，理论创新、知识创新、技术创新、制度创新、管理创新将成为推动经济社会发展的引领力量，成为有效利用全球资源的核心要素和主要动力。

（1）人类社会生活方式将因信息化、数字化、网络化而深刻改变。宽带、无线、智能网络的快速发展，网络教育与学习、研发与制造、贸易与服务等新模式的出现，将深刻改变人类社会的生产与消费方式、产业和社会结构与管理方式。

（2）人类社会将从化石能源体系走向可持续能源体系。可再生能源和安全、可靠、清洁的核能将逐步代替化石能源，成为社会可持续发展的基石。人类在继续致力于节约和清洁、高效利用化石能源的同时，将更加重视发展可再生能源、核能及其他替代能源，建立可持续能源体系。

（3）人类将致力于节约资源、发展循环经济。地球上的矿产资源是有限不可再生资源，淡水资源是有限可再生资源。由于人口和消费的增长，以及自然过程和人类活动的影

---

* 本文发表于《求是》杂志 2007 年 12 月 1 日第 23 期。

响，地球有限资源消耗速率加快，资源短缺压力加大。人类必须从无节制地耗用自然资源走向循环利用资源，可再生生物资源成为未来的重要选择；必须致力于发展资源节约、再利用、可循环技术，发展节水和水的循环利用技术，合理开发利用生物多样性资源；必须大力发展以知识为基础的经济，以减轻发展对自然资源的依赖和索取。

（4）人类将致力于创造与自然和谐相处、可持续发展的生态文明。必须更加重视保护生态环境，遏制工业革命以来生态环境恶化的趋势，更加关注和严格监测生态环境的变化，致力于减少对自然生态的破坏，减少污染物和温室气体的排放，共同应对全球环境变化。人类将创造新的发展模式，在改善和提高当代人生活质量的同时，不危及子孙后代生存发展的权利和地球生态环境。

（5）人类将共同应对人口、健康的新挑战。21 世纪中叶，全球人口可能达到 80 亿。人类必须控制人口增长，提高人口质量，保证食品、生命和生态安全，推进公共卫生、保健制度改革和保健医疗技术的创新，创造并实践基于营养科学、心理科学和行为科学的健康生活方式，攻克影响健康的重大疾病，认识传染病毒的变异和传播规律，将预防关口前移。

（6）人类将运用新技术保卫国家安全。信息、空天、海洋、机动能力和精准打击能力将成为新的军事战略制高点和核心战斗力。汇聚最新科学原理和最高技术水平的国防科技，将成为一个国家战略高技术的集中体现，成为发展民用高技术产业的重要源泉。

（7）人类对世界的探索将继续保持强劲的势头。人类将用极大的努力探索更深层次的物质微观结构；对太空愈演愈烈的争夺将推动空间科技以前所未有的规模和速度发展；海洋科技发展将为人类可持续发展提供新的巨大空间；生命科学和生物技术正处在发生科学和技术革命的前夜；纳米技术、生物技术、认知科学和信息科技的汇聚，有可能使未来的科学技术知识体系乃至人类社会发生深刻变革。伴随着各学科前沿的继续深入，学科间进一步交叉融合成为最引人关注的新方向；传统的线性模型受到挑战，巴斯德研发模式备受重视，基础研究、应用研究、高技术研发边界模糊，并相互促进融合为前沿研究。研发到应用和规模产业化的周期将显著缩短，转化研究、工程示范、企业孵化、风险投资、高技术园区等日渐兴起。传统的创新组织与管理模式受到新的挑战，战略管理、绩效管理、网格型创新结构与管理正在兴起，知识共享和知识产权保护同时发展，国家目标、国家竞争力、国民健康、保护生态环境、国家主导科技政策和战略规划愈加受到重视。团队、网络式、网格式、跨学科、跨单位、跨部门、跨国界、产学研的合作成为主流，竞争也更为激烈，全球化科技竞争与合作成为大趋势。

二、 我国科技发展的着力点

科技是引领经济社会发展的主导力量。我们必须按照科学发展观的要求，把握世界科技发展的大势，抓住制约我国经济社会发展的重大瓶颈问题，立足对我国长远发展起关键与先导作用的重要科技领域，进一步明晰科技发展的着力点。

（1）建立可持续发展的能源体系。综合分析世界及我国化石能源可开采储量以及未来经济社会发展对能源的需求和环境承受能力，我国能源消耗必须向大幅度节能减排方向发展，大幅度降低对化石能源的依赖度。比较理想的是，到2050年，单位GDP能耗相当于届时发达国家的中等水平，化石能源消耗量同2005年相比增加不超过0.5倍，先进可再生能源达到25%—30%，水电和核能达到20%—25%。近期应重点发展节能和清洁能源技术，提高能源效率，力争突破新一代零排放和二氧化碳大规模捕捉、储存与利用的关键技术，积极发展安全清洁核能技术和先进可再生能源技术，前瞻部署非传统化石能源技术。中长期应重点推动核能和可再生能源向主流能源发展，突破快中子堆技术、太阳能高效转化技术、高效生物质能源技术、智能网格和能源储存技术，重点发展可再生能源技术规模化应用和商业化，力争突破核聚变能应用技术，建成我国可持续能源体系。

（2）有效突破水问题对经济社会发展的瓶颈式制约。我国是全球人均水资源贫乏的国家之一，正面临最严峻的水问题挑战。解决我国水问题，从科技角度看，近期要加快开发水污染综合治理技术、水污染物减排与清洁生产技术、饮用水安全保证技术等，重点发展节水和循环利用技术、高效低成本海水利用和淡化技术等，前瞻部署和发展水生态系统相关科技问题，初步建成节水减排型社会的技术支撑体系。中长期建成行业性节水和循环利用技术体系，开展重点行业和重点城市、区域的技术体系示范，开展湖泊、流域水体生态系统修复工程，使我国主要水体污染得到根本治理，研究全球变暖和气候变化条件下的水资源和水生态系统变化的适应技术并进行示范。

（3）从基本遏制生态环境恶化趋势逐步过渡到有效修复生态环境。全球环境变化是人类面临的共同挑战。我国已呈现大范围生态退化和复合性环境污染的严峻局面，严重制约着我国经济社会可持续发展。近期要坚持和完善源头治理战略，重点开发生态和环境监测与预警技术、重污染行业清洁生产集成技术、废弃物减量化和资源化利用技术、温室气体减排技术，开展环境污染综合治理、典型生态功能退化区综合整治的技术集成与示范。中长期要深刻认识自然系统的演化规律和人类活动对自然系统的影响，系统认识我国生态环境的现状和变化趋势，建立生态、环境、气候综合监测与预警系统和生态补偿机制，开展退化生态重建转型、区域污染综合治理、环境健康监控防治、循环经济研发示范、全球环境变化适应与减缓、环保产业技术和设备研究，形成环境污染控制和生态建设的科技创新体系。

（4）实现由“世界工厂”向“创造强国”的跨越。要从根本上转变我国经济发展方式和产业结构，必须抓住信息科技更新换代和我国即将成为世界第一大网络通信和计算机市场的难得机遇，大力发展以知识和创新为基础的现代服务业，加快振兴装备制造业、先进材料产业，发展工业生物经济，力争突破一批关键技术，掌握一批重大自主知识产权，大幅度提升我国产业的国际竞争力。近期要重点发展低成本、高能效的硬件、系统软件、互联网服务技术，突破CPU芯片、高性能宽带信息网、分布式操作系统等关键技术；提升重大装备的自主设计和制造能力，推进制造业信息化技术向支持产品全生命周期管理发展；研发高性能复合材料、轻质高强结构材料、高性能工程塑料等基础材料及应用技术，发展新一代信息功能材料及器件、能源材料和环境友好材料等新材料；发展微生物代谢工程与生物基产品开发等工业生物技术。中长期要突破服务科学和网络化、智能化、可持续的服务技术，初步建成我国信息科技软件和服务工业体系；推进制造技术与电子、信息、生物、纳米、新材料、新能源等相互融合，发展新的制造技术，根本改变产品的设计和制造过程；突破现代材料设计、评价、表征与先进制备加工技术，发展纳米材料与器件；加强生物科技在相关领域的应用，把生物科技作为未来高技术产业迎头赶上的重点。

（5）使全体人民生活得更健康。近期要重点发展针对我国多发病、常见病的低成本预防和治疗技术，加强环境因子、生活方式、心理与行为对人口健康的影响研究，发展基于现代科学基础的健康生活模式，力争突破肿瘤、心脑血管疾病、代谢性疾病、神经退行性疾病等重要慢性病的发病机制和防治机理，建立监测和防御重大与新生传染病、突发公共卫生事件的生物安全网络，发展新一代人口控制技术以及生殖健康检测与干预技术，开发一批具有自主知识产权的创新药物。中长期要推动医学模式由疾病治疗为主向预防、预测和个体干预为主的战略性转变，发展针对重要慢性病的营养干预技术，开发个体化诊断和治疗疾病的新方法和新技术，建立针对各种重要慢性病的全民防御体系，基本实现中医中药现代化。

重视开发利用空天和海洋。空天和海洋科技是关系我国发展空间和国家安全的战略性必争领域。目前世界空间强国都制定了至2050年的空间科技发展战略规划，我国也应当从和平利用空天出发，加强空间科技发展的战略布局和统筹安排，抓紧制定发展路线图。在海洋科技方面，近期要重点发展海洋监测技术，大幅提高海洋综合观察能力；发展海洋生物技术，催生海洋生物制品新产业的兴起；发展海洋资源开发利用技术，促进海水淡化和海水化学资源综合利用技术产业化；加强海域综合地质调查，开展近海天然气水合物前期勘探；开展海岸带可持续发展研究，全面监测近海环境，有效遏制污染扩展趋势。中长期要促进现代海洋渔业、海洋生物经济、海洋精细化工业和海洋服务业等快速发展，实现我国海洋产业结构的升级换代。发展深海矿藏与油气资源探测技术和天然气水合物的采集与安全利用技术，广泛应用大规模海水淡化技术，有效缓解我国能源、资源和淡水紧缺的压力。发展海岸带生态环境监测治理和生物修复技术，提高预报和减轻海洋灾害能力，使得海岸带更加宜居，初步实现中国海洋数字化。

三、 几个关系我国科技创新全局的问题

科学发展观是我国经济社会发展的重要指导方针。要实现科学技术的跨越发展，必须坚持以科学发展观统领科技创新工作全局。

统筹处理好影响我国科技工作全局的若干重大关系。统筹知识创新、技术创新、体制创新和管理创新，统筹基础研究、社会公益性研究、高技术创新、知识技术转移转化和规模产业化，统筹队伍创新、基础设施创新、文化创新和制度建设创新，统筹科技为我国经济社会协调发展、国家安全、人民健康幸福服务的功能，统筹自主创新与对外开放合作，保证我国科技工作整体协调、持续发展。

深刻认识人才成长规律，建设结构合理、充满活力的宏大创新队伍。人才始终是科技创新的最重要、最根本、最宝贵的资源。科技人才的成长有其自身规律，从创新能力看，老中青三个年龄段的人才各有其优势和特点；从成长道路看，必须通过艰辛而充满

风险的科技创新实践的磨练，在竞争合作中成长；从成才条件看，必须有正确的科技价值观，有强烈的创新自信心、动力和潜力；从成长环境看，需要一个有利于鼓励创新的体制机制和体现人文关怀的文化氛围。要坚持以人为本，坚持党管人才，坚持德才兼备的人才观，坚持当代中国优秀科技人才的价值标准，坚持公开、公平、公正、竞争择优的原则，任人唯贤、唯才是举，不论资排辈，不任人唯亲，不拘一格选拔和任用人才。要从人才成长规律出发，对不同年龄段的科技人才做出不同的管理与政策安排，充分发挥其各自的优势和作用，尤其要重视为青年人才创造成才机会、拓宽发展空间，构建竞争择优、绩效优先、公平公正而又有利于科技人才学有所用、合理流动的制度体系，建立体现科技人才创新价值和兼顾公平的薪酬体系，探索建立人员角色转换、有序流动、动态更新与优化的机制，形成科学合理的宏观结构。要用创新事业吸引和凝聚人才，在创新实践中识别和造就人才，努力造就一批德才兼备、国际一流的科技创新人才，建设一支素质高、结构合理的科技创新队伍。要着力营造宽松和谐的学术环境，尊重学术自由，提倡学术争鸣，鼓励理性质疑，坚持真理面前人人平等，排除地位影响，排除利益干扰，排除行政干预，使科学家的首创精神受到鼓励、创新思想受到尊重、创新活动受到支持、创新成果得以推广和应用。

立足在更加开放的条件下走中国特色的自主创新之路。要以开放的心态对待人类创造的一切知识，把有效利用全球创新资源作为创新跨越的起点，作为自主创新的重要基础，切实防止把自主创新异化为自我封闭，搞大而全、小而全。必须不断前瞻，提升我国科技的世界眼光和战略视野，不断明晰重大科技领域的战略和发展路线图，从根本上改变长期存在的模仿跟踪的发展模式。必须清醒认识重大战略高技术是引不进、买不来的，切实做到以我为主，对事关我国经济社会发展全局和国家安全的重大战略高技术做出国家层面的战略安排，掌握核心关键技术，部署前瞻先导技术，大幅降低技术对外依存度，逐步取得战略主动权。必须充分预见到，随着经济快速增长、产业结构升级和外贸规模的提升，我国必将面对更加激烈的国际竞争，面对发达国家的不公平对待。我们要有所安排，制定适应我国应对这一必然态势的国家知识产权战略，积极参与国际知识产权规则的制定和完善。必须集中力量支持我国企业提升国际市场竞争力，打造一批具有强大自主创新能力和国际市场竞争力的中资为主的跨国公司，而不是过多地对企业在国内市场竞争进行“撒芝麻”式的支持。

探索有效发挥国家科技规划宏观指导功能的新思路新办法。要按照科学发展观的要求，突出重点，面向未来，使国家战略需求、区域经济社会发展需求与世界科学技术前沿有机结合。关系全局的重大科技问题和重大专项，应由国家统一规划组织实施；提高企业自主创新能力和技术转移转化工作水平，应主要发挥市场作用；基础研究和前沿探索，应立足营造宏观战略引导与尊重科学家自主创新相结合的良好创新环境。落实科技规划涉及战略谋划、政策制定、组织实施、资源配置、监督审计、咨询评估等重要环节，这些环节之间应是相对独立、相互促进而又相互制约的关系。政府重点制定战略规划、优化政策供给、建设制度环境、加强科技投入，成为战略谋划和政策制定两个环节的执行主体。国家研究机构、研究型大学和部门与行业研究机构，应成为组织实施环节的执行主体。发挥市场在资源配置中的基础作用，发挥政府在资源配置中的重要作用，建立绩效优先、鼓励创新、竞争向上、协调发展、创新增值的资源配置机制，形成科技不断促进经济社会发展、社会不断加强科技投入的机制。加强对重大科技问题的国家宏观决策咨询，发挥好中国科学院、中国工程院和中国社会科学院的科技咨询作用，建立科学民主的决策评估制度、监督机制和责任制度。加快建设定位准确、分工明晰、竞争合作、运行高效的国家创新体系。

《创新求索录》序言*

李国杰同志的《创新求索录》是他自1986年回国以来20余年心路历程的真实记录，也是他坚持立足国内，面向世界，在计算机前沿领域执著求索创新的记录。虽不是学术论文集，但给人的启示却远胜于学术论文。我以为至少有以下几点：

第一，高技术前沿探索和自主创新，最重要的是勇气、信心和脚踏实地、不慕虚荣、持之以恒的探索精神。在底子薄、基础差的发展中国家发展高技术，资金投入、物质条件固然重要，更重要的是必须具有“明知山有虎，偏向虎山行”的勇气和“会当凌绝顶，一览众山小”的自信。李国杰同志和他的团队敢于创新、勇于创新、善于创新，是一个范例。

第二，高技术前沿探索和自主创新，必须面向国家战略需求，面向世界科技前沿，积极自主参与国际竞争与合作。要做到这一点，必须坚持战略研究，科学前瞻，找准技术创新的突破口，确定创新目标和实现途径。李国杰同志和他领导的团队正是这样做的，并取得了杰出的成绩。如，成功研制曙光系列超级计算机和服务器并实现了产业化；成功研制龙芯系列CPU，突破了国外技术封锁，结束了我国计算机“无芯”的历史，促进了我国低成本信息化进程。

第三，作为学术带头人，一位院士，李国杰同志不但在学术上发挥了领衔作用，在学风道德方面率先垂范，并在创新团队组织和协力创新中发挥了核心作用，尤其在培养支持青年人担纲创新中发挥了不可替代的决定作用，充分体现了一位中国学者、一位共产党人的高尚情操和远见卓识，使得计算所优秀创新人才辈出，求真唯实、协力创新的优良学风得以继承弘扬。也唯有如此，才能使我国自主创新能力得以持续不断地提升。

第四，科技创新需要管理和体制创新。李国杰同志不仅是一位优秀的计算机技术专家，他也是一位优秀的创新组织者。无论是在担任国家智能计算机研究开发中心主任，还是担任中国科学院计算所所长的岗位上，他都矢意改革、开拓创新，尊重和充分发挥科技人员的积极性、创造性，创新体制机制，探索有利于技术创新、有利于创新人才培养、有利于技术转移转化的骨干型、引领型、网络型研究所之路，积极探索曙光系列计算机和龙芯系列CPU的产业化之路。充分体现了一位优秀科学家对技术创新根本价值和社会责任

---

* 本文为李国杰所著《创新求索录》一书序言。该书于2008年由电子工业出版社出版。

的深刻认知与不懈追求……

这本文集给予我们的启示不仅是计算机技术创新的实践和经验，她所传递的战略思维、价值理念、道德情操、创新气魄，所体现的科学精神和人文精神，给予我的启发是深刻而多样的。特向青年同志们推荐。

是为序。

《欧洲科学帝国的衰落——如何阻止下滑?》中译本序言*

欧洲是近代科学技术的发源地，16—20 世纪的 400 多年时间里，欧洲的科学和技术一直居于世界领先位置，主导和引领着人类科技的发展，缔造出许多对人类社会发展与文明进步产生重大影响的科技成果，同时也成就了一大批科学大师。只是到了 20 世纪 30 年代后，由于美国经济、社会和文化的崛起，以及战乱等多种因素的作用，导致世界科学中心向美国转移，第二次世界大战加速了这一进程。

但是，欧洲的科技基础、传统和文化仍十分深厚，欧洲并不甘于失去科技优势的地位，欧洲许多国家政府一直致力于欧洲科技创新水平和能力的提升。2000 年，欧洲国家元首在里斯本高峰会议上确定了建设欧洲科研区的蓝图，明确提出“到 2010 年把欧洲建成为世界上最有竞争能力和最有活力的知识经济”的目标，彰显出欧洲争夺世界科技领先地位的雄心。

欧洲的学者一直在探寻欧洲科技衰退的原因和复兴之策。2005 年，由曾任欧盟科研委员的菲利普·比斯坎（Philippe Busquin，1941—　）和时任 RTBF（比利时法语区电视台及电台）记者的弗朗索瓦·路易斯（Francois Louis）联合撰写的《欧洲科学帝国的衰落——如何阻止下滑?》（*The Decline of European Scientific Empire*）一书正式出版。该书以大量翔实的数据介绍了第二次世界大战以来欧洲科研的情况，介绍了以振兴欧洲科研为目标、建设欧洲科研区的雄心勃勃的构想，并以许多具体案例阐述了欧洲科学振兴所面临的挑战，涉及气候变暖、清洁能源、纳米技术、人类基因组、克隆、转基因生物和征服火星等当今许多重大科学技术领域和问题。

该书虽然针对的是欧洲科学技术发展中存在的问题，但作者的思考、分析和见解，很值得我们借鉴。作者深入分析了欧洲科研体系存在的诸多弊端和制约欧洲科研区建设的重要因素，比如各成员国的科技政策支离破碎，科研力量分散，企业研究力量不足，大学与经济界的联系不够紧密，难于留住优秀科研人员等。并提出了推进欧洲科研区建设的政策建议，比如欧盟应当更好地协调各成员国之间的科学计划；实验室之间应当更加紧密地合作，尤其是在生物技术或纳米技术等战略领域的合作；大学应当进一步认识到作为知识产

* 本文为《欧洲科学帝国的衰落——如何阻止下滑?》一书的中译本序言。该书于 2008 年由科学出版社出版。

生的主要场所，要成为经济增长的一个发动机；要像建设农业欧洲、经济欧洲和货币欧洲一样，积极努力地推进科研欧洲的建设等。这些内容，对我们观察、分析和认识欧洲科技的发展，具有很好的参考价值。

我们正处在经济全球化、市场化、知识化的时代。知识创新、技术创新、制度创新、管理创新成为推动经济社会发展的引领力量，成为整合和利用全球资源的核心要素和主要动力，成为可持续利用自然资源的关键因素，成为推动人类文明进步的基石。学习、借鉴他国科技发展的成功经验，避免他国科技发展的失误与教训，对我国提高自主创新能力，建设创新型国家具有十分重要的意义。从这方面来说，《欧洲科学帝国的衰落——如何阻止下滑?》一书值得我们认真研究。因此，我提议中国科学院国际合作局组织有关人员把该书翻译成中文，并由科学出版社出版，供有关专家和同志们参阅。

《中国科学院科技创新案例（四）》序言*

人类社会已进入21世纪。

21世纪是科学技术突飞猛进、日新月异的时代，是知识创新不断推动技术进步从而加速社会变革的世纪。在面向21世纪的知识社会，科学技术发展的灵魂是创新，推动人类进步的动力是创新。

创新源自于科技实践活动，必须具有科学精神、科学思想和科学方法。科学精神能赋予人们探索自然界奥秘的兴趣、求真的理性和创新的意识，是创新的精神动力；科学思想是科学活动中所形成和运用的思想观念，它来源于科学实践，又反过来指导科学实践，是创新的灵魂；科学方法是人们揭示客观世界奥秘，获得新知识和探索真理的工具，是创新的武器。正如江泽民同志指出的那样："科学知识、科学思想、科学方法和科学精神，可以引导人们奋发图强、积极向上，促进人们牢固地形成正确的世界观、人生观和价值观，促进人们实事求是地创造性地进行社会实践活动。"

中国科学院经过半个多世纪的奋斗，已发展成为国家在科学技术方面的最高学术机构和全国自然科学与高技术的综合研究与发展中心。广大科技人员为我国经济建设、社会发展和国家安全，为我国科技事业的进步，呕心沥血，艰苦奋斗，努力攀登科学高峰，取得了丰硕的科技成果。这些科技成果充分体现了科技人员的创新精神，蕴涵着丰富的科学精神、科学思想、科学方法，是十分宝贵的精神财富。

编辑出版《科技创新案例》，旨在弘扬科学精神，倡导科学思想，传播科学方法，普及科学知识，开启民智，彰显理性，引导人们树立原始性科学创新和突破性技术创新的信心，激发人们的创新意识，提升科技创新水平和能力，催化更多的科技创新成果，使实事求是、探索求知、崇尚真理、勇于创新的精神在全社会发扬光大，为社会主义物质文明、政治文明、精神文明、社会文明和生态文明建设做出新的贡献。

知识创新与技术进步为21世纪的人类文明展现了美好前景。全面贯彻落实党的十七大精神，继续解放思想，坚持改革开放，推动科学发展，促进社会和谐，全面建设小康社

---

* 本文为《中国科学院科技创新案例（四）》一书的序言。该书于2008年由科学出版社出版。

会，加速推进社会主义现代化建设的伟大事业，对我国科技界和中国科学院不断提出新的更高要求。中国科学院将始终牢记使命，致力创新，建设“三个基地”，争创“四个一流”，建设改革创新、和谐奋进的中国科学院，为实现国家富强、人民富裕幸福不断做出无愧于时代的科技创新贡献。

《中国科学院信息化发展报告 2008》序言*

20 世纪后期，在信息科学技术的推动下，信息产业有了飞速的发展。信息技术的广泛应用，将人类由工业社会带入信息社会。近些年来，我国的国民经济与社会信息化成就举世瞩目。目前，我国的固定电话用户人数已达 3.65 亿户，手机用户人数已超过 5.47 亿户，我国已成为全球电脑用户最多的国家，上网人数也已超过 2.1 亿，增长速度是世界最快的。信息化水平的快速提升，加快了知识的生产与传播，加速了人们工作与生活方式的变革，对我国经济社会的发展和文明的进步起到了巨大的推动作用。

进入 21 世纪，人类社会信息化进程进一步加快。宽带无线、智能网络、超级计算、虚拟现实、网络制造与网络增值服务，极大丰富了信息的形式与内容，拓展了信息的传播范围，提升了信息的应用价值。人们将突破语言文字的屏障，更便捷地进行跨文化、跨地域的信息交流。人类将突破时空的界限，不断创造个人和社会生活的新模式。信息化的纵深发展也必将进一步加快全球化的进程。

信息化源于科学技术的进步。同时，信息化又推进了科学技术本身的发展。信息化的发展进一步打破了国家和地域的界限，促进了全球的科学交流；打破了学科的界限，促进了不同学科之间的交叉与融合；打破了传统的科学研究组织模式，促进了知识的集成与再创新；打破了大学、研究机构与产业机构之间的分隔，促进了知识的转移转化。而且，由于信息技术的广泛应用，也创造出 e-Science、e-Learning、e-Training 等新型的知识生产与传播模式。信息已不仅是创作科学知识的辅助要素，在信息化的环境中，通过信息汇聚、知识挖掘、虚拟现实、超级计算、网络协同等形式，可以进一步聚焦前沿、解析复杂系统、梳理科学问题、促进不同学科之间的交流，进而引导着科学的发展。可以说，在当今世界，信息化是科学技术发展的重要基础，没有先进的信息化环境，就不可能跟上世界科学技术快速发展的步伐，更不可能在一些领域取得重大的突破。

中国科学院开展知识创新工程以来，党组高度重视全院信息化建设。为适应信息化、网络化的时代要求，建设现代研发平台和支撑体系，夯实我院科技创新的信息化基础，提升中国科学院科技创新能力，设立了信息化建设专项，先后启动了中国科学院资源规划系统（ARP）、数字图书馆、科学数据库等事关全院信息化建设的项目，并正在积极推动科

---

* 本文为《中国科学院信息化发展报告 2008》一书的序言，2008 年 3 月 18 日撰写。

研活动的信息化（e-Science）。经过几年的努力，这些项目在推动中国科学院科技与管理创新等方面发挥了重要的作用。中国科学院的信息化基础得到了加强，信息化水平有了明显的提高，为建立符合时代要求的信息化环境奠定了坚实的基础。

刚结束的党的十七大要求我们“全面认识工业化、信息化、城镇化、市场化、国际化发展的新形势新任务”。科学技术的发展也面临着信息化环境下的历史性变革。中国科学院要实现知识创新工程提出的“创新跨越，持续发展”的目标，实现“四个一流”，不断为我国的科学发展和构建和谐社会做出基础性、战略性、前瞻性贡献，在我国的科学技术发展中发挥出引领和示范作用，就必须进一步提高中国科学院信息化水平。

推进中国科学院的信息化建设，需要中国科学院及社会的广泛参与。从今年开始，定期出版《中国科学院信息化发展报告》，全面系统反映我院信息化建设的情况，就是要不断深化对信息化发展态势的认知，不断总结中国科学院信息化建设的经验，不断反映国际国内信息化的最新进展，不断推进全院的信息化工作，使全院广大职工不仅成为信息化的受益者，而且成为中国科学院信息化的建设者。希望《中国科学院信息化发展报告》成为推进我国、中国科学院信息化建设的桥梁与纽带，使中国科学院信息化工作始终走在前列，发挥服务、引领和示范作用。

在知识产权与改革开放三十周年座谈会上的讲话*

同志们、朋友们：

今年是改革开放30周年，今天是第八个世界知识产权日。在这样一个值得纪念的日子里，知识产权局、工商总局、版权局三家单位联合举办座谈会，回顾30年来我国知识产权事业取得的巨大成就，进一步认识知识产权制度对于我国经济社会发展的重要作用，动员全社会大力实施知识产权战略，意义重大。各位的发言都讲得很好、很深刻，使我受到许多启发和教益。作为科技战线上的一名老兵，我对发明创造和申请专利也有着切身的体会，对知识产权事业怀有很深的感情。回顾改革开放以来我国知识产权事业走过的不平凡的道路，看到今天知识产权事业的蓬勃发展，我感到由衷的高兴。此时此刻，我们要对为中国知识产权制度建设做出战略决策的以邓小平同志为代表的党和国家领导人，为中国知识产权制度建立和发展做出过重要贡献的专家、学者、干部表示由衷的缅怀、敬意和感谢，也要向曾经在我国知识产权制度建设和发展中给过我们帮助和合作的国际友人表示衷心的感谢。

我国知识产权事业在改革开放进程中孕育诞生。伴随着改革开放，现代知识产权理念引入了国门，现代知识产权制度在我国应运而生。1978年，十一届三中全会召开后，为适应改革开放形势需要，我国开始筹划全面建立知识产权制度，专利法、商标法、版权法三部知识产权基本法律开始酝酿起草。一些老同志都还清楚地记得，那时候“十年动乱”刚刚结束，人们的思想还没有完全得到解放，在要不要实施以专利为代表的知识产权制度问题上曾经产生了激烈的争论。是邓小平同志高瞻远瞩，毅然决定建立中国的专利制度，使我们少走了弯路。我国于1982年颁布《商标法》、1984年颁布《专利法》，1986年颁布的《民法通则》中，也明文规定了对知识产权的保护。随后几年，《著作权法》《计算机软件保护条例》《知识产权海关保护条例》《植物新品种保护条例》等知识产权法律法规相继出台，我国还先后加入十几个知识产权国际公约。至此，我国在立法上用20多年时间走完了西方国家上百年走过的道路。这不仅为促进我国科技进步和经济、文化繁荣创建了具有中国特色的新的制度保障，更向全世界宣示了我国实行改革开放的决心。

---

* 本文为2008年4月26日在北京人民大会堂举行的“知识产权与改革开放三十周年座谈会”上的讲话。

30年来，伴随着改革开放的不断深入，知识产权事业快速发展，取得了举世瞩目的成就。我国制定了较为完备系统的知识产权法律法规，即将颁布实施国家知识产权战略。知识产权拥有量持续快速增长。知识产权执法水平不断提高，知识产权工作体系建设取得长足进展，企业知识产权管理和竞争、创新能力不断增强，全社会知识产权意识逐步提高。知识产权制度的建立和实施，为规范市场经济秩序，激励技术发明创造、科学文化创作、商标品牌注册和创新，促进对外开放和知识资源的交流，促进科技创新、管理创新和人类文明成果的运用传播，促进我国经济社会发展和文化繁荣，发挥了积极而显著的作用。

30年的实践充分证明，没有改革开放，就没有新中国的现代知识产权制度，就没有今天知识产权事业欣欣向荣的大好局面。回顾这段不平凡的历程，总结30年来的实践经验，我认为需要牢记和坚持以下四个方面基本经验。

一是要始终服务于国家整体利益和发展全局。知识产权制度建设是一项具有全局性、基础性、战略性的事业，是关系国家前途和民族未来的基础工程。要将知识产权工作与国家经济、科技、文化等各方面工作紧密结合，立足提高自主创新能力，提高国家核心竞争力，维护国家整体和长远利益。

二是要始终坚持符合我国现实国情。知识产权制度设计与战略部署要与国家经济社会发展阶段相适应。坚持根据我国现阶段发展特征，发展知识产权制度，使其适应我国国情和当前生产力水平，又能满足未来发展需要。根据不同地区和行业特点，统筹兼顾，制定相应的知识产权发展政策，发挥各自特色和优势。

三是要始终把握好利益平衡原则。以依法合理保护知识产权为核心，完善知识产权制度，平衡好知识产权创造者、使用者和社会公众之间的利益关系。坚持激励创造，同时促进传播与应用；坚持依法保护权利人的权益，同时依法保障公共利益；坚持严格依法保护知识产权，同时防止滥用知识产权。

四是要始终坚持改革开放和创新思维。要具有国际视野和战略眼光，继续解放思想、与时俱进，不断拓展知识产权制度创新的空间。促进自主知识产权创造与引进吸收国外优秀知识产权资源相结合；促进知识产权公平竞争与交流合作相结合；促进保护中华传统文明和鼓励保护前沿创新相结合。

成就属于过去。面向未来，我们应当清醒地认识到，我国核心自主知识产权仍较缺乏、执法能力还不强、社会知识产权意识仍较薄弱等问题还没有根本解决，知识产权制度激励科技创新、推动知识传播、促进经济文化繁荣、规范竞争秩序、促进共赢合作的根本性作用尚未充分发挥，知识产权工作还不能完全满足国家经济社会发展的需要。党和政府高度重视知识产权工作，在新时期新形势下审时度势，从战略高度对知识产权工作提出了新要求。党的十七大报告和新一届政府工作报告中明确提出，“实施知识产权战略”。目前，国务院常务会议审议并原则通过了《国家知识产权战略纲要》，国家知识产权战略即将颁布实施。实施知识产权战略，是我国知识产权发展史上具有里程碑意义的大事，标志着我国知识产权工作已进入新的发展阶段，意味着我国将从改革开放、自主创新、科学发展的战略高度全方位部署知识产权工作，这必将推动知识产权事业发展再上一个新的台阶。我们要紧紧抓住这一难得的历史机遇，努力完成国家知识产权战略提出的各项目标和任务。

下面，我想从创新型国家建设、市场经济建设和法治社会建设三个方面谈谈对国家知识产权战略的认识，讲几点意见。

第一，实施知识产权战略是建设创新型国家的迫切需要。当前，我国经济发展呈现出一系列新的阶段性特征。突出表现在经济实力显著增强，但生产力水平总体上还不高，长期形成的结构性矛盾和粗放型增长方式尚未根本改变。我国的“比较优势”和国际竞争力，在相当程度上依靠的是劳动力、资源的低价格和污染环境的高代价，缺乏核心技术、缺乏核心竞争力、缺乏国际知名品牌，这“三缺乏”集中到一点上，就是缺乏关键技术的自主知识产权。要解决这些突出问题，从根本上要依靠科技进步和创新。为此，中央提出，要把推进自主创新作为转变经济发展方式的中心环节，要把提高自主创新能力和建设创新型国家，作为国家发展战略的核心。提高自主创新能力，建设创新型国家，关键在于构建有利于创新的制度环境和市场环境，完善并用好知识产权制度，促进创新成果和知识产权的大量涌现和广泛运用。研究和统计表明，世界上 20 个左右的创新型国家拥有全球 90%以上的发明专利，在全球 500 强企业里，以知识产权为核心的无形资产对企业的贡献已超过 80%。可以说，没有知识产权制度，就难以充分激发和保护人们的创造性，没有先进的知识产权制度，创新型国家的目标将难以实现。我们一定要通过实施知识产权战略，全面加强知识产权制度建设，努力营造良好的知识产权法治环境、市场环境和文化环境，为转变经济发展方式、建设创新型国家提供有力的制度保障。

第二，实施知识产权战略是深化社会主义市场经济体制改革的基本内容。实施知识产权战略的重中之重是优化知识产权制度。知识产权制度是维护市场经济秩序的重要基石，是市场经济体制的重要组成部分。在当今时代，知识产权制度已经成为维护市场经济有序运行、公平竞争、合法经营、和谐合作的基本法律制度，成为国际贸易的通行准则。正如同物权法对有形财产保护的重大意义一样，知识产权有关法律对于无形财产的保护同样发挥重要的基础性作用，而且这一作用将随着知识经济的深入发展越来越突出。我们一定要通过实施知识产权战略，在完善社会主义市场经济体制的进程中，把知识产权制度建设放在突出地位，充分利用市场机制实现知识资源的优化配置。

第三，实施知识产权战略是建设民主法治社会的必然要求。依法治国是我国的根本方略。在我国，知识产权事业发展的历史不长，尚缺乏培育知识产权文化的深厚土壤，更加需要把知识产权工作纳入法制化轨道，通过知识产权法引导公众提升知识产权意识，自觉尊重和保护知识产权，保障知识产权战略的有效实施。在立法工作中，我们要充分考虑经济全球化、知识化进程和我国的现实国情，依据确定的知识产权战略，不断健全有关法律法规，平衡好各方面的利益关系，追求社会整体效益和长远利益的最大化。有法可依以后，我们更要以法律为准绳，坚定不移、不折不扣地加以执行。我们一定要通过实施知识产权战略，完善有中国特色的知识产权法律法规体系，严格执法，公正司法，使知识产权法治观念深入人心，使知识产权法治建设融入中国特色社会主义民主法治建设。

过去 30 年，在我国改革开放和现代化建设的伟大进程中，广大知识产权工作者义无反顾地承担了光荣而艰巨的历史使命，促进知识产权事业从无到有，从小到大，不断发展壮大。当前，我国的改革开放伟大事业又进入了一个崭新的历史阶段，知识产权事业也踏上了战略发展的历史新征程。实施好知识产权战略，是一项极其繁重而艰巨的任务，也是一项极其广泛而深刻的社会变革，任重而道远。让我们认真贯彻落实十七大精神，继续坚持解放思想、改革创新的精神，深入贯彻落实科学发展观，大力实施知识产权战略，努力为建设创新型国家，为全面建设小康社会做出新的更大贡献！

《生物的启示——仿生学四十年研究纪实》序言*

当今世界上存在的万千种生物，都是经过亿万年的适应、进化、发展而来的。在自然界的生存竞争中，各自发展出独特的生存形态与方式。当观察鹰击长空、鱼翔浅底时，会由衷地感叹大自然创造的万物的神奇，产生出美好的遐想和模仿的冲动。最初，人们发现锋利的茅草叶子会割破手指，便模仿其锯齿型结构，造出木工锯。这还只是从形态上的模仿。后来，人们模仿鸟的翅膀制造扑翼滑翔机，但是这种原始的模仿屡试屡败。于是经过深入研究，鸟翅翼形的空气动力学原理被发现，人类才进入飞行时代。这些事例说明，外观形态的机械模仿，还只是简单仿生结构。仿生功能还需要进行深入地研究，搞清原理，认知规律，然后用工程技术方法加以实现。大自然永远是我们的老师，鸟类的自由飞翔，启发了人类创造飞行器。但是迄今，用现代的空气动力学原理和机电机构还不能创造出像鸟类和昆虫那样轻巧、灵活和节能的飞行器。

进入信息化时代，人们把电子计算机称为电脑，把自动化设备称为机器人。实际上，计算机与人脑有许多原则差别，自动化设备与人体也有着根本差异。《科学》（*Science*）2007 年有一期“机器人”（Robot）专刊，其中有两篇文章专门谈到动物和动物大脑在结构和功能上对制造更完美的机器人的启示。其中一篇是埃德尔曼（G. M. Edelman，1929—　）所写，他因免疫学上的贡献曾获 1972 年诺贝尔生物学或医学奖。他获奖后转而研究神经系统，近年来对脑的意识问题很感兴趣，出版若干著作。他领导着一批能干的年青人，把他的设想用电子硬件实现，设计出“达尔文”（Darwin）机器人，最新的“达尔文 X 号”能自主地学习，仿现人脑中海马的作用，显示出模仿人类神经系统若干功能的前景。文章题目就叫作：*Learning in and from brain —based devices*。所以说，大自然是我们人类的老师，它给我们启发、灵感和示范。

大自然中可以模仿和学习的东西实在太多了，但是由于生物系统的多样性和复杂性，从技术上模仿又难度很大，因此直到 20 世纪 60 年代初，生物科学和技术科学都取得了长足的进步后，一门崭新的学科——仿生学才得以诞生。近几年，在力学和结构仿生、仿生建筑结构、仿生的船舶造型、仿生红外探测、仿昆虫微型飞行器，甚至纳米尺度上的仿生

---

* 本书为中国科学院生物物理研究所编写的《生物的启示——仿生学四十后研究纪实》一书的序言，该书于 2008 年由科学出版社出版。

微系统，国际上和国内都已有工程应用和研究探索工作在进行。我在 2003 年关于仿生学的科学意义与前沿的香山会议上邀请国内专家研讨了仿生学的进展和美好的未来，就是希望重新引发科技界向自然学习，启示和激励原始技术创新。

由我国著名学者贝时璋先生创建的中国科学院生物物理研究所，一直倡导交叉学科的作用，在国内也是最早从事仿生学研究的单位，1964 年就提出视觉仿生学研究方向，并成立一个研究室专门从事这方面的研究。在当时物质条件极其困难的情况下，做出一些堪与当时国际水平比肩的独特的工作。“文化大革命”后，随着中国科学院科研任务的转型，该实验室及时调整方向，培养人才，在基础研究领域内做出很好的工作。2005 年，在此研究室基础上联合研究生院的认知实验室和中国科学院心理研究所，建立了脑与认知国家重点实验室。我期望这个实验室在探索认知和脑的奥秘上做出新的发现。

中国科学院生物物理研究所仿生学研究的发展历程，反映了新中国科技发展的一个侧面和片断。把他们的发展过程总结出来，不仅有利于年青人了解过去，对生物物理所甚或对中国科学的未来发展也有积极的参考和借鉴意义。

我国目前开展仿生学研究的单位还不多，在某些方面也取得了部分进展。但整体上看来，与我们的期望还有很大差距。即便是西方发达国家进行的工作，与真实的生物功能相比，在精巧、节能、适应性等方面都有很大差距。特别是在大自然进化的最高产物（神经系统和脑）的模仿方面，可以说刚刚开始。当今中国正在起飞奔向现代化，我们应该学习动物与环境适应和谐相处，我们应该学习生物的高效节能，我们的研究工作也应当从大自然中获得更多的启示和灵感，做出无愧于时代要求的创新与突破。人类社会和经济的发展对仿生学提出了更高更多的要求，也为它的发展提供了更多更好的保证。我期待着仿生学在我国有更大发展和贡献。

是为序。

在中国科研信息化论坛上的致辞*

尊敬的各位专家，各位来宾，大家好！

经过认真准备，中国科研信息化论坛今天在这里召开。我们期望通过举办这次论坛，回顾我国科研信息化的发展历程，总结基本经验，进一步提高对科研信息化内涵和意义的认识，探讨发展战略，加快建设步伐，发挥科研信息化在国家信息化建设中的基础和引领作用，为提升我国自主创新能力、建设创新型国家提供支撑与服务。首先，我谨代表中国科学院，对与会的有关部委领导、各位专家和来宾表示热烈欢迎和衷心感谢！

众所周知，肇始于 20 世纪 40 年代的信息技术革命，极大地改变了人类的生产、生活和思维方式，已经把人类文明引领到信息化的新时代。一个国家信息化的整体水平已成为衡量其国际竞争力和综合国力的重要标志之一。

当今时代，科研信息化深入发展，越来越成为信息化的先导和人类科技创新的基本手段。现代科学问题的空前复杂性以及爆炸式增长的海量数据，使得计算科学与工程已成为与理论分析、实验观察相并立的科研手段，科学技术的快速发展对宽带网络、超级计算、海量数据存储及处理等信息化基础设施的需求日益突出。信息化基础设施已成为当代最重要的科研基础设施。信息技术使得科技工作者、科研仪器与装置、计算工具、数据和信息不受时空限制地连接在一起，促进了全球科学家的合作与交流，加快了科技创新资源的共享与集成，推动了不同学科的交叉与融合，改变了传统的科研组织形态，提供了全新的科研手段与模式，科研信息化正极大地推动 21 世纪科技的新变革与新发展。

科研信息化对科技和经济社会发展的巨大影响已经引起广泛重视，世界主要国家纷纷制定国家层面的战略规划，把推进科研信息化作为提高国家科技竞争力的关键和迎接新一轮科技革命挑战的战略举措。例如，美、欧、日等国多年来一直把科研信息化作为优先发展领域，美国国家科学基金会、能源部、国家航空航天局等都投入了大量资金建设支持科学与工程界广泛应用、可持续发展、稳定且可扩展的信息化基础设施。去年国际金融危机以来，各国还将科研信息化基础设施的建设和应用作为拉动经济增长、调整优化产业结构的重要举措之一。

近年来，我国信息化发展十分迅速。网络基础设施日益完善，技术水平不断提高，信息资源不断丰富，信息化应用不断推向深入，工业化与信息化加速融合。在 2009 年《经

---

* 本文为 2009 年 12 月 3 日在北京友谊宾馆召开的“中国科研信息化论坛”上的致辞。

济学人》发布的全球 IT 产业竞争力指数排名中，我国从 2008 年的第 50 位上升到了第 39 位。据统计，目前我国的互联网网民总数为 3.38 亿人，其中宽带网民 3.2 亿人；手机网民 1.55 亿人，域名总量达到了 1620 万个。截至 2009 年 9 月底，我国境内网站数达到 320 万个，国际出口带宽达到 730G。

20 世纪 90 年代中期开始建设的中国国家计算机与网络设施联合设计组（NCFC），开辟了中国互联网与国际互联网的互联互通。2004 年 1 月，由中国科学院、美国国家科学基金会、俄罗斯部委与科学团体联盟发起建设的“中美俄环球科教网络（GLORIAD）”开通，实现了海量科学数据、科学仪器设备、计算设施、大型软件等科学资源的共享和科学家的协同工作。中国下一代互联网（CNGI）示范工程建成了全球最大的 IPv6 试验网络。2007 年，863 计划启动了“高效能计算机及网络服务环境”重大专项，研制成功了通用 CPU 百万亿次超级计算机系统。中国科学院在国家财政部专项的支持下，研发成功 GPU＋CPU 千万亿次超级计算机。今年 9 月，作为科技部开展国家科技基础条件平台建设成果的“中国科技资源共享网”正式开通。10 月，国防科学技术大学研制成功了千万亿次超级计算机系统“天河一号”。应该说，我国科研信息化的基础设施在国家各方面的大力支持下，已经取得了长足发展。

中国科学院在“十五”“十一五”期间，组织开展了信息化战略研究，提出了建设信息化科学院的长远目标，较为系统的开展了网络、超算和科学数据库建设，初步形成了科研信息化基础设施及若干应用系统。中国科学院以实施科研信息化（e-Science）和管理信息化（ARP）工程为重点，全面推进信息化建设的各项工作，着力提高全院信息化的应用水平，形成更加完备的科研信息化基础设施和应用系统。

党的十七大指出“全面认识工业化、信息化、城镇化、市场化、国际化深入发展的新形势新任务，深刻把握我国发展面临的新课题新矛盾，更加自觉地走科学发展道路”。在纪念中国科学院成立 60 周年之际，温家宝同志 11 月 3 日面向首都科技界发表了重要讲话，明确提出了“要着力突破传感网、物联网关键技术，及早部署后 IP 时代相关技术研发，使信息网络产业成为推动产业升级、迈向信息社会的‘发动机’”。刘延东国务委员今年 7 月在视察中国科学院时，针对科研信息化工作发表重要讲话并强调指出，信息化是科研与管理走上现代化的必由之路，是提高创新能力和国际竞争能力的关键所在。要把科研信息化纳入国家信息化的规划，加大对信息化的基础设施建设和运行的支持力度，加强信息化核心技术的研发，为增强我国科技创新能力提供信息化支撑。

审时度势，我们必须勇立信息化潮头，高度重视科研信息化的发展与应用。希望各位与会专家深刻领会中央领导同志的重要讲话精神，不仅要着力建设一流的科研信息化基础设施，更要培养一流的信息化创新人才，着力发展一流的科研信息化应用，支持科学技术的原始创新、关键技术突破和重大系统集成，并进而支持我国经济社会的科学发展、可持续发展，在我国科研信息化发展进程中始终走在前头，发挥“火车头”作用。希望通过此次论坛，各位专家畅所欲言，深入交流，贡献宝贵的智慧与经验，共同谋划我国科研信息化的发展战略，提升科研信息化对科技创新活动的基础支撑能力，发挥科研信息化在整个国家信息化建设中的先导、示范和引领作用，为建设创新型国家贡献力量。

衷心祝愿中国科研信息化论坛取得圆满成功，祝各位专家、各位来宾工作顺利，身体健康。

在纪念《中华人民共和国专利法》实施25周年座谈会上的讲话*

同志们、朋友们：

在专利法实施25周年之际，全国人大教科文卫委员会、人大常委会法工委、国务院法制办、国家知识产权局联合举行这次纪念座谈会，很有意义。同志们深情回顾我国专利法从酝酿到诞生的难忘历程，介绍专利法实施以来取得的辉煌成就，总结我国专利制度建立和发展的宝贵经验，论述专利制度激励创新、促进我国经济社会科学发展不可替代的作用，展望专利制度发展的未来前景，可谓饱含真情实感、充满真知灼见，必将对我国专利事业的发展产生积极深远的影响。

作为长期工作在科教战线、与专利制度有不解之缘的一名老兵，我和同志们一样，为我国专利法实施所带来的广泛而深刻的变化感到欢欣鼓舞。此时此刻，我们更加缅怀为建立我国专利制度做出战略决策的邓小平同志，更加崇敬为我国专利制度建设和发展付出努力、做出贡献的老领导、老专家、老同志，也衷心感谢所有从事专利工作和支持中国专利事业的同志们、朋友们！

我国专利制度是在改革开放的历史进程中孕育诞生的。1978年，中央在有关报告中批示“我国应建立专利制度”。此后，我国开始起草专利法。一些老同志还清楚地记得，当时人们的思想受计划经济传统观念的束缚，在要不要建立专利制度上曾经产生了激烈的争论。是邓小平同志高瞻远瞩，毅然决定建立中国的专利制度，使我们少走了弯路。25年前的今天，《中华人民共和国专利法》正式实施。专利法的颁布和实施，不仅展现了我国知识产权制度建设进程的新篇章，也向全世界宣示了我国实行改革开放、依法保护知识产权的坚定决心。

随着改革开放的不断深入，我国专利事业快速发展，取得了举世瞩目的成绩。我国在立法上用20多年的时间走完了发达国家上百年走过的道路，形成了较为完备的专利法律体系，全社会专利意识逐步增强，市场主体运用专利制度的能力日益提高，专利工作体系建设取得长足发展，专利保护水平不断提高。专利法的实施，对规范市场经济秩序，激励发明创造，促进科技创新，促进对外开放和共享人类文明成果，推动我国经济社会科学发

* 本文为2010年4月1日在北京人民大会堂举行的“纪念《中华人民共和国专利法》实施25周年座谈会”上的讲话。

展，发挥了积极而显著的作用。

多年来，党和政府高度重视知识产权工作，特别是在一些重要会议、讲话和批示中，党和国家领导人反复强调知识产权的重要性，把知识产权提高到关系国家长远发展的重要战略地位。《国家知识产权战略纲要》的颁布和实施，标志着我国知识产权工作进入新的发展阶段。

回首过去，成就斐然；展望未来，任重道远。我们应当清醒地认识到，我国核心自主专利权仍较缺乏、保护不力、运用不佳、全社会专利意识仍较薄弱等问题还没有根本解决，专利制度尚未实现与社会主义市场经济发展有机融合，专利工作在科技创新和经济发展中的支撑作用远未得到充分发挥，专利工作仍不能很好地适应我国加快经济发展方式转变、建设创新型国家的需要。

在国际金融危机的冲击下，我国经济以往粗放发展所积累的深层次矛盾进一步显露，加快经济发展方式转变迫在眉睫。2010年2月，胡锦涛同志在省部级领导干部专题研讨班上强调，加快经济发展方式转变是我国经济领域的一场深刻变革，关系改革开放和社会主义现代化建设全局。胡锦涛同志还指出，加快经济发展方式转变，重点需要做好加快经济结构调整、产业结构调整、推进自主创新、推进农业发展方式转变、推进生态文明建设等8项工作。这些工作的开展，都在不同程度上与专利制度有着内在联系，需要专利工作的支持与服务。我们要牢牢把握实施国家知识产权战略、加快经济发展方式转变的历史机遇，努力工作，充分发挥专利制度在推动经济社会科学发展方面的重要作用。

下面，我就如何更好地完善专利制度和更充分发挥专利制度的作用，讲几点意见。

第一，要充分认识专利制度的重要功能，始终服务于国家长远利益和发展全局。经济社会的发展主要是依靠创新来驱动。尤其是在当今全球化知识经济时代，只有创新才能获得竞争优势和持续发展，那种主要靠劳动密集和消耗大量能源资源，并以牺牲环境为代价的发展模式不可持续。在市场经济环境中，知识创新尤其是技术创新离不开专利制度的保障和激励。包括专利制度在内的知识产权事业是一项具有基础性、战略性、长远性的事业，是关系建设创新型国家的前途和民族创新能力全局的基础工程。专利工作必须服务于国家的整体利益和长远发展。要将专利工作与国家经济、科技、贸易、教育等各方面的工作紧密结合，立足于提高国民、企业、大学和科研单位的创新意识、创新能力、转移转化能力和市场竞争力，提高国家的国际竞争力和科学发展、持续发展的能力。

第二，要进一步加强宣传普及工作，提高全社会的知识产权意识。要探索建立政府、企业、学校、科研单位、新闻媒体和社会公众踊跃参与的宣传工作体系，通过广泛、持久、深入的宣传教育，进一步在全社会形成尊重知识产权、保护知识产权的良好氛围，使知识产权意识渗透到人们的血液中，贯穿于科技创新的全过程。要勇于创新，形成适合我国经济社会发展需要的知识产权教育和人才培养体系，培养和造就一大批多层次知识产权专业人才。各级政府及其有关部门、企事业单位、大专院校、社会团体都要积极行动起来，创新手段、拓展渠道，采取多种形式，宣传普及知识产权法律常识，让尊重知识、崇尚创新、诚信守法的知识产权文化理念变为人们的自觉意识和行为准则。各级领导干部、企事业单位负责人以及广大科技人员更要学法、懂法、守法、用法，尤其要增强专利意识，提高运用专利制度的能力。

第三，加快建设创新友好型市场环境，促进形成产学研紧密结合、以企业为主体、以市场为导向的技术创新体系。要转变和更新技术创新评价机制，切实采取措施，扭转重论文、轻专利，重奖励、轻市场的现象。促进企业、大学和科研单位优势互补、有机融合，确保科研活动面向经济建设和社会发展的主战场。运用专利法律制度，确保市场主体和创新主体通过专利技术的应用和实施获得实实在在的市场效益，使之研发投入得以回报，进而激励新一轮的创新投入，形成自主创新的不竭动力和良性循环，让更多的新知识、新技术不断涌现，并不断地变成新的生产力，不断地创造新财富，为国家强盛、人民富裕奠定坚实的物质基础。

第四，要依法切实有效保护专利权人权益，维护市场秩序和法制环境，激励和保护市场主体的创新积极性和竞争能力。行政执法与司法审判两条途径协调运作，这一具有中国特色的专利保护制度，还需要在实践中不断探索、不断完善。要充分发挥行政执法简便、快捷、高效的优势，及时解决纠纷，化解矛盾；着力加强司法审判工作，提高审理专利案件的公正性和权威性，切实发挥司法保护的主导作用。通过强有力的司法与行政保护措施，加快扭转专利保护工作实际存在的“维权成本高，侵权成本低”的局面，使专利权人和广大创新者敢于创新、安于创新、乐于创新、善于创新，并通过创新得到切实回报。要建立有效的工作机制，采取有力的政策措施，扶持、引导和帮助企业提高在国际竞争中应对专利纠纷的防范意识和维权能力，激励和提升企业在全球市场中的创新积极性和竞争能力。

第五，要充分发挥专利代理中介服务在专利制度实施中不可替代的作用。专利代理中介服务活跃在专利权创造、管理、运用、保护的各个环节，其保障专利制度有效运行的重要作用不可替代。目前，专利代理中介服务在产学研创新体系中的作用尚未充分发挥，尤其是在研发立项选题、构建企业专利保护策略等前端服务，以及促进专利技术转化实施、解决侵权争议纠纷和支持企业海外维权等后端服务方面仍很薄弱。企业和科研机构迫切需要高水平专业化的中介服务，专利代理中介服务的市场潜力也有待充分培育。因此，要进一步修改完善专利代理的法律制度，营造合法经营、诚实守信、公平有序的市场竞争环境，采取有效措施，加大政策扶持和引导的力度，加强服务能力建设，提升中介服务水平，推动专利代理服务行业向专业化、规范化、产业化和国际化方向发展，为实施国家知识产权战略和建设创新型国家的大目标提供有力支持。

第六，要从我国国情出发，积极开展前瞻性立法研究工作，进一步完善专利制度。专利法经过数次修改，已经基本适应我国改革开放和经济社会发展的需要。但是，我国现代化建设以及创新型国家建设的进程，对专利制度的健全和完善不断提出更高要求。目前，国际上已经出现的改革专利制度的各种思路，有可能逐渐酝酿形成国际知识分享和专利保护协调发展的新趋势。因此，要从我国国情出发，着眼国家长远发展的战略需求，在全球知识经济大环境中，积极开展前瞻性立法研究，为进一步完善我国专利法做好必要准备。

同志们、朋友们！

过去 25 年，在改革开放和建设中国特色社会主义的伟大进程中，广大专利工作者认真贯彻落实专利法，开拓创新、扎实工作，使我国专利制度和知识产权保护事业不断取得进步。当前，中国特色社会主义建设进入了一个崭新的历史阶段，专利法的实施也将乘国家知识产权战略实施的东风，跨入新的历史征程。让我们认真贯彻落实十七大精神，深入贯彻落实科学发展观，大力实施国家知识产权战略，努力为建设创新型国家、加快经济发展方式转变和全面建设小康社会做出新的更大的贡献！

在《中国科学》《科学通报》创刊60周年纪念会上的讲话*

各位主编、编委，各位来宾，大家好！

在科技界同全国各条战线一样，正在深入学习贯彻十七届五中全会精神，以科学发展为主题，以加快转变经济发展方式为主线，深入研究制定“十二五”规划之际，我们在这里隆重纪念《中国科学》和《科学通报》创刊60周年。首先，我谨代表中国科学院和“两刊”理事会，对各位主编、编委和来宾表示热烈的欢迎！对长期以来为“两刊”发展做出贡献的全体同志和所有关心支持“两刊”发展的各界朋友表示衷心的感谢！

由中国科学院创办的《中国科学》和《科学通报》，经历了60年不平凡的发展历程。1950年，中国科学院作为政务院负责全国科学事业的国家机关和全国的科研中心，按照中央确定的普及与提高相结合的方针，创办了“接近于普及工作”的《科学通报》和侧重“担任提高任务”的《中国科学》，成为中国科学院发挥全国科学事业领导作用的重要渠道之一。1952年，中国科学院决定将《中国科学》改为单纯外文出版，稿件来源主要由各专门学报编委会按“优中选优”的原则推荐，成为新中国与世界进行科学交流的主要窗口，成为代表我国最高学术水平的科学期刊。1953年，中国科学院决定，将《科学通报》办成全国性的综合科学刊物，发挥中国科学院指导全国科学工作的功能。1966—1972年，“两刊”被迫停刊。1973年，在周恩来总理的关怀下，以《中国科学》为代表的部分期刊复刊，使饱受“十年动乱”摧残的中国科学事业呈现了一线生机。“科学的春天”以来，“两刊”伴随着中国科学的进步，逐步形成了学科齐全的期刊体系。2003年，《中国科学》《科学通报》《自然科学进展》由中国科学院和国家自然科学基金委员会共同主办，在随后六年合作办刊的基础上，完成了《中国科学》和《自然科学进展》的合刊。2006年，中国科学院学部成立了科普和出版工作委员会，其后成立了以中国科学院院士为主体的“两刊”理事会，把“两刊”放在中国科学院学部平台上运作，加强了对“两刊”的学术领导，进一步明晰了“两刊”的定位，《中国科学》各辑主要报道相关学科重要的研究成果以及学科发展趋势，《科学通报》快速报道最新研究动态、消息、进展，点评研究动态和

---

* 本文为2010年11月2日在中国科学院文献情报中心召开的“《中国科学》《科学通报》创刊60周年纪念会”上的讲话。

学科发展趋势，全面加强了“两刊”的编委和编辑队伍，建立了规范有序的管理体制和运行机制，“两刊”在国际科技界的影响力逐步提升，呈现出良好的发展势头。创刊60年来，在历届编委会全体编委和编辑部全体同志的不懈努力下，在全国科技工作者的大力支持下，“两刊”刊载了大量重要的学术论文，见证了新中国科学事业奠基、创业的历史进程；改革开放以来，“两刊”积极应对我国不断扩大对外开放、科技竞争与合作和信息化快速进步的新形势、新挑战，探索新的办刊模式，为我国科技期刊的改革发展积累了许多重要的经验。

当前和未来一个时期，科技期刊面临着难得的发展机遇和严峻的挑战。一方面，世界政治经济格局大变革、大调整，世界主要国家大幅增加科技投入，抢占未来发展的科技制高点，我国科技也处在跨越发展的战略机遇期；另一方面，全球信息化的发展呈现出新的态势，以数据挖掘、信息集成和知识生产和应用为主体的创新活动和产业呈现出蓬勃发展的态势，信息内容与信息技术进步一样，正在成为推动信息化发展的强大动力。两刊面对的国际竞争日趋激烈，我们必须采取有力措施，应对这一挑战。其核心一是提升学术影响力，抢占科技信息的制高点；二是掌握并拓展更多的科技期刊资源，形成产业经营优势；三是采取各类信息化网络化开放获取、传播等新手段，扩大刊物的作者、读者群体；四是抓住我国科学出版产业改革发展的机遇，进一步解放思想，改革创新，提升刊物质量，开拓发行渠道，巩固发展科学出版集团改制的成果，提升国际竞争力。

面对新形势、新机遇、新挑战，我们要立足中国，面向世界，充分发挥国家高水平学术期刊的学术交流平台作用，使《中国科学》和《科学通报》发展成为在国内外具有广泛影响、高水平的国际性学术期刊。一是要充分发挥学部学术平台办刊优势，持续提升“两刊”的学术影响力，培育核心竞争优势；二是要进一步深化改革，坚持主编负责制，充分调动编委的主动性和积极性，切实加强主编对编辑部的业务领导，按中央和国务院确定的出版业改革的方向，继续深化中国科学杂志社体制机制改革；三是要加强国际合作，积极应对国际竞争，继续推进“两刊”的国际化，努力开拓国际市场；四是解放思想，积极探索“开放获取”等新的办刊模式，积极利用信息化网络化技术进步带来的新方法、新手段和新的经营模式。

开放获取是一个新生事物，两刊要带头实践，创建信息网络时代有利于知识传播的新模式。经过60年的努力，“两刊”已站在新的历史起点上，但我们不能满足已经取得的成绩，要充分认识当前科技出版面临的挑战和机遇，要时刻牢记科技工作者肩负的历史责任和光荣使命，发扬传统，解放思想，开拓创新，为实现“两刊”总体目标和“十二五”发展规划目标而努力奋斗。

我们相信并期待“两刊”在新的甲子能描绘出更为精彩、更为绚丽、更为辉煌的画卷，为提升我国科技自主创新能力、建设创新型国家和促进人类科学文明事业做出应有的贡献。

绿色、智能制造与战略性新兴产业*

金融危机后的世界将更加致力于科技创新，走绿色、智能、可持续发展之路。绿色、智能制造是制造业发展的方向，也是战略性新兴产业的重要支柱。战略性新兴产业的发展需求将对我国制造业发展提出新的要求，注入新的动力，将促进我国制造业的技术创新，产业结构升级，实现跨越式发展。绿色、智能制造也将为我国产业结构调整、升级和战略性新兴产业的发展提供新的技术和装备，并将促进我国经济发展方式的转变，实现我国经济依靠改革开放、科技创新驱动，走资源节约、环境友好的绿色、智能、可持续发展之路，实现由大到强的新跨越。中国机械工程学会应以科学发展观为指导，按照国家发展战略需求、制造技术与产业发展的大趋势，调整工作重点，积极推进适应绿色、智能制造技术进步和突破的学科交叉与融合，着力推进以企业为主体、以市场为导向、产学研用相结合的技术创新体系建设，提升我国制造业的自主创新能力，培育适应绿色、智能制造的创新创业人才，为服务国家创新发展、绿色发展、智能发展、科学发展、和谐发展、持续发展做出新贡献。

一、 绿色、 智能制造是制造业发展的方向

20 世纪 90 年代以来，由于全球经济发展需求的快速发展，资源能源价格不断攀升，且在高位波动，生态环境压力不断加大，全球气候变化备受关注，信息和通信技术（ICT）突飞猛进，信息化、网络化、知识化快速发展，经济全球化和全球绿色、智能制造的发展趋势不可逆转。

经过 30 余年的改革开放，我国经济发展取得了举世瞩目的成就，经济总量已跃居全球第二位，已经成为全球制造大国。但是，我们也为经济的发展付出了巨大的资源和环境代价。进入新世纪后，我国经济发展的资源环境瓶颈约束明显加大。关键核心技术的自主创新能力较弱，机械电子装备的关键材料和核心器部件仍受制于人。我国制造业及其产品的物耗、能耗、排放强度较高，信息化、智能化水平较低，仍然处于全球制造业产业链的中低端。

---

* 本文为 2010 年 11 月 8 日在河南省洛阳市召开的“2010 年中国机械工程学会年会”上的主题报告。

中国制造业亟须实现由大转强的历史跨越，绿色、智能制造应成为中国制造业发展的方向。

1. 地球上有限的不可再生资源决定了人类必须走一条资源节约的发展之路

工业革命以来 250 多年人类社会工业化的历史进程，仅使得不到 10 亿人口的发达国家实现了现代化，但付出了巨大的资源与生态环境代价。20 世纪 80 年代以来，全球能源资源需求快速增长，市场价格快速攀升。从图 1 可见，2009 年，亚太地区能源消费 4147.2 百万吨油当量，在全球占比高达 37.1%，已高于北美和欧洲地区。从图 2 可见，布伦特原油价格从 2000 年的 28.5 美元/桶逐年上升为 2008 年的 97.26 美元/桶，升幅高达 241%，2009 年虽有所回落，但也比 2000 年的原油价格仍上升了 116%。

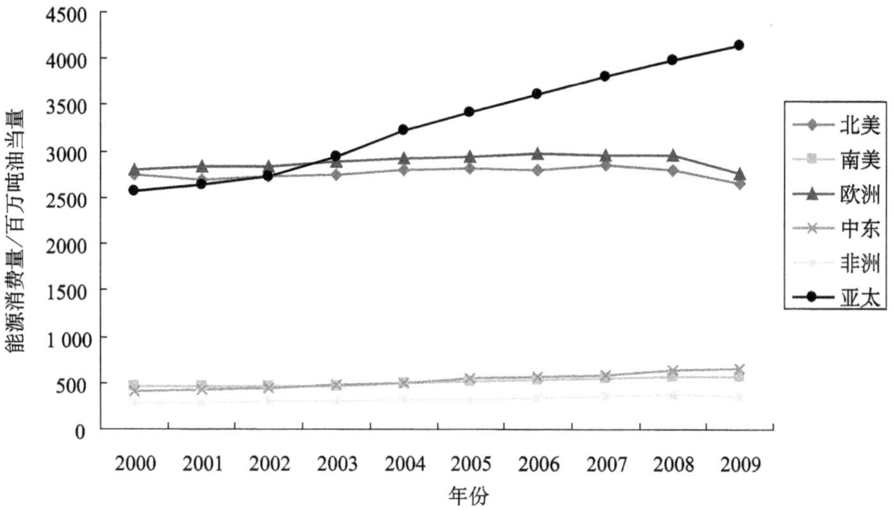

图 1 2000～2009 年全球各地区能源消费量变化趋势

资料来源：根据 BP Statistical Review of World Energy（2010-06）整理

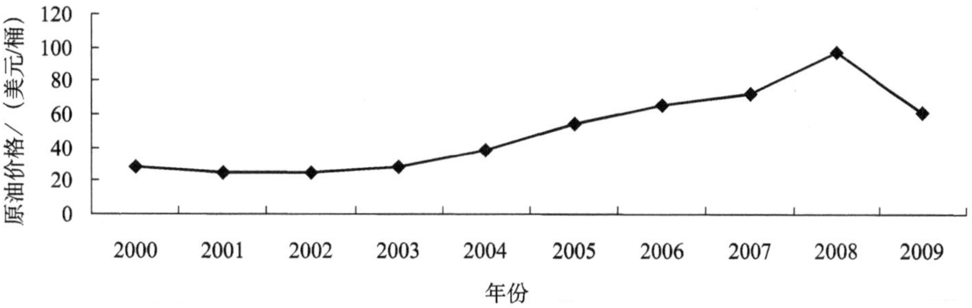

图 2 2000～2009 年布伦特原油价格变化趋势

资料来源：根据 BP Statistical Review of World Energy（2010-06 ）整理

可以预计，未来二三十年，全球将有 20—30 亿人口进入现代化进程，这将为全球经济发展注入前所未有的动力和活力，但也必将对地球的能源资源带来新的挑战。

近 30 年来，我国的资源能源需求也呈快速增长之势，总量巨大，结构不合理，对外依存度上升，能源利用效率较低，单位 GDP 能耗强度高，其中制造业耗能占据较大比重。2009 年，我国能源消费总量达 31 亿吨标准煤（图 3），我国的总体能源利用效率为 33%，较发达国家低 10 个百分点，电力、钢铁、有色、石化、建材、化工、轻工、纺织等八大行业主要产品单位能耗平均水平比国际先进水平高 40%左右。

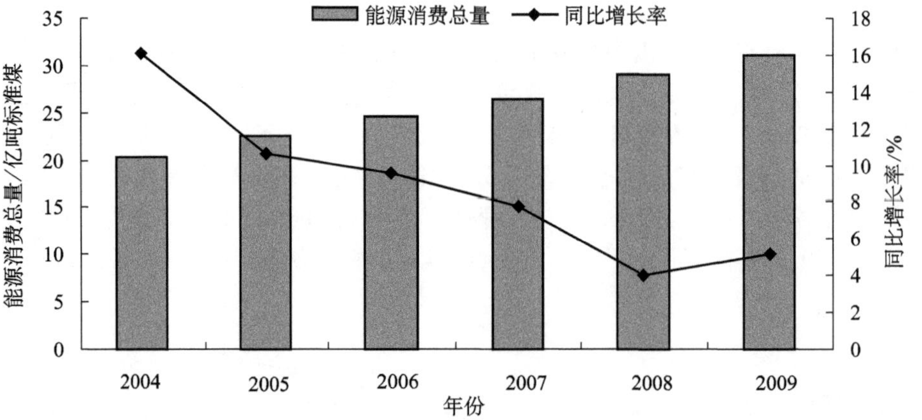

图 3　2004—2009 年我国能源消费总量及同比增长率

资料来源：根据 2004—2009 年《中国统计年鉴》数据整理

未来 20 年，我国制造业如果单纯依靠数量增长，将是资源能源和环境所不能承受的。因此，我们必须依靠科技进步，采用绿色制造技术，在提高产品质量和附加值的同时努力降低能源资源的消耗和排放。

(1) 我国在能源消费中煤炭占比过高，已是全球最大的煤炭消费国。2009 年，我国一次能源消费总量中，煤炭、石油、天然气所占比重分别为 69.6%、19.2%、3.8%。

(2) 我国对进口原油的依存度已突破 50%。2009 年，我国共进口原油 2.04 亿吨，进口依存度已达 54.42%。从各国的经验看，对外依存度 50%是一条安全警戒线。《全国矿产资源规划（2008—2015 年）》中指出，如果不加强勘探，并转变经济发展方式，到 2020 年，我国油气对外依存度将上升至 60%。

(3) 资源对我国经济发展的制约不断增强，我国对铁矿石、部分有色金属的进口依存度较高。2009 年，我国粗钢消费增加了 10 960 万吨，使得我国铁矿石对外依存度大幅提升，2009 年已高达 63.9%。从图 4 中可见，2002—2009 年，我国进口铁矿砂及精矿逐年增加，2009 年已达到 6.28 亿吨，比 2002 年增长了 463%，进口均价从 24.83 美元/吨升

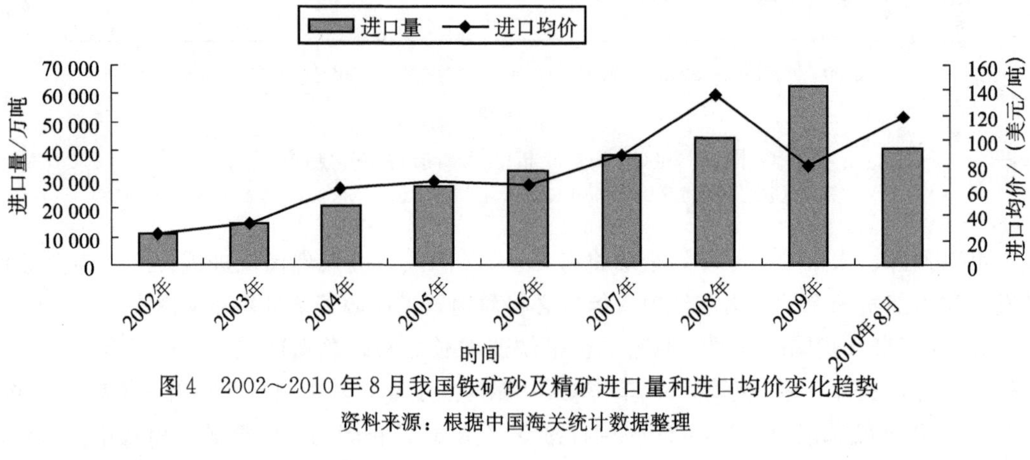

图 4　2002～2010 年 8 月我国铁矿砂及精矿进口量和进口均价变化趋势

资料来源：根据中国海关统计数据整理

至79.87美元/吨，升幅达222%。我国铜、铝和镍等3种重要有色金属资源比较短缺，对外依存度呈上升趋势。铜：约有2/3需从国外进口。铝：约4成来源于国外。镍：约6成依赖进口。展望未来，全球更多的人口将要实现现代化，地球上的有限资源应为更多人世代公平可持续分享，要求我们必须走一条可持续发展之路，发展资源能源节约、循环利用、循环制造的绿色之路。

2. 地球有限的生态环境承载能力决定了人类必须走一条生态环境友好、绿色低碳、无公害、可再生循环的制造发展之路

工业化以来，由于人类消费水平的持续上升、工业与生活废弃物排放超过了地球自然生态系统的承载和消化能力，致使地球生态系统退化，生物多样性锐减，大气、饮用水、土壤污染，危及食品安全和生命健康。二氧化碳（CO_2）等温室气体的过多排放，加剧了全球气候变化。

30年的改革开放，使我国经济总量已经超越日本跃居美国之后列全球第二位，但由于我国尚处于工业化的中期，部分产能的技术相对落后，致使单位GDP能耗和排放水平远高于日本、欧美等工业化国家，工业、农业和城乡生活污染交织，全国2/3的大江、大湖污染严重，酸雨频发，工业废弃物造成的重金属污染危害严重。可以说，中国制造业总体上仍处于高消耗、高排放、低综合利用率的粗放发展阶段。

我国二氧化硫排放量居世界第一，工业排放是二氧化硫的主要来源。国家环境保护部的数据显示，2009年，全国二氧化硫排放总量达2320万吨。2008年，我国二氧化碳排放量占世界总量的21.8%，已成为全球二氧化碳排放大国。制造业是目前我国污染物排放的主要行业，二氧化硫和二氧化碳排放分别占全国排放总量的86%和37%。改善生态环境必须实施源头治理，依靠科技创新，发展绿色制造业。

3. 信息和通信技术的发展为智能制造提供了技术基础

传感技术、计算机技术、信息和通信、现场总线、因特网、软件技术等，成为机械电子产品、数控技术、计算机辅助设计（CAD）/计算机辅助制造（CAM）/计算机集成制造系统（CIMS）的技术基础，也为基于计算机和网络的企业资源计划（ERP）提供了基础。使得全球市场信息、客户的需求和对产品的信息反馈得以及时、准确、高效地智能处理，不仅提高了产品的设计、研发水平和效率，提高了产品和制造过程的自动化、智能化水平，还可以提高产品和制造过程的资源能源利用效率，减低排放，提升环境友好的绿色制造水平，而且使得按小批量订单要求、乃至个性化制造与服务成为可能，满足全球市场多样性、个性化需求。

国外制造企业对智能制造普遍给予高度重视，智能制造已经成为企业赢得竞争优势的重要途径。例如，美国波音公司在波音777客机的研制中，由于使用了先进的产品开发设计技术，使开发周期缩短了40%，成本降低了25%，出错返工率降低了75%，用户满意度也大幅度提高。罗尔斯·罗伊斯公司通过智能制造在竞争中脱颖而出，航空发动机的智能化水平不断提升，并逐步确立了位列全球三大航空公司的主导地位。智能制造在汽车领域的深度应用，正在推动汽车产业发生革命性的变化。汽车的燃油系统、控制系统、底盘系统、车载系统及汽车行驶的调度系统等都依靠信息技术来实现智能化。施耐德电气在应用企业资源计划（ERP）物流系统后，将高度精细化和智能化的制造执行系统（MES）

进一步引入整个生产过程，实现了智能制造等。

4. 全球信息化、网络化为智能制造和营销服务提供了空前的信息、知识和市场空间

基于无线传感网、互联网、物联网、云计算、全球知识与技术创新，创造了一种全新的全球网络智能制造和服务模式，使得制造业的市场信息、知识技术、材料装备、资金人才、管理服务等要素得以在全球范围内更自由、更便捷地流动和更有效地优化配置；后国际金融危机时期，全球科技创新加速发展，重大技术进步和技术革命推进制造产业技术变革，战略性新兴产业快速崛起，将加速产业结构调整和经济社会发展方式的转变；中国、印度等新兴市场七国（E7）经济的快速发展，全球经济信息化、网络化、市场化、贸易自由化和全球制造趋势锐不可当，将为全球网络智能制造和营销服务提供空前发展空间，将使更多的人可以共同参与，公平受惠，更好地满足全球多样性、个性化和具有不同文化背景和品位的人群对于产品和服务的多样需求。

5. 绿色、智能制造是进一步提高中国制造的全球竞争力、实现由“制造大国”向“制造强国”跨越的必由之路

到2010年5月，我国已超越德国成为第一制造出口大国。能源、炼油、核电等成套设备的制造集成能力已有很大提升，但与国际先进水平仍有明显差距，表现在关键核心技术创新能力、产品能耗物耗与排放水平、产品精度效率与全球服务的信息化、智能化水平、自主知识产权与全球著名品牌。可以预计，后国际金融危机时期，全球制造业竞争会更趋激烈，竞争的关键将集中在产品的性能和效率、智能化程度、环保与低碳性能等。我国制造业总体仍处于全球制造业产业链的中低端，关键核心技术和部件仍依赖进口。2009年，我国已经超越美国成为全球汽车制造第一大国，但自主品牌占据的销售份额不到1/3；出口还主要集中在中东、非洲、东南亚和南美等发展中国家。我国已是机床生产第一大国，但先进数控技术单元和高档数控机床仍依靠进口（图5、图6）。

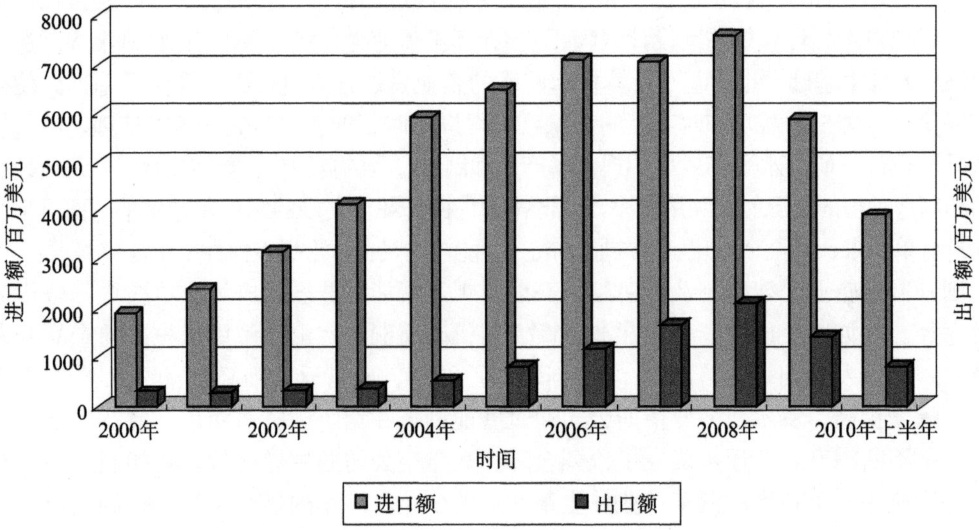

图5　2000年至2010年上半年我国金属加工机床进出口额对比

数据来源：根据2000—2010年《中国统计年鉴》数据整理

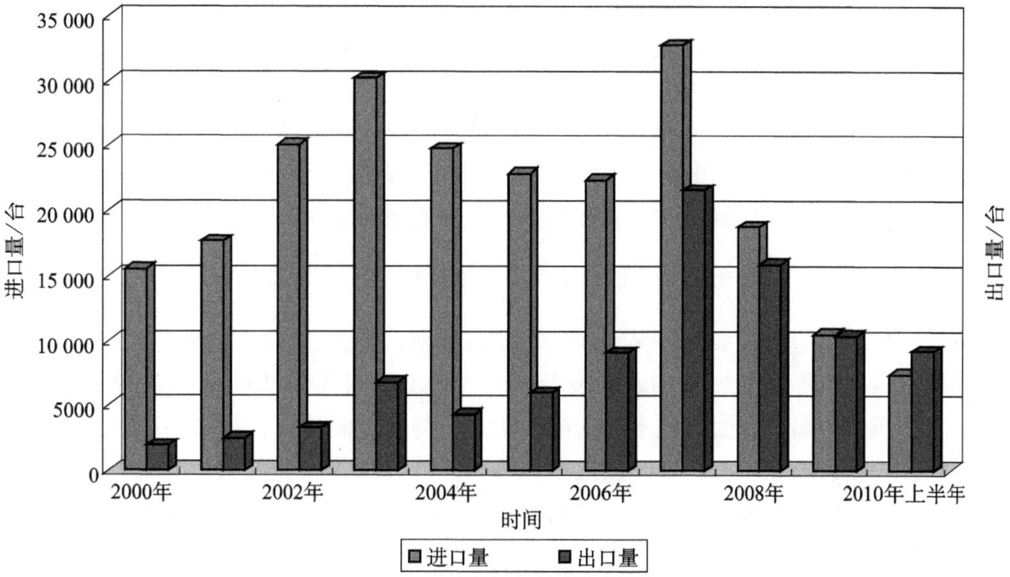

图 6　2000 年至 2010 年上半年我国数控机床进出口量对比

数据来源：根据 2000—2010 年《中国统计年鉴》数据整理

当前世界面临能源资源紧缺，二氧化碳过度排放，空气污染，均与化石能源的燃烧相关。目前，以美国、欧盟和日本等发达国家正在设置更严格的汽车油耗和排放标准以及安全标准，发展节能与新能源汽车是全球汽车产业未来竞争的焦点。发达国家的生产和消费偏好也正在发生重大变化，越来越多的跨国公司正努力成为推行低碳经济的先导力量，把持低碳经济和技术标准的制定权，绿色标准、环境友好、低碳等技术性贸易壁垒还会进一步抬高。因此，进一步提高中国制造的全球竞争力，提升我国制造业在全球制造价值链中的地位，实现我国制造业由大变强的历史跨越，也必须走绿色、智能制造之路。

二、绿色、智能制造是战略性新兴产业的重要支柱

绿色、智能制造将为传统产业提供资源节约、节能减排、环境友好、提升信息化水平的技术和先进装备支持，也将为新能源、新材料、生物医药、新一代信息网络、智能电网、绿色运载工具、生态环保、海洋空天、公共安全等战略性新兴产业的发展提供先进的技术装备。因此，毋庸置疑，绿色、智能制造是战略性新兴产业的重要支柱。

1. 绿色、智能制造是战略性新兴产业的重要组成

环境友好材料，节能减排绿色工艺，绿色智能产品和装备制造等组成了一个宏大的创新制造产业链，而且还可带动包括研发设计、信息物流、咨询服务等在内的相关产业的发展，促进环境友好、资源节约、节能减排、可再生循环材料的绿色制备加工等产业的升级改造，为全社会提供各类绿色智能消费产品、公共产品和产业装备，促进基于信息与知识的现代服务业的发展，为人类绿色、知识文明时代提供可为更多人分享的产品与装备支持。

绿色、智能制造体现了高端制造业的基本特征。高端制造业是七大战略性新兴产业的重中之重。绿色、智能制造体现了高附加值、低消耗、环境友好等高端制造业的基本特征，是高端制造的重要组成和技术支撑。产品的绿色、智能化可在使用和回收循环过程为用户和社会创造更高的经济社会价值。产品的绿色智能设计和研发不断减少产品的零部件数量和产品生产使用能耗，围绕产品的全价值链进行绿色管理，推动实现从原材料到遗骸回收的资源能源节约、可再生循环、绿色低碳，发展循环经济。

2. 绿色、智能制造为战略性新兴产业发展提供先进装备

绿色、智能制造将为节能环保、新一代信息技术、生物、高端装备制造、新能源、新材料和新能源汽车等提供先进的装备支持。基于物理、化学、生物的诸如激光、粒子束流、化学沉积、等离子、生物技术等前沿科学技术与先进制造工艺将被引入制造过程。新的节能减排、绿色环保工艺将被开发应用，基于无线传感网、物联网、无线宽带网、知识和海量数据为基础的智能设计制造、营销服务将产品、装备、制造和服务的智能化提升到新的水平，为战略性新兴产业提供先进技术装备和服务。

(1) 绿色、智能制造几乎覆盖战略性新兴产业的各个领域，是现代装备产业中最核心、最先进的部分

通过实现设计制造过程数字化和智能化，提升并优化制造和工业过程，提高质量和可靠性，提升效率，降低成本。缩短从新产品设计、研制、规模生产和市场行销服务的周期，提升经济、社会和生态环保效益。

(2) 绿色、智能制造将为战略性新兴产业提供先进智能设备

为废水处理提供先进的智能设备。利用智能排污监控系统、无线数据采集处理器、设备运行监控仪、污水远程自动取样仪、工业废水全自动处理系统、固废处置回收系统、水源在线监测预警系统等智能化系统等，并为污染物的总量控制、总量收费、排污权交易和总量减排提供科学方法和智能装备。

为风力发电并网提供智能设备。与其他清洁能源相比，风电是目前应用最广的可再生能源，但具有不稳定和随机性的特点。风能的规模利用最终取决于与电网并网运行的实现，大规模风力发电并网运行要求发展智能电网。智能电网高性能逆变控制器可以解决风力发电等不稳定可再生能源并网运行的动态控制问题。

为生物技术产品的规模化、高效率生产提供智能设备。生物制药产业已成为当今世界上最活跃、发展最快的产业之一。在生物制药行业采用现场总线等智能控制可实现多参数、分布式控制，提高系统的可靠性、灵活性和可扩展性，将为我国生物制药行业提供先进设备。

为新材料的制备需要先进的智能设备。新材料的制备和质量的提高依赖于新技术、新工艺的发展和精确的检测控制技术。大规模连续式材料制备设备、材料智能合成与制备、材料表面改性技术、低成本批量生产尤其需要智能化的控制及动态实时监测分析系统。

为信息网络产业提供先进技术装备。如人脸识别、视频内容分析、机器翻译、语音语义识别与合成、海量信息知识处理、云计算等系统技术集成可为智能信息网络处理、信息服务、信息安全、低成本信息化等方面满足国民经济各部门的需求。在网络领域，通信网、广播网、物联网与互联网等多网融合等关键技术装备将推进下一代网络普及应用和产

业化。

为新能源汽车的能量控制和管理提供智能设备。通过对批量车辆的在线控制、车辆数据的实时传输、故障诊断专家系统实现诊断处理的智能化，保证车辆运营的可靠性、安全性和效率。

为高端制造业提供先进智能设备。智能系统对解决产品设计、生产制造乃至产品整个生命周期中多领域间的协同合作提供智能方法，也为并行设计、系统集成以及实现高端智能制造提供了更有效的手段。

三、战略性新兴产业的发展需求为绿色、智能制造技术和产业的发展注入了新的动力

展望未来，新能源、新材料、生物医药、新一代信息网络、智能电网、绿色运载工具、生态环保、海洋空天、公共安全等全球战略性新兴产业将形成十数万亿美元规模的宏大产业，成为发展速度最快，采用高新技术最为密集，最具持续增长潜力的产业群落。战略性新兴产业的发展需求将拉动制造技术的创新，拉动制造业的结构调整，为绿色、智能制造技术和产业的创新发展注入新的强大动力。

1. 战略性新兴产业的发展需求拉动制造技术的创新

新能源、新材料、生物医药、新一代信息网络、智能电网、绿色运载工具、生态环保、海洋空天、公共安全等全球战略性新兴产业集当代先进科学技术之大成，在材料结构与功能、制备与处理，能量的转换、存储、传输和利用，信息的获取、存储、传输和处理，生态环境的保护与修复，自然灾害的预测预警和防灾减灾，安全高效、节能低碳、清洁舒适的运载工具的研发、制造和运行，海洋空天的探索和利用，传统和非传统安全的防范和应对等领域呼唤并推动科技创新。这些领域的发展需求，都将通过相应的装备制造转变为绿色、智能产品和先进制造与服务能力，将全方位推动制造业的创新与突破。

2. 战略性新兴产业的发展需求拉动制造业结构调整

新能源、智能电网的发展将拉动太阳能、水力发电、风力发电、核电、生物质能等装备制造业的发展，推动智能电网关键核心设备诸如先进储能、电力逆变及控制设备制造业的发展；生物医药和生态环保产业的发展将拉动生物医药和生态环保产业制造业的发展；绿色运载工具、海洋、空天等产业的发展将拉动节能、电动汽车、轨道交通、高附加值造船、石油钻井平台等海洋工程装备、飞机、航天器和应用卫星以及地面终端设备等制造业的发展；新一代信息网络和公共安全的发展将拉动信息网络装备、智能终端设备，公共安全监测和处理装备制造业的发展等。这些发展必将极大地拉动制造业的结构调整。

3. 战略性新兴产业为制造业进入高端应用领域带来了广阔的前景，也提出了更高的要求

战略性新兴产业的催生、技术成果的产业转化、低成本、高可靠性、量产规模化的实

现，无不需要装备制造业为其提供智能化、绿色化的技术装备。

构建高效、清洁、可持续的能源体系，需要通过高端技术装备实现可再生能源规模化发展。例如，太阳能光伏发电应集中突破大规模储能和输电技术；生物质能应重点发展沼气综合循环利用和生物燃料技术及装备；先进核能技术应以提高核电站安全性、经济性、核乏料最少化为主要目标的第四代核技术及装备为发展方向。

为解决新能源汽车规模化生产过程中出现的电机、电池、控制单元等关键零部件的生产技术瓶颈，需要我国装备制造业加快研究和制造新能源汽车关键零部件制造设备。

经济、社会和国防需求的新材料产业要求装备制造业提供超级结构材料、新一代功能材料、环境友好材料和生物医用材料的制备技术和装备。主要为：航天航空用高性能结构材料，如高性能复合材料、铝镁钛轻合金、推进和动力系统用高温合金制造工艺装备；高性能钢铁材料技术装备、大块非晶和纳米晶材料制造技术装备；微纳电子材料和器件制造设备；光电子材料与器件的制造设备；白光照明材料与器件制造设备等。

节能环保型装备是低碳经济、绿色经济、循环经济的载体。节能环保设备将在能源、制造、交通、建筑、民生等广阔的领域发挥作用。主要有：研发和应用水和大气污染、固体废弃物防治技术与设备；清洁生产技术与设备；废弃物破碎、分选、无害化处理及循环利用技术与设备，资源再生利用技术与设备、可再生能源储存技术与设备；有毒有害物质的检测技术与设备；煤炭高效清洁利用技术装备、超临界、超超临界等大容量、高效率、低污染的煤炭直接燃烧技术装备以及基于煤气化技术的多联产技术装备。

需要装备制造业通过继承创新，提供利用智能化、绿色化技术的高效、低耗、污染排放量小、原材料消耗低、能降低副产物的生物医药产业工艺装备。提供微纳米加工、生物芯片加工的可靠性、低成本的量产化的装备。

为物联网（传感网）提供智能传感器关键技术及其制造设备，网络虚拟化技术以及支持海量存储/云计算等资源网格技术及装备，并研究高效网络数据交换、路由以及端到端管理、安全保障等关键技术和设备，以支持对当前互联网技术的改善以及面向后 IP 网络的平稳过渡；为超大规模集成电路制造、纳米电子器件、光电子器件、高密度磁存储器件、微电子机械系统提供制造工艺装备。

为高端制造业提供绿色、智能装备是迈向制造业强国的关键。发展光机电一体化基础技术，特别是微机电系统和机器人技术、核心单元技术、传感器技术、数控机床技术；突破重大成套装备制造关键技术，特别是大飞机及关键技术、新一代运载火箭及关键技术、大型清洁火电与核电设备及关键技术、海洋工程装备及关键技术、新一代节能型轿车设计制造技术等；创造更多世界一流的高端制造产品，并提供民生用智能、绿色装备等。

四、中国机械工程学会应进一步解放思想，开拓创新，为绿色、智能制造技术与产业的发展做出新的贡献

全球金融危机和经济衰退发生以来，美国、俄罗斯、日本、欧洲各国等为应对危机，

复苏经济，抢占未来发展的先机和制高点，都在重新审视发展战略，增加创新投入，培育发展以新能源、节能环保低碳、生物医药、新材料、新一代信息网络、智能电网、空天海洋等技术为支撑的战略性新兴产业。可以预计，未来的二三十年将是世界大创新、大变革、大调整的历史时期，人类将进入一个以绿色、智能、可持续发展的知识文明时代。那些更多掌握绿色、智能技术的国家和民族将在未来全球竞争合作中占据主导地位，发挥引领作用，赢得全球竞争合作，共享持续繁荣进程中的主动权和优势地位。

为应对金融危机和实现中国经济社会的科学发展、和谐发展、持续发展，党中央、国务院提出加快调整产业结构、转变经济发展方式，加快培育和促进战略性新兴产业发展的方针，制定实施中长期科技发展战略纲要、人才发展战略纲要、中长期教育发展战略纲要，启动实施重大科技战略专项，十大产业振兴计划，并于今年 9 月 8 日国务院审议并原则通过《关于加快培育和发展战略性新兴产业的决定》以及相关政策举措。可以肯定，未来 5—10 年将是我国改革创新发展的一个新的战略机遇期，我们将通过继续深化改革，扩大开放，通过提升自主创新能力，建设创新型国家，实现我国科技、产业、经济由大变强的历史性跨越，我国经济社会发展将走出一条依靠创新驱动，绿色智能，科学发展、和谐发展、持续发展之路，实现中华民族的伟大复兴。

未来 5—10 年也将是我国制造业依靠科技、体制和管理创新，走绿色智能之路，调整产业结构，转变发展方式，实现由大变强的关键时期，我国制造技术和产业正面临历史上从未有过的新挑战和难得的战略机遇。中国机械工程学会是中国机械工程师的学术团体，自创建以来，形成了促进机械工程科技创新，团结和培育机械工程科技和产业创新创业人才，推进机械装备产业振兴与发展，奉献国家、造福人民的光荣传统。在这新的历史时期，我们应当继承和弘扬我会光荣传统，以高度的历史使命感和时代的责任感，把握机遇，迎接挑战，积极调整我会工作重点，创新工作方式，为我国产业结构的调整、发展方式的转变，为促进我国战略性新兴产业的发展，为以绿色智能、普惠和可持续发展为特征的我国先进制造技术和产业升级做出新的卓越贡献。

（1）努力促进相关学科的交叉和融合，共同推动绿色、智能制造技术与管理的进步和创新突破。

（2）努力通过战略路线图研究、学术交流、技术培训、组织专业会展等，引领推动绿色、智能先进制造技术与管理的创新与推广。

（3）努力促进和推动包括研究生、大学本科、职业教育、继续教育、工人技能培训在内的机械制造工程教育的改革，为绿色、智能先进制造技术与产业创新创业人才培养和人力资源的素质和专业技能的提高做出新的贡献。

（4）努力推进产学研用结合，通过多种方式为企业提供信息技术、管理咨询服务等提升企业，尤其是中小企业的绿色、智能先进制造技术创新发展的能力和水平，加快推进以企业为主体的技术创新和有特色的产业区域集聚和升级，着力提高关键核心技术的自主创新，重大装备集成创新，基础、共性技术和基础件的技术水平和质量。

（5）通过举荐表彰奖励优秀人才和优秀企业，促进绿色、智能制造技术创新，促进企业创造国际知名品牌，发展形成具有国际竞争优势的中国绿色、智能先进制造产品和企业。

《中国科学院信息化发展报告 2011》序言*

发端于 20 世纪后期的信息革命，以激情四射的活力迅速波及人类社会发展的各个领域。信息科技迅猛发展，信息化的影响不断拓宽和深入，极大地改变了人们生活、工作方式并深刻影响着人类的思维和行为模式。2010 年，全球新增互联网用户达到 2.26 亿，使得全球用户总数超过了 20 亿，比五年前翻了一番。其中，我国上网人数超过了 4 亿。在 2009 年全球 IT 行业竞争力指数排名中，中国位列全球第 39 位，较 2008 年上升了 11 个名次。我国已成为信息化进程发展最快的国家之一，信息化在我国的政治、经济、社会和科技等诸方面都发挥着重要的作用。

当今世界的政治、经济、科技格局正在发生深刻变革。世界经济正在从金融危机中缓慢恢复，但面临的风险和不确定因素依然很多。历史的进程特别是近代以来的发展昭示我们，人类文明的每一次重大进步都与科学技术的革命性突破密切相关，科学技术已经成为人类文明中最活跃、最具革命性的因素。当前，世界科技正处于新科技革命的前夜，物质科学、能源资源科技、ICT（信息通信技术）、材料与先进制造和过程技术、生命科学与生物技术、生态环保、海洋、空天等领域都酝酿着重大的创新突破。科学技术的重大突破必将为生产力的发展打开新的空间，未来的科技与产业必将以绿色、智能、共创共享和可持续发展为特征。抓住科技创新突破的机遇，抢占国际经济制高点已经成为世界发展的趋势。

2010 年是“十一五”规划实施的最后一年，也是全面谋划“十二五”国家经济社会科技发展的关键之年。中国科学院要通过“创新 2020”的实施，抢占未来全球科技发展的制高点，大幅提升我国自主创新能力和可持续发展能力，引领和带动中国科技创新能力实现跨越发展，促进产业结构调整升级和发展方式转变，促进战略性新兴产业培育发展，促进形成支撑创新型国家的八大经济社会发展的战略体系，为我国实现科学发展、创新发展、绿色发展、普惠发展、和谐持续发展提供雄厚的知识基础、强大的发展动力和有力的科技支撑。

在“十一五”期间，中国科学院的信息化基础设施能力不断增强，由高速科技网络、超级计算和科学数据中心构成的先进科研信息化基础设施及其服务环境已初步建成；科研

* 本文于 2011 年 1 月 14 日印发。

活动信息化工作不断推进，探索科研模式的创新取得了较大进展，e-Science项目示范应用效果明显；科研管理信息化工作取得可喜成果，ARP系统得到持续优化完善，成为提高效率和支持辅助决策的重要管理平台；教育业务管理和继续教育培训信息化工作进展明显，为提升教育水平和质量提供支撑；网络科普资源体量不断扩大，科普服务日益丰富。院网站群的网络宣传和传播能力得到提升，院属单位网站建设取得新的进展；数字文献资源建设不断推进，综合集成和服务水平得到加强；全院信息化环境建设日趋完善，信息化保障能力稳步提升，为科技创新提供了强大的信息化基础支撑。

“十二五”期间，中国科学院将面向“创新2020”发展战略，建设开放共享、功效一流、安全可靠的信息化环境，促进信息化与科技和管理创新活动的深度融合，引领我国科研信息化发展，逐步建成信息化中国科学院。在“十一五”信息化建设的三大环境、五大平台和三个体系的基础上，抓住科研信息化和管理信息化两条主线，以信息获取、传输、存储、处理、应用为主要环节，以全面整合提升科研、管理和教育的信息化整体环境为抓手，着力提升资源整合共享、应用服务支撑、辅助决策支持、网络安全保障等四项重要能力，加速实现从硬件建设到环境建设、从能力建设到系统应用、从条块布局到整体规划、从单点示范到面上应用、从自我封闭运行到开放共建共享等五大转变，为中国科学院实现创新跨越提供有力支撑。

在新的历史时期，中国科学院信息化工作肩负重任。为了牢牢把握党和国家赋予中科院的新时期国家科学技术“火车头”的战略定位，全面完成“创新2020”提出的战略任务，我们要进一步明确信息化工作在科研活动中的战略性、基础性定位，组织实施“十二五”信息化发展规划，全面推进信息化的各项工作，持续促进中国科学院科研与管理水平的提高，推动各学科的跨越式发展，大幅提升科技创新能力。

中国科学院党组始终高度重视中国科学院的信息化发展，对信息化工作寄予厚望。信息化工作需要得到全院同志乃至全社会的理解、支持和共同参与。我希望，《中国科学院信息化发展报告》系列能够集中中国科学院全院专家的智慧，进一步提高报告质量和水平，不断深化对信息化工作的认识，总结中国科学院信息化工作经验，反映国内外、院内外信息化发展最新进展，争取早日成为有社会影响的信息化报告，为提升中国科学院信息化工作的整体水平，推进我国科研信息化深入开展，建设创新型国家发挥更大的作用！

《中国机械工程技术路线图》序言*

当今世界，科技创新日新月异，信息化、知识化、现代化、全球化发展势不可挡，新兴发展中国家快速崛起，国际经济和制造产业格局正面临新的大发展、大调整、大变革。我国制造业也将迎来新的发展战略机遇和挑战。

目前，我国制造业的规模和总量都已经进入世界前列，成为全球制造大国，但是发展模式仍比较粗放，技术创新能力薄弱，产品附加值低，总体上大而不强，进一步的发展将面临能源、资源和环境等诸多压力。到 2020 年，我国将实现全面建设小康社会、基本建成创新型国家的目标，进而向建成富强、民主、文明、和谐的社会主义现代化国家的宏伟目标迈进。而历史上大凡知识和技术创新，也只有通过制造形成新装备才能转变为先进生产力。许多技术和管理创新也是围绕与制造相关的材料、工艺、装备和经营服务进行的。可以预计，未来 20 年，我国制造业仍将保持强劲发展的势头，将更加注重提高基础、关键、核心技术的自主创新能力，提高重大装备集成创新能力，提高产品和服务的质量、效益和水平，进一步优化产业结构、转变发展方式，提升国际竞争力，基本实现由制造大国向制造强国的历史性转变。

机械制造是制造业最重要、最基本的组成部分。在信息化时代，与电子信息等技术融合的机械制造业，仍然是国民经济发展的基础性、战略性支柱产业。工业、农业、能源、交通、信息、水利、城乡建设等国民经济中各行业的发展，都有赖于机械制造业为其提供装备。机械制造业始终是国防工业的基石。现代服务业也需要机械制造业提供各种基础设备。因此，实现由制造大国向制造强国的历史性转变，机械制造必须要先行。必须从模仿走向创新、从跟踪走向引领。必须科学前瞻，登高望远，规划长远发展。

中国机械工程学会是机械工程技术领域重要的科技社团，宗旨是引领学科发展，推动技术创新，促进产业进步。研究与编写《中国机械工程技术路线图》，是历史赋予学会的光荣使命。一段时间以来，机械工程学会依靠人才优势，集中专家智慧，充分发扬民主，认真分析我国经济社会发展、世界机械工程技术和相关科学技术发展的态势，深入研究我国机械行业发展的实际和面临的任务及挑战，形成了《中国机械工程技术路线图》。

---

* 本文为中国机械工程学会编著的《中国机械工程技术路线图》一书的序言。该书于 2011 年由中国科学技术出版社出版。

《中国机械工程技术路线图》是面向2030年我国机械制造技术如何实现自主创新、重点跨越、支撑发展、引领未来的战略路线图。路线图力求引领我国机械工程技术和产业的创新发展，进而为我国建设创新型国家，实现由制造大国向制造强国的跨越，提升综合国力和国际竞争力，发挥积极作用。

路线图的编写努力坚持科学性、前瞻性、创造性和引导性。科学性就是以科学发展观为指导，立足于科学技术的基础，符合科学技术和产业发展的大趋势。路线图不是理想主义的畅想曲，而是经过努力可以实现、经得起实践和历史检验的科学预测。前瞻性就是用发展的眼光看问题。不仅着眼于当前，而要看到10年、20年后，甚至更长远的发展。我们今天所面临的挑战和问题，很多都不是短期能够解决的，而是需要经过10年、20年，甚至更长时间的持续努力才能根本化解。我们不仅要立足我国的发展，也要放眼世界的变化，对可能出现的科技创新突破、全球产业结构和发展方式的变革要有所估计。我们不仅要考虑已有的科学技术，还要考虑未来的科技进步与突破，如物理、化学、生物、信息、材料、纳米等技术的新发展，考虑它们对制造业可能产生的影响和可能带来的变化。对一些重要领域和发展方向、发展趋势要有一个比较准确的把握和判断。创造性就是根据我国国情进行自主思考和创新。路线图的编写是一个学习过程、研究过程、创造过程。我们既要学习借鉴国外的技术路线图，学习借鉴国外的成功经验和先进技术，又不完全照搬、不全盘模仿。路线图要符合世界发展的大趋势，更要符合中国的实际国情。引导性就是要对机械制造技术和产业发展起引领和指导作用。路线图不是百科全书，也不同于一般的技术前沿导论，它是未来创新发展的行动纲领。路线图既要有清晰的基础共性、关键核心技术的提炼，同时也要有代表重大创新集成能力的主导性产业和产品目标，要适应企业行业的整体协调发展。最终衡量路线图的标准是先进技术是否能够转变成产业，是否能够占领市场。

《中国机械工程技术路线图》对未来20年机械工程技术发展进行了预测和展望。明确、清晰地提出了面向2030年机械工程技术发展的五大趋势和八大技术。五大趋势归纳为绿色、智能、超常、融合和服务，我认为是比较准确的。这十个字不仅着眼于中国机械工程技术发展的实际，也体现了世界机械工程技术发展的大趋势，应该能够经得起时间的考验。八大技术问题是从机械工程十一个技术领域凝练出来的、对未来制造业发展有重大影响的技术问题，即复杂机电系统的创意、建模、仿真、优化设计技术，零件精确成形技术，大型结构件成形技术，高速精密加工技术，微纳器件与系统（MEMS），智能制造装备，智能化集成化传动技术，数字化工厂。这些技术的突破，将提升我国重大装备发展的基础、关键、核心技术创新和重大集成创新能力，提升我国制造业的国际竞争力以及在国际分工中的地位，将深刻影响我国制造业未来的发展。

编写技术发展路线图，还要考虑如何为路线图的实施创造条件。如果没有政府的理解和政策环境的支持，如果没有企业积极主动的参与和有关部门的紧密合作，如果不通过扩大开放，改革体制，创新机制，为人才育成和技术创新创造良好的环境，促进以企业为主体、以市场为导向、产学研用结合的技术创新体系的形成，如果没有一系列有力举措和实际行动，路线图所描绘和规划的目标就可能只是寓于心中的美好愿望和一幅美丽的图景。我认为，创新、人才、体系、机制、开放是路线图成功实施的关键要素。

尤其值得关注的是，国际金融危机后，发达国家重视和重归发展制造业的势头强劲。

美国总统科技顾问委员会（PCAST）2011 年 6 月向奥巴马总统提交的《确保美国在先进制造业中的领导地位》报告，就如何振兴美国在先进制造业中的领导地位提出了战略目标和政策建议。建议联邦政府启动实施一项先进制造计划（AMI）。AMI 所建议的项目实施经费由商务部、国防部和能源部共同分担。项目基金最初每年 5 亿美元，四年后提高到每年 10 亿美元。并将在未来十年里，实现美国国家科学基金委员会、能源部科学办公室和国家标准与技术院等三个关键科学机构的研究预算增倍计划，实现研发投入占 GDP3％的目标。着力为先进制造技术创新和产业的振兴提供更有吸引力的税收政策，建设可共享的技术基础设施和示范工厂等，加强对基础、共性、关键技术创新的支持，吸引和培养先进制造的创造人才，培育支持中小制造企业创新和发展等。

政府在推动机械工业发展中具有关键作用。政府的政策支持是机械工程路线图顺利实施的重要保障。路线图向政府及各有关部门提出了一些具体建议，包括制订中国未来 20 年先进制造发展规划、设立科技专项、创新科研体制机制、改进税收政策和投融资等，希望得到各方面的理解和支持，共同为我国实现制造强国的目标而努力。人才是实现制造强国之本，教育是育才成才之源。在通向路线图目标的种种技术路径上，既需要从事基础前沿研究的科学家，也需要从事技术应用创新的工程师，还需要更多的优秀技师、高级技工等高技能人才。我们不仅要提高人才培养的质量，更要注重优化人才结构，发展终身继续教育。对于中国机械工程学会而言，组织编写完成技术路线图，只是迈出了第一步。只有路线图的研究成果得到政府和社会的大力支持，只有吸引企业和广大科技工作者的积极参与，路线图的实施才能成为广泛、深入、创造性的实践，路线图的目标才可能实现。因此，宣传普及、推介实施路线图是学会下一步更加重要而紧迫的任务。此外，路线图的持续研究、及时补充完善与修改，要成为学会今后长期、持续性的工作，成为学会建设国家科技思想库的重要组成部分。

期望《中国机械工程技术路线图》经得起实践检验，期望中国机械工程技术取得创新突破，期望中国机械工业由大变强，期望中国尽快成为制造强国乃至创造强国！

是为序。

关于材料科技与产业的回眸与思考*

材料是人类用于制造机器、构件和产品的物质，是人类赖以生存和发展的物质基础。材料科学技术的每一次重大突破都会引起技术和产业革命，给社会生产力和人类生活带来巨大变革。人类利用材料的历史，事实上就是一部人类的文明进化史，材料往往成为人类文明进步的里程碑和时代标志。第一次工业革命正是由于钢铁材料和冶金工业的发展，人们才有可能批量制造蒸汽机、纺织机械、火车、轮船，生产力发展使英国成为“日不落帝国”。工程应用的多样需求，又推动钢铁材料与产业创新。第二次工业革命以电机、内燃机、石油化工、核能为标志，新材料的开发应用依然是基础，欧洲人和美国人做出了较大贡献，高性能硅钢、合金钢、铝合金、硅酸盐及高分子合成等结构材料相继被开发应用，建筑业、制造业尤其是汽车制造、航空工业、合成化工、核能等发展，促进了金属、陶瓷、高分子以及复合材料等创新发展。肇始于20世纪中叶的电子信息革命，是人类文明的又一次飞跃。半导体三极管和大规模集成电路、存储、显示、光纤、储能等功能材料与器件是电子信息产业的物质基础。日新月异的信息技术和产业，给信息功能材料创新注入强大动力，美国成为功能材料创新与信息网络产业的引领者。历史表明，材料研究与应用水平已成为人类文明进步和国家竞争力的基础，材料创新支撑引领技术与产业变革。20世纪70年代，人们已把材料、能源、信息视为支撑当代经济社会发展的三大支柱。80年代，又把新材料、信息和生物技术列为新技术革命的标志。

当今世界，科技与产业酝酿着新的突破与变革，材料科学与产业技术日新月异。材料科学与物理、化学、信息、能源、纳米、生物技术等融合交叉，绿色、低碳、可再生循环等环境友好特性备受关注，极端环境使役材料、材料的复合化、结构功能一体化和智能化趋势明显。发达国家都将先进材料视为产业竞争力的基础和关键，将材料科技与新材料产业列为发展的战略重点，力图在高技术含量、高附加值新材料和高端制造业发展中保持领先优势和主导地位。我国制造产业跨越发展、产业结构调整、发展方式转型、经济社会可持续发展也对材料科学与产业创新提出了迫切需求。材料与信息、能源、先进制造、生物技术被列为可能取得重大突破，支撑引领以绿色智能、可共创分享和持续发展为特征的人

* 2012年11月11日“2012中国（宁波）新材料与产业化国际论坛”在宁波举行，本文为该论坛撰写，并发表在《科技导报》2012年第30期。

类知识文明的关键领域。

一、 材料科学与产业的创新发展轨迹

回眸和思考钢铁、高分子、信息功能等材料科学与产业的创新发展轨迹，可从中得到一些启示。

1. 钢铁材料

铁在自然界中多以氧化物存在，其熔点（1812 开）远高于铜（1356 开），较难熔炼。最早人工冶炼的铁器出土于土耳其安那托利亚的卡曼-卡莱赫于克（Kaman-Kalehoyuk）遗址，距今已有约 4000 年历史。中国的铁器最早出现在战国（公元前 403—前 221）。唐代（公元 618—907 年）钢铁年产已达 1200 吨，13 世纪中国已成为世界最大的钢铁生产国，至 17 世纪仍保持领先地位。始于 19 世纪初的近现代钢铁工业发展史中不能忘记英国人贝西默（H. Bessemer，1813—1898）发明的转炉炼钢法。1853 年，在“克里米亚战争”期间，他发明了威力强大的膛线大炮，但铸铁炮筒容易炸膛，须用钢代替，而当时钢多采用坩埚熔炼并经反复锻打获得，量少价贵。贝西默相信改进炼钢工艺将对工业产生革命性影响。他在冶炼实验中发现粘在熔铁坩埚边缘的铁有更高的强韧性，经研究是由于能得到风机吹进的充足空气氧化碳所致。1855 年 7 月，贝西默发明从炉底吹送空气的“转炉”，只需十几分钟就能完成冶炼过程，钢成为可大量生产的材料，但由于采用酸性炉衬，不能脱磷和脱硫。1864 年法国人马丁（P. Martin，1824－1915）在德裔英国人西门子（ C. W. Siemens，1823—1883 ）1855 年发明并于次年获得专利的配有蓄热室的高温火焰炉基础上首次用废钢、生铁成功地炼出了钢液，发展了平炉炼钢法（西门子-马丁炉）。最早为酸性炉衬，很快碱性平炉被成功开发。1878 年英国人托马斯（S. G. Thomas，1850—1885）发明碱性底吹空气转炉炼钢法，解决了高磷铁炼钢问题。1890 年，江南机器制造总局在上海建立中国最早的 3 吨和 15 吨酸性平炉各一座。1899 年，电弧炉炼钢法发明。平炉与当时的转炉炼钢法比较可大量使用废钢，生铁和废钢配比灵活，能炼的钢种多，质量好。1930—1960 年，全世界 80%以上钢由平炉生产。因为钢的强韧性、可焊性而被广泛应用于铁路、火车、轮船、高层建筑、动力设备、汽车、武器等，改变了世界。平炉炼钢的最大缺点是冶炼时间长（一般需 6—8 小时），能耗大（热能效率仅为 20%—25%）。20 世纪 40 年代末，空分工业成功获得廉价氧气。1952 年，在奥地利林茨（Linz）和多纳维茨（Donawitz）建成第一座 30 吨碱性顶吹氧气转炉，发明了“基本氧气炼钢”，冶炼过程仅需约 12 分钟，使得钢价更低、品质更优。后又通过改进吹氧管材料结构实现了更方便安全的顶吹和钢水温度、成分实时检测，并引入了计算机控制等使得钢水的组分、温度控制更准确。1970 年开发出顶底复合吹炼转炉，由于采用了 O_2＋CO 氧化反应和底吹惰性气体搅拌能有效去除硫（S）、磷（P）、氮（N）、氢（H）等杂质，可冶炼超纯净钢、合金钢、不锈钢等。300 吨级顶底复合吹炼转炉只需 20 分钟左右便可完成冶炼，转炉替代平炉成为主要炼钢方式。1863 年，英国地质学家沙比（H. C. Sorby，1826—1908）把岩相学的试样制备、抛光和蚀刻等方法引入钢铁金相分析和德国人马腾斯（A. Martens，1850—

1914）及法国人奥斯蒙（F. Osmond，1849—1912）共同创立了金相显微术。1899 年英国冶金学家罗伯茨-奥斯汀（W. C. Roberts-Austen，1843—1902）制成表征温度、铁碳含量与金属相变关系的第一张铁碳平衡相图，成为研究钢铁合金材料的重要科学基础。为了满足不同用途，在金相学和平衡图的指导下，人们研发了各种钢铁合金组分和处理工艺，获得不同的结构和性能。碳钢只含铁、碳两种元素，约占钢材生产量的 90%。为提升强韧性开发了含少量合金元素（一般＜2%）的低合金钢。为提高抗腐蚀性发展了含铬（12%—30%）、镍（6%—12%）以及钼、铜、钛、锰、氮等合金元素的不锈钢。为制造刃、模、量具的需要，开发了高碳或中碳含钨、钴、铬等合金元素，具高可淬硬性和耐热性的工具钢。人们还创造了经热处理可同时形成含铁素体和马氏体结构强度较高的双相钢。马氏体时效钢则是在铁镍马氏体合金中加入不同含量的钴、钼、钛等元素的微碳合金钢，时效时几乎不变形，恰产生金属间化合物沉淀硬化，具有高强韧性，良好成形性，热处理简单、良好焊接性能，用于航空航天高承力构件和高压容器等。高锰钢于 1882 年由英国工程师 R. A. 哈德菲尔德（R. A. Hadfield，1858—1940）发明，是含高碳（0.9%—1.5%）奥氏体锰（10%—15%）钢，经过固溶处理后，受到冲击、磨擦磨损时能生成极硬表层，应用于推土机铲刃边、挖掘机铲齿、坦克履带等。为了满足不断提升的航空发动机和能源工业对材料的高温强度、抗蠕变、耐高温腐蚀和抗氧化、高温稳定性等要求，人们发展了铁、镍、铬基和钛基等超级合金（super alloys，又称高性能合金），并采用碳化物、固溶、时效和弥散强化等技术。为提高效率，发动机工作温度不断提高，高推比航空发动机叶片需耐受 1200—1950 开以上高温和 2—3.5 兆帕高压燃气冲刷，需发展定向凝固铸造、单晶铸造、金属间化合物、碳-碳复合等材料，以及内冷却、表面热障陶瓷涂层等进一步提高叶片高温性能和寿命，已成为发达国家对我封锁的战略高技术之一。1995 年，日本发生阪神大地震，许多钢结构建筑毁于一旦，引发了对钢铁材料的再思考。1997 年，日本提出为期 10 年的“超级钢”研究计划，旨在开发强韧度和寿命倍增的“超级钢”。为此还开发了能观察钢铁中合金元素分布的电子显微镜，千倍效率的高速疲劳试验机，建设了腐蚀模拟实验室等。次年，我国启动新一代超细晶粒钢研究，目标是将占我国钢产量 60%以上的碳素钢、低合金结构钢的强度和寿命提升一倍。该研究已取得重大进展并开始实现工业生产。2001 年、2002 年，欧盟和美国也相继启动了“超细晶粒钢开发”计划。超级钢本质上是超细晶粒（＜100 微米）低合金精炼结构钢。其合金与杂质含量低，通过形变细化、相变细化和第二相析出大幅提高了强度，在 800 兆帕以上，并同时具有优良韧性，可以采用废钢冶炼，符合循环经济和可持续发展理念。但焊接时会出现区域晶粒长大，须创新焊接工艺。最近 3D 打印制造兴起，钢铁合金粉末材料是打印制造质量的基础和关键……发展高强度、强韧性、可焊性、耐高温、抗腐蚀、耐辐射、耐疲劳、高精密、高稳定等优质钢种，发展节能减排、绿色低碳、再生循环工艺，满足支持汽车、高铁、核电、石油、航空、海洋、生物医学、国防装备等支柱产业、高端制造和新兴产业发展的需要，钢铁材料仍有着不可替代的战略地位和永无止境的前沿和发展潜力。

2. 高分子材料

人类很早就开始利用天然高分子材料。如用丝、棉、毛纺织，用木、棉、麻造纸，鞣制皮革、用天然材料制人造丝等。现代高分子材料包括橡胶、塑料、纤维、薄膜、涂料、胶粘剂和高分子基复合材料等。按其来源可分为天然、人工改性和合成。15 世纪玛雅人已经用天然橡胶做容器、雨具等生活用品，但天然橡胶硬度较低、遇热发粘软化、遇冷发脆断裂。1839 年，美国人古德伊尔（C. Goodyear，1800—1860）发现，天然橡胶与硫黄共炼，可获得富有弹性的热塑性材料，发展了橡胶产业。1869 年美国人海特（J. W. Hyatt，1837—1920）把硝化纤维、樟脑和乙醇混合高压共热，首次制造出合成塑料“赛璐珞”。1887 年，法国人夏尔多内（C. H. de Chardonnet，1839—1924）用硝化纤维素溶液纺丝获得合成人造丝。1872 年，德国化学家拜尔（A. von Bayer，1835—1917）首先合成酚醛树脂，1907 年，美国人贝克兰（L. Baekeland，1863—1944）发明酚醛树脂加压热固化法，三年后在德国柏林建成世界第一家合成酚醛树脂厂，开创了合成高分子材料产业的新时代。1920 年，德国化学家施陶丁格（H. Staudinger，1881—1965）发表论文《关于聚合反应》，首次提出橡胶与淀粉、赛璐珞、蛋白质等物质的化学本质都是由化学键连接重复单元形成的高分子聚合物，但遭到笃信胶体理论学者的强烈反对。1926 年，瑞典化学家斯维德贝格（T. Svedberg，1884—1971）等用超级离心机测量出蛋白质的分子量，证明高分子的分子量的确是从几万到几百万，为高分子理论提供了证据。1926 年的化学年会上高分子理论得以公认。奥地利裔美国化学家马克（H. F. Mark，1895—1992）采用 X 射线散射对高分子结构的研究也为之提供了直接证据。在施陶丁格理论的影响下，高分子合成材料迅速发展，1926 年美国化学家赛蒙（W. L. Semon，1898—1999）合成聚氯乙烯，并于次年实现工业生产。1930 年，聚苯乙烯问世。1932 年，施陶丁格出版了划时代巨著《高分子有机化合物》，成为高分子合成化学创立的标志。1935 年，杜邦公司基础化学研究所的卡罗特斯（W. H. Carothers，1896—1937）合成聚酰胺-66（尼龙），于 1938 年实现工业生产。1930 年，德国人应用金属钠作催化剂，用丁二烯合成了丁钠橡胶和丁苯橡胶。1941 年，英国人温菲尔德（J. R. Whinfield，1901—1966）和迪克森（James Tennant Dickson）以对苯二甲酸和乙二醇为原料研制聚酯纤维（PET）并获得专利，杜邦公司购买了专利于 1953 年实现工业生产。1940 年，荷兰物理化学家德拜（P. J. W. Debye，1884—1966）发明了用 X 光散射测定高分子物质分子量的方法，为高分子材料研究提供了新工具。1948 年，美国化学家弗洛里（P. Flory，1910—1985）建立了高分子长链结构数学理论，为计算高分子学提供了基础。1953 年，德国化学家齐格勒（K. W. Ziegler，1898—1973）与意大利化学家纳塔（G. Natta，1903—1979）分别用金属络合催化剂合成了聚乙烯与聚丙烯。1955 年，美国人利用齐格勒-纳塔催化剂人工合成了结构与天然橡胶一致的聚异戊二烯。同年，美国费尔斯通轮胎和橡胶公司采用丁二烯聚合成功顺丁橡胶并于 1961 年投产。我国合成橡胶研发始于 1959 年，20 世纪 70 年代初研发出多种稀土催化剂，并成功合成了稀土顺丁橡胶和稀土异戊橡胶。1956 年，波兰裔化学家兹瓦格（M. Szwarc，1909—2000）提出离子活性聚合概念，高分子化学进入了分子设计时代。1971 年，杜邦公司波兰裔女化学家瓦伦克（S. Kwolek，1923— ）发明可耐 300℃高温的芳纶（Kevlar），比重仅为钢的 1/5，强度是钢丝的 5—6 倍，对航空、建筑、环保、国防等领域意义重大。70 年代后高分子化学持续发展出新材料，一些高分子材料还具有光、电、磁、生等功能特性。例如，用于集成电路光刻工艺的高分子感光胶，以及高分子导电、半导体、发光、压电、热电、功能膜以及生物医学材料等。由于独特的结构性状以及易改性、易加工、易复合等特点，高分子材料有无可比拟的优势，在能源、信息、先进制造、节能环保、轻工食品、航空航天、资源海洋、生物医药等领域应用广泛，全球生产应用的高分子材料的体积早已超过钢铁。100 多年来，诺贝尔科学奖中至少有 8 次颁发给了 11 位直接或间接对高分子科学发展做出杰出贡献的科学家。但高分子材料大多源自石油化工，多不能自然降解。创新高分子设计和催化理论与方法，发展定向高效催化剂，按需研发高分子先进结构和功能材料，开发石油替代和生物高分子资源、发展绿色工艺、可降解（生物、化学、物理）、可再生循环高分子和复合材料是备受关注的方向。

3. 信息功能材料

20 世纪中叶，晶体管和硅集成电路的发明，开启了电子信息革命。70 年代初石英光导纤维和砷化镓激光器的发明，使人类进入了信息网络时代。人类最早利用的半导体材料也是天然化合物。例如，方铅矿（PbS）、氧化亚铜（Cu_2O）很早被用于检波和整流。硒（Se）和锗（Ge）是最早被利用的半导体元素。硅（Si）材料的应用开启了大规模和超大规模集成电路时代。绝大多数半导体器件是在单晶片或在硅衬底的外延片上制作的。80% 的硅单晶和大部分锗和锑化铟单晶用直拉法生产，硅单晶的最大直径已达 450 毫米。磁控直拉能生产出高均匀性硅单晶。在坩埚熔体表面覆盖液体的液封直拉法，适合拉制砷化镓、磷化镓、磷化铟等分解压较大的单晶。采用悬浮区熔法可生长出高纯单晶。水平区熔法和水平定向结晶法分别用于锗单晶和砷化镓单晶制备，而垂直定向结晶法适用于制备碲化镉、砷化镓等。各种方法生产的体单晶须经过严格的加工工序制成合格晶片。在晶片衬底上生长薄膜称为外延，工业使用的主要是气相和液相外延。由于石油钻探、航空航天等需要高工作温度、抗辐射的半导体材料和器件，发展了采用氮化镓、碳化硅和氧化锌等宽带隙半导体材料，因其禁带宽度都在 3eV 以上，工作温度可以很高，如碳化硅可以工作到 600℃。当材料特征尺寸在某一维度小于电子平均自由程时，电子能量将不再是连续的而是量子化的，这类材料称为低维半导体材料，包括超晶格、量子阱、量子线、量子点与纳米晶粒等。通常可采金属有机化合物气相外延和分子束外延制备。用低维材料制作的纳米器件可实现单电子或数个电子的量子调控，将大幅提升集成度、降低功耗。如能用量子点激光器代替目前半导体激光器，效率也将大幅提升、还可实现阵列量子点器件等。低维半导体材料的出现，使半导体器件的设计与制备从“杂质工程”跨越到“能带工程”。是信息材料和器件发展的方向。基于砷化镓（GaAs）和磷化铟（InP）的超晶格、量子阱材料已被广泛应用于光通信、移动通信、微波通信。2004 年，英国曼彻斯特大学的安德烈·杰姆（A. Geim，1958—　）和康斯坦丁·诺沃肖洛夫（K. Novoselov，1974—　）从石墨制备出仅由一层碳原子构成的二维材料——石墨烯，具有非同寻常的导电性、导热性、高电子迁移率，超出钢铁数十倍的强度、极好的透光性和卷曲柔性。2006 年 3 月，佐治亚理工学院宣布已制造出石墨烯平面场效应管和纳米电路。石墨烯可能给半导体材料与器件带来一场革命。量子级联激光器是单极纳米器件，是近年发展起来的中、远红外光源，在自由空间通信、红外对抗和遥控化学传感等方面有重要应用前景。但它对分子束外延工艺要求很高，整个器件有几百上千结构层，每层都要控制在零点几纳米精度，我国在此领域已做出了国际先进水平的成果；有源区带间量子隧穿输运和光耦合量子阱激光器，具有效率高、功率大和光束质量好的特点，我国也已有很好研究基础；在量子点（线）材料和量子点激光器研究方面我国也已取得令国际同行瞩目的成绩。关键是要加快实现低维超晶格、量子阱材料、纳米量子器件和工艺装备的自主创新和产业化。1966 年，高锟（C. K. Kao，1933— ）发表论文《光频率介质纤维表面波导》，论证了石英玻璃光纤的传输损耗可降低到 20 分贝/千米以下（当时水平为 1000 分贝/千米），並指出采用石英玻璃纤维进行长距信息传递将带来通讯技术革命。1970 年康宁公司拉制出世界上第一根损耗低于 20 分贝/千米的单模光纤。确认光导纤维能完全胜任通信传输要求。20 世纪 80 年代初，光纤传输损耗已降至 0.2 分贝/千米。10 吉比特/秒光纤通信系统已经商品化，传输速率超过太比特/秒的实验系统也已问世。全球铺设的光纤总长度已超过 2 亿千米，单光纤通信容量已达上亿话路。光纤除体积小、重量轻、损耗低、频带宽、容量大等优点外，还具有无电磁泄漏、无线路串扰、不受电磁干扰，更安全可靠。特殊设计的光纤，其传输光束的振幅、相位、偏振态、波长等物理量可受外界环境调制而变化，通过相干光检测可达很高灵敏度，已作为传感介质用于工业自动控制、军事侦察等领域。信息功能材料不仅是最活跃的材料前沿领域，更是支持信息时代、数字地球、知识文明持续发展的关键材料领域，它的发展与物理、化学、纳米材料、微纳加工等深度融合，受日新月异的应用需求强烈驱动。

二、 材料科学与产业的发展轨迹对我们的启示

由三类材料的发展轨迹可见，无论哪一类材料都源于自然资源和知识；其发展应用都基于人类生存发展需求推动，都是人类创造力和智慧的结晶。材料科学本质上是一门基础技术科学，它的创新发展基于物理、化学等物质科学基础的前沿进展，以及与信息、纳米、生命、仿生、工程技术、数学与计算等多学科间的交叉和融合，又得益于测试方法、工艺技术、仪器和装备创新，材料创新与发展又是所有工程技术、产业变革和人类社会文明进化的基础；它也是一门应用实验工程科学。材料的创新发展基于实验研究，材料的价值在于工程应用和产业化，理论和计算对材料科学发展十分重要，但规律认知、理论创新、计算分析都离不开实验观察、工业化生产和工程应用实践基础和检验。日新月异的多样应用、新材料的结构性状、新的实验现象和对天然材料的新发现等，都对材料科学理论和工程技术体系提供了新的源泉和挑战；材料产业创新不但基于对其组分、结构、性能等科学认知的深化拓展，还必须突破工艺与技术装备创新，创造新的应用。如果说结构材料的创新与产业发展构成了支撑推动人类工业文明进步的基础，那么信息功能材料创新及其产业的发展则已经成为支撑推动信息化和人类知识文明进步的动力和基础。

历经 30 余年的改革开放、创新发展，我国已成为全球制造大国，许多基础材料产能已列全球之冠。2011 年，中国粗钢产量 6.84 亿吨，占世界 45.5%，钢材产量 8.83 亿吨；水泥产量 20.9 亿吨，占世界 60%；电解铝产量 1768 万吨，超过世界总产量 40%；精炼铜产量 518 万吨占世界 26%，消费当量达 730 万吨，约占世界的 50%；乙烯产量 1 528 万吨，次于美国，消费当量 3130 万吨，自给率 49%；塑料产量 5474 万吨，占世界 20%；化纤产量 3390 万吨，占世界 66.5%；平板玻璃产量 7.37 亿重量箱，超过世界总产量 50%。材料研究队伍规模列世界首位，发表论文数仅次于美国，专利申请量跃居世界第一，质量水平也快速提升，我国已成为世界材料大国。但我国材料研究的原创成果少，与产业创新结合不够紧密，支持产业发展能力较弱，引领世界的关键核心技术和系统集成产

业创新也少，传统材料产业的物耗能耗排放高，发展粗放。我国材料科技总体上仍处于跟踪模仿，材料产业创新发展的总水平与发达国家仍有明显差距。无论是重大工程、高端制造、先进医疗仪器，还是战略性新兴产业和国防装备，技术瓶颈往往系于关键材料与工艺，一些关键材料、核心部件及材料制备、加工、表征技术与仪器装备依赖国外，已成为制约中国制造业升级的重要因素，我国还不是材料强国。提升材料创新能力，培育发展新材料产业，对支持战略性新兴产业发展，促进产业结构调整，转变发展方式，保障国家重大工程和国防装备建设，加快实现从材料大国向材料强国的历史跨越，是国家战略需求，是材料产业界的迫切期望，是我国材料科技界同仁应承担的光荣使命与历史重任。

鉴于材料科学与产业的特点和经济社会持续发展的需求，我们应着力关注和坚持以下方面。

（1）置于基础和核心地位。鉴于材料科技与产业的基础性和战略性，国家应始终将材料创新与产业发展置于科技创新和产业发展规划的基础和核心地位。加大投入，稳定支持材料科学基础前沿和关键共性技术研究，建设一批各具特色的重点实验室、工程研究中心、区域公共测试平台，设立材料科技创新与新材料产业专项，瞄准基础材料升级、高端制造与战略新兴产业对关键材料的需求，组织联合攻关。并应通过法律法规、工业技术标准、产业发展规划、金融税收政策等引导激励材料创新与应用推广，淘汰落后产品和工艺，发展新材料产业，促进材料产业结构调整升级。

（2）需求导向，协同创新。创新材料技术与产业，要以应用需求为导向，发挥企业技术创新主体作用，促进产学研用创新联盟，强化协同创新机制。从提升我国传统材料产业水平，适应高端制造业需要，支持新兴产业发展，服务改善民生，建设资源节约型、环境友好型社会、发展绿色低碳循环经济的目标出发，选择重点领域、提炼基础科学问题和前沿技术方向，调整创新发展战略和路线图。顺应材料创新必须坚持科学认知结构性状规律和创新工艺技术紧密结合的特点，在重视材料科学基础前沿研究，提升原创能力同时，应着力加强材料和器件的工艺技术创新、加强材料结构性状表征仪器和工艺技术装备的创新。通过原始创新、集成创新和引进消化吸收再创新，突破关键核心技术，提升新材料制备、产品开发和应用水平。

（3）协调发展、绿色发展。充分激发研发机构、生产企业和终端用户的积极性、创造性，坚持传统材料升级、新材料开发和应用产业协调发展；坚持新材料研发与材料产业结构调整相结合；坚持军民协同，双向转移，融合发展；坚持国际交流合作与提升自主创新相协调。确立绿色、低碳发展理念，重视材料资源获取、研发、制备、使役、遗骸处理全过程的环境友好性，在提高不可再生资源能源的利用效率的同时，大力开发生物等可再生自然资源，促进材料再生循环利用，加快改变高消耗、高排放、难循环的传统材料产业发展模式，走节能高效、安全环保、低碳可再生循环的持续发展道路。

（4）深化改革、培育人才。鉴于材料学科交叉会聚的特点，应深化材料学科教育改革、加强人才队伍建设与结构优化。在加强物理、化学化工、材料等科学基础的同时，应进一步引入信息与计算科学、分析测试、工艺技术、纳米技术、生物技术、环境科学等方面的知识，善于向自然学习，发展仿生材料。夯实理论基础、强化实验训练、提升计算能力、加强工艺技术，培养复合型材料创新人才。材料科学研究机构应通过培养引进，调整优化人才队伍结构，改变材料科学原创能力不强、工艺技术人才短缺、仪器装备创新能力薄弱、理论与计算材料研究水平不高的现状。

让我们求真务实，携手合作，发奋努力，突破一批国家急需、引领未来的关键材料和技术；培育一批创新能力强、具有核心竞争力的骨干企业；形成一批布局合理、特色鲜明、产业集聚的新材料产业基地。建立起政府科学规划、政策支持，以市场和国家战略需求为导向，以企业为主体，产学研用紧密结合的材料产业创新体系；建设一支德才兼备、结构合理、敬业创新、协同攻关的创新创业人才队伍。经过 10—15 年的努力，使得主要材料品种质量满足经济社会发展和国防建设需要，新材料产业成为新兴战略支柱产业，关键新材料研发应用居世界领先水平，材料工业节能减排、绿色转型取得显著成效，实现材料大国向材料强国的战略转变。

清洁、可再生能源利用的回顾与展望*

人类正在走向以可再生能源为主的绿色低碳、可持续能源时代。地球上的能源大都来自太阳能。2014 年是太阳能发展史中值得纪念的年份。175 年前的 1839 年，法国科学家 A.-E. 贝克勒尔（Alexandre-Edmond Becquerel，1820—1891）发现光能使半导体材料不同部位之间产生电位差，后来被称为“光生伏打效应”，简称“光伏效应”；110 年前的 1904 年，爱因斯坦（A. Einstein，1879—1955）提出光子假设，成功解释了光电效应，因而获得了 1921 年度诺贝尔物理学奖；60 年前的 1954 年，美国科学家皮尔松（G. Pearson，1905—1987）、恰宾（D. Chapin，1906—1995）、富勒（C. S. Fuller，1902—1994）在美国贝尔实验室首次制成了转换效率为 6%的实用单晶硅太阳能电池。在致力构建绿色低碳、智能安全、可持续能源体系的今天，回顾清洁、可再生能源利用发展的历史并展望未来具有特别重要的意义。

贝克勒尔

爱因斯坦

皮尔松、恰宾、富勒

图 1　为太阳能应用奠定科学基础的著名科学家

一、 太阳能是地球能源的主要源头

除核能、深部地热能外，地球上人类利用的无论是煤、石油、天然气、页岩气、天然气水合物等常规或非常规化石能源，还是水能、风能、生物质能、浅表地热能、海洋能（波浪、潮汐、洋流、温差能）等可再生能源，归根结蒂都源自太阳能。根据天文观测和恒星理论，太阳是宇宙星际气体收缩形成的恒星，直径约 139.2 万千米，是地球的 109

---

* 本文发表于《科技导报》2014 年 第 28、29 期。

倍，质量约 2×10^{30} 千克，表面温度约 5 760 开，中心温度在 1.5×10^{7} 开以上、压力约为 2.5×10^{11} 标准大气压。在中心区域持续发生着由 4 个氢原子核聚变为 1 个氦原子核（$4\,^{1}H\rightarrow\,^{4}He$）的热核反应，每秒约有 7.75×10^{10} 千克氢聚变转化，释放出 3.83×10^{26} 焦能量，减少自身质量 4×10^{9} 千克。太阳形成至今已有 45 亿—50 亿年，正处于稳定的中年期，其稳定寿命至少还有 50 多亿年。太阳距地球约 1.5 亿千米，太阳光辐射抵达地球需近 500 秒。太阳的总辐射能量抵达地球的仅为 22 亿分之一，每秒约 173 000 太瓦，相当于 500 多万吨煤燃烧的热量，每年相当于 170 万亿吨燃煤放出的热量，约为世界年耗能的 1 万倍。因此，对人类而言，太阳实际上是取之不尽的光和热的源头。由于太阳自身活动、地球公转和自转、纬度、地形、海拔、云量和大气质量等差异，太阳光达至地球表面的辐射强度时空分布不均衡。北非撒哈拉沙漠、澳大利亚中部高原、中国青藏高原等地区每平方米年辐射量几乎是南北极地区的 2.5 倍以上。

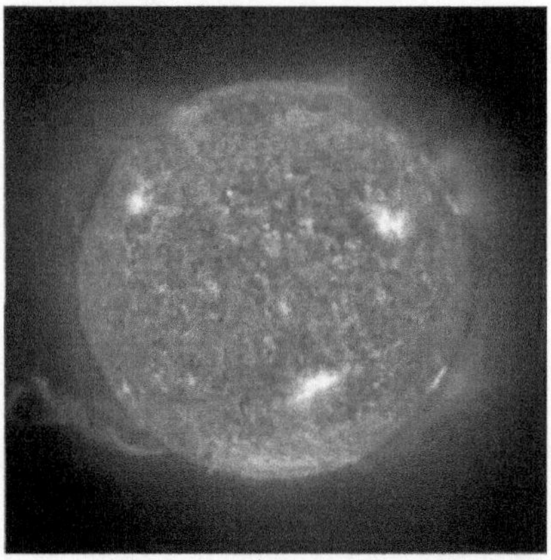

图 2　太阳是由氢和氦组成的炽热气团（内部进行着核聚变反应）

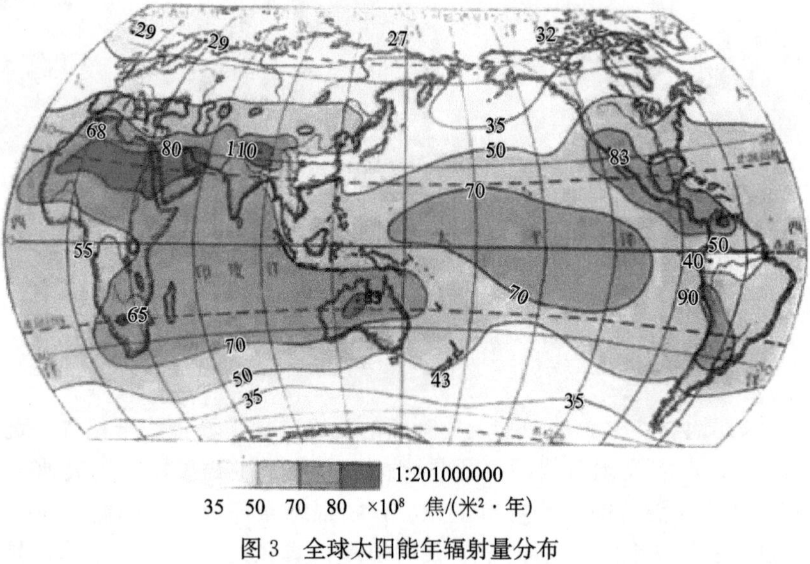

图 3　全球太阳能年辐射量分布

中国太阳能资源丰富，各地年辐射量 3340—8400 兆焦/米²。可分为 4 类资源区：一类为太阳能资源丰富区，全年日照为 3200—3300 小时，年辐射量大于 6300 兆焦/米²（相当于 215 千克标准煤燃烧的热量），主要包括甘肃、宁夏、新疆南部、青海和西藏等地。以西藏西部为最高，全年日照达 2900—3400 小时，年辐射量 7000—8000 兆焦/米^2，仅次于撒哈拉沙漠；二类为太阳能资源较丰富区，全年日照为 3000—3200 小时，年辐射量 5400—6300 兆焦/米^2（相当于 185—215 千克标准燃煤的热量），主要包括新疆北部、内蒙古南部、晋冀北部、京津、西藏东南部；三类为太阳能资源中等区，全年日照为 1400—3000 小时，年辐射量为 4600—5400 兆焦/米^2（相当于 157—185 千克标准燃煤的热量），主要包括东北、陕北、甘晋豫冀鲁东南部、江浙皖赣闽、两湖、两广、云南、海南和台湾等广大地区；四类为太阳能资源较差地区，全年日照为 1000—1400 小时，年辐射量低于 4600 兆焦/米^2（不足 157 千克标准燃煤的热量），主要包括渝川贵等地，但也相当于欧洲多数地区。中国地表年辐射总量约为 5×10^{16} 兆焦，相当于 17060 亿吨标煤燃烧的热值，约为 2013 年中国一次能耗的 350 倍。

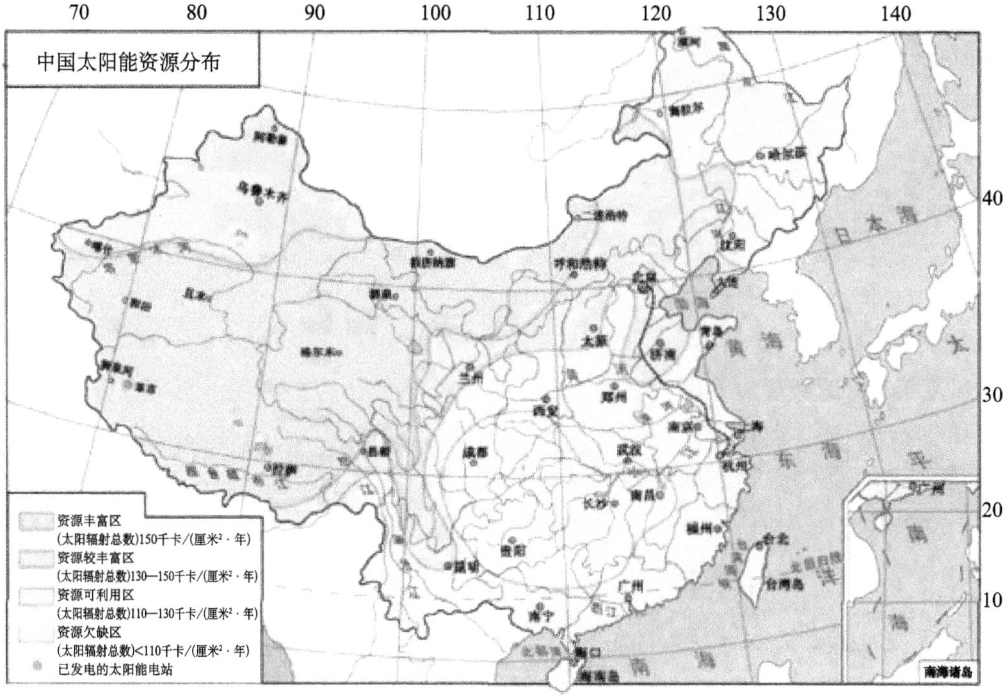

图 4　中国各地区太阳能资源分布示意图

中国一、二、三类太阳能资源区约占国土面积的 2/3，既有西部大片荒漠，适合建造规模太阳能电站的一类光照地区，又有地处人口和负荷密集的中东部二、三类光照地区，可发展分布式太阳能光电、光热利用。随着大气污染治理取得成效，各地单位面积的年辐射量将会有所上升。中国太阳能开发利用有十分广阔的前景。

风是由于地面各处受太阳辐照后气温变化和水蒸气含量不同造成气压差异而引起空气流动的自然现象，是太阳能转化而来的空气动能。其资源量取决于风能密度和可利用的年累计时数。风能密度是指单位迎风面积的风能功率。据估计到达地球的太阳能中大约只有 2%转化为风能，但总量仍十分可观。全球的风能资源约为 2.74×10^9 兆瓦。其中可利用资源为 2×10^7 兆瓦，约是全球可开发水力资源的 10 倍。中国风能资源理论储量 32.26 亿千瓦，陆上可开发资源 2.53 亿千瓦，近海可利用风能 7.5 亿千瓦，约为可开发水力资源的 2 倍。

风能（Wind Energy）资源密度低、风向和强度随时间变化，受地理地形影响较大，分布也很不匀衡。根据美国航空航天局（NASA）2004 年发布的全球 1983 年 7 月至 1993 年 6 月的风速分布，风能资源多集中在沿海和开阔大陆的收缩地带，如美国阿拉斯加州、加利福尼亚州北部沿岸、北欧、俄罗斯东部沿海、澳大利亚和阿根廷南部沿海等。

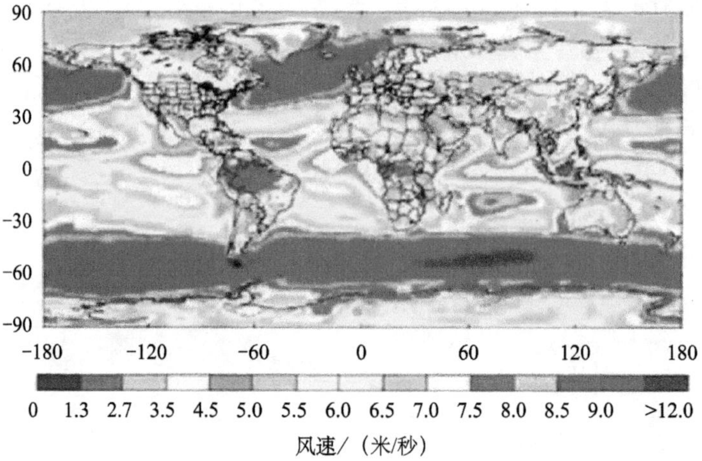

图 5　1983—1993 年全球风速分布

中国内蒙古、新疆和甘肃、华北、东北风能资源也很丰富，东南沿海、海南和台湾的风力资源也很具开发潜力。东南沿海及附近岛屿的风能密度可达 300 瓦/米^2 以上，3—20 米/秒风速年累计时数超过 6 000 小时。内陆风能资源最好的是内蒙古至新疆一带，风能密度也 200—300 瓦/米^2，3—20 米/秒风速年累计达 5000—6000 小时。风能是储量巨大，技术比较成熟，开发成本较低的清洁可再生能源。

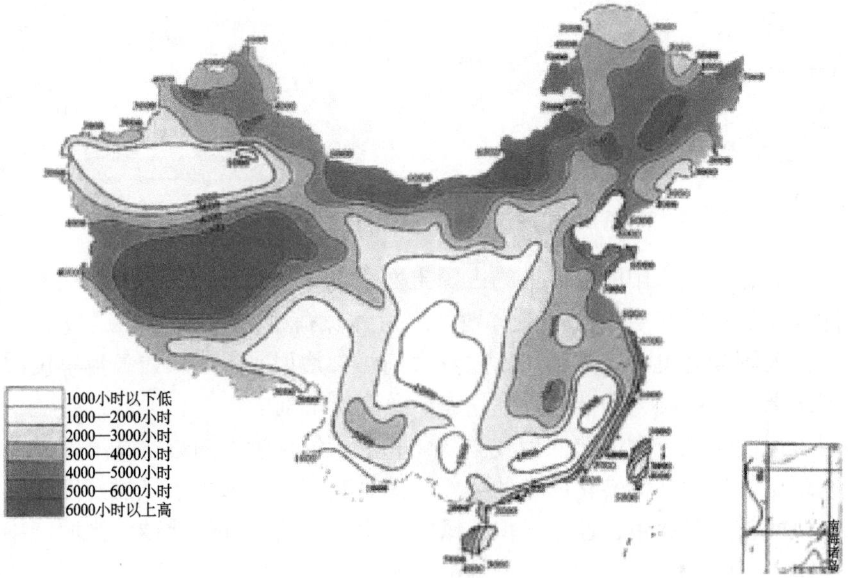

图 6　中国全年风速大于 3 米/秒的小时风力分布

水能（hydroenergy）包括转化利用水的势能和动能，也是由太阳能转化而来。水力资源分布受水文、气候、地貌等条件限制。广义水能资源包括河流水能及潮汐、波浪、洋流能等；狭义水能资源指开发利用最为成熟的河流水能。全球理论水能资源蕴藏量 6.8 亿千瓦，每年可开发提供 41.3 万亿千瓦时电能。其中，技术可开发水能资源为 11.75 万亿千瓦时/年。中国地势西高东低，多数地处东亚季风带，雨量充沛，河流纵横、落差巨大，水能资源丰富，资源总量为 6.76 亿千瓦，年可发电量为 5.92 万亿千瓦时；技术可开发装机容量为 5.42 亿千瓦，年可发电量为 2.47 万亿千瓦时，居世界首位。但中国人均水力资源并不富裕，时空分布也不均衡，多集中在中西部，与负荷需求不相匹配。经济相对落后的西南部云贵川渝桂、陕甘宁青藏新等约占全国水力资源总量的 82.5%，特别是西南云贵川藏渝地区占 70%；其次是中部的蒙晋豫、鄂湘皖赣等，占 10%；经济发达、用电负荷集中的东北和中东部京津冀鲁、江浙沪粤闽琼等仅占 7.5%；由于季风气候特点，多数河流年内、年际径流分布不均，丰枯季节径流量悬殊，需建水库调节。

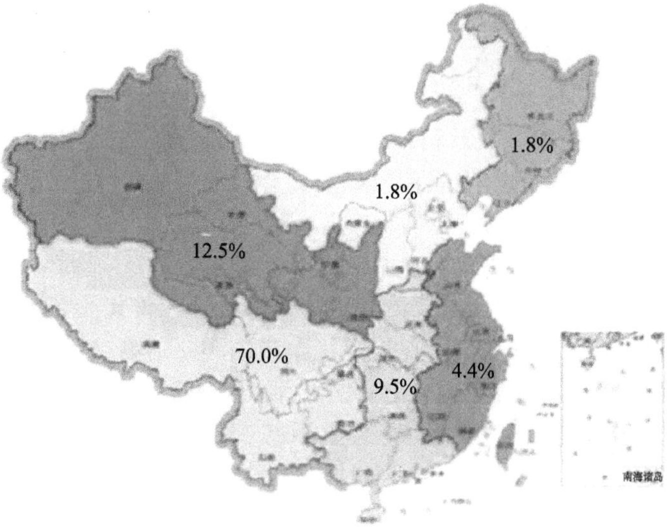

图 7　中国水能资源分布

生物质能源（biomass energy）是太阳能经光合作用转化为化学能形式 wyf 存在生物质中的能量。生物质具有多样性、低污染、分布广、可再生特点，除了直接燃烧外，生物质还可以通过多种技术途径转化为固体、液体、气体燃料。生物质在使用过程中几乎不产生 SO_2，燃烧产生的 CO_2 仅相当于其光合作用时所吸收的。因此可认为，生物质能的碳排放增量为零，是一种清洁低碳、可再生的替代能源。广义的生物质包括所有的植物、微生物和以植物、微生物为食物的动物及其生产的废弃物，如农作物、农林业废弃物、人畜粪便、工业有机废水、城乡餐厨垃圾等。地球上每年经光合作用产生的物质有 2×10^{11} 吨，其蕴含的能量相当于世界年消耗能源量的 10—20 倍，但目前的利用率不到 3%。据世界自然基金会（WWF）预计，全球生物质能源潜在可利用量达 350 艾焦/年，约合 82.12 亿吨油当量，相当于 2013 年全球能源消耗量的 64%。中国是 13 亿人口的农业大国，生物质能资源丰富，但中国人均土地和水资源紧缺，大规模开发利用生物质资源，必然引发与农

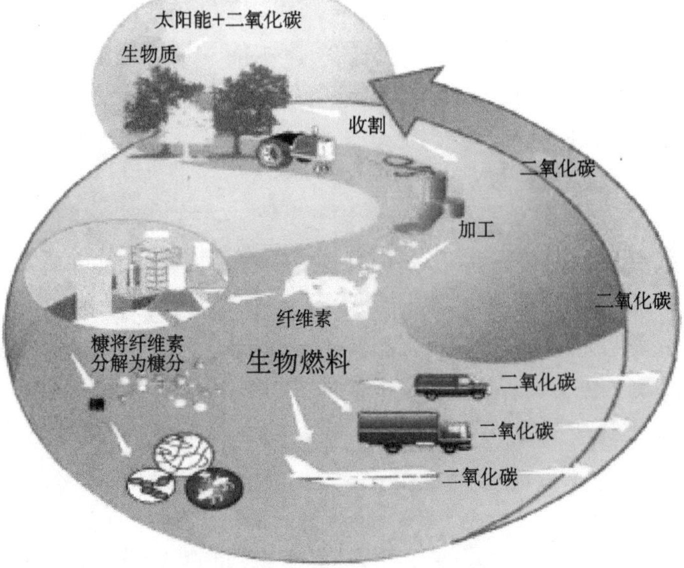

图 8　光合作用形成生物质资源

业争水、争地，与人畜争粮，以及秸秆还田等矛盾。重点应放在农林、工业、城乡废弃物、陈化粮转化利用等。据国家发展和改革委员会 2007 年发布的《可再生能源中长期发展规划》统计，目前中国生物质资源的转换潜力约 3.5 亿吨油当量，今后随着造林面积扩大和经济社会发展，生物质资源转换潜力可达至 7 亿吨油当量。

煤（coal）是远在 3 亿多年至几千万年前的古生代、中生代和新生代时期的大量植物残骸经埋藏、化学物理变化形成的。首先是植物在沼泽、湖泊或浅海中不断繁殖、死亡、分解、聚积成泥炭，泥炭在地质变化中被脱水、压实，并逐渐被黏土、砂石等掺和，形成褐煤，随后随着地壳下沉，在地热和静压作用下进一步脱水、脱羧、脱烷、脱氧、缩聚等物理化学变化转变为烟煤和无烟煤。煤的主要成分是碳（C），并含氢（H）、氧（O）、氮（N）、硫（S）、磷（P）和灰分。与油气资源相比，煤炭分布更为广泛。据英国石油公司（BP）估计，全球煤炭总储量约为 9 842 亿吨，主要集中在美国、俄罗斯、中国、澳大利亚、印度、南非、乌克兰、哈萨克斯坦等国。预计可供开采 120 年。但粗放燃煤被公认是酸雨、粉尘、雾霾和温室气体排放的主要源头。

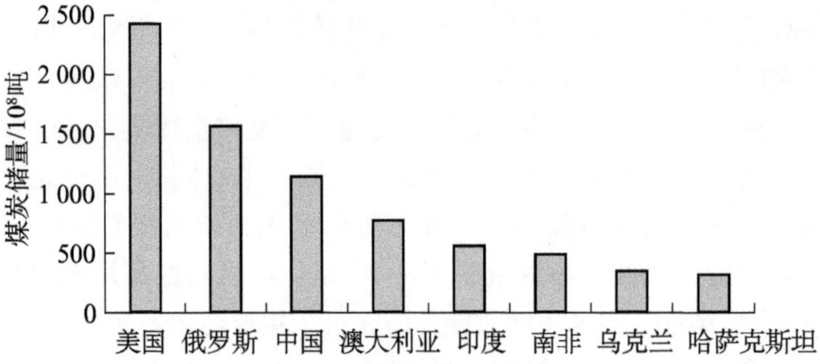

图 9　全球煤炭资源分布

根据美国化学家瓦拉斯（Walace）定义，石油（petroleum）是除煤炭外一切天然碳氢化合物（包括气体、液体和固体）及其混合物的统称。有机成因理论认为，石油和天然气是由远古时代海洋或湖泊中的低等水生生物和植物等遗体因被迅速埋藏而免遭细菌分解，在适宜的温度压力条件下，经过漫长的地质年代沉积演变形成的。生成油气藏大约需要不到 100 万年（注：无机成因说认为，石油和天然气是在地下深处高温、高压条件下由无机碳和氢经化学作用生成。但石油勘探实践表明，世界上 99%以上的油气田分布在富含有机质的沉积岩区，含有工业油流的火成岩、变质岩也多与沉积岩毗邻，油源都是由附近沉积岩中的石油运移而来。无机成因说也无法解释石油中存在的某些生物源碳氢化合物特有的旋光性标志。因此迄今未得到普遍认同）。据美国《石油与天然气杂志》（*Oil & Gas Journal*）2013 年发布的报告统计，全球探明石油储量为 2 252.76 亿吨，天然气探明储量近 199 万亿立方米，全球油气藏分布也很不均衡。按目前开采速度可开采 60—80 年。

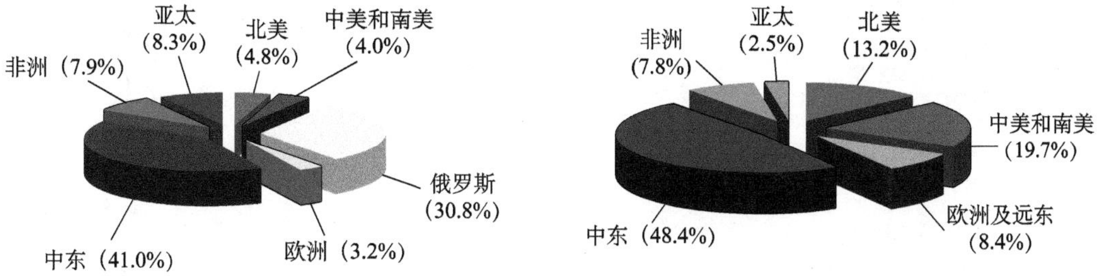

(a) 天然气储量　　(b) 石油储量

图 10　2012 年全球探明石油、天然气资源储量分布

近 20 年来，随着传统天然气资源减少，页岩油气、砂岩致密油气、天然气水合物等非常规油气资源开发逐渐受到重视。据美国能源信息署（EIA）2013 年评估，全球页岩油技术可采资源量为 456.94 亿吨，主要分布在北美、中亚、中东、中国、拉美、北非、东欧等国家和地区。油砂油可采资源量达 4000 亿吨，相当于常规油气资源可采储量的 68%，加拿大、俄罗斯、委内瑞拉、美国和中国资源丰富，其中加拿大艾伯塔省最多，约占 45.8%。

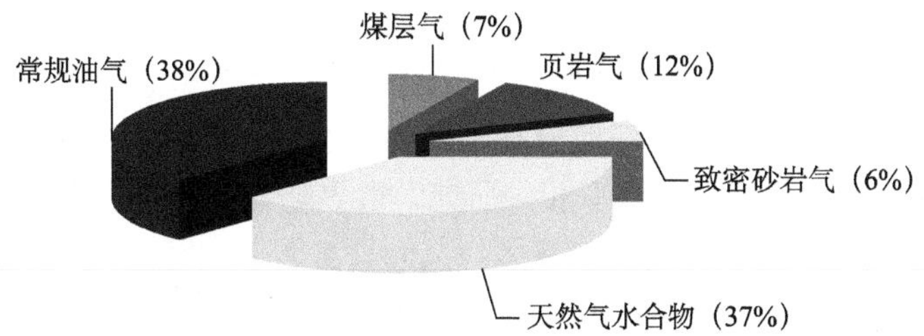

图 11　全球常规油气和非常规天然气资源储量比例

页岩气（shale gas）是蕴藏于富有机质的泥页岩及其夹层中，以吸附和游离状态为主要存在方式的非常规天然气，成分以甲烷为主。页岩气多分布在盆地内厚度较大、分布广的烃源页岩地层中。页岩气开采比传统天然气困难，全球页岩气等非常规天然气资源量约 2338.2 万亿立方米，为常规天然气资源 4.56 倍。其中页岩气约 456 万亿立方米，相当于煤层气和致密气（tight gas，指渗透率较小的砂岩地层中的天然气）的总和。据美国能源

信息署、EP评估，全球页岩气主要分布在北美、亚洲、太平洋地区与拉美，北美与中国约占45%。煤层气资源量260万亿立方米，主要分布在俄罗斯、加拿大、中国、美国和澳大利亚等国。致密气资源量约为209.72万亿立方米，各大洲均有分布。中国非常规油气资源非常丰富，2000米以浅的煤层气资源量约为36.8万亿立方米，页岩气资源量36.1万亿立方米，致密气资源量33万亿立方米，油砂油远景资源量100亿吨，页岩油资源储量476亿吨，总量可观。

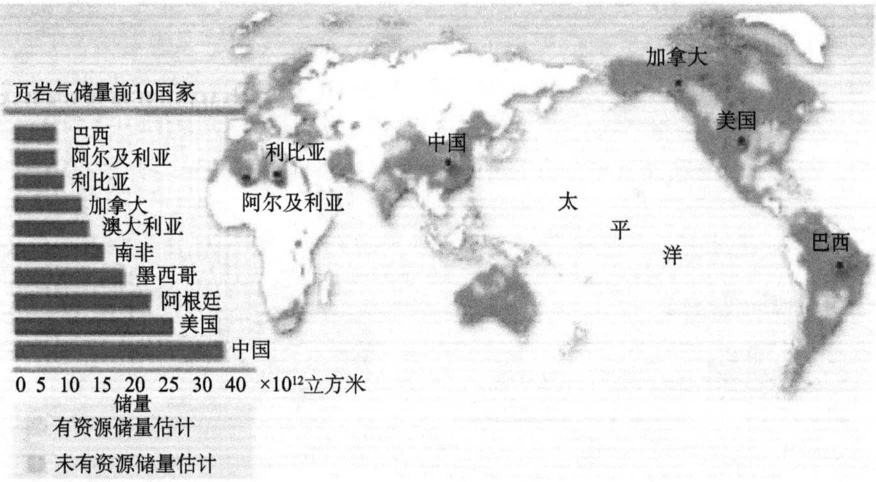

图12 全球页岩气分布示意图

天然气水合物（natural gas hydrate）是由水和天然气在中高压和低温条件下混合组成的类冰笼形结晶化合物。因其外观像冰，遇火即可燃烧，又称“可燃冰”。它的组成可用$M\cdot nH_2O$来表示，M代表水合物中的天然气分子，n为水合指数。其天然气的成分为甲烷（CH_4）、乙烷（C_2H_6）、丙烷（C_3H_8）、正丁烷（C_4H_{10}）等同系物及二氧化碳（CO_2）、氮气（N_2）、硫化氢（H_2S）等。1单位体积的天然气水合物分解最多可产生164单位体积的甲烷气，其能量密度是常规天然气的2—5倍，是煤的10倍。根据地质调查，天然气水合物主要分布在聚合大陆边缘大陆坡、被动大陆边缘大陆坡、海山、内陆海及边缘海的深水盆地和海底扩张盆地等构造中。除在高纬度永久冻土带地区发现的天然气水合物之外，绝大部分分布在水深300—500米以下的海底，主要附存于陆坡、岛屿和盆地表层的沉积物或沉积岩中，也可以散布于洋底以颗粒状存在，资源量是陆地的100倍以上。但资源分散开采比较困难，是未来的一种重要能源。据美国和苏联相关研究，世界陆地天然气水合物资源为2.83×10^{15}立方米，海洋为8.5×10^{16}立方米，是常规天然气储存量的上千倍。据测算，中国南海天然气水合物的资源量为700亿吨油当量，约相当中国陆上油、气探明资源总量的1/2。

综上所述，除核能与深部地热能以外，太阳能、水能、风能、生物质能、浅表地热与空气热能等都是“今天”的太阳能，是清洁低碳的可再生能源；而煤、石油、天然气、页岩气、天然气水合物等常规或非常规化石能资源，归根结蒂都源自“昨天”的太阳能转化存储。工业革命至今还不到300年，人类就用掉了植物几亿年吸收太阳能转化埋藏于深部的化石能源，它们终究是有限和不可再生的，也是大气污染和温室气体排放的主要源头。人类应该更有效地直接或间接利用“今天”和“明天”的清洁、可再生的太阳能资源。

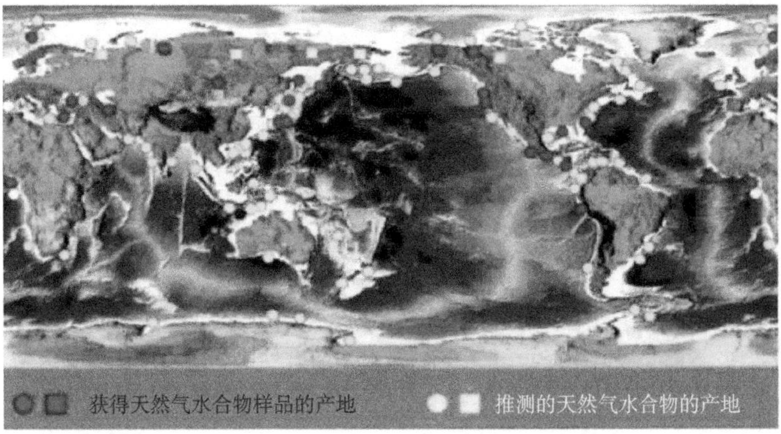

图 13 全球天然气水合物分布示意图

二、能源利用简史

能源是人类生存、生活与社会文明发展的基础。每一次能源利用技术与能源产业的变革，都促进和标志着人类生存发展方式和社会文明的进化。回顾数千年能源利用史，能源消费结构经历了数次变革：历时几千年的农耕社会主要利用薪柴为主的生物质能源；18 世纪蒸汽机与工作机器的发明与应用，引发第一次工业革命，使人类进入煤炭时代；19 世纪以来，电机电器、汽轮机、内燃机、汽车、飞机的发明应用，石化工业和高分子聚合材料的兴起，使人类进入了电气化和石油天然气时代；60 年前开始的半导体、集成电路、计算机、核能的开发利用，以及循环流化床、超临界、超超临界、蒸汽燃气联合循环等技术发展，使人类进入了以高效火电、水电、核电为三大能源支柱，电子化、信息化为特征的电子信息与核能时代；21 世纪以来网络、云计算、大数据、智能制造、能源技术快速进步，全球气候变化备受关注，日本福岛核灾难引发的对核电的再思考，生态环境的巨大压力及严重的雾霾天气，全球能源需求快速增长、能源安全凸显等，使人们更加关注清洁低碳、可再生能源和智能电网的发展，人类进入了知识网络经济和着力构建以清洁安全、多样化、智能化、分布式、可再生为特征的绿色低碳、可持续能源体系的新时代。

人类对煤的认识利用可追溯到数千年前。中国是世界上采煤用煤最早的国家之一，大约在春秋末（公元前 500 年）便开始用燃煤，西汉（公元前 206—25）开始采煤炼铁。唐朝开始炼焦，至宋代已是“汴京数百万家尽仰石炭（煤），无一家燃薪者”。明朝的科技名著《天工开物》列专门章节记述煤的性状、用途和开采方法。但由于农耕生产力水平局限，薪柴仍是主要能源。18 世纪 60 年代英国首先引发工业革命，煤炭大规模开采利用。19 世纪中叶，煤炭已占据一次能源的主导地位，实现了能源结构第一次变革。煤炭分布广泛、储存量大，开发和利用比较容易，但发热量和燃烧效率较低，输送和使用不便，煤燃烧产生的灰渣、粉尘、二氧化硫、氮氧化物（NO_x）、微细颗粒等造成酸雨、水污染、大气雾霾等严重环境污染，危害健康。1952 年 12 月发生的伦敦雾霾灾难，曾导致 12 000 人死亡。

石油和天然气发热量高，开采运输使用方便，污染物和碳排放比煤炭低，是高质量的化石能源（燃烧发生同样热量的天然气、原油、标煤产生的二氧化碳比例约为 2∶3∶5），也是近代有机合成化工的重要原料。世界上最早有关石油的文字记载，见于中国东汉史学家班固（32—92）所著的《汉书》，其中记叙“高奴有洧水可燃”（在今陕西延长一带，洧水是今延河的支流）。北宋科学家沈括（1031—1095）在《梦溪笔谈》中指出：“鹿延境内有石油，旧说高奴县出脂水。”清道光十五年（1835年）在四川自贡阮家坝开凿成功1001.42米的燊海井，日自喷卤水14立方米，天然气4800—8000立方米。1859年，美国石油钻探家狄拉克（E. L. Drake，1819—1880）在宾夕法尼亚州泰特斯维尔附近钻出第一口油井产出工业油流，开启了近代石油工业的序幕。

班固　沈括　狄拉克

图14　对认识石油的价值做出突出贡献的学者

1876年，德国工程师奥托（N. Otto，1832—1891）创制了四冲程循环内燃机，1895年德国工程师狄塞尔（R. C. K. Diesel，1858—1913）创制了第一台柴油发动机，1886年德国人奔茨（K. F. Benz，1844—1929）发明了单缸发动机的世界上第一辆汽车。1903年12月17日，莱特兄弟（Orville Wright，1871—1948；Wilbur Wright，1867—1912）进行了人类历史上首次有动力、载人、可操纵飞机的持续飞行。1914年，美国福特汽车公司建成汽车装配线，实现了汽车工业史上的首次流水线生产，1927年福特T型车销售已至1 500万辆。20世纪20年代前欧洲在航空业占领先地位，以后美国逐渐领先，1930年美国航空客流已超过41.7万人次。1917年，美国新泽西标准油公司采用炼厂气中的丙烯合成异丙醇，标志着石油化工诞生。1919年，美国联合碳化物公司开发出以乙烷、丙烷为原料高温裂解制乙烯技术，随后德国林德公司实现了从裂解气中分离乙烯，1920年建立第一家乙烯工厂。20世纪30年代初，在德国化学家施陶丁格（H. Staudinger，1881—1965）、苏联化学家谢苗诺夫（Николай Николаевич Семёнов，1896—1986）等提出的聚合物高分子化学和聚合链式反应理论的指导下，高分子化工聚合材料大量涌现，他们也因此分别获得1953年、1956年诺贝尔化学奖。由于汽车、航空、石化工业的巨大需求，促进了石油生产增长。

第二次世界大战结束后，由于中东石油的开发，石油采炼技术进步和煤炭成本上升，石油的比较优势更加突显。廉价石油促进了世界经济快速发展，20世纪60年代以来石化工业更是异军突起，一些工业化国家能源政策开始趋油弃煤。1966年石油、天然气超越煤炭成为主导能源，世界能源结构实现了第二次变革。

20世纪70年代以来发生了两次石油危机。为走出石油危机，各国纷纷采取应对措施。

一是通过科技和管理创新，提高能源利用效率、调整产业结构。20世纪70年代后期后，一些工业化国家已逐渐做到经济增长，能耗不增，甚至反略有下降。

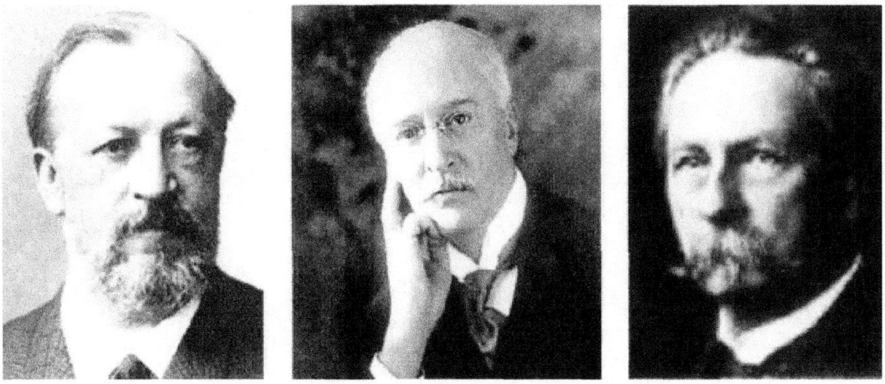

奥托　　狄塞尔　　奔茨

图 15　促进石油动力技术发展的著名工程师

W. 莱特　　O. 莱特　　施陶丁格　　谢苗诺夫

图 16　激发石油工业化应用的著名科学家

二是积极发展可替代能源。美、德、日、法等国，都在水电、核能开发方面加大了投入。由于核能是一种安全高效、清洁低碳、经济上有竞争力的能源，受到重视。1942 年，费米（E. Fermi，1901—1954）在芝加哥大学建成世界第一座核反应堆，首次成功实现了链式反应；1954 年，苏联建成世界第一座 5 兆瓦实验性石墨沸水核电机组；1957 年，美国建成 60 兆瓦原型压水堆核电站。后经历了数次技术升级，提升了安全性、经济性，至今核电已发展到第三代。

图 17　费米及其领导设计的世界第一座核反应堆

1966—1980 年，世界共建成 242 个核电机组投入运行。据国际原子能机构（IAEA）统计，至 2013 年年底，全球共有 425 台核电机组在运行，总装机容量 3.75 亿千瓦，约占全球发电量的16%，有18个国家和地区的核电比重超过20%，法国占比最高达75.2%。在建机组70个，中国、美国占50%。

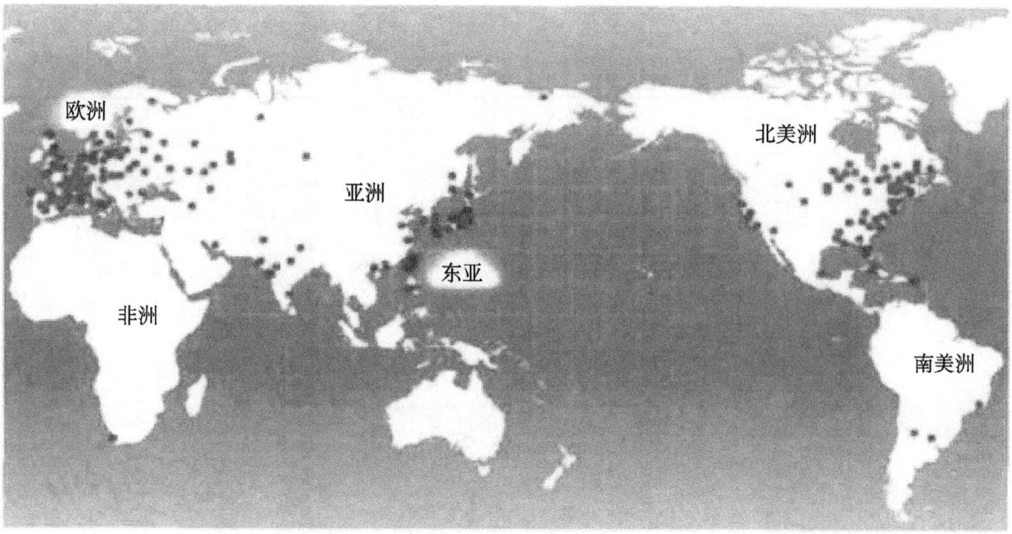

图18 世界核电站分布示意图

三是煤炭重新受到重视，尤其是中国、印度、澳大利亚和南非等发展迅速，成为煤炭生产大国。清洁煤技术、超超临界、整体煤气化联合循环发电系统（IGCC)、先进材料、信息技术等使煤炭开采利用技术与产业进步巨大，生产率成倍提高，成本下降，安全状况、效率和排放水平大为改善，2000年世界煤炭产量达48.8亿吨，比1976年增加了50%。能源结构发生第三次转变，即向以油气、煤、核能和水能等多元结构转变。电力作为二次能源，火电、水电、核电成为三大支柱。

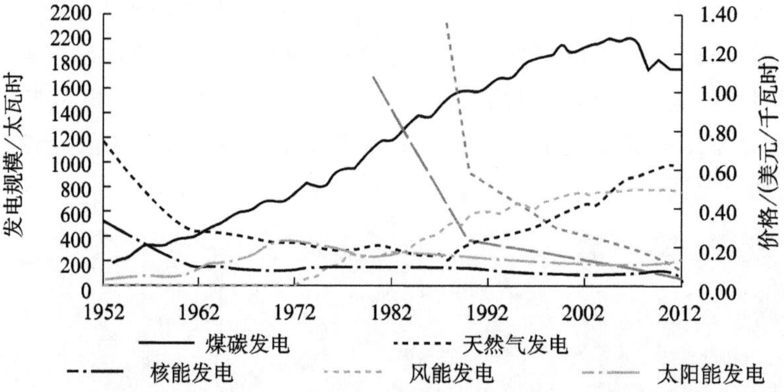

图19 1952—2012年美国主要能源发电规模与价格走势

石油危机也促进了可再生能源的发展。从20世纪70年代开始，尤其是进入21世纪以来，可再生能源已成为各国实施可持续发展的重要选择，列为能源发展战略的重要方面，一些国家通过立法促进可再生能源发展，技术不断创新，成本持续下降。美国可再生能源协会（ACORE）评估美国的发电规模与价值走势，除传统水能外，风能、太阳能、生物质能、浅表地热等新型可再生能源快速发展，在能源结构中比例逐年上升，逐渐成为替代化石燃料的一种很有希望的清洁能源。在这方面欧盟居领先地位。

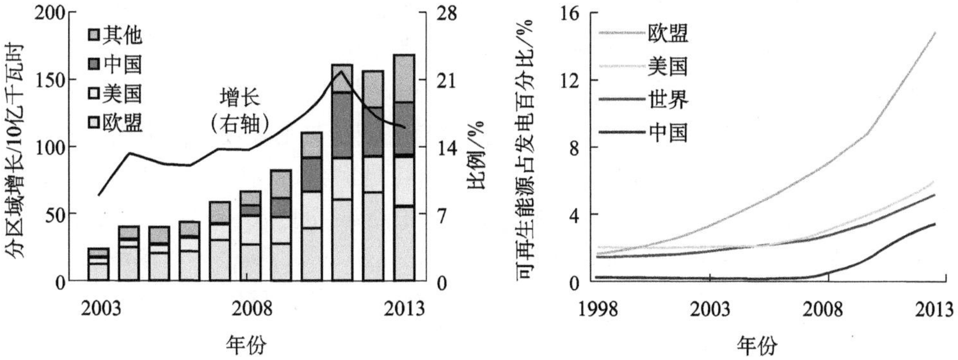

图 20　2003—2013 年全球电力能源结构及可再生能源占比

过去 15 年内，各国还致力开发非常规油气资源（包括煤层气（瓦斯）、油砂矿、油页岩、页岩气、可燃冰等）。美国提出了页岩气革命。2000 年美国页岩气仅占天然气总产量的 1%，因为水平钻井、水压裂等技术的进展，到 2013 年页岩气所占比重已近 40%。据美国能源情报署预测，到 2035 年美国 46%的天然气供给将来自页岩气，页岩气将使美国可实现天然气自给有余，这将影响世界油气供应乃至全球经济政治格局。据中国社会科学院世界经济与政治研究所发布的《世界能源中国展望（2013—2014）》估测，中国非常规天然气产量比重目前已占 39%，2020 年将上升到 60%以上，2035 年将进一步上升到 72%。

1990—1997 年，联合国政府间气候变化专门委员会（IPCC）连续发表 4 个关于全球气候变化的评估报告，认为全球气温上升很可能是由于工业化以来人类活动导致的温室气体排放造成的。所有的化石能源燃烧过程中均排放 CO_2，其中煤含碳量最高，石油次之，天然气较低。自工业革命以来，大气中 CO_2 含量增加了 25%，远超过去 16 万年的历史纪录，而且尚无减缓的迹象。进入 21 世纪以来，生态环境保护和全球气候变化更加受到重视，绿色低碳、可持续发展成为全球发展的共同理念。今后二三十年将是人类从化石能源为主时代向清洁低碳、可持续能源过渡的历史时期。

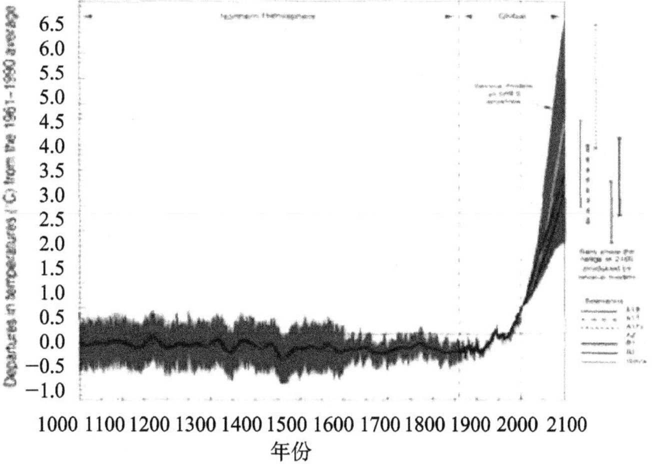

图 21　近千余年全球气候变化

改革开放以来，中国能源消费需求快速增长，能源利用效率显著提高，单位 GDP 能耗大幅下降；尤其是进入 21 世纪，水电、核能、风能、太阳能等清洁、可再生能源快速发展，能源结构逐步优化。2013 年中国能源消费和发电装机容均超过美国，可再生能源产能与增长速度均列世界首位。超超临界火力发电，核电，超大型水电站工程及成套设备，特高压交流、直流输变电系统，智能电网等自主创新与工程成套能力进入世界先进行列。但中国能源利用效率仍然较低，单位 GDP 能耗是世界平均的 2.5 倍，是工业发达国家的 4—8 倍，节能减排潜力巨大；中国一次能源中燃煤占近 70%，对大气、水、土壤环境污染严重；油、气对外依赖度分别逐年攀升至 58%、32%；风能、太阳能、生物质能发展应用尚有体制、政策、技术瓶颈需要突破。中国能源结构调整优化的任务紧迫而艰巨。

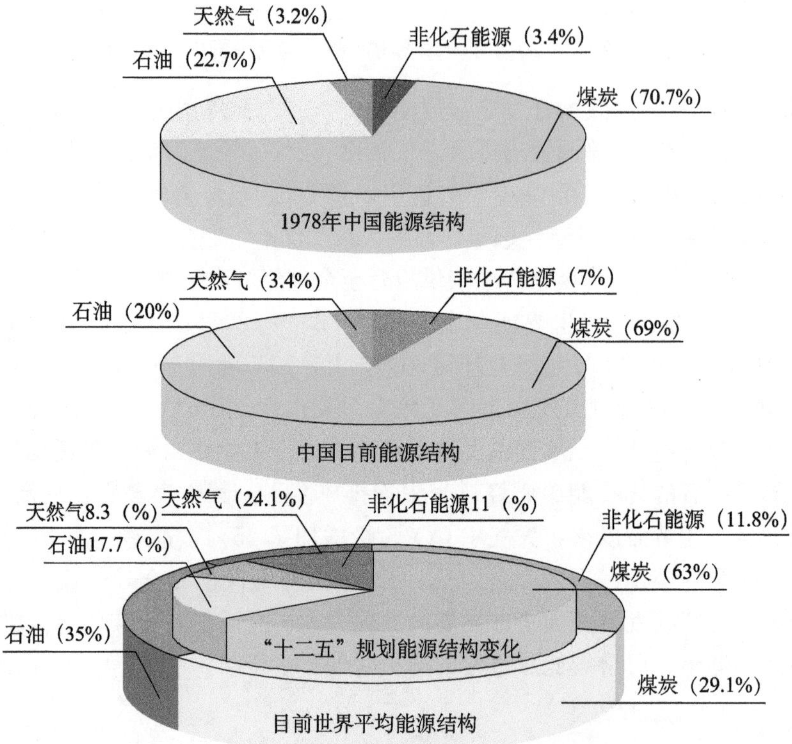

图 22　中国与世界能源结构比较

三、清洁、可再生能源的发展潜力和未来

进入 21 世纪以来，全球人口经济持续增长、新兴发展中国家快速崛起，世界能源需求增长强劲，油气资源竞争激烈，价格持续高位波动，生态环境压力增大，全球气候变化备受关注；信息通信技术（ICT）、电子技术（ET）、制造技术（MT）、生物技术（BT）等正孕育着新的突破，绿色低碳、可持续发展成为人类文明持续繁荣的科学理性选择。人类已经进入了知识网络时代，作为人类现代文明基石与动力的能源也正面临新的变革。未来二三十年，将是能源生产消费方式和能源结构调整变革的关键时期。人们将致力构建绿色低碳、高效智能、多样共享的可持续能源体系。风、光、生物质、地热、海洋等可再生

能源将快速增长，至 2035 年形成天然气、石油、煤炭、核能、可再生能源为五大支柱的新格局。

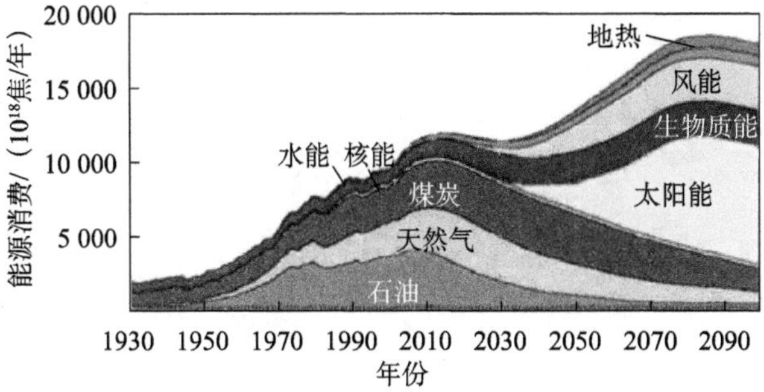

图 23　全球一次能源消费结构变化趋势

到 21 世纪中叶，可再生能源将超越化石能源＋核能，成为一次能源的主体，化石能源开发利用将更趋高效低碳。由于传统油气资源日趋紧缺，人们注重非常规油气资源开发、煤的清洁利用，发展以安全可靠、高效低碳、包容协调、负荷适应、优质服务为目标的智能电网。根据 BP2014 年报告预测，到 2035 年，全球能源消费将比 2013 年增加 41％，年均增长 1.5％，其中 95％将来自新兴经济体，增速略低于前 25 年的速度，能源强度下降的主要原因是技术与管理创新、能效持续提高，中国产业结构调整、发展方式转变取得成效。

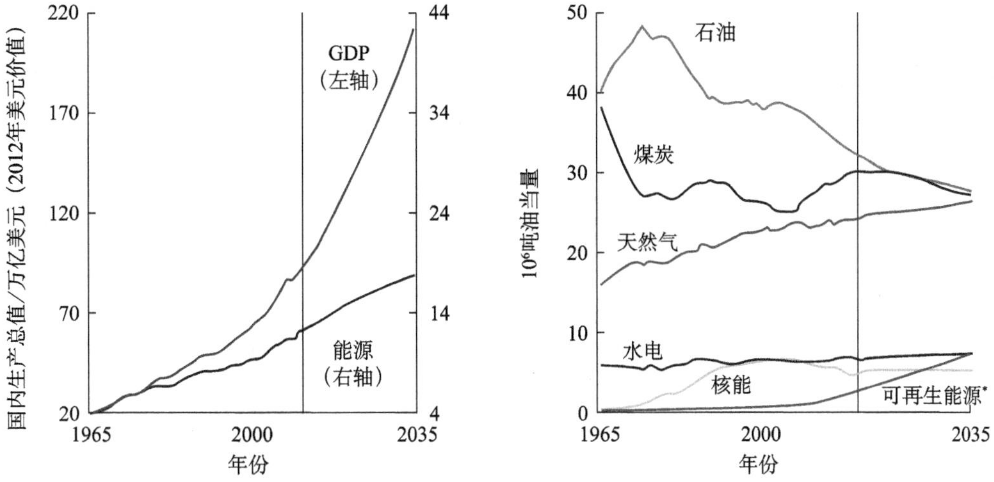

（a）国内生产总值和能源消耗　　（b）一次能源份额

图 24　全球 GDP 与一次能源消耗及结构变化（除水电外，包括生物燃料）

展望未来，在全球竞争中能效将继续提高，能源供给增量中可再生能源、非常规天然气将占主要部分，至 2035 年可再生能源（除水电外）在一次能源消费结构中将超越核能和水能。欧洲可再生能源占发电比例将超 30％继续领跑全球，中国将继续保持可再生能源装机总量和增长最快的国家。。

据 BP 预测，因页岩气革命，美国将实现能源自给，而中国、欧洲等将突破资源地质和技术困难，实现非常规天然气增长。受日本福岛核灾难影响，德国、瑞士、意大利等欧洲国家将先后弃核，日本对重启核能争论而不定，经合组织（OECD）成员国核能将维持

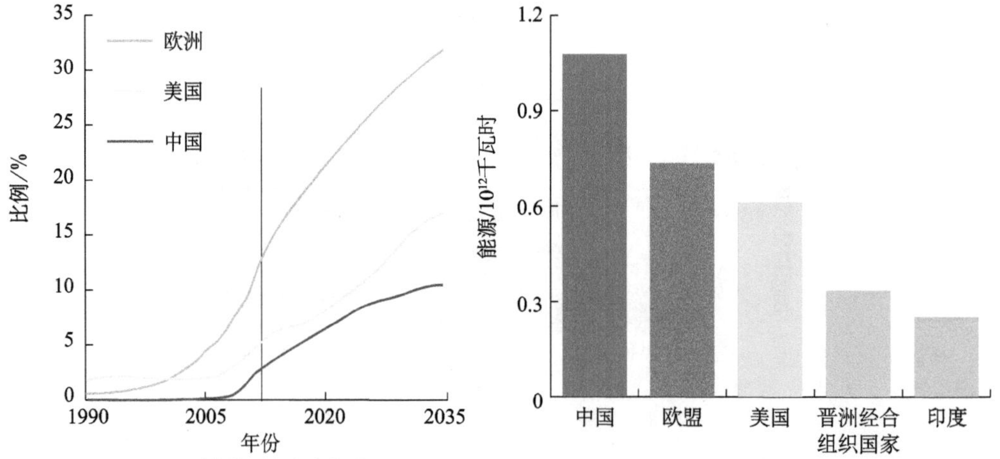

(a) 可再生能源在电力行业占比　　(b) 2012—2035年可再生能源增长

图 25　全球可再生能源增长

总量大体持平，新兴经济体国家将成为核能发展主体。由于汽车保有量以每年千万辆计速度增长及石化工业持续增长，中国、印度油气进口依存度将继续上升。全球 CO_2 排放将增长 29%，多数将来自新兴经济体，中国将继续保持全球最大排放国，随着能源强度下降及天然气、可再生能源在一次能源消费中比例上升，碳排放增长将有所放缓。

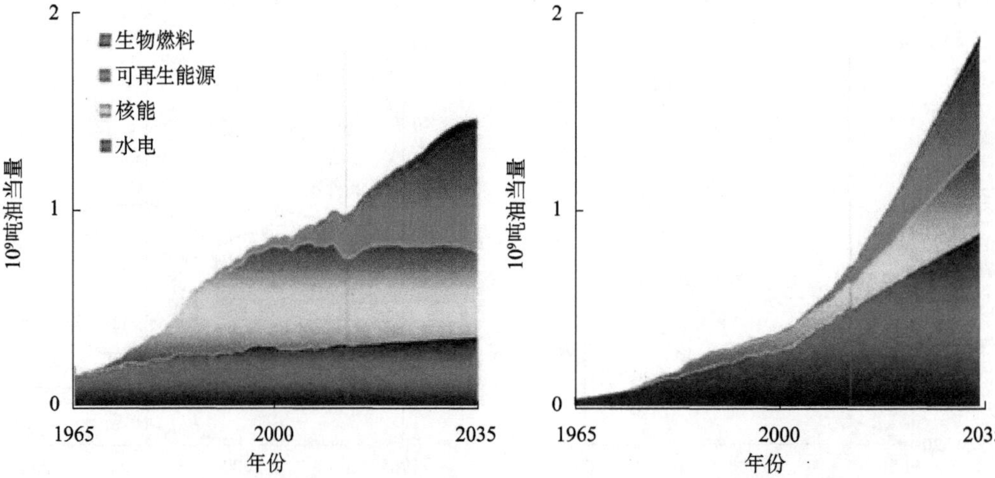

(a) 经合组织　　(b) 非经合组织

图 26　全球清洁、可再生能源增长走势

尽管世界各能源组织对未来能源增长和结构调整的预测数据各有不同，但大趋势一致：能源消费增长主要来自新兴经济体，供给增长主要来自风能、太阳能等可再生能源和页岩气等非常规天然气，煤炭在一次能源中的比重将显著下降。2050 年清洁、可再生能源所占的比重将达到 65%，至 21 世纪末将达至 80%以上，其中风能、太阳能占比将可能分别达到 45%、75%。页岩气、天然气水合物等非常规能源将继续高效开发利用，但油、气燃料在一次能源中的地位将逐步被可再生能源转化而来的氢能代替，21 世纪中叶人类将迎来“清洁、可再生能源时代”。各国也将真正进入能源自主自立的新时代。

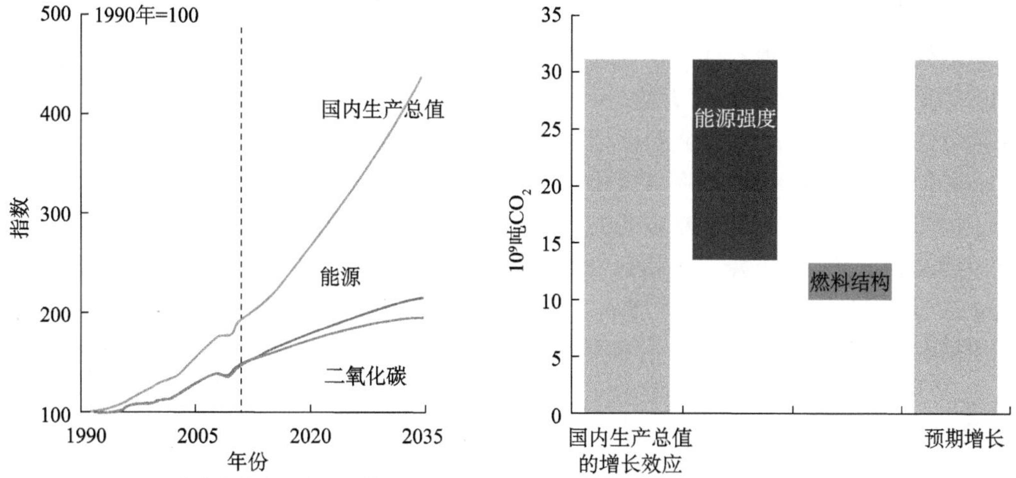

(a) 国内生产总值、能源和排放　　(b) 2012—2035年排放增长

图 27　碳排放增速放缓

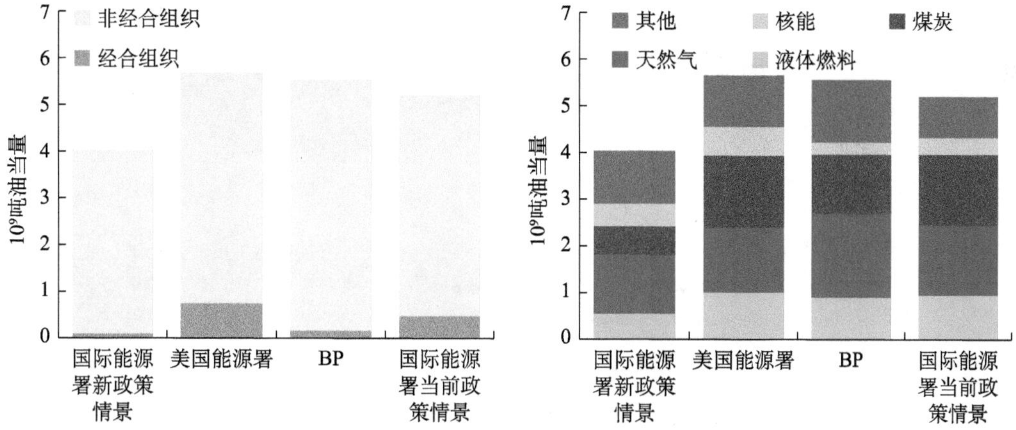

图 28　各能源组织对 2010—2035 年能源消费结构的预测

在中国，党的十八大确立了 2020 年在转变经济发展方式取得重大进展，在发展平衡性、协调性、可持续性明显增强的基础上，实现国内生产总值和城乡居民人均收入比 2010 年翻一番，全面建成小康社会，到 21 世纪中叶新中国成立 100 周年时，基本实现现代化的目标。强调要推动能源生产和消费革命，控制能源消费总量，加强节能降耗，支持节能低碳产业和新能源、可再生能源发展，确保国家能源安全。要以解决损害群众健康突出环境问题为重点，强化水、大气、土壤等污染防治。坚持共同但有区别的责任原则、公平原则、各自能力原则，同国际社会一道积极应对全球气候变化。要更加自觉地珍爱自然，更加积极地保护生态，努力走向社会主义生态文明新时代。

能源不仅是保障中国经济安全和持续繁荣、社会文明进步的重要基础，能源结构和生产消费水平也直接关系到人民生活品质和生态环境保护修复。从总体来看，中国能源发展存在需求巨大、增长快速、结构失衡、效率偏低、污染严重等矛盾，是中国经济社会持续健康发展的制约因素。我们必须清醒地认识这些问题和挑战，必须抓住世界新科技革命和能源结构调整的机遇，转变观念，求真务实，开拓创新，自主自立，走出一条符合国情的绿色低碳、智能安全的可持续发展能源之路。也是保障国家能源安全的必然要求。在坚持节能增效放在首位的同时，大力发展可再生能源是必然选择，使之到 2020 年占一次能源消费的比重达到 15%，2035 年达至 30%。今后 10—15 年中国仍将是可再生能源发电总量增幅最大的国家，增长量可能超过欧盟、美国和日本增量之和。

一是创新发展太阳能。按照《可再生能源发展“十二五”规划》提出的目标，未来 5 年内中国太阳能屋顶电站装机规模将达现有规模的 10 倍。中国光伏产业技术水平进一步提升，产品成本将持续下降，国际竞争力不断增强，核心技术不断取得突破，生产工艺持续优化，过去 10 年转化效率以年均 0.5%的速度递增，规模生产稳定性逐步提高。目前，中国单晶和多晶硅电池产业化转化效率已分别达到 18.5%和 17.3%，一线光伏企业已分别达到 20%、18%以上。薄膜电池［硅基、铜铟硒化镓（CIGS）、碲化镉（CdTe）、砷化镓（GaAs）等］的转换效率达到 6%—8%，有望以年均 1%—1.5%的速率提升，5 年内有望达 16%—18%，其功率衰退问题已得到解决。薄膜电池重量轻、材料消耗少，弱光转化率高，在阴天也能发电，而受到重视。多结化合物太阳能电池（GaInP/GaAs/Ge）光电转换效率可达 41%，理论极限可达至 70%，聚光光热转换效率可达至 80%。2013 年中国新增光伏装机达 12 千兆瓦，同比增长 232%，接近欧盟新增光伏装机总量。彭博新能源财经评估的全球光伏装机情况见图 29。

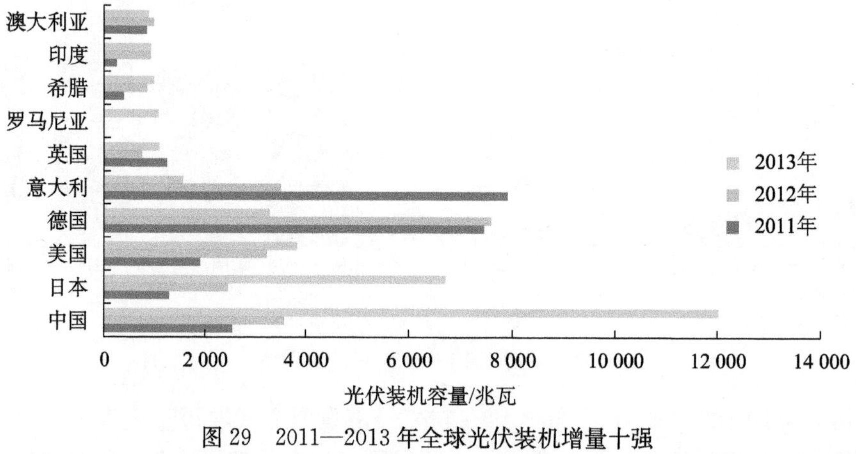

图 29　2011—2013 年全球光伏装机增量十强

至 2013 年年底，中国累计光伏装机已达 19 千兆瓦。2014 年中国计划安装量为 14 千兆瓦（地面光伏电站 6 千兆瓦、分布式光伏电站 8 千兆瓦），到 2020 年光伏装机容量将达到 30 千兆瓦，占发电装机总量比达 1.83%。2030 年将达 100—200 千兆瓦，将占比 4.3%—8.6%。光伏亿家太阳能网（www.solarzoom.com）发布的数据表明，2009—2012 年，中国一线晶硅光伏企业组件制造成本下降了 50%以上，降至 0.59 美元/瓦，今后 3 年将致力于再下降 30%至 42 美分/瓦（图 30）。

2013 年中国太阳能热水器保有量为 31 000 万立方米，同比增长 20.3%，占全球 64%，而排名后 9 位的国家总和也不过 23%。太阳能热水器为提高人民生活质量，替代煤电消费、节能减排做出了贡献。随着中高温太阳能热水器的开发以及太阳能与建筑一体化技术日益完善，太阳能热水器不再局限于提供热水，正逐步向取暖、制冷、烘干和工业应用拓展，市场潜力巨大。2008 年起全球光热发电快速发展，以年均 49.7%速率增长，

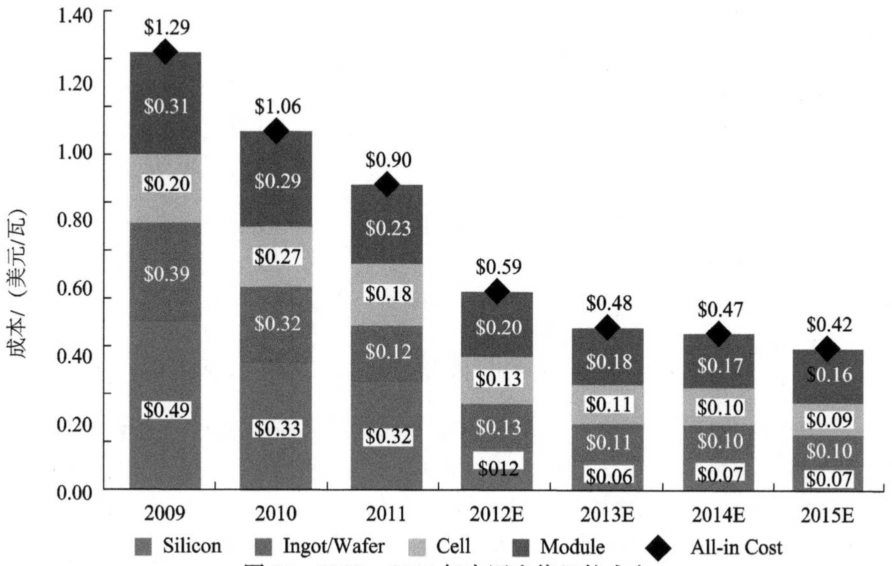

图 30　2009—2015 年中国光伏组件成本

资料来源：GTM Research，《全球光伏追踪报告》

至 2013 年年底全球累计装机容量 4663 兆瓦，中国累计装机容量 21 兆瓦。人们已开始致力研发光伏、光热融合组件，不但能使太阳能转换利用总效率达至 80%以上，而且能更好地满足用户对电、热（冷）能利用的综合需求，在分布式太阳能应用领域发展潜力巨大。

二是大力发展风能。风力发电是当前成本相对最低、技术相对成熟且最具规模化发展潜力的可再生能源。尤其是在当前治理雾霾和减排温室气体的严峻形势下，中国能源结构调整需要提速，风能等可再生能源的发展目标需要重新评估和提高，才有可能在替代化石能源进程中发挥更大作用。风电技术发展已由传统双馈型风机逐步转向直流驱动型，采用可调叶片和新型复合材料叶片等，为适应海上风电需要，单机功率更大，由 1.5—4 兆瓦增至 6—8 兆瓦。产品质量可靠，发电成本稳中有降，已低于油电与核电，接近煤电，欧盟对海上风电继续给予约合 3.5 欧分/千瓦时的启动补贴。2013 年全球风电新增装机 35 千兆瓦。中国新增装机 16.1 千兆瓦，新增并网 14.5 千兆瓦。至 2013 年全国累计并网容量 77.16 千兆瓦，发电量 134.9 太瓦时，约占年总发电量的 2.5%，已超越核电成为第三大电力来源。在快速发展陆上风电的同时，中国海上风电也取得了突破性进展，至 2013 年底，全国海上风电项目累计核准建设规模约 2.22 千兆瓦，建成 390 兆瓦，主要分布于江苏、上海、浙江。未来 15 年中国风能仍将以年均新增装机 18—20 千兆瓦 的速度发展，到 2020 年可望实现总装机量 200—320 千兆瓦。但由于技术与体制原因，2009 年、2010 年以来有大量风能装机因不能并网而弃风，在采取了政策和技术措施后，弃风现象已逐年改善，但 2013 年全国“弃风”损失仍达 16.2 太瓦时，形势依然严峻（图 31）。光风储互补、消纳利用、并网输电、风电设备制造等成为风能创新发展和投资的热点。

三是继续开发水能。2013 年中国新增水电装机近 2993 万千瓦，水电总装机超过 2.8 亿千瓦，开发程度已达 48%。中国不但是世界水电装机第一大国，也是世界上在水电建规模最大、发展速度最快的国家。中国已全面掌握 80 万—100 万千瓦等级水力发电机组和千万千瓦等级超大水电站工程建设先进技术。未来应在依据国家、区域经济社会和电力发展规划，扎实做好待建电站的水文、地质、生态，选址、移民等综合评估和科学论证的基础

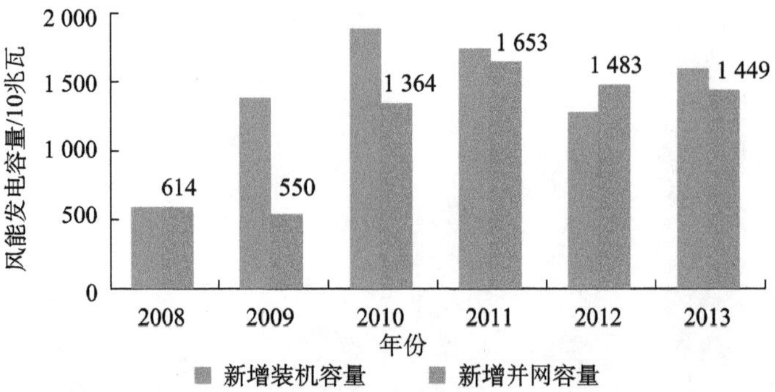

图 31 2008—2013 年中国风能年新增装机容量与并网容量

上、加快西部大中型水电站建设、中东部中小型水电站和抽水蓄能电站建设。到 2020 年，全国水电总装机容量可达 4.2 亿千瓦，其中常规水电装机容量 3.5 亿千瓦，抽水蓄能电站装机容量 7000 万千瓦，水力资源开发率达 80%。

四是因地制宜发展生物质能。当前在世界能源消耗中，生物质能约占总能耗的 14%，在发展中国家可占 35%以上。美国、巴西等国生物质能源利用已具相当规模，2013 年美国生物质能源占一次能源消费的比例已超过 4%。巴西生物源乙醇燃料已占该国汽车燃料的 50%以上。国际自然基金会 2011 年 2 月发布的《能源报告》认为，到 2050 年全球将有 60%的工业燃料和工业供热都将采用生物质能源。中国生物质能资源丰富，现阶段可开发利用资源主要为生物质废弃物，包括农林业废弃物、禽畜人粪便、工业有机废弃物和城市固体有机垃圾、工业有机废水、餐厨废弃物和城乡生活污水等。生物质能源传统技术也比较成熟，“十二五”期间，将通过合理布局生物质发电项目、推广应用生物质成型燃料、稳步发展非粮生物液体燃料、积极推进生物质气化工程，到 2020 年，中国生物质发电总装机容量达到 3000 万千瓦，生物质固体成型燃料年利用量达到 5000 万吨，3 亿农村居民生活燃气主要使用沼气，年利用量达到 440 亿立方米，生物燃料乙醇年利用量达到 1000 万吨，生物柴油年利用量达到 200 万吨。预计 2050 年中国生物质发电量可达到 5900 亿千瓦时，占当年能源需求总量的 4%以上。生物燃油将替代 30%石油消费。生物源燃料动力发电机还可以在高比光、风能接入的局域电网中发挥调节稳定作用。

五是积极发展氢能。氢能是 21 世纪最具发展潜力的二次清洁能源。氢燃烧的热当量，约为汽油的 3 倍，酒精的 3.9 倍，焦炭的 4.5 倍。燃烧的产物只是水，是最清洁的能源。氢既可以燃烧产生热能，在热力发动机中转变机械功，也可以用于燃料电池转化为电能，可以替代汽油、柴油、天然气等液体和气体燃料，而只需对现有内燃机、燃汽轮机稍加改装即可使用。氢资源丰富，可以由水制取，演绎自然物质的循环持续利用。如把海水中的氢全部提取出来，将是地球上所有化石燃料热量的 9000 倍。如果用太阳能、风能制氢，就等于把无穷无尽的、分散的太阳能、风能转变成了高度集约、可分配、可移动使用的清洁能源，意义不言而喻。太阳能、风能制氢的方法有太阳能热分解水制氢、太阳能、风能发电电解水制氢、阳光催化光解水制氢、太阳能生物制氢等。1970 年，美国通用汽车公司技术研究中心提出“氢经济”概念。20 世纪 70 年代以来，世界上许多国家和地区广泛开展了氢能研究。氢能技术在美国、日本、欧盟等国家和地区已进入系统实施阶段。美国政府已明确提出氢计划。20 世纪 90 年代中期以来，为应对大气污染、全球气候变化，对零排放交通工具、替代石油进口的需要，储存可再生电能供应的需求等增加了氢能的吸引力。中国对氢能的研究与发展可以追溯到20世纪60年代初，为发展航天事业，发展火箭燃料的液氢的生产、发展氢氧燃料电池。将氢作为能源载体和新的能源系统发展，是从20世纪70年代开始的。氢能技术已被列入中国《国家中长期科学和技术发展规划纲要（2006—2020）》。

六是在确保安全的基础上高效发展核电。作为一种安全可靠、清洁低碳的能源，核能已被越来越多的国家所接受和采用。半个多世纪以来，根据能源市场的需求发展，以提升安全性、经济性、燃料利用率以及防止核扩散为目标，发展出诸如压水堆、沸水堆、重水堆、气冷堆、石墨水冷堆、快中子堆等多种堆型。通过技术改进升级，经济性、安全性不断提升，目前正在运行的核电站绝大部分属"第二代"核电，累计已取得超过13 000堆年安全运行经验，业绩良好。其中压水堆是主力堆型，约占装机总量的65%。20世纪90年代起美国、欧洲等开始发展有更高安全性和经济性、机组额定功率1 000—1 500兆瓦电力、可利用因子>87%、换料周期18—24月、电站寿命更长、建设周期较短、能与联合循环的天然气电厂竞争、技术更先进的第三代核电系统（以美国西屋公司非能动先进压水堆AP1000、欧洲先进压水堆EPR为代表），经近20年努力，技术已趋成熟。中国引进的美国非能动AP1000及法国EPR都属于第三代核电系统，在引进消化吸收的基础上再创新形成了中国CAP-1000，并已成为全球第三代核电站在建规模最大的国家。更加前瞻的研究还有致力提升核燃料利用率的混合堆研究、本征安全新堆型研发，钍基反应堆研发、可控聚变反应堆技术的发展探索等。据国际原子能机构预测，到2030年全球的核电装机容量至少增加40%。1979年美国发生三里岛核电站事故、1986年苏联发生切尔诺贝利核电站事故、2011年日本发生福岛核电站事故后，公众要求进一步提高核电的安全性，核电安全标准将进一步提升。中国确定了"在确保安全的基础上高效发展核电"的方针，规划至2020年核电容量将达到40千兆瓦，占当时电力总容量约4%。2030年，总装机容量达到2亿千瓦，核电装机容量占10%，2050年核电占总装机容量的16%，成为列可再生能源之后最大的清洁能源。

未来中国清洁、可再生能源的发展战略大致可分为3个发展阶段：第一阶段，到2020年，风能、太阳能、生物质能、地热能等新兴可再生能源技术初步达到商业化水平，清洁、可再生能源占一次能源总量的20%以上；第二阶段，到2035年，风能、太阳能、生物质能、地热能等新兴可再生能源技术基本实现商业化，清洁、可再生能源占一次能源总量的30%以上；第三阶段是全面实现可再生能源的商业化，大规模替代化石能源，到2050年清洁、可再生能源在能源消费总量中达到50%以上。

四、启　示

人类正走向绿色低碳、智能安全的可持续能源时代。未来二三十年将是人类从工业化以来，以规模化、集中式化石能源为特征的不可持续能源时代转变为以分布式、多样化、绿色低碳、智能安全的可持续能源体系的关键历史时期。光伏、光热、风能、水电、生物质、地热、海洋能等可再生能源将发挥主体作用，核能等其他清洁能源为补充，非常规电力、天然气、氢能将成为交通运载工具新的动力源。

这一发展的科学本质是“减碳趋氢”。它不仅是人类能源技术与工程产业进化史上的又一次大变革，也有赖于物理、化学、生物学、材料科学的进展，而且更需要信息网络、大数据、云计算、先进制造、智能电网、储能与控制、交通与运载等技术创新与变革，需要产品与装备的创新设计、生产与生活方式、能源生产利用、经营服务和商业模式的创新。

鉴于能源是人类现代文明的基石与动力，可再生能源带来的能源结构、能源自主供应和能源本征安全格局的变革，将推进人类生存发展方式的变革，全球经济、政治格局的变革，将有利于促进国际关系和人类社会向民主自由、公平公正、共创分享、绿色低碳、科学包容、自主安全、可持续文明发展。

以信息网络、大数据、云计算、智能制造、清洁可再生能源、分布式智能电网、普惠公共与商业与服务为特征的知识网络时代，创新人才、创新环境、创新文化、创新能力更成为个人、企业、国家、民族生存发展和竞争合作能力的基础与核心，信息网络和分布式再生能源体系将为个人和企业、为地区和国家创造更加公平公正共创分享的创新创业和发展环境，有利于能源应用技术与产业创新如同网络创新那样充分涌现，有利于共同创造一个和平和谐、创新合作、持续繁荣的世界。

能源发展战略目标和路径的选择，不仅事关国家经济安全、竞争力和可持续发展能力，而且事关生态环境源头治理与修复，关系人民健康、生活品质和社会公平。我们必须从发展观念、能源战略、能源体制、产业政策、创新驱动等方面更积极主动地改革创新。抓住以信息网络、智能制造、能源革命为核心的世界新产业革命和人类文明形态转型与中华民族复兴进程历史交汇的新机遇，从跟踪模仿、平行追赶，走向创新驱动、跨越引领，从经济大国、制造大国转变为坚持绿色低碳发展，能源资源自主自立的经济强国、创造强国。为在2020年全面建成社会主义小康社会，2050年基本实现现代化，进而实现中华民族伟大复兴的中国梦，提供坚实基础。

参考文献

《世界能源中国展望》课题组．世界能源中国展望（2013—2014）．北京：社会科学文献出版社，2014.

国家能源局．可再生能源发展“十二五”规划．2012-08-06.

国家能源局．生物质能发展“十二五”规划．2012-07-24.

国务院．能源发展“十二五”规划．2013-01-01.

胡锦涛．坚定不移沿着中国特色社会主义道路前进 为全面建成小康社会而奋斗——在中国共产党第十八次全国代表大会上的报告．2012-11-08.

李俊峰，蔡丰波，乔黎明，等．2014中国风电发展报告．2014-06-18.

赛迪咨询有限公司．2014年中国光伏发展趋势分析．2014

中国工程院．中国能源中长期（2030、2050）发展战略研究报告．2011.

中华新能源．全球新能源发展报告2014．2014. BP．2035世界能源展望．http：//bp. com/egergyoutlook ＃BPstats. 2014.

BP. Statistical review of world energy. http：//bp. com/statistical-review ＃BPstats. 2014.

World Energy Council. World energy perspective energy efficiency technologies overview Report. 2013.

第二篇

科技与社会

共享信息资源　缩小数字鸿沟*

人类已进入新的世纪，以信息技术为代表的科技发展已将人类社会推进到全球化知识经济的时代。信息资源已成为知识经济时代人类可持续发展最宝贵的资源。但是信息技术和知识经济的发展也给人类社会带来了新的挑战。由于信息基础设施、教育水平和信息化普及水平的差异，在发达国家、地区与发展中国家、地区之间，在高教育程度、高收入人群和低教育水平和相对贫困人群之间出现了对信息、知识、发展机会和收入水平之间的差距，出现了“数字鸿沟”问题，这正成为新世纪人类社会面临的可持续性协调发展的新的挑战。

下面，我主要谈谈共享信息资源在缩小数字鸿沟方面的意义和作用。

所谓“数字鸿沟”，一种流行的说法是指“信息富有者和信息贫困者之间的鸿沟”。数字鸿沟不仅存在于发达国家与发展中国家之间，而且在国内的不同地区之间，城市与乡村之间，不同教育程度的阶层之间和不同收入水平的阶层之间都可能存在着巨大的数字鸿沟。

国际上，目前占世界人口 16%的发达国家拥有全球 90%的网络主机，仅纽约拥有的网络主机就比整个非洲的还要多。在全世界已经上网的 3.32 亿人当中，在非洲的只有不到 1%，在接入互联网的计算机中，属于发展中国家的不到 5%。发达国家与发展中国家间的数字鸿沟正越拉越大，并使南北在经济发展上的差距逐渐扩大。

改革开放 20 多年，中国的信息产业创造了世界罕见的发展速度。但是，由于社会经济和科技发展状况以及巨大的人口基数，中国和美国等发达国家之间的电脑普及率和网络普及率差距仍然悬殊，存在着巨大的“数字鸿沟”。中国平均 113 人拥有一台电脑，美国是两人一台。中国上网用户人数 2001 年 3 月达到 2600 万人，占总人口不到 2%，而美国网民数量 2000 年 7 月即 1.37 亿人，占总人口的一半左右。

从国内的情况看，北京一地注册的互联网域名占全国 37.87%，而大多数中西部省份都还不到 1%。中国的北京、上海、广州三地上网用户数占全国 62.33%，后十个省市加起来的才占 4.36%。从整体的信息化程度来看，西部地区也显著地落后于东部沿海地区。

因此，中国国内的数字鸿沟正在出现，而中国整体上与发达国家之间的数字鸿沟也正

---

* 本文为 2001 年 5 月 24 日在上海举行的“第二届亚太地区城市信息化高级论坛”上的主题演讲。

在扩大。江泽民同志在联合国千年首脑会议上的讲话中指出："迅速发展的科学技术，成为创造财富的新的重要动力。日益拉大的'数字鸿沟'表明，发达国家与发展中国家在科技水平上存在极大差距，这必然致使南北贫富差距进一步拉大。体现人类智慧和创造精神的先进科技，应该在全球范围内用于促进和平与发展，造福各国人民。"江泽民同志在此明确指出，数字鸿沟问题已经成为信息时代的南北问题，是缩短中西差距的又一个关键，也是中国国内缩小东西发展差距的关键。

如何缩小数字鸿沟呢？我认为，实现全球信息资源共享是向着这个目标迈进的一个重要步骤。

一、 信息资源的共享性

信息资源有许多不同于物质资源的特性，最重要的一点就是它的共享性。信息资源可以极低的成本进行克隆，也就是无差别的复制。这不仅意味着共享信息资源的代价很小（与信息本身的价值相比基本可以忽略不计），非常易于实行，而且信息复制品不存在质量和功能上的缺陷，完全和信息源具有同样的功用。另外，信息的共享并不对信息源造成任何的伤害（保密性的问题除外），信息的拥有者并不需要为与他人分享而做出牺牲。因此，信息资源是一种特殊的资源，本质上具有易于共享的特性。

同时，信息资源的共享常常是双向的，信息的提供者同时也是信息的获取者。信息资源的可交互性使信息的共享在交互的过程中不断升值，最终使所有的参与者都从共享中得到最大的收益。所以说，信息资源的共享是一种典型的"双赢"。例如，优秀的操作系统 Linux 正是在互联网（Internet）上共享与交流的精神召唤中诞生与发展起来的。

信息资源还有一个适于共享的特点，就是可开发利用的多样性。相同的信息资源可以在众多不同的场合发挥作用，例如遥感卫星的数据在地学、环境、气象、军事等诸多领域都有重要的应用。现实中人们开发某项信息资源的时候往往有特定的目的，但这些信息其实可以有更多的用途。通过信息的共享，大大丰富了信息的开发利用，也就大大地增加了信息的价值。

显然，信息资源的共享既有先天的便利，更有着重要的意义和显著的效益。信息资源的共享性决定了共享信息资源不仅是可行的，而且是必要的。

二、 全球信息资源共享的现实可能性

人类信息资源的共享自古有之，然而，正是 20 世纪末期在通信技术和网络技术方面的飞跃使得全球性的信息资源共享具备了现实可能性。

近年来，光纤通信的发展突飞猛进，带宽每半年便增加一倍，现已成为构建宽带网络的基石。密集波分复用（DWDM）技术利用单根光纤传输多个载波，是实现超大容量传输的重要手段。同时，卫星通信、移动通信等技术的飞速发展，使得在地球上任何一个角落都可以进行通信的梦想基本实现。

Internet 的成功可以说是 20 世纪后半叶人类最重要的成就之一。今天，世界各国都在大力发展下一代的宽带信息网络，如美国的 Internet 2、加拿大的 CA’NET3 等。中国也在这一领域内开展了相应的研究工作，如自然科学基金委的中国高速互联研究试验网（NSFCNET）和 863 计划的中国高速信息示范网（CAINONET）。

总之，建设全球宽带信息网络的技术手段已基本成熟，并且仍在飞速发展，正是这些高效的数据通信模式使得实现全球信息资源共享成为可能。

三、 全球信息资源的多样性与互利性

今天的社会当中，信息无处不在。每时每刻都有大量的信息产生，对于全球范围而言，信息资源就更是浩如烟海。全球信息资源的一个重要特点，就是它的多样性，各个国家和地区都有其特有的信息资源。

随着全球经济的发展，各国正在融入世界经济一体化的潮流，相互之间的依存性越来越强。这种经济生活的依存性必然带来对信息资源的共享需求，因为多样性的信息资源不可能独有，共享信息资源为大家提供了互惠互利的可能。

因此，信息资源的共享并不仅仅是在信息技术上领先的发达国家与地区向相对落后的发展中国家提供信息，发达国家与地区同样需要发展中国家与地区的信息资源，它们也同样从信息共享中获益。

正是有了这种互相依存和互惠互利为基础，信息资源的共享才能够得到长久的可持续发展。

四、 发达国家和地区的责任

21 世纪国与国之间的联系更加紧密，世界经济日趋全球化。现实表明，贫富差距扩大问题已成为全球性问题，“数字鸿沟”也已引起世界性的关注。为了全球的协调发展和可持续发展，发达国家和地区应该在共享信息资源和缩小数字鸿沟方面担负起更多的责任。

应当指出，发达国家和地区有责任，也有能力在这方面做出努力。西方七国的国内生产总值之和就占世界总产值的 70%以上，当前最先进的信息技术更是掌握在以美国为代表的少数发达国家手中。发展中国家今天的贫穷和落后也有着深刻的历史根源。因此，发达国家和地区的科学家、工程师、企业家和政治家为全球协调发展和信息共享负有更多的历史和道义责任。

在此，我要向发达国家和地区提出几点倡议，希望能通过在全球范围推进信息资源的共享，逐步缩小实际存在的“数字鸿沟”。

（1）以合理的价格帮助发展中国家建立和提升信息基础设施。

（2）培训第三世界信息技术和管理人才。

（3）让第三世界国家分享更多的信息与知识资源。

(4) 为第三世界国家无偿或合理价格提供公益性数据。

(5) 国际社会应尽早建立和健全保证第三世界、相对贫困地区与家庭公平合理分享信息资源的有关信息的道德规范和法规。

虽然，“数字鸿沟”是当前一个全球性的难题，但是，我们也应该看到，对于发展中国家，对于中国，机遇与挑战并存。今天的中国正面临着实现工业化的同时实现信息化的双重任务，并且我们已经在过去的 20 年里取得了举世瞩目的伟大成就。在新的世纪里，我们更要把握机会，积极创新，以信息化带动工业化，发挥后发优势，努力实现社会生产力的跨越式发展。相信通过大家的共同努力，一定能把“数字鸿沟”变为“数字机遇”，或“数字桥梁”，逐步缩小乃至最终填平“数字鸿沟”。

高扬科学旗帜，推进知识创新*

党的十五届五中全会和九届四次人大通过的《关于国民经济和社会发展第十个五年计划纲要的报告》明确指出：从新世纪开始，我国将进入全面建设小康社会，加快推进社会主义现代化的新的发展阶段。在这样一个重要历史时刻，中国共产党也迎来了它在新世纪的第一个建党纪念日。借此机会，回顾中国共产党 80 年的发展历史，重温党的三代领导集体对中国科技事业以及中国科学院的关怀与支持，倍感党和人民对中国科学和中国科学院的殷切期望，审视我们肩负的历史责任，必将对 21 世纪的科技改革、创新与发展注入新的活力。

一、在第一代领导集体的领导下，在社会主义革命和建设的艰辛探索进程中，完成了中国科技事业的奠基与创业

马克思主义认为，人类社会的基本矛盾是生产力和生产关系、经济基础和上层建筑之间的矛盾，人类社会正是在这种矛盾运动中发展的，其中生产力是最基本、最活跃的要素，是一切社会变革和发展的根本动力，是社会进步的最终决定力量。也正因为如此，中国共产党自成立之日起就因致力于民族的解放与复兴，而始终不渝地把解放和发展社会生产力作为自己的根本任务。在新民主主义革命时期，中国共产党旗帜鲜明地高举起反帝、反封建、反官僚资本主义的大旗，锋芒直指束缚中国社会生产力发展的桎梏，成为民族解放的先锋，并领导中国人民最终取得了新民主主义革命的伟大胜利，建立了新中国。新中国建立之后，中国共产党适时将工作重点转向迅速地恢复和发展经济，开始了社会主义革命和建设的艰难探索。一方面，致力于建立和完善新的生产关系，对农业和工商业进行大规模社会主义改造。另一方面，开展经济建设，努力使中国稳步地由农业国转变为工业国。“不但要把一个政治上受压迫、经济上受剥削的中国，变为一个政治上自由和经济上繁荣的中国，而且要把一个被旧文化统治因而愚昧落后的中国，变为一个被新文化统治因

---

* 本文为 2001 年 6 月 27 日在“中国科学院纪念中国共产党建党 80 周年大会”上的讲话，发表于《科学新闻》2001 年第 24 期。

而文明先进的中国。”① 为此，不遗余力地发展科学、文化和教育事业。小平同志在新中国成立之初就指出：“科学研究是一项基本建设，在这方面的投资就叫基本建设投资。”②

在这样一个背景下，毛泽东、周恩来等党的第一代领导人在新中国成立伊始就决定建立中国科学院。在中国现代科学技术十分薄弱的情况下，集中了全国以至海外一大批优秀科技专家，揭开了中国科学技术事业发展的新历史。

1954 年，周恩来总理在政务院第 204 次政务会议上听取关于中国科学院的基本情况和今后工作任务的汇报时，明确提出“国家计划的建设已进入第二年，应该将科学事业提到重要地位”，随后党中央对科学院上报的《中国科学院党组关于目前科学院工作的基本情况和今后工作任务给中央的报告》做了重要指示，全面阐述了中国共产党发展科学技术事业的基本政策。指出：要把中国建设成为生产高度发达、文化高度繁荣的社会主义国家，一定要有自然科学和社会科学的发展。在国家有计划的经济建设已经开始的时候，必须大力发展自然科学，以促进生产技术的不断发展，并帮助全面了解和更有效地利用自然资源，否则就会由于科学落后而阻碍国家建设事业的发展。在这份中共中央在科技方针政策方面的奠基性文件中，党中央对中国科技界和中国科学院进一步寄予了厚望，明确科学院是全国科学研究的中心，并首次提出了建设以中国科学院为中心、包括高等学校和各生产部门科学研究机构在内的全国科学研究工作体系的方针和战略部署。

1956 年，随着社会主义改造提前完成和大规模经济建设的顺利进行，中国社会对科学技术的需求愈加迫切。党的主要领导人更是深刻认识到要想迅速摆脱中国贫穷落后的面貌，必须努力繁荣中国的科学与文化教育事业。毛泽东同志在最高国务会议第六次会议上的讲话中指出：“社会主义革命的目的是为了解放生产力。”社会主义改造“为大大地发展工业和农业的生产创造了社会条件。”为适应社会主义革命高潮的新形势，必须要“努力改变我国在经济上和科学文化上的落后状况，迅速达到世界上的先进水平。”③ 在党的八大预备会议上，毛泽东同志更加明确地指出：我们计划三个五年计划之内造就 100 万—150 万高级知识分子。那时党的中央委员会的成分也会改变，中央委员会中应该有许多工程师、许多科学家。甚至希望将中央委员会变成一个科学中央委员会④。为适应社会主义建设新高潮的来临，党中央向全国提出了“ 向现代科学进军 ”的口号，并对中国科学院提出了更高的要求，提出“要用极大的力量来加强中国科学院，使它成为领导全国提高科学水平、培养新生力量的火车头”。1956 年年初，为贯彻这些思想，在周恩来总理的亲自领导下，成立了国务院科学规划委员会，以中国科学院为主，集中了全国 600 多位科学家，制定了《1956—1967 年科学技术发展远景规划纲要》（简称《远景规划纲要》），包括了 13 个领域 57 项重点任务，囊括了原子能、半导体、电子计算机等世界上刚刚出现的新兴学科在内的几乎所有重要科技领域，还专门制定了发展基础科学的学科规划 。《远景规划纲要》的目标是要按国家的需要和可能把当时世界科学最先进的成就尽可能迅速地介绍到我国来，把我国科学事业方面最缺乏而又最急需的门类，尽可能迅速地补充起来，并根据世

---

① 毛泽东．新民主主义论//毛泽东．毛泽东选集．第二卷．北京：人民出版社，1991：663.

② 温家宝．邓小平科技思想是建设有中国特色的社会主义理论的重要组成部分//张玉台主编．邓小平与中国科技．福州：福建科学技术出版社，1997：147.

③ 毛泽东．社会主义革命的目的是解放生产力//党和国家领导人论科学技术工作．北京：科学出版社，1992：37.

④ 中共中央党史研究室．光辉历程——从一大到十五大．

界科学已有的成就来安排和规划我们的科学研究工作，争取在第三个五年计划期末使中国最急需的科学部门能够接近世界水平。在规划实施的过程中，主要在中国科学院实施了几大紧急措施，建立了一批高水平的研究机构，有系统地部署、布局了从事基础研究、战略高技术前沿到从事资源生态环境研究的相关研究机构，完成了中国科学的总体布局，为未来的发展奠定了重要基础。《远景规划纲要》的实施，在“两弹一星”中发挥了至关重要的作用，并为我国工业技术体系和国防科研体系的形成与发展做出了重大贡献，基本形成了当时以中国科学院为核心的国家科研体系，创造了我国科技事业的第一次辉煌。后来，由于对社会主义主要矛盾的错误判断和“左”的路线的干扰，科学技术的历史地位和对生产力发展、对社会文明进步不可替代的作用的认识并未在全党和全社会真正确立。特别是在“文化大革命”时期，更是偏离了发展生产力的根本，强调以阶级斗争为纲，片面和单一地强调生产关系，闭关锁国，使我国的科技事业遭受了严重摧残和挫折。

二、在邓小平同志科技是第一生产力思想的指导下，锐意改革，努力进取

粉碎“四人帮”后，邓小平同志以其伟大的政治家、战略家的眼光，在拨乱反正、百废待兴的工作中率先抓科技和教育工作。1977 年，即将复出的邓小平同志专门约见了中国科学院的主要领导，谈科技和教育的整顿问题，随后就召开了科学和教育工作座谈会。座谈会上，小平同志说：“我们国家要赶上世界先进水平，从何处着手呢？我想，要从科学和教育着手。”[①] 作为改革开放的总设计师，邓小平同志一方面把马克思主义基本理论与新时期我国社会主义现代化建设相结合，拨乱反正，紧紧抓住发展生产力这个根本，坚持“实事求是，解放思想”的思想路线，以极大的理论勇气和政治胆识，把以经济建设为中心，发展生产力，建设四个现代化作为我党在新时期工作的根本任务，开展了前所未有的改革和对外开放，引进和学习国外先进的科学技术和文化，启动了由农村到城市的大规模经济体制改革和政治体制改革。另一方面，通过对当代社会生产力发展规律的科学认识和时代特征的准确把握，提出了科学技术是第一生产力，强调“四个现代化，关键是科学技术的现代化。……没有科学技术的高速度发展，也就不可能有国民经济的高速发展”，将发展经济与发展科学技术一起共同作为改革开放的核心内容，指出“经济体制改革，科技体制改革，这两方面的改革都是为了解放生产力。新的经济体制，应该是有利于技术进步的体制。新的科技体制，应该是有利于经济发展的体制”，并身体力行，亲自决策在中国科学院兴建北京正负电子对撞机，亲自批准实施 863 计划。作为建设有中国特色社会主义理论的重要组成部分，小平同志的科技思想为新时期我国制定科教兴国战略和发展科技事业提供了最重要的理论和政策依据。

为恢复和发展中国的科技事业，迅速缩小原本已经缩小后来又被拉大的与世界科学技术水平的差距，适应科技创新和经济建设高潮来临的需要，在以邓小平同志为核心的第二代党中央领导集体的亲切关怀和直接支持下，中国科学院在全国率先恢复了研究生制度，

① 邓小平．邓小平文选．第二卷．北京：人民出版社，1994：48.

并率先恢复了与国际的交流合作，包括考察交流、参加学术会议，派遣优秀人员出国进修、留学，正式开启了中国对外开放的大门。在小平同志一手推动的科学春天的吹拂下，中国科学院开始了振兴与改革的新阶段。十一届三中全会之后，随着中国经济体制改革的全面深入，中国科学院针对当时科研体制存在的弊端，于 1982 年率先对基础研究实施基金制和合同制，并在中国科学院内建立了面向全国的科学基金，以后发展成为今天的国家自然科学基金会。为改变人员不能流动和“近亲繁殖”的状况，1985 年中国科学院率先提出“开放、流动、联合”的方针，最早建立向国内外开放的研究实验室（所）。1987 年，中国科学院提出了把主要力量动员和组织到为国民经济和社会发展服务的主战场，同时保持一支精干力量从事基础研究与高技术创新的办院方针，并在当时环境下基于对自身定位的认识，基于不同性质的科技工作，具有不同的规律，应以不同的方式和模式进行管理的理念，提出“一院两种运行机制”的构想，形成适应改革开放和经济建设要求的富有活力的科技工作新局面。”在锐意改革和进取中，中国科学院进行了改革创新的探索，推动了新的历史时期科学技术的创新与发展。

三、第三代领导集体战略决策，建设国家创新体系，提高国家创新能力

以江泽民同志为核心的党中央第三代领导集体，高举邓小平建设有中国特色社会主义理论的伟大旗帜，进一步继承和丰富了党的理论和思想，在十四大上确立了建立社会主义市场经济体制的目标，并提出了“科教兴国”和“可持续发展”两大战略。党的十五届五中全会和九届四次全国人大通过的《关于国民经济和社会发展第十个五年计划纲要的报告》进一步明确提出：“科技进步和创新是增强综合国力的决定性因素，经济发展和结构调整必须依靠体制创新和科技创新”，要“坚持把改革开放和科技进步作为动力”，将发展科学技术提高到前所未有的高度。

知识经济的崛起，主要源自于以信息科技为主的高技术及其产业的迅猛发展所带来的科技革命。在 21 世纪，以信息科技、生物科技和纳米科技等为主的新一轮更大规模的科技创新和革命必将更加迅猛和壮阔。在这一进程中，发展中国家通过学习别国的技术和经验赶超发达国家的历史进程将受到新的挑战，其“后发优势”的作用将会有所局限；拥有持续创新能力和大量高素质人力资源的国家，必将不断拥有、获得快速发展的潜力和优势，而缺少雄厚科技储备、缺少对国际科技前沿动态的识别与响应能力，缺少创新能力的国家，不仅将失去国际市场的竞争力，甚至还将失去国内市场竞争的优势，最终失去综合竞争力，失去知识经济带来的机遇。

基于这一形势，1997 年冬中国科学院向党中央和国务院报送了《迎接知识经济时代，建设国家创新体系》的报告。江泽民同志对此做出了重要批示：“知识经济、创新意识对于我们 21 世纪的发展至关重要，东南亚的金融风波使传统产业的发展会有所减慢，但对产业结构的调整则提供了机遇。科学院提出了一些设想，又有一支队伍，我认为可以支持他们搞些试点，先走一步。真正搞出我们自己的创新体系。”1998 年 6 月国务院科技教育领导小组做出了具有深远意义的战略决定，批准了在中国科学院开展知识创新工程试点工

作。这是以江泽民同志为核心的第三代领导集体面向新世纪的挑战做出的战略决策，也标志着我国科技事业发展进入了一个将国家创新体系作为国家重要战略资源和基础设施，进行全面改革和建设的新阶段，并将中国科学院推进到了一个面向新世纪的发展时期。江泽民同志2000年6月30日在为美国《科学》杂志社撰写的社论中指出："中国将致力于建设国家创新体系，通过营造良好的环境，推进知识创新、技术创新和体制创新，提高全社会创新意识和国家创新能力，这是中国实现跨世纪发展的必由之路。"在国务院的直接领导下，中国科学院以知识创新为核心，以凝练科技目标为导向，以组织结构调整和运行机制转换为突破口，展开了大幅度的、带有根本性的改革调整工作，构筑能够与国际接轨并适应我国国情和发展要求，能够适应21世纪科技发展的挑战，能够为21世纪中国社会经济可持续发展提供科技支撑、不断做出基础性、战略性和前瞻性的重要贡献的国家科技战略方面军。到2010年前后，中国科学院将建设成为面向国家战略目标和国际科技前沿、具有强大和持续创新能力的国家自然科学和高技术的创新中心，成为具有国际先进水平的科学研究基地、促进我国高技术产业化发展的基地和培养造就高级科技人才的基地，不仅发挥国家科技知识库、科学思想库和科技人才库的作用，而且要为普及科学知识，弘扬科学精神、科学道德，倡导科学方法，提高中华民族的科学技术水平，迎接新世纪的挑战做出贡献。

回顾中国科学院50多年与共和国休戚与共的发展历史，党的三代领导集体均在关键时期对中国科学事业和中国科学院在战略上给予了高度重视和巨大的支持，使我们备受鼓舞和激励。江泽民同志在全面总结分析我党近80年的历史经验的基础上，面对新的形势、新的任务阐明了这样一个重要思想："只要我们党始终成为中国先进社会生产力的发展要求、中国先进文化的前进方向、中国最广大人民的根本利益的忠实代表，我们党就能永远立于不败之地，永远得到全国各族人民的衷心拥护并带领人民不断前进。"在当今科学技术已成为推进生产力发展和人类社会文明进步的关键因素和不竭动力，中国科技界和中国科学院所肩负的历史责任比以往任何时候都更加重大，我们一定要不辜负党和人民的期望，面向国家战略需求，面向世界科技前沿，加强原始性科学创新，加强战略高技术创新，攀登科学技术高峰，开创中国科技创新的新文化，不断为我国经济发展、国防建设、科学技术和文化教育的繁荣与社会进步做出基础性、战略性、前瞻性的创新贡献。

信息化与未来*

各位嘉宾，女士们，先生们：

大家好！

非常高兴能有机会和海内外各界朋友们相聚在美丽的西子湖畔，研讨有关信息化的一些问题。可以说，信息化是我们面向新世纪最激动人心、也最具挑战性的课题——成功实现国民经济和社会发展的信息化、抓住历史机遇实现跨越式发展，将是我们在新世纪里实现中华民族伟大复兴的有力保证。为了完成这一光荣的历史使命，我们任重而道远。相信此次论坛将会产生很多有意义的成果，对于贯彻中央的战略部署、落实江泽民同志关于信息化的指示、推进浙江省的信息化工作，都会有重要而深远的影响。请允许我以杭州老居民的名义，预祝大会取得成功。

下面我就从几个方面来谈谈信息化与未来。

一、信息技术对当代经济、社会、国防的革命性影响

今年是21世纪的第一年。站在新世纪的门槛上展望未来，世界多极化和经济全球化的步伐正在进一步加快，科学技术突飞猛进，知识经济日现端倪。今天，人们已经普遍地意识到：以微电子、计算机、通信和网络技术为代表的信息技术，是人类社会进步过程中发展最快、渗透性最强、应用最广的技术领域。信息技术的迅速发展与广泛应用使信息成为重要的生产要素和战略资源，成为驱动世界经济发展的引擎。可以说，信息化代表着先进生产力的发展方向，构建着新世纪人类经济发展和社会活动的平台，推动着全球性的产业结构调整。因此，信息技术对当代经济、社会、国防等诸方面所产生的革命性影响怎样强调都不过分。大力发展信息技术和信息产业、加快国民经济和社会信息化，已成为世界各国的共识和优先发展领域，是各国综合国力较量的制高点。

信息化作为国民经济现代化的基础，已成为我国的一项国策。中共中央十五届五中全会关于推进国民经济和社会发展信息化做了全面的战略部署。江泽民同志指示："在推进

---

* 本文为2001年9月27日在"浙江论坛"上的主题报告。

信息化的过程中，注重应用信息技术改造传统产业，以信息化带动工业化，发挥后发优势，努力实现技术的跨越式发展。”朱镕基总理指出：“信息化是一场深刻的革命，信息化是改革的一个重要的方面。”

显然，信息化与信息革命的大潮已是汹涌澎湃，正以不可阻挡之势奔腾而来。如何在信息时代中激流勇进、善于创新，可以说是当前经济、社会发展和国防安全工作中最重要的工作。

二、 信息资源和技术的特征及我们的机会与挑战

地球的物质资源是有限的。人类要实现持续的发展，必须在资源开发和利用上找到新的途径。信息技术的发展，使人类能够将潜藏在物质运动中的巨大信息资源挖掘出来，加以利用。信息资源已经成为与物质资源同等重要的资源，其重要作用正在与日俱增。

与物质资源不同，信息能够被分享、可重复利用、可以高速广泛传播的特点，使世界形成了一个没有边界的信息空间。信息技术的广泛应用与信息化的不断推进，也正在并将继续给我们的生活带来各方面的变化。下面就是信息化的一些主要特征：

（1）高渗透性与“普遍服务”原则。信息化发展的渗透性表现为对国家或世界社会、政治、经济、文化、日常生活等各个层面的深刻影响或改变。这种渗透性决定了信息化发展的普遍服务原则，其基本目标就是要让每个社会成员都有权利与有能力享用信息化发展的成果，从而彻底改变社会诸方面的生存状态。

（2）生存空间的网络化。这里的网络化不仅包括技术方面网络之间的互通互联，而且强调基于不断扩展提高的宽带网之上的网络化社会、政治、经济和生活形态的网络化互动关系。

（3）信息化发展不仅表现为人民生活质量的提高，而且也表现为人民知识水平、创造能力的普遍提高。知识水平和创造能力的提高在实现知识经济社会的国家战略方面具有更为重要的意义，而信息化的发展大大加快了各主体之间的信息交流和知识传播的速度与效率。信息化水平的提高为提升人口素质和民族创新能力提供必要的基础，并对于可持续发展带来战略性的影响。

（4）信息化的发展将大大提高人们生产和生活的效率，包括企业、政务、金融、商务、交通、通信、传媒、科教和生活等方方面面。

（5）信息化发展的区域目标就是要建设数字地球、数字国家和数字城市。

总之，信息化已经并将继续给人类带来历史上前所未有的巨大变革，它给我们带来了难得的机遇，同时也带来了新的挑战。

总的来说，信息化能够激活和发掘我国人口多、市场大的潜力，使我们在近代几百年落后的情况下有可能实现跨越式发展，这是非常宝贵的历史机遇。

首先，信息化为我国人力资源开发提供了极其重要的手段，能够有效缓解我国人力资源开发任务极重与教育资源十分紧缺的矛盾，并使更多的人享有接受教育的权利和主动学习的权利。

其次，信息化为我国的科技创新提供了强有力的支持，使我们可以更多地利用世界科

技信息和科技成果，提高科技创新的效率，尤其避免由于信息不对称带来的低水平重复。

再次，信息化为我国企业、产业、经济、社会诸方面的结构调整和持续发展提供了催化剂。信息化将促进对社会资源的优化配置，也促进了传统企业再造、传统产业更新、传统经济转轨、高技术产业发展。信息化将为我国经济的持续高速发展做出不可替代的关键性贡献。

然而，更加不容忽视的是信息化可能带给我们的严峻挑战。“数字鸿沟”就是首当其冲的一个严重问题。2000 年中国网民人数不到总人口的 2%，而美国已达到一半左右。中国平均 113 人拥有一台电脑，美国已是每两人一台。而且，目前这种差距在某些方面仍在扩大。另外，在信息资源上我们落后很多，关系国计民生和社会经济发展的许多重要基础数据的建设才刚刚起步，互联网上中文信息资源也还相对贫乏。信息技术领域的许多核心技术都掌握在少数发达国家手中，我国具有自主知识产权的技术和产品也还很少。

由于信息化和互联网所带来的信息安全的问题更是十分严峻，这当中除了技术的欠缺外，在相关法规和管理方面也亟待完善。

信息化还带给我们一个最大的挑战，那就是人才的竞争将更为激烈。我国信息技术方面的人才流动与流失相对更为严重。

面对信息化带来的机遇与挑战，我们的出路只能是迎难而上，大胆创新，把握机遇，迎接挑战。从根本上讲，迎接信息化挑战的最好途径就是更快、更好地推进信息化。并不夸张地说，这是一场关系国家兴衰、中华民族实现伟大复兴的新的战争。我们必须从这个高度认识信息化的重要性，加速推进我国的信息化进程。

三、信息化对国家、城市、地区经济社会发展的意义

信息化（informatization）这一概念最早由日本人在 20 世纪 60 年代提出，认为信息化意味着国民经济由以实物生产为核心的工业社会向以知识的获取和出售为主要内容的信息社会转变。这一转变对国家、城市和地区的经济社会发展都有重要的意义和深远的影响，同时也改变着劳动者的生存状态。后来，随着美国国家信息基础设施（NII）和全球信息基础设施（GII）的提出，信息化问题的研究更加深入和细致。

事实上，国民经济和社会信息化并不仅仅表现为信息技术的发展和信息基础设施的建设，从本质上讲，信息化是现代社会生产方式和生活方式由传统模式向数字化、网络化生存模式的重大转变。这一转变为各社会主体共同分享技术进步和信息资源，提高劳动生产力和生活质量，提高社会科学文明水平，开辟了一个前所未有的广阔空间。

从国家层面上看，信息化对整个国民经济的发展产生巨大影响，信息产业成为推动经济高速增长的主力军，信息化促进传统产业的升级改造和高技术产业的发展并大幅度提高生产效率。在社会发展方面，信息化深刻地改变着人们的生活方式，信息资源在全社会范围的共享成为可能并得到快速发展，教育与学习的方式与内容都有革命性的变化，人民的科学文化素质与社会成员之间的交互都达到新的水平，信息化将全面提高国家管理水平和行政效率，全面提升国家防卫和保障社会安全的能力。

这里，我们更多地讨论一下信息化对城市和地区经济社会发展的作用和意义。

电子商务是新经济的标志和主要推动力，也是信息化给经济发展带来的最直接和最重要的影响。根据美国高德纳咨询公司（Gartner Group）的调查分析，今后几年全球电子商务将飞速发展，2004年市场规模将达到72 900亿美元。要发展电子商务，一方面是企业自身实现信息化，另一方面也更重要的则是城市和地区要建立起信息化的支撑环境，支持、促进和指导企业实现向电子商务的转变。具体而言，就是要建立必要的信息基础设施，提高信息技术应用水平，逐步完善电子商务认证授权机构（Certificate Authority，CA）认证、安全配置、支付手段、物流配送、网络平台、法律环境以及协同工作体系等电子商务必需的相关基础设施，帮助企业实行产业结构和产品结构的重组调整，使地区经济尽早进入以知识为基础、网络化的新经济时代。

城市信息化的第二个重要方面是社会公共领域信息化。这方面可以包括很多内容，简单的如天气预报、交通信息、车票预订等公共信息服务，就可以大大方便居民的生活；建设综合社会保障、户籍管理、公共交通、金融、保险等功能的一体化的社会保障信息系统，则明显具有更大的作用和意义。另外，通过信息化社区和城市宽带网络的建设，为居民提供廉价优质的网络接入服务，使更多的人可以方便地获得内容丰富的信息服务，显著改善生活品质，真正体现信息化"普遍服务"的原则，让普通百姓都切实享受到信息化带来的好处。

政府信息化与电子政务是城市信息化的又一个重要方面。推进政府信息化，实行电子政务，使政府能在网上在线与企业、公众沟通交互，并可由各个相关政府部门联合提供综合性成套服务，从而大大提高效率。同时，电子政务的实施，也能更有效地保证监督机制，实现透明，防止腐败。为此，政府机构必须进一步转变职能，改革现有的业务流程和办事方式，以适应电子政务的需要。当百姓的工作、学习和生活，以及企业的运作，都越来越多地与网络和信息化相联系时，就必然要求政府能够与此相适应；而政府信息化与电子政务的实现也必将大大促进城市和地区的经济和社会发展。

上面主要是从一般意义上谈了信息化在城市和地区经济社会发展中的意义和作用。具体到浙江而言，信息化的意义则尤其重要。

经过改革开放20年的快速发展，浙江目前正处于向工业化中后期过渡的阶段。由于突出的城乡二元经济结构和体制背景影响，浙江在由初级产品生产向制造业生产转移的工业化演进过程中，客观上形成了一种以乡镇企业和个体、民营企业异军突起为原动力，以农村工业化蓬勃发展为先导，以轻型加工工业为主体的独特的发展道路。这一发展道路，面临新世纪新的经济运行环境，其内含的矛盾和问题日趋突出。当前，我国经济发展已进入新一轮结构调整和升级时期；市场环境也发生了重大转折性变化，"短缺经济"被买方市场取代；同时，伴随着"入世"的到来，国际竞争与合作的挑战与机遇前所未有。在此情况下，知识和技术越来越成为提高生产率和竞争力的核心，以信息化带动工业化，以信息化促进传统产业升级改造，发展高技术产业，实现产业结构调整，及创造崭新的信息化发展平台，已成为我省未来可持续发展的关键所在。目前浙江的高新技术研发能力、对创新创业人才的吸引能力有待进一步提升，信息化是必要的基础和条件。这对浙江而言既是机遇，也是挑战。如何把握机会，成功地实行经济升级转型，创造更高水平的新的经济持续高速增长，也是浙江信息化的重要任务。

要做好信息化的工作，首先要加深对信息化的认识。浙江城乡已有很多网吧，普通百姓都可以比较方便地上网。然而，目前人们在网吧中所能获得的恐怕还主要是一些娱乐性的东西。而信息技术给人们工作、学习和生活中带来的变化应远远超越于娱乐。另外，据悉浙江4000万人口中已有500万实现了宽带入户，这是一个不小的成就。不过，信息化并不仅仅是信息基础设施建设，有了良好的信息基础设施只是信息化的一个好的基础。信息资源的开发、网上增值服务的开展、先进应用系统的建设、相应规章制度的完善，等等，信息化的大量工作还远未完成。因此，我们切不可自满，要认清信息化的发展如奔腾不息的长江永无止境，技术在进步，社会在发展，信息化的许多新问题还有待我们在不断推进信息化的过程中去发现、去解决、去开拓、去创造。

在发展信息化的工作进程中，必须强调政府的作用，要积极发挥政府的宏观管理职能。信息化的目标就是实现以网络和共享为特征的信息社会，所以在信息化的建设中一定要克服封闭、落后的小生产狭隘思想，从大局着眼，统筹规划，避免各自为战，重复浪费。记得前些年浙江在建设高速公路时曾有过一些经验与教训，今天我们在建设“信息高速公路”时一定要有更长远的目光和更开阔的胸怀，坚持互联互通，坚持公平竞争，坚持开放开明，坚持科学规范。

总的来看，浙江在信息化方面有着良好的基础和十分美好的前景。目前，浙江GDP居全国第4位，农村居民人均收入居于首位，有着雄厚的社会经济实力和强烈的社会需求。90年代以来浙江信息产业得到快速发展，年均递增速度高达40%左右。“十五”期间，浙江全省的信息化投入将超过2000亿元。相信随着信息化建设的逐步推进，不仅将促进生产力的发展，推进物质文明建设，也将促进科学文化素质的提高，促进文明和法治，推进精神文明建设。浙江的经济社会发展一定会迎来一个新的持续快速发展的黄金时期。

四、 信息化对现代企业结构、 管理及市场与服务的影响

企业信息化，就是企业利用现代信息技术，通过信息资源的深入开发和广泛利用，不断提高生产、经营、管理、决策的效率和水平，进而提高企业经济效益和企业竞争力的过程。在新经济时代，信息化对企业的结构、管理、市场、服务等方方面面都产生了重要的影响，能否成功地实现企业信息化，直接关系到企业的竞争力乃至企业的生死存亡。

例如在我国经济生活中曾有这样一件真实的事情。2000年年底，由美国多家机构联合组织的采购团来华采购，计划金额为4000万美元。大采购的第一站选在美方认为国际贸易发展最先进的北京地区，结果却出人意料地无果而终。造成这一尴尬结局的主要原因是北京企业的电子贸易化程度太低，无法与美方习惯采用的电子化、网络化国际贸易操作方式配合协作，导致无法正常进行商务沟通和运作。

可以说，电子商务是新经济的柱石。每一个企业都必须去学习它，适应它，利用它。而企业信息化就是企业迈向新经济的关键的一步。中国的工业化尚未完全完成，我们又需要以信息化带动工业化，如此，中国企业信息化的重要性和意义就更加突出了。目前，在许多企业眼里，只要上了网，或是在互联网上建个网站，就算是走进了网络时代、信息社会。事实上这离真正的企业信息化还相差甚远，必须将信息化广泛应用于企业管理、技术开发、人员培训、市场营销和企业结构调整等一切过程之中。企业应通过信息资源的深度开发和信息技术的广泛应用，提高经营管理和决策效率，降低产品与服务成本，拓展网络

业务，实施纵向多元化，逐步建立起在经济全球化中的竞争优势。

信息化对企业的影响既是广泛的，又是深入的。随着企业信息化的推进，从企业结构到管理模式，从业务流程到市场服务，都会发生相应的变化和调整。愿我国广大企业能抓住信息化的机遇，搞好内部革新，提高国际竞争力，成为新经济时代的佼佼者。

五、 信息化与网络文明

一直以来，人们对网络技术都抱有极大的兴趣，对网络上的文化内容，或曰“网络文明”，则不够重视。其实，互联网要真正成为人们生活的一部分，必然是技术与文化的结合，脱离了积极的文化和健康的精神，网络对社会的作用也会走向反面。所以说，网络文明的意义，或许更重于网络技术本身。

当前，互联网在我国发展迅速，给我们的社会生活、思维方式、伦理观念，尤其是青少年的性格养成、心理发育，都带来了新的冲击。而我们在网络文明方面的工作还落后很多，这应该引起大家足够的重视。对于网络上违法与不文明的东西，仅靠有关部门在网络上采取监视、拦截、过滤等技术措施，是远远不够的。去年年底启动的“网络文明工程”是一个很有意义的工作。

然而，建设文明网络是一项系统工程，需要依靠各方面的共同努力。政府要加强管理，制订、完善相应的法律法规来维护网络的安全、健康和文明。应该有人研究这方面的问题，指导网络文明建设。网络技术也要发挥积极的作用，可以开发适合我国网络发展需要的安全检查软件，甄别不良信息，防止黑客攻击，阻止病毒传播，等等。另外，要积极宣传、倡议和引导，使广大网民特别是青年网民都自觉加入建设“文明网络”的队伍，让网络法律与网络道德自律结合起来，使信息化真正能够造福于社会，造福于人类。

上述的“网络文明”仅指网络上的精神文明建设。其实，信息化带给人类的不仅仅是先进的技术以及经济的繁荣，信息化早已超越了一种科学技术的应用，而成为人类新的生活方式的推动力。从这个意义上讲，网络文明意味着人类新的文明形式。

六、结　论

综上所述，信息化对于一个国家、一个地区、一个企业的意义重大。作为新经济时代的引擎与旗帜，信息化的成败将决定一个国家的国际地位、一个地区的发展水平、一个企业的竞争能力。对于中国而言，由于特殊的历史背景、经济现状和社会环境，信息化的意义和作用就更加重大。我们一定要在党和政府的领导下，决战决胜，把握历史的机遇，成功实现国民经济与社会发展信息化。

信息化是人类社会发展的必然，是人类文明进步的新阶段。它带给我们的将不仅是经济的繁荣与国家的富强，还有全人类的新的生活方式与文明形态。网络道德文明就是一个超越了技术、关系网络世界的健康发展与未来的问题，应该引起大家足够的重视。

新的世纪开始了，信息化的嘹亮号角已经响彻寰球，让我们大家携起手来，努力奋斗，共同开创信息时代的美好未来。

WTO 背景下中国技术发展的机遇与挑战*

一、 中国技术发展的历史回顾

技术进步是经济增长最重要的因素之一。实现技术进步主要有三种途径，即：①研究开发活动；②技术引进；③系统集成。发达国家技术进步主要依靠研究与开发，而发展中国家则主要依靠引进发达国家的先进技术，通过系统集成 ，实现技术能力的跨越式发展。一些国家的技术能力的形成历史实际上也是其由技术引进、消化吸收、系统集成发展到自主开发的历史，例如日本的汽车工业发展。

新中国成立以来，中国产业技术能力的形成、提高主要是通过技术引进途径获得的，经历了由技术引进硬件模式①向软件模式②的转变。中国的基础产业和新兴产业部门，大部分是在进口成套设备、生产线的基础上建立、扩大和发展起来的。技术引进的规模、重点与国民经济发展和国防建设密切相关，同时受到国际政治、经济环境和国内政治经济体制的深刻影响。

20 世纪 50 年代中国的技术引进主要集中于生产能力的引进，通过引进苏联、东欧国家的成套设备、生产线，初步建立了比较完整的工业部门，工业生产在国民经济中的比重迅速提高。尽管国家组织制定《1956—1967 年科学技术发展远景规划纲要》，提出赶超世界先进水平的口号，但由于技术差距太大，这一时期产业技术系统集成能力、自主开发能力仍然比较薄弱。

20 世纪 60 年代中国国民经济处于调整时期，加上与苏联等国关系恶化，国际环境不利于大规模技术引进，技术引进主要集中于解决“吃穿用”，规模比较小。这一时期虽然在引进技术或样机的测绘、仿制等方面有一定进展，但引进重点仍然以成套设备为主，工艺技术、设备制造技术引进比较少。尽管如此，在国家统一领导、规划下，各行各业齐心

---

* 本文于 2001 年 12 月 27 日撰写，发表在《中国软件》杂志 2002 年第 1 期，发表时仅选取了本文第二、三部分，并删除了图表。

① 硬件模式是指以扩大生产能力为目的，以引进成套设备和生产线为主的模式。硬件模式可以加快工业发展和建立新兴产业部门。

② 软件模式是指以获得设计、制造、使用与研制的技术诀窍为主的引进模式。

协力，使用、设计、制造和研究单位密切合作，组织科学技术攻关会战，促进了原子能、自动化、计算技术、喷气和火箭技术等新技术领域的迅速发展，提前实现了 12 年科学技术发展规划目标。

1971 年中国恢复了在联合国的合法席位，国际政治环境趋好，客观上促成了 70 年代中国技术引进的第二次高潮。虽然 1976 年以后国家技术引进计划中开始出现“单项技术引进”模式，但是，引进重点仍然是石油、化工、冶金和水电等行业成套生产设备和生产线，软技术[①]不足 4%。70 年代后期受“洋跃进”指导思想的影响，基本建设和技术引进规模过度膨胀，大大超出国家财政和外汇支付能力，使得许多项目未能按计划实施。此外，这一时期国民经济与技术发展不够协调，本国产业技术能力，特别是产业自主开发能力的提高较慢，使得“引进、落后、再引进、再落后”局面在短期内难以有根本改观。

80 年代初经济调整之后，技术引进目的转变为加快企业特别是中小型企业的技术改造，为“七五”国民经济发展打好基础。国务院指示各部门、各地区在技术引进中搞好协调配套，要把科技攻关、技术引进、技术研制与技术改造协调起来，把产品、原材料、零部件、配套件、工艺协作等统筹安排。同时扩大省市技术引进审批权，增加技术引进窗口。这一时期，尽管引进中仍然存在成套设备重复引进、硬件多软件少、小项目多骨干项目少等问题，但软技术引进开始受到关注，其中机械工业占有比例最大，约 70%（图 1）。

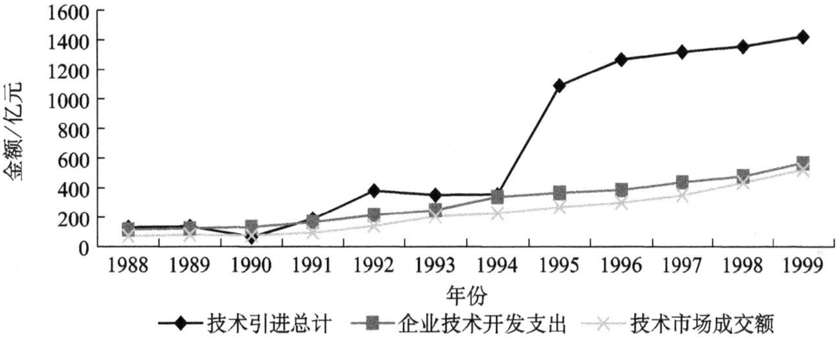

图 1　技术引进与企业技术开发支出（1988—1999 年）

90 年代中国技术引进进入快速发展时期，一方面技术引进金额开始超过企业技术开发支出，并且差距越来越大；另一方面，全国技术引进金额也开始超过全国研究开发经费支出。中国大中型企业技术需求仍然主要是国外，购买国内技术支出仅占技术引进支出的 4%左右。技术引进中成套设备引进所占比例由 1991 年的 74.3%降低到 1995 年的 69.7%，关键设备引进由 9.6%增加到 16.6%。

1995 年以后，中国“软技术”引进增长迅速，“软技术”引进比例由 1995 年的 13.7%增加到 1999 年的 45.2%，同期与投资结合的技术引进增长到 13.3%，而与设备结合的技术引进的比例由 86.3%下降到 40.3%[②]（图 2）。“八五”期间技术引进的重点是能源、石化、机械电子、邮电交通和冶金等行业，“九五”期间转为机械电子、轻纺和交通。1999 年机械电子行业技术引进比 1996 年增长了 1.7 倍。

① 软件技术指设备中所含有的或与设备有关的技术知识。

② 中华人民共和国科技部．中国科学技术指标 2000．北京：科学技术文献出版社，2001：96.

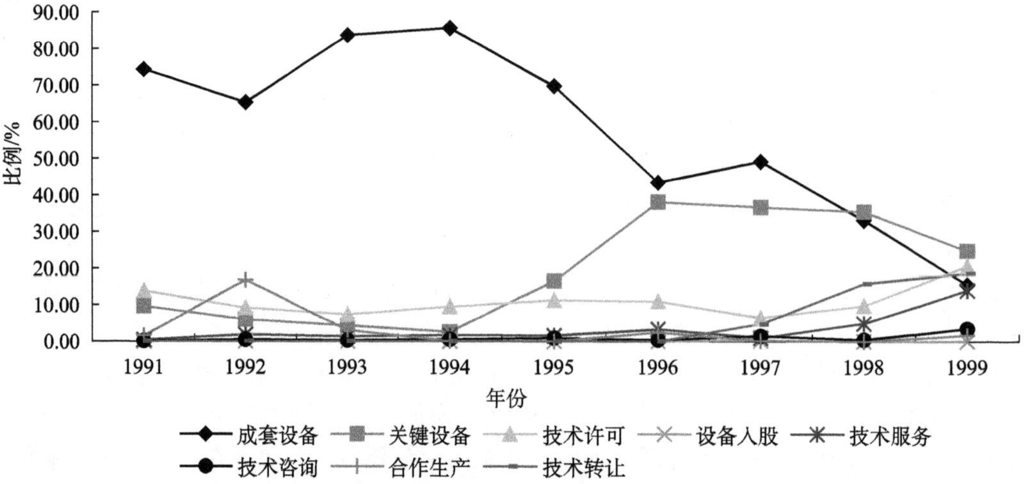

图 2 各类技术引进合同额所占比例变化情况

资料来源：国家统计局，科学技术部．中国科技统计年鉴（1999—2000）．北京：中国统计出版社，2000—2001.

1996 年以来，中国技术引进费用与全国研究和开发（R&D）经费支出比例呈逐年下降趋势，显示出中国技术创新能力逐年提高的发展趋势，1996 年为 3.14∶1，1997 年为 2.59∶1，1998年为 2.46∶1，1999 年为 2.09∶1。1995 年到 1999 年，全国技术引进费用增长了 31%，年均增长 7.1%，同期 R&D 经费支出比例增长了近一倍，年均增长 18.1%。同期，技术出口与技术引进的比例也呈增长趋势，由 1995 年的 19.4%增长到 44%，一方面是由于近年来中国技术引进增长趋缓，另一方面也反映了中国产业技术研究开发能力在提高（图 3）。

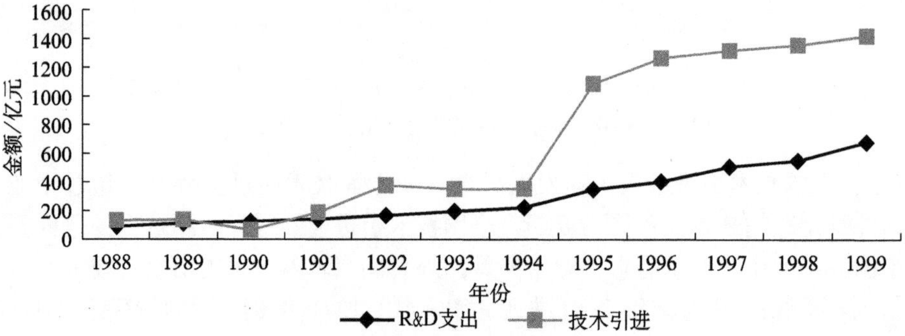

图 3 技术引进与 R&D 支出

伴随着中国技术能力的不断提高，中国高技术产业①近 10 年来也得到了迅速发展，其在制造业中地位不断上升。1993 年至 1999 年，中国高技术产业总产值年均增长速度为 23%，远远高于制造业年均 10.1%的增长速度；同期增加值年均增长 19.8%，远远高于非高技术制造业年均 6.7%的增长率；利税总额年均增长 22.2%，其中 1999 年增长 32.3%；劳动生产率（人均增加值）年均增长约 20%（表 1）。

① 包括电子与通信设备制造业、计算机与办公设备制造业、医药制造业、航空航天制造业。1999 年完成工业总产值 6496.5 亿元，增加值 1590.3 亿元，占制造业比重分别为 10.3%和 9.5%。同年实现利税总额 500.5 亿元。

表1 1999年中国高技术产业工业总产值、增加值、利税总额

	工业总产值	增加值	利税总额
中国高技术产业/亿元	6 496.5	1 590.3	500.5
电子与通信设备制造业比重/%	60.6	58.9	60.2
计算机与办公设备制造业比重/%	18.5	15.2	13.9
医药制造业比重/%	15.8	20.1	23.4
航空航天制造业比重/%	5.1	5.8	2.5

中国高新技术产品进出口额占商品进出口额比重不断上升，由1991年的9.1%增长到1999年的17.3%；同期进口比重由14.8%增长到22.7%，出口比重由4.0%增长到12.7%（表2）。值得指出的是，中国高新技术产品出口对全部商品出口增长贡献高达39.7%，成为中国外贸出口的新增长点。

表2 高新技术产品进出口额占商品进出口额的比重（1991—1999） （单位：%）

	1991年	1992年	1993年	1994年	1995年	1996年	1997年	1998年	1999年
出口	4.0	4.7	5.1	5.2	6.8	8.4	8.9	11.0	12.7
进口	14.8	13.3	15.3	17.8	16.5	16.2	16.8	20.8	22.7
进出口	9.1	8.9	10.5	11.4	11.4	12.1	12.4	15.3	17.3

1997年亚洲金融危机爆发之后，中国高技术产业总产值仍然保持21%（1998年）和16.4%（1999年）的增长率，远远高于非高技术产业同期的−2.3%和5%的增长率；同期增加值增长了15.2%（1998年）和19.1%（1999年），远远高于非高技术产业年均增长率。充分表明中国高技术产业已经成为支撑中国工业增长，维护国家经济安全的重要力量。

然而，由于缺乏国内外技术的有效供给，中国高技术产业并不具有通常意义下高技术产业的产业技术含量高、主导技术先进两个基本特征。与国外高技术产业相比，中国高技术产业技术密集度和技术水平较低。1999年中国高技术产业大中型企业R&D经费强度（R&D经费支出占高技术产业增加值的比重）仅为3.6%，虽然明显高于2.3%的全部制造业R&D经费强度，但是却远远低于美国、英国、法国、意大利和日本等发达国家（表3、表4）。

表3 部分国家高技术产业、制造业的R&D强度 （单位：%）

	中国（1999）	美国（1996）	日本（1996）	法国（1996）	意大利（1997）	英国（1997）	加拿大（1997）
制造业	2.3	8.9	7.8	6.6	2.8	5.5	3.7
高技术产业	3.6	27.9	19.1	27.8	21.8	20.0	25.5
航空航天制造业	9.4	38.7	21.2	32.2	25.1	18.1	20.2
计算机与办公设备制造业	3.2	43.1	27.4	9.7	12.5	4.8	26.6
电子与通信设备制造业	3.6	21.3	15.5	32.1	25.5	13.7	33.3
医药制造业	2.2	21.1	21.2	28.6	19.3	32.5	17.1

资料来源：OECD. Science，Technology and Industry Scoreboard 1999. OECD：Benchmarking Knowledge-based Economies，1999.

表4 部分国家R&D经费支出结构 （单位：%）

	中国（2000）	美国（1997）	日本（1997）	德国（1997）	法国（1997）	英国（1997）	俄罗斯（1996）	韩国（1997）
R&D机构	28.8	8.2	8.9	14.8	19.9	13.8	25.9	15.8
企业	60.3	74.4	72.7	67.2	61.6	65.2	69.2	72.6
高校	8.6	14.4	13.5	18.0	17.2	19.7	4.8	10.4
其他	20.6	3.0	4.9	0	1.3	1.3	0.1	1.2

资料来源：中华人民共和国科学技术部．中国科技统计数据2000. 2000年全国R&D资源清查主要数据统计公报．

中国高技术产品缺乏国际竞争力，贸易逆差巨大。1999 年中国高新技术产品出口增长 22%，远远高于 4.1%的非高技术产品出口增长率，但是低于同期 28.8%的高技术产品进口增长率。1999 年中国高技术产品进出口逆差为 128.94 亿美元，主要集中于电子技术（−75.93 亿美元）、计算机集成制造技术（−38.29 亿美元）、航空航天技术（−30.17 亿美元）等领域。只有计算机与通信技术领域高技术产品进出口贸易为顺差，约 23.38 亿美元。从贸易方式来看，1999 年中国高新技术产品出口中，以进料加工和来料加工形式的出口占 87.3%，一般贸易方式不足 10%，表明中国高技术产品生产方式是以加工组装为主，是国际产业分工的结果。同年三资企业[①]出口占 74%，显示出中国高新技术产品出口的核心技术基本上依赖于国外。

中国高技术产业的增加值率较低，与发达国家情况不同[②]。美国、日本、德国、英国、意大利和韩国等国的高技术产业的工业增加值率均高于制造业平均水平。

总之，中国产业技术发展始终以满足国民经济和国防建设需要为目标，并根据发展环境的变化采取不同的发展模式。在中央集权的计划经济体制条件下，中国产业技术发展采用的基本上是政府主导的发展模式。通过技术引进，国民经济各部门的技术装备有了重大改善，使出口商品结构发生显著变化。80 年代之后，特别是中央决定建设社会主义市场经济体制之后，中国高技术发展正在经历由政府主导向政府引导、市场主导的发展模式转变。加入世界贸易组织之后，将会加速这一发展模式的转变。

近年来中国 R&D 经费支出中企业所占比例不断提高，2000 年占国内 R&D 经费支出比例已达 60.3%，比 1999 年提高了 10.9 个百分点，企业正在成为技术创新的投资主体。但总体上看，中国的技术进步对于经济发展的贡献仍主要依靠引进国外先进技术，特别是来自跨国公司的技术，国内技术供给仍然处于从属地位。目前跨国公司控制着国际技术贸易的 60%—70%，控制着发展中国家技术贸易的 90%，在国际技术贸易上占据主导地位。

中国技术发展与产业发展也很不平衡，存在严重脱节，特别是高技术发展与高技术产业发展之间的脱节，直接影响中国高技术产业的国际竞争力。尽管国家高技术研究发展计划（863 计划）支持下的中国高技术在许多领域有重大突破，但是中国高技术产业技术密集度和技术水平低以及增加值率低等却从另一方面说明中国高技术发展与高技术产业发展需求之间仍存在一道鸿沟。

1998 年中央决定将 242 个产业部门属研究所转制为企业，加快了企业作为创新主体的重塑进程。但是，有关技术的引进、消化、吸收、扩散、传播、集成、创新诸多环节中的问题尚未从制度上得到根本解决。因此，加入世界贸易组织之后，必须从战略上思考支撑未来中国经济腾飞和持续稳定发展的技术创新能力的培育以及产业技术的系统集成问题，探索跨越式技术发展的道路。

二、 中国技术发展的机遇与挑战

1. 加入 WTO 后中国的权利与义务

随着经济全球化进程的加速，国际贸易在调节生产、消费、资源配置等方面的作用日

① 中国境内设立的中外合资经营企业、中外合作经营企业、外资企业三类外商投资企业统称为三资企业。

② 详见：中华人民共和国科学技术部．中国科学技术指标 1998．北京：科学技术文献出版社，1999.

益凸现。世界贸易组织成员所达成的各类协议，主要是约束成员国（地区）政府所制定的贸易政策的作用范围、强度，从而为企业从事国际商业活动提供一个公开竞争的环境。为此，世界贸易组织（WTO，简称：世贸组织）确定了以下原则和制度。

（1）非歧视性原则，即对WTO所有成员实施最惠国待遇，对WTO成员的公民实行国民待遇。

（2）关税保护与递减原则，所有WTO成员只能用关税来保护本国，其他一切保护措施都遭到反对，并且现有的限制贸易的政策、措施都要通过谈判逐步减少乃至取消。

（3）公平竞争原则，指为了促进公平贸易，WTO允许成员国对造成扭曲竞争，如补贴、倾销等行为的外来商品采取额外补偿性质关税。

（4）政策透明原则，一方面反对配额及其他不可预见的贸易政策，另一方面要求各成员国（地区）的贸易规则尽可能“透明”。

（5）鼓励发展和经济改革原则，体现在发展中成员国（地区）享受WTO中贸易自由化成果时对自身义务的更为灵活的安排。

（6）与此同时，WTO专门制定了贸易政策审议机制和贸易争端解决机制两项制度。

正是在上述制度安排框架下，中国加入世界贸易组织之后才能够享受4方面权利，包括：

（1）享有多边的、无条件的和稳定的最惠国待遇。

（2）享有“普惠制”待遇及其他给予发展中国家的特殊照顾。

（3）充分利用争端解决机制。

（4）享有在多边贸易体制中“参政议政”的权利。

同时，承担7方面义务，包括：

（1）削减关税。

（2）逐步取消非关税壁垒①。

（3）取消出口补贴，规范对研究开发的补贴②。

（4）开放服务业市场。

（5）扩大知识产权保护范围③。

（6）调整外资政策。

（7）增加贸易政策的透明度。

特别是削减关税、规范对研究开发的补贴、调整外资政策和扩大知识产权保护范围等将对中国技术跨越战略产生重要影响。

---

① 自1947年关贸总协定成立以来，由于进口关税一再降低，各缔约方转而求助各种非关税壁垒来达到保护贸易的目的，据估计，当今世界各国的非关税措施已从60年代的800种增加到目前的2000多种。乌拉圭回合谈判中对各种非关税壁垒规定了“维持现状和逐步回退”的原则，要求各参加方在谈判结果中给出基本取消的时间表。

② 《补贴与反补贴措施协议》，规定了其成员在国际贸易中为提高本国（地区）产品或服务竞争力而采取的各种补贴的原则，包括禁止以出口和进口替代为目的的补贴；限制有损于其他成员国内产业或利益的补贴行为（可申诉补贴），如限制对近市场R&D及其后期开发活动的补贴。

③ “与贸易有关的知识产权协定”要求各成员方扩大对知识产权的保护范围，保护范围覆盖了版权、商标、产地标志、工业设计、专利、集成电路设计等方面，这无疑有利于技术先进的发达国家。当然，该协定也同时规定了对发展中国家的一些照顾性的过渡安排。

2. 加入 WTO 后中国技术发展的机遇与挑战

中国加入 WTO 后，将加速其融入世界经济的进程，促进中国社会主义市场经济体制和国家创新系统的建设与完善，因而拓宽了中国经济发展、民族富强的道路，同时在 4 个方面为中国技术发展带来新机遇。

加入世界贸易组织，意味着中国经济发展环境的根本改善，有利于中国第三步发展战略目标的实现。随着中国经济总量的不断扩大和产业技术水平的迅速提高，依靠从欧美大量、廉价引进的技术支撑经济持续、稳定发展将会越来越困难，中国本土技术能力的决定性作用将日益凸显。可以预见未来中国政府将会加大对基础性、战略性、前瞻性高技术研究的投入，从而为中国技术发展奠定重要基础，带来许多机遇。

加入世界贸易组织，意味着中国投资环境的根本性改善，有利于吸引外国资本和技术，特别是跨国公司在华设立研究开发机构，从而促进技术研究与开发的国际合作。20 世纪 90 年代以后，跨国公司出于产品本地化、利用海外研究开发资源和建立全球研究开发网络考虑，开始将其研究与开发机构向海外转移，表现为跨国公司在海外设立研究和开发分支机构增加、投资比重上升、专利申请增加。到 2000 年年底为止，在华设立研究与开发机构的跨国公司已超过 100 家，其中 30 多家具备了相当的规模，如摩托罗拉、通用汽车、大众汽车、英特尔、西门子等。跨国公司的研究与开发投资有利于促进中国的技术进步和国际先进技术在国内企业的扩散与外溢，特别是跨国公司培养的人才在国内的流动，有利于国内企业技术能力的迅速提高。

加入世界贸易组织，意味着中国技术贸易环境的根本性改善，有利于中国在全球范围内系统集成发达国家的先进技术。20 世纪 60 年代以来，随着世界经济、技术的迅速发展，国际技术贸易在世界贸易中的地位迅速提高。世界技术贸易总额在 60 年代中期，为 25 亿美元，70 年代中期增加到 110 亿美元，80 年代中期突破 500 亿美元，90 年代初期，突破 1100 亿美元，1996 年达到 4000 亿美元，占世界贸易总额的 7.5%①。加入世界贸易组织后，虽然与贸易有关的知识产权保护协议的约束将使跨国公司有可能利用其技术垄断地位索取高额技术转让费，但是技术贸易环境的改善将会使国外技术供给的数量、质量有很大提高，扩大国内技术研究开发部门和企业引进国外技术的选择范围和创新水平，从而有利于对引进技术的消化吸收、系统集成和模仿创新。与此同时，中国的技术出口也将会从与贸易有关的知识产权保护协议的约束中受益。

加入世界贸易组织，市场配置社会资源的能力将大大加强。从培育企业技术能力，应对国外企业，特别是跨国公司的竞争角度出发，产业技术进步的内动力日益加强。企业积极寻求广泛的技术支持，包括引进和自主研究开发，加快产品技术、制造工艺创新步伐，从而不断提高自身的国际竞争力。改革开放以来中国洗衣机、彩电、冰箱、电风扇等行业技术进步主要动力是市场竞争。市场观念的增强有利于技术研究机构主动根据市场需求变化调整自己的研究方向，通过市场实现了开发、商品后产业化的良性循环。

中国加入世界贸易组织，不仅企业要直面国外企业的竞争，而且科技、教育部门要直面跨国公司的竞争。特别是技术研究与发展部门，不仅要面对日益增长的国内技术需求的

---

① 中国科技发展研究报告 2000 研究组．中国科技发展研究报告 2000. 北京：社会科学文献出版社，2000：10.

压力，而且要面对跨国公司在人才、技术市场等领域的激烈竞争。可以预见，加入世界贸易组织将会对中国的技术引进、技术创新工作带来巨大挑战。

“关税减让”承诺意味着中国市场的全面开放，而“调整外资政策”则意味着中国的“市场换技术”的技术引进战略将逐步失效。取消对外资企业与合资企业的“国产化”、“外汇平衡”、“产品出口比例”等限制条件之后，外资企业将主要从经济角度考虑企业原材料采购和生产计划，而不必首先考虑向中国转让技术，将会影响中国企业引进技术的谈判地位。对于某些资本与技术密集的产品，外商也有可能将中国作为产品目标市场，而不是生产基地，从而减少对中国的技术转让，这也将对中国的技术跨越战略产生消极影响。

“扩大知识产权保护范围”将使中国的技术引进面临新的挑战，一方面跨国公司将会利用其技术垄断地位索取高额技术转让费，从而提高中国技术引进的成本；另一方面跨国公司将会利用其技术垄断地位，加紧对引进其技术的中国企业的控制。许多技术竞争力不强的中国企业将不得不走合资、依附于技术先进、资金雄厚的跨国公司的道路，接受跨国公司确定的国际分工，成为跨国公司的生产加工基地。值得指出的是，1985年4月1日《中华人民共和国专利法》颁布实施至1999年11月30日累计受理发明专利申请达27.6万件，国外申请者在许多重要技术领域专利申请中占主导地位，如移动通信（91.32%），半导体（85.34%），光学记录（95.18%），无线传输（93.50%），传输设备（88.98），电视系统（89.61%），遗传工程（75.48%），西药（69.33%）。因此，加入世界贸易组织后，产业技术控制与反控制将是中国技术研究与发展的主要任务。

加入世界贸易组织后，旨在提高产业国际竞争力的政府对企业R&D的补贴行为将受到《补贴与反补贴措施协议》的约束，使得政府必须对技术研究开发活动的补贴的范围、方式、强度做出重大调整，这将直接影响国立研究机构的研究方向和运行机制和竞争力。例如，协议规定了对研究开发活动的补贴范围，如对产业研究（industrial research，指以发现可能有助于开发新产品或改进产品、工艺或服务的新知识为目的的研究。）的补贴不得超过合法成本的75%，对竞争前的开发活动（pre-competitive development activity，指将产业研究的成果转化为新产品、改良产品或改进产品、工艺或服务看法所需的计划和设计）的补贴不得超过合法成本的50%。

加入世界贸易组织后，中国研究开发机构将面临技术先进的跨国公司的激烈竞争。跨国公司以雄厚资金做后盾，或高薪吸引中国研究开发机构技术骨干直接为其服务，或委托中国技术研究开发机构的优势群体承担其技术开发计划中的一部分工作，为其系统集成全球范围内的先进技术服务，或以低价出售中国研究开发机构尚处于商品化初级阶段的技术产品，以阻止中国研究开发机构回收开发成本，从而达到抑制中国研究机构的技术开发和系统集成能力的形成。虽然国内科研机构可以通过与跨国公司合作在某些点上取得技术进步，但是往往难以形成系统技术，难以实现创新价值链的完整和实现良性循环，风险与生存危机较大。

三、 中国技术发展的前瞻

人类文明的演进，特别是高技术与工业社会的发展已经证明“知识就是力量”、“创新是不竭的动力”，生动地展示了“人类征服自然的能力”。高技术拓展了人类作用空间，不仅使人类在宏观尺度上看得更远，在微观尺度上看得更精细，而且使人类可以在低温、高温、高压、强磁等极端条件下进行实验、生产，实现了生产过程的自动化；高技术的发展不仅使人类能够“日行万里”，做到“天涯若比邻”，而且显著提高了疾病的临床诊断、治疗水平，改善了人类的营养结构，大大提高了人类生活质量和平均寿命。目前高技术领域正孕育新的突破，信息与通信、生物、材料、先进制造、航空航天、能源、海洋等高技术领域之间的交叉、融合与集成日益普遍，一场新的技术革命和产业革命即将来临。

中国是世界上最具活力的发展中国家，具有经济发展速度快、研究开发规模大、整体水平较低等特点。在高技术研究开发方面，虽能获得一些国际领先水平的研究开发成果，但系统化、工程化、产业化水平低。面对新技术革命、产业革命和加入世界贸易组织后带来的机遇与挑战，如何抓住历史机遇，实现第三步发展战略目标和中华民族的伟大复兴，需要中国科技界认真思考，并准确而前瞻地把握世界科技发展态势，趋利避害，为国家经济发展、国防建设和社会进步做出基础性、战略性、前瞻性的创新贡献。

1. 中国技术发展战略

战略定位是实现未来中国技术跨越式发展的关键。加入WTO后，中国的劳动力、工业基础、基础设施将得到显著改善，目前中国已逐步形成制造业的优势，外国制造业也纷纷进入中国，其先进技术也必然会通过各种形式和途经造成技术外溢，因此，利用我们现有的制造业优势，逐步从制造业大国发展到制造业强国，发展成为技术强国。

中国高技术各领域所处发展阶段和面临的竞争环境不同，应该选择不同的发展目标与模式，有所为，有所不为。在中国有一定优势的高技术领域，应该集中必要资源，以形成若干关键技术自主发展能力为目标；在技术和市场已高度国际化的高技术领域，应加强与跨国公司的合作，以提高技术学习能力和系统化、工程化、产业化为目标；在中国具有比较优势的高技术领域，应鼓励系统集成国内外技术，以配置全球资源、占领国际市场为目标；在技术创新活跃、投资规模较小的高技术领域，要采取有效措施，营造良好的创新创业环境，以形成高技术创新小企业创业群体为目标。此外，在传统产业升级改造所需要的共性技术领域，应瞄准规模市场需求，充分应用先进的信息、管理技术，以实现“信息化带动工业化”和满足市场需求为目标。同时，在技术产业化过程中，研发技术要与技术受体集合起来。加入WTO后中国的技术市场仍然呈现多元化的格局，大型企业的技术研究与发展注重前瞻性、战略性，同时也会有很多中小企业需要适用性的技术，因此，面对不同的需求，研发技术要以市场为导向，也要面向中小企业，更加着眼于为中、小企业公平提供的技术成果。这样，在全球和国家的层面，逐步形成技术创新链和价值链。

加入世界贸易组织后，产业关键技术、产业标准（技术标准、安全要求、环保要求、人文要求等）将是决定产业竞争成败的关键因素。一方面需要协调国家技术创新政策体系和产业技术政策体系，促进官、产、学、研合作；另一方面需要正确把握“技术引进与自主开发、原始创新与系统集成、合作与竞争”之间的关系，以提高中国技术发展水平和增强产业国际竞争力。为此，需要加强基于技术预见（technology foresight）的技术发展战略研究，识别技术发展的多种可能性，评估其影响进而选定可能产生最大经济与社会效益的战略研究领域和通用新技术，并在此过程中，构建官产学研互动平台和沟通、协商与协调机制，强化合作伙伴关系，培育一种关注未来的预见文化，使各方在对未来技术发展趋势及其作用形成共识的基础上，相应调整各自的战略。

2. 机制创新、体制创新与技术创新

加入世界贸易组织则要求中国加速政治、经济、科技体制改革，以符合世界贸易组织的基本要求。转型时期的中国迫切需要加强机制创新和体制创新，在进一步加强社会主义市场经济建设的同时，以完善国家创新体系为目标，建立完备的投融资、知识产权保护体系以及现代企业制度和政府采购制度，以鼓励官产学研分工与合作，推动企业成为技术进步和创新的主体，促进科技与经济的紧密结合。为此，需要中国科技界在体制改革和机制更新方面做出更大的努力，特别要重视创新文化建设，完善非制度性激励、约束机制，如科学共同体内部的道德约束机制，崇尚以积极、建设性的思维和心态从事创新与创业活动。以新的体制与机制保证和促进技术创新。

技术创新的根本目的是商品化。体制创新和机制创新必须以促进技术创新，特别是技术创新成果商品化、产业化为目标，必须有利于构建完整的创新价值链，形成与我国经济发展紧密结合并且能够在市场中实现良性增值循环、持续发展的、新的创新模式。例如，在职务发明相关的知识产权界定过程中，要探索更加灵活的分配机制，以调动创新者和企业家的积极性，而不是过分强调国家作为创新活动资助主体的权益。从经济活动大循环角度讲，即使创新成果的商品化、产业化所带来的收益在很大程度上给了创新者或企业家，但是其创造的税收和就业机会仍然为社会做出了贡献，这还不包括创新者的消费产生的影响。而如果政府资助产生的创新成果由于知识产权分配纠纷而不能够商品化、产业化，其价值很可能因替代技术的出现而递减为零。

3. 国立科研机构未来的发展

随着中国经济总量和人民生活质量的不断提高，中国经济的快速发展将越来越强地受到资源、环境、生态等条件的制约，客观上需要科技为我国社会经济可持续发展提供支撑。经济全球化加速了包括技术在内的各类要素的流动，从而使得各类要素的系统集成能力成为企业国际竞争力的核心。跨国公司利用其技术、资本优势，在国际经济竞争中占据主导地位。尽管如此，加入世界贸易组织，仍有利于中国获得并系统集成国外先进技术，从而提高中国产业技术水平。

但是，必须清醒地认识到，世界贸易组织只能够要求其成员开放市场，而不能要求其成员开放技术。事实上，发达国家出于安全或政治因素考虑，常常对其高技术及高技术产品的出口实行严格管制。如 1949 年成立的多国出口管制协调委员会[①]（Coordinating Committee for Multilateral Export Control，COCOM）主要是针对社会主义国家。跨国公司出于技术垄断和维护自身核心竞争力考虑，往往也不愿意转让先进技术。由此可见，真

---

① COCOM 于 1994 年解散，其功能由 1996 年 7 月成立的《瓦圣纳协定》（Wassenaar Arrangement）取代，后者有 33 个成员国，宗旨是维护区域或国家安全，推动武器与军民两用产品、技术贸易的透明化和责任制。类似的组织和协议还有核供应国集团（Nuclear Suppliers Group，NSG，1974 年成立，主要限制核武器及相关产品与技术的出口）、澳大利亚集团（AG，1985 年 6 月成立于澳大利亚，主要限制有可能用于生产化学武器的化学品的出口）、《导弹技术管制协议》（Missile Technology Control Regime，MTCR，1987 年实施，主要限制用于制造运载核弹及生化武器的导弹技术及相关设备）。

正先进的技术是买不来的。要打破跨国公司的技术垄断与封锁，解决制约未来中国经济发展的关键知识产权问题，同时为国防提供必要的杀手锏，只能够依靠自主创新，依靠在关键技术突破基础上系统创新与集成国内外相关技术。

作为以科技创新为己任的国立研究机构，中国科学院在新时期肩负着无比崇高的历史生命，即："面向国家战略需求，面向世界科学前沿，加强原始科学创新，加强关键技术创新与集成，攀登世界科技高峰，为我国经济建设、国家安全和社会可持续发展不断做出基础性、战略性、前瞻性的重大创新贡献"。

科学技术要走在前面

——试论科学技术对现代化进程的影响*

现代化是一个动态的概念。传统意义的现代化，是指从农业经济社会向工业经济社会转变的过程。今天的现代化概念，对于发达国家来说，主要是指从工业经济社会向知识经济社会演化的过程；对于发展中国家，则主要是指其加快发展，追赶发达国家的过程。纵观世界各国现代化的历史，可以说，科学技术在其中起到了十分重要的作用。邓小平同志在领导我国进行四个现代化建设时高瞻远瞩地指出："科学技术要走在前面"，"四个现代化，关键是科学技术的现代化"。这一论断深刻地揭示了现代化的实质，对于我们认识科学技术在现代化中的作用，进而正确制定我国实现第三步发展战略目标的50年进程中的科技发展战略，具有重要的指导意义。

一、 科学技术是现代化的发动机

16世纪近代科学的诞生，及其随之而来的工业革命，引发了社会生产方式与人类生活方式的大变革，使欧洲从传统农业经济社会迅速向工业经济社会转变。这一进程不仅使欧洲的经济、政治、文化、思想等各个领域以及社会组织、结构与行为发生了深刻的变革，而且凭借其先进的科学技术装备的武力，进行海外殖民，掠夺他国资源，开拓海外市场，影响了整个世界的发展。

20世纪初发生的以量子力学和相对论为核心的科学革命，先后在能源、材料、信息、生物技术等领域，引发了持续一个世纪的一次又一次的技术革命，到世纪末，一些发达国家开始进入知识经济时代，再一次启动了人类社会新一轮的现代化进程。

历史生动地告诉我们，人类社会的现代化进程是由科学技术的革命性进步引发的，科学技术是现代化的发动机。在讨论科学技术与现代化的关系时，我们应该认识其中蕴含的规律。

---

* 本文发表于2002年7月9日《人民日报》第10版，发表时有删改。

马克思说："科学是最高意义上的革命力量"。科学技术作为人类认识和利用自然的锐利武器，具有内在的革命性。一部科学技术的历史，就是从循序渐进到发生革命性突变并螺旋式上升发展的过程。科学技术具有生产力和文化双重属性。人类生产力发展的历史进程，多数时期都处于循序渐进的状态，在条件不具备时盲目"跃进"，必然受到经济规律的惩罚。在科学技术成为第一生产力的今天，只有在科学技术发生革命的前提下，社会生产力才会发生革命性的飞跃。从人类文化发展角度看，在人类科学技术实践中产生的科学文化，如认为世界是可知的，提倡在真理面前人人平等，鼓励质疑，尊重实践，崇尚创新等，对人类文化发展则产生了革命性的影响，形成了今天我们熟知的解放思想、实事求是、实践是检验真理的唯一标准等宝贵的精神文化财富。正是科学技术内在的革命性，透过其生产力和文化双重属性对社会发展产生的影响，启动了人类社会几次现代化发展进程。

我们要深刻理解和充分认识邓小平同志"科学技术要走在前面"，"关键是科学技术现代化"这些重要论断的精神实质和丰富内涵。

一是要优先发展科学技术。在以资本和资源为发展基础的工业经济时代，提高以技术创新为核心的创新能力和适应大工业生产要求的创新效率，保持关键技术和制造工艺的领先，是企业应对剧烈市场竞争的主要手段，是国家提高综合竞争能力的关键所在。在知识经济时代，以最新科学技术为核心的知识是最为重要的战略性基础资源，是决定生产力水平的首要因素，科学本身是推动技术进步、进而推动经济和社会发展的引擎，高新技术创新及其产业化将不断为经济持续发展提供新的增长点，科学和教育成为社会可持续发展的重要基础，知识基础成为企业、区域乃至国家提高核心竞争力的重要平台。如同工业经济时代对交通、能源等基础设施建设的投入一样，对科技与教育的投入将成为知识经济时代最为重要的公共性战略投资。

二是要全面认识科学技术对现代化进程的深刻影响。目前国际学术界对现代化的理解，认为现代化包含生产社会化、经济市场化、社会城市化、政治民主化和文化多元化等方面。尽管这一理解带有西方价值理念的痕迹，但认为现代化不仅包含经济发展，而且也包含社会结构变革、民主与法制建设、文化发展等诸多内涵，是社会的系统演化这一观点，还是有借鉴意义的。在知识经济时代，科学技术将对经济、社会、文化以至政治等方面产生全面而深刻的影响：科技进步对经济的贡献率将不断提高，成为经济增长的主要动力；科学技术将为维持和改善我们的生存发展环境，为社会可持续发展提供主要的支撑，成为推动社会发展的强有力的杠杆；科学文化代表着先进文化的发展方向，将成为知识经济时代精神文明的基石；科技实力将成为国家综合竞争力的核心要素，成为国与国之间政治实力较量的关键和基础，成为决定一个国家国际地位的主要因素。

三是要正确理解何为"科学技术走在前面"。在经济全球化的今天，科学技术走在前面不但是指一个国家的科学技术发展水平和创新能力要适度超前，更重要的是要求一个国家的科学技术发展水平和创新能力进入国际先进行列。自近现代科学产生以来，科学本身就一直是国际化的，科学知识是全人类的共同财富，国内领先没有实质性的意义；在全球化知识经济时代，技术要素在世界范围内快速流动，技术创新与转移成为超越国界的活动，填补国内空白将成为过时的概念。一个国家的科学技术只有具有国际竞争力，才能真正走在前面。

二、科学技术对我国现代化进程的影响

1840年鸦片战争以来，西方列强用坚船利炮打开了中国的大门，使中国逐渐沦为半殖民地半封建社会，中华民族陷入积贫积弱、备受屈辱的悲惨境地。自洋务运动“师夷之长技以制夷”的技术救国试验，到五四新文化运动高举“科学”与“民主”的大旗，提倡“科学救国”；从废除科举制度、实行包含科学基础教育的中小学新式教育，到提倡“教育救国”；从主张“中学为体，西学为用”，到提出“欧化”、“西化”等模仿西方社会模式的“现代化”口号，救亡图存，实现民族复兴，成为中华民族志士仁人苦苦追求的目标。

中国共产党领导建立的新中国，对旧中国实行了彻底的改造，使中国成为一个真正独立与自主的国家，为中国的现代化进程奠定了政治和社会基础。在不到20年的时间里，新中国就初步建立起了比较完整的工业体系、农业体系、科学技术体系和国防体系。“十年动乱”使中国科技事业的发展遭受了巨大的损失，严重影响了中国现代化建设的进程。改革开放带来了科学的春天，为我国现代化进程注入了新的活力，我国经济快速持续发展，到20世纪末顺利实现了经济总量翻两番的目标。以江泽民同志为核心的第三代领导集体按照邓小平同志“三步走”的战略构想，制定了第三步发展目标，全面实施了科教兴国和社会可持续发展战略，开创了我国现代化建设的新局面。

展望我国实现第三步战略目标的50年进程，从科学技术角度看，下述两个方面将对未来我国现代化进程产生全局性影响。

一是我们必须正确应对新一轮科学技术革命的挑战。当今科学技术发展日新月异。愈来愈多的专家相信，从科学技术发展的长周期规律看，未来50年内，将可能发生与20世纪初物理学革命相当的一场新的科学革命，并将引发今天我们难以想象的技术革命和产业革命的新浪潮。纵观近现代科学发生以来的历史，由欧洲文艺复兴催生的近代科学，以及后来引发的工业革命，极大地改变了世界经济格局。中国对此一无所知，并被世界远远甩在了后面，从一个强大的封建帝国演变成为一个落后的半封建半殖民地的国家。20世纪初叶发生的科学革命及由此引发的技术革命和产业革命浪潮，使得发达国家的竞争优势再次得到加强，一些发展中国家抓住了科技革命的机遇，竞争优势和综合实力得到了明显加强，另一些发展中国家与发达国家的差距则被大幅度拉开。未来我们能否主动抓住新的科技革命的历史性机遇，加快我国的现代化进程，而不是再次被拉开差距，将是对中华民族能否实现伟大复兴的真正考验。

应对和抓住科技革命的机遇，并不像引进技术那样简单，需要在总体上把握世界科技发展的整体态势，及时地做出前瞻性的科技布局；需要大幅度提高国家科技创新能力，在关系我国现代化全局的重要领域占领科技制高点，攀登世界科学高峰；需要大力发展科学教育，全面提升我国公众的科技素质。

二是要对国际知识产权体系为适应知识经济要求发生重大改变做好充分的准备。现行的国际知识产权制度源于科学共同体“尊重优先权”的科学规范。1883年签订的《保护工业产权巴黎公约》（*Paris Convention for The Protection of Industrial Property*）和1886年签订的《保护文学艺术作品伯尔尼公约》（*Berne Convention for the Protection of*

Literary and Artistic Works），为工业产权和版权这两大类知识产权的保护提供了国际保护框架，在工业经济时代逐步形成了一套适应大工业生产要求并与资本经济法制体系一体化的规范的知识产权体系。

我们应该认识到，知识产权保护体系是一把双刃剑，它既保护了科技投资者和科技创新者的权益，但在一定程度也限制了技术的扩散与广泛应用以及公共知识基础的建设。现行的国际知识产权体系基本适应工业经济时代的要求，尚不能适应知识经济时代科学技术向生产转化周期日益缩短、分布式多样化生产将成为主流的变化。美国工业创新的生命周期平均为 4 年，计算机技术更新换代的平均周期为 6 个月，而专利的保护期一般为 18～22 年，过长的保护期抑制了技术的扩散和应用。更为重要的是，知识产权保护已成为国际竞争的有力工具。现行的知识产权体系更多地考虑了发达国家的权益，而对发展中国家的权益和发展需求没有加以充分的考虑。在 WTO 的“与贸易有关的知识产权协议”（TRIPS）中，对作为知识产权主要持有者和技术的主要供应者的发达国家成员在国际技术贸易中滥用知识产权以保持其技术垄断地位几乎没有作有效的约束规定，没有考虑与发展中国家成员切身利益有关的技术转让优惠与援助等。当今世界上主要的知识产权（尤其在高新技术领域和其他一些关键的技术领域中），绝大部分掌握在美欧等发达国家手里，未来知识产权体系仍将向更加有利于发达国家的方向改变。我们一方面要遵守现行国际知识产权规则，另一方面要联合发展中国家认真应对，积极参与并影响国际知识产权保护体系演变过程，同时更重要的是大力发展我们的知识和技术创新能力，创造并掌握更多的自主知识产权。

三、 明确我国科学技术在国家现代化进程中的发展目标

我国实现第三步发展战略目标的过程，既是我国实现工业化的过程，也是我国从工业经济时代进入信息和知识经济时代的过程。我们应根据我国今后 50 年经济社会发展的三个阶段目标，按照邓小平同志“科学技术要走在前面”的思想，明确我国科学技术的发展目标。

在 2010 年前后，基本完成国家创新体系的建设，基本形成分层次、多元化、良性循环的全社会共同发展科学技术的机制，科技创新能力和创新效率得到大幅度提高，为我国经济总量再翻一番提供强有力的科技支持；基本形成能够支撑我国未来 25 年发展需求的科技布局，培育出若干国际一流的科研机构，推动一批大学向国际一流大学迈进，在若干重要的科技领域进入世界先进行列；造就新一代具有国际水平的科技带头人，形成一支国际化的科技创新队伍，并向社会不断输送大量高素质的知识劳动者。

在中国共产党建党 100 周年（2021 年）前后，初步实现科学技术现代化，科技整体水平达到发达国家的中等水平；拥有强大的自主创新能力，占领事关我国现代化进程全局的科技制高点，掌握一批具有国际竞争力的重要知识产权；形成支撑我国核心竞争力的知识和技术创新基础，为我国进入知识经济时代提供高效的知识、信息、教育和科技文化平台。

到新中国成立 100 周年（2049 年）前后，全面实现科学技术现代化，国家创新体系结

构合理，功能完善，运转高效，科技创新能力成为我国综合竞争力中最具优势的重要因素之一，科技整体水平跻身世界强国行列。

在我国全面启动实现第三步发展战略目标进程的今天，明确我国科技发展的战略目标，以引导我国广大科技人员为我国实现现代化努力奋斗，具有重要的意义。只有这样，我们才能真正落实“科教兴国”战略，才能真正实现“可持续发展战略”，才能真正贯彻邓小平同志“科学技术要走在前面”和“关键是科学技术现代化”的重要思想，才能真正实现中华民族和中国科学技术的伟大复兴。我们的目标一定要实现，我们的目标一定能够实现！

对国家创新体系的再思考*

1998年，按照江泽民同志由中国科学院“先走一步，真正搞出我们自己的创新体系”的指示和党中央、国务院的部署，围绕国家创新体系建设，中国科学院率先启动了知识创新工程试点工作。在党中央、国务院的领导下，中国科学院职工锐意改革，大胆探索，试点工作取得了显著进展：基本完成了现有研究所层面的科技布局和组织结构调整，大幅度凝练和提升了科技创新目标；积极推进了管理和运行机制创新，改革了人事制度、分配制度、评价制度、资源配置制度以及国有资产管理体制；大力加强了创新队伍建设，凝聚和培养了一批年轻高水平科技人才，基本完成了科技队伍的代际转移，整体素质明显提高，以研究生为主体的流动人员已成为重要的新生力量；创新文化建设工作全面展开，职工的思想观念和精神面貌发生了可喜的转变。

中国科学院知识创新工程试点工作是我国国家创新体系建设的重要组成部分。经过四年的实践，我们深刻体会到，面对国内国际新的形势，加快建设适应知识经济、经济全球化和科学技术迅猛发展的国家创新体系是非常及时和十分必要的，是关系我国实现第三步发展目标的战略举措。同时，我们也深刻认识到，国家创新体系建设是一项长期、艰巨和复杂的系统工程，建设好我国的国家创新体系，必须坚持实事求是，勇于实践，持之以恒，并且在实践的基础上，解放思想，认识规律，与时俱进，在观念和理论上不断创新与发展。

一、对国家创新体系的再认识

国家创新体系是由科研机构、大学、企业及政府等组成的网络，它能够更加有效地提升创新能力和创新效率，使得科学技术与社会经济融为一体，协调发展。

在以资源为发展基础的农业经济时代，各种自然资源是决定生产力水平的主要因素，社会经济发展并不强烈地依赖于知识的产生、流动和利用。在以资本和资源为发展基础的工业经济时代，提高以技术创新为核心的创新能力和适应大工业生产要求的创新效率，保

---

* 本文发表于2002年《求是》杂志第20期。

持关键技术和制造工艺的领先，是企业应对剧烈市场竞争的主要手段，是国家提高综合竞争能力的关键所在。

20世纪末期，一些发达国家率先进入了知识经济时代。在知识经济时代，以最新科学技术为核心的知识是最为重要的战略性基础资源，是决定生产力水平的首要因素；科学本身是推动技术进步、进而推动经济和社会发展的引擎，高新技术创新及其产业化不断为经济持续发展提供新的增长点，科学和教育成为社会可持续发展的重要基础；知识基础成为企业、区域乃至国家提高核心竞争力的重要平台。如同工业经济时代对交通、能源等基础设施建设的投入一样，对科技与教育的投入将成为知识经济时代最为重要的公共性战略投资。

适应知识经济时代要求的国家创新体系应具有以下特点。

（1）从创新单元看，国家创新体系由国家科研院所、大学、企业与社会研发机构等单元组成。这些单元分工明晰，特色鲜明，功能互补，相互协同。其中，国家科研院所面向国家战略需求，面向世界科学前沿，围绕经济建设、国家安全与社会可持续发展，开展基础性、战略性和前瞻性的创新活动；研究型大学是基础研究、高技术前沿探索的知识创新与知识传播基地；企业则是应用新知识、进行技术创新和市场开拓的主体。

（2）从创新过程看，国家创新体系由知识生产、知识流动、知识应用等部分组成。知识创新活动不再也不可能孤立于社会生产活动之外，而应成为知识经济价值链中核心的一环。其中，国家科研院所主要从事竞争前和公共性的科学技术前沿探索与创新，在市场机制失效区域提供必要的创新科技源头供给，为企业和全社会提供知识与技术基础和创新人才。

（3）从创新环境看，国家创新体系是一个开放系统，需要充分体现公平竞争的规范的市场环境；需要发达的教育平台、信息平台、文化平台和法制平台的支撑；需要崇尚创新、严谨求是、百家争鸣的学术氛围和诚实守信、顾全大局、协力合作的团队精神。

（4）从系统调控看，国家创新体系通过特殊的制度安排，形成自我调节与宏观调控相结合的机制。技术交易、风险投资等中介活动的健康发育是建立体系内各创新单元有机联系与自我调节机制必不可少的因素。政府的主要职能是通过科技和产业政策、法律法规、资源配置以及必要的行政手段，保证国家目标的实现和系统的整体有序。国家科研院所与研究型大学则根据国家战略需求和科技发展趋势，承担调整国家科技布局的重任，成为国家有效调控知识要素最重要的思想库和知识库。

二、当前我国国家创新体系建设中若干重大与深层次问题

从我国现代化进程和未来知识经济发展的高度看，当前我国国家创新体系建设仍存在着一些重大与深层次问题亟待解决。

1. 科学原始创新能力、关键技术创新能力和系统集成能力仍然较弱

在过去的一段时间里，我国对于国际上的科学技术前沿和尖端高新技术，采取了跟踪和模仿的战略，取得了一定的成效，使我们在众多的科学、技术和产业领域逐步跟上了世

界发展的步伐。但是，随着我国国际政治和经济地位的提高，以及国际竞争的加剧，单纯的跟踪和模仿已经不能适应我国现代化进程的要求。然而，我国是一个发展中国家，又不允许我们采取全方位超越发达国家的战略。

按照“有所为有所不为”的方针，在科学领域，要大力提倡原始创新，将传统的学科政策转变为创新政策，改变追求“大而全”的布局思路，优先支持一批创新能力强的科学家和科学团队进入国际先进行列，优先支持一些研究机构和研究型大学达到国际一流水平。在技术领域，充分利用全球创新资源，广泛参与双边、多边和全球竞争前的研发合作，大幅度提升高新技术创新与产业化能力。在多数领域主要采用加强引进技术的消化吸收和集成创新模式，尽快实现引进技术的本土化；在具备条件的某些产业或产业发展的某些阶段，加强关键技术创新和系统集成，实现跨越式发展；在少数关系国家中长期发展的关键领域和若干科技发展前沿，具有形成自主知识产权的核心能力，占领至关重要的科技与产业制高点。

2. 科技队伍的创新能力和水平不能满足国家发展的要求，与国际一流水平有较大差距

经过几十年的发展，我们拥有一支绝对数量较大的科技队伍，当前主要的问题是高水平的科技带头人较少，更缺乏国际一流的科技大师。

随着我国经济社会的快速持续发展，随着我国加入 WTO 后人才市场的进一步开放，中国将成为科技人才创新、创业的良好舞台。前些年出现的大批人才外流的局面将可能发生根本改变。在人才竞争日趋激烈的今天，我们必须采取新的人才战略：一是要加快现有人才的国际化，全面提升我国科技队伍的整体水平，对于那些立足国内、具有共同发展理念、勇于开拓创新的优秀科技带头人给予重点支持；二是要在继续欢迎广大留学人员为国服务的基础上，调整引进人才的政策思路，从以提供相对优厚的生活工作条件为主，转向以在平等竞争前提下提供发展机会为主，按需引进，竞争择优，提高层次，保证质量；三是要充分承认创新人才的价值，建立符合人才市场价值规律的高级人才分配制度。

3. 对科技投入的重要性认识不足，科技投入总量和占 GDP 的比例较低，全社会共同支持科技发展的环境和良性循环的机制尚未形成

在新的世纪，科学技术是第一生产力，是先进生产力的集中体现和主要标志，是最具时代特征的先进文化。对科技的投入是保证科学技术持续发展的基础，关系到我国国家创新体系能否有持久的生命力，进而影响我国现代化建设的全局。

在社会主义市场经济条件下，全社会对科技的投入是保证科学技术持续发展的物质基础。要逐步改变目前我国政府投入是科技投入主要来源的局面，在继续加大公共财政对科技投入的同时，建立全社会分层次、多元化、良性循环的科技投入机制，保证科技投入的稳步增长。公共财政对科技的投入是国家重要的战略性投入，应主要集中在公共性和竞争前的科技领域、重要的科技基础设施以及国家科研基地等方面；在竞争性领域，要通过完善市场经济环境、建立必要的利益机制等途径，使企业充分认识到对科技的投入是提高自

身核心竞争力的必由之路，激励企业主动、积极、自觉地加大对科技的投入；同时，通过税收等政策杠杆，鼓励全社会增加对公益性科技事业的投入。

三、 建设中国国家创新体系的思路

我国已经全面启动了实现现代化的进程。虽然我国目前的经济主体仍然处于工业经济时代，在一些地区甚至农业经济仍然占据着主要位置，然而在一些相对发达地区，知识经济已见端倪，率先实现现代化已成为这些地区发展的战略目标。

未来的5至8年，是我国市场经济体制逐步完善并与国际接轨的关键时期，是我国经济增长方式、产业结构和社会结构发生重要转变、为实现现代化奠定基础的关键时期，也是我国国家创新体系建设的关键时期。我们在考虑国家创新体系建设时，既要关注现实的需求，又要考虑未来的发展需要，必须紧密围绕我国第三步发展目标，冷静分析我国国情和自身科技实力，借鉴世界科技发达国家的成功经验，进一步明确我国国家创新体系的建设思路。

1. 必须坚持创新能力建设与构建体系内外相互联系并重

科技实力和教育水平是决定国家创新体系知识产出能力以至整体创新能力的核心与基础。在科技发达国家，其科技实力和教育水平处于世界领先地位，它们建设国家创新体系的重点是构建体系内外的相互联系，这是很自然的，也是当前国际学术界关于国家创新体系的研究更多地集中在这个方面的原因。

尽管新中国的科技与教育事业取得了长足的进步，在少数领域甚至达到了国际先进水平，但是我们应该清醒地认识到，从整体上看，我国目前的科技实力和教育水平与科技发达国家相比仍有较大差距，无论是满足国内需求还是应对国际竞争都是远远不够的。我国的科技竞争力与教育水平仍是国家竞争力诸指标中较为落后的指标。因此，在相当长的一段时间里，通过制度安排、改善科研和教育基础设施、增加投入等手段，提高我国知识创新能力仍然是国家创新体系建设的重点。我们必须采取切实措施，重点建设一批国际一流水平的研究机构，推动一些大学向国际一流大学目标前进，从源头上提升我国原始科学创新能力；必须通过政策引导，大力加强企业技术吸收、集成和创新能力，提高知识应用效率；必须继续加快教育事业发展，提高全民族的科技素养。

2. 必须加强整体设计，立足深层次改革，结合我国社会主义市场经济发展进程，走出建设我们自己的创新体系的新路

建设适应知识经济要求的国家创新体系有两条途径可以选择：一条途径是对基本上适应工业经济时代的原有体系进行改良和微调，另一条途径则是对国家创新体系建设进行整体设计，对现有科技体系进行深层次改革。在科技发达国家，多数选择的是第一条途径，根本原因在于它们拥有相对完善的市场经济体系，其科技体系经历了较长的发展演化过程，基本适应现阶段的要求，在此基础上进行改良是一种现实和低成本的选择。此外，其社会传统强调更为完备的法制体系，也使得他们难以进行深层次的改革。

我国正在进行的国家创新体系建设不是也不应该是对一些发达国家创新体系的简单模仿，不是也不应该是对现有科技体制的简单调整或原有建制的完善，而是应对知识经济、经济全球化和科学技术迅猛发展的一种全新的设计和主动的部署。我们必须而且能够从整体设计入手，立足深层次改革，进行新的制度安排。我国正处于计划经济向社会主义市场经济过渡的时期。我国科技体制是在计划经济体制下建立和发展起来的，不能适应我国社会主义市场经济发展的要求，计划经济体制遗留的深层次弊端不可能通过改良和微调加以根除。同时，对现行科技体制的改良和微调将是一个长期、缓慢和渐变的过程，国内外形势的发展，都不会给我们留下这样充裕的时间。当前，我国社会主义市场经济及其法制体系正在逐步完善，现代化进程的启动将导致我国经济结构和社会结构的大调整，为我们进行科技体制深层次改革提供了必要的外部条件。

中国科学院在四年的知识创新工程试点过程中，从整体设计入手，对原有科技布局和制度体系进行了深层次的调整与改革，实践表明是可行的，并取得了显著成效。我们的一些思路和做法，如科研结构动态更新、以绩效为主的分配制度等，得到了国际科学界的关注和好评，一些发达国家的国立科研机构对我们能够进行这样深层次改革表示羡慕，一些发展中国家希望借鉴我们的经验。

在“全面建设小康社会与科技创新”战略论坛上的讲话*

各位专家、各位来宾，大家上午好！

非常高兴参加今天的“全面建设小康社会与科技创新”高层战略论坛。我今天主要讲三点：一是开展技术预见研究，树立大局观和未来观；二是全面小康社会是中国现代化的关键阶段，需要科技创新的重要支撑；三是我们必须抓住历史发展机遇，实现中国科学院与经济社会的跨越式发展。

一、开展技术预见研究，树立大局观和未来观

“全面建设小康社会”是我国人民在21世纪头20年的奋斗目标，科学技术是实现这一目标的重要支撑力量。科技发展要“有所为，有所不为”，根据国家社会、经济发展战略需求和科学技术发展水平与趋势确定研究与开发重点。为此，中国科学院启动了《中国未来20年技术预见研究》项目，目标是建立一套系统化的技术预见的科学方法，分析我国未来20年经济社会发展情景与技术发展趋势，提出国家未来发展面临的战略问题，反演、辨识和凝聚出国家战略需求，特别是战略技术需求；通过德尔菲法（Delphi Method）调查研究，把握技术未来发展趋势；最后通过科学技术专家与经济社会和人文科学专家的对话，选择提出2020年中国优先发展战略技术集群，重大关键技术课题、重大专项工程等以及相关政策建议，为制定国家中长期科学和技术发展规划提供服务。

开展技术预见活动主要基于2点基本假设，即：①科学技术发展和社会发展相互作用决定技术发展轨迹；②未来存在多种可能性，未来可以选择。当前国家正在制定中长期科学和技术发展规划，技术预见活动是重要基础。在预见活动中，既要关注世界科学技术发展趋势和中国科技发展水平，也要关注中国社会、经济与国家安全发展战略和国内外市场走势对于科学技术的需求，同时创造有效沟通机制，使技术专家了解国家战略需求，使社会学家、经济学家、未来学家们了解技术发展的多种可能性。从某种意义上讲，预见是一种不断调整和修正预见目标的机制（如每5年进行一次），是一个“前瞻”或者“创造”

---

* 本文为2003年8月19日在由中国科学院高技术局、政策局、科技政策与管理科学研究所联合组织的“全面建设小康社会与科技创新”战略论坛上的讲话。

未来的过程，这有利于培育预见能力。预则立、不预则废，树立现代社会的大局观和未来观，提高决策的预见性、科学性。

今天举行的高层战略论坛是技术预见研究项目的一项重要内容，论坛邀请了国内政治、社会、经济、环境等领域的资深专家，从新型工业化、城市化、信息化、全球化、消费型社会、循环型社会等 6 个方面构建 2020 年中国社会经济发展图景，系统分析全面建设小康社会对科学、技术发展的战略需求及科技创新方略。我认为这是一种新的尝试，有别于技术专家主要从技术发展内在规律出发提出的未来技术发展方向。这种方式有助于面向国家战略需求，促进原始科学创新和关键技术创新与集成，从而为国家经济建设、国家安全和社会可持续发展做出基础性、战略性、前瞻性的重大创新贡献。

二、全面小康社会是中国现代化的关键阶段，需要科技创新的重要支撑

从孙中山到邓小平，从“三民主义”到中国特色社会主义，实现小康社会和现代化是百余年来中国志士仁人前赴后继不懈追求的理想和目标。

1957 年毛泽东同志提出“将中国建设成为一个具有现代工业、现代农业和现代科学文化的社会主义国家。”

1964 年周恩来同志代表中国政府提出“我们要建立一个富强的国家，实现农业现代化、工业现代化、国防现代化和科学技术现代化。”

1979 年邓小平同志提出“小康”概念，即人均国民生产总值 1000 美元的“中国式的现代化”。以后他又提出“三步走”发展战略：第一步从 1981 年到 1990 年国民生产总值翻一番，实现温饱；第二步从 1991 年到 20 世纪末再翻一番，达到小康；第三步是到 21 世纪中叶再翻两番，达到中等发达国家水平。经过全国人民艰苦奋斗，我国于 2000 年胜利实现了“三步走”战略第一、第二步的目标，人均 GDP 达到 855 美元，全国人民生活总体上达到小康水平。

江泽民同志在党的十五大上提出了“新三步走”的发展战略，就是把原来小平同志的“大三步走”中第三步的目标和步骤进一步具体化，划分为 2010 年、2020 年和 2050 年三个目标期，明确了“新三步”的目标和任务。

党的十六大提出，要在 21 世纪头 20 年，集中力量，全面建设惠及十几亿人口的更高水平的小康社会，使经济更加发展、民主更加健全、科教更加进步、文化更加繁荣、社会更加和谐、人民生活更加殷实。可以说，全面建设小康社会是 21 世纪中叶实现现代化的关键阶段。

全面建设小康社会需要科技创新的重要支撑。改革开放 20 多年来，中国经济高速增长主要归因于开放改革促进了劳动、资本等投入和要素生产率的增长。但是，资源经济高速发展加速了资源消耗和环境恶化，计划生育政策在减缓中国人口增长趋势的同时，也使中国人口老龄化问题日益突出。未来中国现代化进程将面临人口、就业、资源、生态、环境等问题的严峻挑战。十六大报告提出走新型工业化道路，即：①科技含量高；②经济效益好；③资源消耗低；④环境污染少；⑤人力资源优势得到充分发挥。新型工业化道路的

根本出路是进一步改革开放，创造更好的政策环境和公平有序的市场秩序，大力推进科技创新，其中关键在于科技进步和国家整体技术能力的提升。

三、 抓住历史发展机遇， 实现我国科技与经济社会的跨越式发展

当今世界发展呈现四大特点，即全球化、信息化、知识化和多极化趋势日趋明显。

全球化进程不断加快，主要体现在国际贸易增长、外国直接投资增长和跨国公司的快速发展，全球范围内资本、资源、人才、技术等生产要素的自由流动与优化配置。

信息化水平不断提高，互联网成为一种重要的信息传播工具，全球信息、知识共享机会增加，同时也可能导致全球数字鸿沟加大，影响广泛而深刻。尤其表现在信息制造、服务业、信息产业发展迅速，信息流动速度和数量急剧增加，跨国信息流通量、电话、移动电话、电讯营业额等快速增长。

知识经济兴起，已使知识成为一种战略资源。为了争夺这种资源，许多国家将创新体系建设提高到战略高度来认识——其核心是知识的生产、分配、流通与应用。

苏联解体以后出现了“一超多强”的格局，美国超强地位迅速扩张，但仍然无法逆转世界走向多极化趋势，多极化与相互依存的国际政治、经济格局不可能有根本性改变，这是由人类社会发展的多样性所决定的。

科学新发现和新技术突破及其产业化为技术跨越奠定了坚实的科技基础。一些重大的技术突破可能引发新的产业主导技术的更迭，可能带来技术跨越的机会窗口，使后发国家不必循序渐进。19 世纪末之德国、美国的兴起，20 世纪 60 年代日本和 80 年代韩国的发展，都可以看作是抓住技术跨越机会而成功的案例。

中共十六大提出到 2020 年全面建设小康社会的发展目标，为中国社会、经济和科技发展指明了方向。同时进一步提出“要制定科学和技术长远发展规划”，要“坚持以信息化带动工业化，以工业化促进信息化，走出一条科技含量高、经济效益好、资源消耗低、环境污染少、人力资源优势得到充分发挥的新型工业化道路”。要实现全面建设小康社会的发展目标，必须了解世界科学技术发展趋势和中国发展战略需求，捕捉产业主导技术更迭带来的重大历史机遇，以实现跨越式发展。

应该认识到，实现全面小康社会的发展目标一方面需要解决工业化、城市化、老龄化等一系列重大问题；另一方面将会对世界政治、经济、军事格局产生深刻影响，因而必然会受到列强的抑制，技术在国际竞争中的决定性作用无疑会得到进一步强化。无论是解决全面建设小康社会面临的问题，还是突破列强的抑制，都需要加快培育技术能力，识别发展机会，提高有效开发与利用全球技术资源的能力。

最后，祝论坛圆满成功。

科技创新与小康社会*

一、时代与形势

客观、科学和全面地认识和判断形势，是明确发展战略、目标和方向的基础。纵观当今世界，正如江泽民同志在十六大报告中指出的："世界多极化和经济全球化的趋势在曲折中发展，科技进步日新月异，综合国力竞争日趋激烈。形势逼人，不进则退。"我们确实面临着难得的发展机遇，也面临着严峻的挑战。

2001年12月11日，中国正式成为世界贸易组织（WTO）的第143位成员。中国从2002年1月1日起将关税总水平从原来的15.3%降至约12%，至2005年再进一步下降到10%以下。服务领域，包括金融业、零售业、电信业、资产管理业、会计业、旅游业，也将按时间表对外开放。标志着中国经济已经并将继续融入全球经济，我们面对的是国际国内统一的市场。

2001年9月11日美国纽约地标性建筑"世贸中心姊妹楼"遭恐怖分子劫机撞击，起火倒塌，造成3225人死亡与失踪。这是二战以来，美国本土遭受的最严重的恐怖主义袭击。标志着世界贫富和地区差距扩大，种族、信仰和文化冲突酝酿滋生的极端势力、恐怖主义抬头。

苏联解体、东欧剧变后，世界在走向多极化的进程中，出现了一极超强的局面。强权政治、霸权主义抬头。美国退出核控条约，推出全球环境京都议定书，布什提出"邪恶轴心"说、"先发制人战略"，先后以反恐和反大规模杀伤性武器为名发动阿富汗战争与伊拉克战争。在我们前进道路上还将遇到许多意想得到的和意想不到的困难，国家安全确实面临新的挑战。

便捷的交通与全球网络将世界连接成一个地球村。资源、资金、信息、知识、人才将在全球范围内自由流动与优化配置，中国的经济、科技、产品、企业将面临全球化的竞争与挑战。我们面临着前所未有的挑战与机会。

---

* 本文为2003年9月13日于沈阳师范大学召开的"中国科学技术协会2003年学术年会"上的主题报告。

科学技术突飞猛进，以信息技术（IT）、生物技术（BT）和纳米技术（NT）为代表的科学技术前沿正酝酿着新的科学革命、技术革命与产业革命。科学革命将进一步改变我们的认识论与世界观；技术革命将进一步改变我们的生产方式与生活方式；产业革命将进一步改变我们的经济与社会结构。我们应该清醒地认识科技进步可能带来的变革、挑战与机会。

突如其来的“非典”(SARS)① 事件，进一步考验和印证了中华民族在灾难面前愈挫愈奋、自强不息、众志成城、能够战胜一切艰难困苦的、不屈不挠的民族精神。同时警示我们，必须重视经济与社会的协调发展、重视人与自然的和谐共存。

我们建设的是惠及十几亿人口的小康社会，任务艰巨而复杂。我们应当认识到，我们是在国际形势总体上和平、发展、相对稳定，局部对抗、冲突乃至剧烈动荡的环境中全面建设小康社会；是在生产力发展水平较低，70%的人口居住在农村，60%以上人口从事农业生产的条件下建设小康社会；是在国民教育水平较低，科技创新能力处于发展中国家水平的条件下建设小康社会。

我们还应当认识到，我们是在人均资源相对短缺的条件下建设小康社会。中国占有的人均淡水资源只及世界人均水平的 1/3 弱，且时空分布极不均匀；中国占有的煤、油、天然气人均资源分别只及世界人均水平的 55%、11%、4%；中国占有的人均矿产资源只及世界人均水平的 58%；中国人均耕地不到世界人均水平的 42%；用占世界不到 9%的可耕地资源，养活了占世界 22%的人口；中国森林覆盖率不足 18%，只占世界森林面积的 3%—4%，人均森林面积只占世界平均水平的 11.7%。

我们是在生态环境压力不断增大的环境中建设小康社会。全国 600 多个城市中，大气环境质量符合国家一级标准的不到 1%，有 62.3%的城市二氧化硫（SO_2）年均浓度低于国家环境空气质量二级标准；我国江河湖库水域已普遍受到不同程度污染，并大多呈加重趋势。七大水系中符合“地面水环境质量标准”1、2 类的仅占 32.2%，符合 3 类的占 28.9%，属 4、5 类的占 38.9%；固体废弃物污染严重，城市生活垃圾以每年 10%的速度增长，工业固体废弃物历年存量已达 6.49 亿吨，占地 5.17 万公顷。

我们是在社会与企业管理水平亟须提高的过程中建设小康社会，政治、经济、金融、科技、教育、卫生、文化体制改革正处于攻坚、突破、创新阶段；民主法制、思想道德、文化建设正面临建设、继承、弘扬、创新的阶段。

二、 全面建设小康社会的宏伟目标

江泽民同志在党的十六大报告中指出：“我们要在本世纪头 20 年，集中力量，全面建设惠及十几亿人口的更高水平的小康社会，使经济更加发展、民主更加健全、科教更加进步、文化更加繁荣、社会更加和谐、人民生活更加殷实。”

到 2020 年实现全面建设小康社会的宏伟目标，社会主义市场经济体制将更加健全、更加开放、更具活力。中国经济总量将在 2000 年基础上再翻两番，人均国民生产总值达

① 即严重急性呼吸道综合征。

到3000—4000美元；将建设完成具有中国特色的社会主义法律体系；二、三产业比重将达到85%以上；将形成公有制为主导，多种所有制共同发展、充满活力的所有制格局；中国将成为世界贸易第二大国，最大投资目标国。

经济和产业结构将进一步得到优化。“坚持以信息化带动工业化，以工业化促进信息化，走出一条科技含量高、经济效益好、资源消耗低、环境污染小，人力资源优势得到充分发挥的新型工业化路子。”

将进一步提高资源利用率，降低能源消耗，降低能源排放，提高劳动生产率，提高经济质量与效益。资源利用率提高到发达国家平均水平，每万元能耗降低到发达国家平均水平，分步实现能源消耗的零增长、排放的零增长，人均劳动生产率提高到中等发达国家水平，使中国经济走上一条可持续发展的道路。

将进一步提升中国经济与产品的国际竞争力。不断提升中国制造业的水平与竞争力，不断提高中国出口高技术产品、高附加值服务产品的比重，不断提高中国出口产品质量、适销性、技术与环境标准和著名品牌，不断提高中国出口产品的系统成套能力和售后服务水平，不断提高中国经济的国际比较优势、结构优势和可持续发展优势。

将基本实现工业化、信息化、现代化。在发展现代农业，加强农业基础地位的基础上，第二产业、第三产业占国民经济的比重将达到85%以上；中国的政府管理、财政金融、工农业、商业流通、科技教育、医疗卫生、交通物流、城乡社区，将全面实现信息化；中国军队将实现机械化、信息化、现代化；中国城镇化水平将从2000年的36.1%提升到2010年的40%，2020年的50%以上。

实现全面建设小康社会的宏伟目标，必须要不断适应形势、应对挑战、把握机遇、采取对策、促进发展。

1. 要大力实施科教兴国战略和可持续发展战略

注重依靠科技进步和提高劳动者素质，改善经济增长质量与效益；加强基础研究和高技术研究，推进关键技术创新与系统集成，实现技术跨越式发展；鼓励科技创新，在关键领域和若干科技发展前沿掌握核心技术和一批自主知识产权；深化科技体制改革，加强科教与经济社会发展结合；建设国家创新体系，提高科技创新能力，完善创新价值链，加速科技成果向现实生产力转化。

2. 积极推进西部大开发，振兴东北老工业基地，促进城乡、区域经济协调发展

认知西部地区经济、社会、资源、生态规律；重点抓好基础设施、生态环境建设，发展特色、优势产业；发展科技教育，培养、留住和用好人才，提升西部地区创新能力，提升人力资源水平，优化人才结构；支持东北地区等老工业基地加快调整和改造，支持以资源开采为主的城市和地区发展接续产业，振兴东北老工业基地；加大中部地区经济结构调整力度，推进农业产业化，加快工业化和城镇化进程；加快东部地区产业结构升级，发展现代农业，发展高新技术产业和高附加值制造业和服务业，进一步发展外向型经济，率先实现现代化；加强东、中、西部经济交流与合作，实现优势互补、共同发展，形成若干各具特色的经济区和经济带。

3. 健全现代市场体系，加强和完善宏观调控

进一步发挥市场在资源配置中的基础性作用，完善统一、开放、竞争、有序的现代市场体系（资本、产权、土地、劳动力、人才和技术等）；完善政府在宏观经济调节、市场监管、社会管理和公共服务职能，减少行政审批；健全现代市场体系，加强和完善宏观调控，一靠法制，二靠政府管理与服务，三靠信息透明、真实可靠、及时反馈调节与监管。

4. 深化分配制度改革，千方百计扩大就业

确立劳动、资本、技术与管理等生产要素按贡献参与分配的原则，完善按劳分配为主体、各种生产要素参与分配，多种分配方式并存的分配制度；坚持效率优先、兼顾公平的分配原则，既要提倡奉献精神，又要落实分配政策，既要反对平均主义，又要防止收入悬殊；广开就业门路，在注重发展高技术产业，提高劳动生产率的同时，要积极发展劳动密集型产业；形成比较完善的国民教育体系和全民学习、终身学习型社会。

5. 健全社会保障体系，不断改善人民生活

建立与健全与我国经济发展水平相适应的社会保障体系，是社会稳定和国家长治久安的重要保证；建立高效的公共卫生事件应急机制和可靠的医疗卫生保健体系，提高城乡居民的医疗保健水平；高度重视安全生产，保障劳动者合法权益，依法保护公共和私人财产及人民生命安全；要随着经济发展不断增加城乡居民收入水平，拓宽消费领域，优化消费结构，满足人民多样化的物质文化需求；人口得到有效控制，人口健康素质得到普遍提高。

6. 社会主义民主更加完善，社会主义法制更加完备

社会主义民主与法制更加完备，依法治国、以德治国，建设社会主义法治国家方略得到全面落实；人的生存权、教育权、发展权、民主权依法得到充分尊重，公民的政治、经济、文化权益得到切实的尊重与保障；经济、社会走上人与人、人与自然和谐发展的轨道。

三、 战略需求与科技前沿

要着重研究经济建设、社会发展、人民健康和国家安全相关的重大战略需求，及时把握物质科学、信息科学、生命科学、数学、认知科学以及高技术的前沿理论与方法，制定中长期发展规划，用先进的科学技术理论与方法解决重大战略需求，登攀科技高峰，改革创新体制，培养、吸引和组织创新队伍，革新科技管理与文化，建设国家创新体系，实现我国创新能力的跨越发展。

在国家安全方面，根据当代军事变革和现代战争的特点，其核心能力是：制信息能力、制空天能力和中远程精确反击能力。其关键技术是：信息实时获取、快速处理、可靠传送与应用技术；可靠的空天侦查（GIS，地理信息系统）、指挥、作战平台；全球定位

(GPS)、精确末制导技术；隐身、抗电子干扰、电子对抗技术；高效、清洁、可控的中远程空天推进技术；新概念信息、材料、软硬杀伤技术……

能源必须满足高效、清洁、可持续发展要求。可替代和可再生能源方面，着重发展煤的清洁燃烧与转化、油气新发现、天然气水合物、水力资源开发、高效太阳能、风能、生物质能源、潮汐能、燃料电池、整体煤气化联合循环（IGCC)、多联供等高效转化等。清洁、高效、安全核能方面，着重发展清洁、高效、安全核裂变新堆型，进行聚变发电（磁约束与惯性约束）的探索。还有节能及能源的有效传输及利用，电网调节与控制，用户节能，超导发电与变换等。

在现代农业方面，要发展面向全面小康社会需求的生态农业。重点是：农业信息系统、农业地理信息系统（估产、气象、耕地、灾害）；高产、优质、抗逆品种培育；生态农药、农肥、生物防治病虫害；节水及精准农业技术；农、牧、渔、林、果等科学的农业新区划。

信息科技必须满足安全、高效、多样化、网络化、智能化服务需求。重点是信息安全、智能芯片、超级计算、高清晰摄像及显示、网格技术、数学方法、软件等。

材料与先进制造的发展目标应是提高我国产品国际竞争力，满足我国经济社会国防战略需求。超级结构与功能材料，满足国防、能源、汽车及航空工业需要；绿色可再生结构材料，满足建筑、包装、农业等大宗需要；新一代微电子、光电子材料及其工艺，满足信息技术产业的需要；生物医学材料，满足十几亿人口医疗保健需要；数字化、智能化、虚拟化、全球化环境友好先进制造技术；纳米精密加工与技术。

空天与海洋方面，要把握制空天权，认知海洋、开发海洋、保卫领海权益。重点是：军民两用大型机平台、高性能军机；可往返空天飞机；清洁、高效、可控空天发动机，高性能航空发动机；高性能遥感/地理信息系统/全球定位系统（RS/GIS/GPS）及应用卫星平台，微纳卫星、空间站；深海海域钻井平台、集束井及水平井技术；水下及水面超视距侦察与通信及隐身技术；高速智能水下兵器。

资源、生态、环境方面的重点是：成矿理论创新与新勘察技术；资源高效、清洁利用与可再生循环；水、土壤、大气污染的修复与保护；固体废弃物的清洁处理与利用；自然灾害的监测、预报与防治；水土流失与荒漠化的治理。使得可持续发展能力不断增强，生态环境得到改善，资源利用效率显著提高，促进人与自然的和谐，推动整个社会走上生产发展、生活富裕、生态良好、文明发展之路。

人口、健康与生物安全不仅是关于十几亿人口健康的大事，而且是数以千亿计的大产业。重点是：计划生育与优生优育相关技术；食物营养与安全；公共卫生应急能力建设；新流行病、传染病防治技术与体系；外来种质危害预防与利用；新药与疫苗研发平台与产业化（手性药、天然源药、中药现代化、基因药、蛋白药）；老龄化对策与技术。

城镇化与城乡基础设施方面的重点是：城镇规划与综合优化理论与方法；信息、交通、能源、供水、环境、生态、安全规划与管理；城镇信息化、网络化。

战略高技术方面的重点是：空天运载工具与工作平台；高精度、高分辨、多目标（遥感/地理信息系统/全球定位系统，RS/GIS/GPS)；高效、洁净、安全一次能源及二次能源；超级计算与超级网格技术；信息安全与软件；深部地球资源勘探技术；生物信息学（基因、蛋白质……)；纳米精度先进制造技术；超级结构与功能材料；诊断、防疫与医药技术；生态与环保技术；超级科学与工程计算。

公共科学、技术与支撑平台方面的重点是：跨学科试验平台（同步辐射、散射中子源、磁共振、极端条件）；公共观察平台（高性能应用卫星、高性能时标、公共空间实验室、天文望远镜、海洋实验室、可控生态试验室）；公共超级计算平台与网络（超级计算能力、网络安全、系统与应用软件）；生物医学公共平台（生物安全实验室、生物医学信息学平台、蛋白质科学平台、功能基因组与生物分子设计技术平台、克隆技术及干细胞技术平台、药物筛选与分子修复合成平台……）。

公共科学平台方面的重点是：超级材料研发平台（分子设计与分子组装、材料过程控制、表面与界面技术）；纳米和微电子机械系统（NT&MEMS）研发平台（微加工、微测试、微系统）；生态环境与公共灾害监测网络（生态、环境、气象、空间环境、地质灾害等）；公共数据库、资料库、标本库、种质资源库等。

四、 我国科技发展的战略目标与思路

（一）我国科技发展的战略目标

（1）2010 年前后。基本完成国家创新体系的建设，在若干重要科技领域占有一席之地，科技水平进入发展中国家的前列；为我国经济发展、国家安全和社会进步提供有力的科技支持；向社会不断输送创新人才与高素质的知识劳动者。

（2）在建党 100 周年前后。初步实现科学技术现代化，科技整体水平达到世界科技强国的中等水平；自主创新能力和科技竞争力大幅增强，取得一批具有自主知识产权的重大创新成果，为我国早日实现现代化提供强大的科技支持；培养和造就大批适应 21 世纪发展需求的高水平科技人才。

（二）我国科技发展的战略思路

1. 充分利用全球创新资源，广泛参与双边、多边和全球竞争前研究和开发合作，大幅度地提升科技创新与产业化能力

（1）在多数领域，主要采用加强引进技术的消化吸收和集成创新模式，尽快实现引进技术的本土化。

（2）在具备条件的某些产业或产业发展的某些阶段，加强关键技术创新和系统集成，实现跨越式发展。

（3）在关系国计民生的关键领域和若干科技发展前沿，形成具有自主知识产权的核心能力，占领对国家发展至关重要的科技与产业制高点。

2. 增强科学技术基础与启动

加强基础研究与重要高技术领域前沿的前瞻布局，加强原始性科学创新，并在一些重要领域登上世界科学高峰，为我国中长期发展和第三步战略目标的实现提供持续支持。

优先发展信息科学、生命科学、物质与材料科学和重要交叉科学等重点领域，在信息技术、生物技术、新材料与先进制造技术、新能源与环境技术、空间与海洋技术等对未来经济、科技发展有巨大带动作用的领域，选择具有一定优势的关键技术，力争实现突破和跨越。

3. 应着力解决的问题与对策

（1）深化科技体制改革，加强国家创新体系建设

通过制度安排、人员流动以及信息化、网络化等科技基础设施建设，在知识的生产、传播与应用的各个环节，在企业、科研机构和大学之间，形成合理分工、紧密联系、相互促进、适度竞争和高效运转的国家创新体系，基本完成我国科技体制的新的建制化。

（2）加强市场化改革进程，促进科技与经济紧密结合

加速建立健全符合科技创新和产业化规律的法律法规；加大产权改革力度；发展中介体系，吸引和鼓励风险投资，完善创新价值链；大力发展面向市场的技术集成创新能力，为大企业提供关键、前沿技术，为中小企业提供适用技术和技术服务；探索适应知识经济特点的知识产权制度，积极参与国际有关知识产权制度和技术标准的制定。

（3）改革与发展教育体系，开发人力资源

人口众多是我国的基本国情，通过改革与发展教育体系，将沉重的人口负担转化为巨大的人力资源，是我国面临的重大挑战和实现现代化的关键。

要坚持“以人为本”的理念，充分尊重人的价值、人的尊严和人的发展；要加快发展高等教育，加强职业教育，普及基础教育，大力发展远程教育，要改变应试教育，注重素质与能力提高，要提倡终身教育，创造终身学习的环境与社会风尚；要抓紧领衔式科技创新与经营管理人才的培养和吸引，加快人才的国际化，建设国际化人才队伍；要加快社会保障体系的建设，采取特殊政策，优先发展面对知识人群的社会保障体系，实现人才流动，人尽其才。

（4）弘扬科学精神，建设创新文化

江泽民同志指出：“弘扬科学精神更带有根本性和基础性。”

坚持解放思想，实事求是，营造“尊重科学、尊重人才、尊重创新”的社会氛围，提倡尊重知识创新，鼓励技术创新，崇尚与支持创业精神，倡导“爱国奉献、求真唯实、诚信敬业、协力创新”的道德风范。树立社会化、全球化、现代化观念。

大力发展创新文化，加强科学普及，提高全民族的科学素养，旗帜鲜明地反对一切违背科学事实、科学方法和科学精神的伪科学和反科学的荒诞学说。

（5）确保科技投入稳步增加，构建合理的投入结构和机制

要确保对教育与科技投入的稳步增长。政府在增加农业、环保、健康等基础公益、战略性关键技术投入的同时，鼓励企业、社会力量与个人投入，引导构建合理的投入结构与机制，使企业成为研究和开发的自觉投入主体。

在全社会确立：在知识经济时代，对教育与科技的投入是最具战略意义的投入，教育与科技是新时期的国家“基础设施”，是国家创新能力和竞争力的基础和不竭源泉。

（6）抓住制定国家科学和技术长远发展规划的有利时机，选准重点领域和战略目标，推动科技与经济社会全面发展

制定规划，应充分体现科学技术作为第一生产力对我国现代化全局的重要作用。除科

学技术自身发展目标外，更应着重在科学技术对促进我国经济社会发展、提高国家安全和竞争力、增强全社会知识基础等方面进行战略规划。

规划在国家创新体系结构、功能以及布局方面，应进一步明确至2010年我国国家创新体系的基本框架、建设思路和建设目标，研究的重点应包括政府的职能与作用，国家科研机构、大学、企业与地方研发机构等行为主体的定位与功能，知识、技术与人才等生产要素的转移机制等。

在规划未来我国科学技术发展的战略重点，应以走新型工业化道路、保障国家安全和经济社会可持续发展、提高国家竞争力等我国未来经济社会发展重大战略需求为主线，紧密结合科技基础设施建设与保持科学技术持续发展的要求进行规划与部署。

规划应进行相关科技制度体系的整体设计，例如科学技术规划（计划）制定与实施制度、科研组织管理制度、科技资源调控制度、科技评估与监督制度、知识产权与科技成果转移转化制度等。同时，规划应提出未来我国科学技术发展的若干核心政策和重大举措，例如引导、集成社会资源推动科学技术发展政策、人才激励政策等。

4. 实现科学技术现代化需要长期坚持不懈的努力

科学技术有无止境的前沿，科学技术现代化需要创新人才、成果、基地和文化传统的积累与演进，科学技术现代化需要与我国经济、社会、国防现代化进程相协调，科学技术现代化需要持之以恒的投入，科学技术现代化需要长期稳定的国际交流合作环境……实现我国科学技术现代化不可能一蹴而就，需要几代、甚至十几代科学家坚忍不拔的努力奋斗。

让我们紧密团结在以胡锦涛为总书记的党中央周围，高举邓小平理论伟大旗帜，贯彻落实十六大精神和“三个代表”重要思想，解放思想、实事求是、与时俱进、开拓创新。我们一定能够实现中国科技创新能力的跨越发展，为我国经济建设、国防安全和社会可持续发展，不断做出重要贡献，为我国全面建设小康社会、加快推进社会主义现代化建设提供强大的科技支撑和动力。

关于统筹人与自然的和谐发展*

同志们，上午好。

今天，我在这里就“关于统筹人与自然的和谐发展”问题谈一些看法，供大家思考和讨论。

我的讲话分为三个部分：一是对人与自然和谐发展规律的认识；二是充分认识协调我国人与自然关系的紧迫性和必然性；三是统筹人与自然的和谐发展。

一、对人与自然和谐发展规律的认识

人与自然的关系就是人类文明与自然演化的相互作用。这是人类生存与发展中最基本的关系。一方面，人类可以对自然施加影响和作用，比如，人类需要从自然界中获取能源，索取资源，人类为了生存发展，需要占据自然空间，人类生产和生活中产生出来的废弃物也要排放到自然界中，此外，人类还可以享受自然界提供的生态服务，比如到户外休闲、运动、生态旅游等。

另一方面，自然对人类产生反作用。比如自然灾害对人类正常生产与生活的冲击与破坏。再比如能源限制，像石油、天然气、煤等，都是有限的。还有资源限制，比如水资源、土地资源等所能供养的人口数量是有限的。自然所能给人类提供的空间也是有限的，地球上并不是所有的地方都适合人类生存，即使是适合人类生存的地方，一定的空间也只能容纳一定数量的人类生存与发展。此外，人类要向自然排放废弃物，而自然吸收分解废弃物的数量和种类有一定的限度，例如，虽然自然界可以吸收和分解 CO_2，但是当 CO_2 的浓度超过一定限度时，自然界就无法全部吸收，这样就会产生温室效应等现象导致全球温度的上升；另外，有些人工废弃物，自然界中根本就无法吸收和分解，像我们日常用的聚乙烯塑料袋，一些制冷设备产生的氟利昂等，自然界中就无法吸收和分解。人类的活动所导致的生态破坏往往不能逆转，最终也会限制人类的生存与发展。

自从工业化以来，在人与自然的关系中，人类已经处于主动地位，也就是说，人类成

---

* 本文为 2004 年 2 月 19 日在中共中央党校省部级“树立和落实科学发展观研究班”上的专题报告。

为影响自然的主要因素。当人类的行为违背自然规律，当资源的消耗超过自然承载能力，污染排放超过环境容量时，就会造成人与自然关系的失衡，造成自然界时常对人类的活动产生反作用。然而，人类发展到了今天，已经具备了对于自然界的全面深刻认识，具备了合理利用自然的工具，特别是已经具备了调整自身影响自然的能力，因此，人类只要全面深刻认识自然规律，并自觉地按照自然规律办事，人类就一定能够科学合理地利用自然，主动调整自身的行为，从而实现人与自然的和谐发展，实现人类的可持续发展，实现保持自然环境良好情况下的生活改善和提高。

历史经验昭示，人与自然的关系经历了从和谐到失衡，再到新的和谐的螺旋式上升的过程。而不断追求人与自然的和谐，实现人类社会全面协调可持续发展，则是全人类共同的价值取向和最终归宿。正如革命导师马克思所说："人同自然界完成了本质的统一，将是自然界真正的复活"。恩格斯也说过，"我们连同我们的肉、血和头脑都是属于自然界，存在于自然界的；我们对自然界的整个统治，是在于我们比其他一切动物强，能够认识和正确运用自然规律。"

在整个人类社会的发展历程中，人与自然的关系随着经济社会的发展不断发展进化。首先，随着人类社会生产力的不断发展，人类开发利用自然的能力不断提高，人与自然的关系也不断遇到新的挑战。其次，人类在自然的"报复"中不断学习，积累经验，不断深化对自然规律的认识。在不同的历史时期，人与自然关系所面临的问题不同，人与自然和谐的内涵也不尽相同，和谐与否，如何实现和谐，取决于人类当时的认识水平和生产力水平。

在原始社会，人与自然曾保持了一种原始的和谐关系。当时，人类以采集狩猎为生，社会生产力水平十分低下。由于天然食物供给的有限性和不均衡性，人类为了生存，不得不聚居在自然条件优越、天然食物丰富的区域，并只能利用原始技术获取基本生活资料的生产方式，生产能力仅能维持个体延续和繁衍的低水平物质消费方式，同时，形成了以家庭与部落为主的社会组织形式，人口数量与平均寿命都很低，当时人类是被动地适应自然，人与自然处于原始和谐状态。

在农业社会，人与自然关系在整体保持和谐的同时，出现了阶段性和区域性不和谐。与原始社会相比，农业社会的生产力水平有了很大的提高，产生了以耕种与驯养技术为主的农业生产方式，形成了基本自给自足的生活方式，以及以大家庭和村落为主的社会组织形式。随着人口数量的增加，活动范围的不断拓展，人类在利用和改造自然的同时，出现了过度开垦与砍伐等现象，特别是为了争夺水土资源而频繁发动战争，使得人与自然的关系出现了局部性和阶段性紧张。但是从总体上看，人类开发利用自然的能力仍然非常有限，人与自然的关系基本保持相对和谐。

在工业社会，人类占用自然资源的能力大大提高。人类活动的空间不再局限于地球表层，已经拓展到地球深部及外层空间。科学技术与工业发展创造的新知识、新技术和新产品，极大降低了人口死亡率，延长了人的寿命，促使世界人口急剧膨胀，例如，从1950年，到2000年，在50年中，世界人口的数量就由25亿增加到60亿。工业社会创造了新的生活方式和消费模式，人类已不再满足基本的生存需求，而是不断追求更为丰富的物质与精神享受。

但是，工业社会的发展严重依赖于不可再生资源和化石能源的大规模消耗，造成污染物的大量排放，导致自然资源的急剧消耗和生态环境的日益恶化，人与自然的关系变得很不和谐。尤其是近50年来，人与自然的紧张关系在全球范围内呈现扩大的态势。首先是因为人与自然的相互作用模式比以往任何时候都更加复杂多样，协调人与自然的关系更为困难。其次是因为发达国家在实现工业化的过程中，走了一条只考虑当前需要而忽视他国和后代利益、先污染后治理、先开发后保护的道路。再者，是因为通过市场化和经济全球化，发达国家的生产方式和消费模式在全球扩散；加上由于国家与区域间经济社会发展的不平衡，发展中国家往往难以摆脱以牺牲资源环境为代价换取经济增长的现实，往往面临着资源被进一步掠夺、环境被进一步破坏的严峻局面。

综观整个社会发展史我们可以发现，人类对于自然的每一次不合理使用，都导致了自然界做出报复性的反应。正如恩格斯告诫我们的："我们不要过分陶醉于我们对自然界的胜利。对于每一次这样的胜利，自然界都报复了我们。"

在工业社会，自然界就严酷地报复了人类，工业社会所产生的环境公害，最终导致人类本身也成为受害者。1952年12月5—8日，英国伦敦因煤烟和汽车尾气污染，导致4000人死亡。最严重的时候，殡仪馆甚至没有棺材，学生上学找不到校门。

1955年9月，美国洛杉矶，因汽车尾气造成光化学烟雾污染，两天之间，导致400多位65岁以上老年人死亡。

从20世纪50年代到70年代，在日本腾飞期间，由于不注意环境问题，盲目发展，一些地区因甲基汞污染水源，通过食物链富集，使人患上水俣病。20年的时间里，受污染地区有上百人死亡，并时有畸形儿和痴呆儿出生。

1984年12月，印度博帕尔市因农药厂化学原料泄漏，导致1408人死亡，2万人严重中毒。

1986年，苏联乌克兰地区的切尔诺贝利核电站发生核泄漏，导致31人死亡，周围10公里农田无法耕种，直径100公里范围内无法生产牛奶；迄今，有3万人因此患上癌症。

除了上面提到的环境公害问题外，在工业社会，还产生了一些全球环境问题。近100年是过去1 000年中地球平均温度最高的100年。工业社会产生的CO_2浓度明显增高，导致地球出现温室效应。在过去100年的时间里，北半球的年平均温度上升了至少1℃。仅30年的时间，一些地区的冰川就出现了明显的退缩。

工业生产排放出来的二氧化硫等酸性物质的浓度大幅度增加，产生出酸雨。欧洲几乎所有国家都受到过酸雨的侵害。酸雨不仅导致森林毁坏，而且造成森林、草原和湖泊中的生物大量死亡。另外，需要补充的是，我国目前已经成为世界酸雨严重的地区，酸雨影响的国土面积占国土总面积的1/3左右。

人口增加、资源需求上升等原因，导致世界的森林面积锐减。现在工业化起步最早的欧洲几乎已经没有原始森林，世界各地的原始森林也几乎砍伐殆尽；在人类已砍伐的森林中，有75%是在20世纪砍伐的。

过度开垦等原因造成土地荒漠化。现在，全球每年数千公顷农田因荒漠化而几乎无法继续耕种，占全球陆地1/3面积的干旱地区正在承受沙漠化的威胁。

自然环境的缩小和破坏导致生物多样性减少。现在生物物种正以超过自然速率100—1000倍的速度消失，这是自6500万年前白垩纪恐龙灭绝以来，动植物灭绝数量最大、速度最快的时期。

环境污染是工业社会造成的最主要的环境问题，规模之大，影响之深是前所未有的，现在地球上几乎找不到一块未被污染的“净土”和“洁水”。无论是深海中的鱼类，还是生活在南极北极的动物，都难逃被污染的厄运。

随着工业文明的发展，日趋严重的人口资源环境问题迫使人们深刻反思人与自然的关系，与之相关的研究也应运而生。1962 年，美国生物学家蕾切尔・卡逊出版了《寂静的春天》一书，用触目惊心的案例、生动的语言阐述了大量使用杀虫剂对人与环境产生的危害，深刻揭示了工业繁荣背后的人与自然冲突，对传统的“向自然宣战”、“征服自然”等理念提出了挑战。敲响了工业社会环境危机的警钟。

1972 年，由科学家、经济学家和企业家组成的民间学术组织——罗马俱乐部发表了《增长的极限》研究报告，尽管该报告中的观点有些片面和悲观，但是其中提出的自然界的资源供给与环境容量无法满足外延式经济增长模式的观点，依然警示了人们。同年，联合国发表了《人类环境宣言》，郑重声明只有一个地球，人类在开发利用自然的同时，也承担着维护自然的义务。1987 年，世界环境与发展委员会发表了《我们共同的未来》，系统阐明了可持续发展的含义与实现途径。1992 年，在巴西里约热内卢召开了联合国环境与发展大会，102 个国家首脑参加了会议，大会讨论通过了两个纲领性文件：《里约环境与发展宣言》和《21 世纪议程》。确立了生态环境保护与经济社会发展相协调、实现可持续发展应是人类共同的行动纲领。2002 年，在南非约翰内斯堡召开的联合国可持续发展大会，通过了《可持续发展执行计划》和《约翰内斯堡政治宣言》，确定发展仍是人类共同的主题，进一步提出了经济、社会、环境是可持续发展不可或缺的三大支柱。

二、 充分认识协调我国人与自然关系的紧迫性与必然性

与世界大多数国家相比，我国确实可以称得上“地大物博”，但是我国人口众多，国土资源除上 13 亿人口，人均占有的资源就比较稀少了。与世界人均占有的资源相比，我国可以说自然状况先天不足。干旱半干旱区占国土面积的 52%，高寒缺氧的青藏高原面积达 200 万平方公里，水土流失严重的黄土高原面积达 64 万平方公里，石漠化的岩溶地区面积达 90 万平方公里。这些环境脆弱区域严酷的自然条件难以承受庞大的人口压力，难以支撑大规模资源开发和高强度的人类活动。

与世界其他大国相比，我国主要资源的区域分布不均衡更为显著。例如，我国约 82% 的水资源集中在长江及其以南地区；64%的耕地集中在北方地区，其中相当一部分又处在水资源短缺的华北地区；70%的煤炭资源集中在晋陕蒙地区。预计至 2020 年，我国人口将达到 14 亿—15 亿，人均资源占有量将持续下降，人均资源消耗量也将显著增加。如果不改变资源利用结构与利用方式，资源短缺将严重制约我国未来经济社会的发展。

战略性资源是一个国家经济社会发展的命脉。当前，世界各国对战略性资源的争夺异常激烈。我国战略性资源供需关系比较紧张，部分资源对外依存度不断提高。例如，2003 年我国石油的进口依存度已超过 30%，预计 2020 年将超过 50%。因此，在考虑我国人与资源关系时，必须把战略性资源的保障放在突出位置。如果我国不能及时建立战略性资源的合理利用、有效替代、动态优化和安全保障体系，提高综合应变能力，一旦战略性资源

供需矛盾超出一定的限度，势必对我国经济社会发展的全局、社会的可持续发展和国家经济安全产生严重的影响。

近年来，一些区域在加快经济社会发展的过程中，忽视地域特点和比较优势，重复投资重复建设，区域产业结构趋同十分严重，区域内和区域间有限资源的不合理配置和浪费进一步加剧。部分地区正在重走发达国家曾经走过并付出巨大代价的先开发后保护、先污染后治理的老路。例如，在某些水资源匮乏地区却在发展高耗水产业；在能源短缺地区发展高耗能产业；在环境脆弱地区发展高污染产业；在耕地资源匮乏地区发展土地耗费型产业，甚至滥占滥用耕地。部分地区脱离我国人口和资源的基本国情，片面追求过度消费的生活方式，进一步加剧了资源供给的紧张状况。

由于不合理的资源开发和高强度的人类活动，近年来我国生态退化范围迅速扩大，危害程度日趋加剧。主要表现为：原始林所剩无几，森林总体质量低下；草地退化，湿地萎缩，土地沙化加速，水土流失严重；生物多样性锐减，有害外来物种入侵频繁，人口牲畜密度增加，容易爆发传染病，生态安全受到严重威胁。

全球环境变化导致我国气温升高。我国已经历连续 16 个暖冬。在过去的 15 年时间里，我国的年平均气温和冬季的平均气温都升高了将近 1℃。

全球变化还导致我国的海平面升高。在过去的 50 年时间里，我国海平面平均上升速率为每年 2.6 毫米。近几年上升速率加快。未来还将继续升高。预测未来 100 年，我国沿海的海平面上升幅度将为 28—68 厘米。海平面上升不仅影响近海渔业的发展，而且会给沿海城市的经济社会发展带来不可估量的影响。

我国现在已经成为世界上环境污染严重的国家。目前，我国的复合性环境污染加剧。环境污染已从陆地蔓延到近海水域，从地表水延伸到地下水，从一般污染物扩展到有毒有害污染物，形成了点源与面源污染共存、生活污染和工业排放叠加、各种新旧污染与二次污染相互复合的态势。在某些区域已出现大气、水体、土壤污染相互作用的格局，对生态系统、食品安全、人体健康构成了日益严重的威胁。

大气污染导致我国呼吸道疾病的发病率和死亡率增加。有证据表明，在我国 11 个大城市中，燃煤产生的烟尘和细颗粒物每年使 5 万多人提前死亡，40 万人感染上慢性支气管炎；2000 年，我国北方某城市 40%的儿童血铅含量超标。

持久性有机污染物（POP）、内分泌干扰素（ED）在我国某些地区的环境介质中常有检出。在一些城市的大气中，挥发性毒害有机物（苯、甲苯、乙苯和二甲苯）的浓度已大大超过一些发达国家水平；在我国个别城市的奶粉、牛奶甚至母乳中已检出高含量二噁英类化合物。这些污染物具有难降解、生物富集、毒性大等特点，一旦进入环境，很容易发生迁移和扩散，可通过食物链危害人体健康，特别是致癌、产生畸形儿、导致基因突变的诱因，将影响人类的健康与繁衍。

三、 统筹人与自然和谐发展的问题

一是坚持改革发展，依靠科技进步。首先要推进结构调整，实现发展模式转型。在发展中优化经济布局，调整产业结构，转变增长方式，是统筹人与自然和谐发展的主要手段。首先，应充分考虑资源特征和区域比较优势，花大力气改变区域产业结构趋同现象，形成各具特色、整体协调的产业布局。其次，应紧紧抓住我国经济发展的战略机遇期，通过信息化和清洁化等高新技术手段，大力发展绿色制造业、服务业和环保产业，逐步形成环境友好的产业结构，进而推动发展模式从资源依赖和投资驱动为主向资源集约和创新驱动的转变。再次，要发挥市场作用，充分利用国内、国外两种资源。一要充分利用价格杠杆，反映资源环境真实成本，切实让资源使用者和污染排放者承担相应费用，从而减少资源浪费和环境破坏。二要创建环境资源市场，如水市场、排污交易市场等，有效降低治理成本。三要在资源环境相关的公共投资中引入市场机制，大幅度提高投资效益。四要充分利用国际市场，拓展利用全球资源，缓解我国经济社会发展与人口资源环境的矛盾。五要深化规律认知，创新环境友好技术。充分发挥科学技术的基础性、先导性作用，是调整人与自然关系、实现人与自然和谐发展的关键。当前，首先应加快国家资源环境能力建设，建立与完善覆盖全国的国土与生态系统监测网络，发展基于数字地球理念的资源环境信息技术平台，全面系统认识自然过程和人的活动对生态环境及人类自身发展影响的客观规律，为资源高效利用、生态环境整治提供坚实的知识基础、技术支持和决策依据。同时，大力发展绿色制造和清洁生产技术，发展节材、节能、节水、节地、环境友好的高新技术，发展洁净煤、可再生能源和新的替代能源技术，发展“循环经济”，为我国产业结构调整、实现发展模式转型提供高效、安全、清洁的技术体系。

二是健全法律法规，推进制度创新。首先要完善法律法规体系，建立科学决策机制。自 20 世纪 70 年代末以来，我国相继颁布实施了一系列资源管理、环境保护的法律法规，初步形成了环境资源法律法规体系，在依法协调人与自然关系中发挥了重要的作用。但是，已有的法律法规尚有不完善之处，一些法律法规还不能适应我国经济社会快速发展的要求。因此，应着手修改实践已经证明过时或存在严重缺陷的法律法规或条文，健全环境资源法律法规体系。在依法统筹人与自然和谐发展的同时，还应加强综合决策机制的建设，在事关经济社会发展和生态环境整治的重大决策过程中，必须充分考虑人与资源、人与环境、环境与发展的关系，做到互通信息，相互协调，统筹安排，科学决策。其次，要明确政府职能，建立统筹协调机制。调整人与自然的关系是一个复杂的系统工程，涉及经济社会的方方面面，需要跨部门、跨地域和社会广泛参与的协调治理，其中各级政府应发挥主导作用。从我国现实情况出发，一是应着眼于实现经济社会全面协调可持续发展的战略全局，理顺各级政府之间以及政府各部门之间的关系，明确职责。二是应积极推进制度创新，建立跨部门、跨地域的协调机制，统筹处理人与自然关系中的全局性、战略性、区域性问题。

三是科学编制规划，加强政策引导。首先是要做好发展规划，促进区域协调发展。制定科学的发展规划是统筹人与自然和谐发展的前提。在国家层面，应在中长期发展规划中将资源节约、环境保护的有关措施贯穿到经济社会发展的各个方面，从全局角度处理好保护、开发、治理与建设的关系；尽快启动国家层面的区域发展规划的制定，明确不同区域的主体功能。在地区层面，应将区域或流域综合开发整治作为发展规划的主要内容；在城市规划和建设中，应统筹考虑经济发展、基础设施建设、能源使用、生态环境保护及社区发展。其次要强化政策引导，完善评价指标体系。在政策引导方面，应对发展政策进行充分的资源环境影响评估，避免和减少不适当的发展政策带来的负面效应；同时，新的资源管理和环境保护政策的制定与实施，也应充分考虑经济社会发展的要求，推进清洁可持续的能源结构、资源集约型基础设施和环境友好的产业。在评价指标体系方面，应按照统筹人与自然和谐发展的要求，增加资源环境成本核算的内容，全面真实反映经济、社会、环境的发展状况。此外，在协调人与自然关系工作中的贡献应成为考核评价各级干部的重要内容。

四是提高科学认识，鼓励公众参与。第一是要普及科学知识，提高全民环境意识。我们应把协调人与自然关系的科学理念同中华民族关爱自然、勤俭节约的优良传统结合起来，通过多种途径，普及科学知识，在全社会形成了解国情、珍爱环境、保护生态、节约资源、造福后代的共识，摒弃盲目追求过度消费，倡导正确的生活方式。第二是要实行统一领导，推进社会协调治理。在处理人与自然关系中，必须要继续发挥我国的政治优势，实行党委统一领导。通过各部门分工负责、企业与社会的积极参与，来解决资源环境问题。协调治理，即多元主体共同参与公共事务管理，已成为世界各国协调人与自然关系的有效方式。各级政府可通过各种形式，加强与企业的联系和沟通。同时，建立健全公众参与机制，加强社会团体、公益组织的能力建设，鼓励公众及社会团体、公益组织参与公共事务的决策、管理和监督。

我就讲到这里，有不妥的地方，请同志们予以指正。

增强企业自主创新能力　加快建设国家创新体系*

同志们：

很高兴能够参加《经济日报》社主办的以“自主创新·品牌”为主题的高层论坛暨中国品牌经济城市峰会，我谨对这次论坛和峰会的成功举行表示热烈的祝贺！

党和国家高度重视自主创新工作。胡锦涛总书记近年来多次强调，要坚持把推动科技自主创新摆在全部科技工作的战略基点上，坚持把提高科技自主创新能力作为推进结构调整和提高国家竞争力的中心环节。刚刚闭幕的党的十六届五中全会明确提出：科学技术发展要坚持自主创新、重点跨越、支撑发展、引领未来的方针，不断增强企业自主创新能力，加快建设国家创新体系。要求我们要有高度的责任感、强烈的忧患意识和宽广的世界眼光，立足科学发展，着力自主创新，完善体制机制，促进社会和谐，全面提高我国的综合国力、国际竞争力和抗风险能力。

在当今时代，知识产权、科技创新能力已经成为国家竞争力的核心，成为国家经济发展的决定性因素，它是强国富民的重要基础，也是国家安全的重要保证。品牌是企业和产品品质、信誉、文化的标志和结晶，是科技、经营管理、企业文化等综合优势和价值的集中体现。提高我国的科技自主创新能力，创造更多世界著名的品牌，对于我们全面建设小康社会、加快推进社会主义现代化，应对新一轮科技革命和产业革命的挑战，提高我国经济和企业的国际竞争力，都具有十分重要的意义。只有抓住世界科技革命和产业革命新的历史机遇，创造和掌握更多的自主知识产权，创造出引领世界潮流的高新技术和著名品牌，提高国家和企业的核心竞争力，形成更多自主创新品牌经济集聚之地，才能使我国在日趋激烈的国际竞争和全球合作中逐步占据主动地位。

贯彻落实科学发展观，实现我国经济社会全面协调可持续发展，更迫切需要提高我国的科技自主创新能力。要努力为落实科学发展观不断充实科学基础和提供科技支撑。依托自主创新，走新型工业化道路，把节约资源作为基本国策，发展循环经济，保护生态环境，加快建设资源节约型、环境友好型社会。创造绿色制造、绿色产品、绿色品牌，实现人与自然的和谐与可持续发展。

---

* 本文为 2005 年 11 月 5 日在北京京西宾馆举行的“中国自主创新·品牌高层论坛”上的讲话，后发表于 2005 年 11 月 7 日《经济日报》。

推进我国科技体制和管理改革，也必须将着力提高我国科技自主创新能力作为战略基点。要坚持按照社会主义市场经济和世界科技发展趋势的要求深化科技体制改革。科技体制改革20多年来，我国科技事业蓬勃发展，取得了一批重大成果。然而，有利于科技进步和创新的、充满活力的体制机制尚待进一步形成，有利于科技成果更快更好地向现实生产力转化的有效机制还没有完全建立。自主创新能力还不强，科技原始创新有效供给不足，成果转化效率不高，依然是我国科技事业面临的主要问题。我们要以提高我国科技自主创新能力为主线，深化体制和管理改革，大力提高原始创新能力、集成创新能力和引进消化吸收再创新能力，加快建立以企业为主体、市场为导向、产学研紧密结合的技术创新体系，推动我国科技体制改革进入以科技创新能力建设为基点的新阶段，使科技成果及时有效地转化为现实生产力。

把推动科技自主创新摆在全部科技工作的战略基点，要求我们必须紧紧抓住为国家发展服务这个中心任务，坚持经济建设必须依靠科学技术、科学技术必须面向经济建设的方针，按照国家发展需求和当代世界科技前沿态势，有所为，有所不为。选择重点，集中力量，力争在事关现代化全局的战略高技术、事关实现全面协调可持续发展的重大公益性科技创新和重要基础研究领域，取得突破，夺取重大原始性科学创新成果，创造和把握更多核心和关键高技术。要坚持以人为本，尊重知识，尊重人才，尊重劳动，尊重创造，大力吸引、培养和凝聚人才，特别是要造就一批战略科技专家、科技尖子人才和优秀的企业经营管理人才，为优秀人才的脱颖而出和人尽其才创造良好的条件与环境。

推动科技自主创新，也是建设创新型国家的核心内容。要着力自主创新，加快实现我国经济增长方式的转变、产业结构的优化，大幅提升我国创新能力。必须发挥政府的引导作用、市场的基础作用和企业的主体作用，加快建设国家创新体系。政府要通过立法、政策、规划和引导，加大对基础研究、公益研究和高技术前沿研究的投入，改善科技基础设施，进一步加大实施科教兴国战略、可持续发展战略和人才强国战略的力度。企业应面向市场，自主成为技术创新投入主体和技术创新的主体。要进一步深化改革，扩大开放，创新体制，充分发挥市场对创新资源配置的基础作用，建设并完善适应不同类型科技创新活动的创新文化和评价标准与方法，以及资源配置机制与激励机制。进一步营造有利于自主创新的市场环境和创新环境，在全社会树立创新创业光荣、创新创业有功、鼓励致力自主创新、争创具有自主知识产权的著名品牌的良好氛围。

同志们、朋友们，我国科技事业随着我国综合国力的提升，面对全球化经济时代，正在迎来前所未有的发展机遇和挑战。我国科技工作者和企业家们将拥有更为广阔的发展空间，也正面临着全球竞争合作和可持续发展的挑战。让我们抓住机遇，迎接挑战，创造更多更有竞争力的自主知识产权和著名品牌，形成若干著名自主品牌集聚、各具特色的品牌经济城市或城市集群。让我们立足科学发展，着力自主创新，完善体制机制，艰苦奋斗，发愤努力，为建设一个繁荣昌盛、社会和谐的社会主义创新型国家作出新的贡献。

建设创新型国家的两个关键*

2006 年 1 月，全国科学技术大会明确提出了提高自主创新能力、建设创新型国家的战略目标。落实这一战略目标，工作千头万绪，我认为必须着力抓好两个关键。

第一个关键是：着力提高我国的企业自主创新能力。

当今世界，凡创新型国家，都拥有若干家具有强大自主创新能力、拥有重要核心技术知识产权和知名品牌的跨国公司或企业集团，拥有一批具有自主核心技术和创新活力的中小企业。欧、美、日、韩概莫能外。因此，着力提高我国企业自主创新能力，使我国企业真正成为技术创新投入和行为的主体，形成以企业为主体、以市场为导向的产学研紧密结合的技术创新体系，培育和造就一批具有强大自主创新能力，拥有重要核心技术知识产权和著名品牌的跨国企业，以及一大批拥有创新活力的中小企业集群，是建设创新型国家的根本所在和关键之一。

要实现这一目标，最根本的就是，政府要从法律法规、税收金融、知识产权保护、政府采购等方面健全公平竞争的市场机制和鼓励自主创新的政策引导；推进建立产学研有机结合的创新体制和机制；增加对基础研究、战略高技术前沿、相关公益研究的投入，增加对教育的投入，以增加对企业知识、人才、技术的源头供给；在全社会营造尊重人才、鼓励创新创业的舆论和文化氛围；为企业营造良好的参与国际合作与竞争的宏观国际环境。

第二个关键是：着力提高我国原始科学创新和核心技术原创能力。

要建设创新型国家，关键是提升原始科学创新和核心技术的自主原创能力。具有原始科学创新能力的国家，才能把握先进技术创新的先机和赢得竞争优势。

核心技术是买不来、引不进的，必须依靠自己的力量奋力突破。原始科学创新和核心技术的原创能力，是决定国家科技竞争力的核心，也决定着国家科学技术的可持续发展能力。

为此，国家和社会要持续增加对科教的基础投入，改善科教基础设施，着力吸引和培养创新人才，并为优秀人才创造良好的工作条件和文化氛围，提供较好的生活待遇。要改革完善鼓励科学创新和核心技术创新的评价和激励机制，在研究机构、大学和企业中建设

---

* 本文发表于《人民日报·海外版》2006 年 3 月 7 日第 1 版。

卓越的科学和技术创新基地，在加强政策引导的同时，充分尊重科技人员的创新自主权，尊重创新探索的自由。要进一步改革创新资源配置方式，创新管理，鼓励竞争合作，完善监督评价，提高创新活动绩效，并为基础研究和高技术前沿探索营造良好的国际交流合作环境。

走中国特色自主创新之路　建设创新型国家*

在 2006 年年初召开的全国科技大会上，胡锦涛同志提出了走中国特色自主创新之路、建设创新型国家的目标。这是党中央国务院做出的事关我国社会主义现代化建设全局的又一重大战略决策，是未来 15 年我国科技界的首要任务，也是全党、全国必须共同努力的国家发展目标。创新是指创造、传播和应用知识并获取新的经济和社会收益的过程。创新型国家通常是指其经济社会发展主要依靠创新驱动的国家，具有丰富的内涵。今天，我试从人类发展历史的启迪、当今时代的特点、我国的国情与挑战、建设中国特色的创新型国家等方面，谈一些学习体会和认识，不当之处，请同志们批评。

一、历史的启迪

（一）科学技术的革命性作用

人类社会发展的历史，是一部不断创新的历史。在人类社会发展的进程中，特别是近代科学和工业革命发生以来，以科学技术为基础的创新活动将社会生产力和人类文明不断推进到新的阶段，推动着人类社会生产方式、生活方式、思维方式和社会结构的变革。正如马克思所指出的那样，科学是最高意义上的革命力量。

1. 科技创新推动人类进入工业社会

由于文艺复兴、近代科学革命的影响和生产力发展需求的推动，18 世纪以来，英国肇始了以蒸汽机、纺织机的发明和工厂大生产方式为特征的工业革命，促进了生产力的飞跃。1780—1870 年，英国纺织用棉增加 200 倍，钢铁产量增加 350 倍，煤产量增加 42 倍。中世纪默默无闻的英国一举超越单纯靠掠夺殖民地资源称雄的西班牙、葡萄牙等国，崛起为工业强国，并奠定了长达百余年的世界领先地位。

18 世纪末，尚处于欧洲落后地位的德国，以创新现代教育和培养高素质人才为突破

* 本文为 2006 年 4 月 29 日第十届全国人大常委会专题讲座第二十讲讲稿。

口，在19世纪中叶拉开了第二次工业革命的序幕，在化工、电力和汽车等产业逐步占据了优势地位，并在19世纪后半叶和20世纪初成为世界科学技术的中心，伴随着国家的统一，迅速崛起成为世界工业强国之一。

19世纪末，美国通过鼓励创造发明、支持大学研究、扶持企业技术研发，至20世纪初逐渐成为电力、汽车、航空、石油、冶金、通信、制造业和近代农业大国。第二次世界大战后，美国取代英国和德国成为世界工业化水平最高、综合国力最强的工业化国家。

从人类进入工业社会的历史可见，依靠科学技术创新，实现工业化、现代化，是工业化国家的普遍规律。

2. 科技创新引领人类走向知识经济

第二次世界大战以后，人们深切认识到科学技术对于保障国家安全和提高社会生产力的巨大作用，进一步加强对科技的支持。1945年美国政府的科技投入由战前（1940）的8000多万美元剧增到130多亿美元。1950年，美国成立国家科学基金会，加强对基础研究的支持；其后相继组建了一大批国家研究机构，大力发展航空航天、电子信息、生物和新材料科技等；企业研发力量也不断增强，并在计算机、航空航天、数控机床、制造业、制药、现代化农业等产业领域，占据了世界领先地位。冷战结束后，美国加快了军用高技术的民用化，大力支持网络、基因、纳米等新技术的发展，发展现代服务业，加速经济结构调整，引领了新一轮科技和产业变革，率先进入知识经济。英法德等国也通过加快科技进步，鼓励企业创新，紧随其后进入知识经济时代。日本自20世纪60年代起，经过20多年的持续高速增长，经济总量成为世界第二。之后，投入巨资，先后启动了三期科技创新计划，加快其进入知识经济的步伐。

从工业化国家进入知识经济的历程可见，科技创新在当代社会和未来发展中已占据主导地位。江泽民同志曾经指出，“知识经济和创新意识对我们至关重要”，“创新是一个民族的灵魂，是一个国家兴旺发达的不竭动力。”

3. 科技创新是后发国家跨越发展的重要动力

韩国集中力量在电子、制造业等领域加强技术创新，经过40多年的发展，从20世纪50年代与我国人均GDP大致相当的国家，到2004年人均GDP已达14 000美元，成为新兴工业化国家。芬兰在20世纪80年代及时把握无线通信技术发展的机遇，大力促进通信产业的发展，成为当前世界上极具竞争力的国家之一。新加坡着力提高国民教育水平，加强信息化建设，发展现代服务业，从一个以渔业、海运和简单加工业为主的发展中国家，发展成为综合竞争力名列世界前茅的国家。但是也有一些国家，由于单纯依靠本国资源优势或过度依赖外国资本和技术，忽视自主创新，在现代化进程中出现了停滞甚至倒退。

发展中国家现代化的不同路径表明，走劳动密集型、资源依赖型的发展模式或依赖外国资本和技术的发展模式，都无法实现追赶目标，只有依靠自主创新才能实现跨越发展、持续发展。

（二）科学技术的本质与动力

科学是有关自然、社会和意识的系统、理性的知识体系。科学创新体现在发现新现象，提出和解决新问题，创造新知识，建立新理论。技术本质上是人类生存与发展的方式。技术创新体现在对实践经验的总结升华和对科学原理的创造性运用，体现为工具、装备和方法的创新。到了近现代，科学和技术联系日益密切，共同构成了当代人类创造和运用知识的创新过程，成为经济发展的强大推动力，成为人类社会可持续发展的基础。

胡锦涛同志指出："科学技术是第一生产力，是推动人类文明进步的革命性力量。"高度概括了科学技术的本质及其在人类社会发展中的重要作用。

1. 科学技术是第一生产力

人类生产力发展的历史，是人类不断认识自然、利用自然、保护自然和追求与自然和谐发展的历史。近现代以来，特别是20世纪以来，科学以前所未有的深度、广度和速度促进了技术的创新和突破，进而引发了社会生产力的变革。科学技术也从生产力的重要因素发展成为第一生产力。核科学和核能技术的发展，为人类发展开拓了新的能源，也使核安全成为全人类必须共同面对的问题。量子理论深化了人类对微观世界相互作用规律的认识，推动了激光技术、微电子、光电子技术的发展。在信息论、控制论、系统论和半导体物理基础上发展起来的信息科技，引发了新的生产力革命，信息化、网络化已成为当代最重要的时代特征。航天技术及其应用，不但拓展了人类的视野和活动空间，而且为人类提供了全新的天基信息平台，形成了宏大产业。DNA双螺旋结构的发现，将生命科学推向分子层面，基因工程等在农业、医疗、工业、生态等方面的应用，引发了"绿色革命"，改善了健康和生活质量，催生了现代生物产业，但也带来了新的生物伦理挑战。

2. 科学技术是推动人类文明进步的革命性力量

科学技术在创造人类物质文明的同时，也对人类精神文明产生了革命性影响。近代科学的追求客观真理和理性质疑精神，推动了欧洲的启蒙运动，成为欧洲社会变革和政治革命的思想基础，成为人类思想解放、求真唯实的哲学基础。爱因斯坦的相对论提出了新的时空观，丰富了人类的宇宙观和世界观。对于人类赖以生存和发展的地球系统的科学认识，成为20世纪形成可持续发展观的科学基础。在科学技术创新过程中形成并不断丰富的科学知识和科学方法，已成为国家立法、社会治理、生产管理、科学决策等诸多方面的重要基础，并深刻影响着人类的共同理念与发展观。

3. 科学技术已成为引领人类社会未来发展的主导力量

在知识经济时代，科学技术是人类社会发展最重要并永不枯竭的资源和推动力，是经济社会可持续发展和人与自然和谐发展的基石，也是具有时代特征的先进文化的重要组成部分。科技创新创造新的生产方式、生活方式和发展观念，引领人类走向更美好的未来。谁掌握了先进科学技术，谁就拥有了优势、掌握了未来。

科学发展的动力既来自人类对客观真理的不懈追求，表现为人们对已有科学体系的内在矛盾、已有知识与新发现现象之间冲突的认知欲，对未知现象和规律的好奇心，量子论和相对论的创立就是最好的例证。科学发展的动力也来自社会需求和技术进步的推动，例如，巴斯德（Louis Pasteur，1822—1895）因为解决葡萄酒变酸的问题而创立了微生物学，贝林（Emil Adolf von Behrin，1854—1917）因为治疗白喉等传染病而创立了免疫学。

技术创新的动力主要来自于社会需求的拉动、科学新知识的推动和人的创造欲。爱迪生（Thomas Alva Edison，1847—1931）的一些发明，莱特兄弟（Orville Wright，1871—1948；Wilbur Wright，1867—1912）发明飞机等，更多的是创造欲的驱动。激光技术和半导体技术的发明与发展则更多来自新科学知识的启示。当代计算机技术、应用卫星技术、通信技术等进步则主要来自社会需求的拉动。当今时代，推动技术创新的动力更多源于经济社会发展需求与全球市场竞争的拉动，源于人们对宇宙、生命和社会进化的认知获得的启示、学习、模仿和创造。

当代科学与技术的联系日趋紧密，社会需求与市场竞争对科技创新的推动力越来越大，产学研用结合、全球竞争与合作已成为当代科技创新的潮流。加强科学创新、技术创新和产业化各环节间的有机衔接，有利于科技创新的社会价值得到高效、充分实现。

（三）创新概念的拓展

1929 年，奥地利经济学家熊彼特（Joseph Alois Schumpeter，1883—1950）提出创新（innovation）概念，指的是企业通过引进新的产品，采用新的生产方法，开辟新的市场，获得新的原料供给，实行新的组织管理和生产要素的新组合，获取新利润的过程，其内涵包括了技术和经营管理创新两个方面。1996 年，经济合作与发展组织（Organisation for Economic Co-operation and Development，OECD）报告又将创新的内涵扩大到知识的应用。最近，周光召同志在中国科学院《2006 年科学发展报告》上发表署名文章，提出了一个更完整的定义。他将创新表述为“探究事物运动客观规律以获取知识，传播和运用知识以提取新的经济、社会收益和提高人类认识世界水平的过程。”引言中对于创新的表述正是上述创新概念的简约概括，即创新应是指创造、传播和应用知识并获取新的经济和社会收益的过程，其核心是知识创新，包括科学创新和技术创新及其创造性的应用，同时也涉及制度、管理和文化创新等诸多要素。因此，创新已成为需要社会广泛关注和共同参与的事业。

1. 科技创新需要制度的保障

1474 年，威尼斯颁布了第一部具有近代意义的《专利法》。1623 年，英国颁布的《垄断法规》是现代专利法的开始，其主要内容也是保护专利持有者的利益。到了 18 世纪，欧洲主要国家普遍建立了专利制度。传统专利制度通过保障专利持有者权益促进技术创新。由于在多数情况下，专利持有者与发明者往往是分离的，为了更有效地鼓励创新，20 世纪 80 年代以来，美国国会通过了一系列保障发明者权益的法案，如《贝伊-多尔法案》和《斯蒂文森-魏德勒法案》允许使用政府资金的大学及非盈利机构的研究者对其成果申请私有专利，《联邦技术转让法案》甚至允许政府研究机构的科学家对所发现的基因申请私有专利。在知识经济时代，如何建设与完善知识产权制度，如何保持投资者、发明者、竞争者和广大消费者之间的利益协调与平衡，有利于进一步激励和促进技术创新和应用，是一项重大的制度创新。

在经济全球化的今天，知识产权保护已成为国际经济竞争的重要手段。发达国家利用其维护既得利益和技术领先优势，而发展中国家则需要立足自主创新取得更多的知识产权，同时也要积极参与国际知识产权制度的创新，争取更加公平合理的制度环境。当前，我国需要进一步加快科技立法进程，强化知识产权保护，保证和鼓励政府及全社会加大对科技的投入，同时在其他相关法律的制定和修改中，都应充分考虑激励、支持和保护创新。

2. 科技创新需要现代管理理念和方法

在近代科学发展的早期，科学创新基本上是科学家的个体行为，创新管理主要是鼓励和保护科学家的兴趣和自由、提供必要的资源支持和知识传播渠道。随着科技在经济社会发展中的作用日益扩大，科技创新活动已发展成为社会化行为，需要与时俱进地引入先进管理理念与方法，如构建竞争、合作、共赢的创新机制，根据不同性质的创新活动特点建立符合各自规律的管理和评价机制，努力构建知识创新、传播、应用和技术创新、高效转移转化的机制，实现社会创新价值链的完善和高效增值循环。

科技创新也促进管理创新。传统的工业管理把人视为简单的生产要素，而创新管理更需要尊重人的创造，以人为本已成为现代管理的核心理念。近代科学形成的“尊重优先权”等原则，已成为知识管理的基础之一。科技创新与创新人才培养的紧密结合，开启了学习型组织的先河。现代科学技术创造的计算机和网络系统、定量分析和虚拟现实等方法，为管理创新提供了新的技术手段。

3. 近代科学源于文化创新

欧洲发生的文艺复兴运动，打破了神权对人的思想的禁锢，理性、平等和尊重人的尊严与价值等文化环境，成为鼓励认知真理、孕育近代科学的土壤。罗吉尔·培根（Roger Bacon，1214—1294 年）提出的实验是验证真理的最终手段，突破了先验论和经验论的影响，促进了实验科学的发展。科技创新不迷信权威，鼓励理性质疑和创造，倡导在真理面前人人平等。科技创新不信奉论资排辈，科学技术史上许多重大科学发现、技术发明多出自青年之手。科技创新宽容失败，认为失败乃成功之母，创新需要百折不挠的求索精神。马克思曾经指出，“在科学上没有平坦的大道，只有不畏劳苦，沿着陡峭山路攀登的人，才有希望达到光辉的顶点。”科技创新需要创新文化氛围。

二、 时代的特点

（一）我们所处的时代

1. 我们正处在经济全球化和市场化的时代

跨国公司的发展、世界贸易自由化趋势、便捷的国际航运和以信息为代表的新科技革命，推动经济全球化加速发展。突出表现为：生产的全球分工和产业结构的世界性重组，资源的全球配置和资本的全球快速流动，区域共同市场和市场全球化的加速推进，人才、知识等创新要素的全球竞争与流动，竞争更加激烈，合作也更加广泛。

2. 我们正处在知识化、信息化与网络化的时代

新知识呈爆炸式增长，知识传播与转化为实现生产力的速度加快。掌握最新的知识和知识生产能力，越来越成为国家、地区、企业和个人把握发展主动权的关键。知识已成为经济发展的主要源泉和动力。信息科技的飞速发展，创造了更加高效的知识生产、存储、处理、传播和应用手段，深刻影响着人类的生产方式、生活方式、社会治理方式。信息基础设施成为一个国家最重要的基础设施之一。全球信息网络的建立与广泛应用，以及即将到来的以高性能计算、海量数据存储和智能软件系统为基础的智能化网络体系，正在从根本上改变人们的学习、研究和知识生产过程，并对现代社会产业结构、企业组织结构产生革命性的影响。

3. 我们正处在科学技术迅猛发展的时代

进入 21 世纪，世界科学技术继续保持着迅猛发展的势头，越来越多的科学家相信，在今后二三十年，可能会发生与 20 世纪初物理学革命相当的新科学革命。那场以量子论和相对论为基础的科学革命所催生的核能、半导体、激光、新材料、超导、微电子和光电子技术，深刻改变了世界，引领人类走向知识经济时代。

（二）世界科学技术发展的主要趋势

1. 信息科技发展最为迅速

下一代通信网络、信息安全、高性能计算机、系统软件、中间件与重要应用软件、智能多核芯片、先进人机接口和智能处理技术，是当前信息技术发展的焦点。高速海量、安全可靠、普适智能的系统，低成本的处理能力，高效的开发工具是信息技术不断追求的目标。认知与智能科学、复杂系统科学的进展，将为信息技术应用开辟新的方向。

2. 生命科学和生物技术正酝酿一系列重大突破

基因组科学、蛋白质科学、脑与神经生物学等已成为生命科学的热点与前沿。生命科学与物质科学、信息科技、认知科学、复杂性科学的交叉融合，孕育着重大科学突破。生命科学与生物技术在解决人类食物、保健及生态安全等方面将发挥重大作用。工业生物技术异军突起，有可能形成新兴的生物产业，并将引领循环经济发展。

3. 物质科学焕发新的生机

物质科学仍是现代科学和技术发展的基础。对相互作用统一理论、宇宙起源和演化、物质基构的探索等，有可能引发对物质世界认识的本质性突破。纳米科技快速发展，纳米制造、分子设计及生物纳米技术等将成为值得特别关注的领域。

4. 资源环境科技更关注解决人与自然和谐发展问题

在继续关注地球系统整体行为及地球各圈层间相互作用的同时，更关注区域经济社会可持续发展的重大科技问题，更关注人与自然的关系、生态系统持续科学管理及环境健

康。环境技术与地表、深层、海洋等资源合理开发和持续利用技术，正成为优先发展的领域。

5. 能源科技在社会需求强烈拉动下快速发展

节能技术、绿色能源技术发展受到前所未有的关注。太阳能、风能和生物质能等可再生能源和新能源技术的快速发展，将显著改变未来能源结构。煤的清洁高效利用将提供替代油气燃料和替代合成化工资源。氢能源体系正向实用化发展。核裂变能技术向着高效、安全、洁净方向发展，可控核聚变是未来清洁能源的希望。人类将逐步完成向可持续能源系统过渡。

6. 空间和海洋科技为人类开辟新的发展空间

天基信息系统将向天、空、地一体化网络方向发展，空间通信、遥感和全球导航定位正在形成新兴产业，深空探测及空间科学实验继续受到重视，重大综合海洋科学研究活跃，海洋资源、海洋生物技术竞争激烈，深海技术发展迅速，沿海地区可持续发展将备受关注。

7. 数学在科学和技术发展中仍发挥不可替代的基础作用

数学在不断探索数与形内在逻辑和简洁优美表达的同时，成为自然科学与工程技术的基础语言和分析工具。数学与社会科学的结合，为经济社会发展管理提供更丰富的定量统计、分析、预测等方法与手段，为宏观决策提供不可替代的科学手段。

当代科技创新呈现出以下特点：一是科学发现、技术突破及重大集成创新不断涌现，呈现出群体突破态势。二是在学科纵向深入的同时，领域前沿不断拓展，学科间交叉、融合、会聚，新兴学科不断涌现，呈现协同发展态势。三是科学发现、技术创新到商业应用的周期越来越短，科技对经济社会发展的引领作用愈加显著。四是科技与教育、文化的关系日益密切，科技教育相互促进趋势明显。五是国际科技竞争日趋激烈，国际科技交流与合作日益广泛，呈现出各国科学家之间竞争合作与相互依存的新局面。

三、 国情与挑战

（一）我国的国情决定了我们必须建设创新型国家

1. 只有走自主创新道路，建设创新型国家，我们才能继续保持经济的稳定高速增长

改革开放 20 多年来，我国社会主义建设取得了举世瞩目的成就。从 1978 年到 2005 年，我国国内生产总值年均增长超过了 9%，这样长时段的高增长在人类发展史上也是不多见的。2005 年，我国的经济总量已位居世界第四，进出口贸易总额居世界第三。

然而，我国的人口、资源、环境等基本国情，决定了我们再也不能单纯通过扩大投

资、增加资源消耗和环境代价来保持经济的粗放快速增长。我国主要资源人均占有量不足世界平均水平的1/2至1/3。据专家分析，要实现中央提出的2020年经济社会发展目标，单位GDP能耗需降低50%至60%，单位GDP水资源消耗需减少80%，其中农业用水量需年均下降一个百分点，工业用水重复利用率要超过85%，废物循环利用率需大幅提高，其中废钢利用率需超过50%，常用有色金属再生利用率需达到50%。

要使经济增长方式从投资拉动型向知识驱动型转变，必须依靠科技进步，促进我国农业的可持续发展；必须提升产业自主创新能力，加快调整经济结构和产业结构，发展先进制造产业，实现从制造大国向创造强国的转变；必须大力发展高新技术，促进高新技术产业取得新的跨越发展；必须加快发展以知识为基础的现代服务业，为社会提供更多更有价值的创业和就业机会。

2. 只有走自主创新道路，建设创新型国家，才能保持经济社会全面协调可持续发展

众所周知，我国人口众多、资源紧缺、生态脆弱，对我国实现经济社会全面协调可持续发展带来了前所未有的压力。

我国人口压力巨大。13亿人口中目前有城市低保人口2200万，农村仍有贫困人口2400万，每年需解决城乡就业和再就业人口达2400万。国民文化素质较低，平均受教育年限约为7年。新中国成立以来，国民健康水平虽有显著提高，但人口老龄化、重大疾病威胁形势严峻，城乡社区医疗保健体系薄弱。如何真正把巨大的人口压力转化为巨大的人力和人才资源，是我们亟待解决的战略问题。

我国各类生态系统的整体功能下降，生态环境恶化范围扩大，危害程度加剧。原始森林所剩无几，草地退化，湿地萎缩，土地沙化，水土流失面积达356万平方公里。环境污染触目惊心，已从陆地蔓延到近海水域，从地表水延伸到地下水，从一般污染物扩大到有毒有害污染物，形成点源与面源污染共存、生活污染与工业排放叠加、各种新旧污染与二次污染复合的态势，每年因环境污染造成的经济损失相当于GDP的3%—8%。

我们应该清醒地认识到，粗放式的经济增长方式使我国人与自然的关系紧张，对实现人与自然和谐发展和建设和谐社会提出了重大挑战。必须依靠科学技术，系统深化对人与自然相互作用规律的认识，为我国经济社会全面协调可持续发展提供有力的科学支持和技术支撑。

3. 只有走自主创新道路，建设创新型国家，我们才能从容应对日趋激烈的国际竞争

一个国家的自主创新能力，决定其在国际竞争合作中的地位。科技竞争已成为国际竞争的焦点。持续增强科技创新能力，竭力保持和扩大与发展中国家的知识鸿沟，已成为发达国家在国际竞争和国际分工中保持优势地位的战略之一。

当前我国的国际竞争比较优势多源于劳动力成本低和国际国内两大市场的协同效应，科技创新对我国国际竞争力的贡献有待大幅提高。我国关键技术自给率低，对外技术依存度高达50%。占新增固定资产投资40%的设备投资中，有60%以上依靠进口。我国发明

专利总量虽已排名世界第8位，但只占世界发明专利总量的1.8%，我国在美国获得的发明专利授权仅占非美国人授权发明专利的0.2%。我国科学论文产出总量虽有大幅提升，但科学水平仍有较大差距。1995—2004年，我国科学论文被引频次排在世界第14位，篇均被引频次仍低于世界平均水平。

我国作为经济高速增长的社会主义发展中大国，必须立足自主创新，才能把握发展的主动权，在国际竞争和合作中逐步占据主动地位。要加强原始科学创新能力，为抓住新一轮科学革命、技术革命和产业革命的机遇奠定坚实的基础，以免在世界新一轮科技和产业革命中被再次拉开差距。要加强关键核心技术的原创能力，引领产业发展的核心技术、关系国家安全的战略高技术是买不来的。要加强系统集成创新和引进消化吸收再创新能力，着力在开放的国际环境中汲取全球创新资源为我所用，决不能再走自我封闭、自我完善的老路。

（二）我国已基本具备建设创新型国家的条件和基础

1. 我国已基本建立起鼓励创新的相关的法律体系

中华人民共和国宪法总纲第二十条明确规定：国家发展自然科学和社会科学事业，普及科学和技术知识，奖励科学研究成果和技术发明创造。新中国成立以来，尤其是在改革开放以来，我国已建立起包括科学技术普及法、促进科技成果转化法、科学技术进步法、专利法等在内的鼓励和保护科技创新的法律体系。各级国家机关不断加强执法力度，提高依法行政水平。

2. 我国已基本具备建设创新型国家的综合国力

经过20多年改革开放，经济持续高速发展，我国的综合国力大为提高。GDP总量已位居世界第四，具有比较完善的工业体系和一定竞争力的制造能力，外汇储备雄厚，国民储蓄率高，政府财税稳定快速增长，投资环境明显改善。我国发达地区综合经济实力较强，高技术产业发展迅猛，知识经济初见端倪，较高的信息化水平和频繁的对外交流与合作，使得这些地区几乎可以与发达国家同步掌握先进的科学技术知识、发展理念和管理模式，可以在建设创新型国家的进程中起到先行带动作用。

3. 我国已基本具备建设创新型国家的科技基础

近代科学引入我国已经100多年，新中国成立后，我国已建立了比较完整的学科体系和工业技术体系。改革开放以来，科技与教育又取得了巨大进步。我国科技发展已处于发展中国家的前列，科技创新综合指标已相当于国际人均GDP5000到6000美元国家的水平，科技创新产出增长率位居世界前位，一些研究机构已接近世界发达国家同类机构的水平。2004年我国科技活动人员达348万人，研发人员总量已经达到115万人年，分别居世界第一位和第二位。我国已基本普及九年制义务教育，并进入高等教育大众化阶段，在校大专以上学生超过2300万。企业技术创新能力有所增强，并且涌现出像华为、奇瑞、宝钢、中兴等主要依靠自主创新赢得竞争优势的企业。民营中小企业对科技的需求和投入明显增加。

4. 我国已基本具备建设创新型国家的文化氛围

我国具有建设创新型国家的政治优势。在全国科技大会上，中央明确提出了提高自主创新能力、建设创新型国家的宏伟目标。在中央倡导下，近年来全社会的创新意识大幅度提升，尊重知识、尊重人才蔚然成风，科技工作得到全党和社会各界前所未有的高度重视。在科技界内部，创新文化建设取得显著成效，以科教兴国为己任、以创新为民为宗旨的科技价值观深入人心，广大科技人员的创新自信心、竞争合作发展意识明显增强，鼓励创新、宽容失败、追求科学真理、尊重学术自由的氛围正在逐步形成，对符合科技创新活动规律的管理机制的改革探索也取得了有益的经验。

（三）建设创新型国家必须正视和解决的问题

我国目前还存在着一些制约自主创新能力提高、妨碍建设创新型国家的问题，对此我们要有清醒的认识，并认真分析根源，找出解决的办法。

1. 企业的技术创新能力亟须大幅提升

企业作为技术创新投入和行为主体的地位虽已确定，但我国的多数企业还难以担当技术创新主体的重任，突出表现在重引进轻消化吸收再创新，关键技术自给率低，以技术创新为核心竞争力的企业还比较少。其原因主要是，市场分割和行业垄断使市场公平竞争激发创新的作用未得到充分的发挥；产权不明晰使企业内在的创新动力不能充分调动；税赋不公平和知识产权保护相关法律政策不完善和执法不力，增加了企业创新的风险和回报的不确定性；支持自主创新的政府采购、技术进口管理、金融服务等有待加强；企业制度与管理创新依然滞后，新的经营管理模式，如戴尔（Dell）的直销式模式，微软的集成开发，谷歌（Google）的网络经营管理模式等，多属国外企业原创。

2. 激励创新的体制环境不完善

我国社会主义市场经济体制还不完善，计划经济形成的体制弊端尚未得到完全克服，突出表现在：政府职能转变相对滞后，部门之间协调配合不足，资源配置条块分割、分散重复，科技主管部门尚未从大量的具体项目和事务管理中解放出来，宏观协调、政策管理和服务有待加强；依托大学及科研院所创办的高新技术企业，亟待在市场经济大环境中走产权社会化之路，赢得规模化发展；在局部和眼前利益的驱使下，一些地区和单位过度干预市场的现象依然严重，保护本地区、本部门、本单位利益，或者盲目、重复建设高新技术区、科技园、大学园，不利于建立鼓励创新的公平竞争环境，也不利于高技术产业的有效集聚。

3. 科技创新综合能力尚不适应建设创新型国家的需求

我国科学技术虽有长足进步，但与国际先进水平仍有较大差距，对我国经济增长的贡献率也不够大。当前存在的主要问题包括：战略科技专家和科技创新尖子人才缺乏，人才流动尚存在体制性的壁障，高水平科技创新团体和科技专家的创新自主权、自由探索权没有得到充分的尊重；科技投入长期不足，科技基础设施相对落后；符合科技创新规律和社会主义市场经济规律的科技管理体制和评价机制有待进一步完善，产学研合作和科技成果转移转化机制尚需进一步改善。

4. 教育体制与机制还不能适应建设创新型国家的需要

我国教育事业发展成绩巨大，但教育投入依然不足，教育资源配置不均衡，教育结构与社会需求不对称。普遍存在的应试教育现象尚未根本改变，素质教育任重道远。创新教育和能力培养尚未得到应有的重视，由于历史和社会原因，从幼儿园到大学仍然偏重知识灌输，而不是注重启发求知、养成能力、塑造人格和培育理念，不是造就追求真理、敢于善于创新、创业的人才。教育思想、学科布局、教学内容、教学方法与教学模式以及学生管理等方面，亟待改革与创新，以适应建设创新型国家对人才的需要。

四、 建设中国特色的创新型国家

我国尚处在社会主义初级阶段，处在全面建设小康社会、加快社会主义现代化的关键机遇期，建设创新型国家，必须坚持从我国的基本国情以及当前和长远发展的需求出发，进一步明确发展目标、增加科技投入、建设国家创新体系，造就创新人才、创新体制机制、建设创新文化，实现创新能力的跨越发展。

（一）明确建设中国特色创新型国家的发展目标

（1）建设中国特色的创新型国家，就是要使我国成为具有强大的原始科学创新能力，能够在世界科学技术突飞猛进和科技革命中把握先机、从容应对并把握机遇的国家。

（2）建设中国特色的创新型国家，就是要使我国成为具有强大关键技术创新能力，能够在日趋激烈的国际经济、科技竞争和新军事变革中逐步占据主动地位的国家。

（3）建设中国特色的创新型国家，就是要使我国成为具有强大的系统集成创新和引进消化吸收再创新能力，能够在开放的环境中充分吸纳国际创新资源为我所用的国家。

（4）建设中国特色的创新型国家，就是要使我国成为科学系统认识我国自然环境和基本国情，能够实现人与自然和谐发展和社会可持续发展的国家。

（5）建设中国特色的创新型国家，就是要使我国成为具有高效通畅的技术转移机制，能够在社会主义市场经济环境下使科技创新产生的经济社会效益惠及广大人民群众的国家。

（6）建设中国特色的创新型国家，就是要使我国成为具有先进、健全的法律、政策和制度，具有先进创新文化、良好创新创业社会氛围，激励和保障创新人才辈出、创新成果不断涌流的国家。

（7）建设中国特色的创新型国家，就是要建设符合我国国情特点、充满生机活力的创新体系，使我国成为具有强大创新制度保证的国家。

（8）建设中国特色的创新型国家，就是要使我国成为具有高效广泛的科学知识和科学思想传播机制，能够充分发挥科学人文效益并为我国和世界先进文化和人类文明发展做出重大贡献的国家。

我们要力争到2020年科技进步对我国经济增长的贡献率达到60%以上，对外技术依存度降低到30%以下，我国自主发明专利年度授权量、国际科学论文被引用数和国际综合创新竞争力均进入世界前5位。

（二）努力实现我国科技创新能力的跨越发展

建设中国特色创新型国家，关键是要使科学技术真正走在前面，抓住机遇早日实现科技创新能力的跨越发展，充分发挥科学技术支撑发展、引领未来的作用。

1. 选择有限领域重点突破

要坚持有所为、有所不为的原则，选择具有一定基础和优势，国民经济、社会发展和国家安全中亟待发展和急需科技支撑的关键领域，集中力量，重点突破，实现跨越式发展。重点加强能源、资源和生态环境研究，缓解我国能源资源压力，实现人与自然和谐发展，为推进循环经济提供科技支撑。重点加强农业科技，推进我国现代农业的发展。重点加强先进材料和先进制造技术，推进我国由制造业大国向制造业强国转变。重点加强信息科技，推进信息产业和现代服务业的发展，推进社会信息化进程。重点加强生命科技和医药卫生技术，增进人民健康，攻克若干严重威胁我国人民生命安全的重大疾病。集中力量解决事关我国国家安全的重大科技问题。

2. 加强科技前瞻布局

要加强科学展望和技术预见的能力，把握世界科技发展的整体态势，在事关我国经济社会长远和未来发展的重要科学技术领域加强前瞻部署。要切实加强基础研究，协调发展数理化天地生等重要基础学科。加强学科交叉与融合，培育新的学科生长点，推进自然科学与哲学社会科学的交叉。要加强有关学科领域前沿部署，鼓励科学家攀登世界科学高峰。要超前部署一批前沿技术，加强我国高技术领域的前瞻性、先导性和探索性研究。

3. 加强科技基础条件平台建设

必须加快建设开放共享、服务全社会的科技基础条件平台。要加强国家研究试验基地建设，构建国家野外科学观测研究台站网络体系，有选择的建设大型科学工程和设施，建立完善科学数据与信息平台和实验材料服务平台，建立完善国家标准、计量和检测技术体系，建立科技基础设施的开放共享机制。

4. 积极推进科技管理创新

科技管理必须符合科技创新的规律。科学技术作为第一生产力，整体上服从竞争发展这一被人类生产力发展历史和我国改革开放伟大实践充分证明的一般规律，不同性质的科技创新活动又有其特有的规律，必须分类管理。要进一步完善科技决策机制，充分尊重高水平科学家和科研机构的创新自主权，完善专家咨询机制，形成规范的科学民主决策机制。要建立体现竞争、合作、开放、共享的创新资源优化配置机制。要按照分类管理的原则，改革科技评估和奖励制度，完善公正、公平、公开的创新管理机制。加快建设“职责明确，评价科学，开放有序，管理规范”的现代科研院所制度。

（三）积极推进国家创新体系建设

加快建设符合中国国情又具有时代特征的国家创新体系，是提高自主创新能力和建设创新型国家的体制保障。建设中国特色国家创新体系，是一项重大的社会系统工程，要充分发挥政府的主导作用，充分发挥市场在科技资源配置中的基础性作用，充分发挥企业在技术创新中的主体作用，充分发挥国家科研机构的骨干和引领作用，充分发挥大学的基础和生力军作用。要下决心改革计划经济遗留的体制弊端，推进宏观体制改革，使政府更好地发挥宏观协调、政策引导、制度规范和服务功能。进一步密切各创新单元之间的合作与交流，提高创新资源的利用率，促进科技成果转化和产业化，提高创新的效率与效益。

1. 加快建设以企业为投入和行为主体、产学研结合的技术创新体系

为企业的自主创新创造良好的市场、制度、法律和政策环境，鼓励企业着力从事市场导向、面向未来的自主技术创新，并得到应有的创新回报，实现风险与效益的对称。加快在大中型国有企业中建立符合现代产权规律的企业制度，充分发挥产权作为创新内在动力的作用。在我国企业创新能力相对薄弱的现实情况下，要通过加强以企业为主导的产学研合作，为企业提供充分的创新源头和人才供给，促进企业快速提高自主创新能力。要充分发挥市场在技术创新资源配置和激励创新中的基础和导向作用，完善市场的有序性、公平性、公正性和透明度，减少行政部门对市场的过度干预，消除市场分割和垄断。

2. 加快建设科学研究与高等教育有机结合的知识创新体系

从国家高度看，国家科研机构与大学应建立功能互补、竞争合作、联合互动的关系，共同构建知识创新体系，共同成为面向企业和全社会的知识和人才源头，共同促进我国科学技术进步和创新人才的培养。国家科研机构与大学具有不同的职能定位与分工。国家科研机构必须从国家战略需求出发，着重开展定向基础研究、战略高技术创新与系统集成、事关经济社会全面协调可持续发展的重大公益性研究。大学适宜于从事自由的基础研究和高技术前沿探索与应用研究，促进学科发展。两者都具有科技创新与创新人才培养的双重功能，但国家科研机构的首要任务是科技创新，而大学的首要任务是培养人才。

3. 加快建设军民结合、寓军于民的国防科技创新体系

在国家科技规划制定中，应充分考虑国防建设的战略需求，优先发展对国家安全具有战略意义、对未来经济社会发展具有重大带动作用的战略高技术，积极部署军民两用关键技术的研究开发。在新的战略机遇期，我们必须按照寓军于民、军民结合的方针，加快建设适应对外开放和社会主义市场经济环境、与经济社会发展相协调、应对新军事变革和维护祖国统一和领土完整的新型国防科技创新体系。在组织体制方面，为适应安全保密要求，继续保持和加强相对独立、结构合理、规模适度、安全高效的专门化国防科技系统，同时充分发挥国家科研机构的战略方面军作用，扩大国防科技创新的基础。采取委托研制、合同订货等方式，广泛吸纳企业、研究型大学等创新力量的参与。加快国防工业体系改革和市场化进程，实现与民用工业体系的融合，推进国防科技创新成果向民用市场扩散与转移，加速实现规模产业化。

4. 加快建设各具特色和优势的区域创新体系

从我国区域经济社会整体发展战略出发，充分结合各地区的特色和优势，发挥中央和地方两个积极性，鼓励所在地区的国家科研机构和大学积极参加区域创新体系建设，积极探索联合共建、互利双赢的合作机制。

（四）建设适应创新型国家需求的创新人才队伍

1. 加强科技创新队伍建设

要立足科技创新实践，造就一批德才兼备、具有战略眼光和卓越组织才能的战略科技专家；立足引进与培养相结合，以培养为主，造就一批领衔科学家和科技创新创业尖子人才；建设一批善于攻坚、能够解决国家重大战略问题的创新团队。鼓励人才有序流动，为各类人才特别是青年人才的脱颖而出创造更多的机会，为产学研之间、区域间人才交流创造良好机制。

2. 推进教育创新

加强对教育的投入，大力普及和巩固九年制义务教育，加强职业教育，提高高等教育质量。优化结构，适应需求，逐渐缩小地区差异和城乡差异。推进教育改革，实现素质教育，注重能力和创造力培养，造就德才兼备、知识结构合理、具有创新意识和创新精神、不断进取的创新创业人才。倡导终身教育，构建学习型社会。

3. 营造有利于创新人才成长和发挥才能的文化环境

坚持尊重知识、尊重人才、尊重劳动、尊重创造，努力营造人尽其才、才尽其用、竞争择优、和谐共进的创新氛围。坚持德才兼备、以德为先，引导广大科技人员牢固树立“以科技兴国为己任，以创新为民为宗旨”的科技价值观，在为国家发展和人民幸福做出创新贡献的过程中实现人生价值与理想。加强创新文化建设，培育创新意识，倡导创新精神，形成宽松和谐、鼓励创新的社会文化环境和科研环境。纠正浮躁学风和学术不端行为，依法惩治学术腐败，弘扬科学伦理道德，建设求真唯实、严谨踏实的学风。

4. 提高全民科学素养

加强科学传播，推动全社会形成讲科学、爱科学、学科学、用科学的社会氛围和良好风尚，提高公众的科技素养。建立新型的科学与公众的关系，从公众被动接受科学知识，转变为科学与社会公众的交流和互动，使社会与公众对科技发展享有更多的知情权，从而进一步理解科技、支持科技、参与科技、监督科技，使科技进步和自主创新成为全社会和全体公民的共同事业。

（五）保障科技投入的稳定持续增长

1. 大幅度增加科技投入

科技投入持续增长是提高自主创新能力、建设创新型国家的基本保障。要加快建设多元化、多渠道的科技投入体系，使科技投入水平与建设创新型国家的需求相适应。逐年提高全社会研究开发投入，到 2010 年达到 GDP 的 2%，2020 年力争达到 GDP 的 2.5%以上，确保政府财政科技投入的持续稳定增长，并促进企业与社会增加对科技创新的投入。

2. 优化公共财政投入结构

政府重点支持基础研究、社会公益研究和前沿技术研究。统筹协调和合理安排政府科技计划和科研条件建设的支持结构。建立对科研机构和大学研究规范的支持机制。健全科技计划资金管理和监督评价。

3. 加强对企业自主创新的政策支持

制定有利于企业加强研发投入的税收激励政策。加强金融对企业自主创新的扶持和支持，改善对中小企业科技创新的金融服务，发展创业风险投资和中介服务，建设支持自主创新创业的资本市场。建立促进自主创新的政府采购制度和有利于自主创新的技术进出口政策。促使企业自觉成为技术创新投入和行为的主体。

建设创新型国家，是全党全社会的共同事业。新中国成立以来，经过几代人艰苦卓绝的不懈努力，我国经济与科技发展已经取得了举世瞩目的伟大成就，为建设创新型国家奠定了坚实的基础。只要全党、全国人民、全体科技工作者高举邓小平理论和“三个代表”重要思想伟大旗帜，在以胡锦涛同志为总书记的党中央正确领导下，坚持全面落实科学发展观，坚持改革开放、开拓创新，继承和发扬“两弹一星”精神和载人航天精神，同心同德、齐心协力、发愤图强、求真务实，坚持走中国特色自主创新道路，建设创新型国家的宏伟目标一定能实现。

在“科学与社会系列报告”出版十周年座谈会上的讲话*

各位来宾、朋友们、同志们：

首先，感谢各位出席中国科学院“科学与社会系列报告”出版十周年座谈会，并借此机会，感谢社会各界对“科学与社会系列报告”的关心、支持和帮助。

十年前，中国科学院党组认为，中国科学院作为我国科学技术最高学术机构和自然科学与高技术的综合研究中心，作为国家科学技术思想库，有责任也有义务向全社会报告国内外科学技术的发展情况，因而决定每年编辑出版《科学发展报告》，以后又相继编辑出版了《高技术发展报告》和《中国可持续发展战略报告》，形成了中国科学院每年发布的“科学与社会系列报告”。这个系列报告组织全国各个领域的专家，在深入研究的基础上，综述世界和我国科学技术的进展与发展趋势，评述科技前沿与重大科技问题，分析科学技术对社会的深刻影响，介绍国内外的科技政策与发展战略，并就如何推动我国的科技进步和实现可持续发展，提出战略思考和政策建议。

在过去的十年，经过国内专家的共同努力，“科学与社会系列报告”提出了不少富有创造性的战略设想和政策建议，为公众系统全面了解最新的科技进展，了解我国和世界科技发展，了解我国资源、环境、能源、区域发展状况，了解科技进步对社会的广泛深入影响，提供了权威的数据、资料和卓识的见解。同时，也为各级政府和人大的科学决策，提供了翔实、准确的科学依据，对于推进我国决策的科学化和民主化，发挥了重要作用。

在科学技术已经成为第一生产力和推动社会文明进步革命力量的今天，中国科学院一方面要通过不断做出基础性、战略性和前瞻性的重大创新贡献，服务于国家的经济发展、社会进步和国家安全，追赶世界科技的先进水平，推进区域创新，造福于广大人民群众，另一方面，要通过加强科学思想库的建设，大力传播最新的科技知识和先进文化，为提高全民科技素养，推进决策的科学化和民主化，为中华民族的伟大复兴，做出应有的贡献。今后，中国科学院将继续加强科学思想库建设，继续支持“科学与社会系列报告”的编撰和出版，向公众及时传播最新的科学技术进展，分析科学技术对经济社会发展的影响，为提高我国公众的科技素养，提供科技知识的支撑。

---

* 本文为2007年3月1日在中国科学院机关举行的“科学与社会系列报告”出版十周年座谈会上的讲话。

虽然“科学与社会系列报告”已经成为影响力不断提升的品牌，但是，随着公众认知水平的不断提高，“科学与社会系列报告”还应该办得更好。这个系列报告要本着服务大众、服务社会的宗旨，加强研究，不断提高报告的质量；要突出重点，深化对重大科技问题的认识；要关注热点问题，提高文章的可读性，满足公众对新知识的渴求；要促进学科交叉，使“科学与社会系列报告”成为我国知识界共享的平台；要提升战略思考和政策研究的水平，为各级决策部门提供科学的依据。同时，三个报告还要根据各自的特点，开拓学科领域，始终以世界眼光，站在时代高度，面向未来观察和分析问题。

“科学与社会系列报告”走到了今天，离不开科技界的支持，离不开社会各界的关心，离不开广大读者的厚爱，离不开媒体的大力宣传。我希望，今后社会各界能够一如既往地支持“科学与社会系列报告”，共同提高报告的质量和水平，使之能够为提高我国自主创新能力、建设创新型国家、构建社会主义和谐社会，做出更大的贡献。

发明改变世界　发明创造未来*

发明是人类的创造性智力劳动，是技术发展和人类生产活动创新活力之所在。原始发明和应用，贯穿人类的物质生产和社会生活的全部历史。技术变革和技术进步，生产力和人们生活水平的提高，社会历史的发展，都离不开发明创造。人类的文明史首先是一部发明创造史，人类的未来也更加依赖于新的发明与创造。

一、发明的本质与动力

1. 发明的动力源于人类生存发展的需要

从身体功能上看，人类的生存能力远逊于一些动物，人类的奔跑速度和耐力、人类的视觉、听觉和嗅觉都不如很多动物，但是人类凭借智慧，凭借发明和创造，极大提升了人类的生存能力。生存需要成为人类发明最初也是最主要的动力。远古人类发明石器是为农耕与渔牧的需要，发明钻木取火是为了取暖、熟食和御兽的需要，发明甲矛剑箭是为了战争和狩猎的需要，发明车舟是为了渡运与渔业的需要，发明尺剪是为了度量裁剪的需要，发明雕版、活字印刷是为传承文化的需要，发明听诊器为了诊断心肺功能的需要。发明提升了人类的生存能力，扩展了人类的生存时间和空间。

2. 发明是人类的经验与向自然学习的成果

人类正是不断从同类之间、从自然之间、从过去及现实经验中的学习，推动着人类从必然王国走向自由王国。钻木取火的发明是摩擦生热经验的启示，轮子的发明源自圆木滚动省力经验的启示，渔网的发明源自蛛网的启示，绳子的发明源自绞合藤本类植物承重的启示，蒸汽机的发明源自蒸汽顶开锅盖的启示，飞机的发明源自鸟类飞翔的启示，红外制导的发明源自响尾蛇红外感知能力的模仿，声呐的发明源自对蝙蝠超声定位能力的模仿。

* 本文为2007年11月29日在北京人民大会堂举行的“第二届发明家论坛暨第三届发明创业奖颁奖大会”上的讲话，修改后作为《2008高技术发展报告》的代序，该书于2008年由科学出版社出版。

发明是人类和自然已有经验学习和创造的升华。

3. 发明是人类智慧和创造力的结晶

发明是人类大脑和双手创造性劳动的结晶，是人类智慧、灵感、毅力的产物。正是依靠人类的智慧和执著，一些人做出了一些名垂青史的伟大发明。蔡伦（字敬仲，62—121）发明造纸术，万户（约 1500 年）发明火箭椅以期奔月，达·芬奇（Leonardo Da Vinci，1452—1519）发明滑轮、透视图、圆规，莫尔斯（Samuel Finley Breese Morse，1791—1872）发明电报，贝尔（Alexander Graham Bell，1847—1922）发明电话，爱迪生（Thomas Alva Edison，1847—1931）一生做出包括白炽灯、留声机在内的 1700 多件发明，莱特兄弟发明有动力的飞机，奥托（Nikolaus August Otto，1832—1891）发明内燃机，等等。这些都是人类智慧之光和创造力的范例，是激励一代又一代发明者的楷模。

4. 发明是对于知识的应用和自然规律的驾驭

特别是到了近现代，建立在科学知识基础上的发明越来越成为发明的主流。现代汽轮机的发明和改进基于叶轮流体力学知识，合金钢的发明与进步基于冶金学、金相结构学的知识，冰箱的发明与进步基于对工质相变热和热功循环的知识，X 射线机的发明基于对 X 射线穿透性和成像性的认识，核磁共振仪的发明基于对生物氢原子磁场极化现象的认知。进入 21 世纪之后，建立在科学认知基础上的发明必将成为发明的主要来源。

5. 发明是对于人类生产方式和生活方式的创新

发明推动人类的经济不断发展，推动人类的社会不断进步，引领人类文明的不断提升。发明创造不断将人类由一个时代带入又一个新的时代。铁器的发明开启了农耕生产方式，蒸汽机和珍妮纺纱机的发明成为工业大生产方式的标志，电机的发明和电力系统的形成及电话、电报、无线电的发明将人类社会推进到电气化时代，计算机、集成电路、互联网的发明标志着人类进入了信息化时代。

二、 发明改变了世界

1. 发明创新工具与生产方式

流水线和自动线的发明开启了近代批量生产方式，数控机床和机器人的发明开始了柔性制造时代，快速成型、精密铸锻、现代物流技术等发明创造了精准制造方式，环境友好材料与环境友好工艺的发明开始了绿色制造方式。

2. 发明改变了生产关系和社会结构

打磨新石器的出现，使人类从原始人群时期进化到了氏族公社时期；青铜工具的出现，促成了奴隶社会的出现；铁制工具的出现催生了封建制度，蒸汽机和火药将骑士阶层炸得粉碎，迎来了资本主义时代；现代交通和现代信息技术推进了全球经济和虚拟经济的发展。

3. 发明改变了人的生活方式

火的使用使人类开始熟食生活，玉器、青铜器的发明开启了人类文明礼仪，纺织的发明使人类告别了茹毛饮血时代，空调、暖气等发明使人的生活更为舒适，交通工具的发明拓展了人的活动空间，通信工具的发明拓展了人类信息获取和传播的效率，计算机和网络的发明改变了人的学习、生活方式和经济模式。

4. 发明改善了人的生命和生活质量

磺胺药、抗生素的发明延长了人的平均期望寿命，疫苗和免疫治疗技术的发明使人类抵御传染病的流行，人造器官、康复器械的发明使残疾人得以恢复功能和自信，洗衣机、缝纫机解放了家务劳动，提高了生活质量，促进了男女平等。

5. 发明改变了人类自身

人类学会使用火、熟食，发展了医学，而改善了营养和健康；人类因创造工具拓展了智慧和能力，区别于动物；人类因创造了文字、语言，发展了人的社会性、促进了知识传承和社会文明；人类因创造了计算机、网络，创造了网络化时代和网络文明。

6. 发明变革了军事样式

火药、枪炮的发明使人类进入了热兵器时代，坦克、自行火炮的发明标志着进入了装甲时代；卫星侦察、地理信息系统（GIS）、全球定位系统（GPS）、飞机、无人机的发明标志着制空天时代；巡洋舰、航母、潜艇等水面/水下作战平台的出现标志着制海权时代；弹道导弹、巡航导弹、灵巧炸弹、智能鱼雷的发明标志着进入了精确打击的时代。军事技术的信息化、网络化是新军事变革的核心和时代特征。

7. 发明改变了世界政治经济格局

核武器的出现和战略平衡曾使美苏出现了近50年的冷战对峙；军事高技术优势，引发单边主义、霸权主义兴起；海空航运、集装箱运输、信息化、网络化推进了全球自由贸易和经济全球化；工业化、高排放造成环境污染、全球气候变暖，要求全球共同应对，节能减排，合作发展清洁可再生能源，清洁、安全、先进核能，发展资源节约、环境友好社会。

三、发明创造未来

我们生活在科技创作未来、创新引领发展的社会，知识已成为人类取之不尽、用之不竭的源泉，发明创造成为人类克服自然局限、不断走向文明进步的有力武器。

1. 发明将创造无线信息网络时代

智能、宽带、无线技术，语音、文字辨识、合成、翻译技术，多核、超低功耗芯片技术，柔性、节能、薄膜显示技术，安全、可靠、开放、智能软件技术，环保、廉价太阳能电池技术等发明和普及，以及多样化信息网络应用技术的发明和应用，将使人类连入一个无线、无缝、智能、自由、共享的信息网络时代。

2. 发明将创造清洁可持续能源时代

发电和终端用户效率的提高，输运、变换、储能建筑、运载工具节能技术的创新，高效、廉价光电/光化学/光热太阳能转化材料和器件的发明，新型高强度、轻质、自适应、环境友好风叶材料、结构和工艺，高效稳压稳频、储能技术的进步，高光合作用生物物种的发现与发明，高效、清洁生物反应、生物炼制技术的创新，地热能、海洋能的创新，先进、清洁安全核能技术和其他可替代能源技术的创新，等等，将创造清洁可持续能源时代。

3. 发明将创造资源节约、环境友好经济

节料、节能技术、资源节约生产方式和生活方式的技术创新，环境友好材料、工艺、产品的发明，资源节约、环境友好的观念文化、生活方式、生产方式、发展模式的创新和普及，将创造资源节约、环境友好经济的新时代。

4. 发明将创造循环经济、生物经济时代

人类将创造发明资源减量化、再利用、废弃物资源化技术，创造节水和水的循环利用技术，合理利用可再生的生物多样性资源技术，创造循环经济、生物经济时代。

5. 发明将创造新材料、新结构与先进制造的新时代

人类将创造环境友好材料、节能材料、可循环使用材料、纳米结构与功能材料、先进复合材料与合金、生物医用材料、极端使役性能的材料，创造新型轻结构、仿生材料与结构、智能结构、新颖表面与介面，创造智能制造、精准制造、绿色制造、网络制造、全球制造的新时代。

6. 发明将创造人类新生活、新保健、新医疗

营养组学、代谢组学、心理与行为科学、生态环境科学的新认知以及系统生物学、生态环境修复技术，基因技术、干细胞技术，先进诊断、监护、康复、救助技术创新等，将创造新的安全、健康的生态环境与美好生活。创造服务全民的公共卫生技术服务体系、疾病预防与免疫体系，助残康复技术、老年病防治和技术服务体系，保健医疗技术服务体系等，将提高全民的身心健康。

7. 发明将创造人类新的学习、管理与服务

网络、计算机、虚拟现实、复杂系统调控等技术的创新，将革新学习、管理与服务；终身学习、网络学习兴起，基于尊重与发挥人的创造力的人才与知识的管理，基于知识和网络的现代服务，将引领未来的发展。

8. 发明将创造新时代的军事变革

新材料、微纳技术、空天技术、海洋技术、信息与控制技术、智能技术等将引领和支撑新时代的军事变革；技术创新能力、先进制造能力、经济综合实力、社会和谐和凝聚力、国民素质和创造力，将成为新时代军事变革的核心因素与基石。

9. 发明将改变新的社会价值与伦理

信息网络技术的发明开启了全球信息知识的共享时代，克隆技术、干细胞技术、异种器官植技术等发展了人类生命伦理，可再生能源技术的发展将变革传统能源价值观，资源循环技术的发明将改变人们的资源观。

四、创造孕育发明的环境

1. 创新教育，培育创新人才

必须创新教育观念，全面实施素质教育，发展创新教育，着力培养创新意识与能力，培养创新人才；促进培养造就科技创新人才、职业技能人才、中介服务人才、经营管理人才，实现和谐协调发展。

2. 完善鼓励和保护发明的法律体系

创新需要法律保障。不仅是知识产权保护法、科技进步法、教育法，而应在经济立法、社会立法、行政立法、乃至刑法、国际条例等整个法律体系中，将鼓励创新创业列为重要立法原则之一，以健全的法律体系激励、规范、协调、保护创新创业行为。

3. 建设公平诚信、创新友好的市场环境

营造开放自由、公平竞争、诚信合作、创新友好的市场环境，鼓励和保障企业自主成为技术创新的主体；促进形成产学研紧密结合、创新价值链有效衔接的技术创新与市场转化机制。

4. 建设开放、民主、平等、公正、诚信、宽容，创新友好的社会环境和文化氛围

尊重劳动、尊重知识、尊重人才、尊重创造、尊重创业；尊重科学创新、尊重发明创造，尊重工程技术创新和管理与制度创新，尊重知识产权，尊重知识、技术的传播和转化；尊重创业精神和企业家精神；创造求真唯实、诚信宽容、公平公正、和谐合作的创新环境和学术生态，使人的创新创业潜能得以充分发挥，创新创业思想和创新价值得以充分实现。

5. 国家、企业、社会对创新与教育的基础投入和支持，培育发明的沃土、养分和种子

国家通过法律、政策和规划加强对创新的战略引导、加大对教育、基础、公益和高技术前沿的投入，培育创新友好的沃土、养分和种子，保障人才、知识、技术的源头供给。

6. 鼓励发明创造，建设创新型国家

政府主导，鼓励创新的法律政策、规划投入和财税金融体系；知识创新与人才培养紧密结合的知识创新和传播体系；企业为主体、市场为导向、产学研结合的技术创新体系；与区域经济社会发展和生态环境保护相适应的区域创新体系；军民结合、寓军于民的国防创新体系；充满生机活力的引进消化吸收、创新孵化、中介服务、风险投资、社会融资、政府采购、园区集聚等有效机制。

热爱、崇尚发明的民族，必将是一个充满生机的民族；鼓励、支持发明的社会，必将是一个持续发展的社会。要把我国建设成为创新型国家，实现中华民族的伟大复兴，就需要在全社会形成鼓励发明创造的环境和氛围，依靠中华民族儿女自身的聪明才智，有效吸纳人类共同的文明成果，不断做出更多更好的发明创造。

认知客观规律　促进科学发展*

党的十七大将提高自主创新能力、建设创新型国家摆在了非常突出的位置，强调这是国家发展战略的核心，是提高综合国力的关键，并提出要坚持走中国特色自主创新道路，把增强自主创新能力贯彻到现代化建设的各个方面。这充分表明党和国家对科学技术的高度重视，对科技工作者的殷切期望。认真学习、准确领会、全面贯彻十七大精神，要求我们要坚持以十七大精神为统领，认清时代的特征和发展的趋势，认知客观规律，促进科学发展，解放思想，求真务实，扎实推进我国科技的改革发展与创新。

一、深刻认识时代的特征和发展的趋势

当今世界正在发生广泛而深刻的变化。经济全球化深入发展，国际竞争日趋激烈，知识经济蓬勃兴起，科技进步日新月异。

1. 我们正处在经济全球化、市场化、知识化的时代

知识创新、技术创新、制度创新、管理创新将成为推动经济社会发展的引领力量，成为利用和整合全球资源的核心要素和主要动力，成为替代和可持续利用自然资源的关键因素，成为推动人类文明持续进步的基石。全球市场竞争已成为牵引技术创新和配置创新资源的主导因素。谁能凝聚、培育创新人才和创新知识，谁能最有效地应用知识赢得竞争优势，谁就掌握了未来。

2. 我们正处在现代化快速发展的时代

过去 300 年，工业化、现代化仅惠及不足 10 亿人口。根据现在世界上一些国家现代化的进程估计，到了 21 世纪前半叶，包括中国十几亿人口在内，将会有 20 亿—30 亿人口摆脱饥饿和贫困，走上小康社会，进而实现现代化。这将是人类发展史上影响深远的大变革、大事件，也是我们未来发展面临的大背景、大机遇。20 亿—30 亿人民实现现代化将

---

* 本文为《2008 科学发展报告》一书的代序，该书于 2008 年由科学出版社出版。

为世界发展和进步注入空前的动力与活力，将根本改变世界的发展方式，改变全球经济政治格局，将对全球资源、能源提出空前的新需求，对我们生存的地球的生态环境带来全新的挑战。因此，人类必须创造新的生产方式、生活方式与发展模式，在公平改善和提高当代人生活质量、保护生态环境的同时，不应危及我们子孙后代生存发展的权利与生态环境。

3. 我们正处在信息化、数字化和网络化的时代

借助宽带无线、智能网络、超级计算、虚拟现实、网络制造与网络增值服务，人们将突破语言文字的屏障。人类将创造建立在信息化、数字化、网络化基础上的科学研究模式、教育方式、终身学习方式、公共治理方式和社区交流方式。信息化、数字化、网络化、智能化必将进一步改变人类的生产方式、生活方式、社会组织结构与管理方式，将进一步推进全球化进程。

4. 我们正处在科学技术迅猛发展的时代

人类将用极大的努力探索更深层次的物质微观结构；对太空愈演愈烈的争夺将推动空间科技以前所未有的规模和速度发展；海洋科技发展将为人类可持续发展提供新的巨大空间；生命科学和生物技术正处在发生科学和技术革命的前夜；纳米技术、生物技术、认知科学和信息科技的汇聚，有可能使未来的科学技术知识体系乃至人类社会发生深刻变革。伴随着各学科前沿的继续深入，学科间进一步交叉融合成为最引人关注的新方向；传统的科学与技术关系的线性模型受到挑战，巴斯德研发模式备受重视，基础研究、应用研究、高技术研发边界模糊，并相互促进融合为前沿研究。研发到应用和规模产业化的周期将显著缩短，转化研究、工程示范、企业孵化、风险投资、高技术园区等日渐兴起。传统的创新组织与管理模式受到新的挑战，战略管理、绩效管理、网格型创新结构与管理正在兴起，知识共享和知识产权保护同时发展，国家目标、国家竞争力、国民健康、保护生态环境、国家主导科技政策和战略规划愈加受到重视。团队、网络式、网格式、跨学科、跨单位、跨部门、跨国界、产学研的合作成为主流，竞争也更为激烈，全球化科技竞争与合作成为大趋势。

5. 人类社会将从化石能源体系走向可持续能源体系

可再生能源和安全、可靠、清洁的核能将逐步代替化石能源，成为社会可持续发展的基石。人类在继续致力于节约和清洁、高效利用化石能源的同时，将更加重视发展可再生能源、核能及其他替代能源，建立可持续能源体系。

6. 人类将致力于节约资源、发展循环经济

地球上的矿产资源是有限不可再生资源，淡水资源是有限可再生资源。由于人口和消费的增长，以及自然过程和人类活动的影响，地球有限资源消耗速率加快，资源短缺压力加大。人类必须从无节制地耗用自然资源走向循环利用资源，可再生生物资源成为未来的重要选择；必须致力于发展资源节约、再利用、可循环技术，发展节水和水的循环利用技术，合理开发利用生物多样性资源；必须大力发展以知识为基础的经济，以减轻发展对自

然资源的依赖和索取。

7. 人类将致力于创造与自然和谐相处、可持续发展的生态文明

必须更加重视保护生态环境，遏制工业革命以来生态环境恶化的趋势，更加关注和严格监测生态环境的变化，致力于减少对自然生态的破坏，减少污染物和温室气体的排放，共同应对全球环境变化。人类将创造新的发展模式，在改善和提高当代人生活质量的同时，不危及子孙后代生存发展的权利和地球生态环境。

8. 人类将共同应对人口、健康的新挑战

21世纪中叶，全球人口可能达到80亿。人类必须控制人口增长，提高人口质量，保证食品、生命和生态安全，推进公共卫生、保健制度改革和保健医疗技术的创新，创造并实践基于营养科学、心理科学和行为科学的健康生活方式，攻克影响健康的重大疾病，认识传染病毒的变异和传播规律，将预防关口前移。

9. 人类将运用新技术保卫国家安全

信息、空天、海洋、机动能力和精准打击能力将成为新的军事战略制高点和核心战斗力。汇聚最新科学原理和最高技术水平的国防科技，将成为一个国家战略高技术的集中体现，成为发展民用高技术产业的重要源泉。

二、深入贯彻落实科学发展观，认知规律，推进科技自主创新

在总结国内国际现代化发展的经验基础上，党中央提出了科学发展观的思想。科学发展观是对党执政经验和规律的科学总结，是对中国经济社会发展规律和历史经验的科学总结，也是对自然与人类社会协同演化规律认识的深化。科学发展观是党对发展问题的新认识、执政理念的新飞跃，标志着马克思主义中国化达到了新高度，中国特色社会主义建设进入了新的发展阶段。科学发展是中国特色社会主义的必由之路，也代表着人类文明发展的方向。坚持科学发展，促进社会和谐，实际上也架起了从社会主义初级阶段通向未来人类理想社会之间的桥梁。

全国广大科技工作者，必须自觉地把党的十七大精神转化为推进科技自主创新的动力，用实际行动深入贯彻落实科学发展观，用党的十七大的要求审视我国的科技创新工作，以科学发展观统领我国的科技创新工作。经过将近30年的改革开放，我国的科技发展取得了长足的进步，但是我国的自主创新能力和科技发展水平与世界发达国家相比，与我国现代化建设的需要相比，还存在着很大差距。一些因素还在制约着我国科技的进步和自主创新能力的提升，突出表现在：原始性科技创新能力不足，科技成果转化为现实生产力工作存在相当差距等方面。究其原因，最根本的一条就是我们对科技创新规律、对科技与经济社会相互作用的规律等还缺乏全面深刻的认识。

科学是有关自然、社会和意识的系统、理性的知识体系。科学创新体现在发现新现象、提出新问题、创造新知识、建立新理论、运用新方法。技术本质上是人类生存与发展

的方式。技术创新体现在对实践经验的总结升华和对科学原理的创造性运用，体现为工具、装备、方法的创新。当今时代，科学与技术联系日益密切，共同构成了当代人类创造和运用知识的创新过程。

科技创新的动力源于人类社会生存发展的需求和人们的好奇心与创造欲。科技创新要求科技工作者具有开阔的科学视野、敏锐的洞察力、想象力、创造力和科学思维能力，具有创新欲望、创新自信心和献身精神。科学技术的价值在于认知真理、造福人类，需要经受实验、社会和历史的检验。

当代科技发展日新月异。基础研究、应用研究、高技术研发边界模糊，并相互促进融合为前沿研究或前沿探索。研发到应用和规模产业化的周期显著缩短，传统的创新组织与管理模式受到新的挑战。科技创新与国家目标紧密联系，已经成为保证国家根本利益、提升国际竞争力的战略要求，成为一个国家发展的重要知识基础、综合国力的重要组成部分、引领经济社会未来发展的主导力量。

我们必须深刻认知规律，加强战略研究和科学前瞻，抓住制约我国经济社会发展的重大瓶颈问题和对长远发展起关键与先导作用的重要科技领域，着力加强原始性科学创新、加强关键核心技术和系统集成创新，加强创新基地建设，加强研究所核心竞争力的培育，加强科技创新成果转移转化和规模产业化，加强创新队伍建设，为落实科学发展观提供新的科学知识、技术支撑和创新动力。

必须应对我国未来经济社会可持续发展对能源的需求，大力发展节能和清洁、可再生能源技术，提高能源效率，推动先进核能和可再生能源发展，建设可持续能源体系。

必须加快开发水污染综合治理、水污染物减排与清洁生产、饮用水安全保证、节水和循环利用、高效低成本海水利用和淡化技术等技术，在区域、流域范围推广实施，前瞻部署和发展水资源、水生态系统的相关科技问题，有效破解水资源对我国经济社会发展的瓶颈制约。

必须深刻认识自然系统的演化规律和人类活动的影响，系统认识我国生态环境的现状和变化趋势，推进环境污染综合治理、典型生态功能退化区综合整治的技术集成与示范、循环经济研发示范等，建立生态、环境、气候综合监测与预警系统和生态补偿技术与机制，形成环境污染控制和生态建设的科技创新体系，从根本上遏制生态环境恶化趋势并逐步过渡到有效修复生态环境。

必须抓住信息科技突飞猛进、更新换代及我国即将成为世界第一大网络通信和计算机市场的难得机遇，大力发展以知识和创新为基础的现代服务业，加快振兴装备制造业、先进材料产业，发展生物技术与产业，力争突破一批关键技术，掌握一批重大自主知识产权，大幅度提升我国产业的国际竞争力，实现由“世界工厂”向“创造强国”的跨越。

必须重点发展针对我国多发病、常见病的低成本预防和治疗技术，突破肿瘤、心脑血管疾病、代谢性疾病、神经退行性疾病等重要慢性病的发病机制和防治机理，建立监测和防御重大与新生传染病、突发公共卫生事件的生物安全网络，开发一批自主知识产权的创新药物，推动医学模式由疾病治疗为主向预防、预测和个体先期干预为主的战略性转变，使全体中国人民生活得更加健康幸福。

必须发展海洋地质、海洋生物、海洋环境科学与技术，发展空天科技，拓展人类的发展空间，开发新的能源和资源，保护生态环境，实现人类社会的可持续发展。

要深刻认识基础研究和前沿探索、战略高技术、可持续发展相关研究等不同性质科技创新活动的规律和相互联系，在科研立项、支持模式、管理方式、队伍结构、评价体系、知识转移和成果转化等方面，采取适合其各自不同特点、有效的政策措施。

要深刻认识科技创新人才的成长规律，坚持培养与引进相结合，立足在创新实践中培养造就人才。要深刻认识各个年龄段人才的特点，形成队伍合理的学科、能力结构和年龄结构，充分发挥资深科学家在战略研究、科技规划、学术指导和人才培养等方面的优势，充分发挥中年科技骨干年富力强、善于攻关的优势，充分发挥青年科技工作者思想活跃、勇于创新的优势。

要深刻认识科研、技术支撑、管理等不同性质工作的特点，加强支撑体系和支撑队伍建设，加强学习、交流与培训，提升管理队伍的素质和管理水平，形成创新队伍合理的功能结构，提高创新效率。

要以开放的观念对待人类创造的一切文明成果，把有效利用全球创新资源作为创新跨越的起点，作为自主创新的重要基础，防止把自主创新异化为自我封闭，搞大而全、小而全。要不断科学前瞻，提升我国科技的世界眼光和战略视野，明晰重大科技领域的战略和发展途径，从根本上改变长期存在的模仿跟踪的发展模式，立足在全面开放合作条件下走出中国特色的自主创新之路。

中国的科技事业，中国的发展，中华民族的伟大复兴，正进入史无前例的新的发展阶段，面临着难得的历史机遇和挑战。我们要继续解放思想，坚持实事求是，立足自主创新，推进开放合作，转变一切不符合社会主义市场经济发展要求、不符合科技创新规律、不符合科学发展观要求的思想观念与文化，改革一切束缚科技创新和创新人才成长、阻碍创新知识传播和创新成果转移转化的体制和制度，聚精会神抓创新，一心一意谋发展，为建设改革创新和谐奋进的中国科学院，为建设创新型国家，为实现十七大描绘的宏伟目标，为全面建设社会主义小康社会、加快推进现代化建设，为实现中华民族的伟大复兴贡献自己全部的智慧和力量。

以科技创新支撑我国的能源安全*

当今世界，人类正处在历史上规模最大、涉及人口最多的现代化发展阶段。过去 300 年，工业化、现代化仅惠及全球不足 10 亿人口。而 21 世纪前半叶，包括中国在内，全球将会有 20 亿到 30 亿人口要摆脱饥饿和贫困，实现现代化。这将是人类发展史上影响深远的一次大变革、大事件，是我们未来发展面临的大背景、大机遇，但也面临前所未有的挑战。这将为世界发展和进步注入空前的动力与活力，并将深刻改变世界的政治、经济和科技创新格局，同时也将对全球资源、能源提出空前的新需求，对生态与环境带来前所未有的新挑战。从我国发展的现实及未来发展看，要实现现代化，就必须解决好能源问题。

一、 充分认识建立能源可持续发展体系的紧迫性和必要性

保证能源供应是人类社会赖以生存和发展的最重要条件之一。当今世界，能源与环境问题并列成为人类社会共同面临的重大挑战，影响着人类社会发展的进程与未来。我们面临的主要挑战有以下方面。

1. 化石能源终将耗竭

在 19 世纪以前的农业社会，主要依靠可再生能源（太阳能、生物质能、水能、风能）作为一次能源。自工业革命以来，煤的开发利用逐步取代了木柴，经历约半个世纪后成为全球的主要一次能源，进入 20 世纪，人类开始大规模开发利用石油和天然气，使 19 世纪和 20 世纪成为化石能源世纪。今天，煤、石油与天然气已占世界能源消耗总量的 80%以上。化石能源不可再生，终将逐渐耗竭。“英国石油公司”世界能源统计报告显示，2002 年全世界煤炭的探明储量为 9845 亿吨，中国为 1145 亿吨，按目前产量计算，可开采 216 年，中国为 105 年；天然气可采储量为 150 万亿立方米，按世界天然气年产量 2.4 万亿立方米计算，可开采约为 61 年，中国约为 45 年；石油可采储量为 1430 亿吨，按当前石油产量 34 亿吨计算，约可开采为 40 年，中国约为 20 年。全世界已经认识到，人类必须逐

* 本文为《2008 中国可持续发展战略报告》一书的代序，该书于 2008 年由科学出版社出版。

步减小化石能源份额，增大可再生与新型能源份额，向着建立能源可持续发展体系过渡。

2. 化石能源的使用等引起的气候变暖与环境污染日益严重

化石能源的使用等引起的环境变化受到全球关注。全球变暖已经是现实，南北极的冰架在明显地消融，喜马拉雅山的冰川退后。在我国，燃煤引起的城市大气污染和造成的酸雨面积已超过国土面积的 1/3；1990 年以来，我国二氧化碳（CO_2）排放量增加幅度较大，目前总量已为世界第二，以过度消耗资源能源为代价的传统发展模式难以为继；迅速发展的汽车导致机动车辆尾气排放大幅增加。必须走能源节约的发展道路，必须更加清洁地使用化石能源，发展低碳技术与低碳经济，大幅减少 CO_2 等的排放，减少对环境的污染，共同应对气候变化。

3. 能源问题引发经济社会问题

能源价格高涨及剧烈波动对全球经济造成影响，油价高企可能成为长期的趋势。目前全球有三分之一的人得不到现代能源的服务，能源价格升高对发展中国家的经济社会发展将更加不利。同时，现有能源体系不能保证能源安全和可持续性，可以预计，未来 50 年全球将有 20 亿—30 亿人口摆脱贫困，进入小康，进而实现现代化。这将为全球发展注入空前的动力与活力，也必将对资源和能源提出新的挑战，人类必须创造新的生产方式、生活方式和新的可持续发展的能源体系，确保能源安全、公平和可持续性。

4. 能源和环境问题成为国际政治的重要议题

随着我国人民生活水平的提高，国内能源需求持续增长，目前我国能源消费总量已经位居世界第二，我国能源政策立足国内，但油气供应对外依存度将会逐年提高，特别是石油的对外依存度会不断提高，2006 年我国原油及油品进口已达 1.6 亿吨，依存度达 47%。全球石油供应是有限的，竞争日趋激烈，油气对外依存将对我国能源安全和国家安全产生重大影响。

5. 能源挑战将推动能源科技的快速发展

能源短缺和环境的挑战引发了对传统能源结构、核能以及可再生能源新的思考。可以预见的是，人类必将进入主要依靠可再生能源和先进安全核能的时代。当前，化石能源仍将发挥主体作用，未来可持续能源体系也不可能仅靠某一种技术，能源的多样性是构成满足多样性需求并充满活力的能源体系的合理选择。但未来能源必须提高能源利用效率，必须环境友好，必须可持续发展。

应对挑战，人类社会必须把解决能源可持续供给和保护生态环境摆在优先位置，建立可持续发展的新的能源体系，已经成为世界各国高度关注的焦点和重大战略。毫无疑问，21 世纪人类社会将从化石能源走向可持续能源的时代。人类将在致力节约、清洁、高效利用化石能源的同时，致力于发展先进可再生能源，提高可再生能源的比重，发展先进、安全、可靠、清洁的核能及其他替代能源。

二、 加快建设我国能源可持续发展体系

能源是经济社会可持续发展和国家竞争力的基础，建设能源可持续发展体系，对于我国实现现代化建设第三步战略目标至关重要、刻不容缓。建设可再生能源份额逐步增大，化石能源得到高效、清洁利用，能源结构逐步优化，满足我国经济社会发展需要的能源可持续发展体系，必须站在时代的高度，以世界眼光，从我国国情出发，面向未来，综合考虑需求、资源、环境、技术和经济等多方面因素，做出 30—50 年战略规划。

首先，要明确我国能源发展的战略目标。2005 年，我国一次能源总耗量 65.3×10^{18} 焦，万元 GDP 能耗 35.7×10^{9} 焦，我国一次能源结构为：煤占 69.6%、石油和天然气占 23.8%、水电和核电占 6.6%。综合分析全球及我国化石能源可开采储量和环境承受能力，我认为，实现到 2050 年我国 GDP 增长的目标，我国能源消耗必须实现大幅度节能减排，比较理想的是化石能源能耗总量比 2005 年增加不应超过 50%，即控制在 100×10^{18} 焦左右，单位 GDP 能耗相当于 2005 年发达国家的中等水平；我国能源结构必须向大幅度增大可再生能源份额的方向调整，比较理想的结构是可再生能源至少占 25%，水电和核能至少占 15%。

其次，要制定我国能源科技发展路线图。制定我国能源科技发展的战略路线图是建设我国能源可持续发展体系，实现能源结构优化目标的重要保证。制定路线图必须从我国未来经济社会发展的战略需求出发，前瞻世界能源科技发展前沿。近期（至 2020 年），重点发展节能和清洁能源技术，提高能源效率，力争突破新一代零排放、多联产整体煤气化联合循环、增压流化床联合循环技术等，解决 CO_2 捕捉、储存与利用的关键技术并进行技术示范，推进煤炭高效液化技术、煤基醇醚和烯烃代油技术进入工程示范和大规模应用阶段，积极发展安全清洁核能技术和非水能的可再生能源技术，前瞻部署非传统化石能源技术。中期（2030 年前后），重点推动核能和可再生能源向主力能源发展。突破快中子堆技术并实现其核电机组商业示范发电，核乏料有效利用和安全处置技术等。突破太阳能高效转化技术及太阳能电热集成应用系统，突破光合作用机理并筛选或创造高效光生物质转换物种，实现农业废弃物、纤维素、半纤维素高效物化/生化转化技术的工业示范和规模产业化，突破智能能源网格和发展氢能体系。远期（2050 年前后），建成我国可持续能源体系，总量上基本满足我国经济社会发展的能源需求，结构上对化石能源的依赖度降低到 60%以下，可再生能源成为主导能源之一。重点发展可再生能源技术规模化应用和商业化，力争突破核聚变能技术。

再次，要完善我国能源可持续发展体系的基本框架。近年来，中国科学院学部已就能源问题进行了战略研究，并就能源结构的调整，建立我国能源可持续发展体系的发展战略进行了深入研讨，对综合性、前瞻性与战略性的一些重大问题形成了一些共识，提出了我国 21 世纪上半叶能源可持续发展体系的五个方面，包括：①继续发挥煤的重要作用，清洁高效利用；②开源节流，保障石油与天然气供应；③充分发展水电与核电；④大规模发展非水能的可再生能源；⑤大力支持未来新型能源的研究发展。21 世纪上半叶，要统筹这五个方面的发展，使我国 2050 年前的能源供应更加节约、安全、可靠、清洁，并为建立未来能源可持续发展体系奠定坚实的基础。

最后，要采取切实措施促进我国能源可持续发展体系建设。能源结构优化应坚持煤的清洁高效利用，逐步减少燃煤份额，大幅度增大可再生能源与核能份额的方向；设立大规模非水能的可再生能源国家重大专项；设立以快中子堆和钍资源利用为重点的先进核能系统与核燃料循环的研究开发和产业化国家重大专项等，以保障 2050 年前后我国能源的合理结构和供应。同时要制定并实施节能减排应对气候变化和构建新的能源技术创新体系和行动计划。

三、 充分发挥中国科学院在我国能源可持续发展体系建设中的重要作用

中国科学院作为国家战略科技力量，必须要在我国能源可持续发展体系建设中发挥基础性、前瞻性、战略性的科技支撑和引领示范作用。

1. 发挥学部的战略咨询作用

学部是国家在科学技术方面的最高咨询机构，应在我国能源可持续发展体系建设中继续发挥战略研究和咨询建议作用。希望学部在已有工作的基础上，立足国情，放眼长远，前瞻 2050 年世界科技的发展，前瞻 2050 年我国的经济社会发展变化及需求，就我国能源可持续发展和相关的重大问题、重大政策和重大战略，适时提出科学前瞻的咨询建议，充分发挥思想库作用。

2. 发挥中国科学院的科技支撑和引领作用

能源科技领域是中科院科技布局的战略重点领域之一。要树立适应时代、面向未来的能源科技观，紧密围绕国家经济社会对能源领域发展的战略需求，瞄准世界能源科技领域发展趋势，合理部署能源发展领域方向，特别要加强基础性、前瞻性部署，适时提出创新行动计划并组织实施，为建立我国能源可持续发展体系提供有力的知识基础和技术支撑。

当前和今后一个时期，中科院要重点致力发展能源节约、先进清洁/可再生/可替代能源等关键核心技术，并前瞻部署对未来有重大影响的战略性、引领性的研究方向。

3. 发展先进清洁煤技术，引领清洁煤产业发展

突破先进清洁高效能源系统工艺与过程，开发煤/生物质和天然气/煤层气转化为合成气的规模化工艺及相关关键技术，形成经济、技术、资源、环境协同优化的系统集成方案。解决先进煤多联产系统的关键技术，完成液体燃料合成、燃气轮机高效经济发电技术集成与示范，形成气化-煤基合成液体燃料/化工原料/燃气发电联产系统。

4. 探索高效廉价光电/光热/光化学转换材料、器件与系统集成，实现产业化

开展太阳能电热转化、燃料电池、氢气制备与储运中的关键材料与部件研究，解决低成本、高可靠性与长寿命等关键问题，发展新型能量转换与储存材料与技术等。要组织物理、化学、材料和工程技术专家跨学科协同，探索突破高效太阳能光电/热转化材料及其

器件、集成应用系统，实现示范带动。开展多能源系统协调运行、电力系统稳定性机理及控制策略研究。研制分布式新能源系统和分布式化石能源与新能源互补的能源系统。发展节能技术，依托中科院综合科技优势，突破先进电力系统和节能核心关键技术，开展交通节能、建筑节能、过程节能、通用动力节能等关键技术研究。探索建立可再生能源经济模式，实现零排放，如在城市地区开展零排放建筑试验示范，选择光照条件好、居住分散的农村地区开展以太阳能为主体的试验示范，利用可再生能源进行海水淡化和原材料可再生循环利用等。

大力发展生物质能源。筛选培育能量密度高、抗逆性强、高产优质能源植物新品种，开发基因调控、微生物、生物催化、生物炼制等工艺，发展生物质液化等转化关键技术；创造高效光/生物质转换物种，发展农业废弃物、纤维素、半纤维素高效物化/生化转化技术，实现工业示范和规模产业化。

发展先进、安全核能、海洋能技术及应用系统。发展先进、高效、清洁、安全核能技术，促进核技术在工农业、医疗和环境技术的应用。发展先进高效节能技术，引领相关产业发展。发展和探索波浪、海流、潮汐、温差等海洋能技术及其应用。

加强先进能源科技领域部署。重点是分布式电源系统核心技术，煤/生物质热解液、气化一体化技术，燃煤污染物一体化脱除，燃料电池关键技术，天然气与液体燃料现场分散制氢关键技术，兆瓦级风电场系统控制与应用示范，水合物成藏机制与高效开采关键技术，节能关键技术、太阳能和核能关键技术等，要将先进、高效太阳能转化和生物质能作为面向未来能源的重中之重进行战略部署，基础研究基地、纳米与先进材料基地、生物基地和能源基地要统一协调与合作。

从 1999 年开始，中国科学院组织编写了年度《中国可持续发展战略报告》，至今已经整整十年，报告延续了可持续发展研究的系统学方向，揭示了“自然、经济、社会”整体协调的运行机制和演化规律，建立了可持续发展的评价指标体系，综合分析当前及今后发展面临的问题和挑战，紧紧把握中国经济社会发展中面临的资源、环境问题，进行理论分析，为落实我国的可持续发展战略提出了不少有价值、可操作的对策建议，在决策层、学术界和社会上产生了广泛而良好的反响。

我国科技界要始终把国家目标放在工作的首位，从解决制约我国经济社会发展的能源瓶颈约束出发，解放思想，大胆探索，自主创新，勇于开拓，不断提出新的科学思想，不断探索新的科学与技术途径，不断推动关键核心技术研发与示范应用，为真正建立支撑我国现代化建设需要的能源、资源和环境可持续发展体系做出基础性、战略性、前瞻性和综合性的重大创新贡献。

从科学的春天到建设创新型国家*

尊敬的各位专家、各位同志，新闻界朋友们，大家好！

今天，我们怀着激动的心情，纪念全国科学大会召开30周年，共同追忆科学的春天到来这一令人振奋的时刻，共同回顾30年来在党中央正确领导下中国科技界和中国科学院走过的不平凡历程，共同感悟当代科技工作者肩负的历史使命和光荣职责，共同展望提高自主创新能力、建设创新型国家、实现中华民族伟大复兴的美好图景。今天出席座谈会的老专家、老同志都亲身经历过这段历史，并有深刻的理解。发言的同志都作了深情的回忆和深刻的阐述，有的还提出了宝贵的建议。我也作个发言，谈一些认识和感受。

“文化大革命”导致我国国民经济濒临崩溃的边缘，新中国经过艰苦努力初步建立起来的科研体系和工业体系遭到严重破坏，科技队伍受到严重摧残，我国与世界科技先进水平的差距再次拉大。“文化大革命”结束时，我国科技界面临的突出问题是：如何解放思想，实事求是，拨乱反正，正确认识科学技术和知识分子的地位，如何应对世界科学技术的迅猛发展态势，特别是20世纪六七十年代蓬勃兴起的高技术革命和产业革命，制定我国科学技术的发展规划，奋起直追，支撑和服务国家现代化建设。

1978年3月18日，中共中央在北京隆重召开了全国科学大会。这次大会不仅是对科技界的拨乱反正，也是我国改革开放的先声。会上，邓小平同志全面阐述了科学技术的社会功能、发展趋势、战略重点，以及科技人员的政治地位、人才培养、研究所实行所长负责制等重大主题，旗帜鲜明地提出了“科学技术是生产力”、“知识分子是工人阶级的一部分”、“四个现代化关键是科学技术的现代化”、“必须打破常规去发现、选拔和培养杰出的人才”等著名论断。在“文化大革命”阴霾尚未消尽的历史环境中，邓小平同志以政治家的勇气和高瞻远瞩，从战略高度确立了我国新时期发展科学技术的指导思想，对我国科技界解放思想、拨乱反正、恢复正常科研秩序、落实知识分子政策等起到了巨大的作用，激发了我国广大科技工作者献身科技创新和现代化建设的热情，迎来了我国科学技术改革发展的新的历史时期，科学大会具有历史里程碑的意义。时任中国科学院院长、86岁高龄的郭老在大会闭幕式上，满怀激情地说：“这是革命的春天，这是人民的春天，这是科学的春天！……”

---

* 本文为2008年3月13日在“中国科学院纪念‘科学的春天’30周年座谈会”上的讲话。

1988年9月5日，邓小平同志在会见捷克斯洛伐克总统胡萨克（Gustáv Husák，1913—1991）时进一步做出了“科学技术是第一生产力”的论断，揭示了科学技术在当代的社会价值和本质属性，确立了科学技术在我国发展战略中核心地位的理论基础。

随着我国体制改革的逐步展开，为充分发挥科技作为第一生产力的作用，解决科技与经济脱节问题，1985年3月，中央做出《关于科学技术体制改革的决定》，制定了科学技术必须为振兴经济服务、促进科技成果迅速商品化等方针，动员科技界面向国民经济主战场。此后，国家采取了科技拨款制度改革、开放技术市场等一系列改革举措。1995年5月，党中央、国务院召开全国科学技术大会，做出《关于加速科学技术进步的决定》，确立了科教兴国战略。

随着我国对外开放，我国科技与世界的交流日益广泛和深入，积极引进和消化吸收国外科学技术，大批留学生、访问学者到科技发达国家和地区学习与研究，缩小了与世界先进水平的差距。进入20世纪90年代以来，我国经济持续近20年的快速发展，使我国综合国力和科技水平有了大幅提升，但自主创新能力仍然薄弱，主要依赖自然资源外延式发展、依赖廉价劳动力粗放式发展和依赖国外资金与技术的发展模式已难以持续。同时，全球范围内知识经济已初显端倪，创新驱动对经济增长的作用日益显现。

党的第三代中央领导集体深刻认识到创新是科学技术的本质，科技创新是促进生产力发展的关键要素，创新能力是提升我国国际竞争力的重要保证。1995年，江泽民同志指出：“创新是一个民族进步的灵魂，是一个国家兴旺发达的不竭动力”，“我们必须在科技方面掌握自己的命运”。1998年，他又进一步指出：“知识经济、创新意识对于我们二十一世纪的发展至关重要。”创新成为江泽民同志科技思想的核心内涵。

1998年1月，中国科学院系统研究了世界经济、科技发展态势，从我国经济社会发展和科技发展的全局出发，提出了《迎接知识经济时代，建设国家创新体系》的战略研究报告。中央采纳了报告提出的建议，做出了建设中国特色国家创新体系的重大战略决策。1998年6月9日，国家科教领导小组决定启动国家知识创新工程试点。1999年8月，党中央、国务院召开全国技术创新大会，将“加强技术创新，发展高科技，实现产业化”确立为中国科技跨世纪的战略目标，提出建设国家技术创新体系。我国科技发展和体制改革进入系统提升科技创新能力为主线的新阶段。

进入新世纪新阶段，科技进步日新月异，创新活动日趋全球化，正成为经济与社会发展的主要驱动力量。建设创新型国家成为世界主要国家的战略选择，科技创新能力成为建设创新型国家的核心要素。

2004年6月，胡锦涛同志在两院院士大会上指出：“科学技术是经济社会发展的一个重要基础资源，是引领未来发展的主导力量。”2006年1月，胡锦涛同志在全国科技大会上明确提出了提高自主创新能力、建设创新型国家的重大战略任务。党的十七大报告明确指出：提高自主创新能力，建设创新型国家，是国家发展战略的核心，是提高综合国力的关键。要坚持走中国特色的自主创新道路，把增强自主创新能力贯彻到现代化建设各个方面。

建设创新型国家，是时代的要求，是我们的历史责任和光荣使命，必须坚持以邓小平理论和“三个代表”重要思想为指导，以科学发展观统领我国经济社会发展全局，统领我国科技工作全局。

1. 必须努力实现我国科技创新能力的跨越

切实抓好国家中长期科技发展规划的落实并继续前瞻。建立有效机制，要从国家全局和长远利益出发，充分调动各方面的积极性、发挥社会主义制度优势，集中力量办大事，加强组织领导，民主科学决策，引入公平、公正、公开、开放的竞争合作机制，促进产学研结合，发挥企业技术创新和产业化的主体作用，选择协调我国最有创新能力的团队组合承担相关科技任务，确保国家目标的高质量实现。充分发挥专家和专家团队的作用，不断吸纳重要科技团体和科技专家的咨询建议，适时调整和优化规划布局与重点任务。切实加强科技发展战略研究，把握世界科技发展的整体态势和重大机遇，抓住关系我国现代化建设全局和长远发展起关键与先导作用的重要科技领域，不断明晰发展的路线图和着力点，切实加强基础前沿的前瞻部署。应对全球化科技竞争合作的新挑战新态势，在更高水平、更高层次上自主加强国际科技交流与合作，不断提升我国科学技术的国际竞争力、影响力和有效吸纳、共创、分享全球创新成就的能力。

2. 必须大力凝聚和培养创新人才

坚持科技创新以人为本，坚持德才兼备、以德为先，坚持立足科技创新实践培养和凝聚人才。建立产学研联合培养人才机制，重视加强企业创新人才培养。建设国家科技创新人才培养基地，结合科技创新实践，培养造就科技领军人才和尖子人才，加大引进高层次科技人才和国外智力的力度。高度重视青年人才培养，调整完善国家各类青年人才培养计划，加大已有计划中对青年人才的支持力度。构建人才公平竞争、专注创新、协力创新的发展环境，形成人才有序流转机制，为创新创业人才提供发展空间。建立科学公正的人才评价机制，树立正确的价值导向。改革应试教育，全面实施素质教育，优化教育结构，革新教育观念，更新教育内容，改革教育方法、手段和模式，加强对未来人才创新意识和创新创业能力的培养，为建设创新型国家提供坚实的人才基础。

3. 必须构建创新友好型市场环境与社会氛围

继续解放思想，深化改革，加快建设激励创新的市场机制和社会环境。完善鼓励保障创新创业的法律法规、金融服务与采购政策、投融资环境和中介服务体系，切实依法加强知识产权保护。形成以适应社会需求、提高职业素养和创新能力教育为导向的终身学习、终身教育体制。公共财政要加强对基础、公益和前沿技术支持的力度，鼓励形成全社会协同投入、产学研结合、创新要素向企业有效积聚，以企业为主体、以市场为导向的技术创新和产业化体制与机制。改革完善科学合理的创新资源配置机制和评价奖励制度，形成创新、创造得到充分、公平价值回报的市场机制和社会机制。改革建设各创新单元定位准确、分工明晰、竞争合作、运行高效的国家创新体系，整体提升我国自主创新和持续发展能力。

4. 必须营造诚信合作、和谐奋进的创新文化氛围

在全社会大力弘扬科学精神，端正科学理念，倡导科学方法，大力提倡敢于创新、敢为人先、敢冒风险的精神。引导广大科技人员牢固树立献身科学、求索真理、爱国奉献、

创新为民的价值理念，树立在为国家发展和民族振兴做出贡献中实现自己的人生理想的高尚人生观，增强追求卓越、自主创新的自信心和勇气，创新开拓、求真务实、诚信协作。努力营造和谐奋进的创新氛围，倡导严肃认真的学术批评，鼓励协力创新的团队精神，树立竞争向上的发展理念。加强科学传播工作，提升全社会对科技的理解、参与、支持和应用水平，提高全民科学素养。

各位专家、同志们！

中国的改革开放事业经历了30个春秋，中国的科学技术、中国人民的生活、中国的面貌发生了翻天覆地的变化。从科学技术是第一生产力，到实施科教兴国战略，从创新意识至关重要，到迎接知识经济时代、建设国家创新体系，从科学技术是引领经济社会未来发展主导力量，到提高自主创新能力、建设创新型国家成为国家发展战略的核心，中国科技的发展理念和发展战略不断与时俱进。

中国的科技事业、中国的发展、中华民族的伟大复兴，正进入史无前例的新的发展阶段，面临着难得的历史机遇和挑战。广大科技工作者要在以胡锦涛同志为总书记的党中央的正确领导下，坚定理想信念，明确使命责任，坚持解放思想、实事求是、开拓创新，按照十七大提出的要求和部署，为推动科学发展，促进社会和谐，建设创新型国家，全面建设社会主义小康社会，为中华民族的伟大复兴，发挥我们的智慧和力量，做出科技工作者应有的创新贡献。

自主创新与建设创新型国家*

主持人：各位网友下午好，欢迎收看人民网视频访谈。今天来到我们强国论坛做客的嘉宾是：全国人大常委会副委员长、中国科学院院长路甬祥。非常欢迎路委员长做客我们强国论坛和网友在线交流。

路甬祥：各位网友，你们好。我也非常高兴、很荣幸今天有机会到人民网强国论坛和大家一起交流。

一、对技术的评价，不应该设置太多的政府奖项

主持人：网友也是特别欢迎路委员长的到来。我看到这边已经有很多问题上来了。其中有一位叫做“白塔”，可能是您的忠实“粉丝”。记得路委员长曾经说过，提倡学术界要树立正确的科学价值观，端正科学理念，构建和谐的学术生态。他非常想问路委员长的是，从国家层面上看，我们应该建立什么样的激励和惩罚机制，才能够实现您倡议的这个目标？

路甬祥：我想从国家层面，也同样应该深刻地理解科学与技术的本质和真实的价值。因为科学主要是认知客观规律，还没有被人们所认识、未知的规律，所以它需要艰辛的探索，所以来不得浮躁和急躁，对科学探索的主要途径，是国家通过稳定地对基础科学的支持，让科学家自主地探索这些真理。所以如果评价体系过于以论文数量来衡量一个人成绩的话，往往会误导科技人员，技术的价值主要还在于应用，最终它的优劣要靠市场来评价，它的有效程度也要通过市场来反馈。所以，我觉得对技术的评价，不应该设置太多的政府奖项，应该通过专利的转移、通过产生市场效益对发明人、对创新者或者创新的单位进行回报。

当然，对社会特别有贡献的技术方面的人才，国家也可以进行奖励。但是应该放得稍微后一点。接受历史的检验，接受实践的检验，给他以荣誉。

---

* 2008年3月14日，路甬祥做客人民网强国论坛“两会专区”与网民进行在线视频交流，主题为：自主创新与建设创新型国家。本场访谈由人民网、新浪网联合直播。

我想政府能做的主要还是在知识评价奖励方面做得更加适当。当然对于违背科学道德、诚信行为的，应该严肃地查处，严重的要给予惩戒，这是针对另外一种方面来说了。也要看到，大部分的科技人员还是积极努力，求真务实的。真正违背科学准则的还是少数，但是要引起注意。

二、 技术创新要以企业为主体、 以市场为导向

网友：您认为当前制约自主创新的因素有哪些，当务之急需要解决的有哪些问题？

路甬祥：如果这位网友理解的自主创新，主要是指技术创新领域的话，我觉得最重要的还是要加快建设一个创新、友好的市场环境，在这个价值环境当中，企业通过自主创新、经营管理的创新，它才能取得竞争优势。我觉得这是最基本、最重要的。

第二，因为技术创新也有一个的链条，就是前沿技术的探索，需要一定的时间，而且也有风险，开始的时候，一般的企业，特别是中小企业，不敢冒这个风险，不能够从源头做起，这就要求政府对技术前沿进行投入，通过大学、国内研究机构等进行探索。一旦探索有了成果，可以看到市场的前景，企业就会积极参与进来，逐步地转变成以企业为主体的、以市场为导向的技术创新。

我们认为，政府特别要注意对基础科学和前沿技术探索的投入。当然还要注意对公益性的投入，包括和农业相关的，和公共卫生、医疗相关的，和某些公共技术基础有关的投入，企业也不可能用自己少量的资金去投入，政府要为企业创造一个好的环境。

第三，科技创新领域，要建设一个诚信、和谐、合作的学术生态，这点很重要。无论是做基础研究，还是做高技术前沿探索，或者转移转化都是重要的，因为如果没有一个诚信的、求真务实、和谐合作的学术生态，创新潜力和效果就不可能充分发挥出来。

联系刚才你提出的问题，我觉得在科技界和全社会对于科学技术的创新规律，也要有一个正确的认识。当代的科技已逐步把基础研究和高技术前沿探索融合在一起，不像过去四五十年以前，做基础研究的，可能并不关注技术前沿。现在做半导体物理的和做半导体器件的界限已经很模糊，所以创新行为逐步发展成为平行的创新行为，在认知规律的同时就已经想到应用了。在做材料的同时，很快想到要开发新的元器件。所以我们要逐步地在观念上、体制上、机制上适应这个变化，把过去基础应用研究和高技术发展分割的研究方式和认知方式逐步转变成为更加紧密联系、融合状态。

这样真正能够形成产学研紧密结合，技术创新以企业为主体的，以市场为导向的创新的价值链。不光宝贵的科技投资能够变成新的知识、新的前沿技术，而且新的知识和新的前沿技术又能够很快地变成新的生产力，创造新的财富，支持国家强盛、支持人民富裕幸福。这样税收也就多了，返回来对创新也可以有更多的支持。

主持人：是一个互相影响、互相提升的过程。刚才路委员长提到了，这种平行创新行为会使得各产业之间更加融合。

路甬祥：现在不光是数理化、天地生学科之间融合、交叉，而且创新的前期、中期和后期也是息息相关，而且转移、转化速度非常快。

主持人：刚才您也提到了，比如一个创新的企业，如果在前沿阶段，其实是很需要政

府帮助和支持的。

网友：高新自主创新在前期是周期长、风险大，如何通过体制创新来鼓励技术创新？

路甬祥：早期的投资有风险，所以政府应该承担起责任来，选择优秀的团队，鼓励他们探索新的方向。现在已经有自然科学基金会，也有863计划、973计划这一类的项目，支持研究机构和大学从事前沿探索，包括基础科学和技术前沿的。以基金会的形式、国家项目的形式。另外，要选优支持。政府不能对每一个申请都支持，还是要好中选优，选择一些优秀的。对这些探索还要有一定的宽容度，不能逼的太紧，要的太快，它也有自己的规律。另外一方面要加强，包括通过媒体、通过转移转化中心，加强传播中间环节和发展，国际上讲是转化型的研究，就把前沿的研究工作，根据需求再完善，再进行二次开发。比如生命科学技术研究，研究的干细胞的问题，它能够用到临床上。如果没有中间研究、没有过渡研究，基础研究的成果以论文形式发表，它的技术体系不太完整，临床医生还不好用。所以，有了中间过程的研究，使得临床可以接受了。比如生物技术，国内研究机构和大学做的，有些成果工厂拿去可以用，但有更多的成果，工厂拿去还不能用，还需要有工程化的过程。现在国家考虑，在企业里面或者是鼓励研究机构和大学、企业联合起来，建一些工程研究平台、工程研究基地，我想这是一个很正确的方向。

主持人：我们这边有一位强国论坛的忠实网友叫“一天一地一广仔”，他非常尊敬和崇拜您。他问：关于创新型国家您有着什么样的思路？

路甬祥：未来经济社会的发展主要是依靠创新来驱动，而不是主要依靠资金的投入或者是资源消耗来进行发展的。这是一个很大的不同。当代社会已经到了一个知识经济时代，只要有知识，只要能转换核心关键的技术，就能够发挥引领的作用，而且消耗的资源、排放的污染物质会越来越少。同时核心关键技术，对于国外的依赖程度会很低。中国现在核心关键技术对外的依赖度是60%，而美国、日本核心关键技术对国际的依赖度只有5%左右。所以，这是一个很重要的指标。

另外创新型国家的产业结构，制造业是以高技术为主的制造业，整个产业结构慢慢会转移到以创新型的服务业为主体，以知识为基础的服务业作为主流方向。这样排放当然就低了，物耗也低，可持续发展性也特别好。创新型国家是有明确指标的，科技对于经济社会发展的贡献，本国的知识产权、核心关键技术对国外的依赖程度，这也是一个很重要的标准。另外高技术产业，和以知识为基础的服务业在产业链当中所占的比重有多高，这些都是很重要的标志。

三、要给年轻人更多的创新、创业的机会

主持人：刚才您也讲到，要在好中选择更加优秀的。

网友：自主创新是离不开本土人才的培养。为培养更多、更优秀的创新型人才，我们还需要做哪些工作？

路甬祥：培养、帮助人才，我觉得基础还是在教育。把教育搞好了，教育的理念更新了，就可以培养出大批的国际国内的优秀人才。现在教育上，首先，最重要的还是要全面实施素质教育，逐步地把我们传统的、现实当中存在的灌输式的教育、应试教育，转变成

为启发式的教育，能够鼓励创新、创业的教育，为创新型国家建设提供人才基础。

第二，学校教育毕竟只是一个基础，最终还是要在参加研究或者是参加工作以后，在实践当中进一步提升和探索，要给年轻人更多的创新、创业的机会，包括中央政府、地方政府要重视对科技方面的投入，使得有志于创新的人才，有机会和能力去做。为企业建立公平的创新友好的市场环境以后，企业的领导人也会更关注、激发职工的创新行为，社会整个氛围就提升了。当然我们现在是一个开放的体系，经济也已经全球化，所以中国不可能什么事情都关起门来做，还得要在开放当中发展。要积极引进国外的新思想、新观念、新技术，也包括引进人才智力，把从中国出去的很多到国外学习的人才吸引回来，不能长期回来的，也可以短期回来，帮助国家建设。引进人才，就是人要回来。智力引进的概念，就是可以部分回来，同样可以使得国内的创新起点、创新效果提高。

四、 社会并不只要尖子人才

网友：在基础教育阶段，我们的教育实际上是一直鼓励学生按照标准答案答题，不知道这个过程中，其实是扼杀了很多学生的创新精神。您觉得，这种现象有没有可能改变？

路甬祥：我觉得完全是有可能的。不仅是学校，还要全社会一起努力，包括家长、包括社会都要努力。人在小的时候、幼年的时候，天生就有一种求知欲，就有一种对客观世界的好奇心，你如果过早地进行灌输、过早地规定他要做什么，怎么想问题，他自身的求知欲望和发展的动机，往往容易被扼煞，甚至误导，这主要是一个教育观念、教育方法的问题。全社会要努力，而且我觉得要改变客观存在的，已经有很长历史传统的灌输式教育，先可以在点上突破，鼓励一些地方、一些学校做创造性的实验，取得成功了，大家都来仿效。另外逐步地适当地增加教育供给。因为过去优质教育资源比较短缺，大家要进一个好学校，又要保持公平，只能通过考试，现在的情况有改变了，包括大学的招生，也比较多了，还有许多民办学校发展很快，高职阶段的教育也发展很快，所以可以逐步引导，缩小学校之间质量方面差距，鼓励学校办出特色，让家长和学生能够自主地选择。年纪小的时候，家长帮助选；年纪大了以后，学什么，发展成为什么样的人，应该鼓励本人自主选择。社会并不只要尖子人才，还需要能够在各行业有创造性思想和能力的人才，各级各类人才都可以为社会做贡献。

主持人：您刚才说到，孩子很小的时候，他的求知欲是天生的，我们不应该打压他，比如他对什么感兴趣，家长主要培养他这方面的兴趣就可以了。

路甬祥：我觉得是。培养他的兴趣，适当加以引导。

五、 提倡理论和实践结合， 解决工作实际问题

网友：您在德国获得了博士学位，以您的理解和对德国的了解，您觉得德国在研发体制和具体的措施方面有哪些是可以值得我们借鉴的？

路甬祥：20 多年以前，我在德国的感受是，第一，德国是一个中等规模的国家，第

二，它的第二次技术革命，主要是在钢铁冶金、电机电力、内燃机汽车发明方面，曾经走在世界前列。所以全社会都比较重视科技，特别重视技术创造发明和应用。因为我是学工程的，在工程教育方面，德国有一定的特点和优势。

第一，它的理论和实际结合的很紧密。无论是在专科阶段、大学阶段，一直到博士研究生阶段，不单纯地提倡理论，而是提倡理论和实践结合，解决工程实际问题。

第二，大学的教授，规定都应该有五年以上企业工作的经历，才能够回来当教授。所以保证了理论联系实际，面向企业的需要、社会的需要，进行学习和教育。

主持人：选择老师的时候，要求必须要有实践经验。

路甬祥：第三，高等教育不完全只搞学位教育，或者是只搞四年制或者五年制，他们不仅搞科学基础好的大学教育，也有许多职业高等学校，他们叫专科大学。这些专科大学里面，我看过他们的教材，和一般的大学是不同的，理论部分讲得很简洁，很实用，但是实践的环节比普通大学要多，不光动脑，还要动手。所以出来的人，到工作岗位上，很快能够适应。这样的工程支撑了德国产品，在国际市场上的竞争能力。我觉得教育应和国情、国家特点相适应，国外的经验我们可以借鉴。

主持人：刚才您通过讲述了德国的几个宝贵经验，都是我们值得借鉴的。而且在德国的经验中，我觉得他们特别注重实践经验和注重实践才华，特别的重要。

六、 做前人没有做过的， 做在国际上有竞争力的发明创造

网友：请问院长，科学院知识创新工程已经实施十年了，能够给我们介绍一下，在这些方面都取得了哪些成果？

路甬祥：知识创新工程在中央支持下，进行了十年，我们觉得取得的最主要的成绩是提升了科学家的创新目标和自信心。大家认同了做科学研究就要面向国家战略需求，要面向世界科学前沿，要做前人没有做过的，要做在国际上有竞争力的发明创造，而不是重复人家做的，不单纯是为了发表几篇论文而进行努力。，这是第一点。

第二，对于人才队伍的结构，也有了很大的变化。努力好中选优，提倡既合作，又鼓励有序竞争。同时鼓励三个年龄段的各种人才既发挥自己的优势，又互相合作。老科学家有经验，有很好的传统，他主要发挥引路、指导的作用，中年科学家不光有经验，而且精力也很充沛，担当起骨干作用。年轻科学家思想负担少，在良好的条件和有人指导的情况下，往往能够开拓创造新的领域、开拓创造新的方向。不要限制他们，而要鼓励他们创新开发。

第三，我们在体制上进行了一些变革。当然这个工作还要继续进行下去。体制上，包括人事制度和管理制度更加符合科技创新的内在规律的要求。比如人事制度方面，较少论资排辈，主要是看实际的贡献，提升他的岗位、职务。在奖励制度方面，我们取消了原来的三大奖，改制为每两年只奖十个项目、十个人。真正要做最好的，才能够获得奖，而不是有点进步，就给个奖。把很多小旗帜拿掉了，树立起了更高的标杆，使得大家真正从科学的内涵和技术的内涵做面向未来的工作。

另外，在工资待遇方面，也实行了“三元结构工资制”：第一“元”是基本工资，是

国家统一的。第二“元”跟职务、岗位有关。第三“元”，也是比重比较大的，就是绩效工资。创新绩效做得好，得到的收入就比较高。这样鼓励科技人员能够做好的科学，做好的创新活动。

为了打破学科之间的隔阂，打破研究所的局限，我们在鼓励研究所进行综合改革的同时，以需求为导向，以学科的交叉和融合为导向，进行所谓新基地的建设，就是原来科学院在研究所、在课题组的管理模式，保留了研究所，但是，又建立了不受研究所局限的以重大科研方向或者重大的科研目标为引导的基地建设。比如我们要研究太阳能，就把搞物理的人，搞材料的人，搞化学的人，搞太阳能设备的人结合在一起，怀着一个大目标，协同工作。这样创新的效益就能够有比较大的提高。

主持人：像您刚才说到的一样，让创新成果和成绩、荣誉挂钩，和绩效工资挂钩，这样也就更好地激励了科学家们的创新动力。

路甬祥：这仅是一个方面。科学家有几类，有一类科学家把创新作为职业，另一类科学家把创业作为爱好，也许成就会更大。所以也不是完全用物质激励人，主要是创造一个好的创新氛围。另外提供好的创新平台。比如仪器设备，当然要配置的精一点，但是也不能都是在国际市场上购买，因为购买的话，往往落后人家五六年。我们鼓励自己创造新的工具、手段、方法，创造新的仪器。只有具备新的科学思想，新的技术目标，同时创造新的仪器，你才可能走到人家的前面。现在这个想法也得到了科技部、发改委、财政部的理解和支持。科学家应该留在科研岗位，少兼任行政职务。

主持人：我们有了自己创新的工具，这样才会真真正正走在最前列。网友“巴黎来客”：现在很多非常顶尖的科学家都担任着众多的行政和社会职务，这为他们争取项目课题的经费，提供了便利。同时，是不是也消耗了宝贵的时间和精力？您对这种现象是怎么评价的？

路甬祥：我当然赞同他的观点。现在强调政府行政体制改革，强调政事分开。科研领域里面，我觉得政研也要分开。当然要有少量的人做管理，为大家服务，创造条件，这是必要的。但是优秀的科学家应该留在科研岗位，从事他爱好的、擅长的研究工作，为国家做贡献。尤其是中青年科学家，应该要在科研第一线工作，不光应该少兼任行政职务，现在的工作，一周五天，至少要保证七天以内有五天时间能够专心治学研究，这样才能有好的创造力。我可以明确地表示，不赞成一有成就就当官。因为社会上真正要做管理的，比重应该不是很多，而做研究的，从物质财富和精神财富创造的，在第一线工作的是最重要的。而且科研做得好的，也并不一定都适合去做管理。管理做得很好的，也许并不一定是一个优秀科学家。这两者之间没有直接的关联。当然你要管理好，必须要有知识，必须要不断学习，特别是做科技管理的，要有一定的科技背景。我自己也在基层工作过，这是需要的。现在社会上的确有大学校长必须是两院院士，我觉得这也并不是一个前提。校长有校长的要求标准，院士在自己这个领域里面做得比较好，这两个角色的岗位要求其实是不一样的。

七、 20 年之内中国会出科技大师或引领世界的技术发明

主持人：相信网友也了解了路院长对于创新型国家的解读。

网友：中国已经很久没出学术大师了，您认为今后十年有可能出现吗？

路甬祥：过去也有人问过我类似问题，中国几年能出诺贝尔奖，我当时说，20 年之内，中国一定会有在本土上成长起来的诺贝尔奖获得者，或者有人做出像诺贝尔奖那样等级的创新成果，我主要是基于科学大师出现或者杰出的科学创新出现，是需要土壤的，需要这个国家的教育基础和科技基础的提升，它不是偶然发生的。比如，爱因斯坦就出在欧洲，在当年的情况下，不可能出在中国，这是同样的道理。现在，全国都重视创新，整个国家的经济实力也上来了，科技投入也增加了，教育也发展了。我不敢说十年，在十五到二十年的时间当中，中国一定能够出现科技大师或者是重要的能够引领世界的技术发明。我是充满信心的。

主持人：路院长充满信心，我们也非常期待能够早一天出现我们非常崇拜的学术大师。

路甬祥：你如果对照现实想一想，到现在为止，比如像中国造的高速公路、中国造的桥梁、中国建筑施工的质量和效率，已经走在了世界前列。只不过，这些成绩往往很难归功于某一个人，它要归功于一个团体，如此而已。但是，这往往被人们所忽略。今天人们往往以诺贝尔奖获得者为标准，像过去，比如以爱迪生，比如以飞机的发明人这样的要求来衡量，今后科技的发现、发明，以及对于人类进一步发生重要影响，可能会有一些可以归功于个人，也可能有更多的要归功于一个系统，或者一个群体。所以，我们还是要比较客观地思考未来。

主持人：不仅咱们有信心。我记得前一段时间，强国论坛还采访了一些诺贝尔奖评选委员会的一些老师，看到中国大学生的那种自主创新能力的时候，他们都特别有信心。他们说，在未来十年，中国年轻人是非常有希望得诺贝尔奖的。

路甬祥：我想是这样的。

网友：袁隆平没有当选中国科学院院士，却获得了筛选条件更为严格的美国科学院外籍院士的称号，能否从这一现象中反思一些什么？

路甬祥：我个人认为，袁隆平完全有资格当选科学院院士，之所以没有能当选，当然有一些年头了，那时候科技界，包括院士群体当中，对于一个人成就的评价，也有一定的局限和偏颇，主要强调生命科学，当时比较强调的是在生命科学的前沿领域是否创造了新方法、新手段或者新思想，那就要求从分子生物学的角度来考察，当时袁隆平先生所做的还是用比较传统的杂交办法来做的，所以没有能够选上。

其实，按照院士章程的规定，并没有说要用什么方法，只是说他在某一个领域里面要有系统的、重要的创造和发明。袁隆平先生其实也并不完全都是传统的，因为他用三系杂交的办法找到了“野败”中间系的过渡，创造了杂交水稻，而且它的产量提高幅度很大，在中国能够多养活 7000 多万人，这是一个重大的贡献，这个技术传播到东南亚，传播到其他国家，世界上都承认他是对人类有贡献的杰出科学家，他的贡献是重大的，而且他的成就也是系统性的。所以我个人认为，他完全有资格当选中国科学院院士，这只不过是一个历史上的遗憾。

主持人：我相信，通过路院长解析以后，我们也会对这件事情非常了解了。由于时间特别有限，今天对路委员长的访谈就到这里。我们也代表强国论坛的网友希望您一定要注意保重身体。

路甬祥：谢谢你，有这么多的网友关注科技、关注创新，这也标志中国科学素质的提高，也象征着中国的未来大有希望。

主持人：大家都有这种意识，就特别好。我就用您刚才说过的一句话结束这场访谈，争取做别人没有做过的事情，做有国际竞争力的事情。今天的视频访谈就到这里结束了。非常感谢您的收看。再见！

路甬祥：各位网友，再见！

加强自主创新　支撑科学发展*

科学发展是中国和谐持续发展的必然要求，当然也是人类文明持续进步的必由之路。实现科学发展，必须要不断地认识规律、遵循规律，必须要开放合作，同时也要坚持提升国家的自主创新能力。要实现科学发展，必须具有全球视野，同时要前瞻未来。

传统的发展模式是难以为继的，对世界来说是如此，对中国也是如此。因为工业革命到现在250多年，大体上只有不到十亿人口进入了发达的工业化水平，但是如果展望未来五十年，将会有20亿—30亿人口摆脱贫困，实现小康，进而实现现代化，这的确是一个前所未有的大事件、大变革，当然会对全球的经济发展注入强大的活力，也必然对全球的资源、环境和整体格局产生重大的影响。对中国来说也是同样，有限的自然资源难以满足人口经济发展带来的需求增长。比如中国的自然资源禀赋并不很好，尤其是按人均来说，有的远低于世界平均水平。中国的土地面积不小，有960万平方公里。但是有相当部分的面积是干旱的，或者是高寒的，或者严重水土流失的，不适宜耕种，也不适宜人类的居住。中国人均能耗现在已经接近世界平均水平，但是还不到美国的1/4，排放总量已经到世界第二位。中国的万元GDP能耗为世界平均水平的三倍，比较其他先进国家来看，差距还更大。中国生态环境只能说近年来局部有一些改善，但面临的压力很大。人口健康和老龄化也面临新的挑战，据2003年统计，60岁以上的人口占全部人口比重已经到10%。

中国要实现科学发展，必须更新观念，转变发展方式，调整产业结构，创新技术、创新管理，从关注量的增长转变于关注质的提高，加快经济结构优化步伐，促进社会的公平、和谐。实现城乡、区域、人与自然相互协调，增强发展的有效性、协调性和可持续性。必须根据法律政策规范的引导、技术管理的创新，加快调整能源结构的步伐，建设资源能源节约型、环境友好型社会，发展循环经济，建设生态文明。

首先，农业是国民经济的基础。我们要利用好现在18亿亩有限的耕地，因为耕地的增长是困难的，要满足十几亿人口食物的需要，同时考虑未来人口的增长，现在粮食产量必须要有20%的增产能力。而且未来的农业不光要为人口提供粮食，还要为未来的能源、生物经济做出自己的贡献。所以必须要加强农田水利建设，发展节水农业，发展优质、高产、抗逆的品种，致力于改良土壤、节能减排的农肥，发展生物方法来防止病虫害，发展

---

* 本文为2008年3月23日在北京钓鱼台国宾馆举行的“2008中国发展高层论坛”上的演讲。

低毒、无毒的农药，这些都需要科技创新。我们要创新现代生物技术，有选择地发展生物能源，不与粮食来争地、争水。开发生物多样性资源，发展生物反应器、细胞工厂，发展高值化的农业和生物产业。

制造业依然是中国经济的支柱，我们要努力提升装备制造业的创新能力，实现由“中国制造”向“中国创造”的跨越，提升装备制造业的信息化、数字化、智能化的水平，发展绿色制造，提升重大装备关键制造技术的自主创新能力，培育在引进、消化、吸收基础上再创新的能力和重大装备的系统建设能力，培育具有全球视野的企业家，培育跨国经营的制造企业和企业集团，创造国际著名的制造品牌，培育具有创新和竞争活力的中小制造企业群落，形成若干国际著名的有竞争力的具有特色的制造产业的集聚区。

我们要关注发展纳米先进材料和先进工艺技术，发展工业设计、先进物流、全球制造和增值服务等现代服务的全球支撑体系。当然有许多要通过国际合作才可以实现。建立与先进制造相关的共性基础技术和元器件的工程创新基地，为先进制造提供基础性的支撑。我们要发展节能环保、可循环绿色技术和绿色产业，要加快建设企业为主体，产学研紧密结合的制造技术的创新体系，完善促进制造创新的财税金融、政府采购和进出口政策体系。同时，制造业需要有创新人才的支撑。我们要改革工程教育，培养能够承担起实现从“制造”到“创造”的跨越重任的创新人才和产业队伍。

优化结构是当前经济转型发展当中的一个很重要的课题，我们要着力发展可持续的能源体系。近 20 年，中国尽管人均排放比较低，但温室气体排放总量已居于世界前列，反映出中国经济正处于工业化初期，制造产业仍然占主体。另一方面，反映我国的节能潜力巨大，减排任务紧迫，挑战严峻。我们应该通过积极引进先进节能技术，消化、吸收、自主技术创新，同时通过法律政策引导与管理的创新，推动节能减排、提高效率，促使中国单位 GDP 能耗和排放逐步达到当时中等发达国家水平，进而达到国际先进水平。

从人类利用能源历史演进来看，发展清洁、安全可再生能源和其他替代能源，实现向可持续能源体系过渡，是中国能源产业未来发展的根本出路。中国应该进一步加强调整能源结构方面的政策，制定能源发展的战略路线图，继续坚持节能优先，继续推进化石能源的高效利用，加快能源结构调整的步伐，使得 2050 年可再生能源和核能的比重分别能达到 25%—30%和 20%—25%，其中包括水能在内，对化石能源的依赖度降低 50%。我以为，这个目标是应该而且也可能实现的，为实现这一目标，必须加大对煤的清洁多联产，二氧化碳捕获利用存储，先进太阳能、风能、生物质能优选，先进核能技术创新的战略投资，并加强国际能源减排合作。

除能源以外，我们必须加以充分重视促进资源的可持续利用，发展循环经济，并付诸实施。我们要努力通过科技创新来实现成矿理论创新和对拓矿的重点关注，拓展资源探明储量，重点关注深部隐伏矿和近海以及未探明的地质构造和地域；创新采选和冶炼技术，大幅提高资源采出率和利用率；发展资源减量化、再利用和废弃物资源化，开发利用生物多样性资源，发展循环经济；进一步加强水资源保护，加强水权的管理和水资源的节约、可持续利用，保护应用水资源，发展清洁、安全的应用水技术，发展基于可再生能源的海水淡化和水循环技术。创造节约的生活方式和生产方式，建设资源节约型的社会，同时还要持续利用好国际、国内的良种资源。

我们要保护、修复生态环境，应对全球气候变化，建设生态文明。通过建设依靠先进遥感、信息和理化技术，建设水、大气、土壤污染的实时监控体系，促进数据的共享，增加研发的投入，提高对生态环境科学规律的认识能力和对生态环境灾害的预测预报能力。重点关注人口经济活动的密集区，比如说珠三角、长三角，环渤海湾经济区及大江大湖流域，还有西部的生态脆弱区、农业主产区、海岸带和近海海域环境的变化监测与修复技术的发展。

建立从环境监测网络、实验研究、野外台站观察和区域修复示范为一体的生态环境保护修复创新体系，为国家生态环境政策提供有力的科技支持。我们要遵循联合国《人类环境宣言》(1972) 和《京都议定书》(1997) 确立的共同而有差别的原则，积极应对和公平承担应对和缓解全球气候变化的责任。完善有关生态环境保护修复的法律政策、体系与投入机制，强化政府、企业、社会法人和公民的生态环境意识和责任，建设环境友好型社会、建设生态文明。

信息通信技术 (ICT) 以及它的应用将继续迅猛地发展。信息产业仍然是全球增长最迅速的产业，而且是现代农业、制造业、服务业主要的推动力和重要的技术基础，也是全球化经济的重要支柱和公共平台。中国经济已经融入全球经济体系。过去 30 年，中国的信息基础设施已经实现了跨越式发展，今后中国将成为世界上最大的信息和网络的市场。

面向世界、面向未来，中国信息产业有着巨大的发展潜力。我们必须加强自主创新，创造核心技术的知识产权，实现信息产品和信息服务的全面升级，发挥我国全面开放、巨大而多样需求和宏大人才队伍的优势，加速发展成为一个信息产业强国和软件产业强国。加速社会信息化、经济全球化进程，加速发展依托知识创新和先进网络的现代增值服务产业。完善有利于信息产业发展和信息社会建设的法律和政策体系和网络文化建设，创新信息技术，不断提升社会信息化水平。

中国还要努力加强高技术前沿创新，发展高技术产业。高技术产业是全球竞争的制高点，国家自主创新能力的核心和前沿，引领未来发展的关键所在。世界各国都将发展高技术产业视为国家创新战略的核心。除了前面提到的信息、先进制造、生物医学技术、先进能源以外，一般也将空间技术、海洋技术、微纳技术与系统虚拟技术等列为高技术。高技术应以引领未来产业发展，赢得全球竞争优势和保证国家安全为目标导向，坚持产学研结合，促进跨学科基础研究与高技术前沿探索的融合，采用重大项目导向和在战略目标引领下的竞争择优相结合，适时实行以企业为主体的技术创新和规模产业化创新体制。

民以食为天，我们要努力发展食品安全、营养科学、卫生防疫、医药技术，为十几亿人民健康提供服务。改革开放 30 年，随着经济高速发展，中国人的生活水平提高和工业化、城市化、全球化的进程，我国的人口健康有很大的改善，但也面临着传统和新生传染病、代谢性疾病、老年退行性疾病、心理和精神疾病的挑战，为 13 亿人口提供公平的、普惠的公共卫生和基本医疗卫生服务是一项重要的任务。应该坚持以预防为主的方针，努力将医疗保健工作的关口前移，加强我国公共卫生、营养科学、心理科学、食品安全、生态安全、防疫免疫研究和社会的公共服务创新。

中国要坚持走中西医结合的道路，加强医药技术的自主创新，为 13 亿人口提供先进的、公平的、普惠的、低成本的医疗服务。在政策导向、政府扶持、产学研结合方面走一条新的道路。改变当前高档医疗、诊断监护仪器、创新药物过度依赖进口的局面，为医疗保健服务提供可靠的共享技术支撑和物质基础。

最后我还要强调加强基础前沿研究，为持续创新，积聚基础和后劲。这里我并不单独强调基础研究，因为从目前研究来看，基础研究与高技术的前沿探索已经逐步融合为一体。科技创新是永无止境的，只有加强基础前沿研究，才可以集聚深厚的知识、技术和人才基础，才可以为创新提供持续的源泉和动力，才能够引领未来的发展。应加强对于凝聚态物理、纳米、表面与介面，营养与代谢组学、基因组、干细胞、生物信息、生物多样性与仿生、脑与神经科学，分子科学、化学生物学、光化学，信息、运筹、控制、智能与计算科学、复杂系统科学等交叉与前沿领域的支持，引领未来发展。

科学发展观是总结历史经验所做出的科学结论，以科学发展观来指引科技创新，以科技创新来支撑科学发展，是我们科技界的历史责任与光荣使命。

以科技创新支撑科学发展*

在党的十七大上，胡锦涛同志指出，中国特色社会主义伟大旗帜，是当代中国发展进步的旗帜，是全党全国各族人民团结奋斗的旗帜。解放思想是发展中国特色社会主义的一大法宝。改革开放是发展中国特色社会主义的强大动力，科学发展、社会和谐是发展中国特色社会主义的基本要求。全面建设小康社会是党和国家到2020年的奋斗目标，是全国各族人民的根本利益所在。党的十七大为我国未来发展描绘了宏伟目标和蓝图，也为我国科技事业的发展进一步指明了方向。

党的十七大强调要深入贯彻落实科学发展观。科学发展观是对党执政经验和规律的科学总结，是对中国经济社会发展规律和历史经验的科学总结，是对自然与人类社会协同演化规律认识的深化。科学发展是中国特色社会主义的必由之路，也代表着人类文明发展的方向。落实科学发展观需要科技强有力的支撑，需要提升我国的自主创新能力。党的十七大将提高自主创新能力、建设创新型国家摆在了非常突出的位置，强调：提高自主创新能力，建设创新型国家，这是国家发展战略的核心，是提高综合国力的关键。要坚持走中国特色的自主创新道路，把增强自主创新能力贯彻到现代化建设各个方面。

贯彻党的十七大和总书记的讲话精神，对我国科技工作提出了新的更高要求。科技界广大科技工作者备受鼓舞和振奋，倍感责任的重大和艰巨。

一、科技与经济社会

人类生产力发展的历史，是一部不断创造创新的历史。在人类社会发展的进程中，特别是近代科学和工业革命发生以来，以科学技术为基础的创新活动将社会生产力和人类文明不断推进到新的阶段，推动着人类社会生产方式、生活方式、思维方式和社会结构的变革。

科学是有关自然、社会和意识的系统、理性的知识体系。科学创新体现在发现新现象，提出和解决新问题，创造新知识，建立新理论。技术本质上是人类生存与发展的方

* 本文为2008年4月1日在陕西省西安市为省厅局以上领导干部所作的科技报告。

式。技术创新 体现在对实践经验的总结升华和对科学原理的创造性运用，体现为工具、装备和方法的创新。科学与技术联系日益密切，相互融合，共同构成了当代人类创造和运用知识的创新过程，成为经济发展的强大推动力，成为人类社会可持续发展的基础。

科技创新的动力源于人类社会生存发展的需求和人们的好奇心与创造欲。量子论和相对论的创立起因于对已有科学理论体系的内在矛盾、已有知识与新发现现象之间冲突的认知欲，对未知现象和规律的好奇心。巴斯德（Louis Pasteur，1822—1895）因为解决葡萄酒变酸问题而创立了微生物学。贝林（Emil Adolf von Behring，1854—1917）因为治疗白喉等传染病而创立了免疫学。爱迪生（Thomas Alva Edison，1847—1931）的一些发明，莱特兄弟（Orville Wright，1867—1912；Wilbur Wright，1871—1948）发明飞机等，更多的也是创造欲的驱动。激光技术和半导体技术的发明与发展则更多来自新科学知识的启示。而当代计算机技术、应用卫星技术、通信技术等进步则主要来自社会需求的拉动。

科技创新要求科技工作者具有开阔的科学视野、敏锐的洞察力、想象力、创造力和科学思维能力，具有创新欲望、创新自信心和献身精神。科学技术的价值在于认知真理、造福人类，需要经受实验、社会和历史的检验。

近现代以来，特别是 20 世纪以来，科学技术的创新和突破，引发了社会生产力的变革，创造了新的生产方式、生活方式和发展观念。胡锦涛同志指出："科学技术是第一生产力，是推动人类文明进步的革命性力量。"高度概括了科学技术的本质及其在人类社会发展中的重要作用。

科学技术是第一生产力。核科学和核能技术的发展，为人类发展开拓了新的能源。量子理论推动了激光技术、微电子、光电子技术的发展。在信息论、控制论、系统论和半导体物理基础上发展起来的信息科技，引发了新的生产力革命。航天技术及其应用，拓展了人类的视野和活动空间，为人类提供了全新的天基信息平台。DNA 双螺旋结构的发现，将生命科学推向分子层面。基因工程等在农业、医疗、工业、生态等方面的应用，引发了"绿色革命"，催生了现代生物产业。

科技创新推动人类进入工业社会。18 世纪以来，英国肇始了以蒸汽机、纺织机的发明和工厂大生产方式为特征的工业革命，促进了生产力的飞跃。18 世纪末，尚处于欧洲落后地位的德国，以创新现代教育和培养高素质人才为突破口，在 19 世纪中叶拉开了以合成化工、内燃机、电机发明为标志的第二次工业革命的序幕。19 世纪末，美国通过鼓励创造发明、支持大学研究、扶持企业技术研发，逐渐成为世界上电力、汽车、航空、石油开采、冶金、通信、制造业和现代农业大国。

从人类进入工业社会的历史可见，依靠科学技术创新，实现工业化、现代化，成为工业强国，是工业化国家的普遍规律。

科技创新引领人类走向知识经济。第二次世界大战（二战）以后，人们深切认识到科学技术对于保障国家安全和提高社会生产力的巨大作用，进一步加强对科技的支持。美国政府大幅增加科技投入；1950 年成立国家科学基金会（NSF），相继组建了大批国家研究机构，大力发展航空航天、电子信息、生物和新材料科技等；企业研发力量不断增强，在重要产业领域占据了世界领先地位；冷战结束后，又加快高技术军转民，引领了新一轮科技和产业变革，率先进入知识经济。英、法、德等国通过加快科技进步，鼓励企业创新，紧随美国之后进入知识经济时代。日本经过 20 多年的持续高速增长，经济总量成为世界第二之后，又投入巨资先后启动了三期科技创新计划，加速进入知识经济的步伐。

从工业化国家进入知识经济的历程可见，科技创新在当代社会和未来发展中发挥着主导作用。

科技创新是后发国家跨越发展的重要动力。韩国集中力量在电子、制造业等领域加强技术创新，经过 40 多年的发展，成为新兴工业化国家。芬兰在 20 世纪 80 年代及时把握无线通信技术发展的机遇，大力促进通信产业的发展，成为当前世界上最具创新竞争力的国家之一。新加坡着力提高国民教育水平，加强信息化建设，发展现代服务业，成为综合竞争力名列世界前茅的国家。也有一些国家，由于单纯依靠本国资源优势或过度依赖外国资本和技术，忽视自主创新，在现代化进程中出现了停滞甚至倒退。

发展中国家现代化的不同路径表明，走劳动密集型、资源依赖型的发展模式或依赖外国资本和技术的发展模式，都无法实现追赶和持续发展的目标，只有依靠自主创新才能实现跨越发展、持续发展。

科学技术是推动人类文明进步的革命性力量。近代科学的追求客观真理和理性质疑精神，成为欧洲社会变革和政治革命的思想基础。爱因斯坦（Albert Einstein，1879—1955）的相对论提出了新的时空观，丰富了人类的宇宙观和世界观。对于人类赖以生存和发展的地球系统的科学认识，成为 20 世纪形成可持续发展观的科学基础。在科技创新过程中形成并不断丰富的科学知识和科学方法，已成为国家立法、社会治理、生产管理、民主科学决策等诸多方面的重要基础，并深刻影响着人类的共同理念与发展观。

二、时代特征

当今世界正在发生广泛而深刻的变化。人类吸取两次世界大战以及战后的历史经验和教训，开始走互相尊重、平等互利、求同存异、民主协商、合作共赢之路，和平、发展、合作仍然是时代潮流。世界多极化进程不可逆转，但单边主义、霸权主义时有所现，分裂主义、宗教极端主义、恐怖主义成为世界不稳定的主要原因，世界面临传统与非传统安全的挑战，不确定因素增多。

经济全球化深入发展，科技进步日新月异，国际竞争日趋激烈，发达国家在经济和科技上占优势的压力长期存在。理论创新、知识创新、技术创新、制度创新、管理创新将成为推动经济社会发展的引领力量，成为有效利用全球资源的核心要素和主要动力，并将成为推动经济社会科学、和谐、协调、持续发展的基石。

我们正处在现代化飞速发展的时代。过去 300 年，工业化、现代化仅惠及不足 10 亿人口。21 世纪前半叶，包括中国十几亿人口在内，将会有 20 亿—30 亿人口摆脱饥饿和贫困，走上小康社会，进而实现现代化。这将是人类发展历史上影响深远的大变革、大事件也是我们未来发展面临的大背景、大机遇。将为世界发展和进步注入空前的动力与活力，将对全球资源、能源提出空前的新需求，对地球的生态环境带来全新的挑战，将根本改变世界的发展方式，改变全球经济政治格局。

我们正处在信息化、数字化和网络化的时代。宽带、无线、智能网络继续快速发展。超级计算、虚拟现实、网络制造与网络增值服务产业等突飞猛进。人们将突破语言文字的壁障，发展建立在信息化、数字化、网络化基础上的学习教育、科学研究、研发制造、贸易服务、公共管理等新模式。信息化的发展将进一步深刻改变人类的生产方式、生活方式、产业结构、社会组织结构与管理方式，进一步推进全球化进程。

人类社会将从化石能源时代走向可持续能源的时代。可再生能源和安全、可靠、清洁的核能将逐步代替化石能源，成为人类社会可持续发展的基石。人类在致力节能和清洁、高效利用化石能源的同时，将致力于调整能源结构，发展先进可再生能源，提高可再生能源的比重，发展先进、安全、可靠、清洁的核能及其他替代能源，建立可持续能源体系。

人类将建设资源节约型社会，发展循环经济。由于人口和消费的增长，以及自然过程和人类活动的影响，地球有限资源消耗速率加快，资源短缺压力加大。人类将致力资源消耗的减量化、再利用、废弃物的资源化，发展循环经济。人类将注重合理开发利用生物多样性资源，发展生物经济的新时代。

人类更加重视保护生态环境。人类将更加关注并严格监测生态环境的变化，致力减少温室气体和其他污染物的排放，致力修复工业革命以来被破坏的生态环境，发展低碳经济，共同应对全球气候变化，保护生态环境。人类将创造新的发展模式，在公平改善和提高当代人生活质量的同时，不危及后代生存发展权利，创造人与自然和谐进化、可持续发展的社会文明和生态文明。

人类将应对人口、健康的新挑战。根据人口与社会学家预测，到 21 世纪中叶，全球人口有可能达到 80 亿—100 亿，主要增长将来自发展中国家。人类将面临传统传染病新的变异和传播，新生传染性疾病、心理和精神性疾病、代谢性疾病、老年退行性疾病的挑战。人类必须自觉控制人口增长，提高人口质量，保证食品、生命和生态安全，推进公共卫生、保健制度改革和普惠的保健医疗技术创新。

人类正在经历新军事变革的时代。信息化为特征的新军事变革方兴未艾。信息、空天、海洋、机动能力、精确打击能力已成为新的战略制高点和核心战斗力。国家的经济发展、社会和谐水平、科技创新能力、先进制造能力、国民素质和教育水平、军事、文化、外交综合实力等成为国家安全和社会安全的基础和保证。

进入 21 世纪，世界科学技术继续保持迅猛发展的势头，越来越多的科学家相信，在今后二三十年，可能会发生与 20 世纪初物理学革命相当的新科学革命。那场以量子论和相对论为基础的科学革命所催生的核能、半导体、激光、新材料、超导、微电子和光电子技术等新知识和新技术，已经深刻改变了世界，引领人类走进知识经济时代。

(1) 信息科技发展最为迅速。下一代通信网络、信息安全、高性能计算机、系统软件与重要应用软件、智能多核芯片、先进人机接口和智能处理技术，是当前信息技术发展的焦点。高速海量、安全可靠、普适的智能系统，低成本的处理能力，高效的开发工具是信息技术不断追求的目标。认知与智能科学、复杂系统科学的进展，将为信息技术应用开辟新的方向。

(2) 生命科学和生物技术正酝酿一系列重大突破。营养与代谢组学、基因组科学、蛋白质科学、脑与神经生物学等已成为生命科学的热点与前沿。生命科学与物质科学、信息科技、认知科学、复杂性科学的交叉融合，孕育着重大科学突破。生命科学与生物技术在解决人类食物、保健及生态安全等方面将发挥重大作用。工业生物技术异军突起，有可能形成新兴的生物产业，并将引领循环经济的发展。

（3）物质科学焕发新的生机。物质科学仍是现代科技发展的基础。对相互作用统一理论、宇宙起源和演化、物质基本结构的探索等，有可能引发对物质世界认识的本质性突破。纳米科技快速发展，纳米制造、分子设计及生物纳米技术等将成为值得特别关注的领域。

（4）新材料继续成为人类文明的基石。21 世纪的材料将具有功能化、复合化、智能化和环境友好等特征。极端条件的超级结构材料将向着超强功能和结构与功能一体化的方向发展。纳米材料将成为超级材料。国防的隐身材料从涂覆性涂层向复合结构、掺混材料发展。

（5）资源环境科技更关注解决人与自然和谐发展问题。在继续关注地球系统整体行为及各圈层间相互作用的同时，更加关注区域经济社会可持续发展的重大科技问题。更加关注人与自然的关系、生态系统持续科学管理及环境健康。环境技术与地表、深层、海洋等资源合理开发和持续利用技术，正成为优先发展的领域。

（6）能源科技在社会需求强烈拉动下快速发展。节能技术、绿色能源技术发展受到前所未有的关注。太阳能、风能和生物质能等可再生能源和新能源技术的快速发展，将显著改变未来能源结构。煤的清洁高效利用将提供替代油气燃料和替代合成化工资源。氢能源体系正向实用化发展。核裂变能技术向着高效、安全、洁净方向发展。可控核聚变是未来清洁能源的希望。

（7）空间和海洋科技为人类开辟新的发展空间。天基信息系统将向天、空、地一体化网络方向发展，空间通信、遥感和全球导航定位正在形成新兴产业，深空探测及空间科学实验继续受到重视。重大综合海洋科学研究活跃，海洋资源、海洋生物技术、极地研究开发竞争激烈，深海技术发展迅速，海岸带可持续发展备受重视。

（8）数学在科技发展中仍发挥不可替代的基础作用。数学在不断探索数与形内在逻辑和简洁优美表达的同时，成为自然科学与工程技术的基础语言和分析工具。数学与社会科学的结合，为经济社会发展管理提供更丰富的定量统计、分析、预测等方法，为宏观决策提供科学手段。

当代科技创新呈现出新的特点。在学科纵向深入的同时，领域前沿不断拓展，学科间交叉、融合、会聚，新兴学科不断涌现。全球科技竞争日趋剧烈，合作也更加广泛，知识共享和知识产权保护同时发展。基础研究、应用研究、高技术研发边界模糊，并相互促进融合为前沿研究。人类社会生存发展需求与人们好奇心、创造欲仍是科技创新的两大动力。国家目标、国家竞争力、国民健康、国家安全、保护生态环境等国家主导的科技政策和战略规划愈加受到重视。从研发到应用和规模产业化的周期显著缩短。巴斯德研发模式备受重视。转移转化研究、工程示范、科技创业、企业孵化、风险投资、高技术园区等方兴未艾。传统的创新组织与管理模式受到新的挑战。战略管理、绩效管理、网格型创新结构与管理兴起。各国均更重视吸引、培养和支持优秀青年创新人才和团队。团队、团簇、网络式、网格式、跨学科、跨单位、跨部门、跨国界，官产学研协同合作成为大趋势，等等。

人类必须依靠科技创新和进步，创造新的生产方式、生活方式、发展模式，创造和平和谐、创新合作、文明进步、共同繁荣、科学发展的新时代。

三、国情与挑战

改革开放30年来，我国经济发展成就举世瞩目。GDP年均增长超过9%，从1978年的3645亿元增加到24.66万亿元，总量居世界第四位。财政收入从1132亿元增加到5.13万亿元。外汇储备超过1.52万亿美元。进出口贸易总额从206亿美元增加到2.17万亿美元，居世界第三位。铁路营运里程从4.9万千米增加到7.8万千米，公路从89万千米增加到196万千米，民航从15万千米增加到210多万千米。

改革开放30年来，人民生活得到显著提高。贫困人口由2.5亿减少到2000万。城镇居民人均可支配收入由316元增加到13786元，农村居民人均纯收入由134元增加到4140元。城镇居民人均居住面积由6.7平方米增加到28平方米，农村居民由8.1平方米增加到32平方米。2006年私人拥有汽车已超过2300万辆。电话用户从121万户增加到超过9亿户，2003年起移动电话用户已超过固定电话用户。每百户拥有家用电脑从1999年的6台增加到2006年的47台，等等。

改革开放30年来，教育事业得到快速发展。国家财政性教育经费支出从114亿元增加到6348亿元。基本普及九年制义务教育。高等教育进入大众化阶段，高校从1980年的675所增加到1867所，高校招生从28万人增加到586万人，毛入学率达23%；在校大专以上学生超过1738万。2006年4.2万留学生学成回国，出国留学13.4万人。

改革开放30年来，科技创新能力持续提高。2007年研究和开发（R&D）投入3664亿元，占GDP的1.49%；其中企业投入达70%。科技产出增长率位居世界前列，一些研究机构已接近世界发达国家同类机构的水平。2006年发表国际科技论文17.2万篇，数量居世界第二位，占世界论文总数的5.7%。2006年申请专利57.3万件，其中发明专利21万件；授权专利26.8万件，其中发明专利5.8万件。2006年技术市场交易额达1818亿元，占GDP的0.87%，在世界上已颇具规模。2006年高技术产品总产值4.2万亿元，出口2815亿美元，占我国商品出口总额的29%。企业技术创新能力有所增强，涌现出像华为、联想、奇瑞、宝钢、中兴等主要依靠自主创新赢得竞争优势的企业。

改革开放30年来，取得了一批重要的科技创新和工程建设成果。载人航天工程及首次月球探测工程。研制推广了超级水稻。超级计算机系列研制成功。研发出具有自主知识产权的通用中央处理器（CPU）。基因组学研究取得突破。激光照排研制与产业化。三峡大坝建成并蓄水发电。青藏铁路建成通车。西电东送、西气东输、南水北调、杭州湾大桥、东海大桥、大亚湾核电站、秦山核电站、国产三代军用飞机、民用支线客机等重大工程项目取得成功或重要阶段成果。

我国在发展中还面临着一些问题。中国虽然已是世界经济、贸易、制造大国，但还大而不强。人均GDP低，仅相当于美国的1/25，日本的1/21和世界平均水平的1/4，居全球第110位。经济增长方式依然粗放，经济结构不合理。高技术产品和现代服务出口所占比重不到1/3，50%—70%关键技术和材料、器件，一些先进民用和军事关键核心装备仍需要进口，一些高技术装备，高档科学仪器、医学诊断与治疗设备几乎全部依赖进口。外汇储备过高，也带来了货币流动性过高和人民币升值压力增大，存在着隐忧与风险。

自然条件较差，人均资源占有低，生态环境压力大。国土面积65%为山地丘陵，33%

为干旱区荒漠区，37%经受侵蚀和荒漠化影响，55%国土不适宜人类生活和生产。森林覆盖率仅 18.2% ，人均森林资源为世界人均的 1/5。90%的草原出现不同程度的退化、沙化、盐碱化，湿地消失；生物多样性下降，外来物种入侵严重。人均耕地是世界人均的 1/3；耕地的 30%为酸性土壤，20%存在盐浸化或海水入侵。人均水资源仅为世界平均 1/4，且时空分布不均衡，污染十分严重。35 种重要矿产资源人均占有量只有世界人均的 60%，石油人均储量仅相当于世界人均的 8%，天然气为 4%，铜为 26%，铝不到 10%。能源资源消耗量大、利用率低，废水、废气、固体废弃物排放量大。

城乡、区域发展不平衡，贫富差距大。中国虽为世界第四大经济体，但联合国开发计划署（UNDP）发表的《2007/2008 人类发展报告》显示，中国的人类发展指数在 177 个国家和地区中排名列第 81 位。2007 年，城乡居民人均收入比例高达 3.33∶1，公共卫生、医疗、教育、文化等城乡差距明显。地区差距扩大，中部地区人均 GDP 相当于东部的 50%左右，西部的人均 GDP 相当于东部的 43%左右，东部最富裕省份与西部最贫困省份的人均 GDP 已相差 10 倍以上。基尼系数已超过 0.4，10%富裕人口拥有社会总资产的 45%，而最贫困的 10%人口却只占有社会总资产的 1.4%。

就业、卫生、医疗保健任务艰巨。人口多，就业压力大，城乡每年新增就业人口 2000 万，并将持续很长一个时期。老龄化提前到来，“未富先老”。残疾人口 8300 万，心理障碍人口 1600 多万。城市人口出现发达国家疾病谱，糖尿病 2400 万，心血管病估计超过千万；农村仍存在发展中国家的流行病谱，传统疾病重新出现，如肺结核、乙肝、血吸虫病等。艾滋病（AIDS）、非典（SARS）、禽流感（bird flu）等新生流行病和心理疾病提出新的挑战。公共卫生保健与医疗保险覆盖率仍然较低。

科技创新能力不强，经济增长仍主要靠投资拉动，还不是创新型国家。研发投入总量尚不及美国的 1/10。原始科学创新、关键技术创新能力仍较弱。自主创新的核心知识产权少，对外技术依赖仍超过 50%。企业自主创新能力弱。全国只有近 25%的大中型企业有研发机构，仅 3 成企业有研发活动，只有 1.3%的企业登记过专利。科技论文平均引用率低，高水平论文少。能引领国际科技的一流人才，高科技创业很少。

科技是引领经济社会未来发展的主导力量。面对新形势、新任务、新挑战，我们必须以党的十七大精神为统领，大力加强科技创新，不断提升自主创新能力，为科学发展观不断提供新的系统科学认知和强大的技术支撑。

四、 科技发展战略与重点

2006 年初，国家颁布了《国家中长期科学和技术发展规划纲要（2006—2020 年）》及其 10 个配套政策，明确了我国未来 15 年科技发展的目标和重点。我们必须按照科学发展观的要求，贯彻“自主创新、重点跨越、支撑发展、引领未来”的科技方针，深刻认知规律，加强战略研究和科学前瞻，加强科技基础条件平台建设，抓住制约我国经济社会发展的重大瓶颈问题和对长远发展起关键与先导作用的重要科技领域，逐步明晰科技发展的着力点。

（1）建设可持续能源体系。全球煤炭储量可开采 216 年，中国为 105 年；全球天然气储量可开采约61年，中国约45年；全球石油储量可开采约40年，中国约为20年。中国每万元GDP能耗是：美国的4倍，法国的7.7倍，日本的11.5倍。我国一次能源结构为：石油、天然气23.8%，水电、核能6.6%，煤69.6%。能源科技发展重点是节能和清洁能源技术，提高能源效率，力争突破新一代零排放和二氧化碳大规模捕捉、储存与利用关键技术，积极发展安全清洁核能技术和先进可再生能源技术，前瞻部署非传统化石能源技术；推动核能和可再生能源向主流能源发展，突破快中子堆技术、太阳能高效转化技术、高效生物质能源技术、智能网格和能源储存技术，重点发展可再生能源技术的规模化应用和商业化，力争突破核聚变能应用技术，建成我国可持续能源体系。到2050年，我国的能源结构将发展成为：先进可再生能源25%～30%，水电、核电20%～25%，化石能源45%～55%。

必须有效突破水问题对经济社会发展的瓶颈式制约。我国是全球13个人均水资源最贫乏的国家之一。人均淡水资源仅为世界平均水平的1/4、美国的1/5，名列121位，水浪费、水污染严重。全国600多座城市中，2/3存在供水不足问题，其中比较严重的缺水城市达110个。近期，加快开发水污染综合治理技术、水污染物减排与清洁生产技术、饮用水安全保证技术等，重点发展节水和循环利用技术、高效低成本海水利用和淡化技术等，前瞻部署和发展水生态系统相关科技问题，初步建成节水减排型社会的技术支撑体系；中长期，建成行业性节水和循环利用技术体系，开展重点行业和重点城市、区域的技术体系示范，开展湖泊、流域水体生态系统修复工程，使我国主要水体污染得到根本治理，研究全球变暖和气候变化条件下的水资源和水生态系统变化的适应技术并进行示范。

（2）必须基本遏制生态环境恶化的趋势，逐步过渡到有效修复生态环境上来。全国600多个城市中，大气环境质量符合国家一级标准的不到1%，已有62.3%的城市二氧化硫年均浓度坏于国家环境空气质量二级标准，城市生活垃圾以每年10%的速度增长，工业固体废弃物历年存量已达6.49亿吨，占地5.17万公顷。近期，坚持和完善源头治理战略，科技重点是开发生态和环境监测与预警技术、重污染行业清洁生产集成技术、废弃物减量化和资源化利用技术、温室气体减排技术，开展环境污染综合治理、典型生态功能退化区综合整治的技术集成与示范；中长期，深刻认识自然系统的演化规律和人类活动对自然系统的影响，系统认识我国生态环境的现状和变化趋势，建立生态、环境、气候综合监测与预警系统和生态补偿机制，开展退化生态重建转型、区域污染综合治理、环境健康监控防治、循环经济研发示范、全球变化适应减缓、环保产业技术和设备研究，形成环境污染控制和生态建设的科技创新体系。

（3）必须实现由“世界工厂”向“创造强国”的跨越。在全球经济中，中国仍处低端、自主知识产权少、智力劳动附加值低，我国对外技术依存度高达50%，而美国、日本仅为5%左右，在汽车制造领域，真正的国产轿车仅占10%，在医药研发领域，97%的化学药品为仿制药。近期，发展低成本、高能效的硬件、系统软件、互联网服务技术，突破中央处理器芯片、高性能宽带信息网、分布式操作系统等关键技术，提升重大装备的自主设计和制造能力，推进制造业信息化技术向支持产品全生命周期管理发展，研发高性能复合材料、轻质高强结构材料、高性能工程塑料等基础材料及应用技术，发展新一代信息功能材料及器件、能源材料和环境友好材料等新材料，发展微生物代谢工程与生物基产品开发等工业生物技术。中长期，突破服务科学和网络化、智能化、可持续的服务技术，初步建成我国信息科技软件和服务工业体系，推进制造技术与电子、信息、生物、纳米、新材料、新能源等相互融合，发展智能、网络、绿色制造技术，根本改变产品的设计和制造过程，突破现代材料设计、评价、表征与先进制备加工技术，发展纳米材料与器件，加强生物科技在相关领域的应用，把生物科技作为未来高技术产业迎头赶上的重点。

（4）重视发展空天和海洋科技。空天科技是关系我国发展空间和国家安全的战略必争领域。目前世界空间强国都制定了至2050年的空间科技发展战略规划。我国也应当从和平利用空天出发，加强空间科技发展的战略布局和统筹安排，抓紧制定发展路线图。创新空间运载、测控、通信、应用技术，探索宇宙。创新对地观察技术，保障国家安全，保护生态环境，服务和造福人民。近期，重点发展海洋监测技术，大幅提高海洋综合观察能力。发展海洋生物技术，催生海洋生物制品新产业的兴起。发展海洋资源开发利用技术，促进海水淡化和海水化学资源综合利用技术产业化。加强海域综合地质调查，开展近海油气资源勘探、天然气水合物前期勘探。开展海岸带可持续发展研究，全面监测近海环境，有效遏制污染扩展趋势。中长期，促进现代海洋渔业、海洋生物经济、海洋精细化工业和海洋服务业等快速发展，实现我国海洋产业结构的升级换代。发展深海矿藏与油气资源探测开发技术和天然气水合物的采集与安全利用技术，广泛应用大规模海水淡化技术，有效缓解我国能源、资源和淡水紧缺的压力。发展海岸带生态环境监测治理和生物修复技术，提高预报和减轻海洋灾害能力，实现海岸带科学可持续发展。初步实现中国海洋数字化。

提高自主创新能力，建设创新型国家，需要良好的制度保障和环境氛围，为此，需要保障科技投入持续增长，造就创新人才和队伍，坚持以人为本，教育为先，推进管理创新，优化创新环境，加快推进中国特色国家创新体系建设。

（1）保障科技投入持续增长。确保政府财政科技投入的持续稳定增长，促进企业与社会增加对科技创新的投入，加快建设多元化、多渠道的科技投入体系。提高全社会研究开发投入，到2010年达到GDP的2%，2020年力争达到GDP的2.5%以上。政府重点支持基础研究、社会公益研究和前沿技术研究。统筹协调和合理安排政府科技计划和科研条件建设的支持结构，建立对科研机构和大学研究规范的支持机制，健全科技计划资金管理和监督评价。制定有利于企业加强研发投入的税收激励政策，促使企业自觉成为技术创新投入和行为的主体。

（2）造就创新人才和队伍。立足科技创新实践，造就一批德才兼备、具有战略眼光和卓越组织才能的战略科技专家。立足引进与培养相结合，以培养为主，造就一批领衔科学家和科技创新创业尖子人才。建设一批善于攻坚、能够解决国家重大战略问题的创新团队。鼓励人才有序流动，为各类人才特别是青年人才的脱颖而出创造更多的机会。为产学研之间、区域间人才交流创造良好机制。

（3）坚持以人为本，教育为先。尊重人，依靠人，充分发挥人的积极性、主动性和创造性，促进人的全面发展。更新教育观念，推进教育改革与创新，实施素质教育，鼓励创新思维和创造发明，着力培养学生适应未来社会发展需要的实践能力、学习能力、创造能力和创业能力。努力建设适应需求发展的全民学习、终身学习的学习型社会。

（4）推进管理创新。建立健全符合科技创新规律的科技管理体制机制。根据不同类型科技创新活动特点，实行分类管理、评价和奖励。充分尊重高水平科学家和科研机构的创新自主权，完善专家咨询机制，形成规范的科学民主决策机制。建立体现竞争、合作、开放、共享的创新资源优化配置机制。加快建设“职责明确，评价科学，开放有序，管理规范”的现代科研院所制度。

（5）优化创新环境。改革、规范和优化保护激励创新的法制政策环境。营造公平公正、创新友好的市场环境。培育尊重鼓励创新的社会文化环境。

（6）加快推进中国特色国家创新体系的建设。在国家创新体系建设中，要充分发挥政府的主导作用，充分发挥市场在科技资源配置中的基础性作用，充分发挥企业在技术创新中的主体作用，充分发挥国家科研机构的骨干和引领作用，充分发挥大学的基础和生力军作用。进一步形成科技创新的整体合力，为落实科学发展观、建设创新型国家提供良好的制度保障。建设完善鼓励支持创新的法律政策体系、财税金融体系。建设完善知识创新与人才培养紧密结合的知识创新和科学传播体系。健全以企业为主体、市场为导向、产学研紧密结合的技术创新体系。建立军民结合、寓军于民的国防科技创新体系。健全以市场为基础、政府政策引导和服务、充满生机活力的创新孵化、风险投资、中介服务、政府采购、园区集聚等的有效机制。建立与区域经济社会发展和生态环境保护相适应、各具特色的区域创新体系。

五、 推进省院合作

陕西是中华文明重要的发祥地之一。历史上曾长期是中国的政治、经济、文化中心，拥有极为丰富的历史文化遗产。1935—1947 年，毛泽东等老一辈革命家在陕北延安领导全国人民夺取了抗日战争、解放战争的伟大胜利，建立了新中国，培育了自力更生、艰苦奋斗的延安精神。经过新中国成立初期重点建设，已形成以机械、航空航天、纺织、电子、医药、能源、食品为主体，门类比较齐全的工业体系，军工企业规模居全国前列。陕西能源资源丰富，区位重要。

在党的路线、方针、政策指引下，在省委领导下，经过全省人民共同努力，陕西省面貌发生了翻天覆地的变化。经济总量大幅跃升，运行质量和效益明显提高，综合实力显著增强。装备制造、能源化工、高新技术产业等优势产业不断壮大，第三产业增势强劲。基础设施和生态环境明显改善。社会事业全面进步，城乡居民生活水平不断提高。2007 年 GDP 和人均 GDP 居全国第 21 位，在西部 12 省区居第 4 位，是我国西部地区经济、科技、教育强省。

中国科学院可持续发展战略研究组提供的数据显示，陕西省可持续发展能力居全国第 18 位、西部 12 省区第 1 位。从可持续发展能力一级评价指标看，生存支持系统、发展支持系统、环境支持系统、社会支持系统、智力支持系统分别居全国第 24、20、23、15、12 位，西部第 6、2、7、2、1 位。对一级指标排名影响最大的分别为资源转化效率、区域发展成本、区域生态水平，社会进步动力、区域教育能力。这些数据对陕西省研究未来发展可能具有一定的参考意义。

中国科学院由学部和直属机构组成，是中国自然科学最高学术机构和全国自然科学与高新技术综合研究与发展中心，是国家在科学技术方面的最高咨询机构。中国科学院院士 702 人。91 家研究所、12 家分院、13 家支撑、教学和服务机构，分布在全国 22 个省区市。在职职工 4.3 万人，在学研究生 4.2 万人。22 家院直接投资的企业、437 家研究所投资的企业，企业员工 7.3 万人，2007 年营业收入 1700 多亿元。

中国科学院始终坚持面向国家战略需求、面向世界科技前沿、面向区域经济社会可持续发展需求组织科技创新活动。知识创新工程三期，中国科学院正组织全院力量，在信息、空间、先进能源、纳米、先进制造、新材料、人口健康、现代农业、先进工业生物技术、生态环境、资源、海洋、交叉前沿领域进行重点攻关，布局了一批面向全国乃至全世界开放的重大科技基础设施、公共实验技术平台、监测和服务网络，为贯彻落实科学发展观、提升我国科技自主创新能力做着积极的努力。

中国科学院高度重视对外开放与合作，重视科技成果的转移转化和规模产业化，截至 2007 年年底，与大学共建了 2 个国家实验室、6 个国家重点实验室、67 个联合研究中心。与企业及地方共建各种类型的科技成果转化、孵化机构共 273 个，分布在全国 29 个省区市。组织院地合作项目近 2700 项，当年企业实现销售收入约 650 亿元。

中国科学院西安分院系统有 4 家中国科学院直属单位，在职职工 1400 多人、离退休职工 1000 多人、在学研究生 600 多人，是中国科学院西北地区的重要科研力量。

中国科学院以西安分院为依托，组织全院力量，围绕陕西省经济社会发展需求，积极开展省院合作，在陕西省支持下，取得了一些积极进展。据初步统计，2007 年中国科学院在陕的合作项目有 60 余项，主要涉及能源化工、航空、电子、新材料、生物技术、现代农业、生态环境建设等领域，为陕西新增销售收入 14 亿元，利税 1.2 亿元，社会效益 1.8 亿元。

国家层面的省院合作重点关注涉及国家安全、可持续发展、民生的重大问题，解决在能源、生态环境、航空航天等领域的关键技术。合作的重点项目有：耕地保育与持续高效现代农业试点工程，黄土高原水土保持与可持续生态建设试验示范研究，干涉成像光谱仪，国家授时中心的通信导航项目，秦岭国家植物园建设等。

产业层面的省院合作主要服务区域经济的发展，推动区域支柱产业、主导产业技术进步，引领先导产业的技术创新，支持能源重化工、装备制造业、生物产业、现代农业等产业的发展。合作的重点项目有甲醇制取低碳烯烃（DMTO）项目、梯度折射率光学元器件产业集群、延安项目等。

中国科学院和驻陕机构得到陕西省和所在地各级党政部门的大力支持，在此深表感谢！中国科学院将继续加强与陕西省的合作，共同为贯彻落实科学发展观、构建社会主义和谐社会、提升中国自主创新能力、建设创新型国家而加倍努力！

衷心祝愿陕西省未来更加美好！

在贯彻实施《中华人民共和国科技进步法》座谈会上的讲话*

同志们：

十届全国人大常委会第三十一次会议审议通过了新修订的《中华人民共和国科学技术进步法》(简称《科技进步法》。修订后的《科技进步法》于 2008 年 7 月 1 日开始实施。今天，几个部门联合召开这个座谈会，对更好地学习宣传和贯彻实施科技进步法，进一步促进我国科技事业长期、持续和稳定发展具有重要意义。

一、 充分认识贯彻实施《科技进步法》的重要意义

《科技进步法》是我国科技领域的一部具有基本法性质的法律，在我国科技法制建设中具有重要的地位和作用，是我国科技工作的基本准则和科技事业发展的法律保障。《科技进步法》在促进经济社会发展中的地位和作用，自 1993 年《科技进步法》制定和实施，15 年来的历史已经做出了回答。《科技进步法》的颁布实施，使党和国家有关科技进步的正确主张与政策转变为法律，使科技工作纳入法制化的轨道，极大地推动了科学技术作为第一生产力的发展。各级政府在贯彻实施科技进步法方面做了大量的工作，积累了丰富的经验，这也为进一步完善科技进步法提供了很好的基础。改革开放近 30 年来、特别是《科技进步法》实施的 10 多年来，我国不断改革和完善科技体制，逐步建立科技与经济紧密结合的机制，既促进了科学技术事业自身的快速发展，又为经济建设与社会发展提供了有力的科技支撑。但是，随着科技、经济的快速发展，我国科技进步与创新工作又面临一些新情况、新问题、新挑战。2006 年，全国科技大会确立了增强自主创新能力、建设创新型国家的发展目标，重点对未来相当长时期内国家经济社会和科技发展趋势作了分析，提出了“自主创新、重点跨越、支撑发展、引领未来”的科技工作指导方针。2007 年，党的十七大把“自主创新能力显著提高，科技进步对经济增长的贡献率大幅提升，进入创新型国家行列”作为全面建设小康社会奋斗目标的重要内容。党的十七大报告明确提出，

---

* 本文为 2008 年 7 月 1 日在北京人民大会堂举办的“贯彻实施《中华人民共和国科技进步法》座谈会”上的讲话。

提高自主创新能力，建设创新型国家，这是国家发展战略的核心，是提高综合国力的关键；要坚持走中国特色自主创新道路，把增强自主创新能力贯彻到现代化建设各个方面。党的十七大报告还首次强调实施国家知识产权战略。2007年，全国人大常委会对科《科技进步法》的修订，是在肯定该法的地位和作用的基础上，结合法律实施中存在的问题，根据党和国家新时期关于发展科学技术的指导方针，落实增强自主创新能力，建设创新型国家的发展战略的要求做出的全面修订。贯彻实施新修订的《科技进步法》，依法保障和促进科技进步与创新，是适应形势发展的需要，是落实十七大提出的奋斗目标，全面贯彻落实科学发展观，实现我国经济社会全面、协调、可持续发展的需要，也是实现国家、人民的现实和长远利益的需要。

二、贯彻实施科技进步法，要突出工作重点，确保落实各项制度措施

首先，搞好学习和宣传是贯彻实施法律的前提和基础。修订后的《科技进步法》以激励自主创新为主线，力求抓住科技进步工作重点和影响较大的问题，坚持体制、机制和制度创新，对现行法律从框架结构到具体规定均作了较大的调整和修改，确立了科技工作的指导方针和新的重要原则和制度，主要内容包括建立和完善整合科技资源制度，促进企业成为技术创新主体，加大科技投入力度，完善知识产权制度，保护科技人员合法权益，鼓励科技人员自主探索、诚信合作并宽容失败等。要动员各方，以多种形式，广泛深入地学习宣传科技进步法，使人们都了解科技进步法修订的背景、意义、立法精神和修订的重点内容。各级政府应当把学习、宣传和实施科技进步法作为一项重要工作，精心组织安排。要把学习宣传科技进步法和增强全社会的科技创新意识联系起来，把学习宣传科技进步法和贯彻落实科学发展观紧密结合起来，保证法律的顺利实施。

其次，要抓紧制定与《科技进步法》相配套的法律、行政法规、地方性法规和规章。科技进步法是我国科技领域的基本法，其内容涵盖了科技进步工作的各个方面，既有大的方针政策，也有具体的制度措施。但其规定总体上还是比较原则，这些原则和制度为制定配套的科技法律、法规提供了法律依据。《科技进步法》自1993年颁布以来，全国人大常委会先后制定了《中华人民共和国促进科技成果转化法》《中华人民共和国科学技术普及法》，国务院及有关部门在科技奖励、知识产权保护、科技成果转化及产业化、科技计划管理、技术市场发展、技术出口等方面已经制定了近50部行政法规和部门规章，发布了多项产业技术政策和财税优惠政策。全国有26个省、自治区、直辖市结合本地实际，制定了科技进步条例及各具特色的地方性科技法规约200多件。这些配套法律、法规的出台，进一步补充、完善了以科技进步法为核心的科技进步法律体系。新修订的《科技进步法》颁布实施以后，有关部门应当根据《科技进步法》修订确定的新的原则和制度对现行科技方面的配套法律、法规、规章进行梳理、完善和补充，适时启动对有关法律、法规的修订工作，对尚未完善的要研究制定相应的配套措施。各地也应当结合本地实际情况对地方科技进步条例进行相应的修改，使《科技进步法》的贯彻实施有更扎实的基础。

再次，要加强执法。各级人民政府应当切实加强对科技进步工作的领导。有关部门应

当认真依法履行职责，积极落实《科技进步法》规定的各项制度措施，逐步解决目前实际存在的科技进步的宏观协调机制不健全、科技投入不足、企业的技术创新主体地位尚未完全确立以及促进和推动科技资源开放共享等问题。

最后，要进行法律监督，注重实效。各级人大及其常委会应当加强对《科技进步法》实施情况的监督检查，保证《科技进步法》在本行政区内的贯彻实施。全国人大常委会也将适时对《科技进步法》的实施情况进行执法检查，了解情况、发现问题，及时向政府提出改进工作的意见和建议。

同志们!

6 月 23 日，胡锦涛同志在“两院”院士大会开幕上发表了重要讲话，全面深刻地阐述了改革开放以来我国科技事业发展的伟大实践，科学系统地总结了实践经验和重要启示，进一步指明了新时期新阶段科技工作面临的新形势和新任务，强调要坚定不移地走中国特色自主创新道路。总书记的讲话，也为我们贯彻实施《科技进步法》指明了方向，提出了要求。我们正面临着科技发展最好的历史时期，国家经济社会发展从未像今天这样倚重科技进步与创新。我们要以新修订的《科技进步法》颁布实施为新起点，认真学习贯彻落实党的十七大精神和总书记最近在“两院”院士大会上的重要讲话精神，齐心协力，奋发有为，进一步依法做好科技进步工作，全面落实科学发展观，加快构建社会主义和谐社会，为提高自主创新能力，建设创新型国家做出新的贡献!

走自主创新之路　领高新技术产业发展之先*

科学技术是经济发展的强大动力和坚实基础。尤其是进入知识经济时代，高新技术产业日益成为推动技术进步的动力和经济增长的核心力量。由于高新技术产业具有知识密集、技术密集、人才密集、资金密集等特点，有很强的辐射能力，因此，它的发展不仅能提高传统产业的技术附加价值，促进整个国民经济高效运转，而且能够带动产业结构升级和引领社会各个领域的进步。

高新技术企业作为推动高新技术产业发展的主要载体，为我国高新技术产业跨越式发展发挥了重要的作用。据统计显示，截至2007年年底，经45个省、自治区、直辖市、计划单列市及新疆建设兵团科技主管部门认定的全国高新技术企业已达到56 047家，高新技术企业研发投入总额达1995.4亿元，占全社会研发投入总量的50%。目前，高新技术企业已经成为我国科技创新的生力军。

从国家整体战略来看，我们必须把自主创新摆在国家发展战略的核心位置，把科技进步和经济社会发展建立在自主创新的基点之上，始终把握发展的主动权，不断提高自主创新能力，创造发展的新优势。

从科技发展战略来看，加强自主创新，就是要加强原始性创新，努力获得更多的科学发现和技术发明；加强集成创新，形成具有市场竞争力的产品和产业；加强引进技术的消化吸收和再创新，形成自己新的技术创新能力。

从创新文化和民族精神来看，自主创新是民族精神和时代精神的重要标志。我们要发扬“两弹一星”和“载人航天”精神，改革创新、奋发进取、锲而不舍、百折不挠。要在全社会大力发展创新文化，让一切创新的源泉充分涌流，使全社会的创新智慧竞相迸发。

高新技术企业，特别是有核心自主知识产权的高新技术企业的发展，推动了科技创新和成果的转化，加快了高新技术产业化的步伐，带动了传统产业技术的更新改造。在金融危机影响日益凸显的经济环境下，高新技术企业仍显示出旺盛的生命力和竞争力，保持了相对平稳、较快增长的趋势。这些高新技术企业面对世界性的金融危机的挑战，不仅能够生存，而且能够发展，有的甚至找到了新的发展机遇，形成一个富有活力、颇有竞争力的产业群体。

---

* 本文发表于《中国科技产业》杂志2009年第2期。

为了研讨企业应对金融危机背景下我国高新技术企业自主创新发展之路，《中国科技产业》杂志社组织编辑出版了《高新技术企业自主创新之路》专辑。这是一本以高新技术企业自主创新案例为主，记录我国优秀高新技术企业发展历程的重要资料，旨在反映和总结我国高新技术企业提高自主创新能力，促进产业结构升级、发展方式转型，推动区域经济发展的经验和成果。

我国高新技术企业的发展已呈现出了良好的态势，未来必定会有更加广阔的发展空间。在国家有关政策的引导和支持下，只要坚持解放思想、求真务实、改革开放创新，只要坚持走以全球市场为导向，以企业为主体、产学研结合，自主创新的道路，促进高新技术产业的区域集聚，鼓励创新创业人才的合作，科技创新与体制管理创新的结合，我国高新技术产业发展一定会出现一个全新的局面。我希望《高新技术企业自主创新之路》专辑的出版能对业内读者有所启发，同时也希望专辑中企业自主创新的成功经验能对其他高新技术企业的发展起到有益的启示。

提升知识产权水平　自主创新应对挑战*

各位来宾，女士们，先生们，朋友们，大家上午好！

很高兴参加中国知识产权高层论坛。首先，我对论坛的召开表示祝贺，对出席论坛的国内外嘉宾表示热烈的欢迎！这次论坛的主题是“挑战·合作·发展”，在当前的国内外背景下，我们共同探讨如何充分发挥知识产权的作用以应对挑战，谋求合作与发展，非常及时和必要。

当前，国际金融危机还在进一步蔓延和深化，全球经济面临严峻挑战。世界各国开始重新审视传统的经济发展模式。大量耗费不可再生自然资源和破坏生态环境的传统发展模式将难以为继，无法支撑包括中国在内的发展中国家走向现代化的进程。必须依靠创新探索新的发展模式，充分开发利用科学技术等知识资源，走资源节约、环境友好的“绿色”发展之路，才能走出危机，实现协调可持续的发展。在这一过程中，知识产权制度保护并激励创新的作用将进一步彰显。

同时，我国正处在发展方式转变、经济结构调整的关键时期。中国要尽快调整经济结构、转变发展方式，迫切需要把包括科技、文化在内的知识资源作为中国经济社会发展的基础性、战略性资源。随着中国深入地融入世界经济之中，中国对知识产权制度的认识更加深化。我们已经充分认识到，知识产权是决定经济发展的战略性资源，知识产权制度是激励创新、推动经济发展方式转变的基本保障。面向未来，谁占有知识产权，谁就占有竞争的先机，谁就会得到合理的回报。

为此，中国不断加大知识产权工作力度，并在知识产权领域取得了巨大成就。改革开放 30 年来，我们建立了涵盖各个领域并与国际通行规则相协调的，比较完备的知识产权法律法规体系。我们行之有效地采取了“行政执法和司法保护”两条途径并行运作的保护模式，依法惩治侵犯知识产权的违法犯罪行为，保护权利人的合法权益。我国知识产权拥有量持续快速增长，专利、商标、版权等知识产权对经济发展的贡献日益显著。越来越多的普通民众远离侵权盗版产品，越来越多的企业更加充分地认识到知识产权和品牌的重要性，拥有知识产权的品牌产品越来越多，全社会的知识产权意识明显增强。

从 2005 年开始，中国将知识产权工作提升到国家战略的高度加以部署。2008 年 6 月

---

* 本文为 2009 年 4 月 24 日在北京举行的“2009 年中国知识产权高层论坛”上的致辞。

5 日，国家颁布《国家知识产权战略纲要》。今年的政府工作报告强调要实施科教兴国战略、人才强国战略、知识产权战略三大战略。为此，我们将持续加大科技和文化投入，加快人才培养，加大对自主创新的支持力度，调整完善知识产权制度，大力提高知识产权的创造、运用、保护、管理水平，为知识资源的创造与运用提供持续的动力机制和有力的环境支撑。

知识产权战略是自主创新的环境保障。国家知识产权战略的核心内容是完善知识产权制度。在履行国际义务的前提下，根据我国国情，要通过扎实努力，进一步完善中国特色的知识产权法律法规、体制机制和相关政策，建设平衡有效的知识产权制度，为全社会营造良好的创新环境，促进知识产权创造、运用、保护和管理能力的全面提升。

一是积极推进国家知识产权战略的实施。政府各部门根据《国家知识产权战略纲要》的整体部署，加强统筹协调。从完善知识产权制度、促进知识产权创造和运用、加强知识产权保护、防止知识产权滥用、培育知识产权文化五大方面采取措施，加大对基础设施的投入力度。通过调整和完善法律法规推进战略实施。加强对行业和企业的指导，推动区域、行业、企业制定并实施知识产权战略，发展一批具有知识产权优势的重点领域，培育一批具有知识产权优势的重点企业。

二是全面加强知识产权宏观管理。深化行政管理体制改革，进一步强化知识产权在经济、科技、文化和社会政策中的重要导向作用。运用财政、金融等各项政策，引导和支持市场主体创造并运用知识产权。促进创新成果的产权化、商品化、产业化。

三是提高知识产权公共服务水平。提高知识产权中介服务能力，依法建立诚信有效的管理制度。加大知识产权维权司法援助力度，积极开展举报投诉服务工作。积极构建知识产权信息平台。继续积极开展对国家重点行业、领域的知识产权战略分析和研究。

四是切实提高知识产权意识。建立政府主导、媒体支撑、社会公众广泛参与的知识产权宣传工作体系，在全社会形成尊重知识、崇尚创新、诚信守法的知识产权文化。

为应对金融危机，支持科学发展，迎接未来挑战，国家采取了一系列政策措施致力于优化创新环境。当前，企业作为市场主体身处危机前沿，怎样渡过难关并进一步壮大，不仅关系企业自身，也与我国调整产业结构、转变经济发展方式的整体部署息息相关。这场危机实际上也促成了行业产业结构的调整，为我国加快向国际产业链高端迈进提供了难得的时机。市场主体唯有坚持创新合作，实施技术改造，培育和形成新的技术优势，尽快将其提升为知识产权优势，保护并运用好创新成果，才能在这次全球金融危机引发的浪潮中转危为机，做好、做大、做强，才能经受住风浪的考验，才能实现建设创新型国家的战略目标。

朋友们！今年是新中国成立 60 周年，是中国政府克服国际金融危机的不利影响，促进经济平稳较快增长的关键之年，也是中国政府积极应对知识产权工作面临的新形势、新机遇，全面推进知识产权战略实施的关键之年。让我们携手共进，尽最大努力迎击困难和挑战，为实现我国经济平稳较快发展贡献力量！

最后，祝这次论坛取得圆满成功！

把握创新发展方向　建设创新型国家*

中国的现代化是人类现代化进程中的大事件、大变革。新中国成立60年特别是改革开放30年来，我国经济社会发展取得了举世瞩目的成就，国际地位显著提升，科技在推进现代化建设和维护国家安全中做出了重要的历史性贡献。要让十三亿人过上更高水平的小康生活，实现中华民族的伟大复兴，迫切需要用创新的思维谋划未来发展，发挥中华民族的聪明才智，走出一条中国特色创新发展道路。

2006年，国务院颁布实施《国家中长期科学和技术发展规划纲要（2006—2020年）》，明确提出到2020年进入创新型国家行列的宏伟目标，并从经济、社会和科技发展全局出发，做出了一系列战略部署，领导全国人民迈开了建设创新型国家的步伐。几年来，我国自主创新能力已经显著提升，创新支撑经济社会发展的作用不断增强。实践证明建设创新型国家是一项伟大而艰巨的任务，是一项系统工程，涉及政治、经济、社会、科技、教育和文化等各个方面，需要把握创新发展方向，加快推进创新型国家建设。

一是要深化对创新型国家内涵的认识。准确把握创新型国家的内涵是建设创新型国家的基本前提。要把握创新型国家发展驱动力的演进，把握创新型国家“创新体系健全、创新效率高、创新效益好、创新环境优良”等特征，并在实践中总结深化和不断丰富对中国特色创新体系特点、规律和动力的认识，提出建设创新型国家的新思路和新举措。

二是要建设运转高效的国家创新体系。企业是技术创新的主体，高等院校和科研院所是知识创新的主体。未来相当长一段时间内，我国需要大力提升各主体的创新能力，尤其是要尽快提升企业的创新能力。同时，要大力破除产学研合作的体制机制障碍，促进经济、科技和教育的紧密结合，形成各司其职、适度交叉、开放合作、创新奋进的创新格局。

三是要切实提高创新的投入产出效率。合理配置创新资源是提高创新效率的基础。要加强科技发展战略研究，把握科技发展方向，加强科技能力建设的远中近纵深布局，引导社会资源将有限的创新资源配置到最需要、最有效率的地方。同时要切实改革科技评价制度，用正确的导向引导创新活动的方向，提高创新活动的效率。

四是要提高自主创新的经济效益与社会效益。面对日趋激烈的国际竞争局面和国内人

---

* 本文为《2009中国创新发展报告》一书的序言，该书于2009年由科学出版社出版。

口资源环境等约束，我国必须立足基本国情，着力提高自主创新能力和经济效益与社会效益，着力推进创新产业和战略性新兴产业发展，着力推进产业结构优化升级，着力解决生命健康、生产生活安全等重大民生问题，转变发展方式，为建设富强、民主、文明、和谐的社会主义现代化强国提供有力支撑。

五是要大力营造创新友好的发展环境。要加强国家自主创新政策研究和实施情况监测，不断优化完善相关的法律法规和政策，加强执法监督，加大财税、金融、政府采购等政策支持和知识产权保护力度，形成支持创新、激励创新和保护创新的社会文化环境，加速创新要素向企业集聚，分担和降低企业自主创新风险，引导全社会走中国特色创新发展道路。

研究出版《中国创新发展报告》，是监测创新型国家建设进程，识别突出问题的一次有益尝试。希望中国科学院创新发展研究中心不断深化对建设中国特色创新型国家规律的认知，不断深化对我国国情的研究和认知，不断深化创新发展和创新能力演进的动力机制研究，为提高国家自主创新能力做出更大贡献。

《中国现代化报告 2010》序言*

世界正处于新科技革命的前夜，新的历史机遇正向我们走来。这场革命将和现代史上的前几次科技革命一样，大幅度改变世界的产业结构和现代化进程。围绕新科技革命，一场占领未来发展制高点的新的国际竞争正在全面展开。拥有十几亿人口的中国的现代化是人类文明史上的大事件。能否抓住新科技革命的历史机遇，全面提升国家创新能力和国际竞争力，走知识创新、资源节约和环境友好的创新型绿色智能的发展道路，将影响我国的现代化进程。

一般而言，现代化既是人类文明的一种深刻变化，也是一种国际竞争。在过去的三个世纪里，世界现代化取得了巨大进展，积累了丰富的经验和知识。在世界现代化进程中，中国是一个后发型国家。中国现代化的起步大约比先行国家晚了一百年。学习和借鉴先行国家的知识和经验非常重要，但不可能重走先行者的老路，因为两者的国际环境和自身条件有很大差别。在新机遇来临的时候，清醒认识和战略判断非常重要。归纳总结世界现代化的事实和经验，科学地展望它的未来，对于我们做出正确判断无疑是有帮助的。

《中国现代化报告》已经走过九年历程，今年的报告是第十本报告。今年的报告以世界现代化为研究对象，以世界现代化概览为报告主题，通过概要分析世界现代化的历史进程、基本原理和未来前景，为我们勾画了一幅世界现代化的数字化素描。报告主题名为概览，实则内涵非常丰富。首先，采用过程分析、时序分析、截面分析和情景分析相结合的方法，分析了世界现代化的 300 年历史和 21 世纪的可能前景，归纳了 20 个客观事实和 10 个历史启示等。其次，系统介绍了现代化研究的历史演变和世界现代化的科学原理，包括 20 个基本知识和 10 个理论流派等。其三，简要分析了中国现代化的历史和前景，归纳了 20 个基本事实和 10 个重要启示等。其四，完成 2007 年世界 131 个国家和中国 34 个地区现代化的定量评价等。这些知识和经验无疑是有意义的，对于我们把握机遇和科学决策有重要参考价值。

十年树木，百年树人。经过十年的努力，现代化研究取得了一批成果。希望大家再接再厉，继续为我国社会主义现代化建设和实现中华民族伟大复兴的目标做出更多的创新贡献。

---

* 本文是 2009 年 11 月 20 日为《中国现代化报告 2010》一书的序言，该书于 2010 年由北京大学出版社出版。

迎接新科技革命挑战　引领和支撑中国可持续发展*

委员长、各位副委员长、秘书长、各位委员：

根据全国人大常委会办公厅的安排，我今天讲的题目是“迎接新科技革命挑战，引领和支撑中国可持续发展”。

一、世界处在新科技革命前夜，各国更加重视科技创新

当今世界，经济竞争、社会进步、人民富裕和国家安全都高度依赖科技创新。科技已经成为推动引领经济社会发展的主导力量和保障国家安全的核心要素。近现代史表明，科技的重大创新与突破，都会极大地提高社会生产力，乃至改变社会生产方式、人的生活方式，进而改变世界政治经济格局。以大规模耗用自然资源和破坏生态环境为代价的发展模式难以为继，化石能源①、原材料价格大幅攀升，环境和全球气候变化等问题日趋严峻，强烈呼唤着科技创新与新的科技革命。2008年国际金融危机以来，世界主要国家都更寄希望于科技创新，培育战略性新兴产业，加速产业优化升级，抢占新一轮国际竞争的先机和优势。

1. 科技革命源于科技创新突破，源于需求的推动

科学技术具有内在的革命性。科学革命往往源于现有理论与实验观察之间的矛盾，发端于提出理解自然的新观念和观察自然工具的新发明，是科学思想的飞跃、研究范式的变革、知识体系的新拓展。技术革命则源于人类对生存发展方式的新探索和对生产力发展的新追求，往往发端于实践经验的升华、工具与方法的重要发明和科学知识与理论的创造性应用，是人类生存发展手段的变革、利用和适应自然能力的跃升和技术范式的新发展。20世纪以来，科学与技术的联系更加紧密，相互依托，相互促进，并表现为某些领域率先突

---

* 本文为2010年2月26日第十一届全国人大常委会专题讲座第十四讲讲稿。

① 煤、石油、天然气是由古代生物的化石沉积而来，所以称为化石能源。化石能源属不可再生能源，是目前全球最主要的能源。化石能源的大规模开发利用奠定了现代文明的基础，但化石能源的枯竭是不可避免的，同时带来了严重的生态环境问题。

破，进而引发其他领域群发创新、新兴交叉领域不断涌现的特征。

科技革命源于人类发展需求的强大推动。包括中国在内的全球 20 亿—30 亿人口追求小康生活和实现现代化，是人类历史上前所未有的大事件、大变革，这将为全球科技创新和文明进步注入前所未有的动力与活力，也对全球资源供给能力和生态环境承载能力带来了新挑战。传统的发展方式不可持续，必须创新生产与生活方式，走科学发展道路。人类现代化进程强烈呼唤新的科技进步与革命。

全球性经济危机往往催生重大科技创新和革命。经济危机是社会生产、分配、消费失衡和矛盾日益尖锐的产物，一些传统产业产能过剩，新兴产业应运而生。为了克服危机，社会对科技创新的需求更为迫切，创新投入增加，创新战略导向更加明确，从而加快科技革命的到来。例如，1857 年的世界经济危机加快了以电气革命为标志的第二次技术革命，1929 年的世界经济危机以及第二次世界大战引发了以电子技术、航空航天和核能等技术突破为标志的第三次技术革命。

科技革命催生产业革命，并引发社会重大变革。19 世纪初电磁感应现象的发现、麦克斯韦方程组的建立①，成为电气革命的知识基础，电机电器相继发明，进而发展出电力电气等新兴产业，人类进入电气时代。20 世纪初，量子力学的建立，半导体物理和材料的进展，现代计算机理论模型的提出等，成为电子信息技术的科学基础，发展出电子信息、计算机等新兴产业，人类进入电子信息时代。展望未来，以能源、材料、信息与生物为核心的新科技革命，将引领人类进入绿色、智能和可持续发展的新时代，为生产力发展打开新的空间，催生战略性新兴产业，推动全球产业结构的新变革。

2. 科技革命发生的领域和方向

准确预见科技革命何时、何处发生是困难的，但也并非无迹可寻。从资源与需求面临的挑战看，以下领域和方向将最有可能发生重大科技创新突破。

（1）在能源与资源领域，人类必须转变无节制耗用化石能源和自然资源的发展方式，迎来资源节约、高效、清洁、可循环利用的时代。这要求在一些基本科学问题上取得突破。例如，先进可再生能源和核能的开发，高效制氢与存储技术，不可再生资源的高效、清洁和循环利用，水资源高效利用及清洁循环，生物资源开发利用，深部地球、海洋和空间资源的开拓等。

（2）在信息领域，无论是集成电路、存储器、计算机还是互联网等现有信息技术，都将遇到难以继续发展的障碍，呼唤信息科技新的突破，如新的网络理论，网络云计算②，网络安全与智能管理，人机交互与语言文字图像的智能处理，海量数据挖掘与管理，自旋

---

① 电荷产生电场，流动的电荷产生磁场。后来，人们发现处于变化的磁场中或者在磁场中运动的导体上能产生电压，这个现象称为电磁感应现象。大约在 1861 年英国科学家麦克斯韦以微分方程的形式写出了电场、磁场之间以及同各自的源，即电荷和电流之间的关系，称为麦克斯韦方程组。该方程组系统而完整地概括了电磁场的基本规律，并预言了电磁波的存在。对麦克斯韦方程组的理解导致了对光的本性的深刻认识和狭义相对论的产生。

② 用于描述平台以及应用程序类型的一个术语。云计算平台可以根据需要，动态地提供、配置、重新配置以及取消提供服务器。“云”中的服务器可以是物理机器，也可以是虚拟机器。高级的“云”通常包括其他计算资源，如存储区域网络、网络装置、防火墙及其他安全设备。云计算也指那些经过扩展后可通过互联网进行访问的应用程序。

电子、量子、分子器件①，光电子、量子、基因计算②等。

(3) 在先进材料与制造领域，未来30～50年，能源、信息、环境、人口健康、重大公共工程等对材料和制造的需求将持续增长，先进材料和制造向全球化、绿色化、智能化方向发展，制造过程将更加清洁、高效和环境友好。新的突破可能发生在：绿色、智能材料结构与性能设计，制备过程精确控制及全寿命成本控制，极端条件下材料结构和性能演化规律，近终尺寸形貌加工③以及材料器件一体化等。

(4) 在农业领域，将进入生态、高效、可持续的时代，在保障食物安全功能的同时，农业还将担负起缓解能源危机、提供多样需求和保护生态环境等使命。这要求在一些基本问题上取得突破，如，生物多样性规律，高效、优质、抗逆农业育种的科学基础与方法，营养、土壤、水、光、温与作物相互作用机理和精准控制方法，耕地可持续利用的科学基础，农业对气候变化的响应，健康食品的科学基础等。

(5) 在人口健康领域，全球人口在21世纪中叶可能达到90亿—100亿，人类必须控制人口增长，提高人口质量，保证食品和生态安全，防治重大流行病，并将关口前移，走一条低成本、普惠保健之路。这要求在一些基本科学技术问题上取得进展，如营养、环境、行为对人的生理心理健康的影响，基因遗传、变异与修复机理，疾病早期预测诊断与预防干预的科学基础，干细胞与再生医学④，生殖健康和早期诊断治疗，老年退行性疾病延缓和治疗的科学基础等。

(6) 一些重要基础科学也正孕育着重大突破。例如，对暗物质、暗能量⑤、反物质⑥的探测，将深化人类对宇宙和物质世界的认识。探索对构成物质的分子、原子和电子的精

---

① 电子除了有电荷以外，还有一个内禀的性质，即自旋。利用电子自旋这个特征来传递、存储、处理信息的电子学就称为自旋电子学。量子器件是利用量子效应工作的器件。分子器件是基于有机分子/有机材料的光电信息功能器件。相对于无机半导体器件，分子器件的构建方法简单，可以柔性化、多功能化、更加小型化，容易剪裁和调控。因此，分子器件具有广阔的应用前景，科学家预示分子器件将在下一代电子工业中发挥重要作用。

② 光可以激发固体中的电子到高能量状态，反过来电子从高能量状态回到低能量状态可以发射光子。用于光的产生、探测、操控等目的的电子学器件就是光电子器件。研究和利用这类器件的电子学就是光电子学。量子是对拉丁语 *quantum*（多少）的翻译。量子力学研究当体系的作用量接近作用量单位（普朗克常数）时所表现的特殊行为。量子的特性体现在分立性上，同连续性的存在相区别。量子力学的处理问题方式已经贯穿了整个物理学，并扩展到了物理学之外。基因计算是受生物进化过程启发发展起来的一种进化性算法，用于为解决搜索、优化、机器学习等方面任务的编程。

③ 近终尺寸形貌加工是一类比较先进的工业加工技术，使初始制造产品如铸件、锻件等非常接近其最终所需要的形状，这样可以减少传统的表面加工如车削和磨削的工作量，从而大大节约加工成本。

④ 干细胞是一类具有自我更新和多向分化潜能的细胞，在一定条件下可以分化为多种机体功能细胞。干细胞因其高度“可塑性”，在细胞替代治疗、组织工程、组织器官移植、新药筛选及生殖遗传工程方面具有巨大应用前景和价值，已成为生命科学研究领域中的热点。再生医学是通过机体自身的具有修复功能的干细胞，或植入具有多向分化潜能的干细胞、功能组织与器官来增强、修复和替代人体内老化、受损、病变和有缺陷的组织与器官，以重建和恢复受损组织的正常结构与功能，达到治疗重大疾病的目的。

⑤ 暗物质是指具有质量但不会和光发生任何作用的物质。暗能量是指充满宇宙空间，使宇宙膨胀加速、具有负压力的能量。按照现有理论，宇宙的总体物质—能量组分中，暗能量是主导成分，约占74%，暗物质约占22%。暗能量的发现是20世纪宇宙学乃至物理学最主要的发现之一。暗能量和具有正常引力作用但基本不参与电磁作用的暗物质一起，构成了今日宇宙中96%的物质和能量，决定着宇宙整体的演化。

⑥ 在粒子物理学里，反物质是反粒子概念的延伸，反物质是由反粒子构成的。物质与反物质的结合，会如同粒子与反粒子结合一般，导致两者湮灭，且因而释放出高能光子（伽马射线）或其他能量较低的正反粒子对。反物质无法在自然界找到，除非是在稍纵即逝的少量存在的情况下出现（如因放射衰变或宇宙射线等现象）。

确调控，进而在光/电/热转化、光合作用与光催化①，能量、信息的储存、传输、处理等领域实现新突破。合成生物学②的出现打开了从非生命的物质向人造生命转化的大门，为探索生命起源和进化开辟了新途径。人类将不断深化对脑和认知的探索，一旦突破，将导致科学思维方法的创新，进而推动认知科学、教育学、心理学、信息与计算科学的革命。

3. 为新科技革命做好准备，是把握未来的战略选择

发达国家为保持其科技与经济的领先地位，抓住科技革命和产业发展的新机遇，都在积极谋划未来。选择重点领域，增加创新投入，抢占未来科技和产业制高点。

2009 年 4 月，奥巴马在美国科学院的演说中指出，20 世纪，美国之所以领导了世界经济，是因为美国领导了世界的创新。他提出要重塑美国科技的领先地位，为未来 50 年繁荣奠定基础，并承诺将研究和开发（R&D）投入提高到 GDP 的 3%。同年 9 月，美国政府出台《美国创新战略：推动可持续增长和高质量就业》（*A Strategy for American Innovation*：*Driving Towards Sustainable Growth and Quality Jobs*），阐释了清洁能源、电动汽车、信息网络和基础研究等领域的新战略。

2008 年年底，欧盟举行首届创新大会，提出依靠创新克服金融危机、拉动经济增长，各国共同融资成立欧洲创新基金，支持中小企业和科研院所创新。

2009 年，为应对全球经济衰退，日本政府紧急出台“数字日本创新计划”，力图促进绿色、智能等新兴产业发展。

中国必须为新科技革命做好充分准备。胡锦涛同志最近明确指出，我们必须紧紧抓住新一轮世界科技革命带来的战略机遇，更加注重自主创新，谋求经济长远发展主动权，形成长远竞争优势，为加快经济发展方式转变提供强有力的科技支撑。温家宝总理在新兴产业发展座谈会上强调，发展战略性新兴产业是我们立足当前渡难关、着眼长远上水平的重大战略选择。面对新形势、新挑战、新机遇，中国必须大力提升科技创新能力，在新科技革命和国际科技经济竞争中，赢得先机，占据主动，实现跨越发展。

二、突破关键核心技术，提高我国产业竞争力

国际金融危机加快了全球产业结构调整，一批战略性新兴产业快速崛起，全球科技与产业竞争更加激烈。在世界多极化、经济全球化深入发展的同时，贸易保护主义、绿色壁垒、技术壁垒更加突出，知识产权成为赢得竞争优势的重要手段。利用发达国家产业转移，以市场、资源换取技术的发展模式将遇到困难；依靠跟踪模仿难以实现建设创新型国家战略目标。要从经济大国走向经济强国、从制造大国走向制造强国，必须提高自主创新

---

① 光合作用指植物、藻类利用叶绿素和某些细菌利用其细胞本身，在可见光的照射下，将二氧化碳和水（细菌为硫化氢和水）转化为有机物，并释放出氧气（细菌释放氢气）的生化过程。光催化是研究物质因受光的影响而产生催化效应的一个学科。光催化过程指在光催化剂存在时，由光照射（激发）引起的化学反应过程。

② 合成生物学指在基因组技术为核心的生物技术基础上，以系统生物学思想为指导，综合生物化学、生物物理和生物信息技术，利用基因和基因组的基本要素及其组合，设计、改造、重建或制造生物分子、生物体部件、生物反应系统、代谢途径与过程乃至具有生命活力的细胞和生物个体。

能力，着力突破产业关键核心技术，加快产业结构优化升级，提高产业的国际竞争力。

我国积极应对国际金融危机冲击，推出了扩内需、保增长、惠民生、调结构、抓改革、促创新的有力举措，培育发展战略性新兴产业成为共识。“十二五”期间，国家一方面要继续实施十大重点产业调整和振兴规划，实施国家中长期科学和技术发展规划纲要，促进产业结构的调整和优化；另一方面，要选择若干重点领域，制定战略性新兴产业发展规划，组织产学研力量，加强自主创新，前瞻部署关键核心技术攻关，加快使战略性新兴产业发展成为先导支柱产业。

1. 能源产业技术领域

能源产业技术具有投资大、周期长、集成度高的特点。要从发展绿色、循环经济，实现自主减排目标出发，着力发展节能减排和低碳技术，提高能源利用效率，大力发展节能建筑、轨道交通和电动汽车技术，根据我国资源实际，加强煤的清洁高值综合利用、煤转天然气和煤制重要化学品技术研发。从调整能源结构、建设可持续能源体系目标出发，在大力发展可再生能源与先进核能等清洁能源的同时，加快专项技术研究和系统集成，构建覆盖城乡的智能、高效、可靠的电力网体系。

2. 信息产业技术领域

信息科技和产业是我国经济发展的战略基础和引擎。要以应用为牵引，创新信息产业技术，以信息化带动工业化。依托信息技术与基础设施，促进现代服务业和现代文化产业发展。以建设信息和知识为重要资源与要素的信息社会为目标，继续发展和普及互联网技术，加快部署发展物联网①技术，并促进两者融合。重视网络计算和信息存储技术开发，加快相关基础设施建设，着力改变我国信息资源行业分隔、部分网络信息存储在外的局面，促进信息共享，保障信息安全。

3. 材料产业技术领域

材料是工业社会的基础产业。我国一方面要加快推进钢铁、有色、水泥、玻璃、高分子等材料产业调整结构，提高产品技术标准，降耗减排；另一方面，要从我国资源特点与发展需求出发，加快发展先进轻结构材料与复合材料、功能材料等，加快发展电子信息材料、器件与系统技术。改变传统发展思路，重视材料的环境友好性、可再生循环性和制备使役全过程中的节能减排特性等，建设强大的材料创新能力和材料工业体系，加快从材料大国转变成为材料强国。

4. 生物产业技术领域

生物技术与产业是绿色经济的重要支柱。我国生物资源丰富，市场宏大，发展空间巨

---

① 物联网：指在物理世界的实体中部署具有一定感知能力、计算能力和执行能力的各种信息传感设备，通过网络设施实现信息传输、协同、控制和处理，从而实现广域或大范围的人与物、物与物之间信息交换需求的互联。互联网主要解决人与人之间的通信，而物联网则主要实现人与物、物与物之间的通信。物联网的基础设施在一定程度上与互联网重合，但从应用角度看，物联网大大扩展了互联网的应用。

大。应着力发展先进育种技术，提高农产品的质量、产量和抗逆性[1]；研发推广节约资源、减少面源污染、农业废弃物资源化利用等技术；加强药物研发，形成以创新药物为龙头的生物医药产业链；推进工业生物技术的研发，发展生物制造[2]产业，使我国成为生物产业强国。

三、面向未来，前瞻部署，引领和支撑我国可持续发展

在全面建设小康社会、实现现代化的历史进程中，我国既面临着新科技革命和新兴战略产业兴起的难得机遇，又面临着能源资源、生态环境、人口健康、空天海洋、传统与非传统安全等挑战。能否面向未来，前瞻部署，加速提升自主创新能力、建设创新型国家，引领和支撑经济社会可持续发展，将影响决定我国现代化建设的进程。

（一）依靠科技创新，构建支撑持续发展的战略体系

一是构建可持续能源与资源体系，大幅提高能源与资源利用效率，大力发展战略性资源的大陆架和地球深部勘探与开发，大力发展新能源、可再生能源与新型替代资源。

二是构建先进材料与绿色、智能制造体系，加速材料和制造技术绿色化、智能化、可再生循环的进程，加快材料与制造业产业升级。

三是构建普惠泛在的信息网络体系，发展智能宽带无线网络、网络超级计算、先进传感与显示和软件技术，走普惠、可靠、低成本的信息化道路。

四是构建生态高值农业和生物产业体系，发展高产、优质、高效、生态农业，保证粮食与农产品安全，促进农业产业结构升级和生物产业发展。

五是构建普惠健康保障体系，推动医学模式由疾病治疗为主向预测、预防为主转变，将当代生命科学与我国传统医学优势相结合，发展中国特色的先进健康科学体系和普惠的医疗保健体系。

六是构建生态与环境保育体系，提升生态环境监测、保护、修复能力和应对全球气候变化的能力，提升对自然灾害的预测、预报和防灾、减灾能力。

七是构建空天海洋能力拓展体系，提升空间科学技术探测能力和对地观测及信息应用能力，提高海洋探测及应用研究能力和海洋资源开发利用能力。

八是构建国家与公共安全体系，发展传统与非传统安全防范技术，提高监测、预警和应对能力。

---

① 抗逆性：指生物具有的抵抗不利环境的某些性状，如抗寒、抗旱、抗盐、抗病虫害等。生物受到胁迫后，一些被伤害致死，而另一些虽然生理活动受到不同程度的影响，但它们可以存活下来。如果长期生活在胁迫环境中，通过自然选择，不利性状不断被淘汰，有利的性状被保留下来并不断加强，形成对某些环境因子的适应能力，采取不同的方式去抵抗各种胁迫因子。

② 生物制造：指运用现代制造科学和生命科学的原理与方法，通过单个细胞或细胞簇的直接或间接的受控三维组装，完成具有新陈代谢功能的生命体的成形制造，修复或替代人体病损组织和器官。生物制造属生物工程范畴，使传统制造摆脱了“无生命”的物理、化学模式，被赋予了“生命”，从而大大丰富了制造科学的内涵。

（二）前瞻部署，突破一批影响全局的战略性科技问题

在组织实施好16个重大科技专项的同时，要面向未来，前瞻部署，集中力量突破一批影响现代化全局的战略性科学问题与关键核心技术，抢占长远发展和未来产业竞争的制高点，实现创新驱动，支持科学、持续发展。

1. 影响我国国际竞争力的战略性科技问题

（1）“后IP”网络①的新原理新技术研究和试验网建设。在继承现有互联网开放、共享的基础上，创新未来网络体系结构，突破低成本、高效、普惠、安全、可管理的网络服务核心技术，使我国在未来网络升级换代和信息社会的过渡中赢得优势。

（2）高品质基础原材料的绿色制备。通过揭示材料组分、结构与性能的关系，在节约资源能源和绿色低碳工艺、材料设计与工艺控制、材料循环与废料低成本回收、高值再利用等方面取得突破，使我国主要材料科技与产业达到国际先进水平。

（3）资源高效清洁循环利用的工业过程技术。通过揭示资源高效清洁利用、物质转化循环机制和工程优化放大原理，突破绿色工业过程核心技术，创建新工艺、新流程、新设备。建立满足发展需要、实现排放源头控制和资源循环利用的绿色工业过程体系。

（4）信息化智能制造系统。发展面向制造系统的传感技术、全球信息智能处理方法，创新全球信息空间下绿色、智能制造信息基础平台，形成新一代适应全球制造与服务的信息化绿色智能制造系统。

（5）艾级（10^{18}）超级计算技术。将为科学研究、工程技术、经济社会计算等提供强大支撑，实现虚拟现实与仿真、海量数据分析管理。但面临功耗、效率、易用性等三大挑战，需要原理上的突破和集成电路、体系结构与编程方法等方面的变革。要加快部署，使我国在该领域进入世界前列。

（6）农业动植物品种的分子育种。发掘动植物优势种质基因资源，克隆重要性状的功能基因群并阐明其作用规律，建立重要农艺性状分子育种模块，建立规模化、标准化、工厂化的分子模块育种技术体系和设施，使我国育种技术进入国际先进行列。

2. 影响我国可持续发展能力的战略性科技问题

（1）深部矿产资源勘探与开发。将为可持续发展提供物质基础。为此，需要揭示深部矿床形成的规律，突破深部矿物信息地球化学分析方法和物探技术，建立深部矿床的勘察评价方法和可视化模型，为深部矿勘探提供先进科学理论和技术，使我国主要区域地下4000米变得“透明”。

（2）新型可再生能源和智能电力系统。发展高效太阳能电池、新概念电池储能，突破塔式热电站系统技术、风电系统控制与变流技术、新能源并网耦合与分布式电网技术，建立吉瓦级风能和太阳能电站，形成太阳能、风能、生物质能等互补的可再生

① 后IP网络：现代互联网是基于TCP/IP协议通信的网络，已逐渐暴露出其在可扩展性、移动性、安全性、服务质量、可靠性等方面的本质性缺陷。目前发达国家已经开展了“从零开始”（clean slate）的革命式方法的互联网下一代研究，即后IP网络。正是基于此背景，温总理在2009年11月3日向首都科技界发表讲话时指出，要“及早部署后IP时代相关技术的研究”。

能源基地，发展高效、安全、可靠的智能电力系统技术，实现分布式热电系统和智能电力系统规模化。

(3) 深层地热[①]发电技术。地热能分为水热型和干热岩型，后者可开发热能可是前者的 1000 倍。要重点突破深层地热能储量评估技术、先进钻井和中低温工质地热发电等关键技术，开发利用干热岩型地热能，使之在我国能源结构中占有重要位置。

(4) 新型核能系统。积极发展核电是我国能源战略的重要内容。随着以铀-235 为燃料核电的规模发展，乏料处理和再利用成为重要课题。要从四方面为发展新型核能系统做好技术储备：发展安全高效的增殖反应堆；前瞻部署加速器驱动次临界系统（ADS）[②]，突破核心技术，建设次临界实验堆；我国铀贫钍丰，应加快部署钍基核能研究，掌握关键技术与系统集成，建设钍反应堆原型；继续重视核聚变研究。

(5) 海洋实时观测研究网络。建设天基、定位与机动观测、深海工作站及新一代海洋考察船，研发海洋基础数据库、海洋环境动力模型和综合信息处理系统，提高我国海洋资源开发、生态管理、航海安全和灾害预警能力，使海洋实时观测网络覆盖我全部领海和专属经济区。

(6) 干细胞与再生医学。是当今世界生命科学的热点领域，有望成为继药物、手术治疗之后的新治疗模式。需要认识干细胞更新的分子机制，突破干细胞繁殖的技术瓶颈，解决干细胞定向分化、重编程、免疫排斥、安全植入以及活体精确观测等关键科技问题。形成特色和优势，造福人民。

(7) 重大慢性疾病早期诊断与系统干预。是防治慢性疾病有效、经济的方法。需在监测重大慢性病发生发展的分子标记物、近人动物模型、中国人群的基因多态性及代谢特征等关键技术上取得突破，在基于中医药和营养科学的系统干预方法上取得进展。争取在重大慢性疾病的早期诊断与系统干预等方面走在前面。

3. 影响国家与公共安全的战略性科技问题

(1) 空间感知网络。建立探测监视、分析识别和预警预报空间目标、空间环境的技术系统。形成大尺度、全天候、高分辨率的实时空间感知网络。

(2) 社会计算与平行管理系统。社会计算主要是利用开源信息对社会态势进行模拟分析与实验，实现对社会可能事件的定性定量评估与预警决策。平行管理是利用社会计算，仿真事件发生过程，预测发展趋势，支撑突发事件应急管理和对重大政策时效的预评估[③]。构建可广泛应用的社会计算与平行管理系统。

---

① 深层地热：狭义上指地面以下 3—10 千米深部低渗透性岩体中赋存的热量，俗称“干热岩”地热能。广义上指采用人工制造热储的工程化技术（国外称为增强地热系统）开采的深部地热能。

② 加速器驱动次临界洁净核能系统（accelerator driven sub-critical system，ADS）的简称，它利用由加速器加速的持续不断的高能质子轰击重靶（比如铅）产生中子（与散裂中子源的原理相同，一个质子引起的散裂反应可产生几十个中子），并以此作为维持核反应所必需的中子来源。所驱动的核反应发生在包围散裂靶的次临界包层中，通过包层设计可实现嬗变核废料、输出能量和增殖核燃料等部分或全部目标。

③ 重大政策时效的预评估：指在重大政策执行前、针对政策可能的效果而开展的一种带有预测性质的评估，通常包括政策可行性分析、政策效果评估以及政策效果的远期发展趋势预测。

4. 可能出现革命性突破的基础科学问题

（1）暗物质与暗能量的探索。最新研究表明，人类科学知识能够描述和解释的物质仅占宇宙的4%，而暗物质和暗能量则分别占宇宙的22%和74%。应自主或合作建设若干探测研究暗物质和暗能量的关键实验装置，使我国科学家在这一重要基本科学问题研究中能有所作为。

（2）物质结构与性状调控。人类可以对分子、原子和电子实现调控，进而按需设计和合成新材料、调节粒子间相互作用、产生奇异物态。这将可能是人类对物质世界认识与调控的新飞跃。需要加紧部署利用新一代光源、先进中子源及各类极端条件实验装置，使在该领域的研究居世界前列，为信息、能源革命提供新的科学基础。

（3）人造生命与合成生物学。其核心问题是阐明生命特征、解析生命本质、合成人造生命，进而认识复杂生命体系分化演化规律，实现细胞编程的人工调控，创新生物技术。要前瞻部署，使在这一基本科学问题的研究上能有所突破。

（4）光合作用。是利用太阳能把二氧化碳和水等无机物合成有机物并放出氧气的过程。需要进一步阐明其高效吸收、能量传输转化的分子、量子机制，碳元素代谢网络及调控因子等。努力在基础研究、物种筛选改良、仿生技术①和工程化等方面取得重大进展。

5. 发展迅速的综合交叉前沿方向

（1）纳米科技。我国已与国际同步，下一步研究重点应是：在物质与生命科学领域，探索纳米尺度新现象与新效应，开拓新应用，促进纳米技术在信息、能源、制造、健康和环境等领域的应用等，保持竞争优势，支持产业发展。

（2）空间科学及科学卫星。是以航天器为工作平台，研究日地间、行星间和整个宇宙空间的天文、物理、化学及生命等自然现象及其规律的交叉科学，能引领带动空间技术发展，是重要战略高科技领域。应以科学目标为牵引，加快发展空间科学卫星系列，为建设空间强国提供新的知识源泉和科技支撑。

（3）数学及复杂系统研究。基本任务是寻找复杂系统的简洁规律。对象包括自然界、社会、工程、脑与认知等复杂系统，涉及数学、自然科学、技术工程学、经济、社会人文科学及其交叉领域。要在复杂性的本质认识和分析逻辑体系方面取得突破，为分析处理复杂系统提供新的科学方法。

四、加快国家创新体系建设，走中国特色科技创新道路

胡锦涛同志多次强调，要加快提高自主创新能力，推进国家创新体系建设，坚定不移走中国特色自主创新道路。当前，中国特色国家创新体系建设已取得重要进展，我国科技创新能力显著提升。但应当清醒地看到，我国科技工作仍以跟踪模仿为主，原创科学成就

---

① 仿生技术：指通过研究生物系统的结构和功能原理，并将这些原理和受生物启发的理念移植于设计和发展新型材料、发明性能优越的器件、装置和系统的技术。

和自主创造的关键核心技术还比较少，走出一条中国特色的自主创新道路，任务紧迫、责任重大。

纵观一些国家创新发展史，一般都经历从模仿到自主创新的转变，但这种转变不是自然发生的。那些成功实现转变的国家，都是从本国国情出发，主动探索转变的途径和方式。政府往往发挥主导作用，适时调整发展战略，完善法律制度，构建公平诚信、鼓励创新的市场环境、投融资环境和社会文化环境；优先改革发展教育，提高国民素质，培养凝聚创新创业人才；加大创新投入，前瞻部署科技发展战略和创新基础设施建设；引导扶持企业创新，改革体制机制，构建国家创新体系；促进国际交流合作，促进知识、人才、技术的流动和转化，提升创新动力与活力。

我国也正面临从跟踪模仿为主向自主创新的战略转变。由于国情、发展阶段和制度文化不同，我们应当借鉴但决不能简单照搬他国科技发展的体制与模式。既要面向世界、面向未来，更要从我国实际和现代化建设的需求出发，走一条符合规律、符合国情和时代的创新道路。

1. 坚持开放，有效利用全球创新资源

我国的发展得益于开放，我国科技的进步也得益于开放。面向未来，要以更加开放的心态对待人类创造的一切知识和技术，把有效利用全球创新资源作为自主创新的重要基础和起点，防止把自主创新异化为自我封闭，搞大而全小而全。要不断拓展全球视野和战略眼光，加强国际交流合作，坚持自主、合作、共赢，共创共享全球科技资源，培育具有强大创新能力和国际品牌的跨国企业。前瞻部署基础前沿研究，提升我国科学和技术的原创能力、集成创新能力和引进消化吸收再创新能力，大幅降低对外技术的依赖程度，在全球科技竞争合作中赢得优势和主动权。

2. 坚持以人为本，凝聚造就创新创业人才

将沉重的人口压力转化为取之不尽、富有创新活力的人力资源，是提升国家创造力的根本所在。中国的发展提供了世界上最为广阔多样的创新创业机会，要不断完善引进海外人才的政策举措，以公平、多样的发展机会和事业吸引、凝聚海外人才与智力。在创新实践中培养造就宏大的具有全球竞争力的创新人才队伍。用正确的价值观引导人才，用共同发展的理念凝聚人才，用创新的事业培养造就人才，用科学合理的方法评价人才。营造诚信和谐的学术环境和鼓励创新创业的文化环境，形成“让科技工作者更加自由地讨论、更加专心地研究、更加自主地探索、更加自觉地合作”的环境和氛围。尤其要关注青年人才培养，给予更大的关爱和支持，使他们在实践中增长才干，创造形成只要努力，人人可以成才，人人可以成就事业，创新人才辈出的局面。

要加快教育改革与发展。革除应试教育弊端，将创新教育作为素质教育的重要内涵贯穿于各级各类教育的全过程。尊重学校办学自主权，尊重教师学生主体地位，更新教育思想与方法，按照培养创新人才的要求改革课程设置、教学环节和教学内容，废止灌输式教育，转变为引导受教育者主动探索实践、思考学习的教育方式。改革教育评价机制，促进教育适应社会需求，提高质量，优化结构。建设人力资源强国。

3. 深化改革，解放创新活力，提升国家创新能力

改革一切束缚科技生产力发展和阻碍公平竞争的体制机制，充分发挥市场在科技资源配置中的基础作用。加大鼓励创新的税收、政府采购、金融、知识产权等政策的实施力度，引导支持企业投入研发，发挥技术创新主体作用，促进产学研结合和知识、人才、技术的流动与转化。完善产业技术创新政策，着力扶持重点产业、中小企业创新和战略性新兴产业发展。

加快建设科学研究与人才培养有机结合的知识创新体系，发挥国家科研机构的骨干和引领作用，发挥大学的基础和生力军作用。引导和支持国家科研机构从国家发展战略出发，着力开展定向基础研究、战略高技术创新与系统集成、重大公益性研究，培养创新创业人才；引导和支持大学做好培养人才这一中心工作的同时，积极开展基础前沿研究和社会服务。实现各创新单元功能互补、联合互动、形成合力，提升国家整体创新能力。

加大科技投入，逐步将 R&D 投入提高到 GDP 的 2.5%以上。中央政府的投入重点应是基础前沿研究、事关国家全局的战略科技领域和事关民生的公益性科技领域。地方政府科技投入应引导集聚创新要素，增强区域创新能力，提供创新公共服务，扶持中小企业，保护生态环境。

4. 坚持统筹协调，以管理创新促进科技创新

建立科学高效的科技宏观管理系统。明晰和调整各功能主体的职能定位。政府工作重点要集中到制定战略规划、优化政策供给、建设制度环境上，成为战略谋划和政策供给的主体；国家科研机构、研究型大学、部门行业与地方研究机构和企业是自主创新组织实施的主体。

加快建立完善分类管理的制度体系，对基础研究、战略高技术研究、社会公益性研究、技术服务与转化应用等采取不同的目标管理、资源配置、绩效评价和政策导向。

进一步改革科技评价奖励。强化原创导向，引导和鼓励原始科学创新、关键核心技术创新和系统集成，攀登世界科学高峰，占领世界产业技术的制高点。基础前沿研究应接受同行和历史检验，应用研究和技术创新应接受市场和应用的检验。强化需求导向，引导和鼓励科技创新与实际应用相结合，根本改变科技与经济社会发展两张皮现象，使得创新成果更好、更多、更快地得到转化与应用。

5. 完善法律体系，为创新提供保障

改革开放以来，围绕实施科教兴国、可持续发展和建设创新型国家等战略，我国科技立法全面推进，已颁布了科技进步法、促进科技成果转化法、科学技术普及法、专利法、农业技术推广法、计算机软件保护条例、植物新品种保护条例等法律法规，我们仅用 30 多年时间走过了发达国家百余年历程，基本实现了科技创新有法可依。同时，还应看到，有关科技创新的立法和法律实施工作尚需进一步完善与加强。

例如，要依法规范保障对科技创新的投入，确立科技投入占国家公共财政和 GDP 的比例，完善立法鼓励企业和社会多渠道对科技创新的投入；依法明确和保障各类创新主体

的职责和权益，促进企业真正成为技术创新的主体，促进成果转移转化，形成产学研紧密结合、分工协作的高效体制；重视科技进步对立法提出的新要求，应针对诸如信息安全、网络安全、转基因食品、人类基因保护、干细胞研究与应用、生物制品安全等，完善相关法律，保护公民和法人权益，促进科研和新兴产业健康发展；在完善知识产权相关法律和加大执法力度的同时，要依法打破信息、知识、创新公共资源的分隔和垄断，提高创新资源的公平共享程度等。

以上是我讲的主要内容。不妥之处，敬请批评指正。

致 2010 中国知识产权高层论坛的贺信*

在“4 月 26 日”第十个“世界知识产权日”即将到来之际，知识产权局、工商总局、版权局联合主办“2010 年中国知识产权高层论坛”。在此，我对本次论坛的召开表示热烈祝贺，对出席论坛的中外嘉宾表示诚挚欢迎！

保护知识产权，构建平衡有效的知识产权制度，是激励创新、推动经济发展和社会进步的需要，已成为各国共同关注的重大课题。此次论坛以“建立平衡有效的知识产权制度”为主题，十分重要，也非常有意义。我相信，此次论坛将对中国和全球的知识产权保护工作产生积极影响。

经过 30 多年的努力，我国在知识产权领域取得了巨大进步。知识产权保护法律框架基本建立，知识产权保护环境明显改善。我国知识产权拥有量持续快速增长，专利、商标、版权等知识产权对经济发展的贡献日益显著。《国家知识产权战略纲要》实施以来，中国知识产权事业更是进入了科学发展的新阶段，法律法规和各项制度不断完善，执法的力度不断加大，保护知识产权的良好氛围逐渐形成，越来越多的普通民众远离侵权、盗版产品，全社会的知识产权意识明显增强。

当前，无论是发达国家，还是发展中国家，都在探索如何更好地建设和完善知识产权制度，如何有效地利用其促进国家的发展和社会的进步。我们应当尊重各国国情，充分考虑各国所处的发展阶段、经济发展水平和可承受能力，兼顾各方利益，建立平衡有效的知识产权制度。中国愿同国际社会加强合作，相互学习，坚持不懈地推动知识产权保护工作。

希望与会嘉宾充分交流经验，共同研讨“建立平衡有效的知识产权制度”这一重大课题，增进共识，加强合作，共同推动知识产权保护工作，为建设创新型国家，为推动全球经济、社会和谐发展做出贡献。

预祝本次论坛取得圆满成功！

---

* 本文于 2010 年 4 月 12 日撰写。“2010 中国知识产权高层论坛”于 2010 年 4 月 20 日在北京召开。

在中国创新论坛之“走进山东”开幕式上的致辞*

各位来宾、女士们、先生们：

今天，以“科技创新、助推山东装备制造产业升级”为主题的中国创新论坛之“走进山东”在济南隆重开幕了。在此，请允许我代表主办单位之一——中国机械工程学会对论坛的召开表示衷心的祝贺，向出席本次会议的各位嘉宾表示热烈的欢迎和诚挚的感谢！

当前，我国正进入新的发展时期，加快产业结构调整、发展方式的转变，加快培育战略性新兴产业发展，实现中国经济、产业由大变强，实现绿色发展、智能发展、科学发展、和谐发展、持续发展，需要科技、管理和制度创新。全球科技也正处于革命前夜，全球金融危机引发的经济衰退将加快这一进程。世界各国比任何时候都更加重视科技创新，寄希望于科技，增加科技创新投入，力求保持其竞争发展的主动权。新技术转移、转化、传播、应用、扩散的周期也日渐缩短。在能源资源、信息网络、先进材料与制造、现代农业与生物技术、生态环境、人口健康等关系现代化进程的战略领域中，一些重要的科学问题和关键核心技术发生革命性突破的先兆已日益显现。绿色智能制造、物联网、云计算、全球网络服务、智能电网等技术的应用，正在改变着我们的生活方式和生产方式，这预示着全球的产业结构、制造业的发展方式和经济社会发展模式将发生新的变革。

我国要从经济大国走向经济强国、从制造大国走向制造强国，必须加快提高自主创新能力，着力突破关键核心技术，加快产业结构优化升级，转变发展方式，发展战略性新兴产业，培育自主创新、跨国经营企业和全球著名品牌，提高国际竞争力。近年来，中国机械工程学会致力于推动制造业的科技创新、人才培育，加强为制造业企业服务，引导相关企业集聚发展，促进更多的中国企业依靠自主创新成长为国际著名企业，制造出更多的国际品牌产品。今天的创新论坛也正是在这样的背景下召开的。

在当前国际大环境下，要把我国的装备制造业做强，应着重考虑以下几个方面。

---

* 本文为2010年6月20日在山东省济南市举行的“中国创新论坛”之“走进山东”开幕式上的致辞。

一、 将提升自主创新能力作为制造业竞争的战略基点

2009 年中国制造业在全球制造业总值中占比已达 15.6%，成为仅次于美国的全球第二大工业制造国，但我国的自主创新能力与发达国家尚存一定差距。从研发投入看，我国装备制造业的研发投入与装备制造业强国仍存在很大差距。美、日、德等装备制造业强国的研发投入占销售收入的比重总体都在 3%以上，其中日本装备制造业研发投入占比已超过 4%，远远高于我国装备制造业 1.4%的水平。从发明专利授权看，1985—2008 年，我国单位或个人在装备制造业九大领域（电力装备、石化装备、冶金装备、仪器仪表、机床、工程机械、煤炭机械、农用机械和环保装备）发明专利授权比例为 1∶3.5，与国外的 1∶2.4 的比率仍有一定的差距。因此，大力推进科技创新，以加速产业升级、增强核心竞争力，实现制造业的可持续发展是需要抓紧研究并着力解决的重要课题。

发达国家为保持其科技与经济的优势地位，抓住科技革命和产业发展的新机遇，都从战略高度谋划未来，选择重点领域，增加创新投入，提升自主创新能力，抢占未来科技和产业制高点。2009 年 9 月，美国政府出台的《美国创新战略：推动可持续增长和高质量就业》（*A Strategy for American Innovation* ：*Driving Towards Sustainable Growth and Quality Jobs*）列明了清洁能源、电动汽车、信息网络和基础研究新战略。2008 年年底，欧盟举行首届创新大会，支持中小企业和科研院所提升创新能力。2009 年，日本政府出台“数字日本创新计划”，并借此促进绿色、智能等新兴产业发展。我国也要选择若干重点领域，制定战略性新兴产业发展规划，组织产学研力量，开展具有前瞻性的关键核心技术攻关，使战略性新兴产业加快发展成为先导支柱产业，特别要重视能源资源、材料与先进制造、信息网络、生态环境、人口健康等领域的创新发展。

二、 全面促进绿色产业发展

为应对全球能源资源、环境生态和全球气候变化的挑战，必须重塑全球产业结构，绿色产业、循环经济、低碳技术等将引领产业发展方向和技术标准的革新。各国争相制订节能减排、清洁和可再生能源、绿色发展、智能发展、低碳发展战略。欧盟制订了《欧洲战略能源技术计划》（*European Strategic Energy Technology*，2007），美国出台了《美国清洁能源和安全法案》（*American Clean Energy and Security Act*，2009 ），英国发布了《英国低碳转型计划：国家气候和能源战略》（*UK Low Carbon Transition Plan—National Strategy for Climate and Energy*，2009）白皮书，德国制订了“国家高技术战略”框架下的气候保护高技术战略，日本推出“21 世纪环境立国战略”，韩国绿色新政确立低碳增长战略等。可以肯定，我国即将制订实施的“十二五”规划，将充分体现创新发展、绿色发展、智能发展、科学发展、和谐发展、可持续发展的特点，将进一步推进实施在改革开放环境下的自主创新战略、人才强国战略、知识产权战略，促进以市场为导向、以企业为主体、产学研紧密结合的技术创新体系建设，快速提升企业技术创新能力和自主知识产权，促进先进技术转化应用。通过法律、政策和技术标准引领绿色工艺和产品，全面促进

绿色产业发展。在装备制造业领域，要发展绿色智能制造装备及配套部件，支撑和带动能源装备、交通运输、信息网络、生物医药、节能环保等先进装备制造及绿色再制造和循环经济的发展，构建起具有中国特色的绿色化、智能化和可持续发展的绿色智能制造体系。

三、 发展智能制造为特征的高端制造业

高端制造产业是衡量一个国家综合竞争实力的重要标志。高端装备制造是高端制造产业发展的核心和关键，积极抢占高端装备制造领域也是发达国家谋求世界工业强国地位的战略重点。我国发展高端制造产业，要坚持全球需求牵引，在着力推动钢铁、有色、石化、汽车、纺织等传统制造业向价值链高端延伸的同时，要大力发展具有更高附加值和技术含量、面向战略性新兴产业的高端装备制造产业，支撑战略性新兴产业的发展，用数字化制造技术、智能制造技术和全球网络智能服务等推动我国制造业结构升级和发展方式的转型。

四、 未来制造业更要面向大多数人， 实现普惠性和个性化

我国的收入结构与全球市场的实际决定了我国在提升自主创新能力的过程中，既要注重高端、高附加值产品与服务，满足市场个性化产品和服务的需求，同时也要大力发展面向大多数中低收入人群的高性价比产品和网络普惠服务。制造业发展应当满足全球市场多样化需求并且能为不同用户和消费者所欢迎，应当协调发展普惠性和个性化的制造与服务产品。

同志们!

今年是我国继续应对国际金融危机、保持经济平稳较快发展、加快转变经济发展方式的关键一年，也是全面实现“十一五”规划目标、为“十二五”发展打好基础的重要一年。我国装备制造业既面临各种挑战，也面临调整、创新、发展的难得的历史机遇。6 月 7 日，胡锦涛同志在两院院士大会上发表重要讲话，深刻阐述了我国加快转变经济发展方式的重要性和紧迫性，进一步明确了我国科技发展的重点，为我国未来创新发展描绘了新的蓝图，也为我国装备制造业的发展指明了方向。我们要深入学习贯彻总书记的重要讲话精神，不断提高思想认识，切实增强工作的积极性和创造性。要继续解放思想、改革开放。要依靠科技与管理创新，大幅度提升关键核心技术创新和系统集成能力，加快构建我国可持续能源与资源体系、先进材料与绿色智能制造体系，推动信息化和工业化的融合，形成强大的信息技术和网络服务的支撑，紧紧围绕绿色、智能、普惠和可持续发展主题，促进产业结构升级、转变发展方式、培育战略性新兴产业，提升国际竞争力，最终实现由经济大国向经济强国、由制造大国向创造大国的转变。

山东是我国的文化大省、经济强省，也是制造业大省，在国家经济社会发展全局中发挥着重要作用。改革开放以来，山东省的装备制造业快速发展，规模和效益不断提升，一些知名品牌已经开始走向世界。我们相信，在加快转变经济发展方式、建设创新型国家的进程中，山东的装备制造业一定能创造新的辉煌!

最后，预祝本次论坛取得圆满成功!

在《中国现代化报告2011》专家座谈会上的讲话*

各位专家，大家下午好！

《中国现代化报告》的专家座谈会，我参加过两次。第一次是2003年，座谈会的主题是现代化回顾与展望，第二次是2007年，座谈会的主题是生态现代化，今天是第三次。每次都有很多关注中国现代化问题的专家参加，像在座的李泊溪先生等。座谈会的学术气氛很浓，各位专家坚持科学精神，发表了许多真知灼见，对现代化研究中心的成长、现代化科学发展和国家现代化的理论与实践，提出了很多建设性的意见和建议。感谢各位专家！

刚才，何传启同志代表课题组介绍了《2011年中国现代化报告》的主要内容，提出了一些政策性建议；吴述尧先生用文献计量学方法对现代化研究的进展进行了分析。各位专家对课题组的工作给予了肯定，也提出了中肯的建议。我也谈谈自己的看法。

18世纪工业革命推动人类社会从农业文明走向工业文明。在过去近300年中，世界上大约有20个国家、10亿左右的人口实现了现代化。在西方发达国家现代化的过程中，科学技术发挥了先导、引领作用和关键支撑作用。从蒸汽机、内燃机、电动机到计算机，从电力网、广播电视通信网到互联网，科学技术的每一个重大突破，都推动了人类文明和世界现代化的革命性进步。

21世纪，人类将实现从工业文明向崭新的人类文明形态——知识文明的历史性转变。在知识文明时代，创新成为发展的主要动力，知识成为引领发展的主要因素，个性化创造和全球化生产的有机结合成为主要的生产方式，社会和谐与环境友好成为社会发展的主要目标。

21世纪，包括中国、印度在内的发展中国家、30亿左右的人口要实现现代化，对全球政治经济格局和能源资源环境都将产生根本性的影响。世界政治经济的大调整、大变革、大发展，新科技革命正处于革命性突破的前夜，这既是中国加快实现现代化的重要战略机遇，也是我们面临的严峻挑战。

中国的现代化既是国家目标，也是中华民族的共同心愿。中国的现代化建设要在党中央的正确领导下，依靠全国人民的共同努力。科学技术在这一伟大历史进程中将发挥重要

---

* 本文为2011年1月16日在“《中国现代化报告2011》专家座谈会”上的讲话。

的关键支撑作用，中国科技界使命光荣，任务艰巨。我们走的是中国特色的社会主义现代化道路，世界现代化的国际经验可以借鉴，但不能生搬硬套，必须符合国情，研究现代化规律，创新中国现代化的理论、方法和实践。

现代化研究是多学科综合交叉研究，既要有人文社会科学的基础，也要有自然科学知识基础和分析工具、方法的支撑。正是基于上述考虑，中国科学院党组决定成立现代化研究中心，发挥中国科学院多学科综合交叉研究和人才队伍的综合优势，加强自然科学与人文社会科学的综合交叉研究，逐步形成现代化研究的新方向。

在国内各有关部门、相关研究机构和专家们的大力支持下，现代化研究中心在成立的8年时间中，坚持以全球视野分析审视我国现代化的进程、机遇与挑战，分析提出评价现代化的科学指标，着力完善现代化的科学内涵，在现代化研究领域取得了一系列有影响的成果，获得社会和学界的广泛认可，在国际影响上也产生了一定的影响。

科学研究是永无止境的前沿，现代化是人类文明进步的历程，是科学的理论与实践，现代化研究也永无止境。伴随着人类文明进步的历史进程，现代化研究也在不断发展。但现代化研究、现代化科学理论要真正发挥引领社会经济社会发展的重要作用，关键还是要源于实践、指导实践并接受实践的检验。在研究世界现代化历史发展规律的基础上，要重点研究中国现代化的伟大实践，在这一伟大实践中找准现代化研究的定位，不断提出新的前沿和方向，提炼出新的重大科技问题。

希望现代化研究中心进一步采取行动，促进研究成果的传播和扩散，积极推进国际交流与合作，通过在著名高等院校试点开设讲座等形式，逐步在高校中发展现代化理论的教育工作。

希望现代化研究中心的同志们，在新的历史时期持之以恒，开拓进取，在现代化研究领域不断做出科学性、创造性、战略性、建设性的创新贡献。中国科学院将一如既往地支持现代化研究中心的建设。

感谢各位专家在百忙中参加今天的会议，希望各位专家继续关心支持中国现代化研究，关心和帮助现代化研究中心的发展。

创新中国设计　创造美好未来*

20世纪60年代以来，许多工业化国家将创新设计作为国家创新战略的重要内容，扶持创新设计，振兴设计产业，重视设计人才培养，创建设计文化。英国、荷兰、丹麦等欧盟国家先后设立“国家设计委员会”，制定“国家设计振兴政策”；日本、韩国、新加坡等政府成立专门机构，拨付专项经费扶持设计产业。发达国家还利用创新设计推动整合科技、制造、商业、文化等资源，提升产品竞争力和附加值，创建著名品牌。未来5～10年是我国实现由制造大国向创造强国跨越，建设创新型国家的关键时期，以创新设计为重要手段，引领推动创新制造、创新服务、创新品牌、创新价值，促进产业结构调整升级，加快发展方式转型，实现由制造大国向创造强国的历史跨越，意义重大。

一、设计的价值特征

设计活动伴随着原始工具制造而产生。19世纪末，设计逐渐发展成一门专门学科。设计是把创意、计划、规划、设想以某种方式描述表达出来，借以付诸实施，满足、引领人们视觉、听觉、触觉、味觉、嗅觉等物质功能和精神感受的一种创造活动。它是人类主体性、能动性、创新性的重要标志。其任务是赋予产品、服务、环境以优美的形式、卓越的功能、完美的用户体验，实现用户、制造者、行销、服务、社会和生态环境之间的多方平衡。

近现代设计大体经历了传统设计、现代工业设计和先进创新设计三个发展阶段。传统设计主要满足人们的物质功能需求；工业设计强调满足人们的个性化和多样需求；先进创新设计则以满足人们的物质、精神需求和生态环保要求为目标，追求个人、社会、人与自然的和谐、协调、可持续发展。随着知识、信息、科技的迅速发展和人类文明进化，人们的消费观念、文化理念、生活方式与生产方式随之改变，设计从注重对材料、技术的利用、功能的优化，上升为对审美的追求、人性化、个性化的用户体验，以及对人文道德、生态环境的关怀。因此，先进创新设计将可赋予产品和服务更丰富的物质、心理和文化内

---

* 本文发表于《人民日报》2012年1月4日第14版。

涵，从而满足和引领市场和社会需求。创新设计对提升国家和产业的竞争力和可持续发展能力，建设创新型国家至关重要：

第一，创新设计是促进中国制造从原始设备制造商（OEM）向原始设计制造商/原始品牌制造商（ODM/OBM）转变，实现由制造大国向创造强国转变的重要推动力。

第二，绿色、低碳先进设计将从源头上促进节能、降耗、减排，为可持续发展提供重要支撑。

第三，先进创新设计不仅满足人自身的物质需求，还能创造和引领人精神文化需求，全面提升人们的幸福感，创造美好新生活，促进社会文明和谐。

第四，中国创新设计既要弘扬中华文明，又要吸收融合世界各民族智慧和优秀文化，必将对人类工业文明、知识文明的发展进步做出贡献。

二、 设计的机遇与挑战

经过 30 余年的改革开放，我国取得了举世瞩目的成就，国家面貌和人民生活发生了翻天覆地的变化。2010 年我国 GDP 达 40.1 万亿元，制造业销售额已超过美国，列世界第一位。但是我国技术创新能力相对薄弱，自主创新设计的产品占比较低，产品附加值和人均生产率低。历史经验证明，以牺牲能源资源和生态环境污染为代价的粗放发展方式难以为继。

随着全球经济进入新的调整期，世界科技正处于新科技革命的前夜，全球金融危机引起的经济衰退将催生重大科技创新和产业革命，促进经济社会发展方式的重大变革，也对中国制造、中国设计提出了新要求。随着中国全面融入全球经济，改革开放创新发展，激发了先进设计、制造技术、制度和管理创新，为我国制造业持续快速发展不断注入了新的动力和活力。中国设计面临前所未有的挑战和机遇。

1. 企业创新能力较弱，模仿跟踪现象普遍

日益激烈的市场竞争对企业新产品开发提出了越来越高的要求。谁能以更快的速度推出有竞争力的产品，就意味着谁能够抢占更大的市场份额，在全球竞争中赢得优势。然而我国企业在自主设计和技术创新领域投入不足，囿于代工贴牌、跟踪模仿，居全球产业链的低端，面临生产要素成本不断上升及低端激烈竞争，企业生存发展的风险和挑战严峻。

2. 缺少著名设计品牌、企业以及世界级设计大师

目前，我国初具规模的专业设计公司千余家，上千所高等院校设立了设计专业和相关专业，每年培养设计制造人才数十万，但在如何利用创新设计优势打造国际著名品牌，培育一流知名企业，培养世界级设计大师等方面还缺乏成功的经验。品牌和人才战略的提升，离不开设计教育与产业文化的深度结合。

3. 产品附加值和人均生产率较低，竞争水平低

我国现有的产业形态决定了产品附加值和人均生产率较低，难以摆脱低端、无序、恶

性竞争。创新设计作为高增值的现代服务行业门类，包含了信息服务、技术服务、文化艺术、品牌建设等多种高附加值的服务内涵，是促进引领我国制造业和经济发展从量的扩张到质的提升转变的利器。

4. 以牺牲资源和环境为代价的发展方式难以为继

以劳动密集型的制造业为基础的经济模式受原材料、能源、汇率、人力资源等要素价格波动的影响。应当下决心通过提升创新设计、技术和经营管理创新，加快制造业转向制造业与服务业的融合，提升我国制造业的层次、效益和水平。

三、设计的发展趋势

早在90多年以前，德国包豪斯设计学院就已提出了关于工业设计的三个基本观点，即：①艺术与技术的统一；②设计的目的是为了人而不是产品；③设计必须遵循自然与客观规律。这些观点对于今天的创新设计依然很有借鉴意义。中国的先进设计必须用理性、科学的理念取代单纯艺术的自我表现和浪漫主义，坚持实现功能、艺术、人的感受和生态环境的相互协调。随着现代文明发展，设计过程的复杂性、竞争性、多样性不断提升，越来越体现知识和信息的高度集成和创意创新。分析先进设计的目标和过程，绿色、智能既是先进设计的目标，也是当代先进设计的核心；知识、技术、人文艺术的融合是当代先进设计的特征；全球化和网络化是当代先进设计发展的必由之路。

绿色。绿色设计是绿色制造、绿色可持续发展方式的基础和源头，因为设计往往决定了产品全生命周期的资源消耗和污染排放水平。充分采用全生命周期设计，使产品从设计、制造、包装、运输、使用到废物处理的整个生命周期中，资源消耗和有害排放物、废弃物最少。即对环境的影响最小，资源利用率最高，使企业的经济效益、社会效益、生态效益以及人的发展得以协调优化。

智能。集成电路和计算机技术的发展使运算更高速，知识、信息的存储更海量；网络技术的发展使信息传递更加快捷，智能技术使信息获取、处理、传输、利用、演示更加高效、可靠、安全、丰富多彩；云计算技术及应用平台使得网络化智能设计变得更加强大并实现全球共创共享。智能设计、设计智能产品，无疑已经成为今天和未来设计、制造、服务的大趋势。

融合。设计不再是依赖个人或单一团队完成的创造活动，而是通过多学科整合协同的复杂智能与社会行为。不仅需要多学科（如计算机科学、工程学、心理学、生理学、市场营销等学科）交叉融合，而且需要知识、技术与人文艺术的深度融合来提升智能化、人性化、艺术化和人的全面体验水平。

全球化。网络的发达和交通的便捷使全球设计交流合作更为紧密，先进设计超越国界、超越文化，已经成为全球性的创造活动，从而促进多样文化间的相互影响、包容与合作，促进人类社会和谐发展、共创共享、共同持续繁荣。

网络化。信息网络技术的广泛应用，推动规模化大生产方式向柔性制造、网络制造、全球制造发展，使设计资源、设计方法和设计业态发生了革命性变革，促进了团队设计智慧合作和公众的广泛参与，形成全球化、网络化的创新设计、制造、服务和经营一体化格局。

四、 设计的关键要素

全球化进程所带来的激烈的市场竞争和前所未有的广泛深刻的交流合作，要求我们必须坚持以科学发展观为指导，以科技创新为动力，优化设计关键要素，加快设计服务平台、创新环境和文化建设，致力打造创新设计的人才和成果集聚高地，加强设计创新和成果推广应用。

开放。自主创新，决不能异化为“闭门造车”。只有开放合作，充分利用国际创新资源，借鉴国外，立足自主，设计创新活力方能得以激活并得到充分释放。应充分吸收利用国外设计人才和智力，组织举办更多高水平、国际化的展会和论坛，积极参与国际设计交流竞争与合作，分享国际前沿设计研发成果。鼓励国内设计机构聘请国际设计专家和管理人才参与经营管理，探索多种方式引进优秀设计人才和智力，鼓励促进中国设计人才、成果、企业走向世界。

创新。创新是设计、制造技术和产业发展的不竭动力；必须重视原始创意和方法创新。没有原创突破，没有方法的创新，不可能形成独特的风格和强大的竞争力。我们既要重视消化吸收再创新和集成创新，还要重视理念创新、技术创新，以及政策、制度与管理创新、文化创新，创造有利于设计产业化发展的环境，加强设计战略和路线图研究，制定符合我国国情的设计产业中长期发展规划，健全完善设计产业发展战略，调动一切积极因素，形成以设计产业为核心的资源整合机制，推动设计产业化、规模化和跨越式发展。

人才。中国创新设计战略的实施，需要一批学科和技术带头人、一批领军人物。学科交叉、技术融合已是设计创新发展的重要特征，复合人才和团队的培养，各类人才和团队间的交流合作，对于设计创新和产业发展尤其重要。要着力培育扶持青年设计和创业人才，鼓励复合型设计人才和团队建设，促进不同学科专长和背景创新人才、团队（材料、机械电子、信息和通信技术、能源、技艺、人文艺术、经营管理）间的交流和合作，推动设计人才与企业、市场的紧密结合。

集聚。我国创新设计及其产业发展，需要整合各方优势资源，促进以企业为核心、以市场为导向的政产学研用结合，促进设计人才和产业的区域集聚，建设完善的法律、金融、信息、技术等服务平台，开展教育培训、论坛会展、中介服务等活动，形成有利于创新设计、设计产业与服务发展的政策环境、支撑服务体系和创新文化氛围，加速与相关产业的资源整合，促进设计产业链的良性互动，构建适合创新设计发展的产业服务集聚区。

五、结　语

未来三四十年，包括中国、印度等在内的20亿—30亿人口将进入基本现代化行列。追求现代文明的强烈需求，为世界经济注入强大动力，也对有限的资源和环境带来新的挑战。全球共同面临着资源能源、金融安全、网络安全、粮食与食品安全、人口健康、生态环境、自然和人为引发的灾难和全球气候变化等一系列挑战，人类文明的可持续发展呼唤创新设计。因此，我们应当充分认识创新设计的价值和关键作用，把握设计的大好发展机遇，充分重视创新设计在实施国家创新战略和调整产业结构、转变发展方式中的重要地位，勇于创新，迎接挑战，探索适合国情的发展和应用模式，为经济社会创新发展和国家创造力和竞争力的全面提升发挥更大的作用。期待设计界同仁和社会各方团结合作，创新开拓，为中国创新设计、中国创造、人类文明的共同持续繁荣和美好未来开启新的篇章！

创新与合作让世界更美好*

尊敬的蒋正华同志、尊敬的宋健同志，
尊敬的 Kalonji 女士、Noda 先生、Bondur 先生，
女士们、先生们，同志们、朋友们：

四月的北京，春意盎然。以“21 世纪科技促进绿色经济和持续发展”为主题的国际学术论坛在这里举行，将会给中国和世界的可持续发展带来新的见解。我谨向论坛的成功举办表示热烈的祝贺，向来自各个国家的专家学者表示热烈的欢迎和衷心的祝愿！

众所周知，我们生存的这个星球正面临许多紧迫而严峻的挑战，诸如经济可持续发展、生态环境保护、应对全球气候变化、绿色城市化进程等，无疑都是至关重要和备受关注的全球问题。本次论坛探讨科学技术促进绿色经济和持续发展的责任、对策和合作措施，很有意义，这也体现了科技工作者“以天下为己任”的愿望。

近现代技术革命和产业革命，使西方主要发达国家率先实现了现代化和高度的城市化，给人类文明带来了巨大影响。21 世纪，包括巴西、印度、俄罗斯、中国在内的新兴国家快速崛起，占世界近一半人口的现代化进程，给全球发展注入了前所未有的动力与活力。这不仅带来了全球政治经济格局的新变化，也呼唤着创造不同以往、更加依靠科学技术创新的绿色和可持续发展的道路。

科学技术进步、经济社会可持续发展的共同经验就在于创新与合作。当今时代的创新，已不只是个人和团队的创新，而更是整个民族和国家的创新、全球合作的创新；当今时代的合作，已不仅是个人和团队间的合作，而更需要国际和全球的大合作。全球范围内资本、技术、信息、知识和人才的跨国流动，科学技术的双边、多边、区域、全球合作，多元文化的交流与融合，以前所未有的深度、广度和多样发展，促进了经济与产业合作。全球经济、文化交流合作快速发展也为国际科技创新与合作提供了更加广阔的空间和不竭的动力。绿色经济、智慧地球、可持续发展对科学技术提出了新的挑战，展现了永无止境的前沿，也孕育着新的突破。

我们中国有句老话：“人无远虑，必有近忧”。面对能源资源价格攀升、生态退化、环

---

* 本文为 2012 年 4 月 6 日在北京国际会议中心举办的“21 世纪科技促进绿色经济和持续发展”国际高层学术论坛开幕式上的致辞。

境污染、人口健康、粮食安全、饥饿贫困、严重自然灾害和全球气候变化等一系列重大问题，我们不但需要携手合作，及时务实应对，更需要登高望远，以全球视野和科学前瞻，集中科学家、工程技术专家、经济社会学家和政治家们的智慧和经验，共同探索和创造人类更美好的未来。

中国的发展取得了举世瞩目的成就，国家的综合实力空前提升，人民生活、城乡面貌发生了巨大的变化，但是我们也为此付出了沉重的代价。城乡两元化结构尚未得到根本改变，资源、生态环境约束加剧，自然灾害和人为安全事故频发，科技创新能力需要提升，经济社会发展中不平衡、不协调、不可持续的问题还比较突出。为此，中国在 2003 年提出了科学发展观，2006 年提出了建设创新型国家的目标并制订了《国家中长期科学和技术发展规划纲要（2006—2020 年）》。国家还通过加强立法等一系列措施，积极推进科技创新，为贯彻落实科学发展观提供有力的智力和技术支撑，促进中国的发展走上资源节约、环境友好的轨道，加快建设科学民主、和谐文明、持续繁荣的社会主义现代化国家。

中国的发展已经全面融入世界。中国的发展离不开世界，世界的发展也需要中国。人类生存和发展面临的各种挑战，需要也必须依靠全球合作共同应对。正如 1992 年《里约环境与发展宣言》（亦称《地球宪章》）指出的："各国应本着全球伙伴关系的精神进行合作。"我们要充分认识面临的挑战严峻，面临的任务艰巨，而合作的空间和潜力巨大。只要我们坚持以"全球伙伴"的精神，携手前行，通力合作，求真务实，执着坚持，就一定能把握真谛，沿着正确的方向和有效的途径，一步一步使得我们这个世界变得更美好！

最后我再次祝愿此次论坛取得圆满成功！祝各位在北京逗留期间愉快顺利！谢谢大家！

提升创新设计能力　促进创新驱动发展*

党的十八大报告明确提出要实施创新驱动发展战略，坚持走中国特色自主创新道路，以全球视野谋划和推动创新。这是党和国家立足时代、放眼全局、面向未来的战略抉择。实施创新驱动发展战略，需要加快提升自主创新能力。必须着力加强基础前沿研究，提升科学原创和突破关键核心技术的能力，必须深化开放合作，提升引进消化吸收再创新和集成创新的能力。必须充分认识创新设计的价值，提升创新设计能力，加强系统集成和协同创新，提升中国制造的竞争力和附加值，加快实现从“制造大国”向“创造强国”转变，提高资源能源利用率，实现绿色低碳、科学智能、可持续发展。下面我想着重就提升创新设计能力，促进创新驱动发展谈几点认识。

一、挑战与机会

我国经济连续 30 余年高速增长，城乡面貌和人民生活发生了翻天覆地变化。工业产品产销量居世界前位，GDP 总量超 51.9 万亿元，外贸总额超 3.87 万亿美元，已是全球第二大经济体。创新投入大幅增加，科技能力显著提升，载人航天、载人深潜、北斗导航、航母入列、超级计算机、超超高压输电、高速铁路等实现重大突破，重要领域的设计研发和技术集成能力已跻身世界先进行列。

但也必须清醒地看到：我国创新能力仍较薄弱，不仅自主科学原创和关键核心技术突破少，自主创新设计制造的产品、技术体系和经营模式也少，多数企业处于全球产业链的低中端，缺乏自主品牌，产品和服务的附加值低，还不是制造强国；经济增长主要依靠投资驱动和人力成本优势，随着要素成本上升，将面临发达国家重振高端制造和发展中国家低成本竞争的双重挑战；我国人均资源储量低于世界平均水平，发展粗放付出了巨大资源环境代价，资源能源对外依赖度逐年上升，生态环境约束加剧，传统发展方式难以为继；世界科技日新月异，能源、信息、材料、先进制造、生物等领域酝酿着新的技术突破与产

* 本文为 2013 年 4 月 18 日在北京人民大会堂举行的“第三届中国自主创新年会”上的主旨演讲，后发表在 2013 年 12 月 9 日上海《文汇报》。

业革命；全球经济衰退和复苏将加快创新变革。未来10年将是我国发展方式转型、产业结构升级的关键战略机遇期，我们既面临巨大的挑战，也面临难得的机会，这为提升自主设计能力，促进创新驱动发展，提升中国制造与服务的价值，提升经济发展的质量和效益，提升小康社会的品质，创造更美好的未来，提供了迫切需求和巨大动力。

二、设计的价值

无论是制作简单工具，还是创造智能机器；无论是建造房屋、规划城市，还是科学研究、创新技术……在实施之前，必须先有创意构思、设想计划。设计正是人们将创意设想目标，通过计划规划指导实施，满足和引领人们的物质和精神需求的过程。从这个意义而言，设计是一切创造性实践的先导和准备，其本身就是创意和创造，蕴含着对更美好未来的梦想和追求，是人类创造力的集成与综合。随着社会文明进步，设计的价值也不断拓展。

1. 生存价值

新石器时代是人类设计活动的萌芽期。为了温饱、安全等基本生存需要，选择利用天然材料加工制作石器等原始工具。因此，这也可以称为“生存设计”。

2. 应用价值

当最基本的生存需求得到满足后，其他应用需求随之产生。新石器时代晚期以后，人类的设计创造更加多样，在生产工具、建筑构造、车辆船舟、兵器胄甲、生活器皿、家具服饰等各个方面不断发展，并逐步从单元性设计制作演进到系统的设计创造。工业时代的机器装备、运载工具、电力系统、家用电器、通信设备等设计更是将应用功能放在首位，不断促进社会生产力和生活品质的提高。

3. 文化艺术价值

陶器出现是设计史上的一次飞跃，它实现了从一种可塑物质制作成形后经烧制转变为固体器皿的过程，从造型到色彩纹饰体现了功能和形式美的和谐统一，体现了设计的应用功能和文化艺术价值。不同地域、民族、时代的设计在实现物质应用功能的同时，都体现了作者的设计理念、审美情趣和工艺创造，承载着文化艺术价值。其文化内涵和艺术风格，主要取决于设计师的喜好、技艺、设计对象和社会文化。

4. 社会价值

社会制度、自然环境和经济文化发展使得各地区、各民族、各个时期的设计体现多样的社会价值。如金字塔和神庙建筑是古埃及社会神权王权崇拜的象征；雅典卫城庄严的神殿，供公众活动的音乐厅、竞技场、市场，采用动植物纹饰和精美的人体雕塑，反映了古希腊民主制度兴起、商品经济发达、崇尚理性和自然美的特征；古罗马建筑设计规模宏大、世俗化和经济性，反映了当时上层社会生活方式和作为欧洲政治、宗教、文化中心的特点。

中国传统设计反映了中国社会文化传承的延续性、统一性和包容性。《周易》中的重生、民本、尚中、变通理念，“天人合一”的自然观；《老子》的“人法地，地法天，天法道，道法自然”的生态价值思想，宋代崇尚致用、明理、养生的社会价值观念，以及中国社会注重血脉相承的宗法观念和中央集权的等级制度等，在中国建筑、园林、服装、器物等设计中得到了反映。

文艺复兴时期浪漫主义和古典主义设计风格体现了欧洲社会人文主义的复兴。工业革命后，英国社会注重功能效率的机械设计，美国芝加哥学派注重建筑设计的应用功能。1919 年成立的德国包豪斯设计学校主张面向大众，采用新材料、标准化和模数等方法降低造价，倡导团队精神和合作，认为设计的目的是为了人而不是物，设计师是社会公仆，而不是自我表现的艺术家。他们强调技术和手工艺的统一，倡导技艺结合的设计教育，培养适应工业化时代的设计人才。这反映了工业社会和德国设计制造注重质量、功能和技术的社会价值理念。

蒸汽机和工作机械的发明与设计制造导致工业革命。电机、电器和电力系统的创新和设计制造应用使人类进入了电气化时代。计算机、因特网、蜂窝电话等创新、设计制造和应用成为信息网络时代的标志。这些都无不与现代文明的发展进程、与人类对美好生活的追求紧密相关。纵观创新设计和社会发展史可见，核心技术的原创突破与设计引领的重大系统集成创新相结合才能带动产业革命和社会发展。展望未来，只有突破清洁可再生能源、下一代信息网络、先进材料、高端制造和生物工程等核心技术，并通过创新设计实现系统集成和产业化，才能实现以绿色、智能、共创分享、可持续发展为特征的新产业革命，才能为创造更美好的生活，实现民族伟大复兴的“中国梦”提供有力支持。创新设计伴随着人类文明进程将继续发挥重要引领作用。

5. 经济与品牌价值

好的设计可为企业赢得竞争优势和高额利润，并提升品牌价值。1908 年美国福特公司设计推出简洁实用、便于维修的 T 型小汽车，并采用流水线装配，大幅降低成本，1921 年销售量已占世界 50%以上，至 1927 年累计销售了 1500 万辆，不仅为公司带来了巨额利润，也使“福特”成为全球汽车第一品牌。耐克是一家致力于研发设计和全球制造营销的运动用品公司。它依靠人体功能学研发设计运动鞋等性能卓越、外观色彩时尚的产品，依靠运动明星的广告效应，曾一举成为全球运动用品第一品牌，占有 46%的同业市场份额。乔布斯（Steve P. Jobs，1955—2011）领导苹果公司设计推出的 iPod、iPhone、iPad 系列产品创造的财富奇迹更为人们所赞叹。空客 380、波音 787 采用绿色设计理念，大量应用先进复合材料，改进了气动性能，选用先进机翼设计，使用了新一代发动机，并采用数字化设计和全球智能制造等，显著提升飞机的安全性、舒适性，大幅下降座公里燃油消耗和排放，是空中客车、波音竞争新一代洲际客机市场的利器，也成为航空公司创造利润的新希望。

6. 生态环境价值

远古时代，人类生存完全顺应自然。农耕时代，利用的主要是生物资源，废弃物多可自然降解，人与自然的关系总体和谐。工业时代，生产力快速发展，人口与消费持续增长，化石能源和矿产资源大规模开发利用，开发、改造、征服自然的发展观念滋长，人与自然的矛盾日趋尖锐。工业排放与生活废弃物严重污染环境，森林、草地过度砍伐利用导致水土流失、生态失衡、生物多样性减少，生态环境灾难频发……人们开始反思。1962年，蕾切尔·卡逊所著的《寂静的春天》一书问世，唤起了人们的生态环境意识。各种生态环境保护组织纷纷成立，进而促使1972年联合国斯德哥尔摩“人类环境大会”召开并发布“人类环境宣言”。标志着人类发展观的转变，也促进了设计对于生态环境价值的重视，开始将生态环境价值视为设计师必须承担的社会责任和道德伦理。

7. 安全价值

设计还往往决定了产品、装备、工艺过程、包装运输、信息传递、销售经营方式的风险程度和安全性。尤其是对于医药食品、医疗仪器、餐具玩具、运载工具、压力容器、易燃易爆、有毒有害物品的储存装置和工艺流程、能源设备、供水供气、建筑桥梁、通信设备、军事武器装备等事关生命、社会、环境和国家安全，更要将符合安全标准、确保安全性作为设计的第一准则和目标。

三、创新设计的发展趋势

设计的目标始终是赋予产品和系统更卓越的功能、更优美的形式、更美好的用户身心感受，创造更好的经济、社会、文化和生态价值，满足和引领市场和社会需求。思考设计的历史发展以及知识文明的走向，未来设计将具有以下特点和趋势。

（1）绿色。绿色设计是绿色制造、可持续发展的基础和源头。因为设计决定了产品和系统全生命周期的资源能源消耗和排放的总水平。必须从设计研发开始，就考虑资源能源的节约、循环、可持续利用、生态环境的保护与修复，使产品和系统从设计制造、包装运输、运行使用到废物和遗骸处理的全生命周期中，资源消耗、有害排放和废弃物最少。

（2）智能。先进传感、集成电路和计算机技术的发展使机器的感知、运算能力快速提升，知识、信息的海量获取与存储，使人类进入大数据时代；宽带、数控、智能技术的发展使得信息传递更加快捷，信息处理、知识挖掘、判断决策、加工演示、用户感受更加可靠、安全、高效、精彩；云技术及其应用平台使网络化智能设计更加强大，设计资源共创分享水平得到空前提升。智能设计制造，设计制造智能产品和系统，实现以产品设计、制造过程和运行服务的安全可靠、经济高效、用户满意、生态环境友好为目标的智能化。

（3）全球网络。信息网络时代，设计不仅依靠个人或单一团队，已发展成为全球网络合作、多领域、多学科协同的创新活动。不仅需要自然科学与工程技术的多学科交叉，而且需要科学技术、经济社会、人文艺术间的深度融合，提升智能化、人性化、个性化、多样化和人与自然和谐协调水平。促进全球多样文化的交流、合作和包容，促进全球设计资源的共创分享，推动规模化集中大生产方式向柔性、网络、全球分布式制造发展，将使设计团队、设计方法和设计业态发生新变革，将形成全球网络设计制造和经营服务融会一体的新格局。

（4）个性化与可分享。人类社会存在多样的应用需求和文化审美追求，未来的创新设计不仅要满足中高端个性化、多样化需求，也要满足普罗大众可分享的基本、多样的需求。工业社会创造了规模化、标准化、自动化为特征的大生产方式。20 世纪 60 年代以来，由于数控技术的应用，发展了适应小批量、多品种的数控、柔性、集成制造方式。21 世纪云计算、智能制造、机器人、3D 打印等技术的进展，预示着个性化与规模化、全球化、绿色智能设计制造服务相结合将成为未来知识文明社会的生产方式。

（5）和谐协调。在设计阶段就注重经济、社会、文化、生态价值的和谐协调，更加关注自然资源、人力资源的节约、可持续利用和综合价值的提升。

中国设计必须用创新合作取代模仿跟踪，创造既是中国的又是世界的设计。既要弘扬中华文明，又要吸收融合世界各民族智慧和优秀文化，促进世界多样文化和谐协调。不仅要满足和引领科学理性、绿色低碳的物质消费，还将创造和引领健康、多样的精神文化需求，并为保护修复生态环境，促进社会文明和谐，促进世界和平、和谐、可持续发展做出贡献。

四、 促进创新设计的五个关键要素

（1）国家战略。由于设计对于国家经济发展和提升全球竞争力的重要价值和作用，半个多世纪以来，美、英、德、法、日、意、荷、丹、韩等工业化国家都曾将创新设计作为国家创新战略的重要内涵，相继推出一系列促进设计创新和设计产业发展的政策举措，并取得显著成效。为了实现创新驱动发展方式转型，实现向“创造强国”的历史跨越，我们必须顺应创新设计的规律和时代特点，重视创新设计，将提升创新设计能力作为促进创新驱动发展的重要战略方向。制定出台促进创新设计发展的国家战略和有力举措，建立与之相适应的体制机制，制订发展路线图，加快提升我国创新设计能力和水平。

（2）开放合作。全球化时代的创新设计，决不能“闭门造车”，必须面向世界，开放合作。在发掘弘扬中国设计文化资源的同时，充分吸纳国际创新设计资源，使中国设计的想象力、创造力得以充分激励和自由发挥。应深化国际交流合作，积极组织和参与国际交流活动，共创分享国际创新设计的最新成果和基础资源；多渠道、多种形式务实引进国外优秀设计人才和智力，鼓励国内企业聘请国际设计专家和优秀经营管理人才；吸引境外资本投资创新设计和设计企业，鼓励支持中国设计人才、成果、企业走向世界。通过政府支持引导、产学研合作、行业和专业组织积极参与，培育形成具有全球影响的设计学院、设计大赛、设计展会和设计奖项。

（3）创新集成。既要重视原始创意和关键核心技术设计研发，也要充分重视消化吸收再创新和系统集成设计创新。只有原始创意创新的设计，将关键技术创新和系统集成设计创新结合起来，形成具有自主知识产权的产品和系统，并实现产业化，才能引领市场而又不受制于人。要重视政策、管理和制度创新，创造有利于创新和设计产业发展的市场和社会环境。加快形成以产业为主体、以市场为导向、产学研用紧密结合的资源整合和协同创新机制，促进创新设计与先进制造等新兴产业、创意文化、现代服务产业的紧密结合，培育一批以创新设计主导的世界著名企业和品牌，实现中国设计制造的跨越发展。

（4）人才团队。创新设计，人才为本。创新设计要从娃娃抓起，创造全社会重视、热爱、培育、尊重创新设计的文化氛围。需要一批学科和技术、艺术带头人和优秀团队。要加强复合型设计人才培养、引进和团队建设，促进不同专长和背景创新人才、团队间的交流和合作，尤其要着力培育扶持青年设计人才创新创业，促进创新设计人才与企业、市场的紧密结合，以及与创业人才的紧密合作。加强创新设计教育和职业培训国际交流与合作，培育造就世界著名的设计大师、国际化团队和引领国际的设计风格流派。

（5）集聚与网络。创新设计及其产业发展，需要促进人才和产业的区域集聚和全球网络。要积极完善法律政策、财税金融、信息网络、公共技术、知识产权、咨询评估、人才培训等服务平台，形成有利于设计创新和中小设计企业发展的政策环境和文化氛围，提升与相关产业的资源共建分享水平，促进设计产业链的协调协同发展。培育形成各具特色，具有全球竞争优势的设计人才和产业集聚区，建设若干世界级“创新设计之都”，培育形成富有吸引力、创造活力的国际化创新设计专业网络平台。

追求更美好生活的向往和不懈追求为创新设计注入不竭动力，知识文明和可持续发展呼唤创新设计。我们应以时代的紧迫感和责任感，把握创新设计发展的新机遇，求真务实，开拓创新，加快提升我国创新设计能力，为创新驱动发展方式转型、产业结构调整做出贡献。希望设计界同仁和社会各方团结合作，创新协同，为人类共同持续繁荣的美好未来谱写中国设计、中国创造的新篇章！

创新驱动建设中国特色智慧城市*

实施创新驱动发展战略，是党和国家立足国情、把握时代、统揽全局、面向未来的战略抉择，也是实现现代化和中华民族伟大复兴“中国梦”的必由之路。推进以知识化、信息化为基础，以人为本、创新驱动的智慧城镇建设，对于创造就业、扩大内需、促进产业结构调整，发展方式转变，走中国特色新型工业化、信息化、城镇化、农业现代化之路，全面建成小康社会将发挥引领带动作用，也必将对人类文明进步做出重大贡献。

一、建设智慧城市是人类文明进化的必然趋势

城市是传承人类文明，培育凝聚人类智慧和创造的重要场所。智慧城市是工业文明向知识文明进化的产物，是依托互联网、物联网、传感网、知识和大数据、云计算等在经济、社会、文化、生态与城市管理服务等各领域，构建智慧发展环境、创造新的经济社会发展方式。它使人们共创分享新的生存发展方式和更美好生活，促进经济社会绿色智能、和谐协调、开放包容、可持续发展，是人类文明进步的大趋势。

二、建设智慧城市是全面建成小康社会的必然要求

13亿人口的中国已成为全球第二大经济体。但城乡二元结构尚未根本改变，城镇化率低于全球平均水平，人均国民收入仅及发达国家的1/5—1/9，列世界后位。建成经济繁荣、就业充分，民主法治、公平正义，和谐包容、平安宜居、生态环保、城乡协调、惠及全体人民的小康社会，需要理论、科技、制度、管理、文化创新的推动，需要科学民主、廉洁高效、依法管理，需要信息真实对称，公平诚信的市场环境、公平普惠的公共服务，需要智慧城镇建设引领带动，缩小城乡差距、实现城乡协调发展。需要城乡各族人民积极参与、共创分享，也要为子孙后代可持续发展奠定坚实基础，保留创造发展空间。

---

* 本文为2013年10月19日在北京由新华社举办的“2013年中国新型城镇化市长论坛”上的演讲。

三、必须转变城市建设发展理念

城市源于市场和商业，兴于文化科学、民主法治。工业社会城市化的动力是工商金融、服务消费，以及相应的人口集聚。在提升产业与人口集中度，提高城市功能和效率的同时，也带来了交通拥堵、贫困失业、违法犯罪、生态环境恶化、城乡差距扩大等挑战。今天，信息与大数据、知识与创新已成为经济社会持续发展的关键资源和动力，成为城市创造力、竞争力和可持续发展能力的关键要素。尊重生命、尊重自然、尊重人的平等权利、尊重劳动与创造已成为核心价值。全球绿色智能制造与服务兴起，无线宽带、海量信息与数据库、云计算、云服务等成为智慧城市最重要的基础设施。能源结构的新变革、智能电网的新发展；节能减排，绿色低碳、生态环境友好的新追求；民主参与、依法维权意识的新提升；社会诚信、公平公正、平安和谐的新期盼；多彩文化、多元利益、多样需求的新发展；法律咨询、教育培训、健康医疗、育儿养老等公共服务的新需求；人口结构、就业创业、经营方式等新变化；对公共管理科学民主、廉洁高效、公正法治的新要求等经济社会的新发展，使得城市发展理念面临新的深刻转变。要充分认识知识文明时代的特征和人民的期盼，改变片面追求 GDP 增长、城市建设贪大求全的观念，把改善基础设施、公共管理与服务、提高人民就业和生活品质与城镇信息化、智能化紧密结合起来。要顺应和支持信息网络和可再生能源等引发的分布式、个性化、多样化、网络化的创新创业和服务模式。加快推进宽带网络、大数据、云计算、云服务等现代智慧城市的基础设施建设和普及应用。依靠开放自由、诚信有序，竞争合作、务实高效的知识与技术、管理与服务、文化与制度创新，引导支持城镇化的绿色智能、和谐协调、开放包容、可持续发展。

四、以人为本、共创分享是根本目标

城市发展的根本目标在于人，不仅为生活在城镇的新老居民，也应为城乡人民提供更加多样、高质量的就业创业机会，提供更好的人居环境——社会人文环境和自然生态环境，提供安全健康、多样可分享的物质、文化、信息产品和服务，为人们创新创业、共创分享美好生活而创造更好的环境，也为子孙后代保护和创造可持续发展的资源与环境。坚持以人为本，最重要的是尊重公民的生存权、自主权、发展权、创造权。依法保障每个人平等获取信息和知识的权利，公平分享公共资源、创新创造、就业创业的权利，民主表达、民主选举、民主参与、民主监督城市公共管理的权利。努力消除可能存在的信息垄断、信息封锁、信息分割和信息鸿沟，依法保护个人、企业、公共和国家信息安全。智慧城市将使人人都有机会通过诚实劳动和智慧去创造和实现更美好的未来，共创分享美好的“中国梦”。依靠人的梦想与追求、共创分享更美好生活的有效需求，是城市发展永无止境、永不枯竭的发展动力。

五、创新驱动发展，建设智慧城市

科技创新是提高社会生产力和综合国力的战略支撑，必须摆在国家发展全局的核心位置。20世纪80年代以来，全球信息网络技术创新突飞猛进、普及应用。进入新世纪以来，宽带无线、物联网、传感网、智能终端、云计算、云存储、网络商务、网络经营等技术创新、业态创新日新月异；能源、先进材料与制造、生物技术等创新与突破，不断激发创造新的市场需求，不断激发创新设计研发、创新制造服务和经营管理方式，不断激发创造新的创业和就业形式，不断激发创新城市发展理念和公共管理服务方式，不断激发创新体制机制和法律制度，不断促进以绿色智能为特征的新兴产业、现代服务业、文化创意产业的发展。世界正处在从工业文明向知识文明过渡的历史时期。我国正处在从“制造大国”向“创造强国”跨越，全面建成小康社会的关键时期，我国城镇化也正处在由快速规模扩张向绿色智慧、可持续发展转变的关键时期。国家实施创新驱动发展战略的一系列政策举措，将为智慧城市建设和发展提供新的机遇和条件。我们要坚持走中国特色自主创新道路，深化改革，扩大开放，把全社会的智慧和力量凝聚到创新发展上来，用科技、文化、管理和制度创新促进智慧城市建设，引领和带动“四化”协调发展，全面建成社会主义小康社会，为实现中华民族的伟大复兴奠定坚实的基础。

建设中国特色智慧城市　促进城市健康可持续发展*

同志们：

金秋十月，很高兴回杭参加中国城市学年会活动。本次年会以“城市病”治理为主题，聚焦城市学研究关注的热点。近年来，杭州城市研究中心围绕新型城市化、“城市病”治理、智慧城市建设等课题，研究探索、求真务实，值得肯定。我也要向本届“钱学森城市学金奖”和“西湖城市学金奖”的获奖者表示祝贺！

城市是人类文明的结晶，也是人类创新创造活力的聚集之地。在近现代科技和产业革命的推动下，西方发达国家率先实现了城市化和现代化。进入新世纪，新兴发展中国家城市化进程进一步加快。城镇化是现代化的必由之路，对于中国这样一个拥有13亿人口的发展中大国来说，更是一项前无古人、影响世界的伟大事业。十八届三中全会做出了全面深化改革的决定，明确提出，要完善城镇化健康发展体制机制，坚持走中国特色新型城镇化道路，推进以人为核心的城镇化；要推动大中小城市和小城镇协调发展、产业和城镇融合发展，促进城镇化和新农村建设协调推进。为我国城市化发展指明了方向。刚刚闭幕的四中全会，通过了关于全面推进依法治国若干重大问题的决定，为依法推进城市建设和治理提出了新要求。我们要紧密结合城镇化发展实际，提高研究工作的质量和水平，更好地发挥咨询参谋作用。借此机会，我着重就建设智慧城市、促进城市健康发展谈一些认识和体会，与各位分享。

一、智慧城市建设的时代

世界各国，尤其是发展中国家人民追求美好生活的强烈愿望和需求，为城市化注入不竭动力和活力，也对地球资源环境带来了新的挑战。当代城市普遍面临交通、环境、住房、就业、公共安全等“城市病”的困扰，城市化发展理念正经历着新的变革。在追求经济繁荣的同时，更加关注社会进步、人与自然和谐相处，走健康可持续的城市化发展道路成为共识。

---

* 本文为2014年10月26日在杭州“2014中国城市学年会”开幕式上的讲话。

人类已步入知识网络时代，知识创新及应用成为经济社会发展进步的主导因素。以知识网络和大数据为基础的产业将成为主导产业，成为城市规划建设、运行管理和健康发展的重要基础和核心推动力。智慧城市建设，是工业文明向知识网络文明进化的产物，是社会发展的大趋势，将在促进引领城市健康可持续发展中发挥重要作用。建设智慧城市，就是要在经济、社会、文化、生态与城市管理服务等各领域，依托信息化、网络化和智能化，构建智慧发展环境，创新发展方式，共创分享创业就业机会和美好生活，促进经济社会绿色智能、和谐协调、开放包容、可持续发展。建设智慧城市，将更多地依靠人的智慧、创新和创造。知识信息在共创分享过程中不断增值，共创分享越广、水平越高，创造的价值和市场将越多越大。知识信息可以通过网络突破地域和国界，实现全球资源的最优配置利用，参与全球竞争与合作。建设智慧城市，将带动传统产业升级、节能减排增效，带动新兴产业发展，促进发展方式转型，促进创新型国家建设。

30 多年改革开放，我国发展成就举世瞩目，已成为全球第二大经济体，城镇化率已超过 53%。但城乡、区域乃至一个城市内的二元结构尚未根本改变，人均国民收入仍远低于发达国家，“三个 1 亿人”问题亟待解决；发展还付出了沉重的资源环境代价，各类“城市病”滋生，城乡规划建设、运行管理的水平亟待提高，传统发展方式难以为继。我国正处在全面建成小康社会的关键时期，城市化发展也正处在由快速规模扩张向绿色智慧、可持续发展转变的关键时期。我们要坚持走中国特色创新发展之路，把全社会的智慧和力量凝聚到改革创新发展上来，抓住世界科技与产业创新变革和我国发展方式转型相互交汇的难得机遇，促进智慧城市建设，为城乡居民创造美好生活，为子孙后代持续繁荣奠定坚实基础。

二、 建设智慧城市的治理路径

建设智慧城市要适应知识网络时代科学发展的要求，坚持从中国国情出发，体现民族和地区的经济、人文和地理环境特点，走一条创新驱动、绿色智能、和谐平安、布局合理、繁荣宜居而有特色的智慧发展之路。这既是城市科学治理、健康发展、物质和精神文明协调发展的要求，也是建设和谐社会、实现可持续发展的必然选择。

创新驱动，就是要鼓励培育和依靠人的创造力，创新观念、创新科技、创新管理、创新制度与文化，创造新的产业结构、服务方式、消费方式。创造新的城市发展方式，建设学习型、创新型城市，促进知识普及、信息数据共创分享和创新应用，不断提高居民的学习能力、科学文化素养和创新创业创造能力。

绿色发展，就是要发展绿色低碳技术、环境友好产业和循环经济，提高资源能源利用率，促进节能减排，发展清洁、可再生能源，建设绿色低碳、生态环境友好的产业体系。统筹城乡环境建设与管理服务，倡导绿色低碳的生活方式和消费方式，保护修复生态环境。实现人与自然和谐相处，协调发展。

智能化就是要加快推进信息化与工业化、城镇化、农业现代化的深度融合，建设信息社会、智慧城市、智能中国。大力发展信息网络、云计算、云存储、智能电网等城市新基础设施；运用信息网络技术实现城市资源高效利用，提高城市规划建设、运行管理的效率和平安保障水平，为城市的绿色低碳、可持续发展提供可靠的知识信息支持；通过信息化、智能化，提升制造业、交通物流产业、农业、服务业的竞争力；为全体居民提供普惠的公共服务，使每个人分享信息化、网络化、智能化创新创业和工作生活环境。

平安和谐，就是要实现人与自然、人与人和谐共处，经济社会协调发展，中华文化与多样文化和谐包容，城乡一体协调发展。发展经济，创业就业，完善社会保障，努力消除贫困，缩小贫富差距，实现社会公平正义。普及安防知识，构建全民安防体系，建设应对灾害、交通安全、刑事犯罪、信息网络安全、食品与生命安全等智能社会安全保障和应急处理机制，保障城乡平安。

布局合理，就是要根据国家和区域的地理资源、生态环境、经济社会和人文历史特点，科学规划城市功能和发展定位，统筹确定城镇和城乡总体布局，优化城市的空间、社会和产业结构，形成国土和自然资源高效利用，交通、能源、水源等公共资源合理利用，传统与现代协调，经济产业、基础设施与公共服务协调，大中小城镇、城乡协调发展，区域经济、社会人文、生态环境健康协调发展的整体格局。

繁荣宜居，就是经济繁荣、创业活跃、就业充分、社会公平，历史遗产与现代建设和谐融合，自然环境与人工建筑相互协调，传统文化与现代文明相得益彰，人居环境平安和谐、文明包容，生态环境优美宜人，消费出行便利舒适，公共服务完善普惠，文化生活丰富多彩，家家安居乐业、人人健康愉悦。

总之，我们要坚持以人为本，依靠创新驱动，推进绿色智能、平安和谐、布局合理、繁荣宜居而各具特色的智慧城市建设和治理。

三、 建设智慧城市的措施保障

中央城镇化工作会议指出，推进城镇化，既要坚持使市场在资源配置中起决定性作用，又要更好发挥政府在创造制度环境、编制发展规划、建设基础设施、提供公共服务、加强社会治理等方面的职能。

建设智慧城市，政府作用不可替代。一方面要支持科技创新，加强对基础前沿研发的支持并促进转化应用，引导建设智慧城市基础设施和服务平台，为城市发展提供有力的知识和技术支撑；另一方面要从法律政策、规划标准等方面入手，消除实际存在的信息资源垄断分割、各种形式贸易保护和市场准入限制，构建开放自由、公平诚信、公正法治的创新环境和市场环境。要健全法律制度和政策体系，严肃认真执行城市规划、节能环保、卫生保健、食品与公共安全等相关法律法规，保障和引导城市健康持续发展。

建设智慧城市，需要转变城市建设发展、管理服务理念。今天，知识与创新、信息大数据已成为城市创造力、竞争力和可持续发展能力的关键要素，无线宽带、云计算、云存储等成为智慧城市最重要的基础设施。能源结构和智能电网的新发展，节能减排、绿色低碳、生态环境友好的新追求，民主法治意识的新提升，对公共管理服务的新要求，多彩文化、多元利益、多样需求的新形势等，使得城市发展、管理和服务理念面临新的深刻变化。

要充分认识知识文明时代的特征和人民的新期盼，改变片面追求 GDP 增长、城市建设贪大求全，把改善基础设施、公共管理服务、提升创业就业和生活品质与城市信息化、智能化紧密结合起来。要顺应和支持信息网络和可再生能源等引发的分布式、个性化、多样化、网络化的创新创业和服务模式，加快推进现代智慧城市的基础设施建设和普惠共享。

建设智慧城市，要以人为本。城市发展的根本目的是为了人、依靠人，必须坚持以人为中心。不仅为生活在城市的新老居民，也应为城乡人民提供更加多样、高质量的就业创业机会，提供安全健康、多样可分享的物质、文化、信息产品和服务，提供更好的人居环境，也为子孙后代保护创造可持续发展的资源与环境。最重要的是依法保障公民的基本权利，尊重和保障公民的生存权、发展权、创造权。要保障公民平等获取信息和知识、分享公共资源和创业就业的权利，依法保护个人、企业、公共和国家信息安全。智慧城市将使人人都有机会通过诚实劳动和智慧创造实现更美好的未来，共创分享美好的中国梦。

同志们！浙江是我国改革开放的先行省份之一，这里创新创业氛围浓厚，市场经济活跃，社会和谐发展，在顺应知识网络时代潮流、建设智慧城市、实现转型发展，基础扎实、优势明显。近年来，浙江省、杭州市高度重视、积极推进智慧城市建设，有些方面已走在全国前列。杭州城研中心在探究规律，创新城市建设理论，为决策提供咨询服务等方面可以大有作为。我相信，只要抓住历史机遇，务实应对挑战，大力推进技术、产业、体制机制和城市管理创新，浙江省、杭州市一定能在推动城市智慧、健康、可持续发展，打造“中国最美城市”进程中谱写新的篇章。

最后，预祝中国城市学年会圆满成功！祝杭州和世界其他城市的未来更美好！

绿色化是人与自然协调、人类文明持续繁荣的要求*

各位朋友、各位来宾：

党的十八大将生态文明融入"五位一体"的国家发展总体布局。三中全会全面推出生态新政，四中全会全面推进依法治国。今年3月24日，习近平总书记主持召开中央政治局会议，审议通过《关于加快推进生态文明建设的意见》，首次提出协同推进新型工业化、城镇化、信息化、农业现代化和绿色化，把生态文明建设作为一项重要执政目标，中国已进入建设社会主义生态文明的新时代。

"绿色化"作为生态环境源头治理、人与自然和谐协调的发展理念与方式，是人类文明持续繁荣的必然要求。"绿色化"将深刻影响中国经济社会发展的未来，改变世界发展方式和格局。实现绿色化需要转变发展理念，从注重经济和财富的高速增长转变为追求生态环境优美，人与自然和谐协调可持续发展。必须加快实现发展方式转型，产业结构调整，实现绿色生产制造。必须改变对物质消费的无节制追求，自觉创造科学理性、健康节俭、绿色低碳的生活方式。需要推进能源结构调整，加快建设绿色低碳、可持续能源体系。需要改变出行和运载方式，构建绿色智能交通物流系统。需要保护修复生态环境，珍爱青山、绿水、蓝天、鸟语、花香的自然生态，建设宜人宜居的城乡生态环境……

实现"绿色化"，需要设计先行。因为设计是人类对有目的实践活动进行的预先设想和策划，是具有创意的系统集成综合的创新创造。绿色设计将决定产品、工艺、装备、服务、工业化、城镇化、信息化、农业现代化的绿色化水平。

绿色设计思想始于20世纪60年代，兴于80年代。随着全球人口持续增长，工业化进程加快发展，人们消费水平持续提升，工农业排放和城乡生活废弃物快速增长，水、土、大气污染严重，酸雨、雾霾频发，生态环境压力加剧，危及生命健康，生物多样性锐减，全球气候变化备受关注。进入21世纪，绿色发展已成为全人类共识，绿色设计的内涵、目标、环境与方法不断发展。从材料与产品的减量化、再利用、再循环发展为产品、装备、服务、乃至遗骸处理和再制造等全生命周期内的占用资源、消耗能源最少，生态应力最低，环境干扰最小，碳排放最低；从关注资源能源的节约高效、循环利用，发展为依托大数据和信息网络实现从制造、应用、服务等各个环节和全过程的资源能源的智能化高

---

* 本文为2015年5月20日在江苏"2015世界绿色设计论坛扬州峰会暨世界绿色设计博览会"上的讲话。

效协同、清洁低碳、提升品质和价值；从清洁高效利用化石能源，发展为致力开发利用清洁低碳、可再生能源；从适应工业时代自动化、批量化制造的绿色设计转向知识网络时代个性化、定制式为特征的绿色低碳设计；从生态环境末端治理修复转向生态环境本征友好和源头治理；从设计为了人——所谓“人本设计”发展出发，促进人与自然和谐协调，共创分享，持续繁荣，发展进化。

中国经济发展进入新常态和世界新科技与产业革命给“绿色设计”带来前所未有的机遇与挑战。我们正迎来全球知识网络时代的创新设计——设计 3.0 的新时代。中国工程院组织的《中国创新设计发展战略研究》，由近 20 位院士、100 多位专家经历了近两年调查研究，向国务院提出了咨询报告和建议，大力发展以绿色低碳、网络智能、共创分享、全球合作为特征的创新设计，将全面提升中国制造和经济发展的国际竞争力和可持续发展能力，将提升中国制造在全球价值链的分工地位，将有力推动“中国制造向中国创造转变、中国速度向中国质量转变、中国产品向中国品牌转变”，这些必将支持引领中国“绿色化”发展的进程。

光华设计基金会 2008 年就开始策划以“绿色设计”为主题推动全球可持续发展合作，2011 年发起创立“世界绿色设计论坛”，先后在瑞士卢加诺、比利时布鲁塞尔、德国弗赖堡和中国扬州成功举办。五年来，还通过“绿色设计国际奖”表彰了一批以绿色设计促进全球可持续发展的企业、机构和个人，促成了一批绿色技术与产业国际合作，发起成立了世界绿色设计组织等，取得了可喜成绩和积极影响。希望继续以世界绿色设计论坛、世界绿色设计组织等为平台和依托，坚持开拓创新、求真务实、开放合作，创新完善“绿色设计”交流合作机制，着力促进在绿色材料、绿色能源、绿色装备、健康医药、生态农业等绿色技术与产业等领域的交流合作，积极参与推动中国“绿色化”生态文明建设，支持“一带一路”战略实施，促进绿色合作共赢；还可重点研究“绿色设计”标准体系，采用选编《绿色设计好案例》和《生态负面案例》等手段，促进引导企业创造推出更好、更多质优物美的绿色产品，政府、城市和社区创造更高品质、更加多样的绿色发展方式；吸引推动公共和社会资源，创建绿色产业创投基金，促进金融投资支持绿色设计创新创业；着眼于绿色经济产业链、价值链和生态链，树立科学的绿色发展观，培养绿色设计的创新创业人才，培育绿色发展生态文化；为创新驱动绿色发展，支持全面建成小康社会，实现中华民族伟大复兴的中国梦，为共创分享人类生态文明做出新贡献。

最后，我衷心祝愿世界绿色设计论坛扬州峰会圆满成功。

把上海建成“东方创新之都”*

一、向中国创造跨越意义重大

问：为什么中央在现在这个时候强调要在上海建设具有全球影响力的科技创新中心？其迫切性、重要性和意义在哪里？

路甬祥：我觉得这是时代的需要、国家创新驱动发展战略的需要，也是实现中华民族伟大复兴的中国梦的必然要求。

2008年以来，全球金融危机，经济衰退，复苏艰难，促使发达国家增加创新投入，调整发展战略。美国推出振兴高端制造战略，德国推进《工业4.0》，日本致力发展无人工厂和协同机器人，英国着力发展生物、纳米、数字和高附加值制造技术，法国也推出《新工业法国》战略……旨在抢占科技与产业创新的制高点。信息网络、材料、能源、智能制造、生物医药、空天海洋等技术日新月异，转移转化应用和业态创新速率明显加快，世界正在酝酿新的科技与产业革命。

经过30余年的改革开放，我国已成为全球第二大经济体、举世公认的制造大国，但主要依靠要素投入，发展方式粗放，付出了沉重的资源、生态环境代价，随着要素成本上升、瓶颈约束加剧，传统发展方式难以为继。改革开放以来，尤其是进入新世纪以来，我国科技投入快速增加，科技与产业创新能力显著提升，但与发达国家相比仍有较大差距。不仅缺乏科学原创、自主创新的基础核心技术知识产权，更缺乏自主创新设计创造，缺乏引领世界的产品、工艺装备和经营服务新业态，缺乏创新引领的著名跨国企业和世界著名品牌，我国还不是制造强国和创新大国。

中国经济发展进入创新驱动发展、提升质量效益、向全球产业和价值链的中高端攀升的新常态。面对全球科技与产业革命与我国经济发展转型交汇的历史机遇和挑战，需要北京、上海、深圳等率先建设富有活力、各具特色、具有全球影响力的科创中心，引领带动我国产业升级、发展转型，支持培育以绿色智能制造服务为核心的新兴产业，实现向中国创造跨越，意义重大；并将有力支持促进“一带一路”战略和长江经济带发展战略，实现

---

* 本文为《解放日报》狄建荣、樊江洪两位记者采访稿，发表于2015年6月1日《解放日报》。

开放合作共赢，引领带动“大众创业、万众创新”，支持创新驱动实现工业化、信息化、城镇化、农业现代化、绿色化同步协调可持续发展，全面建成社会主义小康社会，加快建设创新型国家，为实现中华民族伟大复兴的中国梦奠定坚实基础。

二、青年、“草根”是创新基础

问：上海建设具有全球影响力的科创中心优势在哪里，不足之处在哪里？上海的科创中心主要应该担当什么样的任务？主攻方向应指向哪里？怎样来带动上海以至全国的科技创新？如何才能使它具有全球影响力？

路甬祥：上海历史上就是富有创造活力的东方创新之都，是东西文化交汇的时尚大都会、信息交通物流的枢纽，金融、贸易、航运的中心，高端设计制造服务的高地，研发、教育、医疗、文化、设计等创新资源富集，国际国内创新人才会聚，创新投融资活跃、形式多样。改革开放以来，浦东新区、自由贸易区、科创示范区等为制度、管理、科技、业态创新不断拓展新空间、创造新环境、注入新动力。上海面向太平洋，与长三角、长江经济带经济联系紧密、产业优势互补，与全球科技文化、经贸产业交流合作形式多样，姐妹城市遍及全球。考虑到我们已经进入全球知识网络时代，绿色低碳、网络智能、共创分享、合作共赢可持续发展将成为发展趋势，上海可发挥优势，在科学原创、突破基础共性核心技术、创新设计创造引领世界的产品、工艺流程与装备、经营服务新业态、跨国创新企业和世界著名品牌等方面发挥引领带动作用，尤其可在信息网络与大数据、应用软件、生物制药、医疗保健、高端材料、高端制造、咨询服务、时尚设计与品牌、文化创意、风投众筹等领域发挥科技创新、产业创新和业态创新的引领带动作用。

问：建设上海科技创新中心关键是人才和具有活力的体制机制，人才应到哪里去找，怎样才能有力地吸引全国和国际的一流人才？

路甬祥：吸引创新创业人才的关键在于事业与环境。上海承担和支持开展的基础前沿研究、重大科技工程与产业创新专项，企业自主进行的创新活动，上海集聚的设计咨询机构、国际合作项目等，都是吸引高端人才的磁石和平台；在沪大学、研究院所、三甲医疗机构、中外企业的研发机构等都是高端人才的集聚器。上海已形成的多学科综合优势，比较完整的创新链和产业链，国际化的创新环境，良好的信息网络、交通物流基础设施，开放包容的海派文化，还有优质医疗、教育、社区等公共服务体系，都构成了对创新创业人才的独特吸引力，也为创新人才成就事业提供了良好的条件和环境。

问：在科技创新中企业处于主体地位，中央又提出努力开展“大众创业，万众创新”的要求，上海在建设科创中心中应当怎样与企业的科技创新相结合，与贯彻落实“大众创业、万众创新”的方针相衔接，做到互相推动，互相促进，共同发展？

路甬祥：网络时代的今天已经是“大众创业、万众创新”的时代。上海具备多样的创新载体和良好的创新创业环境，不仅能够关注吸引高端人才，更要着力为青年人、为“草根”提供创新创业的公平环境与机会，才有可能培育出现诸如比尔·盖茨、乔布斯、马云、任正非、马化腾、雷军这样创新创业的杰出领军人才。无论是国际还是国内，无论是在科技还是产业创新创业，无论是过去、今天还是未来，青年、“草根”始终是创新创造最活跃的因素和基础。新市场、新产业、新业态往往都是青年人和中小企业率先创造开拓的。上海发挥自身优势，一头吸引聚集海外创新资源，一头与苏、浙、闽、皖等长三角和长江经济带的中小企业合作，完全有可能成为世界上最具创新创业活力、最具影响的科技与产业创新集群的中心。

三、 探索自主发展科创中心道路

问： 上海科创中心建设与中国科学院的科研院所建设有什么相同之处，又有什么不同？上海在建设科创中心过程中，应该怎样去争取中国科学院的帮助，在哪些方面可以同中国科学院进行合作？

路甬祥： 中国科学院等作为国立研究机构主要面向世界科技前沿、面向国家重大需求、面向国民经济主战场，从事基础性、前瞻性、战略性的研究，为经济社会可持续发展、科技创新能力提升和国家安全做贡献。这和上海科创中心的大目标完全一致，如果一定要说两者差别的话，可能上海科创中心的创新链更完整，创新创业结合应该更紧密，体制机制可以更多样、更灵活、更自由，市场对创新人才、目标和资源配置方式的选择、主导和决定作用会体现得更充分，多元创新文化的包容空间也会更大。

实际上，中国科学院、大学和央企在沪创新力量已经成为上海科创中心不可分割的一部分，如果能进一步发挥他们的基地、桥梁和纽带作用，引入更多国内外创新资源参与上海科创中心建设，推动成果、知识、信息、人才更好地服务带动国家整体发展，支持参与“一带一路”建设，走向世界，实现绿色智能、合作共赢，作用将会更大。

问： 国际上许多国家都已经建立起自己的科创中心，美、英、日、德等国已经走在我们的前面，他们有什么经验可供中国学习和借鉴？中国有自己的国情，中国建设科创中心应该有什么样的特色？

路甬祥： 我觉得，不仅美国、英国、日本、德国、法国、俄罗斯等工业大国在推动创新方面各有特色和优势，而且诸如瑞士、芬兰、丹麦、荷兰、以色列、新加坡、韩国，以及我国香港、台湾地区等在支持创新创业方面都有成功经验和特色优势，比如美国历来有鼓励原创的传统和支持青年人创新创业和风投支持科技企业孵化的良好环境，孕育产生了许多引领国际的技术创新、新星企业与新兴产业。德国注重制造业创新，政府着力支持由大企业与中小企业、大学和研究所协同推进形成以数字化、网络化和智能化为核心的工业4.0创新链与产业链，全面提升德国制造在知识网络时代的竞争力。瑞士、芬兰、丹麦、以色列等国家则注重发挥自身特色与技术创新优势，促进转移转化，积极参与国际竞争与合作……都值得我们认真研究和借鉴，但不应该照搬照抄。应该根据时代和国情、上海的优势和特点，求真务实、创新开拓，探索自主发展科创中心的道路。国情区情各有所别，时代、科技、产业、社会不断发展，创新创业永无止境。只有拥有自信心，富有想象力、创造力，坚持诚信务实、共创分享、合作共赢，才能走得更好、更快、更远，实现更美好的梦想。

第三篇

发展与展望

百年技术创新的回顾与展望*

20世纪，人类科学知识的空前积累，技术创新与生产力的飞速发展，社会财富的不断增值，奇迹般地改变了世界的面貌。

考察100年来技术创新的历史轨迹，分析它对生产力发展和人类文明进步的巨大贡献，以及所带来的种种矛盾与新的挑战，全面而深刻地理解和把握20世纪技术创新与发展的本质、特征与规律，及其技术与科学、社会相互作用的关系等，展望21世纪技术发展的大趋势，以及将对人类社会产生的影响，无疑具有重要的意义。

一、20世纪的现代技术创新是推动生产力发展和人类社会文明进步的关键因素

20世纪，人类在技术领域获得了前所未有的创新成就，高新技术创新层出不穷，极大地改变了人们的生产与生活方式，推进了工业化与城市化的进程，缩小了三大差别（工农差别、城乡差别和脑力劳动与体力劳动的差别），革新了人类社会的组织结构，改变了人类的思维方式和观念，为人类认识世界与改造世界提供与发展了新的工具、方法与手段，使人类社会发生了空前的变化与进步，成为推动生产力空前发展和人类社会文明进步的决定性因素。

现代技术的创新与发展，解放与拓展了人类的体力和脑力。以微电子、半导体、集成电路为标志的现代电子技术革命，使机器的整体结构与控制部分发生了根本性的变化：使用了程序控制机床与自动生产线；采用了电脑控制的柔性自动生产线与计算机集成制造系统；智能化机器人的出现以及机电一体化产品建造起智能化机器体系。计算机逐步进入生产、生活和社会的各个领域，解放和拓展了人类的体力和脑力。各种家用电器的发明与普及、办公自动化和弹性工时制的实现，使人类摆脱了繁重的体力劳动，一部分脑力劳动也被机器替代，提高了工作效率，缩短了劳动时间。人类有了更多的自由和时间去学习、创造、休闲娱乐，引发了社会生产力新的革命，推动了人类传统的生产方式、生活方式和社

---

* 本文为2002年4月12日在空军军级干部培训班上的讲座讲稿。

会组织结构的变革，促进了人类文明的进步。

图1 柔性生产线

现代技术的创新与发展拓展了人类活动的时空。19世纪末，汽车的发明和规模产业化以及高速公路的出现引发了公路交通的一场革命，扩展了人的活动半径，改变了人们的出行、生产、流通和生活方式，改变了城乡发展的整体格局，带动了制造技术与管理工程的现代化，推动了材料与制造产业的发展和工业化经济的持续繁荣。汽车和高速公路已成为国家与地区工业化、现代化的重要标志。

图2 四通八达的高速公路

1903年，美国莱特兄弟发明了飞机，不但使人类插上“翅膀”，而且使人类克服了高山与大洋的阻隔。到20世纪末，几乎所有的远程客运与快运都依靠航空运输，中短程的航空客运量也在大幅度上升。

图 3 莱特兄弟驾驶自己制造的
飞机进行了首次飞行

现代科学仪器使人类可观测到大约 10^{26} 米宇宙空间（约百亿光年的距离）和纳米（10^{-9}米）的微观范围，人们还可以利用加速器进行间接观测达到更小的尺度，精度达 10^{-18}米，横跨 44 个数量级的空间尺度，极大地拓展了人类的观察能力。

图 4 用隧道扫描显微镜（STM）仪器刻写的“CAS”
（中国科学院英文名称缩写）纳米级英文字母的 STM 图像

在高速发展的通信卫星、宽带网络、蜂窝移动电话、超级计算机以及其他先进技术的推动下，信息技术及信息产业所带来影响的深度和广度都是空前的，在金融、商业、教育、医疗保健、管理服务等领域产生了一系列新的突破。至 2001 年 5 月，全球网民数量已逾 3.32 亿，中国网民也达 3000 万，在中国，已经有超过 400 万名学生接受国家卫星电视大学教育。远程教育已从根本上改善了知识传播的效率、多样性和全球化程度。在过去的 10 年中，全球远程医疗也开始取得了显著的成果。

现代技术创新与发展不断提高人类的生活质量和健康水平。20 世纪，抗生素和免疫疗法的发明与发展使人类基本摆脱了传染病的困扰；维生素和氨基酸的人工提取与合成提高了人类的营养水平；各种医疗诊断与治疗仪器技术的发明和发展使人类有可能从整体水平、器官水平、细胞水平、乃至分子水平上，充分而准确地以数据和图像形式反映人体从健康到病变所形成的结构与功能变化，显著提高了疾病的临床诊断和防治水平。

1953 年，美国科学家沃森和英国科学家克里克构建了遗传密码 DNA 双螺旋结构，现代生物工程由此崛起。现代生物技术是人类认识能力的又一重大突破和展示，生物工程所获得的成果对人类健康、生命质量、农业生产及其产品的加工都产生了积极而深刻的影响；基因诊断、基因治疗和基因药物等的出现也将给人类健康带来福音。

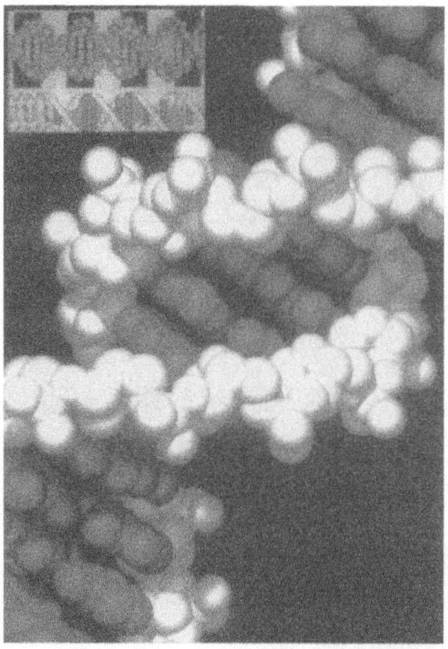

图 5 DNA 双螺旋结构模型

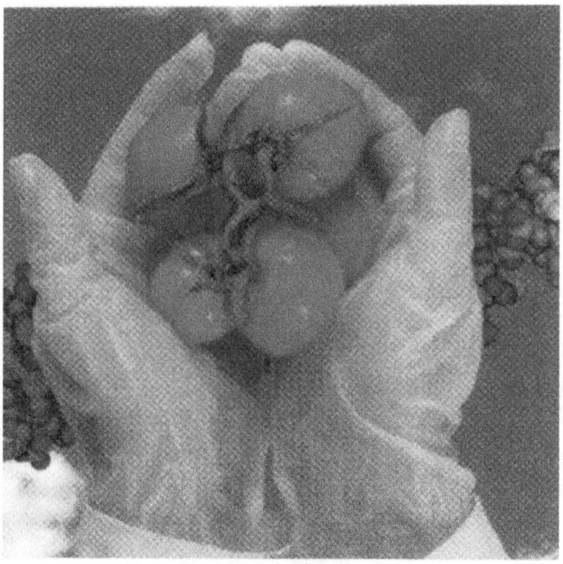

图 6 用基因工程技术培育的番茄新品种

20 世纪的 100 年来，人类平均寿命延长了 20 余岁。19 世纪末，世界的平均人口寿命大约只有 40 岁，1997 年世界平均人口寿命已达到 62.27 岁。中国人 1949 年的平均寿命为 35 岁，“九五”期间人口平均预期寿命达到 71 岁。这应当在很大程度上归功于人类生活水准的提高以及现代生物医学技术发展所做的贡献。可以预见，随着科技发展和社会进步，世界的人口预期寿命、生命和生活质量将得到进一步提高。

现代技术创新与发展提高了人类开发利用自然资源的水平。20 世纪，人类除了开发利用传统的自然资源——农产品、矿产与化石能源满足人类越来越多的食品、纤维、木材、金属、建筑材料与能源需求以外，最值得一提的是以煤化工和石油化工为基础的高分子合成材料的发明与发展，以及性能多样的金属材料、高等陶瓷、功能晶体、碳素材料，以及复合材料的相继问世，成为现代能源、运载工具以及一切民用与国防装备的基石。至今世界上的结构与功能材料已有几十万种，并继续以每年大约 5%的速度递增。

硅材料的开发利用，促进了以半导体、大规模集成电路、计算机以及光纤和互联网为标志的信息时代的到来，充分显示了新材料及相关工艺技术是现代高新技术创新发展的关键因素之一。技术与生产规模的空前发展，导致自然资源濒临枯竭，生态环境严重恶化。20 世纪 60 年代起，人们开始致力于发展可再生能源技术。材料的可再生利用技术，发展环境友好的工艺技术及可自然降解材料，发展生态与环境保护与治理技术，后来被统称为“绿色技术”。

二、 对 20 世纪技术创新与发展的一些规律的探讨

20 世纪技术创新与发展及其对社会进步的巨大推动作用，不仅是因为技术本身日新月异，而且归结于科学与技术之间以及社会需求与技术发展之间的相互推动，为促进技术创新而构建的社会化创新体制也日趋完善。探讨 100 年来的技术创新与发展规律，对我们

理解20世纪技术进步，选择新世纪的技术发展创新战略，都具有重要的意义。

1. 技术的特征与本质

技术的发展具有多样性、持续性、创造性和选择性等特征。20世纪的技术发展体现了综合、集成的趋势。可持续发展理念和高技术的发展对传统伦理、道德观念带来了新的挑战。技术发展的目标不仅仅是改造自然、保护自然，可持续地造福人类才是技术发展的真正目标。技术已成为20世纪经济增长的主要推动力，市场与需求已成为技术创新与进步的条件和主要牵引力；科技已成为决定综合国力和竞争能力的决定性因素，同时，国家与企业已成为科技的主要规划者与技术创新的主体。

2. 技术与科学

科学与技术都包含认知与创新的过程。科学为技术发展提供理论基础和潜在的可能性，科学原理与定律决定了技术发展的极限。20世纪出现了建立在科学基础上的技术创新与发展，但技术发明仍有其独特的发生、发展轨迹。人们不会因为没有现成的理论可循而放弃技术创新实践，科学理论有时会落后于技术创新发展的实践。20世纪的技术创新与发展也为科学研究活动提供了新手段，拓展了新的领域。

3. 技术发展的动力

20世纪现代技术的发展动力来自新的科学进展，人类面向应用、开拓未来的创造欲望与好奇心，多样化的社会与市场需求的推动，以及它们之间的相互作用。例如，飞机、汽车、激光技术、计算机的发明动力开始主要来自人类的创造欲望和好奇心，但当时以及后来的社会需求确实为技术发展尤其是规模产业化提供了机遇和强大动力。从20世纪技术发展的重要案例和它们的发展轨迹不难发现，许多专利的拥有者都属于那种面向应用、满怀创造欲望与激情，而又坚持不懈、勇于实践的人。

技术创新与发展过程具有选择性的特征，除上述技术创新与发展的主要动力之外，还有一些重要因素在某些历史、政治、文化等背景下，会对技术发展产生不同的社会选择，导致不同的结果。政治因素的影响，如二次大战以及后来美苏为称霸世界的军备竞赛所造成的技术发展后果等。社会选择通常不都是单纯以技术的先进性为导向的，在多数场合，往往以经济性、适用性和市场竞争能力为主要选择，也存在由历史因素决定的路径依赖和选择的情况。由于技术发展过程的持续性特征，发展科学技术的社会条件与环境也是重要因素之一。如半导体三极管的发明，是建立在电子学及固体物理学基础之上的。没有当时欧美已经发明并广泛应用的雷达、收音机等对更轻便、可靠、价廉的放大器需求的拉动，很难想象贝尔电话公司会立项展开固体放大器的研究。技术发展还不可避免地要受到经济的制约，经济与技术发展的总体水平会对技术的社会选择产生很大影响。

4. 促进技术发展的动力机制和创新体制

技术发展不但需要动力，更需要促进技术发展的创新体制与机制的保证，它主要包括以下几方面：

（1）开放的、法制化的、公平有序的市场经济大环境与合理有序的竞争机制，企业自主自觉地成为技术创新的主体。

(2) 国家在鼓励和推动技术进步中履行恰当的职能和角色。建立并不断完善鼓励技术创新与产业化的有关法规和政策，建立有效的知识产权保护制度，对基础与应用基础研究及关系国计民生的重大战略性、前瞻性、基础性技术和公益性技术的研究与开发（如农业、医疗、环境、安全、技术标准与监督等）保证必要的投入，并引入合理的竞争机制，促进国际、企业间、企业与大学、研究机构间的分工、交流，与合作机制的建立，建立中小企业技术创新的有效体制，推动建设形成国家创新体系。

(3) 充分重视与发展教育，提高国民的教育水平，职业与技术教育水平，以及科学技术知识普及程度，注重培养大批高质量的技术创新人才与经营管理人才，建立与发展国际化的教育，科普与技术交流网络平台，在全社会建设形成尊重知识、尊重人才、鼓励技术创新与创业的文化氛围与正确的社会价值观念。

(4) 建立与完善有利技术创新、交流以及咨询与中介的产业化、市场化服务、风险投资、金融服务体制，发展技术市场、人才市场、资本市场，重视高技术园区、专业性技术协会和高技术产业协会和媒体与网络的作用。

我国原始性的技术创新——重大发明专利稀缺。除科技投入、教育和科技水平以及创新文化因素外，其主要原因与我国目前尚未完全建立起有利于促进技术创新与发展的有效体制与动力机制有关。知识产权保护制度尚不健全，现行的专利制度也存在种种不适应，面临着新的挑战；政府在技术发展领域中的职能与市场职能互相混淆，尚未完全建立起开放、法治、平等、有序的市场竞争环境；有利于技术创新与产业化的资源配置机制尚不够系统、完善与有效；不平等的竞争环境使企业不能自觉成为研发（R&D）的主体，更不能将自身的发展真正立于科技创新、体制创新和管理创新之上，也不能在企业间、企业与大学、研究机构之间建立起十分有效的、合理的分工合作与互补关系。技术的发展必须依赖规模化和产业化，产业的发展更需要有效的体制创新，体制保障往往比技术本身更为重要。

5. 技术的评价标准与主体

技术评价标准应与技术创新与发展的目标与动力相一致，不能单纯依靠政府奖励来激励技术创新与发展。技术评价的困难主要在于影响因素的多样性和市场与社会选择的较难预期，主要包括：技术的先进性和市场选择之间存在差异，后者常常受经济技术发展水平的制约及营销战略的影响；由技术发明到产业发展，如技术发明的样机与经过多次发展的批量化产品之间往往存在很大的差异。因此，对新技术、新工艺及新产品的选择常常充满了风险，靠的是对市场的判断力，对经济与技术发展趋势的正确权衡。技术的评价主体应该是市场和社会系统，不应该仅是技术专家，应依靠研究与发展该技术体系以外的评价主体。

技术评价必须满足三方面的要求。

(1) 对现代技术和重大工程项目的长期后果进行正、负两方面作用的客观、全面的评价。

(2) 要有全面、综合的评价方法和手段，不能只对技术或工程的技术先进性或经济性做各自单独评价。

（3）技术评价应当成为下一步发展的科学决策的前提和基础。

6. 技术创新的类型与特点

原始技术创新是指基础或关键性技术发明和应用。对于原始技术创新来说，要解决好这两个环节就应该充分认识基础与应用基础研究和应用开发的重要性。应用基础研究对技术发展起着至关重要的作用，其突破往往是原始技术创新的直接知识基础与理论根据。例如，晶体管发明是科学推动、需求拉动的结果；飞机发明是比较系统的应用研究的结果。集成技术创新与原始技术创新的重要不同之处在于：后者需要有关键技术的新突破，并由此创造新的应用系统，而前者则主要运用已有技术，通过系统集成创新满足或创造新的需求。从现代运载火箭、波音747飞机到家用电器、集装箱技术系统及因特网多是集成创新。可见，科学的价值观在于世界上首次发现，技术价值观不仅在于原始性创新发明，也在于具有重大应用价值的集成创新。

7. 技术与伦理、道德的关系

现代技术的飞速发展提出了许多新的、具有挑战性的伦理、道德问题。例如：

（1）核武器、生物武器等大规模杀伤性武器出现；试管婴儿、动物与人体试验、克隆技术、器官移植和互联网的出现。

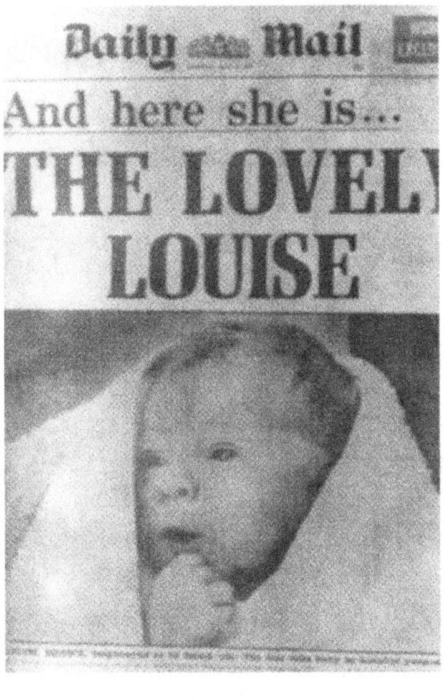
Daily Mail
And here she is...
THE LOVELY
LOUISE

图7　世界上第一个试管婴儿

图8　克隆羊多莉

（2）与环境、生态以及可持续发展，与自然资源和知识资源合理分享、共享等相关的问题。酸雨、噪声、温室气体、全球变暖、大气与水污染、森林面积锐减、物种灭绝、水土流失、洪水泛滥、干旱与荒漠化以及城市垃圾等现象日益严重，使人们不得不重新建立新的技术伦理、道德观，维护生态环境与人类社会的可持续发展。

（3）发展中国家与发达国家之间，贫富之间的“南北差别”、“东西差别”和“贫富差别”已是当代人类应倍加关注的全球性技术与经济伦理道德问题。

三、21世纪技术创新的发展趋势

21世纪，高技术仍将突飞猛进并和谐发展，新世纪的技术创新与发展将为人类文明进步展现新的前景，为我国实现第三步发展战略目标提供强有力的支持，全球化知识经济和技术发展的合作与竞争也对我们提出新的挑战。认真分析和把握新世纪科技发展的态势，加快国家创新体系建设，对提高我国技术创新与发展水平，促进我国经济和社会可持续发展具有十分重要的意义。

随着信息及知识经济时代的到来，人们将更加重视信息与认知；更加重视生态和环境；更加重视对有限自然资源和无限知识资源的分享，共享，可再生，可持续利用与发展；更加重视技术的多样性、开放性、可发展性；更加重视技术与科学、人文、艺术的结合；更加重视技术伦理，道德方面的研究和对技术社会作用的法制、管理与监督；在武器系统方面更加重视制空天能力、制海能力、制信息能力，重视信息制胜，精确打击制胜。

21世纪技术创新的发展趋势将主要表现在以下三个方面。

(1) 信息技术继续快速发展，继续发挥巨大的影响力和渗透力。信息技术将继续以日新月异的发展速度与空前的影响力、渗透力、改变人类经济发展形态、生活方式、社会结构、学习与认知方式、政府与企业管理以及文化传播与交融的方式；量子物理、凝聚态物理、纳米技术、生物技术等将为信息技术提供新的存储、传输、处理、显示材料与器材；数学、脑与认知科学的进展将可能引发计算机结构、网络通信模式以及信息表达与处理方式的新革命；以计算机与宽带通信网络技术为核心的信息技术将在容量、带宽、速度、智能化程度等方面不断取得新的进展；人类最终将突破人与人之间、人机之间的语言文字障碍实现用计算机/网络跨越不同语言文字的直接交互，并将实现人与机器之间、机器与生物体之间的直接信息交互；以信息技术为基础的3S系统（遥感技术、地理信息系统和全球定位系统）将发展为数字地球系统，从而为全球生命元素循环、全球资源生态环境、全球自然灾害、经济与交通运输及国防安全提供新的技术平台；信息技术将为数学、物质科学、生命科学与生物技术、天文与地球科学、洁净、安全可再生能源科学、生态与环境科学技术等提供新的研究方式、工作平台、数据库和数值建模与处理方法，将衍生出新的交叉科学与技术前沿。

(2) 生命科学与生物技术正酝酿着新的突破。可以预计在未来二三十年内，人类认识自身生命起源与演化、脑与神经的结构、发育、功能发展以及认知与信息传递、处理、存储本质等方面将取得重大进展；基因组学、蛋白质组学、生物信息学、分子神经发育生物学和分子生态学等进展将使人类从分子水平认识遗传、发育与衰老、代谢与免疫、生态与进化以及生物多样性的演变规律，从而将宏观生物学与分子生物学连接与统一起来；支持生命科学、探索和生物技术发展相关的一系列技术将得到空前的发展，人类及重要物种全基因图谱的测序完成将为后基因组研究开辟道路，基因图谱中功能基因信息将被全面解读。基因组、蛋白质组结构与功能研究，基因、细胞和组织工程基干细胞技术的进展将为农业育种、基因治疗、器官再生和移植、生殖调控、药物研制、生态环境的保护与治理等带来前所未有的影响，为农业、医疗与健康带来全新的面貌；生物芯片、生物计算机、生物质能源、生物与仿生材料等将形成未来技术创新的热点与全新的产业。

(3) 新世纪物质科学的突破将对技术发展带来深刻的革命性变化。21 世纪的物质科学一方面将跨越生命与非生命物质的界限，量子理论、分子生物学、物理生物学、化学生物学以及信息生物学的进展将把量子论推进到新的阶段；另一方面对极端条件下的物性及相互作用的研究将进一步揭示极端物理条件下纳米空间尺度、飞秒时间尺度的物质运动、结构与相互作用规律。由此将可能给材料、能源、信息技术带来革命性的影响，使纳米材料、纳米器件、纳米尺度的监测技术以及微机电系统技术得到新的发展，人们将进入分子、原子调控、组装乃至自组装的时代。人类将会不断创造与制备超纯、超强度、智能化，具有自适应、自补偿、自组装能力的材料制造可再生循环、可自然降解的多样化生态环境友好结构与功能材料，将发展生态环境友好的“绿色工程”和发展可再生能源以及洁净、高效、安全的核反应堆，将开发实现商业化聚变能源，发展并应用高效经济的氢能及相应电站与新一代运载工具；随着材料、工艺、计算机及宽带网的进展，以及经济全球化的发展，21 世纪的制造业将进一步采用虚拟现实设计、全球并行设计，向计算机集成制造和全球虚拟制造系统方向发展，不仅制造机电一体化的生产设备、工作机器，而且将拓展到极端条件下的科学实验装备与工作机器、微电机系统、新型医学诊断及治疗设备、生化及生物工程仪器及设备；由于人类在 21 世纪将更加关注自身的健康和人居及自然生态环境，有关远程诊断、监护、治疗、手术、康复、保健和健身技术、综合智能大厦、智能家庭及办公系统技术以及生态环境监控与治理技术等亦将得到长足发展。

21 世纪，是知识经济时代，也将是终身学习的时代，远程教育设备、智能电子出版虚拟影视制作技术、高品质、多维数字声像技术等将得到进一步创新及普及；以信息、生物和纳米为代表的 21 世纪技术发展将引发一系列新的信息安全、生物与生态安全、生命与健康安全、经济安全与国防安全等问题和技术伦理道德的挑战。可能带来新的南北和贫富差距的扩大，可能成为强权和国际犯罪集团的工具。

21 世纪技术发展不仅需要弘扬科学精神，更要弘扬与发展人文精神，建设国家创新体系，不断提高我国创新能力，才能在全球知识经济时代自立于世界民族之林；需要广泛的国际合作，共享、分享人类技术创新成果和建立并共同完善共同的道德准则与法制理念，才能使技术发展避免可能的、空前的负面影响，才能缩小数字和知识鸿沟，才能使技术创新为人类社会可持续发展与繁荣造福。

关于构建和谐社会的几点建议*

党的十六大把“社会更加和谐”列为全面建设小康社会的目标之一，十六届四中全会又把“提高构建社会主义和谐社会的能力”列为党执政能力的一个重要方面。这是我们党顺应历史发展，从全面建设小康社会、开创中国特色社会主义事业新局面的全局出发提出的一项重大任务，适应了我国改革发展进入关键时期的客观要求，体现了广大人民群众的根本利益和共同愿望，是全面落实“三个代表”重要思想，全面落实科学发展观，巩固党执政的社会基础、实现党执政兴国、执政为民的必然要求。对于促进我国经济社会协调发展，全面实现建设社会主义小康社会宏伟目标，意义深远。

实现社会和谐，建设美好社会，始终是人类孜孜以求的一个社会理想，也是包括中国共产党在内的马克思主义政党不懈追求的一个社会理想。根据马克思主义基本原理和我国社会主义建设的实践经验，根据新世纪新阶段我国经济社会发展的新要求和我国社会出现的新趋势新特点，我们所要建设的社会主义和谐社会，应该是民主法治、公平正义、诚信友爱、充满活力、安定有序、人与自然和谐相处的社会。

我国的改革与发展正处于关键时期，改革已涉及经济、政治、文化、社会等所有领域，触及人们的切身利益。发展已由经济拓展到社会、人文、环境等各个方面，实现经济、社会、生态环境等统筹协调发展。国际经验表明，当一个国家人均 GDP 进入 1000 美元到 3000 美元的时期，既是黄金发展期，也是矛盾凸显期，处理得好，经济社会发展能够很快上一个新台阶，处理不好，经济社会可能停滞不前或倒退。

构建社会主义和谐社会，任务重大而艰巨。中央已有周密部署，我完全拥护。现仅就有关工作提出以下建议。

（1）应进一步加强战略研究，不断深化对于构建社会主义和谐社会规律的科学认知。我们必须坚持以邓小平理论和“三个代表”重要思想和科学发展观为指导；必须坚持社会主义的基本制度，坚持走中国特色社会主义道路；必须坚持以经济建设为中心，坚持发展是硬道理，通过发展社会主义社会的生产力来不断增强和谐社会建设的物质基础；通过发展社会主义民主政治来不断加强和谐社会建设的政治保障；通过继承发扬中华民族优良文化传统，消化吸收世界各民族优秀文化，发展社会主义先进文化来不断巩固和谐社会建设

* 本文为 2004 年 9 月结合中共中央十六届四次全会议题所写的建议。

的精神支撑。同时又通过和谐社会建设来为社会主义物质文明、政治文明、精神文明建设创造有利的社会条件。促进社会主义物质文明、政治文明、精神文明建设与和谐社会建设全面发展。

(2) 正确处理效率与公平的关系，是构建和谐社会的基础。在社会主义条件下，实现效率与公平的统一，是社会主义的本质要求。注重效率，发展经济，是实现社会公平的前提和基础。也只有实现公平，才有利于争取更大的持续的社会效率。当前收入分配上的主要问题是，非常态收入问题突出（如市场垄断、贪污腐败、制假售假、走私贩私、偷税漏税等造成大量的非正常收入），保障性收入不到位，部分社会成员收入差距拉大。在坚持效率优先的同时，必须更加关注公平，理顺分配关系，规范分配秩序，既要着重解决初次分配非常态收入造成的差距，还要着重解决再分配的社会保障公平，建立公正的收入分配格局。此外，实现和维护公平，不仅是财富分配问题，还要从经济、政治、文化、社会全方位考虑社会公平，从法律、制度、政策上营造公平的社会环境，促进社会和谐。

(3) 就业是民生之本。中国有 13 亿人口，又处于城镇化快速发展的进程中。解决就业问题，是构建和谐社会的基础工程。当前尤其要关注每年 500 万大专学生的就业和为每年 1000 万农业人口转移提供工作岗位。鼓励和引导投资、创业，发展制造业和服务业，扩大就业，促进社会和谐。

(4) 公共产品缺失和配置不均衡是当前看病难、看病贵，上学难、上学贵，社保覆盖不全等的主要原因，也是影响构建和谐社会的关键因素，应充分重视。通过改革公共财政投入结构，加快並深化公共事业改革进程等，促进社会和谐。

(5) 当今社会已进入信息化、网络化时代，因特网、无线通信网、广播电视网已成为公众从事政治、经济、文化、社会生活不可或缺的重要信息平台，成为人们交流合作的重要环境。网络对社会稳定和谐有着不可忽视的作用。应抓紧研究和完善网络立法、监督和有效管治。

(6) 环境恶化已对中国实现人与自然和谐发展构成严峻挑战。由于生产方式粗放，我国水、大气、土壤污染严重，也出现了冰川退缩，冻土融化，湖泊萎缩，湿地退化，森林覆盖率降低，草原面积减少，荒漠化扩展，水土流失加剧，生物多样性减少，山地灾害增加，海平面上升等剧烈变化。人与自然和谐发展是构建和谐社会的重要内容之一。自然环境恶化也必然影响社会和谐，近年来由于环境污染引发的群体性事件已呈上升趋势。建议进一步加强生态环境立法、监测、管理、科学研究和治理修复，改善生态环境，促进人与自然和谐，社会和谐。

(7) 正确对待和处理社会矛盾是保持社会和谐的重要手段。应加大力度发展和普及社会心理学，社会工作学，培养社会工作人才，将我党群众工作优良传统和现代社会心理科学、社会工作科学结合起来，化解社会矛盾，促进社会和谐。

(8) 根据现代系统科学理论，社会稳定和社会和谐如同其他社会现象一样是可以被科学认知，是可预测、可预报的。建议支持和加强社会稳定和社会和谐预测预报研究，建立社会稳定和社会和谐预测预报系统，为党和政府决策与社会稳定和社会和谐管理提供科学依据。

21 世纪上半叶我国能源可持续发展体系战略研究*

保证能源供应是人类社会赖以生存和发展的最重要条件之一。随着化石能源开始耗竭以及使用化石能源引起的环境污染与气候变暖日益严重，全世界普遍认识到，必须最大限度地提高能源生产与利用效率，清洁、高效地利用各种能源，并尽快向着减小化石能源份额、增大可再生能源份额的方向发展，逐步建立能源可持续发展体系。争取在 21 世纪上半叶取得明显进展。

近年来，中国科学院学部已就能源问题进行了多方面的研究。在以往研究工作的基础上，本项目重点研究能源结构的调整，就 21 世纪上半叶建立我国能源可持续发展体系的发展战略进行了深入研讨，对综合性、前瞻性与战略性的一些重大问题形成了一些观点，并提出了对策建议。

伴随着我国经济与城市化继续快速发展，尽管对 2050 年我国能源需求尚难明确预测，21 世纪前 30 年我国能源需求仍将大幅度增长，调整能源结构的任务已经刻不容缓。从环境污染、温室气体排放及资源的合理可持续利用考虑，我国 2050 年作为一次能源的煤年耗量（不包括制油和制气的用量）应控制其份额由当前的 69%降至约 40%。与此相应，煤电装机总容量也由当前的 73.2%降至约 40%，其缺口应由发展其他能源来填补，以满足需求。鉴于这种情景，我国必须积极有效地进行能源结构调整，以降低煤的份额及增大非水能的可再生能源与核能的份额为能源结构调整的主要发展方向。

我国 21 世纪上半叶能源可持续发展体系可由五方面组成：①继续发挥煤的重要作用。②开源节流，保障石油与天然气供应。③充分发展水电与核电。④大规模发展非水能的可再生能源。⑤大力支持未来新型能源的研究发展。上述五方面统筹发展，将使我国 2050 年能源供应有更可靠的保证，并为建立未来能源可持续发展体系打好基础。

在对上述五方面的发展现状与前景、存在的问题和所需采取措施分析的基础上，提出如下主要建议。

---

* 本文为中国科学院学部组织的重大咨询项目“我国能源可持续发展体系”研究成果——“21 世纪上半叶我国能源可持续发展体系战略研究”咨询报告的摘要。报告全文参见《中国科学家思想录·第五辑》（科学出版社 2013 年出版）。

1. 沿着减小煤炭份额，大幅度增大可再生能源与核能份额的方向，进行能源结构调整已经刻不容缓

2005 年，我国 GDP 总和 18.23 万亿元，人口 13.1 亿人，一次能源总耗量 65.3 EJ，占世界总能耗的 14.7%，全国人均能耗 50 GJ/人年，万元 GDP 能耗 36 GJ。我国一次能源结构为：煤占 69%，石油占 21%，天然气占 3%，水电占 6%，核电占 1%。发电装机总容量约 5 亿千瓦，其结构为：煤电占 73.2%，气电占 2.4%，水电占 22.8%，核电占 1.4%。

21 世纪上半叶，我国 GDP 总量可能达到近 117 万亿元，为 2005 年的 6.4 倍，相应能源需求亦将大幅度增长。国家已把节能放在优先地位，在全国各领域大力提高能源利用效率，合理调整经济发展模式，朝着建设资源节约型、环境友好型社会努力前进，必将对降低能源消耗产生明显效果。虽然由于各种因素的复杂性，对 2050 年我国能源需求尚难明确预测，但已十分明显，2050 年我国能源结构将发生重大变化，突出表现在煤炭份额的大幅度下降。虽然我国煤炭需求不断增长，当前国内增大产量的积极性很高，但从环境污染、温室气体排放和资源的合理可持续利用角度，都是不能允许的。由于燃煤排放的二氧化硫、粉尘、氧化氮、汞及其他有害物质是大气污染的主要来源，根据环保要求，必须对煤的使用严格控制。煤的使用排放大量二氧化碳等温室气体，近来已引起国际社会的高度关注，必须努力减少二氧化碳的排放量。截至 2005 年，我国煤炭资源的探明可采储量为 1892 亿吨，按当前产量的储采比为 86 年，不到世界平均 200 年的一半，必须考虑合理、节约地使用，延长其使用期限。在考虑到采取各种减排与环保措施条件下，我国 2050 年作为一次能源的煤年耗量（不包括制油和制气的用量）应控制其份额由当前的 69%降至约 40%。与此相对应，煤电装机总容量可增至 9.6 亿千瓦，其份额也由当前的 73.2%降至约 40%。

即使我国 2050 年煤炭份额降至 40%，其年耗量仍会大幅度增长，大气污染与二氧化碳排放可能更为严重。因此必须在煤的高效、清洁、低碳排放利用技术提高方面狠下工夫，使新建燃煤电站的供电煤耗达到国际先进水平，采用化工产品多联产等新技术使煤炭利用效率达到更高水平。大力研发与采用多方面的环保与二氧化碳固定和埋存等减排措施来降低污染和减小温室效应，加强环境、生态与气候变化的监测与研究，完善法规并严格执行。

我国必须积极有效地进行能源结构调整。与 2005 年相比，2050 年我国煤炭在一次能源与发电装机容量中的份额降低约 30%，其缺口将由发展其他能源来填补，以满足需求。从我国各种能源供应的实际出发，我国石油与水能的份额大体不变，天然气与核能将会增加，还有约 15%差额要依赖于风能、太阳能与生物质能等非水能的可再生能源。从电力供需方面看，发电装机容量中约 30%的缺口几乎要全部依靠非水能的可再生能源发电的发展。降低煤的份额及增大非水能的可再生能源与核能的份额将是能源结构调整的主要发展方向。

2. 设立大规模非水能的可再生能源国家重大专项

2050 年我国将有约 15%的一次能源缺口，约 30%的发电能力缺口依靠发展非水能的可再生能源填补。近年来，虽然风能、生物质能与太阳能得到了可喜进展和日益增多的关注，但离 2050 年的大规模发展需求相距甚远。可再生能源的增长速率对能源结构调整的影响很大，持续稳定的大规模、快速的发展必须采取有力措施，需要设立国家重大专项来

规划部署，促进其快速发展。

太阳能是最主要的可再生能源资源，其利用方式包括热利用、太阳能发电、太阳能制氢等。太阳能发电，包括光伏发电与热发电，是重大专项的重点。核心问题是要在新型光伏电池及光伏电池材料方面取得突破，大幅度降低成本，提高效率，尽快实现大批量光伏硅材料国产化，形成大规模产业。要探索新的太阳能利用模式。要及早部署荒漠地区集中式超大规模太阳能电站分阶段的研发与示范，与荒漠地区生态治理及资源开发利用紧密结合。在 2020 年前建成十万千瓦级示范电站，2030 年建成百万千瓦级示范电站，才能填补此后与日俱增的能源缺口。建立大型太阳能基地，还要解决大型太阳能电站有效融入电力系统、储能与输电有关的电力技术难题。

生物质能源是重要的可再生能源。充分高效地用好传统生物质能，包括沼气、发电、制造颗粒燃料和液体燃料等仍是近期的主要任务。生物质能大规模发展的关键是提供大规模的生物质资源，并要与解决三农问题相结合，特别注意农民和农村能源需求分散和低成本的特点。根据我国的情况，粮食安全属第一位，应主要利用非粮植物的生物质资源，在保证粮食生产用地条件下，建议在边际土地建立与生态建设和防治荒漠化相结合的稳定的生物质能的产业基地。要大力进行能源植物遴选、改良，努力加大科研投入，研发高新技术，提高生物质能转化的效率和科技水平，为大规模发展创造条件，其中研发以纤维素为原料的新技术具有特殊的意义。因地制宜，发展农村地区生物质能分散利用的技术。

目前，风力发电已开始进入规模发展阶段，2050 年可以期望达到数亿千瓦规模，为此，要抓紧解决大容量新型风电机组研制与国产化，加强风力资源调查和近海风电场前期研究，以及风电有效进入电网的调度、储存、调节与控制问题。

3. 设立以快中子堆和钍资源利用为核心的先进核能系统与核燃料循环的研究开发与产业化国家重大专项

鉴于核能利用从研究开发示范到产业化商用是一个相当长期的过程，《国家中长期科技发展规划》和《核电中长期科技发展规划（2005—2020 年）》已经明确了到 2020 年我国的目标任务，并将《大型先进压水堆及高温气冷堆核电站》列为重大专项，建议在上述两个规划基础上，延伸到 2050 年，把《先进核能系统与核燃料循环的研究开发与产业化》列为国家重大专项，作为应对全球气候变化的另一重大措施，付诸实施。

目前世界上已实现产业化的只有热中子堆核电站，我国 2020 年前将有 4 000 万千瓦核电运行，1 800 万千瓦核电站在建，也都是热中子堆。热中子堆的核燃料利用率低，仅能利用天然铀的 1%—2%，而快中子堆能将天然铀的利用率提高到 60%—70%。面对 2050 年期望我国核电将提高到 2.6 亿千瓦，快中子堆的研发与产业化是一项投资巨大、耗时较长的系统工程，必须大力加快其研发进程，力争在 2030—2035 年内实现快中子堆核电机组的商用示范发电，随即进入产业化发展阶段。

初期快堆的核燃料（工业钚）要从热堆用过的乏燃料中经后处理提取出来供应，快堆燃料实现自持增值后，也需要对其乏燃料进行后处理，因此，必须统筹安排建立包括后处理在内的核燃料闭式循环系统所需进行的研究、开发和工程示范等工作，以及使后处理分离出来的高放射性、长寿命废物数量和毒性最小化的研究试验工作。

世界天然铀资源的储量也不容乐观，鉴于核电已在世界范围内复苏，天然铀的供应必将日益紧俏，我国钍资源比较丰富，为了节约天然铀的用量和扩大核燃料的供应后备，应尽快启动对钍资源核能利用的研究开发。

必须加强核科研基地和人才队伍的建设，形成完整的科技与产业体系，注意拓展核能的制氢、工艺供热、海水淡化等综合利用方面的研究。某种意义上讲，解决未来能源问题，必须把核能利用放在更重要和现实的地位。

4. 其他重大措施

除前述的设立大规模非水能的可再生能源和先进核能两个国家重大专项外，建议再采取下列重大措施。

（1）继续将节能放在优先地位。能源节约包含多个层次：一是在科学技术上，解决各行各业以及人民生活中少用能，用好能的技术问题；二是在国家经济发展道路上，尽快改变产业结构，进入新的经济增长模式；三是真正从指导思想到实际措施上实现资源节约型、环境友好型社会。应该加强全面部署。节能不纯粹是科技问题，一定要与法律、政策、文化相结合，全面优化，才能落实搞好。必须通过价格体系改革来推动节能工作。

（2）进一步争取在应对全球气候变化中的主动地位，用全面、确凿、翔实、有力的数据来阐明问题的实质，维护国家发展的权益；与此同时，采取切实有效的措施限制 CO_2 的排放。应对全球气候变化涉及我国核心利益，必须进一步开展深入细致和系统的研究工作。应避免片面地宣传我国近年来能耗增长的速度。要对各发达国家工业化以来累积排放 CO_2、消耗的各种原材料（如钢铁、水泥等）进行统计，并以此为依据，建立与工业化程度相关的量化指标。在此基础上，计及人均消费、技术进步等因素，尽早提出我国比发达国家同等工业化程度时更先进的排放标准，主动争取实现。突出能源和资源是全人类共有的财富，地球是全人类共有家园的理念，强调平等利用的权利和共同保护的责任。与此同时，我国应将二氧化碳排放问题作为一个严格的限制条件来考虑能源和经济发展的方式和速度。从能源供应和消费两方面来减缓二氧化碳排放的增长，向最终达到零增长以至负增长目标努力。对全球变暖对我国的影响，要及时、深入地进行研究并采取相应对策。

（3）保障石油供应是我国能源安全的首要问题。必须重视加强石油的勘探，大力发展石油补充与替代能源，一方面充分利用国际资源，另一方面做好减少对国际市场依赖的准备。将节油作为交通发展的重大原则，对燃油汽车的保有量及年产量发展进行严格控制。征收燃油税，推进以煤代油代气。

（4）构建适应新形势的我国能源技术研发体系。整合并优化现有全国能源研究力量，明确分工，避免重复建设和不良竞争，增大投入，优化资源配置，提高科研效率，形成由基础研究、关键技术研发和系统集成组成的完整布局。

（5）推动清洁、节能和高增值制造业和服务业技术的产业化与规模化。实行优惠的税收、补贴与价格等政策，开拓市场，推进产业转换和迅速高效成长。

（6）尽早建立全国统一协调的管理机制与机构。领导全国能源规划、研发、示范、基地建设、产业发展、能源供应与节能工作。

（7）持续进行能源战略研究。随着科学技术的进步和认识水平的深化，要进行持续的能源战略研究，不断为能源可持续发展体系的建立提供科学、及时、正确的指导。

能源问题是关系到我国经济社会可持续发展和国家长治久安的重大问题，也是构建社会主义和谐社会所必须解决的基础问题。建立能源可持续发展体系是一个长期的过程，有关工作应在拟定科学的、正确的发展战略指导下进行。我们提出一些初步意见与建议，希望能为国家决策提供具有前瞻性和科学性的依据，为保障我国 21 世纪上半叶能源供应，应对气候变化，实现能源结构调整，逐步过渡到能源可持续发展体系做出贡献。

附：

咨询研究组成员名单

路甬祥	中国科学院院士	中国科学院
李静海	中国科学院院士	中国科学院过程工程研究所
赵忠贤	中国科学院院士	中国科学院物理研究所
严陆光	中国科学院院士	中国科学院电工研究所
陈俊武	中国科学院院士	中国石化集团洛阳石油化工工程公司
王乃彦	中国科学院院士	中国原子能科学研究院
欧阳予	中国科学院院士	中国核工业集团公司
匡廷云	中国科学院院士	中国科学院植物研究所
周孝信	中国科学院院士	中国电力科学研究院
何祚庥	中国科学院院士	中国科学院理论物理研究所
吴承康	中国科学院院士	中国科学院力学研究所
蔡睿贤	中国科学院院士	中国科学院工程热物理研究所
周凤起	研究员	国家发展和改革委员会能源研究所
夏训诚	研究员	中国科学院新疆生态与地理研究所
黄常纲	研究员	中国科学院电工研究所
刘峰松	副研究员	中国科学院院士工作局
盛海涛	高级工程师	中国科学院院士工作局
申倚敏	副主任	中国科学院院士工作局

世界科技发展的新趋势及其影响*

胡锦涛同志在2004年召开的两院院士大会上指出："科学技术是经济社会发展的一个重要基础资源，是引领未来发展的主导力量。"全面建设小康社会，实现经济社会全面协调可持续发展，需要我们正确把握当今世界科技发展趋势，深刻认识科学技术对经济社会发展的影响，切实推进我国科技进步和创新，全面落实科学发展观，推动我国经济社会的全面协调可持续发展。

一、 当今世界科技发展的现状与趋势

进入新世纪之后，新的科学发现、新的技术突破以及重大集成创新不断涌现，学科交叉融合进一步发展，科学与技术不断更新，科学传播、技术转移和规模产业化速度越来越快。科学技术在经济社会发展和人类文明进程中发挥了更加明显的基础性和带动性作用。

(1) 信息科技依然发挥主导作用。计算机科技继续向深亚微米、超大规模集成、网格化、智能化方向发展；量子计算、生物计算等将可能引发计算模式的变革，从而研制出更加快捷、更加安全、功能更加多样的计算工具；以通信、计算机、软件、宽带网络及3S（遥感、全球信息系统、全球定位系统）等技术为代表的信息技术，以及计算机、网络通信、信息家电和信息处理技术相互融合，继续改变着人类的生活方式与生产方式，并将继续推进新军事变革；信息技术与其他技术交叉融合，促进传统产业升级换代，催生出新的产业门类，改变了人类社会的产业结构。

(2) 生命科学和生物技术正酝酿一系列重大突破。基因组学、蛋白质组学、脑与认知科学等已成为生命科学的热点与前沿，生命科学、物质科学、信息科学、认知科学与复杂性科学的融合孕育着重大的科学突破；以人类和重要作物基因组学为基础的生物技术，在解决人类食品、疾病和健康等问题方面不断取得重大进展；以生物为材料的工业生物技术异军突起，估计2020年后，工业生物制造有可能成为重要的核心产业，并将带动绿色生产和循环经济的发展；生物技术还将带动环境、能源等领域发生重大变革；通过对生物多

* 本文为2004年12月22日于中国科学院研究生院举行的"科学与中国"院士专家巡讲团报告会上的演讲。

样性了解的深入，以及生态环境修复技术的发展，将使人类有可能扭转长期以来单纯向自然索取的历史，逐渐恢复健康稳定的地球生态系统。

（3）物质科学焕发新的生机。向微观领域探索的粒子物理学，将继续致力于四种基本相互作用统一理论的探索，并可能取得新的进展；致力于宏观领域探索的宇宙学，将继续深入探讨宇宙起源和演化等重大理论问题，并有望出现新的突破，特别是通过揭示占宇宙96％组成成分的暗物质和暗能量的奥秘，有可能导致可以和量子论、相对论比肩的重大理论突破，形成人类新的时空观、物质观和能量观；新的量子现象和规律不断发现，并将得到更为广泛的应用，新一代量子器件将推动信息科技和生物技术进入新的发展阶段；在化学领域，材料分子尺度的设计和组装已成为可能，将对材料制备产生革命性的影响。

（4）新材料继续成为人类文明的基石。21 世纪材料科学技术的发展具有功能化、复合化、智能化和环境友好等特征，最活跃的将是信息功能材料、纳米材料、高性能陶瓷、生物材料、复合材料等。高比强度、高比刚度、耐高温高压、耐腐蚀等极端条件的超级结构材料将向着强功能和结构与功能一体化的方向发展，智能材料等将进一步受到重视；纳米材料和碳纳米管将成为 21 世纪的超级材料，作为纤维，其强度有可能比钢大 100 倍，而重量仅为同体积钢的 1/6；作为导线，其电导率远远超过铜，纳米技术的规模应用可能在 15 年以后逐渐实现；智能材料和超导材料因具有特殊的功能，将格外受到重视，预计到 2020 年前后，美国和日本以及欧洲将利用超导电缆输送电力，减少能耗，超导材料还将使 21 世纪的航运、铁路以及其他基础设施面貌一新；用于国防的隐身材料的研究已从初期的涂覆性涂层向复合结构、掺混军工材料发展，用纳米高分子复合材料制作隐身材料已成为世界国防科技关注的热点。

（5）资源环境科学技术发展迅速。地球系统科学、环境污染的分子科学原理、环境资源定量方法、循环经济理论等已成为新的热点，生物多样性和生态系统持续管理、环境健康和环境变化等日益受到全球的普遍关注，环境技术已成为许多国家优先发展的重点高技术领域，正在不断为实现经济与社会、人与自然的协调发展提供有力的科学基础和技术支撑；资源科学将从对地表浅层资源的探寻，走向地表深层，从陆地走向海洋，从单纯注重矿产资源的探寻逐步转移到以可持续发展为目标的资源合理利用与环境保护。

（6）能源科学技术越来越受到重视。化石燃料的高效与清洁利用技术将得到广泛应用，节能技术及能源高效利用技术愈来愈受到广泛重视，将使单位 GDP 的能耗继续出现显著下降，并减少环境污染；太阳能、风能和生物质能等可再生能源 2020 年在一些发达国家将占到能源总量的 20％—30％；氢能源体系的开发引起重视，污染少、效率高、发展潜力巨大的燃料电池关键技术已基本解决，正在走向产业化，并向电站规模发展，向燃料电池与蒸汽燃气轮机技术集成方向发展，形成联合循环发电；核能的利用将进一步发展，不久的将来有可能研制出高效、安全、洁净的先进核能系统；核聚变能研究与探索显现希望的曙光，一旦受控核聚变技术取得突破并实现商业化应用，将开辟人类能源利用的新途径。

（7）空间和海洋科技为人类开辟新的疆域。在经历了半个多世纪的发展后，航天技术将进一步加快拓展应用领域和市场；开发月球资源和发展太空生产能力将在 21 世纪初成为现实；外层空间微重力和超真空环境的利用将使人类在 21 世纪初生产出超纯材料、新的药品和优质抗逆农作物品种等；空间通信、遥感和全球导航定位已经或正在形成新兴产业，多层次、多用途、实时性、天地衔接的天基信息系统将为经济社会发展和国家安全提供强有力的保障。海洋科技事关人类的可持续发展，事关国家安全，事关世界政治和经济格局，因此越来越引起各国的重视。海洋环境科学、海洋生态科学、海洋及海底构造动力学等学科的研究日趋活跃；海洋生物多样性资源可持续开发利用的生物技术以及相关海洋信息技术和海洋渔牧技术，成为世界各国竞相发展的海洋高技术领域；深海生物基因开发技术、天然气水合物资源勘探技术，将为人类开发出新型食物、新型药物和新的能源。

(8) 数学在自然科学、工程技术和社会科学中的作用意义重大。数学在不断探索数与形内在逻辑和简洁优美表达的同时，成为自然科学与工程技术的基础语言和犀利工具，并与系统科学、计算机科学技术一起，致力于发展生物、地球、环境、宇宙、认知等复杂系统研究的分析方法和理论创新；数学与社会科学的结合使得一些传统的定性学科走向定量学科，成为分析经济社会发展和金融动态以及现代管理的有效手段，并为宏观决策提供可靠的依据；基于数学分析的复杂性科学和系统科学将为解决多系统、多层次的复杂现象提供强有力的科学支撑。

科技进步日新月异，世界科学技术正在酝酿着新的突破，一场新的科技革命和产业革命正在孕育之中，在未来30—50年里世界科学技术会继续出现重大原始性创新突破，很有可能在信息科学、生命科学、物质科学，以及脑与认知科学、地球与环境科学、数学与系统科学乃至社会科学之间的交叉领域形成新的科学前沿，发生新的突破。综观当今世界科学技术的发展趋势，呈现出以下的特征。

(1) 科技创新、转化和产业化的速度不断加快，原始科学创新、关键技术创新和系统集成的作用日益突出。二战之后，世界科技日新月异，科研成果转化为现实生产力的周期越来越短，科学与技术的界限趋于模糊，技术更新速度越来越快。在19世纪，电的发明到应用相隔近300年，电磁波从理论的提出到实现无线通信相隔仅30年；到了20世纪，集成电路仅用了7年的时间就得到应用，而激光从发现到应用仅仅用了一年多。今天，人类基因组、超导、纳米材料等本属于基础研究的成果，有的早在研究阶段就申请了专利，很多科学研究的成果迅速转化为产品，进入人们的生活；原始科学创新、关键技术创新和系统集成的作用日益突出，竞争已前移到基础科学的原始创新阶段，原始创新能力、关键技术创新和系统集成能力已经成为国家间科技竞争的核心，成为决定国际产业分工地位和全球经济格局的基础条件。

(2) 科技发展呈现出群体突破的态势。第一次技术革命的主导技术是蒸汽机动力技术，第二次是电力技术，第三次是电子科技。而当代的科学发展则表现出群体突破的态势，起核心作用的已不是一两门科学技术，而是由信息科技、生命科学和生物技术、纳米科技、新材料与先进制造科技、航空航天科技、新能源与环保科技等构成的高科技群体，这标志着科学技术进入了一个前所未有的创新群体集聚时代。尽管当代科技的构成不同、功能各异，但是它们相互联系，彼此渗透交叉，整个科技群体构成了协同发展的复杂体系。这种发展趋势正是因为客观世界本身就是统一的复杂体系，科技在向微观和宏观层面深入的同时，也越来越关注复杂系统的研究。而对社会系统、经济系统、脑和生命系统、生态系统、网络系统的研究，将对经济、社会和人与自然的协调发展和科技的进步产生重大影响。

(3) 学科交叉融合加快，新兴学科不断涌现。17世纪科学革命之后的几个世纪里，科学技术领域不断细分。但最近几十年，一方面科学技术向微观和宏观两极发展，另一方面科学技术揭示出自然组织和社会组织也存在着深层次的相关性。20 世纪以来，特别是二战以后，科技发展的跨学科性日益明显，诸如 DNA 结构的破解和计算机的发明与发展等很多重大发现或者发明，都来自于不同学科研究者的共同努力；现在的一些举世瞩目的重大科学问题，比如生命的起源，宇宙的起源，智力的起源及其活动规律，都是跨学科问题；科学和技术的融合成为当今科技发展的重要特征，许多学科之间的边界将变得更加模糊，未来重大创新更多地出现在学科交叉领域，学科之间、科学与技术之间的相互融合、相互作用和相互转化更加迅速，逐步形成统一的科学技术体系；学科的交叉融合，促进了新兴学科的发展，量子力学的突破使量子化学、量子生物学、量子信息学等新兴学科应运而生，深化了人类对于化学、生物学、信息科学基本原理的认识；数学和统计力学的发展，结合大规模计算和仿真技术的应用，深化了人类对于复杂系统的认识，促进了地球与环境科学、经济学、社会学等学科由定性走向定量，催生了系统生命科学和跨圈层地球科学的诞生。

（4）科技与经济、社会、教育、文化的关系日益紧密。现在的一些经济社会发展中的重大科技问题，已不单纯是自然科学与技术问题，比如温室效应、臭氧层破坏、资源环境、艾滋病等流行性疾病的预防、控制与治疗、如何实现人与自然和谐发展，如何实现经济社会全面协调可持续发展等，这些问题不仅涉及自然科学的认知和技术支撑，而且涉及经济、政治、法律、社会发展、文化和教育等。这些问题的解决超出了自然科学技术能力的范围，必须综合运用自然科学、技术手段和人文社会科学研究协同解决；在发展经济过程中，我们不仅要考虑人类对自然的开发能力，而且更要重视经济社会协调发展，重视人与自然的和谐相处，尽可能以知识投入来代替物质投入，以尽可能达到经济、社会与生态环境的和谐统一；科学技术应比以往任何时候都更加关注经济社会的全面协调可持续发展，关注人与自然的和谐发展，科学技术不仅要作为第一生产力推动着经济发展，而且要作为先进文化的重要基石，在精神生活层面上推动人的全面发展和人类文明的进步，科学精神和人文精神的融合，将不断发展和更新人类的世界观、人生观、价值观和思维与生活方式。

（5）国际科技交流与合作日益广泛。这首先是由科学技术的本质特点决定的，科学没有国界，技术的发展也必须着眼于全球竞争与合作，在经济全球化时代，任何一个国家都不能长期独享某项科学技术成果，也不可能独自封闭发展并保持科技先进水平；另一方面，随着经济全球化的进程加快，人们面临的许多问题也越来越显示出明显的全球特征，如全球环境问题、食品安全、生物多样性保护和传染病的防治，以及反恐、维护世界和平与稳定、保障国家安全等问题，都需要全球的交流与合作；经济全球化的发展促进了科技创新活动的国际化，一些跨国公司，为了获取最大利益，充分利用一些发展中国家的科技资源和人力资源，在转移技术、扩散加工的同时，也在其他国家建立一些研发机构；现代先进的信息和通信手段的发展与广泛应用，推进了国际科技交流合作，一个国家的科技成果往往在全球得到迅速而广泛的传播。国际科技交流与合作有利于科技的发展，有利于发展中国家及时吸收世界上最先进的科技知识和科技人才的成长；但是，科技创新活动的国际化并不意味可以忽视本土自主创新能力建设，因为一个国家和民族只有具备强大的创新能力，才能在全球科技竞争与合作中居于主动地位，才能通过国际科技交流与合作不断提升自主创新能力。

二、 科技对经济社会发展的影响

当代科学技术作为改变世界的主导力量，在经济社会的发展中发挥了巨大的作用。科技成果在经济社会发展中的广泛应用，导致社会生产力飞跃发展，改变了人类的生产方式和生活方式，社会生产关系也发生重大变化，全球格局重新调整，给世界各国的经济发展和人类社会的文明进步带来了新的机遇和挑战。

（1）科学技术推动社会生产力发生巨变。科学技术极大拓宽生产领域与对象，由陆地扩展到海洋和太空，随着科技产业化的发展，诸如细胞、DNA、纳米材料、机器人等也从实验室对象转移为生产应用对象；科学技术开辟了新的产业领域，并使传统产业部门的劳动对象、劳动工具和劳动者得到更新，科技不断用新材料、新能源、新技术变革生产的物质技术基础，以信息化、智能化的生产工具、机器设备和操作系统装备社会生产力，推动着社会生产向着自动化、信息化的方向发展；智能机器的研制和使用，代替人在各种恶劣环境和各种特殊条件下进行工作；科学技术提高了劳动者的素质，使其知识、技能大幅度提高，从而提高了人的创造能力和劳动生产率；科学技术的高速发展，加快了知识的形成和传播速度，加快了科学技术在生产过程中的应用，提高了管理、运营和交易的效率，从而在总体上导致生产力的高速发展。

（2）科学技术推动生产方式发生变革。科学技术推动社会生产力水平的大幅度提高，进而产生出与之相适应的生产方式。机械化、自动化生产方式使人从笨重的体力生产中解放出来，信息化的生产方式使封闭的生产转变为开放的生产，从而使生产经营者更加了解市场的反映，信息化、网络化推动着全球生产格局的形成，从而实现了生产要素的最佳组合；数字化、柔性化生产创造了多样、快捷和灵活的柔性生产方式，提高了市场响应能力和生产效益；科技创造出清洁、文明、无污染的生产过程，并通过提高脑力劳动的比重，创造了知识化、人性化的生产方式，把人们从繁重的体力劳动和非创造性劳动中解放出来；科技通过创造绿色材料、绿色工艺和绿色产品，创造出绿色的生产方式，推动着循环经济的形成。

（3）科学技术推动产业结构调整加快。20 世纪 50 年代以来，发达国家纷纷通过发展高新技术产业和现代服务业，通过向发展中国家转移传统产业，开始了全球范围的产业结构调整；一些发达国家利用科技优势和经济优势，率先进入知识经济时代，占据了世界经济的“头脑”部位，而一些发展中国家则由于历史和发展水平等原因，只能占据世界经济的“躯干”部位，有的甚至处于边缘化的地位；世界产业结构的调整始终是一个动态的过程，科技创新能力在决定一个国家在全球产业分工中起到了决定性的作用，一些发展中国家和地区，通过提高自主创新能力，由全球产业分工的下游进入了中上游的位置，而一些曾经比较发达的国家，则由于自主创新能力衰退等因素，重新沦落到世界产业分工的中下层。

（4）科学技术推动全球市场经济的发展。科技密集型产业和高技术产业扩大了对知识、信息、技术和人才的需求，增加了市场交换的内涵和规模，导致知识市场、信息市场、技术市场和人才市场发育与发展；科学技术为人类创造出更加便捷的交通和通信工具，极大消除了地域的阻隔，加快了资本、人才、商品和信息流通速度；信息技术改变了传统的交易和结算方式，使得市场交换走向电子化、信息化、符号化和网络化；科学技术推动市场机制不断完善，信息技术提高了市场的透明度，为市场的监管和调控提供了新的手段，同时也使市场行为主体能够最大限度避免盲目性；现代交通运输和信息手段使各种生产要素在全球范围内进行优化配置，推动了全球市场经济的发展。

（5）科学技术改变了人类的生活方式。科学技术不仅为人类创造了丰富的物质生活，而且作为先进文化的核心和基础，也为人类创造出丰富的精神财富，改变着人们的生活方式。信息技术的发展使人们可以更便捷地学习知识、欣赏艺术和体育，丰富了人与人之间的交流；现代科学技术可以自动监视家庭安全，自动操作家庭劳作，向家人提供各种资料和情报，使家庭生活的面貌彻底改观；科学技术使人们的生活内容发生变化，职业劳动时间减少，学习和休闲时间增加，精神生活比重不断上升，使人的个性和创造力得到充分发展；便捷的交通和通信工具使人们可以很快到达世界各个地方，促进了旅游及不同民族之间的交流与相互了解；科学技术使家庭生活与社会生活之间的形成新的关系，在现代信息技术的帮助下，人们真正实现“秀才不出门，能知天下事”，可以足不出户，从事各种职业，参与社会活动。

（6）科学技术促进了教育和文化的发展。工业化时代需要的是具有专业特长的专门人才，在当代科学技术影响下，人们所面对的发展课题往往突破了传统的专业界限，这就要求人们的知识结构由单一的专业型转变为基础与综合；随着生产过程对知识要求的增加和知识更新周期的缩短，以及人们精神生活的丰富，传统的学校教育转变为终身学习与教育；当代科学技术为教育提供了现代化的技术手段，出现了诸如远程教育、网络教育等新的教育方式，为缩小文化教育发达地区与落后地区之间、城市和乡村之间的教育差距创造了条件；科学技术为文化多样性的发展创造了条件，并通过便捷的通信交通设施，促进了不同区域、不同民族和不同国家之间的文化交流与融合；信息、生物、纳米等科学技术发展引发一些新的伦理道德问题，使传统的文化和道德理念遇到前所未有的挑战，也为适应科技时代的先进文化发展创造了条件。

（7）科学技术推动社会组织结构和管理模式的变革。科学技术改变着社会劳动力的构成，拥有现代知识、信息、技术专长的劳动者数量不断增加，日益成为先进生产力的创造者和开拓者在一些工业发达国家中，科技企业家、经营管理者、工程师和技术工人构成的中产阶级已经占到人口总数的50％—60％。科学技术推动传统的金字塔形等级管理结构向网络型组织管理结构转变，科技进步加快了现代社会生产和生活的节奏，市场变得更加瞬息万变，人们的兴趣、需求和社会生活不断朝着多样化和多元化的方向发展，这就要求管理主体能及时、准确地做出反应，迅速灵活地调整战略和策略。传统的等级管理结构从获得信息到做出决策再到决策的实施需要较长的周期，已经不能适应当代社会的发展要求。当代信息技术打破了信息垄断，管理上层和下层获得信息的范围、数量及时间上的差别正在不断缩小，于是形成了一种分层决策、分层管理的管理结构，成为一种快速灵活的决策系统和高效率、高质量的管理系统。科学技术推进了社会的民主、法治进程，信息技术极大地促进了文化、知识、信息的传播，普遍提高了人们的文化知识水平和组织管理的能力，为人们获取信息和表达意愿提供了条件，不断提高人们的民主、法治意识、观念和参与公共治理的积极性。

（8）科学技术改变国家安全格局。伊拉克战争展示的新军事变革，标志着科学技术使现代战争从机械化时代转向数字化、信息化时代，其基础是先进的科学技术，核心是制信息权和制空天权。精准打击、光电、隐形、超限武器和新概念武器等，成为军事科技竞争的焦点；军民技术之间的界限已被打破，国防建设成为经济社会发展的重要组成部分；单边主义与多极化格局之间的斗争在曲折中发展，在和平与发展仍是世界主流的今天，单纯的军事竞争已让位于政治、经济、科技与军事等综合国力的竞争，国与国之间的对抗已由军事威胁、经济制裁转向科技遏制；科技进步使得国家安全观有了新的拓展，国家安全已不仅只是国防安全，还包括了信息安全、经济安全、金融安全、资源安全、生态安全和国民健康安全等新的内涵。科学技术是一柄双刃剑，在为人类带来幸福和发展机遇的同时，也必然会带来新的挑战。

三、世界主要国家科技发展政策

面对新的世纪、新的形势，世界各国尽管历史文化、现实国情和发展水平存在着种种差异，但各国政府都在认真思考和积极部署新的科技发展战略，调整科技政策，高度关注科学技术发展趋势，重视对科技的投入。我们面对的是科技创新的世纪，科技实力和创新能力将决定国家的兴衰强弱、人民的富裕幸福、决定我国在全球经济中的地位。一个国家如果在科学技术上无所作为，将不可避免地在经济、社会、文化发展和国家安全保障等方面受制于人。

（1）美国力图保持其科学技术的全面领先地位。美国是世界的科技超级大国，在基础科学和诸多技术领域领先世界。在科学技术成为国家竞争力核心的今天，为了确保综合竞争优势，近几十年，历届美国政府都极为重视科技发展，制定新的科技政策，加大对科技的投入，出台科技计划，重点扶持航空航天科技、信息科技、生命科学和生物技术、纳米科技、能源科技和环境科技的发展；提出了诸如国际空间站计划，21 世纪信息技术计划和网络与信息技术研究发展计划，人类基因组计划和植物基因组计划，国家纳米计划，国家能源计划、气候变化研究计划和国家气候变化技术计划等，并正在出台相应的国家计划，促进纳米科技、生物科技、信息科技与认知科学之间的融合；“9.11”之后，美国借助反恐，加大了对有关国家安全和国防科技的投入，2004 年美国联邦政府的研发投入已达 1227 亿美元；美国政府还相继出台了一系列支持民用工业技术创新的重大计划，像新一代汽车伙伴计划，未来产业计划，国家信息基础设施计划，先进技术计划，制造扩展伙伴计划，高性能计算与通信计划，小企业创新与研究计划等，用于鼓励、促进美国企业的技术创新，保持产业优势。

（2）日本将科技创新立为国策。1995 年，日本政府明确提出“科学技术创新立国”战略，力图告别“模仿与改良时代”，创造性地开发领先于世界的高技术，将科技政策的重点放到“开发具有独创性的新科技”上来，力争由一个技术追赶型国家转变为科技领先的国家。进入 21 世纪之后，日本在科技领域出台了一系列重大举措，加大科技投入，加快科技体制改革步伐。2001 年，日本政府设立综合科学技术会议，作为日本首相的科技咨询机构和国家科技政策的最高决策机构；同年，日本为了提高科技创新能力和创新效益，将89个国立科研机构合并重组成为59个拥有较大自主权的独立行政法人机构，实行民营化管理；同年，日本还启动了科学技术基本计划，确定政府未来五年的科技投入将增至约2400亿美元，以期使日本成为能创造知识、灵活运用知识并为世界做出贡献的国家，成为有国际竞争能力可持续发展的国家；提出了21世纪初重点发展的科技领域，即生命科学、信息通信、环境科学、纳米材料、能源、制造技术、社会基础设施，以及以宇宙和海洋为主的前沿研究领域；同时，日本政府还强化了科技领域的竞争机制，加大对科技基础设施的投入，并出台相应的政策，培养和吸引国内外优秀人才进入科技领域。

（3）欧盟力图建成世界上最具竞争力的知识经济组织。在统一货币和市场之后，欧盟各成员国一致认为，为了协调和促进科技合作，最大限度地提高各成员国科研产出率，发挥其潜力，欧盟应有统一的科学研究与技术开发政策；2002年11月，欧盟正式启动第六框架研究计划，整合欧洲的科研力量，确定信息科技、纳米科技、航空航天科技、食品安全科技、资源环境科技为优先领域，支持跨地区、跨领域的研发活动，特别是联合企业的研发活动，建设欧洲研究区，加强科技基础设施建设，鼓励人力资源建设和人才流动；2003年3月，欧盟委员会决定，加大对科技的投入，至2010年，欧盟的年科研经费总额将从目前占GDP的1.7%提高到3%。

（4）俄罗斯力图重振科技大国雄风。进入21世纪之后，俄罗斯政府认识到，基础研究、最重要的应用研究与开发是国家经济增长的基础，是决定国家国际地位的重要因素。2002年，俄罗斯政府制定“俄罗斯联邦至2010年及未来的科技发展基本政策”，将发展基础研究、最重要的应用研究与开发列为国家科技政策支持的首位，规定基础研究优先领域既要考虑国家利益，又要考虑世界科学、工艺和技术的发展趋势，并要求根据科学、工艺和技术的优先领域开展最重要的应用研究和开发，解决国家面临的综合科技与工艺问题，为此，政府加大了科技投入，加强了国家调控，积极推进国家创新体系建设，提高科技成果的转化率，发展科技创新队伍，并通过专项行动计划，支持科学与教育的结合，大力支持先进制造技术、信息科技、航空航天科技等领域的发展。

（5）韩国力图成为亚太地区的科学研究中心。经历了经济崛起和亚洲金融危机的韩国，深切认识到科技在国家发展中的核心作用。1997年12月，韩国政府制定了“科学技术革新五年计划”，提出2002年政府对研发的投入达到政府预算的5%以上，从根本上改变韩国科技现状，提升韩国的科技实力；1998年，韩国政府发布“2025年科学技术长期发展计划”，力争2005年科技竞争力达到世界第12位，2015年达到世界第10位，2025年达到世界第7位，成为亚太地区的科学研究中心，并在部分科技领域位居世界主导地位；为了实现这些目标，韩国政府确立了科技政策调整思路，科技开发战略由过去的跟踪模仿向创造性的一流科学技术转变，国家研发管理体制由过去部门分散型向综合协调型转变，科研开发由强调投入和拓展研究领域向提高研究质量和强化科研成果产业化转变，国家研究开发体制通过引入竞争机制，由政府资助研究机构为主向产学研均衡发展转变；进入21世纪之后，韩国政府的科技投入每年都以超过10%的速度增加，并确定了信息技术、生物技术、纳米技术和环境技术为重点发展的领域。

（6）印度试图通过发展科学技术实现其大国梦想。印度独立之后，一直大力发展高等教育，至20世纪90年代，印度科技人员的数量已仅次于美国和俄罗斯，居世界第三；进入21世纪之后，印度的生物科技和信息科技已经居于发展中国家的前列，并且掌握了较为先进的空间技术和核技术；但是印度的科技发展并不均衡，特别是在一些关系国计民生的科技领域，明显落后于世界先进水平，印度的基础研究整体水平也呈下滑态势，为扭转这一情况，2001 年，印度政府制定了新的“科技政策实施战略”，大力支持空间科技、核技术、信息科技、生物科技、海洋科技的发展，此外，还确定了一些重要的基础研究领域，包括纳米材料和碳化学、光化学、神经科学、等离子研究、气候研究、非线性动力学等，以及一系列应用技术发展的重点，包括生物有害物的控制、生化肥料和水技术、自动化技术、并行计算机、新材料、飞机导航系统、微电子学和光子学等，并计划未来五年政府的科技投入翻一番。

四、 我国科技发展的现状与对策

改革开放 25 年来，我国的科技事业焕发出新的活力，进入了快速发展阶段，对推进现代化建设、实现人民生活总体上由温饱到小康的历史性跨越做出了重大贡献。

（1）整体科技实力显著增强，为经济社会发展做出了贡献。我国已经形成了比较完整的科学研究与技术开发体系，整体的科技发展水平位居发展中国家前列。2003 年，我国国际科技论文数量已跃居世界第 5 位，连续两届国家自然科学奖一等奖的产生，反映我国原始性创新能力呈现上升态势，国内的发明专利申请数量 8 年来首次超过来自国外的申请，其中发明专利申请增幅达到 31.3%，超过了实用新型和外观设计增长的势头；全国高新技术产业产值达到 2.75 万亿元，同比增长 30.8%，高技术产品出口总额 1001.6 亿美元，同比增长 62.7%，占全国外贸出口比重已达 25.1%，全国技术合同交易额首次突破 1000 亿元，比上年增长 22.68%；全社会研究开发经费总支出超过 1500 亿元，增长速度已高于发达国家，占 GDP 的比例达到 1.32%，其中企业的研究开发投入已超过 60%；在珠江三角洲、长江三角洲和环渤海地区，已经初步形成了各具特色的高新技术产业群，出现一大批技术水平较高、国际竞争力较强的优势企业；长期以来社会发展中科技支撑相对薄弱的局面正在得到扭转，科技在生态治理和环境保护中发挥的作用日益增大。

（2）科技体制改革不断深化，国家创新体系建设稳步推进。经过 20 年的科技体制改革，现在已初步形成了以市场需求为主要导向的、按照市场经济规律和科技自身发展规律构筑的研究开发新格局，科技与经济结合取得重要进展，市场配置科技资源的基础性作用初步体现，国家科技资源配置逐步优化；242 个国家级技术开发类研究院所基本完成转制，社会公益类科研机构分类改革试点工作顺利推进；知识创新工程试点取得明显成效，高校管理体制改革成绩显著，结构调整和国家创新体系建设稳步推进，国家科研机构和研究型大学的科技实力增强，创新能力明显提高，企业科技力量得到进一步加强，宏观科技管理体制逐步完善；发展科技中介组织、风险投资及退出机制等问题已开始得到政府的重视，信息网络、数据、文献、大科学工程等科学基础设施建设取得明显成效。

（3）人才队伍建设得到加强，创新队伍不断优化。近年里，人力资源是第一资源的思想已被社会广泛接受。随着国家科技投入的持续增加，研究环境的明显改善，相继实施了“百千万人才工程”、“百人计划”、“长江学者计划”等一系列科技人才培养与吸引计划，国家科研机构、研究型大学、国家重点实验室、国家工程中心、留学人才创业园、大学科技园加大人才队伍建设力度，为科技人才、特别是中青年科技人才提供了创新创业的舞台。到2003年，我国从事科技活动的人员超过了300万人，从数量上看，与美国、日本人才总量已大体相当；科技人才的布局进一步优化，主要集中在政府科研机构和高校的局面开始改变，企业研发人员已占全国总量的60%左右；人才的知识结构和年龄结构发生明显改观，人才队伍的代际转移基本完成，优秀青年科技人才在创新实践中脱颖而出，承担863计划的科研人员中，年轻人占到一半以上，自然科学基金项目负责人中，45岁以下中青年学者占69.8%，获得2003年国家科技奖的成员中，40岁以下的占到39%，40岁到50岁的占到32%；留学人员回国数量持续增加，年递增率达13%以上，目前回国工作的留学人员大约16万人，许多留学归国人才已走上科研院所的领导岗位，承担国家重大科研计划，成为我国科技创新队伍的骨干力量。

（4）开始涌现出一批重大科技成果。

①空间科技领域："神舟"五号载人航天取得圆满成功，成为我国科技事业发展的又一个里程碑，标志着我国的航天科技已经进入世界先进行列；我国在应用卫星和应用小卫星研制方面取得一系列突破，加强了我国的对地监测能力和空间通信服务能力，"双星计划"探测1号与探测2号顺利升空，获得了空间环境一批重要数据，成为新中国成立以来第一个大型空间科技国际合作项目。

②信息科技领域：中央处理器（CPU）设计及超大规模集成电路研制呈现群体突破态势，"龙芯"系列通用芯片研制成功，多媒体专用中央处理器方舟3号等研究取得进展，为我国结束信息产品"无芯"的历史迈出了坚实步伐，采用深亚微米互补金属氧化物半导体（CMOS）工艺研制的光集成芯片，最高数据传输速率可达10Gb/s，已进入世界前列；"银河"、"深腾"和"曙光"等大型计算机研制成功，使我国的高性能计算机的研制水平进入世界先进行列；华为的第五代路由器已成为国内新建骨干网、城域网、接入网的主力机型，并在世界占有一席之地；我国提出的宽带通信技术标准已被国际采纳，成为新一代无线通信的三大备选国际标准之一。

③生命科学领域：我国的两系法杂交水稻处于世界领先地位，为解决我国粮食增产做出重大贡献；基因组研究取得重大突破，完成了"人类基因组计划"1%测序精确图、水稻（籼稻）基因组测序、水稻（粳稻）4号染色体精确测序和家蚕基因组测序，发现了一批功能与疾病基因，标志着我国已成为基因组学研究强国之一；用于癌症检测、丙肝诊断、遗传病检测等方面的生物芯片，已进入临床使用，标志着我国生物芯片研究已从实验室走向临床实用阶段；国家投资的"创新药物与中药现代化"专项建立了新药筛选、新药安全评价、临床试验、生物技术药物规模化制备等科技平台，推动了我国的药物研制，加快了中药现代化的进程。

④能源科技领域：煤间接液化合成油技术取得突破性进展，标志着我国已基本掌握了有自主知识产权的煤合成油核心技术，为解决我国石油紧缺问题，提供了新的技术路径；燃料电池研究已经解决了一些关键、核心科技问题，正在走向产业化；油气资源勘探理论与技术应用取得重要进展；电动汽车整车、燃料电池轿车、混合动力功能汽车、高性能动力蓄电池开发等方面取得突破，形成了比较完整的电动汽车产业技术支持体系；在核聚变研究方面，我国HT-7超导托卡马克获得了超过一分钟等离子放电，中国环流器二号A装置开始了首次运行，使我国迈进世界热核聚变研究大国行列。

⑤资源环境科技领域：在西部荒漠化治理方面解决了一些重要的科技问题，找到了若干沙地植被恢复、风沙环境综合治理和小流域治理的新途径；大陆环境变化研究为揭示地球系统过程做出重要贡献，黄土研究建立了独有的陆地环境变化记录，成为全球变化研究的重要支柱，揭示出青藏高原隆升等构造运动与环境变化的耦合关系，发现了东亚气候的不稳定性，并对东亚大陆与全球环境变化的联系取得了一系列创新性认识；建立了世界上最为先进完善的短期数值气候预测系统之一，首次成功地预测了 2002 年冬季至 2003 年春季我国沙尘暴的发展趋势；对 2003 年洪涝灾害最严重的淮河中游地区成功进行了精确的航空遥感观测，为灾情评估提供准确翔实的图像和数据，为抗洪救灾和灾后重建提供了科学的决策依据。

⑥新材料科技领域：我国在光学晶体、稀土永磁材料、高温超导体、和准晶态研究等材料科技方面已取得举世瞩目的成绩，并研制出全透明氟代硼铍酸钾（KBBF）晶体，提出并验证离子型声子晶体新概念；纳米科学研究方面取得一系列重大突破，在世界上率先制备出高纯、高密度、在室温下具有超塑延展性能的纳米铜，制备出具有广阔应用前景的新纳米材料一全同金属纳米团簇，在国际材料科学研究领域引起强烈反响。

⑦基础科学领域：我国在数学机械化证明、“量子避错码”和“量子概率克隆机”、非线性光学晶体新品种研究和有机分子薄膜的超高密度信息储存等方面的基础研究进入世界前列；有机分子簇集和自由基化学研究方面取得了突破性进展，澄江动物群与寒武纪大爆发研究所取得的成果被国际古生物学界誉为 20 世纪最惊人的发现之一，这两项研究分别获得 2002 年和 2003 年国家自然科学一等奖；测定了菠菜捕光复合物的结构，这一成果使我国光合作用机理与膜蛋白三维结构研究进入国际领先水平；量子信息领域研究取得了一系列重要的理论与实验的重大发现，被国际同行认为是“远距离量子通信实验领域一个重要的进展”。

改革开放以来，我国的科技虽然取得了长足的进步，但是，我们也应清醒地认识到，与我国的现代化建设需要相比，与发达国家的水平相比，我国科技发展的水平还相对落后，我国的原始创新和系统集成能力还不强，能纵览全局的战略科学家和能带队攻坚的领衔科学家仍然不足；科技生产关系与科技生产力发展的矛盾依然突出，几千年封建小生产意识与传统教育观念的残余仍束缚着创新能力和创新文化的发展；我国经济增长主要依赖投资驱动和外延扩展的局面尚未从根本上改变，科学技术发展滞后于经济发展，有利于科技创新及其产业化的体制机制还有待于进一步完善，科技供给能力不足的矛盾依然突出，经济社会发展尚未真正走上依靠科技创新的可持续发展轨道。

为了推动我国的科技进步和创新，为全面建设小康社会、推动经济社会的全面协调可持续发展提供强有力的科技支撑，充分发挥科技在我国经济社会发展中的引领作用，当前，我们应该做好以下工作。

一是要在科技界全面落实科学发展观，树立正确的科技价值观和发展观。深入学习科学发展观，以科学发展观统领我国的科技创新工作；系统研究科学发展观，为科学发展观提供科学的理论基础；全面贯彻科学发展观，为全面、协调可持续发展提供强有力的科技支撑；广泛宣传科学发展观，为在全社会形成爱科学、学科学、用科学的良好风尚做出贡献。在科学发展观的指导下，树立爱国奉献、创新为民的科技价值观，还要树立“以人为本，创新跨越，竞争合作，持续发展”的新的科技发展观。坚持科技创新以人为本，依靠人才，创新为民，促进人的全面发展；树立创新跨越的勇气和信心，提高我国原始科学创新、关键技术创新和系统集成能力，不断为我国全面建设小康社会、实现经济社会全面协调可持续发展做出重大创新贡献；鼓励竞争，加强合作，实现科技资源的优化配置，提高科技资源的创新效益；加快建立“职责明确、评价科学、开放有序、管理规范”的现代科研院所制度和产学研分工明确而又紧密结合的创新体制，加强创新文化建设，保障科技创新的持续健康发展。

二是编制与实施中长期科技发展规划，使我国的科学技术真正走在前面。制定国家中长期科技发展规划，必须以全面建设小康社会、实现经济社会全面协调可持续发展为主线，从总体上部署我国科技发展的重点，筹划我国科技总体布局和体制机制改革；要根据我国国情，坚持有所为，有所不为，紧紧抓住事关我国现代化全局的战略高技术，紧紧抓住事关我国经济社会全面协调发展的重大公益性科技创新，紧紧抓住世界科技发展的重大基础与前沿问题，突出重点，优先部署，集中力量，力争取得重大突破；要加强制度创新，发挥市场经济对科技资源配置的基础性作用，充分运用市场竞争与合作机制提高科技创新的效率和效益，加强基础研究原始性科学创新，加强战略高技术创新与系统集成，加强科技产业化和企业技术创新能力的建设。各级政府、企业、社会都应加强对科技的支持与投入，将对于科技的投入视为对国家、企业未来的最为重要的公共战略性投资；特别是企业要将科技创新作为发展的根本动力，从而使企业自觉成为技术创新和科技成果产业化的主体。使我国的科学技术真正走在前面。

三是要推进国家创新体系建设，提高科技创新能力，促进产业竞争力的全面提升。充分发挥政府的主导作用，发挥国立研究机构与研究型大学的骨干作用，市场的基础作用和企业技术创新的主体作用，加快推进建设和完善国家创新体系。以提高国家创新体系单元和系统的创新能力为核心，制订正确的发展战略，构建政策与制度规范，创造公平竞争环境，建立科学高效的宏观决策与调控机制，完善科技评价制度和资源配置制度，提高我国的创新能力和创新效益；在多数领域继续引进先进技术，加强引进技术的消化吸收，尽快实现引进技术的本土化，在具备条件的重要产业或产业发展的关键阶段，加强关键技术创新和系统集成，实现跨越式发展，在少数关系国计民生和国家安全的关键领域和若干科技发展前沿，大力加强自主创新能力，占领对国家发展至关重要的科技与产业制高点；尽快建立健全有利于科技成果转化和产业化的机制，密切产学研之间的结合，加速科技成果的转化，完善市场环境，依靠技术创新实现企业的发展和产业竞争力的提升。

四是坚持以人为本，建设创新文化，充分发挥科技人员的创造性。造就一批德才兼备、具有战略眼光和卓越组织才能的战略科技专家和领衔科学家与工程师，建设一批善于攻坚、能够解决国家重大战略问题的创新团队；建立适合我国科技发展需要的人才结构，创造条件，为各类人才、特别是青年人才的脱颖而出提供更大的舞台和更多的机会；加强创新文化建设，在全社会培育创新意识，倡导创新精神，完善创新机制，形成宽松、和谐、鼓励创新的社会文化环境，鼓励科技人员树立科学的世界观、正确的人生观和价值观，不断在为祖国和人民的奉献中实现自己的理想和价值；继续吸引并支持广大海外留学生和学者，以各种方式，为我国的科技发展做贡献。

五是要加强科学道德与学风建设，加强科学普及工作。广大科技人员应充分认识肩负的历史责任，十分珍惜国家和人民赋予的期望和支持；坚持以爱国奉献、创新为民为宗旨；倡导解放思想、求真唯实、科学严谨、协力创新、力戒浮躁、专心致研、诚实守信、谦虚谨慎、勤俭节约、艰苦奋斗、开放合作、自主创新的学风和工作作风；勇于创新、善于创新、攀登世界科技高峰，为全面建设小康社会、推进社会主义现代化不断做出重大贡献。科技界应肩负起向全社会传播科学知识、科学方法、科学思想和科学精神的责任，推动全社会进一步形成讲科学、爱科学、学科学、用科学的社会氛围和良好风尚，并根据时代的要求，建立新型的科学与公众的关系，从公众被动接受科学知识，转变为科学与社会公众的交流和互动，使社会与公众对科技发展享有更多的知情权，从而进一步理解科技，支持科技，参与科技，监督科技，使科技成为全社会和全体公民的共同事业。

“创新是一个民族的灵魂，是一个国家兴旺发达的不竭动力。”我们要紧密团结在以胡锦涛同志为总书记的党中央周围，以邓小平理论和“三个代表”重要思想为指针，全面落实科学发展观，把握历史机遇，深化科技体制改革，建设国家创新体系，全面提升我国的科技创新能力，为全面建设小康社会、推进社会主义现代化，实现中华民族的伟大复兴，提供强大的科技支撑和发展动力。

创新促进发展　科技引领未来

——关于我国科技发展的战略思考*

面对以和平发展为主流的复杂多变的国际环境，面对经济全球化和科学技术迅猛发展的时代潮流，中华民族迈出了实现伟大复兴新的历史步伐。随着社会主义市场经济体制日臻完善，随着人才强国战略全面实施，科学技术必将在我国经济社会全面协调发展、人民生活质量与文化水平不断提高、综合国力与国际竞争力迅速提升中发挥更为重要的基础性、战略性和先导性作用。在新的历史时期，我们必须立足创新，促进发展，繁荣科技，引领未来，使我国成为充满创新活力并在一些领域对世界科学做出重要贡献的国家，成为具有强大自主创新能力并在国际竞争中处于主动地位的国家，成为人与自然和谐发展并进而实现经济社会全面协调可持续发展的国家，成为人民充分享受科技创新实惠并对民族创新能力充满自信的国家。

一、认清形势，把握机遇，确立新的科技发展观

1. 我们是在国际环境复杂多变的形势下全面建设惠及十几亿人口的小康社会

（1）经济全球化进程不断加快，知识经济已见端倪。以信息科技为代表的科学技术迅猛发展，大幅度提高了生产、传播和应用知识的能力，加速了经济全球化的进程，使得产业的知识与技术密集度不断提高，产品生命周期越来越短，产业结构升级与调整节奏越来越快，创新能力已成为国家竞争力的决定性因素。经济全球化并不意味着各国发展机会均等，发达国家必然利用其资本与技术的优势，重建国际产业分工体系，加速攫取资源、人才和财富；发展中国家虽然可以充分利用发达国家的先进技术，低成本实现本国产业结构升级，但受其经济、教育、科技发展水平的制约，利用全球资源的能力有限，不得不接受发达国家主导的国际产业分工，在激烈的国际竞争中处于被动和不利的地位。

---

* 本文为2004年中国科学院战略研究报告，后发表于《求是》杂志2004年第23期（有删节）。

（2）超多强格局将长期存在，传统国家安全观面临新的挑战。美国依赖其经济、科技、军事力量的绝对优势，推行霸权主义和单边主义。区域集团化有着新的发展，在国际事务中的作用日益显著。中国的崛起必然改变世界政治经济格局，主要发达国家将采取各种手段遏制我国的发展。但是，由于我国具有广阔的疆土和巨大的市场，经济总量快速增长并已进入世界前列，在世界和平与发展为主流的今天，他们对我国打压的主要手段将从传统的军事威胁、经济制裁转向科技遏制。伊拉克战争展示的新军事变革，标志着现代战争从机械化时代转向数字化、信息化时代，其基础是先进的科学技术，核心是制信息权和制空天权。军用与民用技术之间的界限已被打破，国防建设成为经济社会发展的重要组成部分。科技进步使得国家安全观有了新的发展，极大地丰富了国防安全以至信息安全、经济安全、金融安全、资源安全、生态安全和国民健康安全等的内涵。

（3）科学技术革命方兴未艾，各国科技战略和政策加速调整。从科学技术发展的长周期规律估计，在未来50年内，很可能发生与20世纪初物理学革命相当的新一轮科学革命，并引发对人类社会未来发展产生巨大影响的技术革命和产业革命。纵观近现代科学发展的历史，文艺复兴催生的近代科学引发了工业革命，极大地改变了世界经济格局，中国当时对此一无所知，被世界远远甩在了后面，从一个强大的封建帝国沦落成为一个遭人欺凌的半封建半殖民地的国家。20世纪初叶发生的科学革命及由此引发的技术革命和产业革命，使得发达国家的竞争优势再次得到加强，多数发展中国家与发达国家的差距被大幅度拉开。一些发展中国家则抓住了科技革命的机遇，竞争优势和综合实力得到了明显加强。未来我们能否抓住科技革命的历史机遇，加快现代化进程，而不是被再次拉大差距，将是对中华民族实现伟大复兴的重大考验。

为了应对科技革命的挑战，争夺国际竞争主动权，世界各国高度关注科学技术发展趋势，纷纷加强科学展望和技术预见，调整科技战略与政策。美国力图保持其科学技术的全面领先地位，对欧盟、日本及新兴工业国家的挑战高度重视。欧盟提出至2010年将R&D投入从2001年占GDP的1.7%提高到3%，建成世界上最具竞争力的知识经济组织。日本正在实施第二期科学技术基本计划，确定政府科技投入从一期计划的约1700亿美元增至约2400亿美元，使其成为能创造知识和灵活运用知识并为世界做出贡献的国家，成为有国际竞争能力可持续发展的国家。韩国制定了2025年科技远景规划，提出至2015年成为亚太地区的科学研究中心，至2025年在部分科技领域的竞争力与G－7国家相当。

2. 我们是在基本国情多重约束的条件下全面建设惠及十几亿人口的小康社会

改革开放以来，我国充分发挥共产党领导的政治优势和社会主义制度的优越性，完成了计划经济体制向社会主义市场经济体制的转变，经济持续高速增长，综合国力极大提高，人民生活显著改善。但是，我们应清醒地认识到，作为处在社会主义初级阶段的发展中大国，我国实现现代化仍然面临着巨大的困难与挑战。

（1）自然资源相对短缺，生态环境压力不断增大。例如，我国人均占有的土地资源只相当于澳大利亚的1/58，巴西的1/7，美国的1/5。对我国农业生产至关重要的耕地仅略多于国土总面积的10%，人均耕地面积约0.1公顷，不足世界人均耕地的一半，人均占有草地仅0.3公顷，为世界人均面积的1/2。耕地退化率超过40%，90%可利用天然草原有不同程度的退化，随着城市化水平不断提高，耕地面积还将进一步减少。从可采储量计算，人均能源资源量仅为世界平均水平的1/2，能源利用率明显低于发达国家，能源对外依存度不断上升。森林覆盖率仅为16.6%，比世界平均水平低10.5个百分点，人均占有森林面积为0.1公顷，是世界人均面积的1/5，人均储积量仅为世界水平的1/8。人均径流量是世界人均径流量的24.7%，淡水资源短缺日趋突出。我国温室气体排放总量已位居世界第二，30%的土地受到酸雨污染侵害。七大江河水系均受到不同程度污染，一半以上监测断面属于V类和劣V类水质，城市及其附近河段污染严重，已对人民生活和环境健康产生了严重影响。从总体上看，自然资源超量耗用与生态环境加速恶化达到新中国成立以来最严重的水平，已成为经济社会发展的重要制约因素。

(2) 生产力发展水平较低，产业结构亟待调整。例如，2002年我国人均GDP仅为美国的2.7%，韩国的9.5%。2001年，我国制造业劳动力年平均创造财富约为5900美元，尚不及美、日等发达国家水平的1/10，与马来西亚、菲律宾等发展中国家相比也有不小差距。2002年，在我国GDP的构成中，第一产业占15.4%，第三产业占33.5%，而美国1999年第一产业仅占3.4%，第三产业则高达75.8%。2002年，在我国全部从业人员中，第一产业占50%，第三产业占28.6%，而同期美国第一产业占2.6%，第三产业占74.5%。2002年，我国高技术产业增加值率为25%，比制造业平均增加值率低1.8个百分点，而美国2000年高技术产业增加值率为42.6%，高出制造业平均增加值率7个百分点；2000年我国高技术产业增加值占制造业增加值的比重为9.3%，而同期美国为23%，韩国为20.9%。尽管我国经济总量已进入世界前列，但是上述数据表明，无论是人均GDP、劳动生产率还是产业结构，我国与发达国家均有很大差距。

国民教育水平较低，就业和社会保障压力增大。例如，2001年，在全国总人口中，大专以上教育程度占4.1%，高中及中专占11.5%，初中占34.4%，小学及文盲42.8%。在全国从业人口中，大专以上教育程度占5.6%，高中占13.5%，初中占42.3%，小学占30.9%，文盲半文盲占7.8%。我国人口平均受教育年限为8年，世界平均水平为11年，美国为13.4年，韩国为12.3年。高等教育年入学率为14%左右，而1997年发达国家平均已达61.1%，世界平均水平为17.8%。我国正面临着老龄化速度加快的现实，65岁以上老年人口占总人口的7%，已步入老年型国家行列，预计继续以3.2%的速度增长，至2020年，60岁及以上老年人口占总人口的比例达到16%，社会积累和消费之间的矛盾逐渐凸现。预计2010年前，我国每年将新增适龄劳动人口1000万，劳动力供大于求的局面将长期存在。将人口大国变为人力资源强国，不断创造更多的就业机会，加速建立完善的社会保障体系，是我国现实而又紧迫的任务。

3. 为全面建设惠及十几亿人口的小康社会，我们必须确立新的科技发展观

科学技术与经济社会协调发展是当今世界的时代特征，科技创新是先进生产力和先进文化的第一要素，是富民强国的基础与支柱，是国际竞争力的核心与关键，是国家安全的根本保证，是引领未来发展的主导力量。从总体上看，我国科技发展水平相对落后，科技生产关系与科技生产力发展的矛盾依然突出，几千年封建意识与教育传统的残余仍束缚着创新能力和先进文化的发展，经济增长主要依赖基本生产要素驱动和投资驱动，社会进步尚未走上可持续发展的轨道。我们必须围绕全面建设惠及十几亿人口小康社会的宏伟目标，把握时代特征，确立“创新跨越，引领未来，协调发展，增值循环”的新的科技发

展观。

（1）科技不仅是发展经济的工具，而且是经济社会全面协调可持续发展最重要的基础资源。农业经济时代的基础资源是劳动力和土地，工业经济时代则主要是能源、矿产和资本。在后工业化和知识经济时代，科技是最为重要的基础资源。科技将不断创造新的产业、新的市场、新的生活、新的文化。数以亿计掌握现代科技知识的劳动者、先进的科技创新平台、高效的成果转移与价值实现体系将支撑整个社会全面协调可持续发展。

（2）科技投入不再是社会事业性消费，而是最为重要的公共战略性投资。在计划经济体制下，科技投入被列为社会事业性消费。当社会积累与消费的矛盾突出时，科技投入占国内生产总值的比例就被下调。在知识经济时代，如同工业经济时代对交通、能源等基础设施建设投入一样，对科技的投入将是最为重要的公共战略性投资。

（3）科技资源配置再也不能搞新一轮均衡分配和简单循环，而应统筹兼顾，更强调竞争、贡献与创新增值循环。必须根本改变计划经济体制下长期形成的部门利益至上、条块分割、分散重复、只重公平、忽视绩效的现象，摒弃资源的自我分配，评价的自我陶醉和产出的自我循环，避免新一轮的资源浪费。建立适应社会主义市场经济体制要求的绩效优先、鼓励创新、竞争向上、协调发展、创新增值的机制。发展快，先支持；发展好，多支持。使优良科技资源向竞争能力强、创新贡献大的组织和人才富集。

（4）科技发展再也不能跟在他人之后亦步亦趋，而应选择重点实现跨越进而带动整体发展。中国科技发展再也不能停留于一般的模仿与跟踪，而必须具有实现跨越发展的胆识和魄力，增强做原始性科学创新、做世界一流技术创新与集成的信心和勇气。从认识物质世界客观规律出发提出科学问题，从我国经济社会发展战略需求出发寻求技术突破，确定战略重点，开辟新的领域，创造新的方法，做出重大贡献。

（5）科技活动再也不是科技团体的封闭行为，而需要全社会更多的参与、理解和支持。科技活动已成为一项与经济社会发展和人民生活改善紧密联系的公众事业，也是将投入变成知识、将知识变成财富的社会化产业化过程。必须建立新型的科学与公众的关系，从公众被动接受科学家知识信息转向科学家与公众交流互动，使公众对科技发展有更多的知情权，理解科技，支持科技，参与科技，监督科技。

二、认识规律，统筹兼顾，正确处理科技发展的若干重大关系

现代科学技术已成为具有严密的内在逻辑关系、渗透于社会各个领域的开放复杂体系。实现我国科技跨越发展，必须从科学技术和经济社会发展规律出发，统筹兼顾，正确处理我国科技发展的重大关系。

1. 正确处理政府主导作用与市场基础作用的关系

我国社会主义市场经济体制的建立与完善，使得政府职能和资源配置方式发生了根本变化，从过去政府按计划配置各类资源转为市场发挥基础性作用与政府宏观调控相结合。必须明晰政府与市场在科技发展中的职能与作用，引导集成各类社会资源推动科技发展。

进一步改革政府科技管理职能。政府应将主要精力集中在制定科技发展规划与战略，

保障科技投入持续增长，构建政策与制度规范，创造公平竞争环境等方面。建立科学高效的宏观决策与调控机制，科技战略重点主要通过规划予以明确；学科政策主要通过国家科学基金的资助格局予以体现；战略性科技布局主要通过国家科研机构的结构调整予以优化。

进一步发挥市场的基础作用。通过市场竞争，提高企业的科技创新能力，使之真正成为技术创新、科技成果转化与规模产业化的主体；通过市场纽带，完善科技创新价值链，实现研究机构、大学和企业的有机结合，实现科技创新要素和其他社会生产要素的有机结合；通过市场引导，调整科技创新目标，优化科技资源配置，形成科技不断促进经济社会发展、社会不断加强科技投入的新的发展机制。

2. 正确处理自主创新与引进技术的关系

历史表明，发展中国家实现现代化的道路并不平坦。在经济起飞阶段，发展中国家具有劳动力成本低、自然资源丰富的比较优势，但经济发展达到一定水平后，这些比较优势将逐渐削弱甚至丧失。一些国家适时调整发展战略与方向，加强自主创新能力，不断提高国家竞争力，完成了经济转轨，进入了新的发展阶段；另一些国家则错失发展自主创新能力的机遇，经济上长期深度依附发达国家，导致现代化进程停滞甚至倒退。

从我国基本国情出发，我们应该在多数领域加强先进技术引进，通过自主研发水平的进步，不断提高引进技术的层次，降低引进技术的成本，加强引进技术的消化吸收，尽快实现引进技术的本土化；在具备条件的重要产业或产业发展的关键阶段，加强关键技术创新和系统集成，实现跨越式发展；在少数关系国计民生和国家安全的关键领域和若干科技发展前沿，大力加强自主创新能力，掌握具有自主知识产权的核心技术，占领对国家发展至关重要的科技与产业制高点。

3. 正确处理国防科技发展与民用科技发展的关系

当代科学技术发展，为保障国家安全提供了大量新的手段，也提出了一系列新的挑战。某些国家通过国防科技创新及全方位迅速扩散，大幅度提升了民用科技水平，带动了高技术产业发展；而另一些国家投入巨大力量，建立了封闭的国防体系，尽管国防科技达到了世界一流水平，但同时使得国防建设成为经济社会发展的沉重负担。在新的战略机遇期，我们必须按照寓军于民、军民结合的方针，加快建设适应对外开放和社会主义市场经济环境、与经济社会发展相协调的新型国防科技体系。

在国家科技规划制定中，应充分考虑国防建设的战略需求，优先发展对国家安全具有战略意义、对未来经济社会发展具有重大带动作用的战略高技术领域，积极部署军民两用关键技术的研究开发。在组织体制方面，为适应保密要求，需要继续保持和加强相对独立、结构合理、规模适度、安全高效的专门化国防科技系统，同时充分发挥国家科研机构的战略方面军作用，扩大国防科技创新的基础；采取委托研制、订货等方式，广泛吸纳企业、研究型大学等创新资源；加快国防工业体系改造和市场化进程，实现与民用工业体系的融合，建立竞争、评价、监督、激励新机制，推进国防科技创新成果向民用市场扩散与转移，加速实现规模产业化。

4. 正确处理原始科学创新、关键技术创新与系统集成创新的关系

实现我国科技跨越发展，必须抓好科技创新的三个最重要的环节。一是原始科学创

新，它是创新链的源头，是整个科学技术发展的基础；二是以现代科学理论为基础的关键技术创新，它是技术创新的核心，又对科学发展有重大的推动作用；三是在关键技术创新的基础上吸收其他技术与生产要素进行的系统集成创新，它已成为经济全球化和市场经济条件下不断提高产业竞争力乃至国家竞争力的主要手段。

不同的科技创新活动有着不同的发展规律，不同的价值取向，需要采用不同的方式进行组织管理。对于原始科学创新，坚持面向世界科学前沿，通过对领衔人才、优秀创新团队和国家科学基地的稳定支持，积极鼓励研究型大学开展自由探索研究，在国家科研机构有选择地部署定向基础研究，同时拆除学科壁垒，打破部门分割，大力加强跨学科、跨部门的学科交叉，开辟新的研究领域，发展新的科学方向。对于面向国家战略需求的关键技术创新与系统集成创新，坚持目标导向，通过项目牵引，强化组织协调，整合各类资源，实现协同攻关。对于以产业化为目标的关键技术创新与系统集成创新，坚持市场导向，以企业为主体，以产权为纽带，加强产学研结合，实现利益共享和风险共担。

5. 正确处理科技创新与人才培养的关系

科技创新，以人为本。造就一批德才兼备、国际一流的科技创新领衔人才，建设一支高素质的科技创新队伍，是实现我国科技跨越发展的关键。高质量的科研工作、高水平的科研团队、高层次的国际合作交流和良好的科研条件，是培养和凝聚高质量创新人才的必要条件。

坚持科技创新与人才开发相结合。以人才结构调整与优化为主线，以将帅人才培养为重点，为各类人才脱颖而出创造更大的舞台和更多的机会，在公平竞争中识别人才，在创新实践中培育人才，在事业发展中凝聚人才，在工作生活中关爱人才，形成多层次、全方位、系统化的人才开发新格局。

坚持科研与高级人才培养相结合。以教育资源的合理配置促进科技创新能力的持续提升，以科技布局的动态调整带动教育结构的持续优化。加强大学作为国家人才培养主要基地的建设，进一步发掘国家科研机构丰富的科技创新和教育资源，充分发挥企业在人才培养与培训中不可替代的作用，形成产学研相结合的国家高级科技创新人才培养体系，并向社会不断输送具有良好科技素质的科技企业家和管理人才。

坚持培养人才和引进人才相结合。按照科技创新人才成长的规律，积极创造条件，提供更多的竞争机会，着力扶持具有良好发展潜力的青年科技人员，重点支持在国内外科技界崭露头角的优秀青年科学家及其群体。调整人才引进政策，从以提供特殊生活待遇和工作条件为主转向提供平等发展机会为主；从全面引进转向按需引进和择优录用；在注重引进拔尖人才的同时，重点引进有创新潜力的优秀青年人才。

三、明确重点，凝练目标，促进全面协调可持续发展

1. 把握世界科技发展整体趋势，抓住引领世界科学发展的重大前沿

当今世界，新的科学发现、新的技术突破以及重大集成创新不断涌现，学科交叉融合

进一步发展，知识与技术不断更新，知识传播、技术转移和规模产业化速度越来越快。我们必须不断前瞻，准确把握世界科技发展整体趋势：

（1）信息科技继续向深亚微米、超大规模集成、网格化、智能化方向发展，计算机智能和认知科学作为信息科技最重要前沿之一，将不断推动智能信息处理技术的发展，引发层出不穷的新应用；量子计算、生物计算将会引起计算模式的革命性变化；以通信、计算机、软件、宽带网络及3S（遥感、信息系统、全球定位系统）为代表的信息技术创新与应用继续改变着人类的生活与生产方式；

（2）生命科学和生物技术正酝酿一系列重大突破，基因组学、蛋白质组学、脑与认知科学、生态科学等已成为生命科学的热点与前沿；生命科学与生物技术更趋融合，基因与分子诊断及治疗、转基因与克隆技术、干细胞技术、再生医学与移植技术等的突破将引发生物技术革命，同时将改变人类疾病治疗的观念与伦理；

（3）物质科学实现了原子和原子团簇操控，新的量子现象和规律不断被发现，将得到更为广泛的技术应用，新一代量子器件将影响信息科技和生物技术的发展；分子尺度的设计组装已成为可能，将对材料科技发生革命性影响；微观层面对物质基本结构的探索与宇观层面对宇宙结构和起源的探索相互促进紧密结合，将引发对物质世界认识的本质性突破，进而对人类的宇宙观、世界观产生重要影响；

（4）资源环境科学技术迅速发展，不断为实现经济与社会、人与自然的协调发展提供有力的科学基础和技术支撑，地球系统科学、环境污染的分子科学原理、环境资源定量方法、循环经济理论等已成为新的热点，生物多样性和生态系统持续管理、环境健康和全球变化等日益受到全球的普遍关注，环境技术已成为许多国家优先发展的重点高技术领域；

（5）数学在不断探索数与形内在逻辑和简洁优美表达的同时，继续为自然科学的深入发展提供犀利工具，并与系统科学、计算科学技术一起，致力于发展生物、地球、环境乃至社会等复杂系统研究的分析方法和创新工具。

我们必须抓住引领世界科学发展的重大前沿，在后基因组时代的生命科学、纳米科技、量子信息学、脑与认知科学等领域及时进行前瞻布局；积极支持和发展新兴学科、边缘学科和交叉学科，促进物质科学、信息科学、生命科学等学科的相互融合，推进自然科学与社会科学的交叉渗透，不断形成新的学科生长点；在我国有优势有特色的基础学科，发展新理论、新方法和新工具，做出有重大影响的科学工作，攀登世界科学高峰，实现诺贝尔科学奖在中国本土上零的突破。

2. 认清国家发展重大需求，抢占事关现代化全局的战略高技术制高点

战略高技术对技术跨越和相关产业发展具有重大带动作用，是一个国家科技创新能力的综合体现，也是当今世界科技、经济和军事竞争的制高点。我国战略高技术发展的目标是，至2020年，整体上具备以自主创新为主解决经济社会全面协调可持续发展重大科技问题的综合实力，进入高技术大国行列。

（1）发展引领未来信息社会发展的核心技术。重点发展以建设国家信息化基础设施、促进经济社会发展为目标的下一代网络技术、信息安全技术、高性能计算机、重要软件、先进处理器芯片、先进人机接口与智能信息处理技术，大幅度提高我国信息产业的国际竞争力，保证信息安全，推动我国全面进入信息社会。

（2）发展高技术新材料和先进制造技术。重点发展对国家信息化、产业竞争力和国家安全意义重大的高技术新材料；重点发展以数字化、智能化、环境友好为核心的现代制造技术，包括先进制造系统的设计与集成技术、数字化装备和先进机器人技术、新型综合自动化系统与装备、微纳机电系统关键技术、高精密加工与制造技术等，加快我国从制造业大国向制造业强国转变。

（3）发展以生物技术为核心的现代农业技术。充分利用大规模快速测序技术平台，加强基因组及基因功能研究，重点是与生长发育、抗逆、高产优质相关的基因结构、功能与表达及代谢过程，为新品种选育、分子设计定向改良提供基因资源和基因信息；在确保安全的前提下，加强转基因动植物与克隆技术创新，改良农畜产品重要性状，繁育几个类似“超级稻”的农作物和家畜新品种，利用转基因技术开发具有特定用途的生物反应器，并通过克隆技术快速推广和扩大优良品系，推进农业产业结构调整，使我国成为农业科技强国。

（4）发展改善我国能源结构、提高能源使用效率、影响能源供应安全的核心技术。加快开发煤的热电化工多联产技术和合成油技术，提高煤炭使用效率和环境效益，补充我国燃料油品供应；大力发展生物质能和其他可再生能源，推进氢能和燃料电池实用化进程；开展天然气水合物的成藏机理、勘探技术和开采环境影响研究，为天然气水合物勘探开采提供理论和技术；发展先进的核裂变能技术、核安全技术与核废料处理技术，推进聚变能研究，解决我国未来能源需求。

（5）发展对国民经济发展和国家安全至关重要的空间技术。大力发展空间飞行器及其动力技术、微小卫星技术、空间有效载荷技术、空间通信与控制技术；重点建设天基综合信息网，开展空间科学试验，进行空间环境探测，航天科技领域进入世界一流行列，大幅度提高我国空间技术水平和利用空间的能力。

3. 建立支撑我国社会可持续发展的科学基础，依靠科技创新持续提高人民生活质量与水平

全面系统认识自然过程和人类活动对生态、环境及人类自身发展影响的客观规律，是实现人与自然协调、经济社会可持续发展的科学基础。针对中华民族人种特点，抵御大面积流行病，防治常见病、多发病和老年性疾病，提高生物反恐能力，是十几亿人口健康安全生活的重要保障。从我国基本国情出发，未来5—15年内应在以下方面取得重大进展。

（1）加强资源环境能力建设。建立与完善覆盖全国的国土与生态系统监测网络，发展基于数字地球理念的资源环境信息系统技术平台，为进一步加强紧缺矿产资源的深度勘探、西部及典型生态脆弱地区的环境建设、战略性生物资源的保育与可持续利用、持久性有毒污染物的生态控制等提供系统的知识基础和技术支持，不断提高资源的持续利用与管理水平，持续改善生态环境质量。

（2）实施海洋国土计划。加快海洋环境要素数值化，在海洋监测关键技术取得重要突破，提高海洋动力环境立体实时探测和模拟预报能力，提高海洋生态环境快速现场监测和预警能力；发展耕海牧渔、海洋生物技术并加快推广应用，开发海洋生物新材料、新药物与新制品；发展近海大油气田、深海油气与水合物、大洋矿产资源等勘探开发技术；维护海洋权益，发展海洋经济，保护海洋环境，减防海洋灾害，使我国成为海洋科技大国。

（3）加强国民健康安全的现代科技基础。建立完备的病毒、细菌与疫苗库；充分利用人类基因组计划产生的丰富信息和我国多民族丰富的基因资源，开展重大疾病相关基因组研究，建立基因表达谱和蛋白质谱；建立高通量、大规模系统分析基因表达调控的技术体系，发现特定基因表达途径，鉴定关键基因和主要代谢通路，开发相应的基因芯片和蛋白质芯片。

（4）改变我国生物医药研发与产业化整体落后的状况。以我国多发疾病为主要研究对象，开展系统生物学研究，整体提高对疾病发育机理的认识和救治水平；充分发挥我国天然药物资源相对丰富的优势，针对肝炎、癌症、艾滋病、神经退行性疾病、糖尿病、心血管病等重大疾病，加强天然药物有效成分筛选和药理药效研究，开发若干特效创新药物；建立中药复方研究体系，中药研制进入分子和基因水平，实现中药的现代化；以现代生物技术为核心，以天然药物开发为纽带，形成集生物制药业和现代农业为一体的新型产业群。

四、创新文化，改革体制，实现我国科技创新能力的跨越发展

1998年以来，在党中央国务院的领导下，我国国家创新体系建设取得了重大进展，体制结构布局调整初步成型：企业研发力量发展迅速，应用开发型研究院所的企业化转制基本完成，21世纪教育振兴计划进展顺利，中国科学院知识创新工程试点工作成效显著。总体上看，科技创新能力显著增强，我国科学技术进入了历史上最好的发展时期。

我们应该按照邓小平关于“科学技术要走在前面”的重要思想，加快构建适应经济全球化和知识经济时代要求的国家创新体系，建立能够引领我国未来经济社会发展的雄厚的科技基础，从根本上改变近现代以来我国科学技术的落后局面，实现我国科技创新能力的跨越发展。

1. 要实现我国科技创新能力的跨越发展，必须摒弃几千年封建意识的残余和传统教育的弊端

近代科学发端于文艺复兴唤醒的人类理性的力量，是在与封建意识和宗教迷信血与火的争斗中发展起来的。科学发展带来的思想解放和技术进步推动的工业革命，使科学精神深深地融化于民众的血液之中。

我国几千年封建社会与小农经济形成迷信权威、论资排辈，封闭保守、自我循环，重儒轻商、重文轻理的思想意识；产生墨守成规、忽视创新，只重书本、轻视实践，学而优则仕、官本位等传统教育弊端。这与现代科技、教育发展格格不入，不同程度地表现在当前的科技与教育之中，如在科技评价上强调水平忽视贡献，在资源配置上只讲投入不讲效益，在科研选题上惯于模仿不善独创，在学术评论中相互逢迎自我陶醉，在科研管理上只讲宽松忽视竞争，在事业发展上小富即安不思进取，以及循规蹈矩的教育思想，灌输式的教育方式，僵化的考试制度，忽视创新创业能力培养的教育目标等，严重束缚着我们民族的创新意识，阻碍着科技创新人才的成长和民族创新能力的发展。

我们应下大的决心摒弃封建意识的思想禁锢与传统教育的弊端。

必须弘扬创新文化，革新教育思想。坚决从以跟踪模仿为主转向以自主创新为主，树立创新跨越的自信心；坚决从以应试教育为主转向以能力与素质教育为主，提高全民族的创新意识、科技素养和创新创业能力。

必须改革科技评价体系，坚持以世界水平看科学创新，以国际竞争能力看技术创新，以对经济社会发展贡献看科技转化，树立全新的科技价值观。

必须加强科技管理创新，坚决从低水平重复分散的研究模式转向跨学科跨部门力量的组织与凝聚，从以自我循环为主的科技转化模式转向社会化和规模产业化，建立在竞争基础上协同发展的新机制。

2. 要实现我国科技创新能力的跨越发展，必须根除几十年计划经济残留的体制弊端

我国现行的科技管理体制仍带有明显的计划经济体制痕迹。突出表现在以下方面。

重政府支持，轻市场配置。政府、市场与企业的职能关系未能厘清，公共财政支持与市场资源配置的边界含混不清，条块分割现象依然严重，科技资源配置仍较多沿用计划经济时期的习惯做法，资源平衡分配和长官意志时有体现。

重微观管理，轻战略规划。各级科技管理部门的工作重点仍然是具体项目和研究团组的管理，管得过宽过细过死，影响了科研机构的自主创新能力，而对于事关我国中长期经济社会发展和国家安全的基础性、前瞻性科技布局则缺乏战略性部署。

重项目投入，轻能力建设。在过去相当长的时间内，科技投入不足，资源配置制度僵化，公共财政中的科技投入更多地用于部署具体项目，使得科技基础设施薄弱，大部分科技活动单元无力进行事关长远发展的创新基础和能力建设，难以形成高水平的基地和队伍。

我们应下大的决心根除计划经济残留的体制弊端：

必须以转变政府职能为重点，深化宏观管理体制改革。如同在市场经济条件下，政府经济管理部门已不再直接管理企业和经营性项目一样，政府科技管理部门不宜直接管理科研机构，不宜直接管理科技项目，而应加强科技战略研究，加强政策规划引导，改进宏观调控手段，保证全国科技工作整体有序并与经济社会协调发展。

必须以提高科技创新效率为目标，建立科学公正公平的科技评估体系和公众监督机制，进一步深化科技资源配置制度改革，坚持以公平竞争为基础的资源配置原则，使有限的科技投入创造更多的创新价值，发挥更大的经济社会效益。

3. 要实现我国科技创新能力的跨越发展，必须加快国家创新体系的建设步伐

要真正搞出我们自己的创新体系，应该也必须从我国不断完善的社会主义市场经济环境出发，尊重历史，立足国情，面向未来，切忌盲目照搬，简单模仿，更不能搞“休克疗法”，动摇和损害新中国来之不易的宝贵科技基础，以是否有利于发展科技生产力作为检验国家创新体系建设的根本标准。

加快国家创新体系建设，必须在转变政府科技管理职能和方式的同时，大力加强企业在技术创新、科技成果转化与规模产业化中的主体地位，扶植支持一批具有很强创新能力和国际竞争力的企业。充分尊重科研机构、研究型大学和企业科技创新自主权，建立多层

次多形式的产学研联盟。

加快建设国家创新体系，必须按照十六届三中全会的要求，切实将国家支持的重点集中到战略高技术、基础研究和社会公益性科技创新方面来。大力加强公共卫生及防疫科研体系建设，重点支持农业、资源、生态环境、社会科学与公共政策研究等公益性研究机构，军民结合的战略高技术和国防科技研究机构，研究型大学以及主要从事基础性、战略性和前瞻性科技创新的综合性国家科研机构，建设若干高水平研究所，推进部分重点研究型大学向国际一流迈进。加大国家自然科学基金的经费投入，保证科技投入中基础研究的适当比例，加快建设面向全社会的科技创新基础平台，有选择地建设若干大科学装置。

加快建设国家创新体系，必须加快建立“职责明确、开放有序、评价科学、管理规范”的现代科研院所制度，逐步形成科研机构管理的法治基础；鼓励大型企业建立研发组织，鼓励转制的应用开发型研究机构成为面向中小企业的行业公共技术提供者；积极探索非营利机构管理新机制，发展民营和多种所有制混合的研发或中介机构，发展服务于高技术企业孵化发展的风险投资，建立相应的退出机制。

4. 要实现我国科技创新能力的跨越发展，必须保持全社会科技投入的稳定增长

采取有效措施，稳步增加公共财政对科技的投入，引导企业和社会不断增加研发投入。2005 年，全社会研发投入占国内生产总值的比例应从 2002 年的约 1%增加至 1.5%；2010 年增加至 2%，2020 年增加至 3%左右。随着我国新型工业化的逐步实现，全社会研发投入中公共财政投入所占比例会有所下降，但是作为发展中的大国，这个比例必须保持适当的水平，2010 年前不应低于 50%。

21 世纪技术创新进化的展望*

我们生活的时代，是科学与技术迅猛发展并不断融合的时代，科学与技术以前所未有的深度与广度影响人类文明进程。把握未来技术的本质特征，把握技术创新进化的规律，将有助于推动技术的健康发展，服务我国经济社会的科学发展、和谐发展与持续发展，促进人类文明和生态文明。

一、 时代与挑战

（1）21 世纪仍是信息化、网络化、全球化、知识化时代。信息化、网络化将进一步改变人类的生产方式、生活方式、社会组织结构与管理方式，进一步促进经济全球化进程；知识创新、技术创新和创新人才将成为替代和整合全球资源的关键因素、将成为推动经济结构调整，经济增长方式转变，社会民主法治、和谐文明、生态环境保护与修复的主要推动力；创新能力也将决定国家在全球经济中的定位和未来。

（2）21 世纪将是人类从化石能源走向可持续能源体系的时代。可再生能源和安全、可靠、清洁的核能将逐步代替化石能源，成为人类社会可持续能源的基石。人类在致力节能和清洁、高效利用化石能源的同时，必须致力于发展先进可再生能源，提高可再生能源在能源供给中的比重，发展先进、安全、可靠、清洁的核能及其他替代能源，建立可持续能源体系。

（3）21 世纪人类将走向资源节约、可循环利用，并注重开发利用生物多样性资源的新时代。人类将创造资源节约型社会；将致力资源消耗的减量化、再利用、废弃物的资源化，发展循环经济；将注重开发利用生物多样性资源，发展生物经济的新时代。

（4）21 世纪将是人类社会与生态环境和谐进化的时代。人类将更加关注并严格监测生态环境的变化，致力减少温室气体和其他污染物的排放，共同应对全球变化，保护生态环境；人类将致力修复工业革命以来被破坏的生态环境，创造人类社会与自然和谐进化、可持续发展的人类社会和生态文明。

---

* 本文为 2007 年 9 月 8 日在湖北省武汉市召开的“中国科学技术协会 2007 年学术年会”上的主题报告。

（5）人口健康面临新的挑战。人类将面临传统传染病的新变异传播，新的感染性疾病、心理精神性疾病、代谢性疾病、老年退行性疾病的挑战；人类社会将更加关注食品、生命、生态安全，更加关注公共卫生、保健制度改革和医疗保健技术创新；中国已进入工业化、城市化、老龄化的时代；中国必须依靠科技创新和科学管理保障大气质量，保障饮用水、食品、生命、生态安全；必须通过改革公共卫生和医疗保健体制，创新技术和管理，为十几亿人口提供公平的公共卫生、医疗保健服务，保障人民的身心健康。

（6）21 世纪仍将是科学技术迅猛发展的时代。各国政府纷纷提出科技创新的新理念、新政策、新规划，大幅增加对科技和人才的投入；信息科技、生物科技、纳米与材料科技、资源与能源科技、航天与海洋科技、生态与环境科技、系统科学等成为热点领域并酝酿着新的突破与进步；国际科技交流与合作广泛深入；全球竞争，企业主导，官产学研结合，知识创新、技术创新、传播转化、规模产业化速度加快。

（7）人类已进入了新军事变革的时代。信息、空天、海洋、机动性、精确打击能力已成为新军事战略制高点和核心战斗力，国家的经济发展、社会和谐水平、科技创新能力、先进制造能力、国民素质和教育水平、军事、文化、外交综合实力等将成为国家安全和社会安全的基础和保证。

（8）人类将进入和平、合作、发展的时代。人类总结吸取 20 世纪两次大战及战后的历史经验和教训，开始走民主协商、求同存异、平等互利、合作共赢的和平和谐发展之路。21 世纪，人类将进入既要尊重政治制度、文化传统和发展模式的多样性，又要尊重人类共同的文明理念和科学伦理的新时代；但单边主义、霸权主义时有所现，宗教极端主义、恐怖主义、分裂主义等不稳定因素此起彼伏，世界面临传统与非传统安全的挑战，不确定因素增多；发达国家在经济上和科技上的优势和压力将长期存在。

21 世纪前半叶，包括中国十几亿人口在内，全球将会有 20 亿—30 亿人口摆脱饥饿和贫困，走上小康社会，进而实现现代化。而过去 300 年工业化、现代化仅惠及不足 10 亿人口——这将是史无前例的大变革、大事件！这将为世界发展和进步注入空前的动力与活力，将根本改变世界的发展方式，改变全球经济发展和政治格局，也将对全球资源、能源提出空前的新需求，对我们生存的地球的生态环境带来全新的挑战。

中国已进入了科学发展的新时代。中国经济实现连续 29 年的高速增长，但也付出了沉重的资源和生态环境代价，这种发展模式难以为继！必须提升自主创新能力，调整产业结构，改变经济增长方式；必须向创新增值、结构优化、资源节约、环境友好新的发展模式转变；必须实现科学发展、和谐发展、持续发展。

二、 技术创新进化的展望

技术是人类生存发展的方式，是国家安全的保障。技术也是人类观察、认知、利用、开发、保护、修复自然的工具、方法与过程。技术进化是人类社会进化的重要组成部分，具有无止境的进化发展动力和前沿。21 世纪的技术创新进化必然具有鲜明的时代特征。人类必须创造新的生产方式、生活方式与发展模式，在公平改善和提高当代人生活质量、保护生态环境的同时，不应危及我们子孙后代生存发展的权利与生态环境。

（1）技术的创新进化曾经历了不同的阶段。从人类使用材料的创新进化来看，经历了石器、陶器、青铜器、铁器、钢材和混凝土、轻合金和复合材料、硅和高分子材料阶段；从人类使用能源的进化来看，曾经历了原始生物质能、水力、煤炭、电力、石油和天然气、核能以及可再生、清洁、可持续能源阶段。如果从技术对人类功能的替代和人与自然关系的角度看，技术的创新进化大致经历了以下的阶段：技术作为人类体力延伸拓展的阶段，技术作为人类感观延伸拓展的阶段，技术作为人类智力延伸拓展阶段，技术也从破坏生态环境进化到生态环境适应、保护、友好、修复阶段。

（2）技术作为人类体力延伸拓展的阶段：技术主要起源于人类生存的需要。最初的技术，在很大程度上是为了弥补人类体力上的不足。节省、替代和拓展人类的体力，始终是技术进化的动力。原始技术主要是为了替代人的体力，如，耕作和畜牧技术、畜力运输替代体力；工业技术延伸拓展人类的体力并提高了精细化与标准化水平，如蒸汽机替代体力并拓展，纺织机提高了精细化与标准化水平。现代技术仍承担着替代和拓展体力的作用，如自动化技术、现代农业技术、制造技术、运输技术等，节省拓展了人类的体力，而且完成了人类自然体力无法完成的工作。

（3）技术作为人类感官延伸拓展的阶段：人类凭借智力创造，使自身的感知能力获得了很大的提高，与感觉与观察能力相关的技术进化不断走向精确和灵敏，并对人类社会产生了巨大的影响。例如，指南针辨识方向，导致环球航行；15世纪发明眼镜，提高观察精细度，导致钟表等精密加工；17世纪发明显微镜，使人们看到了微生物；望远镜使人们能够清晰观察宇宙天体；20世纪以来，大口径望远镜、射电天文望远镜、空间天文望远镜使得人类能够探测深部宇宙；电子显微镜和原子力显微镜可探测细胞，分辨分子、原子尺度；微纳米技术生产出微纳米器件；电子眼、电子耳蜗协助视觉、听觉残障人士；CT技术可获得断面层析等。

（4）技术作为人类智力延伸的阶段：19世纪巴贝奇（Charles Babbage，1792－1871）发明计算机，试图用机器替代人类的计算能力，这是技术进化到延伸人类智力阶段的起点。20世纪40年代现代计算机的出现是技术延伸人类智力的重要里程碑。现代计算机最初只具有记忆、计算能力，又相继具有了逻辑、语言文字处理及谱曲、辨识、认知、交流等多种智能功能。3S技术，以及自动观察和数据传输处理技术的结合，正不断拓展人类对于地球的观察和分析能力。

（5）技术从损害生态环境进化到适应、保护、修复生态环境阶段：很长时间里，技术的创新进步尤其是技术的不合理使用，往往造成对于生态环境的损害。1962年，美国海洋生物学家蕾切尔·卡逊发表《寂静的春天》，挑战传统的“征服自然”观念。20世纪下半叶以来，人们愈加重视对环境的影响，环境友好型的技术得到开发与应用，绿色技术的概念得到广泛认同，技术的创新进化由单纯征服自然，破坏生态环境，发展到适应、保护、修复生态环境阶段。

21世纪技术的进化，将向拓展人类智能的方向发展，将向资源能源节约、循环利用、可再生、可持续发展，将更加关注环境友好、生态安全，将更加关注生命、更加注重社会公平，人类将进一步探索利用空间、海洋和深部地球，技术将呈现出群体创新突破协同进化的态势，技术创新进化和转移传播的速度将继续加快。

（1）技术将向拓展人类智能的方向进化。信息科技、计算机科技、脑与认知科学、智能传感技术、复杂系统科学等学科的发展将创造出智能网络与计算、智能机器与运载工具、智能制造、过程控制与管理、智能医疗诊断、治疗与监护、智能军事与安全技术、智能生态环境保护与灾害预测、预警、减灾、防灾等。智能技术与传统技术的结合将使传统技术更走向个性化、柔性化、智能化，提高生产效益、生活质量和实现环境友好。

(2) 将向资源节约、循环利用、可再生、可持续发展。将进一步认知人类社会与自然协同进化的规律；将以知识和智力投入代替资本与自然资源的投入；将致力发展资源节约、循环利用技术；将致力发展节能、清洁高效化石能源的开发利用、创新先进可再生能源、先进安全核能技术等，建立可持续能源体系。

(3) 将更加关注生态环境友好和生态安全。进一步认知地球生态系统演化规律；深入认知生态安全的规律；致力发展生态环境监测、评估、保护、修复技术；致力发展生态环境友好的绿色技术、绿色产品、绿色制造，发展生态环境友好的生活方式；致力发展生态环境安全技术，自然灾害预测、预报和防治技术。

(4) 将更加关注生命、更加注重社会公平。技术进化必须更自觉遵守人类社会和生态的基本伦理，必须珍惜与尊重生命和自然，尊重人的价值和尊严，尊重当代人和后代人的平等权利，尊重人与自然和谐、协同进化，防止因技术被滥用可能带来的对生命安全、社会公平、生态环境乃至人类持续文明的威胁和破坏。人类将更加重视发展自主控制人口增长，提高人口素质的优生优育技术；致力发展洁清安全饮用水和食品安全技术；致力发展科学的营养与保健技术；致力发展面向公众的卫生、医药医疗技术；致力发展有利促进人类文明成果的共同创造和公平分享的技术。

(5) 人类将进一步探索利用空间与海洋。人类将进一步创新空间运载、测控、通信技术，探索宇宙；人类将进一步创新对地观察技术，造福人类，保障国家安全，保护生态环境；人类将进一步探索海洋，合理开发可持续利用海洋矿物、能源、水和生物资源，保护海洋生态，维护海洋权益。人类将探索和合理开发地球深部资源。

(6) 技术将呈现出群体突破协同进化的态势。起核心作用的已不只是一两门技术，IT、BT、ST、NT、新材料与先进制造技术、空天技术、海洋技术、新能源与环保技术等将构成未来优先发展的高技术群落，技术将进入群体突破、协同进化时代，学科之间相互融合、相互作用，创新进化也更加迅速，形成更加交叉、综合、协同创新进化的科技体系。

(7) 技术创新进化、转移传播速度将继续加快。技术创新日新月异，科学与技术的界限渐趋于模糊，并相互促进。有些基础研究成果在研究阶段就申请了专利，并快速转化为技术与产品。原始科学创新、关键核心技术创新和系统集成在技术进化中的作用愈加突出，高新技术改造和替代传统技术的步伐进一步加快，技术转移和产业化速度将继续加快。全球竞争愈加剧烈，国际合作也更为广泛；企业自主技术创新、官产学研紧密结合、市场需求和全球竞争已成为推动技术进步的主要动力。

三、使命与途径

(1) 以科学发展观指导技术创新。坚持以人为本，依靠人，为了人，促进人的全面发展；坚持支持经济发展和社会文明进步相协调；坚持资源开发利用与生态环境保护相协调；坚持信息技术、生物技术、材料与制造技术、能源技术等基础技术与各类军民应用技术协调发展；坚持基础与前沿研究、工程应用研究、技术转化研发、规模产业化协调发展；坚持国际交流合作与自主创新相协调。

（2）为科学发展提供有力科技支撑。加强基础和应用基础研究，不断认知资源、能源、生态环境、人口健康、经济社会、国家社会生态安全和区域发展的科学规律，为科学发展不断提供新的知识支持。加强前沿研究，致力科学原创、促进自主关键核心技术创新和重大系统集成创新，大幅提升技术创新的源头供给，促进产业转化，为在全球经济竞争合作中取得主动地位，生态环境保护修复，国家安全，人民康乐，全面实现科学、和谐、持续发展提供有力的技术支撑。

（3）提升自主创新能力。首先要进一步提升自主创新的自信心，端正创新价值观，防止和纠正创新和管理工作中的浮躁现象。完善技术评价体系，技术创新应由市场评价、社会评价、历史评价。着力吸引和培养优秀人才，坚持给年轻人更多的创造发展空间。深化教育改革，提高工程技术教育质量和水平，着力培育创新意识与创新能力，为社会提供充足的创新人力资源。深化创新体制改革，不断解放束缚自主技术创新的陈腐观念和体制。

（4）完善创新型国家的制度建设。提升鼓励创新的立法原则，完善鼓励和保护创新的基本法律制度。建设完善公平竞争、鼓励创新的市场环境，促使企业自觉成为技术创新主体。建设政府引导、市场开放、企业自主、产学研高效协同的技术创新生态系统。建设完善适应创新型国家要求的工程技术教育体系、技术研发体系、金融税收体系、风险投资和中介体系、创新资源配置制度、创新人力资源管理制度、国家采购制度、创新基础设施、科学普及和技术转移和扩散制度、创新文化等。以制度保证加快实现向创新驱动的创造大国的跨越。

（5）引领未来的发展。前瞻部署信息技术、可再生能源与先进核能、纳米与先进材料、先进制造、生物技术、人口健康与医药、空天海洋、生态环保等相关前沿技术研究与创新。加强战略研究与规划，加大投入和政策引导，推动竞争与合作，致力发展引领未来经济社会可持续发展的技术和产业。

参考文献

蕾切尔·卡逊．2004．寂静的春天．吕瑞兰，李长生译．长春：吉林人民出版社．

路甬祥．2007-07-16．科技创新与科学发展．2007 年 7 月 16 日在中国科学院夏季党组扩大会上的专题报告．

齐曼．2002．技术进化论．孙喜杰，曾国屏译．上海：上海科技教育出版社．

乔治·巴萨拉．2000．技术发展简史．周光发译．上海：复旦大学出版社．

Lu YX. 2006. Evolution of Technology and Its Outlook. The Abdus Salam Medal Lecture. TWAS General Assembly. Brazil.

创新 2050：科学技术与中国的未来*

中国的现代化是人类现代化进程中的大事件、大变革。中国科学院决定面向中国现代化进程开展重要领域科技发展路线图研究，这项工作的思路和起因究竟是怎样的？是否有道理？是否应该做？我以为是很基本、很重要的。

一、 开展中国至 2050 年重要领域科技发展路线图研究的重要性

温家宝总理亲自担任组长，全国两千多位专家直接参与，经过两年多的工作，制定了到 2020 年的国家中长期科技发展规划纲要。所以，到 2020 年以前中国科技发展已经有了蓝图。那么，为什么还提出研究我国至 2050 年重要领域科技发展路线图这样一个问题呢？

2007 年夏，在研究中国科学院未来科技发展战略重点时，我们感到有一些问题必须要从更长远考虑，比如能源问题。能源问题过去也有 15 年的战略研究，但是主要还是研究如何利用好煤，怎样开发利用好国内外两种油气资源，怎样能够有限地发展核能，对可再生能源只是作为一种补充性的、方向性的能源，并没有将其摆到未来能源支柱的位置上。近年来，世界各国越来越关注温室气体排放问题，应对全球气候变化成为重要议题，这背后其实主要还是能源结构问题。这就使我们认识到，必须高效清洁利用化石能源，以减少对环境的影响，但是，化石能源时代终究要过去，悲观估计有 100 年左右，乐观估计还有 200 年左右。油气资源可能首先逐步走向枯竭，然后是煤资源。人类不得不走向以可再生能源为主体、核能为补充的能源体系。现在各国政府都在积极准备，欧洲走得最快，美国现在态度也有变化，就是在利用好化石能源的同时，加大对可再生能源的开发力度，加大对先进核能的研究开发力度，逐步向可再生能源方向过渡。这个时间跨度可能经历 50 年，也可能 100 年。由此带来的科学技术问题非常多，譬如在基础研究领域，物理学家、化学家、生命科学家要研究新一代的光电池、染料敏化电池、高效的光化学催化和储存、

---

* 本文为 2007 年 10 月中国科学院组织“中国至 2050 年重要领域科技发展路线图”第一次交流会的讲话，后作为“中国至 2050 年重要领域科技发展路线图”丛书总序。

高效的光合作用物种，或者通过基因工程创造高效的光合作用物种，而且这种生物物种又不与粮油争土地争水分，能够利用坡地、盐碱地或者半干旱土地等生产人类所需要的能源。同时，未来能源的整体结构要发生改变，现在能源是比较稳定的系统，以后可能是大量的不稳定系统，可能要发展分布式能源体系，发展更高效的直流传输和储能技术，解决网络的控制、安全、可靠性问题，还要解决二氧化碳捕捉、储存、转化、利用等方面的问题，这里面隐含着大量的科技问题，几乎涉及所有学科。所以，能源问题引起的从基础到应用方面的研究，整体的、结构性的变化和冲击恐怕是很普遍、很大的，而这个时间跨度是 50 年或者 100 年。以核能为例，从布局到重大技术突破往往需要 20 年乃至更长时间，而商业化大规模应用也大致需要 20 年乃至更长时间。如果我们现在不前瞻布局，未来就会落后。法国已经做到了第三代、第四代裂变能核反应堆，制定了 2040—2050 年路线图。我们还没有认真做。为国家利益着想，中国科学院应该考虑这些问题，应该做前瞻的研究工作。

这次战略研究中涉及的十几个领域，只考虑近期或者中近期是不够的。比如农业，在过去，我们考虑要增产，后来讲优质，主要还是讲粮食和农副产品；在未来，肯定要走生态高值农业之路，需要多样化技术才能满足。日本、丹麦等发达国家开始用畜牧业来做生物反应器和农药，日本开始用植物来做生物反应器，它比用动物来做更安全、成本更低。用无菌暖房种番茄、草莓、马铃薯等典型物种，通过转基因技术来生产高附加值产品。中国农业不仅要解决十几亿人口的粮食问题，也要考虑农副产品的增值问题，考虑农业的高技术发展问题。未来的农业还要生产一部分能源和工业所需要的原料，未来人类生存发展所需要的大量的材料可能从农业来。这些前瞻性的问题，现在一些发达国家已经在做，而我们一直考虑得不够。

还有人口问题。当年中国人口政策的失误要纠正过来，要到 21 世纪末才有可能回归到 10 亿左右人口，其带来的老龄化问题则很可能到 22 世纪才能得到化解。现在人口健康也面临许多新的挑战，我们是否现在就要研究未来 50 年应该采取的一些对策，13 亿或 15 亿人口怎么能够享受到公平的、基本的公共卫生和医疗保障？必须发展先进的能够普及的健康科学和诊断治疗保健技术。随着社会进步和环境改善，发达国家的主要疾病从感染性疾病逐步转变为变异性疾病、代谢性疾病，研究重点也随之发生转变。很多问题世界上也没有解决，要从基础研究做起。

空天海洋是未来人类新拓展的发展空间和重要资源。在空天领域大家比较关注的有载人航天计划、嫦娥计划，可以做 20 年或 25 年。中国的空间技术究竟要走什么道路、什么目标？是不是走发达国家走过的老路？值得我们认真研究。现在空间运载工具的主流技术基本是化学燃料发动机推力火箭，以后的深空探测，是否还依靠化学燃料发动机？还是要发展新的等离子推进、核能推进、太阳风动力等推进技术？过去，这些问题只有少数科学家在想，我们在整体上没有战略性的前瞻研究和部署。海洋有丰富的矿产资源、油气、天然气水合物，还有大量的生物资源、能源，包括无光照条件下生物进化过程，都值得我们去探索。最近有许多国家出台了新的海洋战略规划，俄罗斯、加拿大、美国、瑞典、挪威都已加入争夺北极的行列。这方面我们有一点规划，但是还很有限。

在国家与公共安全领域，安全的概念也在发展，包括传统安全与非传统安全，传统安全主要是外族入侵、战争威胁，现在的安全问题有自然原因的、人为原因的、外部的、内部的，还有生态的、环境的，网络发展以后，虚拟的安全问题也出现了。要从人类文明历史的长河角度观察分析矛盾的起因，从科技进步的角度提供解决问题的手段和方法，注重消除危及安全的根源，要在解决矛盾的同时更加珍惜生命。

总之，从面向未来中国的发展、面向未来人类的发展看，都需要我们开展前瞻的战略研究。过去 250 年工业化的发展，只解决了不到 10 亿人口的现代化问题，主要集中在欧洲、北美、日本和新加坡。今后 50 年，可以肯定的是，包括中国十几亿人口在内，至少有 20 亿、很可能有 30 亿人口，通过实现小康走向现代化，比过去 250 年要多 2 至 3 倍，这将为世界发展注入新的动力和活力，但也必然对地球的有限资源和生态环境带来新的挑战。

需要找到新的发展模式，才能使生活在地球上的人类能够公平地分享现代文明的成果。这就要求我们要面向中国现代化建设进程，前瞻思考世界科技发展大势、前瞻思考人类文明进步的走向、前瞻思考现代化建设对科技的新要求，研究制定未来 50 年重要领域科技发展路线图，厘清其中的核心科学问题和关键技术问题及其实现途径，为国家科技战略决策提供依据。

二、 制定中国至 2050 年重要领域科技发展路线图的可能性

过去有一种观点认为，科学很难预见，它是随机发生的，主要依靠科学家的创造性思维；技术可以预见，但是有人说最多可以预见 15 年。我们做了一些思考，看来适当地前瞻领域方向还是可能的。比如，需求推动下的能源问题。随着化石能源的枯竭，更多的聪明人就想，要解决高效的太阳能薄膜材料和器件，要筛选或发展新的物种，把太阳能转化为高生物量。因为需求的推动，有更多的资源投入这些方向，所以可以预见，在未来的 50 年，可再生能源领域、核能领域一定会有新的突破性进展，大方向也是确定无疑的。比如，在太阳能方面，就是提高光电转化效率、光热转化效率。但具体技术路径可能有多种，如可能通过改变太阳能电池表面的形貌，经过反射能够更高效地全光谱吸收；可能把功能性薄膜建成多层，有透射有吸收；还有可能采用纳米技术、量子调控等。过去我们考虑量子调控，主要是要解决以后的信息功能材料，这是不够的，是否要有相当一部分量子调控的研究转移到能源问题上来，或者以能源为背景开展基础前沿的探索。

在计算机领域，我们过去的习惯是跟踪，现在我们要有信心前瞻，考虑未来的发展。这是可能的，并不是胡思乱想。要组织信息科技专家与物质科学和生命科学专家共同思考，进行前瞻性的探索。2007 年诺贝尔物理学奖授予巨磁阻的发现者，现在这项技术已经用在硬盘存储上了，而这一发现是在 20 年前做出的。我们的初步结论是，做长周期的前瞻，做突破常规的科学思考和技术预见是可能的，通过战略研究，在长远目标指导下制定路线图也是可行的，比如说，到 2020 年为一个阶段，到 2030 年或 2035 年为一个阶段，然后再前瞻到 2050 年。

我们还可以分析其他领域，寻找可能性。最重要的是要解放思想，当然也要尊重客观规律，避免无根据地胡思乱想。党的十一届三中全会确定了解放思想、实事求是的思想路线，中国才有今天的发展。我们就是要打破条条框框的束缚，根据中国的实际来探索未来

发展的道路。科技发展的历史也无数次证明，只有不断地前瞻，不断地解放思想，打破已有常规，才有可能促进新的发现和新的突破。确定方向和领域，加大在这方面的支持强度，吸引更多的优秀科学家投入相关研究，这与需求牵引和自由探索并不矛盾。

三、中国科学院开展“中国至 2050 年重要领域科技发展路线图”研究的必要性

为什么我们要发起这项研究？中国科学院是国家科研机构，要做基础性、前瞻性、战略性贡献，要发挥骨干和引领作用，不往前思考怎么引领？从中国科学院自身发展来看，也很有必要，要以发展的眼光，站在世界科技发展的前沿，来思考知识创新工程三期以后做什么，是按着惯性走？还是想着国家民族的未来，在各领域提出我们的见解，逐步调整我们的结构，改革体制，把中国科学院创新能力提到一个新的发展阶段，把我们的科学使命、技术使命提到新的高度？显然，后者是积极的、有希望的、必需的。世界科技发展日新月异，在全球经济发展的态势下，如果不发展就会落后，如果不前瞻就会失去先机。我们做科技创新，必须不断地团结奋斗，打破陈规，不受干扰，不僵化，不停滞，这也是我们自身发展的需要。

这次路线图研究要站在国家和全局的角度，使这些战略研究报告成为国家更长远的发展规划的重要内涵，所提出的目标不一定是中国科学院都可以做的，我们不能包打天下。我们可以选择一些有能力做的进行前瞻布局，到时候就很自然地形成 2010 年以后中国科学院各个领域的发展目标和发展重点，很自然地形成我们改革调整的方向。

如果把长远目标和路线图搞清楚了，实现它，还是要有体制机制、人才队伍、资源与配置等因素的保证。我们还要研究未来 30—50 年世界的创新体系和机制究竟会发生什么变化？是不是还是由大学、研究机构、企业组成？研究所会不会发展成为网格式的结构？基础与高技术融合的前沿研究、前沿研究与产业化迅速过渡与衔接的转化型研究，会不会在某些领域发展成为主流？未来创新体系的人才构成与人才激励机制、更新机制有什么新的发展变化？创新资源的投入来源与结构会有什么变化？如果我们把这些问题搞得比较清楚、比较前瞻，而且大胆地在某些研究所进行试点，就可能走出一条具有竞争力、有更好发展态势的路子来。

社会的变革是无止境的，科技各领域也有无止境的前沿，创新体制与管理也要不断发展。中国科学院不能停止，必须要前进，科学技术要前瞻，组织结构、人才队伍、管理模式、资源结构也要前瞻，这样我们才能始终站在时代的前沿，不断发挥在国家创新体系中的骨干和引领作用，有些领域在国际上起引领作用也不是不可以设想的。这是我们这次组织科技路线图战略研究基本的出发点。

要重视研究国家安全的重大战略问题*

由浙江大学非传统安全与和平发展研究中心组织、浙江大学出版社出版的“非传统安全与现实中国丛书”将出版二辑共十本，该丛书选题重要，内容也比较系统，是一项具有为国家安全重大战略问题集思、集智、建言、献策意义的开创性工作。

今年我国南方的雨雪冰冻灾害、发生在四川汶川等地的特大地震灾害，给我国人民生命财产造成了重大损失，对非传统安全相关领域的科学研究和预警应对能力提出了重大考验。诸多不断突显的非传统安全问题，对中国发展形成了越来越严峻和多样的挑战，国家对非传统安全的应对能力建设也越来越成为国家战略层面需要考虑的重点。从我国发展的内在需求看，庞大的人口、资源短缺、生态环境恶化仍然制约可持续发展的实施；从我国发展的外部环境看，经济全球化深入发展以及全球气候变化等全球环境问题使我国面临新的挑战；从我国发展的科技支撑看，自主创新能力不足和创新体系不健全影响我国核心竞争力的提升，从我国危机治理的能力建设看，复合性灾害的研究不足与综合性危机防治能力与体制建设相对薄弱影响着社会安全、和谐的维护与保持。中国的知识分子与专家学者，必须应国家之所需，急国家之所急，要努力为国家重大需求和战略部署提供知识、科技和思想支撑。

国家安全的重大战略问题需要多学科交叉地进行研究，需要不同领域的专家学者汇聚起来共同探讨。学科交叉点往往就是科学新的生长点、新的科学前沿，这里最有可能产生重大的科学突破，使科学发生革命性的变化。可以说，学科交叉融合已成当代科技创新的大趋势，有利于解决人类面临的重大复杂的科学问题、社会问题和全球性问题，而研究国家安全的重大战略问题也为学科交叉提供了一个重要的领域。

我觉得“非传统安全与现实中国丛书”做出了一个很好的尝试：引导师生和社会关注与研究经济社会发展和国家安全的重大战略问题。这无疑有利于得到社会对安全重于发展理念的认同，有利于激励师生立志为国强民富和民族复兴献身，有利于教育干部和群众努力树立科学的世界观、人生观和价值观，而不局限于眼前和局部。

我希望“非传统安全与现实中国丛书”在忧患意识、方法创新、学科交叉、战略前瞻上努力深化，使研究和出版工作做得更好，使此类丛书发挥更好的社会效应。

---

* 本文为 2008 年 7 月 1 日为“非传统安全与现实中国丛书”所作的序言，该丛书第二辑于 2008 年 11 月由浙江大学出版社出版。

生态文明建设的意义、挑战和战略*

一、生态文明的意义

生态是指包括人在内的生物与环境、生命个体与相同和不同生命群体之间的相互作用关系。

生态文明是人类社会文明的一种形式，是社会物质文明、精神文明和政治文明在人与自然和社会关系上的具体体现。生态文明以人与自然关系和谐为主旨，在生产生活过程中注重维系自然生态系统的和谐，追求自然-生态-经济-社会系统的关系协同进化，以最终实现人类社会可持续发展为目的。

人与自然的关系是人类文明与自然演化的相互作用。一方面，人类通过获取能源、资源、空间、排放废弃物、享受自然生态的服务来影响自然；另一方面，自然由于能源、资源、空间供给有限、生态环境恶化等，限制了人类的发展。人与自然关系的历史演变是一个从和谐到打破和谐，再到实现新的和谐的螺旋式上升过程。随着社会生产力的不断发展，人类开发和利用自然的能力不断提高，人与自然的关系不断遇到新的挑战。不断追求人与自然的和谐，实现人类社会全面协调可持续发展，是人类共同的价值取向和最终归宿。

生态文明在人类不同的社会发展阶段，有着不同的内涵和表现形式：石器时代（上百万年）的原始文明，铁器出现（1 万年）的农业文明；工业革命（300 年）的工业文明；发端于 1962 年《寂静的春天》（*Silent Spring*）发表的生态文明。

原始文明——人与自然保持了一种原始和谐关系：人类生活在自然条件优越的地区；人口数量少，寿命低；技术水平落后，维持低水平消费；家庭和部落构成主要社会组织形式；人类被动适应自然，与自然处于原始和谐。

农业文明——人与自然的关系在整体保持和谐的同时，出现了阶段性和区域性的不和谐：农业社会的生产力水平比原始社会有了很大的提高，产生了以耕种和驯养为主的生产

---

* 本文为 2008 年 9 月 28 日在“浙江省科学技术协会暨杭州市科学技术协会年会”上的演讲。

方式；自给自足，人口增加，出现以大家庭和社区为主的社会组织形式；生活活动范围扩大，过度开垦和砍伐，特别是为了争夺水土资源而频繁发生战争，使人与自然的关系出现局部性和阶段性紧张。

工业文明——人与自然的关系不断紧张，并在全球范围内扩大：人类占用自然资源的能力大为提高，创造了农业社会无法比拟的社会生产力和舒适便捷的生活方式；人类的生活范围不断扩大，寿命延长，人口数量大幅增加；工业社会依赖于不可再生资源和化石能源的大规模消费，造成污染物的大量排放，导致资源短缺和生态环境恶化。

发达国家走了一条只考虑当前发展，忽视他国和后代利益，先污染、后治理，先开发、后保护的道路；发达国家的生产方式、消费模式和价值观在全球扩散，发展中国家面临资源被掠夺、环境被破坏的威胁。

恩格斯在《自然辩证法》中指出：我们不要过分陶醉于我们对自然界的胜利，对于每一次这样的胜利，自然界都报复了我们。

1962年，美国生物学家蕾切尔·卡逊出版了《寂静的春天》一书，用触目惊心的案例、生动的语言，阐述大量使用杀虫剂对人与环境产生的危害，深刻揭示出工业繁荣背后人与自然的冲突，对传统的“向自然宣战”和“征服自然”等理念提出了挑战，敲响了工业社会环境危机的警钟，拉开了人类走向生态文明的帷幕。

世界范围内生态文明与可持续发展的历程：《寂静的春天》的发表，标志着人类环境意识的新觉醒；1972年罗马俱乐部发表《增长的极限》(*The Limits to Growth*)，认识到自然资源与环境是有限的；1972年联合国发表《人类环境宣言》，强调人类对环境的权利和义务；1987年联合国发表《我们共同的未来》，阐明可持续发展的含义；1992年巴西里约热内卢世界环境与发展大会，发表《关于环境与发展的里约宣言》《21世纪议程》，标志着环境与发展成为全球共识和各国政治承诺；2002年南非约翰内斯堡，联合国可持续发展大会，发布《可持续发展问题世界首脑会议执行计划》，落实实施可持续发展。

我国建设生态文明也经历了一个认识发展过程。改革开放初期，以经济建设为中心一直是党和国家的主要目标。随着经济的快速增长，资源、生态、环境的问题逐步显现。从20世纪90年代开始，我国党和政府开始更加关注经济、社会与环境协调发展问题。

1994年，我国率先制定出台《中国21世纪议程—中国人口、资源、环境发展白皮书》；1996年，在“九五”计划中，提出转变经济增长方式、实施可持续发展战略的主张；2002年，党的十六大将“可持续发展能力不断增强，生态环境得到改善，资源利用效率显著提高，促进人与自然的和谐，推动整个社会走上生产发展、生活富裕、生态良好的文明发展道路”定为全面建设小康社会的四大目标之一。2003年，党的十六届三中全会提出以人为本，全面、协调、可持续的科学发展观；2006年，党的十六届六中全会提出构建和谐社会，建设资源节约型和环境友好型社会的战略主张；2007年，党的十七大将“建设生态文明”作为实现全面建设小康社会奋斗目标的五大新的更高要求之一。

党的十七大标志我国生态文明建设进入新阶段，在我党的文件中首次提出建设生态文明的目标。十七大报告明确了建设生态文明的主要内涵：建设生态文明，基本形成节约能源资源和保护生态环境的产业结构、增长方式、消费模式；循环经济形成较大规模，可再生能源比重显著上升，主要污染物排放得到有效控制，生态环境质量明显改善；生态文明观念在全社会牢固树立。“生态文明”写入十七大报告，是我们党首次把“生态文明”这一理念写进党的行动纲领，必将在建设中国特色社会主义进程中产生重大影响；“生态文明”写入十七大报告，是我国经济社全可持续发展的必然要求，也是对日益严峻、全球关注的资源与生态环境问题做出的庄严承诺。“生态文明”写入十七大报告，使生态文明与社会主义物质文明、精神文明、政治文明一起成为和谐社会建设的重要内容，成为中国特色社会主义社会的基本特征。建设生态文明必须以科学发展观为指导。建设生态文明，既是践行科学发展观的内在要求，也是建设和谐社会的基础和保障。

二、 生态文明的挑战

人口的急剧增加，工业化的快速发展，带来了严峻的资源和生态环境问题。资源短缺，污染物排放增加；全球气候变化危及生态安全；区域生态系统服务功能明显下降；人类的福利和健康受到影响；环境安全与健康遭到威胁和破坏。工业革命以来，特别是二战之后，世界人口数量大幅攀升，21 世纪，尽管人口增长速率有所降低，但是由于基数大，妇幼保健水平提高等因素，世界人口仍将维持较高的数量。

资源短缺。世界石油的消费呈不断上升的态势，原油价格连创新高，并在高价位波动，最高时曾超过 140 美元/桶。煤炭价格的增长，带动了发电及其他产品价格的增加，对于我国提高产业竞争力和稳定物价带来了严峻的挑战。石油、煤炭等化石资源的短缺，价格的高企，需要我们审慎思考我国的能源发展战略和现行的生产生活方式。尽管主要金属的产量增加，但受需求和垄断的影响，铁矿石等金属价格不断高攀，大幅增加了制造业的成本。

全球气候变化危及生态安全。世界煤炭消费产生的二氧化碳气体排放量持续增长。近百年世界平均气温呈上升趋势。全球气候变化带来全球降水重新分配，洪涝、干旱等自然灾害频繁发生；冰川和冻土消融，海平面上升；危害自然生态系统的平衡，威胁人类的食物供应和居住环境。

区域生态系统服务功能明显下降。人类无法享受清新的空气；无法获得洁净的饮用水；固体垃圾影响了人类的生活；无法生活在舒适的环境中；无法获得工农业生产所需的土地、水等资源；抵御自然灾害能力降低。

人类的福利和健康受到影响。1952 年 12 月 5—8 日，英国伦敦因煤烟和汽车尾气污染，导致 4000 人死亡，最严重时候，殡仪馆已无棺椁，上学的学生甚至找不到校门。1955 年 9 月，美国洛杉矶，因汽车尾气造成光化学烟雾污染，两天之间，400 多老人死亡。20 世纪 50—70 年代，日本因甲基汞污染水源产生水俣病。持续将近 20 年里，污染地区不断有人死亡，并时有畸形儿和痴呆儿出生。1984 年 12 月，印度博帕尔市因农药厂化学原料泄漏，导致 1408 人死亡，2 万人严重中毒。2005 年年底，受中国石油吉林石化公司爆炸事故影响，松花江发生重大水污染事件，苯、苯胺、硝基苯、二甲苯等主要污染物指标均超过国家规定标准，整个松花江流域受到污染，哈尔滨市停水四天，严重影响了沿江居民的生产和生活。淮河流域在 20 世纪 90 年代Ⅴ类水质就占到了 80%，整个淮河常年就如同一条巨大的污水沟。1995 年，由环境污染造成的经济损失达到 1875 亿元。据测算，20 世纪 90 年代中后期，淮河流域由环境污染和生态破坏造成的损失已占到当地 GDP 总值的15%。2007年，太湖发生重大蓝藻污染事件，沿湖地区饮水受到影响。滇池面积300平方千米，污染物的大量排放导致全湖发生蓝藻水华。2007年春天，黄河爆发高盐度废水污染。近年来，黄河水污染每年造成经济损失约115亿—156亿元。除了工农业用水之外，黄河一共担负着沿黄河地区50座大、中城市和420个县的城镇居民生活供水任务。

环境健康遭到破坏。酸雨蔓延——欧洲几乎所有国家都受到过酸雨的侵害。酸雨不仅导致森林毁坏，而且造成湖泊中生物的大量死亡。森林锐减——欧洲几乎已无原始森林，世界各地的原始森林几乎砍伐殆尽；在已砍伐的森林中，75%发生在20世纪。土地荒漠化——全球每年数千公顷农田因荒漠化而几乎无法继续耕种。占全球陆地1/3面积的干旱地区正在承受沙漠化的威胁。生物多样性减少——在人类的现代社会中，生物物种正以100—1000倍的自然速率消失，是自从白垩纪恐龙灭绝以来，动植物最大量灭绝的时期。经济发达的浙江省，酸雨覆盖率已达100%。酸雨发生的频率，上海达11%，江苏大概为12%。华中地区以及部分南方城市，如宜宾、怀化、绍兴、遵义、宁波、温州等，酸雨频率超过90%。中国的荒漠化土地已达267.4万多平方千米；全国18个省区的471个县、近4亿人口的耕地和家园正受到不同程度的荒漠化威胁，而且荒漠化还在以每年1万多平方千米的速度增长。我国海域近年来赤潮频发，危害加剧，已严重威胁我国海洋生态系统和渔业资源，成为沿海地区主要的海洋灾害。海岸带开发利用破坏自然环境状况：近40年，我国人工围垦和城乡工矿建设用地各导致滨海滩涂面积丧失1.19万平方千米和1万平方千米，滩涂面积仅剩1.9万公顷，50%以上的滨海滩涂已不复存在。

总之，我国生态文明建设面临建设和破坏并存的复杂状况，挑战严峻。目前我国的生态环境状况既有在全球变暖背景下发生的自然环境本身的变化，更面临着高速工业化、城镇化进程中，人类活动的剧烈干扰和破坏。生态破坏和环境污染交织在一起，点源污染与面源污染共存，生活污染与工业排放叠加，各种新旧污染与二次污染相互复合，生态环境问题与区域可持续发展问题相互影响，呈现出多时空尺度、立体式、复合型的生态环境破坏和污染局面。

三、 生态文明建设的目标与战略

建设生态文明是中国现代化建设的组成部分。建设生态文明必须贯彻落实科学发展观，坚持以人为本，坚持又好又快发展，着力从以下几方面做好工作：认知科学规律；完善法律法规，创新体制机制；依靠科技创新；改变生产生活方式；建设生态文化；提高人的素质。

1. 认知科学规律

认识能源发展的规律与趋势。化石能源终将被人类开采耗尽，石油、天然气价格将持续高位，优质油气资源已成为国际竞争的焦点。科技创新是人类最终解决能源问题的根本途径。最近，国际能源署发表《能源技术展望2008：面向2050年的情景与战略》（*Energy Technology Perspectives 2008 : Scenarios & Strategies to 2050*），描绘了至2050年的能源图景，提出了17项关键技术发展路线图。节能依然是人类社会应对能源危机的首选战略。至

2050年，欧州、日本、美国等国家和地区单位GDP和人均能耗均可望再下降1/2～2/3。发展新能源成为逐步减小对化石能源依赖的重要途径，瑞典、挪威、法国等都已提出在二三十年内摆脱对化石能源依赖的战略规划。

（1）认识资源发展的规律与趋势。我国矿产资源保障能力严重不足，已成为制约我国经济发展的瓶颈之一。2002年以来，全球矿产品价格一路飙升，如铜价上涨343%，精铁矿价格上涨240%。我国矿产资源采出率仅30%左右，远低于世界先进水平的70%。资源利用率低，矿山及冶炼废渣严重污染环境。资源替代和循环利用率低，亟须发展先进资源勘探与利用技术，发展可替代资源，发展资源循环利用技术。

（2）深刻认识国情。我国生态环境本底脆弱。人口总量大，环境压力大；人均资源量少、利用率低，是我国发展的主要制约因素。我国主要人均资源占有量不到世界平均水平的1/2，单位GDP的能耗却是世界平均水平的3—4倍。预计至2020年，我国人口将达到14亿—15亿，人均资源消耗量将继续增加，资源还将持续下降。资源短缺将严重限制我国未来发展。战略性资源供求关系比较紧张，部分战略资源对外依存度高；如果我们不能及时建立战略性资源的合理使用、有效替代、动态优化和安全保障体系，一旦战略性资源供需矛盾超出一定的限度，势必对我国的经济社会发展全局和国家安全产生严重影响。

（3）深刻认识区域发展的条件。浙江经济发达，2007年GDP总量18 600多亿元，居全国第四位。人均3.7万元，紧随沪、京、津之后居全国第四位，各省第一位。市场经济活跃，民营经济实力强劲。2006年，民营企业创造的生产总值已占GDP的62.9%；在全国工商联统计的民营企业500强中占203家。产业结构不断优化。制造业持续快速增长，高技术产业发展加快。服务业加快发展。资源节约和污染减排取得积极成效。循环经济发展步伐加快，全社会能源、水等资源利用效率稳步提高。文化底蕴深厚，教育事业发达，在全国率先实现城乡免费义务教育，基本普及学前到高中段15年教育，高等教育毛入学率已达38%。浙江的不足是人口密度大，人均耕地少，生态环境容量十分有限；能源资源稀缺；高端产业少，产品的品牌效益和附加值较低。

（4）认识现代化发展的规律。从英、德、美等国工业社会的发展历史可见，推进制度文明和科学技术创新，实现工业化、现代化，保护生态环境，是工业化国家文明进步的普遍规律。从欧美日等国进入知识经济的历程可见，科技创新在当代社会和未来发展中已占据主导地位。韩国集中力量在电子、制造业等领域加强技术创新，经过40多年的发展，成为新兴工业化国家。芬兰在20世纪80年代及时把握无线通信技术发展的机遇，大力促进通信产业的发展，成为世界上最具竞争力的国家之一。新加坡着力提高国民教育水平，加强信息化建设，发展现代服务业，成为综合竞争力名列世界前茅的国家。也有一些国家，由于单纯依靠本国资源优势或过度依赖外国资本和技术，忽视自主创新，在现代化进程中出现了停滞甚至倒退。

2. 完善法律法规，创新体制机制

完善节能减排、保护生态环境的法律法规体系。制定并实施节能减排、保护生态环境的规划、政策、制度。将能源资源的消耗和生态环境的损耗记入成本。建立健全科学民主的决策体制与机制。将节能减排、保护生态环境的绩效纳入干部考核任用指标。完善节能减排、保护生态环境的标准。依法完善科学监测、行政管理、民主监督机制。

例如，日本完善法律促进节能环保。制定《促进新能源利用特别措施法》。大力发展风力、太阳能、地热、垃圾发电和燃料电池发电等新能源与可再生能源。到2003年，日本能源消费对石油的依存度已经降至50%以下。1998年的《节约能源法》对能源标准作了严格规定，提高了建筑、汽车、家电、电子等产品的节能标准，不达标产品禁止上市。同时，要求企业单位产值能源消耗每年递减1%。1970年的《废弃物处理法》（该法至今已修改过20次），并通过了《资源有效利用促进法》。1993年，日本又以减少人类对环境的负荷为理念制定了《环境基本法》。2000年被称为日本“资源循环型社会元年”，同年日本国会通过了六项法案：《建立循环型社会基本法》、《废弃物处理法》（修订）、《资源有效利用促进法》（修订）、《建筑材料循环法》、《可循环食品资源循环法》和《绿色采购法》。2002年还通过了《车辆再生法》。

3. 依靠科技创新

根据资源、地理、经济、科技、人文基础，科学规划引导产业结构合理布局。依靠科技创新，延长产业链，提高产品的附加值。附加值提高，也就意味着单位耗能和排放的降低。大力发展具有自主知识产权的高新产业、文化旅游产业和现代服务业，发展信息网络产业和工业设计、创意产业，推进产业结构调整。发展绿色制造，降低制造产业的能耗和污染。大力发展循环经济，发展高附加值、低能耗和低排放的生物产业、低碳技术。建立健全环境监测体系，提高环境风险预测、预防和治理能力。加大投入，依靠科技，科学管理，加强污染环境的治理和修复。

绿色制造又叫清洁生产或面向环境的制造，指在保证产品的功能、质量、成本的前提下，综合考虑环境影响和资源效率的现代制造模式。它使产品从设计、制造、使用到报废整个产品生命周期中不产生环境污染或使环境污染最小化，符合环境保护要求，节约资源和能源，使资源利用率最高，能源消耗最低，并使企业经济效益和社会生态效益协调最优化。绿色能源的技术创新：主要体现在以风能、太阳能、生物质能等为代表的可再生能源和逐步发展氢能体系。绿色材料：包括低耗能、少污染、易加工的材料，可回收再利用的材料，可再生材料，以及节能、自降解新材料等。绿色生产过程：采用低污染的加工与成型工艺，应用绿色工艺装备，提高装备的能效，减少生产过程的废弃物，使工作环境符合环保标准，使用清洁的能源和原材料。

数百年来以产品为中心的制造业正在向服务增值扩展延伸——从向客户提供物质形态产品，到提供越来越多的非物质形态的服务；从卖机器、卖零件到卖设计、卖系统解决方案、卖服务支持；制造业结构从以产品为中心到以提供产品和增值服务为中心。这是制造业的历史性发展和进步，是制造业走向高级化的重要标志。而信息化和高技术应用为制造业服务内容的扩展和水平的提高开拓了广阔的天地。

4. 改变生产生活方式

世界各国和地区的一些经验表明，经济转型必须根据自身的经济、资源、科技禀赋，发挥优势，面向未来，大胆创新改革。由高物耗、高能耗产业转向低物耗低能耗产业，由低附加值产业转向高附加值产业，由代工生产（OEM）向原始设计制造（ODM）、再向创国际自主著名品牌方向发展，大力发展技术含量高的高新产业、近零排放的现代服务业

(文化创意、设计、咨询、服务等)，大力倡导发展绿色生产和生态环境友好生活方式。美国通用电气（GE）公司20世纪80年代初，已经提出要从世界最大的制造商转变成既提供产品也提供服务的服务商。经过20多年的努力，2005年该公司的服务收入已占其总收入的60%。IBM公司2005年的服务收入占其总收入的55%。海尔集团把市场竞争的重点由原来的产品成本竞争转变为服务竞争。

瑞士是欧洲现代化起步较晚的国家，但发展很快，并形成独具特色的产业竞争力。凝聚机械、电子和金属加工业、钟表制造业、特色农牧业、特色医药化工业等少数产业，发展高端产品，占据国际市场，例如，瑞士的手表95%以上用于出口，以中高档手表为主，有的品牌手表的附加值超过成本的百倍甚至更多。大力发展旅游业、酒店管理业、会展产业、金融业、保险业等低污染、低能耗、高附加值产业。

曼彻斯特曾经是工业革命的发源地，第二次世界大战之前，重工业产值占英国的2/3。曼彻斯特也曾经是英国工业污染和耗能最严重的地区。二战以后的半个多世纪，曼彻斯特一直在推进从工业型经济向服务型经济转型。现在，曼彻斯特已经成为英国除伦敦以外最大的金融中心城市。20世纪后期，曼彻斯特大力发展软件服务业、信息技术咨询业、电信与计算机相关的电子元器件服务业，以及其他配套服务业。曼彻斯特是英国西北地区的创意产业集散地，曼彻斯特地区年经济附加值总量达到470亿英镑，几乎是英国西北部地区总生产税收的50%。

养猪是丹麦的传统产业。注重通过技术创新提高饲养加工水平，目前，只有丹麦的鲜猪肉可以直接出口到美国、日本这样的高卫生标准市场。丹麦将高新技术注入传统产业，延长了产业链，提高了附加值。丹麦的猪肉加工品在欧盟国家占据第一的位置，食品加工设备和服务也在欧洲首屈一指。发展基于养猪业的兽医、生物制药、饲料和服务业优势。丹麦根据自身能源和资源缺乏的特点，大力发展风力发电技术，是全球最早的风电产业主导者。2004年，丹麦风电发电量已占总发电量的20%，丹麦拥有世界上最大的风机制造商维斯塔斯风能系统集团（Vestas Wind System A/S），2003年，维斯塔斯拥有21.7%的全球市场占有率。

5. 建设生态文化

生态文化抛弃人类在宇宙中占据中心位置的思想，从人统治自然的文化过渡到人与自然和谐相处的文化，是由追求人的一生幸福转向追求人类世代幸福的文化。生态文化的重要特点在于用科学、系统的观点去观察分析经济社会发展，处理人与自然的关系。运用科学的态度去认识人类文明进步，建立科学的节约资源、保护生态环境、人与自然和谐进化的理念。通过认识和实践，形成经济、社会、科学、人文、自然相结合、相协调的价值观和发展观。使人们自觉认识节能和保护生态环境的重要性。汲取中国古代和当今世界“天人合一”，“尊重自然、尊重生命、尊重当代人和世代人的平等权利”，“节约资源、保护生态环境”的思想，营造良好的节约资源与保护生态环境的文化氛围。

6. 提高人的素质

推进教育创新，提高教育质量，优化结构，培养创新创业的人才，加强创新创业队伍建设，为产业结构调整，经济发展方式转变，构建和谐社会，建设生态文明，奠定人才基础。营造有利于创新人才成长和充分发挥才能的制度环境和文化环境。提高公众科学文化素养和节能、生态环保意识。

20世纪80年代，爱尔兰人是欧洲最贫穷的居民。失业率接近7%，农业人口占全国就业年龄人口的15%。今天，爱尔兰信息产业在欧洲增长最快，其人均收入在欧洲排行榜上位居第二，仅次于卢森堡。改革传统教育，大力发展新兴学科，特别是信息科技教育。完善政策环境，吸引移居他国的科技人才纷纷回国。推出各种优惠措施，吸引来自世界各地的创新创业人才。促进产学研紧密结合，大力发展应用科技、绿色科技。鼓励年轻人创办新的企业，推广新的技术，开辟新的发展领域。

一些通过开放合作，吸引凝聚人才的做法，值得借鉴。

(1) 引进智力，带动创新。沈阳机床公司从国外聘请了刚退休的一流机床设计专家到公司工作，为其配备了助手，组成专家工作室，不仅开发出了拥有自主知识产权的新产品，同时培养了一支优秀设计人才队伍。

(2) 走出去，在国外设立企业研发机构。近几年，越来越多的我国企业走出国门，在国外设厂，开办研发机构，取得了初步成功，这表明一批中国的跨国公司已经崭露头角。华为、中兴、联想集团分别在美国、俄罗斯、印度和日本等国设立了研发机构，充分利用国外的人才优势，创新研发，为我所用，合作共赢。

浙江和杭州人民有着30年改革的成功经验，有着思想解放、勇于开拓的创新意识，具有发达的教育科技和雄厚的人才资源，对于落实科学发展观有着深切的体会和认识，有明确的发展目标和有力的举措，一定能在生态文明建设中继续走在全国的前列，造福于4800万浙江人民，为国家的生态文明建设提供优秀的典范。

经济危机往往催生重大科技创新*

当前国际金融危机对世界经济、社会和政治格局的影响继续显现，国际国内环境的重大变化对我国经济社会发展已经产生了深刻影响，也势将对我国科技事业的发展产生重要影响。我们必须清醒认识，积极应对，努力化危机为机遇，为我国长远、科学协调持续发展做好充分的科技、人才准备，提供有力的科技创新支持。

一、 世界正处在科技革命的前夜

全球正在进入一个新的大调整、大变革的时期。以和平、发展、合作为主题的时代潮流没有改变，经济全球化的大趋势没有改变，发达国家在经济、科技上占优势的格局一时也不可能改变。但国际贸易保护主义可能将明显抬头，传统安全与非传统安全问题将更加凸显，以美国为代表的发达国家向新兴市场国家和发展中国家转移危机的可能不容忽视。危机势将引起国家间、地区间发展格局和利益格局的调整，促进世界多极化进程，进而引起国际政治经济关系的深刻变化。我认为，世界正处在科技创新突破和科技革命的前夜。之所以得出这一重要结论，主要基于以下分析。

（1）历史经验表明，全球性经济危机往往催生重大科技创新突破和科技革命。1857年的世界经济危机引发了以电气革命为标志的第二次技术革命，1929年的世界经济危机引发了战后以电子、航空航天和核能等技术突破为标志的第三次技术革命。这次金融危机在很大程度上反映了过度依靠金融投机，过度依靠超前消费，过度依赖监管缺失的虚拟操作，导致金融与经济泡沫破裂。依靠科技创新创造新的经济增长点、新的就业岗位和新的经济社会发展模式，是摆脱危机，创新经济增长的根本出路。这将强烈地激励和加快科技创新突破与新科技革命的到来。

（2）前瞻全球现代化发展的未来图景，包括中国、印度在内的近30亿人口追求小康生活和实现现代化的宏伟历史进程与自然资源供给能力和生态环境承载能力的矛盾日益凸显和尖锐，按照传统的大量耗费不可再生自然资源和破坏生态环境的经济增长方式、沿袭

---

* 本文最初为2009年1月17日《瞭望》新闻周刊记者专访，后发表于2009年2月16日《浙江日报》。

少数国家以攫取世界资源为手段的发展模式难以为继。人类生存发展的新需求强烈呼唤科技创新突破和科技革命。

（3）从当今世界科技发展的态势看，奠定现代科技基础的重大科学发现基本发生在20世纪上半叶，“科学的沉寂”已达60余年，而技术革命的周期也日渐缩短，同时科学技术知识体系积累的内在矛盾凸显，在物质能量的调控与转换、量子信息调控与传输、生命基因的遗传变异进化与人工合成、脑与认知、地球系统的演化等科学领域，在能源、资源、信息、先进材料、现代农业、人口健康等关系现代化进程的战略领域中，一些重要的科学问题和关键核心技术发生革命性突破的先兆已日益显现。

此外，国际理论界的研究也表明，技术革命与经济危机之间存在某种很强的关联性。

美籍奥地利裔著名经济学家熊彼特（J. A. Schumpeter，1883—1950）曾对历史上三次产业革命进行分析，明确指出，技术创新是资本主义长期波动的主要起因，正是技术革命带动了经济的起飞，并首次提出了创新理论。德国经济学家门施（G. Mensch，1937— ）在《技术的僵局》（*Das Technologische Patt：Innovationen Uberwinden die Depression*，1975）一书中，利用现代统计方法，通过对112项重要的技术创新考察发现，重大基础性创新的高峰均接近于经济萧条期，技术创新的周期与经济繁荣周期成“逆相关”，因而认为经济萧条是激励创新高潮的重要推动力，技术创新又将是经济发展新高潮的基础。著名学者弗里曼（C. Freeman，1921— ）则认为，技术创新的周期与经济繁荣周期成“正相关”，在经过几十年科学技术准备后的长波上升阶段，绝大部分的技术创新会导致大规模的新的投资和就业，因此西方国家的失业问题是一个长期经济结构的问题，而不是短期财政的问题，解决问题的重点应放在支持高技术研究开发和新兴产业发展方面。

二、 中国科技可能面临新转机

中国经济发展的基本面和长期态势没有改变，仍处在发展的重要战略机遇期，我们遇到的困难和挑战是前进中的问题。当前是新世纪以来我国经济发展最困难的时期，面临多方面的压力。我国经济结构性矛盾仍比较突出，经济增长仍然主要依赖投资与出口拉动，依赖工业、物质资源和简单劳动投入带动，高投入、高污染、低产出、低效益的状况尚未得到根本改变，能源、淡水、土地、矿产等战略性资源不足的矛盾日益显现，城乡之间、区域之间、经济与社会之间发展不平衡的矛盾依然存在。

有效应对国内外发展环境的新变化，有效应对新科技革命的挑战，有效解决制约我国当前和长远发展的重大瓶颈问题，对我国建设惠及十几亿人口的小康社会和实现现代化建设宏伟目标至关重要。

金融危机有可能带来中国科技发展的新的转机。要积极应对，努力化危机为机遇，在支持克服当前经济困难的同时，要前瞻谋划，为我国长远、科学协调可持续发展作好充分准备。中国科学院启动的知识创新工程就是在1997年亚洲金融危机的背景下提出来的。

1997年年底，中国科学院在系统研究了世界经济和科技发展态势之后，从我国经济社会发展和科技发展的全局出发，向中央提交了《迎接知识经济时代，建设国家创新体系》的研究报告，提出建设面向 21 世纪的国家创新体系的思路和新时期中科院的战略选择，建议国家组织实施“知识创新工程”，并主动请缨，“承担知识创新工程的试点任务”。

翌年 2 月 4 日，中共中央总书记、国家主席江泽民对报告做出批示：“知识经济、创新意识对于我们 21 世纪的发展至关重要。东南亚的金融风波会使传统产业的发展有所减慢，但对产业结构的调整则提供了机遇。中国科学院提出了一些设想，又有一支队伍，我认为可以支持他们搞些试点，先走一步，真正搞出我们自己的创新体系。”1998 年 6 月 9 日，国家科教领导小组决定启动国家知识创新工程试点。一份具有深远战略思考的研究报告，拉开了中国国家创新体系建设的大幕。

在知识创新工程实施的十年中，中国科学院取得了近百项重大科技成果：载人航天工程，攻克了 70 多项关键技术，创造了 100 多项具有自主知识产权的新技术、新方法；“龙芯”系列通用中央处理器（CPU）芯片的研制成功，结束了我国信息产业“有机无芯”的历史；曙光、深腾系列超级服务器的研发，打破了我国超级计算机完全依赖于国外进口并受到严重限制的局面。具有核心自主知识产权、世界上第一套万吨级甲醇制烯烃工业化装置，是中科院在长期基础研究的基础上形成的关键核心技术突破。此外，还有人类基因组计划 1%测序精确图的完成、水稻基因组测序与功能研究、粮食估产与农情监测、青藏铁路工程冻土路基稳定性关键技术与示范工程、非典（SARS）、禽流感研究与防治……

由此看出，科技创新是一种变革时代的巨大力量，它改变了人们的生产和生活方式，带动和促进了整个社会的发展，显著提升了国家的综合实力。同样，科技创新也应该是应对全球金融危机的最有效的方式。

当前，我国现代化建设已经对科技创新提出了新的战略要求。在全球金融危机的大环境下，我们必须更加依靠科技创新，调整产业结构，转变经济增长方式，应对世界新技术革命的挑战。

三、 谋划新一轮战略行动

为有效应对国内外发展环境的新变化，有效应对新科技革命的挑战，有效解决制约中国当前和长远发展的重大瓶颈问题，建设惠及十几亿人口的小康社会和实现现代化建设宏伟目标，必须以科技创新为支撑，做好六方面工作。

（1）大幅提高能源与资源利用效率，大力发展战略性的大陆架和地球深部勘查与开发，大力发展新能源、可再生能源与新型替代资源，构建中国可持续能源与资源体系；

（2）加速材料与制造技术绿色化、智能化、可再生循环的进程，促进中国制造业产业结构升级和战略调整，有效保障中国现代化进程材料与装备的有效供给与高效、清洁、可再生循环利用，构建先进材料与智能绿色制造体系；

（3）发展智能宽带无线网络、先进传感与显示和先进可靠软件技术，加快和提升中国信息化进程和水平，消除数字鸿沟，走出一条普惠、可靠、低成本的信息化道路，构建无所不在、人人共享的信息网络体系；

（4）促进中国农业结构的升级，发展高产、优质、高效、生态农业和相关生物产业，保证粮食与农产品安全，构建中国生态高值农业和生物产业体系；

（5）推动医学模式由疾病治疗为主向预测、预防为主转变，将当代生命科学前沿与中国传统医学优势相结合，在健康科学方面走到世界前列，构建满足中国十几亿人口需要的普惠健康保障体系；

（6）大幅提高中国海洋探测和应用研究能力，海洋资源开发利用能力，空间科学与技术探测能力，对地观测和综合信息应用能力，构建中国空天海洋能力创新拓展体系。

应对金融危机　迎接科技革命*

一、科技创新是摆脱危机的重要力量

记者：科学技术是第一生产力。几个月来，随着金融危机的不断扩散和蔓延，越来越多的人把目光投向了科技。一方面，希望科学技术在应对当前这场危机中能够发挥重要作用；另一方面，经济危机也给科学技术的跨越式发展带来了新的契机。您能否从科学技术发展史的角度就此谈谈自己的看法？

路甬祥：工业革命以来，世界经济的发展始终与科技革命、科技创新相伴而行。科技是第一生产力，也是社会文明进步的基石，也是推动人类摆脱危机、走上可持续发展道路的重要力量。

纵观19世纪以来资本主义国家摆脱经济危机的种种努力，调整劳资关系、推动消费、创造新的市场等措施都起到了一定作用，但最根本的，还是科技进步推动了产业革命，创造了新的支柱产业，比如汽车工业、航空工业、信息产业等，不断创造出新的经济增长点和新的就业机会。

面对当前这场金融危机，我们推动基础设施建设，采取各种措施扩大内需，加快产业结构调整，这无疑都是拉动经济、缓解危机的有力措施。但从长远看，要真正摆脱危机，走上科学发展、持续发展的道路，还是要依靠科技创新，依靠科技进步创造新的产业与市场，创造新的经济社会发展模式。

未来新的经济增长点究竟在哪里？我看新能源很可能是一个重要方向。从长远看，煤炭、石油等化石能源终将枯竭。地球表面每年接受的洁净太阳能是目前全人类一次能源消耗的8000—10 000倍。假如在技术上有所突破，把太阳能利用的成本降下来，它将是取之不尽的能源。太阳能利用突破之后，紧接着可以考虑用太阳能制氢，汽车、火车、飞机都可以用氢作燃料。氢燃烧之后变成纯净水，饮用水的问题随之也就解决了。此外，像信息技术、生命科学与生物技术、循环经济、先进制造、现代服务和健康产业，也都正在酝酿着大的突破。

---

* 本文为《人民日报》记者杜飞进、杨健同志的采访稿，发表于2009年2月26日《人民日报》第13版。

二、世界正处在新科技革命的前夜

记者：作为科学家，您是否认为，新一轮科技革命的条件正日趋成熟？

路甬祥：我想答案是肯定的。历史经验表明，全球性经济危机往往催生重大科技创新和科技革命，1857年的世界经济危机推动引发了以电气革命为标志的第二次技术革命，1929年的世界经济危机引发和加快了战后以电子、航空航天和核能等技术突破为标志的第三次技术革命。当前，无论是经济社会发展的强烈需求，还是科学技术内部所积蓄的能量，都正在催生一场新的科技革命。种种迹象表明，这场革命到来的时间不会太久远，估计也就在未来15—20年。

推动这场革命的动力，不止是我们正在经历的这场金融危机。一方面，大量耗费不可再生自然资源和破坏生态环境，少数国家攫取世界资源实现自身发展，这样一种传统的经济增长方式和发展模式，已经无法支撑包括中国、印度在内的数十亿人口走向现代化的宏伟历史进程，人类生存发展的新需求强烈呼唤新科技革命；另一方面，从世界科技发展的态势看，奠定当代科学技术基础的重大科学发现基本发生在20世纪上半叶，“科学的沉寂”已达60余年，科学技术知识体系积累的内在矛盾日益凸显，新科技革命的先兆已初露端倪。世界正处在科技创新实现重大突破和科技革命的前夜。

三、远近结合，统筹兼顾

记者：您为我们勾勒出了一幅激动人心的未来图景。但眼下很现实的问题是，我们应如何走出金融危机的阴霾。作为中国科学院院长，您能否介绍一下，中国科学院在推动依靠科技力量应对与化解金融危机方面，有哪些具体措施？

路甬祥：面对当前形势，中科院提出，将应对金融危机、支持科学发展、迎接新科技革命挑战这三者结合起来，通盘考虑，纵深布局，统筹安排。

近期，我们已启动特别行动计划，积极动员科技人员将创新活动与“扩内需、保增长、调结构”的要求紧密结合，组织实施一批科技惠民示范工程。最近将推动实施的项目包括：运用我国自主研发的宽带无线多媒体技术在灾后的四川重建统一的宽带网络，开发低成本医疗工程技术、建立主要依靠国产技术和装备的健康医疗覆盖体系模型等；加快推进激光显示、半导体照明、煤的新一代高效洁净综合利用等一批科研创新成果的应用推广，促进企业发展方式转变、推动产业结构调整；为帮助中小企业应对金融危机提供成果转移转化、人员培训、测试服务等全方位的技术支撑，如组织500个院属研发团队与500家企业结成对口战略联盟，免费对中小型高新技术企业提供分析测试服务和技术支持等。

中期，我们将积极参与国家16个重大科技专项，为十大产业振兴计划提供科技支撑。产业振兴计划也好，重大科技专项计划也好，总体目标都是要形成系统集成的先进生产力。中科院要做的工作，就是为此提供先进观念、基础科学、核心技术和人才方面的支持。

着眼于长远，中国科学院早在金融危机爆发之前，就已经组织 300 多位优秀科技专家、管理专家和情报专家参加了 18 个专题组的研究，提出了面向 2050 年的科技重点领域发展路线图，初步刻画出至 2050 年依靠科技支撑和引领我国现代化进程的宏观图景和相应的体系特征。根据我们的研究结论，只有建设 6—8 个以科技创新为支撑的经济社会基础和战略体系，如可持续能源与资源体系、绿色、智能的材料与先进制造体系、无处不在的信息网络与服务体系、生态高值农业和生物产业体系、普惠健康保障体系等，才能使我国的未来发展真正走上全面、协调、可持续的轨道。

四、 有些事情必须由我们自己牵头来做

记者：实施上述近期、中期、长远规划，您觉得最关键的环节和最重要的保障是什么？

路甬祥：首先是自信心问题。在坚持实事求是的前提下，我们要敢于解放思想，敢于自主创新。有的人往往觉得，很多事情连美国人都还没做，欧洲人也没做，我们急什么？事实上，有些问题假如我们不想而人家做了，那我们就只能落后于人，跟着人家走；另一些事情，比如水资源的问题，13 亿人的健康科学问题等，人家远不如我们紧迫，更是需要由我们自己牵头来做。

其次是科技资源配置问题。现在科技投入大幅度增加了，但科技资源大部分还是按项目配置。实际上，基础、前沿研究是很难用项目配置的，最好是确定一些热点领域，对优秀人才和机构给予稳定支持，在确保诚信的基础上，给他们相对稳定和宽松的环境。

还有就是教育体制改革问题。我们的教育体制，还是要围绕素质教育、创新教育来改革，把探索精神和创造精神的培育贯穿于教育的全过程。把教育搞好了，把科技体制搞好了，我相信在中国的土地上，引领世界的科技创新成果一定会越来越多。

当然还有人才的培养、吸引与环境创造问题，体制和管理创新，有利于促进原始创新、集成创新和应用转化问题等，需要我们以高度的责任感、危机感、紧迫感来积极推动，转危为“机”创新发展。

推进科学前瞻　迎接未来挑战*

党中央在总结人类经济社会发展、特别是中国特色社会主义发展的历史经验教训和吸取了全人类文明进程科学积累的基础上，提出了科学发展观。随着经济社会的发展和人类文明的进步，人类终将走上经济社会的协调发展、人与自然的和谐相处、区域协调发展的道路，科学发展观是人类文明发展道路的必然选择。

为了落实科学发展观，推进我国的经济社会真正走上科学发展道路，科技界必须提供科学的认知，提高人们对客观规律的认知和遵循能力；提供技术支撑，提高我国的产业竞争力和经济发展质量；提供科学规划、咨询、决策的理论和方法，提高国家和地区的民主科学、决策的水平。此外，应组织科技专家和管理专家开展前瞻性的科技战略研究，把握世界科技发展的趋势，凝聚和部署我国科技未来发展的重点，这也是国家经济社会和科学技术发展的需要，是贯彻落实科学发展观的需要，是应对未来挑战和持续发展的需要.

在过去的30年，我国的改革开放之所以取得举世瞩目的成就，其中一个重要的原因在于我们的党能够不断解放思想，实事求是，与时俱进，不断前瞻，不断创新，不断打破陈规，不僵化，不停滞，开拓进取，始终坚定改革开放的决心，坚定发展的信念，不断创新发展的观念和方式。提高我国自主创新能力、建设创新型国家更需要这种精神。当今世界，科学技术发展日新月异，科技在经济社会发展和国家安全中的作用日益提升，我国实现社会主义现代化，提高国际竞争力，经济和社会发展更加需要依靠科学技术，同时，也更加需要科学技术面向经济建设和社会发展。我国科学技术的发展要摆脱跟踪模仿，走自主创新之路，就必须对未来世界科学技术的发展走向有所科学前瞻，否则，在全球科技与经济快速发展的浪潮中，就难以把握主动权，就会处于被动地位。

科学前瞻首先要把握国家未来经济社会发展对科技的需求，还要把握世界科技发展的趋势，要把重点放在关系到我国未来发展的瓶颈问题、战略方向和世界科技有可能发生重大突破的领域。科学前瞻要与我国未来发展的大趋势结合起来，要与世界政治、经济、社会、军事变革的大趋势结合起来，要与世界科技未来发展的大趋势结合起来，要采用当今世界先进的理论和方法，要把握国情，把握科技发展的规律，要关注世界经济、政治、社会、军事变革对科技发展的影响，要用历史和前瞻的眼光，做到站得高，望得远，瞄得准。

---

* 本文发表于2009年《科学通报》杂志第54卷第6期“特邀评论”专栏。

一、 能源科技应受到高度的重视

当今世界，人口的增长，发展中国家工业化、现代化进程的加快，将使得全球能源消费总量进一步增加，过去一年多来石油、煤炭价格的不断攀升，警示了化石能源紧缺对世界发展的制约，尽管最近由于全球性经济危机导致化石能源价格出现大幅度波动，但化石能源逐渐稀缺的态势不会改变，当这场影响全球的经济危机之后，石油、煤炭价格仍将可能在高位波动．而且，大量化石能源的消费所排放的二氧化碳和污染物，也成为全球大气环境和温室效应的重要原因。能源科技的前瞻研究，不仅要研究如何高效清洁地利用好煤炭资源，如何开发和高效利用好国内外两种油气资源，如何发展更安全、更先进的核能，如何加快开发利用可再生能源，更要把握世界能源生产与消耗的发展趋势，把握世界能源科技发展的态势。可再生能源将酝酿新的技术突破，并将为人类能源需求做出重要贡献，人类终将建立高效、经济、清洁和可持续的能源体系。构建这一体系需要解决一系列关键的科技问题。例如，要探索突破高效、低成本的光电转换材料、太阳能转换、存储介质等；在生物质能利用方面，要解决高效光合作用能源植物的筛选和培育，纤维素、木质素转化，高效、低成本催化剂的制备等；在煤炭高效清洁利用方面，要解决新型清洁煤燃烧技术中的催化燃烧及反应控制、煤化工转化过程中的多联产定向转化控制；在核能利用方面，要解决新型核电技术、加速器驱动次临界技术、核废料处理技术和核聚变技术及有关材料等；在天然气水合物方面，要解决好资源评估、规模安全、开采技术以及对环境影响等科技问题。为了实现我国经济社会的科学发展，必须建立符合我国发展需要和资源特色的能源科技创新体系，需要前瞻部署能源科技的基础性、战略性、前瞻性和系统性研究与开发，把握能源发展和能源结构转型的机遇，掌握先进能源关键科学问题、核心技术和先进设备研发制造和系统集成能力，尽快缩小与国外先进能源科技的差距，进入世界能源科技与能源产业的前列，支撑我国经济社会持续发展。

二、 农业科技关系我国的民生

在我国经济社会发展大局中，农业的基础地位不能动摇，随着人口的增长和人民物质生活水平的不断提升，对农业产品的需求将显著增长。我国的土地资源、水资源有限，十几亿中国人的粮食问题，只能主要依靠自己解决。用有限的自然资源满足全社会对农产品数量、质量、安全和多样的需求，不仅需要增加投入和相应的制度建设，更需要农业科技自主创新能力的不断提高和农业科技的前瞻部署。例如，在优势品种培育方面，要充分发掘和利用国内外丰富的基因资源，开发基于基因组信息的关键生物技术，突破植物光合作用转化利用效率和抗逆品种等；要采用系统生物学、基因与蛋白质组学、基因工程等多学科交叉融合研究与开发，发展健康、安全、抗病、可持续的畜禽及水产品种和种养殖方式；在资源节约型农业方面，要研究开发土壤保育和水肥高效利用技术，开发缓释、智能型化肥，推进建立耕地、水分、养分资源节约型农业；在食品安全方面，要在动植物安全生产、重大病虫害预防与控制、食品营养优化、生产与加工环境安全控制等领域，实现科技突破和技术创新，为我国食品供给提供科技的保障；在精准农业和农业信息化方面，要通过科技创新与产业化，实现农业信息化、数字化、精准化和农业生产与加工的智能化。现代农业提供的不仅是动植物食物，还要生产一部分能源、药物以及其他工业原料，未来人类生存发展所需要的大量可再生材料可能要从农业而来，而这一切都需要前瞻性的研究与部署。一些前瞻性的问题，我们重视得还不够，如高科技、高值农业产品生产，一些发达国家已经开始在做。经过了 30 年，中国经济已发展到今天这一程度，再过几年，我国经济总量可能达到世界第二位，我们现在如果不考虑，不前瞻，可能会失去机遇.

三、 生态环境关系着我国可持续发展

由于我国人口众多，大部分地区自然环境先天脆弱，加上经济发展快速且发展方式粗放，致使我国生态退化十分严重，环境污染不断加剧，环境健康问题日益突出，环境公共事件时有发生，目前我国城市化和区域发展中的一些不科学、不和谐、不协调现象，加剧了人与自然的矛盾。对于生态环境问题，我们不仅需要利用科学技术和政策制度完善解决目前面临的问题，而且需要前瞻部署和研究，寻找出解决未来可能出现的问题的技术和途径。我们不仅要研究生态环境自身变化的规律，更要着重研究人类活动与生态环境之间的相互作用。我们要前瞻部署研究全球气候变化及其生态学机理，退化系统的修复与生物多样性的保育；城市化与环境质量，研究湖泊、湿地、流域、海岸带与人类生活生产密切相关地理环境的地球物理、化学与生物过程；研究环境污染的控制与修复手段，清洁生产与循环经济，研究环境污染与健康效应；要研究减少温室气体排放的技术，不只是二氧化硫、氮氧化合物（NO_x），还要研究发展二氧化碳减排、捕捉、储存、转化、利用的方法与手段，认知和有效调控大气中的碳、氮等循环平衡；我们要前瞻部署研究全球气候变化导致陆地冰雪消融对海平面抬升的影响，对陆地生态环境尤其是海岸带与河口三角洲地区的可能影响；要大力发展先进的生态环境监测与预警、预报技术，构建先进的生态与环境监测网络平台，以及基于系统理论、跨学科研究基础上的数据分析与共享网络，对生态与环境数据进行整合与系统模拟。历史的经验和各国发展的历程都告诉我们，对于生态环境问题，再也不能等问题发生了才研究解决，否则酿成的损失、治理的成本和难度都将会极大地增加。

四、 保障人口健康是经济发展与社会进步的根本目标

我国是人口大国，控制人口增长、改善人口质量、提高人口的健康安全保障，是我国长期的国策，加强人口健康科技的自主创新与前瞻部署和研究，是科技界义不容辞的责任。我国人口基数很大，计划生育工作需要长期坚持，研究开发先进的人口控制技术和药物刻不容缓；随着我国人口平均寿命的提高和生活方式的改变，全社会的病谱正在发生改变，肿瘤、心脑血管疾病、代谢性疾病等慢性病的危害呈持续上升的趋势，亟待研发慢性病的

预防、诊断和治疗的新知识和新技术；我国正在迈向老龄化社会，老年人的身心健康问题愈加引起全社会的重视；随着社会生活方式的改变，人的心理健康问题也越来越应该引起人们的重视，需要基于认知科学技术上的心理与精神保健的治疗方式；防止新型流行病的传播，对于我们这样一个人口大国来说，也是时刻不能放松的工作，针对我国人口众多、密度大的特点，需要注意发挥传统和现代结合的优势，发展健康科学与防治技术，发展科学的新型流行病监测、预防、控制、诊断、治疗方法，保护十几亿人民的健康；我国在未来很长一段时间，都要重视低保人员和农村群众看病难、看病贵的问题，如何开发低成本预防、诊断、治疗技术，是我国必须面对的问题；我国是世界上药物使用量最多的国家，然而我国医药工业的创新能力低，97%以上药品是仿制国外的品种，急需开发创新新药，提高我国医药产业的竞争能力，而且要根据科技的发展，我们要充分关注基因组时代和干细胞时代的药物和医学技术开发，也要充分关注中医中药宝贵历史遗产的继承、弘扬和现代化。我国 13 亿或未来的 15 亿人口怎么能够享受到公平、普惠的公共卫生和医疗保健，这是构建和谐社会提出的需要。其中包含的许多科技问题世界上也没有解决，我们要从保障十几亿人口健康幸福出发，从基础研究做起，并重视从实验室到产业和临床的转移转化研究，既要有前瞻思考，又要牢记创新为民的宗旨。基础研究是有风险的，定向应用和临床更需要经受市场和实际的考验。有些关于生命健康的重要基础问题，和卓有成效的健康科学系统知识创新和医药技术创新突破，需要长期不断的坚持研究创新才能解决。

五、 海洋科技要引起高度重视

海洋在国家安全与权益、人类生存与可持续发展、全球气候变化、食物资源及战略性能源与资源保持等方面的重要地位，已经引起世界各国的高度重视，并成为当代和未来经济与科技竞争的焦点之一。我国是海洋大国，拥有 18 000 千米海岸线，近 300 万平方千米蓝色国土，蕴藏着丰富的海洋资源。但是，与欧美日等发达国家相比，我国的海洋产业和海洋科技还有较大的差距。如何加强海洋科技的原始性创新、集成创新与前瞻部署，认知海洋，利用海洋，实现海洋科技的跨越式发展，满足国家战略需求，成为国家和社会各界关注的重点。在海洋生物资源方面，要深入研究海洋渔业资源、生物基化学资源、微生物资源和生物基因资源，实现海洋生物技术和生物资源开发利用技术的创新与突破；在海洋生态系统与安全方面，应全面提升近海生态系统和深海大洋的观测与探测能力，深化对海洋物理、化学、主要生命现象与生态过程的认识，提高对海洋自然与海洋灾害的理解与预测能力，为建立基于海洋生态系统活动规律的海洋管理与开发模式，保障海洋食品安全和清洁、健康、稳定的海洋生态环境提供支撑；在海洋油气与矿产资源方面，要利用创新的理论和先进的技术提高海洋油气与矿产资源探测与资源评估能力，深化对大陆架及海洋油气形成、蕴藏与海底成矿的认识，提高对海洋油气与矿产资源的了解，为海洋油气与矿产资源的勘探、开发和利用提供关键科技支撑。世界许多国家最近都出台了海洋战略规划，未来世界各国对海洋科技会愈加重视，现在必须进行前瞻研究与部署，在正在到来的新一轮海洋竞争中争取主动地位。

六、 空间科技是国家重点的战略领域

空间科技是当代科技、信息和国家安全的战略制高点，关系着保障国家安全、保护人类生存环境、实现人与自然和谐发展以及提高人类生活质量、实现可持续发展等重大问题。中国作为一个大国，也应该为人类探索太空、深入了解宇宙的奥秘做出应有的贡献。在空间科学和宇宙学方面，要前瞻部署研究黑洞、暗物质、暗能量等科学问题和直接探测引力波，研究太阳系的起源与演化、太阳活动对地球环境的影响及其预报、地外生命的探索等；针对我国面临的能源、资源短缺和生态环境问题，应整合对地观测基础设施、构建数字地球科学平台，开展跨学科地球综合观测系统、模拟同化、协同反演；要结合我国航天发展战略，利用先进的科技手段，提高太空信息采集和处理能力，加强空间生存与活动的基础研究与应用开发，研发新型的推进系统，为深空探测提供有力的支撑。我国的经济和科技能力发展到今天，空间科技不能只跟在一些国家的后面，应树立新的科学目标和发展战略，服务经济社会发展和国家安全。建设创新型国家、提高国家的竞争能力要求我们在空间科技领域要加强自主创新、原始创新，加强整体性、战略性的前瞻研究。

此外，如何合理开发利用水资源、矿产资源、油气资源，如何合理高效可持续利用生物资源，如何解决区域发展与国家经济社会发展中的瓶颈问题，在这些关系到我国经济社会发展重大问题中，都蕴含着许多重大的科技问题，需要我们科技界前瞻思考。在信息、先进制造、先进材料、纳米科技等与国家产业竞争力的提高密切相关的问题中，更是含有大量的科技难题需要我们去攻克。大科学工程、重大交叉学科的发展，关系到我国的基础研究能否取得突破性进展，能否做出无愧时代、无愧历史的贡献。所有这些问题都需要我们见微知著、未雨绸缪，早做部署。

我国实现社会主义现代化，需要科学技术走在前面，需要科技人员想在前面。我们要高度重视科学前瞻，通过前瞻，认识自身的不足，通过前瞻，认清形势和科技发展的态势，通过前瞻，进一步凝炼创新目标。我们力争要在一些事关国家发展、安全和对经济社会发展具有带动性的科技领域取得突破，支持科学发展，在若干举世关注的重大科学问题破解上有所贡献，把握未来科技发展的主动权，实现创新能力的提升与跨越，迎接新科技革命的挑战，引领未来，为我国现代化发展提供强有力的支撑。

如何迎接即将到来的科技革命*

在今后的10—20年，很有可能发生一场以绿色、智能和可持续为特征的新的科技革命和产业革命，将会改变全球产业结构和人类文明的进程。

围绕新科技革命，一场占领未来发展制高点的新的世界竞争正在全面展开。

拥有十几亿人口的中国的现代化是人类发展史上的大变革、大事件，能否抓住新科技革命的历史机遇，培育新的发展模式，走出一条绿色、智能、普惠、可持续的发展道路，将在很大程度上决定着我国现代化的进程和方向。

温家宝总理在不久前的经济形势座谈会上说，世界正处于科技革命的前夜，这是实现跨越式发展、占领未来经济发展制高点的有利时机。我们必须把握机遇，推动我国经济尽快走上创新驱动发展的轨道。

为什么说当前世界正处在科技革命的前夜？这场即将到来的科技革命对中国意味着什么？我国经济在转入创新驱动发展的进程中还存在哪些障碍？围绕这些问题，记者日前对全国人大常委会副委员长、中科院院长路甬祥进行了独家专访。

一、从科技发展面临的外部需求和内在矛盾判断，我们有充分的理由相信，当今世界科技正处在革命性变革的前夜

记者：国际金融危机发生以来，“世界正处在科技革命的前夜”的说法频频见诸报端。做出这种判断的依据是什么？

路甬祥：科技革命的发生，取决于现代化进程强大的需求拉动，源于知识与技术体系的创新和突破。

全球200多年的工业化，仅仅使不到10亿人口实现了现代化，但自然资源已面临枯竭的威胁，地球生态环境遭受巨大破坏。以能源为例，以油气为主的化石能源时代终将过去，悲观估计有100年左右，乐观估计还有200年左右。化石能源的广泛使用，污染环

---

* 本文为《人民日报》记者赵永新的采访稿，发表在2009年9月8日《人民日报》第9版，题目为“中国不能再与科技革命失之交臂”。

境，也产生了大量温室气体，加剧了全球气候变暖，对环境和人类生存造成巨大的影响。

由此可以预见，未来包括中国在内的数十亿人口实现现代化的愿望与努力，与地球自然资源供给能力和生态环境承载能力的矛盾将日益尖锐；中国、印度等国家实现现代化的途径，不可能再沿袭传统的依赖不可再生资源的经济增长方式，不可能再沿袭历史上少数国家以集聚世界多数资源为手段的发展模式。这就迫切需要人类开发新的资源，创新发展模式和发展途径，创建新的生产方式和生活方式。这一需求与矛盾，强烈呼唤着科学和技术的革命性突破。

记者：从科学技术自身的发展来看，是不是也到了需要突破的时候？

路甬祥：科学革命和技术革命都是在长期知识积累基础上的突变，表现出一定的规律性。

先看科学革命。它是科学思想的飞跃，源于现有理论与科学观察、科学实验现象之间的冲突，表现为新的科学理论体系的构建。自 20 世纪下半叶以来，尽管知识呈爆炸增长态势，但基本上都是对现有科学理论的完善和精细化，未能出现可以与上半世纪的相对论等六大成就相提并论的理论突破或重大发现。

再看技术革命。它是人类生存发展手段的飞跃，源于人类实践经验的升华和科学理论的创造性应用，导致重大工具、手段和方法的创新，表现为人的能力和效率的质的提升。从近现代技术革命发生的周期看，每隔一个世纪左右发生一次技术革命。

“科学的沉寂”至今已达 60 余年，发生于 20 世纪 30—40 年代的第三次技术革命距今也已有近 80 年。这些迹象表明，新的科技革命已经端倪初现。

记者：国际经济金融危机会不会加快科技革命的到来？

路甬祥：历史经验表明，全球性经济危机往往催生重大科技创新与突破，引发制度和管理创新；同时，依靠科技创新、制度和管理创新创造新的经济增长点和新的发展方式，是摆脱危机和持续发展的根本出路。这次国际经济金融危机，无疑将加快科技创新和新科技革命的到来。

所以，无论是从科技发展面临的外部需求来说，还是科学技术内在矛盾判断，我们有充分的理由相信，当今世界科技正处在革命性变革的前夜。在今后的 10—20 年，很有可能发生一场以绿色、智能和可持续为特征的新的科技革命和产业革命，科技创新与突破将创造新的需求与市场，将改变生产方式、生活方式与经济社会的发展方式，将改变全球产业结构和人类文明的进程。

二、近现代历史上每一次科技革命都深刻影响和改变着民族的兴衰、国家的命运、世界的格局

记者：新的科技革命将对我国应对国际金融危机和经济社会的长远发展产生怎样的影响？

路甬祥：以史为鉴，可以知兴衰。近现代历史上每一次科技革命，都深刻影响和改变着民族的兴衰、国家的命运、世界的格局。那些抓住科技革命机遇实现腾飞的国家，都率先进入了现代化行列。

18世纪中叶，英国作为当时的科学中心，以第一次工业革命为契机，从一个人口仅占世界2%的岛国，在不到一个世纪的时间里崛起为世界头号强国。19世纪中叶，科学中心转移到德国，使其抓住第二次技术革命的机遇，迅速跃升为世界工业强国；美国也抓住了第二次技术革命的机遇，其在世界工业生产中的份额于1890年上升到第一位，到1913年已超过英国、法国、德国的总和。第二次世界大战爆发后，科学中心转移到美国，为其战后至今保持世界第一强国地位奠定了雄厚的科学基础。日本在19世纪利用了第二次技术革命的成果，建立了工业化基础，第二次世界大战后又及时抓住第三次技术革命机遇，实现了经济的腾飞，成为仅次于美国的经济大国。

而反观近代中国，都无缘以往的历次科技革命，由世界大国逐渐沦为积贫积弱的国家。

即将到来的新科技革命，既是对我们的巨大挑战，又是中华民族实现伟大复兴新的重大历史机遇。从当前和今后一个时期看，依靠科技创新调整我国产业结构、创造新的经济增长点，是化解危机为机遇的根本手段。从长远看，拥有十几亿人口的中国的现代化是人类发展史上的大变革、大事件，能否抓住新科技革命的历史机遇，培育新的发展模式，走出一条绿色、智能、普惠、可持续的发展道路，将在很大程度上决定着我国现代化的进程和方向。

三、科技革命可能在哪些领域取得突破

记者：*根据您的判断，新科技革命可能在哪些领域取得突破？*

路甬祥：准确预见科技革命何时发生、在哪些领域发生是困难的，但也并非完全无迹可寻。中国科学院组织300多位科学家自2007年夏季以来花了1年多时间研究的中国至2050年的科技发展路线图显示，在能源与资源、信息、先进材料、农业、人口健康等领域将会发生革命性的突破。

记者：*除了上述战略领域，在基本科学问题上会有哪些突破？*

路甬祥：专家们认为，未来几十年，下列基本科学问题将可能会产生重大突破：

在宇宙演化方面，对暗物质、暗能量、反物质的探测，将使人类进一步深化乃至从根本上改变对宇宙的认识；

在物质结构方面，人类正在进入“调控时代”，可能实现对构成物质的原子、分子甚至电子的调控，进而在光/电/热高效转化、光合作用、光催化，能量储存与传输，信息储存、传输与处理等领域产生新的突破；

在生命起源与进化方面，合成生物学的出现打开了从非生命的化学物质向人造生命转化的大门，为探索生命起源和进化开辟了崭新途径，将可能导致生命科学和生物技术的重大突破；

意识的本质是当代最具挑战性的基本科学问题，一旦突破将极大深化人类对自身和自然的认识，引起信息与智能科学技术新的革命。

上述领域中，任何一个突破性原始科学创新，都会为新的科学体系建立打开空间，引发新的科学革命；任何一个重大技术突破，都有可能引发新的产业革命，为世界经济增长

注入新的活力，引发新的社会变革，加速现代化和可持续发展的进程。

四、围绕新科技革命，一场占领未来发展制高点的新的世界竞争正在全面展开

记者：金融危机发生后，发达国家在迎接新科技革命上是如何部署的？

路甬祥：美国、日本、英国、德国等发达国家都把科技创新作为走出危机的根本力量，积极备战可能发生的新科技革命，布局未来发展，培育新的竞争优势和经济基础。

例如，美国计划将GDP的3%以上用于研究和开发，投入强度将超越20世纪60年代“太空竞赛”时的水平，并通过一系列配套政策，促进清洁能源、医学和保健体系、环境科学、科学教育、国际合作等领域的创新和发展，力图保持领先优势和全球经济的领导地位；日本提出了“信息与通信技术（ICT）新政”，旨在3年内创造100万亿日元规模的市场新需求，推动相关领域的产业结构改革，提升国际竞争力。

可以说，围绕新科技革命，一场占领未来发展制高点的新的世界竞争正在全面展开。

五、中国必须抓紧行动，以免与新的科技革命再次失之交臂

记者：如此看来，中国必须抓紧行动，以免与新的科技革命再次失之交臂。

路甬祥：确是这样。我国必须要高度重视，及早统筹谋划我国科技发展战略，明确至2050年影响我国现代化进程的重点领域、重大科学问题、关键核心技术问题及其实现途径，走中国特色自主创新道路，前瞻布局，重点突破，为新科技革命的到来做好准备。

记者：您认为我们应该在哪些方面超前部署、重点突破？

路甬祥：具体说来，我们必须依靠科技创新，构建支撑我国全面建设社会主义小康社会、实现现代化的八大经济社会基础和战略体系。

一是构建我国可持续能源与资源体系，大幅提高能源与资源利用效率，大力发展战略性资源的大陆架和地球深部勘察与开发，大力发展节能减排技术、可再生能源与新型清洁替代资源。

二是构建我国先进材料与绿色智能制造体系，加速材料与制造技术绿色化、智能化、可再生循环的进程，促进我国材料与制造业产业结构升级和战略调整，有效保障我国现代化进程所需的材料与装备的供给与高效、清洁、可再生循环的利用。

三是构建我国无所不在的信息网络体系，发展提升智能宽带无线网络、网络超算、先进传感与显示和先进可靠软件技术，建设“智能中国”，加快和提升我国信息化进程和水平，消除数字鸿沟，走出一条普惠、可靠、低成本的信息化道路。

四是构建我国生态高值农业和生物产业体系，促进我国农业产业结构的升级，发展高产、优质、高效、生态农业和相关生物产业，保证粮食与农产品安全。

五是构建满足我国十几亿人口需要的普惠健康保障体系，推动医学模式由疾病治疗为主向预测、预防为主转变，将当代生命科学前沿与我国传统医学优势相结合，在健康科学

方面走到世界前列。

六是构建支撑我国人与自然和谐相处的生态与环境保育发展体系，系统认知环境演变规律，提升我国生态环境监测、保护、修复能力和应对全球气候变化的能力。

七是构建我国空天海洋能力新拓展体系，大幅提高我国海洋探测和应用研究能力，海洋资源开发利用能力，空间科学与技术探测能力，对地观测和综合信息应用能力。

八是构建我国国家与公共安全体系，发展传统与非传统安全防范技术，提高监测、预警和应急快速反应能力。

总之，应对国际国内经济和社会发展的严峻挑战，调整产业结构、转变发展方式，最根本的要靠科技的力量；迎接可能发生的新科技革命挑战，赢得发展先机和优势，最重要的是提高自主创新能力。

六、在可能发生科学革命的重要方向上，我国基本上处在前沿跟踪的水平，真正由中国人率先提出和开拓的新问题、新理论和新方向寥寥无几

记者：当前，我国正在积极推动经济社会尽快走上创新驱动发展的轨道。在您看来，前进的道路上还面临哪些挑战和障碍？

路甬祥：从宏观层面看，主要面临以下挑战：国际经济金融危机的冲击和影响，激烈的世界经济科技竞争，能源资源、生态环境、人口健康等方面的约束进一步加剧，传统与非传统安全等挑战严峻。这些挑战关系到我国现代化建设的全局。

从科技自身发展来看，虽然我国已经建立起相对完整的科学技术体系，科技发展水平大幅度提高，创新能力呈快速增强趋势，为我国迎接新一轮科技革命奠定了较好的基础。但是，我们必须清醒地认识到，我国创新能力和体制机制还远不能适应应对新科技革命的挑战和现代化建设的需要。突出表现在：

原始科学创新能力不足。在可能发生科学革命的重要方向上，我国基本上处在前沿跟踪的水平，真正由中国人率先提出和开拓的新问题、新理论和新方向寥寥无几。

关键核心技术受制于人。我国许多重要产业的对外技术依存度仍很高，先导性战略高技术领域布局薄弱，直接影响我国产业结构升级、新兴产业发展和国家安全。

体制机制尚不完善。中国特色的国家创新体系尚不完善，科技、经济“两张皮”的问题尚未根本解决。现行的一些科技宏观管理体制，制约着国家创新体系各单元作用的有效发挥，政府主导作用往往异化为“部门利益”，难以真正集中力量办大事；市场基础作用往往异化为无序竞争，尚未形成竞争有序、合作高效的机制；准确把握世界科技发展大势和国家长远发展需求进行前瞻部署的能力不强；有效吸引、培养和造就创新创业人才的政策与制度环境尚未系统建立；创新团体的活力和自主权、创新人才的自信心和积极性，都需要大幅提高等。

以创新之心眺望 2049 *

当今世界，正处在科技创新突破和新科技革命的前夜。

正在经历严峻金融危机的世界，必将促进和加快科技突破与新科技革命的到来；而对于走过 60 年峥嵘历程、肩负民族复兴重任的中国人来说，面对可能发生的新科技革命，再也不能错失机遇。

现代化的历程，本质上是科技进步和创新的历史。回顾来路，我们看到，科技革命深刻影响和改变着民族的兴衰、国家的命运。那些抓住科技革命机遇实现腾飞的国家，率先进入现代化行列。近代中国屡次错失科技革命的机遇，从历史上的世界经济强国沦为一个积贫积弱的国家，饱受列强欺凌。

1949 年中华人民共和国成立以来，整整一个甲子，我国建立了比较完整的科学技术体系，科技发展水平大幅度提高，创新能力呈快速提升趋势。

在我的青年时代，还曾目睹工厂里使用天轴传动；而今天，我国的超超临界机组、超高压远距离输电技术，以及桥梁建造、高速公路、高速轮轨铁路等技术，都有了当年无法想象的进步。

但这其中也有遗憾——我国科技总体上还没有走出跟踪模仿，原创能力不足，关键核心技术自主化比例还比较低。目前，我国对国外技术的依赖仍在 45%以上，而美国、日本只有 5%。几个月前，中国科学院发布了“创新 2050：科技革命与中国的未来”系列报告，我们希望沿着这份科技发展战略路线图，在共和国庆祝百岁的时候，把对国外技术的依赖程度降到 20%以下。

可以这样说，如果依赖引进技术，解决小康或有可能，但是要建成中等发达国家则是很难；而要位居世界前列，没有足够的自主核心技术，则基本不可能。

以法国为例，不要只看它盛产高档红酒和奢侈消费品，它的核电占全国发电量的 79%，高速轮轨试验线时速达 570 公里，主导着空中客车的发展，以巴斯德研究所为代表的免疫科技也是世界领先；以芬兰为例，原本以森林产业——木材、造纸为主，抓住信息科技发展机遇，发展了无线通信，它的诺基亚公司打败了美国的摩托罗拉公司，该国的创新能力曾连续数年世界排名第一。

---

* 本文发表于新华社《瞭望东方周刊》2009 年 10 月第 42 期。

在今后的10—20年，很有可能发生一场以绿色、智能和可持续为特征的新的科技革命和产业革命。我们必须有所作为，以更多自主创新成果为民族复兴奠基铺路。

从历史经验来看，科技革命的发生，总是由现代化进程的强大需求所拉动；科技革命的“爆破点”，总是出现在那些社会经济发展需求最强烈，在教育、人才和科技创新有准备、有积累的地方。

英国工业革命有两大突破，一是蒸汽机，另一个是纺织机械的自动化。为什么会在这两个方面突破？当时英国是世界最大的纺织品市场，一针一线的生产方式提供的商品太少，对纺织生产自动化有迫切要求；同时，生产发展对动力、能源的需求，大大超出当时以人力畜力为主的动力供给能力，当然牛顿力学体系为机械设计奠定了科学基础，蒸汽机就应运而生。

我一直在思考，为什么最近30年，我国的科技能有如此大的飞跃。我想，其一，中国拥有世界上任何国家都没有的强大需求，这种需求对科技创新的拉动力惊人；其二，我们坚持了对外开放。

未来二三十年对于中国是一个关键时期。我们已经拥有了开放的环境、良好的基础；5 000万科技人员，数量世界第一；政府对科技和教育的投入也在日益增加，只要是有重要价值的创新项目，都会得到支持。

要实现自主创新，我们还需要克服一些仍然存在的弱点。

第一，自主创新的自信心还不够强，亦步亦趋，不太敢提出自己原创的科学思想。

第二，习惯于分散、自由的探索，缺乏协同作战的团队精神。当今世界，即使在一些基础前沿领域，研究工作模式也不再是“串联”方式，而常常需要多个团队以“串并联”的方式工作，以大大缩短研究周期。又比如研究夸克，需要大功率的对撞机，不是几个人自由探索可以办到，一篇学术文章可能有上百人签名；而把人送入太空，则可能需要数十万人共同协作。

第三，我们在科技创新中往往忽视仪器的创新发明。而当今科技对科研仪器设备的依赖日益增强，没有大量的高精尖仪器设备，是不可能具备竞争力和原创能力的。

第四，不太重视科技成果转化和产业化，科技突破的成果只局限于知识积累，难以成为社会生产的强大推动力。我们衡量一项科技成果的价值，最终还是要看社会和市场是否认可。

以上这些弱点，有千百年小农生产模式留下的深深烙印，有传统教育理念和方式带来的一些负面影响；同时，也需要科技奖励制度的改革调整。因此，在推进科技创新的同时，文化、体制的创新必不可少。

过去250年工业化的发展，只解决了不到10亿人口的现代化问题，主要集中在欧洲、北美和日本。今后50年，可以肯定的是，包括中国十几亿人口在内，至少有二三十亿人口，要通过实现小康走向现代化，比过去250年要多两到三倍。这将为世界发展注入新的动力和活力，但也必然对地球的有限资源和生态环境带来新的挑战。

可以预见，在未来50年，可持续能源与资源、先进材料和绿色智能制造、信息科技、先进农业科技、人口健康、生态环境、空天和海洋等科技领域，以及宇宙演化、物质结构、生命起源与进化、脑与认知等基础前沿领域，将会有新的突破性进展。

我们都有共识，科技给人类带来的，不仅是生产力的提升，还有文明理念、发展方式的巨变。

新一轮科技革命将会创造更多的财富，它的特点将是之前历次科技革命都不具备的：在高能耗、高物耗的生产方式下，物质文明只能为少数人享受；而今天我们寻求的可持续发展的新模式，倡导科学发展，能使更多人公平地分享现代文明的成果，人类文明也将进入新阶段。

眺望2049，我们深深期待，那时的中国，政治文明高度发达；经济总量世界居首；社会公平正义，人民健康长寿；山清水秀，江山如画；高度开放，充分吸纳世界先进知识，不断为世界发展和人类文明进步做出重要贡献。

这一切，都将从今天创新的每一步开始。

提高自主创新能力　支撑战略性新兴产业的发展*

温家宝总理2009年11月3日在对首都科技界发表的重要讲话中提出要“把建设创新型国家作为战略目标，把可持续发展作为战略方向，把争夺经济科技制高点作为战略重点，逐步使战略性新兴产业成为经济社会发展的主导力量。”当今世界，经济竞争、社会进步、国家安全和人民富裕都高度依赖科技发展，科技已成为推动经济增长、引领社会发展的主导力量。如何提高自主创新能力，攻克与战略性新兴产业相关的科技问题，为培育和促进我国战略性新兴产业的发展提供强有力的科技创新支持，是我国科技界的一项重大战略科技任务。我们要认清形势，认清发展战略性新兴产业的重要意义，根据国情世情和科技发展与产业发展规律，遴选出我国战略性新兴产业的重点，采取有力措施，推动我国战略性新兴产业的发展。

近现代以来的历史表明，科技的突破性进展乃至革命，会催生和带动战略性新兴产业的发展，极大提高社会生产力，乃至从根本上改变社会生产方式；会极大提高生活质量，从根本上改变人的生活方式，进而改变世界的经济与政治格局。

全球性经济危机往往催生重大科技创新突破乃至科技革命。经济危机是社会生产、分配、消费之间矛盾日益尖锐的产物。一些传统产业难以为继，一些新兴产业又应运而生，特别是一些具有广泛影响和带动作用的战略性新兴产业有可能萌生和发展。例如，1857年的世界经济危机后，电力和电气产业成为带动世界经济发展的战略性新兴产业；1929年的世界经济危机以及第二次世界大战后，电子、航空航天和核能等战略性新兴产业带动了战后世界经济的发展。20世纪80年代，美国为了克服经济危机，及时启动了信息高速公路计划，计算机、无线通信、计算机网络、软件业成为战略性新兴产业，催生了信息化社会。

科技革命往往催生产业革命，并引发社会重大变革。1831年法拉第电磁感应现象的发现，1864年麦克斯韦方程的建立，成为电气革命的知识基础，发展出电力、电气等新兴产业群，推动人类社会从蒸汽时代进入电气时代。20世纪初，量子力学的建立特别是半导体物理和材料的发展，申农、图灵和冯·诺依曼现代计算机理论和模型的突破等，成为二战后电子技术革命的物质和知识基础，发展出电子、信息等新兴产业，推动人类社会

* 本文为《2010年高技术发展报告》一书的序言，该书于2010年由科学出版社出版。

从电气时代进入电子时代，进而跨入信息时代。新的科技革命将引领人类进入绿色、智能、普惠、再生循环和可持续的新时代，为生产力发展打开崭新的空间，引发产业结构的新一轮变革，催生战略性新兴产业并成为社会新的支柱产业。

2008年国际金融危机以来，世界主要国家都将希望寄托于科技的革命性突破，以推动产业结构的优化升级、培育战略性新兴产业，力争在新一轮科技发展与经济增长中抢占先机，这将加快新科技革命到来的步伐。

2009年4月，美国总统奥巴马在美国国家科学院年会的演说中提出，要重塑美国在科学技术的领先地位，为未来50年的繁荣奠定科学技术基础，为此承诺将美国R&D投入提高到占GDP 3%的历史最高水平。2009年9月，奥巴马政府出台了《美国创新战略：驱动可持续增长和高质量就业》，阐释了在清洁能源、电动汽车、信息网络和基础研究方面的新战略。2006年，欧盟推出了《创建创新型欧洲》报告，提出要形成激励创新的市场，增加科研和创新投入，并把电子医疗、药品、运输与物流、环境、数字产业、能源和安全作为重点发展领域。2007年，日本政府发布了《日本创新战略2025》报告，提出了医疗与健康、环境、水与能源、生活与产业、区域社会、拓展领域等方面的技术创新需求和时间表，旨在建设国民健康、安全、舒适、丰富多彩的创新型社会，在世界上赢得重要的影响力和一定的领导力。2009年，为应对日渐疲软的经济环境，日本政府紧急出台了宏观性的指导政策“数字日本创新计划”纲要，将其作为未来3年中优先实施的政策。

工业化以来，以大规模耗用自然资源和生态环境为代价促进经济发展的模式难以为继，化石能源、原材料价格的大幅攀升以及全球气候变化等问题日趋严峻，以大规模耗用化石能源为基础的传统社会生产与生活方式不可持续，经济社会的发展对于科学技术提出了新的要求，强烈呼唤着新的科技革命。根据我国和世界的发展，根据科技发展的规律，在下列领域有可能发生重大科技创新突破。

在能源与资源领域，人类必然从根本上转变无节制耗用化石能源和自然资源的发展方式，迎来后化石能源时代和资源高效、可循环利用时代。这就要求在一些基本的科学技术问题上取得突破。例如，质能转化及其本质，光能转化与光合作用机理，可再生能源存储、稳定、高效分布式利用系统，高效制氢与存储技术，地球系统及其演化，深部地球和大陆架资源成因及探矿原理，不可再生资源的高效、清洁和可循环利用，水资源的可再生性维持机理及高效利用，生物资源及仿生资源科学等。

在信息领域，无论是集成电路、磁盘存储器、高性能计算机还是互联网，几乎所有现有的信息技术到2020年前后都会遇到难以继续发展的重大障碍，呼唤信息科学原始性突破和信息技术革命性突破。例如，新的网络理论，超级网络计算新结构，网络安全与智能管理，人机交互，语言文字图像识别、转换与合成，虚拟现实，海量数据挖掘与管理，光电子、光子、量子计算等新一代计算技术，自旋电子器件等量子器件，集计算、存储、通信于一体的新一代芯片技术等。

在先进材料领域，未来材料科学与技术的重要突破可能发生在：材料组织结构与性能关系、极端条件下材料性能演化规律和机理、材料实时原位宏量的分析测试与表征，新型能源材料、信息材料、生物材料、仿生材料、结构功能复合材料等的设计、制备和应用，材料的全寿命成本及其控制技术、材料绿色制备和低成本高效循环再利用技术、材料近终型连续加工技术、材料器件一体化技术、智能可控加工技术等。

在农业领域，农业必然进入生态高效可持续的时代，不仅将继续发挥其保障食物安全和国民经济发展等传统功能，还将担负起缓解全球能源危机、提供多样化需求和优良生态环境等新使命。这就要求在一些基本的科学技术问题上取得突破。例如，生物多样性演化过程及其机理，高效抗逆、生态农业育种科学基础与方法，营养、土壤、水、光、温与植物相互作用的机理和控制方法，耕地可持续利用科学基础，全球变化农业响应，食品结构合理演化等。

在人口健康领域，21 世纪中叶，全球人口可能达到 90 亿。人类必须控制人口增长，提高人口质量，保证食品、生命和生态安全，攻克影响健康的重大疾病，将预防关口前移，走一条低成本普惠的健康道路。这就要求在一些基本科学技术问题上取得突破。例如，营养、环境、行为对生理与心理健康的影响，基因的遗传、变异与作用机理，疾病早期预测诊断与干预的科学基础，干细胞与再生医学，生殖健康与早期诊断及修复，老年退行病延缓和治疗的科学基础等。

一些重要的基本科学问题孕育着重大突破。在宇宙演化方面，对暗物质、暗能量、反物质的探测，将使人类极大地深化乃至从根本上改变对宇宙的认识。在物质结构方面，人类正在进入“调控时代”，可能实现对构成物质的原子、分子甚至电子的调控，进而在光/电/热高效转化、光合作用、光催化，能量储存与传输，信息储存、传输与处理等领域产生新的突破。在生命起源与进化方面，合成生物学的出现打开了从非生命的化学物质向人造生命转化的大门，为探索生命起源和进化开辟了把生命看作一个复杂动态系统、从整体论的角度进行解读的崭新途径。意识的本质是当代最具挑战性的基本科学问题，人类将不断深化对思维和认知活动规律的认识，一旦突破，将形成全新的知识体系，并引发认识论的重大突破，进而引发科学技术领域的群发性突破。

在建设创新型国家和实现现代化的历史进程中，我国既面临着新科技革命和战略性新兴产业兴起的难得机遇，又面临着能源、资源、生态环境、人口健康、空天海洋、传统与非传统安全等诸多方面的严峻挑战。能否以科技为支撑，有效应对这些挑战，将在很大程度上影响甚至决定我国现代化建设的进程。

要抢占科技的制高点，推动我国战略性新兴产业的发展，需要通过设立战略性先导科技专项等方式，集中力量突破一批影响现代化全局的战略性科技问题。

“后 IP”网络的新原理新技术研究和试验网建设。在继承现行互联网开放中立的基础上，解决网络科学、体系结构、广域泛在网络实验平台和低成本高效泛在网等核心问题，解决基于 TCP/IP 互联网的安全性固有缺陷，力争用 15 年时间，使我国在未来网络升级换代和向泛在社会的过渡中赢得优势。

(1) 高品质基础原材料的绿色制备。通过揭示材料组分、组织结构与性能的关系，在节约资源能源和低污染的工艺技术、材料设计与工艺控制原理与技术、材料低成本循环与研发废弃材料低成本回收、高值化再应用技术和环境友好材料领域取得突破，获得综合性能更强、更可靠、更低成本、更少消耗与污染的新一代材料技术，争取在 2020 年前后，全面达到或接近国际先进水平。

(2) 资源高效清洁循环利用的过程工程。通过揭示资源高效清洁利用的物质转化、循环的多尺度机制、调控方法和工程优化放大原理，突破绿色过程工程的核心技术，创建新工艺、新流程、新设备和集成技术。建立产品绿色设计与全生命周期评价新方法，突破资源循环与环境控制技术和产品可拆卸易回收技术。进行生态工业多尺度设计、工程示范与技术集成，建立一体化的生产系统。力争在 20 年内，建立满足我国发展需要的污染源头控制和物质循环利用的绿色过程工程技术体系。

（3）泛在感知信息化制造系统。研究面向制造系统需求的泛在感知技术、泛在制造信息采集技术和处理模式、海量制造信息的处理方法，解决多维信息的时空聚合与多源多率信息的融合及制造信息的高效挖掘等，研究泛在信息感知空间下新的制造模式及平台技术，力争经过 10 年的努力，取得技术和应用的突破，逐步建成新一代信息化制造系统。

（4）艾级（10^{18}）超级计算技术。艾级超算面临功耗、效率、易用性三大挑战，不但需要在原理上有重大突破，而且需要在集成电路、体系结构和编程模型等方面有重大变革。艾级超算将为生命科学研究提供强大的支撑，实现基因组仿真、个体生命仿真和群体健康仿真等。力争在 10—15 年内研制成功艾级超算生命模拟器，在生命科学领域进入世界先进行列。

（5）农业动植物品种的分子设计。挖掘动植物种质中的优异基因资源，克隆控制重要性状的功能基因群并阐明其互作网络，建立与重要农艺性状关联的育种分子模块，通过对模块的选择和组装进行品种的分子设计，建立规模化、标准化和工厂化的分子设计育种技术体系和设施。力争用 10 年时间，使我国农业生物技术进入国际先进行列。

（6）深部矿产资源勘探与开发。勘探和开采深部矿产资源将为经济社会发展提供新的基础。需要揭示矿床形成深度及其控制因素、矿化规律、矿床保存条件及建立成矿模型，突破深部地球化学提取技术、深部物探和钻探技术，建立深部矿床的勘察评价方法和三维可视化模型。到 2040 年，使我国主要区域地下 4000 米以内变得“透明”，为深部勘探提供理论和技术支持。

（7）新型可再生能源电力系统。发展高效硅基太阳能电池、开发新概念电池与储能技术，突破塔式电站总体系统设计技术、兆瓦级风电系统中的控制与变流技术、新型能源与大电网的并网耦合技术、基于先进储能的分布式电力及微型电网技术，加快可再生能源规模化开发利用，建立兆瓦级、吉瓦级风力发电和太阳能发电电站，形成太阳能、风能、生物质能等互补的综合利用基地。到 2020 年前后，争取实现分布式发电规模化，微网和电力系统形成规模示范。

（8）深层地热发电技术。地热能分为水热型和干热岩型，后者的热能是前者的 1000 倍，因此，干热岩型的地热能的开发与利用是未来发展的重点。需要揭示深层复杂地质结构中的流体力学、热力学与结构力学特性，突破深层地热能储量评估技术、先进钻井技术和中低温双工质地热发电技术等。力争 10 年左右突破关键技术，再用 30 年时间使深层地热能在我国能源结构中占用重要位置。

（9）新型核能系统。积极发展核电已成为我国重要能源战略之一，随着我国以铀 235 为核燃料的核电规模的发展，核乏料的处理和再利用成为关系环境和资源的重大问题。要前瞻部署加速器驱动次临界系统（ADS），力争在 2020 年前后，突破 ADS 系统的单元关键核心技术，建立原理验证装置，实现中尺度技术集成，建设 10 兆瓦级次临界堆。我国铀资源贫乏，钍资源丰富，应加快部署实现钍资源核能利用的关键核心科技问题。在 2020 年前建成 10 兆瓦级钍基熔岩堆原型装置，掌握中式级钍基熔岩堆关键技术合成和集成技术。继续重视核聚变研究，加快研制稳定、连续与长寿命运行的新型惯性核聚变能源装置。

（10）海洋多维实时观测与研究网络。建设多维海洋实时观测与研究网络，包括天基对海观测、水下固定与机动观测、深海工作站及新一代海洋综合考察船等；建设海天陆一体化信息综合处理系统，包括海洋基础数据库、海洋环境与动力过程模型和虚拟现实及可视化平台等；进一步提高我国海洋开发与利用能力，包括海洋资源开发、海洋生态管理、航海安全和海洋作战环境与海洋灾害预警等。2020年前，使我国对海实时观测与研究网络覆盖我国全部领海和经济专属区。

（11）干细胞与再生医学。干细胞研究是当今世界生命科学领域的热点与重点，再生医学有望成为继药物治疗、手术治疗之外的治疗新模式。需要认识干细胞自我更新机制的分子机理，突破干细胞大量繁殖的技术瓶颈，解决干细胞定向分化、体细胞重编程、组织与器官移植免疫排斥、干细胞安全植入路径以及活体准确观测等关键问题。我国在诱导性多能干细胞（iPS细胞）全能性证明方面已经率先取得突破，必须抓住干细胞研究快速发展的机遇，争取用10年左右的时间，使我国在更多方向上乃至整体进入国际先进行列。

（12）重大慢性疾病早期诊断与系统干预。早期诊断和系统干预是重大慢性疾病有效、经济的治疗方法。需要在监测重大慢性病发生发展的分子标记物、最接近人体的动物慢性病模型、中国人群的基因多态性及相应的代谢特征等关键技术上取得突破。在系统干预方面，需要在基于中医药的药物干预和基于营养科学的营养干预的新技术新方法上取得突破，建立全民健康数据管理系统。争取用20年时间，在重大慢性疾病的早期诊断与系统干预上进入世界先进行列。

近年来，科技对产业发展的支撑引领作用不断增强。展望21世纪第二个十年乃至更长时间内，全球将进入空前的创新密集和产业调整振兴时代。在此过程中，科技竞争、产业技术竞争将更加激烈，世界多极化、经济全球化发展的同时，国与国之间的贸易壁垒、技术壁垒更加突出，知识产权将成为一国保护自身产业发展利益、抑制他国产业发展的重要手段。我国仍将处于重要的战略机遇期，将从经济大国走向经济强国，从制造业大国走向制造业强国，从科技大国走向科技强国。在国际金融危机冲击下，我国加快了扩内需、调结构的步伐，培养与发展战略性新兴产业成为全社会的共识和经济发展的重点。战略性新兴产业的发展将更多地依靠自主创新、依靠政产学研的紧密结合，依靠中国特色国家创新体系。为此，要着重做好以下工作。

1. 要提升战略眼光，提高战略决策能力

持续开展政治、经济、科技的战略研究，准确把握世界发展大势，正确判断国内发展态势，前瞻思考未来发展走势，理清发展的关键环节和问题，形成全方位、多层次、多领域的战略研究体系。建立与健全重大决策的咨询机制和程序，建设服务宏观决策的国家科学思想库和决策支持系统。

2. 着力提高产业技术的自主创新能力

国家竞争力的基础是经济实力，具体是其产业的全球竞争力与产业技术的自主创新能力。当今世界，产业的全球竞争力主要源自产业技术的自主创新能力。目前，我国产业技术的自主创新能力与发达国家相比仍有较大差距。为进一步增强我国整体竞争力，必须着力提升我国的产业技术自主创新能力。

从国情出发，在调结构、扩内需、促增长的关键时期，首先应着力培养企业的技术创新能力，运用信贷、税收、优惠扶植政策等经济杠杆，鼓励企业建立自己的研发队伍与基础设施条件，鼓励企业运用国内自主研发的技术，同时限制企业盲目引进国外技术，惩罚企业无偿占用甚至剽窃他人知识产权。

其次，中央和地方政府应从战略需求和急迫需求两个层面，动员组织企业、研究机构及大学的力量开展产业技术专项攻关，并给予必要的投入，以培育和提升企业的自主创新能力。

其三，运用项目支持、税收优惠、奖励激励等扶植政策，推进研究机构与大学加快研究成果转移转化，激励科研人员为企业服务、进入企业或自主创办企业，解决企业现实与长远的技术问题，解决科技与产业两张皮问题。

通过以上三个方面的措施，建立中国特色的产学研结合机制，快速提高我国产业技术自主创新能力，与我国拥有全球最大市场的优势结合，使我国企业真正具有强大持续的全球竞争力，促进我国的经济实力再上新的台阶，促进我国整体竞争力质量的提高。

3. 着力夯实科技与教育基础

科技与教育是产业技术自主创新能力的坚实基础。在创新型国家建设中，企业、研究机构和大学的职能不同，作用不同，不能相互替代，更不能相互割裂。

在我国调结构、扩内需、促增长的关键时期，大学在全面履行高等教育职能的同时，应面向企业的人才需求，面向培育发展战略性新兴产业的人才需求，加强实用工程人才、技术转化人才、经营管理人才和创业人才的培养。研究机构在履行各自定位的同时，要加强技术集成与工程化研究，促进科技成果转化成为国内企业、特别是广大中小企业易接受、可应用、出效益的成果，切实填补从原始科技创新到商品之间实际存在的技术鸿沟。

科技和教育关系长远，关系未来。要切实加强基础研究和高技术前沿的探索，厚实科学基础；要加强科学普及，大幅提升全民科学素质，在全社会形成尊重科学、崇尚创新的风尚；要切实加强科教基础设施建设，加快建设开放共享的国家科技创新平台。

4. 着力打造宏大的科技创新队伍。我国人口众多，将沉重的人口压力转化为丰富高效的人力资源，是提升国家整体竞争力的根本

当前我国的基础教育和高等教育，在创新性人才培养方面，远不能适应创新型国家的需要，这在很大程度上制约了我国科技创新的发展，制约了产业技术创新能力的提高。应从教育体制改革入手，将创新教育作为素质教育的核心贯穿于各级教育的全过程，革除应试教育的弊端，加强与创新人才培养相关的课程设置和教学内容，创新教学方式和评价方式。

中国的快速发展提供了世界上最为广阔的创新创业舞台和最为多样的创新创业机会，海外人才回国势头已成，要系统设计和调整优化大规模引进海外人才的计划和政策体系，以提供发展机会和创新舞台为主，淡化以超国民待遇吸引人才的传统思路。

要立足国内，坚持在创新实践中培养造就宏大的具有全球竞争力的创新人才队伍，科研机构、大学和企业都要为创新人才的成长搭建舞台，要切实革除论资排辈的弊端，重点加强青年创新人才的培养，给予他们更大的支持与更多的宽容，提供更好的舞台和发展机

会，使他们在创新实践中培养才干，提高能力，迅速成长。建立科研机构、大学和企业人员的有序流动机制，在全社会形成“人尽其才、才尽其用”的环境和氛围。

中国的现代化是人类历史上前所未有的大变革，科学技术是在中国现代化、实现科学发展与和谐发展的最重要动力。在这一伟大进程中，中国的科技工作者承担着光荣而伟大的历史使命。只要坚持以科教兴国为己任，以创新为民为宗旨，脚踏实地，眼光高远，勇于创新和善于创新，中国的科技工作者一定会为国家的富强、人民的幸福，为中华民族的伟大复兴做出更大的贡献。

应对危机　把握机遇　科学前瞻　创新发展*

在当前应对国际金融危机，谋划“十二五”发展的时刻，我们要认清形势，把握机遇，科学前瞻，创新发展，夯实支撑国家可持续发展的基础，以科技进步和创新引领中国经济社会实现科学发展、和谐发展和可持续发展。

一、认知形势和未来

世界正处在大变革大调整时期，和平、发展、合作仍然是主流，既存在重要发展机遇，也面临新的严峻挑战。一方面，世界多极化继续演进，经济全球化深入发展，科技创新加速推进，全球和区域合作日益加强，各国相互依存的深度和广度不断增加。另一方面，国际金融危机给世界经济运行和各国经济社会发展带来严重冲击，世界经济增长明显减速，局部冲突和热点问题此起彼伏，传统与非传统安全威胁相互交织，金融安全、能源与资源安全、网络安全、粮食与食品安全、生态环境和全球气候变化等备受关注，成为日益突出的全球性问题和发达国家牵制新兴国家崛起的政治热点议题。

2008 年 9 月以来，由美国次贷危机引发的金融危机在全球蔓延，世界经济遭受了 20 世纪大萧条以来最为严峻的挑战，主要经济体相继陷入严重衰退，股市下跌，原材料价格大幅下滑，国际贸易萎缩，银行破产，公司倒闭，就业形势严峻。这场金融危机对中国经济也产生了很大影响，2008 年 GDP 告别两位数增长，增速明显下降；工业生产增长放缓，外贸大幅下滑，企业利润、财政减收，一些出口企业经营困难，部分农民工下岗返乡，高校毕业生就业困难；股市、楼市、车市明显波动；原材料价格明显下行，煤、电、油等能源需求回落等等。2009 年第 2 季度，我国应对危机措施初见成效，经济已经企稳向上，但基础仍不稳固。

这场全球金融危机的本质是马克思（Karl Heinrich Marx，1818—1883）在《资本论》（*Das Kapital*，1867—1894）中已经揭示的资本私人占有的贪婪性与生产、消费社会化、市场化之间的矛盾，是在全球化、信息化时代，金融市场监管缺失、投机过度，全球投资和生

* 本文为《2010 科学发展报告》一书的序言，该书于 2010 年由科学出版社出版。

产能力结构性过剩和市场供求结构性、区域性失衡的反映，是全球性积累与消费、财富分配、技术创新能力、资源供给及利用能力、投资和实际需求持续发展的结构性失衡的反映。

经济危机是资本主义市场经济的必然产物。在经济危机中，传统的技术和产业受到削弱，从而催生新兴技术和产业并为之发展提供了机遇与空间。1857 年第一次世界性经济危机后，新兴的电气、化工技术及其产业得到迅速发展，并引发欧美第二次产业革命。1929—1933 年经济危机及二战后，电子、航空、核能技术及其产业得到迅猛发展，并引发第三次产业革命。二战结束后，美国为了抢占政治、经济和军事制高点，保持经济的持续繁荣和霸权地位，几乎每隔 10 年左右，便出台大型科技计划。例如，20 世纪 50 年代以发展核能为核心的战后核能计划，60—70 年代以推动电子、航天、精密制造为核心的阿波罗计划，80 年代以推动航空、航天、激光为核心的“星球大战”计划，90 年代以推动信息网络为核心的“信息高速公路”计划等。这些大型科技计划促进了科技创新，推动了产业升级，支持了美国经济新的繁荣与持续发展。

国际金融危机发生以来，世界主要经济体纷纷采取措施，在挽救银行和大企业、刺激消费的同时，加大科技和教育投入，应对国际金融危机，布局未来发展，培育新的竞争优势。2009 年 2 月，英国宣布将继续增加对科技的全面投资，力图借重科技的力量解决面临的重大问题和挑战。同月，日本提出“ICT（信息与通信技术）新政”，旨在 3 年内创造 100 万亿日元规模的市场新需求，推动相关领域的产业结构改革，提升国际竞争力。3 月，欧盟宣布将在 2013 年前投入 1050 亿欧元，用于保持欧洲在绿色技术领域的领导地位。4 月，奥巴马在美国国家科学院年会上宣布，美国计划将 GDP 的 3%以上用于研究和开发，投入强度将超越 20 世纪 60 年代“太空竞赛”时的水平，并通过一系列配套政策，促进清洁能源、医学和保健体系、环境科学、科学教育、国际合作等领域的创新和发展，力图保持领先优势和在全球经济的领导地位。

中国政府果断决策，积极应对，实施积极的财政政策和适度宽松的货币政策，加强和改善宏观调控，抓住时机推出有利于实现保增长、扩内需、抓改革、促创新、调结构、惠民生的投资财税政策和各项改革措施，出台两年 4 万亿一揽子投资计划，投资能源、交通、水利等基础设施，推出十大产业振兴规划，扩大和提升公共服务覆盖面和保障水平；加大科技投入，促进自主创新，增强发展后劲。我国经济运行中的积极因素正在不断增多，经济形势明显企稳向好。但是我们也要清醒地看到，当前我国经济回升的基础还不稳固，国内外经济形势依然复杂严峻，不稳定、不确定因素仍然很多，外部需求仍不容乐观，我国传统出口优势减弱，国际竞争更加激烈，投资和贸易保护主义抬头，人口、资源、环境约束进一步增强，应对和迎接未来产业革命挑战等压力上升。我国经济增长主要依赖投资与出口拉动，依赖资金、自然资源和简单劳动投入带动，高投入、高污染、低产出、低效益，战略资源不足，自主创新能力较弱，产业结构调整滞后，城乡间、区域间、经济与社会间发展不平衡等一些制约因素凸现，经济发展面临诸多困难和挑战。

事实表明，科技创新能力已成为当代国际竞争力的关键要素，成为支撑和引领经济发展和社会进步的主要动力，成为经济社会可持续发展的科学基础与技术支撑，成为当代国家与公共安全能力的基础，科技创新和人才已成为当今世界上最重要的也是永不枯竭、可持续发展的第一资源。国际金融危机将促进和加快全球产业结构调整和经济格局变革，催生和加速新一轮以科技创新和革命为先导的产业升级，危机以后的世界将呈现新的格局、新的发展态势和发展方式，这将为中华民族的伟大复兴提供充满挑战的新的发展战略机遇。

因此，在应对危机中，我们既要考虑应对当前，保经济增长，促民生改善，促科学发展，同时又要把握机遇、科学前瞻，加速提升自主创新能力，建设创新型国家，依靠科技创新和体制创新，支撑引领中国经济社会的科学发展、和谐发展和持续发展。

二、 科学前瞻，创新发展

进入新世纪以来，世界科技发展呈现出一系列新的特点，人类正在走向可持续利用能源与资源时代，信息技术将继续深刻影响和改变人类社会的生产、生活、思维和发展方式，空天技术已成为科技和国家安全的战略制高点，海洋成为各国竞相争夺的公共资源，人口健康、生态环境、绿色、低碳、智能技术备受关注。基础研究和高技术前沿探索的界限日趋模糊，学科交叉、汇聚和融合日趋明显，不断孕育新的科技创新领域与方向，科学与技术交互推进，转移转化、工程化、产业化形式多样，速度加快。科技创新不断创造新的产业领域，推进产业结构调整，促进社会生产力水平提高，激发社会组织结构和管理模式的创新变革，推动人类文明多样化和可持续发展。

展望未来，数十亿人口追求现代化生活的愿望和行动为全球经济发展注入新的需求与活力，也为地球自然资源供给能力和生态环境承载能力带来了尖锐矛盾，这一动力与矛盾强烈呼唤着科学和技术的革命性突破，呼唤着科技继续造福全人类。从科技自身发展规律看，科技具有内在永无止境的探索性、创造性和革命性，奠定现代科技基础的重大科学发现多发生在20世纪上半叶，“科学的沉寂”至今已达60余年，科技知识体系积累的内在矛盾已经凸现，在物质能量的调控与转换、量子调控与信息传输、生命基因的遗传变异进化与人工合成、脑与认知、地球系统的演化等科学领域，在能源、资源、信息、先进材料与制造、现代生态农业、人口健康、网络安全等关系现代化进程的战略领域，一些重要的科学问题和关键技术发生革命性突破的先兆已经显现。

我们有充分的理由相信，当今世界科技正处在革命性变革的前夜，在今后的10—20年，很有可能发生一场以绿色、智能和可持续为特征的新的科技革命和产业革命，科技创新与突破将创造新的需求与市场，将改变生产方式、生活方式与经济社会的发展方式，将改变全球产业结构和人类文明的进程。这次国际金融危机，将加快科技创新和新科技革命的到来。

近现代历史上每一次科技革命都深刻影响和改变着民族的兴衰、国家的命运和世界的格局。那些抓住科技革命机遇的国家，则率先进入了现代化行列。近代中国因无缘以往的历次科技革命，沦为积贫积弱的国家。面对可能发生的新科技革命，我国再也不能满足于传统发展模式而错失新的历史机遇，必须为此做好充分的准备。

新中国成立60年来，特别是改革开放30年来，随着经济社会的快速发展，中国科技事业也取得了长足的进步，虽然科技水平整体上与发达国家仍存在相当差距，但已位居发展中国家前列，部分领域在国际科技舞台上已经占有重要位置和进入了先进行列。党和政府提出了科教兴国和人才强国战略，提出了提升自主创新能力、建设创新型国家的战略目标，确立了“自主创新，重点跨越，支撑发展，引领未来”的指导方针，实施了国家中长期科技发展规划，大幅增加教育与科技投入，深化科技体制改革，建设中国特色国家创新体系，推进企业成为技术创新主体，促进产学研结合，完善一系列鼓励促进科技成果转化为现实生产力的法律法规与政策制度，实施知识产权战略等，为支持经济社会发展和迎接新科技革命挑战奠定了坚实的基础。

但是，我国整体科技水平、创新能力和体制机制还远不能适应全面建设社会主义小康社会，实现现代化和应对新科技革命挑战的需要。突出表现在：原始科学创新能力仍然不足，关键核心技术受制于人；基础前沿研究和先导性、战略性高技术领域部署投入仍较薄弱，转移转化的渠道和机制尚不够顺畅高效，影响和制约我国未来产业结构升级、新兴产业发展、国家和公共安全；中国特色国家创新体系尚需加快推进，体制机制和法律政策制度上仍存在某些制约科学发展的因素，素质教育、创新教育、终身学习，培养千百万创新创业人才仍任重而道远。

面对新形势、新挑战、新机遇，我国科技界必须面向中国现代化建设进程，前瞻思考世界科技发展大势，前瞻思考人类文明进步的新走向，前瞻思考现代化建设对科学技术的新要求，统筹谋划我国科技发展战略，为国家科技战略决策提供科学依据。2007 年夏季以来，中国科学院组织了 300 多位高水平专家，在 18 个关系我国现代化建设的重要领域，开展了科技发展路线图研究，基本理清了中国现代化建设对重要科技领域的战略需求，提出了若干核心科学问题和关键技术问题，并从国情出发设计了相应的科技发展路线图，提出了构建以科技创新为支撑的八大经济社会基础和战略体系的整体构想，并分阶段刻画了八大体系建设的特征和目标，归纳出 22 个影响我国现代化进程的战略性科技问题。研究成果以中英文版向社会公开发布。

专家们研究认为，在实现现代化的历史进程中，我们面临着能源资源、信息技术、绿色与智能制造、生态环境、人口健康、空天海洋、传统与非传统安全等诸多方面的严峻挑战，这些挑战事关我国现代化建设的全局，能否有效应对将决定和影响我国现代化建设的进程。

我国是人均自然资源（矿产资源、水资源、土地资源、种质资源等）最紧缺的国家之一，现代化建设对能源与资源的需求总体呈持续快速上升趋势，必须依靠科技创新、制度与管理创新，大幅提高能源与资源利用效率，大力发展战略资源的大陆架和地球深部勘查与开发，大力发展新能源、可再生能源与新型清洁可替代资源，优化能源结构，发展循环经济，构建我国**可持续能源与资源体系**。

——在能源科技领域，要重点瞄准煤的洁净和高（效）质化利用技术，新型核电和核废料处理技术，智能电网安全、稳定、高效技术，节能非化石能源交通技术，生物质燃料和材料技术，高效低成本可再生能源技术及应用，深层地热工程化技术，氢能技术，天然气水合物勘探和开采技术，具有潜在发展前景的能源技术（包括海洋能、新型太阳能和核聚变）等 10 个重要技术方向，着力突破关键技术，推进相关技术集成、试验示范及其产业化。

——在矿产资源和油气资源领域，要重点解决巨量成矿物质聚集过程、矿床的时空分布规律、成矿模型与找矿模型的关系等科学问题，重点突破深部矿产资源探测、矿产资源高效清洁利用、重要紧缺矿产替代资源、矿产资源循环利用等重要技术方向，加强相关技术集成、工程示范和应用。

——在水资源科技领域，要以提高水资源利用效率和改善水质为重点，解决流域水体复合污染机理问题，突破水资源高效与循环利用、水体富营养化的综合防治等技术问题，建立水量水质监测与评估、水灾害预警、需水管理与信息系统等综合集成平台；重点突破河流环境流量与调控、突发性重大水灾害综合防治等关键技术，形成我国建立水需求科学管理体系的科学基础；发展水的分子科学基础研究，解决全球变化下的水循环演化规律科学问题，解决地下水污染治理与生态恢复，实现水的清洁循环和突破海水高效淡化技术。

材料和制造是人类文明的物质基础，制造业是我国国民经济的支柱产业。我国已成为世界制造业大国，但还不是制造强国。要成为制造和创造强国，必须依靠科技创新，加速材料与制造技术绿色化、智能化、可再生循环的进程，促进我国制造业产业结构升级和就业结构调整，有效保障我国现代化进程材料与装备的有效供给与高效、清洁、可再生循环利用，构建**先进材料与智能绿色制造体系**。

——在先进材料科技领域，要重点突破传统材料升级和新型材料研制应用、材料绿色制备加工、材料结构和使役行为的精确设计与控制、材料高效循环利用、材料结构功能一体化、材料分析检测与表征等方面的重要科技问题，形成综合考虑资源能源环境因素的材料全寿命低成本设计与应用体系。

——在智能绿色制造科技领域，要重点解决物质高效转化和工程放大、海量制造信息处理模式和与智能制造方法等核心科学问题，突破资源高效清洁循环利用、绿色、智能、个性化产品设计、重大装备设计与制造、智能控制等方面的关键技术，推动相关技术的工程化、商业化应用。

信息网络的无处不在、惠及大众以及低功耗、低成本、易使用、高可信、自治管理和个性化，将成为未来几十年发展信息技术的主旋律。我们必须抓住 21 世纪上半叶信息科学变革性突破和信息技术跃变的机遇，加快和提升我国信息化进程和水平，发展“智能中国”基础设施，消除数字鸿沟，走出一条普惠、可靠、低成本的信息化道路，加快构建我国**普惠泛在的智慧信息网络体系**。

——在信息科技领域，要重点围绕无处不在的传感、网络信息技术应用、ICT 基础设施升级换代和网络计算及其应用、信息器件与软件的变革性突破、新信息科学与前沿交叉科学等 4 个层次进行战略部署。

未来 50 年，中国农业发展面临着巨大的机遇和挑战。因此，必须依靠科技创新，促进我国农业结构的升级与战略性调整，发展高产、优质、高效、生态农业，保证粮食与农产品安全，促进生物产业的发展，构建我国**生态高值农业和生物产业体系**。

——在生态高值农业和生物产业科技领域，要重点围绕植物种质资源与现代育种，动物种质资源与现代育种，资源节约型农业，农业生产、生态与食品安全，智能化农业，生物质资源高值利用等 6 个方面，解决重要与关键科技问题，并实现工程试验示范应用。

让中国人民生活得更健康是贯穿我国现代化进程的始终追求。我们必须依靠科技创新，推动医学模式由疾病治疗为主向预测、预防为主转变，将当代生命科学前沿与我国传统医学优势相结合，在健康科学方面走到世界前列，构建满足我国十几亿人口需要的**普惠健康保障体系**。

——在卫生健康科技领域，要构建基于转化型研究、系统生物医学研究和汇聚医学基础之上、中西医结合的新型生物医学体系，发展新型科技手段，自主发展高端和低成本医疗仪器，实现人口控制与健康，解决中国人群重大慢性病遗传与环境相互作用和早期诊断与治疗，解决重大传染病传播与感染机制等科技问题，解决构建生物安全和食品安全体系所面临的科技问题，提高药物研发与生物产业的创新能力。

生态与环境问题已成为制约我国现代化进程的重大瓶颈之一。突出表现在：环境污染呈加剧蔓延趋势，生态系统健康水平下降，脆弱生态系统退化严重，土地荒漠化加速发展。因此，必须更加依靠科技创新，系统认知环境演变规律，提升我国生态环境监测、保护、修复能力和应对全球气候变化的能力，提升对自然灾害的预测、预报和防灾、减灾能力，不断发展相关方法和手段，提供系统解决方案，支持发展绿色和低碳经济，构建支撑我国**人与自然和谐相处的生态与环境保育发展体系**。

——在生态环境科技领域，要重点围绕不同时间和空间尺度认知环境质量演变规律、发展生态系统修复与环境污染控制技术、建立生态系统与环境质量演变的立体监测网络、系统布局典型实验示范保育区等 4 个方面，解决核心科学问题，突破关键技术问题，进行系统集成，并实现示范推广。

空天海洋包含人类初步认识和还未开发利用的巨大资源，现代化进程要求人类不断向空天海洋拓展，未来的中国作为人口最多的现代化国家，必须具备空天海洋强大的优势。因此，必须更加依靠科技创新，大幅提高我国海洋探测和应用研究能力，海洋资源开发利用能力，空间科学与技术探测能力，对地观测和综合信息应用能力，构建我国**空天海洋能力创新拓展体系**。

——在空间科技领域，在科学方面，要针对黑洞、暗物质、暗能量和引力波的直接探测，太阳系的起源和演化，太阳活动对地球环境的影响及其预报和地外生命探索四大科学问题，实施空间科学卫星和探测计划；在对地观测与综合信息应用方面，构建数字地球科学平台与地球系统网络模拟平台；在空间技术方面，围绕超高分辨能力、超高精度时空基准、临近空间飞行、深空超高速与自主航行、空间高速通信、人类空间生存和活动能力等 6 个重要技术方向，突破关键和瓶颈技术。

——在海洋科技领域，在物理海洋、海洋地质、海洋生物、海洋生态等 4 个重要科学方向上，要围绕海洋监测技术、海洋生物技术、海洋资源开发利用技术等重要技术，解决一批重要科学问题，突破一批关键技术。

在现代化进程中，全球化和科技的迅猛发展，极大拓展了公共与国家安全的内涵，传统安全面临新的重大变化，非传统安全变得日益突出，各种安全问题相互交织，将对我国的持续健康发展带来威胁。因此，必须依靠科技创新，发展传统与非传统安全防范技术，提高监测、预警和应急反应能力，构建我国的**国家安全与公共安全体系**。

——在空间安全科技领域，核心是发展自由快速进入太空的能力，精确导航定位的能力，高效信息获取、传输与应用能力，空间飞行器预警与规避能力。

——在海洋安全科技领域，核心是发展健全的海洋环境及水下信息获取与传输能力，海洋灾害性气候预警与突发事件监测能力，先进的海洋平台系统与安全运载能力，保障我国领海、海洋经济专属区的防卫能力和海洋战略运输通道的安全进出能力。

——在生物安全科技领域，重点是要研发重要烈性病原检测技术，建立新发传染病的烈性病原监测体系，建立外来生物物种、新型生物制剂和生物新技术应用的安全评估体系，发展各类传染病和生物恐怖制剂的预防和控制方法。

——在信息安全科技领域，要加快建设基于网络信息的社会态势预警、分析、监控和应急体系，提升网络安全管理能力，并在此基础上，建立全国全球范围相关经济社会态势预警监测与决策支持体系。

三、 走中国特色自主创新道路

胡锦涛同志在 2008 年 6 月两院院士大会上指出："要坚持走中国特色自主创新道路。"当前，中国特色国家创新体系建设已取得重要进展，我国的科技能力和水平有了很大的提升，但很多科技工作仍以跟踪模仿为主，走出一条符合规律和中国特色的自主创新道路仍任重而道远。

纵观一些后发国家科技发展的历史，一般都经历从模仿到创新的转变，但这种转变并不是自然发生的。那些成功实现转变的国家，都是从本国国情和发展阶段出发，主动探索实现转变的途径和方式，有目的地调整国家科技创新的战略重点和方向，进行系统前瞻的科技布局，并相应地调整科技体制机制。

走中国特色的科技创新道路，科技界应着力做好以下工作。

1. 要坚持对外开放，走以我为主、有效利用全球创新资源的道路

必须坚持对外开放，以开放的心态对待人类创造的一切知识，把有效利用全球创新资源作为创新跨越的起点，作为自主创新的重要基础，切实防止把自主创新异化为自我封闭，搞大而全小而全。必须坚持独立自主、合作共赢，加强国际科技创新合作，共创共享全球知识资源。必须不断前瞻，提升我国科技的战略眼光和全球视野，不断明晰重点科技领域的战略和发展路线图。明确事关国家发展全局和安全的核心科学问题和关键技术问题，做出国家层面的战略安排，集中力量解决一些重大的战略性科技问题，掌握关键技术，部署先导技术，提升自主集成创新能力和在引进消化吸收基础上的再创新能力，大幅降低技术对外依存度，逐步取得在全球合作竞争中科技创新的战略主动权。必须加速完善推进国家知识产权战略，积极参与国际知识产权规则的制定和修改，完善知识产权保护，实现从知识产权大国向知识产权强国的历史跨越。必须集中力量支持我国企业提升国际市场竞争力，加快从低端市场走向中高端市场，打造一批具有强大自主创新能力、全球品牌和国际竞争力的跨国公司。

2. 要坚持以人为本，走立足创新实践凝聚与造就创新创业人才的道路

围绕重要科技领域的战略研究和重大科技创新活动的组织实施，抓住海外高层次人才回国创新创业势头已成的机遇，立足创新实践，培养造就和吸引凝聚德才兼备的科技领军人才和尖子人才。结合产学研合作，加强企业工程技术人才的培养。要从科技创新人才成长的规律出发，对不同年龄段科技人才做出不同的政策与制度安排，充分发挥其各自的优势和作用，尤其要重视为青年人才创造成才机会、拓展发展空间。加快教育改革与发展，扎实推进素质教育和创新教育，优化教育结构，建设人力资源强国。构建人才施展才干、竞争合作的良好环境

3. 要坚持立足国情，走政府主导与市场基础配置有机结合的道路

政府应进一步加大科技投入，并逐步将国家对 R&D 投入的比例提高到占 GDP 的

2.5%以上，政府投入的重点应集中到基础前沿研究、事关国家全局的战略科技领域和事关民生的公益性科技领域。地方政府科技投入的重点应集中在培植其核心产业竞争力和区域科技竞争力，富集各类创新要素，构建区域创新高地。发挥市场在科技资源配置中的基础作用。

4. 要坚持深化改革，走国家创新体系各单元分工合作、协同发展的道路

切实加强企业在技术创新体系中的主体作用，促进产学研结合。健全知识产权保护和鼓励知识产权转移转化制度，营造公平、有序的市场竞争环境。加快构建科学研究与高等教育有机结合的知识创新体系，发挥国家科研机构的骨干和引领作用，发挥大学的基础和生力军作用。引导和支持国家科研机构从国家战略出发，着力开展定向基础研究、战略高技术创新与系统集成以及重大公益性创新，结合科技创新实践培养高层次创新创业人才；引导和支持大学在做好教育这一中心工作的同时，开展自由的科学前沿探索和广泛的社会服务。实现各单元功能互补、联合互动、相互促进、共同发展。

5. 要坚持统筹协调，走以管理创新促进科技创新的道路

建立科学高效的科技宏观管理系统。进一步明晰和调整各环节功能主体的职能定位。政府工作重点要集中到制定战略规划、优化政策供给、建设制度环境上，成为战略谋划和政策制定两个环节的执行主体；国家科研机构、研究型大学、部门与行业研究机构和企业应成为组织实施环节的执行主体。统筹协调不同性质科技创新工作，加快建立分类管理的制度体系，对基础研究、战略高技术研究、社会公益性研究、技术开发与应用等要采取不同的规划管理、资源配置、人力资源管理、绩效评价模式和政策导向。加强绩效管理，坚持正确的评价导向，提高科研活动的效率和效益。按照“职责明确、评价科学、开放有序、管理规范”的原则，加强现代科研院所制度建设。营造诚信、宽松、和谐的学术环境，提倡敢于创新、敢为人先、敢冒风险的创新精神，营造激励创新创业的制度与文化环境。

迎接人类知识文明新时代*

各位院士、同志们：

历时四天的中国科学院第十五次院士大会就要闭幕了。在这次会议上，胡锦涛同志做了重要讲话，讲话高瞻远瞩、思想深邃，描绘了未来发展的蓝图，指明了我国科技发展的方向，是新时期科技创新、建设创新型国家的动员令、号召书。刘延东国务委员也就我国科技工作作了专题报告。广大院士认真进行学习讨论，积极建言献策，审议并充分肯定了学部主席团工作报告和其他工作报告，总结了第十四次院士大会以来的工作，分析了新时期学部工作面临的新形势和新任务，就如何进一步发挥好学部的决策咨询作用、学术引领作用和明德楷模作用，发表了许多重要的意见，提出了许多很好的建议，学部主席团将认真研究分析和采纳。进一步明确了学部的奋斗目标、工作思路和重点，完善改革举措。我们还举行了学术年会，颁发了 2010 年度陈嘉庚科学奖。

这次会议是深入贯彻落实科学发展观，进一步认清形势任务，明确奋斗目标的大会，是高举科学旗帜，科学求真、民主求实、团结奋进的大会！希望同志们把这次会议的精神带回去，落实到行动中，共同努力开创学部工作的新局面。

各位院士，同志们！

当今世界正在发生着深刻的变化，正如胡锦涛同志所说，“科学技术作为人类文明进步的基石和原动力的作用日益凸显”，科学技术“不仅从物质层面改变了世界，而且在精神层面深刻影响了人类社会文明发展”。纵观人类文明发展的进程，科学技术作为生产力，创造了巨大的物质财富；作为人类智慧的结晶，创造了灿烂的社会文化。科学技术贯穿于人类文明进步的全过程，她使人类从蒙昧走向文明，不断淬炼和升华人类理性；使人类不断认识自然、改造自然，不断追求人与自然和谐相处；不断追求和创造幸福生活、和谐社会。

科学技术伴随人类文明共同经历了一个多元多样发展的历程，古巴比伦、古埃及、古希腊、古印度与中国等文明古国都孕育了灿烂的古代科学技术。古希腊自然哲学和数学是古代西方科学知识的高峰，亚里士多德的《工具论》与《物理学》、托勒密的《至大论》、

---

* 本文为 2010 年 6 月 10 日在中国科学院第十五次院士大会闭幕式上所致闭幕词。

欧几里得的《几何原本》、希波克拉底的《希波克拉底文集》、阿基米德的《论浮体》等均为古代西方科学的重要著作，其系统性、逻辑性、对待自然态度及追索问题的方式皆可视为近代科学之先声。

古代多元文明的长期互动乃至碰撞，是近代科学技术与社会文明得以产生的基本前提。在科学革命发生前的两千年里，东西方之间一直发生着持续不断的文化互动，贸易、宗教传播、战争等使得地中海沿岸成为跨文化互动的中心地带，最终在欧洲发生了文艺复兴、宗教改革和科学革命。这三大文化运动解放了人们的思想，共同促成了近代科学的兴起。其后的工业革命、技术革命及政治革命，导致西方社会发生全面转型，创建了工业文明。这一文明向全球的扩展开启了人类现代化的进程。

古代中国也发展出了高度发达的科学技术。以《九章算术》《黄帝内经》《齐民要术》等为代表的论著，体现了中国古代数学、天文学、医学、农学等方面的独特创见。古代中国擅长技术创造，不仅有造纸、印刷、火药、指南针四大发明，还发明了稻作、丝绸、瓷器、计时机械、马镫等技术，青铜与铸铁等技术达到古代最高水平，完成了长城、都江堰、大运河等举世闻名的宏伟的大工程，不仅造就了发达的农业文明，还为世界文明进步做出了重要贡献。

但是，当科学革命与工业革命在西方蓬勃兴起的时候，中国封建社会仍陶醉于农业文明的辉煌之中，思想上僵化禁锢，文化上故步自封，制度上因循守旧，政策上闭关自守，整个社会缺乏创新动力和活力，鲜有重大发明和创造，缺少开放包容的心态，漠视与排斥新生的工业文明，一再错失科技革命带来的历史机遇。鸦片战争后，中国更饱受列强欺凌，沦为半殖民地半封建国家。直至20世纪初，中国废科举、兴新学，爆发了高举民主科学、爱国救亡旗帜的五四运动，开始了科学启蒙和建立近现代教育和科学技术体系的进程。新中国建立以后，我们创建了完整的现代教育与科学技术体系，迅速缩短了与世界科技前沿的差距，科学技术第一生产力的作用日渐彰显，科学技术日益成为支撑和引领国家繁荣进步、保障国家安全的主导力量。

历史告诉我们，人类文明每一次重大进步都与科学技术的革命性突破密切相关，科学技术是人类文明中最活跃、最具革命性的因素。科学技术深化人的理性认知，拓展人的创造能力，塑造人的科学精神，升华人的思想境界，推进人类文明进步。现代科学技术比历史上的任何时期都更加深刻地改变民族命运，决定国家兴衰，主导人类的未来。

展望人类文明发展进程，人类社会将创造继农业文明和工业文明后的新的文明。未来的40年，包括中国在内的20亿—30亿人将进入基本现代化行列。世界大多数人追求现代化生活的强烈需求，与地球有限的资源和环境承载力的矛盾将日益尖锐，决定了这一现代化进程不可能沿袭传统的无节制的耗用自然资源的道路，也不可能走一部分国家集聚其他多数国家资源的老路。全球共同面临着资源能源、金融安全、网络安全、粮食与食品安全、人口健康、生态环境和全球气候变化等一系列严峻挑战，迫切需要创新发展方式，走科学发展、创新发展、绿色发展、和谐发展、可持续发展之路。一个崭新的人类文明形态——知识文明时代即将到来。

(1) 知识文明时代，创新成为发展的主要驱动力。进入21世纪，科学技术的迅猛发展和经济全球化，正深刻改变着人类社会发展方式，知识与技术创新影响和渗透到整个经济和社会体系，成为经济发展的主要动力，成为社会进步的主导因素，成为影响国家竞争力的决定性因素。经济发展方式从资源依赖型、投资驱动型向创新驱动型为主转变，以知识为基础的产业将成为社会的主导产业。人类必须依靠科技创新解决共同面临的资源能源、生态环境、人口健康、国家和公共安全等重大问题，走出环境友好、人与人、人与自然和谐相处的可持续发展的道路。

(2) 知识文明时代，知识成为引领发展的主要因素。不同的文明时代，社会发展的主要资源不同。农业文明时代，主要资源是土地、水、生物、气候等自然资源。工业文明时代，主要资源是化石能源、矿产资源和生物质资源等自然资源，以及资金、厂房、设备等要素资源。知识文明时代，知识资源成为引领发展的主要因素，知识创新成为发展的核心要素，知识创新与应用成为经济增长、社会进步与可持续发展乃至人的全面发展的主要方式。知识作为新的资源，与传统物质资源相比，具有共享普惠、无限增值的本质特征，克服了传统物质资源排他性和消耗性的固有缺陷，并能引导物质资源的可持续利用。同样的知识资源能够为不同的人群同时使用，而且使用的人越多、使用的面越宽，知识的价值实现越大，知识的增长也越快，将为人类社会发展提供永不枯竭、可持续发展的资源保障。

(3) 知识文明时代，个性化创造和全球规模化组织有机结合成为主要的生产方式。科学技术作为生产力中最具革命性的要素，不断创造新的生产工具，不断拓展劳动对象，不断提升人的能力，进而引发社会生产方式的变革。技术革命和工业革命，使社会生产方式发生了重大变革，从农业文明时代主要以个体劳动及其简单集合为主的生产方式，跃变为工业文明时代以规模化大生产为主的生产方式，其主要特征是生产的工厂化、标准化、程序化。20 世纪 90 年代以来，信息技术和网络技术的广泛应用，推动规模化大生产方式向全球制造、柔性制造、绿色制造、网络制造发展，计算和网络能力的跨越式提升、新的以知识为基础的服务业、文化产业和智能产业的快速发展，为个性化创造提供了广阔的发展空间，使随时、随地、随心所欲地创造知识产品成为可能，以人的知识创造为中心的生产与工业文明时代以机器为基础的规模化生产相结合，将创造新的生产方式。学科交叉融合，科学技术相互作用，知识、技术、人才、转移转化应用的速率加快，科技创新突破与产业革命将导致社会生产方式的根本性变革。

(4) 知识文明时代，和谐社会成为社会发展追求的主要目标。知识文明时代的社会应该是一个民主法治、公平正义、诚信友爱、充满活力、安定有序、人与自然和谐相处的和谐社会。人类将不断共创共享知识资源，创造新的知识需求，创造以知识为基础的新的工艺、服务、新兴产业和全球市场，增强构建和谐社会的物质基础；科技创新将不断深化对自然界、人类社会发展规律的系统认知，为自觉而及时地调整人与自然的关系，系统认识经济社会复杂系统的演化调控规律提供科学依据，不断丰富构建和谐社会的知识基础；科学知识、科学精神、人文精神、科学思想和科学方法的广泛传播，将引导人们树立并发展科学的世界观、价值观和发展观，将有效激发全社会的创新意识和全民的创新兴趣，将引导形成科学的、文明的生活方式，不断丰富和谐社会的文化基础。

各位院士，同志们！

在中国实现现代化的伟大历史进程中，我们面临着世界政治经济格局的大调整大变革，面临着转变发展方式的紧迫战略任务，面临着能源资源、生态环境、人口健康、全球变化、传统与非传统安全等严峻挑战。在中国现代科学技术发展史上，我们经历了引进知识与技术、跟踪创新的历史阶段，正处在自主创新、跨越发展的新起点。我们这一代科技工作者比我们的前辈有更好的机遇、更大的舞台和更美好的前景，对我们的后辈也有着更大的历史责任。我们希望并坚信，在我们伟大祖国基本实现现代化的时候，当中华民族实现伟大复兴并为人类新的知识文明做出更大贡献的时候，中国的科学技术一定会重新登上世界之巅，中国的科技工作者可以自豪地说，我们在这一伟大历史进程中，做出了无愧于民族、无愧于时代的历史贡献！

让我们紧密团结在以胡锦涛同志为总书记的党中央周围，振奋精神，锐意创新，用我们的知识造福人民，用我们的知识迎接挑战，用我们的知识创造未来，迎接人类文明的新时代！

让城市的未来更美好*

各位来宾、女士们、先生们：

金秋十月，天高云淡，丹桂飘香。“城市，让生活更美好”这一上海世博会的主题，概括了人类对城市未来的共同追求。借此机会，我谨向上海世博会高峰论坛的成功举办表示热烈祝贺！并衷心祝贺上海世博会圆满成功！

城市是人类文明和社会发展进步的结晶；是新思想、新理念、新文化孕育、交融、碰撞、传播、弘扬的大舞台；是新知识、新技术、新管理、新制度创新、扩散和应用，新产业、新的发展方式孕育发展和集聚之地。城市的兴衰记载了一个国家和民族孕育、成长、创造、发展的历史，记载了人类文明的历史进程。

近现代科技革命和工业革命，为城市发展打开了新的空间，提供了新的动力，创造了新的机遇，西方主要发达国家率先实现了现代化和高度的城市化。21世纪，世界各国尤其是新兴发展中国家的城市化进程进一步加快。2008年世界城市人口已经超过农村人口，中国的城镇化率也已达到46.6%。城市的发展已经成为人类文明进步的强大动力和重要标志。

上海世博会为世界城市多元文化和多样化发展提供了相互交流的平台，展示了多彩多姿的“城市创新与可持续发展”的范本，体现了世界各国人民对“城市，让生活更美好”的共同向往和追求。人与自然、人与社会、继承与创新、科技与人文，相互交融、相互促进、相互包容、发展进化，呈现出未来城市发展的美好图景。

当今时代，世界范围内生产力、生产方式、生活方式、经济社会发展格局正在发生深刻变革，全球金融危机、经济衰退和复苏进程加速了这一变革的进程。全球化、市场化、城镇化、信息化、知识化的潮流不可阻挡，科学技术日新月异，正孕育着新的重大突破，资本、技术、知识、信息和人才加速跨国流动和优化配置，中国、印度等新兴发展中国家快速兴起，全球竞争更趋激烈，国际合作更为广泛深入。

未来40年，包括中国在内的20亿—30亿人将进入基本现代化行列。世界大多数人追求现代化生活的强烈需求，为城市化和人类文明进程注入了新的动力和活力，也对地球有限的资源和环境承载力带来新的挑战，决定了这一进程不可能沿袭传统的无节制的耗用自然资源的模式。当今世界，全球共同面临着能源资源价格攀升，生态退化、环境污染、人

---

* 本文为2010年10月31日在“上海世博会高峰论坛全体大会”上的主旨演讲。

口健康、饥饿贫困、南北差距、严重自然灾害和全球气候变化等重大挑战，世界和平、区域稳定、国家与公共安全面临新的威胁。就城市而言，世界城市人口快速增长，其消耗的能源已占全球能耗的80%以上，当代城市普遍面临大气污染、环境恶化、居民就业、基础设施、市政服务、基本社会保障，公共安全等严峻挑战，城市化发展需要也正经历着新的变革。人类迫切需要创新发展方式，走经济繁荣、社会文明、环境友好、人与自然和谐相处的可持续发展道路。

展望未来，知识将成为人类永不枯竭、可持续的主要资源。知识创新及应用，将成为经济发展社会进步的主导因素，以知识为基础的产业将成为社会的主导产业，将影响和渗透到各个领域，将成为城市规划、建设、运行、管理、健康发展的主要基础和根本动力，将引领人类社会从工业文明时代进入知识文明时代。

中国历史悠久、幅员辽阔、自然生态多样、民族文化丰富多彩，是世界上人口最多、也是城镇化发展速度和规模最蔚为壮观的国家。经过30多年改革开放，中国经济社会发展取得举世瞩目的成就，人民生活、城乡面貌发生了翻天覆地的变化。2008年，中国城市数量已达655个，100万人口以上城市有122个，中国地级及以上城市的GDP已占全国62%，中国东部沿海地区密集的城市群已经成为中国经济发展的核心。但是，我们也为此付出了沉重的资源、生态、环境代价。水与耕地资源紧张，生态环境压力巨大，大气、饮用水、土壤污染严重危及人民健康，城乡二元结构尚未根本改变，自然灾害和安全事故频发，城市交通拥堵、房价高企，城镇规划和城乡建设及管理的科学水平亟待提高，传统的发展方式难以为继。

中国作为发展中国家，仍处于并将长期处于社会主义初级阶段。中国的现代化、城市化必须符合国情，必须符合知识文明时代科学发展的要求，并应具有中华民族和地区的经济、人文和地理环境特点，必须走一条创新驱动、绿色智能、平安和谐、布局合理、繁荣宜居而有特色的城镇科学文明发展之路。这是科学发展的战略，是物质和精神文明建设协调发展的要求，也是建设和谐社会、实现可持续发展的必然选择，符合广大人民的根本利益和共同愿望，也将成为拉动中国产业结构调整、消费方式和发展方式转变、促进战略性新兴产业成长、经济社会持续发展的强大动力。

创新驱动，就是要坚持以人为本，为了人的自由而全面的发展，鼓励、培育、依靠人的创造力，创新观念、创新科技、创新管理、创新制度与文化，创造新的产业结构、服务方式、消费方式，保护生态环境。创造绿色智能、平安和谐、布局合理、繁荣宜居而有特色的城镇发展方式。建设学习型城镇，促进知识的普及、共创、共享、应用和更新，大幅提高城镇居民的学习能力和科学文明素养。

绿色发展，就是要发展绿色低碳技术、环境友好产业和循环经济，降低能耗和物耗，实现节能减排，保护和恢复清洁的空气、水源和土壤，使经济社会发展与生态环境相协调，实现人与自然和谐相处、协调发展。建设绿色城镇，就是要发展绿色能源、绿色建筑、绿色交通、绿色制造、绿色农业、绿色服务等。必须大幅提高能源与资源利用效率，发展可再生能源与新型清洁替代资源，发展资源节约和循环利用技术，促进工业、交通、建筑等重点领域的节能减排。建设高效节能、绿色低碳、生态环境友好的产业体系，加快材料与制造技术绿色化、低碳化和智能化，促进制造产业结构升级。统筹城乡环境建设与管理服务，全面预防和治理环境污染，推广垃圾分类和废弃物清洁处理、可再生利用，倡导绿色低碳的生活方式和消费方式。

智能化是经济社会信息化、网络化、知识化、现代化的必然发展。智能城镇就是要运用信息网络技术，构建具有创新、管理、适应和发展进化能力的智能城市综合体系，最大限度地将城市自然资源、人力资源、基础设施、人文社会、经济金融等综合信息收集整合、利用服务，提高城市建设、运行、管理的效率和社区平安水平，也为城市的绿色可持续发展提供可靠的基础信息平台和知识支持。建设智能城镇，就是要建设信息社会、实现智能中国，加快推进信息化与工业化的融合，通过信息化、智能化，提升农业、制造业、传统服务业的竞争力和可持续发展能力，加快发展基于信息和知识的新兴产业、现代服务产业和文化创意产业。大力发展无所不在的互联网、物联网、广播通信网，实现多网融合，实现无论何时、何地、何物、何人的互联互通，信息和知识的共创共享；推进新型网格数据库、超算网格和云计算服务等，建设智能高效的能源电力、给水排水、信息网络、道路交通、生态环境等城市基础设施；通过新型智能信息平台，为城镇居民提供普惠的医疗保健、文化娱乐、教育培训、环境保护、市政交通等社会公共服务，使每个城市居民享受到信息化、智能化的恩惠，消除数字鸿沟。

平安和谐，就是要实现人与自然、人与人的和谐共处，人与经济、人与社会的和谐发展，中华文化与多元优秀文化间的和谐包容，城镇与农村一体化的和谐发展。要努力发展经济，保障就业和安居，完善社会保障体系，实现社会基本公共服务的均等化，努力消除贫困，缩小贫富差距，实现社会公平正义。普及安防知识，构建专业队伍与志愿服务相结合、全民参与的安防网络，发展传统与非传统安全防范技术，建设应对自然和人为灾害、交通安全、刑事犯罪、信息与网络安全、食品与生命安全、公共安全等集监测、预防预警和应急处理于一体的智能化社会安全保障和应急处理体系，构建城乡一体的平安保障体系。

布局合理，就是要根据国家和区域的地理资源、生态环境、经济社会和人文历史特点，科学规划城市功能和合理的产业定位，统筹确定城镇城乡总体布局，不断调整优化城市空间结构、社会结构和产业结构，形成国土、自然资源高效利用，交通、能源、水源等公共资源合理利用，生态环境协调，传统与现代协调，经济产业、基础设施与公共服务优势协调互补，大中小城镇、城乡一体协调发展，人与自然和谐相处、区域经济社会健康协调发展的整体格局。

繁荣宜居，就是经济繁荣，就业充分，社会公平，历史遗产与现代社会设施建设和谐融合，自然环境与人工建筑相互协调，传统文化与现代文明相得益彰，人文社会平安、和谐、文明，生态环境绿色、优美、宜人，消费出行便利、舒适、快捷，公共服务完善、普惠，文化生活丰富多彩，人与自然和谐相处，家家安居乐业、人人身心健康愉悦。

总之，我们要坚持以人为本，依靠制度创新、科技创新和文化创新，大力推进绿色智能、平安和谐、布局合理、繁荣宜居而有特色的城镇化进程。健全法律制度和政策体系，严肃认真执行城镇规划、节能环保、卫生保健、食品与公共安全等相关法律法规和政策，保障和引导城镇绿色智能、平安和谐、布局合理地健康发展。改革创新城市管理理念、体制与服务，引领促进、组织协调社会各方协力推进城乡一体、绿色智能、和谐协调发展。支持科技创新，促进推广应用，为绿色智能、平安和谐、繁荣宜居提供有力的知识和技术支撑。发展教育培训事业，建设学习型社会，培育绿色、智能创新创业人才，为创新发展、绿色智能发展、充分就业、科学文明、持续繁荣提供强大的人力资源和智力支持。弘扬发展先进文化，形成崇尚创新、绿色智能、平安和谐、繁荣宜居的城市文化理念和科学文明的社会舆论氛围。

朋友们，女士们，先生们，让我们携手努力，坚持科学发展、创新发展、和谐发展、持续发展，走建设绿色智能、平安和谐、布局合理、繁荣宜居而有特色的城镇化科学文明发展之路，加快实现“城市，让生活更美好”的共同愿景，为中国的现代化，为人类文明做出无愧于时代的贡献。

祝上海和世界上所有城市的未来更美好！

第四篇

科学文化与历史人物

继承五四传统　弘扬科学精神　实施科教兴国战略*

同志们、朋友们：

今天，共青团中央、中央电视台和中国科学院在这里共同主办以已故著名科学家蒋新松院士（1931—1997）的一句名言，“祖国与科学，我心中的依恋”为主题的演讲报告会，纪念“五四运动”80周年，具有非常重要的意义。刚才，谭铁牛、杨元庆、乌兰、曹建林、詹文龙五位同志，用朴实无华的语言，以真情实感讲述了他们各自的理想、追求、探索、奋斗的动人故事，展示了当代青年热爱祖国、献身科学的风采。周强同志代表团中央作了重要讲话。这次大会对于弘扬爱国、进步、科学、民主的五四精神，激励广大青年投身科教兴国的伟大事业，具有重要作用。报告会开得很成功，对此表示衷心的祝贺。

“五四运动”是近代中国历史上一次伟大的反帝反封建运动，同时也是一次伟大的思想解放运动和新文化运动。它高举爱国主义旗帜，发扬民主、科学精神，促进了马克思主义在中国的传播，为中国共产党的诞生作了思想上和干部上的准备，它同工人运动相结合，使中国革命的面貌为之一新。“五四运动”是中国新民主主义革命的开端，预示着中国人民的觉醒和一个新时代的到来。

“五四运动”为中华民族留下了两份最宝贵的遗产，一个是爱国主义精神，一个是民主、科学精神。80年来，“五四运动”的光荣传统，激励了一代又一代热血青年，为祖国的解放和繁荣昌盛而英勇献身。这种强烈的爱国主义和追求科学真理的精神，是一代又一代知识青年追求进步的巨大精神力量，也是我们全民族团结奋斗的旗帜。

作为一个科学家，我崇尚这样一句格言。“科学无国界，科学家有祖国”。一个科学工作者，一个有理想、有抱负的青年，应当把个人前途和命运与祖国的前途和命运紧紧联系在一起，要把报效祖国作为自己的人生追求。老一辈科学家为我们做出了光辉榜样。无论是李四光（1889—1971）、华罗庚、钱学森（1911—　），还是杨振宁（1922—　）、李政道（1926—　），他们胸中跳动的都是一颗火热的中国心。在青年一代中也有白春礼、陈竺、郭雷、袁亚湘等一批追求科学、献身祖国的优秀青年科学家。我们鼓励有为青年到国外深造，增长知识、开阔视野，并参与国际合作，为人类的科学事业做出贡献。我们更欢迎他们学成归来，或以各种方式为祖国的四化建设作贡献。

---

* 本文为1999年4月24日在以“祖国与科学，我心中的依恋”为主题的演讲报告会上的讲话。

爱国在不同的历史时期，具有不同的时代特征。当代青年一定要努力学习和掌握邓小平理论，坚持建设有中国特色社会主义道路，树立正确的世界观、人生观、价值观。在推动祖国的现代化建设和实施科教兴国的大业中，实现自己的人生理想，体现人生价值。

80年前，“五四运动”提出了一个响亮的口号“欢迎‘德先生’和‘赛先生’”。提倡民主，反对封建专制。提倡科学，反对愚昧和迷信。这在长期受封建主义统治的中国，具有重大的进步意义，有力地推动了中国社会的前进，也推动了中国现代科学的发展。

今天，人类即将跨入新的世纪，新的千年，21世纪将是知识经济的时代。在这样的时代，我们更应该大力提倡和弘扬科学精神。科学以追求真理为目标和最高价值。不仅科学家要具备科学精神，我们整个社会都应该提倡科学精神。由于长期受封建思想的影响，当今社会中还存在着很多轻视科学、伪科学甚至反科学的现象。进一步弘扬科学精神的意义就在于，努力创造一个有利于科学技术发展的良好的社会文化氛围，提供决策科学化的良好社会基础，加速我国现代化的进程。同时，提倡科学精神，也有利于提高整个中华民族的科学文化素质，道德水平和精神境界，从而推动整个精神文明建设的发展。

科学精神，首先是追求科学真理、不畏艰苦的斗争精神。唯实、求真，不主观盲从。运用科学方法去探索和认识科学规律，坚持实践是检验真理的唯一标准。运用科学的武器，同一切愚昧、迷信和落后作斗争。提倡说老实话，做老实事，老老实实做学问，老老实实做人，反对一切形式主义和形形色色的虚假作风，力戒浮躁。

科学精神的核心是创新精神。江泽民同志指出：“创新是一个民族的灵魂，是国家兴旺发达的不竭动力。”在知识经济时代，创造新知识和应用新知识的能力与效率将成为影响一个国家综合国力和国际竞争力的决定性因素。要大力破除由于中华民族长期落后所形成的民族自卑心理，要增强自信，敢于创新，要培养全民族的创新意识，提高全民族的创新能力，迎接知识经济时代的挑战。

科学精神的最高境界，就是邓小平同志倡导的“解放思想，实事求是”。我们每一位科学工作者，每一位有理想有作为的青年朋友，都要以这样的科学精神来做事业。要学习科学知识，树立科学观念，探索和掌握科学规律，追求科学真理，运用科学理性去认识世界和改造世界。

当今世界，科技发展突飞猛进，知识的快速生产、传播和转化，推动了经济社会的巨大进步，深刻地改变了人类的生产和生活，使人类文明显示出光明灿烂的前程。新的科技革命，给各国人民带来了难得的发展机遇，也带来了严峻挑战。在知识经济初见端倪的今天，一个国家和民族的知识创新能力和利用知识的能力将成为经济发展的关键因素，一个知识创新能力不足的国家，必将在激烈的国际竞争中落伍。

邓小平同志以当代马克思主义战略家的敏锐洞察力，提出科学技术是第一生产力的伟大思想。以江泽民同志为核心的第三代中央领导集体，高举邓小平理论的伟大旗帜，及时做出了实施科教兴国战略和可持续发展战略，建设国家创新体系的英明决策。去年，党中央、国务院批准中国科学院开展知识创新工程试点工作。我们深知这是以江泽民同志为核心的第三代中央领导集体，面向21世纪所做出的重大政治性战略决策，也是落实科教兴国战略的重大举措，同时体现了党中央对广大科技工作者的信任和期望。李岚清副总理最近指出：中国科学院知识创新工程是国家行为，一定要集中国内外（主要是国内），院内外的最优秀科研人员，集中攻关，力争在某些领域有所突破。我们要按照中央的要求，以对国家、对历史高度负责的态度，以改革开放的精神，认真做好知识创新工程试点工作。我们热诚希望得到各界、特别是全国科技教育界的积极支持和响应，真诚欢迎各界优秀青年人才的积极参与。

实施科教兴国战略是实现我国社会主义现代化建设宏伟目标的必然选择，也是实现中华民族伟大复兴的必由之路。发展科技，振兴中华，是我们每一个科技工作者所肩负的历史责任，当然也是青年朋友们必将肩负起的历史使命。

青年最富有创新精神，最少保守思想。在当代青年中蕴藏着极大的创新热情，许多优秀青年科技人才已经成为我国科技进步的中坚力量。我们要进一步努力营造促进大批优秀青年人才脱颖而出的良好氛围，努力创造适宜人才成长的体制和机制，在知识创新工程中充分发挥青年科技工作者的生力军作用。同时，我也殷切期望广大青年朋友，树立远大的理想，刻苦学习，努力攀登科学高峰，投身四化建设的伟大实践，为祖国的繁荣富强贡献自己的全部才华和智慧。

回顾五四运动以来的 80 年，中国人民走过了由愚昧落后走向科学昌明，由黑暗专制走向民主光明的漫长历程。展望新的世纪，国家富强还是艰巨任务，祖国统一尚未最后完成，世界经济和科技迅速发展，各国间竞争极其激烈，以实力优势为凭借的霸权主义和强权政治依旧猖獗，从这样的形势和意义上来说，“国外列强之压迫”问题仍然存在，危机意识永远不能淡漠。我们仍然要继承和发扬五四传统，高举爱国主义和民主、科学的旗帜，大力弘扬科学精神。要让五四运动点燃的科学文明之火，一代一代永远传递下去，成为中华民族前进发展的不竭的精神源泉。

青年朋友们，让我们携起手来，继承和发扬五四优良传统，弘扬爱国、进步、科学、民主的五四精神，满怀信心地去迎接新世纪的灿烂曙光！谢谢各位。

继承和发扬“五四”精神 肩负起中华民族伟大复兴的历史使命*

各位来宾：

今天，为全面贯彻落实科教兴国与可持续发展战略，继承和发扬五四精神，肩负起时代赋予我们的历史责任，广大青年科技工作者聚集一堂，以“青年·创新·新世纪”为主题，展望21世纪的科技发展趋势，就“知识经济与当代青年”、“创新与青年的使命”等问题进行探讨与交流，对弘扬五四精神，认清时代特征和我们面临的形势，激励、引导广大青年科技工作者投身科教兴国的伟大实践，推动科教兴国战略的实施，从而实现中华民族的伟大复兴，具有重要的意义。

我很高兴今天能有机会与广大青年朋友们一起进行探讨和交流，我拟以“继承发扬五四精神，肩负起中华民族伟大复兴的历史使命”为题作一发言。

一、 时代特征和未来科技发展趋势

人类经历了数千年的农业社会和几百年的工业社会阶段。20世纪80年代以来，由于信息科技的迅猛发展导致整个社会的生产方式、生活方式以至文化观念的深刻变化。人类进入了信息化时代。

进入20世纪90年代以来，世界经济发展又呈现新的变化，经济全球化趋势持续发展，“科学技术突飞猛进，知识经济初现端倪”。知识经济是工业经济之后的发展形态，具有不同于传统工业经济的鲜明特征：

(1) 知识经济是以知识为基础的经济，这种经济直接依赖于知识和信息的生产、传播和创造性应用。

(2) 在知识经济中，工业经济时代的传统产业主要已不是量的发展，而是依靠知识的创新、实现质量和效益的提高。经济增长的支柱将转移到信息、新材料、生物技术产业、新能源和环保产业，航空航天产业、海洋高技术产业，科技、教育与文化产业，以知识为基础的咨询服务业。

---

* 本文为1999年5月19日在“中国科学院青年创新论坛”上的讲话。

（3）知识经济时代国家和地区的知识创新体系和创新能力（包括知识创新、知识传播、技术创新和知识应用体系）已成为国家和地区经济和社会发展潜力的重要基础和竞争力的关键因素。

（4）知识经济时代的产业结构和生产方式的变化决定了社会的劳动结构将发生根本性改变。创造性的智慧劳动，包括 R&D、创造性的经营管理，以知识创新为基础的服务，乃至文化艺术创作等将成为社会劳动的主体和领衔力量，社会将全面知识化。

（5）知识经济将改变工业经济时代许多传统经济规律，如工业遵循“收益递减”原理，知识经济已呈现“收益递增”的现象。

（6）知识经济时代的消费将更呈现多样化、个性化、艺术化，因而制造业将呈现全球化、网络化、智能化特点。

（7）知识经济时代是对工业化社会的继承和扬弃，人们追求生产方式、分配方式、生活方式和发展模式的合理性、协调性和可持续性。人类将更自觉地控制自身的生育和消费，保护地球的生态和环境。

（8）由于知识成为经济和社会发展最重要的资源，创新人才成为竞争合作的决定性因素。人们必然会如同农业经济时代追求土地，工业时代追求资本那样去追求知识。知识产权的价值将显著提高，创新人才将成为国家间、企业间争夺的最重要资源。人们将把对教育和科技的投资看成最重要的战略性投资。终身学习将成为时代的潮流。

（9）全球化的竞争和合作。知识在全球范围的即时传播和利用，人才在全球范围的流动和竞争，知识化产品全球性的生产与行销，全球性知识产权保护公约和法规，全球化宽带数字多媒体网络，全球化科技文化的交流与合作，这使得信息化、数字化、全球化和知识共享成为知识经济时代的特征。

我们所处的时代将是充满着挑战和机会的时代。

从总体上看，未来科学技术将呈现以下发展趋势。

（1）科学技术发展和转化速度，将更为迅速，规模更为宏大。科技知识的生产遵循指数递增规律，这是与人类对自然认识的客观进程相符合的。由于信息通信技术的进步，知识的传播将以空前的速度迅速扩散，而且更由于经济发展和竞争的推动，由基础研究向应用开发的转移愈加迅速，科学与技术之间的结合愈加紧密，科技成果向现实生产力转化的速度将更加迅速，规模更为宏大。

（2）科学技术发展，不仅继续向微观深入，而且走向宏观系统，走向复杂和综合。学科研究的深入和分化，是几百年来科学发展的主流方向。在新的世纪，学科本身的进一步分化和继续向微观深入，虽然仍是发展的重要方向，但是，近二三十年来，新的发展趋势更加明显，这就是向着宏观、交叉，向着复杂的综合集成方向发展。

（3）科技发展更加社会化、国际化。随着科学技术内部的交叉和联系，以及与社会相互作用的进一步增强，科学技术社会化的趋势将更加突出。科学技术不仅已是国家目标的重要部分，是国家实现现代化的关键所在，需要国家力量的推动和组织；科技也成为企业竞争力的基础，企业是技术创新的主体；随着科学研究的规模越来越大，重大科学研究项目需要各国联合实施和推进，科学技术的国际性交流与合作，势必比 20 世纪更为深入和广泛。当然，为了竞争科技的制高点和战略主动权，竞争也会更加激烈。

（4）科技发展的社会影响将空前广泛，愈加深刻。展望未来，人类将进入全球化知识经济的新时代，科学技术将更加深刻、广泛地渗透到社会的经济、政治、军事、外交、文化、教育和日常生活的各个方面，影响并改变社会的生产、流通、组织结构，以及人们的生活和思维方式。

二、 中国跨世纪发展面临的机遇和挑战

改革开放20年来，中国发生了举世瞩目的变化，走上了一条将中国引向繁荣、富强、民主、文明的有中国特色的社会主义之路。经济连续20年来以平均10%左右速度增长，社会主义民主健康发展，法制建设逐渐完善，文化教育和科学技术事业繁荣，人民生活水平显著提高，综合国力和国际竞争力不断增强，按“一国两制”的构想，香港顺利回归，澳门也将在今年12月顺利回归，洗雪了百年耻辱。中国人民正在为实现21世纪中叶达到中等发达国家的水平这一新的战略目标努力奋斗。只要我们实施正确的发展战略，坚持改革开放，抓住知识经济发展带来的机遇，做好知识创新和高科技产业化的工作，我们完全有可能实现跨越式发展，实现国家富强和民族的振兴。

但是，不能不看到，我们同时面临着严峻的挑战和制约。

(1) 21世纪30年代，预计全中国人口将达到15亿。

(2) 国际竞争和合作，经济安全和国家安全将面临新的形势和挑战，中国将面临发达国家经济和科技优势的巨大压力。

(3) 资源、环境、生态方面的制约将迫使我们只能走一条依靠科技、节约资源、分配公平、适度消费、生态协调的可持续发展的道路。

(4) 中国在实现传统意义的工业化的同时必须不失时机地赶上信息化、知识化的步伐，在实现经济体制转型的同时，实现经济结构和经济增长方式的转变。

(5) 中国应当逐步缩小东西部发展水平的差距、城乡发展水平的差距和贫富收入水平的差距。

(6) 达到中等发达国家水平，不仅需要经济总量的增加（GDP达到10万亿美元）；更需要经济质量的提高和结构的优化，劳动生产率也必须达到中等发达国家的水平。

(7) 科学技术能力，包括自主创新和吸收、消化再创造能力应当达到中等发达国家的水平，至2010年，我国科技能力应进入世界前10名。

(8) 文化教育水平和国民素质需要大幅度提高，凝聚和组织大批优秀人才，否则难以满足支持经济和社会发展所需要的人力资源。

(9) 社会基础设施即水利、能源、交通、通信，城乡公共设施，教育、科研等基础设施是现代化的基础，应当科学规划，先期实现。

(10) 教育与科技应当得到大力发展，提高国民素质和科技水平、建设国家创新体系，提高国家创新能力。

(11) 社会主义民主和法制需要进一步完善与发展，成为社会安全和繁荣的政治和法律保证。

(12) 最近发生的事态再一次教育我们，国际上以实力优势为凭借的霸权主义和强权政治依旧猖獗，“国外列强之压迫”问题仍然存在，冷战以后“和平与发展”虽是时代的

主流，但仍受到严重挑战，当今的世界并不太平，我们的外部环境并不令人乐观，“落后就要挨打”!

中国正面临着历史上罕见的良好机会，中国正处于发展与腾飞的阶段，中国也面临着许多挑战。但只要我们解放思想，实事求是，尊重科学，遵循规律，发奋图强，坚韧不拔，大胆创新，勇攀高峰，中国的前途必定是美好的，中国科学技术的未来也必定能繁荣昌盛，中华民族将在21世纪再现历史的辉煌。

三、青年科技工作者的历史使命

我们的时代，是科学技术对社会经济发展起着关键作用的时代。中国历史上还没有一个时代像今天这样：民族振兴、国家富强是如此地需要科学技术。中国人民立下雄心壮志，要在过去50年取得巨大成就的基础上，再经过50年的努力，到新中国成立100周年时，基本实现现代化，把我国建成富强民主文明的社会主义国家。生活在这个时代是幸运的，也是可以大有作为的。科教兴国战略为广大科技工作者提供了如此广阔的舞台。“五四”时代的青年高举爱国、进步、科学、民主的旗帜，肩负了反帝反封建，挽救民族和国家危亡的历史使命，那么今天中国青年科技人员责无旁贷地应当肩负起用科学技术大力促进中华民族伟大复兴的历史使命。

（1）我们要发扬爱国主义精神。爱国主义是“五四运动”留给中华民族最珍贵的精神财富。在不同的历史时期，爱国主义具有不同的时代特征。作为一个科学家，我崇尚这样一句格言：“科学无国界，科学家有祖国”。作为当代有理想、有抱负的青年科技工作者，应当把个人的命运与祖国命运紧紧联系在一起，要把报效祖国作为自己的人生追求。一定要努力学习和掌握邓小平理论，坚持建设有中国特色的社会主义道路，树立正确的世界观、人生观、价值观。在推动祖国的现代化建设和实施科教兴国的大业中，实现自己的人生理想，体现人生价值。

（2）我们要弘扬科学精神。科学精神与科学本身同样重要。80年前的“五四运动”提倡民主，反对封建专制；提倡科学，反对愚昧和迷信。这在长期受封建主义统治的中国，具有重大的进步意义，有力地推动了中国社会的前进，也推动了中国现代科学的发展。今天，我们更应该继承和弘扬科学精神。科学以追求真理为目标和最高价值。不仅科学家要具备科学精神，我们整个社会都应该提倡科学精神。由于长期受封建思想的影响，当今社会中还存在着很多轻视科学、伪科学甚至反科学的现象。进一步弘扬科学精神的意义就在于，努力创造一个有利于科学技术发展的良好的社会文化氛围，提供决策科学化的良好社会基础，加速我国现代化的进程。同时，提倡科学精神，也有利于提高整个中华民族的科学文化素质，道德水平和精神境界，从而推动整个精神文明建设的发展。科学精神，首先是追求科学真理、不畏艰苦的斗争精神。唯实、求真，不主观盲从。运用科学方法去探索和认识科学规律，坚持实践是检验真理的唯一标准。运用科学武器，同一切愚昧和落后作斗争。老老实实做人，踏踏实实做学问，勤勤恳恳地做事。反对一切形式主义和形形色色的虚假作风，力戒浮躁。

（3）我们要提倡创新精神。江泽民同志指出：“创新是一个民族的灵魂，是国家兴旺发达的不竭动力。”创造新知识和应用新知识的能力与效率将成为影响一个国家综合国力和国际竞争力的决定性因素。一个国家，一个民族，如果仅限于学习和运用国际上成熟的技术和发展模式，就只能步人后尘，处于被动地位。祖国振兴依靠科技，科技发展重在创新，创新的希望在于青年。青年是思想最少保守、思维最活跃的群体，青年时期是科技创新、成就事业的最佳年龄段。要大力破除由于中华民族长期落后造成的民族自卑心理，要增强自信，勇于创新，青年科技工作者要成为科技创新的主力军，积极推动科技和经济的结合，加速科技成果向现实生产力的转化。同时要带动全民族的创新意识和创新能力的提高，迎接知识经济时代的挑战。

（4）要不断学习，勇攀高峰。学习是创新的基础和必要途径，始终是青年的第一要务。尤其是在科技进步日新月异、知识更新不断加快、综合国力竞争日趋激烈的今天，加强学习对于青年来说比以往任何时候都显得更加重要和迫切。要掌握科学方法，培养科学精神，勤奋学习，积极探索，勇攀科学技术高峰。

（5）要艰苦奋斗，甘于奉献。我们的祖国还不富裕，还不能为我们提供像发达国家那样的物质条件，这正需要我们为之贡献自己的辛勤汗水和聪明才智。建设有中国特色的社会主义的伟大事业是异常艰巨的，需要全国人民和青年科技人员付出长期艰苦的努力。我们要深刻认识我们的时代特征，认清我们的基本国情，继承和发扬艰苦奋斗的优良传统，肩负起时代赋予的崇高责任，在前进道路上勇于面对任何艰难险阻，经受住种种考验，为我国的社会主义现代化不断建功立业。

青年朋友们！

时代需要青年，时代需要科技，时代需要创新。广大青年科技工作者要响应江泽民同志向全国青年提出的坚持学习科学文化与加强思想修养的统一、坚持学习书本知识与投身社会实践的统一、坚持实现自身价值与服务祖国人民的统一、坚持树立远大理想与进行艰苦奋斗的统一的号召，按照胡锦涛同志五四讲话精神要求，坚定理想，服务人民；深入群众，投身实践；勤奋学习，勇于创造；脚踏实地，艰苦奋斗，为实现中华民族的伟大复兴而贡献自己全部才华和智慧。

回顾五十年　迈向新世纪*

庆祝中华人民共和国成立50年，我们科技工作者心潮澎湃。新中国的50年是中国人民建设社会主义、改革开放并取得伟大胜利的50年，也是我国科技事业取得光辉成就的50年。

五十年来，新中国科技事业迅速地从极其薄弱的基础上起步，适应全球科学技术突飞猛进的形势和社会主义建设的需要，建立起比较完整的现代科学技术体系，并且在某些方面形成自己的优势。科技知识、科学精神、科学方法得到前所未有的普及，并与亿万人民群众的实践紧密结合，促进了经济建设、国防安全和社会发展。新中国成立以来的五十年，是现代科技在中国大发展的五十年，是现代科技事业从小到大、从弱到强的五十年。“两弹一星”、陆相成油理论、大庆油田勘探与开发、人工合成胰岛素、哥德巴赫猜想研究、杂交水稻、北大方正激光照排系统、曙光并行计算机、6000米水下机器人等重大成果显示新中国科技工作者的献身精神和聪明才智。即使当“左”的路线特别是“十年动乱”严重伤害科技工作者的时候，科技工作者仍然没有动摇社会主义的信念，以对祖国和人民的忠诚，以对科技事业的执著，艰苦奋斗，锐意创新，做出了令世界惊叹的成就。当党的十一届三中全会实现改革开放的历史性转折，科技工作者迎来了科学的春天，他们是改革开放的最积极的拥护者和参与者。

庆祝中华人民共和国成立五十周年，科技工作者思考最多的是怎样总结我国科技工作的根本经验，开创新世纪科技工作的新局面。我们最根本的经验就是坚持中国共产党的正确领导，坚持自力更生，自主创新，坚持改革开放，坚持为社会主义经济建设、国防安全和社会可持续发展服务，攀登世界科技高峰。党的三代领导集体将马克思主义的普遍真理应用于中国的具体实践，形成了具有中国特色的关于科技工作的指导思想和发展战略。

早在延安时期，党的第一代领导人毛泽东同志等就大力提倡科学知识、鼓励科学研究，建立起党领导的第一批科研机构和科学团体，崇尚科学知识、倡导科学方法与实事求是的科学态度、共产主义的理想、全心全意为人民服务的宗旨、艰苦奋斗的作风一起形成著名的“延安精神”。新中国建立仅仅19天，中央人民政府就任命中国科学院的领导人，1949年11月1日，中国科学院正式成立。这是新中国科技事业的一个光辉起点。以周恩

* 本文为中华人民共和国成立50周年纪念文章，撰写于1999年9月24日。

来、聂荣臻等亲自领导制订的《1956—1967年科学技术发展远景规划纲要》为标志，新中国科技事业进入体制化建设和自主创新的新阶段。六十年代初，毛泽东将科学实验与阶级斗争、生产实践并列为人类的“三大实践”。他还明确地提出科学技术这一仗一定要打，不打生产力无法提高。毛泽东同志对科学技术的重视是与他对中国社会主义建设道路的探索紧紧联系在一起的。

邓小平同志既是党的第一代领导集体的重要成员，又是第二代领导集体的核心。他曾经长期协助刘少奇、周恩来指导科技工作。改革开放以来，邓小平以马克思主义的宽广眼界看待世界，根据科学技术发展的趋势，提出“科学技术是第一生产力”、“知识分子是工人阶级的一部分”、“四个现代化关键是科学技术现代化”、“靠科学才有希望”等一系列具有鲜明时代特征的崭新观点，形成了关于科学技术的完整理论体系。邓小平不但继承和发展了马克思主义科技思想，而且身体力行，亲自主持召开1978年的全国科学大会，亲自打开中外科技交流的大门，亲自指导科技体制改革，亲自决策建造北京正负电子对撞机，亲自批准实施推动高科技发展的863计划，等等。邓小平不愧是科技工作者的知音，不愧是中国改革开放和现代化建设的总设计师，他的科技思想是引导中国科技事业从胜利走向胜利的光辉旗帜。

江泽民同志作为党的第三代领导集体的核心，密切关注当代科学技术的迅速发展，对九十年代以来中国和世界的科技进步做出新的理论概括，提出“创新是一个民族进步的灵魂，是一个国家发展的不竭动力”等科学论断，确立了科教兴国战略和可持续发展战略，进一步丰富和发展了邓小平同志的科技思想。1998年春天，江泽民同志指出，“知识经济、创新意识对于我们21世纪的发展至关重要”，号召“真正搞出我们自己的创新体系”。知识经济是以知识为基础的经济，从某种意义也可以说是以创新为动力的经济。如果说中国改革20年取得的成就更多地依靠体制改革解放被束缚的生产力，那么未来20年、50年中国经济社会发展必将更多地依靠科技进步，依靠新的科技革命和产业革命。1998年11月，江泽民同志访问俄罗斯期间在新西伯利亚科学城发表的演讲，再次全面论述科技创新，引起国际上的积极反响。国际舆论认为这是中国共产党和中国政府跨世纪的科技宣言。经党中央、国务院批准实施的知识创新工程试点、《面向21世纪教育振兴行动计划》和最近举行的全国技术创新大会等一系列建设国家创新体系和落实科教兴国战略的重大部署，显示出第三代领导集体的智慧和远见。

党的三代领导集体的科技思想和实践说明：中国共产党作为以马克思主义为指导的代表先进生产力的当代工人阶级政党，经过50年建设具有中国特色社会主义实践的探索，已经形成了对当代科学技术深刻的完整的科学的认识，形成了正确的理论、方针和政策。我们相信，在以江泽民同志为核心的党中央的正确领导下，中国科技事业一定能够在新的世纪再创辉煌，不仅确保实现中国现代化建设的第三步战略目标，而且也将为人类文明做出更大的贡献。

在纪念华罗庚九十诞辰国际数学会议上的讲话*

“纪念华罗庚九十诞辰国际数学会议”今天在这里隆重举行，我代表中国科学院，向大会表示热烈的祝贺。

华罗庚（1910—1985）曾担任中国科学院副院长与主席团委员，也是数理化学部副主任与学部委员，中国科学技术协会副主席，中国科技大学副校长和中国民主同盟的卓越领导人。他是中国乃至世界上一位杰出的数学家，在学术上取得了卓越的成就，在科研上，有卓越的创新精神。他是中国解析数论、典型群、矩阵几何学、自守函数论与多复变函数论等很多方面研究的创始人与开拓者。特别是在多复变函数方面的研究，关于典型域的研究工作在国际上具有开创性，西方学者在他以后 10 年才开始从事这方面研究。他关于完整三角和的研究成果被国际数学界誉为“华氏定理”。华罗庚一生留下了 200 多篇学术论文和专著。由于他在科学研究上的杰出成就，先后被选为美国科学院外籍院士、第三世界科学院院士、联邦德国巴伐利亚科学院院士，他的名字已载入国际著名科学家的史册。

华罗庚一生在数学上取得了非凡的成绩。更为可贵的是，他还极其注重对青年人才的培养，亲自指导研究生，组织各种类型的研讨班。严格要求学生，使学生尽快成长。正是在他的悉心指导和严格训练下，像陈景润、王元、万哲先、陆启铿、龚升这样一大批优秀数学家迅速成长起来。他常说：“让学生和年轻人站在我的肩膀上吧。”

华罗庚不仅是我国也是世界一流的数学家，他的成果遍及数学很多领域。同时，他还极其注重对数学的应用与推广。1964 年，华罗庚提出把统筹法和优选法用于生活和管理，得到毛泽东同志的亲笔复信和支持。在生命的后 20 多年中，华罗庚一直致力于把数学应用在普及的实践之中，并取得了很好的成绩。在今天来看，华罗庚的这些思想，依然给我们带来巨大的启迪。

华罗庚先生是中国数学界的一面旗帜，也是中国科学界的一面旗帜。为纪念华罗庚先生 90 诞辰而举办这样一个高水平的国际会议，必将会对促进我国数学事业的发展起到重要推动作用。

华罗庚先生诞辰 90 周年之际，我们新老几代数学家济济一堂，共同缅怀华罗庚先生严谨的治学态度，崇高的爱国精神。希望中青年学者，认真学习华罗庚的精神，希望中国

---

* 本论文为 2000 年 12 月 18 日在北京召开的“纪念华罗庚九十诞辰国际数学会议”上的讲话。

数学家做出更优秀的成果，希望中国数学界涌现出更多的人才。我相信这次会议必将开成一个弘扬献身科学精神的大会，这次会议也必将会为科学院的知识创新工程注入新的动力和活力。

最后，预祝大会圆满成功！

创新是科学与艺术的生命
真善美是科学与艺术的共同追求*

多年来，李政道先生热忱倡导科学与艺术之交融，最近又倡议于新千年肇始之十月在京举办一次科学与艺术论坛和作品展览，受到科学界和艺术界的热烈响应。我也被其感染，并受政道先生之嘱托，组织收集了一批自然科学各学科观察与研究中发现和摄录的绚丽图片。在赞叹自然界造化和艺术大师们的作品之余，不由引起了我对科学与艺术之生命及其追求的思索。

科学是人类认识自然、探索规律、创造理论与方法的创新实践活动和知识结晶。科学从不满足于已知的知识，而是不断地质疑已有的知识体系，追求新的发现，探索新的领域，创造新的理论与方法，攀登新的高峰。

哥白尼的日心说创造了新的宇宙观；爱因斯坦的相对论引起了牛顿力学之后人类在时空观上的一次革命；量子论开辟了人类对微观世界结构和相互作用规律认识的新纪元；DNA 双螺旋结构模型的构建标志着人类解读生命现象遗传密码新的突破；地球大陆板块及其漂移学说和宇宙大爆炸理论的创立，标志着人类对地壳运动规律认识的深化和对神秘浩瀚宇宙的起源与演化的理论创见……科学有无止境的前沿，科学家的志趣就在于不倦地探索客观规律和创造新的科学理论与方法，科学的生命在于创新。

图 1　爱因斯坦

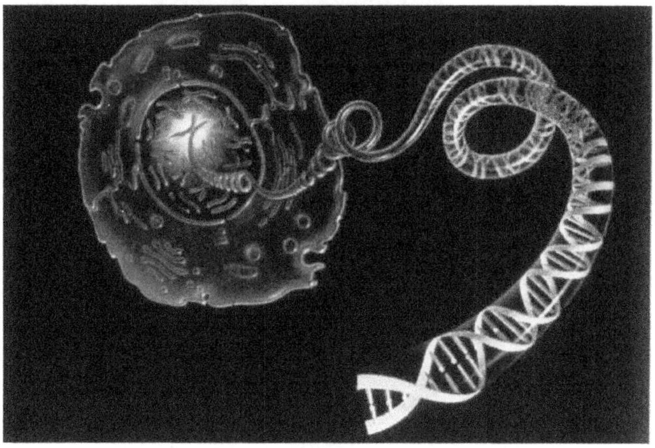

图 2　DNA 双螺旋结构是生命遗传密码的载体

* 本文为 2001 年 5 月 31 日在中国美术馆举行的“艺术与科学”国际作品展暨学术研讨会上的发言。

图 3　魏格纳及大陆漂移说

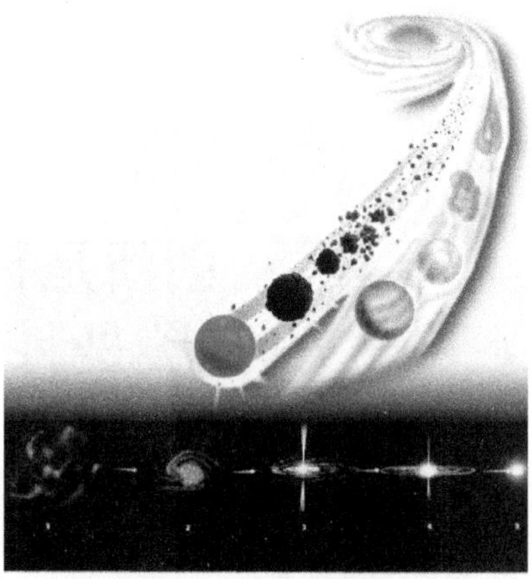

图 4　宇宙大爆炸模型

艺术是人类对自然、人生和社会的客观纪录与反映，也是艺术家心灵感受及其情感独特的表达与描述。

艺术不仅需要对客观世界深刻的观察与体验，而且需要艺术家独具匠心的概括和表现。

中外艺术家，尤其是有成就的艺术家都将创新视作自己的艺术品格与生命。无论是莫扎特、贝多芬，还是刘天华、冼星海、聂耳；无论是达·芬奇、罗丹、毕加索，还是郑板桥、吴昌硕、齐白石、徐悲鸿；无论是莎士比亚、托尔斯泰、歌德，还是李白、杜甫、鲁迅和巴金，他们都创造了自己独特的艺术风格和表现手法。

图 5　贝多芬及其交响乐

图 6　冼星海与《黄河大合唱》

科学的本质在于求真，求索客观规律、客观真理。科学给予人类驾驭自然的能力，科学家的追求在于造福人类，在于寻求人与自然的和谐协调和可持续发展，这是最高层次的与人为善。

科学研究的对象——无论是宏观的宇宙和海洋，还是微观的物质世界和丰富多彩的生命现象，本身都蕴含着自然美。

科学实验不断发现与揭示自然现象中的隐含美。分光棱镜将太阳光分解成多彩的光

图 7　罗丹及其思想者

谱；电子显微镜及原子力显微镜使人类可以看到细胞、分子和原子尺度的微观世界结构和表面的神奇图画；遥感微波和多光谱、高光谱成像可以获得的多姿多彩的地球全息图像；哈勃望远镜已经拍摄到的火星和银河系前所未有的图像等等，向人们展示了不断发展的科学实验所揭示与发现的自然美。

图 8　徐悲鸿及其群马图

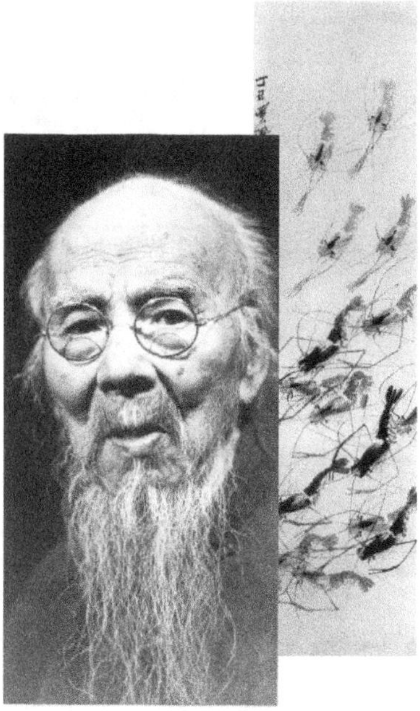

图 9　齐白石及其群虾图

科学研究中也广泛存在理性美，牛顿三定律对物质世界相互作用的描述，狭义相对论对质量、能量转换关系的概括，是何等的简洁与优美。数学本质上就是追求对数和形及其变换最优美、最简洁的表达。数学也成为描述科学规律不可替代的工具。数学方程对物质结构及其相互作用和运动规律的描述本身就是科学中的理性美，如麦克斯韦方程对电磁场的概括与描述、纳维叶-斯托克斯方程对黏性流体运动规律的描述、混沌与分形函数所描绘的自然现象中的混沌和分形的美丽图景等。

图 10　AMS 下的原子围栏

图 11　“风云号”卫星及拍摄到的云图

图 12　哈勃望远镜及银河系

艺术也总是以真善美作为自己的崇高目标，反映、描述和表达艺术家对自然、人生和社会真实的感受和情感。引导、鼓励人从善、向上，弘扬人类高尚的情操、品格和道德，谴责、鞭挞罪恶，歌颂和追求人与人、人与自然和睦、和谐相处的美好境界。创造丰富多彩优美的艺术种类与形式、艺术形象与品味、艺术流派与风格。艺术也是人类创造力升华的结晶、人类文明进化的象征。

可见真善美的确是科学与艺术共同的目标与追求，科学家与艺术家在研究和描述的对象，创造新本质，及其真善美目标追求等方面是完全相通的。科学与艺术是人类文明的两朵奇葩，也是人类文明大厦的重要支柱。

关于科学伦理道德的思考*

伦理与道德常常并用。科学伦理道德，是指人们在从事科技创新活动时，对于社会、自然关系的思想与行为准则，它规定了科学家及其共同体所应恪守的价值观念、社会责任和行为规范。伦理与道德的含义虽然基本一致，但在使用时存在习惯上的区别：伦理多是指社会道德关系的一般原则、意义和结构；道德则多指人们应遵循的道德行为规范。因此我认为科学伦理主要是规定科学的价值与社会规范；科学道德主要是规定科学家应遵循的做人和职业规范。就它们都是有关规范的含义来看，二者是相同的，完全可以并用。但在不同的场合，二者各有特点：当谈到澄清关系、探寻原则和意义时，多用“科学伦理研究”一说；而当谈到区分学风、遵循规范时，则多用“科学道德建设”一说。

一、 科学伦理道德的本质问题

从本质上看，科学伦理道德源于对世界的科学认知，体现了一种正确的价值观念，是科学界应该共同承担的社会责任和恪守的行为规范，是科学界继承、发展的文明传承，是科学精神和人文精神的结合。

首先，科学伦理道德源于对世界的科学认知。科学追求真理性，因而在科学活动中必须坚持实事求是的原则。科学技术的发展具有继承性和多样性，在科学创新活动中，必须要尊重知识、尊重人才，而不能只依靠少数人；科学技术的发展具有协调性和交叉性，要求在科学创新活动中进行广泛的交流与合作，包括国际的交流与合作，跨学科的交流与合作；科学技术的发展永无止境，从事科技创新活动的主体，必须鼓励理性的质疑，不断挑战已有的知识体系，发现其中与客观实践的不一致以及科学理论内部的矛盾，不断推动科学的发展。科学活动充满创造性，创新是科学活动的生命。因此，我们要鼓励创新，通过创新，不断的造福社会和全人类。科学创新的目的在于其普及性和应用性，特别在当代，科学技术的发展越来越成为社会化的创新活动，在创新同时把科技的成果、知识迅速地传播给整个社会，从而推动社会文明的进步。

---

* 本文于2002年12月11日作于广东省中山市。

科学是实证的知识系统，它追求的目的是“真”，它发现的是客观的规律，解决的是人与自然的关系。但科学技术的应用在客观上存在两面性，即“双刃剑”问题。科学知识及技术发明成果总的说来应是中性的，并不会对社会生态、自然生态带来坏的影响。但是什么人掌握它，通过什么方法去研究它，用什么目的去应用它，其带来的后果可能完全不同。而伦理正是规范性的，她追求的是“善”，它阐明的是人与人应该怎样相处，他解决的是人与人之间的关系。科学总是在创新，而创新总会引起人类生活与利益关系的改变。因此有必要在科学共同体内部以及在我们整个社会中，强调科学伦理道德的问题。

第二，科学伦理道德体现科学家正确的价值观念。这样的价值观念包括人生观、价值观、自然观、社会观及科学观。其中科学家的人生观、价值观是其从事科学活动的灵魂，决定着科学家的科学良心和道德理想。爱因斯坦（Albert Einstein，1879—1955）曾经说过，人只有献身于社会，才能找到那些实际上短暂而有风险的生命意义。这种人生观贯穿于他整个科学创新活动的过程与行为之中。

自然观、社会观及科学观是科学家在从事科学工作的过程中逐步形成的。自然观是科学家对自然界的看法，如是否认为自然界是有限和多样的、其发展受着多重因素的制约，人与自然的关系是否应是协调的；社会观是指科学家对人类社会的进程及发展的看法，如人与人之间是否应该平等，国家与国家、发展中国家与发达国家之间是否应该互相帮助、共同发展；科学观是指科学家科学的看法，如怎样看待科学发展的内在动力和外部条件，怎样看待科学的社会功能。

欧洲文艺复兴时期前后，经过与宗教进行长期而艰巨的斗争，科学最终取得了胜利，逐步形成了敢于坚持和探索真理、重视实验观测、尊重理性、提倡理性等科学道德观念。爱因斯坦和许多科学家在第二次世界大战期间热心于为制止科学手段的滥用而奔走呼号。应该说这与他们的价值观念是密切相关的，并不是当时所有科学家都能做到的。

第三、科学伦理道德是科学界应共同承担的社会责任和共同恪守的行为规范。科学不仅是依照经验理性的方法来取得的一种特殊的知识体系，而且是一种社会组织起来的文化活动和社会建制，有它的伦理规范以及与这些规范相适应的结构、机制与功能。美国著名社会学家默顿在第二次世界大战期间提出了决定科学发展的四项规范，即普遍性原则、知识公有性原则、无私利性原则或利他主义原则、有条理的怀疑主义原则或理性至上原则。这不但是科学家达到知识增长这个崇高目标的手段，而且是科学工作者的行为规范及道德准则。但这种行为规范是基于一定的理想模型而建立起来的，没有充分考虑外部社会环境的影响。因此应赋予它们以时代特征，坚持与时俱进。例如，现代科学伦理需要更多地强调全球性和国际性，特别要提倡符合全人类可持续发展的目标。

第四、科学伦理道德体现了科学精神与人文精神的融通。科学精神是人类在科学的认识和实践活动中逐渐形成的一套价值观念体系，一旦形成，它又成为支配和统帅我们进行科学活动和其他相关活动的灵魂，并且作为人类最珍贵的“无形资产”、作为象征和展现科学事业内在意义的东西而不断留存下来。

在现代科学中，尤其是量子力学诞生后，面对复杂性现象，许多科学家领会到“纯自然现象”并不能用“纯科学方法”研究透彻，在对自然的研究中，总会牵扯到人，涉及到人与被观察物体的相互作用，以及对科技后果与风险的考量。传统科学中视为当然的确实性、科学的价值中立性，被非线性、不确定性和科学与社会的相互作用所取代，并从科学意识上突显了人文精神的重要性。现代科学精神是在现代科学的基础上产生出来的，反映了现代知识中关于自然的认识和关于人的认识的相互关联，表现了这个时代人类日益意识到自己与周围的环境息息相关的特点。正因为如此，才使得科学伦理升华，同时也与人文精神实现融通，体现科学对人的生存价值、人性的发展、人类的前途和命运的关注。

二、 科学伦理道德的意义和作用

当代科学伦理道德反映了现代科技的认知水平和创新的要求，为科技发展创造了条件。

首先，科学伦理道德是科技创新的现代文明理念。其中许多认识和规范是随着科技的不断发展而出现的。20 世纪 60 年代以前，人们用现代手段，砍伐森林、建造许多大规模的工业工程等，还不太考虑自然的承受能力和可持续发展能力。到 20 世纪 60 年代，美国学者卡逊（Rachel Carson，1907－1964）的著作《寂静的春天》问世，引发了人们对现代科学伦理道德的反思。这本书从宏观和长远发展的角度提出了农药对生态和生物多样性的破坏所引起的极其严重后果，当时遭到了很多大企业家和社会上一部分人的反对，但最终还是成为了全球的共同理念。当代的科学伦理道德，反映了人类工业化、信息化和知识化社会的文明理过了一个长期、复杂的演进过程。工业化初期，如卓别林电影中的摩登时代，机器节奏越快、生产效率越高越好，把工人束缚在生产线上，成为机器的奴隶。今天，到了信息化、知识化时代，繁重的、重复性的劳动都逐步地被机器所替代。人们有更多的时间学习、思考、创造、休息。当代的科学伦理道德，反映了实现人与自然协调、可持续发展的理念。

第二、科学伦理道德是科学创新的精神动力。科学伦理道德始终鼓励科学家对知识的不断追求，鼓励和尊重知识技术管理和体制创新，鼓励公平竞争，鼓励交流与合作。一个健康的、正确的伦理道德氛围，既尊重知识创新的优先权、技术创新的产权保护，同时又鼓励知识的公开与共享，既鼓励青年科技创新人才的成长和对于他们的培养，使他们能够尽早独立领导科学创新活动，也鼓励青年人尊重老一辈的科技人员。另一方面，健康的、正确的伦理道德氛围也鼓励、尊重和注重科技产业的发展，这一点最近 20 年表现得特别充分。许多发明家、科学家有了发明之后，就逐步转变成为或部分转变成为企业家，这样的例子很多，包括西门子、爱立信、通用电器公司等都是科学家、发明家带着自己的成果创立的。

第三、科学伦理道德为科技发展和应用提供了必要的规范和调节机制。科技的飞速发展，为我们提供了越来越多的影响和改造我们自己以及整个世界的手段，使我们能够做到许多原来不能做到甚至是难以想象的事情，但同时也会带来一系列问题。科学伦理道德为我们认识、对待科技发展和应用中“能够做”与“是否应该做”的关系提供了明确的指引和规范。这一问题已引起了全球范围的关注，关于这一方面的研讨，也已经成为当前科技界的一个热门话题，受到了包括国家领导人和政治家在内的全社会的广泛关注。

第四、科学伦理道德为科技创新营造了一个先进的文化氛围。科学伦理道德作为先进文化的重要组成部分，是促进科技创新的一个重要因素，是培养创新人才的重要条件，是发展科技交流合作的重要前提之一。其发展方向也将影响着科技发展的方向，对整个社会及全人类的发展有着极为重要的意义。

三、 科学伦理道德面对的挑战

现代科技的突破性进展及其广泛应用，在改变物质世界的同时，也改变了人们的精神世界，影响着人们伦理思想、道德动机和道德行为。

第一、科技发展对科学伦理的冲击。与科学技术作用的两面性一致，科技发展对社会伦理观念和规范的影响也有两种截然不同的效应：一是挑战那些与时代发展已不相适应的落后观念和规范，促成对它们的调整和变革；二是冲击那些仍然符合社会发展的要求、仍在发挥重要的社会协调及约束作用的观念和规范，导致它们的淡化和削弱。

如原子能释放出来的能量可以造福人类，但也可作为核武器，威胁人的生命和世界的安全，用来建成核电站可以缓解能源的匮乏，但其废料具有放射性，可能给人类的生存空间造成污染；DDT 农药和塑料的发明和使用、煤炭、石油的大量使用促进了现代生产力的发展，也污染了对生态环境；计算机信息技术的大力发展和普及，使整个世界变成一个地球村，但电脑病毒的存在、黑客的攻击则威胁到国家安全、企业的商业秘密和个人隐私，网上大量不健康的内容则影响到青少年的健康成长；生物医学技术的巨大进步，不仅能使人们更有效地诊断、治疗和预防疾病，而且可能操纵基因、精子卵子和受精卵、胚胎以至人体。人类急剧扩增的知识与力量既可以用来造福于当代人及其子孙后代，也可以被滥用，给人类造成巨大祸害。

第二、狭隘科学功利主义的影响。恩格斯（Friedrich Von Engels，1820—1895）曾说过“社会上一旦有技术上的需要，这种需要就会比十所大学更能把科学推向前进”。英国著名哲学家边沁（Jeremy Bentham，1748—1832）曾对功利主义的原则作过精辟的论述：当我们对任何一种行为予以赞成或不赞成的时候，我们是看该行为是增进还是减少当事人的幸福。科学功利主义对科技发展具有导向作用，促进了科技与经济和社会的结合，从而使科技发展本身获得了巨大而持久的推动力。但如果对科学功利主义的基本原则加以狭义、片面的理解和运用，则会导致只偏重物质性、经济性的当前功利，这将必然导致人们在发展和应用科技上的“目光短浅”和“短期行为”。

当前有些科学工作者，过于看重自己的声誉、地位、以及生活与工作条件，表现得急于求成，或不恰当地利用其地位与资源优势，或将个人的成就不恰当地置于国家和社会利益之上，与科学道德、科学良心相违背。不久前，在我国出现几起专家教授和工程师制造毒品的事件，值得深思。

第三、全球化市场经济的考验。当代中国正处于一个从计划经济向社会主义市场经济转变的经济转型时期，社会从比较封闭向全面开放转变，这对原有的社会道德价值观念产生了强烈的冲击，存在着相互激荡的文化价值观念，科技工作及科技工作者中也出现了一些单纯追求物质利益的现象。一些地方急于求成，不惜以损害环境为代价，来换取短时间的发展。有些先发展起来的地区不恰当地利用其优势，去掠取不发达地区的自然资源、基因资源、信息资源。对此，我认为，先发展起来的地区应利用其经验给后发展地区以指导和帮助，不能够在自愿和等价的名义下以损害发展中国家以及欠发达地区弱势群体利益取换取发展。前一时期，哈佛大学有少数科学家到中国某些落后地区，在当地人不充分知情的情况下，已很少的补偿采集了很多实验生物的样本。对此哈佛大学已表示检讨。

第四、人类可持续发展的要求。当今世界，人类面临着极为严峻的生态危机，它已构成对人类社会可持续发展的严重威胁和障碍，科学技术的迅速发展和广泛应用所带来的负面作用，无疑是一项重要的因素。人类只有一个地球，自然资源是有限的，我们应该爱护我们自己的家园。当前对生态环境的自平衡性产生破坏作用的表现有：对自然资源的过度开发和不合理利用、损害生物多样性、引发和加剧灾害性的全球环境变化等。有些自然资源是不可再生和不可恢复的，生物多样性是地球上所有生命形式的总和，它为人类提供了食物、材料、药物和环境等生存和发展的条件，是人类实现可持续发展不可缺少的物质基础。我们不应该损害子孙后代的发展权。

四、 加强科学伦理研究与道德建设

科学伦理研究与道德建设目前都亟待加强。

首先，要加强研究，提高对新时代科学伦理的本质的认识。科学伦理来源于科学认知，只有加强研究，发展认知，才能从根本上促进科学伦理的发展。

有关科学伦理研究的国际学术交流与合作是很重要的。科学伦理道德问题不是一个国家所独有的，而是世界性问题。发达国家由于科学技术的发展走在我们的前面，他们所面临的一些科技伦理道德问题，我们可能还没意识到。通过学术交流，我们可以借鉴他们的经验教训，增进理解和达成共识，从而可以避免误区，可以少走弯路。

要在深化认识的基础上，建设中国特色的科学伦理体系。伦理道德与文化息息相关，中国有五千年的文明历史，有很多好的道德传统，应该继承和弘扬。

为此，要认真进行制度建设，健全科学规范和政策。要改革科技人事制度，制定相应的科技资源配置及科技奖励政策，改革科技评价体系和方法，使之更注重科技工作者的实际贡献和工作状态，真正有利于科技进步与发展。

其次，要有效地加强科学伦理道德教育，使伦理认知与道德实践相结合。教育与示范的作用是最有成效的。加强学校教育，特别要从小学开始就进行科学道德教育。可以把著名科学家在科技创新活动中严格遵循科技道德的突出事例编入思想品德教育的教材中；科学共同体内部要加强道德教育，并进行必要的引导。同时，科学工作者要率先示范、言传身教。要表彰典范和好的案例，公开揭露坏的案例，并严肃认真地处理。

在道德建设中要注意提倡民主、加强监督。要继续提倡学术民主，反对迷信权威；鼓励学术争鸣，开展学术评论。同时要健全民主监督机制，充分发挥报纸、广播、电视、网络等传媒的舆论监督作用。舆论监督应该坚持正面引导为主，坚持揭露一些证据确凿、问题严重、有代表性的案例。但对一般性问题不可过于炒作。特别是对有失范或违规问题的科学工作者，要弄清事实，本着与人为善、教育帮助的态度进行批评。如果超出道德范围而触犯法律，则应诉诸于法律。对有争议的问题，可以通过仲裁来解决或有待历史发展来澄清。

全面把握邓小平科技思想　推进科技进步和创新*

邓小平同志是伟大的马克思主义者，无产阶级革命家、政治家、军事家、外交家，是党和国家第二代领导核心，是我国改革开放的总设计师；小平同志是领导我国人民彻底改变自己命运和国家面貌的民族英雄，是我国历史上的一位划时代的伟人。

小平同志将毕生的心血献给了他所深爱的祖国，献给了中国人民。他在以毛泽东同志为首的党的第一代领导集体的领导下，为新民主主义革命的胜利、社会主义革命的成功和社会主义建设，立下了卓越功勋。小平同志最伟大的贡献，就是领导我们党和我国人民坚定不移地实行了改革开放，并从世界发展经验和我国实际出发，探索出发展社会主义市场经济的道路，从而极大地提高了我国的社会生产力和综合国力，各项事业蓬勃发展，人民生活总体上实现了由温饱到小康的历史性跨越，为文明悠久的中华民族重新屹立于世界民族之林、走向繁荣昌盛奠定了坚实的物质基础和理论基础。

小平同志对科学技术在社会主义现代化建设和国际竞争中的作用有着深刻的认识。无论是在担任中共中央总书记期间，还是在“文化大革命”后期复出期间，小平同志始终大力支持我国科学技术的发展，关心爱护知识分子。“文化大革命”结束后，小平同志更是强调科学技术在现代化建设中的重要性，大力倡导尊重知识、尊重人才，强调知识分子是工人阶级的组成部分，在政治上给知识分子很高的地位。改革开放以来，小平同志领导我们党正确地制定了一系列科技政策和知识分子政策，使我国的科学技术事业进入了蓬勃发展的新时期；小平同志亲自决策启动我国的863计划，使我国把握住20世纪后期世界高新技术快速发展的历史机遇；小平同志关心科技人员的生活和工作，与科技人员相濡以沫，荣辱与共；小平同志积极倡导科技要走出去、请进来，他在改革开放初期国家财政并不富裕的情况下，毅然做出大批选派留学生的决策，为我国的科技发展奠定了人才基础。

小平同志对中国科学院的改革与发展也倾注了巨大的心血。他在1975年主持国务院工作期间，治理整顿的重点单位之一就是中国科学院。1977年春天，小平同志还没有正式出来工作期间，就约见中国科学院当时的领导方毅、李昌等同志，就如何提高科技人员和教育工作者的政治待遇和物质待遇，如何调动科技人员的积极性等问题提出了具体意

---

* 本文为2004年8月12日在“中国科学院纪念邓小平诞辰一百周年”座谈会上的讲话，刊发在2004年8月13日《光明日报》B1版。

见。1977年9～10月，根据小平同志的指示，中国科学院向国务院呈送了《关于中国科学技术大学几个问题的请示报告》、《关于招收研究生的请示报告》，在教育改革方面起了带头作用。为了加强基础科学研究，小平同志支持中国科学院高能所建立正负电子对撞机，亲自为对撞机工程开工奠基并培下第一铲土。1981年5月，小平同志亲自批准了89位学部委员关于设立中国科学院科学基金的建议，开创了新中国科学基金制的先河。他还批准中国科学院建立遥感卫星地面站，并为该站题写了站名。小平同志为了改善中国科学院的科研条件和科技人员的生活待遇，付出了很多心血。每忆及此，在中科院工作的同志都深受感动和鼓舞。

小平同志以政治家的远见和思想家的深邃，对当今世界科技发展状况和趋势以及科技在经济社会发展中的作用进行了深刻的分析和准确的判断，对于新中国建立以来我国科技工作的经验教训进行了科学全面的总结，对我国科技发展提出了高瞻远瞩的战略设想，形成了系统丰富的科技思想。小平同志的科技思想包括科学技术在社会进步中的作用、科学技术的发展方向、我国科技发展的战略重点、科技体制改革、人才培养等多个方面，是我党领导科技实践的理论产物，是邓小平理论的重要组成部分，是对马克思主义、毛泽东思想关于科学技术论述的继承、丰富和发展。

（1）小平同志对科技在经济社会发展中的作用做出了科学的判断。他根据当今世界科技发展的特征和我国科技事业发展的经验，继承发扬了马克思主义关于科学技术的基本观点，创造性地提出了“科学技术是第一生产力”的著名论断。他深刻指出，只有提高科学技术的水平，国家的实力才能增强，人民的生活才能不断得到改善，我国的社会主义制度才能不断巩固和发展。这一论断提高了全党和全国人民对科学技术在当今经济社会发展中作用的认识，指明了我国科技发展的方向。

（2）小平同志对科技在我国现代化建设中的作用有着高瞻远瞩的思考。他以政治家的高远眼光，敏锐地指出，“我们要实现现代化，关键是科学技术要能上去”，“科学技术要走在前面”，“不抓科学和教育，四个现代化就没有希望，就是一句空话。”因此，要从战略高度重视科技工作，要像重视基础设施的投入一样重视对科技的投入，努力率先实现科学技术现代化，进而带动我国农业、工业和国防现代化。

（3）小平同志对基础研究的作用有着清醒的认识。他明确指出，基础研究是应用开发的先导，基础研究的水平决定着应用技术的水平，决定着经济发展的水平，关系着我国的长远利益。“大量的历史事实已经说明：理论研究一旦获得重大突破，迟早会给生产和技术带来极其巨大的进步。”他指示我们，在基础研究方面，一定要抓住机遇，确定重点，集中力量，在某些方面取得突破，攀登世界科学高峰，形成一定的优势。

（4）小平同志始终站在经济社会发展全局的角度看待科技体制改革。作为改革开放的总设计师，他不仅充分认识到科技体制改革对科技发展的重要性，而且亲自推动科技体制改革。他指出：“经济体制，科技体制，这两方面的改革都是为了解放生产力。新的经济体制，应该是有利于技术进步的体制。新的科技体制，应该是有利于经济发展的体制。”应该通过分配制度、评价制度等方面的改革，使科技人员的积极性得到充分的发挥，使科技与经济的结合更加紧密。他进一步指出，企业应该成为技术进步的主体，要“加强企业的研究工作。这是多快好省发展工业一个重要途径。随着工业的发展，企业的科技人员数量应当越来越多”。

（5）小平同志非常重视人才在科技进步中的作用。他说过，“改革科技体制，我最关心的，还是人才”，“人才可以顶很大的事，没有人才什么事情也搞不好。”发展我国的科技事业，“关键就是能不能发现人才，能不能用人才”。因此，要“尊重人才，广开进贤之路。”并且要“创造一种环境，使拔尖人才能够脱颖而出”。他还教育我国广大干部，“人才是有的。不要因为他们不是全才，不是党员，没有学历，没有资历，就把人家埋没了。善于发现人才，团结人才，使用人才，是领导者成熟的主要标志之一。”

（6）小平同志敏锐地认识到发展高科技的极端重要性。他明确指出，“中国必须发展自己的高科技，在世界高科技领域占有一席之地。”高科技“反映一个民族的能力，也是一个民族、一个国家兴旺发达的标志。”因此，“在高科技方面，我们要开步走，不然就赶不上，越到后来越赶不上，而且要花更多的钱，所以从现在起就要开始搞。”“搞科技，越新越好，越高越好。”同时，他还认识到，产业化是发展高科技的最终目的，所以要“发展高科技，实现产业化”。

（7）小平同志十分重视学习世界上的先进科学技术。他教导我们“要把世界上一切先进技术、先进成果作为我们发展的起点。”“不仅因为今天科学技术落后，需要努力向外国学习，即使我们的科学技术赶上了世界先进水平，也还要学习人家的长处。”他还告诫我们，对外开放，引进国外先进的技术，学习国外先进的管理经验，并不是权宜之计，而是我们民族进步必须坚持的长远方针。

小平同志的科技思想是他留给我党、我国人民，特别是我国科技界最宝贵的精神财富，我们要结合科技创新实践，深入学习、系统研究小平同志的科技思想，全面把握小平同志科技思想的基本观点及其内在联系，把握其精髓，坚持用小平同志的科技思想统领我国的科技工作，使我国的科技工作始终沿着正确的方向前进，避免出现较大的失误，切实推进我国的科技进步和创新。

（1）学习小平同志的科技思想，要始终坚持马克思主义的发展观。将科学技术这个第一生产力放在经济社会发展的核心地位，坚持依靠科技进步和劳动者素质的提高，实现我国经济社会的全面协调可持续发展。

（2）学习小平同志科技思想，要始终坚持从战略高度发展科学技术。将科学技术作为国家经济社会发展和国家安全的基础资源和战略资源，作为引领经济社会发展的主导力量。我们要以小平同志的科技思想指导我们当前正在进行的国家和中国科学院中长期科学和技术发展规划工作，前瞻筹划，纵深部署，不仅着眼于未来10年的对科技需求，还要着眼于未来20、30年的发展需求，考虑中华民族的根本和长远利益。

（3）学习小平同志科技思想，要始终坚持发展是硬道理，把发展科技生产力作为我国科技工作的中心任务。进一步推进科技体制改革，充分调动科技人员的积极性和创造性，发展快先支持、发展好多支持，重视和鼓励原始性科学创新和关键技术的自主创新与系统集成，推进科技与经济紧密结合；坚持走出去、请进来，扩大国际科技合作，努力在国际合作中提高我国的创新能力、创新水平和创新效益。

（4）学习小平同志的科技思想，要始终坚持以人为本。坚持在创新实践中识别人才，在创新活动中培育人才，在创新事业中凝聚人才，努力造就一批德才兼备、国际一流的科技创新人才，建设一支高素质的科技创新队伍，特别是要为年轻人才脱颖而出、施展才干提供更大的舞台和更多的机会。要大力营造尊重知识、尊重人才、尊重劳动的环境和氛围。要关心科技人员，爱护科技人员，支持科技人员。科技战线的各级领导干部都要向小平同志学习，努力做好科技人员的后勤部长。

我们要牢记小平同志对科技和科技工作者的殷切期望，紧密团结在以胡锦涛同志为总书记的党中央周围，认真学习贯彻邓小平理论和“三个代表”重要思想，牢固树立科学发展观，为落实科教兴国、可持续发展和人才强国战略，开创知识创新工程试点新局面，建设国家创新体系，促进我国经济社会的全面协调可持续发展，不断做出基础性、战略性、前瞻性的重大创新贡献。

科学的价值*

今天我演讲的主题是科学的价值。这是一个重大的科学哲学问题，每一位科学家在其学术生涯中都在自觉或不自觉地关注这个问题，世界上的一些科学家和哲学家还就此问题进行过深入的研究。法国科学家彭加勒（J. H. Poincaré，1854—1912）就专门从科学哲学的角度写过一部名曰《科学的价值》（*La valeur de la science*）的专著。在科学技术日新月异并对人类生活产生重大影响的今天，科学价值的问题更引起社会的广泛关注。今天，我想从一名科学家和科技管理工作者的角度，就这个问题，谈谈我的思考。

科学的价值体现在对未知世界的认知和对真理的探索。古希腊时期还没有现代意义上的科学，但那时科学家的前身——自然哲学家们，已经开始从理性的角度探讨人类和自然存在及其活动规律，古希腊阿波罗神庙里铭刻着一句箴言："认识你自己。"这句话代表了早期自然哲学家们的探索精神和追求的目标。当时，人们认识自我、自然以及人类社会，主要目的是寻找生活和生命的确定性，希望用人类的理性思维来抵御无知的迷惑和未知带来的烦恼与恐惧。有些自然哲学家认为，最有意义的生活莫过于能够对世界和人类做出合理的解释。哲学家赫拉克利特（约公元前540—前475）为了专心致志地探索真理，放弃了城邦僭主的优越生活；另一位哲学家德谟克里特（Δημόκριτοζ，公元前460—前370或前356）甚至说过："宁可得到一个因果性的解释，也不做波斯王。"大哲学家柏拉图（约公元前427—前347）更是将探索和追求真理的理性生活视为人类最高尚的生活。

近代科学的奠基者们秉承古代哲人的理性思维传统，对科学以及科学的价值形成了比较一致的认识。近代科学家基本认为，科学是有关自然、社会和意识的系统而合理性的知识，科学研究的本质体现在发现新的现象，提出新的问题，创造新的知识，建立新的理论和方法论。科学的价值首先体现在对世界的正确认识与合理解释上。

从古代科学到近代科学，甚至包括现代科学的某些成果，它们的价值并未直接体现为现实生产力，基本上体现在认知层面，体现在对真理的追求，对世界的合理解释。科学的认知价值，曾经而且依然体现在对人类思想解放的推动，而历史表明，人类文明的

---

* 本文为2004年12月16日在香港公开大学的演讲。

任何进步首先要有人类思想的解放。正是由于哥白尼天文学、开普勒天体运动力学、牛顿力学等，人类形成了对宇宙的唯物论认识；经典力学后来又成为启蒙运动思想的核心要素，在推动欧洲社会告别神权和封建统治，进入现代文明社会中，发挥了重要的作用；正是由于达尔文（V. R. Darwin，1809—1882）的进化论，人类能够从物质变化和运动的角度看待生物与人类的起源与进化，形成了更加正确而坚实的生命观；正是由于心理学和认知科学的发展，人类对自身的意识有了更加清晰的认识，形成了科学的认识论；正是由于普朗克的量子论、爱因斯坦的相对论、玻尔（N. Bohr，1885—1962）的原子论、海森伯和薛定谔的量子力学，人类认知的触角深入微观快速运动的物质世界，拓展到广袤的宇宙和遥远的宇宙诞生之初，形成了新的物质观、宇宙观和时空观。目前人类正在探索的暗物质和暗能量，正在不断完善的宇宙、生命、人类演化理论和模型，无疑还将引发人类的思想领域发生重大变革，进一步推动人类文明的进步。同时，自然科学所坚持与发展起来的理性思维方式，极大地影响了人文社会科学的发展。在自然科学的影响下，经济学、社会学、人类学等人文社会科学，越来越重视数学方法、建模方法等实证研究思路，更加走向定量化。而注重实证性，注重定量化，注重理性化，又是当今公共治理的核心所在。

技术是人类生存和发展的方式。从诞生之初，技术就体现出推进人类物质文明进步、保障人类生存和发展的价值。火的使用使人类掌握了抵御寒冷的方法，开始熟食，延长了平均寿命，有利人类知识与经验的积累与传承，扩大了人类的活动空间；农耕技术的发明，使人类开始有了相对固定的食物来源，进而带动物质交换、社会财富与文化的聚集等文明形态的出现，由此，自然的人开始演变成社会的人；蒸汽机的发明与使用，纺纱机、纺织机等工作机械的发明和改良，拉开了工业社会的序幕；电动机的发明，电力的使用，又将人带入电气化时代；而肇始于 20 世纪后期，毫无衰兆的信息技术，不仅将人类带入信息社会，而且空前地推进了全球化和知识经济的进程。同时，我们有理由相信，正在酝酿的生物技术革命及其商业化和市场化所造成的影响有可能会和信息技术的影响一样宏大和深远。

在当今世界，技术价值的内涵也有了巨大的扩展。技术创新能力已经成为产业、行业和企业竞争的核心要素，并决定了国家和地区的综合竞争力，成为经济发展的驱动力，成为可持续发展的基础；而高技术，特别是战略高技术，成为国家安全的保障，成为科技、经济和军事竞争的关键。这样，技术创新的发展就不仅取决于传统的发明欲和创新心，更取决于经济社会发展的拉动，取决于新科学知识的推动，取决于宇宙、生命和社会进化的启示。

在全球化的今天，技术创新必须面对全球市场，必须考虑重视关键技术的原始创新、自主创新和系统集成；在市场经济的条件下，技术创新必须遵循市场规律，走社会化和规模化的道路；必须确立企业作为技术创新的主体，而且必须推进官学研之间的结合，没有国立科研机构和大学新知识、新技术和新人才的供给与支撑，企业的创新活力不可能持久，也不可能有较大较快的发展。同时，技术创新需要良好的科技成果溢出机制，需要风险投资的介入，需要孵化器、高技术产业园的集群效应等。

评价技术创新，主要是看创新成果的市场和社会价值，在经济社会发展和国家安全中的作用，是看创新成果对提升国家、地区或企业竞争力的贡献，而不能仅仅根据发表论文和申请专利数量来评价。

从传统上看，科学的起源与技术的起源尚属两个不同的分支。科学来源于对神学自然解释的不满，来源于对宗教桎梏的挣脱；而技术起源于原始的生存需求和工匠传统，起源于社会经济发展对工程和机械复杂性、精确性与多样性需求的增加。但是到了19世纪中后期，特别是20世纪以来，科学以前所未有的深度和速度促进了技术的创新和突破，进而引发人类生产和生活的发生根本改变，导致社会的重大变革，改变了世界的格局。因而，科学的价值已不局限于认识论的范畴，在现实生产力方面也有了明确的体现。爱因斯坦的光电理论导致激光的产生，建立在孟德尔、摩尔根基因论基础上的育种理论导致农作物品质的优化和产量的大规模提高，维纳（N. Wiener，1894—1964）的控制论为重大而复杂的工程奠定了理论基础，并催生出智能生产线，物理学对于微观世界及其变化规律的认识，推动了微电子和纳米技术的发展，没有数学算法的发展，也就不会有某些信息技术的迅猛飞跃，而生命科学和生物工程更是模糊了科学与技术之间的界限。资料表明，近些年来，建立在科学理论基础之上的技术发明专利呈不断上升的态势，在当今世界，任何重大的技术创新都离不开科学创新的支撑。当然，科学创新也离不开技术创新的支持。

在知识经济时代，科学技术在创造物质价值的同时，由于科学技术还能够开发新的能源，提高资源的使用效益，治理环境，保护生态，为保障人类的健康提供支撑，提高国家和社会的安全防护能力，所以导致科学价值内涵的不断扩大。科学技术除了是对客观世界的系统认识、是正确世界观、认识论和方法论的基础之外，同时也是技术与管理创新的基础和源泉，是社会均衡、可持续发展的知识基础，是国家安全能力的保障，是先进文化的主要成分，是重大决策和立法的重要依据，是创造就业和解决贫困的手段，是科学教育和终身教育主要内容，是人类生存与发展以及人与自然和谐相处的基石，是人类文明可持续发展的动力。可以说，谁掌握了最先进的科学技术，谁就掌握了优势，谁就掌握了未来。评价科技创新的价值也就不能仅仅看其科学的理论意义及其在科学史上的地位，而是更应该看其对人类经济社会进步的影响和驱动作用。

正确把握科学的价值内涵，不仅具有认识论上意义，更是我们制定合理政策促进科学技术创新的前提。按照当代科学发展的特点，若要促使科学价值的充分体现，我们必须选择前沿领域，组织科学探索与攻关。前沿领域是科学发现的突破点，不仅具有理论意义，而且也可能是重大技术的先道；在重视原始创新的同时，也要重视自主创新和系统集成；必须组织跨学科研究与探索，因为根据现代科学发展规律，重大的科技创新往往产生于交叉领域；必须选择出色的合作伙伴和研究团队，建设创新文化和提供必要条件，人才是科学发展的根本，文化是科学发展的氛围与土壤；必须给予科技发展稳定而必要的支持，任何重大的科技创新，都是长时间积累的产物，只有持续的支持，才有可能取得重大突破；必须鼓励科学家和科研机构进行自由的国际交流与合作，科学自从诞生之日起，就需要充分的合作和交流；必须建立科学的学术评估体系，引入正确的评估和调整机制。科技创新需要社会的理解、参与和支援，需要政府和社会持续增进的财政支援，需要依法对学术自由和知识产权的保护，需要建立有效转移和分享科技创新成果的机制，需要建立公平而有效的科学教育体系，使得知识结构合理、创新欲望旺盛的年轻一代不断补充到科技创新的队伍中来。

女士们，先生们：科学和技术已经成为国际竞争的核心，成为引领未来经济社会发展和人类文明进步的主导力量，需要民众的广泛支持，特别是青年才俊的积极参与。在此，我真诚希望香港莘莘学子能够热爱科学、支持科学、投身科学，为香港的科技事业发达，为中国科技能力的提升，为世界科技进步与人类文明，贡献自己的力量。

全面认识科学技术的价值及其时代特征*

尊敬的周光召主席、尊敬的各位来宾：

首先请允许我在此向新疆维吾尔自治区党政领导、各族人民和广大科技工作者致敬！

我很高兴能够参加中国科学技术协会2005年学术年会，与各位专家学者共同探讨一些有关我国科技发展的重大问题。自去年以来，胡锦涛同志就如何提高我国科技创新能力、推进科技自主创新发出了新的号召。我认为，要落实好胡锦涛同志的要求，提高我国的自主科技创新能力，首先要准确把握科学技术的本质和时代特征，采取切实有效的措施，才能更有效地促进我国科学技术的发展，促进我国自主科技创新能力的提升。今天，我想就科学技术的价值及其时代特征谈一些自己的观点，与大家共同切磋，欢迎批评指正。

18世纪，一位夫人在参观美国杰出科学家富兰克林（Benjamin Franklin，1706—1790）的实验室时，曾经问道："您做的这些工作有什么用?"富兰克林反问道："新生的婴儿有什么用?"现在看来，这位夫人无意中涉及了当时人们普遍不解的一个重大问题——科学的价值。而富兰克林的回答则正代表了近代科学诞生之初多数科学家们对科学价值的认识——科学的价值将随着时间的推移而逐渐显现出来。

近代科学诞生之初，并没有显示出重大的实用价值。近代科学家们基本认为，科学是关于自然、社会和意识的系统且符合理性的知识体系。科学的本质体现在发现新现象，提出新问题，创造新知识，建立新理论和提供新方法。科学的价值首先体现在对客观世界的正确认识与合理解释上。

近现代科学的某些成果，它们的价值并没有都直接体现为现实生产力，而基本体现在认知层面，体现在对真理的追求，对世界的合理性解释。科学的认知价值，曾经而且依然体现在对人类思想解放的推动。历史表明，人类文明的进步首先要有人类思想新的解放。近代科学所特有的注重实证，倡导理性和批判质疑精神，成了启蒙运动思想的核心要素，在推动欧洲社会告别神权迷信和封建统治，进入现代文明社会，发挥了重要的作用。正是由于哥白尼天文学、开普勒天体运动力学、牛顿力学等，使人类形成了对宇宙初步的科学认知；正是由于达尔文的进化论，人类开始从运动、相互作用和发展变化的角度看待生物

---

* 本文为2005年8月20日在乌鲁木齐市召开的"中国科学技术协会2005年学术年会"上的报告。

与人类的起源及进化，形成了科学的生命观；正是由于心理学和认知科学的发展，人类对自身的意识有了更加系统、科学的认知，推动了唯物辩证的科学认识论的形成；正是由于普朗克的量子论、爱因斯坦的相对论、玻尔的原子论、海森伯和薛定谔的量子力学，人类的认知深入微观、快速运动的物质世界，拓展到广袤的宇宙和宇宙诞生之初，形成了人类新的物质观、宇宙观和时空观。

今天，科学的认知价值仍对人类的思想进步产生着重大影响。目前人类正在探索的基因组、蛋白质组、代谢组、干细胞、脑与认知，以及暗物质和暗能量，正在不断完善着的宇宙、生命、人类自身的演化理论和模型，无疑还将引发科学和哲学等发生重大变革，并将进一步推动人类文明的进步。同时，科学中所蕴含的理性思维方式，也影响了人文社会科学的发展，现代经济学、社会学、人类学等人文社会科学，越来越重视数学与建模方法等实证研究思路，并且更加走向定量化。而注重实证性，注重定量化，注重理性、公平、和谐，又恰恰是当今公共治理的核心所在。

技术本质上是人类生存与发展的方式。它从诞生之初，就体现出推进人类物质文明进步、保障人类生存和发展的价值。火的使用，使人类掌握了抵御寒冷的武器，扩大了人类的活动时空；农耕技术的发明，使人类开始有了相对稳定的衣食来源，并进而带动物质交换、社会组织等文明形态的出现，由此，自然人开始演变成社会人；蒸汽机的发明与使用，纺织机等工作机械的发明与改良，拉开了工业社会的序幕；电动机的发明，电力的使用，又将人类带入电气化时代；而肇始于 20 世纪后期，至今仍方兴未艾的信息技术，不仅将人类带入信息社会，而且还推进了经济全球化和知识化的进程。我们完全有理由相信，正在酝酿的生物技术革命及其资源化、市场化和产业化，所带来的影响有可能会与信息技术的影响同样广泛和深远。

技术从来没有像今天这样在经济社会中发挥着决定性的作用，技术的社会价值内涵也因此有了新的扩展。技术、尤其是不断发展高新技术的创造能力，已经成为产业、行业和企业竞争的核心要素，决定着国家和地区的综合竞争力，并成为经济发展的推动力，成为人类社会可持续发展的基础；高技术、特别是战略高技术，已成为国家安全的保障，成为抢占科技、经济和军事竞争战略制高点的关键所在。推动技术创新与发展的动力已不仅源于技术人员的发明和创造欲，更源于经济社会发展需求的拉动，源于科学新知识的推动，源于科学家与工程师对于宇宙、生命和社会进化的认识所得到的启示、学习和模仿。

在全球化的今天，技术创新必须面向全球市场，必须重视关键技术的原始创新、自主创新和系统集成创新，重视引进、消化、吸收基础上的再创新；在市场经济的条件下，技术创新必须遵循市场规律，走社会化、产业化、市场化和规模化的道路；必须以企业作为技术创新的主体，必须推进官产学研之间的紧密结合。没有国立科研机构和大学的新知识、新技术和新人才的供给与支撑，企业的技术创新不可能有较大较快的发展，其活力也不可能持久。没有企业为主体的技术创新，则不可能真正完成由知识、技术到产品、工艺的完整创新价值链的实现，完成科技知识向现实生产力的转化；同时，技术创新也需要良好的科技知识和成果的溢出扩散机制，需要中介和风险投资的介入，需要孵化器、需要高技术产业园的集约效应等。

评价技术创新，主要应看创新成果的市场价值，应看技术在经济社会发展和国家安全中的作用，看创新成果对提升国家、地区或企业竞争力的贡献，而不能只根据论文和专利的数量来评价。

从历史上看，近代科学的起源与技术的起源属于两个不同的分支，近代科学来源于对神学解释自然的不满，来源于人们对宗教桎梏的挣脱；而技术则起源于人类的生存需求和古代以来形成的工匠传统，起源于社会经济发展对工具和装备复杂性、精确性与多样性的需求。但是到了19世纪中后期，特别是20世纪以来，科学以前所未有的深度、广度和速度促进了技术的创新和突破，进而引发了人类生产和生活方式的根本改变，导致了人类社会的重大变革，也改变了世界的格局。因此，现代科学的价值已不只局限于认识论的范畴，在现实生产力方面也有了明确的体现。如爱因斯坦的受激辐射理论导致激光的产生，建立在孟德尔、摩尔根基因论基础上的育种理论导致农作物品质的优化和产量的大规模提高，维纳的控制论为重大而复杂的工程奠定了理论基础，并催生出智能生产线，物理学对于微观世界及其变化规律的认识，推动了微电子和纳米技术的发展，如果没有数学算法的进展，就不会有信息技术的迅猛飞跃，而生命科学和生物工程更是模糊了科学与技术之间的界限等。资料表明，近些年来，建立在科学理论基础之上的技术发明专利呈不断上升的态势，在当今世界，任何重大的技术创新都离不开科学知识创新的基础和支撑。

在知识经济时代，科学技术在创造新的生产力的同时，由于科学技术还能够开发新的能源，提高资源的利用效率，治理环境，保护生态，为保障人类的健康提供知识和技术支撑，提高国家和社会的安全防卫能力……因此，科学技术价值的内涵也在不断扩大。科学技术除了是对客观世界的系统认识、是正确世界观、认识论和方法论的基础之外，同时也是工程与管理创新的基础和源泉，科学技术是第一生产力，是经济健康持续发展、社会和谐进步的知识基础和支撑，是国家安全能力的保障，是先进文化的重要组成部分，也是重大决策和立法的重要依据，是创造就业和解决贫困的手段，是科学教育和终身学习的主要内容，是人类生存与发展以及人与自然和谐相处的基石，是人类文明可持续发展的动力，更是人类文明永不枯竭、不断发展的最重要资源。可以说，谁掌握了最先进的科学技术，谁就掌握了优势，谁就掌握了未来。因此，评价科学创新的价值也就不能仅仅看其科学的理论意义及其在科学史上的地位和作用，更应该看其对人类经济社会进步的影响和推动作用。

正确把握科学技术的价值内涵，不仅具有认识论上意义，更是我们制定合理政策促进科学技术创新的前提。按照当代科学技术发展的特点，若要使科学的价值充分实现，我们必须选择前沿交叉领域，组织科学探索与技术攻关，因为前沿交叉领域往往是科学发现新的突破点，而且也可能是重大技术创新的先导；在重视原始创新的同时，也必须重视技术的自主系统集成创新；必须选择和支持优秀的合作伙伴和研究团队，建设优良创新文化和环境，因为人才是科技创新的根本，文化是科技创新的氛围与土壤；必须给予科技发展稳定而必要的支持，尊重科学家的学术自由和研究机构的学术自主权，因为任何重大的科技创新，都是长时间积累的产物，只有持续的支持自主创新，才有可能取得重大突破，而在第一线工作的科学家们更了解科学发展的前沿和态势；必须鼓励科学家和科研机构进行自由的国际交流与合作，因为科学自从诞生之日起，就需要充分的合作和交流；还必须建立适合科学和技术创新的不同的科学评价体系，引入正确的评价和调整机制。

同时，我们也必须清醒地认识到，科学技术也是一柄双刃剑，科技发展创造了强大的改造自然的能力和生产力，但科学技术一旦被滥用，也可能危及自然生态、人类伦理以及人类社会与自然界的和谐与可持续发展。因此，在发展科学技术的同时，必须充分重视科学伦理道德研究，建立与不断完善科学技术创新活动的基本法理和行为准则，保障科学技术的健康发展并造福人类的文明与进步。

科学技术的进步，科技创新能力的提高，需要全社会的支持，需要政府和企业对科技的投入，需要吸引大批杰出人才投身到科技创新的事业中来，需要有利于科技创新的良好社会制度环境与文化环境，同时，也需要我国广大科技人员树立正确的世界观和价值观，在为祖国和人民的创新奉献中实现人生的理想和价值。

科技工作者的价值观决定了科技工作者的理想追求和精神境界，决定了科技工作者的胸怀，以及有什么样的科学目标和人生追求，能够致力做出什么样的创新成就。

我们应该清醒地看到，当前，我国确有少数科技工作者未能树立正确的价值观。他们追求的不是真正做出新的发现、新的发明，造福于人民，而只是为了名利、地位、荣誉。热爱的不是科学本身，而是热衷于名誉和地位，追求的不是真理和知识，而只是个人或小团体的利益。因此，他们不能将国家和人民的利益放在首位，而往往一事当前，只计较个人的得失。个别人甚至不惜采取不正当手段，骗取资源，窃取荣誉。

科技价值观问题应引起我们的重视，这个问题不仅是一个认识和伦理问题，也关系到在科技界能否真正落实“三个代表”重要思想和科学发展观，关系到广大科技人员能否正确选择科技创新目标，关系到我国的科学技术能否快速、健康、持续的发展，能否迅速提升我国的自主创新能力和水平，能否建设起一支德才兼备的创新队伍，能否继承和弘扬科学民主、爱国奉献、求真唯实、诚信合作的创新文化。

世界观是价值观的基础。科技人员的世界观包括：世界是否是物质的，是否是变化发展的，世界是否是可知的，知识是怎么产生的，科技人员个人、集体、社会在认识和改造世界过程中的作用，人类社会、人与自然如何才能协调、和谐、可持续发展等重大问题。人生观贯穿于科技人员的整个科学创新活动的过程与行为的始终。我以为，一个科技人员的人生观首先要回答的是：人活着究竟是为了什么？科技创新究竟是为了什么？一个科学家一生的追求应该是什么？历史上许多有作为的科学家和工程师几乎都具有科学、先进的世界观和人生观。

追求真理是科技工作者价值观的核心。追求客观真理是科技工作者最基本也是最崇高的价值观，是科技工作者最高和永恒的目标。自从近代科学产生以来，追求真理，做出新的发现和发明，就成为科技工作者的理想追求，有些科学家，像塞尔维特（Michael Servetus，1511—1553）、布鲁诺（Giordano Bruno，1548—1600）等，为了追求真理而牺牲生命。正是这种对真理的追求，有力地促进了科学技术在近现代的突飞猛进，使人类克服了种种艰难，攀登上一个又一个科学技术的高峰。追求真理要求科技工作者不唯书，不唯上，不唯师，求真唯实，严谨踏实，不断进取。

做出创新贡献是科技工作者最重要的价值实现。创新是科学技术发展的生命，科学技术的核心动力就是创新，对于科学技术的最终评判标准在于是否在世界上率先做出新的发现和发明。在科学界只有第一，没有第二，因此，科学家的价值就体现在能否做出原始创新，能否在世界上率先提出有价值的新思想、新观点和新理论。技术最核心的价值也是体现在能否做出原始性创新贡献，只有做出原始性技术创新，才有可能在世界的技术和产业竞争中占据主动权，处于世界发展的优势地位。但是由于技术竞争的多样性，技术创新也应重视自主系统集成创新，从而提升参与世界技术和产业竞争的能力。如果只是一味模仿跟踪，就会永远走在世界技术发展的后面，进而制约企业、地区和国家的产业与经济发展，无法为国家竞争力的提高和国家安全提供强有力的技术支撑。

爱国主义是我国科技工作者价值观的重要体现。在这方面，我国老一代科学家起到了很好的模范和表率作用。新中国成立初期，百废待兴，国家的物质条件还很落后，但是为了新中国的建设和发展，李四光（字仲拱，1889—1971）、华罗庚（1910—1985）、钱学森（1911—　）等科学家，放弃了海外优越的研究和生活条件，毅然返回祖国，满腔热忱地投身于新中国的建设，将全部才智和精力无私地奉献给了祖国和人民。在他们的身上充分体现了新中国知识分子的高尚品德和崇高的价值观和人生观，他们是我国知识分子的杰出典范。

创新为民应是新时期我国科技工作者的价值取向。以胡锦涛同志为总书记的党中央提出并身体力行立党为公、执政为民，积极倡导要利为民所谋，情为民所系，权为民所用。广大科技人员也要把祖国和人民的利益放在心中，牢固树立以科教兴国为己任，以创新为民为宗旨的价值观，坚持从推动国家发展和创造人民幸福生活的需要出发，确定科研方向，开展科研工作，不断在为祖国和人民的奉献中实现自己的理想和价值。在确定科研课题时，首先要关注选题是否有助于解决国家经济社会发展中的科技问题，是否有助于人民生活水平的提高，是否有助于公共安全和国家安全，是否有助于我国的科学技术赶超世界先进水平，而不是只考虑这个或那个选题是否可以争取到更多的经费，是否有利于自己的职称或荣誉，是否可以给自己带来名利收获等等。其次，在研发过程中，要更多地考虑我们的研究与开发是否可以转化为现实生产力，或者解决国家发展中的实际问题，是否可以构建完整的创新价值链。

创新为民自然要求我们始终坚持艰苦奋斗和勤俭节约的工作作风，珍惜国家宝贵的科技投入，本着对人民负责的态度从事每一项科研工作。

为了引导广大科技人员树立正确的价值观，我们应做好以下工作。

一是要加强创新文化建设，为树立正确价值观创建良好的文化氛围。创新文化建设要以“三个代表”重要思想和科学发展观为指导，提升科技人员的价值观，将个人价值的自我实现与国家发展紧密结合起来，实现国家目标与个人理想追求的统一；要树立高尚的思想境界，努力摈弃相互逢迎、自我陶醉、小富即安、不思进取、循规蹈矩、墨守成规的思想和陋习；坚持在科研实践中把国家目标和广大人民的根本利益放在最中心地位，增强使命感和责任感，勇于创新，善于创新；树立求真唯实、勇于创新的自信心，从习惯于跟踪与模仿转向立足于自主创新，从习惯于从事低风险的课题研究转向敢于开展高风险的原始性或突破性重大创新研究，从习惯于固守现有领域转向敢于开拓新的领域与前沿；树立诚信合作、共同发展的团队精神，大力推动不同学科、不同领域的跨单位、跨系统交流与合作，大力弘扬以尊重个人创新劳动价值为基础的团队合作精神，大力营造协同攻关、顾全大局、和谐共进、团结奋斗的氛围；提倡诚实守信、科学严谨的学术道德，加强学风建设，加强道德自律，严肃学术批评，倡导学术争鸣、追求真理的科学精神。

二是要继续推进体制机制改革，为树立正确的价值观奠定制度基础。彻底改变因体制机制因素造成的资源平均分配、科技评价自我陶醉和科技产出自我循环。从根本上改变计划经济体制下长期形成的部门利益至上、条块分割、分散重复、忽视绩效的资源配置方式，建立适应社会主义市场经济体制要求的绩效优先、鼓励创新、竞争向上、协同发展、创新增值的资源分配机制，使资源真正投入创新能力强、创新效率高的科技人员、创新团队和科研机构；改革科技评价体系，坚持以世界水平看科学创新，以国际竞争能力看技术创新，以对经济社会发展贡献看科技转化；加强科技管理创新，坚决从低水平重复分散的研究模式转向跨学科跨部门、官产学研紧密结合的力量组织与凝聚，从以自我循环为主的科技转化模式转向以企业为主体的社会化和规模产业化，建立在有序市场竞争基础上协调和谐发展的新机制。

三是要使广大科技人员清醒地认识到所肩负的历史使命和社会责任。在当今社会，科技工作者的历史使命和社会责任就是要为国家的繁荣和人民的幸福以及科技进步做出更多的科技创新贡献，要为公民素质的提高和先进文化的建设传播科学知识、科学方法、科学思想和科学精神，为科学技术的健康发展遵守科学道德和行为规范，为经济社会的全面协调可持续发展，保护生态环境和生物的多样性，为推动社会进步，维护公平和正义，为使更多的年轻人投入科技创新实践，承担起科学教育和科学普及的责任，为人的全面发展倡导尊重生命和人权等。科技工作者的价值最终要体现在他为国家做了什么，为人民做了什么，为提高人类对自然的认识和合理利用做了什么。我国的科技工作若想得到全国人民的真心实意的认同和大力支持，就应当树立“先天下之忧而忧，后天下之乐而乐”的思想境界。

当今世界，科学和技术已经成为国际竞争的核心，成为支撑当代并引领未来经济社会发展和人类文明进步的主导力量，科学技术需要民众的广泛参与和支持，需要社会的理解和支持，需要政府和社会持续增加科技投入，需要依法加强、改善对学术自由和知识产权的保护，需要建立有效转移和分享科学技术知识和科技创新成果的机制，需要建立公平有效的科学教育体制，深化教育改革，注重素质与能力培养，使得知识结构合理、具有良好素质和创新欲望、信心与活力的年轻一代不断补充到科技创新的队伍中来。只有这样，才能使我国的科学技术快速、持续、健康的发展，保障我国的国家安全，早日进入世界发达国家的行列，才能使科学技术的价值得到充分的实现，支撑和引领我国的经济社会发展。

科技创新与科学的价值观*

全国人大常委会副委员长、中国科学院院长路甬祥院士在人民大会堂全国人大办公室里接受了本报记者的专访。在长达1个多小时的采访中，路甬祥纵论世界科技发展大势。他指出，全球科技进步日新月异，进入了一个前所未有的多学科、跨学科创新群体集聚时代。中国正在迎头赶上。他强调，中国科学界应从黄禹锡造假事件中吸取教训，树立正确的科学价值观，发展科技、努力创新，促进人类社会的和谐、合作与发展。

一、全球科技新成果令人目不暇接

记者：近一年来，全球科技领域取得了哪些重大进展和新成果，它们对人类社会的发展进步带来什么影响？

路甬祥：在探寻物质世界的奥秘方面，2005年7月，美国天文学家宣布发现了太阳系内第十大行星。在有关宇宙起源的研究中，黑洞仍旧是各国科学家关注的一个重点。8月，日本科学家利用“朱雀”号卫星成功观测到位于银河系中心的“人马座A”超大质量黑洞，其质量比太阳大数千万倍。10月，英国天文学家宣布，离“人马座A”黑洞不到1光年的区域里，诞生了数十颗大质量恒星。这项研究有可能解释这种罕见的大质量恒星是如何生成的。11月，我国科学家领导的一个国际小组利用位于北半球10个射电望远镜组成的阵列成功测量出了“人马座A”黑洞的大小。

在宇宙学研究取得这些重大成果的同时，微观研究也取得了一系列令人兴奋的新发现。基因组研究仍是引领生命科学的前沿领域。一个国际科研小组破译出了世界上极具传染性的细菌之一——弗朗西斯菌（*Francisella*）的完整DNA序列。中国科研人员成功完成水稻全基因组精细图，在籼稻和粳稻两个水稻亚种的基因组中完整地搜索到97.7%的水稻基因，并独立完成了家蚕基因组工作。美国、以色列、德国、意大利和西班牙科学家进行的黑猩猩基因测序与分析研究结果显示，黑猩猩与人类在基因上的相似程度达到96%以

---

* 本文为《人民日报》记者吴迎春的采访稿，发表在2005年12月28日《人民日报（海外版）》，题为“科技创新促和谐”。

上，该成果对研究人类起源具有重要意义。

随着人类基因组计划的完成，世界生命科学进入了一个以蛋白质组学和生物药品开发为重点的新阶段。

微生物基因组也受到广泛的关注，这不仅是因为微生物的种类与性状繁多，而且微生物对于人类健康，工农业生产，生态环境，国家和社会安全关系重大。

高致病性禽流感先后在若干国家发生，并危及人的生命，全球合作应对。科学家在H5N1禽流感病毒的研究和防治药物方面取得重要成果。

信息技术领域，一个由多国科学家组成的研究小组开发出功能强大的自由电子激光器，该激光器能发出波长极短的激光，可用来观察纳米世界，并为最终获得原子系统的结构和动力学信息提供了重要手段。

超级计算机的研制竞争日趋激烈，2005年，美国IBM公司研制的“深蓝”计算机新的计算速度已达到每秒280.6万亿次。日本亦不甘示弱，正在着手开发最快运算速度可达每秒1万万亿次的下一代超级计算机，预计到2010年完成。

世界航天科技领域中，新技术、新成果的产生令人目不暇接。2005年初，“惠更斯”号探测器顺利登陆土卫六。7月4日，美国宇航局的“深度撞击”号彗星撞击器成功击中了坦普尔1号彗星。至8月16日，在国际空间站工作的俄罗斯宇航员克里卡廖夫（Sergei Krikalev，1958— ）创造了太空飞行时间803天的世界新纪录。10月中旬，中国“神舟”六号载人飞船顺利升空，创造了中国多人多天遨游太空的新纪录。

二、人类社会可逐步进化到和谐发展阶段

记者： *未来世界科技发展的趋势是什么？*

路甬祥： 科技创新、转化和产业化的速度不断加快，原始科学创新、关键技术创新和系统集成的作用日益突出，科学技术正在成为人类经济可持续增长和社会进步舞台上的关键性角色。

科技发展呈现出群体突破的态势，起核心作用的已不是一两门科学技术，而是由信息科技、生命科学和生物技术、纳米科技、新材料与先进制造科技、航空航天科技、新能源与环保科技等构成的高科技群体，这标志着科学技术进入了一个前所未有的创新群体集聚时代。

学科交叉融合加快，新兴学科不断涌现。科学和技术的融合成为当今科技发展的重要特征，许多学科之间的边界将变得更加模糊，未来重大创新更多地出现在学科交叉领域，学科之间、科学与技术之间的相互融合、相互作用和相互转化更加迅速，逐步形成统一的科学技术体系。

温室效应，臭氧层破坏，资源环境压力，艾滋病等流行性疾病的预防、控制与治疗，如何实现人与自然和谐发展，这些问题的解决超出了自然科学技术能力的范围，必须综合运用自然科学、技术手段和人文社会科学研究协同解决，必须密切科学技术与经济、社会、教育和文化之间的联系。随着经济全球化的进程加快，人们面临的许多问题也越来越显示出明显的全球特征，如全球环境问题、食品安全、生物多样性保护和传染病的防治以

及反恐、维护世界和平与稳定、保障国家安全等问题，都需要全球的交流与合作。

记者：世界上许多国家不同程度地存在水资源、土地资源、矿产资源短缺和环境污染等问题，如何解决这些问题，实现人与自然和谐、可持续发展？

路甬祥：自然资源的有限性和人类需求的无限性是很难克服的矛盾。但随着人类创新能力的提升，有了新知识可替代传统生产工艺和技术，对不可再生资源的依赖不断下降，缓解了矛盾。另外，人类对客观规律认识加深后，逐步回归到理性的生活方式和生产方式，人类社会有可能逐步进化到和谐发展阶段。

人类社会的和谐包括人与自然的和谐、人与人之间的和谐、国家之间的和谐。但现今世界上还存在很多不和谐的因素。国家之间的和谐要通过交流与合作实现，现代科技创新更需要国际交流与合作完成。人与自然的和谐应通过信息化和资源节省型、环境友好型等高新技术手段，大力发展绿色制造业、服务业和环保产业，逐步形成资源节省、环境友好的产业结构来实现。

同时，要深化规律认知。首先，应加快建立与完善生态系统监测网络，发展基于数字地球理念的资源环境信息技术平台，全面系统认识自然过程和人的活动对生态环境及人类自身发展影响的客观规律，为资源高效利用、生态环境整治提供坚实的知识基础、技术支持和决策依据。其次，大力发展绿色制造、清洁生产技术和节材、节能等新技术。此外，还要提高全民环境意识，倡导科学的生活方式，等等。

三、 中国整体科技发展水平位居发展中国家前列

记者：中国科技发展现在达到什么水平？如何提高中国科技创新能力和国际竞争力？

路甬祥：经过50多年的不懈努力，特别是改革开放以来的快速发展，中国的科学技术发展取得了很大的进步。目前中国已经形成了比较完整的科学研究与技术开发体系，整体的科技发展水平位居发展中国家前列。2004年，中国国际科技论文数量位居世界第五位，在载人航天、纳米科技、生物科技的某些领域，中国已进入世界先进行列。

但是，与发达国家相比，中国科技发展的水平还相对落后，中国自主的原始创新和系统集成能力还不强，经济社会发展尚未真正走上依靠科技创新的可持续发展轨道。为了提高中国的科技创新能力，我们要在科技界全面落实科学发展观，通过国家中长期科技发展规划的组织与实施，通过建立与完善有利于自主创新的政策环境和市场环境，推进国家创新体系建设，提高自主创新能力，促进产业竞争力的全面提升；要建立适合中国科技发展需要的人才结构，造就一批德才兼备、具有战略眼光和卓越组织才能的战略科技专家和领衔科学家与工程师；要加强科学道德与学风建设，推动全社会形成讲科学、爱科学、学科学、用科学的社会氛围，等等。

记者：在经济全球化发展的今天，中国的国际科技合作有何意义？

路甬祥：通过国际科技合作，产生于世界各地的科学技术知识、成果、信息，可以为不同国家和地区的人民所共享，推动科技成果的应用和转化，推进先进科学理念的传播和科学精神的弘扬，也有利于促进不同国家、不同地区的文化交流；另外，可以有效促进创新要素，包括创新人才、创新思想、创新资源、创新平台和创新成果，在全球范围内的优

化配置和组合，推动科学技术更快更好地发展。

四、认真吸取“黄禹锡造假”的教训

记者：韩国有“克隆先锋”之称的黄禹锡造假丑闻对国际科学界造成巨大的震动，请问它出现的原因是什么？

路甬祥：这涉及科学家自身的行为准则和道德作风问题，但从根本上看，是关系到科学价值观的问题，因为科学就是认知客观世界和客观规律，技术就是要创造新的生产方式和生活方式，要造福人类。认知客观规律就是要求真、求实，如果偏离了这个方向就没有科学的意义和价值。以作假的方式发表文章对科学没有任何意义，是垃圾、是泡沫、是学术腐败。这不只是影响科学界的学术空气和作风，也会影响到青年一代。黄禹锡的问题完全搞清楚需要时间，但看来存在不少问题。比如：他示意下属女研究员提供卵子，明显违反了国际上明文规定的科学研究规范和道德（即：卵子捐献应是自愿无偿的，但黄禹锡付了酬金；另外，捐献者同研究人员应保持一定的距离等）。至于他隐瞒数据、采用虚假的数据，那就更加不应该了。科学是一项求真的创新工作，必须经得起检验，必须在同等条件下可以重复。

产生问题的背后必然是名利的驱动，想通过不正当的手段来获取名和利，这背离了科学的本来目标和价值。我们国内存在类似的问题，表现的形式不太相同。其原因除科学家自身的问题外，还有单位和科学群体评价科研成果的准则和方法问题，比如：过急、过分强调论文的数量，而不讲究质量，就会炮制出很多泡沫文章。没有真正的科学新内涵，没有增加对客观世界新的认知，这样的文章实际上没有价值。即使强调了文章发表的“档次”，但忽视其在科学发展史上的价值，忽视其对于技术的推动、对经济社会发展的推动，也可能一时产生有影响的文章，发表在著名的刊物上，但恐怕很难产生真正揭示科学本质和新规律的东西。每年全世界发表的科学文章数以十万计，但真正有价值的文章并不多。有价值是指原始科学创新、在科学史上能留下重大印记的。我们现在提倡原始科学创新，就是要经得起历史检验、能在科学发展史上留下印记、有重要科学意义，或者对经济社会发展有重要推动作用。技术创新要看关键的核心技术有无自主创新突破，能否获得自主知识产权，有无能力做出适应社会市场需求的重大的系统集成创新。而系统集成创新能提高企业产品在国际上的竞争能力，能够解决和应对中国在可持续发展方面的一些重大问题。

记者：中国科学界如何吸取教训，杜绝这方面的问题？

路甬祥：从治本说，要不断提倡和强调正确的科技价值观，从青少年抓起，从教育入手，树立良好的诚信道德规范。另外，在评价科学研究的体系和方法上，要建立符合科技价值观的评价准则和方法，评价科学再也不要只根据文章数量，也不能只讲文章的数量和所谓的“质量”，虽然加了“质量”也不行，科学的价值最终要让历史来评判，让经济社会发展的进程来评判所做工作是否真正有价值。许多诺贝尔奖，就是授予那些做出了原创性贡献、并经过历史和实践检验的科学成果和理论，它们一般要滞后 10—15 年，有的甚至滞后 20 年以上。只有少数明显有价值的成果获奖的时间离做出成果的时间比较近。爱因斯坦现在为什么获得这么高的评价？是因为他的相对论的文章发表后 100 年、到现在，科学历史进程证明了它的价值。当时授予爱因斯坦诺贝尔奖的时候，评奖委员会还没有勇气用相对论给他授奖，而是以光量子论文授奖的，就是这个道理。无论是科学团体还是国家，对科学的评价标准要更加冷静、更加客观，更加耐心，应等待时间的考验，这非常重要。这样才可以在全社会端正科学价值观。

五、 企业要成为技术创新的主体

记者：科技创新的成果如何转化为现实生产力？

路甬祥：跟上面的问题有联系，但也有差别。因为科研成果或者新知识转化为现实生产力，需要有完整的创新价值链衔接和持续推进才行。一个新的科学概念要变成一项新技术，技术的新突破再和其他技术组合起来，成为一个新产品或者新工艺制造过程，比原来更节能、节料，有更好的性能，成本更低，在市场上有更强的竞争力，需要许多人协同工作，形成一个小系统或者大系统。不只是科学家在实验室里工作，还要有工程师参加进来，把概念的东西变成现实的产品和工艺；企业和企业家也要参与进来，提供市场重要的信息，判断未来市场的定位和目标；同时，要有投资者参与进来给予资金支持和帮助，它才能够发展。在这个进程中，创新的主体要从科学家转化成工程师，从工程师转化成企业家，以企业为主体。如果不进行这个转化，始终停留在实验室里，最多出一个样品，不可能成为工业化的产品。要成为工业化的产品，需要考虑许多因素，比如市场上好销、不但原理要新要好、更要成本合理、性能、外观受用户欢迎、而且使用维护要方便等。在经济全球化的今天，还要在全世界找合理的生产配置，如果生产基地放在美国则成本高，而在中国找合作伙伴生产成本就比较低。

在中国的科研成果转移转化中，原始创新比较少，转移的效率不是太高，这是目前比较突出的两个问题。原始创新能力不够，所以首先对基础和前沿研究的投入要加强，以增强基础研究和前沿探索能力。现在我们在基础研究方面的投入还很低，不仅低于发达国家水平，同某些发展中国家相比也偏低。发达国家的基础研究一般占 R&D（研究和开发）投入的 15%—20%，中国只占 6%左右。第二要提高中国科学家的创新自信心，同时要培养更优秀的青年科学创新人才，这要从教育方向上给予投入和改革。

记者：如何提高创新自信心？

路甬祥：我们的研究工作如果跟着人家的方向走，模仿人家的方法，做出来不可能是完全的创新。必须要从科学的本质、技术的本质提出全新的概念、新的方法、新的手段。要创造，就要营造创新的环境，鼓励创新，同时宽容失败，当然创新更希望成功。如果创新不允许失败，大家就不敢去做风险大的事情、不敢做困难的事情、不敢做独创的事情、不愿做需要长期艰苦探索的工作。许多人总是习惯问，外国人做过没有？外国人做过，那我们也做。这样你就只能在人家后头。所以要鼓励创新，也宽容失败。当然失败要总结经验教训，要从根本上解决问题。中国的文化和教育也存在一些问题。我们习惯用灌输式教育，我们不太强调学生超过先生，总是老师教学生听，这应该改变。要勇于理性质疑，鼓励提出问题，中国人要从小时候起，就培养观察世界提出问题的能力，培养找出矛盾的自信心和能力。这样长大之后创造能力就比较强。我们不能等到下一代才进行教育改革，现在就要对科技人员不断强调创造力。关于科研奖励方面，目前奖励项目，我看还是太多，自然科学奖要奖科学上真正有突出贡献的，发明奖、科技进步奖要奖真正的关键技术突破，或者有创造性的重大集成创新。对一般有经济效益的项目，有市场和社会的回报就可以了。比如：有专利的，专利转让有回报。不要层层奖励，奖励太多就会模糊科学和技术的真正价值。就像发表文章一样，误以为发表了文章就是价值，一争取到奖励就是价值，这样包装的行为来了，造假的行为也来了。

记者：中国企业创新能力不足与企业的资金和人才不足是否有关系？

路甬祥：关系不大。比如假冒产品出现，属于知识产权保护方面的问题。另外税赋不平等，外资企业可以减免税赋，许多民营企业和有的国营企业为了减免税赋就到境外注册公司，或者吸收少量的外资，转为合资，包装一下，就可以减百分之十几的税。因而，一定要建立公平的竞争环境。使企业只有靠两个途径提高竞争力，一是靠经营管理创新，比如戴尔的直销；二是靠自主技术创新，有自主知识产权，这要下大功夫，否则不能从根本上解决问题。

要引导企业自主创新不是给钱为主，主要是政策引导，建立公平的市场竞争环境，使企业愿意在研发方面去投资。赢利是企业的追求，否则就要亏本甚至倒闭。赢利后是简单扩张还是创新？这是企业选择的问题。前一段时间，简单扩张有利可图，企业就简单扩张。如果政府的政策和市场公平竞争导致简单扩张无利可图或者只有微利可图，而创新可获得高额回报，那么大家就会都去做创新。一些关键的高新技术、战略性高技术，重要的共性、基础技术，政府应适当扶持，为产业提供源头支持，来提升企业的竞争力。要提倡产学研结合。在创新体系中，大学和研究机构不断创新知识，不断探索前沿技术，不断地培养人才，源源不断地提供给企业，成为新知识新成果以及人才的源头。而企业根据这些知识和成果，利用这些人才不断开发出新产品和新工艺。只有产学研结合，技术创新链条才能完整起来，我们自主创新能力才能得到真正的大幅度提高。现在中央非常重视自主创新问题，我们要在落实中央精神上下功夫。过去若干年的科技改革主要是推动研究机构和大学的改革，希望他们能够积极主动地面向经济建设，为经济建设服务，为企业服务，那是必要、正确的。但是光有这一头还不够。真正要使科技转化为生产力，企业一定要成为技术创新主体。企业怎么才能成为技术创新主体呢？市场环境要公平，保护知识产权要有力，税赋要平，政策和法规要鼓励等。如果还可通过其他渠道和手段获得投资和竞争优势，那么企业就不会把心用在自主创新和改进企业管理上，所以建立公平的市场竞争环境非常重要。

六、 科技创新与充裕劳动力的关系辩证统一

记者：中国有充裕的劳动力资源，在科技创新的过程中如何发挥这一优势？

路甬祥：中国自主创新还面临着如何发挥劳动力成本低的优势，如何解决农村城镇化和农村人口就业？这也是个自主创新能力提高的问题。但两者虽并不完全一致，但是辩证统一的。从理论上说，技术进步提高国家的创新能力，会创造更多的就业空间，其前提是要使劳动者接受越来越高水平的教育。使劳动者受到良好的教育，就要增加教育投入。实

际上，如果一个国家的劳动力很充裕，劳动成本很低廉，劳动者素质和劳动力价格长期得不到提高，你的比较优势就是劳动力成本低，那么，全世界适合劳动力成本低的产业都向中国转移，技术层次就上不去。如何既要引进适合中国劳动力充裕的某些产业、某些技术，同时要不失时机地发展高附加值、高创造力的高新技术，这是必须解决好的课题。我曾参观两个制造锂电池的工厂，锂电池是高技术产品，但是深圳一家工厂居然用了15 000名工人做锂电池，问他们为什么不用先进的生产设备，回答是先进的生产技术设备虽然好，但需要较大成本投入，而使用劳动力成本低，用简单实用的自制设备 + 严格的人员培训与管理，也能达到较高的质量和效率，还可解决就业，他们将创新投入主要放在产品开发和质量保证上。另一家工厂在天津，用引进的现代化的生产线设备做电池，两家竞争的结果，在中国的环境和条件下，采用密集劳动力和自制设备生产的产品似乎有更大的竞争力。

记者：外国有人估计中国的廉价劳动力优势可保持15—20年?

路甬祥：一些小国家不是这样的，比如韩国，开始也是靠廉价劳动力，但是这个阶段很快就过去了。政府引导，国内劳动工资一提高，逼韩国的企业提高产品的档次。产业结构一调整，现在韩国有些劳动密集产业转移到中国来，但是他们国内的核心产业得到了提升。

应合理提高工人工资待遇。但现在是劳动力买方市场，你不干，马上有人来干，所以企业的老板不提高工人工资。采用比较简单设备生产，但仍可以在产品设计、多样性开发、产品结构性能提升、质量保证和评价、制造工艺、售后服务等方面加大投入和创新。通过提升产品的品质和附加值提高企业竞争力。这样，既提高自主创新能力，又充分发挥我国人力资源优势。

记者：现在国内存在这样的问题，各地竞争，如果这里的工资高，税高，开支大，投资者就到“便宜”的地方去投资。

路甬祥：日本曾经历这样的阶段，他们是怎么解决的?立法，行业协会、工会协调，规范化管理。要理性地来考虑这个问题，国家要统一立法，严格执法。企业通过自主创新和管理，提高自身竞争力和效益，同时提升员工结构，逐步提高职工工资水平，不但有利社会和谐，可以促进企业的自主创新，也有利促进国民消费。

发扬沈鸿自主创新精神　振兴我国装备制造业*

各位领导、各位专家，机械行业的同志们、朋友们，女士们、先生们：

今天，当我们在这里共同探讨振兴我国装备制造业之路的时候，不能不使我们想起，在我国装备制造业发展历程中做出卓越贡献的沈鸿院士（1906—1998）。

今天是中国共产党的优秀党员、中国科学院院士、著名机械工程专家、原第一机械工业部副部长、原中国机械工程学会荣誉理事长沈鸿同志诞辰100周年纪念日。我们纪念沈鸿同志，学习他的民族气概，缅怀他的非凡业绩，探寻他孜孜不倦的求索和改革创新的人生轨迹，对于提高自主创新能力、振兴装备制造业和建设创新型国家具有十分重要的现实意义。

一、平凡人生，非凡业绩

1906年，沈鸿同志出生于浙江省海宁县一个普通小商人家庭，他因家境日渐贫寒，只读了四年小学便因病辍学，以后在上海一家布店做了学徒。在旧中国，国内外反动势力强加给中国人民的羞辱和灾难，在沈鸿的心灵上烙下了深深的印记。他在阅读《共产党宣言》《科学名人传》等书籍的过程中，在与进步人士的接触中，逐渐萌发了“天下兴亡、匹夫有责”的爱国意识，产生了“工业救国”的报国之志。他从拆装钟表和修理小电器开始，开办五金厂，生产弹子锁，与洋品牌竞争并取得了成功，这使他更加坚定了振兴民族工业的信心。

抗战爆发后，中国东南沿海工业内迁后方。在迁移过程中，沈鸿深感旧政府抗战无能、组织无力，为了民族大义毅然携带十部机床率众辗转奔赴延安。在抗战期间，沈鸿解决了许多军用和民用产品的技术与生产难题，生产了一批小型成套设备，为支援抗战和边区建设做出了突出贡献。1942年，毛泽东同志为他题写了“无限忠诚”奖状。

新中国成立后，他走上了重要的领导岗位。在百废待兴的年代，面对西方国家的经济技术封锁和军事威胁，新中国必须建立起强大的、独立的现代制造业体系，而研制作为重

---

* 本文为2006年5月19日在北京人民大会堂举行的“沈鸿诞辰100周年纪念会”上的发言。

型制造基础的万吨水压机成了关注的焦点。沈鸿同志根据当时的国情，采用拼焊技术成功地解决了制造万吨水压机的技术难题。经过精心组织、设计、试验和制造，沈鸿和他的同事们终于在 1962 年 6 月制成世界上第一台全焊结构的 12 000 吨大型水压机。这台水压机是新中国工业建设和科技发展的标志性成就之一。

20 世纪 60 年代初，由于中苏两党关系紧张，苏联政府停止向我国供应火车轮箍，铁路运输面临着停运的威胁。沈鸿与有关部门合作，建设了马鞍山火车轮箍厂，从而结束了中国不能生产轮箍的历史。在条件极为困难的情况下，火车轮箍厂的建立向世人表明，中国依靠自己的力量，不但能生存，而且能发展。

新中国各项建设事业不断发展，对装备制造业提出了重大需求。为满足国民经济发展和国防事业对大规格、高品质金属材料和设备的迫切需求，摆脱依赖进口，打破国外的封锁，中央决定由我国自行设计建设若干个重大工业项目。沈鸿同志受命专门负责“九大设备”的研制工作。“九大设备”是指九套大型成套设备，包括 840 种，1400 多台，总重量 45 000 吨的复杂、精密的重大机器设备。在沈鸿的领导和精心组织下，第一重型机器厂、沈阳重型机器厂等厂家、设计和科研单位顺利完成了研制任务，再次提升了我国制造重型装备的能力。“九大设备”的技术含量高，用途广泛，代表着 20 世纪 60 年代中国机械制造技术的最高水平，历时近 9 年完成。自 70 年代起陆续投产以来，在国内居于不可取代的领先地位，迄今仍发挥着重要的作用。

沈鸿组织重大装备制造的才能和创新能力还体现在他参与的其他重大工程中。沈鸿作为“葛洲坝工程技术委员会”委员，负责水电机组设计调整方案的论证工作。在他的主持下，该委员会选定了水电机组的新设计方案，经过调整方案和全体建设者的不懈努力，1988 年 12 月葛洲坝水电机组终于建成发电。葛洲坝采用的两种容量的机组都是当今世界最大的低水头轴流转桨式机组之一。1985 年葛洲坝水电工程及其发电机组获国家科技进步特等奖。同年 10 月 16 日，联合国世界知识产权组织授予沈鸿金质奖章。

沈鸿同志十分重视知识的积累和传承。20 世纪 50 年代初沈鸿很想编一部中国的机械制造百科全书。1973 年开始正式筹划。在多个部门和来自很多单位的专家学者的协力编撰下，1982 年机械工业出版社终于正式出版了总共 25 卷的两部大型手册——《机械工程手册》和《电机工程手册》。沈鸿称“大型手册为两部无形的大机器”，它们被列为全国十大科技出版工程，荣获全国科学大会奖、全国优秀科技图书一等奖及国家科技进步奖等。

沈鸿同志还是机械工程学会的建设和机械工程继续教育的一位重要推动者。1951 年，他与几位前辈一起恢复组建中国机械工程学会。1981 年他担任学会理事长。1983 年 9 月，在他的倡导下，机械工业部和中国机械工程学会联合创办机械工程师进修大学，以改善工程技术人员的知识结构，提高业务素质。沈鸿担任进修大学的名誉校长，做了大量实际工作。

沈鸿通过自学，在实践中成长为国内外知名的机械专家，在制造技术和管理等领域都取得了非凡的成就。沈鸿同志的一生，是我国装备制造业艰苦奋斗、自力更生的缩影；沈鸿同志的一生，是为我国装备制造业发展而不断进取、不断创新的一生。

二、自主创新，辩证思维

沈鸿同志艰苦奋斗、自主创新的精神，忠诚祖国、忠诚人民的情怀，实事求是、谦虚谨慎的作风，成就了他的非凡业绩，也深深地影响和带动了一代人。尤其值得提出的是，他的辩证思维，他在丰富的实践中形成的一套符合中国国情的经验和思想方法，是我们在新时代建设创新型国家、开创自主创新之路中，特别需要认真学习和吸收的。

1. 敢于创新与求真务实

沈鸿同志不迷信权威，敢于依靠中国人自己的聪明才智，研制国内以前不能制造的先进设备。20 世纪 50 年代，中国的科技基础比较薄弱，许多科技人员对自力更生研制重大装备缺乏信心，不少人有依赖苏联专家和国外技术的心理。当时，就基础和经验而言，要造万吨水压机确实有很大风险。然而，沈鸿同志却毅然地站出来，向中央提出建议，主动承担了主持建造万吨水压机的重任。

敢干并不等于蛮干。沈鸿同志认真吸取“大跃进”期间许多项目不顾实际条件，忽视科学规律，最终导致失败的教训，深知万吨水压机的研制事关重大。要确保研制成功，必须保证方案的科学性和可行性，必须特别强调质量和实效，不能为追求进度而放松对产品质量的要求。为了验证技术方案的可行性，确保水压机的质量，江南造船厂先后制造了一台 120 吨和一台 1200 吨模拟试验水压机，把问题在模拟样机上解决了以后，再造万吨水压机。

为了选定切实可行的设计方案和技术路线，他深入基层和现场，调查已有的水压机和相关资料、技术条件，鼓励大家反复研究每一个技术环节，精益求精。水压机可锻钢锭重量是衡量水压机性能的重要指标。当时普遍倾向于“能大尽量大，能好尽量好”，而沈鸿同志则冷静地分析了实际需求，实事求是地确定了重量限额。

沈鸿同志的这种求真务实的作风在“大跃进”期间尤其难能可贵。他的这一作风在水压机建造成功后进一步体现出来，他在 1965 年的《人民日报》上发表文章时，仍然实事求是地指出了水压机在设计制造和使用中的问题。

在制造九大成套设备问题上，有些同志对国产设备信不过，主张进口国外产品。为了消除顾虑、统一认识，机械部和冶金部主管领导，尤其是沈鸿副部长到所有承担九大成套设备设计、制造的院、所和工厂进行动员，做耐心细致的宣传和教育工作。

为了做好九大成套设备设计方案的前期工作，沈鸿积极了解国内相近设备的运行情况，搜集国外同类设备的技术资料，广泛听取技术人员和工人的意见，正确地判断重大设备设计的先进性、合理性和实用性。他要求对每套重大设备都要进行各种试验研究，包括模型试验、制造中间试验设备，取得经验后再制造正式产品。

在长期的实践中，沈鸿同志总结出了改进老产品、发展新产品、研制重大装备的“七事一贯制”（产品的研究、试验、设计、制造、安装、使用、维修）、“四个到现场”（试验到现场、制造到现场、安装到现场、使用到现场）等科学工作方法与管理经验。

2. 突破关键与系统集成

沈鸿同志主持研制重大装备，既着力关键技术的突破，又重视多项技术的系统集成。

万吨水压机的研制是这两方面辩证思维的很好体现。上海当时缺少生产大型机器与大型零部件的加工条件，不可能用常规的方法制造大型水压机，必须在思路上另辟蹊径，在技术上有所创新。

1960 年，设计组打算选用电渣焊工艺和全焊结构作为制造水压机的技术方案，苏联专家对这个方案的可行性表示怀疑。沈鸿同志并未因苏联专家的看法而动摇，确信设计组经过严格试验选定的技术路线是可行的。事实证明，采用电渣焊工艺的全焊结构是至今仍令人称道的一项关键技术突破。

九大成套设备的制造既是关键技术的攻关和突破，又是规模更大的系统集成。这些设备的用户主要是冶金系统的大型钢厂、铝材厂。沈鸿同志从国家整体利益出发，善于协调设备制造部门和使用部门的合作，要求制造部门虚心听取用户的意见，以便制造出质量和服务都让用户信得过的精品。

他请冶金部徐驰副部长共同主持每套设备的设计审查、进度安排等重要会议，商讨重大技术问题，议定设备制造厂与冶金设计院、科研院所的技术攻关和协同配合，使各单位既做好自己的工作，又及时沟通信息、相互支持、通力合作；既务期必克关键技术，又集思广益、汇集成功的工艺和技术。

3. 自力更生与“洋为中用”

自主创新与吸收国内外先进技术应该是相互促进的。沈鸿同志能够巧妙地吸收、学习国外先进技术和经验，将自力更生与“洋为中用”很好地结合起来，有效地提升自主创新能力。

沈鸿同志对中国机械制造业与世界先进水平之间的差距有着清醒的认识，非常关心国际上科技发展的最新动向，重视搜集国外的新资料，以便学习和借鉴。

在水压机研制之初，他和设计人员到全国各地了解国外制造的水压机的设计特点和使用状况，并做认真的分析和总结。同时，他还和技术人员们搜集了大量关于水压机的图书资料，特别是联邦德国专家密勒著的《水压机与高压水设备》俄文译本和《苏联机器制造百科全书》的有关内容。万吨水压机研制所用的电渣焊技术在当时是一项先进的制造技术，国内还鲜有应用。当设计人员从英国的杂志上查到电渣焊的信息后，他组织江南造船厂立即着手研究，通过反复试验，成功掌握了这项新技术。

创新思路还来自敏锐的洞察力、想象力以及学习和综合能力。万吨水压机有四根立柱，每根立柱长 18 米、净重 80 吨。设计人员提出，用电渣焊的办法，将小件拼合成大柱。沈鸿同志在吃饭时受到筷子的启发，想到把一根立柱视为是一把“筷子”，制造“组筷式”立柱。这个想法很巧妙，但焊接操作难度较大。后来，刘鼎（1902—1986）副部长向沈鸿建议制造“竹节式”立柱。刘鼎知道哈尔滨坦克厂用类似的拼焊法制造炮塔。这种方法原来是德国人在二战期间采用的，在工艺上较“组筷式”容易实现。正是在博采众长的基础上，江南造船厂用此拼焊法成功制造了大立柱等水压机的大件。

4. 将帅之才与技术工人

提高装备制造业的自主创新能力，关键在于创新人才的培养和创新团队的组建。要培养、造就德才兼备、国际一流的创新人才，组建富有极强协同作战能力的创新团队，尤其要培养具有综合知识基础、学习能力、创新能力、工程管理能力的将帅之才。沈鸿同志正是这类人才的代表。

沈鸿同志在注意设计队伍的建设和人才培养的同时，特别重视发挥技能人才和技术工人的作用。沈鸿同志自己是技师出身的机械工程专家，深知技能人才的作用。他鼓励技术工人大胆尝试，在水压机的制造、安装等工序中，一批非常优秀的技能人才脱颖而出，在许多关键技术环节上发挥了很大作用。到晚年，他还十分关心高技能人才的培养。1997年他和夫人决定，捐献出多年积攒的20万元，建立了基金，专门用于奖励为培养机械技能人才做出重大贡献的教师。

沈鸿同志留给我们的这些宝贵的精神财富，并不会因为岁月的流逝而失去光辉，几十年后的今天，我们依然感到十分亲切，感受到他的思想深邃，备受启迪。今天，当我们正在为振兴装备制造业而奋斗之际，正需要这些十分宝贵的精神财富的激励。

三、学习沈鸿，致力振兴

沈鸿同志是现代中国机械工业界的杰出代表。中国装备制造业在沈鸿同志等老一代的努力下，在那个年代，造就了一定的基础，为国家的独立自主和经济发展做出了无愧于时代的贡献。今天在改革开放的环境下，我们后人更要学习沈老伟大的民族气概、革命精神和科学态度，致力于振兴我国装备制造业，投身于中华民族的伟大振兴中去。

装备制造业是为国民经济和国防建设提供技术装备的基础性产业，是国家科技水平、创新能力、工业实力的综合反映，体现着一个国家的综合国力，对国民经济和国防安全具有基础性、战略性、带动性作用。现代化的装备制造业是国家工业化和国防现代化的根本保证，是决定一个国家在世界经济发展格局中所处地位的关键因素。可以说，国家的荣辱兴衰与装备制造能力的强弱休戚相关。

经过50多年的发展，我国装备制造业取得了重大的成就，为国民经济和国防建设提供了大量装备。我国已经成为门类齐全、具有一定技术水平、总体规模进入世界前五位的装备制造业大国，可满足国内市场需求的2/3。但我国装备制造业，与工业发达国家相比还存在较大的差距。装备制造业的核心技术大部分仍依赖国外，研究开发能力仍较薄弱，技术更新速度缓慢；中低档产品和一般加工制造能力过剩，而国民经济发展所急需的重大成套装备和高技术装备却主要依赖进口，对外依存度过高；产品以中、低端为主，附加价值不高，全行业增值率仅为25.44%，而工业发达国家为37%—48%。

党的十六大报告提出要“大力振兴装备制造业”，“十一五”规划也把振兴装备制造业放在非常重要的位置。今年2月13日国务院发出8号文件《国务院关于加快振兴装备制造业的若干意见》，就如何加快振兴我国装备制造业作了全面部署。我国装备制造业的发展和振兴正面临一个新的机遇期。

振兴我国装备制造业，需要解决诸多问题，而其中最为突出的，我认为，一是要尽快实现产业结构优化升级，二是要着力提高自主创新能力。

1. 实现产业结构优化升级的方向

要按照走新型工业化道路的要求，面向国内、国际两个市场需求，调整优化产业结构，提升整体技术水平和综合竞争力，尽快实现产业结构优化升级。其方向可归纳为抓两头（重大成套装备和基础装备），促循环（循环经济、环境友好），抓拓展（拓展服务领域），促融合（融合信息技术和高新技术），促延伸（延伸发展现代制造服务业）。

（1）大力发展重大成套装备和基础装备。选择大型高效清洁发电设备、百万吨级大型乙烯设备、大型煤化工设备、大型薄板冷热连轧成套设备、大型煤炭井下综合采掘提升选洗设备、高速列车和新型地铁车辆、大型施工机械、新型纺织机械等一批对国家经济安全和国防建设有重要影响，对产业升级有积极带动作用，能够尽快扩大自主装备国内市场占有率的重大装备，加大政策支持和引导力度，以求实现重大突破。以数控机床为代表的基础装备是制造各种机器的母机，是实现制造技术和装备现代化的基石，是保证高技术产业发展和国防工业的战略装备，应当立足国内。现在基础装备发展滞后已严重制约整个装备制造业的发展。因此，必须高度重视发展航空航天、船舶、发电设备制造等需要的大型制造装备，汽车制造需要的高效、高精度成套设备，新一代数控系统，高性能基础零部件、元器件和功能部件，仪器仪表和自动化元器件及系统。

（2）按照循环经济的要求，加强节能和环保。装备制造业所提供的发电设备、各种工业炉窑、汽车等交通运输设备，是消耗资源的大户，污染环境的源头。按照发展循环经济、建设资源节约型、环境友好型社会的要求，必须大力发展资源消耗少、无污染或少污染的装备，回收利用余热、余气的能量回收设备，大宗废弃物如废旧计算机、家用电器、汽车的拆卸、回收、再利用设备，及各种环保设备。

（3）加快拓展服务领域。装备制造业必须根据市场的需求变化，不断拓展服务领域，由传统的钢、电、煤、化、油等产业部门拓展到信息、电子、通信、核电等领域及新兴产业。高新技术及其产业的发展特别是信息技术及其产业、生物技术及生物制品产业、新能源技术及其产业、新材料技术及其产业、海洋技术及其产业等高技术产业的发展，对以极大规模集成电路专用制造设备为代表的电子工业专用设备、生物制药和中药现代化设备、太阳能、风能等可再生能源发电设备、煤的气化、液化设备、深海资源开采设备等提出了技术越来越高、市场越来越大的新需求，对装备制造业必须高度关注，及早介入。农业的发展、新农村建设和城镇化建设进程的加快、农民收入的增加，对新型农业装备、农副产品深加工装备、节水灌溉设备、小型化的环保设备等提出了巨大的市场需求。

（4）广泛融合信息技术和高新技术。信息通信技术渗透性强、技术变革快、应用广泛。信息通信技术与装备制造技术结合，可以提高装备制造产品的自动化、智能化水平，实现制造过程的自动化和柔性化，使设计研发提高效率和成功率，进而实现企业综合管理信息化，提高装备制造企业的竞争力，并达到节约资源消耗、降低成本的目的。并在此基础上，实现企业间信息的互通互联，改变装备制造业的生产模式。装备制造业融合信息通信技术等高新技术，是提高产业整体效益和产业竞争力的有效途径。

（5）加快发展现代制造服务业。装备制造业不但要关注有形产品的生产，还要顺应制造业的发展趋势，借鉴工业发达国家的做法和经验，重视发展现代制造服务业。现代制造服务业属于技术产业型服务业，主要是围绕有形产品的产前、产后发展起来的，是市场经济环境下用户需求的产物。现代制造服务业所创造的利润，在制造业的整个价值链中所占的比重越来越大，具有广阔的发展前途。这是装备制造业实现产业升级的重要方向之一。

2. 提高装备制造业自主创新能力的途径

实现装备制造业产业结构优化升级，关键是要大力提高自主创新能力。目前，我国装备制造业自主创新状况并不令人满意，在科技投入、创新体系、技术来源、人员结构等方面存在不少亟待解决的问题。面对世界科学技术的迅猛发展，国际产业转移步伐的加快，特别是资源短缺与环境的约束，以及从国际科技竞争和知识产权保护日益强化的趋势，我国装备制造业已经到了必须依靠增强自主创新能力和提高劳动者素质推动发展的历史阶段。大幅度提高我国装备制造业的自主创新能力已刻不容缓。提高装备制造业自主创新能力，我以为，要着重注意以下几个方面。

第一，发挥市场拉动和技术推动的双重驱动作用。

自主创新能力的提高应以市场需求为导向，特别是全面建设小康社会对科学技术的需求、对提高自主创新能力的需求；同时还要发挥科技发展对提高自主创新能力的推动作用。在市场拉动作用和科技推动作用双重驱动作用下，装备制造业的自主创新能力必将迅速提升。

自主创新包括原始创新、集成创新、消化吸收再创新三种途径。原始创新孕育着科学技术的重大发展和飞跃，是自主创新能力的重要基础和科技竞争力的源泉，也是一个民族对人类文明进步做出贡献的重要体现。因此，对装备制造业中的科学问题、交叉学科及前沿技术应给予足够的重视。我国装备制造科技工作者，应努力关注和把握世界科技新发现和新进展，重点聚焦于涉及国家经济发展和国家安全的重要装备的基础问题和前沿领域，开展有关科学和技术方面的原始创新性研究。

当前，我们应该关注：重大装备自主创新设计与制造中的重要科学问题；基于资源节约和环境友好设计与制造中的重要科学问题；微机电系统与微纳制造中的重要科学问题；机械电子集成制造、仿生机械及生物制造等。同时，应该明确，装备制造业中存在的大量科技问题是工程技术问题，必须把引进、消化吸收国外先进技术与再创新紧密结合起来，求得解决。

第二，着力解决好四大问题。

解决引进技术消化吸收不良的顽症。全力解决长期以来存在、但一直没有解决的消化吸收与再创新不力的问题。国家应加大对重大技术和重大装备引进、消化吸收和再创新工作的宏观管理；通过国家资金的投入引导企业和全社会增加消化吸收的资金投入，改变引进技术有钱有力、消化吸收没钱无力的局面；组织产、学、研等方面的科技力量联合开展消化吸收和再创新，对于重大装备的引进，用户单位应吸收制造企业参与，共同跟踪国际先进技术的发展，并在消化吸收和国产化的基础上，合作开展创新活动，形成自主知识产权；对国内尚不能提供、且多家企业需要引进的重大装备，应由国家综合经济部门协调，组织统一招标，积极引导外商与国内企业联合投标，并支持国内企业尽可能多地参与分包和实现本地制造；研究制定联合消化吸收再创新中知识产权的归属、利益分配问题，形成利益共享、风险共担的激励机制。

解决系统设计、系统集成技术能力薄弱的问题。我国装备制造业特别是重大技术装备，系统设计、系统集成技术能力薄弱，难以为用户提供全面解决方案和“交钥匙工程”，以至做了成套装备工作量的大部分、却只取得价值量的小部分。针对我国当前系统设计和系统成套能力薄弱的现状，必须积极发展系统设计和系统集成技术，形成重大装备成套和工程承包能力。对国内尚不能提供、且多家企业需要引进的重大装备，应由国家综合经济部门协调，组织统一招标，积极引导外商与国内企业联合投标，并支持国内企业尽可能多地参与分包和实现本地制造；研究制定联合消化吸收再创新中知识产权的归属、利益分配问题，形成利益共享、风险共担的激励机制。

尽快改变产业共性技术研究开发缺失的状况。共性技术是各类制造业赖以生存和发展的技术基础，是国防现代化的公共支撑技术，也是高技术产业发展的基石。加强共性技术研究是各国工业技术创新政策的核心内容。工业发达国家，如美国、德国、日本、韩国等，都拥有强大的从事产业共性、前瞻、关键技术研究的研究机构。这些机构在弥补市场功能缺陷、加速技术扩散、支持企业创新方面，发挥着不可替代的技术基础平台作用。

相比之下，我国产业共性技术研究的薄弱状况日趋严重，以至出现共性技术研究缺失的状况。在市场经济体制尚未完善，企业技术创新机制还未根本转变，广大中小型企业自主开发能力较弱的情形下，多数企业无力支持共性、基础及前瞻技术的研发，更需要发挥政府在科技创新上的基础和引导作用，推动产业共性技术研究能力建设，支持并形成一支高水平、精干的研究队伍，是强化国家技术创新体系、弥补企业创新能力不足、提高我国产业国际竞争力的迫切需要。

解决学科发展和产业技术发展的紧密结合问题。装备制造科技发展的总趋势是多学科交叉和综合。数字智能化、微型精密化、高效绿色化、柔性集成化已成为主流发展趋势。而当前学科发展和产业技术发展中，相互之间的关联和结合度较弱，影响了创新集成的效能。因此，装备科技工作者，应努力关注相关交叉科学和产业技术的发展态势，努力将交叉科学的新技术、新创造引入新装备、新系统，形成集成创新。当今时代，微纳制造、光电制造、精准制造、航空航天制造、生物制造等制造技术新领域；仿生机械学、纳米摩擦学、制造信息学、制造管理学等新兴科学；以及环境保护、产品安全性、材料和能源的节省、机电装备的再循环、再利用、再制造，可再生、可替代等；无不都是交叉科学和技术发展的前沿和方向。

第三，加速以企业为主体的技术创新体系建设。

企业是装备制造业技术的主要需求者、主要投入者，也必须成为自主创新的主体。我们期望通过企业的努力、政府的支持，在大企业建成一批可与国外大公司研发中心抗衡的企业技术中心，并以此带动广大中小企业成为装备制造业技术创新的主体。

在构建技术创新体系中企业主体地位的同时，要加强产学研结合，充分发挥国家科研机构的骨干和引领作用，充分发挥大学的基础和生力军作用。在研究机构和大学加强和新建一批制造科技相关重点实验室；发展设计咨询中心，共性技术、技术标准、技术监测与认证、中试孵化等技术中介和服务中心；建设共享、互联的先进制造技术信息网络及数据库。

加速建设技术创新体系时，还要注意创新人才培养与创新教育，要革除应试教育、注入式教学方法的弊端，倡导理论与实践相结合，教育与研究相结合，着力培养自主创新的自信心、勇于创新的精神和自主创新的能力。

必须重视创新环境与文化建设。要完善法制化的公平竞争市场环境；树立科教兴国，创新为民的创新价值观；克服学术界心浮气躁之风，构建求真唯实，宽容失败，注重效率，协力创新的良好科学道德、学术风气与创新环境。

第四，同心协力、各方配合，努力实现装备制造业的振兴。

经济全球化的发展，对外开放的深化，既向我们提出了严峻的挑战，又为我们提供了扩大国际市场的机遇。我国装备制造业具有相当的比较优势，尤其是在发展中国家，有广阔的市场前景。当前，振兴装备制造业，已经成为国家产业战略，成为社会各界的共识。只要我们同心协力，各方配合，用户方和装备制造方共同努力，装备制造业的振兴是可以大有作为的。

诚然，我国装备制造业提供的产品和装备与用户的要求有距离，在质量和可靠性方面还不尽如人意，但也必须看到，现在的装备制造业与沈鸿同志所处时代相比，无论规模、水平、条件、能力都要强得多，只要通过自主创新，尽快实现产业升级，敢于与世界先进同行竞争合作，重大装备制造完全是可以立足国内的。为此，国家已采取和将要采取更多更有效的措施，支持国产装备的研发和使用，包括设立依托工程、建立风险基金、实施税收和信贷优惠等。相信自己的力量，为我国装备制造业创造更加公平的市场环境；装备制造业业内也要发愤努力，用事实赢得用户的信任。

我们应该认真学习和发扬光大沈鸿同志的艰苦奋斗、自主创新精神，走出一条“立足国情、放眼世界、面向未来”的中国特色装备制造业自主创新的道路。

机械行业的同志们、朋友们，女士们、先生们！

21世纪是科技飞速发展的时代，也是中国装备制造业实现全面振兴的时代。我们要按照党中央和国务院的战略部署，以胡锦涛同志在全国科技大会上的讲话精神为指导，以提高自主创新能力为目标，发扬沈鸿同志艰苦奋斗、开拓进取、自强不息、自主创新的精神，为实现我国装备制造业的振兴，为建设创新型国家做出无愧于时代的贡献！

在《关于科学理念的宣言》新闻发布会上的讲话*

新闻界的朋友们、同志们：

春节刚过，大家就来到中国科学院参加新闻发布会，我谨代表中国科学院对各位新闻界的朋友表示热烈的欢迎和衷心的感谢，也再次向大家致以新春的祝愿！

今天，中国科学院向社会发布《关于科学理念的宣言》（以下简称《宣言》）和《中国科学院关于加强科研行为规范建设的意见》（以下简称《意见》），这是我院弘扬科学精神、端正科学理念、加强制度建设的又一重要措施。

刚才，李静海同志已宣读了《宣言》，方新同志就《意见》的主要内容作了介绍和说明。这里，我就两个文件所涉及的有关问题，向各位朋友再做一些说明。

中国科学院作为我国自然科学最高学术机构、科学技术方面的最高咨询机构和自然科学与高技术综合研究发展中心，在努力为我国经济建设、社会进步、科技发展和国家安全等方面做出贡献的同时，历来十分重视引导广大科技人员树立正确的科学价值观，端正科学理念，恪守科学伦理和道德准则，形成了“科学、民主、爱国、奉献”的光荣传统和“唯实、求真、协力、创新”的优良院风。20 世纪 90 年代以来，中国科学院坚持正面引导教育与组织制度建设双管齐下，注重标本兼治，不断加强科学道德与学风建设。1994 年，中国科学院率先成立了学部科学道德建设委员会，为全国科技界加强科学道德建设起到示范作用。1998 年，在实施知识创新工程之初，中国科学院就提出要加强创新文化建设，强调创新文化在知识创新中的基础性作用，强调正确的人生观和科学价值观对于科技工作者的极端重要性，并做出了一系列的规定和部署，相继制定了《关于加强创新文化建设的指导意见》《关于改革中国科学院研究所评价体系的决定》《关于加强创新队伍建设的指导意见》《中国科学院科技工作者行为准则》《中国科学院关于科技人员兼职的若干意见》《中国科学院院士科学道德自律准则》等规章和文件。同时，针对科技评价和计划管理制度不健全、评价体系不完善、评价方法不科学等问题，以及科技界反映的学术浮躁、学术腐败等现象，从促进我国科技事业健康持续发展出发，中国科学院向国家有关部门提出了若干建议，如 2004 年向国务院提交了《我国科学道德与学风问题基本分析和建议》的报告等。

---

* 本文为 2007 年 2 月 26 日在《关于科学理念的宣言》新闻发布会上的讲话。

为进一步推动和谐学术生态建设，今天中国科学院郑重发布《宣言》和《意见》。这两个文件连同近年来已经制定实施的有关规定，既有从更高和更深层次对科学价值、科学精神、科学道德准则以及社会责任等基本理念的阐述，又有分别针对各类科研活动及各类科技人员行为的制度规范，形成了一个较为完整的体系。下面我着重就和谐学术生态建设谈几点认识。

一、和谐学术生态建设是和谐社会建设的重要组成部分

中共中央十六届六中全会从中国特色社会主义事业总体布局和全面建设小康社会全局出发，做出了《关于构建社会主义和谐社会若干重大问题的决定》。当前，我国社会各界都在深入贯彻落实六中全会精神，和谐学术生态建设是科技界积极参与和谐社会建设的重要方面，就是要高举科学的旗帜，带头弘扬追求真理、实事求是的科学精神，积极践行以“八荣八耻”为主要内容的社会主义荣辱观，承担起向全社会示范创新精神、展示创新成果、传播创新文化的责任，从制度、机制、管理和文化入手，着力构建和谐有序、竞争向上、创新友好的发展环境，形成理念引导、制度保障、严格自律、社会监督的格局，努力成为全社会道德建设和促进和谐社会建设的表率，促进我国科技事业和谐健康可持续发展，为建设创新型国家和构建社会主义和谐社会做出贡献。

二、正确的科学价值观是和谐学术生态建设的思想基础

20世纪以来，随着科学技术特别是信息技术、生物技术等的飞速发展，科学技术本身及其与自然界和人类社会的相互关系更加复杂，对科学道德和科学伦理提出新的挑战，国际社会越来越关注科学道德和伦理问题。新中国成立以来，我国科技事业得到了飞速发展并取得巨大成就，但是我国科技界确实也存在着急功近利、浮躁浮夸、科技成果重数量轻质量等问题，甚至在极少数人中出现了弄虚作假和抄袭剽窃等严重违背科学道德的不端行为，严重影响了我国科技队伍的声誉和创新能力建设，也对我国进一步加强科学诚信建设、规范创新行为、开展科学伦理研究提出了新的要求。学术浮躁、学术腐败等现象的存在和发生原因是多方面的，既涉及科学家自身的行为准则和道德作风问题，还有单位、科学群体和组织评价科研成果的准则和方法问题，但从根本上看，都关系到科学价值观，是其从思想根源上背离了科学的本来目标和价值。因此，树立正确的科学价值观、端正科学理念、明确社会责任是构建和谐学术生态的根本问题。

三、完善的规章制度是和谐学术生态建设的有力保证

和谐学术生态建设，需要科学的理念、正确的引导、严格的制度及社会的监督。教育引导的作用在于启发和提高科技工作者的思想觉悟和情操，激励大家自觉地发扬科技界的

优良传统和学风，端正科学理念；制度的作用则在于建立健全一套科学、合理、应该共同遵守的行为规范，要求科技工作者严格遵守、相互约束，并依此实行严格的管理和监督，对违规行为进行认真严肃的查处。长期以来，中国科学院坚持科学、民主、依法办院的理念，为建立“职责明确，评价科学，开放有序，管理规范”的现代科研院所制度，做出了不懈的努力，相继对人事制度、资源配置制度、科技评价制度等方面进行了改革，制定了一系列规章制度，为中国科学院和谐学术生态建设和知识创新工程提供了制度保障。本次发布的《意见》对科研行为的道德准则、行为人的自律责任、科学不端行为处理等方面做出明确具体的规定，是对已有规章制度的进一步完善，必将对中国科学院和谐学术生态建设起到积极推动作用。

四、 科技体制的改革和完善是和谐学术生态建设的环境保障

胡锦涛同志在2006年全国科技大会讲话时指出：“要继续推进科技体制改革，充分发挥政府的主导作用，充分发挥市场在科技资源配置中的基础性作用，充分发挥企业在技术创新中的主体作用，充分发挥国家科研机构的骨干和引领作用，充分发挥大学的基础和生力军作用，进一步形成科技创新的整体合力，为建设创新型国家提供良好的制度保障。”和谐学术生态建设需要有一个好的科技体制机制环境。改革开放以来，我国在科技创新活动中引入了竞争机制，给科技创新带来了动力和活力。但是，对于如何建立公平、公正、有序的竞争机制，正确评价科技创新活动和成果尚缺乏经验，从而造成了滋生浮夸的空间，甚至发生了弄虚作假等不端行为。遏制学术浮躁、学术腐败等现象的发生，必须进一步深化科技体制改革，建立健全以人为本的人才培养和使用制度，改革完善学术评价和奖励制度以及科技资源配置体制，加快中国特色国家创新体系建设，为营造和谐学术生态提供良好的制度环境。

五、 严格自律和社会监督是和谐学术生态建设的关键

和谐学术生态，重在建设，需要对科研活动和行为做出必要的规范，也需要广大科技工作者的积极参与和严格自律。道德准则也好，行为规范也好，制度保障也好，最终主要都体现在广大科技工作者的自律行为、身体力行上。作为科研国家队的中国科学院，历来十分重视和大力倡导科技人员自觉严格自律，在《中国科学院科技工作者行为准则》和《中国科学院院士科学道德自律准则》等文件中提出了明确要求。我们要进一步加强宣传、教育和引导，增强科技人员的自律意识，进一步重视社会监督的作用，使和谐学术生态建设成为科技人员、科研机构和全社会的自觉行动。

各位新闻界的朋友，大力弘扬科学精神，端正科学理念，强化科技工作者的自律意识，不断建立健全有关规章制度，促进科技体制的改革和完善，建设和谐学术生态，建设中国特色国家创新体系，是形势发展的需要，是我国科技事业健康可持续发展的需要。今

天发布《宣言》和《意见》，是中国科学院贯彻落实科学发展观，实现“创新跨越、持续发展”，建设改革创新和谐奋进中国科学院的现实需要，是中国科学院进一步弘扬社会主义荣辱观、积极参与构建社会主义和谐社会的实际行动，是中国科学院发挥在中国特色国家创新体系建设中的骨干引领与示范带动作用的具体体现，必将对我国科技界进一步弘扬社会主义荣辱观、树立正确的科学理念、促进我国科技事业的健康和谐与可持续发展发挥积极的作用。

同志们！

当今世界，科学技术已经成为国际竞争的核心，成为引领未来经济社会发展和人类文明进步的主导力量，成为国家可持续发展的重要知识基础。科学技术的发展需要有正确的价值观作指导，需要先进文化和制度机制作支撑，需要公众和全社会的理解、参与和支持，尤其需要媒体的理解和支持。让我们共同努力，大力弘扬科学精神，宣传科学价值观，为推进我国科技事业的健康持续发展做出我们应有的贡献，以实际行动迎接党的十七大的胜利召开。

在此，我再次代表全院对各位朋友长期以来对中国科学院的关心与支持表示衷心的感谢！衷心祝愿大家工作顺利，事业发达，家庭幸福，吉祥如意！

在赵九章先生百年诞辰纪念会上的讲话*

尊敬的赵九章先生的家人、亲友，尊敬的各位来宾，同志们、朋友们：

今天我们在这里隆重集会，纪念杰出的气象学家、地球物理学家和空间物理学家、著名的教育家、“两弹一星”元勋赵九章先生诞辰100周年，追思他为我国科教事业发展建立的卓越历史功勋，缅怀和学习他爱国奉献、科学求实、重才善教的崇高风范，这对于科技界、中国科学院广大科技人员和干部职工深入学习、贯彻和落实党的十七大精神，大力弘扬“两弹一星”精神和“载人航天”精神，全面推进知识创新工程，建设改革创新和谐奋进的中国科学院，具有十分重要的意义。

赵九章先生（1907—1968）生于河南开封，籍贯浙江湖州，早年毕业于清华大学、德国柏林大学。曾任中国科学院地球物理研究所、应用地球物理研究所所长，中国科学院卫星设计院院长，中国气象学会理事长，中国地球物理学会理事长。他对大气科学、地球物理学和空间科学的发展做出了重要贡献，是我国现代气象学、空间科学和人造卫星事业的奠基人之一，是倡导和开拓我国地球科学数学物理化和新技术化的先驱；先后创立了一批地球科学研究机构，并开辟了许多新的研究领域，培养了一大批优秀的科学家，对我国地球科学的发展产生了深远的影响。他曾获国家科技进步奖特等奖，并被中共中央、国务院、中央军委追授“两弹一星”功勋奖章。

赵九章先生在多个领域取得了举世瞩目的科研成果。他把数学和物理学引入气象学，在我国动力气象、数值预报、云雾物理、人工影响天气、中小尺度观测实验分析和臭氧观测等科学研究领域做了开拓性工作；他在国际上首先提出了行星波不稳定概念；他提出发展地球科学事业要“三化”，即数理化、新技术化、工程化；他开辟了许多新研究领域，如气球探空、臭氧观测、海浪观测、云雾物理观测、探空火箭和人造地球卫星等；他还撰写了中国第一本《高空大气物理学》专著等。

赵九章先生为我国国防科技和人造卫星事业做出了杰出贡献。新中国成立后，赵九章先生积极开展海浪和台风中心预报研究，为新中国海军建设发挥了积极作用。20世纪50年代后期，赵九章先生从他熟悉的大气科学领域转向航天和空间科学领域，积极建议中国也要搞人造卫星，并投身于我国第一颗人造卫星研制的方案论证，他从探空火箭入手，在

---

* 本文为2007年10月29日在北京友谊宾馆举行的“赵九章先生百年诞辰纪念会”上的讲话。

磁层物理、电离层物理、中高层大气物理和空间光辐射等学科领域进行了研究部署，在做了大量卫星预研的基础上，提出了我国卫星系列的发展重点与规划建议。在他领导下还完成了核爆炸试验的地震观测和冲击波传播规律，以及有关弹头再进入大气层时的物理现象等研究课题。

赵九章先生勤勉奉献的一生为后人留下了宝贵的精神财富。他在1938年获德国柏林大学博士学位后，毅然回到祖国，投身抗日救亡工作。新中国成立前夕，他不顾危险，拒绝迁台，为新中国保存了一支优秀的气象科技队伍和一批宝贵的气象资料。他经常讲："科研要急国家之所急，还要先走一步，为国家长远发展需要早做准备"，这充分体现出赵九章先生一心一意为国家利益谋划的赤子之心和创新前瞻的科学思想。赵九章先生还是一位杰出的教育家，他倡导科研与教学相结合，所系结合的教育理念；他重视大学教育，也重视研究生教育；他提倡有教无类，不拘一格，慧眼识才，为我国科技事业培养了一大批优秀人才。

同志们，赵九章先生离开我们已经39年了。虽然他未能亲眼看见自己主持研制的中国第一颗卫星发射成功和卫星系列规划在今天的快速发展，但是，共和国的历史不会忘记他在开创、推进、领导、规划我国卫星研究中的卓越功绩。可以告慰的是，他一生致力奋斗的气象学、地球物理和空间科技研究事业已经取得了显著进步。我国已成为世界上少数几个拥有研制各种型号和不同功能卫星能力的国家之一。航天科技自主创新能力日益增强，"神舟"飞船已成功实现载人飞行，"嫦娥计划"正在稳步推进，我国首颗月球探测卫星"嫦娥一号"于10月24日成功发射。同时，航天产业有了很大发展，开拓了卫星研制和发射的国际市场，还培养了一大批优秀的技术与管理人才，为加快推进航天工业发展奠定了坚实基础。

当前，我国正在深入贯彻落实科学发展观，全面建设小康社会，奋力推进中国特色社会主义伟大事业。党中央、国务院做出了建设创新型国家和构建社会主义和谐社会的战略部署，国家中长期科学和技术发展规划顺利实施，有中国特色的国家创新体系正在加快建设。刚刚闭幕的党的十七大，进一步明确了我国今后五年乃至更长时间的发展蓝图，也对我国广大科技工作者寄予了厚望，我们要继续向以赵九章先生为代表的老一代科技工作者学习，抓住机遇，乘势而上，推进我国科技事业迈出新的步伐。

我们要弘扬赵九章先生勇于开拓的科学精神，不断提高自主创新能力。"两弹一星"极大地提升了我国的国际地位和国际影响力，也极大地鼓舞了全国人民的自信心和自豪感。在世界科技发展日新月异的今天，中国要保持大国地位，要实现中华民族的伟大复兴，必须坚持走自主创新的道路。当前，能源、资源、全球气候变化和环境问题成为全人类面临的共同挑战，我们要把原始创新、集成创新和引进消化吸收再创新结合起来，加强能源、资源和全球环境公约履约对策与气候变化科学不确定性及其影响研究，发展节约、清洁、可再生循环利用资源，建立可持续能源体系，开发全球环境变化监测和温室气体减排技术，不仅要在赵先生开创的研究领域取得新的成果，还应前瞻性部署新的研究方向和领域，不断提升应对资源、能源和保护生态环境的能力。

我们要学习赵九章先生甘于奉献的崇高品德，切实履行党、国家和人民赋予的重要使命。在新的历史时期，广大科技工作者要继续发扬老一辈科学家"科学、民主、爱国、奉献"优良传统，把个人志向、人生价值与国家需要、民族振兴的伟大事业统一起来，要把国家利益放在首位，以创新为民为宗旨，以科教兴国为己任，围绕国家需要和战略目标做好本职工作，贡献聪明才智。我们还要继承和发扬赵九章先生的教育理念和教育思想，全心全意培育人才，大力提携青年人才，不拘一格使用人才，努力为国家培养和造就宏大的创新型科技人才队伍。

我们要发扬赵九章先生敢于求真的优良作风，促进科学研究事业健康发展。中国科学院实施知识创新工程近十年来，以提高科技创新能力为核心，以凝练和提升科技创新目标为导向，以体制改革和机制转换为突破口，以队伍建设为重点，勇于改革、大胆创新，取得了一批高水平科技创新成果，知识创新工程已顺利进入“创新跨越、持续发展”的新阶段。但越是在好的形势下，越要保持清醒的头脑，要坚持科学求实的态度，不断探索解决创新实践中的一些深层次问题，更有效发挥中国科学院综合优势，优化科研力量和资源配置，切实加强管理体制和机制创新，进一步凝聚、培养更多一流科学家和科技领军人物，进一步发挥中国科学院在国家创新体系中的骨干引领和示范带动作用。

同志们，新时期新阶段，科技工作者使命神圣，责任重大。我们要紧密团结在以胡锦涛同志为总书记的党中央周围，高举中国特色社会主义伟大旗帜，深入贯彻落实科学发展观，努力构建社会主义和谐社会，继承以赵九章先生等为代表的老一代科学家的优良传统，弘扬“两弹一星”精神和“载人航天”精神，解放思想，求真唯实，扎实工作，再创辉煌，为全面建设小康社会、为实现党的十七大确立的奋斗目标做出新的贡献。

科学的价值与精神（2008）*

今年是改革开放30周年。30年来，中国的面貌、中国人民的生活、中国在世界的地位和影响等都发生了翻天覆地的变化。

今年也是全国科学大会召开30周年。1978年3月18日到31日，中共中央在北京隆重召开了全国科学大会，邓小平同志在会上作了重要讲话，提出“科学技术是生产力”的著名论断，率先在科技界进行拨乱反正，在政治上端正了知识分子的地位，奏响了解放思想、改革开放的先声，中国迎来了科学的春天。

30年来，中国的科学技术也取得了长足的进步，对科技的认识也不断深化，科技发展的理念和发展的战略不断地与时俱进。邓小平同志和党的第二代中央领导集体提出了“科学技术是第一生产力”的著名论断，强调科学技术要走在前面。江泽民同志和党的第三代中央领导集体提出实施科教兴国战略，强调创新是一个民族进步的灵魂，是一个国家兴旺发达不竭的动力，提出建设中国特色国家创新体系的伟大设想。以胡锦涛同志为总书记的新一届党中央领导集体，强调提高自主创新能力、建设创新型国家是国家发展战略的核心，是提高综合国力的关键，提出了走中国特色的自主创新道路、建设创新型国家的宏伟目标。

胡锦涛同志2006年在两院院士大会上还指出：“科学技术是第一生产力，是推动人类文明进步的革命性力量。”这一论断是对科技价值当代特征深刻而全面的阐述，既揭示出科学技术在物质文明中的作用，也揭示出科学技术在社会进步和精神文明建设中的作用，是对马克思主义科学技术思想的继承、丰富和发展。

30年来，党领导中国人民解放思想、改革开放、与时俱进、创新发展，走出了一条具有中国特色的社会主义市场经济之路，具有中国特色的社会主义政治发展道路，具有中国特色的建设国家创新体系之路，具有中国特色的新军事变革之路，具有中国特色的社会主义小康社会之路，具有中国特色的社会主义现代化之路。这也是实现中华民族伟大复兴的道路。

新时代、新形势对我国科技创新提出了新要求，科技界和广大科技工作者认清科学技

---

* 本文为2008年12月3日在北京人民大会堂举办的“中国科学与人文论坛”第78、79场主题报告会上的主题报告。

术的价值与精神，认清肩负的历史使命和责任，将有助于深刻把握科学技术的本质特征，积极主动适应时代发展，有效推进科学技术的健康发展，动员全社会提高我国自主创新能力，建设创新型国家。

经济社会变革和科技创新都离不开观念、文化和制度的创新。我想着重谈一谈科学价值观和科学精神的内涵。

一、 科技的价值

科学技术作为生产力的作用，在现代社会是逐步显现的。例如，造船技术、指南定向技术、测量技术等的发展推动了地理大发现，而地理大发现不仅促进地球科学、天文学、航海学、大气科学以及造船技术的发展，还促进了欧洲的资本原始积累和世界市场的出现，甚至现在谈的全球化的概念都可以追溯到地理大发现时期。又如，牛顿力学奠定了工业革命的力学基础，以蒸汽机发明为标志的工业革命开启了工业社会的序幕。再如，麦克斯韦方程奠定了电磁学的基础，促进了电气化和通信业的发展，照亮了人类前行的道路，人类开始进入电气化时代。

科学技术的进步，推动着人类社会的动力系统从人力、畜力、水力逐步向蒸汽机、内燃机、电动机等方向发展，为人类社会的进步不断注入新的动力。科学技术每一次重大的进步，都对社会生产力产生了巨大影响，给人类的生产和生活带来难以估量的变革。

20 世纪以来，科学技术已经成为第一生产力。爱因斯坦的受激辐射理论推动了激光、光通信产业的发展；原子理论的发展导致了核能的军用和民用；固体物理学的发展，导致了半导体、晶体管、集成电路、磁性存储材料、计算机技术，还有超导以及太阳能电池等产业的发展；建立在孟德尔、摩尔根基因理论基础上的育种理论，导致了农作物品质的优化和产量的大幅度提高；维纳的控制论为当代工程技术奠定了理论基础，并催生出智能生产线。20 世纪以来，科学以前所未有的深度和速度促进了技术的创新和突破。在当今世界，任何重大的技术创新都离不开科学创新的支撑，技术的进步不但为生产力也为科学创新提供了新的手段与动力。

科学也改变了人们的世界观。牛顿力学对物质及其运动规律的认识，促进了唯物论和辩证法的产生和发展，并且成为欧洲启蒙运动的思想基础；达尔文进化论揭示出生命发生演化的规律，颠覆了西方人长期信奉的神创论；基因结构与功能的发现，揭示了生物的生殖、发育、遗传、变异的分子基础及变化规律；数学和系统科学揭示了事物复杂表象底下的量变到质变的规律和自然的数量与形态韵律；相对论、量子论深化了人们对快速变化的微小物质世界的认识；天体物理和宇宙大爆炸理论的提出则改变了人类的宇宙观。

科学改变了人们的价值观。科学研究表明，土地等自然资源和生态环境容量都是有限的。知识经济的发展又证明，单纯依靠资本和熟练劳动无法保持竞争力，知识成为创造新财富的核心与基础。当今美国引发的金融危机也说明仅仅靠虚拟经济、投机操作，离开科技进步对实体经济的支持，经济增长同样也是难以为继的。创新已经成为一个国家、地区和企业兴旺发达的不竭动力，知识已经成为当今世界取之不尽、用之不竭的资源。当然其关键还是创造知识的人，以科教兴国为己任，以创新为民为宗旨，应该是当代中国科技工作者的价值观的核心。

在知识经济时代，科技的价值内涵还在不断扩大。科学技术是对客观世界系统的认识，是正确的世界观、认识论和方法论的基础；是工程和管理创新的源泉与基础；是第一生产力，是经济健康持续发展、社会和谐进步的知识基础和根本的支撑；也是公共安全和国家安全能力的保障。

科学技术是先进文化的重要组成部分，也是重大决策和立法的重要依据，是创造就业和解决贫困的重要手段，是科学教育和终生学习的主要内容，是人类生存与发展以及人与自然和谐相处的基石，是人类文明可持续发展的不竭动力，更是人类文明永不枯竭、不断发展的最重要资源。

科学技术还改变了人们的发展观。地球科学的进展在消除了人类对于自然的恐惧的同时，也告诫人类地球系统的复杂性和脆弱性，警示人类：我们只有一个地球，要爱护这个地球。1962 年，美国生态学家蕾切尔·卡逊出版了《寂静的春天》这一著作，抨击了传统粗放式工业生产对环境的破坏，开启了环保运动的先河。环境科学的发展，揭示出自然环境的承载力是有限的，有些破坏是不可逆的，人类应该“敬畏”和尊重自然。科学的进步提出了可持续发展的思想，使人类的发展观经历了从认知自然、开发自然到与自然和谐、协调发展的进化。党中央科学总结世界各国现代化发展历程和中国发展的经验教训，提出了以人为本、全面协调可持续发展的科学发展观。

二、 科学的精神

科学精神是人类文明中最宝贵的精神财富，它是在人类文明进程当中逐步发展形成的。科学精神源于近代科学的求知求真精神和理性与实证传统，它随着科学实践的不断发展，内涵不断丰富。科学精神集中体现为追求真理、崇尚创新、尊重实践、弘扬理性。科学精神倡导不懈追求真理的信念和捍卫真理的勇气。科学精神坚持在真理面前人人平等，尊重学术自由，用继承与批判的态度不断丰富发展科学知识体系。科学精神鼓励发现和创造新的知识，鼓励知识的创造性应用，尊重已有认识，崇尚理性质疑。科学精神不承认有任何亘古不变的教条，科学有永无止境的前沿。科学精神强调实践是检验真理的标准，要求对任何人所做的研究、陈述、见解和论断进行实证和逻辑的检验。科学精神强调客观验证和逻辑论证相结合的严谨的方法，科学理论必须经受实验、历史和社会实践的检验。

科学精神的本质特征是倡导追求真理，鼓励创新，崇尚理性质疑，恪守严谨缜密的方法，坚持平等自由探索的原则，强调科学技术要服务于国家民族和全人类的福祉。

在人类发展历史上，科学精神曾经引导人类摆脱愚昧、迷信和教条。倡导摆脱神权、迷信和专制的欧洲启蒙运动的主要思想来源于科学的理性精神。科学精神所倡导的崇尚理性、注重实证和唯物主义在推动欧洲国家由封建社会向宪政社会过渡中发挥了重要的作用。

在科学技术的物质成就充分彰显的今天，科学精神更具有广泛的社会文化价值。注重创新已经成为最具时代特征的价值取向，崇尚理性已成为广为认同的文化理念，追求社会和谐以及人与自然的协调发展日益成为人类的共同追求。在当代中国，富含科学精神的解放思想、实事求是、与时俱进，已经成为党的思想路线，成为我国人民不断改革创新，开拓进取的强大思想武器。

科学思想和科学精神已成为先进文化的基础；倡导实事求是、追求真理已成为全党、全社会的共识；尊重劳动、尊重知识、尊重人才、尊重创造，不断丰富和发展着社会主义文化；讲科学、爱科学、学科学、用科学已经渐成社会风尚。当然，在这方面我们比起发达国家来，还有一定的距离，还要继续努力。

三、科学的道德

科学研究是创造性的人类智慧活动，高尚的道德标准是科学健康发展的重要保障。在长期的科学实践中，科学严谨的行为规范、博大精深的文化传统和国际公认的制度伦理，为科学体系提供了一种自我净化的机制，形成了科学的道德规范。

随着科学技术日益成为社会化的宏大事业，成为既有社会地位又有一定利益追求的事业，科研当中的不端行为也开始滋生和发展。对于我国来说，近代科学传统还不是很长，科学共同体内部的道德约束和制度基础还不健全。我国正处在经济社会的转型期，社会和市场中的不良风气在科技界也必然有所反映。在当前，通过科学不端行为获取声望、职位、利益和资源等方面的问题比较突出。加强科学道德规范建设，保证科学的学术荣誉，维护科学的社会声誉，已成为当前我国科技界的一项重要任务。

建设科学道德规范应遵循一些基本的原则。

一是诚实守信的原则。诚实守信是保障知识可靠性的前提条件与基础，是科技工作者必须遵守的最基本的规范。诚实原则要求科技工作者在项目设计、数据资料采集分析、科研成果公布的时候要坚持实事求是，同时要尊重他人已有的贡献。在求职、评审等方面也必须坚持实事求是，对于研究成果的错误和失误，应该以适当的方式及时公开承认。

二是信任与质疑互补的原则。科学是一种不断积累与进步的人类创新活动，后人总是在前人的基础上才能不断前进。因此，所谓信任，就是相信和尊重他人或者前人的知识创造，把科学研究中的某些错误归咎于寻找真理过程中的自然的困难和曲折。质疑就是要求科技工作者对科研中可能出现的错误始终保持警惕，即使这种错误是由著名的科学家或者所谓权威提出来的（其实科学并不承认权威），也要毫不犹豫予以纠正。信任与质疑还要求科学家始终保持警惕，不排除某些人有违规行为的可能性。

三是公开性原则。科学是建立在研究成果公开发表、被同行认可的基础之上的，科学研究最终的目的在于造福全人类，因此公开性原则强调只有公开了的知识和发现在科学界才被承认，才具有效力。在强调知识产权保护的今天，科学界仍要强调维护公开性的原则，追求科研活动社会效益的最大化，推动和促进全民共享公共知识产品。这跟知识产权的保护是相辅相成的，两者并不矛盾。

四是相互尊重的原则。相互尊重是科学合作的基础。科学研究要求尊重他人的著作权；通过对他人科研成果的引证给予其研究以承认与褒奖；对于他人的质疑采取开诚布公和不偏不倚的态度；尊重他人对自己的科研假说的证实和辩驳以及质疑；合作者之间要承担彼此尊重的义务，尊重合作者的尊严、能力、业绩和价值取向。

严谨的科学道德规范不仅有助于我国科技的健康持续发展，而且有助于形成良好的社会风气。中国科技界和科技工作者应该自觉履行科学的社会责任，珍惜职业荣誉，承担起对科学技术后果评估的责任。对自己工作可能带来的社会后果进行检验与评估，一旦发现存在弊端或者是可能带来危险，应改变甚至中断自己的工作，如果不能独自做出抉择，应该暂缓或中止相关研究，并及时警示，最大限度规避或减少科学技术可能带来的负面影响。构建社会主义和谐社会更需要讲信用，重承诺。中国科技界应当大力倡导求真唯实的科学精神，践行我国科技界长期形成的做老实人、说老实话、办老实事和严肃、严密、严格、严谨的作风，促进诚实守信社会风气的形成。

四、 科技的社会伦理

现代科学与技术正在酝酿着新的突破，它必将引发人类未来的生产方式、生活方式和社会结构等发生重大变革，同时也必然带来新的道德伦理问题。信息技术将继续对人们的日常生活、生产方式以及商业与社会管理等产生积极、广泛而深刻的影响，但是也可能带来或已经带来网络欺诈、黑客攻击、信息泄漏、数据作伪、虚假、赌博与色情信息的非法传播等问题。而且，由于各国、各地区和个人间信息获取与应用的不平衡，产生新的贫富差距——数字鸿沟。

生命科学与生物技术的发展将为农业、医疗保健、资源利用和环境保护带来新的革命性变化。但是，也有可能发生个人生命信息的泄漏、人的社会属性难以界定等伦理问题，并且导致生态安全受到人为的攻击，人类的遗传发育健康面临新的威胁等问题。

纳米技术的发展当然会导致信息、电子、制造、化工、医药、材料和环保产业的新的革命性变革。但是，如果在没有科学防范的情况下纳米技术得到大规模的应用，也有可能在人类健康、社会伦理、生态环境等方面引发诸多挑战。研究表明，一些纳米材料具有特殊的毒性，纳米颗粒与纳米碳管可能引发肿瘤，而且有能力穿透动物的脑血屏障。纳米材料废弃物的处理也将是人类面临的新课题。一旦纳米技术成为攻击性的武器，至今人类尚未准备好防范的办法。

认知科学的进展将为计算机、通信、脑神经科学乃至学习和教育带来革命性的变化，为人类脑与精神系统的健康、发育和精神疾病防治提供更为有效的手段。但是，一旦认知科学被滥用，有可能引发心理诱导、心理伤害、认知误导等对人的行为、情感和思维的控制，带来人的隐私权、行为自主权受到非法侵害等新的严重伦理问题。

空间技术（全球定位系统、全球信息系统和遥感系统）的进步与广泛运用扩大了人类认知的视野，促进了地球、资源、环境科学的发展，为保障农业生产、监测生态环境的变化、预测预报气候变化与自然灾害、建设数字地球提供有力的科技支撑。但是，在新的空间监测手段下，个人的隐私难以保障，企业的商业机密容易泄漏，掌握先进空间技术的国家自然就把握了信息的优势，从而造成国与国之间，团体与团体之间乃至于个人与个人之间信息新的不对称，生存发展新的不公平等问题。

伴随着科学技术的发展所产生的这些伦理问题，我认为并非是由于科技发展本身所致，主要是源于对科技的不恰当运用。伦理并不能成为人类放弃或者限制科技发展的理由。探索未知世界，创新生产生活方式，保护生态环境是科学与技术发展永恒的动力与追求。科学技术也是人类文明进步的不竭动力与基石。发展科学技术、造福人类是科学家、工程师以及所有科技工作者的共同社会责任。科学精神与人文精神的结合，必将在发展科学技术的同时发展新的人类伦理准则。

科学技术是人类共同创造的知识财富，具有可积累、可共融、可分享、可再创造等特点，理应造福于全人类。同时，我们也必须清醒地认识到，科学技术也是一柄双刃剑。科学技术一旦被滥用，也可能危及自然生态、人类伦理以及人类社会与自然界的和谐与可持续发展，带来新的不平等、不安全、不和谐、不可持续，甚至带来人为的灾难。

所以，人类应该共同恪守科学的社会伦理准则：科学家和工程师不仅应该有创新的兴趣与激情，更应该有崇高的社会责任感；科技创新应该要尊重生命，包括人的生命以及生物生命，尊重自然法则；科技创新应该尊重人的平等权利，不仅是当代人的平等权利，还要尊重世代人之间的平等权利，我们不能只为了我们当代人的福祉而牺牲我们子孙后代的发展权、生存权；科技创新应该尊重人的尊严，不应该分种族、财产、性别、年龄和信仰；科技创新应该尊重自然，保护生态与环境，实现人与自然和谐共处，以及人与自然的可持续发展。

我坚信，只要加强科学精神与人文精神的紧密结合，只要坚持解放思想、改革开放、创新发展，只要不断完善法律、规章、公约和规范，加强公众对科技的理解和监督，只要科技工作者和社会各界共同携手，迎接挑战，加强交流，充分合作，我们一定能实现中国经济社会的科学和谐持续发展，一定能共铸中国科技新的辉煌，建设创新型的国家，一定能实现中华民族的伟大复兴，共创人类更加美好的未来。

纪念达尔文*

今年是达尔文（Charles Robert Darwin，1809—1882）诞辰200周年，也是《物种起源》（*On the Origin of Species*）发表150周年。世界各地都在纪念这位进化论的创始人，因为他不仅是生物学史上划时代的人物，是科学史上的巨匠，而且也是一位人类思想史上的伟人。他富有创造的思想，跨越了生物学领域，跨越了他所生活的时代和国家，至今仍对世界生物学的发展，对其他自然科学和人文社会学科的发展，对人类的世界观、价值观，产生着深刻而深远的影响。今天，我们纪念达尔文，不仅是为了向这位伟人表达由衷的敬意，而且也是为了从他的科学人生和科学思想中汲取营养和启迪，推动我国的科技创新和科学发展。

（1）热爱自然、热爱科学是科技创新最原本的动力。达尔文从小学开始，就对分辨植物、观察动物行为、采集昆虫标本有着浓厚的兴趣。他虽然遵循家人的意愿先后在爱丁堡大学学习医学，在剑桥大学学习神学，然而他的爱好却依然在采集生物标本、观察生物习性和博览群书，他在18岁的时候就已认识苏格兰的全部鸟类，并发表了关于藻苔虫和海蛭的论文。在剑桥大学期间，他与地质学、植物学教授广泛交往，并对一些科学问题开始深入研究。达尔文之所以后来成为伟大的科学家，这与他对于科学和自然有着浓厚的兴趣有很大的关系。由此我们可以认识到，热爱自然、热爱科学，是科技发展的动力之一，创新教育应该有助于培育兴趣、鼓励探索、发掘潜力、塑造情操、认识世界、培育科学思维方式，提高洞察力、分辨力、鉴赏力和独立工作的能力。

（2）科学源于实践与思考，五年的环球科学周游考察是他科学思想的基础和来源。1831年，22岁的达尔文参加了英国海军“贝格尔”号考察船的环球勘查。“贝格尔”号穿越欧洲、南美洲、大洋洲、亚洲南部和非洲，历经几十个国家和各种地貌。在5年的考察过程中，达尔文采集了大量的动植物和地质标本，其中在南太平洋加拉帕格斯群岛采集的鸣雀标本后来启发他形成生命进化的观点。经过5年航行，达尔文成为一位成熟的博物学家，并对当时流行的物种不变观点开始产生质疑。参加“贝格尔”号航行是达尔文科学人生中的决定性的经历。他之所以能有很大收获，是因为他具有超过常人的探索热情，细致入微的观察能力，持之以恒进行系统观察、分析、思考的耐性，以及充沛的精力，他表现

---

* 本文发表于《科学文化评论》杂志2009年第6卷第4期。

出来的采集、整理、记录、分析能力和对自然现象极大的好奇心，成为他成就的基础，正所谓机遇属于那些做好准备的“有心人”。

（3）探索科学真理，要有不迷信权威、敢于挑战传统观念的勇气。在达尔文年轻时期，当时的人们普遍相信神创论对于生命的解释。多数西方人相信《圣经》（创世纪）中上帝创造万物的观点，相信物种一经创造出来以后，就是固定不变的，人们研究自然只是为了证明上帝的存在与万能。法国博物学家拉马克（Jean-Baptiste Lemarck，1744—1829）最先提出高等动物是由低等动物演变而来和获得性遗传的进化观点，但遭到普遍反对。达尔文的祖父伊拉兹马斯·达尔文（Erasmus Darwin，1731—1802）也提出过富于想象但缺乏依据的进化观点，然而几乎没有造成什么影响。古生物学创始人、灾变论者、法国科学家居维叶（Georges Cuvier，1769—1832）坚信生物经历过多次特创过程，而且生物不会发生世代变化等等。面对权威的质疑，面对当时社会占主流的神创论思潮，达尔文秉承严谨、创新的科学态度，大胆地质疑，设想并最终有根据地提出了生物进化的思想。可见，无畏的科学精神是他成就为一位伟大科学巨人的根本要素。

（4）细致观察、缜密思考、系统研究的科学方法是达尔文成功的根本。达尔文从贝格尔号航行回来后，一方面整理考察报告，一方面开始思考生命的由来和演化这个重大的问题。他在认真整理采自加拉帕格斯群岛的鸣雀时发现，这些形态近似的鸟类实际上属于不同的物种，他经过深入研究后开始怀疑物种固定不变的观点。正是从物种问题着手，达尔文系统研究了动植物和家养动物的起源与进化问题，广泛研读了其他自然科学和人文社会科学文献，从而在 1837 年 28 岁时，就抛弃了基督教对自然的解释，开始形成了系统而科学的生物进化以及进化的动因是自然选择的思想。但直到 22 年后的 1859 年，他才发表自己的学说。达尔文之所以拖延发表自己的观点，是为了使论据更加坚实，论点更加严谨，同时也是在等合适的时机。科学是对自然规律的认知，要从观察现象中发现规律、关联和意义。达尔文的科学行为向我们昭示：从事科研不仅要有宽广的视野，还必须坚持严谨的科学的方法和持续不懈的努力。

（5）达尔文治学扎实，没有丝毫的浮躁和急于求成的功利心。1842 年，33 岁的达尔文及其家人迁居到英格兰东南部肯特郡乡下，一直到去世，他大部分时间居住在这个远离城市喧嚣的乡间，专心从事科学研究。达尔文从 30 岁直到晚年，因患全身性乳糖不耐症，经常出现胃疼、恶心、呕吐、心悸、失眠、头痛等症状，每天只能工作 2—3 小时。但他克服重重困难，不仅完成了名著《物种起源》，还写出了《兰花的授粉》（*Fertilisation of Orchids*，1862）、《攀援植物》（*The Movements and Habits of Climbing Plants*，1865）、《动植物在家养下的变异》（*The Variation of Animals and Plants under Domestication*，1868）、《人类的起源及性选择》（*The Descent of Man, and Selection in Relation to Sex*，1871）、《人类和动物的表情》（*The Expression of Emotions in Man and Animals*，1872）、《食虫植物》（*Insectivorous Plants*，1875）、《植物界异花授粉和自花授粉的效果》（*The Effects of Cross and Self Fertilisation in the Vegetable Kingdom*，1876）和《植物运动的能力》（*The Power of Movement in Plants*，1880）等大量富有开拓性的科学著作。达尔文的一生证明：要做出重大的科技创新必须有甘于寂寞、深入研究、求真唯实的态度和献身科学的精神。正如马克思所说：“在科学上没有平坦的大道，只有不畏劳苦沿着陡峭山路攀登的人，才有希望达到光辉的顶点。”

(6) 对于真正热爱科学的人来说，科学真理比个人的名利更重要。1858 年 6 月，正在撰写进化论专著的达尔文收到了年轻的威尔士博物学家华莱士（Alfred Russel Wallace，1823—1913）的一封信，随信附着一篇论文。在这篇论文中，华莱士得出了和达尔文近似的观点：生物是进化的，进化的动因是自然选择。尽管达尔文早于华莱士 20 年就得出了进化的主要观点，但考虑到自己的论著没有完成，达尔文原准备将华莱士的论文率先发表，从而使华莱士得到进化论的优先权。在朋友的劝说和安排下，达尔文 1842 年的概要与华莱士的论文同时发表。华莱士一生都坚持达尔文是自然选择进化论的创始人，并始终捍卫达尔文学说。达尔文和华莱士的相互礼让，成为科学史上尊重原创的典范，也更有力地推动了进化论的研究和传播。虽然原创优先权是科学共同体公认的准则，但是达尔文和华莱士的行为却告诉我们，科学家不仅应有不倦探索、勇于创造的精神，也应有高尚的科学道德，科学家不仅要积极通过科学原创获得同行对科学发现的承认，同时更要尊重科学真理，尊重其他人的创造性劳动。

达尔文敢于冲破传统观念，不畏艰难、锲而不舍、勇于创新、善于创新的科学精神，生命不息、探索不止的顽强毅力，忘我追求科学真理、实事求是的科学态度，严谨踏实、系统求索的治学方法，以及谦虚谨慎、虚怀若谷的博大胸怀，都成为后人的典范。

(1) 达尔文创立的是一个综合系统的生命进化理论，具有丰富的科学内涵和深远而广泛的影响。达尔文进化论认为，各种生物自从产生以来，就发生了变化进化；这个观点动摇了基督教的“神创说”基础，基督教认为这个世界万物都是上帝创造出来的，而且自从上帝创世以来，各种物种就是固定不变的。生物的进化是一个逐渐变化的过程，是一个漫长的自然过程，更多的证据来自地质史上的化石等。当然，现在科学家通过生物分子基因的变化和比较研究也可以证明这一点。所有生物之间存在着相互关联，即所有的生物都有共同的祖先，都是自然由来的产物，这不仅体现在不同生物之间在结构、功能等方面的相似性，而且不同生物的分子结构之间也存在着同源性。生物的进化包括了从低等到高等的过程，更是一个产生生命多样性的过程，是一个生命体系从简单到复杂的过程，从单调到多样化的过程，从而导致地球上的生物种类不断增多，形态和功能更加多样复杂。生物进化有其自然动力，是一个自然选择的过程，在这个过程中，适应进化的生物保存了下来，不适应的生物遭到淘汰。人类是生物进化的产物，经过长时间的自然进化，从远古的灵长类中产生出人这种生物；达尔文甚至设想，现在的人类起源于非洲，这一观点在根本上动摇了统治西方两千多年的人类中心说，并直接挑战当时西方流行的欧洲中心说的观点。达尔文的进化理论是生物学上的一次革命性的伟大综合，正是由于达尔文理论的系统全面和综合，人类第一次科学地解释了生机盎然、缤纷多彩的生命现象。

(2) 达尔文在科学方法上也做出了很大贡献，从而使他的进化理论具备更加坚实的基础。在达尔文之前，传统的生命科学方法主要侧重于对生命的表面现象进行观察、描述和分类，很少提出科学的假说，更不重视用实验来验证科学假说，很少探索生命多样化现象的相互联系和系统规律。达尔文在继承传统研究方法的基础上，将注重实证、实验、假说、验证等科学的方法引入生命科学领域。他不仅细心地观察生命现象，收集大量证据进行比较、归纳分析，而且注重从多角度系统地分析和提出可经验证的科学假说。例如，他从古生物学、比较解剖学、系统分类学、生物地理学和系统分类学等多个角度说明脊椎动物的同源性，验证了共同由来假说。他还做过有关植物异花授粉、自花授粉和植物向光性等植物生理实验，因此后人也将他视为实验植物学的创始人。正是由于达尔文在科学方法上的创新和发展，进化论成为生物学中第一个经过假说和检验的科学理论，生物学开始更加注重实证和理论假设和分析，开始告别传统的仅注重描述、分类和一般性阐释的博物学传统。

(3) 达尔文的进化论极大地促进了生命科学的发展。自达尔文以来，系统分类学、生物地理学、生态学、动物行为学、心理学等学科的发展无不引入进化的思想，从而促进了这些学科的发展。同时，随着生命科学的发展，人们又进一步丰富和完善了对生物进化的看法。比如，遗传是进化的基础，但是当时达尔文并没有形成科学的遗传理论，而是秉持了当时流行的获得性遗传的观点。从德国生物学家魏斯曼（August Weismann，1834—1914）证明生物后天获得的性状并不能遗传下去，奥地利牧师孟德尔（Gregor Mendel，1822—1884）发现了生物遗传的基本规律，到美国科学家摩尔根（Thomas Hunt Morgan，1866—1945）证明遗传基因的存在，直至沃森（James Dewey Waston，1928—　）和克里克（Francis Crick，1916—2004）发现了 DNA 双螺旋的结构和功能，随着人们对生物遗传现象认识的深入，人们对生物进化的认识也更加深化。遗传规律揭示出，导致生物进化的动因不仅有自然选择，而且也有生物基因的突变、重组和遗传漂变等。再比如，科学家发现，在地质史上，生物的进化并不是完全逐渐缓慢的过程，而是突变与渐变交替的过程，寒武纪大爆发、白垩纪中后期哺乳动物的进化辐射等，都存在着一些较快突变的过程。

(4) 达尔文的进化论推动了其他学科的发展。达尔文的进化论不仅为生命科学奠定了新的基础，而且也为其他自然科学和人文社会科学的发展提供了新的视角。地球科学开始用动态的观点看待地球，将地球看成一个曾经而且还在不断变化的自然体系。20 世纪初，德国气象学家、地球物理学家魏格纳（Alfred Wegener，1880—1930）根据地质地理证据和生物进化与分布的证据，提出了大陆漂移学说，提出地质史上地表的大陆经历过剧烈的变化，这一学说在 20 世纪中期又发展成为板块构造理论。宇宙天文学更是吸收了进化的思想，发展出宇宙演化、银河系演化和太阳系演化的理论。医学开始从进化的角度认识宿主和寄生物之间的关系，从而更加合理和科学地认识疾病，寻找发现更加有效的治疗方法。人类学家、社会学家汲取了达尔文进化论的营养，用进化的观点解释了人类的发展、社会和文化的演变，在经济学领域甚至发展出一个进化经济学的分支，用来解释人类的经济活动。

(5) 达尔文的进化论改变了人们的世界观。达尔文的进化论从根本上动摇了基督教神学的基础，如果说哥白尼（Nicolaus Copernicus ，1473—1543）的理论只是改变了“上帝的住所”，达尔文的理论则彻底废黜了上帝的存在与作用。《物种起源》的出版动摇了基督教神学的根基，攻克了神学在科学中的最后堡垒，启发和教育人们从宗教迷信的束缚下解放出来，对于人类社会文明的进步，对于科学的健康发展，起到了革命性的作用。进化论思想的核心是事物随着时间而变化，凡是具有时间、运动和相互作用属性的事物，都存在着进化的可能。达尔文的进化论使人们开始从动态、变化和相互作用的角度看待自然、看待人类社会、看待世界，一种进化的生命观、价值观和世界观逐渐在社会中得到普及。达尔文的进化论中自然观和运动观为唯物论和辩证法提供了有力的支撑，曾经得到马克思和恩格斯的高度赞扬，恩格斯曾将达尔文和马克思的发现相提并论：“正像达尔文发现了有机界的发展规律一样，马克思发现了人类历史的发展规律。”达尔文的进化论将人类看作自然进化中的一个环节，从而端正了人们对自然和人与自然关系的看法，为后来形成的可持续发展、环境保护直至科学发展理念奠定了知识和认识论的基础。达尔文的进化论对于社会思潮的进步也起到过一定的作用。严复（字又陵，1854—1921）翻译的赫胥黎（Thomas Henry Huxley，1825—1895）《天演论》（*Evolution and ethics*，1893），将进化的思想引入中国，一时间，适者生存、不适者被淘汰成为戊戌变法期间中国人民寻求变革和富强的思想动力。中国近现代的革命者，比如孙中山（字载之，1866—1925）、毛泽东（字润之，1893—1976）、鲁迅（原名周树人，1881—1936）和胡适（字适之，1891—1962），都受到过进化思想的影响。

达尔文的进化论已经提出了150周年，今天，虽然科学家们在生物进化的某些具体问题上依然存在着争议，虽然还有人仍企图根据《圣经》来解释生命的诞生和状态，然而，经过150年的研究，科学家们对于生物进化的图景、模式和机制已有了比较清晰的认识，绝大多数人认同达尔文的进化论范式，达尔文的进化论依然具有强大的生命力，依然对于我们具有巨大的启迪作用。

（1）从进化的观点看，科学技术的发展也是一个不断发展进化的过程。回顾科学技术发展的历程可以发现，科学技术也会经由渐变（改进）、突变（发明）、重组（系统集成）而发生无止境的发展、进化、突破，并且要经受同行、社会、市场和历史的检验和选择，适应的得以传承与发展，不适应的则将被淘汰。

（2）影响科学技术发展进化的环境要素也很重要。科学技术的发展不仅需要适应人类的生产与生活，还要适应社会意识形态，包括政治、哲学、宗教信仰与文化习俗等。例如，在希腊文明时期，一些早期的科学家和工程师就已经做出了很多科学发现和技术发明，但由于社会需求的局限，这些科学技术成果直到文艺复兴时期才在欧洲传播普及。又比如，根据一些研究经济史和科技史专家的分析，16—17世纪时，阿拉伯地区和中国已经基本具备了工业革命的科技基础，但是由于政治与经济制度等因素的限制，致使科学革命和工业革命最终发生在欧洲。

（3）科学技术的发展进化也像生命进化一样，经历了从简单到多样复杂的过程。随着人类需求的提升，特别是随着人类知识的发展与普及，科学的领域不断拓展，研究的内容不断深入，技术发展进化也走向结构精细化、功能多样化和使用便捷化。科学技术的进化既存在着渐变性，也存在着突变性，并呈现出时空进程与分布的不均衡性。在人类历史的不同阶段，曾经出现过不同的科学技术中心。在以雅典为中心的古希腊文明产生之前，埃及、两河流域、印度德干高原和恒河流域以及古代中国等，都曾经产生出灿烂的科学技术创新成就。公元前5世纪到公元2世纪左右，古希腊和古罗马文明异军突起，不仅影响到欧洲，而且影响了埃及、两河流域和波斯地区。5—15世纪，欧洲则进入了科学技术发展相对停滞的中世纪。其间（9—12世纪），阿拉伯文明开始在近东、中亚和南欧等地区产生重要影响，阿拉伯人不仅创造出丰富的技术文明，而且发挥了东西方技术交流的桥梁作用，将先进技术传播到欧洲和亚洲其他地区。3—18世纪，中国一直在相对封闭的情况下创造并延续着灿烂的文明。到了17世纪科学革命和18世纪工业革命时期，欧洲成为了科学技术的中心，自此，欧洲的先进科学技术开始向全世界扩散，科学技术进化的速度也越来越快。

(4) 技术的发展表现出协同进化的特征。首先，这种进化体现在科学技术发展与社会进步之间的相互依存与相互促进，科学技术发展本身促进社会进步，同时，社会发展的状况又影响与决定着科学技术发展进化的速度。其次，相关的科学技术，在进化过程中相互促进、协同发展，例如微电子学与计算科学，数学与物理，物理、化学与生命科学，飞机与导航技术等。从科学技术协同进化的角度看，一些科学技术的进化有赖于其他科学技术的进步。在知识经济时代，科学技术的发展还有赖于社会和文化的发展，并与国家、地区的政治、经济体制密切相关。

(5) 从进化的观点看，人与自然和谐发展必须尊重自然规律。进化论昭示我们，人类现在所处的自然环境是长期进化的产物，在这一进化过程中，生物与其生存的物理、化学环境，与其他生物之间，形成了一种和谐共生的关系。人类的生存发展依赖于自然，同时也影响着自然的结构、功能与演化过程。人类社会是在认识、利用、改造和适应自然的过程中不断发展的。人与自然关系的历史演变是一个从和谐到失衡，再到新的和谐的螺旋式上升过程。随着全球工业化的发展，带来不可再生资源和化石能源的大规模消耗，造成污染物的大量排放，导致自然资源的急剧消耗和生态环境的日益恶化，人与自然的关系变得很不和谐。实现新形势下的人与自然的和谐发展，必须深入认识自然进化的规律，按照规律有效保护和修复自然生态环境，改变人类的生产和生活方式，合理、可持续地利用资源和能源。

(6) 从进化的观点看，人类可以从自然万物的进化中得到许多启示。人类在发展过程中，从自然中学到过很多东西，人类的很多发明创造，都是模仿自然万物的结果。通过模仿鸟类的飞翔，人类最终造出各式飞行器；通过模仿响尾蛇探物，人类发明出红外探测器；通过模仿蝙蝠辨识障碍物，人类研究出雷达；通过研究鸟类的迁徙，人类研究出利用地磁辨别方位的仪器。长期进化的生物，一直是人类知识的源泉。生物在进化过程中，从形态、结构和功能上都适应了生存环境的变化。通过深入研究生物的进化，研究生物在微细结构和功能对环境的适应，并采取有效的技术手段模仿，有助于推动科学技术的发展。例如，一些昆虫适应了环境中微生物的侵害，通过研究和提炼这些昆虫的抗病物质，有助于生产出人类所需的抗病药物；人类可以模仿自身的认知、分析和处理问题能力，发展认知科学和计算机科学，制造出智能计算机系统；此外，通过模仿动物在环境中调整体色的能力，可以研制出军用的隐身系统，通过模仿昆虫和其他动物信息传递的方式，有助于研制出安全的识别系统，等等。

达尔文为我们留下了一笔丰富的精神财富。他的高尚品格值得我们学习，他创造的科学理论至今仍焕发着活力。科学技术的发展需要在继承前人的基础上不断创新。在纪念达尔文之日，我们要继承和发扬他那种勇于创新、善于创新、持之以恒、淡泊名利的精神，承担起科技工作者的历史使命，为祖国的富强，为人类的和平发展，不断做出新的科学发现和技术发明，支持经济社会的科学发展、持续发展。

完善科研道德规范　促进科技健康发展*

自近代科学技术诞生以来，经过长时间的发展，科学技术所具有的唯实、求真、理性、尊重首创性等成为了科学共同体共同遵守的行为准则和道德规范。这些国际公认的行为准则和道德规范，不仅成为科学共同体自我约束、自我规范的机制，有力地促进了科学技术的健康持续发展，而且在引导社会道德风尚、促进人类精神文明建设方面，起到了很好的示范作用。

科学技术通过发现新知识、发明新技术、创造新产品和新服务而造福于社会，同时，科学共同体和社会又给这些发现者和发明者以尊重和奖励。伴随着科学技术发展的历史，总是有些从事科学技术的人，他们追求科学技术所衍生的名利甚于追求科学技术造福于人类。尤其第二次世界大战以来，随着科学技术日益成为蓬勃发展的社会化的宏大事业，科研活动中违反科学道德、学术不端的现象也不断滋生。20 世纪 80 年代以来，世界上许多国家都出现了各种形式的科学技术不端行为，特别是一些严重违反科研道德的学术不端重大事件时有发生，在社会上引起了很大反响。科研道德和学风问题成为国际科技界乃至整个国际社会共同关注的重要问题。

对于我国来说，近代科学传统还不是很长，科学共同体内部的道德约束机制和制度体系还不健全。当前，我国又正处在经济体制初步建立、社会结构深刻变化、利益格局深刻调整、思想观念深刻变化的经济社会转型期，在绝大多数科学家恪守科研道德与良好学风的同时，社会中的一些不良风气在科技界也必然有所反映，科技界确也面临着不端行为、学术失范和学风浮躁的严峻挑战，通过科研不端行为获取声望、职位、利益和资源等方面问题比较突出。这些问题腐蚀了科学的健康肌体，损害了科学在社会上的崇高信誉，损害了科技事业的健康持续发展，对社会整体道德水平的提高也带来了负面影响。因此，加强科研道德规范建设，保证科学的学术诚信和规范，维护科学的社会尊严和声誉，已经成为当前及今后我国科技界的一项十分重要的任务。高举科学旗帜，弘扬科学精神，创新科学方法，恪守和发展科学伦理道德，自觉遵守科技行为准则，这既是中国科技工作者的崇高使命和神圣职责，也是建设创新型国家的重要基础。

解决科研道德失范和学术不端的问题，仅仅依靠科学家的自律是远远不够的，还要高

* 本文为《科研活动道德规范读本（试用本）》一书的代序，该书于 2009 年由科学出版社出版。

度重视道德教育、完善社会监督和科研机构内部的制度建设。近年来，我国一些科学组织和科学研究机构已经制定和出台了一些针对科技工作者行为的规范性文件。但是，我们也必须认识到，我国目前具体有力的监督、约束和惩戒机制还不健全，对科研不端行为的社会监督与控制尚缺乏相应的系统有效的制度保障。

为了建设与社会主义物质文明、精神文明、政治文明、社会文明和生态文明相适应，与法律法规相协调，与中华民族传统美德和时代精神相融合的科研道德文化，必须引导和激励广大科技人员进一步增强使命感和责任感，牢固树立以科教兴国为己任、以创新为民为宗旨的正确的科技价值观，必须努力建立和完善教育、倡导、约束、监督、惩戒机制，形成政府宏观引导、科技界严格自律、社会关注与监督的科研道德建设整体格局。

《科研活动道德规范读本（试用本）》在这方面进行了一些积极的努力。该读本比较系统地反映了当代科研活动道德规范的基本内容，不仅有基础性和系统性特点，也具有相当的针对性和规范性。这是科研道德建设的重要基础性工作，很有意义，可作为科技人员尤其是青年科技人员和研究生的重要读物与行为遵循的规范。

从仰望星空到走向太空

——纪念伽利略用天文望远镜进行天文观测 400 周年*

今年是伽利略（Galileo Galilei，1564—1642）首次用望远镜观测天体 400 周年，因此被联合国确定为国际天文年，以纪念这位人类历史上第一个把望远镜对准茫茫太空的人。伽利略是近代科学的开创者之一，是科学史上的伟人。他把理论与实验相结合，形成了一套基于实验观察、数学分析、严谨实证的科学研究方法，从此人类有了现代意义上的科学。伽利略等人所开创的近现代科学，今天更加充满生机，有力推动着人类文明的进步与发展。

一、 伽利略的发现及其意义

1609 年 7 月，伽利略根据荷兰人发明望远镜的消息，用风琴管作镜筒，两端分别嵌入一片凸透镜和一片凹透镜，制成了一架放大率为 3 倍的望远镜。同年底，他又把望远镜的放大倍数提高到了 32 倍，用来观察太空，从而扩展了人类的视力，发现了一批以前从未发现的天体现象。

他利用望远镜发现月球表面高低不平，有高山、深谷，也在自转。他把月球上两条主要山脉分别以“阿尔卑斯”和“亚平宁”来命名，绘制出世界上第一幅月面图。他断定月球自身并不发光，只能反射太阳光。伽利略用简陋的望远镜发现了有 4 颗卫星在围绕木星旋转，他还先后发现了土星光环、太阳黑子、太阳的自转、金星和水星的盈亏现象、月球的周日和周月天平动，以及银河是由无数恒星组成等等。从而开辟了依靠观测和实证了解天象、解释天体运动的新时代。正如同哥伦布（Cristoforo Colombo，约 1451—1506）发现了“新大陆”一样，伽利略发现了“新宇宙”。这些真实的、可重复的观测结果，形成了对哥白尼日心说极其有力的支持。1610 年 3 月，伽利略把观察结果和对哥白尼（Nico-

---

* 本文为 2009 年 12 月 29 日在北京中国科学院研究生院举办的“纪念伽利略用天文望远镜进行天文观测 400 周年”专题报告会上的演讲。

laus Copernicus，1473—1543）学说的阐述写成《星际信使》一书，在威尼斯公开发表，在当时的欧洲社会产生了很大影响。

由于伽利略所主张的学说和提供的依据，从根本上对当时的宗教教义提出了挑战，遭到了教会的不公正审判，被判处终身监禁。但是，真理的光辉终归要照亮大地。由于伽利略的历史贡献，由于更多的科学依据和阐释，日心说终于取代了延续千年的地心说。更重要的是，伽利略向人们展示了具有说服力的认识自然的科学方法，即：依靠观察和实验来了解自然的真实景象，依靠理论和数学分析来解释所观察到的现象。

伽利略是近代物理学的创始人。他首次把实验引进力学，并利用实验和数学相结合的方法，先后确定了自由落体运动规律、惯性定律、摆的等时性定律、合力定律，抛射体运动规律等一些重要的力学定律；他详细研究了重心、速度、加速度等物理现象，并给出了严格的数学表达。其中加速度概念的提出，是力学史上具有里程碑意义的事件，因为从此能够定量描述力学中的动力学部分。荷兰科学家惠更斯（Christiaan Huygens，1629—1695）在伽利略工作的基础上，推导出了单摆的周期公式和向心加速度的数学表达式，英国科学家牛顿（Isaac Newton，1643—1727）在系统地总结了伽利略、开普勒（Johannes Kepler，1571—1630）、惠更斯等人的工作后，最终得出了万有引力定律和运动三定律。

伽利略留给后人的精神财富是极其宝贵的。伽利略所做的最重要的贡献在于，他把逻辑方法和科学实验紧密结合在一起，奠定了近代科学的方法论基础，这种新方法，使物理学告别了主观猜测、形而上学和粗略定性，成为论据扎实、推理严谨、可实证、可检验和可重复的科学，有力地推动了近现代科学的诞生与发展。正是在这个意义上，伽利略被称为科学实验方法的创始人和近代科学的奠基人。爱因斯坦（Albert Einstein，1879—1955）曾这样评价：“伽利略的发现，以及他所用的科学推理方法，是人类思想史上最伟大的成就之一，而且标志着近代物理学的真正开端！”（《物理学的进化》，爱因斯坦和英费尔德著）

二、 人类对宇宙的探索需要各国不同领域科学家的紧密合作

认知宇宙一直是人类的梦想，人类一直试图对浩渺的宇宙做出合理的解释。中国古人提出过盖天说和浑天说，中国汉代学者张衡（公元 78—139）曾经提出“宇之表无极，宙之端无穷”的无限宇宙概念。（《灵宪》，张衡著）。古希腊哲学家柏拉图（Plato，约公元前 427—前 347）认为宇宙中的物体呈现出最完美的圆形运动，宇宙由各个星层组成，存在着一个宇宙的中心。古希腊的天文学家托勒密（Claudius Ptolemaeus，约公元 90—168）提出了地心说，认为地球是宇宙的中心。哥白尼提出了日心说。牛顿提出了机械的宇宙观，认为在第一推动力的作用下，宇宙按照机械运动的规律运行着。法国人拉普拉斯（Pierre-Simon Laplace，1749—1827）和德国人康德（Immanuel Kant，1724—1804）提出了星云学说，认为宇宙物质是由星云逐渐变化而形成的。近代科学认为，任何一种宇宙学说或者模型，都必须经过观测或实验的检验，才能成为被普遍接受的科学理论。

随着天文望远镜等观测和分析仪器的问世和改进，人类对宇宙的认识愈加清晰丰富。1781 年前后，英国天文学家赫歇耳（Friedrich Willhelm Herschel，1738—1822）使用望

远镜发现了天王星，这是人类第一次用望远镜发现的行星。天王星发现后，人们发现它总是有些偏离计算的轨道，于是有天文学家猜测，在天王星之外还存在一颗行星，它的引力干扰了天王星的运行。1846 年，英国的亚当斯（John Couch Adams，1819—1892）和法国的勒威耶（Urbain Le Verrier，1811—1877）独立对此进行了研究，计算出这颗新行星即将出现的时间和地点，德国天文学家伽勒（Johann Gottfried Galle，1812—1910）在天文观测中辨认出这颗新行星，与预计的轨道只差 1 度。海王星的发现说明了天文观测中理论指导的重要意义，在理论的指导下，不仅能够确定新天体发现的区域和时机，更重要的是，能够揭示出所观测现象的科学意义。科学的最终意义不仅在于发现自然，更在于合理地解释自然。

有了越来越先进的观测、分析等技术手段，有了越来越严谨的理论和数学工具，人类对于宇宙的研究不断深化和拓展。17 世纪陆续发现了一些朦胧的扩展天体，人们称它们为“星云”。仙女座星云是其中最亮的一个。但它是银河系内，还是银河系外的天体，一直有争论。1924 年，美国天文学家哈勃（Edwin P. Hubble，1889—1953）使用当时世界上最大的 2.4 米口径望远镜，在仙女座星云里找到了造父变星，利用造父变星的光变周期和光度的对应关系，确定了它较准确的距离，证明它确实是在银河系之外，而且也像银河系一样，是由几千亿颗恒星以及星云和星际物质组成的河外星系。迄今，已经发现了大约 10 亿个河外星系，有人估计河外星系的总数在千亿个以上。

1967 年，英国天文学家休伊什（Antony Hewish，1924— ）和伯内尔（Jocelyn Bell Burnell，1943— ）偶然地发现了脉冲星。脉冲星发射的射电脉冲周期非常稳定。人们对此曾感到很困惑，甚至一度猜测这可能是宇宙中智慧生命发出的信号。而在此之前，物理学家发现中子后不久，1932 年朗道（Лéв Дави́дович Ландáу，1908—1968）就提出可能有由中子组成的致密星。1934 年巴德（Wilhelm Heinrich Walter Baade，1893—1960）和兹威基（Fritz Zwicky，1898—1974）提出了中子星的概念。1939 年奥本海默（J. Robert Oppenheimer，1904—1967）等通过计算建立了中子星模型。由于事先已经有了关于中子星的理论，科学界很快就确认了脉冲星是有极强磁场的快速自转的中子星。这又是一个理论指导科学发现的典型案例。

宇宙大爆炸模型更是理论指导发现的经典案例。1915 年，爱因斯坦提出了广义相对论，奠定了现代宇宙学的理论基础。根据广义相对论的推测，宇宙不是稳定态的，不是膨胀就是收缩。1922 年，宇宙学家弗里德曼（Алексáндр Алексáндрович Фри́дман，1888—1925）根据爱因斯坦的相对论，提出了非静态的宇宙模型。经过哈勃、爱丁顿的研究，宇宙膨胀说得到越来越多的支持，1932 年比利时天文学家勒梅特（G. Lemaître，1894—1966）进而提出宇宙大爆炸理论，这一理论逐渐成为宇宙起源与演化的主流理论。根据宇宙大爆炸模型，在宇宙的最早期，即距今大约 137 亿年前或更早，今天所观测到的全部物质世界统统集中在一个很小的范围内，温度极高，密度极大。从大爆炸开始，宇宙历经了普朗克时期，强子时期，轻子时期（5 秒），在 100 秒左右发生了核合成，产生氚和氦，宇宙以辐射物质为主。大爆炸发生后约 38 万年，温度下降到 4000K，中性氢开始形成，宇宙进入退耦时期，光子和物质分离，光子成为宇宙背景辐射，宇宙进入以物质为主的黑暗时期。一直到大约 2 亿年，第一批恒星和星系开始形成，宇宙逐渐被照亮，随后的几亿年间，第一批超新星和黑洞形成。大约 10 亿年，比星系更大尺度的星系团形成，星系之间发生合并等剧烈演化活动，恒星系统形成。经过了漫长的演化，形成了今天我们所看到的形形色色的宇宙①。

宇宙大爆炸理论陆续得到一些观测的证实。1929 年，哈勃发现星系距离我们越远，远离我们的速度越快，被称为哈勃定律，从而证实了当前的宇宙处于膨胀状态；哈勃定律与宇宙大爆炸模型的预言一致，已被 28 000 个星系的红移（或退行速度）与距离的关系的观测数据所证实。

20 世纪 60 年代，美国贝尔实验室的彭齐亚斯和威尔逊探测到了 3K 左右的宇宙微波背景辐射，这与 1948 年俄裔美国科学家伽莫夫（George Gamow，1904—1968）和比利时人勒梅特（Georges Lemaitre，1894—1966）等改进的宇宙大爆炸模型非常符合。即我们今天观测到的近乎各向同性的宇宙微波背景辐射，是宇宙膨胀冷却到光子不再和宇宙物质发生相互作用时留下的退耦“遗迹”，当时的宇宙温度约为 4000K，按照宇宙的膨胀速率，到今天恰好为 3K 左右。

1989 年美国发射的 COBE 卫星对微波背景辐射的精密测量进一步表明，在 10^{-4} 精度内，宇宙是各向均匀、同性的，这样就进一步证实了宇宙大爆炸模型。宇宙大爆炸模型预言宇宙今天的年龄约为 137 亿年，宇宙中的天体，如恒星、星系等，都是在宇宙形成以后逐渐形成的，所以它们的年龄必须小于宇宙年龄，这也符合目前的观测；宇宙大爆炸模型预言了宇宙中轻元素的丰度，如氦的丰度约为 25%，氢的丰度约为 75%。多年来人们对天体轻元素丰度的观测结果，正好与宇宙大爆炸模型的预言相一致，从而成为宇宙大爆炸模型的证据。(《解开宇宙之谜的十个里程碑》，陆埮著)。宇宙大爆炸模型的提出和证实再一次表明，宇宙学的研究，需要各国不同领域科学家的紧密合作；宇宙学的研究，不仅需要理论上的创新，而且也需要观测和分析手段的创新。

三、 人类探索太空的动力源自认知和驾驭客观世界的科学精神

探索太空是人类自古以来的梦想，中国在春秋战国时期就有嫦娥奔月的传说。明代有一个叫“万户”的飞天实践家，被誉为第一个利用火箭动力实现航天之梦的先驱。但是他失败了，原因是既无科学理论指导，也无技术条件保障。100 多年前，俄国科学家齐奥尔科夫斯基（Константин Эдуардович Циолковский，1857—1935）发表了科学论文《用火箭推进飞行器探索宇宙》，第一次系统阐述了宇宙航行的基本理论和方法。他曾经说过：“地球是人类的摇篮，但人不能永远生活在摇篮里。他们不断地向外探寻着生存的空间：起初是小心翼翼地穿出大气层，然后就是征服整个太阳系。”虽然他的梦想在当时的科技条件下无法成真，但却为火箭技术和星际航行奠定了基本理论。他的名言一直激励着人类为挣脱大地的束缚进入和探索太空而进行着不懈的努力。

随着人类技术水平的不断提高，1957 年，苏联发射了人类第一颗人造卫星 Sputnik 1 号，拉开了现代航天事业的序幕。到了 20 世纪末，已有 20 多个国家和组织进入了“太空俱乐部”，合计进行了数千次的太空发射，把约 5000 个各类卫星、太空探测器、宇宙飞船、航

① 何香涛．观测宇宙学．北京：北京师范大学出版社，2007.

天飞机送上太空。至今在我们头顶上仍有1000多颗卫星。气象卫星、通信卫星、电视卫星、遥感卫星、GPS等等，在为人们提供着各类服务。

1961年4月，苏联宇航员加加林（Ю́рий Алексе́евич Гага́рин，1934—1968）乘坐“东方1号”飞船升空，在最大高度为301千米的轨道上绕地球飞行一周，完成了世界上首次载人宇宙飞行。1969年7月，美国“阿波罗11号”飞船承载着全人类的梦想飞抵月球，宇航员阿姆斯特朗（Neil Armstrong，1930— ）成为登陆月球第一人。这些都是人类航天事业中的里程碑式事件。

随着航天科技的发展，人类已由在太空中的短暂停留，发展到可以在太空中长期生活，现在已有人在太空站生活了一年。迄今，全世界已发射了9个空间站。苏联是首先发射载人空间站的国家，其礼炮1号空间站在1971年4月发射成功。美国在1973年5月14日成功发射太空实验室的空间站。苏联于1986年2月发射了大型的“和平号”空间站，这个空间站全长13.13米，最大直径4.2米，重21吨。国际空间站于1993年完成设计，开始实施。该空间站以美国、俄罗斯为首，共16个国家参与研制。其设计寿命为10—15年，建成后总质量将达438吨，长108米。太空站的出现，为人类持续研究太空环境、利用微重力环境研究物理、生物、化学等问题，深化对物质及其运动规律的认识，研究人类在太空生存时的生理和心理变化，创造了条件。

中国于1970年4月发射了第一颗人造卫星“东方红一号”。2003年10月杨利伟乘坐“神舟五号”飞船成功实现了中国第一次载人太空飞行；2008年9月中国“神舟七号”宇航员翟志刚成功地进行了第一次太空行走。2007年10月，我国“嫦娥”一号探月卫星成功发射升空，并在随后的数天里圆满地完成了月球探测任务。中国作为一个太空科技的后发国家，走的是一条低投入、高效益、自主发展的道路。我们坚信在不久的将来，中国航天科技一定会有更大的飞跃，将为国家富强、民族振兴做出更大的贡献。

人类在探索太空的历程中，也经历了艰辛，甚至牺牲生命。以美国为例，到目前为止，美国共牺牲17名宇航员。1967年1月27日“阿波罗1号”失事，牺牲3名宇航员；1986年1月28日“挑战者号”失事，牺牲7名宇航员；2003年2月1日“哥伦比亚号”失事，牺牲7名宇航员。尽管历经失败，但人类在走向太空的征程中已经取得了辉煌的成就，而且还会取得新的辉煌。人类探索太空的原动力，就来自人类渴望认知和驾驭客观世界的科学精神，伽利略所秉承和坚持的也正是这种精神。这种科学精神值得我们有志献身科学的每一个人用毕生的精力去坚持，并一代又一代地发扬光大。

四、 仪器的改进与科学的进步

技术手段的改进，往往能够促进新知识的产生，进而促进科学的进步。天文学与物理学、化学等其他绝大多数自然科学一样，是建立在观测和实验基础上的科学。天文学研究的进步既需要理论的创新与发展，也需要观测分析仪器的创新。每一次天文观测方法和设备的革新，都推动了天文学研究的发展。望远镜的集光能力，空间、时间分辨率等性能的提高，往往引发天文学前沿研究的新突破。从可见光学波段到射电波段、再发展到紫外、红外、X射线及γ射线，全电磁波段天文观测向我们开启了全新的宇宙观测窗口和视角。

仅以20世纪60年代为例，利用第二次世界大战中雷达技术的进展，射电天文学脱颖而出，直接导致了类星体、脉冲星、星际分子和宇宙微波背景辐射四大里程碑式的天文发现，有五项诺贝尔物理学奖颁发给了相应的发现者。

随着空间技术的飞速发展，利用新一代空间望远镜、天文卫星等探测手段，获得了大量新的观测数据，丰富了我们对宇宙的认识。最突出的例子就是哈勃太空望远镜（Hubble Space Telescope，HST），该望远镜于1990年升空，主镜直径2.4米。哈勃太空望远镜工作19年来，对深空中的2.6万个天体拍摄了50万张以上的照片，根据对哈勃太空望远镜的观测结果的研究，产生了超过7000多篇科学论文，哈勃太空望远镜已成为产出成果最高的天文学设备之一（美国《大众机械》杂志：《世界功能最强五大天文望远镜》）。哈勃太空望远镜帮助科学家测定了宇宙年龄，证实了多数星系中央都存在黑洞，发现了年轻恒星周围孕育行星的尘埃盘，确认宇宙正加速膨胀，还提供了宇宙中存在暗能量的证据。

以2000年开始的斯隆数字巡天观测（Sloan Digital Sky Survey，SDSS）为例，观测25%的天空，获取超过100万个天体的多色测光资料和光谱数据。我国自主研制的LAMOST望远镜采用实时主动变形反射施密特改正板和4000根光纤同时精确定位技术，有前所未有的4米通光口径，同时具备5度观测视场，计划将人类对天体的光谱巡天数据再增加一个数量级，达到千万级。（在世界上已有的天文观测设备中，LAMOST成为集中并大规模应用今年荣获诺贝尔物理学奖的两项应用成果——光纤通信和电荷耦合探测器件CCD的最为典型的天文望远镜：4000根光纤+32个4000×4000 CCD探测器。这进一步说明了天文学和技术应用之间的辩证关系：天文学既依赖又推动技术应用的发展。）2003年开始公布数据的威尔金森微波各向异性探测器（Wilkinson Microwave Anisotropy Probe，WMAP），力图找出宇宙微波背景辐射的温度之间的微小差异，以帮助验证有关宇宙产生与演化的各种理论。这些技术手段的发明和改进，以前所未有的精度把人们带入“精确宇宙学”时代，有助于不断深化人类对宇宙的认识。

天文学的发展离不开其他学科，同样，天文学的发展也促进了其他学科进步。太阳系的行星运动是理想的牛顿力学实验室，而中子星、黑洞乃至整个宇宙则是检验爱因斯坦引力理论的实验室。天文学提供了检验各种极端物理条件，如微重力、极高（低）温、极高（低）压、极大（弱）引力、极高（低）密度、极强（低）磁场等的物理理论的“宇宙实验室”。宇宙在演化中形成了地球上几乎所有的化学元素，并由这些元素产生出各种无机分子和有机分子。因此生命物质的起源很可能并不是地球独有的，在宇宙其他天体中也可能存在着氨基酸等生命物质。从这个意义说，宇宙也应是生命起源与演化的实验室。现代天体物理学中提出的暗物质、暗能量、反物质等问题的深入研究，将对物理学的基础产生重大的影响。在“元素周期表”上位居第二位的元素氦，是首先在对太阳的观察中发现的。最早测定光速的方法之一，正是利用了木星卫星的掩食现象。人类曾经长期探索太阳巨大能量的来源问题，19世纪末，发现了元素的放射性，英国科学家卢瑟福（Ernest Rutherford，1871—1937）提出，能量足够大的氢核碰撞后可能发生聚变反应，这可能是太阳能的来源。依靠核聚变理论和实验，人类发明了氢弹，50多年来，许多国家又在研究以可控核聚变作为新型能源。广义相对论发表后的一段时间里，一直得不到实验的验证。1919年，英国天文学家爱丁顿（Arthur Stanley Eddington，1882—1944）在日全食期间观测到了太阳附近恒星位置的偏移，测得的偏移量与广义相对论的计算结果符合得很好，广义相对论第一次得到了观测证据的支持。加上后来的金星雷达回波延迟，行星近日点的进动，太阳光谱和白矮星光谱引力红移等现象的发现，广义相对论进一步得到了验证。

天文仪器的创新，有时候也能同时促进其他学科的发展。望远镜是观测宇宙的工具，其每一个历史发展阶段，都是最先进的精密光学机械与电子技术的集成。望远镜的研发改进，不断向高新技术及制造技术提出挑战，从而带动了高新技术的创新。很多基于望远镜的科技创新成果，可以广泛应用于国民经济和国防建设。例如，自适应光学技术、激光导星、大规模波前探测器和校正器等技术，可应用于高分辨率望远镜、深空自由空间光通信、激光光束和光学成像整形与控制等；天文学红外探测器技术的发展，将有利于夜视导航与预警，卫星气象预报，资源、灾害遥感，医学成像诊断等技术取得突破性进展。

五、 宇宙探索——永无止境的科学前沿

伽利略凭借简单的望远镜，发现了原先未知的太阳系中的一些现象；人类依靠不断改进的观测设备，进一步认识了太阳系、银河系以外的宇宙；今天，人类的研究触角已伸向宇宙诞生之初，伸向宇宙的边缘。然而，宇宙探索是永无止境的科学前沿，我们已知的宇宙现象，比起我们未知的宇宙奥秘，如同沧海一粟，人类对宇宙的认知，就像刚刚学会爬行的婴儿一样，还有遥远的路程。

尽管宇宙暴胀大爆炸模型取得了很大的成功，但是我们对于暴胀的机制和大爆炸的具体过程尚不清楚，还没有解决宇宙的视界、奇性、宇宙学常数等重要问题，还完全不理解主导宇宙大尺度结构的形成和演化的暗物质和暗能量，还没有完全认识宇宙中正反物质的不对称性的根源，也没有全面揭示宇宙中黑洞的形成和增长以及星系的形成和演化的规律。特别是暗物质、暗能量和黑洞问题，被认为是宇宙研究中最具挑战性的课题，有待于进一步的深入探索研究。

暗物质是宇宙中无法直接观测到的物质，但它却能干扰星体发出的光波或引力，所以科学家可以认识到暗物质的存在。暗物质是宇宙的重要组成部分。暗物质的总质量是普通物质的 6.3 倍，而我们可以看到的物质还不到宇宙总物质的 10%，暗物质可能主导了宇宙结构的形成。科学家曾对暗物质的特性提出了多种假设，但暗物质的本质现在还是个谜①。

暗能量是一种不可见的、能推动宇宙运动的能量，暗能量的存在直到 1998 年才被天文学家初步证实。暗能量是近年宇宙学研究的另一个具有里程碑性的重大成果。有科学家推测，宇宙中所有的恒星和行星的运动基本都是由暗能量来推动的。支持暗能量的主要证据有两个：一个证据来自对遥远的超新星所进行的大量观测，宇宙在加速膨胀。按照爱因斯坦引力场方程，能够从加速膨胀的现象推论出宇宙中存在着压强为负的“暗能量”。另一个证据来自近年对微波背景辐射的研究，精确地测量出宇宙中物质总密度。值得注意的是，观测得出的物质能量总量，超过了普通物质和暗物质的质量之和，所以必须由某种成分如暗能量来补差。

---

① 陆埮．解开宇宙之谜的十个里程碑．中国国家天文，2009，(2)．

从哲学的角度来讲，暗物质和暗能量相继被证实存在对人们的观念是一次极大的冲击和突破。当年哥白尼仅仅将宇宙的中心从地球搬到太阳，就引起了全世界的轩然大波，人们不得不重新审视自身在宇宙中所扮演的角色。天文学上的发现不断地突破人们刚刚确定的关于宇宙中心的知识体系，直到爱因斯坦提出广义相对论后，人们才发现宇宙根本没有所谓的中心。暗物质和暗能量的存在同样是以前人类无法想象的事情，但它们就存在于整个宇宙中，并在宇宙的构成和作用等方面居于主导地位。

反物质是由反原子构成的物质。反质子、反中子和反电子如果像质子、中子、电子那样结合起来就形成了反原子。反物质正是一般物质的对立面，而一般物质是构成宇宙的主要部分。物质与反物质的结合，会如同粒子与反粒子结合一般，导致两者湮灭，且因而释放出高能光子或伽马射线。根据爱因斯坦著名的质能关系式——$E=mc^2$，如果质量湮灭，就会产生能量。正反物质湮灭时质量几乎损失殆尽，产生的能量比重核裂变和轻核聚变产生的能量大得多，会将100%质量转化成能量，而利用聚变反应的氢弹则大约只有7%的质能转换。

人类走向太空的征程同样也只是刚刚起步。从1961年2月12日苏联发射“金星”号探测器奔赴金星至今，各种宇宙探测器已先后对月球、水星、金星、火星、木星、土星、天王星、海王星、冥王星、哈雷彗星以及许多小行星和卫星进行了近距离或实地考察，获得了丰硕的成果，而且不断有新的发现。借助太空探测器，人们看到金星终日蒙上的一层密雾浓云及温暖世界，破解了火星上的所谓人工运河和生命存在之谜，观察到土星的奇异光环和卫星家族、木星及其极光景观等，使人类对于太阳系的认识更加清晰。现在，美国于1977年8月发射的“旅行者2号”太空探测器已经飞离太阳系，正在走向其他星系。人类虽然已经在近地轨道、远地轨道乃至月球留下了足迹，但尚未到达其他行星，还有漫长的太空征程等待人类去探索。

宇宙的魅力，宇宙探索的挑战性，宇宙蕴含的丰富科学问题，无疑为青年人展示自己的潜力，为人类提升创造力，提供了无与伦比的舞台。有志者应像伽利略那样，无畏艰险，执著追求，不断探索，不断开拓新的科学领域，深化人类对宇宙的认识。我们纪念伽利略，不仅是为了纪念他对科学的巨大贡献，更要学习、继承和发扬伽利略的勇于创新、善于创新和为科学真理而献身的精神，为提高我国的自主创新能力，建设创新型国家，不断做出创新贡献。

学习和继承竺可桢先生的宝贵思想和学术遗产*

尊敬的各位来宾、各位专家，同志们：

大家上午好!

今年 3 月 7 日，是我国 20 世纪著名的科学家、教育家竺可桢先生（字藕舫，1890—1974）诞辰 120 周年的纪念日。今天我们在这里隆重集会，共同缅怀竺可桢先生对我国科技和教育事业的卓越贡献，继承和弘扬他一生坚持和倡导的爱国、求是精神，对于引导激励广大科技和教育工作者更好地服务国家人民，具有十分重要的意义。

竺可桢先生是我国现代气象学和地理学的奠基人，在台风、季风、中国区域气候、农业气候、物候学、气候变迁、自然区划等领域，取得过辉煌的成就；先生是我国现代教育的先行者和实践家，他执著的“求是”精神、先进的教育思想和卓越的办学成就，在我国教育史上书写了光辉的篇章；先生是中国科学院和中国科学院学部的奠基人和卓越的领导者之一，领导和直接指导了我国自然区划综合考察、国家大地图集编纂、地学规划制定、自然科学史研究等工作，为新中国科技大厦的奠基立业、为中国科学院的建立和发展做出了卓越贡献。

竺可桢先生一生笔耕不止，为我们留下了丰富的思想和学术遗产。关于竺老的学术成就，近 30 年来在我国科技界和教育界已经有了大量的研究、讨论和介绍，在上海科技教育出版社和众多学者的共同努力下，编纂《竺可桢全集》这一重要科学文化工程已近完成。我作为《竺可桢全集》的编委会主任与闻其事，有机会系统学习了竺可桢先生的思想，今天借此机会谈几点体会，与同志们共勉：

1. 作为我国现代气象科学的奠基人，竺可桢先生始终关注并“尽毕生之力”开展气候变化研究

他关于气候变化的一系列奠基性研究，对于我们今天认识这一全球重大问题，具有重要的科学意义。早在 1925 年，先生连续发表了《南宋时代我国气候之揣测》等 4 篇论文，提出了由中国历史文献中的气候记载来探究气候长期变化的新途径，成为我国历史气候变化研究的开创性文献。他对于这个问题的关注始终不懈，于 1972 年发表了《中国近五千

---

* 本文为 2010 年 3 月 26 日在北京中国科技会堂举行的“纪念竺可桢诞辰 120 周年座谈会”上的讲话。

年来气候变迁的初步研究》，给出了中国五千年来温度变化趋势曲线和过去五千年期间四个冷暖期相间出现的重要论述，至今仍是研究全球气候变化的经典之作。竺可桢先生尽毕生之力，厚积薄发，以他深刻的科学洞察力和独特的工作方式，及时将所见、所知的早期气象观测记录作了详尽记述，为我国气象科学的发展乃至今天的气候变化研究奠定了重要的科学基础。更为可贵的是，他以严谨的科学态度和求是的科学精神，提出“近三千年来，中国气候经历了许多变动，但它同人类历史社会的变化相比毕竟缓慢得多，有人不了解这一点，仅根据零星片断的材料而夸大气候变化的幅度和重要性，这是不对的”，对我们今天科学理性地认识气候变化问题具有醍醐灌顶之效。

2. 作为“可持续发展”的思想先行者，竺可桢先生始终从科学视角，关注着中国的人口、资源和环境问题

他不仅在学理上大力关注可持续发展的相关理论问题，而且知行合一，在经济社会发展实践中倾力躬亲。早在20年代，他即开始撰文关注我国的人口问题，1926年，他通过江浙两省人口问题的研究，认为降低人口密度是一个“不可缓之举”。新中国成立以后，他在历次人民代表会议上，一再呼吁国家对于人口“应有一个政策，不能任其自由发展”。50年代后，面对人口陡增的形势，他在著作和日记中对我国在人口和资源双重压力下的前途充满忧虑，1962年，他在日记中写下了“节制生育和水土保持乃当今之急务”。在《要开发自然必须了解自然》等一系列具有代表性的论文中，提醒国人的环境意识；1963年，他向中央提交了《关于自然资源破坏情况及今后加强合理利用与保护的意见》的建议书，将环境问题引入第一代党和国家领导人的视野，对于当时我国一些省份只顾大量开垦荒地荒山、置水土流失于不顾的做法，撰文提出了批评并建议有实地勘察的必要。竺可桢先生的这些重要思想与建议，在当时中国强调战天斗地、人定胜天的大环境中，是十分难能可贵的。从世界可持续发展思想形成的历史进程看，这些思想的提出，标志着中国科学家较早地、独立地关注并提出研究人口、资源和环境问题，是我国科学界对“可持续发展”理念具有前瞻性的早期探索。

3. 作为我国现代教育的先行者和实践家，竺可桢先生担任浙江大学校长13年，使浙江大学成为全国著名大学之一

在抗日战争烽火中，他率领浙江大学师生员工辗转逾千里，不仅保全和培植了数量极为可观的教育和科技人才，而且在严酷的条件下使浙江大学迅速崛起。他提出并实践了“办中国的大学，当然须知道中国的历史，洞明中国的现状。我们应凭借本国的文化基础，吸收世界文化的精华，才能养成有用的专门人才；同时也必根据本国的现势，审察世界的潮流，所养成的人才才能合乎今日之需要”的办学理念，强调“大学教育的目标，决不仅是造就多少专家如工程师医生之类，而尤在乎养成公忠坚毅，能担当大任、主持风尚，转移国运的领导人才”。在竺可桢校长的领导下，在抗日战争极端困难的条件下，浙江大学师生仍坚持办学，开展学术研究，培养出在国内外有影响的一大批杰出人才，成就了被李约瑟博士（J. Needham，1900—1995）誉为“东方剑桥”的历史辉煌；他倡导“求是”精神，极力主张“排万难冒百死以求真知”，“只问是非，不计利害”，更是对当今大学的治学之道、办学之策有着积极的借鉴意义。竺可桢先生执著的求是精神、注重通才教育、尊

崇学术自由、教育与研究结合等卓越的教育思想，更成为我们当前推进教育改革和发展教育事业的宝贵历史财富。

4. 作为中国科学院和中国科学院学部的奠基人和卓越领导者之一，竺可桢先生为发展新中国科学事业打下了坚实的基础

他于新中国成立之初担任中国科学院副院长，分管生物和地学领域，在中央研究院和北平研究院等原有基础上，领导重新组建了一批新的研究机构，以其在科学界和教育界的声望，在实现平稳过渡中发挥了无可替代的作用。先生于 1955 年当选为第一批中国科学院学部委员并兼任生物学地学部主任，他尊重人才、知人善任、吸引和保护人才的实际行动给我们留下了许多感人的事例。他参与组织领导了《1956—1967 年科学技术发展远景规划纲要》；主持了全国范围内的自然区划和自然资源考察工作，亲自筹划建立了中国科学院自然资源综合考察委员会，为国家宏观规划和区域发展提供了最宝贵的第一手资料；与此相随，在全国布置了初具规模的研究机构和观测台站网络，并直接带动冰川、冻土、沙漠、青藏高原综合研究等许多新兴研究领域的发展，填补了多项学科空白，为我国科学研究事业的全面繁荣打下了坚实基础，竺可桢先生为此做出了重大贡献。

竺可桢先生离开我们已经 36 年了。我个人曾受业和执教于浙江大学，后任职于中国科学院，虽无缘直接聆听竺老面诲，但有幸继承和弘扬他开创的事业。竺可桢先生诞生于庚寅年，到今年正好是两个甲子的轮回。在这 120 年中，包括竺可桢先生在内的中国知识阶层对科学和现代化的百年追求，一直是中华民族复兴的强大动力。新中国建立特别是改革开放以来，中华大地发生了翻天覆地的巨大变化，我国进入了实现现代化和民族振兴的战略机遇期。

当前，党、国家和人民对科技和教育事业的发展寄予厚望。我们缅怀竺可桢先生，就是要继承和发展他未竟的事业，不断提升科技自主创新能力，培养德才兼备的高层次创新创业人才，用科技引领和支撑我国的可持续发展；就是要学习和发扬光大他崇高的精神，特别是他毕生倡导的“求是”的科学精神，“努力为国，以天下为己任”的爱国情怀，“只问是非，不计利害”的治学态度，联系实际、不骄不躁、循序渐进的严谨学风；就是要坚持解放思想，求真唯实，改革创新，在全面贯彻科学发展观，落实科教兴国战略、建设创新型国家和实现中华民族伟大复兴的历史进程中，不断做出新的更大的贡献！

科学的价值与精神（2010）*

一、科学的价值

科学技术作为生产力的作用，在现代社会是逐步显现的。比如，牛顿力学奠定了工业革命的力学基础，以蒸汽机发明为标志的工业革命开启了工业社会的序幕。又如，麦克斯韦方程奠定了电磁学的基础，促进了电器化和通信业的发展，照亮了人类前行的道路，人类开始进入电气化时代。20 世纪以来，科学技术已经成为第一生产力。爱因斯坦的光电效应理论推动了激光、通信产业的发展；原子理论的发展导致了核能的军用和民用；固体物理学的发展，导致了半导体、晶体管、集成电路、磁性存储材料、计算机技术，还有超导以及太阳能电池等产业的发展；建立在孟德尔、摩尔根基因理论基础上的育种理论，导致了农作物品质的优化和产量的大规模提高；维纳的控制论为当代工程技术奠定了理论基础，并催生出智能生产线。

20 世纪以来，科学以前所未有的深度和速度促进了技术的创新和突破。在当今世界，任何重大的科技创新都离不开科学创新的支撑，技术的进步不但为生产力也为科学创新提供了新的手段与动力，两者的作用是相辅相成的。科学也改变了人们的世界观。牛顿力学对物质及其运动规律的认识，促进了唯物论和辩证法的产生和发展，并且成为欧洲启蒙运动的思想基础；达尔文进化论揭示出生命发生演化的规律，颠覆了西方人长期信奉的神创论；基因结构与功能的发现，揭示了生物的生殖、发育、遗传、变异的分子基础及变化规律；数学和系统科学揭示了事物复杂表象底下的量变到质变的规律和自然的数量与形态规律；相对论、量子论深化了人们对快速变化的微观物质世界的认识；天体物理和宇宙大爆炸理论的提出则改变了人类的宇宙观。

科学改变了人们的价值观。科学研究表明土地等自然资源和生态环境容量都是有限的。知识经济的发展又证明，单纯依靠资本和熟练劳动无法保持竞争力，知识成为创造新财富的核心与基础。当今美国引发的金融危机也说明仅靠虚拟经济、投机操作，失去科技

---

* 本文发表于《民主与科学》杂志 2010 年第 3 期。

进步对实体经济的支持，经济增长同样也是难以为继的。创新已经成为一个国家、地区和企业兴旺发达的不竭动力。知识已经成为当今世界取之不尽、用之不竭的资源，当然其关键还是创造知识的人，以科教兴国为己任，以创新为民为宗旨。应该是中国当代科技工作者的价值观的核心。

科学技术还改变了人们的发展观。地球科学的进展在消除了人类对于自然的恐惧的同时，也告诫人类地球系统的复杂性和脆弱性。警示人类：我们只有一个地球，要爱护这个地球。1963 年，美国的生态学家蕾切尔·卡逊（Rachel Carson，1907—1964）发表了《寂静的春天》这一著作，抨击了传统粗放式工业生产对环境的破坏，开启了环保运动的先河。环境科学的发展，揭示出自然环境的承载力是有限的，有些破坏是不可逆的，人类应该“敬畏”和尊重自然。科学的进步提出了可持续发展的思想，使人类的发展观经历了从认知自然、开发自然到与自然和谐协调发展的进化。我们的党中央通过科学总结世界各国现代化发展历程和中国发展的经验教训，提出了以人为本、全面协调可持续发展的科学发展观。

二、 科学的精神

科学精神是人类文明中最宝贵的精神财富，它是在人类文明进程当中逐步发展形成的。科学精神源于近代科学的求知求真精神和理性与实证传统，它随着科学实践的不断发展，内涵不断丰富。科学精神集中体现为追求真理，崇尚创新，尊重实践，弘扬理性。科学精神倡导不懈追求真理的信念和捍卫真理的勇气；科学精神坚持在真理面前人人平等，尊重学术自由，用继承与批判的态度不断丰富发展科学知识体系。科学精神鼓励发现和创造新的知识，鼓励知识的创造性应用，尊重已有认识，崇尚理性质疑。科学精神不承认有任何亘古不变的教条，科学有永无止境的前沿。科学精神强调实践是检验真理的标准，要求对任何人所做的研究、陈述、见解和论断进行实证和逻辑的检验。科学精神强调客观验证和逻辑论证相结合的严谨的方法，科学理论必须经受实验、历史和社会实践的检验。

科学精神的本质特征是倡导追求真理，鼓励创新，崇尚理性质疑，恪守严谨缜密的方法，坚持平等自由探索的原则，强调科学技术要服务于国家民族和全人类的福祉。

在人类发展历史上，科学精神曾经引导人类摆脱愚昧、迷信和教条。倡导摆脱神权、迷信和专制的欧洲启蒙运动的主要思想来源于科学的理性精神。科学精神所倡导的崇尚理性、注重实证和唯物主义在推动欧洲国家由封建社会向宪政社会过渡中发挥了重要的作用。

在科学技术的物质成就充分彰显的今天，科学精神更具有广泛的社会文化价值。注重创新已经成为最具时代特征的价值取向，崇尚理性已成为广为认同的文化理念，追求社会和谐以及人与自然的协调发展日益成为人类的共同追求。在当代中国，富含科学精神的解放思想、实事求是、与时俱进，已经成为党的思想路线，成为我国人民不断改革创新，开拓进取的强大思想武器。

三、科学的道德

科学研究因为是创造性的人类智慧活动，高尚的道德标准必然是科学健康发展的重要保障。在长期的科学实践中，科学严谨的行为规范、博大精深的文化传统和国际公认的制度伦理，为科学体系提供了一种自我进化的机制。形成了科学的道德规范。

随着科学技术日益成为社会化的宏大事业，成为既有社会地位又有一定利益追求的事业，科研当中的不端行为也开始滋生和发展。对于我国来说，近代科学传统还不是很长，科学共同体内部的道德约束和制度基础还不健全。我国正处在经济社会的转型期，社会和市场中的不良风气在科技界也必然有所反映。在当前，通过科学不端行为获取声望、职位、利益和资源等方面的问题比较突出。加强科学道德规范建设。保证科学的学术荣誉，维护科学的社会声誉，已成为当前我国科技界的一项重要任务。

建设科学道德规范应遵守一些基本的原则。

一是诚实守信的原则，诚实守信是保障知识可靠性的前提条件与基础，是科技工作者必须遵守的最基本的规范。诚实原则要求科技工作者在项目设计、数据资料采集分析、科研成果公布的时候要坚持实事求是，同时要尊重他人已有的贡献。在求职、评审等方面也必须坚持实事求是，对于研究成果的错误和失误，应该以适当的方式及时公开承认。

二是信任与质疑互补的原则。科学是一种不断积累与进步的人类创新活动；后人总是在前人的基础上才能不断前进。因此，所谓信任，就是相信和尊重他人或者前人的知识创造，把科学研究中的某些错误归咎于寻找真理过程中的自然的困难和曲折。质疑就是要求科技工作者对科研中可能出现的错误始终保持警惕，即使这种错误是由著名的科学家或者所谓权威提出来的（其实科学并不承认权威），也要毫不犹豫予以纠正。信任与质疑还要求科学家始终保持警惕，不排除某些人有违规行为的可能性。

三是公开性原则。科学是建立在研究成果公开发表、被同行认可的基础之上的，科学研究最终的目的在于造福全人类，因此，公开性原则强调只有公开了的知识和发现在科学界才被承认，才具有效力。在强调知识产权保护的今天，科学界仍要强调维护公开性的原则，追求科研活动社会效益的最大化，推动和促进全民共享公共知识产品。这跟知识产权保护是相辅相成的，两者并不矛盾。

四是相互尊重的原则。相互尊重是科学合作的基础。科学研究要求尊重他人的著作权；通过对他人科研成果的引证给予其研究以承认与褒奖；对于他人的质疑采取开诚布公和不偏不倚的态度；尊重他人对自己的科研假说的证实和辩驳以及质疑；合作者之间要承担彼此尊重的义务，尊重合作者的尊严、能力、业绩和价值取向。

严谨的科学道德规范不仅有助于我国科技的健康持续发展，而且有助于形成良好的社会风气。中国科技界和科技工作者应该自觉履行科学的社会责任，珍惜职业荣誉，承担起对科学技术后果评估的责任。对自己工作可能带来的社会后果进行检验与评估，一旦发现存在弊端或者是可能带来危险，应改变甚至中断自己的工作，如果不能独自做出抉择，应该暂缓或中止相关研究，并及时警示，最大限度规避或减少科学技术的负面影响。构建社会主义和谐社会更需要讲信用、重承诺。中国科技界应当大力倡导求真唯实的科学精神，践行我国科技界长期形成的“做老实人，说老实话，办老实事”和严肃、严密、严谨的作风，促进诚实守信社会风气的形成。

四、 科技的社会伦理

现代科学与技术正在酝酿着新的突破，它必将引发人类未来的生产方式、生活方式和社会结构等发生重大变革，同时也必然带来新的道德伦理问题。譬如说，信息技术将继续对人们的日常生活、生产方式以及商业与社会管理等产生积极、广泛而深刻的影响，但是也可能带来或已经带来网络欺诈、黑客攻击、信息泄漏、数据作伪、虚假、赌博与色情信息的非法传播等问题。而且，由于各国、各地区和个人间信息获取与应用的不平衡，产生新的贫富差距——数字鸿沟。

又如生命科学与生物技术的发展，将为农业、医疗保健、资源利用和环境保护带来新的革命性变化和做出不可估量的贡献。但是，也有可能发生个人生命信息的泄漏，人的社会属性难以界定等伦理问题，并且导致生态安全受到人为的攻击，人类的遗传发育健康面临新的威胁等伦理挑战。

又如纳米技术的发展，当然会导致信息、电子、制造、化工、医药、材料和环保产业的新的革命性的变革。但是，如果在没有科学防范的情况下纳米技术得到大规模的应用，也有可能在人类健康、社会伦理、生态环境等方面引发诸多挑战。研究表明，一些纳米材料具有特殊的毒性，纳米颗粒与纳米碳管可能引发肿瘤，而且有能力穿透动物和人的脑血屏障。纳米材料废弃物的处理也将是人类面临的新课题。一旦纳米技术成为攻击性的武器，至今人类还尚未准备好防范的办法。

又如认知科学的进展将为计算机、通信、脑神经科学，乃至学习和教育带来革命性的变化，为人类脑与精神系统的健康、发育和精神疾病防治提供更为有效的手段。但是，一旦认知科学被滥用，有可能引发心理诱导、心理伤害、认知误导等对人的行为、情感和思维的控制，带来人的隐私权、行为自主权受到非法侵害等新的严重伦理问题。

又如空间技术（全球定位系统、全球信息系统和遥感系统）的完善与广泛运用，扩大了人类认知的视野，促进了地球、资源、环境科学的发展，为保障农业生产、监察生态环境的变化、预测、预报气候变化与自然灾害、建设数字地球提供有力的科技支撑。但是，在新的空间监测手段下，个人的隐私难以保障，企业的商业机密容易泄漏，掌握先进空间技术的国家自然就把握了信息的优势，从而造成国与国之间，团体与团体之间乃至个人与个人之间信息获取上新的不对称，生存发展新的不公平等问题。

伴随着科学技术的发展所产生的这些伦理问题，我认为并非是由于科技发展本身所致，主要是源于对科技的不恰当运用。伦理并不能成为人类放弃或者限制科技发展的理由。探索未知世界，创新生产生活方式，保护生态环境是科学与技术发展永恒的动力与追求。科学技术也是人类文明进步的不竭动力与基石。发展科学技术、造福人类，是科学家、工程师以及全人类的共同社会责任。科学精神与人文精神的结合，必将在发展科学技术的同时发展新的人类伦理准则。

科学技术是人类共同创造的知识财富，具有可积累、可共融、可分享、可再创造等特点，理应造福于全人类。同时，我们也必须清醒地认识到，科学技术也是一柄双刃剑。科学技术一旦被滥用，也可能危及自然生态、人类伦理以及人类社会与自然界的和谐与可持续发展，带来新的不平等、不安全、不和谐、不可持续，甚至带来人为的灾难。

所以，人类应该共同恪守科学的社会伦理准则：科学家和工程师不仅应该有创新的兴趣与激情，更应该有崇高的社会责任感；科技创新应该要尊重生命，包括人的生命以及其他生物的生命，尊重自然法则；科技创新应该尊重人的平等权利，不仅是当代人的平等权利，还要尊重世代人之间的平等权利，我们不能只为了我们当代人的福祉而牺牲我们子孙后代的发展权、生存权；科技创新应该尊重人的尊严，不应该产生种族、财产、性别、年龄和信仰歧视；科技创新应该尊重自然，保护生态与环境，实现人与自然和谐共处，以及人与自然的可持续发展。

科学精神是具有显著时代特征的先进文化*

科学技术作为人类智慧的伟大结晶，不仅创造了巨大的生产力，也形成了以科学精神为特征的先进文化。胡锦涛同志前不久在中国科学院第十五次院士大会和中国工程院第十次院士大会上的重要讲话中指出，科学精神是科学技术的灵魂。科学精神能为科技进步和创新提供强大精神动力。改革开放以来，我们正是在“科学技术是第一生产力”这一重要论断的指引下，发扬科学精神，深化经济与科技体制改革，推动了经济持续高速发展。当前，我国正处于加快转变经济发展方式、建设创新型国家的关键时期。我们不仅要大幅提升自主创新能力，而且要大力弘扬科学精神，建设具有显著时代特征的先进文化。

一、 科学精神的内涵与价值

科学精神源于人类追求真理的过程中形成的理性思维与实证传统。它随着科学实践而不断丰富、升华与传播，已成为现代社会的普遍价值和人类宝贵的精神财富。我国科学家竺可桢将科学精神与中国的“求是”传统联系起来，认为科学家应该恪守的科学精神是：“①不盲从，不附和，一切以理智为依归。如遇横逆之境遇，则不屈不挠，不畏强御，只问是非，不计利害。②虚怀若谷，不武断，不蛮横。③专心一致，实事求是，不作无病之呻吟，严谨整饬，毫不苟且。”概括而言，科学精神的内涵大致包括以下几方面。

（1）理性求知精神。科学精神主张世界的客观性和可理解性，认为世界是可知的，可以通过科学实验和逻辑推理等理性方法来认知和描述；坚持用物质世界自身解释物质世界，反对任何超自然的存在。爱因斯坦指出，“要是不相信我们的理论构造能够掌握实在，要是不相信我们世界的内在和谐，那就不可能有科学。这种信念是，并且永远是一切科学创造的根本动力。”（注：《爱因斯坦文集》第1卷，第379页。）

（2）实证求真精神。科学精神强调实践是检验真理的标准，科学概念和科学理论必须是可证实和可证伪的。所有的研究、陈述、见解和论断，不仅都需要进行实验验证或逻辑论证，还都要经受社会实践和历史的检验。

---

* 本文发表于《人民日报》2010年7月19日第7版，略作修改。

（3）质疑批判精神。科学精神鼓励理性质疑和批判。科学不承认有任何亘古不变的教条，即使是那些得到公认的理论也不应成为束缚甚至禁锢思想的经典，而应作为进一步探索研究的起点。理论上的创新往往是建立在对现有理论的怀疑基础上的。这一精神要求不唯书、不唯上、只唯实，真理面前人人平等。科学家之所以成为科学家，并不在于掌握了别人无法反驳的真理，而在于他无所顾忌的批判态度和对真理坚持不懈的追求。

（4）开拓创新精神。科学精神崇尚创新开拓，既尊重已有认识，更鼓励发现和创造新知识，鼓励知识的创造性应用。创新是科学得以不断发展的精神动力和源泉，是科学精神的本质与核心。科技工作的创新性主要表现在提出新问题、新概念、新方法，构建新理论，创造新技术、新发明，开拓新方向、新应用。

科学在历史上曾多次引导人类摆脱愚昧、迷信、教条的束缚，极大地推动了思想解放和社会进步。伽利略提倡的注重实验与数学表达的科学精神，引导人们质疑亚里士多德（Αριστοτέλης，公元前 384—前 322）与宗教对世界的经典解说，使科学从神学中逐渐解放出来，形成了理性思维的科学方法。这一理性方法在自然系统的成功运用，成就了 17 世纪的科学革命。伏尔泰（Voltaire，1694—1778）、卢梭（Jean-Jacques Rousseau，1712—1778）等人运用理性方法解释社会系统，引发了启蒙运动，推动欧洲社会告别神权迷信和封建统治。达尔文进化论解释了物种起源与演化规律，拓展了对竞争与发展的认识，为社会变革提供了重要思想基础。19 世纪末，进化论思想传入中国，在当时社会产生极大的震撼和影响，“落后就要挨打”成为救亡图存的仁人志士们的共识。五四新文化运动高举科学与民主的大旗，为中国文化注入科学精神要素，开启了从科学启蒙到科学救国、科教兴国的奋斗历程。

在科学技术的物质成就充分彰显的今天，科学精神作为具有显著时代特征的先进文化，更具有广泛的社会文化价值。崇尚理性已成为广为认同的文化理念，追求创新成为公认的价值取向，追求人与自然和谐相处与社会和谐发展成为人类共同的发展目标。在当代中国，科学精神不断丰富和发展着社会主义先进文化，爱科学、讲科学、学科学、用科学已渐成社会风尚。

二、弘扬科学精神的重要意义

当今世界正处在大发展大变革大调整时期，依靠科技创新抢占未来发展制高点的国际竞争日趋激烈。我国确立了至 2020 年建成创新型国家与社会主义和谐社会的宏伟目标，提出了依靠科技创新发展战略性新兴产业和转变经济发展方式的战略任务。在当前和未来一个时期，弘扬科学精神具有重要意义。

（1）有助于夯实提高自主创新能力和建设创新型国家的社会基础。自主创新能力薄弱是制约我国经济社会与科技发展的主要因素，突出表现在：原始创新能力不足，在可能发生科学革命的重要方向上总体来说还处于跟踪水平，真正由中国人率先提出和开拓的新问题、新理论和新方向并不多；关键核心技术受制于人，许多重要产业的对外技术依存度高，先导性战略高技术领域布局薄弱。提升自主创新能力需要加大科技投入、建设科教基础设施，但更重要的是需要用科学精神武装科技创新队伍、提升其创新的自信心与勇气，需要大力传播科学精神、提倡理性思维的科学方法，夯实创新的社会基础。

（2）有助于营造加快培养创新人才的社会风尚。创新人才的数量、质量和能否充分发挥作用是建设创新型国家的关键。创新人才的培养和成长有赖于教育体系、培训体系和创新实践。创新人才不仅要具备合理的知识结构和知识积累、创新的意识和能力、百折不挠的意志和毅力、正确的理想信念、远大的抱负以及合作精神，而且必须具备科学精神。可以说，科学精神是创新人才的基本素养和首要特征。没有质疑、批判、严谨、实证、开拓、创造和进取的科学精神，就不可能成为合格的创新人才。科学史上的成功者往往是既具备创新能力又富有科学精神的科学家。创新型国家应当是全体社会成员关注创新、支持创新、参与创新的国家。要建设创新型国家，就必须弘扬科学精神，全面提高全民的科学素质，营造一个全社会尊重自主创新、支持和参与自主创新、保护自主创新的社会风尚。

（3）有助于培育实现中华民族伟大复兴的文化基础。现代化国家不仅应是物质文明高度发达的国家，而且应是精神文明高度发达的国家。从时代特征看，创新日益成为发展的主要驱动力，知识日益成为发展的主要资源，个人创造与规模化组织日益有机结合，和谐社会日益成为社会发展追求的主要目标。弘扬科学精神，树立科学的世界观、价值观和发展观，激发人的创造力、促进人的自由全面发展，有效激发全社会的创新意识和全民的创新自信心和创新追求，是人类文明未来发展的基本前提。科技创新可为未来经济社会科学发展提供强大的物质和知识基础，而在科技创新实践中不断发展、凝聚和升华的科学精神也将成为支撑我国实现现代化、发展未来文明的新的文化基础。

三、弘扬科学精神的着力点

为大力弘扬科学精神，充分发挥科学技术在加快转变经济发展方式、建设创新型国家的重要作用，当前应着力抓好以下几个方面工作：

（1）从中国科技界自身做起，发挥表率作用。当前，我国正处在经济社会转型期，社会中一些不良风气在科技界也有所反映，出现了浮躁之风和急功近利等问题。科学精神的缺失是产生这些问题的主要原因之一。因此，要在科技界大力弘扬科学精神，引导和树立高尚的人生观，提倡献身科学、淡泊名利，在实现中华民族的伟大复兴中实现个人的人生价值；提倡科学诚信，恪守学术道德规范，形成自省、自律机制，自觉接受社会监督，有效防治学术不端行为；着力营造学术自由、科学批评的学术环境，鼓励大胆质疑，鼓励原始创新；提倡真理面前人人平等，不迷信权威，不论资排辈，不求全责备，完善公平竞争的机制。

（2）加强社会责任感，注重科技伦理。科学精神不承认有亘古不变的教条。同样，科学精神本身也应该创新发展、与时俱进。在科学革命的前期，形成了科学精神的主要框架和内涵。在那个时期，科学技术对人类发展的影响主要是正面的。今天，必须清醒认识到，科学技术是一把双刃剑，一旦被滥用，就有可能危及自然生态、人类伦理以及人与自然和谐相处。科学家和工程师不仅应有创新的兴趣与激情，更应有崇高的社会责任感。科技创新应尊重生命，尊重自然法则，尊重人类社会伦理道德，实现人与自然和谐共处；应尊重人的平等权利，不仅是尊重当代人的平等权利，还包括尊重世代人之间的平等权利，实现人类社会可持续发展；应尊重人的尊严，不因种族、地位、财产、性别、年龄和信仰而有所区别，实现人的平等自由和全面发展。

（3）把科学精神作为创新教育的重要内容。目前，我国人才培育模式还存在一些缺陷，其中一个突出问题就是缺乏科学精神的培养。应转变教育思想、深化教育改革，在青少年教育阶段就把科学精神、科学方法等作为基本教育内容。在高等教育阶段，不仅要系统掌握科学知识和创新成果，而且要注重学习科技创新的过程，领悟前人创新的思维和方法，提升自信心和勇气。在青年科技人员中应着力培养理性质疑和科学批评的精神，养成严谨治学、敏锐精致、实事求是的良好学风。

（4）将弘扬科学精神列入社会主义精神文明建设重要议程。社会主义精神文明建设包括思想道德建设和教育科学文化建设两个方面，渗透在物质文明建设之中，体现在经济、政治、文化、社会生活各个方面，其根本任务是适应社会主义现代化建设需要，培育有理想、有道德、有文化、有纪律的社会主义公民，提高中华民族的思想道德素质和科学文化素质。弘扬科学精神，有利于加强教育科学文化建设，提高中华民族科学文化素质。在中央号召全党讲科学、学科学、爱科学、用科学的今天，把科学精神教育列入精神文明建设重要议程并落到实处，是一件刻不容缓的大事。

在第五届世界华人数学家大会纪念华罗庚、陈省身诞辰座谈会上的致辞*

尊敬的各位来宾，各位专家，大家好！

在第五届世界华人数学家大会在北京开幕之际，我们隆重纪念数学界两位大师华罗庚教授100周年诞辰与陈省身教授99周年诞辰，缅怀他们对数学科学的发展，对中国数学科学事业和数学人才培养做出的卓越贡献，弘扬他们的科学精神和爱国精神，激励广大科技工作者为国家富强、人民幸福和人类文明进步的伟大事业贡献智慧与力量，具有重要的意义。首先，请允许我代表中国科学院，对华罗庚先生、陈省身先生致以深切的追思和崇高的敬意，对第五届世界华人数学家大会的召开表示热烈的祝贺，对与会的海内外专家学者表示诚挚的欢迎。

华罗庚（1910—1985）先生是自学成才的科学巨匠、世界著名的数学家、中国现代数学之父，是我国解析数论、典型群、矩阵几何学、自守函数论与多复变函数论等许多方面研究的创始人与开拓者，是中国计算机事业的创导者与开拓者之一，是我国应用数学的积极倡导者。

华先生1910年11月出生于江苏金坛，初中毕业后因家境贫寒辍学，但仍坚持刻苦自学数学，1930年在上海《科学》杂志发表了一篇著名的论文，引起时任清华大学数学系主任熊庆来教授的重视，后进入清华大学工作、学习。之后又先后赴英国剑桥大学留学，在西南联大任教，赴美国普林斯顿高等研究院访问研究、在伊利诺大学任终身教授。在西南联大任教期间，在极端困难的条件下，撰写了20多篇论文，完成的《堆垒素数论》成为20世纪经典数论著作之一。

1950年华先生克服了当时的种种困难，携家人回国，途经香港时发表了一封致留美学生的公开信，鼓励海外学子回来为新中国服务，到京后任清华大学数学系教授。接着，受中国科学院郭沫若院长邀请参加数学研究所的筹建工作。

1952年，中国科学院数学研究所正式成立，华先生任首任所长。他强调兼容并蓄的办所方针，强调自主创新的重要性，积极延揽人才、组织队伍、选择研究方向，确定攻坚难题，领导了“数论导引”，“哥德巴赫猜想”、“典型群”、“多复变函数论”讨论班，组织

---

* 本文为2010年12月17日在北京人民大会堂举行的“第五届世界华人数学家大会纪念华罗庚、陈省身诞辰座谈会”上的致辞。

了一批年轻数学家冲击“哥德巴赫猜想”这一世界难题并取得重要进展，培养了陈景润、王元、陆启铿、龚升、万哲先、潘承洞等著名数学家。此外，还有一大批数学家受益于他的指点与影响。华先生本人的研究工作也是硕果累累，其中“典型域上的多元复变函数论”获得中科院首次颁发的自然科学一等奖。1955 年当选中国科学院学部委员、物理学数学化学部副主任。

1956 年，华先生为首完成了新中国计算技术发展规划的制定，为我国计算机事业奠定了快速发展的基础。他力排众议提出“先集中，后分散，研制计算机要立足自力更生”的原则，对新中国计算机研究事业的发展起了关键作用。华先生被任命为中国科学院计算技术研究所筹备委员会主任，负责计算机和计算数学的发展，支持冯康、石钟慈、许孔时、魏道政等从事计算数学的研究，并亲自参与，这些工作对我国经济、国防与先进技术的发展都起过重要作用。

1958 年，华先生被任命为中国科学技术大学应用数学系首任主任，亲自撰写讲义给本科生授课，倡导将基础课统一讲授的“一条龙”教学法，并鼓励年轻人做学问要勇于同强者较量，要有自主创新精神。他还撰写了一系列数学通俗读物，引导激发青少年学习数学的热情，亲自倡导了中学生数学竞赛活动。

华先生在从事数学理论研究的同时，十分重视应用数学的发展，重视数学在生产实践中的应用，亲自倡导“优选法”与“统筹法”在工业部门的应用与普及，他和小分队走遍全国 26 个省区市，深入工厂企业推广和应用“双法”，为国家经济建设做出了重大贡献，受到毛泽东主席、周恩来总理的支持、肯定与表扬。1979 年，他创立了应用数学研究所并兼任所长。

华先生 1977 年出任中国科学院副院长，1981 年当选中国科学院主席团委员，参加院层面的领导工作，为规划中国科学院和中国科技发展蓝图做出了重要贡献。1985 年 6 月 12 日下午，在日本东京大学讲学结束时心脏病突发，不幸辞世。华先生强烈的爱国主义精神和科学精神，对我国数学事业和世界数学发展的卓越贡献，为我们树立了光辉的榜样。

陈省身（1911—2004）先生也是一位世界著名的数学大家，他在微分几何方面的成就尤为突出，是欧几里得、高斯、黎曼、嘉当的继承者与发扬光大者。他首创应用纤维丛概念于微分几何的研究，引进了后来通称的“陈氏示性类”，其影响遍及数学的许多领域。他提出的陈—Bott 定理，影响及于代数数论；陈—Simons 微分式则是量子力学异常现象的基本工具。他为广义的积分几何奠定基础，提出基本运动学公式。他的这些工作已深入数学以外的其他领域，成为理论物理的重要工具，曾荣获沃尔夫奖等重要国际奖项。

陈先生与中国科学院有着十分密切的联系。1972 年中美两国刚刚开始交流之际，他就应中国科学院的邀请，在阔别祖国近四分之一世纪后首次来访，与郭沫若院长等亲切会见，并在数学研究所作学术演讲，介绍世界数学科学的最新进展。此后，先生还经常到中国科学院所属数学领域的几个研究所访问讲学。1985 年，陈先生在南开大学建立了数学研究所，并亲自担任首任所长至 1992 年，培养造就了一批享誉海内外的中青年数学家，通过各种形式的学术交流活动促进了我国纯粹和应用数学的发展，有力提升了我国在国际数学界的地位。中国科学院的学者们积极参加这些学术活动，努力发挥作用。1994 年陈先生当选为中国科学院的首批外籍院士。他晚年回国从事研究和培养人才直至 2004 年辞世。他献身科学、追求真理的精神，致力于数学科学和中国数学发展的功绩将为数学科技工作者和世人所铭记。

大家知道，数学作为逻辑推理和定量分析的关键工具，在科学技术发展中起着基础性作用；数学学科内部交叉以及与其他学科的交叉将不断产生新的重大进展和新的学科生长点；数学面向需求的广泛应用，不仅推动了数学自身发展，也更好地服务了经济建设、社会发展和国防建设。

中国科学院对数学及其应用的发展一直给予高度重视，社会上一些有识之士也给予了大力支持。1996 年，建立了晨兴数学中心，聘请丘成桐教授为主任，并获得陈启宗、陈乐宗先生领导的晨兴集团的资助。十多年来，晨兴数学中心在数学研究、培育青年人才与学术交流方面发挥了很好的作用。1998 年，中国科学院支持数学类的几个研究所整合改革，成立了数学与系统科学研究院，进入首批知识创新工程试点，发挥了改革先行者作用。创新工程以来，数学院在前人开创事业的基础上又有了新的发展，主动适应世界数学学科发展趋势，立足前沿，提升研究目标，调整优化研究方向；面向国家战略需求，大力加强数学的综合交叉与应用，特色和优势更加明显，已成为在国内外有重要影响的数学研究基地。今年 12 月 2 日，依托数学院成立了中国科学院国家数学与交叉科学中心，刘延东国务委员亲临数学院视察指导工作并为国家数学与交叉科学中心揭牌。该中心主要任务是联合院内外数学及相关学科的研究机构和大学，开展数学与信息技术、先进制造、能源环境、生物医学、经济金融、物理和工程等领域的交叉应用研究，促进新兴、交叉方向的发展，培育新的学科生长点，培养造就一批数学交叉与应用方面的领军与尖子人才和高水平创新团队，为各领域科学家与数学家交流、合作提供平台。希望各位专家学者对国家数学与交叉科学中心的工作给予更多的关注和支持。

世界华人数学家大会已成功举行五届，产生了良好的影响。今天上午颁发了晨兴数学奖，获奖者的研究成果与工作已令国际同行瞩目。改革开放 30 多年来，我国的数学研究有了较好的发展，展望未来，数学和数学家更有广阔的事业舞台。衷心希望广大中青年学者要学习华罗庚、陈省身等老一辈科学家的科学精神和爱国情怀，瞄准世界科学前沿与国家战略需求，勇于创新，敢于登攀，锲而不舍，为国家民族的未来和世界数学科学发展做出重大成果。最后，衷心祝愿第五届世界华人数学家大会圆满成功，祝各位专家学者在北京期间工作顺利、生活愉快。

大师的启示*

今年是著名的英国数学家、理论物理学家麦克斯韦（James Clerk Maxwell，1831—1879）诞辰 180 周年，他在物理学史上的地位与牛顿、爱因斯坦齐名。麦克斯韦把电、磁、光等物理现象用简洁的麦克斯韦方程统一了起来，在近代科学史上，这是继牛顿统一物体相互作用和运动规律以后实现的第二次物理学大综合。他在 1873 年出版的《论电和磁》（*A Treatise on Electricity and Magnetism*），也被认为是继牛顿《自然哲学的数学原理》之后的又一部最重要的物理学经典。没有电磁学就没有现代电工学、电子学，就不可能有电气化、雷达和无线通信，也就不可能有现代文明。1931 年，在纪念麦克斯韦诞生 100 周年时，爱因斯坦把麦克斯韦的电磁场理论贡献评价为“自牛顿时代以来物理学所经历的最深刻、最卓有成效的工作。”

麦克斯韦　　E.卢瑟福　　玛丽·居里　　海森伯

图 1

今年是原子核物理之父，英国实验物理学家卢瑟福（Ernest Rutherford，1871—1937）诞辰 140 周年，他在放射性和原子结构等方面都做出了重大的贡献。他通过实验揭示了原子核内结构和粒子间相互作用，从微观层次深化了对物质物理本质的认识。

今年是德国核物理学家海森伯诞辰 110 周年。他是量子力学的创始人之一。1927 年海森伯首次提出并证明了量子力学的“测不准原理”。

---

* 本文为 2011 年 9 月 19 日在北京中国科学院研究生院举行的“科学与中国”院士专家巡讲团报告会暨“中国科学与人文论坛”第 118 场主题报告会上的演讲，刊登于《科学与社会》杂志 2011 年第 4 期。

今年是波兰著名女科学家居里夫人获得诺贝尔化学奖 100 周年。玛丽·居里（Maria Sklodowska-Curie，1867—1934）研究放射性现象，发现镭和钋两种天然放射性元素，一生两度获诺贝尔奖。她是现代放射化学的先驱。

他们都是近现代科学史上当之无愧的科学大师。回顾他们的业绩和走向成功之路，对激励启示当代青年献身科学，领悟科学人生的真谛，提升科学原创的自信和能力，建设创新型国家，服务国家，造福人民，奉献人类知识文明时代，无疑都很有意义。

一、良好的科学启蒙对于成才固然十分重要，但出身贫寒和艰辛的人生经历往往成为励志成才的重要因素

麦克斯韦 1831 年出生在苏格兰爱丁堡，他的父亲是一位思想开放、思维敏锐、注重实际的机械设计师，对麦克斯韦影响很大，使他的智力发育格外早。在年仅 15 岁时，麦克斯韦就向爱丁堡皇家学会递交了一份科研论文。在爱丁堡大学他受到了攀登科学高峰所需要的基础训练。福布斯（James David Forbes，1806—1868）教授教给他科学实验和严谨而有条理的科学工作的方法，而哈密尔顿（Sir William Hamilton，1788—1856）教授以自己广博的学识、犀利的批评激励他去探究基础科学问题。在伦敦他遇到的法拉第（Michael Faraday，1791—1867）教授则鼓励他要敢于突破传统理论的局限。这些科学启蒙都对他产生了深刻的影响。

卢瑟福祖籍苏格兰，1842 年祖父带家室移民新西兰。卢瑟福祖辈务农，兄弟姐妹一共 12 人，他排行老四。他的父亲作过车轮工匠、木工和农民，依靠不停地劳作，再加上母亲作小学教师的收入养活一个大家庭。卢瑟福和兄弟姐妹从小就体会生活的艰难，都知道要想生活得好一点就得自己动手创造，就得踏踏实实地做事。春天耕地播种，秋天收割庄稼都是全家出动，每个成员都分担一份责任，卢瑟福通常干一些杂务像劈柴、挤奶等。全家人互相帮助、团结协作，劳动成果成为全家的共同收获。卢瑟福从小养成了尊重他人、热爱劳动、勤奋踏实、善于合作的优良品质。成名之后，卢瑟福仍然保持着这种品质。他被科学界誉为“从来没有树立过一个敌人，也从来没有失去过一个朋友”的人。科学界至今还传颂着许多卢瑟福悉心培养和帮助后学的故事。他家境贫寒，靠刻苦努力取得奖学金完成学业，后又从事物理研究并取得卓越成就，这一经历养成了卢瑟福认准了目标就百折不挠、勇往直前的求索奋斗精神。

居里夫人的故事更是大家所熟知的。她出生在波兰华沙一个教师家庭，10 岁丧母，家境贫困，造就了她吃苦耐劳、勤奋好学的品质。为了获得去巴黎学习的机会，她曾整整做了 8 年家庭教师，先供她的姐姐上学，姐姐工作后再供她上学。为了学习科学知识，她就是如此执著。她与丈夫皮埃尔·居里（Pierre Curie，1859—1906）在极其困难的条件下，对沥青铀矿进行分离和分析，终于在 1898 年 7 月和 12 月先后发现了两种新元素。为了纪念她的祖国波兰，她将一种元素命名为钋（Polonium），另一种元素命名为镭（Radium），寓意是“放射性物质”。1903 年，居里夫妇和贝克勒尔（Antoine Henri Becquerel，1852—1908）共同获得了诺贝尔物理学奖。为了提取纯净的镭化合物，1898—1902 年，居里夫人又用了 3 年 9 个月从成吨的沥青矿渣中提炼出 0.1 克镭盐，并测定了镭的原

子量。1910 年，居里夫人完成了《放射性专论》（*Traité de radioactivité*）一书。她还与他人合作，成功地制取了金属镭。1911 年，居里夫人获得诺贝尔化学奖，成为历史上唯一两次获得诺贝尔奖的女性。她忘我工作，长期接触放射性元素，1934 年因白血病不治去世。在她死后 40 年，人们从她用过的笔记本上仍测到很高的辐射剂量。

二、对科学的兴趣和热爱、淡泊名利、不怕失败、执著探索，是他们走上科学道路并取得重大成就的重要原因

大师们走上科学道路都是由于对科学的兴趣和热爱，而不是为了追逐名誉和地位。他们多淡泊名利，不怕失败，持之以恒，执著探索，正是他们热爱科学、献身科学、勤奋求索的共同品格造就了他们杰出的科学成就。

1896 年，法国物理学家贝克勒尔发表了一篇报告，介绍了他通过多次实验发现铀及其化合物能自动连续地释放出肉眼看不见的射线，并能透过黑纸使照相底片感光。这使居里夫人产生了极大兴趣，决心揭开它的秘密。次年，她就选择研究放射性物质作为自己的课题，正是她的这一兴趣和选择把她带进了一片科学新天地。她与丈夫皮埃尔·居里合作，经过在极端困难情况下的热忱工作和顽强努力，最终完成了近代科学史上最重要的发现之一——发现了放射性元素镭，并奠定了现代放射化学的基础，为人类做出了伟大的贡献。

卢瑟福 10 岁的时候从他母亲那儿得到一本由曼彻斯特大学教授斯图瓦特（Balfour Stewart，1828—1887）写的教科书《物理学入门》，这本书不单给读者一些物理知识，还描述了一系列物理实验过程。卢瑟福被书中的内容所吸引，引起了他对物理的浓厚兴趣，并从中受到了科学的启蒙，即通过实验探索揭示自然规律。这本书对卢瑟福走上科学道路产生了重大的影响。特别值得一提的是《物理学入门》一书的作者恰巧是 J. J. 汤姆孙在曼彻斯特大学的老师，而 J. J. 汤姆孙又是卢瑟福在剑桥大学读研究生的导师，正是 J. J. 汤姆孙引导卢瑟福致力于研究物质放射性与原子核内结构。卢瑟福数十年如一日，心无旁骛，刻苦钻研，创新实验，不懈探究，将自己的一生献给了原子核物理研究。卢瑟福从原子核着眼，探索物质组成及其内在机制的奥秘，从而发现原子有核结构和人工轰击原子核实现元素的人工转变，用实验揭示证实并科学阐明了新的物质观。20 世纪以来，整个物理学的发展，可以说基本上是在两位伟大科学家奠定的工作基础上展开的。爱因斯坦从宏观着眼，探索时间、空间、物质和运动的内在联系，从理论上阐述论证了相对时空的科学观念，这就是相对论。卢瑟福则从微观原子着眼，通过科学实验揭示并阐明了原子核结构及放射性机理。他们从物质尺度的两个极端进行根本性的物理探索和突破。

三、自信心、质疑精神、科学想象力和洞察力是他们取得非凡成就不可或缺的要素

麦克斯韦大约于 1855 年开始研究电磁学。他在潜心研究了法拉第关于电磁力线的新思想和新论述后，坚信其中包含着真理，决心把法拉第的“电磁力线”用简洁的数学形式

描述出来。他在前人工作的基础上对电磁现象作了系统的研究，并凭借他的丰富的科学想象力和扎实深厚的数学造诣，接连发表了有关电磁场理论的三篇论文：《论法拉第的力线》(*On Faraday's Lines of Force* ，1855 年 12 月—1856 年 2 月)；《论物理的力线》(*On Physical Lines of Force* ，1861—1862 年)；《电磁场的动力学理论》(*A Dynamical Theory of the Electromagnetic Field*，1864 年 12 月 8 日)。将电磁场理论用简洁、对称、完美的数学形式表示了出来，又经后人整理和完善，形成了经典电动力学主要基础的麦克斯韦方程组。他还敢于突破传统观念，预言了电磁波的存在，并明确指出电磁波只可能是横波，还计算了电磁波的传播速度等于光速，同时得出结论——光也是电磁波的一种形式，从而揭示了光和电磁现象之间的联系，实现了电、磁、光等物理现象的理论综合。

海森伯出生于德国维尔茨堡的一个学者家庭，在慕尼黑长大。他的父亲是一位学者，从事中世纪及现代希腊语的教学与研究。海森伯从小就受到古代思想文化的熏陶，有很高的文化素养。在父亲激励竞争式的教育方式下，青少年时期的海森伯就养成了善于独立思考、自信自强、意志坚定的优秀品质，他还时常借助攀岩等体育活动磨炼自己的意志。寻根究底、敢于质疑的性格对其日后的科学研究产生了很大影响。中学时代的海森伯已经展现出科学方面的天赋，老师们评价他能看到事物的本质，而不仅仅拘泥于表象和细节。进入慕尼黑大学后，海森伯受到索末菲（Arnold Johannes Wilhelm Sommerfeld，1868—1951）教授的赏识，得以参与一些重要的研究工作，如分析原子光谱中有关反常塞曼(Pieter Zeeman ，1865—1943）效应的新数据等，从而迅速进入当时理论物理的前沿领域。在索末菲的指导下，他提出了对反常塞曼效应的初步量子论分析，一年后作为他的第一篇论文发表。索末菲还针对他重视原子物理理论问题，缺乏系统知识的缺点，建议以流体力学中最难的湍流问题作为他的博士论文选题，以加强海森伯的基础训练。海森伯凭借扎实的数理功底和创新思维，不负导师所望，在第三学年就出色地完成了博士论文。索末菲和泡利（Wolfgang. E. Pauli，1900—1958）等对论文的评价是，海森伯完全掌握了数学工具，具有大胆新颖的物理思想。对海森伯而言，大学期间另一件重要的事情就是和泡利相识，他们成为良师挚友，经常在一起研讨、争论科学问题，并开始对牛顿经典物理学理论提出质疑，一些新的科学思想逐渐孕育发展了起来。

1922 年 6 月，玻尔（Niels Henrik David Bohr，1885—1962）到哥廷根大学作有关原子的量子论和元素周期性的系列讲演。在一次讲演会上，21 岁的大学生海森伯对原子物理学权威玻尔关于塞曼效应的解释表示了不同的意见，引起了玻尔的注意。会后，玻尔邀海森伯一起散步长谈。玻尔很欣赏海森伯并邀请他去哥本哈根做访问学者，合作研究共同感兴趣的课题，这使海森伯受益匪浅。他回忆说："这是我能够回忆起来的关于现代原子理论的基本物理学问题和哲学问题的第一次透彻的讨论"。1924 年，海森伯正式开始在哥本哈根大学玻尔教授处的研究工作。在此后的两年多时间里，海森伯完成了他一生中最为重要的两篇论文：《关于运动学和力学关系的量子论新释》(*Über quantentheoretische Umdeutung kinematischer und mechanischer Beziehungen*，1925 年）和《论量子理论的运动学和力学的直观内容》(*Über den anschaulichen Inhalt der quantentheoretischen Kinematik und Mechanik*，1927 年)。前者是一篇具有划时代意义的论文，主要观点是认为量子力学的问题不能直接用不可观测的轨道来表述，应该采用跃迁概率这类可以观测的量来描述。这篇论文标志着量子物理学的一个重大突破，奠定了不久后产生的"矩阵力学"的基础。

后者是海森伯最著名和影响最广的物理学论文，文中提出了测不准原理，即亚原子粒子的位置和动量不可能同时准确测量。这一原理和玻恩（Max Born，1882—1970）的波函数概率解释一起，奠定了量子力学诠释的物理基础。1927—1941 年，海森伯进入科学创造的鼎盛时期，他和合作者把量子力学推广应用到分子结构理论、原子核物理、固体物理、金属的电磁性等方面，在量子力学的应用方面取得了一系列重要成就。1928 年，海森伯用量子力学的交换现象，解释了物质的铁磁性问题。1929 年，他与泡利一道，引入场量子化的普遍方案，给出了量子电动力学的表述形式，为量子场论的建立奠定了基础。1932 年，他创建了关于原子核的中子—质子模型，提出质子和中子实际上是同一种粒子的两种量子状态。由于在量子力学方面的开拓性成就，1932 年海森伯获诺贝尔物理学奖。没有对量子论强烈的兴趣，没有坚定的自信心和质疑精神，以及非凡的科学想象力、洞察力和扎实的数理基础，年轻的海森伯取得这些成就是不可能的。

居里夫人也常常教育并与她的子女共勉：我们必须有恒心，尤其要有自信！她是这样说的也正是这样做的。

四、 理论的价值不言而喻， 但实验始终是自然科学发展的根本源泉

理论来源于实践，来源于人们对自然现象和实验的观察和总结。就以麦克斯韦方程为例，这正是麦克斯韦在法拉第电磁场实验发现磁力线的基础上提出的，在他去世后又因为赫兹（Heinrich Rudolf Hertz，1857—1894）的实验发现电磁波而得到证实，才被科技界普遍接受和确认的。包括物理、化学、生物学、天文学、地球科学，从本质上而言，均是基于观察与实验的科学。麦克斯韦是运用数学工具分析物理问题和精确地表述科学规律的大师，但他也非常重视实验。他负责筹建了剑桥大学的第一个物理实验室——著名的卡文迪什实验室。该实验室对整个实验物理学的发展产生了极其重要的影响，被誉为“诺贝尔物理学奖的摇篮”，众多著名科学家都在这里工作过。作为该实验室的第一任主任，麦克斯韦在 1871 年的就职演说中对实验室未来的方针和研究精神作了精彩的论述。他批评当时英国传统的“粉笔”物理学，呼吁加强实验物理学的研究及其在大学教育中的作用，为后世确立了实验科学精神。

卢瑟福是 20 世纪最伟大的实验物理学家之一。他遵照其导师 J. J. 汤姆孙的建议，进入放射性元素的实验研究领域。在实验中他首先发现了铀的两种射线，并将其分别命名为 α 射线和 β 射线；不久，他又发现这两种射线都是由带电的粒子构成的，α 粒子带正电荷，其质量与原子的质量属于同一数量级。他还发现钍在放射性过程中产生的一种气体，后来经实验证实是氦气。他和他的助手还证实了镭在放射过程中产生的气体分子质量比氢气分子质量大几十倍。后来实验证实了这种气体是放射性氡。1902 年，卢瑟福与化学家索迪（Frederick Soddy，1877—1956）发表了题为《放射性的原因和本质》（*The Cause and Nature of Radioactivity*）的学术论文，提出了“原子嬗变理论”。放射性能使一种原子改变成另一种原子，而这是一般物理和化学变化所达不到的，这一发现打破了元素不变的传统观念，使得对物质结构的研究进入原子内部，从而开辟了一个新的科学领域——原子物

理学。1911年，卢瑟福根据α粒子散射实验现象提出原子核式结构模型。该实验被誉为“物理最优美的实验”之一。1919年，卢瑟福做了用α粒子轰击氮核的实验。他从氮核中打出一种粒子，并测定了它的电荷与质量，它的电荷量为一个单位，质量也为一个单位，卢瑟福将之命名为质子。他还通过α粒子对物质散射研究，无可辩驳地验证了原子核模型，因而一举把原子结构的研究引上了正确的轨道。人工核反应的实现是卢瑟福的另一项重大贡献。卢瑟福用粒子或伽马射线轰击原子核来引起核反应的实验方法，很快成为人们研究原子核和应用核技术的基本手段。在卢瑟福的晚年，他已能在实验室中用人工加速的粒子来引起核反应。他当之无愧地成为当代原子核试验物理之父。

五、交流、争议与合作是创新思想的沃土，是探究科学真谛的途径

新的科学理论往往源于新的实验的启示，新的科学思想往往在交流中产生，新的科学理论往往在争论中发展和完善，因此，交流、争议与合作是创新思想的沃土，是探究科学真谛的途径。学科间的交叉融合是科学技术发展的大趋势。

麦克斯韦的电学研究始于1854年，当时他刚从剑桥毕业不过几个星期。他读到法拉第的《电学实验研究》(*Experimental Researches in Electricity*，1839)，立即被书中新颖的实验和见解吸引。当时人们对法拉第的观点和理论看法还很不一致，最主要的原因就是当时物理学界受“超距作用”的传统观念影响很深，另一方面的原因是法拉第理论的严谨性还不够。法拉第是实验大师，但欠缺数学功力，他的创见都是以实验现象的直观描述来表达的。而一般的物理学家多陶醉于牛顿力学的简洁数学概括之中，对法拉第的力线学说感到不可思议。有位天文学家甚至公开宣称：“谁要在确定的超距作用和模糊不清的力线观念中有所迟疑，那就是对牛顿的亵渎!”在剑桥，这种分歧也相当明显。比麦克斯韦大7岁的威廉·汤姆孙（William Thomson，1st Baron Kelvin，开尔文男爵，1824—1907）已是剑桥大学颇具名望的学者之一，麦克斯韦对他很敬佩，特意给他写信，求教有关电学的知识。在汤姆孙的指导和启示下，他感受到力线思想的宝贵价值，也看到法拉第定性表述的弱点，于是这个大学刚刚毕业的青年人决心用自己擅长的数学方法来精确描述。1855年麦克斯韦发表了第一篇关于电磁学的论文《论法拉第的力线》(*On Faraday's Lines of Force*)，开始了他实现电磁声光物理现象伟大的理论综合。

量子论是现代物理学的两大基石之一。量子论给我们提供了新的关于自然界的表述方法和思考方法，揭示了微观物质世界的基本规律，为原子物理学、固体物理学、核物理学和粒子物理学奠定了理论基础。它能很好地解释原子结构、原子光谱的规律性、化学元素的性质、光的吸收与辐射等。量子论的创立和发展正是各学派诸多学者交流、争议、合作的结果。

1900年普朗克在研究黑体辐射时为了克服经典理论解释黑体辐射规律的困难，普朗克引入了辐射能谱量子概念，为量子理论奠下了基石。随后，爱因斯坦针对光电效应实验与经典理论的矛盾，提出了光量子假说，并在固体比热问题上成功地运用了能量子概念，为量子理论的发展打开了局面。1913年，玻尔在卢瑟福有核模型的基础上运用量子化概

念，提出玻尔的原子理论，对氢光谱做出了满意的解释，使量子论取得了初步胜利。随后，玻尔、索末菲和其他物理学家为发展量子理论花了很大力气，却遇到了严重困难。量子论陷入困境。1923年，德布罗意提出了物质波假说，将波粒二象性运用于电子之类的粒子束，把量子论发展到一个新的高度。1925—1926年，薛定谔率先沿着物质波概念成功地确立了电子的波动方程，为量子理论找到了一个基本公式，并创建了波动力学。比薛定谔稍早，海森伯写出了以“关于运动学和力学关系的量子论新释”为题的论文，创立了解决量子波动理论的矩阵力学。1925年9月，玻恩与另一位物理学家约旦（Pascual Jordan，1902—1980）合作，将海森伯的思想发展成为更为系统的矩阵力学理论。不久，狄拉克改进了矩阵力学的数学形式，使其成为一个概念完整、逻辑自洽的理论体系。1926年薛定谔发现波动力学和矩阵力学在数学上是完全等价的，由此统称为量子力学，由于薛定谔的波动方程比海森伯的矩阵更易理解，而成为量子力学的基本方程。量子力学虽然建立了，但关于它的物理解释却总是很抽象，大家的说法也不一致。波动方程中的所谓波究竟是什么？玻恩认为，量子力学中的波实际上是一种几率，波函数表示的是电子在某时、某地出现的概率。1927年，海森伯提出了微观领域里的不确定关系，就是所谓的“不确定性原理”（测不准原理）。它和玻恩的波函数几率解释一起，奠定了量子力学诠释的物理基础。玻尔敏锐地意识到不确定性原理正表征了经典概念的局限性，因此在此基础上提出了“互补原理”。玻尔的互补原理被人们看成是正统的哥本哈根解释，但爱因斯坦不同意不确定性原理，认为自然界各种事物都应有其确定的因果关系，而量子力学是统计性的，因此是不完备的。爱因斯坦与玻尔之间进行了长达三四十年的争论，直到他们去世也没有做出定论。但是科学正是在争论和合作中发展的，是许多科学家交流、争议、合作的结晶。

六、大师们取得重大科学成就时多数很年轻，获得公认必须经受同行、实践和时间的检验

1865年，麦克斯韦预言电磁波的存在，并计算出电磁波的传播速度等于光速，提出光是电磁波的一种形式时，年仅34岁，8年后他正式出版《电磁理论》（*A Treatise on Electricity and Magnetism*，1873），系统、全面、完美地阐述了电磁场理论，这时也只有42岁。但由于在当时的欧洲，人们依然固守着牛顿的传统物理学观念，麦克斯韦的电磁场没有被承认，甚至被当做奇谈怪论，他在生前也没有享受到应有的荣誉，直到他逝世9年后的1888年，德国物理学家赫兹用实验验证了电磁波的存在，轰动了整个科学界，电磁场理论才取得决定性胜利。20世纪的电力、电子和信息技术革命来临后，麦克斯韦的科学思想和科学方法的重要意义更是得到了越来越充分的体现。

1902年，卢瑟福发表题为《放射性的原因和本质》的学术论文，提出“原子嬗变理论”时年仅32岁，1908年他因此获得诺贝尔化学奖。1911年，卢瑟福根据α粒子散射实验现象提出原子核结构模型。1913年，卢瑟福28岁的学生玻尔把量子理论引入这个模型，从理论上解释了原子的稳定性和原子线光谱。科学界把这个经玻尔进一步完善了的原子模型称为“卢瑟福-玻尔模型。”1919年，卢瑟福又通过α粒子进行散射的研究，发现质子，

并无可辩驳地证明了原子核模型，将原子结构研究引上了正确的轨道，当之无愧地被誉为原子核物理之父，当时他还只有 48 岁。

1924 年，23 岁的海森伯到哥本哈根在玻尔指导下研究原子的行星模型。1925 年他就解决了非谐振子的定态能量问题，提出量子力学基本概念的新解释，创立了矩阵力学。稍后又同玻恩和约旦在此基础上将矩阵力学进行了进一步完善和发展。1927 年海森伯首次提出并证明了量子力学的“测不准原理”，当时他还只有 26 岁。但他的理论发表后曾受到批判。1932 年，海森伯为解释新发现中子的对称性而首先引入同位旋的概念。1932 年，海森伯获诺贝尔物理学奖时，年仅 31 岁。

七、大师学高德馨，重视悉心培育人才

卢瑟福把自己的一生献给了人类的科学事业。他心地坦诚，热情无私，诲人不倦，是 20 世纪培养诺贝尔奖得主最多的科学家。在他的学生和助手中，就有 12 人荣获诺贝尔奖。最为感人的是他与苏联物理学家、1978 年诺贝尔物理学奖得主卡皮查（Peter Leonidovich Kapitza，1894—1984）的友谊。卡皮查是个能干而很有思想的年轻人，曾在卢瑟福领导下工作了 14 年。卢瑟福很喜欢这个年轻人，竭尽全力为他创造研究条件，并将他放在关键岗位上。专门建立了一个叫蒙德的实验室用于研究强磁场，并任命卡皮查为实验室主任。1934 年秋，卡皮查回国探亲时被苏联政府留在国内，不许他再回英国。没有实验室，卡皮查的才能就发挥不出来，他一连 3 年无事可做。卢瑟福决心帮助卡皮查，他利用自己的威望说服了苏、英两国政府，把蒙德实验室的全部设备和仪器从英国搬到莫斯科，还派了一名助手帮助卡皮查安装。卢瑟福就是这样帮助别人的。1937 年卢瑟福去世时，卡皮查万分悲痛。他在悼念文章中写道：“卢瑟福不仅是一位伟大的科学家，而且也是一位伟大的导师，在他的实验室中培养出如此众多的杰出物理学家，恐怕没有一位同时代的科学家能与之相比。科学史告诉我们，一位杰出科学家不一定是一位伟人，而一位伟大的导师则必须是伟人。”1922 年度诺贝尔物理学奖的获得者玻尔也曾深情地称卢瑟福是“我的第二个父亲”。

居里夫妇的科学功名盖世，他们极端藐视名利，最厌烦那些无聊的应酬，而把自己的一切都献给了科学事业。在镭提炼成功以后，有人劝他们向政府申请专利权，垄断镭的制造以此发大财。居里夫人回答道：“那是违背科学精神的，科学家的研究成果应该公开发表，别人要研制，不应受到任何限制”。“何况镭是对病人有好处，我们不应当借此谋利”。居里夫人对科学教育也有很大的贡献，她联合一大批科学家（许多是诺贝尔科学奖获得者）组成科学讲师团，向孩子们开放实验室，亲自对他们进行科学启蒙教育，破除孩子们对科学的神秘感，培养孩子们的科学兴趣，鼓励他们树立远大的科学理想。她还传授科学方法、科学思维、实验诀窍，开发孩子们的智力和潜力。在她的影响下，最终培养出了 10 多位诺贝尔科学奖的获得者。

八、大师自觉承担和践行科学伦理和社会责任

爱因斯坦在《悼念玛丽·居里》一文中说："在像居里夫人这样一位崇高人物结束她的一生的时候，我们不能仅仅满足于只回忆她的工作成果和对人类已经做出的贡献。第一流人物对于时代和历史进程的意义，在道德品质方面，也许比单纯的才智成就方面还要大，即使是后者，它们取决于品格的程度，也许超过通常所认为的那样。""我幸运地同居里夫人有 20 年崇高而真挚的友谊。我对她的人格的伟大愈来愈感到钦佩。她的坚强、她的意志的纯洁、她的律己之严、她的客观、她的公正不阿的判断——所有这一切都难得地集中在一个人身上。她在任何时候都意识到自己是社会的公仆，她的极端谦虚，永远不给自满留下任何余地。……一旦她认识到某一条道路是正确的，她就毫不妥协地并且极端顽强地坚持走下去。"

玻尔由于担心德国率先造出原子弹，给世界造成更大的威胁，和爱因斯坦一样，以科学顾问的身份积极推动了美国曼哈顿计划。但他坚决反对在对日战争中使用原子弹，也坚决反对在今后的战争中使用原子弹，始终坚持和平利用原子能。他积极参加了禁止核试验，争取和平、民主和各民族团结的斗争。对于原子弹给日本人民造成的巨大损失，他感到非常内疚，并为此发表了《科学与文明》（*Science and Civilization*，1945）和《对文明的挑战》（*A Challenge to Civilization*，1945 ）两篇文章，呼吁各国科学家加强合作，和平利用原子能，对那些可能威胁世界安全的任何行径进行国际监督。1957 年他被授予首届"和平利用原子能"奖。

在第二次世界大战期间，海森伯曾和核裂变发现者之一哈恩（Otto Hahn，1879—1968）一起，为纳粹研发核反应堆。他虽然没有能公开反对纳粹统治，但却消极对待原子武器的发展。在重振德国科学事业过程中，海森伯和时任马普学会主席的哈恩起了关键作用。1949—1951 年，海森伯担任德意志研究院院长，同时又是政府处理核问题的科学顾问。20 世纪 50 年代中期，联邦德国也参加了一些开发利用核能的项目。海森伯、哈恩、冯·魏茨泽克（Carl Friedrich von Weizsäcker，1912—2007）和其他科学家坚决反对政府研制任何核武器。为此，他们于 1957 年 4 月发表了著名的哥廷根限制核武器宣言。

九、几位大师都出生成长、成就在欧洲，得益于欧洲良好的科学教育和文化传统

欧洲优良的科学人文教育传统，注重启迪儿童和青少年对事物的好奇心和探究自然的兴趣，培育引导科学有序的工作方法，传承欧洲多样丰富的文化积淀和科学人文精神，而不只是简单的灌输知识。文艺复兴以来在欧洲复兴发展起来崇尚科学、民主、平等、自由，不迷信权威，理性质疑，鼓励创新的文化。环球探险发现新大陆，尤其是工业革命以来市场经济和生产力的发展又为科技创新注入了新的动力。而这些正是培育科技人才，造就科学大师必要的教育基础、文化氛围和社会环境。这正是值得我们应该思考和借鉴的。

要通过深化改革，创造有利于创新和人才辈出的教育和社会文化环境。

十、结　语

大师们成长和成功的历史给了我们许多值得深思的启示。

大师在年轻时就崭露头角，青少年时代的科学启蒙和意志砥砺对立志献身科学，养成科学方法，造就敢于挑战传统的自信和勇气、百折不挠的探索精神是十分重要的。家庭教育、基础教育、科学前辈的早期启蒙指引都可能起到关键的作用。我国教育领域的改革创新，必须从基础教育做起。科学创新本质上靠思想观念的创新和突破。因此，要注重培养青年人不受传统观念的束缚，提升自主创新的自信心，不满足于学习、模仿和跟踪，敢于质疑和挑战传统理论，敢于提出新的科学思想和方法，敢于开拓新的前沿领域，而又实事求是，脚踏实地，甘于寂寞，百折不挠，潜心探索。

科学创新，尤其是当代科技创新，更需要交流、争议、合作，需要多学科间的交叉和融合；科学是艰辛而充满风险的事业，“在科学上没有平坦的大道，只有不畏劳苦沿着陡峭山路攀登的人，才有希望达到光辉的顶点。”；随着科学技术的发展，知识、能力的增长，科学家的社会责任也增加了。科学家应遵循的科学行为规范，不仅要恪守科学普遍性、公有性、无利益性、理性质疑、独创性、尊重事实、不弄虚作假、尊重他人的创造和知识产权等原则，还应遵守人道主义原则（比如，1949 年纽伦堡法典，强调人类的实验要遵循知情同意、有利、不伤害、公平、尊重等原则）以及动物保护和生态保护原则，即尊重生命、尊重自然、尊重人的公平权利。科学家有责任去思考、预测、评估他们的研究所生产的科学知识和技术应用可能发生的社会和生态后果。20 世纪以来，人类的生存和持续发展面临着粮食安全、核扩散、生物安全、新生流行病、生态环境危机、全球气候变化、自然和人为灾害等威胁。科学与社会紧密相连，科学家不应该只专注于自己的研究和发现，而应时刻谨记使科学服务大众、普及大众、造福人类。

马克思（Karl Heinrich Marx，1818—1883）曾说：“科学绝不是一种自私自利的享受。有幸能够致力于科学研究的人，首先应该拿自己的学识为人类服务。”爱因斯坦也曾说：“人只有献身于社会，才能找出那短暂而有风险的生命的意义。”这都是至理名言。

从图灵到乔布斯带来的启示

——关于信息科技的思考与展望*

今年是信息科学奇才阿兰·图灵（Alan Turing，1912—1954）诞辰100周年，也是信息技术奇才史蒂文·乔布斯（Steven Paul Jobs，1955—2011）逝世1周年。借此机会，我们纪念信息科技领域杰出人物的贡献，回顾思考百年信息科技发展的轨迹，认知信息科技的本质、特征与价值，科学基础与核心技术，发展进化的动力与环境，展望信息科技的前沿和未来，对于推进我国信息科技的发展和信息社会的建设，无疑很有意义。

一、信息的本质、特征和价值

客观世界本质上是由物质、能量和信息构成的。信息是物质世界进化发展过程中数量、形态、性状变化和多样性存在的反映，是人与人相互间交流感觉、数据、情感和知识的方式与内容。人类在生存进化过程中认知、积累、应用、发展了信息获取、存储、处理、认知、传送、演示的方法和技术，发展了信息和知识的应用。信息已经成为人类社会文明进步的结晶和财富，成为经济社会发展中不竭的资源和动力。

信息——尤其是在网络时代——具有与物质不同的特点。它更具有可共享利用、可共创发展、可低成本快捷远程传播和持续保存、可加密管理、可无限挖掘和发展多样应用等特征。它具有更广泛的渗透力和影响力，可使有限不可再生资源能源更高效、持续、增值利用，可使得人类的科技创新、设计制造、交通物流、金融商务、管理服务等更加精确、高效、绿色、智能，使得地球生态环境变化得以更全面地认知和有效保护，使得法律、教育、保健、能源、水务等公共服务得以更公平地分享，可使政府决策、管理、服务、监督更加民主科学，可促进人文艺术得到更好的传承、发展与创新，促进世界多样文化之间更好地交流融会、相互包容和理解，可以提升预测、预警、预防和应对自然和人为引发的灾难的能力，可提升国家和公共安全的保障能力，使得经济社会更和谐协调、可持续发展。

---

* 本文为2012年6月4日在浙江大学举行的“科学与中国”院士专家巡讲团报告会上的演讲。

当然也必须应对信息不对称、信息垃圾、虚假信息、信息安全、网络诚信、网络黑客、网络犯罪等新生的挑战。

信息技术与产业发展还显示出快速性、集约性和多样性的特征。无论是基于微电子、光电子技术的存储器、处理器、输入/输出（I/O）接口和传输技术与设备、超级计算机等的集成密度、带宽、速率都如摩尔（Gordon Moore，1929— ）预言按指数规律提高，能耗与成本快速下降，软件的可靠性、安全性、效率和适用性快速提升，中央处理器（CPU）、存储器、系统软件、通用软件、网络平台、显示器等生产服务的集约程度越来越高，有的甚至形成垄断、半垄断态势，但应用技术和服务业态则始终呈现出多样性、分布式、充满创新活力的竞争发展态势。

信息技术与信息基础设施已经成为科技创新、民主科学决策、经营管理、公共服务和一切经济社会生活的基础平台，成为绿色智能、科学和谐、可持续发展的重要基石和支柱。已经成为构建智慧城市、智能中国、数字地球、建设创新型国家最重要的基础设施。也是构建民主法治、公平正义、文明和谐、共同持续繁荣的现代化国家和人类知识文明的不可或缺的条件和基础。

二、 信息科技的科学基础

信息科技包括信息理论、软硬件以及各类应用技术，形成了应用需求拉动、理论突破与创新发展推动的日新月异的整体格局。

信息理论包括信息论、控制论、计算机结构理论、网络理论等。信息论应用近代数理统计方法研究信息的度量、编码和通信等。美国数学家诺伯特·维纳（Norbert Wiener，1894—1964）在二战期间，为了解决防空火炮控制和雷达噪声滤波问题，于 1942 年首先建立了在最小均方误差下将时间序列外推实现预测的维纳滤波理论，为火炮自动控制提供了数学方法。他认为“信息是人们在适应和反应外部世界变化过程中进行互相交换的内容的名称”，将信息看作可测事件的时间序列，把通信看作统计问题，进而阐明了信息定量化的原则和方法，为评价通信和控制系统的品质开辟了途径。维纳滤波至今仍是处理和预测气象、水文、地震勘探等各类动态数据的有力工具之一。创立控制论是他的另一重大贡献。1948 年维纳的著作《控制论》（*Cybernetics：Or Control and Communication in the Animal and the Machine*）出版发行。《控制论》一出版便受到国际学术界的广泛关注瞩目，它以数学为纽带，揭示了机器的通信、控制机能与人的神经、感觉机能的共同规律。突破了人机割裂的传统观念，为控制论研究和技术创新提供了新观念，促进了科学思维方式和技术哲学观念的变革。

克劳德·香农（Claude Elwood Shannon，1916—2001）1948 年 7 月和 10 月连载发表于《贝尔系统技术学报》（*Bell System Technical Journal*）上的论文《通信的数学理论》（*A Mathematical Theory of Communication*）给出了信息熵的定义，用来推算传递经二进制编码后的原信息所需的信道带宽，被视为现代信息论的重要基础。奠定了他与维纳作为信息论创始人的地位。

1936 年，年仅 24 岁的英国数学家图灵在伦敦数学杂志上发表了一篇重要论文《论可计算数及其在判定问题中的应用》（*On Computable Numbers, with an Application to the Entscheidungsproblem*），构造了一台采用二进制逻辑，具有读写功能，能识别运算程序的“计算机”，他还进一步设计出后来被人们称为“万能图灵机”的原始模型。三年之后，美国的阿塔纳索夫（John Vincent Atanasoff，1903—1995）研究制造了世界上的第一台电子计算机 ABC，采用二进制，用电路开合代表数字 0 与 1，用电子管电路执行逻辑运算。1944 年夏，参加原子弹研制的美籍匈牙利数学家冯·诺依曼（John von Neumann，1903—1957）正为极为复杂宏大的计算问题所困扰，有一天他在马里兰州阿伯丁火车站候车时巧遇美国弹道实验室的军方负责人戈德斯坦（Herman Heine Goldstine，1903—2004），了解到正在进行的 ENIAC 计算机研制计划，诺伊曼立即意识到了这项工作的意义，他为这一计划所吸引并积极参与其中。1945 年，诺依曼在与人讨论的基础上与戈德斯坦等人联名撰写了一份关于离散变量电子计算机（EDVAC，Electronic Discrete Variable Automatic Computer）设计报告，这就是计算机史上里程碑式的文献“101 页报告”，明确提出了计算机结构应由运算器、逻辑程序控制装置、存储器、输入和输出设备等五部分组成，并准确描述了各自的职能和相互关系，还包括采用二进制。他们创立的计算机基本结构，迄今仍被普遍遵循。图灵和冯·诺依曼被尊称为“计算机之父”。

网络如交通网、电力网和通信网等，目的都在于把某种规定的物质、能量或信息从某一供应点最优地输送到另一个需求点。网络理论是在图论基础上研究网络一般规律和网络流优化理论和方法的学科，是运筹学的一个分支。早在 1845 年 G. R. 基尔霍夫（Gustav Robert Kirchhoff，1824—1887），就应用图论和矩阵理论证明了电路网络中的两个重要定律，即基尔霍夫第一和第二定律，奠定了网络理论的基础。德国著名社会学家齐美尔（Georg Simmel，1858—1918），最早提出了传播网络理论。20 世纪 50 年代以来，随着网络理论的广泛应用，许多学者提出网络优化计算方法。1956 年，美国数学家小福特（L. R. Ford Jr.，1927— ）和富尔克森（Delbert Ray Fulkerson，1924—1976）提出寻找最大流量的标号算法。1959 年，荷兰计算机科学家 E. W. 戴克斯特拉（Edsger Wybe Dijkstra，1930—2002），提出寻找最短路径的标号算法。1961 年，富尔克森提出求解最短路径、最大信息流量与最小费用的更一般的状态算法等。此后人们又相继提出了聚焦于分析网络效率、可靠性和安全性等问题。

信息科技必须同时依靠硬件和软件的发展。依靠传感器获取信息，依靠物理介质和声光电磁等现象传播信息，通过物理器件、数学方法和计算机对信号实现存储、放大、变换、计算、分析和处理，并实现图形和色彩的演示。不仅需要物理、化学、数学等基础科学，还需要功能材料、微纳制造、软件科学等技术科学的支持。考虑应用于不同的领域，信息科技发展也离不开与资源能源、金融服务与监管、交通物流、设计制造、农业生物、生态环境、健康医药、海洋空天、文化创意与传播、社会管理与服务、公共与国防安全等应用领域的交叉。

三、 信息科技的核心技术

第二次世界大战期间，由于社会需求的推动，无线通信、雷达、声呐等大量应用，电子计算机也发明问世，但都采用真空电子管作为整流放大逻辑器件，其体积重量、功耗和可靠性等都不适应用户要求，人们希望能找到一种更紧凑、可靠的固体器件。1945 年夏，贝尔实验室确定以固体物理为重要研究方向，次年 1 月，正式成立了以肖克莱（William Bradford Shockley，1910—1989）为组长的半导体研究小组，1947 年 12 月 16 日，巴丁（John Bardeen，1908—1991）、布拉顿（Walter Houser Brattain，1902—1987）在美国新泽西州的贝尔实验室发明出点接触晶体管，肖克莱为自己缺席了这一发明而深深地懊悔。他将自己的失意化为奋进的力量，经过几年的努力，发明了面结型晶体管和结型场效应晶体管，他们共同开启了微电子革命的序幕并获得了 1956 年诺贝尔物理学奖。1955 年，肖克莱离开贝尔实验室，创建了肖克莱半导体实验室。并吸引了一批才华横溢的年轻人，但他的管理方法和行为引起员工们的不满。罗伯特·诺伊斯（Robert Norton Noyce，1927—1990）、戈登·摩尔等 8 人辞职，并于 1957 年 10 月创办仙童半导体公司（Fairchild Semiconductor），致力于发展平面制造工艺，批量生产半导体器件。1959 年 2 月，德克萨斯仪器公司（TI）工程师基尔比（Jack Kilby，1923—2005）申请了第一个集成电路发明专利，时任仙童公司总经理的罗伯特·诺伊斯十分震惊，当即研究对策。诺依斯提出可以用蒸发沉积金属的方法代替热焊接导线，这是解决集成电路元件相互连接的最好途径。1959 年 7 月 30 日，诺依斯也向美国专利局提交了一份利用平面制造工艺生产半导体集成电路的专利申请。1966 年，基尔比和诺依斯同时被富兰克林学会授予巴兰坦奖章（The Stewart Ballantine Medal），基尔比被誉为“第一块集成电路的发明家”而诺依斯被誉为“提出了适合于工业生产的集成电路理论”的人。但由于业务快速发展，公司管理失衡。1968 年 7 月两位创办人罗伯特·诺伊斯、戈登·摩尔请辞，并以集成电路为名创办了英特尔（Intel）公司，安迪·葛洛夫（Andy Grove，1936— ）也随后加入。1971 年，英特尔推出了全球第一个微处理器，并以“超越未来”为口号。1965 年，摩尔发表文章，预言集成电路上的晶体管密度会以每年翻一番的速度增长，次年他又对增长率估计做了修正。50 年来集成电路的演进与摩尔的预言惊人的一致，故被称为“摩尔定律”。至 2012 年，商用 CPU 的晶体管数量已超过 2. 5 亿个晶体管，英特尔的 10-核至强（Xeon）的 Westmere-EX 含有 26 亿个晶体管。2011 年 5 月 4 日，英特尔宣布新一代的 3D 结构晶体管（FinFET）将于今年投产，这标志着使用了 50 多年的平面硅晶体管将被 3D 晶体管所取代。最近英特尔还宣布 14 纳米制造工艺的芯片已在英特尔实验室研制成功。在集成电路领域，自 1991 年以来，英特尔一直居于领先地位。紧随其次的芯片制造公司有 AMD、三星、德州仪器、东芝与意法半导体等，近年来我国自主知识产权的芯片“龙芯”、“银河飞腾”、“申威”等也在急起直追，改变中国信息产业“无芯”的历史，差距正日渐缩小。集成电路持续不懈的技术创新，深刻地影响了全球 IT 产业的发展，带来了计算机和互联网的革命，改变了人们的工作和生活方式，也改变了世界。

20 世纪 50 年代正值冷战时期，美国军方为了使自己的计算机网络在受到袭击时，即使部分网络被摧毁，其余部分仍能保持通信联系，便由美国国防部高级研究计划局（ARPA）建设了一个军用“阿帕网”（ARPAnet），1969 年正式启用，当时只连接了 4 台计算机，到 70 年代，ARPAnet 已经有了好几十个计算机网络，但是在网络之间仍不能互联互通。为此，ARPA 又致力研究发展局域网间互联互通的方法。由于美国网络科学家温顿·瑟夫（Vinton G. Cerf，1943— ）和罗伯特·卡恩（Robert Elliot Kahn，1938— ）的共同努力，于1974年成功提出了网络间互联通信协议（IP）和传输控制协议（TCP）。TCP/IP协议的特点就是开放性，它使互联网成为一个完全开放互通的系统。1989年3月，英国科学家蒂姆·伯纳斯·李（Tim Berners Lee，1955— ）正式提出了万维网的设想，次年12月25日，他在日内瓦的欧洲粒子物理实验室开发出世界上第一个网页浏览器，并引入超文本格式，创建了万维网。迄今全球互联网用户已达21亿，中国互联网用户达4.85亿。互联网深刻改变人们的学习、工作、娱乐、商务、社交和思维方式，并影响改变着人类社会的每个领域。

比尔·盖茨（William Henry Gates Ⅲ，1955— ）在13岁时就开始设计电脑程序，17岁就以4200美元的价格卖掉了他的第一个电脑编程作品——一个时间表格系统，当时他便断言自己会在25岁时成为亿万富翁。1973年他进入哈佛，并与少年时的伙伴保罗·艾伦（Paul Allen，1953— ）一起为第一台微型计算机MITS Altair开发了BASIC编程语言，后来发展成为Microsoft BASIC，成为MS-DOS操作系统的基础。鉴于当时电脑界受到黑客文化影响，认为程序与知识一样应该被无偿共享。盖茨却认为软件应如专利、著作权一样受到保护，他写了一封著名的《致爱好者的公开信》，宣称电脑软件将会是一个巨大的商业市场，电脑爱好者们不应该在未获得原作者同意的情况下随意复制电脑程序。大学三年级时他从哈佛大学退学，并把全部精力投入他与艾伦在1975年创立的微软公司。他坚信计算机将成为每个家庭、每个办公室中最重要的工具。1978年，在“Apple II”月销售量超千台的冲击下，IBM董事会也决定实施旨在超越苹果的“跳棋计划”，投资个人电脑研发，项目负责人唐·埃斯特利奇（Don Estridge，1937—1985）对于个人电脑的眼光可以与盖茨媲美，他一改IBM传统，提出了“开放”和“兼容”概念，第一台IBM个人计算机（PC）采用了主频为8兆赫兹（MHz）的Intel 8088，操作系统采用微软公司提供的MS-DOS，采购市场上最便宜的零部件，营销也全交给代理商和零售商，IBM只做整机设计和组装。1981年8月12日，IBM个人计算机问世，不到三年就给IBM带来了40亿美元的收入。不幸的是IBM换上了对个人计算机几乎一窍不通却自视甚高的洛伊代替了埃斯特利奇，这给了微软一个绝好的机会。1985年6月，微软和IBM达成协议，联合开发OS/2操作系统。根据协议，IBM可随意安装使用，但允许微软向其他电脑厂商销售并收取使用费。由于当时IBM在个人计算机市场拥有绝对优势，洛伊便不假思索地同意了。但到了1989年，兼容机市场已经上升到80%份额，微软仅从操作系统许可费就赚了20亿美元。1995年8月，微软发布Windows95，并持续发展改进视窗（Windows）软件，使其更加易用、可靠、快捷，这样，微软成为全球个人计算机和商业计算机软件的领导者。盖茨为个人电脑和联网应用普及做出了举世公认的贡献。他不仅是一位软件奇才，也是一位商业奇才，他曾长期担任微软公司董事会主席兼首席软件设计师，他总是能以独到的眼光看到IT业的未来，还能够以独特的经营管理思想，持续保持微软创新发展的活力。2011财年，微软公司收入近730亿美元，在全球近9万名全职员工中，研发人员高达3.5万名。他39岁便成为世界首富，连续13年登上福布斯榜首的位置。2008年6月27日，他正式退出微软公司日常工作，并把580亿美元个人财产尽数捐到比尔与美琳达·盖茨基金会，将更多的精力投入诸如教育、卫生、粮食、赈灾、环保等公益工作。

乔布斯少年时就已着迷于奇思妙想。他才华横溢、卓尔不群、精于决策，融合了对科技与生俱来的理解力和对社会消费需求的超常预感力，他坚信设计是产品创新的核心，他是推动将艺术和科技完美结合的 IT 传奇人物。他不仅给苹果带来了前所未有的成功，还在全球提升了创新设计的地位，他主导设计创造了 Apple-I、Apple-II、Macintosh、Pixar、iMac iBook、Mac air、iPod、iPhone、iPad、iOS、iTunes 等一个又一个风靡全球的产品和创新创业的奇迹。在初中时，乔布斯就与斯蒂芬·沃兹尼亚克（Stephen Gary Wozniak，1950— ）结为好友。1972 年乔布斯高中毕业后进入俄勒冈州波特兰的里德学院，但只念了一学期就因经济原因休学，成为雅达利电视游戏机公司的一名职员，借住在沃兹尼亚克家的车库，并常到社区大学旁听书法等课程。1974 年，他去印度灵修，吃尽了苦头，后重新返回雅达利公司做工程师，并继续与少时的伙伴沃兹尼亚克一起琢磨电脑。他们梦想拥有一台自己的计算机，可是当时市面上卖的都是商用机，不但体积庞大，而且价格昂贵，他们决定自行研发。制造个人电脑需要的微处理器，当时英特尔公司的 8080 芯片零售价要 270 美元，并且不售给个人。两人在 1976 年度旧金山—威斯康星计算机展销会上买到了摩托罗拉公司的 6502 芯片，功能与 8080 相近，但只要 20 美元，他们在车库开始了“伟大”的创新，数周以后亲手创造的第一台 PC 诞生。他们对 PC 市场充满信心，乔布斯卖掉了自己的大众牌小汽车，沃兹尼亚克也卖掉了珍爱的惠普 65 计算器，获得了奠基伟业的 1300 美元资金。1976 年 4 月，21 岁的乔布斯与 26 岁的沃兹尼亚克在自家的车库里正式成立了苹果公司（Apple，Inc.），并将自制的 PC 命名为“Apple-I”。同年 7 月，零售商保罗·特雷尔（Paul Jay Terrell）来到乔布斯的车库，在看完乔布斯的演示后，他认为“Apple-I”大有前途，决定订购 50 台，但要求在一个月内交货。乔布斯和沃兹尼亚克冒着酷暑每周工作 66 小时，终于在第 29 天完成了任务，50 台电脑很快销售一空，苹果公司名声大振。为了开始批量生产，他们分头筹措资金，但遗憾的是包括沃兹尼亚克就职的惠普公司都没有意识到其中蕴藏的市场和商机，但机遇总是垂青努力而有准备的人。1976 年 10 月，百万富翁马尔库拉（Mike Markkula，1942— ）慕名拜访沃兹尼亚克和他们的车库工场，他是一位电气工程师且擅长推销。当他看了两个年轻人的产品，决定给他们贷款并帮助制定了商业计划。1977 年 4 月，美国第一次计算机展览会在西海岸开幕，乔布斯在展览会上弄到了最好的摊位展出 Apple-II 样机，它一改过去个人电脑笨重复杂、难以操作的形象，它操作简便，仅用 10 只螺钉组装，美观小巧，像一台打字机。“Apple-II”在展会一鸣惊人，订单纷至沓来。《华尔街日报》刊登了全页广告称“苹果电脑就是 21 世纪人类的自行车”。1980 年 12 月 12 日，苹果公司股票上市，成为历史上发展最快的公司，但好景不长。1983 年，乔布斯发布 Apple-Lisae ，定价 9935 美元，由于价格太贵没有多少市场，却消耗了大量研发和生产经费。尽管乔布斯在 1985 年获得了里根（Ronald Wilson Reagan，1911—2004）总统颁授的国家技术勋章，但由于他的经营理念与众不同，加上 IBM 公司也开始醒悟，推出个人电脑抢占了大片市场，苹果电脑节节败退。人们把失败归罪于乔布斯，1985 年 4 月董事会决议撤销了他的经营权。乔布斯几次想夺回权力均未成功，便在 9 月 17 日愤而辞去苹果公司董事长职务，并卖掉了所有苹果股票。当年乔布斯就创办了“NeXT”电脑公司，开始他的二次创业。次年他花 1000 万美元收购了 Lucasfilm 旗下的 Emeryville 电脑动画工作室，并成立了独立的皮克斯（Pixar）公司。十年后的 1995 年，皮克斯公司推出全球首部全电脑制作的 3D 立体动画电影《玩具总动员》，一举获得了 35 000 万美元票房，导演约翰·拉塞特（John Alan Lasseter，1957— ）因此获得了奥斯卡特殊成就奖，乔布斯也成为了电影业最有影响力的新锐，而此时的苹果公司却已濒临绝境。1996年12月17日，全球各大计算机报刊几乎都在头版刊出了“苹果收购Next，乔布斯重返苹果”的消息。他重归故里，大刀阔斧地改革，改组了董事会，并与苹果公司的宿敌微软公司达成战略性的全面交叉授权协议。1998年5月6日，苹果公司首次推出代表着一种全新理念的iMac，外表似太空时代的产物，加上发光的鼠标，以及1299美元的价格，非同凡响。《时代》杂志授予iMac最佳电脑称号。1999年7月又推出笔记本电脑iBook，在市场上迅即受到用户追捧，夺得“美国消费类便携电脑”市场第一名。乔布斯刚上任时，苹果公司的亏损高达10亿美元，一年后却奇迹般地盈利3.09亿美元。2002年，推出第二代iPod播放器，带来了音乐视频文化的变革。5年之后，苹果又凭借iPhone开创了智能手机的新纪元。综合iPod、iPhone和iTunes的影响，迄今几乎没有一种传媒载体能不受苹果的影响。2008年2月19日，乔布斯又在Mac World发布会上从黄色信封中取出了MacBook Air，这是当时最薄的笔记本电脑。2010年1月27日，平板电脑iPad正式发布，它的功能涵盖了浏览互联网、收发电子邮件、操作表单文件、玩视频游戏、收听音乐、观看视频，世界上的信息、美景都可一览无遗，世界上每本图书你都能一点即来，改变了从报纸、杂志到图书整个出版业。乔布斯创造了信息技术与消费终端产业的又一个奇迹，不幸的是他因患胰腺癌于2011年10月5日英年早逝。2012年4月10日苹果股价一度高达644美元，总市值曾突破6000亿美元，而被誉为“欧洲乐园”的瑞士2011年GDP才为5224.35亿美元。

四、 信息科技的发展动力和环境

回顾信息科技发展的历史，无论是图灵等创建信息科技的理论基础，还是晶体管的发明和计算机、网络技术的创新与发展都源于应用需求的推动，得益于市场竞争的动力，受益于杰出人才和无数青年信息发烧友们的兴趣爱好、奇思妙想和不懈创新创业的推动。展望未来，全球不断发展开放、互联的网络环境不但将造就日新月异发展的多样、宏大的需求，还将面临诸如生命计算、社会计算、智慧地球、资源海洋、气候环境等永无止境新的应用挑战，将成为信息科技发展的无穷动力。物理前沿、功能材料、微纳技术、计算数学等创新突破将不断为信息技术进步注入新的可能。包括中国、印度等在内的数十亿新兴发展中国家的人民，尤其是青年人的参与，将为信息技术创新和应用提供更强大的动力和史无前例的宏大市场和多样需求。信息网络世界将继续面临网络诚信、公平普及、信息安全等新的挑战，必须通过法律、标准、技术、制度、管理创新和网络文化建设积极应对。

展望未来，人类将全面进入信息网络社会和知识文明时代。信息网络将成为经济社会最重要的基础设施和公共资源，成为国家、社会法人和个人最宝贵的基本能力和可增值资产。人人将成为信息科技的使用者和信息科技价值的创造者。信息科技将进入信息网络、物理世界和人类社会三者动态交互、全面融合的时代。信息网络将更加全面深刻地渗透嵌入整个物理世界和人类社会。信息科技的创新将会更紧密结合物理世界的特点、人的认知能力和人类社会的多样需求而展开，并发生更加广泛而深刻的影响。信息科学和技术必须有新的突破和发展。

为了研究信息网络、物理世界和人类社会三者动态交互、开放融合的基本规律以及建模和计算，将通过学科的交叉和融合，创新信息网络科学，发展创建适应大规模复杂信息网络系统的网络系统论、信息论和计算理论与方法。为解决网络结构优化及其稳定性、安全性、可靠性与可监管性判据提供科学基础，为信息与知识挖掘、科学计算、工程计算、社会计算、经济金融监测预警、决策评估、生态环境、自然灾害与气候变化预测评估提供网络计算方法与工具。

已有建立在硅芯片和互补金属氧化物半导体（CMOS）技术基础上的集成电路技术在未来 15—20 年可能将走到尽头，已有网络框架和互联网协议也已不能适应未来网络融合与应用无限发展的需要，当今世界每年产生并存储的数据已高达 10^{18}，中央处理器/图形处理器（CPU/GPU）芯片集成规模、存储密度、网络带宽、高性能计算机性能等都将继续以指数规律增长，集成电路技术、互联网技术、存储技术、高性能计算机和三维演示技术等都必须有新的突破。

为了使信息网络惠及普罗大众，促进社会民主法治、科学文明、公平正义、和谐繁荣。信息网络技术必须更加可靠安全、节能高效、健康普及、方便易用，不仅需要增加公共投入，更需要通过制度与管理创新，促进资源共享，打破垄断、促进市场公平竞争、促进技术和服务创新、使得计算机和信息网络应用的能耗和价格持续下降、更好更广泛地惠及广大用户。

五、结　语

1. 信息科学的大师先驱奠定了信息科技的基石

图灵和冯·诺依曼奠定了计算机结构的理论基础，维纳、克劳德·香农创造了信息论，基尔霍夫、齐美尔、小福特、富尔克森和戴克斯特拉等奠定了网络理论的基础，他们当时都很年轻，却为现代信息科技的发展做出了不可磨灭的理论贡献。他们的贡献多源于需求的推动，也在于他们对于创新的自信心、创造思维和数学家严谨的科学思维和分析归纳能力。

2. 信息奇才们为信息技术发展和应用做出不可估量的贡献

肖克莱、巴丁、布拉顿发明晶体管到基尔比、诺依斯发明集成电路，从温顿·瑟夫和罗伯特·卡恩、蒂姆·伯纳斯·李开启互联网时代，到比尔·盖茨、乔布斯创新发展的个人电脑和软件等，对信息技术发展与应用普及都做出了举世公认的重大贡献。使得集成电路、因特网、个人计算机、数字智能终端、网络应用等进入了每个办公室和家庭，改变了我们的工作和生活。他们成功的原因不仅在于对信息技术创新的激情和执著追求，而且在于对市场需求的预见能力，在于对于技术创新价值实现的强烈追求，在于他们对信息技术、文化艺术、管理创新的超常理解和融会能力，使得他们那么年轻便成为成功的创新者，而且有的还成为成功的创业者，不仅创造了财富的奇迹，而且为推进人类社会信息化和知识文明做出了杰出的贡献。

3. 信息技术的发展中包含着无数无名英雄的贡献

在信息技术与产业的发展进程中，无论是从第一个鼠标诞生到今天普遍应用的无线激光鼠标，还是阴极射线管—等离子—液晶显示器—有机液晶显示器（CRT - PDP - LCD - OLCD）……显示技术的进步，无论是磁带—软盘—磁盘—视屏高密光盘（CVD）—数字视屏光盘（DVD）—固体闪存—寄存器的技术进步，还是输入/输出（I/O）的进化，光通信技术，无线通信技术的演化，以及信息技术的应用等，无不包含着无数物理学家、化学家，材料科学家、微纳加工工程师、信息工程师、软件工程师、各类用户、青年网络创业者和网络发烧友们的贡献。

4. 关键核心技术的突破与系统集成和应用创新

在人类历史上，关键核心技术创新可以引发产业革命和社会变革，如蒸汽机、电动机、半导体、光纤的发明等，而重大集成创新同样也可导致新兴产业的诞生和人类文明的重大进步，如火车、汽车、飞机的发明等，信息技术也更是如此，半导体大规模集成电路、因特网等发明，是当代信息通信（ICT）技术和产业的重要物质基础。关键核心技术突破往往基于物理、化学、材料科学等基础研究的新进展，也有赖于微纳制造技术与装备的创新，以及前沿技术的创造性应用。由于信息技术创新发展日新月异，必须以快制胜，由于信息基础器件、基础软件、基础设施的集约性，必须高投入实现规模产业化，带来了信息科技的重大创新与产业变革呈现出基础研究与前沿技术创新的融合，产学研合作，企业主导产业技术与装备开发，快速实现规模产业化的趋势。而基于网络的应用创新，恰呈现出创意和创新设计不断引领开拓新的应用领域、不断创造新的网络应用平台和应用方式，依靠共享网络资源实现竞争、合作共创、快速应用发展的现象。

在促进信息科技和产业发展中，政府的责任是制定符合全球信息技术与产业发展规律和国情实际的发展战略和路线图；通过公共投入，加强对相关基础前沿研究、国家信息基础设施建设、人才培养的投入；运用法律、政策、标准、体制改革等手段打破实际存在的分割和垄断，加快形成开放互联、安全可靠、先进高效的公共信息网络环境；加强保护知识产权，完善公平竞争、鼓励创新创业的市场环境，促进产学研联盟，加快形成以企业为主体的信息产业技术创新体系，掌握关键核心技术和信息产业先进装备的自主创新和集成制造能力；在信息产业的集聚区应进一步构建完善法律、金融、技术、人才等公共服务平台，着力为中小信息企业和创业服务。由于信息技术具有系统性、网络化、集成性和应用的多样性等特点，决定了信息科技的发展更需要系统集成和应用创新，盖茨和乔布斯等的成功正是集成和应用创新满足和引领市场需求的典型案例，国内外大量网络创新创业的成功的故事证明并将继续证明，开放共享的信息网络是人们，尤其是青年人最可以大有作为的创新创业领域，只要有新的创意和不懈的努力，人人都可能有成功的机会。

5. 应用驱动、创新支撑，信息科技有无止境的前沿

信息科学的理论框架是在 20 世纪 60 年代前建立起来的，已有建立在互补金属氧化物半导体技术基础上的集成电路技术也将可能在未来一二十年出现重大变革，已有网络框架和互联网协议也已经不能适应互联网、物联网、通信广播网等融合与应用无限发展的需

要，信息科学和技术必须要有新的突破与变革。可以预计，信息科学将进一步与数学与系统科学、智能科学、脑与认知科学等融合，可能从量子物理、纳米科技、先进功能材料等基础前沿技术创新中取得突破，将从脑与基因科学、仿生学等研究中获取营养和启示，除器件物理、工艺技术突破，软件结构的创新和自动智能编程可能取得进展外，人们还将致力解决复杂网络系统的优化、海量信息的管理和认知挖掘、创新人机交互方式等问题。

魏格纳等给我们的启示

——纪念大陆漂移学说发表一百周年*

今年是德国气象地质学家、地球物理学家阿尔弗雷德·魏格纳（Alfred Lothar Wegener，1880—1930）发表大陆漂移学说一百周年。大陆漂移学说的提出，开启了20世纪地球科学革命的序幕。

20世纪60年代初，美国海洋地质学家H. H. 赫斯（Harry Hammond Hess，1906—1969）和海洋物理学家R. S. 迪茨（Robert S. Dietz，1914—1995）在古地磁学研究的基础上分别独立提出了海底扩张说。一年后，英国剑桥大学的研究生弗雷德里克·瓦因（Frederick Vine，1939— ）和他的导师海洋地质学和地球物理学家马修斯（Drummond Hoyle Matthews，1931—1997）通过海底磁异常条带的研究，对海底扩张说做了进一步论证，为大陆漂移学说提供了有力的支持。1965年加拿大地球物理学家威尔逊（John Tuzo Wilson，1908—1993）提出大洋盆地从生成到消亡的演化循环，建立转换断层概念，即威尔逊旋回（Wilson cycle）并最早使用“板块”一词。1967—1968年美国地球物理学家摩根（William Jason Morgan，1935— ）、英国地球物理学家丹·麦肯齐（Dan McKenzie，1942— ）和R. L. 帕克（Robert Ladislav Parker，1942— ）以及法国人勒·皮雄（Xavier Le Pichon，1937— ）等联合发表了数篇论文，将转换断层概念外延到球面上，论述了板块运动，确立了板块构造学综合模型。人们把大陆漂移说、海底扩张说和板块构造说称为全球大地构造理论发展的三部曲。1968—1983年得到了格洛玛·挑战者号（Glomar Challenger）钻探船等深海钻探成果的验证。

由魏格纳创立并经过后人完善的近代地球科学理论取得的革命性进展，改变了整个地球科学的面貌，给地质构造学、地球动力学、地磁学、矿床学、地震学、海洋地质学等几乎所有地球科学的各个领域都带来了深刻变革，也对地球演化、生命演化和科学哲学产生了巨大的影响。这一地球理论被认为是与达尔文（Charles Robert Darwin，1809—1882）的生物进化论、爱因斯坦（Albert Einstein，1879—1955）的相对论，以及宇宙大爆炸理

---

* 本文为2012年6月12日在北京中国科学院研究生院举行的“科学与中国”院士专家巡讲团报告会暨“中国科学与人文论坛”第129场主题报告会上的演讲。

论、量子论并列的百年以来最伟大的科学进展之一。

回顾魏格纳等科学家的成就，从中可以获得的不仅是新的地球科学知识，更可得到科学精神和科学方法、地球科学研究特点以及所需要的创新条件与环境等多方面的启示。

一、 大陆漂移学说的诞生

1492—1502 年，意大利航海家哥伦布（Cristoforo Colombo，1451—1506）四次横渡大西洋，发现美洲新大陆。欧洲探险家、科学家纷纷参与环球航行与探险考察，促进了地理的大发现，使全球地图绘制得更加精确，并拓展了人们对全球地貌、地质、生物多样性及物种分布的认知，引起了人们对地球演化的思考。1596 年法兰德斯（现比利时北部）地图学家奥特利乌斯（Abraham Ortelius，1527—1598）最早提出大陆漂移假说，1858 年法国地理学家史奈德（Antonio Snider-Pellegrini，1802—1885）也曾在地理百科全书中提及"美洲"或是"因地震与潮汐而从欧洲及非洲分裂出去的"观点，但这些还都只是一些朦胧的猜想。1620 年，英国哲学家、政治家弗朗西斯·培根（Francis Bacon，1561—1626）也曾在新绘制的世界地图上观察到，南美洲东岸和非洲西岸可几近完美地拼合在一起，但并没有引起他更深入的思考。历史将机会留给了一位德国年轻人魏格纳。

魏格纳在科隆高中毕业后进入柏林路德维西·威廉姆斯大学（现柏林洪堡大学的前身）攻读物理、天文和气象学，在理论天文学家鲍兴格教授（Julius Bauschinger，1860—1934）的指导下于 1905 年获天文学博士学位。他喜欢思考和冒险，勇敢而执著，对气象学、气候学有着强烈的兴趣并致力于大气热力学和古气候研究，曾利用挂有吊笼的气球升空追踪气团，研究大气现象，他撰写的气象热力学成为当时大学的经典教科书。1906 年还曾与年长两岁的哥哥库尔德搭乘气球在德国上空创下滞空 52.5 小时的世界纪录。他多次赴格林兰冰原参与探险考察，研究极地大气环流，还曾与科赫（J. P. Koch，1870—1928）在格林兰东北部冰原上首次用螺旋钻钻取了 25 米冰芯，研究古气候变化，但他的兴趣不仅局限于此。

1910 年的一天，时年 30 岁的魏格纳因身体欠佳，躺在床上休息。看着墙上的世界地图，意外发现大西洋两岸的大陆轮廓竟可以如此相互契合，他就想到非洲大陆与南美洲大陆可能曾经是贴合在一起的原始大陆，或由于地球自转的分力或天体引力使之分裂、漂移，才形成如今被大西洋分割的现状。1911 年秋，魏格纳偶尔看到一篇有关"陆桥说"的论文，尽管他并不相信大陆之间曾经存在所谓"陆桥"的假说，但却受到文中提及的分处大西洋两岸的南美洲和非洲发现的古生代化石分布相关联现象的鼓舞，于是，他开始查阅和搜集资料来验证自己关于大陆漂移的设想。

通过分析大西洋两岸的山系和地层，他发现北美洲纽芬兰一带的褶皱山系与欧洲北部的斯堪的纳维亚半岛的褶皱山系遥相呼应，似乎表明北美洲与欧洲以前曾经彼此相接；美国阿巴拉契亚山的褶皱带的东北端没入大西洋，延伸至对岸又在英国西部和中欧一带出现；非洲西部早于 20 亿年的古老岩石分布区与巴西的古老岩石区遥相衔接，二者的构造也相互吻合；非洲南端的开普勒山脉的地层与南美的阿根廷首都布宜诺斯艾利斯附近山脉中的岩石彼此对应等。在大西洋两岸的这种关联证据之外，魏格纳还发现了非洲和印度、澳大利亚等大陆之间，也有地层构造之间的联系，而且这种联系大都限于 2.5 亿年以前的中生代地层构造。魏格纳又考察了大洋两岸的化石，他的判断得到了先前古生物学家做出的发现的支持：在远隔重洋的大陆之间，古生物物种也有着密切的亲缘关系。例如，中龙（Mesosaurus）是一种生活在远古时期陆地淡水中的小型爬行动物，在巴西石炭纪到二叠纪形地层和南非的同类地层中都能找到这种爬行动物的化石。它们是如何游过大西洋的？一种庭园蜗牛化石，也是既存在于德国和英国等地，又出现在大西洋彼岸的北美洲。它们又是如何跨越大西洋的万顷波涛？因为当时鸟类尚未在地球上出现；还有一种古蕨类植物化石——舌羊齿，竟然同样分布于澳大利亚、印度、南美、非洲等地的晚古生代地层中。此外，古代冰川的分布、蒸发盐、珊瑚礁等古气候标志和热带植物形成的煤炭储藏等所形成的年代和纬度等也都支持魏格纳的设想。

在大量证据和严谨分析研究的基础上，1912 年 1 月 6 日，魏格纳在法兰克福森根堡自然博物馆地质学会上做了《大陆的起源——关于地表巨型特征大陆与海洋的基于地球物理的新概念》的讲演，第一次提出了大陆漂移说，4 天后他又在马堡召开的自然科学促进会重申了他的学说。1915 年魏格纳的代表作共 94 页的《大陆与大洋的起源》（*Die Entstehung der Kontinente und Ozeane*）德文版正式出版问世。在这本不朽的著作中，魏格纳提出，在中生代以前地球表面存在一个连成一体的泛古陆（Pangea），由较轻的含硅铝质的岩石如花岗岩组成，它像冰山一样漂浮在较重的含硅镁质的岩石如玄武岩之上，周围是辽阔的海洋，后来或是在天体引力和地球自转离心力的作用下，古陆发生了分裂、漂移和重组，大陆之间被海洋分隔，才形成了今天的海陆格局。

魏格纳的大陆漂移说震撼了当时的科学界，但招致的攻击远大于支持。因为若假说成立，整个地球科学的理论就要被改写，因此必须有充分经得起检验的证据。另一方面，魏格纳是一位天文学博士，主要研究气象和古气候，并非地质和地球物理学家。在不是自己的研究领域发表如此标新立异的观点，缺乏专业上的权威性。最主要的还是：大陆漂移的动力学机制尚未得到合理解释和证实。魏格纳认为可能是由于天体引力和地球自转的作用力，使得漂浮在硅镁质大洋基岩上的硅铝质大陆发生了漂移。但根据当时物理学家们的计算，依靠这些力根本不可能推动广袤沉重的古大陆。魏格纳的“大陆漂移说”当时只得到南非地质学家迪图瓦（Alexander du Toit，1878—1948）和英国地质学家阿瑟·霍姆斯（Arthur Holmes，1890—1965）等极少数科学家的支持，却遭到多数持传统思维和笃信大陆固定说的同行专家们的抵制与否定。

1930 年 11 月，魏格纳在第四次深入格陵兰冰原考察时不幸遇难，长眠于冰天雪地之中，年仅 50 岁。直到魏格纳去世 30 年后，基于海洋洋底地貌、地质、地球物理和地球化学研究获得的新证据之上提出的洋底扩张学说的兴起和板块结构学的创立，使大陆漂移学说才终于得到公认。

二、 海底扩张学说的形成

20 世纪 50 年代以后，美国地质学家 H. H. 赫斯于 1960 年首先提出海底扩张说。随后 R. S. 迪茨于 1961 年也用海底扩张作用讨论了大陆和洋盆的演化。他们被公认为海底扩张说的创立者。

赫斯毕业于耶鲁大学，1932 年获哲学博士学位，他曾在普林斯顿大学任教。第二次世界大战期间，他应征加入海军，成了“开普·约翰逊”号的舰长。职务的转换并未改变他热爱海洋揭示海洋奥秘的理想。他利用在太平洋巡航的机会，用声呐对洋底进行探测，获得了大量洋底地貌数据。在整理分析这些数据时，他发现在大洋底部有连续隆起像火山锥一样但顶部平坦的山体。战后赫斯回到普林斯顿大学执教并继续研究，他发现同样的海底平顶山，离洋中脊近的较为年轻，山顶离海面较浅；离洋中脊远的，地质年代较老，山顶离海面也较深，他对这种现象甚为困惑。赫斯分析综合了当时最新的海洋地质研究成果，如大洋中脊体系、海底沉积物带、海底热流异常、地幔对流等，1960 年他在普林斯顿大学非正式刊物上首次提出了海底扩张学说。他明确指出地幔内存在热对流，大洋中脊正是热对流上升使海底裂开之处，熔融岩浆从这里喷出，遇水冷却凝固，将已存老洋壳不断向外推移造成海底扩张。在扩张过程中当其边缘遇到大陆地壳时受到阻碍，于是洋底壳向大陆地壳下俯冲重新插入地幔，最终被地幔熔融吸收，达到消长平衡，从而使洋底地壳在 2 亿—3 亿年间更新一次。1962 年他正式发表论文《海洋盆地历史》(*History of Ocean Basins*)。赫斯在论文的引言中说“我的这一设想可能需要很长时间才能得到完全证实，因此，与其说这是一篇科学论文，倒不如说是一首地球的诗篇”。迪茨是美国海军电子实验室的一名科学家，他曾参加过美国海军的海洋探测和海洋地磁填图工作，他在菲律宾以东的马里亚纳海沟也发现了类似的现象，1961 年他在《自然》杂志发表文章，也独立提出了海底扩张的观点。

1963 年，英国的 F. J. 瓦因和 D. H. 马修斯提出了著名的瓦因-马修斯假说，成功地解释了海底磁异常条带的成因。他们通过把海底扩张说与有关古地磁的周期性倒转的新发现结合起来，来证明海底扩张的存在。他们对印度洋卡尔斯伯格中脊和北大西洋中脊的洋底磁异常特征作了分析，洋中脊区的磁异常呈条带状，正负相间平行于中脊的延伸方向，并以中脊为轴呈两侧对称，如磁带一般记录了洋底扩张的过程，有力地证明了洋底是从洋中脊向外扩展的事实。随着海洋地质科学的发展，人们钻取岩芯，用放射性同位素测定大陆和海底岩石纪年，发现大陆除沉积岩外，主要由花岗岩类物质组成，最老岩石年龄已在 30 亿年以上，并已经发现有 37 亿年以前的岩石，平均厚约 35 千米，最厚处达 70 千米以上。海底主要由玄武岩组成，都很年轻，一般不超过 2 亿年，平均厚 5—6 千米。而且离大洋中脊愈近，年代愈近，并在洋中脊两侧大体呈对称分布。大西洋与太平洋的扩张情况有所不同，大西洋在洋中脊处扩张，两侧与相邻的陆地一起向外漂移，不断展宽；而太平洋底在东部洋中脊处扩张，在西部的海沟处潜没，因为潜没的速度比扩张的快，所以逐步缩小。海底扩张说可以解释大陆漂移的动力学机制，使大陆漂移说重新兴起，主张地壳存在大规模漂移运动的观点取得了胜利，也为板块构造说的建立奠定了基础。

三、 地球板块构造学说的形成

1967—1968 年，美国普林斯顿大学的地球物理学家摩根、英国剑桥大学地球物理学家丹·麦肯齐和 R. L. 帕克，以及当时在拉蒙特地质观测所工作的法国地球物理学家勒·

皮雄联合发表了几篇论文。他们在大陆漂移学说和海底扩张学说的基础上，又根据大量的海洋地质、地球物理、海底地貌等资料的综合分析，提出了地球板块构造学说。

板块构造学说是主流的地球构造理论，它改变了人们许多传统认识，把各种地质作用统一到板块的相互作用这一根本性的动力之中，从而将地球科学的发展推向一个崭新的阶段。板块构造学说认为地球的岩石圈不是整体一块，而是由若干称之为板块的构造单元构成的。板块边界是中洋脊、转换断层、俯冲带与地缝合线，地幔对流造成了板块运动。全球地壳被划分为太平洋板块、亚欧板块、非洲板块、美洲板块、印度洋板块（包括大洋洲）和南极洲板块等六大板块和若干小板块。

其中，太平洋板块是洋壳板块，几乎全在海洋洋底，其余五大板块都既有大块陆地又有大面积海洋。大板块还可划分成若干次级小板块，如美洲大板块可分为南、北美洲两个次板块，菲律宾、阿拉伯半岛、土耳其等也可作为独立的小板块等。一般说来，板块内部的地壳比较稳定，板块之间的交界处则地壳活动比较频繁而不稳定。板块的移动和彼此碰撞、挤压、胀裂形成了地球的基本外貌。

据地质学家测算，大板块每年可以移动 1—6 厘米，经过亿万年的积累，地球的海陆面貌就会发生巨大的变化，两个板块逐渐分离之处即可出现新的凹地和海洋；在大陆深处，地幔物质的对流上升也在进行着，在上升的地幔物质流涌出的地方，在板块胀裂的地区，常形成裂谷和海洋，东非大裂谷和大西洋就是典型的例子。当大洋板块和大陆板块相互碰撞时，大洋板块因厚度小、密度大、位置低，而冲到大陆板块之下插入地幔之中，在俯冲地带由于拖曳作用形成深海沟。大洋壳被挤压弯曲超过一定限度就会发生断裂，发生地震。大陆板块受挤上拱，隆起成岛弧和海岸山脉，太平洋西部的深海沟和岛弧链，就是太平洋板块与亚欧板块相撞形成的。太平洋周围分布的岛屿、海沟、大陆边缘山脉和火山、地震也是这样形成的。

根据板块学说，大洋盆地的演化可分为胚胎期（如东非大裂谷）、青年期（如红海和亚丁湾）、成熟期（如大西洋）、衰退期（如太平洋）、终结期（如地中海）和残痕期六个阶段。大洋的发展与大陆的分合是相辅相成的。在前寒武纪时期，地球上所有大陆都互相联结，构成了一块泛古陆。以后泛古陆开始破裂，经过分合过程，到中生代早期，泛古陆再次分裂为南北两大古陆，北为劳亚古陆，南为冈瓦那古陆。到三叠纪末，这两个古陆进一步分离、漂移，相距越来越远，其间由最初一个狭窄的海峡，逐渐发展成现代的印度洋、大西洋等汪洋大海，而且大西洋在不断扩大，太平洋在不断缩小，大陆在不同板块的漂移、挤压、碰撞、断裂、拼合、隆起和增生的推动下不断演化。两个大陆板块相互碰撞之处，常形成巨大的山脉或高原。例如，喜马拉雅山是印度板块和欧亚板块挤压而迅速隆起形成的。非洲继续向北移动，古地中海西部逐渐缩小到现在的样貌；澳大利亚大陆脱离南极洲，向东北漂移到现在的位置。中国大陆复杂的地质构造也可以用三大板块汇合给予较好的解释说明。

1968 年，在美国国家科学基金会的资助下，斯克里普斯海洋研究所（Scripps Institution of Oceanography）等 5 个单位联合开始实施“深海钻探计划”（Deep Sea Drilling Program，DSDP），重点研究洋壳的组成、结构和演化。该所先用了五年半的时间完成了前三期钻探计划，成果丰硕。自此苏联、联邦德国、法国、英国、日本等相继加入，至 1983 年 11 月全部计划结束，一共实施了 4 期海洋钻探考察的“国际大洋钻探计划”（IPOD）。

从1968年8月11日开始，考察船“格洛玛挑战者”号用了15年时间，共完成了96个航次，钻探站位624个，实际钻井逾千口，航程超过60万千米，回收岩心9.5万多米，获得的大量勘探成果和数据，验证了海底扩张说和板块构造说的基本论点，对近代地质理论和实践做出了不可替代的贡献。不仅验证了海底扩张说和板块构造说，且还有许多新的重大发现。如从赤道处钻取的玄武岩心的剩余磁性表明，历史上印度板块确曾大规模北移，直至与亚洲板块相撞形成喜马拉雅山等。1982年，当深海钻探计划（DSDP）进行到最后阶段时，学者们认为有必要将大洋钻探和研究继续下去。1985年1月大洋钻探计划(Ocean Drilling Program，ODP)开始实施，由美国国家科学基金会和其他18个参加国共同出资，采用具有先进的动力定位系统、重返钻孔技术和升沉补偿系统，可在暴风巨浪条件下进行钻探作业，设备更先进的“地球深部取样海洋研究机构联合体（JOIDES）决心”号钻探船。

中国于1998年春加入大洋钻探计划（ODP），“JOIDES决心号”钻探船于1998年2月18日到达中国南海，历时2个月，在南海6个深水站位钻孔16口，取芯5500米，圆满完成了由中国科学家担任首席科学家、有9名中国学者参加的中国海区第一次大洋钻探项目。取得了数十万个古生物学、地球化学、沉积学等方面高质量数据，建立起世界大洋3200万年以来的最佳古环境和地层剖面，也为揭示高原隆升、季风变迁的历史，了解中国宏观环境变迁提供了条件，促进了我国深海基础研究及其基地建设，加速了我国深海研究人才和队伍的培养，将我国地质科学研究推进到海陆结合的新阶段。大洋钻探计划已于2003年结束并进入“综合大洋钻探计划（Integrated Ocean Drilling Program，IODP)”新阶段，规模和目标更为扩展，为深海新资源勘探开发、环境预测和防震减灾等实际目标服务、揭示地震机理、探明深部生物圈和天然气水合物、理解极端气候和气候变化等，研究领域从地球科学扩大到生命科学，手段也从钻探扩大到了海底深部观测网和井下试验，构筑新世纪国际地球系统科学合作研究的平台。我国科学家应抓紧时机，提出新的科学问题和研究目标，创新研究设备和方法，争取在新一轮的国际合作中发挥更大的作用。

四、 魏格纳等人带给我们的启示

1. 创新需要勇气和自信，需要科学想象力和严谨的科学思维

突破传统，提出新思想、新学说，创造新理论需要非凡的勇气和自信。爱因斯坦、达尔文如此，魏格纳也是如此；创造新的科学理论如此，创造新的发明也是如此。提出新假说、创造新理论、发明新技术，除了勇气和自信以外，还需要想象力和严谨的科学思维，需要认真踏实的实施验证，需要收集获取大量的证据和综合分析的能力，需要扎实的数理基础，更需要有对探索自然强烈的兴趣和执著追求探索真理的毅力。这些品格和特点在魏格纳、H. H. 赫斯、丹·麦肯齐和法国的勒·皮雄等人的身上都得到了充分的体现。他们提出创新学说和理论之时都还很年轻，但他们不囿于传统观念，也不迷信权威。魏格纳提出大陆漂移说时是32岁；弗雷德里克·瓦因对海底扩张说做出贡献时还是一位研究生，只有22岁；摩根、丹·麦肯齐、帕克和法国的勒·皮雄提出地球板块构造学说时分别只

有32岁、26岁、26岁和31岁。可见，青年人较少受传统思想和理论的局限和束缚，只要不迷信、不盲从，坚持善于思考、勇于创新、求真唯实、严谨踏实，在地球科学领域，青年人也完全是可以大有作为，做出重大贡献的。

2. 地球科学是一门跨学科的复杂系统科学

地球科学研究具有全球性、交叉性、复杂性、长期性等特点。由于地球本来就是一个整体，因此地球科学问题，诸如大陆漂移和地球板块构造学说，以及当前人们关注的能源资源分布、气候变化、海洋和极地研究等多是全球问题。地球科学家在研究本土和区域问题时必须以全球视野审视面对的科学问题，必须积极关注、自主提出和参与全球问题研究。近现代地球科学更显示出多学科交叉融合的特点。近百年来地球科学不仅与物理、化学等交叉衍生出地球物理学、地球化学等新的分支学科，而且物理学、化学、数学、生命科学、信息科学与工程技术等学科也深刻融入地球科学，已经成为地球科学研究的核心内涵、知识基础和重要手段。地球组成与结构、演化过程、动力机制等复杂而多样，地球不但由地核、地幔、地壳岩石圈、土壤和水圈、生物圈、大气圈等紧密关联，相互作用，而且地球还受到天体相互作用和人类活动的影响，是一个多层次、多因子、多变量的复杂大系统，必须创造还原论和整体论相结合的新的系统研究分析方法，创造新的研究工具和实验观察手段，才能深刻、全面、准确了解地球。在信息、网络和空天技术发达的今天，数字地球、智慧中国、探索宇宙都需要地球科学家的参与。地球科学研究的对象，诸如大陆漂移、海底扩张、板块构造、生物进化、成矿过程、海陆演化、气候变化等，都需要经历成千上万乃至上亿年的演化，需要用诸如古生物、花粉、孢子等证据、同位素纪年、台站网络长期定位观察等收集数据和不同的数学方法分析处理。地球科学假设、学说、理论不但需要实验、科学钻探和物理、化学探测和分析的验证，有时还需要等待其他领域科学技术的进展或探测分析手段和方法创新，需要经历长时间甚至几代人不懈地探索观察、分析检验和发展完善。因此，地球科学家应该有更广博扎实的知识和学科基础，更执著、严谨的科学精神，更能够承受得起自然风险、学术争论和各种困难和挫折、更有勇气和毅力、耐得住寂寞。这些也对地球科学人才培养和研究条件与环境都提出了要求，值得我们认真思考与改进。

3. 应为地球科学研究创造更加良好的条件和环境

我们生活在地球上，人类也只有一个地球，地球是我们当代人也是我们的子孙后代赖以持续生存繁衍的家园。我们不仅要认知地球的今天，还应该了解地球的过去、它的演化进程和动力机制，认知其规律和未来。魏格纳等科学家所做出的贡献不仅仅在于其伟大的学科理论价值，更在于这一新的理论所带来的精神、物质和社会价值，它从根本上改变了人类对地球的系统认知，深刻影响了人类的科学观、自然观、发展观和价值观，充分体现了人类对于地球系统认知突破的意义和价值。人类对自然的探索和认识永远都不会终结，科学有着永无止境的前沿。我们应为地球科学的发展创造更加良好的条件和环境。地球科学的全球性决定了无论是地球科学基础研究，还是资源能源、生态环境、气候变化、自然灾害应对等都需要开放交流合作。随着我国经济实力的增强，在支持加强本土地球科学研究的同时，我国政府应当为支持全球科学合作做出更大的贡献，尤其应当支持中国科学家提出和自主参与的全球和区域合作项目。为了适应地球科学前沿研究的需要，我们更鼓励多学科交叉融合，促进大学地学学科的课程设置和教学改革，促进地球科学研究机构组织结构和人才队伍结构的调整优化，鼓励更优秀、更多的物理学、化学、信息、工程技术专家和数学家等投身地球科学研究。鉴于地球科学研究对象的特殊性和复杂性，不仅需要采用各类高新技术大科学工程手段进行现场探测，而且需要创新实验室先进理化仪器精确分析，需要进行大规模数字和物理模拟仿真。由于地球科学基础前沿研究多具有公益性，国家应该根据地球科学研究的重大科学目标和实际需要，支持建设和加强相应的重点实验室、国家实验室，在光源、中子源和极端条件等大科学装置设立地球科学研究线站，建立大陆和大陆架深部和海洋研究工程技术中心、中国极地综合研究基地，研究制造先进海洋综合钻探考察船、地球科学卫星，建设大陆和海洋地球科学台站网络、地球科学超级计算公共平台等，开展大陆和海洋科学钻探，为地球科学基础前沿研究提供先进的公共平台，为地球科学研究提供更多长期、稳定的支持，培养、吸引和稳定优秀人才和团队。改革对地球科学基础前沿研究和人才的评价方法，使其更加符合地球科学研究创新发展的规律，为我国地球科学实现跨越发展，建设地球科学强国，支持引领科学、和谐、可持续发展创造更加良好的条件和环境。

齐奥尔科夫斯基和莱特兄弟给我们的启示*

110 年前的 1903 年，是人类航空航天发展史上一个值得纪念的年份。那一年，俄国科学家齐奥尔科夫斯基（Константин Эдуардович Циолковский，1857—1935）发表了论证火箭作用的论文——《利用喷气工具研究宇宙空间》（*Исследование мировых пространств реактивными приборами*）。同年 12 月 17 日，美国的莱特兄弟驾驶第一架有动力载人飞机——“飞行者 1 号”成功试飞。这两件事可看成开启人类航空航天时代的标志。齐奥尔科夫斯基被誉为现代航天学和火箭理论的奠基人，莱特兄弟作为飞机的发明者载入史册。缅怀以他们为代表的航空航天先驱们的事迹，回顾 110 年来航空航天技术与产业的发展历程，我们可获得许多有益的感悟和启示。

一、齐奥尔科夫斯基奠定了科学的航天理论基础

上九天揽月，是诗人抒发的豪情，也是人类的古老梦想。中国人是火箭的最早发明者，也是首先利用固体燃料火箭将人送上天空的梦想者和实践者。15 世纪，明朝一位叫万户的富家子弟，不爱功名，却有很多奇思妙想，他最感兴趣的是想乘坐火箭飞上蓝天观察高空景象。一天，他手持两个大风筝，坐在一辆捆绑着 47 支火箭的飞车上，让仆人点燃第一排火箭，飞车离地升空，但当第二排火箭自行点燃时突然爆炸，他从飞车上跌落丧生。万户的飞天梦想虽然失败了，但他敢于挑战自我、实现梦想的勇气，始终激励着后人。1969 年，国际天文联合会将月球上的一座环形山命名为“万户山”，以纪念这位“航天始祖”。

现代意义上的“人类宇航之父”是俄罗斯火箭和宇航先驱——康斯坦丁·齐奥尔科夫斯基。他出生在莫斯科南部梁赞州（Рязань）的一个林务官家庭，自幼热爱读书，十岁时因患严重的猩红热丧失听力而辍学，这促使他更刻苦自学。他善于思考，喜欢自己动手制作玩具，对浩瀚天空充满好奇，幻想能像鸟一样飞翔。16 岁那年，齐奥尔科夫斯基来到莫斯科，他每天去图书馆，阅读了大量数学、物理、化学、机械学以及天文学书籍，自修

* 本文为 2013 年 10 月 17 日在北京航空航天大学举办的“北航大讲堂”上的演讲。

了中学和大学的全部数理课程，还边读书边搞设计。他认识到，要继续从事自己感兴趣的学习和研究，必须要有稳定的职业和收入。于是他考取了中学任教资格，来到莫斯科西南的卡卢加省博罗夫斯克（Боровск）县立中学担任数理教师。他白天上课，晚上做研究，始终坚持对航天航空的强烈兴趣和创造思维。开始他把注意力放在热气球上。当时的热气球多用胶布做成，既不结实又容易着火且无法控制。于是他研究可操纵的金属气球——飞艇，写成了《气球原理》《可操纵的金属飞行器》等书。但他的设想和设计得不到政府的支持，无法付诸实验。他转而研究航天理论。

1883 年，齐奥尔科夫斯基在一篇名为《自由空间》的手稿中，首次提出了利用反作用原理作为航天动力的可能性，并用动量守恒定律做了定性解释。1896 年起，他开始研究星际航行理论，明确了只有火箭才能达到目的。1897 年，齐奥尔科夫斯基推导出了著名的火箭运动方程式。并于次年 41 岁时，完成了航天学的经典论文《利用喷气工具研究宇宙空间》，但到 1903 年才在莫斯科的《科学评论》（*Научное Обозрьнiе*）杂志上发表。该文涉及火箭和航天飞行的各种重要问题。他运用变质量运动理论推导出火箭在重力场中的运动方程，并提出了火箭质量比的概念，即火箭起飞前的质量与火箭燃料耗尽后的质量之比，指出了它的重要意义。首次提出了火箭推进剂比冲概念。推导出了火箭克服地球引力进入地球轨道所必须具备的最小速度即第一宇宙速度为 8 千米/秒。在研究比较了各类推进剂后，明确提出液氧和液氢为燃料的多级火箭可达到这一速度。他还绘制了火箭草图，研究了火箭在大气层飞行的发热问题，设计了火箭控制方位的推进器，并设想用陀螺装置保持飞船飞行方向的稳定。

在以后的十年中，齐奥尔科夫斯基又在《航空通讯》上发表了多篇有关火箭理论和太空飞行论文，对星际航行问题进行了系统研究和展望。他设计了载人宇宙飞船的草图，提出了液体推进剂的泵送方法和发动机燃烧室的冷却方案，多级火箭的启动器。还研究了载人宇宙飞船的技术问题，包括如何保持飞船内适宜的温度、压力、湿度，飞船内空气和水的净化和循环使用，二氧化碳的吸收和利用绿色植物提供氧气的可能性，以及宇航员如何克服起飞时加速度引起的超重过载等内容。他还研究了太空飞行对人类社会的影响。在 1911 年发表的《利用喷气工具研究宇宙空间》一文下半部分中，他详细描述了一艘载人宇宙飞船从发射到入轨的全过程，内容涉及飞船起飞的壮观景象，失重效应以及人的感觉和飞船内物体的奇异表现，不同的高度观看地球的迷人景观、浩瀚宇宙的壮丽景色等，使读者有如亲临宇宙飞船航行之感。他还发表出版了《在月球上》《宇宙的召唤》《在地球之外》等大量反映探索太空的科幻小说。

齐奥尔科夫斯基在 1896 年开始写作的科幻小说《在地球之外》，描写了 20 名不同国籍的科学家和工程师乘坐宇宙飞船飞越大气层进入环绕地球轨道，处于失重状态的场景。文中描写他们建成了空间温室，种出了足够食用的蔬菜水果。他们身穿宇宙服走出飞船在太空中飘游，然后飞船又飞向月球，其中两个人还乘一辆四轮车在月球表面着陆，考察后又点燃火箭返回环绕月球的轨道上的母船。他还设想人们因受这批航天先驱的鼓舞，大量转移到环地球轨道上的太空城居住。他梦想中的太空城，没有战争，一派和平、和谐的景象。而一些探险家则飞到了火星附近，途中还在一颗无名小行星上降落，多年后，又成功地返回了地球……他的另一篇科幻小说《在月球上》则借一名少年的梦境，用第一人称详细描绘了月面上的奇妙景象。他甚至还提出了利用太阳光压推进宇宙飞船的设想。

齐奥尔科夫斯基的著作构成了一个完整的航天学理论体系。他一生发表了 580 篇科学论文和科幻作品，启迪了人们对于航天的想象力，引起了人们对航天科技的关注，给人类航天科技留下了宝贵的遗产。1911 年 8 月 12 日，他在给《航空通讯》杂志的信中写下了这样一段名言："地球是人类的摇篮，但人类不可能永远被束缚在摇篮里。他们不断地向外探索生存空间：起初是小心翼翼地穿出大气层，然后是征服整个太阳系。"遗憾的是，他的研究和设想未能在俄国变为现实，但他的思想和著作为人类实现航天梦想指明了方向，他被公认为是人类宇宙航行之父。可以告慰这位伟大的航天先驱的是，他设想的太空飞行包括载人飞船等很多航天科学目标，如今已经成为了现实。

二、 戈达德发明了液体火箭

今天的航天事业始于先驱们的浓厚兴趣、执著探索和创造精神。在万户、齐奥尔科夫斯基之后，我们来回顾发明液体火箭的美国人戈达德（Robert Goddard，1882—1945）的故事。

戈达德 16 岁时阅读了英国科学家威尔斯（Herbert George Wells，1866—1946）的科幻小说《星际战争》（*The War of the Worlds*），开始对太空产生兴趣，确立了研究火箭的志向。他善于创造思维，1904 年，22 岁的戈达德在他写的科学论文《1950 年的旅行》中，设想了长 320 千米连接波士顿—纽约的钢制真空管道，磁悬浮列车可在其中以 1930 千米/小时速度飞驶，全程只需要 10 分钟。戈达德对当时的各种固体火药进行了分析研究和试验，1909 年他得出与齐奥尔科夫斯基同样的结论：固体火药火箭的能量和效率太低，只有用液体燃料才能提供宇宙航行所需的能量。1911 年，他将一枚固体燃料火箭放在真空玻璃器皿内点火实验，证明了火箭能在真空中工作。1919 年，他写了一篇题为《达到极大高度的方法》的论文，论述了火箭运动的基本原理，并提出了将火箭发往月球的方案。从 1920 年开始，他在克拉克大学任教，业余时间专注于液体火箭研究和试验。在经历了无数次失败后，1925 年 11 月，他制成第一台以煤油和液氧为推进剂，长 0.6 米、重 5.5 千克的小型液体燃料火箭发动机，成功工作了 27 秒。1926 年 3 月 16 日，戈达德在马萨诸塞州奥本小镇（Auburn）从一个简易铁架上，成功发射了以这种发动机为动力，带有两个推进剂储罐、高 3.04 米的"尼尔"火箭。虽然火箭只飞行了 2.5 秒，达到高度只有 12 米，水平距离 56 米，但这是人类历史上第一次液体燃料火箭的成功发射，是宇航史上的重要里程碑。

但戈达德的研究得不到官方支持，直到 1929 年 11 月，他才通过单人驾机不着陆飞越大西洋的英雄查尔斯·林德伯格（Charles A Lindbergh，1902—1974）的帮助，得到慈善家丹尼尔·古根海姆（Daniel Guggenheim，1856—1930）的资助。戈达德辞去了教学工作，潜心研究液体火箭，不断取得进展。1929 年他又发射了一枚较大的火箭，带有一只气压计、一只温度计和一架拍摄飞行过程的照相机，这是人类历史上第一枚载有仪器的火箭。1930 年 12 月 30 日发射的一枚新液体火箭，高度达到 610 米，飞行距离 300 米，飞行速度达到 800 千米/时。1931 年，他在火箭发射试验中，首先采用了现代火箭仍在使用的程序控制系统。1932 年，他首创用燃气舵控制火箭飞行方向。十年中，古根海姆基金会一直对他的研究进行资助。林德伯格建议他向军方写报告，但陆军和海军都拒绝资助他研究液体火箭。1935 年，戈达德的液体火箭最大射程已达到 20 千米，速度超过音速。第二次世界大战爆发后他想把自己的研究成果用于反法西斯战争。但军方仍不愿支持液体火箭研究，而要他搞固体燃料火箭。1941 年 9 月，戈达德为美国海军和陆军研制了一种液体燃料起飞助推火箭。同年底太平洋战争爆发，1942 年美国政府委任戈达德为海军研究局主任。他不仅圆满地完成了研制飞机起飞助推火箭任务，并进行了变推力液体火箭研究。

戈达德从小患有肺结核病，但他仍忘我地工作。1945 年 8 月 10 日，在日本投降的前两天，戈达德因罹患喉癌不幸逝世。戈达德一生共获得了 214 项专利。他不但具有前瞻的科学思想，而且是一位杰出的发明家、工程师，他成功地将 3 轴控制、陀螺仪和推力矢量用于火箭飞行的姿态控制，获得过火箭飞行器变轨装置和用多级火箭增大发射高度的专利，并研制了火箭发动机燃料泵、自冷式火箭发动机等火箭核心部件。他的成就主要是依靠他对火箭研究的强烈兴趣、不懈的探索精神和在民间资金支持下取得的。直到 20 世纪五六十年代，因苏联在洲际导弹、人造地球卫星和载人航天等方面领先，引起美国国民的强烈反响，在对历史的反思中，美国政府于 1961 年发表了 30 年来戈达德液体火箭研究的全部报告，使戈达德获得了“美国火箭之父”的称号。美国国家航空航天局还在马里兰州成立戈达德太空中心纪念他。在太空中心入口处的纪念碑上撰刻着戈达德的一句名言：“很难说什么是不可能的，因为昨天的梦想就是今天的希望和明天的现实。”（It is difficult to say what is impossible, for the dream of yesterday is the hope of today and the reality of tomorrow.）他是一位不仅科学前瞻了液体燃料火箭和太空航行的可能性，而且是一位亲自实现了火箭设计、制造及试验的先驱。他和齐奥尔科夫斯基所展示的航天科学思想和科学精神值得我们永远怀念和传承。

三、冯·布劳恩将火箭技术实用化

20 世纪火箭与航天技术史不能不提及的另一位人物是沃纳·冯·布劳恩（Wernher von Braun，1912—1977），他出生于德国的贵族家庭，母亲是天文学爱好者，她赠予的一台望远镜使少年布劳恩迷上了浩瀚的星空。13 岁时，他就进行了火箭试验，因迷恋自制火箭实验而耽误了功课，以至在一次中学考试中数学、物理都不及格。16 岁时他读了奥伯特（Hermann Julius Oberth，1894—1989）的著作《星际火箭》（*Die Rakete zu den Planetenräumen*），开始对星际航行着迷并选定了自己的终身事业。他开始刻苦学习数学、物理等课程，不久成了班上成绩最好的学生。布劳恩 18 岁进入柏林工业大学，成为奥伯特的学生并协助他进行液体火箭测试。20 岁大学毕业，22 岁获得柏林洪堡大学物理学博士学位，论文是关于液体推进剂火箭发动机理论和实验。当时正值德国纳粹上台，火箭研发被列为国家议程。1937 年，年仅 25 岁的布劳恩在佩内明德火箭基地任技术部主任，主持设计了 V1 和 V2 火箭。V1 是一种带炸弹的喷气无人机，长 7.75 米，翼展 5.38 米，时速 640 千米。V2 是一种以乙醇和液氧为推进剂的弹道导弹，长 14 米，重 13 吨，推力 27 吨，最大速度达 4—6 马赫，射程 320 千米。其目的在于从欧洲大陆直接攻击英国本土目标。从 1944 年 6 月 13 日到 1945 年 3 月，德军共发射了 15 000 枚 V1 导弹与 3000 枚 V2

导弹，造成英国 31 000 多人丧生。

1945 年年初，德国战败。美苏都想要掌握德国的火箭技术，但是按照雅尔塔协议，V2 火箭生产的主要所在地归属苏占区，美国心有不甘。在美政府支持下，美军组成了突击队展开了一项代号为“回纹针”的行动，在 1945 年 5 月下旬快速挺进该地，把近百枚 V2 火箭及相关设备和半成品抢运一空。美国情报单位还说服了德国火箭计划负责人瓦尔德・多恩伯格中将（Walter Robert Dornberger，1895—1980）及研发团队核心冯・布劳恩博士和研究团队的 126 位成员前往美国。同年 4 月，美国还派遣了以著名空气动力学专家冯・卡门（Theodore von Kármán，1881—1963）为首、包括钱学森博士（1911—2009）在内的专家组，飞往德国调查考察火箭技术和相关设施，询问了包括冯・布劳恩、鲁道夫・赫尔曼（Rudolph Hermann，1904—1991）等德国火箭和空气动力学专家。1945 年 9 月，布劳恩抵达美国时年 33 岁，后来他主持了阿波罗计划的运载火箭的设计研发。苏联红军也俘获了一些德国火箭技术人员，缴获了大量火箭实物和资料，开始发展自己的航天技术。

四、 空间技术得到广泛的应用

冷战时期美苏两国都将导弹和航天技术视为争霸世界的战略制高点，在运载火箭、人造卫星、载人航天与空间站等领域，倾注国力开展了剧烈的竞争。也为此付出了巨大代价。

空间技术具有很高的经济和社会效益。特别是应用卫星在科学研究、通信广播、资源调查、环境监视、气象预报、导航定位等方面，为人类社会做出了巨大贡献。空间技术已成为当代大国国防军事的战略制高点。侦察、通信、导航等卫星的发展应用，已成为信息化时代军事变革的关键要素。空间技术还带动和促进了众多学科的发展，诸如电子技术，遥感技术，喷气技术，自动控制技术等；包括对物质、生命、宇宙的形成和发展等基础科学等都可能有新的发现。空间技术还带动促进了许多交叉前沿学科，如空间材料学、空间工艺学、空间生物学、卫星测地学、卫星地球物理学、卫星气象学、卫星海洋学等等。空间技术能够提高国家的综合国力和国际地位，凝聚民心，激励爱国精神与科学精神。

当今世界参与空间活动的国家越来越多，已达 60 多个，但具有独立空间探索能力的国家目前只有俄、美、中三国。1975 年欧盟组建了欧空局，统筹组织协调欧洲国家空间科技活动。欧空局将重点放在空间技术应用和空间科学研究等方面，联合发展阿丽亚娜运载火箭、应用卫星、科学卫星和伽利略导航系统等。

中国早在 20 世纪 50 年代就做出了发展“两弹一星”的战略决策。1956 年 10 月 8 日中国第一个火箭导弹研制机构——国防部第五研究院成立，钱学森任院长，标志着中国航天事业正式起步。在国家的统一规划和组织下，坚持走自主创新发展之路，充分发挥制度优势，走出了一条具有中国特色的航天技术及应用发展之路。经过半个多世纪的努力，以较小的代价、较短的时间，在运载能力、应用卫星、全球定位、载人航天、空间探测等领域，取得了举世瞩目的成就，崛起成为世界空间技术大国。同时，也带动了科学技术创新能力的提升，为我国经济社会发展、国防安全提供了有力支撑，形成了“两弹一星”精神和“载人航天”精神，激励了全民族的创新精神和爱国主义精神，提升了我国的国际地位和影响力。但在科技原创、应用领域和技术水平等方面与国际先进水平相比还有相当差距。实现从航天大国走向航天强国的跨越仍任重而道远。

五、 莱特兄弟成功试飞有动力飞机

20世纪初，美国人莱特兄弟（Wilbur Wright，1867—1912；Orville Wright，1871—1948）在世界飞机发展史上做出了重大贡献。他们研制的“飞行者1号”成功试飞，标志着依靠自身动力进行载人飞行的飞机诞生了。人类像鸟一样飞翔的梦想开始成为现实。2000多年前中国人已发明了风筝。19世纪末，滑翔机和蒸汽机都已经成熟，许多先驱者开始研究动力飞行。俄国人莫扎伊斯基（Александр Фёдорович Можайский，1825—1890），法国人克莱门特·阿代尔（Clément Ader，1841—1925，英国人马克西姆（Hiram Maxim，1840—1916），美国人兰利（Samuel Pierpont Langley，1834—1906）都曾建造过蒸汽机飞机，但都未能成功飞行。1876年，德国工程师奥托（Nikolaus August Otto，1832—1891）发明四冲程煤气内燃机，热效率、功率重量比远高于蒸汽机。这为莱特兄弟的成功提供了重要基础。

莱特兄弟是美国俄亥俄州人，父亲是一个虔诚的牧师，后来荣升为主教；母亲是一个受过高等教育的家庭主妇，夫妇两人共生育七个孩子（其中一对双胞胎不幸在襁褓中夭折）。莱特兄弟从小就热爱读书并对机械加工和装配很有兴趣。1878年圣诞节，父亲给年幼的莱特兄弟圣诞礼物是一架橡皮筋动力飞行螺旋玩具，启发了他们对飞行的兴趣，梦想着能像鸟一样飞上蓝天。他们研究鸟的飞行，试飞滑翔机。成年后莱特兄弟开了个自行车修理专卖店，并生产过自己的品牌自行车。但他们一直倾心飞行研究，将经营自行车的获利投入其中。当时，多数人认为比空气重的飞机不可能依靠自身动力飞行。1896年，德国工程师和滑翔飞行的先驱奥托·李林塔尔（Otto Lilienthal，1848—1896）在一次滑翔飞行中失事遇难。这对每一个梦想飞行的人都是严重的打击。但莱特兄弟坚定地认为，人类实现动力飞行的条件已基本成熟。在对李林塔尔的滑翔机设计、飞行经验和失败进行了仔细分析后，他们满怀激情地投入了动力飞行的研究和准备。与其他飞行爱好者不同，他们很重视理论与实验，不仅阅读了大量空气动力学方面的文献，而且在1900年至1902年间先后制造了3架滑翔机，进行了1000多次滑翔飞行，还在1901年下半年制造了世界上第一个能对模型机翼进行试验的风洞。他们用了两个多月时间对各种类型翼面进行了200多次试验，取得了设计飞机的科学数据，设计出了较大升力的机翼截面形状，并解决了飞机的平衡和操纵问题。

莱特兄弟清醒地认识到，没有动力的飞机，不会有光明的前景。但当时市面没有飞机发动机，也没有一家公司愿意冒险制造飞机发动机。于是，莱特兄弟请机械师查尔斯·泰勒（Charles Taylor，1868—1956）帮助，自己动手制造了一台约12马力、重77.2千克的活塞式4缸直列式水冷发动机。他们还自己制作了螺旋桨，并且将带螺旋桨和发动机的飞机模型，放到自制“风洞”中进行了模拟测试。1903年夏季开始，莱特兄弟着手制造装配带有发动机、螺旋桨和操纵装置的双翼飞机“飞行者1号”，还求助气象局寻找适合的试飞场地。12 月 17 日上午 10 点 35 分，他们在北卡罗来纳州的基蒂霍克，驾驶由这台自制发动机驱动，经由自行车链条带动两个对称安装在机翼后侧直径为 2.6 米的木制推进螺旋桨的双翼飞机“飞行者 1 号”，实现了人类渴望已久的飞行梦想。

那天天气寒冷，刮着大风，弟弟奥维尔·莱特首先驾驶“飞行者 1 号”飞行，留空时间 12 秒钟，飞行 36.5 米。这是人类历史上第一次有动力、载人、持续稳定、可操纵的比重大于空气的飞行器的成功飞行。在同一天内又进行了 3 次飞行，其中成绩最好的是哥哥威尔伯·莱特。他驾驶飞机在空中持续飞行 260 米。1904 年莱特兄弟制造配有新型发动机的第二架“飞行者”，在代顿附近的霍夫曼草原试飞，最长持续飞行时间超过了 5 分钟，飞行距离达 4.4 千米；1905 年又试验了第三架“飞行者”，由威尔伯驾驶，持续飞行 38 分钟，飞行 38.6 千米。

莱特兄弟的成功，最初并未得到美国政府和公众的重视与承认，人们甚至怀疑这一消息的真实性，大多数报纸拒绝报道。1906 年，莱特兄弟在美国的飞机专利申请获得批准，但仍没有引起真正重视，他们只得将这一发明在马厩里存放了两年。1908 年年初，军方开始意识到了它的潜力，美国陆军部表示愿意观看他们的飞行表演。1908 年 8 月 8 日，威尔伯在法国巴黎附近的勒芒赛马场，驾驶“莱特 A 型”飞机在空中飞行了一分半钟，令观众惊叹不已，消息很快传遍世界。整个 8 月，威尔伯在法国进行了 100 多次飞行表演，在欧洲掀起了航空热潮。一些企业家争相购买他的专利。奥维尔驾机在美国迈耶堡阅兵场周围飞行了 55 圈，创造了连续飞行 1 小时的世界纪录。奥维尔还做了从弗吉尼亚州迈尔斯堡起飞、穿越华盛顿波托马克河的飞行表演，莱特兄弟声名大振。1909 年 3 月，美国陆军部正式向莱特兄弟订货。他们在飞机上增加了专为瞭望员和机枪手准备的座位，成为飞机军事应用的先驱。同年，莱特兄弟获得美国国会荣誉奖。他们还创办了“莱特飞机公司”。

飞机诞生以后，日益成为不可或缺的运载工具，改变和促进了人类文明。至第二次世界大战的 30 余年中，随着对航空意义和价值认识的不断提升，应用领域不断拓展，人们将更多的创造力和资源投入飞机制造和航空产业发展。材料与工艺、飞机发动机、导航仪表与操纵系统、仿真训练设备等技术发明与创新不断取得进展。第二次世界大战中双方为制空权进行了激烈竞争，更刺激了航空技术与飞机制造产业的快速发展。至第二次世界大战结束，飞机发动机功率已从不到 10 千瓦增加到 2500 千瓦，最大平飞时速已近 800 千米/时，俯冲速度已近音速。英国、德国、美国、苏联等国先后开展了喷气发动机的研究。1937 年英国空军少校弗莱克·惠特尔（Frank Whittle，1907—1996）研制出世界上第一台离心式涡轮喷气发动机，1938 年德国工程师冯·奥海因（Hans von Ohain，1911—1998）研制成一台功率更大的离心涡轮喷气发动机。1939 年 8 月 27 日，安装奥海因喷气发动机的世界上第一架喷气飞机 He-178 首飞成功。最早投入使用的喷气式战斗机是德国的 ME-262。喷气式飞机靠空气和煤油燃烧后所产生的高温高压气体喷射推进，可获得较高的推重比，较高飞行速度、飞行高度和机动性，在二战后发展迅速，竞争激烈。美苏英法等国发展推出各型喷气战斗机、喷气轰炸机、运输机和直升机。各国也很快将喷气技术用于民用客机，1949 年，世界第一架喷气客机、英国“彗星号”首飞。从 1939 年到 1970 年的 31 年间，在市场需求和竞争推动下，喷气发动机实现了从涡轮喷气—涡轮涡桨（涡轴）—涡轮风扇—高涵道比涡轮风扇的发展跨越，加之飞机的材料工艺、气动和结构设计、导航控制等技术不断创新，喷气客机的安全性、可靠性、经济性、舒适性等取得了飞速进步。1965 年开始研制，1970 年投入服务至今的波音 747 客机具有代表性。20 世纪 70 年代初，英国、法国和苏联分别研制成功巡航速度达 2 马赫的超音速客机“协和号”和“图-144”，风靡一时，但均因油耗和噪声过高不为市场接受，于 20 世纪 80 年代先后停航停产。

进入 21 世纪以来，由于全球客运业务的快速增长，发展宽机身、超大型洲际客机的需要，欧美飞机公司采用先进机翼空气动力设计、复合材料结构、和推重比超过 10，经济性、可靠性更高，噪声更低、维修周期更长的高涵道比涡轮风扇发动机，相继推出了空客 380 和波音 787。当代客机的经济巡航速度近 900 千米/时，每座百千米油耗已降至 3 升以下。据空客公司预测，未来 20 年全球民航客机需求为 27 800 架。通用飞机的市场更大。

由于固定翼飞机起降需要较长的跑道，对起降场地的要求比较高，人们很早就寻求能垂直起降的飞机。古代中国的竹蜻蜓玩具和达·芬奇 1483 年绘制的直升机草图，给现代直升机的发明以启示。1907 年 8 月，法国人保罗·科尔尼（Paul Cornu，1881—1944）研制出世界上第一架载人直升机。德国福克教授（Henrich Focke，1890—1979）1937 年设计制造的 FW-61 双旋翼直升机，1938 年 2 月由女飞行员汉娜·莱契（Hanna Reitsch，1912—1979）驾驶，在柏林体育场进行了一次创纪录的飞行表演，轰动了航空界。1942—1944 年，美国沃特-西科斯基公司为军方批量生产 2 座轻型直升机 R-4。几乎同时，1944—1945 年，中国飞机制造的先驱朱家仁先生（1900—1985）设计研制了中国第一架“蜂鸟”号直升机。

半个多世纪以来，世界直升机技术经历了旋翼从木质—金属—复合材料的跨越，发动机从活塞式到先进涡轴的发展，采用了浆叶先进气动设计，有些机型尾桨用了涵道式设计，采用了高度集成电子信息技术，实现飞行控制、导航监察、电子火控等智能化，一些军机还采用了光学红外、雷达隐身技术等。飞行的性能不断提升。当代直升机创造的最大速度已达 463 千米/时，最大载重可达 40 吨，最大飞行高度可达 12 442 米。由于直升机可低空悬定、低速飞行、垂直起降等特点，可广泛用于短途运输、医疗救护、设备吊装、地质勘探、护林灭火、观光旅游、缉私缉毒、空中摄影、侦察指挥、通信联络、机降登陆、反潜扫雷、对地攻击、电子对抗等，已成为不可或缺的机种。据预测，至 2020 年世界直升机需求近 17 000 架，其中民用逾半数以上。

飞机已成为现代文明社会的重要运载工具，深刻影响和改变着现代经济社会生活和全球化进程。飞机在现代战争中的作用更为惊人。不仅可以用于侦察、攻击、轰炸，而且在预警、反潜、扫雷等方面也不可替代，制空权已成为现代战争决胜的关键因素。但飞机的军事应用也给人类带来了惨重灾难，对人类文明产生了严重破坏。和平利用飞机，维护和平和安全，才是人类发明飞机的初衷。新中国成立以后，通过引进消化吸收创新，我国也已建立起包括直升机在内的自主飞机制造产业，与国际先进水平的差距逐步缩小。

六、启示和感悟

（1）在航空航天领域，好奇心和梦想可以创造奇迹，但经济社会的应用需求终究是技术进步与产业变革发展不可替代的最强大动力。想象力与创造力应得到充分鼓励和尊重，但科学理性的创新思维、前瞻务实的发展战略更是成就创新、满足和创造需求和市场，赢得全球竞争优势和持续发展能力的关键。

（2）在航空航天领域，青年人依然是创新的先驱和主力。由于航空航天是需要高投入的复杂高技术体系，在注重鼓励和充分发挥青中年人才的创造精神和创新主体作用的同时，应重视和发挥好老专家的知识、技术、经验和作风的传承和指导作用。

（3）发展航空航天战略高技术与产业，要发挥国家战略和市场机制的作用。需要国家战略的支持与引导，需要发挥制度优势，需要知识、技术、管理和体制创新，需要弘扬科学精神、航天航空精神和创新创业精神。但仍需发挥企业技术创新的主体作用，促进产学研用协同创新。仍需要引入竞争机制，发挥需求和市场的基础作用。国际竞争和全球市场始终是航空航天技术与产业决胜的舞台，实践和历史仍是检验航空航天技术与产业的最终标准。

（4）发展航空航天高技术及产业体系，要坚持创新驱动、协同发展。不仅需要多学科交叉融合、多领域技术的创新协同，需要全球集成制造和服务的交流与合作，而且更需要基础、核心科技的自主原创突破和创新设计引领的系统集成创新，才能实现从跟踪模仿到自主创新引领、实现从“空天大国”到“空天强国”的历史跨越。

（5）发展航空航天高技术产业体系，需要全社会的共同参与。不仅需要国家战略和强大的专业队伍，需要构建形成开放合作、公平竞争的航空航天技术研发、制造、应用服务市场和产业链。需要开放低空空域发展通用航空产业，需要普及航空航天知识，发展航空航天群众科技与体育活动。鼓励和吸引社会力量、中小企业和全民参与是成就航空航天强国不可或缺的必要条件，需要国家战略、社会创造力和市场动力的协力推进。

七、 未来的展望

（1）安全可靠。航空航天器多价值不菲，载人航空航天更关系人身安全。安全可靠是航空航天器的首要条件。未来将进一步提升安全标准和可靠性准则，将通过材料结构、预测预警预防，提升自补偿、自修复、自应对能力，采用多冗余设计与智能控制技术等提升自身的安全可靠性。军用航空航天器将继续发展隐身、无人飞行平台，发展机动变轨、电磁对抗、超视距多目标高灵敏感知和精确导引打击等技术。

（2）绿色环保。航空航天器依靠消耗燃料赢得速度和载荷能力。未来的航空航天器将采用绿色低碳、更高效率、高推重比和低运行噪声的发动机，采用更卓越的低阻抗扰气动设计，将利用临近空间发展空天飞行器实现洲际高速飞行，发展生物航空燃油、氢能、太阳能等新能源为原动力的飞行器。

（3）信息智能。未来的航空航天器将是高度信息化、智能化的高技术系统。提升信息传感、网络传输与数据链效率与安全、大数据实时高速处理能力，构建具有感知、分析、决策、控制等能力的智能飞行平台和天空地一体网络支撑体系，将成为未来航空航天技术的大趋势。

（4）全球制造服务。未来的航空航天器将进一步实现全球创新集成、全球协同设计制造和全球服务支持。鉴于材料、电子信息系统、发动机是航空航天的关键核心技术，设计是一切创新和系统集成的先导和准备。要成为航空航天强国，必须有能力自主创新核心技术和创新设计系统集成的能力，自主集成全球知识、技术、人才与创新资源。

（5）拓展多样化和个性化创新服务。这将是未来航空航天及其服务产业的大趋势。伴随航天航空服务普及、网络和信息数据的开放共享、微小卫星和应用无人飞行平台的发展，市场化、多样化、个性化创新与服务将势在必行。我们应以更加开放的观念，为之改革创造更好的体制环境。

人类的飞天梦想，在航空航天先驱们的奋斗中逐步变为现实，又吸引着一代又一代年轻人为之献身。德国航天先驱赫尔曼·奥伯特曾在致齐奥尔科夫斯基的信中说："您已经点燃了火炬，我们绝不会让它熄灭。让我们尽最大的努力，以实现人类最伟大的梦想。"

我们也要铭记莱特兄弟的话——"创造，这就是人类精神最高表现，是欢乐和幸福的源泉。"

从沃森、克里克发现 DNA 双螺旋分子结构说起

——纪念《核酸的分子结构——脱氧核糖核酸的结构》发表 60 周年*

60 周年前的 1953 年，美国生物学家沃森（James Dewey Watson，1928—）和英国物理学家克里克（Francis Crick，1916—2004）共同提出脱氧核糖核酸（DNA）双螺旋分子结构模型，并从分子层面阐明了 DNA 如何携带遗传信息及复制的机制，由此，揭示了生命遗传的奥秘，奠定了分子生物学的基础。60 年来，人类对生命的认知深入分子层面，发展了以生物物理和生物化学为基础的分子生物学，开始从分子层面理解生命的遗传、发育、变异、凋亡和进化，分子生物学成为生命科学领域发展最快、成果最丰硕、最具吸引力的学科。分子生物学的发展带动促进了基因工程、干细胞等技术的发展，给农业、医学、工业生物制造等开辟了新的途径。回顾 DNA 双螺旋分子结构发现的故事，从中可以得到许多启示。

一、DNA 双螺旋分子结构的发现

19 世纪末，科学家就猜测是细胞中的染色体决定了生命的遗传，但遗传物质究竟是染色体中的蛋白质还是核酸，却一直没有定论。直到 1944 年，艾弗里（Oswald Theodore Avery，1877—1955）和麦克里奥德（Colin Munro MacLeod，1909—1972,）、麦卡梯（Maclyn McCarty，1911—2005）通过细菌转化实验发现，染色体的主要成分脱氧核糖核酸（DNA）是遗传物质，其基本单元是核苷酸。1946—1950 年，人们也已经测定了 DNA 的化学组成是脱氧核糖和磷酸，并且已经知道，由于碱基不同，核苷酸分为腺嘌呤（A）、鸟嘌呤（G）、胸腺嘧啶（T）和胞嘧啶（C）四种，并确定了数量关系。破解 DNA 分子结构的时机已经成熟。当时主要有三个实验室致力研究 DNA 分子模型。第一个是伦敦国王学院的威尔金斯（Maurice H. F. Wilkins，1916—2004）、弗兰克林（Rosalind E. Frank-

* 本文为 2013 年 10 月 30 日在中国科学院大学举行的“中国科学与人文论坛”第 146 场主题报告会上的演讲，发表于《科学中国人》杂志 2013 年第 12 期。

lin，1920—1958）实验室，他们侧重用X射线衍射法来研究DNA晶体结构，获得了DNA的X射线衍射照片，发现DNA分子是双链同轴排列的螺旋结构，磷酸根基团和脱氧核糖在螺旋外侧，并已测量出DNA螺旋体的直径和螺距。第二个是美国加利福尼亚大学理工学院鲍林（Linus C. Pauling，1901—1994）实验室，他从1951年起就用X射线衍射法研究蛋白质晶体的氨基酸和多肽链，发现血红蛋白多肽链为α螺旋链，但鲍林却误认为DNA应是三螺旋结构。第三个是英国剑桥大学卡文迪什实验室由两位年轻人沃森和克里克组成的非正式研究小组。

卡文迪什实验室始建于1871年。由剑桥大学校长威廉·卡文迪什（William Cavendish，1808—1891）私人捐款兴建，以物理学家亨利·卡文迪什（Henry Cavendish，1731—1810）的名字命名，理论物理学家麦克斯韦（James Clerk Maxwell，1831—1879）负责筹建并担任首任主任。麦克斯韦很重视科学方法的训练，倡导学生自己设计实验，制作仪器，后成为实验室的传统。从1884年开始，由物理学家J.J.汤姆逊（J.J Thomson，1956—1940）继任第三届主任，他建议改革学位制度，吸收世界各地的优秀人才，树立了良好的学风。领导实验室开展了气体导电研究，发现了电子；开展放射性研究，导致α、β射线的发现；发明质谱仪，开拓了同位素研究；发明膨胀云雾室，为核物理和基本粒子的研究创造了条件；开展电磁波和热电子研究，发明和改进了真空管，促进了无线电电子学的发展和应用。他培养的研究生中，许多成了著名科学家，例如卢瑟福（Ernest R. Rutherford，1871—1937）、朗之万（Paul Langevin，1872—1946）、布拉格（William L. Bragg，1890—1971）、威尔逊（Charles T. R. Wilson，1869—1959）、里查森（Owen W. Richardson，1879—1959）、巴克拉（Charles Barkla，1877—1944）等，其中有九位获得了诺贝尔奖。1919年由卢瑟福继任主任。他更重视年轻人的培养。在他的带领下，查德威克（James Chadwick，1891—1974）发现了中子；考克拉夫特（John D. Cockcroft，1897—1967）和沃尔顿（Earnest T. S. Walton，1903—1995）发明了高压倍加静电加速器，首次实现了由人工加速的质子引起原子核分裂；布莱克特（Patrick M. S. Blackett，1897—1974）改进了威尔逊云雾室，在核嬗变、宇宙线等领域有新发现，他拍摄的正负电子对产生的径迹照片证实了正电子的存在；奥利芬特（Mark E. Oliphant，1901—2000）发现氦^{3}和氚；卡皮查（Пётр Леонидович Капица，1894—1984）在高电压技术、强磁场和低温液氦超流体等方面取得硕果。卢瑟福的学生和助手中有8人获得了诺贝尔奖。卡文迪什实验室不仅出了许多重要科研成果，而且形成了追求卓越、倡导质疑的学术氛围和传统。卡文迪什实验室的教授都很有名，但是每一位实验室成员，无论职位高低、资历深浅都享有充分的学术自由和独立思考的权利，鼓励争论和批评，教授的理论和实验遭受学生的批评往往不亚于其他人，但同事之间又保持着良好的友谊和合作氛围。这在其他地方是很难做到的。

战后，鉴于核研究的重要性和安全要求，英国专门成立了国家实验室，有关研究人员和经费全部转移，卡文迪什实验室面临很大的挑战。当时的主任是布拉格，他曾在X射线衍射分析晶体结构方面做出杰出贡献，25岁就获得了诺贝尔物理学奖。他决定转向非核粒子和固体物理研究，同时开辟新的交叉学科研究，从纯物理基础研究转向物理与天文、与生物交叉等前沿领域：一是支持拉特克利夫（John A. Ratcliffe，1902—1987）和赖尔（Martin Ryle，1918—1984）利用战时发展起来的雷达技术和军方弃置的技术设备建造射电望远镜，发展射电天文研究。二是在X射线衍射晶体分析的基础上进行生物大分子结构研究，组成了由佩鲁茨（Max F. Perutz，1914—2002）和肯德鲁（John C. Kendrew，1917—1997）为首的蛋白质晶体结构研究小组。由于布拉格的远见卓识，在困难的条件下，使卡文迪什实验室在这两个学科领域取得了辉煌成就，相继发现了类星体、脉冲星，确定了DNA双螺旋分子结构、血红蛋白分子结构等，还导致了双天线射电干涉仪、综合孔径射电望远镜等发明，后来有九人成为位诺贝尔奖得主，其中5位与分子生物学有关。为战后的英国科学争得了很高的荣誉。

沃森出生于美国芝加哥。16岁获得芝加哥大学动物学学士学位，1950年，22岁的沃森研究X射线对噬菌体增殖的影响获得理学博士学位。1951年春，沃森在意大利那不勒斯参加生物大分子结构会议。威尔金斯和弗兰克林关于DNA的X射线晶体衍射图分析报告吸引了他。后经导师推荐到哥本哈根大学从事噬菌体DNA研究，使他认识到DNA就是遗传物质。鉴于对卡文迪什实验室学术氛围的向往，他选择来到卡文迪什实验室，成为约翰·肯德鲁教授的博士后。

克里克出生于英国北安普顿城，中学和大学教育是在伦敦完成的。21岁获得伦敦大学学士学位，随即攻读物理学博士学位。1939年，因二战爆发中断学业，他在英国海军从事磁性水雷等武器研究8年。战后克里克大量阅读各学科书籍，其中一本是量子力学的奠基人之一薛定谔写的《生命是什么》。薛定谔提出，要想揭示出生命遗传的本质，必须从生命的结构、信息传递和功能三个方面入手；他认为研究生命现象的分子结构十分重要，因为万物都是由分子、原子、电子组成的，生命现象也不应例外。正是因为受薛定谔这本书的启发，克里克对生物学产生了浓厚兴趣，决心探究生命的奥秘。1947年他从海军退役进入剑桥大学，次年又顺利进入卡文迪什实验室，1950年成为佩鲁茨的博士研究生，从事血红蛋白X射线衍射分析研究。沃森来到卡文迪什后，他们很快成为好朋友。二人都不盲从当时大多数的科学家相信蛋白质是遗传物质的观念，相信DNA是遗传物质，他们认定解读DNA的三维分子结构是了解生命现象的关键。因此共同决定选择探索DNA分子结构作为研究目标。他们的合作可谓是揭示DNA结构和功能的完美组合，沃森了解噬菌体遗传学的前沿进展，克里克熟悉X射线衍射晶体学，这有助于探讨遗传物质的分子结构。更重要的是，他们都很年轻，思想活跃，视野开放，对于任何有关的研究进展有着敏锐的感觉和强烈的兴趣。

但是当时沃森和克里克没有条件做实验。一方面，要想正式立题开展实验研究，申请经费并不容易，而且需要时间。另一方面，由于布拉格和伦敦国王学院有一个君子约定，卡文迪什实验室只做蛋白质结构的X射线分析，DNA的X射线分析由伦敦国王学院进行。因此沃森和克里克只能从国王学院获得有关实验数据。他们是在条件并不优越的情况下，主要依据已经公开的知识、依靠科学思维和科学方法进行他们所热衷的研究工作的。值得庆幸的是，沃森的生物学背景和对生物大分子结构独到的认知，克里克的物理学背景和他对X射线衍射分析的知识，使他们能很快理解当时所能得到的关于DNA的资料、X射线衍射照片和各种数据。沃森和克里克讨论了鲍林发现蛋白质α螺旋的过程，注意到鲍林成功的关键是，不仅依靠研究X射线衍射图像，而且研究确定了分子模型中原子间的相互关系。在他人实验成果的启示下，他们着手构建DNA结构，起初他们认为DNA应该是三螺旋结构，用金属丝、金属片、有色小球和纸板搭建起了一个三螺旋分子模型。但当他们把模型展示给威尔金斯和弗兰克林时，弗兰克林明确指出了该模型的缺陷，研究工作陷入僵局。

1953 年 2 月 14 日，在一次讨论中，威尔金斯出示了一幅弗兰克林于 1951 年 11 月获得的非常清晰的 B 型 DNA 晶体衍射照片。在该照片启示下，沃森认识到 DNA 晶体应是双链螺旋结构。他们还参考了查尔加夫（Erwin Chargaff，1905—2002）的 DNA 化学成分分析得到的结果，DNA 中的腺嘌呤（A）与胸腺嘧啶（T）数量几乎完全一样，鸟嘌呤（G）与胞嘧啶（C）的数量也相同，即 A=T，G=C。他们共同构建了第二个双链螺旋分子模型，脱氧核糖和磷酸交替连接，排列在外侧形成螺旋形骨架，碱基成对地排列在内，碱基采用了同配方式，即 A 与 A，C 与 C，G 与 G，T 与 T 配对。由于配对方式的错误，这个模型同样宣告失败。

1953 年 2 月 20 日，沃森突然顿悟，放弃了碱基同配方案，二人立即行动，采用碱基互补配的方案即 A 与 C，G 与 T 配对，在实验室搭建起新的 DNA 双螺旋分子模型，模型结构与 DNA 晶体 X 射线衍射影像一致，也完全符合查尔加夫法则。他们又经过三周的反复核对和完善，3 月 18 日终于成功地建立了 DNA 分子双螺旋结构模型。这个模型完全符合 DNA 当时已知的物理和化学的性状，完美解释了 DNA 为什么是遗传信息的载体，可以合理说明基因的复制和突变机制等等。值得一提的是，沃森和克里克并不是生物化学或生物物理领域的资深专家，开始从事 DNA 分子结构研究还仅一年半时间，却取得如此重大的科学成就，实在是令人赞叹。

1953 年 4 月 25 日出版的英国《自然》杂志同时刊登了三篇有关 DNA 分子结构的论文。第一篇是沃森和克里克的《核酸的分子结构——脱氧核糖核酸的结构》，在仅 1000 多字、一幅插图、不到两页的短文中，提出了 DNA 分子的双螺旋结构模型。另外两篇则是威尔金斯、斯托克斯（Alexander R. Stokes，1919—2003）和威尔逊（Herbert R. Wilson，1929—2008）合写的《脱氧戊糖核酸的分子结构》以及弗兰克林和她的学生葛斯林（Raymond Gosling，1926—2015）署名的《胸腺核酸钠的分子构象》，发表了 DNA 螺旋结构的 X 射线衍射照片及数据分析。九年后，沃森和克里克以及威尔金斯因对发现 DNA 双螺旋结构做出的卓越贡献而获得 1962 年诺贝尔生理学或医学奖。威尔金斯的贡献是他在 DNA X 射线衍射分析方面的研究，弗兰克林的贡献是她提供了 DNA X 射线衍射照片和关键参数。遗憾的是，弗兰克林 1958 年因患卵巢癌去世了，当时她年仅 37 岁。

沃森和克里克的 DNA 双螺旋分子模型开启了生命科学的新时代，渗透并引领了当代生命科学各个学科的发展，使得整个生命科学的科学观念、研究思路、研究方法和技术都发生了根本变革。在此基础上，还成功地研究开发出了克隆技术、基因疗法、转基因技术、干细胞技术和 DNA 鉴定技术等，对农业、医疗、工业生物产业、生物产品鉴定、刑侦取证等诸多领域得到越来越广泛的应用。同时，与其他高新技术一样，基因研究和基因技术如果被滥用，也将面临新的科学伦理问题和可能带来安全风险，已经引起了科技界和社会公众的关注。DNA 双螺旋结构的发现与相对论、量子论、地球板块理论、宇宙大爆炸理论一同被公认为 20 世纪最伟大的科学成就。克里克和沃森也被生命科学界一致誉为 20 世纪最有影响的科学家。他们的成就也给了我们许多值得深思的启示。

二、启示和展望

1. 学科交叉融合，交流合作是孕育前沿突破的沃土和环境

20世纪20年代至30年代，量子力学的发展迅速，生命物质的分子结构和遗传的分子机制研究也进入了关键时期，一大批化学家、物理学家参与生命科学研究。他们不仅带来了新的科学思想，而且对生命科学实验技术的发展也产生了巨大影响和推动，如凝胶电泳法、X射线衍射解析结晶结构技术等，在研究蛋白质和DNA分子结构中发挥了重要作用。分子生物学正是物理、化学、仪器学、计算科学与生物学交叉融合的产物。卡文迪什实验室主任劳伦斯·布拉格当年果断选择射电天文和生物物理这两个交叉领域作为新的研究方向，并吸纳不同学科背景的优秀科学家共同工作是很有战略眼光的选择，值得我们学习和借鉴。沃森和克里克之间的合作也充分体现了一位年轻生物学家和一位年轻物理学家在共同感兴趣的分子生物学领域合作的成果。他们的成就也是在与威尔金斯、弗兰克林、鲍林、查尔加夫等交流和在他们实验成果的启示下取得的。学科交叉，交流合作是孕育科学前沿突破的沃土和环境。但是，无论是在我国的大学还是研究所内，学科间分隔、人才和知识结构单一、信息不能共享、交流合作困难等现象仍未得到根本改变，制约了创新潜力的发挥。应从体制机制、考核评价依据和方法上切实进行改革。

2. 尊重青年人的创新思维，锲而不舍是他们成功的必要条件

沃森23岁，是肯德鲁教授的博士后，后者主要从事蛋白质结构研究，克里克35岁，是师从佩鲁茨的博士研究生，正从事血红蛋白的X射线衍射分析研究。但他们二人都不相信蛋白质是遗传载体，而相信DNA是遗传物质。认为解读DNA的分子结构是关键，并有强烈的兴趣。可喜的是卡文迪什实验室和他们的导师尊重并支持了他们的选择，为他们开展研究、获得成功提供了前提条件。这正是卡文迪什的传统和大师辈出的重要原因。而沃森和克里克不怕经费短缺，不怕资历浅薄，满怀自信和激情，锲而不舍、紧密合作、勇于探索、不怕失败、求真唯实。这正是他们取得成功的根本原因。对照当下有些单位仍然存在的论资排辈、迷信“权威”的陋习，有些导师习惯于指定研究生的研究方向，乃至研究选题，不尊重、不支持青年人的兴趣、不重视青年人的创新思维和自主选题，是一个巨大的反差！而对于一部分青年人缺乏自信，乐享其成，盲目服从导师安排，不敢于、不勤于、不善于独立思考，创新思维，或碰到困难和挫折便畏缩不前、或绕道而行、见异思迁等行为，这也是一个很好的启示。

3. 实验证据和创新思维是突破科学前沿问题不可或缺的两个要素

实验和观察是自然科学研究的主要手段，也是检验一切科学假设、科学理论的唯一依据，生命科学也不例外。爱因斯坦认为：“想象力比知识更重要，因为知识是有限的，而想象力是无限的。”沃森和克里克在不到两年时间里就能取得如此重大的突破，威尔金斯和弗兰克林拍摄的DNA X射线衍射照片和关键参数功不可没。查尔加夫根据DNA化学

分析结果获得的查尔加夫法则，也为他们提供了重要依据和启示。他们二位的科学悟性和对于DNA分子结构的卓越创新思维、严谨的分析推理能力当然起了关键作用。我们的教育应下决心转变教育观念，并采取切实改革举措，从注重知识灌输转变为更加注重学生的创新能力培育，着力培养学生的学习能力、创新思维能力、创新仪器和方法的能力、实验观察和分析综合的能力、开展交流合作的能力。

4. 科学有永无止境的前沿，生物技术与产业前景无限

虽然今天已经完成了诸多物种和人类的基因图谱，也已经认知了一批各别基因的功能，但尚未认知所有基因的功能及它们组合编码蛋白质的机制；还必须通过认知大量蛋白质组的结构与功能，发现疾病诊断的新方法和研发新药的新靶点。干细胞是一类具有自我更新和分化潜能的起源细胞。以干细胞为种子培育组织和器官，可用于移植医学，治疗恶性肿瘤，延缓衰老，提高生命质量，也是当前和未来研究的热点。英国克隆羊多利（Dolly）的诞生开启了可复制基因完全相同的新生命的时代。由克隆细胞复制出可供移植、无免疫排斥的各种组织细胞和器官，也是21世纪生命科学的新方向。神经科学、脑与认知科学、生物信息学等也是人们关注的生命科学热点和前沿……生命科学的进展还将带动现代生物工程的创新，为农业、医药、生物制造、生物能源、生态环保等提供新的方法和途径，支持绿色低碳、可持续发展。我国科技工作者不应该只满足于学习模仿和跟踪，应当着力提升发现和提出重大前沿科学问题的自信和能力，勇于探索和开辟新的前沿领域和方向、创造新的研究手段和方法，揭示新规律、提出新理论，发展新技术，开拓新应用。

5. 生物安全

生命科学发展和生物技术创新，丰富了人类的知识宝库，开启了新的应用途径，但也可能带来安全风险和挑战。主要是，由于生命科学研究和现代生物技术的开发应用以及转基因生物的跨境转移，可能造成对生物多样性、生态环境和人类健康的危害或负面影响，有的甚至还可能危及国家和公共安全。由于生命与生态系统的多样性和复杂性，一些生物安全问题可以即时或当代检测、判定，也有一些生物技术可能带来的安全风险需要长时间的观察才能得到检验和判定。生物安全已经受到国际社会、各国政府和社会公众的高度关注，关于转基因生物产品安全的争论也成为人们关注的热点问题，应对生物安全风险与挑战需要国家和社会的共同努力，需要国际社会的合作协动，联合国《〈生物多样性公约〉和〈卡塔赫纳生物安全议定书〉》已经签署生效。科技界更应共同承担起道德伦理责任。发展生命科学和生物高技术产业，保障生物安全事关我国经济社会生态环境安全、可持续发展，事关人民的健康幸福、事关中华民族的复兴。我们应该积极支持生命科学基础研究与生物技术创新；完善相关法律法规和技术标准，积极审慎、规范有序地推广用生物高新技术；准确、平衡地做好科学普及、提升公众的科学认知；在确保信息透明、对称的基础上尊重最终用户的自主选择、接受公众监督；对于诸如粮油、畜禽等关系全民生存基本需求的商品，还必须确保立足国内，自主多源，保障国家农业安全和供给安全。

纪念相对论创建110周年暨阿尔伯特·爱因斯坦逝世60周年*

2015年是阿尔伯特·爱因斯坦（Albert Einstein，1879-1955）创建相对论110周年，也是这位继伽利略（Galileo Galilei，1564-1642）、牛顿（Isaac Newton，1643-1727）之后最伟大的物理学家逝世60周年。回顾爱因斯坦对当代科学的杰出贡献，传承弘扬他所代表的科学思想、科学精神和科学价值，对于领悟科学真蒂，认知创新规律，培育创新人才，建设创新型国家，实现中华民族伟大复兴的中国梦，推进人类文明进步都很有意义。

一、爱因斯坦的科学人生及非凡成就

1879年3月14日，爱因斯坦诞生在德意志帝国符腾堡王国乌尔姆市的一个犹太人家庭。他的父亲赫尔曼·爱因斯坦（Hermann Einstein，1847-1902）是一名商人，母亲鲍琳·柯克（Pauline Koch，1858-1920）是一位音乐家。爱因斯坦出生后不久，全家于1880年移居慕尼黑。同年10月，爱因斯坦的父亲与叔叔雅各布·爱因斯坦（Jacob Einstein，1850-1912）共同创建了一间电机工程公司，专事设计制造电机、弧光灯、白炽灯和成套的电话系统。这对爱因斯坦创新意识的培育和智力成长无疑产生了积极的影响。幼年的爱因斯坦并非神童，他的智力发育比常人还慢，据说直到3岁才开始说话。爱因斯坦5岁时

* 本文发表于《科技导报》2015年3月第8期。

对罗盘感到好奇，并开始学拉小提琴。也许是受工程师叔叔的影响，爱因斯坦从小对技术和抽象的数学都很感兴趣。10岁以后，他又受到一位每周末到他家作客的医科大学生塔木德（Max Talmud，1869-1941）的引导，读了一系列数学、科学和哲学书籍。他12岁就自学了平面几何，并自己证明了毕达哥拉斯定理。13岁时他读了伊曼努尔·康德（Immanuel Kant，1724-1804）的哲学名著《纯粹理性批判》。接触到科学和哲学思想后，他对《圣经》中的故事产生了怀疑，并由此萌发了对传统观念和权威质疑和批判的动机，对德国僵化的教育制度、枯燥乏味的教学内容和单调刻板的教学方法也产生了叛逆心理。在中学读书期间，他对那些自己感兴趣的课程如数学、物理、哲学等悉心攻读，而把那些不喜欢的课程放在一边。一些老师对他这种行为很不满意，因而常常批评他。但爱因斯坦依然“我行我素”，顽强地走自由求知探索之路。他在语言方面不太出色，但在自然科学方面表现出众。爱因斯坦爱读科普书籍，而且总是设法了解当时科学的最新进展。亚龙·贝恩斯坦（Aaron Bernstein，1812-1884）所著的《自然科学通俗读本》对他兴趣的形成及后来走上科学道路产生了重要影响。1888年，他进入路易博德文理中学。1894年，爱因斯坦全家迁居意大利米兰。时年15岁的爱因斯坦本应留在德国完成大学入学资格考试，但由于常触犯校纪而受老师训斥，他固执地决定肄业，随其父母同往米兰。但爱因斯坦并没有随其父亲的意愿去攻读电机工程学，而是依照一位好友的建议于1895年向瑞士的苏黎世联邦理工学院提出了入学申请。由于他没有德国大学入学资格考试成绩，需要参加当年夏天该校的入学考试。但爱因斯坦在考前并未抓紧复习，而是去了意大利旅游，他的自然科学考得很不错，但法语考得不好，因此未通过考试。该校校长赫尔岑推荐他去瑞士阿劳州立中学再学习1年。阿劳州立中学独立自由精神氛围，使爱因斯坦感到十分愉快。后来，爱因斯坦曾这样评价：“这所中学用它的自由精神和那些不依仗权势的教师的纯朴热情，培养了我的独立精神和创造精神。正是阿劳州立中学，成为孕育相对论的土壤。”次年10月，爱因斯坦参加了瑞士大学入学考试。成绩单显示，他5个考试科目皆取得了最好的成绩（6分）。1896年秋，爱因斯坦进入苏黎世联邦理工学院师范系学习物理学。他对课堂听课兴趣不大，大部分时间在实验室度过，或在宿舍阅读著名物理学家的最新著作，这使他逐步了解了当时物理学前沿的一些重大问题。因为他了但未能如愿留校担任助教，只能靠当临时“家教”维持生活。1902年，他在大学同学马塞尔·格罗斯曼（Marcell Grossman，1878-1936）的父亲帮助下，被伯尔尼瑞士专利局录用为三级技术员，从事与科学研究基本无关的专利申请的技术鉴定工作（图1）。这项工作较为清闲，使他能利用业余时间开展自己感兴趣的物理研究。经过不懈的独立思考和探索，1905年3-12月，爱因斯坦在德国莱比锡《物理年鉴》（Annalen der Physik）连续发表了6篇划时代的论文，至少包括了现代物理学中四大成就：提出光量子假说、由液体中悬浮粒子运动推出测定分子大小的方法、解决了原子是否存在的争论、创立狭义相对论、推演出著名的质能转换公式。一位年仅26岁而且并不在物理专业研究体制内的年轻人在较

图1　身着伯尔尼专利局专家制服的爱因斯坦（Lucien Chavan 摄，约1905年）

短时间内，就在物理学的多个前沿领域做出了多项开创性贡献，开启了现代物理学的新时代。1905 年后来也被人们称为“爱因斯坦奇迹年”。100 年以后，在 2004 年 6 月 10 日，联合国大会第 58 次会议决议将 2005 年定为“国际物理年”。

1905 年 3 月 18 日，爱因斯坦在《物理年鉴》发表关于“光的产生和转化的一个试探性观点”（? ber einen die Erzeugung und Verwandlung des Lichtes betreffenden heuristischen Gesichtspunkt）（图 2）一文，解释了光的本质，认为光是由分离的能量粒子（光量子）所组成，并像单个粒子那样运动，把 1900 年马克斯·普朗克（Max Planck，1858-1947）创立的量子论推进了一步，并为构成量子力学基石的微观粒子--光子的波粒二重性获得广泛接受铺平了道路。爱因斯坦用“光量子”概念轻而易举的解释了经典物理学无法解释的光电效应，推导出光电子的最大能量同入射光的频率之间的关系，这一关系 10 年后被美国实验物理学家罗伯特·密立根（Robert A. Millikan，1868-1953）的实验证实。爱因斯坦因为“光电效应定律的发现”这一贡献而获得 1921 年度诺贝尔物理学奖。密立根也因为基本电荷和光电效应方面的实验研究而获得 1923 年度诺贝尔物理学奖。光电效应后来也成为光电子、光传感、LED、激光、光伏电池等诸多重要技术的基础。

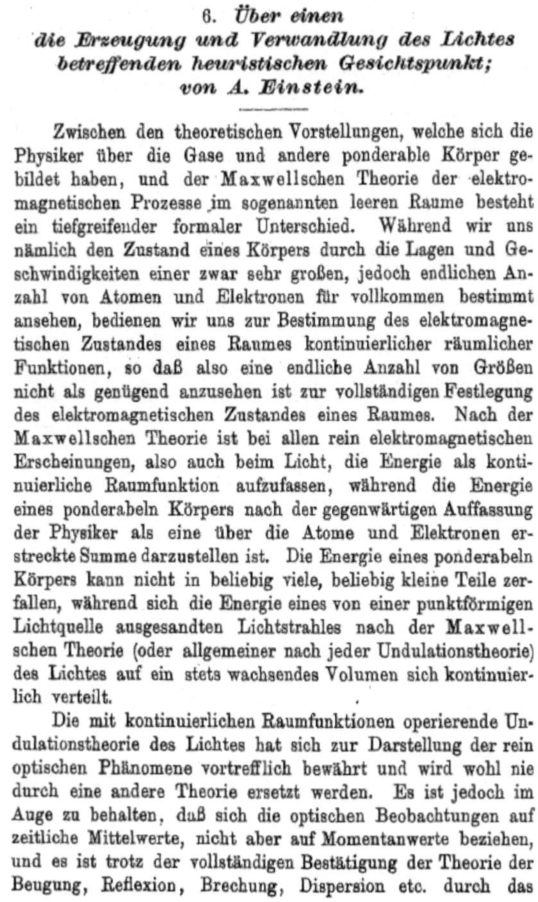

6. ***Über einen die Erzeugung und Verwandlung des Lichtes betreffenden heuristischen Gesichtspunkt; von A. Einstein.***

Zwischen den theoretischen Vorstellungen, welche sich die Physiker über die Gase und andere ponderable Körper gebildet haben, und der Maxwellschen Theorie der elektromagnetischen Prozesse im sogenannten leeren Raume besteht ein tiefgreifender formaler Unterschied. Während wir uns nämlich den Zustand eines Körpers durch die Lagen und Geschwindigkeiten einer zwar sehr großen, jedoch endlichen Anzahl von Atomen und Elektronen für vollkommen bestimmt ansehen, bedienen wir uns zur Bestimmung des elektromagnetischen Zustandes eines Raumes kontinuierlicher räumlicher Funktionen, so daß also eine endliche Anzahl von Größen nicht als genügend anzusehen ist zur vollständigen Festlegung des elektromagnetischen Zustandes eines Raumes. Nach der Maxwellschen Theorie ist bei allen rein elektromagnetischen Erscheinungen, also auch beim Licht, die Energie als kontinuierliche Raumfunktion aufzufassen, während die Energie eines ponderabeln Körpers nach der gegenwärtigen Auffassung der Physiker als eine über die Atome und Elektronen erstreckte Summe darzustellen ist. Die Energie eines ponderabeln Körpers kann nicht in beliebig viele, beliebig kleine Teile zerfallen, während sich die Energie eines von einer punktförmigen Lichtquelle ausgesandten Lichtstrahles nach der Maxwellschen Theorie (oder allgemeiner nach jeder Undulationstheorie) des Lichtes auf ein stets wachsendes Volumen sich kontinuierlich verteilt.

Die mit kontinuierlichen Raumfunktionen operierende Undulationstheorie des Lichtes hat sich zur Darstellung der rein optischen Phänomene vortrefflich bewährt und wird wohl nie durch eine andere Theorie ersetzt werden. Es ist jedoch im Auge zu behalten, daß sich die optischen Beobachtungen auf zeitliche Mittelwerte, nicht aber auf Momentanwerte beziehen, und es ist trotz der vollständigen Bestätigung der Theorie der Beugung, Reflexion, Brechung, Dispersion etc. durch das

图 2　1905 年 3 月 18 日发表在《物理年鉴》的“光的产生和转化的一个试探性观点”一文，这是唯一一篇爱因斯坦认为最具革命性的论文

1905年4月，爱因斯坦完成了论文“分子大小的新测定法”（翌年以这篇论文取得了苏黎世大学的博士学位）。1905年5月11日，他向《物理年鉴》提交了另1篇用布朗运动解释微小颗粒随机游走现象的论文“热的分子运动论所要求的静液体中悬浮粒子的运动”（? ber die von der molekularkinetischen Theorie der W? rme geforderte Bewegung von in ruhenden Flüssigkeiten suspendierten Teilchen）。这2篇论文的目的是通过观测由分子运动的涨落现象所产生的悬浮粒子的无规则运动，来测定分子的实际大小，以解决半个多世纪来科学界和哲学界争论不休的原子是否存在的问题。3年后，法国物理学家让·佩兰（Jean B. Perrin，1870-1942）以精密的实验证实了爱因斯坦的理论预测，无可非议的证明了原子和分子的客观存在。爱因斯坦关于布朗运动中大量无序因子的规律性研究成果，已成为当今金融数学的重要基础。

1905年6月30日，爱因斯坦向《物理年鉴》提交了“论动体的电动力学”（Zur Elektrodynamik bewegter K? rper）一文，首次提出了狭义相对论基本原理，并提出了2个基本公理：“光速不变”“相对性原理”。1905年9月27日，他向《物理年鉴》提交了1篇短文“物体的惯性同它所含的能量有关吗?”（Ist die Tr? gheit eines K? rpers von seinem Energieinhalt abh? ngig?），提出了狭义相对论最重要的一个推论：“物体的质量可以度量其能量”，质量守恒原理和能量守恒定律应当相互融合，质能可以相互转化，并导出了E＝mc? 公式。质能相当性是原子核物理学和粒子物理学的重要理论基础，也为20世纪40年代实现核能的释放和利用开辟了道路。

1914年，爱因斯坦返回德国，进入普鲁士科学研究所从事科学研究，并兼任柏林大学教授。他坚信物理学的定律必须对于无论哪种方式运动着的参照系都成立。即在处于均匀的恒定引力场影响下的惯性系中，所发生的一切物理现象，可以和一个不受引力场影响但以恒定加速度运动的非惯性系内的物理现象完全相同（广义等效原理）；物理定律在所有非惯性系和有引力场存在的惯性系对于描述物理现象都是等价的（广义相对性原理）。经过10年努力，1915年36岁的爱因斯坦完成了广义相对论的创建（图3），并于1916年3月在《物理年鉴》第4系列第49卷正式发表“广义相对论基础”一文，由广义相对性原理及广义等效原理出发，得到新的引力场方程，并做出水星近日点进动、引力红移、光线在引力场中弯曲等三大预言。这一理论激怒了一直把牛顿力学奉为绝对真理的100名著名教授，他们联合发表声明：“爱因斯坦错了。”但爱因斯坦却幽默地回应道：“如果我错了，只要一个证明就已经足够，何须100个呢?”他计算的水星近日点进动值在扣除了其他行星的影响后应是每100年东移42.91″，与观测值43″十分吻合。光线在引力场中弯曲的预言，于1919年5月29日由英国天文学家亚瑟·爱丁顿（Arthur S. Eddington，1882-1944）团队在西非普林西比岛观测日全蚀的结果所证实。1960年，哈佛大学的罗伯特·庞德（Robert Pound，1919-2010）、格伦·雷布卡（Glen Rebka，1931-）采用穆斯堡尔效应的实验方法，成功地验证了引力红移预言。引力红移效应对于宇宙学研究和操作全球定位系统等领域起着十分重要的作用。

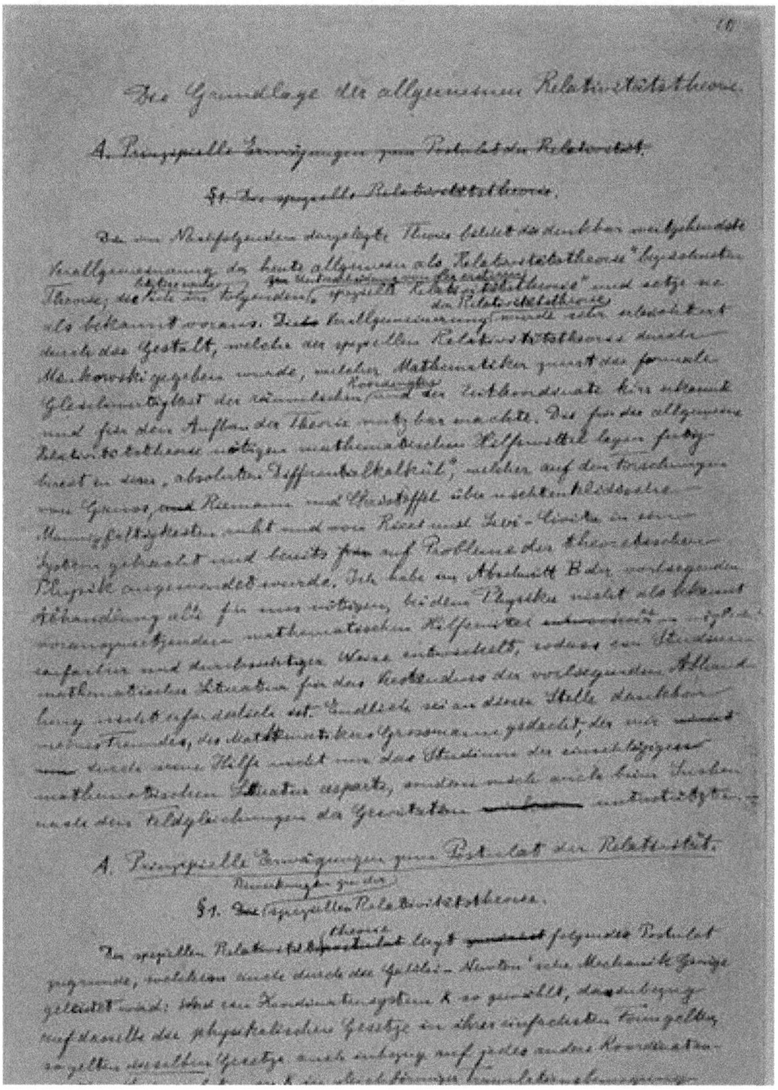
Die Grundlage der allgemeinen Relativitätstheorie.

A. Prinzipielle Erwägungen zum Postulat der Relativität.

§1. Die spezielle Relativitätstheorie.

图3　爱因斯坦“广义相对论基础”一文的手稿，于1925年在耶路撒冷希伯来大学建校时捐赠给该校

1916年，爱因斯坦提出时空理论的另一个预言：在一个力学体系变动时必然发射以两位射电天文学家拉塞尔·赫尔斯（Russell A. Hulse，1950— ）和约瑟夫·泰勒（Joseph H. Taylor，1941— ）对新发现的一对射电脉冲双星进行连续4年的观测，终于从脉冲周期的变化推算出确实存在引力波，他们由此获得1993年度诺贝尔物理学奖。

也是在1916年，爱因斯坦重回量子辐射研究。1917年，他在“论辐射的量子性”一文中提出了受激辐射理论，成为激光的理论基础。1917年，爱因斯坦还根据广义相对论提出了宇宙学理论，认为宇宙在空间上是有限而无边界的，即自身是闭合的。这项研究使宇宙学摆脱纯粹猜测性的思辨，成为现代科学。后经众多天文学家和物理学家的共同努

力，相继提出了宇宙膨胀理论和宇宙大爆炸理论，并已经得到了一系列天文观测的验证。

爱因斯坦的后半生，在继续量子力学的完备性、引力波及广义相对论的运动问题研究外，将主要精力致力于从事整合广义相对论及电磁学成为统一场论的探索。1937 年，他在两位助手的帮助下，从广义相对论的引力场方程推导出运动方程，进一步揭示了空间-时间、物质、运动之间的统一性，这是广义相对论的重大发展，也是爱因斯坦在科学创造活动中取得的最后一项重大成果。但是在统一场论方面，他始终没有成功。但在每次遭遇失败后，他从不气馁，都满怀信心地从头开始。由于他远离了当时物理学研究的主流，再加上他在量子力学的解释问题上同当时占主导地位的哥本哈根学派针锋相对，晚年的爱因斯坦在物理学界相对孤立。但他依然无所畏惧，毫不动摇地沿着他所认定的方向不倦探索。一直到临终前一天，他还在病床上继续他的统一场论的数学计算。他在 1948 年就曾经说："我完成不了这项工作，它或被遗忘，但是将来仍会被重新发现。"历史又一次印证了他的预言，由于 20 世纪 70-80 年代一系列实验有力地支持电弱统一理论，统一场论的思想以新的形式显示了它的生命力，为未来发展展现了新的希望。

1955 年 4 月 18 日，爱因斯坦因腹主动脉瘤破裂逝世于普林斯顿，这位科学伟人走完了他光辉的一生。临终前他留下遗言：遗体由医学界处理，不举行葬礼，不建坟墓，不立纪念碑，骨灰由亲友秘密撒向天空，办公室和他的住宅不可成为供人"朝圣"的纪念馆。他衷心希望除了他的思想以外，其余一切都随他乘风而去。

二、 爱因斯坦的启示

爱因斯坦在科学上的贡献，也许只有牛顿可以与之媲美。他不仅是一个具有伟大探索及创造精神的科学家，数理逻辑和哲学思维的大师，是一位具有独立高尚人格、富有人文主义情怀的思想家，也是一位具有强烈正义感和社会责任感的世界公民。他的一生崇尚科学理性，把真、善、美融为一体，认为"人只有献身于社会，才能找出那实际上是短暂而有风险的生命的意义"。他努力使科学造福于人类，促进世界和平与人类文明的进步。从爱因斯坦的科学人生和非凡成就，可以得到十分宝贵的启示。

(1) 爱因斯坦的成长、成才、成就，源于他对科学的强烈兴趣、不懈探索和创造精神。青少年时期家庭亲友的影响和启蒙，科普读物、康德的哲学思想、自学物理学前沿研究进展的启发，发现知识理论体系内的不自恰及已有理论与实验观察结果之间的矛盾，成为他追求创造更完美理论的根本动力，没有丝毫的功利动机和目的。因此，普及科学知识、培育科学精神、传播科学方法，提升全社会科学文化素养，是培育青少年对科学创造的兴趣、献身探索科学奥秘的沃土，造就杰出科学人才的必要的社会文化氛围。

(2) 文艺复兴、科学革命、宗教和社会革命以来，欧洲尤其是德国、瑞士等社会和学校教育中形成的追求科学知识，崇尚严谨数理逻辑、思辨实证的哲学思想和人文主义情怀，注重培育学生认知自然、思考探索的兴趣和理性质疑创造的能力，促成了爱因斯坦的成长。爱因斯坦曾说过："提出一个问题往往比解决一个问题更重要，因为解决一个问题也许仅是一个数学上或实验上的技能而已。而提出新的问题，新的可能性，从新的角度去看问题，都需要有创造性的想象力，而且标志着科学的真正进步。”他还说：“发展独立思考和独立判断的能力，应当始终放在首位。如果一个人掌握了他的学科的基础理论，并且学会了独立思考和工作，他必定会找到自己的道路，而且比起那种主要以获得细节知识为其培训内容的人来，他一定会更好地适应进步和变化。”知识与能力紧密相关，但能力对人的成长发展更加重要。他指出，“科学的现状不可能具有终极的意义”，因此对于前人的科学文化遗产就应当批判地加以继承。当旧的理论、旧的概念与新的现象和事实发生矛盾的时候，就应当独立思考、独立分析、独立判断，冲破传统观念的束缚，创造开辟科学发展的新方向、新天地。我国的教育思想、内容、方法和体制改革乃至创新文化和环境的建设应该从中得到有益的启示。

(3) 爱因斯坦是一位理论物理学家。但他始终坚持以实验事实为出发点，反对以先验的概念为出发点。他提倡“唯有经验（实验）能够判定真理”。他在1921年谈到他创建的相对论时说：“这一理论并不是起源于思辨，它的创建完全由于想要使物理理论尽可能适应于观察到的事实。”爱因斯坦坚持了一位自然科学家必须坚持的科学唯物论的传统，符合实践-理论-实践的科学认识论。爱因斯坦坚信自然界的统一性和合理性，相信人对于自然界规律性的认知能力。对物理系统的统一性、简单性、相对性、对称性的探索和归纳始终贯穿于他一生的科学实践中。他也是一位运用实证、推理逻辑、数学方法等科学方法的大师。从中可以领悟到实验观察、理论思维、数学分析等方法对于科学创新的重要性，在信息网络时代的今天，还必须增加计算方法和大数据分析等方法。

(4) 爱因斯坦是继伽利略、牛顿之后最伟大的物理学家。他深谙科学的真谛和价值，淡泊名利，不迷信权威，不忘科学家的社会责任，是一位热爱人民、致力捍卫和促进人类和平进步事业的伟人。他在“科学与宗教”一文中指出：“科学就是一种历史悠久的努力，力图用系统的思维，把这个世界中可感知的现象尽可能彻底地联系起来。……科学的目的是建立那些能决定物体和事件在时间和空间上相互关系的普遍规律。……科学只能由那些全心全意追求真理和向往理解事物的人来创造。”他认为：“一个人的价值，应当看他贡献什么，而不应看他取得什么。”他还曾说：“我们不要忘记，仅有知识和技术不可能使人类过上一种快乐而有尊严的生活。人类绝对有理由将高道德标准和价值观念的倡导者，放在客观真理的发现者之上。”他不仅这样说，也正是这样做的。1914年，第一次世界大战爆发。他虽身居战争的发源地，处于战争鼓吹者的包围之中，却坚决表明了反战态度，参与发起反战团体“新祖国同盟”。1917年，苏联“十月革命”胜利后，爱因斯坦热情支持和赞扬，认为这是一次对全世界将有决定性意义的伟大社会实验，并表示：“我尊敬列宁，因为他是一位有完全自我牺牲精神，全心全意为实现社会正义而献身的人。”1937年，日军全面侵华，12月南京沦陷，发生了震惊世界的大屠杀。爱因斯坦与英国著名哲学家罗素（Bertrand A. W. Russell，1872-1970）等于1938年1月5日在英国发表联合声明，呼吁世界援助中国。1939年他获悉铀核裂变及其链式反应的发现，在匈牙利物理学家利奥·西拉德（Leo Szilard，1898-1964）推动下，上书美国总统罗斯福（Franklin D. Roosevelt，1882-1945），建议研制原子弹，以防法西斯德国抢先。但是，当得知美国在日本广岛、长崎 2 个城市上空投掷原子弹，造成大量平民伤亡，他对此表示了强烈不满，并为开展反对核战争进行了不懈的斗争。他一生不崇拜偶像，也不希望以后的人把他当作偶像来崇拜。在去世之前，他把普林斯顿默谢雨街 112 号的房子留给跟他工作了几十年的秘书杜卡斯（Helen Dukas，1896-1982），但强调："不许把这房子变成博物馆。"他不希望把默谢雨街变成一个朝圣地。纪念爱因斯坦，领悟他的科学精神和人生哲理，这对于中国学术界摈弃追逐名利的浮躁之风，以创新科技，服务国家、造福人民、促进人类文明进步为己任，实现创新驱动发展，促进发展方式转型，全面建成小康社会，实现"两个一百年"奋斗目标，实现中华民族伟大复兴的中国梦，特别有意义。

参考文献

李政道．纪念爱因斯坦．人民日报：海外版，2005-04-16.

张芸．爱因斯坦：20 世纪的科学巨人．http：//news. xinhuanet. com/figure/2005-08/10/content_3334778_2. htm［2005-08-10］.

许良英，李宝恒，赵中立．爱因斯坦文集．北京：商务印书馆，2009

Whittaker E. Albert Einstein 1879-1955. Biographical Memoirs of Fellows of the Royal Society，1955：37-67.

第五篇

科普、教育与人才

面向21世纪发展我国科学教育的建议*

邓小平同志关于教育和科技应居于发展战略首位的正确意见，已经形成我国“科教兴国”战略。随着国家科技创新工程的实施、教育体制改革的深入，作为连接“科技创新”和“教育改革”的纽带和桥梁，科学教育的重要性越来越引起人们的关注。

“当今世界，科学技术突飞猛进，知识经济已见端倪，国力竞争日趋激烈”，冷战之后，世界经济和国际政治的现实已经表明，各国的综合国力越来越依赖于科学技术的发展，而科技竞争的关键是人才的竞争，归根到底是教育的竞争。新的世纪是知识经济时代，是经济全球化、科技国际化的时代，必然对教育提出更新、更高、更全面的要求，哪个国家能够培养并拥有适应全球化、国际化时代要求又具有民族特色的高素质人才，哪个国家就能够在未来的国际竞争中占尽先机。

当今世界正处在一场科学教育的革命之中。作为世界科学中心的美国为了应付新世纪面临的更加激烈的国际竞争，在十多年前就开始全面地为自己准备富有竞争力的人才。1985年美国开始了一项面向21世纪改革科学教育的国家计划，这项改革已经提出了《面向全体美国人的科学》（1989年）和《美国国家科学教育标准》（1995年）两份重要报告。世界其他一些国家如英国、加拿大、澳大利亚、日本、新加坡等，也都先后制定了科学教育的国家纲领性标准和规划。中国作为快速发展的发展中国家，要实现新世纪的腾飞，也必须通过科学教育的改革，培养新一代创新人才，促进我国科技、经济和社会的发展，实现我国跨世纪发展的战略目标。

一、科学教育的内涵

1. 科学教育的概念

科学教育不单是指科学知识的简单传授，也不是仅限于教育手段和教学方法的科学化，更不是专指科学技术专业人才的培养，而是关注科学技术时代的现代人所必需的科学

* 本文为中国科学院学部组织的重大咨询项目报告，于2000年8月完成，刊登于《中国科学院年报2000》。

素养的一种养成教育；是将科学知识、科学思想、科学方法、科学精神作为整体的体系，使其内化，成为受教育者的信念和行为，从而使科学态度与每个公民的日常生活息息相关，让科学精神和人文精神在现代文明中交融贯通。我们这里所说的“科学”不仅指自然科学，而且包括数学科学、社会科学、管理科学和人文科学等。

2. 科学教育的社会价值观

科学教育价值观的核心在于将人的创造力发展同人认识世界的知识的条理结合起来，如何使科学的内在价值与其外在价值保持平衡，是确立科学教育价值观的关键。

所谓科学的内在价值指科学在影响人的素质方面的特殊作用。不少人认为，只有人文知识能影响人性的养成，而习惯于把科学纳入实用知识的范畴。实际上，作为科学规范的实证标准、逻辑论证和求真态度既是技术的也是道德的，它所昭示的追求真理的精神正是人性的最可珍视的最为基础的方面。思考与观察相结合的科学训练是刺激发明创造之想象力的真正催化制，科学馈赠给普通教育的这一伟大礼品无疑体现了科学在塑造人性方面的特殊影响，科学精神在人的思想意识的方方面面的渗透以及与人文精神的结合，能为造就科学民主的文明提供理念上的基础，这也正是科学的学术价值的真正意义之所在。同时，蕴涵在科学内在逻辑中的价值观念，是当代人类知识的源头，相对论、量子论、信息论和基因论概源于人类对科学知识内在和谐的追求，承认和尊重科学的这种内在价值是当代源头性创新的文化底蕴。

科学的外在价值指科学知识系统对于社会生活的实用功能。作为科学产物的各种技术发明源源不断地作用于社会，它们影响和改造人类的生活、生产和社会及其结构。科学教育将科学的有用知识系统化，使当今世界上的人们都掌握其必不可少的最低量，能够根据形势的要求不断扩大这种知识的程度。面对未来而论，科学的这种外在价值可以概述为：继承、传播、应用和发展科学知识、造就适应新经济时代的劳动大军，提高生活质量，保护环境安全，扩展生存空间，确保持续发展。

3. 科学教育与素质教育

科学教育与素质教育既有联系又有区别。从教育的基本任务角度看，二者都在于成就“健全的人格”，影响人性的养成。科学教育并不完全独立于素质教育，素质教育中含有科学教育的成分。实施科学教育，不是特立独行，不是另外建立一套与现行教育并行的特定体系，而是从教育过程中不同的阶段和视角对现行教育提出改革。

但从教育的目标看，科学教育与素质教育的侧重点不同。素质教育具有广泛性和普适性，侧重于通过科学的教育方法培养新一代“德、智、体、美”全面发展的公民；而科学教育具有针对性和时代性，在传播知识的同时，更侧重于培育创新人才，强调培养受教育者在“德、智、体、美”全面得到发展的基础上更有个性地充分发展，成为具有创新精神、创新意识和创新能力，适应未来社会需要的一代新人。在一定意义上，素质教育是基础，科学教育是对人才培养的必要补充、强化，重点是创新能力的养成。

从教育的对象和范围看，素质教育更注重学校教育，特别是中小学教育；而科学教育在重视学校教育的同时，把视角扩大到贯穿学前教育、基础教育、高等教育以及工作实践中的继续教育与终身教育，建立一个层层提高、立体而动态的教育链。在这个意义上，科学教育也是培养人终身学习能力的教育。

4. 科学教育的目标

科学教育的目标：一是提高全体国民的科学素养，二是培养具有创新精神、创新意识和创新能力的人才。

科学教育的目标在于，所有的人都应该有也必须有机会成为有良好科学素养的公民，未来的每个中国人都深谙基本的科学观念和基本的科学方法，因而能生活得较为充实，且工作得较为高效，能领略因领悟和探明自然界的事理而产生的那种兴奋和满足。我们的全部知识都源于人的实践经验和潜能，人的尊严和价值也来自人所独有的各种潜能，因而教育的根本任务就在于成就人的这种潜能的释放。而人的潜能的充分释放是以书本知识和实践经验相结合为前提条件的，全面得到发展而又独具个性的高创造力的人的养成，非此途莫能形成。

5. 科学教育的标准

根据一些发达国家的经验，科学教育的标准大致应由科学教学标准、科学教师专业进修标准、科学教育评价标准、科学内容标准、科学教育大纲标准和科学教育系统标准六个部分组成。在科学已经成为我们社会的一个核心部分的现代，科学教育所采用的方法必须能反映科学研究本身的做法，把探究作为学习科学的中心环节，也就是要把获取科学知识、获得科学认识和掌握科学本领作为教育的中心部分。科学教育标准作为人们判断一些具体做法是否有利于形成一个高科学素质社会的依据，对学生、教师和教育系统各层面的管理人员来说都是一种行为规范，它能确保科学教育改革步调统一地进行下去。

"有良好科学素养的公民"应当是什么样子？能达到这一目标的科学教育应当是什么样子？这些都需要有规范的表述和科学的设计。作为教育整体中一个重要组成部分的科学教育，其目标的表述和标准的设计都是不可脱离普通教育的基本任务和基本原则而特立独行的，并且要对科学文化与人文文化的不平衡予以足够的重视，在实现传统与未来衔接问题上要审慎地估价中国传统文化对未来科学教育的影响。

二、 当前我国科学教育面临的挑战

50年来，特别是改革开放以来，我国的教育事业已经有了很大的发展，建立了较完整的教育体系，并具有自己的特点和优势。实施科教兴国战略，并使其取得完全成功的一个重要基点，是培养和造就具有良好科学素养的一代新人，新世纪的人才必须适应经济全球化、科技国际化的竞争与合作的需要，必须具备崭新的知识结构、掌握新的学习与科学工作方法、把握科学技术发展前沿和不断更新的社会需求、善于运用全球的知识基础和创新工作平台，并发展优秀的民族传统特色，他们将承担起21世纪中华腾飞的历史重任。要强调今天的学生是明天知识经济和科技社会的主力军，中国要靠具有科学知识、科学思想、科学方法、科学精神的一代新人去建设。懂得科学，有科学本领，可以使学生有足够的能力胜任将来各种重要而富有成效的工作。未来的社会也要求就业者善于学习、善于推理、具有创造性思维、能决善断、会解决问题；要强调培养学生的创新意识和创新能力，以使我国科学技术整体水平和综合国力在激烈的国际竞争中得以迅速提高并立于不败之地。

必须承认，我国目前的国民科学素养还远远适应不了新世纪的发展要求，在很多领域，中国缺乏世界级一流人才，尤其在科学研究与技术开发领域更为突出。这就对中国的教育提出了严峻的挑战，如何大力发展中国的科学教育，如何尽快提高全体国民的科学素养，如何富有成效地培养一大批具有创新精神、创新意识和创新能力的新人，都是摆在我们面前必须解决，而且必须尽快解决的艰巨任务，中国的教育必须迎接这一挑战。面对21世纪及我国政治、经济、社会发展的迫切需要，我们不仅面临科学技术飞速发展对正规科学教育的挑战，而且承受21世纪对人才特别是高素质人才需求的巨大压力。“有没有创新，能不能进行创新，是当今世界范围内经济和科技竞争的决定性因素。”这一问题不解决，势必影响我国跨世纪发展的战略目标的实现。确定国家科学教育目标和为达此目标而制定国家科学教育标准改进科学教育是教育改革的一个不可或缺的重要组成部分。

从教育角度，特别是从科学教育的角度分析，下面四个方面的问题不容忽视。

（1）在新形势下，缺乏对科学教育重要性的认识。“提高全民族的科学素质”的口号虽然早在1978年召开的全国科学大会上就已提出，然而迄今为止，我们还没有形成一个统一的国家科学教育目标和为达此目标所需的系统的科学教育标准。

（2）科学教育的社会价值观明显偏颇。教育的基本任务在于培养德、智、体、美全面发展的人，但往往忽视科学在影响人性方面的特殊作用，只重视科学对于社会生活的实用功能。在现行的教育体系中，学校教育过分注重知识的灌输而轻视科学思想、科学方法和科学精神的养成，尤其缺乏培养创新意识和创新能力的教育，学生往往是学会答问题，两不是学会问问题，这在中、小学教育中尤为明显。而群体观念淡薄，缺乏合作精神，也是值得极为关注的严重缺陷。

（3）缺乏对科学教育内容不断更新的强有力的社会竞争的动力需求，教材与教学内容以及教学方式、教学手段远远落后于当今科学技术的发展。

（4）在现行教育管理体制中，仍存在一些不利于创新人才培养的因素。学校缺乏真正的依法办学自主权，缺少自己的特色，教师在学校办学中的主导作用没有得到充分体现；学生在学习中处于从属和受支配地位，没有自主性，缺少激发和鼓励学生在学习中充分发挥自身潜能和健康发展个性的动力机制与环境，没有个性，没有个性的健康就难以培养出具有创新能力的高素质人才。

三、发展中国科学教育的对策与建议

（1）在大力推行素质教育的同时，尽快建立适合新世纪发展要求的科学教育体系，制定国家科学教育目标和标准。建议在国家科学教育领导小组下成立一个由有关部门（教育部、科技部、中国科学院等）和各界代表组成的国家科学教育专家委员会，负责制定国家科学教育目标和标准，以促进国家科学教育体系的形成。制定科学教育目标和标准有助于规划我们走向未来的行动路线，旨在引导我们从当前学校教育的种种束缚中解脱出来，向着提高全民科学素养这一目标前进。这是一项十分艰巨的工作，需要几代人不懈的努力，需要分层次、分阶段、有计划、有步骤地积极加以实施。建议制定国家科学教育总体规划和阶段实施计划，并将这一任务落实到各级政府和教育机构。

（2）面向未来需求，从提高全民的科学素养高度，树立全新的科学教育价值观念。建立对学校、教师、学生以及教学计划等的科学、公正、客观的评价体系，以引导和确立在科学教育过程中什么是优秀的学生、什么是出色的教师、什么是富有成效的教学计划、什么是好的学校，从而促进和有利于培养出具有创新精神、创新意识和创新能力的一代新人。

（3）科学教育绝不仅指在校教育，还需要建立多途径、多渠道的培养创新人才的通道，形成从基础教育到高等教育乃至社会实践、继续教育的教育链，并化为全社会的共同行动。要把教育与科研结合起来，重视发挥科研院所在培养创新人才方面的重要作用，国家采取积极而慎重的步骤，促使重点高等院校与骨干科研院所有机结合，科技专家不仅要做出高水平的科技工作，还肩负着培养科技创新人才的重任。应鼓励和提倡科研院所的优秀科技人员到学校兼职任教，鼓励和提倡有条件的退休科技人员和教师，继续在科学教育方面发挥作用。投资科学教育就是投资中国科学技术的未来。合理配置和使用政府公关教育资源，从社会各渠道筹集资金并设立专门的科学教育基金，改善和创造良好的有利于科学教育的社会环境，加强并完善社会公共科学教育体系，大、中城市应建立相应的博物馆、图书馆、科技馆、信息文献中心、公众教育网络，加强科学教育在全民教育和终身教育中的作用。

（4）仍然需要以重大改革来健全和完善科学教育的内部发展机制。健全科学教育内在的运行机制的基本任务在于，制定更为宽松的政策环境，把学校、教师和学生的积极性和主动性最大限度地调动起来，以保障科学教育内容的不断更新、教学方法的不断改进和求知兴趣日益增长。对学校来说，最重要者莫过于依法成为真正的办学主体，在公平竞争的环境下自主地发展，办出特色。对教师来说，充分发挥教师在办学中的主导作用并维持体面生活的工薪是首要的，而严格的退休制度、合理的岗位轮换、灵活的访问进修、公开招聘和禁止“近亲繁殖”来保证教师队伍和教学内容的“吐故纳新”也是非常必要的。对学生来说，给予更大的自主性；实行宽进严出并给予择校、择系的平等和自由，建立有效的激励与制约相结合的机制，是发挥其积极性和主动精神的基本条件。

（5）健全并大力发展科学教育的外部动力机制。尽早建立来自立法、行政、科学团体和社会舆论的对科学教育的公正评价和及时反馈的机制；逐渐扩大国际科学教育交流与合作的途径和范围，在法律规范下并通过示范引进和吸收先进的教材和经验；积极促进教育系统与科学研究机构和企业的合作和联合，以通过国家科学教育资源的共享，使科学教育能跟随科研进展和产业发展的最新变化；努力探索科学教育中各种途径相互补充的作用，包括给予科学研究机构和私立学校以平等的办学自主权；大力发展远程网络教育，以支持和引导终身学习的科学教育体系的形成。

“任重而道远”，科学教育的规划与施行，从“科教兴国”与“可持续发展”来考虑，已刻不容缓。

附：

咨询组成员名单

姓　名	职　称	单　　位
路甬祥	中国科学院院士	中国科学院
师昌绪	中国科学院院士	中国科学院
陈佳洱	中国科学院院士	国家自然科学基金委员会
母国光	中国科学院院士	南开大学
朱清时	中国科学院院士	中国科学技术大学
赵鹏大	中国科学院院士	中国地质大学
王梓坤	中国科学院院士	北京师范大学
杨叔子	中国科学院院士	华中理工大学
吴咏诗	教授	天津大学
闫沐霖	教授	中国科技大学
倪光炯	教授	复旦大学
董光璧	研究员	中国科学院自然科学史研究所
张建新	研究员	中国科学院心理研究所
张国则	教授	南开大学
蒋国华	教授	中央教育科学研究所
邹泓	教授	北京师范大学发展心理研究所
饶子和	教授	清华大学生命科学工程研究院
赵世荣	副研究员	中国科学院学部联合办公室

写作组成员名单

董光璧　　张建新　　张国刚　　赵世荣

参加研讨会人员名单

姓　名	职　称	单　　位
路甬祥	中国科学院院士	中国科学院
白春礼	中国科学院院士	中国科学院
师昌绪	中国科学院院士	中国科学院
陈佳洱	中国科学院院士	国家自然科学基金委员会
母国光	中国科学院院士	南开大学
朱清时	中国科学院院士	中国科学技术大学
赵鹏大	中国科学院院士	中国地质大学
王梓坤	中国科学院院士	北京师范大学
杨叔子	中国科学院院士	华中理工大学
甘子钊	中国科学院院士	北京大学物理系
马志明	中国科学院院士	中国科学院应用数学研究所
周立伟	中国工程院院士	北京理工大学
吴咏诗	教授	天津大学
闫沐霖	教授	中国科学技术大学
倪光炯	教授	复旦大学
董光璧	研究员	中国科学院自然科学史研究所
张国则	教授	南开大学
张建新	研究员	中国科学院心理研究所
蒋国华	教授	中央教育科学研究所
邹泓	教授	北京师范大学
饶子和	教授	清华大学
张尧学	研究员	教育部
纪宝成	教授	教育部

续表

姓　名	职　称	单　　位
袁行霈	教授	北京大学
杨光荣	教授	中国地质大学
刘　钝	研究员	中国科学院自然科学史研究所
罗嘉昌	研究员	中国社会科学院哲学研究所
倪力亚	研究员	中央政策研究室
郭　雷	研究员	中国科学院系统科学研究所
黄季焜	研究员	中国农业科学院
刘忠范	教授	北京大学
张梅玲	研究员	中国科学院心理研究所
施建农	研究员	中国科学院心理研究所
李喜所	教授	南开大学
刘珺珺	教授	南开大学
武夷山	研究员	中国科技信息研究所
武长白	教授	国家自然科学基金委员会
龙　军	工程师	国家自然科学基金委员会
陈士俊	教授	天津大学
韩义民		天津大学
李燕丽		教育部
谷冬梅		中国科学院物理研究所
钱文藻	研究员	中国科学院
周先路	高级工程师	中国科学院学部联合办公室
孟　辉	高级工程师	中国科学院学部联合办公室
赵世荣	副研究员	中国科学院学部联合办公室
盛海涛	高级工程师	中国科学院学部联合办公室
刘勇卫	高级工程师	中国科学院学部联合办公室
张　恒	副研究员	中国科学院学部联合办公室
刘春杰	高级工程师	中国科学院学部联合办公室

新世纪中国出版业前景之管见*

21 世纪无疑是全球化知识经济的世纪，知识创新、知识创造性的应用，技术创新和规模产业化将成为国家经济竞争力的关键因素。高素质的人才，创新、创业人才将成为国际竞争的焦点。教育、科技投资将是最有效的战略投资。人们将更加主动地追求人与自然、人与人之间的和谐协调、平等互利、可持续的发展模式。中国将开始进入实现第三步战略目标的进程，中国经济将更进一步融入世界经济的主流，中国经济和社会发展将更多地依靠国民素质的提高、科技创新能力和体制创新。中国将面临新的发展机会和人口、资源、生态环境和自主创新能力的挑战。中国十二亿人口的物质和文化需求将发生结构性变化。英文与中文将成为未来世界应用最广泛的语言。因此，中国的出版业也面临着前所未有的机会和挑战。

（1）出版业将成为支持我国科技与教育发展、国民文化素质提高和新知识、新技术、新思想传播的不可替代的渠道。

（2）出版业的市场将随着国民教育水平和生活水平的提高而持续高速增长。

（3）出版业将从书籍、杂志、报刊等以纸张为介质和载体的“硬拷贝”发展到声、像、现代存储和网络出版等多样化、多媒体的出版业新结构、新趋势。

（4）随着经济和科技创新的全球化和国际化，出版业的国际合作与交流将前所未有地发展，其中既蕴含着机会也蕴含着挑战。

（5）随着社会需求的多样化，出版业从内容到形式的多样化也势在必行，尤其是适应终身学习、教育普及、科学普及、信息传播、国际交流与合作、健康与休闲、生态与环境等方面的出版将空前繁荣与发展。

（6）随着中国经济的发展、国际地位的提升，中文将成为和英文同样的国际优选的交流语言。中文出版的市场将跨越国界和华人范畴，走向世界。

（7）出版业将受到信息技术、互联网，材料工艺等技术发展的重大影响，从技术手段、组织形式到市场行销将不断发生新的革命。

（8）出版业既对民族文化繁荣和精神文明建设承担重要责任和产生重要影响，又面临入世以后国际性的市场竞争的挑战。中国出版界责任重大，前程远大。

祝中国出版业在 21 世纪扬帆远航，为中华民族的振兴和重现辉煌做出新贡献。

---

* 本文发表于《中国出版》杂志 2001 年第 1 期。

在纪念《中华人民共和国科学技术普及法》颁布一周年座谈会上的讲话*

同志们：

今天我们在这里聚会，纪念《中华人民共和国科学技术普及法》（简称《科普法》）颁布施行一周年。《科普法》的实施，标志着我国科普工作纳入了法制化轨道，科普事业已步入一个新的发展阶段，这也是依法治国方略的重要体现，具有十分重要的意义。

当今世界，科学技术突飞猛进，知识经济初现端倪，科技创新、科学知识的普及与应用已成为促进经济可持续发展和社会全面进步的关键动力和重要基础。

近一年来，我国政治、社会生活中出现了两件大事：一是党的十六大胜利召开，把“三个代表”重要思想写进党章，确立了全面建设小康社会的奋斗目标；二是与传染性非典型肺炎的斗争，依靠科学战胜“非典”。这两件事，与贯彻实施《科普法》有着十分密切的关系。经过实践，我们对《科普法》的丰富内涵和法律实施的深刻意义有了进一步的理解，对如何把实施《科普法》与深入贯彻党的十六大精神相结合也有了新的感悟。

党的十六大从经济建设、政治建设、文化建设三个方面，确立了全面建设小康社会的奋斗目标。在这个鼓舞人心的宏伟目标中，首次把健康素质与思想道德素质、科学文化素质并列；提出要形成比较完善的现代国民教育体系、科技和文化创新体系，比较完善的全民健身和医疗卫生体系；还提出要促进人的全面发展，形成全民学习、终身学习的学习型社会。这些具有鲜明时代特征和富于创新精神的重要理念和命题的提出，反映了我们党代表广大人民利益的根本宗旨和坚强决心，是我党站在时代的前列，高瞻远瞩迎接全球知识经济挑战的重要举措，也使实施《科普法》的重要意义上升到一个崭新高度，进一步增强了我们实施《科普法》的动力、信心和自觉性与坚定性。

面对“非典”这场突如其来的灾难和没有硝烟的战争，党中央、国务院提出“沉着应对，措施果断；依靠科学，有效防治；加强合作，完善机制”的总要求，领导全国人民坚决有力地打了一场人民战争，取得了重大的胜利，战胜“非典”已为期不远。抗击“非典”，考验了我们依靠科学战胜灾难的勇气、决心和能力，也检验了《科普法》和科普工作的成效。可以说，经过各方面共同努力，《科普法》的实施推动了科普工作，科普工作

---

* 本文为2003年6月29日在北京人民大会堂举办的“纪念《中华人民共和国科学技术普及法》颁布一周年”座谈会上的讲话。

在抗击“非典”中发挥了重要作用，做出了独特贡献。通过实践，我们不仅对实施《科普法》有了深切的感受，而且对进一步实施好这部法律更加充满了信心。

借此机会，我想结合抗击“非典”中科普工作的成绩和经验，就《科普法》的贯彻实施，讲几点意见。

一、从时代的高度认识科普工作的重要意义

在当今时代，科学技术已成为“第一生产力”，成为人类社会文明进步的动力与基石。抗击“非典”又一次启示我们：科技创新已成为国家生产力发展、人民健康和全面建设小康社会最关键的因素，也是国家安全的关键要素。科学技术创新与应用，不仅需要培养和吸引一大批科技创新人才，建设一流的创新基地和人才培养基地，需要促进成果的转移与转化，更需要科学技术知识的传播与普及，需要科学精神和科学方法的弘扬，需要鼓励创新和创业的文化氛围和社会环境。从这一意义上说，科学普及也是科技创新和社会现代化的土壤和基础。我们应该如同重视科技创新一样地重视科学普及。

二、科普工作应当坚持群众性、社会性和经常性

《科普法》规定“科普工作应当坚持群众性、社会性和经常性”。抗击“非典”中的科普工作，充分说明了坚持这“三性”的正确性和重要性。科学技术普及，贵在普及也难在普及。“普及”意味着涉及相当大的范围、有众多的对象，乃至遍及全社会。如普法教育，要求对所有公民进行法制意识和法律知识的宣传教育。抗击“非典”使《中华人民共和国传染病防治法》得到了极大的普及。现在大家都知道公民如果不按疫情防治的需要而拒绝隔离措施，就违法了，将被依法强制执行，这既是现实的普法，也是现实的科普，是科普与普法的结合。传染病流行的三要素——病原体、传播途径和易感人群，这些科学概念在很短的期间就家喻户晓；过去许多人认为传染病都是由细菌传播的，现在不仅知道了病毒，还知道了导致“非典”发生的罪魁是冠状病毒的变异；以前大多数人对流行病学调查很陌生，现在懂得了“流行病学调查”对于迅速切断疫病传播的重要作用；改善通风以防止被传染，也使病毒“浓度”的概念一夜之间深入人心。抗击“非典”中的科普经历，使我们对科普工作为什么应当坚持群众性、社会性和经常性以及怎样坚持“三性”有了实实在在的体会，也为今后更好地实施《科普法》提供了极为丰富的新鲜经验。

三、坚持科学精神，正确处理好三个关系

《科普法》要求“科普工作应当坚持科学精神”。提高公民科学文化素质的本质，就在于使人们树立起科学精神，以辩证唯物主义的科学世界观和方法论为指导参与社会实践。抗击“非典”的经验也告诉我们，科普工作坚持科学精神，就要正确认识并处理好三个

关系。

一是普及科学技术知识与弘扬科学精神、传播科学思想和科学方法的关系。科普概念本身就包括普及科学技术知识、倡导科学方法、传播科学思想、弘扬科学精神的内涵。前者与后三者，是辩证统一的关系。知识是基础，只有打下一定的科学技术知识基础，才能使公民的科学文化素质上升到科学精神、科学思想、科学方法的层面；而仅有科学技术知识还不够，因为科学技术知识不会自然生成科学精神、科学思想和科学方法。一些人参与愚昧迷信活动，被反动的邪教所欺骗，个别人甚至冒用科学概念、打着科学旗号去散布、贩卖伪科学就是例证。因此，《科普法》的实施要在普及科学技术知识的同时，更加重视弘扬科学精神，传播科学思想，倡导科学方法。

二是普及自然科学知识与普及社会科学知识的关系。世界卫生组织对健康的定义，包括了心理健康、生理健康和社会交往等三个方面。人们的健康状况特别是心理健康状况如何，在面对“非典”这一重大考验时得到了检验。许多人在“非典”流行的高峰期产生了恐惧、恐慌心理，其危害程度不亚于疫病本身。面对此情，从事心理卫生研究和教学、咨询的自然科学工作者、社会科学工作者及有关学术团体，以满腔的社会责任感和令人敬佩的敬业精神挺身而出，纷纷办讲座、设专栏、开通咨询热线，及时给予人民群众心理健康方面的治疗和关怀，引导和帮助人们正确认识疫情，调整心态，养成良好的个人与公共卫生习惯和形成文明、健康的生活方式，为最终战胜“非典”做出了积极贡献。这也启示我们，在科普工作中，要给予人们的心理健康和社会认知氛围更多的关注。

三是科学文化素质与思想道德素质、普及科学知识与普及法律知识的关系。科学、道德、法制三个范畴，既各自相对独立，又彼此密切联系。虽然科普工作主要涉及人们的科学文化素质，但与公民的思想道德素质和守法意识并没有不可逾越的鸿沟。在抗击“非典”的战斗中，广大医护人员被人们称为拯救生命的白衣战士、新时期最可爱的人，因为他们不仅有精湛的医术，而且首先有高尚的医德医风，能在危难时刻义无反顾地履行天职。对于全体公民来说，防治“非典”也不仅是增加一些医学科学知识，同时也触及和检验了公共道德和法律意识问题。一些人不讲卫生，随地吐痰、乱倒垃圾、食用野生动物等不文明的生活陋习，固然与缺乏科学知识有关，但更与缺乏社会公德，不能善待环境，不能善待大自然有关；更有个别人由于无知和私利，违反传染病防治法等有关法律法规的规定，出现了病症不报告、不就医甚至擅自逃离隔离区域，造成了病原传播、危害公共卫生和生命安全的严重后果。这些情况告诉我们，贯彻实施《科普法》，必须将科普作为加强精神文明建设的重要内容，使科普与道德建设、法制建设很好地结合起来，才能真正把推进物质文明、政治文明和精神文明建设的各项工作落到实处，才能真正提高全体公民的健康素质、思想道德素质和科学文化素质。

四、采取公众易于理解、接受、参与的方式，提高科普工作成效

关于科普方式，《科普法》规定“开展科学技术普及，应当采取公众易于理解、接受、参与的方式”。抗击“非典”中的科普工作卓有成效，是科普行为主体按照这一要求，努力使科普工作结合实际、贴近公众的结果。在疫病流行期，各种招贴画、宣传手册及时投

放到社会的各个角落，随处可见，对宣传防病知识、稳定公众情绪起到了有效作用；针对疾病流行高峰期间广大公众居家不出或减少外出的特点，电视、广播、报纸等大众传媒充分发挥自身优势，举办专题节目、开设专栏，邀请政府官员和专家、学者通报疫情，介绍防治措施以及它的实施情况并答疑解惑；互动性的热线节目，更使广大公众足不出户就了解到最新、最需要的信息，还直接听到了对自己所提问题的解答。这些以公众易于理解、接受和参与的方式开展的科普活动，对于贯彻政府决策和各项措施，建立公共卫生应急体制、机制，稳定社会生活，消除流言影响，指导和鼓舞公众依靠科学防治“非典”起到了不可替代的重要作用；同时，创下了我国科普历史上在较短时期、围绕同一主题开展科普活动，参与面广、传播及时、效果显著的新纪录，是科普工作与时俱进的生动体现。应当很好地总结这段工作的经验，在今后《科普法》的实施中不断创新和丰富科普的方式，进一步提高工作成效。

五、 全社会共同搞好科普， 开创科普事业发展新局面

“科普是全社会的共同任务，社会各界都应当组织参加各类科普活动”，《科普法》的这一规定在抗击“非典”中也得到充分体现。在各级党委和政府的领导下，全社会都积极行动起来，组织群众、动员群众、宣传群众，发挥了很好的作用。各级科学技术协会组织作为科普工作的主要社会力量，突击印制了大批防治“非典”的宣传材料，在各地城乡广为散发；公共卫生、科研和医疗机构、院校等有关社会组织和企事业单位在履行各自社会职责的同时，也积极开展形式多样的科普活动；新闻出版、广播影视等机构、团体和大众传媒发挥跨越空间接触公众的优势，成为防治“非典”科普宣传的重要阵地；城镇基层组织及社区，农村基层组织在各自范围内根据防疫需要，开展科普宣传；机场、车站、码头和公园、商场等公共场所积极营造依靠科学战胜“非典”的环境和氛围，也发挥了科普宣传窗口的重要作用。科普是全社会的共同任务，既是《科普法》的重要规定，也是我们发扬光荣传统，战胜“非典”的法宝。开创科普事业发展新局面，提高全民族科学文化素质，全社会必须持之以恒地把科普任务共同承担起来。

同志们，《科普法》的颁布实施虽然只有一年时间，但已经取得明显成效和宝贵经验，充分说明了制定这部法律是完全必要的。让我们再接再厉，团结奋斗，在以胡锦涛同志为总书记的党中央领导下，以“三个代表”重要思想为指针，深入贯彻党的十六大精神，进一步实施好《科普法》，为全面建设小康社会，加快推进社会主义现代化建设做出更大的贡献。

在中国发明协会成立20周年庆祝大会上的讲话*

尊敬的朱丽兰理事长，尊敬的倪志福名誉理事长，各位理事，各位来宾、同志们：

在全党全国人民认真学习贯彻十六届五中全会精神，欢庆神舟六号载人飞船航天飞行圆满成功的大喜日子里，我们欢聚一堂隆重庆祝中国发明协会成立20周年。刚才，中国发明协会理事长朱丽兰同志作了一个很好的报告，她回顾过去，展望未来，对协会工作提出了很明确的目标和任务。大会还隆重颁发了“发明创业奖”，表彰了“促进发明事业优秀工作者”，并向全社会发出了《自主创新，富民强国》的倡议书。中国发明协会成立20周年庆祝大会开得热烈，开得成功，开得十分有意义。在此，我谨向发明创业奖获得者和促进发明事业优秀工作者们表示热烈的祝贺，向中国发明协会并通过你们向全国广大发明者表示热烈的祝贺。我还特别要向来自港、澳、台地区的发明家代表表示热烈的欢迎。

各位来宾，同志们！由胡锦涛、王兆国、倪志福、武衡等领导同志和钱学森、侯祥麟、王大珩、雷天觉等院士及其他知名人士共134人发起成立的中国发明协会已走过了20年的历程。20年来，在我国改革开放的大潮中，中国发明协会在武衡同志、倪志福同志、聂力同志和朱丽兰同志等历任会长的直接领导下，始终遵循协会宗旨，团结全体会员，为推动群众性的发明创造活动做了大量卓有成效的工作，取得了显著的成绩，成为一家在境内外发明界享有盛誉的全国性科技社团组织。中国发明协会所发挥的作用充分证明，20年前胡锦涛、钱学森和在座的不少同志共同发起成立中国发明协会，是一个具有前瞻性、有远见的创意和举措。

一部人类社会的发展史，在很大程度可以说，就是一部人类发明创造的历史。尤其是近现代以来，每一次重大产业革命，都是以重大原始性发明创造为直接先导的。发明创造也从来就是具有广泛的群众性。专业科技队伍固然重要，广大群众的作用同样不能忽视。正如江泽民同志在两院院士大会上指出的那样：“在科技事业的发展中，科学家的作用十分重要，但是仅仅依靠科学家的努力还不够，必须动员全社会力量共同支持和参与，这样才能形成科技发展最雄厚的基础”。中国发明协会在动员社会力量支持和参与科技事业发展中义不容辞，作用巨大，任重道远。展望未来，为了更好地发挥中国发明协会的作用，我想借此机会向中国发明协会提出几点希望。

---

* 本文为2005年10月29日在北京人民大会堂举行的“中国发明协会成立20周年庆祝大会”上的讲话。

一是认真学习十六届五中全会精神。十六届五中全会在我党我国发展史上，是一次非常重要的会议。全会将自主创新提升到了国家战略的高度。在全会通过的《中共中央关于制定国民经济和社会发展第十一个五年规划的建议》中明确提出：今后五年，我们一定要有高度的历史责任感、强烈的忧患意识和宽广的世界眼光，“立足科学发展、着力自主创新、完善体制机制、促进社会和谐”。并明确提出了“自主创新、重点跨越、支撑发展、引领未来”的科技工作新方针。可以肯定，十六届五中全会将开创中华民族自主创新的发展阶段，这为中国发明协会今后更好地发挥作用创造了前所未有的发展机遇，也提出了新的要求。希望同志们通过学习认清形势，明确责任，抓住机遇，把协会的工作推向前进，把我国群众性发明创造事业推向前进。

二是认真回顾和总结 20 年来的经验。应该说，中国发明协会 20 年来的活动丰富多彩，积累了许多好的经验。希望中国发明协会在庆祝成立 20 周年之际，认真总结经验，理出一些作为群众性发明社团组织发展的规律性认识来。这对协会今后的发展很有意义。同时，希望在总结经验的基础上，适应新的形势，提出新的思路、新的举措、新的目标，尤其要着力于在促进我国自主创新能力的提高中发挥协会不可替代的作用，使中国发明协会的工作能继往开来，与时俱进，再创新的业绩与辉煌。

三是广泛团结、动员全国广大发明者踊跃投身到自主创新的实践中来。自主创新，建设资源节约型、环境友好型社会，建设创新型国家，是全党、全国人民的一项重大战略任务，人人有责。科技自主创新，既要充分发挥专业科技队伍主力军作用，又要重视调动和发挥广大群众发明创造的积极性。在当今世界发明创造主体日益多元化的形势下，广大群众不仅始终是发明创造的主体，也始终是发明创造成果包括高新技术发明创造成果应用和转化为现实生产力的一支重要力量。我国经济社会的发展，既迫切需要高新技术发明特别是拥有自主知识产权的重大原始性技术发明，同时，也迫切需要直接源于生产、生活经验的实用技术发明，这类发明贴近生活、贴近实际、适应需求。希望中国发明协会通过多种渠道和手段，使广大发明者破除迷信、增强信心，尤其要树立敢于创造、敢于发明、敢为天下先的信心和决心，在广阔的发明创造舞台上大显身手，充分发挥聪明才智。

四是希望中国发明协会在为会员“提供服务、反映诉求、规范行为”中更好地发挥作用。希望中国发明协会联系自身的实际，发挥自身的优势和优良传统，实实在在地为发明人服务，及时反映他们的诉求、呼声和要求，保护他们的合法权益，发挥党和政府联系广大发明者的“桥梁”、“纽带”作用，还要引导广大发明者遵纪守法、诚实守信，培养良好的职业道德。中国发明协会要努力建成具有向心力、凝聚力和创造力的“发明者之家”。

五是希望中国发明协会在营造良好的社会环境中努力发挥作用。中国发明协会联系的面比较广，在广大发明者中有一定的影响。衷心希望中国发明协会在自己的所有活动中能充分体现不唯职称、不唯学历、不唯身份、不唯资历，重能力、重业绩、重贡献的新的人才观，能使一切有利于社会进步的创造愿望得到尊重、创造活动得到支持、创造才能得到发挥、创造成果得到肯定。希望中国发明协会努力在全社会营造鼓励发明创造、尊重发明创造、保护发明创造、“发明创造光荣、创新创业有功”的良好社会氛围和形成“劳动光荣、知识崇高、人才宝贵、创造伟大的时代新风”方面发挥更大作用。

祝中国发明协会与时俱进，再创历史发展的新篇章。

更新教育思想观念　全面实施素质教育*

当今世界，经济市场化、信息化、知识化、全球化的趋势不可阻挡，科学技术日新月异，国际竞争与合作日趋剧烈与广泛。改革开放使我国经济社会发展取得了举世瞩目的巨大成就。党的十六大确定了全面建设社会主义小康社会的宏伟蓝图，以胡锦涛同志为总书记的中央新的领导集体高举邓小平理论伟大旗帜，全面落实“三个代表”重要思想，明确提出科学发展观和构建和谐社会的战略思路，中华民族正站在一个新的历史发展起点上。

落实科学发展观，构建社会主义和谐社会，全面建设惠及十几亿人口的小康社会，人才是关键，国民素质是基础。我们必须坚持和加快教育优先发展，增加教育投入，深化教育改革，优化教育结构，提高教育质量，适应经济社会发展对人才和国民素质提高的需要。

新中国成立以来，尤其是改革开放以来，我国教育改革和发展取得了巨大成就，为现代化建设培养了大批合格人才，国民素质也得到了显著提高。但是，由于深刻的历史、社会和文化原因，我国的教育发展与经济社会发展的需要和人民的期望相比较，仍存在着不小的差距。从学前教育到研究生教育的各个阶段，都不同程度存在着一些值得注意的问题，如教育思想与方法落后，片面注重知识灌输，片面注重考试和考分，忽视对学生求知欲的启迪与引导，忽视对学生自学能力、实践能力、合作能力和创造能力的培养等。这些偏向，造成部分学生负担过重，缺乏学习兴趣，缺乏主动精神，缺乏创新意识。

深化教育改革的任务十分紧迫，其中尤为重要和迫切的是要切实更新教育思想观念与方法，全面实施素质教育。这是全面提高国民素质、培养造就创新人才、将我国巨大的人口压力转化为无可比拟的人力资源优势的根本途径，是提升我国自主创新能力和综合国力的基础工程，也是全面建设小康社会、构建社会主义和谐社会、建设创新型国家、落实科学发展观、实现中华民族全面复兴和世代繁荣的重要根基。

全面实施素质教育，必须切实更新教育思想观念。要以邓小平同志提出的“教育要面向现代化，面向世界，面向未来”为指导，解放思想，尊重教育规律，开拓创新，迎接挑战。教育之道不在于灌输，而在于“传道、授业、解惑”，在于通过鼓励、引导和启迪受教育者的求知欲、主动性和创造性，使其在德、智、体、美、劳等各方面都得到发展，成

---

* 本文发表于《中国教育报》2005年12月20日第1版。

为素质提高、个性发展、具有创造精神和能力的社会主义事业的建设者和接班人，成为新世纪、新时代所需要的人才，以适应全球竞争与合作的环境。从这一点上说，素质教育就是以全面提高国民素质为宗旨的教育，是为人的终身学习与发展打好扎实基础的教育。

全面实施素质教育，必须改革教学方法与考试制度。从学前教育开始，就应摒弃简单的知识灌输，改为引导、启发和鼓励学生独立思考，鼓励学生敢于和善于提出问题，善于观察分析，敢于探索，敢于创造新的学习方法和工作方法。学校应以素质教育为核心，合理设置课程结构，组织多样化的课堂内外教学活动，增加实践环节，鼓励学生理论联系实际。

素质教育并不简单地否定考试，而仅将考试作为评价教学效果的手段之一，从而在根本上改革考试方式和方法，建立起更加合理、公正、公平、全面、科学的评价学业的体系，使学生的思想道德、知识、体质、心理、情操、能力等素质得到全面科学评价，并认真贯彻因材施教的原则，尊重学生的个性发展和创造才能的培养，形成有利于杰出人才脱颖而出的教育制度环境。全面实施素质教育，教师是关键，必须不断提高教师的素养。不仅要求教师具备良好的职业素养和专业知识，更要求教师有良好的思想道德素质，忠于社会主义教育事业，爱岗敬业，爱生重教，在素质教育的实践中不断学习，不断探索，不断创新。政府教育部门应加大对师范院校和教师继续教育的投人，为教师提供进修、交流、研讨的机会和条件。当前尤其要着重提高农村教师的整体素质，保证农村教师工资按月足额发放，逐步提高农村教师的待遇，吸引更多优秀人才到农村从教。

全面实施素质教育，必须将学校教育与社会教育融为一体。教育实际上是一项社会工程，在现代信息社会尤其如此。全面实施素质教育，要求在全社会树立正确的教育观、人才观、质量观，逐步改变公共教育资源布局不均衡、不协调的现状，帮扶薄弱学校，提高农村及贫困地区学校的办学水平，逐步缩小重点学校和非重点学校之间的差距，走上教育均衡协调发展的道路。政府、企业和社会在招聘、用人、待遇等各方面都应坚持德才兼备的原则，公平公正地将品德、知识、能力和业绩作为衡量人才的主要标准，建立以素质和实际能力为准则的人才选拔机制和就业、用人机制，真正从根本上摒弃仅仅以学历、资质和依分数取人的偏向，努力消除在年龄、性别和体征等方面的歧视。大众媒体要坚持正确的舆论导向，为素质教育营造良好的氛围。国家和社会还应该加大对公共图书馆、博物馆、科技馆、艺术馆、体育馆及健康的文化娱乐设施的建设，充分发挥网络在素质教育和提高国民素质方面的积极作用，为大中小学生和社会公众提供更多、更好、更为丰富的学习、培训和活动场所。素质教育也必须得到家长的充分理解、支持和积极配合。教育研究部门还应该针对不同教育层次和对象，加强素质教育研究，为全面实施素质教育提供科学依据和指导。

造就创新人才是建设创新型国家的关键*

在今年召开的全国科技大会上，胡锦涛同志代表党中央和国务院，提出了提高自主创新能力、建设创新型国家的总体目标。为了实现这一宏伟目标，我们不仅需要明确科技创新的重点领域和方向，确立企业的技术创新主体地位，推进国家创新体系建设，更需要将培养和造就创新人才放在重要的位置予以重视。

一、 创新人才推动人类文明进步

人才的成长有很多途径，而教育则是造就创新人才、提高社会创造力的主要方式。教育开发人的潜能，促进人适应社会和推动社会的进步，教育传承人类的文明，并不断丰富人类文明。教育的发展与普及程度，决定了社会的文明水平。中国宋代思想家和教育家胡瑗（字翼之，993—1059）曾经说过："致天下之治者在人才，成天下之才者在教化。"

随着社会生产力的发展，教育从生产劳动和社会生活中分化出来，产生出专门的教育机构和专门从事教育活动的教师。创造出灿烂古代文明的民族，一般是教育相对发达的民族，也是重视人的全面发展的民族。

我国古人就非常重视教育，重视人才的全面发展。春秋时期的政治家管仲（名夷吾，字仲，公元前645）曾经提出过"十年之计，莫如树木；终身之计，莫如树人"的著名思想。大教育家孔子（字仲尼，公元前551—前479）通过亲身实践和思考，形成了比较系统的教育思想。孔子倡导教育面前人人平等，提出"有教无类"的思想，重视通过教育塑造人格，"君子务本，本立而道生"；孔子很注意开发人的求知欲，鼓励培养学生的学习兴趣，"知之者不如好之者，好之者不如乐之者"；重视学生的独立思考，"学而不思则罔，思而不学则殆"，并注重启发式教学，孔子所谓的"不愤不启，不悱不发"，是指使学生"心求通而未得，口欲言而未能"，从而启发其求知欲和独立思考，这是"启发"的最早表述；他还教导学生要"博学之，审问之，慎思之，明辨之，笃行之"；孔子也非常重视创造性的劳动和思维，他曾经说过，"日新之为盛德，生生之谓易"，意思就是不断创新才是

* 本文为2006年4月9日在北京人民大会堂"中国科学与人文论坛"第38场主题报告会上的专题报告。

最为高尚可贵的品德，生生不息的变化才是事物不断发展的本质。然而，自隋朝以后，随着科举制度的产生和不断严密，特别是八股文体的盛行，中国古代的教育也越来越走向刻板和僵化。

作为西方文化发祥地的古希腊也曾产生出一些对后人有很大影响的教育思想，并将重视人的全面发展放在教育的重要地位。在古希腊文明的鼎盛时期，已经有了比较成型的学校体系和课程体系，并呈现百家争鸣的局面，苏格拉底（Socrates，公元前 469—前 399）、柏拉图（Plato，约公元前 427—前 347）、亚里士多德（Aristotle，公元前 384—前 322）等著名先哲都十分重视教育，柏拉图、亚里士多德还创建了以培养学者为主的高级学校和学园。苏格拉底把学生作为教学的主体，主张师生共同探讨问题，调动学生的主动思考，并在西方率先创立了启发式的教学方法。柏拉图主张受教育者应该德、智、体和谐发展。亚里士多德认为教育的主要目的是使人从无知变成有知，使自然人发展成为社会人，并主张真理面前人人平等，提出了“吾爱吾师，吾更爱真理”的著名哲理。但是，到了中世纪，由于宗教的统治，西方的教育也曾进入了一段僵化的时期。

创新人才的涌现为科学技术的萌发与发展奠定了基础。15—16 世纪的文艺复兴倡导解放个性，尊重人的价值，发展人的能力，冲破了宗教对人的发展的思想禁锢，推动了教育实践和教育思想的发展，导致教育对象的扩展，新式学校的产生，教育内容的更新，学科范围迅速扩大，并产生了新的教学形式与方法，从而为文艺复兴和科学革命培养了一批创造性人才。但丁（Dante Alighieri，1265—1321）、彼特拉克（Francesco Petrarca，1304—1374）、薄伽丘（Giovanni Boccaccio，1313—1375）和达·芬奇（Leonardo da Vinci，1452—1519）、米开朗基罗（Michelangelo，1475—1564）、拉斐尔（Raffaello Sanzio，1483—1520）等文化巨人的诞生，使欧洲出现了百花齐放、硕果累累、群星争艳、人才济济的局面，恩格斯（Friedrich von Engels，1820—1895）赞扬文艺复兴是“人类从来没有经历过的最伟大的、进步的变革”，“是一个需要巨人并且产生了巨人的时代”。

17 世纪科学革命发生之前，大学学科设置已经出现了增加科学内容的倾向，并且萌发出重视理性和实验、蔑视权威、鼓励创造的风气。大学成为科学思想的发源地，伽利略（Galileo Galilei，1564—1642）的主要科学工作就是在比萨大学和帕多瓦大学完成的，牛顿（Isaac Newton，1642—1727）的创造性贡献主要完成于在剑桥大学任教期间。正是由于纽科门（Thomas Newcomen，1663—1729）、瓦特（James Watt，1736—1819）、哈格里夫斯（James Hargreaves，1720—1778）、克朗普顿（Samuel Crompton，1753—1827）、凯（John Kay，1704—1779）等发明者的涌现，英国率先发动了工业革命。注重培养科学技术创新人才，使一些后发国家迎头赶上，18 世纪末到 19 世纪初，当时尚处于欧洲落后地位的德意志，积极探索以教学与研究相结合的高等教育改革，主张大学自治和学术自由，重视新兴的科学学科，引导学生树立面向实践的世界观，培养造就了诸如李比希（Justus Freiherr von Liebig，1803—1873）、霍夫曼（August Wilhelm von Hofmann，1818—1892）、拜耳（Adolf von Baeyer，1835—1917）、欧姆（Georg Simon Ohm，1787—1854）、亥姆霍兹（Hermann von Helmholtz，1821—1894）、狄塞尔（Rudolf Christian Karl Diesel，1858—1913）、奥托（Nicolaus Otto，1832—1891）、本茨（Karl Friedrich Benz，1844—1929）、西门子（Ernst Werner von Siemens，1816—1892）等富有创造力的人才，为德意志引领第二次工业革命奠定了人才基础和知识基础。

20世纪以来，世界各国都认识到发展教育、鼓励创造与发明、培养创新人才对于提高本国竞争力的重要作用。一批创新人才和重大发明也应运而生。如爱迪生（Thomas Alva Edison，1847—1931）发明电灯，亨利（Joseph Henry，1797—1878）和莫尔斯（Samuel Finley Breese Morse，1791—1872）发明电报，贝尔（Alexander Graham Bell，1847—1922）发明电话，莱特兄弟（Orville Wright，1871—1948；Wilbur Wright，1867—1912）发明飞机等。美国在19世纪末成为世界经济强国之后，把教育放在非常重要的位置上予以重视，20世纪60年代，当欧洲许多国家高校入学率只有15%的时候，美国却已高达50%，开始进入高等教育的大众化时代。美国高等教育既吸收了德国注重研究与教学相结合的优点，又努力克服德国大学论资排辈的弊端，鼓励学生在学习期间就从事于具有创造性的研究工作。第一个用人工方法将无机物合成为原始生命物质的斯坦利·米勒（Stanley Lloyd Miller，1930—2007）、发现DNA双螺旋结构的詹姆斯·沃森（James Dewey Watson，1928— ）等人，都是在研究生期间做出了世界级重大科学发现的。20世纪80年代以来，随着社会将人力资源和科技创新作为提升竞争力的主要手段，美国对教育更加重视，几任总统都宣称要成为“教育总统”，企业也越来越重视培训和吸纳人才，到了20世纪结束时，美国的教育投资已占GDP的7%以上，在发达国家名列前茅。20世纪50年代以来，日本在普及初等教育之后，将发展高等教育、培养高级创新人才放在重要的位置予以重视，20世纪80年代以后，日本对高等教育进行了大规模改革，充实与改革研究生教育，并使研究生教育的制度趋于灵活化，加强学术研究，加强产学合作。韩国紧随日本之后，也将发展教育作为国家腾飞的基础。1945年，韩国文盲率为78%，与当时的中国相当，然而到了1996年，韩国人口中的大学生比例已达37%，在世界上名列前茅。教育是提升国家竞争力的根本，尤其在知识经济的时代，教育决定国民素质的高低，决定国家竞争力的强弱。

二、 造就创新人才是时代的需要

任何时代都有其特殊的人才需求，掌握时代的特征，是培养造就创新人才和创新人才充分发挥作用的前提。当今时代主要具有如下特征：

一是经济全球化蓬勃发展。和平与发展和经济全球化是当今世界的主流，跨国商品与服务交易不断增加，国际资本流动日益频繁，先进技术在全球范围迅速传播，各国经济的相互依赖增强，资源在全球范围或地区范围内优化组合，全球竞争更加激烈，合作也更加广泛。科技人才在全球范围内自由流动，研发资源配置的全球化使得创新要素重组优化，降低了研发与成果转化的成本，提高了效率。一个国家能否在经济全球化中占据主动和优势地位，很大程度上取决于其科技创新能力强弱和创新人才的规模与水平。

二是社会走向知识化、信息化和网络化。新知识呈爆炸式增长，知识转化为现实生产力的速度加快，并以空前的强度推动着社会进步。掌握最新的知识特别是创造新知识的能力，越来越成为国家、地区、企业和个人把握发展主动权的基础与关键。信息技术的发展，使得知识传播加速，实现了全球范围知识共享的可能，从而也进一步加快了知识更新的速度。知识化、信息化与网络化的发展与普及，对经济社会产生了深刻而广泛的影响，改变了人类的生产方式、生活方式、教育方式、休闲娱乐方式和公共治理方式等，掌握最新的知识和信息，特别是掌握知识生产的能力，以及信息的采集、处理、分析、传输与使用能力，成了个人、企业、地区与国家取得发展优势的关键。

三是科学技术迅猛发展。科技创新、转化和产业化的速度不断加快，原始创新能力、关键技术创新和系统集成能力已经成为国家间科技竞争的核心；科学发展表现出群体突破的态势，起核心作用是由信息科技、生命科学和生物技术、纳米科技、新材料与先进制造科技、航空航天科技、新能源与环保科技等构成的高科技群体；科学和技术的融合加快，重大创新更多地出现在学科交叉领域；科学技术应比以往任何时候都更加关注经济社会的全面协调可持续发展，关注人与自然的和谐发展；科学技术不仅要作为第一生产力推动着经济发展，而且要作为先进文化的重要基石，推动人的全面发展和人类文明的进步。创新人才决定着国家和地区的竞争优势。

四是人才竞争日趋激烈。经济竞争和科技竞争的核心是人才竞争，归根结底是教育竞争，是造就创新人才能力的竞争。许多国家和地区通过长期实践认识到，造就创新人才，必须尊重科学、尊重创造，尊重教育自主权、尊重学术自由，以及尊重学生选课和发展的自主和自由，在知识爆炸的时代，掌握获取知识的能力比获取知识本身更重要。为了适应社会多样需求和变化，教育也正在走向多样性，更加注重培养人的兴趣，发展人的个性，塑造科学的理念、精神、伦理、道德和人格。

五是科学精神与人文精神的融合。近代科学技术上的发现发明及其广泛运用，一方面极大地发展了人的主体性，增强了人的认识和改造自然的能力，创造出巨大的物质和精神财富，改变了人的生产和生活方式等，拓展了人的生活和发展空间；另一方面也加剧了人与自然、人与社会、物质生活与精神生活等之间的矛盾与冲突。人们追求物质文明的同时，也必须重视精神文明、政治文明和社会文明，追求人与自然的和谐发展，追求社会的和谐发展，尊重科学、尊重自然、尊重生命、尊重人权也正在成为全人类的共识。

三、 我国的发展需要创新人才

改革开放 20 多年来，我国的社会主义建设取得了举世瞩目的成就。从 1978 年到 2005 年，我国国内生产总值年均增长超过了 9.4%，2005 年，我国的经济总量已位居世界第四位，进出口贸易总额居世界第三位。但是，我们应该清醒地认识到，我国的经济增长方式并没有完全转移到依靠科技进步和劳动者素质提高上来，创新驱动型经济和知识经济在我国的经济中所占的比例还很小。我国的能源和资源利用率很低，环境污染相当严重，粗放式经济增长方式已经难以为继。我们正处在国际竞争日趋激烈的环境中，世界上的一些发达国家大力提升科技创新能力，促进科技人才不断做出原始科学创新、关键技术创新和系统集成，抢占世界科技和经济的制高点，同时，发达国家的技术壁垒有增无减，关键核心技术无法用市场和金钱换取。造就创新人才、加强自主创新能力已成为提升国家综合竞争力的基础与核心，关系到我国能否在激烈的国际竞争与全球产业分工中占据有利位置。

新中国成立 57 年来，我国的教育事业取得了巨大发展。我们已拥有世界上最大规模的教育体系，2000 年，基本实现普及九年义务教育和基本扫除青壮年文盲。2005 年，小学入学率达到 99.15%，初中毛入学率达到 95%以上，劳动力平均受教育的水平为 8.5 年。全国高等学校在校生达到 2300 万人，毛入学率达到了 21%，研究生达到 115 万人，高等教育进入国际公认的大众化阶段。我国教育基本实现了优先发展，为将我国从人口大国走向人力资源强国奠定了基础。

但是，我们清醒地认识到，与我国发展的需要相比，与世界发达国家相比，我国的教育事业还不发达，教育投入依然不足，教育资源配置还很不均衡，教育结构与社会需求不对称，特别是在培养和造就创新人才方面，我们还存在着明显的不足。

应试教育现象尚未根本改变。创新教育和能力培养尚未得到足够的重视，素质教育任重道远。在当今时代，素质主要体现为一个人的思想理念、道德情操、知识基础、文化修养、身心健康，体现为思维能力、实践能力、创造能力和意志力。由于等级观念残余，以及教育资源稀缺和配置不均衡等因素的影响，我国的应试教育现象实际上还普遍存在。从幼儿园到大学仍然偏重知识灌输，而不是着重培养获取知识的能力，不是注重启发求知，养成能力，塑造人格，培育理念，不是造就追求真理、敢于善于创新、创业的人才；教育思想、学科布局、教学内容、教学方法与教学模式以及学生管理等方面，都存在着一些不利于提高学生素质和能力的因素，导致学生的求知欲、好奇心和创造力不能得到充分的鼓励与开发。

教育的自主权没有得到足够的尊重。行政管理与教育管理之间错位的现象还很突出。一方面，政府对教育应尽的职责还不到位，教育投入不足、分配失衡、督导监管需要进一步改善；另一方面，学校缺乏应有的自主权，从招生到考试方式，从教师选聘评价到教学内容与方法等教育机构的合法责权没有受到充分的尊重和必要的监督。教师教学的自主权、创造性、学术自由受到制约，学生选报学校学科、选择导师、选修课程的自主权也没有得到必要的尊重，违背了创新教育的规律，使学生无法充分发展和发挥自身的潜能。教育的外部环境未能激励教育的创新的内在动力机制，制约了创新人才的培养。

大学和教育与科研和社会实践脱节的现象比较严重。在当今时代，创新人才除了要受到良好的课堂教育外，还应该在就学期间参与科学研究与社会实践，培养创新能力，发掘创造性的潜能。我国科学教育的基础设施还比较薄弱，科研机构、企业与教育机构之间合作交流不够，特别是近些年大学与研究生扩招以来，大学生与研究生参与科研实践和社会实践的机会明显减少。在一些研究生培养单位，研究生即使能够参与科研实践，也难有自主选择的权利，往往不是为了充分发挥潜能，着眼于自身的长远发展，而仅仅成为导师完成科研任务的“打工仔”。

四、 造就创新人才

提高我国自主科技创新能力，实现经济结构调整，提升我国的国际竞争地位，在很大程度上取决于我国人才、特别是创新人才的规模与质量，而创新人才的培养，在很大程度上又取决于教育本身的创新。推进教育体制改革，落实素质教育，培养学生的创新能力，应关注以下几方面的工作。

（1）更新教育观念。只有转变传统教育的价值观和人才观，我们才能切实推进素质教育，促进人的全面发展，培养造就创新人才。培养创新人才要注重学生创新精神和创新能力的培养，创新精神就是独立思考、理性质疑精神，创新能力就是探索未知、勇于创造的能力。因此，我们的教育要由只重视同一性和规范性向同时鼓励多样性和创造性转变，由只重视指导学生被动适应性学习向鼓励学生主动求索、学习、创新转变，由对学生的灌输式教学向启发式教学转变，由重视知识单向传授向重视师生研讨、重视创造知识转变。只有把培育学生的创造精神和创新能力放在教育目的优先位置，才有可能根本改变现在流行的知识灌输和应试教育模式。

（2）重视学生个性的发展。培养创新人才需要注重学生的个性发展，保护和开发学生的好奇心和创造欲，发展学生的潜能。在我们的教育工作中，要全面树立育人为本的思想，以学生作为教育的主体，以着眼于学生的未来发展作为教育的目的。要充分考虑学生的个性差异，因材施教，注重个性教育和个性化的教学，充分调动学生求知的主动性和创造性，激发和培养学生的学习兴趣，使学生充分发展专长。要重视培养学生的创造思维能力，提高学生求知、分析、综合与理解的能力，以及运用已有知识提出和解决实际问题的能力，同时还要使受教育者在德、智、体、美、能各方面都得到发展，树立远大的理想，具备科学的世界观和正确的人生观、价值观与荣辱观，以及高尚的道德情操、人格与社会责任感。

（3）改革教学方法。彻底摈弃扼杀学生学习兴趣、思维活力和创新精神的教学方法，将知识灌输为主的教学方法转变为以启发科学思维和提高发现与解决实际问题能力为核心的教学方法。按照心理学、教育学和认知科学的规律，围绕提高学生的自学和创造能力，设置课程，安排教学；提倡师生平等自由地研讨问题，通过启发式、讨论式、研究式等教学方法，培养学生的思维能力、创新能力和自主参与意识；要通过开设带有探索性、研究性的实验课、实习课、设计策划、综合性作业等，培养学生的科学态度和方法、合作精神和创新能力；将科学实践、社会实践和科学思维与大学教学过程紧密结合起来。请科学家、工程师、企业家、政治家和管理专家开设前沿课程，增加学生的实践环节，引导和指导学生参与前沿科学探索与技术创新；加强学校与企业、社会的合作，使学生直接了解生产实践，了解社会，了解国情并通过实践提高学生的创新创业能力。

（4）进一步推进教育体制改革。建立健全适应时代发展趋势、经济社会发展需求和符合创新人才培养规律的教育体制，是培养造就创新人才的基础与关键。一是转变政府职能和定位，政府应将工作的重点放在制定我国高等教育的发展战略、完善政策体系、注重和改善宏观规划和监督评估上，切实尊重大学和研究生院的自主权，尊重各校的办学特色和多样性；在国家发展战略、规划、法律和政策的引导下，促进教育机构自主完善创新教育的现代管理体制、激励机制和质量保障体系，建立并完善自主发展、自我约束的机制。二是在坚持和完善党委领导的基础上的民主集中制，推进高校内部议事和决策机制的民主化、科学化，充分尊重和发挥校长和教授群体在教育、科学研究和管理方面的职责和主导作用。三是建立有利于培养创新人才的教育评价机制，将提升学生的综合能力和创造性作为衡量教育、教学及学生学习的重要指标。四是从制度上保障尊重学生的学习主体地位，保障学生的学习自主性，使学生能够根据社会需求、个人爱好和潜质选择学业，发展兴趣和专长。

中国科学院是中国自然科学和高技术的综合研发中心，应在提升我国科技自主创新能力，建设创新型国家的进程中发挥骨干和引领作用。中国科学院也是我国高级创新人才的培养基地，应充分发挥中国科学院在体制、生源与师资、研发规模与水平、国际合作以及创新文化等方面的优势，在创新教育，培育造就创新人才的实践中，解放思想、实事求是、与时俱进、开拓创新、积极改革、大胆探索，发挥先导与示范作用。

《教育七章》序*

我们正处于一个以知识经济蓬勃发展为特征的创新时代，新知识、新技术的不断涌现正在使人们的思想观念和生产生活方式发生翻天覆地的变化。担负知识传播与创新使命的大学，尤其是研究型大学，应该积极回应时代对教育创新提出的更高要求。随着我国科教兴国战略和建设创新型国家战略目标的提出，教育与科技在我国的现代化建设中正在发挥越来越大的作用。所以我国需要建设若干所国际一流大学和一批高水平大学，培养优秀创新人才，适应社会经济发展的需求，建设创新型国家，构建社会主义和谐社会，实现社会主义现代化。

正是在这样的背景下，浙江大学开始了创建国际一流大学的探索。在中国这样的发展中国家，如何实现这一目标，正是我国高校以及广大教育研究者不断思考的问题。潘云鹤院士的这本文集，内容丰富翔实，记载着他担任浙江大学校长的 11 年间，在学校工作七个方面不断探索的思考和实践。浙江大学也是我的母校，我在校内学习工作过 35 个春秋，有着十分深厚的感情，由衷希望浙江大学在建设一流大学的进程中发展特色和优势，继续走在前列。四校合并组建新浙江大学以来，情况已与我在校时发生了很大变化，浙江大学师生们没有辜负党和国家的重托，不仅在建设一流大学的实践中，而且在我国高等教育发展的理论上，对中国科教事业发展不断发挥着自己独特、重要的影响。

十余年来，浙江大学在教育教学、科学研究、社会服务和管理创新等方面不断改革创新，学校的事业发展蒸蒸日上，校园面貌日新月异。浙江大学近年来快速发展，原因在于准确把握住了当代大学发展的规律，并抓住了我国高等教育发展的难得机遇。四校合并、教育教学改革、科研体制改革、学术生态环境建设、人事制度改革、地方服务、新校区建设、拔尖创新人才培养等等，浙江大学改革发展的每一步每一方面都倾注了学校党政领导班子，包括潘云鹤校长不懈的努力和付出的心血。尤其值得一提的是，同根同源的原浙江大学、杭州大学、浙江农业大学、浙江医科大学合并组建新的浙江大学，不仅实现了几代浙大人的夙愿，而且恢复并发展了 20 世纪三四十年代浙江大学学科齐全、综合实力鼎盛的局面，为浙江大学日后跻身国际一流大学行列奠定了坚实基础。应该说浙江大学的合并是成功的，求是精神和学渊汇聚融合在一起，正焕发勃勃生机。实践证明，中央关于高等

---

* 本文为潘云鹤所著《教育七章》一书的序言，该书于 2007 年由浙江大学出版社出版。

教育体制改革的决策是正确的，浙江大学所取得的进展，已经得到全校师生、广大校友和社会各界的普遍认同，而且将在我国大学的跨越发展中发挥独具特色的典范作用。

这部书稿展示了浙江大学近年来发展建设的轨迹和办学思想，总结了许多宝贵的经验教训，也包含着潘云鹤院士丰富的阅历和人生智慧。我希望这本书能够引发大家对我国高等教育改革发展的深入思考，能够推动不同学术机构之间的交流与探讨，希望有利于教育工作者和有关专家学者持续的研究探索，对我国高等教育和科技事业新的发展有所裨益。面对未来的挑战，面对建设若干所国际一流大学和一批高水平大学的目标，面对中华民族伟大复兴这一光荣而神圣的使命，中国教育和科技战线上的同志们任重而道远。让我们发愤图强，求真务实，共同努力，贡献聪明才智，做出更大成绩。

在中国设计业杰出青年创新成果汇报会上的讲话*

同志们、朋友们：

大家好！

今天很高兴在联想集团参加中国设计业杰出青年创新成果汇报会。各位的发言都很精彩，从不同的角度阐明了对创新的理解和认识，报告了各自取得的杰出成就，并提出了富有创意的建议。这是一次很有意义的会议。

今天大家探讨的创新议题，正是当今时代最热点的话题之一。在全球化、知识经济和国际合作与竞争日趋激烈的大背景下，创新对于中华民族的未来显得尤为重要。党中央、国务院做出了建设创新型国家的重大战略决策，提出到2020年中国要进入创新型国家行列的宏伟目标。实现这一目标，就要走具有中国特色的自主创新之路。要激发全民族的创新精神，培养一大批高水平的创新人才，营造尊重和鼓励自主创新的体制机制和文化氛围，巩固和发展具有中国特色的社会主义伟大事业，实现中华民族的伟大复兴。

设计是现代社会的一门综合学科，也是基于知识和创造的新兴产业，在当代经济社会生活中发挥着不可替代的重要作用。设计也是实现产业升级、增强自主创新能力的重要手段，不仅可以提升产品附加价值，对于转变经济增长方式，加速产业结构调整步伐，加快从“中国制造”向“中国创造”的转变进程起着重要作用；而且还可以对减少单位GDP的能耗、物耗与排放发挥重要作用。设计是文化艺术与科学技术的结合，是文化艺术与科学技术服务和美化大众生活的重要途径。设计会影响到城市景观、社会文化、生态环境和我们日常生活的方方面面。设计也要始终坚持以人为本，体现科学发展、和谐发展的理念，传承中华文化精粹，融合世界优秀文化，致力于提高产品竞争力、节约资源和能源、保护生态环境，不断满足人们多样化的物质精神需要，促进经济社会的协调、持续、和谐、科学发展。

我国设计产业的发展越来越受到党中央、国务院和社会各界的高度重视。今年2月，温总理批示：要高度重视工业设计。目前，发改委、人事部等部委正在制定有关政策，落实总理批示。即将出台的有关政策，将十分有利于我国设计产业的发展和优秀设计人才的成长。

---

* 本文为2007年7月24日在由北京联想集团举办的“中国设计业杰出青年创新成果汇报会”上的讲话。

刚才五位代表的发言，让我们看到了你们以创新设计为手段为社会所创造的价值，看到了你们通过艰苦努力和创造，为经济建设和社会发展做出的贡献。设计产业的发展，离不开创新人才，尤其是青年创新人才。青年是设计产业发展的未来，更是中国创新事业的未来，是建设创新型国家、增强国际竞争力的生力军。“十一五”期间，青年人才将迎来一个创新发展的大好时机。鼓励和支持青年设计人才创新创业，是落实科学发展观、构建和谐社会的需要。社会各界都应该积极行动起来，为青年创新人才成长创造更加良好的发展环境。

联想集团是一个非常重视青年创新人才培养的典型。联想集团从上到下，许多骨干都是青年人才。联想 20 年来的发展道路，展示了民族企业自主创新的成功之路，展示了民族企业积极参与国际创新竞争合作之路，也展示了青年人才创新创业的成功之路。刚才我们参观的创新设计中心，就是其中的一个重要平台。联想的竞争力在电脑、手机等产品设计和国际化经营管理上得到了很好的体现。联想不仅是奥运会的赞助商，还能够在奥运会火炬设计竞赛中胜出，证明了联想设计的创新实力，值得祝贺。

光华基金会创立以来，始终坚持以鼓励创新人才为宗旨，“光华科技奖”为我国科技事业的发展做出了积极贡献。自归属团中央领导以来，进一步发挥了共青团的组织优势，充分发挥公益组织的号召力和影响力，开展了一系列内容丰富、形式多样、富有影响的创新活动，不断为创新型国家建设做出了自己的新贡献。尤其值得肯定的是，设立“光华龙腾奖”，联合国内主要的设计行业协会开展的“中国设计业十大杰出青年评选活动”，为促进中国设计业优秀青年人才的成长，促进我国工业设计水平的提升，推动中国设计行业的又好、又快发展具有十分重要的意义。近年来，越来越多的优秀青年设计人才涌现出来，成为所在行业、所在地区的领军人物，这与你们卓有成效的辛勤工作是分不开的。希望你们把这个奖项办得更好，坚持高标准，坚持公平公正公开，严格评选程序，不断扩大影响力，努力办成中国设计业表彰奖励优秀人才的最高奖项。同时，要重视团结和组织优秀设计人才，引导他们增强社会责任感，竞争合作，形成合力，在参与国际竞争与合作，转变经济增长方式，促进产业升级，提高我国产品附加值，节约能源资源，减少排放，保护生态环境等方面发挥更加重要的作用。

我们要积极扶持和造就优秀的青年创新人才，更要重视培养和造就一大批具有创新素质和发展潜力的青少年人才。温总理在今年国家科学技术奖励大会上的讲话中指出：培养人才要从娃娃抓起，要重视对中小学生科学素质的培养，让他们既会动脑，又会动手。培养他们的创新思维，保护他们的创造精神。基金会和中央教育科学研究所发起的“光华创新教室”，是一个很好的创意。你们作为一家民间公益基金组织，能够以国家和民族发展的历史责任感，深刻认识青少年创新素质培养的战略意义，采取实实在在的行动，十分可贵。我相信，这个项目将有利于青少年的全面发展、有利于中华民族自主创新能力的提升、有利于设计创新事业的持续发展。联想集团倡议大家共同参与和支持这个项目，带了个好头。希望你们在团中央领导下，充分发动社会各方面力量，更好、更快、更扎实地加以推进，让“创新教室”成为造就创新人才的摇篮，成为激发青少年创造力、想象力的园地。社会各界既可以提供资金支持，也可以提供物资设备，也可以给予智力支持。创新教室项目是一个全社会都可以参与的好项目。请光华基金会的同志多做一点调研，多搞一些培训，把中小学在创新教育方面的需求研究好，通过你们的实践，为促进青少年创新能力的培养积累经验，为条件成熟的时候国家制定相应的政策奠定基础。

各位青年朋友，你们生逢其时，也重任在肩。希望你们继续发扬求真务实的科学精神、扎实勤奋的拼搏精神、团结协同的合作精神，以创新的思维、创新的行动带领和引导更多青年人才投身祖国发展的伟大事业，争当社会进步的中流砥柱。希望你们按照胡锦涛同志提出的“勤于学习、善于创造、甘于奉献”的要求，在建设创新型国家、构建社会主义和谐社会过程中做出新的更大的贡献。也希望光华基金会站在新的起点，以民间基金的形式，为社会公益事业多做贡献。也希望联想集团及获奖个人和所在单位的同志们继续发扬自主创新精神，同时也积极肩负社会责任，继续成为引领我国民族产业发展的旗帜。

希望看到我国青年创新设计的更多更优异的成绩，展现在全球市场这一宏大的舞台。希望我们共同努力，为国家繁荣、社会和谐、人民康乐幸福做出新的贡献！

写给参加“数字化设计与制造”科普活动同学们的一封信*

同学们：

得知你们利用休息日，来参加由中国机械工程学会在清华大学主办的“数字化设计与制造科普活动”，很是高兴。中学生走进大学校园，感受一下大学生活，对你们今后的发展会很有益处。你们可以了解一下大学教授们都在研究什么？思索一下将来我想做些什么？哪些是我们国家、是人类需要解决的问题？

你们走进加工车间，走进实验室，用自己的五官近距离体察、用自己的大脑思索，一个零件是怎样加工生产出来的？有哪些方法？选择什么材料？用什么机床和工具最经济、最高效，质量精度有保证，又节约能源、减少污染、安全生产？这中间有许多课题可以探索和思考。

青少年应积极参加各种科普活动，这样可以多结识一些科研、生产一线的良师益友。与他们交流，接触生产实践，可以促使你们主动带着问题查阅科普资源，关注科技发展中的重大事件，关注国家发展的规划和战略。课内课外知识的学习，会潜移默化地培养青少年尽早形成创新意识和创造动机。

我国的装备制造业发展很快，目前我们已是制造大国，但还不是制造强国。从制造大国走向制造强国，还需要几代人的努力。在未来 20 年制造业的发展中，你们青少年肩负着重任。要加强学习，勇于创新，勤于思索，敢于实践，学会解决实际问题的本领。

科学技术的普及是利在当代、功在千秋的事业，需要从青少年抓起，需要社会各方力量的支持，要激发广大青少年热爱科学和工程技术的积极性。

祝你们的活动圆满成功！

---

* 2008 年 11 月 8 日，由中国机械工程学会主办的“数字化设计与制造”科普活动在清华大学正式启动，此信特为参加活动的青少年撰写。

《向科学进军》序言*

刘振坤同志撰写的《向科学进军——一段不能忘怀的历史》一书即将付梓。这部书真实地再现了张劲夫同志领导中国科学院的10年。作者请我作序，我作为写作的倡议者、支持者，作为劲夫同志的晚辈与相隔30年的后任，自然义不容辞。

劲夫同志1956年经陈毅元帅亲自点将并经党中央批准，担任中国科学院党组书记、副院长，主持中国科学院工作，直到1966年"文化大革命"被迫离开领导岗位，被关进"牛棚"。这10年，不但是我们国家社会主义革命和社会主义建设取得伟大胜利与克服重重困难的10年，也是艰苦探索中国特色社会主义道路的10年。对于中国科学院来说，更是大起步、大开拓、大发展的10年。从夺取政权到执掌政权的中国共产党面对一个一穷二白的国家和严峻的国际局势，怎样建立起捍卫国家独立、促进经济发展、推动社会进步的科技事业，其难度是可想而知的。正是在这个意义上，毛泽东同志向全党全国发出"向科学进军"的伟大号召。劲夫同志是党中央领导科技事业集体的重要成员，是协助周恩来、聂荣臻同志领导科技事业的得力助手，是中国科技事业难得的帅才。短短的10年，中国科技事业大潮迭起，波澜壮阔，劲夫同志领导中国科学院做出了同行信服、外行佩服的成就。毫不夸张、毫不溢美地说，劲夫同志领导的10年极其重要，极其难得，极其宝贵。正是这10年创造了中国科学院发展史上第一个高峰。至今，老同志回忆起来，仍然感慨系之。

短短的10年，中国科学院几乎是平地起楼台，从小到大，从弱到强，建立起以力学、电子学、自动化、计算机、半导体、激光和光学精密仪器新技术研究结构、在分子生物学、地球物理、地球化学、天体演化、核物理、计算数学、系统论、控制论、博弈论、微分几何、数论、催化理论、化学物理等一批交叉科学与理论科学领域开展研究的机构，并培养造就了一支我们自己的现代科学技术队伍。据统计，1956年中国科学院科研机构共有40多个，全院人数8000多人，而到60年代初时已经达到科研机构100多个，员工达到5万多人。中国科学院成为名副其实的全国科学研究中心和学术中心，以全新的面貌出现在全国人民和全世界同行面前。特别是在决定国家安全和尊严的"两弹一星"研制方面，中国科学院厥功甚伟，正如邓小平同志20世纪80年代末所赞扬的："如果60年代以

* 本文为《向科学进军——一段不能忘怀的历史》一书序言，该书于2009年4月由科学出版社出版。

来中国没有原子弹、氢弹，没有发射卫星，中国就不能叫有重要影响的大国，就没有现在这样的国际地位。这些东西反映一个民族的能力，也是一个民族、一个国家兴旺发达的标志。”

中国共产党和中国共产党领导下的中国科技工作者是“五四运动”科学与民主精神的真正传人。这部书既真实准确地介绍了劲夫同志的卓越功绩，同时又浓墨重彩地写出了毛泽东、刘少奇、周恩来、邓小平、陈毅、聂荣臻等开国领袖的雄才大略，写出了竺可桢、钱三强、钱学森、赵九章、郭永怀、王大珩、汪德昭、陈景润等一批科技工作者的崇高形象，写出了顾德欢、杨刚毅、阎沛霖、武汝扬、谷羽、汪志华等优秀领导干部的高风亮节。读这部书真是让人扬眉吐气。它用无可辩驳的事实告诉我们，勤劳、勇敢、智慧的中国人民，不但能够创造灿烂的古代科学文化，也能够创造更加光辉灿烂的现代科学技术新文化。

劲夫同志领导中国科学院的 10 年，既是中国科技事业的第一个高峰，也为后人继续前进奠定了坚实的基础。我自 1993 年担任中国科学院副院长，1997 年担任中国科学院院长和党组书记，十几年来，我有许多次机会向劲夫同志当面请教，受到的教益更是深刻而具体。读罢刘振坤同志的这部书稿，我掩卷长思，发自内心地向劲夫同志致敬。中国的科技事业能够在刚刚起步的 10 年里，得遇劲夫同志这样好的领导者，这是我们科技事业的幸运，也是中华民族的幸运。

是为序。

推动全民科学传播　积累社会创新资源*

《中国科学传播报告（2009）》即将付印。我借此机会与科教界和传媒界谈一点关于科学传播的想法。

我们刚刚纪念伟大的“五四运动”九十周年。为什么会出现“五四运动”？有一个非常重要的原因，那就是先行者从列强入侵、军阀割据、中国积贫积弱中看到我们与西方列强在民主和科学方面的差距。就在我们陶醉于所谓“康乾盛世”的时候，欧洲已兴起了近代科学和资本主义民主共和制度。近代科学促进了多种思想与文化的交流，使求实精神与客观分析逐渐形成社会行为与制度，重塑欧洲民智，由此方有工业革命。中国急需文明的转型，而这个转型到了以爱国、民主、科学为旗帜的“五四运动”才走上自觉的道路。

随着新中国成立，中国的科教建设大规模展开，改革开放又迎来了中国“科学的春天”。科学不是朝夕之事，最来不得急功近利，最怕急于求成。新中国六十年，我们建立起一个大国必须具备的科教体系。然而，我们必须看到，中国毕竟还是发展中国家，整个社会发育程度仍然是社会主义初级阶段。与此相联系的就是公众的科学素养尚显欠缺，而这恰恰是我们建设创新型国家的薄弱环节之一。

科学传播是有效提升民族科学精神的途径，也是科研工作者义不容辞的社会责任。胡锦涛同志代表党中央提出的科学发展观，将科学纳入党和国家指导思想和执政理念的高度，为全民族基本科学精神与理性思维建设创造了前所未有的良好条件，也对科学传播提出更高要求。我们期待着一场科学传播的深刻变革。从这个意义上，我认为《中国科学传播报告2009》还有许多值得改进与开拓之处，包括一些结论似乎仍需补充论据。凡事开头难，或许我的要求对于一个新兴领域显得过高了一些，但是“取法乎上，适得其中”也是学术研究的通例。当然，引起讨论本身也是对科学传播的一种增量。

希望科教界、传媒界乃至社会各界更加积极地参与科学传播，这是我们共同的事业。

---

* 本文为《中国科学传播报告（2009）》一书的序言。该书于2009年由社会科学文献出版社出版。

在 2009 国际工程教育大会开幕式上的致辞*

女士们、先生们、朋友们：

值此 2009 国际工程教育大会在北京举行之际，我谨代表本次大会向来自教育界、科技界、产业界的国内外工程教育专家、大学领导、企业领袖等代表表示诚挚的欢迎，向大会的隆重召开表示热烈的祝贺。

2009 国际工程教育大会是继 2006 年国际机械工程教育大会后的又一次盛会，这不仅是中国工程教育界、也是国际工程教育界的一件大事。我相信，未来两天的会议所取得的成果将产生积极而深远的影响，将有助于推动国际工程教育界、科技界和产业界的广泛合作，进而推进工程教育的改革、创新和发展。

当前，世界工程教育正面临经济全球化与工程教育全球化的双重挑战。本次会议以“融合・互动・创新”为主题，共同探讨面向未来需求、推动科技进步、促进人类文明发展的世界工程教育，这标志着工程教育的发展与全球合作将进入一个崭新的历史阶段。

学科交叉融合是工程教育的时代要求。工程教育的目的不仅要通过训练使人掌握技能，而且要通过工程教育和创新活动，确立正确的人生价值理念；通过教育和工程实践活动，了解社会，关注人类面临的挑战，认识地球生态环境和全球变化；通过工程历史和人文教育，给人以道德和信仰的力量，坚持和发展工程技术的价值与人类的伦理准则。

人类未来的工程师不仅需要技术和技能，更需要人文素养与伦理道德追求，需要承担起社会责任，促进对于生命、自然生态、人类社会的公平和可持续发展，从而服务社会，造福人类。为此，工程教育的发展不仅需要本领域内的多学科合作，更需要与自然科学、数学、工程技术与人文社会科学之间的交叉与融合，共享人类文明成果，共创人类更美好的未来。鉴于全球交流合作的不断加强，考虑到各国工程师教育体系与工程师教育质量控制体系以及工程职业管理体系的差异，打破国家民族地域间的市场和文化壁垒，通过签订互认协议，建立学位与专业资格互认制度等等，将成为未来全球工程教育发展的必然趋势。

教育与产业互动是工程人才培养的重要路径。工程教育的发展离不开经济、社会需求的发展，工程人才的成长离不开产业、企业的发展。工程科技社团、企业与高校应共同探

---

* 本文为 2009 年 10 月 21 日在北京友谊宾馆举办的“2009 国际工程教育大会”开幕式上的致辞。

讨工程教育需求与发展，促进交流与合作，共同开展积极的、前瞻性的改革和探索，从而创新工程教育实践方式和环境。大学有责任为企业发展培养工程技术和工程管理人才，有责任面向产业需求开展继续工程教育及各类目标驱动的专项人才培训。大学应积极鼓励学生走向社会，走进企业。企业自然有责任和义务为大学生们提供工程实践的机会和场所，为高校教师的培养培训提供支持，为工程教育提供有专长的兼职教师。各国政府和社会组织应积极行动起来，提高社会对工程教育的认识，促进公众对工程教育的支持，促进产学研合作，推进工程科学与工程技术的研究、开发与创新。

创新型工程人才的培养是工程教育的核心目标。工程的本质是创造，是超越存在和创造未来的智慧性、实践性、创造性活动，是人类赖以生存和发展的基础。创新是工程教育本质属性，创新必须以严谨的科学精神为先导，以高度的社会责任感为基础，以创造性的思维方式去检讨各种已有结论和工程模式为前提。工程创新是企业得以发展进步和提升竞争力的根本所在，工业企业的创新主要来源于市场需求的推动和人的创造力。而这种创新活力源于工程教育所提供的工程创新人才保证。所以在培养工程人才创新能力的今天，工程教育应当通过知识拓展、方法创新、工程实践和ICT虚拟现实等相结合，实施和推进以创新工程人才培养为目标的工程教育改革创新行动。

为实现“融合·互动·创新”的世界工程教育目标，需要建立世界各国科技界、教育界、产业界相关组织的多边合作，并充分发挥世界各国工程学会的积极作用。让我们通过这次国际工程教育大会，加强国际合作与交流，增进世界各国工程教育界的友谊与理解，积极应对世界工程教育面临的挑战，分享经验，共创未来，为促进世界和平、和谐发展与共同繁荣，发挥积极的作用，做出应有的贡献！最后祝大会圆满成功！

《科学改变人类生活的 119 个伟大瞬间》前言*

20 世纪以来，在不断增长的经济、社会需求和人们对于创新、创造永无止境的好奇心及兴趣推动下，科学技术日新月异，不断给人类经济、社会发展带来新的惊喜与变革，注入新的动力与活力，也深刻改变着人们的世界观、价值观和发展观。以量子理论、相对论、信息论以及 DNA 双螺旋结构为代表的科学成就，为原子能、微电子、光电子以及基因工程奠定了理论基础，开启了原子和信息网络的新时代，开辟了基因生物、医学工程的新路径。大陆漂移和板块模型的提出，宇宙大爆炸学说的创立，更新了人类对地球和宇宙的科学认知，为现代地球科学和宇宙科学展现了新的前景，为资源环境科学、天文学、天体物理学等发展提供了新依据，也为理解地球、宇宙、生命的演化，预测、预防自然灾害等提供了新的理论基础。

飞机的发明，第一枚火箭的升空，孟德尔遗传规律的再发现，青霉素的发明，第一只电子管和半导体晶体管的发明，集成电路的出现，第一台电子计算机的诞生，原子弹和氢弹的研制成功，第一座原子能反应堆的建成，激光的发现，PC 机的发明，互联网的出现，“多利”克隆羊的诞生，谷歌、微博等的问世……日新月异的科学发现和技术发明，改变了人类对客观世界的认知，改变了人们的生产方式、生活方式和经济结构。科学技术已成为第一生产力，成为人类文明进步的基础和动力。自 20 世纪 60 年代以来，人们终于建立了走一条共创共享人类文明成果并与自然协调、又不危及子孙后代生存与发展的可持续发展道路的理念。

12 年前，正值世纪之交，由《钱江晚报》科教部 10 位记者集体撰稿，浙江少年儿童出版社编辑出版的《科学改变人类生活的 100 个瞬间》一书，用简明通俗的语言将 20 世纪世界上最伟大的科学发现、技术发明和成就介绍给小读者，很有意义。令我欣喜的是，此书出版后深受少年儿童喜爱，印数连续多次增加，获得了全国优秀少儿科普畅销图书等荣誉，其中部分内容还入选人民教育出版社小学语文课本。

12 年过去了，我们已进入 21 世纪的第二个十年。2020 年我们将全面建成小康社会，基本建成创新型国家。美国金融危机引发的全球经济衰退，更迫切要求和促进着经济结构

---

* 本文为《科学改变人类生活的 119 个伟大瞬间》一书的前言，该书在《科学改变人类生活的 100 个瞬间》的基础上做了修订补充，于 2012 年 11 月由浙江少年儿童出版社出版。

调整和发展方式的转变，呼唤和推动着科技创新，人类已经进入全球化知识经济和知识文明时代。能源科技、信息科技、先进材料与制造、生命科技等正酝酿着新的突破，学科间交叉融合，全球交流合作，中国、印度等新兴国家的崛起，应用需求的多样发展，数以亿计的青年人加入创新队伍……将不断为创新注入新的动力与活力，拓展人类对宇宙、海洋和地球深部的认识，深化对地球、宇宙、社会、生命以及人脑的结构与功能的科学认知，丰富和拓展人类对于自然和人类社会和谐、协调、可持续发展的知识和空间。

《科学改变人类生活的 119 个伟大瞬间》在原来“100 个瞬间”的基础上做了修订补充，选列了近年来若干重要科学进展和发明，内容更趋完善。它将 20 世纪以来世界上最重要的科学发现和技术发明展示给少年儿童，让孩子们了解科技的神奇和力量、人类创造力的伟大，意义深远。实施科教兴国战略和人才强国战略，提升自主创新能力，建设创新型国家，已成为国家发展战略的核心。提高全民的科技文化素质和创新能力，是迎接知识文明时代挑战的必由之路。科学技术不仅在于发明创造，更在于普及和应用，在于传承与发展。普及科学知识，弘扬科学精神，提倡科学态度和科学方法，是将 13 亿人口转变为创新人力资源的重要基础。

少年儿童是祖国的未来，也承载着科学技术创新的明天。科学探索和技术创新如同永无止境的接力赛，需要世代人持续不倦的求索与创造。此书的出版，为普及科学知识，尤其是培养少年儿童对现代科技的兴趣，激发少年儿童的创新热情具有积极意义。作为一名老科技工作者，我为此书的修订再版表示由衷的祝贺，并向所有作者、编辑和出版工作者表示敬意和感谢。谨以此为序。

在第六届中国产学研合作创新大会上的讲话*

同志们：

大家上午好！

在全党全国人民认真学习贯彻党的十八大精神的热潮中，中国产学研合作促进会和江苏省人民政府隆重召开第六届中国产学研合作创新大会，总结和探讨创新驱动、企业转型、产业升级，加强产学研合作，提升协同创新能力的新经验和新思路，表彰在产学研合作创新方面作出突出成绩的单位和个人，推进产学研合作创新示范基地和战略联盟建设，这对于贯彻落实十八大精神，进一步推进创新型国家建设，全面建成小康社会具有重要意义。在此，我谨对会议的召开表示热烈祝贺！向 2012 年度中国产学研合作创新与促进奖的获得者表示热烈祝贺！向为产学研合作创新做出贡献的同志们表示诚挚的敬意和亲切的问候！

党的十八大强调，以科学发展为主题，以加快经济发展方式为主线，是关系我国发展全局的战略选择。要不断推进理论创新、制度创新、科技创新、文化创新以及其他各方面创新，把推动发展的立足点转到质量和效益上来，着力激发各类市场主体的发展新活力，着力增强创新驱动发展的新动力。科技创新是提高社会生产力和综合国力的战略支撑，必须摆在国家发展全局的核心位置。要实施创新驱动发展战略，坚持走中国特色自主创新道路，以全球视野谋划和推动创新。要深化科技体制改革，推动科技与经济紧密结合，加快建设国家创新体系，着力构建以企业为主体、市场为导向、产学研相结合的技术创新体系，促进创新资源高效配置和综合集成，把全社会智慧和力量凝聚到创新发展上来。

加强产学研合作，促进产学研用相结合，是建设国家创新体系、提高我国自主创新能力的重要内容，也是调动和发挥各方面力量、共同推进创新发展的重要方式。近年来，我国经济社会各项事业全面发展，科技实力不断增强，企业的研发投入占 GDP 的比例大幅度增长，研发中心数量快速增长。在党中央、国务院的正确领导下，提高自主创新能力、建设创新型国家已经成为国家发展战略的核心。我国的产学研合作整体呈现良好的发展态势，创造了多样化的发展模式，在企业自主创新能力的提升，高校科研院所知识成果转化

---

* 本文为 2012 年 12 月 23 日在江苏省常州市举行的“第六届中国产学研合作创新大会暨 2012 年中国产学研合作促进会年会”上的讲话。

以及重点产业关键技术的研究开发、系统集成和创新应用等方面发挥了重要作用。产学研用合作示范基地的建设，引导了创新要素向企业流动集聚。产业技术创新战略联盟的构建，提高了技术创新的效率和水平，加快了产业结构调整和发展方式转变的步伐。产学研合作公共创新服务平台的建设，促进了创新资源的共享和科技成果的转化，实现了产学研用各自优势的发挥和有效对接。企业、高校、科研院所、应用部门主动发挥自身优势，积极探索多种产学研合作创新机制，取得了良好实效。一些省市地区还相继建立了产学研合作社会组织，进一步完善了以企业为主体、市场为导向、产学研用相结合的技术创新体系。产学研用合作创新已经成为推进企业创新、区域创新和经济转型发展的重要途径。

但我们也必须清醒地看到，在科技创新与产学研合作方面还存在着一些突出问题。

一是产学研合作机制有待进一步完善加强，产学研用各方的定位与应发挥的作用尚需进一步明确，产学研用结合水平需进一步提高；二是产学研合作的利益共享和分配机制需进一步确立完善，高校、科研机构和国有企业科技成果转化的激励机制有待进一步完善；三是中试和工程化环节薄弱，基础、共性、公共技术平台不健全，企业与高校、科研机构之间的信息交流渠道不畅，科技中介服务体系发展滞后，不利于科技成果转化；四是企业的创新意识、创新能力有待进一步增强。要重视解决企业自主创新的动力机制，提高企业投资、吸纳、创造、运用新技术的能力。要打破实际存在的行业、地区市场分割和保护，提高知识产权保护力度，进一步构建开放、统一、公平、有序的市场环境。要努力改变片面追求研究成果、论文、奖项数量，不重视科研成果转移转化，忽视创新实效的倾向。

要解决好这些问题，进一步提高产学研合作的成效，要求我们必须深入贯彻落实十八大精神，坚持解放思想、深化改革、开拓创新，不断深化对产学研合作重要性和规律的认识，认真总结实践经验，努力探索和推进产学研合作的机制和方法。

要进一步完善产学研用结合的政策环境，运用多种政策鼓励科技成果转化，加大政府统筹协调和引导支持的力度，不断改进政府推进产学研合作的体制与机制。要通过财政、税收、科技规划、科技投入、政府采购等措施，支持高校、科研机构的基础研究和技术创新，引导支持企业科技研发和设计、工艺、装备、产品、营销管理和品牌创新。鼓励企业尽早介入高校、科研机构的前期研发工作，提升创新效率，促进研发成果的及时有效转化。

要调整和完善对高校和科研机构的分类评价考核体系，改革科技、人才评价奖励制度，加强落实激励企业自主创新和产学研结合的各项制度，促进建立产学研合作的利益共享机制，完善技术创新的分配激励机制，充分调动各方面的积极性。

人才是创新创业的第一要素，在产学研合作中也必须坚持以人为本，着力发现培育、吸引支持创新创业人才，充分尊重他们的创新创业精神和价值实现，为产学研用协同创新创业创造更加有利的环境，形成数以千万计的产学研优秀合作团队。

要加大对中试环节和科技成果工程化、产业化的支持力度。大力发展面向产学研结合的开放共享的公共技术平台，加强科技成果信息开放共享，既要与大企业开展合作，更要为中小企业提供创新服务。

要重视区域性产学研结合基地建设。充分发挥地方政府、企业、高校和科研机构各方面的积极性、创造性，根据区域经济发展特点，科学规划、合理布局，形成一批特色鲜明的产学研结合基地和网络。

总之，我们要以科学发展观为指导，通过制度、管理和文化的创新，保障和促进技术创新，大力推动企业成为技术创新主体，积极培育产业技术创新战略联盟，加快推进创新企业建设，不断开拓产学研合作的新局面。

值得肯定的是，江苏省高度重视科技创新工作，把创新驱动确立为经济社会发展的核心战略，积极有效地推进产学研用紧密结合，促进了全省现代化建设事业全面发展。我们要认真学习和总结江苏的宝贵经验，在更多区域、更广领域扎实推进产学研合作创新。

同志们！党的十八大描绘了全面建成小康社会、加快建设社会主义现代化的宏伟蓝图，为党和国家事业进一步发展指明了方向，也对提高科技创新能力、建设创新型国家提出了更高要求。希望中国产学研合作促进会坚持宗旨和特色，发挥桥梁纽带作用，进一步做好整合创新资源、搭建合作平台、促进交流合作、提升创新能力等方面的工作，努力提高工作质量和实效，不断促进产学研合作事业的发展。让我们共同努力，在以习近平同志为总书记的党中央领导下，为实现十八大提出的奋斗目标和工作任务，为提升我国自主创新能力、建设创新型国家做出新贡献。

祝本次大会圆满成功！祝大家身体健康、工作顺利，祝同志们新年快乐、万事如意！

在第七届中国发明家论坛上的讲话*

同志们、朋友们：

上午好！很高兴参加第七届中国发明家论坛。

本次论坛选择“创新驱动发展，科技与金融结合”为主题进行交流研讨，这对于深入学习贯彻十八大精神，落实创新驱动发展战略，促进发明创造，推动科技与金融结合，促进投资创业具有重要意义。作为热爱、关心发明的一名老科技工作者，我谨向大家表示衷心的问候和祝愿，祝这次论坛取得丰硕的成果。

春天，是满怀梦想、播种希望的季节。党的十八大描绘了全面建成小康社会、加快推进现代化建设的宏伟蓝图，正激励着全国人民为实现中华民族伟大复兴的中国梦而努力奋斗。实现国家富强、民族振兴、人民幸福的中国梦，需要充分激励发挥全社会的智慧和创造力，进一步鼓励发明创造、尊重发明创造、保护发明创造、促进发明创造的应用与产业化。这是国家和民族的期盼，也是历史和时代的召唤。

要更加重视发明创造对经济社会发展的推动作用。发明创造，始终是改变世界、开创未来的重要力量。发明创造源于发明人的兴趣，更源于人类社会文明进步需求的推动。开展发明创造活动，既要服务经济发展，也要服务社会创新管理、保障改善民生、保护生态环境，造福社会、造福人民。当前，我国正处在实施创新驱动发展战略、转变发展方式的关键时期，推进经济社会的科学、协调、可持续发展，要求我们更加重视科技创新的支撑地位，更加重视发明创造的推动作用。要着力激发各类市场主体发展的新活力，着力增强创新驱动发展的新动力，把发展的立足点转到提高质量和效益上来，努力提高社会生产力和综合国力。

要扩大夯实发明创造的群众基础。走自主创新道路，建设创新型国家，不仅需要一支优秀的专业科技研发队伍，更需要提升全民科学文化素质，增强全民族的创新精神，提高发明创造能力。要广泛开展群众性发明创造活动，鼓励包括工人、农民、广大科技工作者和青年学子在内的广大公众关注发明创造、支持发明创造、参与发明创造。

青少年是国家的未来和民族的希望，他们最少保守思想，具有与生俱来的好奇心和创造欲。要从小培养孩子们热爱发明创造的兴趣和才能，为青少年开展发明创造活动提供更

---

* 本文为 2013 年 4 月 12 日在北京“第七届中国发明家论坛”上的讲话。

好的环境，创造更多的机会，引导和支持他们把发明创造与创新创业结合起来，为今后的人生道路奠定坚实基础。

要大力提升发明创造的应用价值。发明创造的价值在于应用，在于实现产业化。在支持发明创造的同时，要鼓励发明创造与企业结合，与应用创业相结合，与金融投资相结合，支持创新应用，鼓励投资创业，实现发明创造的社会价值，实现发明者精彩的人生梦想。

要努力优化发明创造的社会环境。推进发明创造事业，既需要切实增加科教投入，更需要深化科教体制改革，进一步优化有利于发明创造的社会环境。要重视提高原始创新、集成创新和引进消化吸收再创新的能力，也要更加注重协同创新，促进产学研用金各个环节的有机结合、通力协同。提升专业人才队伍和全民族的创新能力和水平，积极发展中介服务，依法保护知识产权，切实维护发明权人的合法权益。

同志们、朋友们！中国发明协会坚持宗旨，弘扬传统，在普及发明创造知识、开展发明创造活动、维护发明人权益等方面，做了大量卓有成效的工作，赢得了广泛赞誉。希望中国发明协会继续开拓创新、扎实工作，始终成为政府、社会和发明人信赖、满意的“发明人之家”。也祝愿各位发明家充分发挥自己的聪明才智，脚踏实地，锐意创新，实现更多的发明创造、创新创业的人生梦想。

让我们共同努力，为促进发明创造事业、建设创新型国家、实现伟大的中国梦做出更大的贡献。

《人类昂首奔赴太空的119个伟大瞬间》前言*

为让《科学改变人类生活的119个伟大瞬间》带动系列儿童科普读物，浙江少年儿童出版社花了两年时间，精心打造了它的姊妹篇《人类昂首奔赴太空的119个伟大瞬间》。还计划陆续推出《人类阔步迈向海洋的119个伟大瞬间》《人类发现地理之美的119个精彩瞬间》等，我十分赞赏浙江少年儿童出版社和作者们做出的努力，觉得这项工作很有意义。浙江少年儿童出版社盛情邀我主编全套“119系列”科普儿童读物，我乐于继续担当。少年儿童是祖国的未来，承载着中国科技创新的明天。科学探索和技术创新如同永无止境的接力赛，需要一代又一代人持续不懈地求索创造，我作为一名老科技工作者，能为培育少年儿童对现代科技的兴趣，激发他们的创造兴趣和热情，普及科学知识、精神弘扬科学、传播科学方法贡献自己的一份力量，感到十分欣慰。

我审读了《人类昂首奔赴太空的119个伟大瞬间》书稿，觉得就选题内容、文字插图、结构篇幅而言，都可以说是《科学改变人类生活的119个伟大瞬间》很好的姊妹篇。二者的不同之处在于，《科学改变人类生活的119个伟大瞬间》是《钱江晚报》科教部集体编著的结晶，《人类昂首奔赴太空的119个伟大瞬间》则是航天研究专家刘进军为孩子的俯身力作。刘进军长期从事世界航天史、航天科技情报、军事航天等研究，也是我国在卫星通信、军事航天、航天史领域的丰产作家。

《科学改变人类生活的119个伟大瞬间》出版一年多来，在国内科普读物市场受到读者的欢迎和畅销。不但少年儿童踊跃自主购买，不少中小学图书馆也积极采购，而且经媒体推荐、专家评审、730万网民参与投票，以“关注儿童成长又激发创造活力”入选2013年度“大众喜爱的50种图书”。说明它至少符合优秀儿童科普书必备的特点——有趣和有益。同时有幸成为打破当前科普畅销书引进版一统天下局面的成功案例。

航天、太空探索、星际旅行，展示了人类无限的想象力和创造力，展现了人类探索宇宙奥秘的智慧和勇气。《人类昂首奔赴太空的119个伟大瞬间》图文并茂地讲述了许多惊心动魄的航天故事，描述了人类探索太空的各个重要事件和里程碑，赞扬了伟大的航天精神，航天先驱们无所畏惧、永无止境的探索精神，尊重规律、勇于创新的科学精神。不仅

---

* 本文撰写于2014年4月22日，为《人类昂首奔赴太空的119个伟大瞬间》一书的前言。该书于2014年9月由浙江少年儿童出版社出版。

展现了航天科技探索自然的科学价值，而且展现了在对地观察、全球定位、卫星通讯与广播、空间天文、气象预报、地质海洋、生态环境、生物农业、材料科学等诸多领域不可替代的应用价值，展示了航天领域的国际竞争合作与中国独立自主发展航天的成就等。

航天先驱们的故事照耀星空。他们的事迹将激发少年儿童读者们的科学兴趣，点燃他们的思想火花，鼓舞他们的科学梦想。人类航天实践经历 50 多年，未来的目标将更加宏伟，太空旅游、捕获小行星、登陆火星、冲出太阳系，空天飞机、太空太阳能电站、太空科学实验室……空间技术的创新与和平利用将在更多的领域造福于全人类。航天，是全人类的事业。只要树立为祖国、为人类做贡献的崇高理想，拥有展望世界、展望太空、展望未来的广阔胸怀，爱读书、爱航天、爱科学，勇于探索、勇于创造、勇于坚持，相信今天的少年读者们都有可能成为航天史、科学史、创新创业史上的新传奇！

在第九届文津图书奖颁奖现场答主持人问*

新华网北京4月23日电　在2014年4月23日第19个"世界读书日"到来之际，中国国家图书馆举办了"4.23"世界读书日优秀图书推介暨第九届文津图书奖颁奖活动。来自文化部、各级公共图书馆、出版单位的代表和嘉宾以及作者、读者、青少年代表等200余人出席颁奖仪式。

第九届文津图书奖评选活动由中国国家图书馆牵头，全国52家公共图书馆组成联合评审单位，有6家媒体评审参与图书推荐和初评，并由17位知名学者组成专家评审委员会，负责终评工作。

通过全国读者、图书馆界、出版社以及专家代表等多种图书推荐渠道的筛选，确定本届参评图书有1300多种。经过推荐、初评、终评等程序，第九届文津图书奖最终评选出10种获奖图书。

科普类获奖图书《创新的启示》的作者、著名科学家路甬祥在颁奖现场接受主持人采访

主持人：我想在我们现场还有一位我们被称为大科学家，大作者，可是他写了一本小小的科普书，这本书自从我前天拿到以后我就觉得爱不释手，使劲地翻，我觉得里面不仅是有一些，还有很多有趣的图，其实我自己是学文科的，通过这本书我突然发现那么深奥的道理，用一点点不太多的浅显的文字就把它说得那么明白，所以我特别邀请路甬祥先生到现场，我要特别祝贺您。今天也是以作者的身份表达我的祝贺，谢谢，您请坐。

我其实在看这本书的时候，刚才我们在介绍第十届、第十一届人大的领导，但是还有我们叫两院的院士，可是在我翻到您的书的介绍的时候，不仅是中国的两院院士，还有其他比如说德国，比如说俄国，还有匈牙利，奥地利，韩国等国科学院的外籍院士，看来您的工作不仅是领导工作，不仅是科学工作，还有很多方面的事情要做，是吗？

路甬祥：都是为社会，为人民服务。

主持人：社会工作，但是真的科学家如果融合社会工作中我们大家受益是特别多的。我想在这么忙碌的时候，您为什么想到写这样一本科普书呢？

---

* 2014年4月23日是第19个"世界读书日"，路甬祥院士作为第九届文津图书奖科普类图书获奖者在中国国家图书馆回答了主持人的提问。

路甬祥：我不是一气呵成写这本书的，这是我十几年工作之余写的十几篇文章，大概最早是在 90 年代中叶开始，一直延续到最近几年，最近两年我从工作岗位退下来以后就更有时间了，每年的确有一个计划，写两篇科普文章。

主持人：平时您的阅读是怎么进行的呢？

路甬祥：我想青少年时代我的确是很爱阅读的，我不仅尽自己的可能买书，同时也是图书馆的常客，进了工作岗位以后主要还是结合着工作的需要读书，特别是在科学院科技管理工作很自然的就要了解科技发展的轨迹，要认知科技创新的规律，同时还要展望科技发展的未来，跟同志们一起来研究制定科技发展战略，自然就要读书。实际上《创新的启示》这本小书当中收集的文章都是我结合着工作需要，结合着对过去的科技发展轨迹的学习认知当中得到的一些宝贵启示。另外一方面也是展望科技发展未来的过程当中取得的一点一滴的收获。

主持人：是啊，我想每个人读书方式都不一样，小孩子读书，大人读书，但是今天在图书馆我的感受就特别不一样，如果我们从小能够把孩子们从一开始懵懂时候领到图书馆来，让他们通过图书馆借阅图书，我相信对他们一生都是非常有意义的，不知道您小的时候是不是也到图书馆去？

路甬祥：当然经常到图书馆去。我印象最深刻的还是两种书，一个是《十万个为什么》，这是我记得少儿时代读的书，后来有一本杂志叫《知识就是力量》，这是从苏联的版本上翻译过来，成为我们中国自己的版本，这对我的影响很大，在这当中也使我了解很多科技知识，同时激起我对科技热爱，引导我逐步走上科技创新的道路。

主持人：看来一本好书对一个人的人生影响是非常非常大的，如果没有《十万个为什么》，没有《知识就是力量》，我们很难想象今天坐在这的是路甬祥先生，可能是王甬祥．我想大家可能在今年的政府工作报告上都注意到了，我们的政府工作把提倡全民阅读第一次写了进去，我想对于一个民族，对于一个国家阅读是多么重要的事情，我不知道路甬祥先生您是怎么理解的？

路甬祥：国家现代化最根本是他的国民的现代化，提升每一位国民的科学文化的素质，最好的途径就是通过更多的学习，读书，实践，我们国家国民平均的读书数量远低于世界平均水平，我了解到世界上可能国民读书读得最多的是犹太人，大概人均读 64 本书，而中国根据不完全统计不到 4 本，这差距实在太大。

我觉得一本好书当中我们可以获得知识，我们可以获得许多启迪，我们可以得到励志，我们也可以通过读书建立起对未来许多梦想和追求。所以读书还可以陶冶人的性格，能够树立起好的道德法制观念，同时也能够形成自己的爱好跟兴趣。所以我觉得提倡读书非常之有价值，有意义，写入到政府工作报告当中也是对于全国读书的一个推动，所以我很有幸参加今天这个世界读书日的活动，谢谢！

科普工作应与时俱进*

我一直认为，科技创新固然重要，但是科技创新创造的知识、创造的技术、创新的管理，如果没有普及，没有推广应用，就不能为广大群众或者说更多的人所掌握，就很难转化为强大的生产力，很难转变为物质和精神力量。所以说，科普工作、推广工作、应用工作，它们和创新一样重要。科普工作本身的方法、手段当中也包含着创新。科普的编辑出版工作是一项复杂的创造性劳动，需要观念不断创新，改革不断深化，出版模式与时俱进，不断创造新的媒体传播方式，在服务社会、适应市场需求等方面跨出更大的步伐。

我认为，中国的科普工作的确是越来越重要，越来越需要与时俱进。党和国家高度重视科技事业发展，先后提出了科教兴国战略、创新驱动发展战略，颁布了《中华人民共和国科学技术普及法》和《全民科学素质行动计划纲要（2006—2010—2020 年）》，把科普作为提升我国全民科学文化素质的一个很重要的组成部分。科普工作不仅是普及科学知识，还要弘扬科学精神、传播科学思想、宣传科学人物、提倡科学方法。宣传科学知识的同时，也是在宣传科学家创新的历程，宣传他们的科学精神、科学方法和科学态度，培育创新文化和创新土壤。同时，我觉得现在科普环境也跟过去大不相同了，现在中国有 13 亿多人口，民众受教育程度大幅度提升，在校中小学生有 2 亿多、大学生接近 2500 万，所以科普的需求自然也是大幅增长。现在对教育很重视，对少儿教育、学生教育很重视，而且出现了过去没有过的强烈求知的群体，比如说进城农民工，现在有 2 亿多，他们要学习、要提升。我国人口已经进入老龄化，老年人不光要求老有所养，还要老有所学、老有所教，他们要求用知识来丰富晚年的生活。所以说，中国实际上是世界上科普需求最大的市场，也是成长最大、发展最快的市场。这是科普出版发展所面临的好的方面。

世界科技创新的态势、科技普及应用的态势也在发生变化，最突出的一点就是信息网络的普及。信息、知识传播的速度和范围，以及人与人平等分享知识的程度是过去所不能比拟的。这方面会对传统出版带来冲击，也为科普出版创造了新的空间，带来了新的机遇。这个趋势出版社也必须看到。另外，其他学科领域目前也在发生很大变化。例如，我所从事的制造领域与信息化融合，正在朝着数字智能制造方向发展，它的许多特征已经超

* 本文为 2014 年 6 月 24 日视察科学普及出版社并与干部职工座谈时的讲话，后发表于《科技导报》2014 年第 32 期。

出了制造这个产业。比如苹果手机，它并非只是乔布斯和苹果公司的设计，实际上还包括全世界发烧友的参与，而且还在不断给它增加功能，这就是网络时代给制造业带来的新的特征和新的形态。能源领域也在发生变化。过去都是以化石能源为主，现在可再生能源的比重逐渐上升，估计再过二三十年就会发展成为以可再生能源为主体、其他能源为补充，从集中供能为主转变成为分布供能为主，清洁的、可再生的能源体系未来二三十年后将会逐步建立起来。又如健康问题，通常看病都是依靠医院，随着医疗资源逐步普惠，健康检测慢慢进入自检、预测、预警阶段，许多健康检测产品已经普及到超市就能买到，许多疾病甚至可以自查自检，人们不仅对健康知识更加关注，而且保健的手段也逐步普及化了。

我认为，科技发展将给社会和学科领域发展带来许多变化，由此将出现许多新的情况，这些都给我们科普工作带来了新的机遇，当然也面临新的挑战。科普出版不仅要依靠广大科学家源源不断提供原创作品，更重要的还是要面向市场，要为读者服务，为社会服务。我们要提倡原创科普，但是客观现实地看，现在许多畅销的科普图书原版都在国外，我们只是把它翻译过来再出版。这个过程可能还要经历相当长的时间，即便我们成为中等发达国家了，我觉得这种引进工作还是需要的，因为市场经济的全球化本身就呈资源共创分享的基本态势。出版社老的观念还是帮助作者出书，这个并没有错，但是最重要的还是要为读者服务，为社会服务。只有面向读者、面向社会，你的书才有人读，才卖得出去，才有价值。

我赞成出版社要出精品。科普的精品必然是受大众欢迎的，必然是社会效益和经济效益俱佳的，只有这样才是真正的精品，才能真正产生社会效果，真正促进我们国民素质提高，推动创新驱动发展进程，为社会发展注入了新动力，注入正能量。过去科普工作主要是普及一般的科学技术知识，以回顾科技发展历史、介绍科学技术知识为主。中国发展到现在更多的是需要创新驱动发展。科技知识的普及是基础，这固然非常重要，但从技术的角度来看，更重要的是推广应用。科普工作也要承担推动技术普及应用的责任，以此推动科技成果的转移转化。此外，创新驱动发展战略不仅要求出版社普及已有的知识和技术，而且要求适当科学前瞻，以此推动科学原创，推动技术原创。我认为，这个作用是跟传统的科学普及相辅相成的，并且在中国未来的发展中是不可或缺的。

知识就是力量　创新永无止境*

创刊于"向科学进军"的1956年，由周恩来总理亲笔题写刊名的《知识就是力量》杂志，历经半个多世纪的风雨沧桑，凝聚了诸多科普工作者和著名科学家的心血，坚持播撒科学的种子，曾启迪和激励了几代中国人，在改革开放、建设创新型国家的今天，为了实现民族伟大复兴的"中国梦"，不懈传播科技知识和创新理念，迎来了值得纪念的第500期，值得庆贺。

知识是人类在生产实践、社会实践、科学实验中认识客观世界的结晶；是构成人类智慧和创新能力的基本要素；也是世界各族人民共同创造和可共同分享、永不枯竭、永无止境的最宝贵资源。人区别于其他动物正是因为能够学习和运用知识创新创造，拓展其生存发展的能力，推进人类社会的文明进化。英国哲学家弗兰西斯·培根（Francis Bacon，1561—1626）生活的年代，欧洲已经摆脱了中世纪宗教专制的黑暗统治，文艺复兴带来的人文主义复兴和思想解放，促进了科学技术和社会生产力的进步，给培根哲学思想带来了深刻影响。他提出了唯物主义经验论的一系列原则，重视实验对于认识的作用，确立了系统归纳逻辑方法。马克思、恩格斯称他是"英国唯物主义的第一个创始人"，是"整个实验科学的真正始祖"。培根认为，世界是不以人的意志为转移的客观存在，人的知识（认识）只有通过感性经验从客观外界获得，他坚信，掌握自然界发展规律——知识的人，是一种巨大的力量。后人由此概括形成了一句名言："知识就是力量。"其实，正是因为人在实践中创造积累知识，人又应用知识创新发展了生产力，推动了人类社会的文明进步。我们的祖先依靠劳动和生活中积累获得的经验知识，利用天然材料制作简单工具和生活用品，并创造形成了语言文字，发明了纸张、笔墨和印刷术等，使得知识文化得以更好的传承，创造形成了延绵几千年，以古希腊、古罗马、古埃及、古巴比伦、印度和中国为代表，以农业和手工业为特征的自然经济和各具特色的多源农耕文明。18世纪中叶开始，人们发明了蒸汽机、纺织机、金属切削机床、火车、轮船等，引发了科技与产业革命，开发利用矿产资源，创造了以现代能源动力，机械化、电气化、工厂化制造、现代运载通信等技术创新为主导，以机器大生产为特征的生产方式，现代教育的普及和科技研发的兴起，使得知识创造、积累和应用的速率空前，促进了现代工业文明的传承发展。但由于生

---

* 本文为2014年7月为《知识就是力量》杂志第500期撰写的卷首语。

产力快速发展，利用、开发、征服自然的观念滋长，地球自然环境受到严重破坏，引起了人们对生态环境保护的关注和重视。肇始于20世纪中叶的半导体、集成电路、计算机、因特网等电子信息技术创新和应用，使人类进入了以信息化、数字化、机械电子一体化为特征的后工业时代，并开启了人类知识网络文明的序幕。人们不但拓展了科学技术、经济社会、人文艺术、生态环保等各方面的知识，而且发展了科学精神、人文精神，科学方法和民主与法治。纵观人类社会文明进化史，其实是一部以知识和创新为推动力的发展史。今天，人类已经步入了主要依靠信息、知识、大数据，依靠人的创意创造创新，通过全球网络设计制造和服务，实现以绿色低碳、科学智能、全球共创分享、可持续发展为特征的知识网络文明时代。知识、信息已成为最重要、最核心的创新资源，它不仅俱有共创、可分享特点，而且在共创分享的人越多，其增量增值会越大，运用知识、信息的创新创造，还可引导创造物质资源的高效、再生循环和可持续利用。无处无时不在的全球网络环境和云计算、云服务等公共平台，为我们每个人提供了前所未有的公平、自由获取信息知识资源、开展交流合作、创新创造创业的大环境，知识的应用、创新创造永无止境。

改革开放30余年，我国经济社会发展取得了举世瞩目的成就，科技创新能力也快速提升，创造了人类文明发展史上的奇迹。但我们也必须清醒地看到，我国人均收入仍居世界后位，我国企业创新能力弱，由中国企业设计原创、引领世界的产品装备、工艺流程、经营服务模式少，中国制造服务的附加值低，在全球经济产业分工中仍处于低中端，还不是创造强国。党和国家提出了贯彻实施“尊重劳动、尊重知识、尊重人才、尊重创造”的方针。十八大和十八届三中全会确立了全面深化改革，实施创新驱动发展战略，加快发展方式转型，加快建设创新型国家，2020年全面建成社会主义小康社会、2050年基本建成现代化国家的宏伟目标。今天，培育提高全民族的科技文化素养和创新创造能力，促进知识、技术、管理、制度的创新创造，比任何时代更加显得紧迫和重要。只有当现代科学技术、经济社会、人文艺术、生态环境的知识和技能为亿万人们掌握和应用时，才能转变为创造财富、创造美好生活、创造中国美好未来的原动力和创造力。愿“知识就是力量”在新的历史时期，继续为国人，尤其是为我国青少年提供更多、更好的知识营养，为实现中华民族伟大复兴的“中国梦”不断注入正能量和原动力。

在第八届中国产学研合作创新大会开幕式上的讲话*

同志们：

大家好！

为深入学习贯彻落实党的十八大和十八届三中、四中全会精神，促进实施国家创新驱动发展战略，中国产学研合作促进会与深圳市人民政府联合举办第八届中国产学研合作创新大会。来自全国的产学研各界代表在这金秋时节，聚首深圳，以“创新驱动：从中国制造到中国创造，从中国速度到中国质量，从中国产品到中国品牌”为主题，交流研讨建设以企业为主体、市场为导向、产学研相结合的技术创新体系的新经验、新思路、新途径，这对于提升自主创新能力，加快发展方式转型，加快建设创新型国家，很有意义。

我谨代表中国产学研合作促进会，向关心、支持和参与产学研合作工作的同志和单位表示诚挚的祝愿和崇高的敬意！向获得中国产学研合作创新突出贡献奖、促进奖、创新奖、成果奖的单位和个人表示热烈的祝贺！对认定的中国产学研创新示范基地、示范企业和新构建的产学研协同创新联盟表示衷心的祝贺！向给予本次会议大力支持的国家 21 个部委和深圳市委、市政府表示深切的感谢！

一、认识经济发展新常态，承载创新驱动新职责

2014 年是极不平凡的一年，全国上下深入贯彻落实十八大和十八届三中、四中全会精神，全面深化改革，大力简政放权，惩治腐败，依法行政，促进市场在资源配置中起决定性作用，推进更好地发挥政府的作用，实施创新驱动发展战略，加大科教投入与改革力度，创新能力显著提升，市场活力进一步释放，发展理念和方式深刻变化，我国经济进入新常态。经济从高速增长转为中高速增长；从注重增长规模转为更注重质量效益提升、结构优化升级；从主要依靠要素和投资驱动转向创新驱动；新型工业化、城镇化、信息化、农业现代化协同推进；信息网络、清洁可再生能源、绿色智能制造、生物医药、信息与食品安全、生态环保、水土污染和雾霾治理倍受关注，相关产业和电商服务快速发展；服务

---

* 本文为 2014 年 11 月 15 日在深圳举办的“第八届中国产学研合作创新大会”开幕式上的讲话。

消费等逐步成为经济增长主体，城乡、区域差距逐步缩小，发展成果惠及更广大民众。新常态带来发展新机遇，也对产学研合作创新提出了新需求，开启了新空间，创造了新环境。习总书记指出："要实现中华民族的伟大复兴，就必须坚定不移地贯彻科教兴国战略和创新驱动发展战略，破除一切制约科技创新的思想障碍和制度藩篱，处理好政府和市场的关系，推动科技和经济社会发展深度融合，打通从科技强到产业强、经济强、国家强的通道，以改革释放创新活力，加快建立健全国家创新体系，让一切创新源泉充分涌流。"我们要认真学习，充分认识产学研合作是深化科技体制改革，建设国家创新体系，完善市场机制，提升创新活力的必然要求和重要途径。我们要以更强烈的使命感、责任感和紧迫感，求真务实、开拓进取，提升合作水平和实效，为落实总书记提出的要求，促进一切创新源泉充分涌流做出更大贡献！

二、抓住转型发展新机遇，创造协同创新新业绩

我国正处于以创新为核心的发展转型的关键时期。世界新一轮的科技革命和产业变革正在兴起。我们正面临世界新技术和产业革命与我国发展方式转型交汇的难得机遇。信息网络、新能源、新材料、先进制造业、生物医药、空天海洋、生态环保等领域正酝酿着新突破，学科间交叉、产业领域融合发展，转移转化速率加快，知识与技术创新、观念与体制创新、制度与业态的创新日新月异，全球创新基础设施、资源结构、制度环境、发展格局等发生深刻变化，信息网络、大数据等成为最重要基础资源，创新创业人才成为发展的核心动力。经过三十余年改革开放，我国已发展成为世界第二大经济体，"嫦娥"登月、高铁成网、超级计算、超高压输电、"蛟龙"深潜等标志着我国工程技术创新能力显著提升，已成为举世公认的制造大国。但我们也清醒地看到，粗放高速发展付出了巨大资源环境代价，落后产能严重过剩，传统发展方式难以为继，创新能力仍然不足，转移转化效率较低，亟须加强产学研合作创新，提升技术与产业创新能力，支持经济转型升级。产学研合作创新不但需要参与者的自觉自信、勇气能力，更需要开放合作、协同创新的观念和诚信互利、共创分享的机制。合作的水平和实效，将影响和决定着国家创新能力提升，关系国家民族的未来。同志们是全国产学研界的代表，要充分认识我们工作的意义和责任，努力创造产学研创新合作新业绩。

要承载起我国"四化"协同发展的新需求，进一步发挥产学研合作创新的作用，促进互联网、物联网、卫星定位、云计算、大数据等技术的推广应用，建设智慧中国；大力推动资源节约、节能减排、能源结构调整，保护生态环境，促进绿色低碳可持续发展；促进信息网络、食品药品等公共安全、创新社会管理、完善公共服务、改善民生、促进平安和谐社会建设；大力推进创新设计、智能制造，支持促进传统产业升级、新兴产业发展、商业服务业态创新。

同时，要通过产学研合作创新服务平台，推进科技服务体系建设，发展科技服务产业。培育市场主体，创新服务模式，提升服务价值，促进科技服务的专业化、网络化、规模化、国际化，全面提升科技服务对科技创新和产业发展的支撑能力。

市场是产学研合作创新的基础和广阔舞台。要通过改革创新，健全激励机制，完善政

策环境，激发产学研合作主体的积极性和内生动力，促进知识技术、人才成果向企业转移和集聚，加强企业技术创新的主体地位。要鼓励原始创意创新、突破关键核心技术、鼓励引进消化吸收基础上的再创新和集成创新，鼓励创新设计创造引领世界的产品、工艺技术、重大装备、经营服务模式，鼓励创造全球品牌和跨国企业。使我国自主创新能力不断增强，实现创新驱动产业升级、发展质量和效益持续提升，向全球产业链、价值链中高端拓展。

三、研究协同创新规律，完善协同创新机制

世间万物都有自身发展规律，只有认知和尊重规律，完善体制机制，才能达至“自觉自由”、“事半功倍”。要认真总结北京中关村、深圳与珠三角、长三角等不同区域，以及中建材、联想控股、华为、中石化、中铁、阿里、宝钢等不同所有制企业产学研合作创新的成功经验，更要研究依靠合作创新发展成长的中小企业的经验，研究各领域合作创新创业的多样方式，以及国外产学研合作创新的成功经验。通过加强战略和政策研究和案例分析，深化对产学研合作创新规律的科学认知，完善合作创新机制。中国产学研合作促进会应与地方产学研促进会、产学研联盟等通力合作，将促进合作创新与区域经济发展、行业产业升级结合起来，建立健全广泛有效的合作机制和促进体系；要通过战略和政策研究，为改善产学研合作创新环境向政府提供咨询建议，推动完善相关法律法规、财税金融政策、工业标准与规范，促进信息网络和大数据等公共创新资源共创分享，推动完善跨部委、跨行业协同机制，促进营造公平竞争、鼓励创新、诚信协作的市场环境；积极引导企业和社会增加创新投入，促进资本市场对合作创新的投融资支持，推动建立产学研合作创新基金，化解中小企业在合作创新创业中的融资困难，以产学研合作项目为抓手，促进科技金融结合。通过产学研合作创新研究和实践探索，协助政府、企业和市场实现体制机制创新，完善公共服务，建设合作创新文化和舆论氛围。激发汇聚合作创新正能量，促进企业提质增效、经济发展转型、创造美好生活，实现科学发展、创新发展、持续发展。

要研究促进军转民、民支军、军民融合的产学研合作创新机制，促进经济国防协同协调发展，使得我国综合国力、创新能力、公共与国防安全保障能力相互促进、综合国力持续、协调、同步提升。

四、坚持以人为本，建设宏大协同创新队伍

产学研协同创新归根结底依靠人的创意创造创新与合作协同。依靠企业家、科学家、工程师、大学师生的创意创新创造和他们之间的信任合作，需要传媒工作者、投资人、中介人、律师的传播参与、投资服务，需要各级政府的重视和支持。产学研合作创新必须坚持以人为核心，要积极完善产学研合作人才培养和凝聚机制，要重视支持、凝聚培育数以千万计创新创业人才，投身以企业为主体、以市场为导向的产学研合作创新，会聚创新要素，激发创新活力，催生更好更多创意创新，让知识信息、技术成果转变成为先进生产

力、国际竞争力和可持续发展能力，创造更多社会财富要引导建立以业绩论英雄的市场和社会价值导向的产学研合作创新人才和团队的评价激励机制，在重视培养凝聚合作创新领军人才的同时，要重视和加强职业技术和经营管理人才的培养培训，培育数以万计的产学研合作创新人才和协作团队，尤其要重视和支持青年创新创业者、网络“创客”和中小企业家实现梦想，发挥他们在合作创新创业中的重要作用。形成一支世界上最富有创新创业激情与活力、最宏大、最多样包容、素质和结构持续提升优化的产学研合作创新队伍，打造坚实的人才基础。要充分依靠和发挥各位常务理事、理事以及所在单位、产学研合作联盟和地方产学研合作促进会的特色优势和创造精神，相互激励、相互启发、相互促进、交流合作、协同发展，共创分享合作创新的新成果、新经验、新途径，构建开放合作的产学研协同创新大网络。

要充分重视发挥传统媒体和新媒体在促进产学研合作创新中不可替代的作用。通过传播报道合作创新，传承弘扬社会主义核心价值，传播激励创新创业精神和企业家精神，准确全面宣传相关法律法规，发挥媒体的传播引导、教育监督职能，发现好案例，传播好经验，发掘好机制，营造好环境，为产学研合作不断注入正能量、增添新动力。

全球网络时代的科技与产业创新离不开全球交流合作，产学研合作也已成为当代科技与产业创新的大趋势。要积极推进多种形式、互利共赢的“两岸四地”产学研合作，深化国际交流合作，搭建国际合作平台网络，积极利用全球创新资源，学习借鉴国外先进经验，引进技术、人才、智力、管理和投资。以多种方式积极参与推动“一带一路”、“亚太自由贸易区”等建设，参与和支持中外双边和多边产学研交流合作，支持中国企业走向世界，国外合作创新机构来华合作，共同应对地区和全球挑战和发展转型。

同志们，让我们共同努力，把思想和行动统一到十八届三中、四中全会精神和中央决策部署上，认真学习贯彻习近平总书记的一系列重要讲话精神，按照李克强总理、刘延东副总理关于产学研工作的重要批示要求，充分认识形势任务，认真履行本会职责，解放思想、改革创新，努力开创促进产学研合作创新的新业绩和新局面，为加快发展方式转型、加快创新型国家建设，为实现“两个一百年”奋斗目标做出新贡献！

推动形成大众创业万众创新的新局面*

同志们、朋友们：

上午好！

很高兴出席第九届“中国发明家论坛”开幕式。我谨向所有热爱发明、有志创业、坚持创新和支持发明创业的同志们表示崇高的敬意！也向坚持举办“中国发明家论坛”，为发明家创新创业提供交流学习平台的中国发明协会表示由衷的赞赏和感谢！

当今世界，新一轮科技革命和产业变革的浪潮正在兴起。全球知识网络经济的快速发展，不断催生新的智能制造、绿色低碳经济、网络商务、经营业态等创新与变革。我们无论是考察欧美等发达国家推动科技与产业创新的经验，还是回顾我国改革开放 30 多年来创新创业走过的历程，都可以看到，人民大众对创新实践的普遍参与，发明人、企业家的创新创业，在国家创新能力和可持续发展能力建设中发挥着十分重要的作用。大学、研究机构等体制内的基础前沿研究，是提供技术源头、知识源头的一个重要来源，但另外一方面，草根、民间的发明创造，同样非常重要。我们回顾国内外最近 20 多年创新创业成大事的，很多都不在体制内。比尔·盖茨、乔布斯不在体制内，马云、马化腾、王永民、汪滔（大疆创新公司）、雷军不在体制内，华大基因从体制内走到了体制外，比亚迪、吉利也不在体制内。还可以举出许多例子。现在体制内、体制外的平等很重要，但过去就是在不平等的情况下，还是体制外的发明创造多。这是为什么？因为不平等当中也有有利的一面，它比较没有束缚，更加有活力。所以我们既要强调平等，同时也要减少不必要的束缚。创新创业还是要自主自由，要有想象力，创造力，我觉得这很重要。

习近平总书记、李克强总理多次强调，要深入贯彻落实创新驱动发展战略，着力推动大众创业、万众创新。在我国经济社会发展新常态下，动员全社会力量支持和参与自主创新，推动群众性发明创造活动，更是发挥中华民族创造活力，实现创新驱动，加快发展方式转型，加快建设创新型国家，全面建成小康社会，实现中华民族伟大复兴中国梦的不竭动力和源泉。我们将迎来一个大众创业、万众创新的新时代。

推动大众创业、万众创新，关键在于发挥人的创造力。大众创业、万众创新，关键是要发挥亿万中国人的智慧和力量。要充分尊重人才、尊重创造、尊重创业，切实保障创新

---

* 本文为 2015 年 4 月 23 日在北京第九届“中国发明家论坛”开幕式上的讲话。

创业者合法权益，让人们在创新创业中不仅创造和分享物质财富，同时能够实现人生梦想追求和价值。让每一个创新创业者，不论是年轻人，还是年长者，不论是教授研究员，还是草根发明人，人人都拥有梦想成真的公平机会。要使创新创业由精英走向大众，使得发明人才不断涌现，使发明成果惠及民生。通过大众创业、万众创新，提升我国创新创业队伍的整体素质，提升应对全球市场竞争的自信和能力，造就一大批具有创新思维、创业梦想、有责任、有担当的发明家和创业者，加快形成我国创新型国家建设举世无双的最具创新活力、最宏大的创新人才队伍。

全面深化改革、全面依法治国，为大众创业、万众创新提供制度和环境保障。一年来，中央和地方政府以简政放权为核心，出台了一系列激励和扶持政策，不断减税降费，推动拓展创新创业投融资渠道，鼓励和支持小微企业发展。党中央、国务院和各级政府动员激励人民群众参与改革、推动改革，形成全面深化改革的合力。要增强法治理念，破除一切法无授权的对创新创业的限制和束缚，使创新创业者真正做到“法无禁止皆可为”，形成“海阔凭鱼跃，天高任鸟飞”的创新创业环境。要加大依法保护知识产权的力度，保护发明人和创业者合法权益，形成更加有利于创新创业的市场环境和社会氛围，推动大众创业、万众创新蓬勃发展，成为创新驱动发展的强大动力和不竭源泉，为经济社会的绿色低碳、网络智能、共创分享、持续发展奠定深厚的基础。

在全面深化改革、创新驱动发展的新时代，中国发明协会肩负的使命光荣、责任重大。面对新机遇新挑战，我相信，中国发明协会在大众创业、万众创新的浪潮中一定会坚守宗旨、激流勇进、创新开拓，不断探索为广大发明人服务的新方式、新方法、新途径，为大众创业、万众创新搭建更加高效普惠的服务平台，发挥更加务实有力的推动作用。

同志们、朋友们！2014 年的中国发明家论坛上，我曾引用习近平总书记的一句话：“有梦想，有机会，有奋斗，一切美好的东西都能够创造出来。”今天，我依然以这句话与各位共勉。让我们携手努力，真诚地尊重每一个创造的梦想，真诚地尊重每一份奋斗的价值，共同建设更加繁荣美好的中国，为实现中华民族伟大复兴的中国梦，也为人类社会的持续共同繁荣做出中华民族应有的新贡献！

预祝本次发明家论坛取得丰硕的成果！也预祝在座的发明家和没有在座的大众创新创业者，取得更大的成绩！

在第四届中国杭州大学生创业大赛上的讲话*

同学们、同志们：

很高兴来到中国杭州大学生创业大赛决赛现场。见到这么多朝气蓬勃的年轻人展示创新创业的丰采，看到政府、学校、企业等各方面都热忱鼓励、全力支持大学生创新创业，我倍感振奋。

当今世界已迈入知识网络时代，创新创业日新月异。改革开放的中国正掀起大众创业、万众创新的新浪潮，为青年人创新创业提供了前所未有的历史机遇、公平机会和良好环境。作为有知识、有梦想、有激情的年轻人，大学生从来就是创新创业的一支重要力量，是可以大有作为的生力军，国内外许多创新创业的成功案例都已证明了这一点。大学生自主创业的比例，在一些国家和地区已达到10%左右，有的甚至到了20%，而我国目前还不到2%。这说明我们还有很大的发展潜力和空间。对于有志创新创业的大学生而言，关键是要提升创新创业的自信和勇气，注重学习和探索创新创业的知识和规律，善于将自己的兴趣、梦想与国家、社会、市场的需求结合起来，敢于、善于创新创业实践，不怕挫折和失败，善于总结经验教训，还要善于合作共赢。当然还需要政府、社会、企业等各方面热情务实地鼓励和支持，为之创造更好的环境和氛围。这也正是杭州市的成功经验。

中国杭州大学生创业大赛已经成功举办了三届，吸引了海内外高校5000余个项目团队参赛，促成百余个优秀项目在杭落地转化，涌现出一批优秀的大学生创新创业企业。这说明，举办创业大赛，既能鼓励帮助大学生实现创新创业梦想和自我价值，更能发现吸引、集聚培育更多的创新创业人才，服务我国经济和社会发展。希望杭州市认真总结经验，继续办好创业大赛，不断为大学生创新创业注入新动力和正能量，让更多有市场价值、有发展潜力的创新创业项目落地生根、枝繁叶茂、开花结果，让更多有创业激情、有创新活力的大学生从杭州起步，走向全国、走向世界！

---

* 2015年5月25日，第四届中国杭州大学生创业大赛总决赛在浙江工业大学举行。

科学与幻想的碰撞*

如果回望工业革命以来的科技史，我们时常能在科技进步之外，看到科幻的影子。甚至将科幻称为科学的孪生兄弟也不为过。潜水艇、磁悬浮列车、航天飞行与登月、大数据……科技的进步，让许多科幻作家笔下的未来世界逐渐成为现实。随着科技成果对民生的改善和公众科学素质的提高，科幻逐渐深入人心，成为美好的科学梦想，展现着引人入胜的魅力。

正如科幻出版先驱雨果·根斯巴克（Hugo Gernsback，1884—1967）在1926年创办世界上第一份科幻杂志《惊奇故事》的时候，为刊物定下"欢迎有科学根据之小说"的基调那样，科幻一直致力于以公众容易接受的形式描绘科技发展可能的走向，想象这些进步对人们生活的影响。雨果对科幻的开拓性尝试启迪启蒙了一代又一代作者和读者，以他命名的"雨果奖"至今依然是科幻界最著名的科幻小说创作奖项。

而助推美国科幻文学进入"黄金时代"的另一位伟大的科幻编辑约翰·坎贝尔（John W. Campbell Jr.，1910—1971），承袭了雨果的思路，将"用理性和现实的手法描写非现实题材"视为选稿最重要的标准，追求科幻作品中科技内容的"考据功夫"，以至于一篇二战期间发表的关于原子弹的小说，竟然被误认为是泄露了美国研发原子弹的"曼哈顿计划"的秘密。这个虚惊一场的故事，从一个侧面说明，高水平的科幻不仅能洞悉科技创新的方向和未来，而且离科技本身也并不遥远。

在"预言"科技发展趋势，乃至"反哺"科学、启迪创新之外，科幻还将思考拓展到了科技影响和改变人类生活这一层面。当科学家们预言汽车和飞机的时候，优秀的科幻作家已经在作品中预言了堵车、车位紧张和劫机案等。在载人航天时代到来之前，罗伯特·海因莱茵（Robert. A. Heinlein，1907—1988）曾已刻画了很多供职于月球城市和地月航线的"未来上班族"，描绘他们在没有空气和失重的艰苦环境中奋斗和牺牲，甚至为昂贵的"星际电话费"而不时纠结。这些凭借超前眼光，对人与科技的相互关系进行的深刻思考和想象，仿佛打开了一个又一个科学之窗，把未来世界的悲喜展现在我们面前。

科幻创作者甚至还将"放大镜"和"望远镜"聚焦于对科学技术的过度滥用，或是科技可能带来的社会问题的反思上，警醒并赋予人类"防患于未然"的可能性。于是，科幻

---

* 本文为《知识就是力量》杂志2015年第7期卷首语。

超越了本身具有的休闲娱乐功能，更鲜明地传递出创作者对当下的关注，对未来的预期、渴望或忧思。

好科幻小说的这种品格和气质，使它在传播科技知识，提升公众科学素养，启迪创新梦想等方面，具有独特的价值。1962 年，英国著名科幻作家阿瑟·克拉克（Arthur C. Clarke，1917—2008）获得有“科普界诺贝尔奖”之誉的联合国“卡林加科普奖”。足以说明科幻在科普传播方面的价值，已得到世界各国的普遍承认和重视。

早在 1903 年，鲁迅先生在翻译儒勒·凡尔纳（Jules. G. l Verne，1828—1905）的科幻小说《月界旅行》（《从地球到月球》）时，也曾在序言中表达了类似的观点：“导中国人群以进行，必自科学小说始。”他相信，科幻小说有可能以公众更乐于接受的方式传播科学，并成为开启民智和引领中国社会进步的钥匙。

科幻在科普方面的价值，正是《知识就是力量》杂志为科幻开辟出一片“阵地”的缘由所在。无论是追逐尖端科技，畅想未来世界，还是探讨科技与社会的关系，都有助于引导人们，特别是青少年读者进一步发现科学之美，进一步解放自己的想象力和创新思维。青少年时期读到的科幻佳作，无异于在心中播下热爱科学和探索科学的种子，点燃科技创新创造创业梦想的火炬。而在你们——中华民族的青少年之中，就有着开创未来科学的大家！工程技术发明创造的大家！创新创业为实现中华民族伟大复兴的中国梦做出杰出贡献，乃至改变人类文明进程的大家！

“中国好设计案例研究”系列丛书总序*

自2013年8月中国工程院重大咨询项目“创新设计发展战略研究”启动以来，项目组开展了广泛深入的调查研究。在近20位院士、100多位专家的共同努力下，咨询项目取得了积极进展，研究成果已引起政府的高度重视和企业与社会的广泛关注。“提高创新设计能力”已经被作为提高我国制造业创新能力的重要举措列入《中国制造2025》。

当前，我国经济已经进入由要素驱动向创新驱动转变、由注重增长速度向注重发展质量和效益转变的新常态。“十三五”是我国实施创新驱动发展战略，推动产业转型升级，打造经济升级版的关键时期。我国虽已成为全球第一制造大国，但企业设计创新能力依然薄弱，缺少自主创新的基础核心技术和重大系统集成创新，严重制约着我国制造业转型升级、由大变强。

项目组研究认为，大力发展以绿色低碳、网络智能、共创分享、全球合作为特征的创新设计，将全面提升中国制造和经济发展的国际竞争力和可持续发展能力，提升中国制造在全球价值链的分工地位，将有力推动中国制造向中国创造转变、中国速度向中国质量转变、中国产品向中国品牌转变。政产学研媒用金等社会各个方面，都要充分认知、不断深化、高度重视创新设计的价值和时代特征，共同努力提升创新设计能力、培育创新设计文化、培养凝聚创新设计人才。

好的设计可以为企业赢得竞争优势，创造经济、社会、生态、文化和品牌价值，创造新的市场、新的业态，改变产业与市场格局。“中国好设计案例研究”系列丛书作为“创新设计发展战略研究”课题的成果之一，旨在通过选编具有“创新设计”趋势和特征的典型案例，展示创新设计在产品创意创造、工艺技术创新、管理服务创新以及经营业态创新等方面的价值实现，为政府、行业和企业提供启迪和示范，为促进政产学研媒用金协力推动提升创新设计能力，促进创新驱动发展，实现产业转型升级，推进大众创业、万众创新发挥积极作用。希望越来越多的专家学者和业界人士致力于创新设计的研究探索，致力于在更广泛的领域中实践、支持和投身创新设计，共同谱写中国设计、中国创造的新篇章！是为序。

---

* 本文是2015年7月28日为“中国好设计案例研究”系列丛书撰写的序言，该丛书由中国科学技术出版社2015年出版。

发扬求是创新精神，创造更美好的未来*

根据改革开放时代发展的要求，在充分调查研究的基础上，1988年5月5日，浙江大学校务会议决定以“实事求是、严谨踏实，奋发进取、开拓创新”——“求是创新”为浙江大学新时期的校训，当时正值我接任浙江大学校长不久。从严格意义而言，创新也包含于求是之中，“求是创新”仅是浙江大学求是精神的发展与弘扬。浙江大学校歌：“无曰已是，无曰遂真，靡革匪因，靡故匪新。”讲的就是，莫言已把握了规律，莫言已穷尽了真理，没有革新不需要继承，没有传统不需要创新。求是求真永无穷尽，创新创造永无止境。“求是诚信乃认知处事立人之本，创新创造乃科技文明进步之魂。”这就是我理解的求是创新精神。

这27年来，求是创新精神已传承融会到浙大人的头脑和血液之中，成为浙江大学师生、校友的精神支柱与气质特征。今日之浙江大学在学科建设、人才培养、创新成果、转化创业、服务社会、传承文明等各方面都得到了长足发展，已成为中国最具影响力的高校之一，正向着有自身特色的世界一流大学目标稳步迈进。这都与求是创新精神密不可分。

“大众创业、万众创新”需要求是创新精神。大众创业、万众创新，已成为促进中国经济社会发展新动力，是激发全社会创新潜能和创业活力的有效途径。对于创新创业者而言，最重要的是要具有求是创新精神，在社会发展和变革中，坚持求是诚信，勇于创新创业，善于发现新的机会，创意创造新技术、新产品、新工艺、新需求、新业态。浙江大学毕业生创业率居全国高校前列，正是由于浙江大学学子拥有求是创新精神和敢于善于实践的自信和能力。

建设世界一流大学需要求是创新精神。建设成为有特色的世界一流大学，不仅是浙江大学自身发展的需要，也是中国发展和民族复兴的需要。求是创新是世界一流大学的根基和灵魂。2007年1月，习近平同志在调研浙江大学时强调：“浙大要建成世界一流大学，必须按照‘立足浙江，面向全国、走向世界’的要求，坚持创新不停顿，扎实工作不松劲。”“要充分利用国际优质创新资源，突破源头创新的重点领域，提升学校学术和自主创新水平。”传承弘扬“求是创新”校训，改革创新，求真务实，报效国家，服务社会，正是浙江大学的光荣传统。

---

* 本文为2015年10月为《浙江大学创业创投白皮书》所撰写的序言。

中国经济转型升级需要求是创新精神。中国经济正处在转型升级的关键阶段，形势复杂，下行压力大，挑战与机遇并存。只有尊重规律，深化改革，实施好创新驱动战略、人才强国战略、区域发展战略、“一带一路”战略，积极推进互联网+、中国制造2025、大众创业、万众创新等务实举措，不断激发释放内需潜力、创新动力、市场活力，激励聚合经济持续健康增长的内生动力，才能抓住机遇、应对挑战，实现中国经济的转型升级、持续健康发展。

全球知识网络经济更需要求是创新精神。人类进入全球知识网络时代。全球信息、交通、物流网络将世界联结成一体，知识信息大数据成为最重要的创新资源，信息、能源、材料、制造、生物等领域正酝酿着新的技术与产业革命，但也面临着人口、能源、健康、环境、安全等全球性挑战。应对人类文明进步的新机遇和新挑战，只有依靠全球创新合作。全球知识网络时代的科技与产业创新将更呈现绿色低碳、网络智能、超常融合、共创分享的特征，更需要求是创新、合作共赢。

创新创业的主体是人才。希望浙江大学学子能谨记母校求是创新校训，身体力行，不满足于学习、模仿和跟踪，敢于善于求真、求是、求实，敢于善于提出新的科学思想、理论和方法，积极投身创新创业和创造，为实现中华民族伟大复兴的中国梦、创造人类文明更美好的未来做出我们的贡献。